難問ラプソディのご挨拶

JN074465

本書は，2014 年度から 2022 年度に出題された数学のラ 友粋した問題集である．

初版の前書きにおいて，『数年後に「改訂はまだか」と言われても，困ってしまう．心の中でもしかしたら出るのかもしれないくらいの気持ちでいていただければよい．』と書いたわけだが，初版発行からわずか半年強で改訂をすることになった．予想以上に需要があったようである．増刷か改訂か迷ったが，せっかくもう今は 2023 年となったので 2022 年までの問題を入れて改訂することにした．

私は名古屋の出身である．名古屋といえば，ひつまぶしが有名で，老舗の店の中には「何百年も継ぎ足し継ぎ足しした秘伝のタレ」のようなものを使っているところもある．この「難問ラプソディ」もそのようなものである．単に 14 年，15 年の問題を削って 21 年，22 年の問題を追加しようかとも考えていたが，やはり「いい問題はいい」という事実は変えられないので，新しいものを入れつつも，古き良き問題はそのまま残してブラッシュアップしている．約 50 問増やし，約 30 問削ったので，トータルで 20 問弱増えている．今後もこの「ひつまぶしの秘伝のタレ方式」で改訂が進んでいくことになるかと思う．

私が思う「難問」には 2 種類ある．1 つ目は「典型問題の最上級」とでもいうべきものである．よくある問題をいろいろと発展させた結果，難しい問題へとランクアップしたものである．意外とこれを扱ったものは少ない．私のところにも，「典型問題は解けるが，入試問題になると解けない．どうすればいいのか」といった質問がきたことがある．そのような生徒には役に立つだろう．典型題と入試問題のギャップを埋めることができるかもしれない．

2 つ目は「まったく初見タイプの問題」である．これは，本質的に難しいものが多く，前者に比べると対策も立てづらい．そのようなものには数学的背景があることも多い．そのため，ネタ帳として使えるような背景のある問題も多く収録している．

この難問集には以上で書いたような 2 種類の難問がバランスよく収録されている．一般的に難問というと，後者ばかりが取り上げられ，「誰もできねえやこんなん」と言うような問題を想像するかもしれないが，本書では「典型題の最上級」タイプのものも取り上げているから，十分に勉強になるだろう．

もう一つの特徴としては，各問題にタイトルがついていることである．受験生はもちろん，指導者の方もこれを見ながら興味のある問題を見ていただきたい．すべて解く必要はないと思う．面白そうな問題から，好きなように食べていけばよいと思う．タイトルに惹かれたから，問題文が短いから，ペンを転がしたら 3 が出たから 3 番を解く，どれでもよいと思う．問題との出会いは一期一会である．自由人らしく生きればいいではないか．

解説部分は，ほとんど安田が中心となって執筆している解答集のものを使用している．しかし，問題の選択は私に一任されている．この問題集は私の処女作である．

ご購入してくださった皆様に，感謝いたします． 2023 年 6 月 塩崎 ひかる

本書執筆時には塩崎氏は東京大学 4 年である．私の大学 4 年時は代ゼミで教え受験雑誌「大学への数学」で原稿を書いていた．編集長には「これほど才能のある若者がこの業界に来たのは奇跡だ」とおだてられてはいたが，私はこの業界でよいか，迷っていた．むしろだだっ広い暗闇にいて，闇から突き出た光る一本の糸が受験の世界であった．迷ったあげく，その糸の先にある未来に賭けた．当時の私に比べれば，塩崎氏は，遙かに才能がある．塩崎ワールドを楽しんでいただきたい．初版の書籍版は数ヶ月で完売した．この第二版も変わらずにご愛顧のほど，よろしくお願いいたします． （安田 亨）

● 本書の使い方

　私の出身は滝高校といい，江南市にある．安田先生の地元の布袋から一駅である．田舎の一駅は遠いことが多いが，この一駅はそんなことはない．初めて安田先生と出会ったのは，TeX の質問をしたときである．まったく，2 つのスタイルファイルを共存させようとして失敗した，という旨の今考えれば無礼なものである．TeX との出会いは中学 2 年の頃であった．私は変わっているので，定期試験の予想問題等を作るのが好きだった．作るだけでは飽き足らず，全く同じ形式で作りたいと思いはじめ，「当時の先生にテストはどうやって作っているのですか，word ですか？」と聞いたら，「TeX という組版システムを使って作っている」と教えてくださったので，それから TeX をインストールし，その先生には TeX の質問ばかりしていた．あのとき，「TeX なんてやってないで数学しろ！」と言われていたら今の私はないだろう．私の勉強法など誰も興味はないと思うが，この「予想問題作り」は大いに数学力の向上に役立ったと考えている．もちろん，TeX を学べと言っているわけではない．予想問題を作るということは，「その単元の中でどこが大事なのか」を意識しながら勉強するということである．センスのある出題者であるためには，自分自身がもっとも理解していなければならない．同じような問題ばかり並べる出題者は，ヘタクソである．1 問 1 問に対して，「ポイントはどこにあるのか，肝はどこなのか」を意識しながら演習を詰むことは大変価値があることのように思う．そしてさらに，同級生の前で自作の予想問題の解説までしてしまうのである．これもまた，その問題を完全に理解していないとできないことである．自分が話すことによって，自分の頭の中を整理することができるので，これもおすすめである．

　なお，本書の使い方は自由である．私は中学生のときに赤チャートをおおかた終えてしまって，高校生に入ってからはバンド活動にうつつを抜かし，ほとんど数学の授業を聞いた覚えはない．その間，受験雑誌「大学への数学」の月刊誌を読んでは，こんな面白い解法があるのかと学んでいた．安田先生の本もたくさん読んだ．とにかく，何が言いたいかというと，「面白い問題にたくさん触れて欲しい」ということである．もちろん基礎を固めるのは重要だが，知的好奇心を呼び覚ますには面白い問題がうってつけである．本書は面白い問題がたくさん（全部で 259 題）載っていると自負している．今，立ち読みしているあなた，嘘だと思うなら，レジに持っていってこの本の代金を支払った後に家に帰って，問題文の短そうなものでも手をつけてみるといい．解けるか解けないかはわからないが，なんとなく面白さを感じるだろう．解けたら，それはそれでもちろんよし，解けなかったら，何も見ずに解けるようになるまでその問題を味わい尽くせばよい．

　噛めば噛むほど味が出るような参考書になっていると信じている．書名に「難問ラプソディ」とあるように，まさしく狂詩曲のような問題集である．ぜひ，狂ったように楽しみながら，数学の力が伸びる手助けになれば幸いである．

目次

§1　2次関数・集合と論証

　問題編

《文字を含んだ不等式》

1. すべての実数 x, y に対して不等式

$$\frac{1}{1+x^2+(y-x)^2} \leqq \frac{a}{1+x^2+y^2}$$

が成り立つとき，a の値の範囲を求めよ． 　　　　　　　　　　　　　　　　（14　信州大・経・理・医）

《連立不等式の整数解の個数》

2. a を $a>1$ である実数とする．x についての連立不等式

$$\begin{cases} x^3 + 2ax^2 - a^2x - 2a^3 < 0 \\ 3x^2 - x < 4a - 12ax \end{cases}$$

の解について考える．連立不等式の解のうち整数であるものの個数を $m(a)$ とする．

（1）　連立不等式を解け．

（2）　$a>2$ のとき，$m(a)$ の最小値を求めよ．

（3）　$m(a)=4$ となる a の値の範囲を求めよ． 　　　　　　　　　　　（21　熊本大・前期）

《シンプルな最大・最小》

3. $\dfrac{a+b}{2} < \sqrt{ab} + \dfrac{k}{\sqrt{ab}}$ かつ $a>b>0$ を満たす整数 a, b が存在するような実数 k の範囲を求めよ．

　　　　　　　　　　　　　　　　　　　　　　　　　　　　　　　　　　　（21　一橋大・後期）

《最大値・最小値》

4. 2次関数 $f(x) = \dfrac{5}{4}x^2 - 1$ について，次の問いに答えよ．

（1）　a, b は $f(a)=a, f(b)=b, a<b$ を満たす．このとき，$a \leqq x \leqq b$ における $f(x)$ の最小値と最大値を求めよ．

（2）　p, q は $p<q$ を満たす．このとき，$p \leqq x \leqq q$ における $f(x)$ の最小値が p，最大値が q となるような p, q の組をすべて求めよ． 　　　　　　　　　　　　　　　　　　　　（19　滋賀大・前期）

《すべての～～》

5. 実数の定数 a に対し，二つの関数 $f(x) = x^2 - 4ax + 1$ および $g(x) = |x| - a$ を考える．このとき，次の問いに答えよ．

（1）　$a=1$ のとき，$y=f(x)$ と $y=g(x)$ のグラフを描け．

（2）　$f(x)>0$ が $-4<x<4$ をみたすすべての x に対して成り立つような a の範囲を求めよ．

（3）　$f(x)>0$ または $g(x)>0$ が，$-4<x<4$ をみたすすべての x に対して成り立つような a の範囲を求めよ．

　　　　　　　　　　　　　　　　　　　　　　　　　　　　　　　　　　（16　高知大・医，理）

《ある〜〜》

6. 曲線 $y = x^2$ 上に 2 点 A$(-2, 4)$, B(b, b^2) をとる. ただし $b > -2$ とする. このとき, 次の条件を満たす b の範囲を求めよ.

条件：$y = x^2$ 上の点 T(t, t^2) $(-2 < t < b)$ で, $\angle$ATB が直角になるものが存在する. (16 名古屋大・理系)

《最大・最小の候補を絞って考える》

7. a を 0 以上の実数とする. 区間 $0 \leqq x \leqq 3$ において, 関数 $f(x)$ を

$0 \leqq x \leqq 1$ のとき, $f(x) = -ax^2 + 1$,

$1 < x \leqq 3$ のとき, $f(x) = -ax^2 + x$

とする. 各 a に対して, $f(x)$ の最大値を $M(a)$, 最小値を $m(a)$ とおく.

（1） $M(a) - m(a)$ は,

$0 \leqq a \leqq \boxed{}$ のとき, $\boxed{}$,

$\boxed{} < a \leqq \boxed{}$ のとき, $\boxed{}$,

$a > \boxed{}$ のとき, $\boxed{}$ である.

（2） $M(a) - m(a)$ は, $a = \boxed{}$ のとき, 最小値 $\boxed{}$ をとる. (14 上智大・法・外／問題文の形を変更)

《累乗の評価》

8. $\dfrac{n}{1000} \leqq 1.001^{100} < \dfrac{n+1}{1000}$ を満たす整数 n を求めよ. (20 一橋大・後期)

《多項式の除法》

9. a, b, c, d, e を正の実数として整式

$$f(x) = ax^2 + bx + c, \quad g(x) = dx + e$$

を考える. すべての正の整数 n に対して $\dfrac{f(n)}{g(n)}$ は整数であるとする. このとき, $f(x)$ は $g(x)$ で割り切れることを示せ. (15 京大・理系)

《関数方程式》

10. 任意の実数 x に対して定義される, 実数値をとる関数 $f(x)$ は, 次の条件を満たすとする.

任意の実数 x, y に対して

$$\bigl|f(x) - f(y)\bigr| = |x - y|$$

が成り立つ. このとき $a = f(0)$ として $g(x) = f(x) - a$ とおく.

任意の実数 x, y に対して, つねに $\bigl|g(x)\bigr| = |x|$, $g(x)g(y) = xy$

が成り立つことを示し, $f(x)$ を求めよ. (18 福井大・医／改題)

《大雑把な視点でざっくりと》

11. 実数 a, b が $0 \leqq a < 1$ および $0 \leqq b < 1$ を満たしている. このとき, 次の条件 (C) を満たす 2 つの整数 m, n が存在することを示せ.

(C) xy 平面において, 点 $(m + a, n + b)$ を中心とする半径 $\dfrac{1}{100}$ の円の内部が, $y = x^2$ のグラフと共有点を持つ. (18 京大・理-特色)

《集合の特性関数》

12. k を正の整数とし，k 以下の正の整数全体の集合を U とする．すなわち，$U = \{1, \cdots, k\}$ である．U の部分集合 A と U の要素 x に対して $f_A(x)$ を，$x \in A$ ならば $f_A(x) = 1$，$x \notin A$ ならば $f_A(x) = 0$ と定める．例えば $k = 3$，$A = \{2, 3\}$ のとき，$f_A(1) = 0$，$f_A(2) = 1$，$f_A(3) = 1$ である．また，U の部分集合 A に対して，A の要素の個数を $n(A)$ で表す．

（1） A, B を U の部分集合，$\overline{A}$ を U に関する A の補集合とする．

$$f_{\overline{A}}(x) = 1 - f_A(x), \quad f_{A \cap B}(x) = f_A(x) f_B(x)$$

を示せ．

（2） A を U の部分集合とする．$n(A)$ を $f_A(1), \cdots, f_A(k)$ すべてを用いて表せ．

（3） A_1, A_2, A_3, A_4 を U の部分集合，A_1, A_2, A_3, A_4 の少なくとも一つに属する要素全体の集合を P とする．

$$f_P(x) = 1 - (1 - f_{A_1}(x))(1 - f_{A_2}(x))(1 - f_{A_3}(x))(1 - f_{A_4}(x))$$

を示せ．

（4） （3）の A_1, A_2, A_3, A_4 と P について考える．整数 $1, 2, 3, 4$ から異なる p 個を選んで $i_1, \cdots, i_p$ とし，$A_{i_1}, \cdots, A_{i_p}$ のどれにも属する要素全体の集合 S をつくる．$i_1, \cdots, i_p$ の選び方 ${}_4C_p$ 通りをすべて考え，それぞれが定める集合 S を任意に並べて $S_1^{(p)}, \cdots, S_{{}_4C_p}^{(p)}$ とおく．さらに，$s(p) = \sum_{i=1}^{{}_4C_p} n(S_i^{(p)})$ とする．このとき，$n(P) = s(1) - s(2) + s(3) - s(4)$ を示せ． (20 滋賀医大・医)

《ゲームの必勝法》

13. A と B の二人が，A を先手として以下のルールで交互に石を取り合うゲームを行う．

---ルール---

- はじめに n 個の石がある．
- まず先手は $(n-1)$ 個以下の好きな数の石を取る．
- 以降は，直前に相手が取った石の数の 2 倍以下の好きな数の石を取ることを繰り返す．
- 最後の石を取ったほうが勝ちとなる．

相手の石の取り方によらず勝てるような石の取り方があるとき「必勝法がある」という．

例えば $n = 4$ のとき，まず A が 1 個取れば，次に B は 1 個か 2 個取ることができる．もし B が 1 個取ったなら，A は次に 2 個取ることで勝てる．もし B が 2 個取ったなら，A は次に 1 個取ることで勝てる．

このように，B の石の取り方によらず A は勝てるので，A に必勝法がある．

（1） $n = 5$ のとき，A または B のどちらに必勝法があるか答えよ．

（2） $n = 10$ のとき，A または B のどちらに必勝法があるか答えよ． (20 一橋大・後期)

《方程式の無理数解》

14. q は正の有理数とし，$f(x) = x^2 - qx - q^2$ とする．2 次方程式 $f(x) = 0$ の 2 つの実数解を $\alpha, \beta \; (\alpha < \beta)$ とする．以下の問に答えよ．

（1） γ が無理数であるとき，有理数 s, t に対して $s\gamma + t = 0$ が成り立つならば $s = t = 0$ であることを証明せよ．

（2） $\sqrt{5}$ は無理数であることを証明せよ．さらに α, β はともに無理数であることを証明せよ．

（3） 有理数 a, b, c に対して $g(x) = x^3 + ax^2 + bx + c$ を考える．このとき，$g(\alpha) = 0$ であるための必要十分条件は $g(\beta) = 0$ であることを証明せよ．

(15 大教大・後期)

《領域と不等式》

15.（1）数直線上の閉区間 $[0,1]$ を I_0 とし，点 $\mathrm{A}(a)$ を $a>1$ となるようにとる．このとき，A を含む閉区間 I に対して，不等式

$$\frac{L(I\cap I_0)}{L(I)}\le\frac{1}{a}$$

が成立することを示せ．さらに，等号成立は $I=[0,a]$ のときのみであることを示せ．ただし，I は数直線上の異なる 2 点を両端とし，$L(I),L(I\cap I_0)$ はそれぞれの区間の両端の間の距離を表し，$I\cap I_0$ が 1 点または空集合のときは $L(I\cap I_0)=0$ とする．

（2）座標平面上で，$(0,0),(1,0),(1,1),(0,1)$ を頂点とする正方形を Q_0 とし，点 $\mathrm{P}(a,b)$ を $2\le a$，$1\le b\le a$ となるようにとる．各辺が x 軸または y 軸に平行な正方形 Q が P を含むとき，不等式

$$\frac{S(Q\cap Q_0)}{S(Q)}\le\frac{1}{a^2}$$

が成立することを，次の各場合について示せ．

（ⅰ）Q の辺の長さが a 以上のとき，

（ⅱ）Q の辺の長さが a より小さく，$a-1$ より大きいとき，

（ⅲ）Q の辺の長さが $a-1$ 以下のとき．

さらに，等号が成立する Q をすべて求めよ．ただし，$S(Q),S(Q\cap Q_0)$ はそれぞれ $Q,Q\cap Q_0$ の面積を表し，$Q\cap Q_0$ が 1 点，線分，または空集合のときは $S(Q\cap Q_0)=0$ とする．　　　　（20　和歌山県立医大）

《対称式を含む不等式》

16.以下の問いに答えなさい．

（1）x,y,z が 2 以上の整数であるとき，不等式

$$\frac{xyz-1}{(x-1)yz}<\frac{xyz}{(x-1)(y-1)(z-1)}$$

が成り立つことを証明しなさい．

（2）x,y,z が $3\le x<y<z$ を満たす奇数であるとき，不等式

$$1<\frac{xyz-1}{(x-1)(y-1)(z-1)}<3$$

が成り立つことを証明しなさい．

（3）関数

$$g(x)=x^3+Ax^2+Bx+C$$

が次の二つの条件（ⅰ），（ⅱ）を満たすとき，A,B,C の値を求めなさい．

（ⅰ）方程式 $g(x)=0$ は異なる三つの整数を解に持ち，さらに，それらの解はすべて 3 以上の奇数です．

（ⅱ）$\dfrac{A+B+2C+2}{A+B+C+1}$ は整数です．　　　　（19　横浜市大・共通）

《恒等式の扱い方》

17.q は $0<q<1$ を満たす実数とする．多項式 $f(x)$ に対し，$F(x)=\dfrac{f(x)-f(qx)}{(1-q)x}$ と定める．恒等式

$$x(x-1)F(x)-(1+q)xf(x)=cf(x)\cdots\cdots(\star)$$

を満たす実数 c と多項式 $f(x)$ を求めたい．以下の問いに答えよ．

（1）$f(x)=x^n$（n は自然数）に対して，多項式 $F(x)$ を求めよ．

（2）ある c に対して，0 でない多項式 $f(x)$ が $(\star)$ を満たすと仮定する．このとき，$f(x)$ は 2 次式であることを示せ．

（3）ある c に対して，2 次式 $f(x)=x^2+ax+b$ が $(\star)$ を満たすと仮定する．実数の組 (a,b,c) をすべて求めよ．　　　　（18　中央大・理工）

《コーシー・シュバルツの不等式》

18.（1） n を正整数とし，$2n$ 個の実数 $x_1, \cdots, x_n, y_1, \cdots, y_n$ をとる．t の関数

$$f(t) = \sum_{i=1}^{n} (tx_i + y_i)^2$$

は，どのような実数 t に対しても $f(t) \geqq 0$ であることを用いて，任意の実数 $x_1, \cdots, x_n, y_1, \cdots, y_n$ に対して次の不等式が成り立つことを証明せよ．

$$\left(\sum_{i=1}^{n} x_i{}^2 \right) \left(\sum_{i=1}^{n} y_i{}^2 \right) \geqq \left(\sum_{i=1}^{n} x_i y_i \right)^2$$

（2） n を正整数とする．任意の正の実数 $x_1, x_2, \cdots, x_n$ に対して次の不等式が成り立つことを証明せよ．

$$\sum_{i=1}^{n} \frac{1}{x_i{}^2} \geqq \frac{n^3}{\left(\sum_{i=1}^{n} x_i \right)^2}$$

（3） ある正整数 n を一つ固定しておき，実数 a に対して次の条件 (N) を考える．

条件 (N)：不等式 $a + \left[\sum_{i=1}^{n} \frac{1}{x_i{}^2} \right] > \dfrac{n^3}{\left(\sum_{i=1}^{n} x_i \right)^2}$ が，n 個の任意の正の実数 $x_1, \cdots, x_n$ に対して成り立つ．

（ただし，実数 r に対して r を越えない最大の整数を $[r]$ と表す．）

このとき，条件 (N) を満たす実数 a の中で $a = 1$ は最小であることを証明せよ．　　　　　（14　奈良県医大・後期）

解答編

《文字を含んだ不等式》

1. すべての実数 x, y に対して不等式

$$\frac{1}{1+x^2+(y-x)^2} \leqq \frac{a}{1+x^2+y^2}$$

が成り立つとき，a の値の範囲を求めよ．

(14 信州大・経・理・医)

考え方 最高次の係数が文字になっている場合は注意が必要である．①を y についての2次方程式と見て，判別式 $D \leqq 0$ を考えただけの生徒が多い．学校で「すべての～について成り立つ」という問題に対しては，とにかく「判別式が0以下」を考えろと教えられて，それを呪文のように覚えただけだからだろう．

x を固定して①の左辺を y についての関数と見たとき，すべての y に対して①が成り立つための**十分条件**は，①の左辺が下に凸な放物線であり，さらに判別式が0以下であることである．下に凸の条件は大抵の生徒の頭から抜けている．判別式が0以下を考えるのは，頂点の座標が0以上となる条件を考えるのと同じである．

では，なぜ十分条件であって，必要十分と書かなかったのか？それは，①の左辺の y の2次の係数が0のとき（今回でいう，$a=1$ のとき）は，1次関数になり，放物線とならないからである．このときすべての y に対して①が成り立つかどうかはきちんと調べなければわからない．だから，きちんと2次の係数の正負で場合分けをする必要がある．教師のいうことを丸呑みにしては喉に詰まってしまうときがくる．

▶解答◀ 不等式の分母は正だから，分母をはらって

$$1+x^2+y^2 \leqq a\{1+x^2+(y-x)^2\}$$

$$(a-1)y^2 - 2axy + (2a-1)x^2 + a - 1 \geqq 0$$

$$\cdots\cdots\cdots①$$

これが任意の実数 x, y に対して成り立つ条件を求める．

(ア) $a < 1$ のとき．x を固定して y を動かしたとき，大きな y で成立しないので不適．

(イ) $a = 1$ のとき．①は $-2xy + x^2 \geqq 0$ となり，$x=1$，$y=1$ で成立しないので不適．

(ウ) $a > 1$ のとき．①を y について平方完成して

$$(a-1)\left(y - \frac{ax}{a-1}\right)^2 - \frac{a^2 x^2}{a-1}$$
$$+ (2a-1)x^2 + a - 1 \geqq 0$$

$$(a-1)\left(y - \frac{ax}{a-1}\right)^2 + \frac{a^2 - 3a + 1}{a-1}x^2 + a - 1 \geqq 0$$

$$\cdots\cdots\cdots②$$

$a^2 - 3a + 1 < 0$ のときには，$y = \dfrac{ax}{a-1}$ かつ大きな x に対して成立しない．ゆえに，$a^2 - 3a + 1 \geqq 0$ である．

逆に

$$a - 1 > 0 \text{ かつ } a^2 - 3a + 1 \geqq 0 \quad\cdots\cdots\cdots③$$

のときは②の左辺の各項は0以上だから②は成り立つ．ゆえに求める必要十分条件は③である．

$a^2 - 3a + 1 = 0$ を解くと $a = \dfrac{3 \pm \sqrt{5}}{2}$ である．よって③を満たす a の範囲は

$$a \geqq \frac{3 + \sqrt{5}}{2}$$

◆別解◆ 「文字定数は分離」を行う．与式の右辺の分母は正だから，これを払い

$$\frac{1 + x^2 + y^2}{1 + x^2 + (y-x)^2} \leqq a$$

となる．左辺の値域を求めるために

$$\frac{1 + x^2 + y^2}{1 + x^2 + (y-x)^2} = k \text{ とおく．}$$

$$(k-1)y^2 - 2kxy + (2k-1)x^2 + k - 1 = 0 \cdots Ⓐ$$

これを満たす実数 x, y が存在するために k の満たす必要十分条件を求める．

(ア) $k = 1$ のとき．$x^2 - 2xy = 0$ となり，$x = 0$ で成り立つ．

(イ) $k \neq 1$ のとき．Ⓐを y の方程式と見て，判別式を D とする．

$$\frac{D}{4} = k^2 x^2 - (k-1)\{(2k-1)x^2 + k - 1\}$$
$$= \{k^2 - (2k^2 - 3k + 1)\}x^2 - (k-1)^2$$
$$= (-k^2 + 3k - 1)x^2 - (k-1)^2$$

実数 y が存在する条件は $D \geqq 0$ である．

$$(k^2 - 3k + 1)x^2 + (k-1)^2 \leqq 0$$

これを満たす実数 x が存在する条件を求める．

(a) $k^2 - 3k + 1 \geqq 0$ のとき．

$(k^2 - 3k + 1)x^2 \geqq 0$，$(k-1)^2 > 0$ だから不適である．

(b) $k^2 - 3k + 1 < 0$ のとき，$|x|$ が大きな x で

$$(k^2 - 3k + 1)x^2 + (k-1)^2 \leqq 0$$

となるから適す．$k^2 - 3k + 1 < 0$，$k \neq 1$ を解いて

$$\frac{3 - \sqrt{5}}{2} < k < \frac{3 + \sqrt{5}}{2}, \ k \neq 1$$

である.

以上をまとめて, k の値域は

$$\frac{3-\sqrt{5}}{2} < k < \frac{3+\sqrt{5}}{2}$$

である.

$k \leqq a$ が任意の実数 x, y で成り立つために a の満たす必要十分条件は

$$\frac{3+\sqrt{5}}{2} \leqq a$$

である.

《連立不等式の整数解の個数》

2. a を $a > 1$ である実数とする. x についての連立不等式

$$\begin{cases} x^3 + 2ax^2 - a^2 x - 2a^3 < 0 \\ 3x^2 - x < 4a - 12ax \end{cases}$$

の解について考える. 連立不等式の解のうち整数であるものの個数を $m(a)$ とする.

（1） 連立不等式を解け.

（2） $a > 2$ のとき, $m(a)$ の最小値を求めよ.

（3） $m(a) = 4$ となる a の値の範囲を求めよ.

(21 熊本大・前期)

考え方 連立不等式を解くのはそれほど難しくはない. $m(a)$ を天井関数と床関数を用いて a の式として表すのがよい. これらの扱い方は, $a = k - \alpha \ (0 \leqq \alpha < 1)$ などと「整数の部分」と「残りの部分」にわけて処理すると, 見かけ上は等式で変形できるから安心である. ひとしきり変形し終わったら, 不等号の考察をする.

▶解答◀ （1） 与式より

$$(x - a)(x + a)(x + 2a) < 0,$$

$$(3x - 1)(x + 4a) < 0$$

$a > 1$ であるから, $x < -2a, -a < x < a$ かつ $-4a < x < \dfrac{1}{3}$

$$-4a < x < -2a, \quad -a < x < \frac{1}{3} \quad \cdots\cdots\cdots ①$$

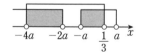

（2） x の小数部分を切り捨てた整数（整数のときにはそのまま）を $\lfloor x \rfloor$, x の小数部分を切り上げた整数（整数のときにはそのまま）を $\lceil x \rceil$ で表す. x が整数のとき ① より

$$\lfloor -4a \rfloor < x < \lceil -2a \rceil, \quad \lfloor -a \rfloor < x \leqq 0$$

$$\lfloor -4a \rfloor + 1 \leqq x \leqq \lceil -2a \rceil - 1, \quad \lfloor -a \rfloor + 1 \leqq x \leqq 0$$

$$m(a) = (\lceil -2a \rceil - 1) - (\lfloor -4a \rfloor + 1) + 1$$
$$+ 0 - (\lfloor -a \rfloor + 1) + 1$$
$$= \lceil -2a \rceil - \lfloor -4a \rfloor - \lfloor -a \rfloor - 1$$

$a = k - \alpha$ とおく. k は整数で, α は $0 \leqq \alpha < 1$ を満たす実数である.

$$m(a) = \lceil -2k + 2\alpha \rceil - \lfloor -4k + 4\alpha \rfloor - \lfloor -k + \alpha \rfloor - 1$$

整数は, 外に出せて

$$m(a) = -2k + \lceil 2\alpha \rceil + 4k - \lfloor 4\alpha \rfloor + k - \lfloor \alpha \rfloor - 1$$

となる. $\lfloor \alpha \rfloor = 0$ である. ここで $p(\alpha) = \lceil 2\alpha \rceil - \lfloor 4\alpha \rfloor$ とおくと

$$m(a) = 3k - 1 + p(\alpha)$$

となる. $0 \leqq 2\alpha < 2, 0 \leqq 4\alpha < 4$ である.

（ア） $p(0) = 0$

$$p\left(\frac{1}{4}\right) = \left\lceil \frac{1}{2} \right\rceil - \lfloor 1 \rfloor = 1 - 1 = 0$$

$$p\left(\frac{1}{2}\right) = \lceil 1 \rceil - \lfloor 2 \rfloor = 1 - 2 = -1$$

$$p\left(\frac{3}{4}\right) = \left\lceil \frac{3}{2} \right\rceil - \lfloor 3 \rfloor = 2 - 3 = -1$$

（イ） $0 < \alpha < \dfrac{1}{4}$ のとき $0 < 2\alpha < \dfrac{1}{2}, 0 < 4\alpha < 1$

$$p(\alpha) = 1 - 0 = 1$$

（ウ） $\dfrac{1}{4} < \alpha < \dfrac{1}{2}$ のとき $\dfrac{1}{2} < 2\alpha < 1, 1 < 4\alpha < 2$

$$p(\alpha) = 1 - 1 = 0$$

（エ） $\dfrac{1}{2} < \alpha < \dfrac{3}{4}$ のとき $1 < 2\alpha < \dfrac{3}{2}, 2 < 4\alpha < 3$

$$p(\alpha) = 2 - 2 = 0$$

（オ） $\dfrac{3}{4} < \alpha < 1$ のとき $\dfrac{3}{2} < 2\alpha < 2, 3 < 4\alpha < 4$

$$p(\alpha) = 2 - 3 = -1$$

以上より $p(\alpha) = -1, 0, 1$ のいずれかである.

$a > 2$ のとき $k \geqq 3$ である. $m(a) = 3k - 1 + p(\alpha)$ の最小値は $k = 3, p(\alpha) = -1$ で起こり, **7** である.

（3） $1 < a \leqq 2$ のとき $k = 2$ で $m(a) = 5 + p(\alpha)$ であり, $m(a) = 4$ のとき $p(\alpha) = -1$ である. それは $\alpha = \dfrac{1}{2}, \dfrac{3}{4} \leqq \alpha < 1$ のときである. 求める範囲は

$$1 < a \leqq \frac{5}{4}, \quad a = \frac{3}{2}$$

注意 【天井関数と床関数】

古くからある言い方だと, $\lceil x \rceil$ は「x 以上の最小の整数」, $\lfloor x \rfloor$ は「x 以下の最大の整数」である. 日本, 中国では床関数と同じ意味でガウス記号 $[x]$ がある. 「x を越えない最大の整数」など, 初見では理解しにくい表現がある. 以前, 東工大で「x 以上の最小の整数を $f(x)$ で表す」と書いてあったとき, 多くの人が「ガウス記号だ！」と誤読して間違えた. 理解しにくいから, 誰も読んでいないのである.

これらの記号は国際数学オリンピック(IMO)では普通に出て来る．また，$x = k + \alpha$（k は整数，$0 \le \alpha < 1$）の形に表すとき，k を x の整数部分，α を x の小数部分という．たとえば $x = -3.4$ のとき $k = -4$，$\alpha = 0.6$ である．$\lfloor -3.4 \rfloor = -4$，，$\lceil -3.4 \rceil = -3$ である．

《シンプルな最大・最小》

3. $\dfrac{a+b}{2} < \sqrt{ab} + \dfrac{k}{\sqrt{ab}}$ かつ $a > b > 0$ を満たす整数 a，b が存在するような実数 k の範囲を求めよ． （21 一橋大・後期）

考え方 「〜を満たす a, b が存在する」などと書かれると，途端に手が動かなくなってしまう生徒が多い．例えば，「$y = (x-1)^2$ かつ $0 \le x \le 1$ を満たす実数 x が存在するような実数 y の範囲を求めよ．」と言われたら，「あぁ，$y = (x-1)^2$ $(0 \le x \le 1)$ の値域を求めればいんだ！」となるだろう．「存在条件」と「値域」の世界を行き来することが大切である．

▶解答◀ $\dfrac{a+b}{2} < \sqrt{ab} + \dfrac{k}{\sqrt{ab}}$ を k について解く．

$$\frac{(\sqrt{a} - \sqrt{b})^2}{2} < \frac{k}{\sqrt{ab}}$$

$$k > \frac{\sqrt{ab}(\sqrt{a} - \sqrt{b})^2}{2}$$

$I = \dfrac{\sqrt{ab}(\sqrt{a} - \sqrt{b})^2}{2}$ とおく．整数 a，b が $a > b > 0$ を満たしながら動くときの I の最小値を求める．

まず b を固定して a を $a \ge b+1$ で動かす．I は a に関する増加関数であるから，$a = b+1$ で最小値

$$\frac{\sqrt{(b+1)b}(\sqrt{b+1} - \sqrt{b})^2}{2} = \frac{\sqrt{(b+1)b}}{2(\sqrt{b+1} + \sqrt{b})^2}$$

$$= \frac{\sqrt{(b+1)b}}{2\{2b+1 + 2\sqrt{(b+1)b}\}} = \frac{1}{2\left\{\dfrac{2b+1}{\sqrt{(b+1)b}} + 2\right\}}$$

をとる．これを m とし，$f(b) = \dfrac{2b+1}{\sqrt{(b+1)b}}$ とおくと

$$f(b) = \sqrt{\frac{(2b+1)^2}{(b+1)b}} = \sqrt{\frac{4b^2 + 4b + 1}{(b+1)b}}$$

$$= \sqrt{4 + \frac{1}{(b+1)b}}$$

であるから $f(b)$ は減少関数で，$b = 1$ で最大値 $\dfrac{3}{\sqrt{2}}$ をとる．よって，$m = \dfrac{1}{2\{f(b)+2\}}$ の最小値は

$$\frac{1}{2\left(\dfrac{3}{\sqrt{2}} + 2\right)} = \frac{1}{3\sqrt{2} + 4} = \frac{3\sqrt{2} - 4}{2}$$

以上より，I は $b = 1$ かつ $a = 2$ で最小値 $\dfrac{3\sqrt{2} - 4}{2}$ をとるから，$k > I$ を満たす整数 a，b $(a > b > 0)$ が存在する k の範囲は

$$k > \frac{3\sqrt{2} - 4}{2}$$

《最大値・最小値》

4. 2次関数 $f(x) = \dfrac{5}{4}x^2 - 1$ について，次の問いに答えよ．
（1）a, b は $f(a) = a$，$f(b) = b$，$a < b$ を満たす．このとき，$a \le x \le b$ における $f(x)$ の最小値と最大値を求めよ．
（2）p, q は $p < q$ を満たす．このとき，$p \le x \le q$ における $f(x)$ の最小値が p，最大値が q となるような p, q の組をすべて求めよ． （19 滋賀大・前期）

▶解答◀（1）$f(a) = a$，$f(b) = b$ であるから a, b は $f(x) = x$ の異なる2解である．

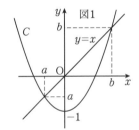
図1

$f(x) = x$ を解く．

$$\frac{5}{4}x^2 - 1 = x$$

$$5x^2 - 4x - 4 = 0 \qquad \therefore \quad x = \frac{2 \pm 2\sqrt{6}}{5}$$

$$a = \frac{2 - 2\sqrt{6}}{5}, \ b = \frac{2 + 2\sqrt{6}}{5}$$

である．なお，$a = -0.5\cdots$，$b = 1.3\cdots$ である．

図1を参照せよ．C は曲線 $y = f(x)$ である．$a \le x \le b$ における $f(x)$ の最小値は $f(0) = -1$，最大値は $f(b) = \dfrac{2 + 2\sqrt{6}}{5}$

（2）$p \le x \le q$ における $f(x)$ の最大値を与える C 上の点を D とし，$f(x)$ の最小値を与える C 上の点を S で表す．

（ア）$p \ge 0$ のとき，図2を見よ．$p \le x \le q$ で $f(x)$ は増加関数である．D(q, q)，S(p, p) であり，p, q は $f(x) = x$ の解である．しかし，このような p, q は $p = a$，$q = b$ しかない．$p = a < 0$ であるから不適である．図2はあり得ない図であった．

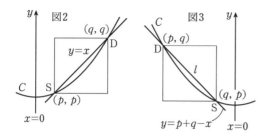

図2 図3

（イ） $q \leqq 0$ のとき．図3を見よ．$p \leqq x \leqq q$ で $f(x)$ は減少関数である．D(p, q), S(q, p) であり，D, S は C と直線 $l : y = p + q - x$ の交点である．C と l を連立させ

$$\frac{5}{4}x^2 - 1 = p + q - x$$

$$x^2 + \frac{4}{5}x + \frac{4}{5}(-1 - p - q) = 0$$

の2解が p, q であるから，解と係数の関係より

$$p + q = -\frac{4}{5} \quad \cdots\cdots\cdots\cdots\cdots①$$

$$pq = \frac{4}{5}(-1 - p - q) \quad \cdots\cdots\cdots②$$

①を②に代入すると $pq = -\frac{4}{25}$ となり，p, q がともに0以下であることに反する．図3もあり得ない図であった．

（ウ） $p < 0 < q$ のとき．$p \leqq x \leqq q$ における最小値を与える点 S は $(0, -1)$ である．よって $p = -1$ である．最大値は区間 $-1 \leqq x \leqq q$ の端のどちらかでとる．

（a） 区間の右端でとるとき．図4を見よ．
$f(q) = q, 0 < q$ であるから $q = b$ である．このとき $f(-1) = \frac{1}{4} < b$ であるから適する．

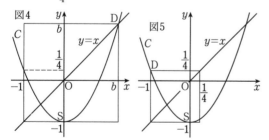

図4 図5

（b） 区間の左端でとるとき．図5を見よ．
$q = f(-1) = \frac{1}{4}$ である．このとき $f(q) = f\left(\frac{1}{4}\right) < 0 < \frac{1}{4}$ であるから適する．

　以上の図の細線で表した正方形は4直線 $x = p$, $x = q, y = p, y = q$ で囲む正方形である．

$$(p, q) = \left(-1, \frac{2 + 2\sqrt{6}}{5}\right), \left(-1, \frac{1}{4}\right)$$

注意 （イ）は

$$\frac{5}{4}p^2 - 1 = q, \frac{5}{4}q^2 - 1 = p \quad \cdots\cdots③$$

を解いてもよい．ただし，解き方には注意を要する．こうした対称性のあるものは辺ごとに引いた式と加えた式を作る．③の2式を辺ごとに引いて

$$\frac{5}{4}(p - q)(p + q) = -(p - q)$$

$p - q \neq 0$ で割って $p + q = -\frac{4}{5}$ を得る．③の2式を辺ごとに加えて

$$\frac{5}{4}\{(p + q)^2 - 2pq\} - 2 = p + q$$

$p + q = -\frac{4}{5}$ を代入，整理すると $pq = -\frac{4}{25}$ を得る．

　しかし，残念なことに，q を消去して p の方程式を作ったりする生徒が多い．

$$\frac{5}{4}\left(\frac{5}{4}p^2 - 1\right)^2 - 1 - p = 0$$

展開すると4次方程式になる．大半はここでお手上げになる．これは $f(f(p)) - p = 0$ の形だから，$f(f(p)) - p$ が $f(p) - p$ で割り切れることを知らないと解けない．そんなことを知っている人は，引いた式と足した式を作るだろう．ひとまず，計算を続ける．展開して分母をはらうと

$$125p^4 - 200p^2 - 64p + 16 = 0$$

となる．左辺を p の多項式として，多項式 $5p^2 - 4p - 4$ で割ると

$$(5p^2 - 4p - 4)(25p^2 + 20p - 4) = 0$$

となる．$\frac{5}{4}p^2 - 1 \neq p$ のときであるから，$25p^2 + 20p - 4 = 0$ となる．p を q に変えても同様であるから $25q^2 + 20q - 4 = 0$ となり，p, q は $25x^2 + 20x - 4 = 0$ の2解になる．解と係数の関係から $pq = -\frac{4}{25}$ を得る．解答の（イ）と同様に矛盾する．

《すべての〜〜》

5. 実数の定数 a に対し，二つの関数
$f(x) = x^2 - 4ax + 1$ および $g(x) = |x| - a$ を考える．このとき，次の問いに答えよ．

（1） $a = 1$ のとき，$y = f(x)$ と $y = g(x)$ のグラフを描け．

（2） $f(x) > 0$ が $-4 < x < 4$ をみたすすべての x に対して成り立つような a の範囲を求めよ．

（3） $f(x) > 0$ または $g(x) > 0$ が，$-4 < x < 4$ をみたすすべての x に対して成り立つような a の範囲を求めよ．

(16 高知大・医, 理)

▶解答◀ （1） $a = 1$ のとき，
$$f(x) = x^2 - 4x + 1 = (x - 2)^2 - 3$$

グラフは図1のようになる.

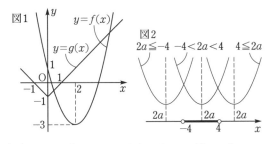

（**2**） 図2を参照せよ. $f(x) = (x - 2a)^2 - 4a^2 + 1$

（ア） $2a \leqq -4$ のとき.

$$f(-4) \geqq 0 \qquad \therefore \qquad 17 + 16a \geqq 0$$

$$a \leqq -2, \ a \geqq -\frac{17}{16}$$

となり，これを満たす a は存在しない.

（イ） $-4 < 2a < 4$ のとき. $f(2a) > 0$

$$-2 < a < 2, \ 4a^2 < 1 \qquad \therefore \qquad -\frac{1}{2} < a < \frac{1}{2}$$

（ウ） $2a \geqq 4$ のとき. $f(4) \geqq 0$

$a > 2, \ a \leqq \dfrac{17}{16}$ となり，このときも a は存在しない.

ゆえに求める a の範囲は $-\dfrac{1}{2} < a < \dfrac{1}{2}$

（**3**） 「$x^2 + 1 > 4ax$ または $a < |x|$」 ……………①

が $-4 < x < 4$ をみたすすべての x に対して成り立つ条件を求める. a を分離するために x で割る.

（ア） $x = 0$ のとき. ① は「$1 > 0$ または $a < 0$」となり，$1 > 0$ が成り立つから，これは成り立つ.

（イ） $-4 < x < 0$ のとき. ① は

「$a > \dfrac{1}{4}\left(x + \dfrac{1}{x}\right)$ または $a < |x|$」となる.

（ウ） $0 < x < 4$ のとき. ① は

「$a < \dfrac{1}{4}\left(x + \dfrac{1}{x}\right)$ または $a < |x|$」となる.

$x = 0$ の場合も含めてこの領域を図示すると図3の境界を除く，網目部分となる. ただし $l : a = |x|$，$C : a = \dfrac{1}{4}\left(x + \dfrac{1}{x}\right)$ である.

なお，分数関数の図示は厳密には数学 III だが，難しいことを使っているわけではない. $x > 0$ では，$a = \dfrac{1}{4}\left(x + \dfrac{1}{x}\right)$ と $a = x$ が $x = \dfrac{1}{\sqrt{3}}$ の前後で上下が入れ替わり $0 < x < \dfrac{1}{\sqrt{3}}$ で $\dfrac{1}{4}\left(x + \dfrac{1}{x}\right) > \dfrac{1}{\sqrt{3}}$ ということが効いてくるだけである. $-4 < x < 4$ で常に① になる条件は $a < \dfrac{1}{\sqrt{3}}$ である.

♦別解♦ （**3**） 図4を参照せよ.

$a = 0$ のとき，$f(x) = x^2 + 1 > 0$

$a < 0$ のとき，$g(x) = |x| - a \geqq -a > 0$ で成り立つ.

以下は $a > 0$ のときを考える.

$a > 1$ とすると $f(1) = 2 - 4a < 0$, $g(1) = 1 - a < 0$

になって不適であるから $0 < a \leqq 1$ で考える.

$g(x) = |x| - a > 0$ の場合は「$f(x) > 0$ または $g(x) > 0$」が成り立つから $g(x) = |x| - a \leqq 0$ の場合を考える. $-a \leqq x \leqq a$ である. このとき $-4 < x < 4$ かつ $-a \leqq x \leqq a$ は $-a \leqq x \leqq a$ になる. よって後は，$-a \leqq x \leqq a$ で常に $f(x) > 0$ になる条件を考える.

$f(x) = x^2 - 4ax + 1$ の軸: $x = 2a$ は区間 $-a \leqq x \leqq a$ の右にある. ゆえに $-a \leqq x \leqq a$ で $f(x) > 0$ になる条件は $f(x)$ の最小値 $f(a) = 1 - 3a^2 > 0$ になることである. よって $0 < a < \dfrac{1}{\sqrt{3}}$ である.

以上より $a < \dfrac{1}{\sqrt{3}}$ である.

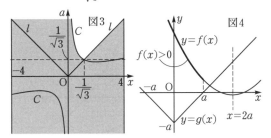

《ある〜〜》

6. 曲線 $y = x^2$ 上に 2 点 $A(-2, 4)$, $B(b, b^2)$ をとる. ただし $b > -2$ とする. このとき，次の条件を満たす b の範囲を求めよ.

条件：$y = x^2$ 上の点 $T(t, t^2)$ $(-2 < t < b)$ で，$\angle ATB$ が直角になるものが存在する.

（16 名古屋大・理系）

▶解答◀ （**1**） AT の傾きは

$\dfrac{t^2 - 4}{t + 2} = t - 2$, BT の傾きは $\dfrac{t^2 - b^2}{t - b} = t + b$ であるから，$\angle ATB$ が直角となる条件は

$$(t - 2)(t + b) = -1$$

$$t^2 + (b - 2)t - 2b + 1 = 0$$

判別式を D とし，$f(t) = t^2 + (b - 2)t - 2b + 1$ とおく.

軸：$t = \dfrac{2 - b}{2}$ である.

2 解を α, β とおくと，解と係数の関係より

$$\alpha + \beta = 2 - b$$

である.

$$f(-2) = -4b + 9, \ f(b) = 2b^2 - 4b + 1$$

$$D = (b - 2)^2 - 4(-2b + 1) = b(b + 4)$$

である.

$f(t) = 0$, $-2 < t < b$ を満たす t が少なくとも 1 つ存在する条件を求める. それは次の場合がある.

14

（ア）2解（重解を含む）がともに区間 $-2 < t < b$ にあるとき.

$$-2 < \frac{2-b}{2} < b, \ D \geqq 0, \ f(-2) > 0, \ f(b) > 0$$

第一式より $\frac{2}{3} < b < 6$ となる．このとき $D > 0$ だから $D \geqq 0$ は成り立つ．$f(-2) > 0, f(b) > 0$ とから

$$\frac{2}{3} < b < 6, \ b < \frac{9}{4}, \ 2b^2 - 4b + 1 > 0$$

図3を参照せよ．ただし

$$p = \frac{2-\sqrt{2}}{2} \, (= 0.2\cdots), \ q = \frac{2+\sqrt{2}}{2} \, (= 1.7\cdots)$$

とおく．

$$\frac{2+\sqrt{2}}{2} < b < \frac{9}{4}$$

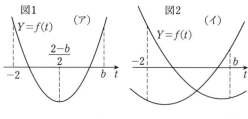

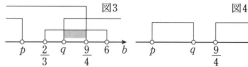

（イ）1個だけこの区間にあり，$-2, b$ が $f(t) = 0$ の解でないとき．$f(-2)f(b) < 0$

$$(4b-9)(2b^2-4b+1) > 0$$

図4を参照せよ．

$$\frac{2-\sqrt{2}}{2} < b < \frac{2+\sqrt{2}}{2}, \ \frac{9}{4} < b$$

（ウ）$f(t) = 0$ の解の1つが -2 のとき．
$f(-2) = -4b+9 = 0$ より $b = \frac{9}{4}$ であり，$\alpha + \beta = 2-b$ より他の解は $4 - b = \frac{7}{4}$ である．

$$-2 < \frac{7}{4} < b = \frac{9}{4}$$

を満たし適する．

（エ）解の1つが b のとき．$f(b) = 2b^2 - 4b + 1 = 0$ より $b = \frac{2 \pm \sqrt{2}}{2}$ であり，$\alpha + \beta = 2-b$ より他の解は $2 - 2b$ である．

$$-2 < 2 - 2b < b \qquad \therefore \ \frac{2}{3} < b < 2$$

を満たすものを採用し $b = \frac{2+\sqrt{2}}{2}$ である．

以上より，求める b の範囲は

$$\frac{2-\sqrt{2}}{2} < b$$

◆別解◆　$(t-2)(t+b) = -1$ より $t \neq 2$ で，

$$b = -t - \frac{1}{t-2}$$

となる．$g(t) = -t - \frac{1}{t-2}$ とおく．

$$g'(t) = -1 + \frac{1}{(t-2)^2}$$

となり，$g'(t) = 0$ を解くと $t = 1, 3$ となる．
$g(1) = 0, g(3) = -4$ である．$Y = g(t), t > -2$ のグラフと $Y = t$ のグラフを描いた．$g(t) = t$ の解は上の解答に示した p, q である．水平な直線 $Y = b$ を描いて，曲線 $Y = g(t)$ と，点 $P(-2, b)$ と点 $Q(b, b)$ の間（$-2 < t < b$）で交わる条件は $p < b$ である．

$$\frac{2-\sqrt{2}}{2} < b$$

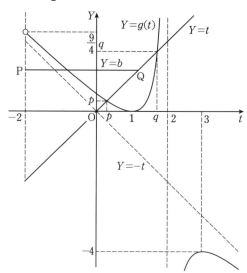

注意 1°【生徒の困難】

開区間になっている「解の配置」はケアレスミスをしやすい．しかし，実は，本問の一番の困難は「直交条件を傾きで捉える」ことであり，生徒に解かせると，傾きで解くものは極めて少数で，ベクトルの内積，三平方の定理，外接円の直径を考えたりして，解の配置にたどりつけないものが多い．

2°【別解のための用語の説明】

x の値域が $a < x < b$ のとき x の（値域の）下限が a，（値域の）上限が b という．

◆別解◆　$(t-2)(t+b) = -1$

$$(2-t)(t+b) = 1$$

$F(t) = (2-t)(b+t)$ とおく．$F(t)$ は2次の係数が負の2次関数である．$F(t)$ の $-2 < t < b$ における値域の中に1がある条件を求める．値域の下限は区間の端でとり，最大値ないし上限は頂点ないし区間の端でとる．

$$F(-2) = 4(b-2), \ F(b) = 2b(2-b)$$

$$F\left(\frac{2-b}{2}\right)=\left(\frac{b+2}{2}\right)^2$$

ただし $F\left(\dfrac{2-b}{2}\right)$ が有効なのは

$$-2<\frac{2-b}{2}<b \qquad \therefore\quad \frac{2}{3}<b<6$$

のときである.

$$C_1:Y=\frac{1}{4}(b+2)^2\ \left(\frac{2}{3}<b<6\right)$$

$$C_2:Y=2b(2-b),\ C_3:Y=4(b-2)$$

のグラフを描き,これらで挟まれた領域(ただし,領域の境界では C_2, C_3 上は含まず C_1 上は含む)と $L:Y=1$ の共通部分を考える.

$$2b(2-b)=1 \qquad \therefore\quad 2b^2-4b+1=0$$

を解いて $b=\dfrac{2\pm\sqrt{2}}{2}$ となる.図より

$$\frac{2-\sqrt{2}}{2}<b$$

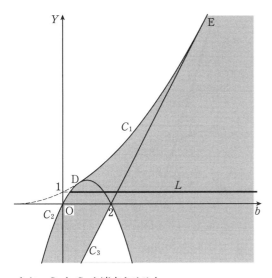

なお,C_1 と C_2 を連立させると

$$(b+2)^2=8b(2-b) \qquad \therefore\quad (3b-2)^2=0$$

よって C_1 と C_2 は点 $D\left(\dfrac{2}{3},\dfrac{16}{9}\right)$ で接する.C_1 と C_3 を連立させると

$$(b+2)^2=16(b-2) \qquad \therefore\quad (b-6)^2=0$$

よって C_1 と C_3 は点 E(6, 16) で接する.L は D より下方にある.

《最大・最小の候補を絞って考える》

7. a を 0 以上の実数とする.区間 $0\le x\le 3$ において,関数 $f(x)$ を

$0\le x\le 1$ のとき,$f(x)=-ax^2+1$,

$1<x\le 3$ のとき,$f(x)=-ax^2+x$

とする.各 a に対して,$f(x)$ の最大値を $M(a)$,

最小値を $m(a)$ とおく.

(1) $M(a)-m(a)$ は,

$0\le a\le\ \Box$ のとき,$\Box$

$\Box<a\le\ \Box$ のとき,$\Box$

$a>\ \Box$ のとき,$\Box$ である.

(2) $M(a)-m(a)$ は,$a=\ \Box$ のとき,最小値 $\Box$ をとる.

(14 上智大・法・外/行数節約の為問題文の形を変更)

考え方 曲線 $y=f(x)$ は大体図1のようになる.ただし $f(0)$, $f(1)$, $f(3)$ の大小,および $x=\dfrac{1}{2a}$ が区間内にあるかどうかで,形状はいろいろである.図1を細かくタイプ分けしたのが図2, 3, 4, 5である.

$h(a)=M(a)-m(a)$ とおく.

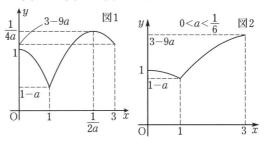

$0\le x\le 1$ では $f(x)=1-ax^2$ は減少関数である.

$a>0$ のとき $-ax^2+x=-a\left(x-\dfrac{1}{2a}\right)^2+\dfrac{1}{4a}$

(ア) $\dfrac{1}{2a}\ge 3$ のとき.$0<a\le\dfrac{1}{6}$ で,このとき $1\le x\le 3$ で $f(x)$ は増加する.図2を見よ.$a=0$ でも同様だから $0\le a\le\dfrac{1}{6}$ のとき $m(a)=f(1)=1-a$ であり $M(a)$ は $f(0)=1$ または $f(3)=3-9a$ である.

$$(3-9a)-1=2-9a\ge 2-\frac{9}{6}=\frac{1}{2}>0$$

であるから $M(a)=3-9a$ であり,

$$h(a)=(3-9a)-(1-a)=2-8a$$

(イ) $1<\dfrac{1}{2a}<3$ のとき.$\dfrac{1}{6}<a<\dfrac{1}{2}$ である.$M(a)$ は $f(0)=1$ と $f\left(\dfrac{1}{2a}\right)=\dfrac{1}{4a}$ のどちらかである.図3,図4を見よ.

$\dfrac{1}{2a}\le x\le 3$ で f は減少する.

1 と $\dfrac{1}{4a}$ の大小を比べる.

$\dfrac{1}{6}<a<\dfrac{1}{4}$ のとき.$1<\dfrac{1}{4a}$ だから $M(a)=\dfrac{1}{4a}$

このとき,最小値は $f(1)=1-a$ または $f(3)=3-9a$ であり

$$(3-9a)-(1-a)=2(1-4a)>0$$

で $3-9a>1-a$ だから $m(a)=1-a$

$$h(a)=\frac{1}{4a}-(1-a)=\frac{1}{4a}+a-1$$

$\frac{1}{4}\leqq a<\frac{1}{2}$ のときは $1\geqq\frac{1}{4a}$, $1-a\geqq3-9a$

$$M(a)=1,\ m(a)=3-9a$$

$$h(a)=1-(3-9a)=9a-2$$

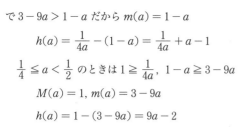

（ウ） $0<\frac{1}{2a}\leqq1$ のとき.

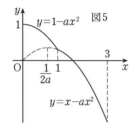

$1\leqq x\leqq3$ で減少するから, $0\leqq x\leqq3$ で減少する. $x=0$ で最大, $x=3$ で最小になる. 図5参照.

　丁寧にやればこういうことであるが, こんな丁寧に, 多くの図を描いていたら時間がなくなる. 大体, 生徒がこんなことができるかどうか?, オッサン, オバさんは, 「自分が生徒だったとき, こんなことができたか?」を考えた方がよい. 私なら, できたが😏

▶解答◀ （1） 連続関数の, 閉区間における最大・最小は区間の端, または極値でとる. 今は $0<x<1, 1<x<3$ に極小値はない. 極大値があれば, それは最大値の候補である.

$h(a)=M(a)-m(a)$ とおく.

$a\neq0$ のとき, $1<x\leqq3$ においては

$$f(x)=-a\left(x-\frac{1}{2a}\right)^2+\frac{1}{4a}$$ である. これより, $f(x)$ の最大値, 最小値は

$$f(0)=1,\ f(1)=-a+1$$

$$f(3)=-9a+3,\ f\left(\frac{1}{2a}\right)=\frac{1}{4a}$$

の中にある. ただし, $f\left(\frac{1}{2a}\right)$ が候補として有効なのは $1\leqq\frac{1}{2a}\leqq3$, すなわち $\frac{1}{6}\leqq a\leqq\frac{1}{2}$ のときに, 最大値の候補として有効であり, このとき区間の右端での値 $f(3)=-9a+3$ は最大値として考える必要はない. つまり, 線分 $Y=3-9a$, $\frac{1}{6}\leqq a\leqq\frac{1}{2}$ は最大の候補から

外してよい. だから, 曲線 $Y=\frac{1}{4a}$ と直線 $Y=3-9a$ が接しているが, そんなことに触れる必要はない. これらのグラフを描いて図から読み取る. 前問でも書いたが, この系統の話では, 懇切丁寧に考察すれば「接する」を示す必要は, 常に起こらない.

　上の太線が $Y=M(a)$, 下の太線が $Y=m(a)$ のグラフである.

$0\leqq a<\frac{1}{6}$ のとき $M(a)=3-9a,\ m(a)=1-a$

$$h(a)=(3-9a)-(1-a)=\boldsymbol{2-8a}$$

$\frac{1}{6}\leqq a\leqq\frac{1}{4}$ のとき $M(a)=\frac{1}{4a},\ m(a)=1-a$

$$h(a)=\frac{1}{4a}-(1-a)=\boldsymbol{\frac{1}{4a}+a-1}$$

$a>\frac{1}{4}$ のとき $M(a)=1,\ m(a)=3-9a$

$$h(a)=1-(3-9a)=\boldsymbol{9a-2}$$

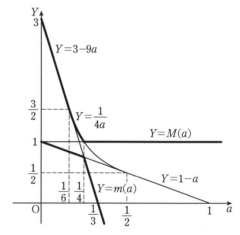

（2） $2-8a$ は a の減少関数で $9a-2$ は増加関数だから, $\frac{1}{6}\leqq a\leqq\frac{1}{4}$ で $h(a)$ の最小が起こる. この形は「相加・相乗平均の不等式?」と思うが, 実は相加・相乗平均の不等式の等号が成立する a は $\frac{1}{4a}=a$ のときで, $a=\frac{1}{2}$ となる. これは区間内にないから, 区間の端で最小が起こる. 図から, 右端で起こるっぽい. 方法はいろいろだが, 今は文系での出題だから次のようにする.

$$h(a)-h\left(\frac{1}{4}\right)=\left(\frac{1}{4a}+a-1\right)-\frac{1}{4}$$

$$=\frac{4a^2-5a+1}{4a}=\frac{(1-a)(1-4a)}{4a}\geqq0$$

$h(a)\geqq h\left(\frac{1}{4}\right)$ （等号は $a=\frac{1}{4}$ のときにのみ成り立つ）

だから $h(a)$ は $a=\frac{1}{4}$ で最小値 $\frac{1}{4}$ をとる.

《累乗の評価》

8. $\dfrac{n}{1000}\leqq1.001^{100}<\dfrac{n+1}{1000}$ を満たす整数 n を求めよ.

（20 一橋大・後期）

考え方 $1.001 = (1 + 0.001)^{100}$ として二項定理を利用するところまでは思いつきたい。どこの項まで計算して、どこからを評価にするかが際どい問題である。最初の3項を足すと、$\frac{1104.950}{1000}$ になって、次の項を足したら 1105 に届くかもしれない、と考え、もう一つ足す。後の項は評価しても 1106 には届きそうにないからここで打ち切りである。評価もなかなか難しい。$\frac{{}_n\mathrm{C}_k}{n^k}$ の評価は経験がないと難しい。なお、これを用いない方法もある（☞ 別解）。

▶解答◀ $1.001^{100} = \left(1 + \dfrac{1}{1000}\right)^{100}$

$$= 1 + \frac{{}_{100}\mathrm{C}_1}{1000} + \frac{{}_{100}\mathrm{C}_2}{1000^2} + \frac{{}_{100}\mathrm{C}_3}{1000^3} + \cdots + \frac{{}_{100}\mathrm{C}_{100}}{1000^{100}}$$

$$= 1 + \frac{100}{1000} + \frac{4950}{1000^2} + \frac{161700}{1000^3} + \cdots + \frac{{}_{100}\mathrm{C}_{100}}{1000^{100}}$$

$$= \frac{1104.95}{1000} + \sum_{k=3}^{100} \frac{{}_{100}\mathrm{C}_k}{1000^k} \quad \cdots\cdots\cdots① $$

$$= \frac{1105.1117}{1000} + \sum_{k=4}^{100} \frac{{}_{100}\mathrm{C}_k}{1000^k} \quad \cdots\cdots\cdots②$$

① を用いるために、$\displaystyle\sum_{k=3}^{100} \frac{{}_{100}\mathrm{C}_k}{1000^k}$ を評価することを考える。

ここで、不等式 $\dfrac{{}_n\mathrm{C}_k}{n^k} \leqq \dfrac{1}{2^{k-1}}$ $\cdots\cdots\cdots③$ を用いると、

$$\frac{{}_{100}\mathrm{C}_k}{100^k} \leqq \frac{1}{2^{k-1}}$$

$$\frac{{}_{100}\mathrm{C}_k}{1000^k} \leqq \frac{1}{2^{k-1}10^k} = \frac{2}{20^k}$$

であるから、

$$\sum_{k=3}^{100} \frac{{}_{100}\mathrm{C}_k}{1000^k} \leqq \sum_{k=3}^{100} \frac{2}{20^k}$$

$$= \frac{2}{20^3} \cdot \frac{1 - \left(\frac{1}{20}\right)^{97}}{1 - \frac{1}{20}} < \frac{2}{20^3} \cdot \frac{20}{19}$$

$$< \frac{2}{20^3} \cdot \frac{20}{10} = \frac{0.5}{1000}$$

以上より、①、② を用いて

$$\frac{1105.1117}{1000} \leqq 1.001^{100}$$

$$< \frac{1104.95}{1000} + \frac{0.5}{1000} = \frac{1105.45}{1000}$$

であるから、$n = 1105$ である。

◆別解◆ **【別の評価方法】**

$$\frac{{}_{100}\mathrm{C}_{k+1}}{1000^{k+1}} = \frac{{}_{100}\mathrm{C}_k}{1000^k} \cdot \frac{100 - k}{1000(k+1)}$$

$$< \frac{{}_{100}\mathrm{C}_k}{1000^k} \cdot \frac{100 - 0}{1000(0+1)} = \frac{{}_{100}\mathrm{C}_k}{1000^k} \cdot \frac{1}{10}$$

であるから、$\displaystyle\sum_{k=3}^{100} \frac{{}_{100}\mathrm{C}_k}{1000^k}$

$$< \frac{{}_{100}\mathrm{C}_3}{1000^3}\left(1 + \frac{1}{10} + \frac{1}{10^2} + \cdots + \frac{1}{10^{97}}\right)$$

$$= \frac{{}_{100}\mathrm{C}_3}{1000^3} \cdot \frac{1 - \left(\frac{1}{10}\right)^{98}}{1 - \frac{1}{10}}$$

$$< \frac{{}_{100}\mathrm{C}_3}{1000^3} \cdot \frac{10}{9} = \frac{0.1796\cdots}{1000}$$

以上より、①、② を用いて

$$\frac{1105.1117}{1000} \leqq 1.001^{100}$$

$$< \frac{1104.95}{1000} + \frac{0.1796\cdots}{1000} < \frac{1105.13}{1000}$$

であるから、$n = 1105$ である。

注意 **1°【不等式の証明】**

③ は次のようにして示される。

$$\frac{{}_n\mathrm{C}_k}{n^k} = \frac{n(n-1)\cdot\cdots\cdot(n-k+1)}{k(k-1)\cdot\cdots\cdot2\cdot1} \cdot \frac{1}{n^k}$$

$$= \frac{1}{k} \cdot \frac{1 - \frac{1}{n}}{k-1} \cdot \cdots \cdot \frac{1 - \frac{k-2}{n}}{2} \cdot \frac{1 - \frac{k-1}{n}}{1}$$

$$\leqq \frac{1}{2} \cdot \frac{1}{2} \cdot \cdots \cdot \frac{1}{2} \cdot 1 = \frac{1}{2^{k-1}}$$

これは、ネイピア数 e が 3 より小さいことを示す際に使われる式であるが、難問のため、答案では既知として用いた。余裕があったら証明を足しておこう。

2°【$e < 3$ を示す】

少し脇道に逸れるが、**1°** で述べた $e < 3$ の証明もしておこう。ここでは $e = \displaystyle\lim_{n\to\infty}\left(1 + \dfrac{1}{n}\right)^n$ という定義を採用することにしよう。そもそも、右辺が収束するかという問題があるが、数列 $\left\{\left(1 + \dfrac{1}{n}\right)^n\right\}$ は単調増加かつ上に有界だから収束する（この定理は大学に行ったら習う）ことを既知とする。その上で、$e < 3$ であることを示す。③ を使うと

$$e = \lim_{n\to\infty}\left(1 + \frac{1}{n}\right)^n$$

$$= \lim_{n\to\infty}\sum_{k=0}^{n} \frac{{}_n\mathrm{C}_k}{n^k} < 1 + \sum_{k=1}^{\infty} \frac{1}{2^{k-1}}$$

$$= 1 + \frac{1}{1 - \frac{1}{2}} = 1 + 2 = 3$$

となり、示された。

《多項式の除法》

9. a, b, c, d, e を正の実数として整式

$$f(x) = ax^2 + bx + c, \quad g(x) = dx + e$$

を考える。すべての正の整数 n に対して $\dfrac{f(n)}{g(n)}$ は整数であるとする。このとき、$f(x)$ は $g(x)$ で割り切れることを示せ。　（15 京大・理系）

▶解答◀ $f(x)$ を $g(x)$ で割ったときの商を $px + q$、余りを r とする。p, q, r は実数で

$p = \dfrac{a}{d} > 0$ である.

$$f(x) = g(x)(px + q) + r$$

$$\frac{f(x)}{g(x)} = px + q + \frac{r}{g(x)}$$

となる. $r = 0$ であることを証明する. 任意の 2 以上の自然数 n に対して

$$\frac{f(n-1)}{g(n-1)} = pn - p + q + \frac{r}{dn - d + e} \quad \cdots\cdots\cdots①$$

$$\frac{f(n)}{g(n)} = pn + q + \frac{r}{dn + e} \quad \cdots\cdots\cdots\cdots\cdots②$$

$$\frac{f(n+1)}{g(n+1)} = pn + p + q + \frac{r}{dn + d + e} \quad \cdots\cdots③$$

は整数である. 式が長くなるから, 見やすくするために $y = dn + e$ とおく. $r = 0$ という目標のためには p, q は邪魔である. p, q を消去する. ①＋③－②×2 を作ると (右辺だけ書く)

$$r\left(\frac{1}{y - d} + \frac{1}{y + d} - \frac{2}{y} \right) \quad \cdots\cdots\cdots\cdots\cdots④$$

も整数である. これはさらに

$$④ = r\left(\frac{2y}{y^2 - d^2} - \frac{2}{y} \right) = r \cdot \frac{2d^2}{(y^2 - d^2)y}$$

と書ける. $r \neq 0$ であると仮定する. $d \neq 0$ だから n を十分大きくとると $y = dn + e$ は大きくなり, $0 < \left| r \cdot \dfrac{2d^2}{(y^2 - d^2)y} \right| < 1$ になって, $r \cdot \dfrac{2d^2}{(y^2 - d^2)y}$ が整数であることに矛盾する.

よって $r = 0$ であり, $f(x)$ は $g(x)$ で割り切れる.

【**参考**】 整数を係数とする 3 次の多項式 $f(x)$ が次の条件 (*) を満たしているとする.

(*) 任意の自然数 n に対し $f(n)$ は $n(n+1)(n+2)$ で割り切れる.

このとき, ある整数 a があって,

$f(x) = ax(x+1)(x+2)$ となることを示せ.

(91 京大)

【誤答】 $f(n)$ を $n(n+1)(n+2)$ で割った商を $g(n)$ とおくと $g(n)$ は整数であり

$$f(n) = n(n+1)(n+2)g(n)$$

となる. n は任意の自然数だから

$$f(x) = x(x+1)(x+2)g(x)$$

$f(x)$ は 3 次式だから $g(x)$ は定数で

$$f(x) = ax(x+1)(x+2)$$

どこが誤答か? 任意の自然数 n に対して $g(n)$ が整数になるからといって, その n を x におきかえたときに

$g(x)$ が多項式になるかどうかは不明だからです. 「整数として割り切れることと多項式として割り切れることを一緒にしている」ことが誤答の原因です. これらは別次元です. **一方は値, 他方は式** の話です.

解法は

整式の割り算をして整数に降りるか

整数の割り算に徹する

後者の解法もありますが, それだと今年に問題に使えません. 前者の解法だけ示します. 驚くほど似ている.

▶**解答**◀ 3 次式 $f(x)$ を $x(x+1)(x+2)$ で割り商を a, 余りを $bx^2 + cx + d$ とおく (a, b, c, d は整数).

$$f(x) = ax(x+1)(x+2) + bx^2 + cx + d$$

$$f(n) = an(n+1)(n+2) + bn^2 + cn + d$$

$$\frac{f(n)}{n(n+1)(n+2)} = a + \frac{bn^2 + cn + d}{n(n+1)(n+2)}$$

b, c, d の中に 0 でないものがあるとすると $bx^2 + cx + d$ は 2 次以下だから $bx^2 + cx + d = 0$ となる x の値は 2 個以下である. よって, ある程度以上大きな自然数 n に対しては $bn^2 + cn + d \neq 0$ であり,

$$-1 < \frac{bn^2 + cn + d}{n(n+1)(n+2)} < 1, \quad \frac{bn^2 + cn + d}{n(n+1)(n+2)} \neq 0$$

となるため (n を大きくすれば $\dfrac{bn^2 + cn + d}{n(n+1)(n+2)}$ は 0 に近づくから) $\dfrac{bn^2 + cn + d}{n(n+1)(n+2)}$ は整数ではない. $f(n)$ が $n(n+1)(n+2)$ で割り切れることに反する. よって b, c, d はすべて 0 で, $f(x) = ax(x+1)(x+2)$

《関数方程式》

10. 任意の実数 x に対して定義される, 実数値をとる関数 $f(x)$ は, 次の条件を満たすとする.

任意の実数 x, y に対して

$$\big| f(x) - f(y) \big| = |x - y|$$

が成り立つ. このとき $a = f(0)$ として

$$g(x) = f(x) - a$$

とおく.

任意の実数 x, y に対して, つねに $|g(x)| = |x|$, $g(x)g(y) = xy$ が成り立つことを示し, $f(x)$ を求めよ.

(18 福井大・医／改題)

考え方 福井大・医学部は関数方程式の問題がよく出題される. 原題のままでは多くの人には手が出ない状態で, 普段の練習には不向きであったから誘導をつけた.

x, y は独立な任意の実数である.

解答の初めの頃に $y = 0$ とするが, それが終わったら y はまた, 任意の実数に戻る.

▶**解答**◀ $\big| f(x) - f(y) \big| = |x - y| \quad\cdots\cdots\cdots①$

で $y=0$ とおく． $f(0)=a$ であるから

$$|f(x)-a|=|x| \quad \cdots\cdots\cdots\cdots②$$

となる． $f(x)-a=g(x)$ であるから

$$|g(x)|=|x| \quad \cdots\cdots\cdots\cdots③$$

である． $f(x)=g(x)+a$ と $f(y)=g(y)+a$ を ① に代入して

$$|g(x)-g(y)|=|x-y| \quad \cdots\cdots\cdots\cdots④$$

となる． ④ を2乗して

$$\{g(x)\}^2+\{g(y)\}^2-2g(x)g(y)$$
$$=x^2+y^2-2xy$$

③ より $\{g(x)\}^2=x^2$, $\{g(y)\}^2=y^2$ だから

$$g(x)g(y)=xy \quad \cdots\cdots\cdots\cdots⑤$$

③ より $g(1)=\pm1$ である．

（ア） $g(1)=1$ のとき，⑤ で $y=1$ として

$$g(x)=x$$
$$f(x)=x+a$$

（イ） $g(1)=-1$ のとき，⑤ で $y=-1$ として

$$g(x)=-x$$
$$f(x)=-x+a$$

よって，任意の実数 x に対して $f(x)=x+a$
または，任意の実数 x に対して $f(x)=-x+a$ となる．
$\boldsymbol{f(x)=x+a}$ または $\boldsymbol{f(x)=-x+a}$

注意 1° 【取り混ぜる】

③ からすぐに $g(x)=\pm x$

$$f(x)=g(x)+a=\pm x+a$$

としてはならない．これでは x の値によって $\pm x$ がプラスになったりマイナスになったりするケースを排除できない．たとえば $f(1)=1+a$, $f(2)=-2+a$ という場合である．解答を見ればわかるが，このようなものは答えではない．

2° 【驚くべき関数】

任意の実数 x, y に対して

$$f(x+y)=f(x)+f(y) \quad \cdots\cdots\cdots\cdots Ⓐ$$

が成り立つとき，$f(x)=ax$ かなと思うが，実は，ハメルの基底というものがあり，$f(x)=ax$ 以外にもある．そして，その関数のグラフは描くことができない． Ⓐ をコーシーの関数方程式という．関数方程式ではグラフを描けないものもあるから，グラフを描いて説明してはならないとされている．

《大雑把な視点でざっくりと》

11. 実数 a, b が $0 \leqq a < 1$ および $0 \leqq b < 1$ を満たしている．このとき，次の条件 (C) を満たす2つの整数 m, n が存在することを示せ．

(C) xy 平面において，点 $(m+a, n+b)$ を中心とする半径 $\dfrac{1}{100}$ の円の内部が，$y=x^2$ のグラフと共有点を持つ． (18 京大・理-特色)

考え方 与えられた小数 a, b に対して，条件 (C) を満たす整数 m, n の存在を示す問題である．m, n をどのようにとるか？ $A(m+a, n+b)$ に対し，放物線 $C : y=x^2$ 上の点で，いくらでも A に近いものが存在することを示すのであるが，まともに放物線と円を連立させたのでは先へ進まない． A の真横の放物線上の点 $B(\sqrt{n+b}, n+b)$ を考えよう． AB がいくらでも小さくとれることを示せばよい．m を大きくとれば，A の近くで，放物線 C は垂直に立った状態になる．すると，b などほとんど，どうでもよくなるはずである．図の円 S_0 でも S_1 でも C と交わるはずである．m が大きなとき AB の長さを評価する．ルートの入った関数で極限値を求めるときに分子の有理化をするが，その変形になるはずである．なお，図は A が C の上方にあるように描いてあるが，そのことは使わない．下方にあっても同じことである．「m を大きく，n を $(m+a)^2$ の，そこそこ近く」にとればよい．

▶解答◀ m, n を正の整数とする．点 $(m+a, n+b)$ を A とし，$y=x^2$ 上に点 $B(\sqrt{n+b}, n+b)$ をとる．

AB 間の距離を L とする．

$$L=\left|\sqrt{n+b}-(m+a)\right|=\frac{|n+b-(m+a)^2|}{\sqrt{n+b}+(m+a)}$$
$$=\frac{|n-\{(m+a)^2-b\}|}{\sqrt{n+b}+m+a}$$

となる．

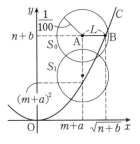

n を $(m+a)^2-b$ の小数部分を切り上げた整数とする．つまり，

$(m+a)^2-b$ が整数なら $n=(m+a)^2-b$
$(m+a)^2-b$ が整数でないなら，それに少し小数を加え

て整数にした値にとる。そのとき

$$n = (m+a)^2 - b + \alpha \quad (0 < \alpha < 1)$$

の形における。2つの場合をまとめると

$$n = (m+a)^2 - b + \alpha \quad (0 \leqq \alpha < 1)$$

とおける。

$$L = \frac{\alpha}{\sqrt{(m+a)^2 + \alpha} + m + a}$$

$$< \frac{1}{\sqrt{(m+a)^2 + \alpha} + m + a}$$

$$\leqq \frac{1}{\sqrt{m^2 + m}} = \frac{1}{2m}$$

したがって、$m = 50$ とすると、$L < \dfrac{1}{100}$ が成り立つから、条件（C）を満たす整数 m, n が存在する。

《集合の特性関数》

12. k を正の整数とし、k 以下の正の整数全体の集合を U とする。すなわち、$U = \{1, \cdots, k\}$ である。U の部分集合 A と U の要素 x に対して $f_A(x)$ を、

$x \in A$ ならば $f_A(x) = 1$,

$x \not\in A$ ならば $f_A(x) = 0$

と定める。例えば $k = 3$, $A = \{2, 3\}$ のとき、$f_A(1) = 0, f_A(2) = 1, f_A(3) = 1$ である。また、U の部分集合 A に対して、A の要素の個数を $n(A)$ で表す。

（1） A, B を U の部分集合、$\overline{A}$ を U に関する A の補集合とする。

$$f_{\overline{A}}(x) = 1 - f_A(x),$$

$$f_{A \cap B}(x) = f_A(x) f_B(x)$$

を示せ。

（2） A を U の部分集合とする。$n(A)$ を $f_A(1), \cdots, f_A(k)$ すべてを用いて表せ。

（3） A_1, A_2, A_3, A_4 を U の部分集合、A_1, A_2, A_3, A_4 の少なくとも一つに属する要素全体の集合を P とする。

$$f_P(x) = 1 - (1 - f_{A_1}(x))(1 - f_{A_2}(x))$$
$$\times (1 - f_{A_3}(x))(1 - f_{A_4}(x))$$

を示せ。

（4）（3）の A_1, A_2, A_3, A_4 と P について考える。整数 $1, 2, 3, 4$ から異なる p 個を選んで $i_1, \cdots, i_p$ とし、$A_{i_1}, \cdots, A_{i_p}$ のどれにも属する要素全体の集合 S をつくる。$i_1, \cdots, i_p$ の選び方 ${}_4\mathrm{C}_p$ 通りをすべて考え、それぞれが定める集合 S を任意に並べて $S_1^{(p)}, \cdots, S_{{}_4\mathrm{C}_p}^{(p)}$ とおく。

さらに、$s(p) = \displaystyle\sum_{i=1}^{{}_4\mathrm{C}_p} n(S_i^{(p)})$ とする。このとき、

$$n(P) = s(1) - s(2) + s(3) - s(4)$$ を示せ。

考え方 数式に溺れてはいけない。集合の特性関数だと見抜いた上で、（1）は補集合と共通部分について、（3）は和集合についての性質を証明させているのだと理解することが重要である。

▶解答◀ （1） $x \in A$ のときは $x \not\in \overline{A}$ であるから

$$f_A(x) + f_{\overline{A}}(x) = 1 + 0 = 1$$

である。$x \in \overline{A}$ のときは $x \not\in A$ であるから

$$f_A(x) + f_{\overline{A}}(x) = 0 + 1 = 1$$

である。したがって、$f_{\overline{A}}(x) = 1 - f_A(x)$ である。

$x \in A \cap B$ のとき、$x \in A$ かつ $x \in B$ であるから、$f_{A \cap B}(x) = 1$, $f_A(x) = 1$, $f_B(x) = 1$ より

$$f_{A \cap B}(x) = f_A(x) f_B(x)$$

である。$x \not\in A \cap B$ のとき、$x \in \overline{A}$ または $x \in \overline{B}$ であるから、$f_{A \cap B}(x) = 0$ で、$f_A(x)$ と $f_B(x)$ の少なくとも一方は 0 であるから、

$$f_{A \cap B}(x) = f_A(x) f_B(x)$$

（2） $x \in A$ のとき $f_A(x) = 1$, $x \not\in A$ のとき $f_A(x) = 0$ であるから、

$$n(A) = \boldsymbol{f_A(1) + f_A(2) + \cdots + f_A(k)}$$

（3） $P = A_1 \cup A_2 \cup A_3 \cup A_4$ である。

$x \in P$ のとき、$f_P(x) = 1$ で、$f_{A_1}(x), f_{A_2}(x), f_{A_3}(x), f_{A_4}(x)$ の少なくとも 1 つが 1 である。したがって

$$1 - (1 - f_{A_1}(x))(1 - f_{A_2}(x))$$
$$\times (1 - f_{A_3}(x))(1 - f_{A_4}(x))$$
$$= 1 - 0 = 1$$

$x \not\in P$ のとき、$f_P(x) = 0$ で、

$$f_{A_1}(x) = f_{A_2}(x) = f_{A_3}(x) = f_{A_4}(x) = 0$$

であるから、

$$1 - (1 - f_{A_1}(x))(1 - f_{A_2}(x))$$
$$\times (1 - f_{A_3}(x))(1 - f_{A_4}(x))$$
$$= 1 - 1 = 0$$

したがって

$$f_P(x) = 1 - (1 - f_{A_1}(x))(1 - f_{A_2}(x))$$
$$\times (1 - f_{A_3}(x))(1 - f_{A_4}(x))$$

（4） $f_{A \cap B}(x) = f_A(x) f_B(x)$ であるから、

$$(1 - f_{A_1}(x))(1 - f_{A_2}(x))$$
$$= 1 - f_{A_1}(x) - f_{A_2}(x) + f_{A_1}(x) f_{A_2}(x)$$

$$= 1 - f_{A_1}(x) - f_{A_2}(x) + f_{A_1 \cap A_2}(x)$$

である．以下これを同様にくり返す．

$$f_P(x) = 1 - (1 - f_{A_1}(x))(1 - f_{A_2}(x))$$
$$\times (1 - f_{A_3}(x))(1 - f_{A_4}(x))$$
$$= 1 - \{1 - f_{A_1}(x) - f_{A_2}(x) + f_{A_1 \cap A_2}(x)\}$$
$$\times \{1 - f_{A_3}(x) - f_{A_4}(x) + f_{A_3 \cap A_4}(x)\}$$
$$= 1 - \{1 - f_{A_1}(x) - f_{A_2}(x) + f_{A_1 \cap A_2}(x)$$
$$- f_{A_3}(x) + f_{A_1 \cap A_3}(x) + f_{A_2 \cap A_3}(x)$$
$$- f_{A_1 \cap A_2 \cap A_3}(x) - f_{A_4}(x) + f_{A_1 \cap A_4}(x)$$
$$+ f_{A_2 \cap A_4}(x) - f_{A_1 \cap A_2 \cap A_4}(x) + f_{A_3 \cap A_4}(x)$$
$$- f_{A_1 \cap A_3 \cap A_4}(x) - f_{A_2 \cap A_3 \cap A_4}(x)$$
$$+ f_{A_1 \cap A_2 \cap A_3 \cap A_4}(x)\}$$
$$= f_{A_1}(x) + f_{A_2}(x) + f_{A_3}(x) + f_{A_4}(x)$$
$$- f_{A_1 \cap A_2}(x) - f_{A_1 \cap A_3}(x) - f_{A_1 \cap A_4}(x)$$
$$- f_{A_2 \cap A_3}(x) - f_{A_2 \cap A_4}(x) - f_{A_3 \cap A_4}(x)$$
$$+ f_{A_1 \cap A_2 \cap A_3}(x) + f_{A_1 \cap A_2 \cap A_4}(x)$$
$$+ f_{A_1 \cap A_3 \cap A_4}(x) + f_{A_2 \cap A_3 \cap A_4}(x)$$
$$- f_{A_1 \cap A_2 \cap A_3 \cap A_4}(x)$$

ここで，$p=1$ のとき ${}_4C_1 = 4$ であるから，$S_1^{(1)} \sim S_4^{(1)}$ は $A_1 \sim A_4$ のいずれかに一致する．

$p=2$ のとき ${}_4C_2 = \dfrac{4 \cdot 3}{2 \cdot 1} = 6$ であるから $S_1^{(2)} \sim S_6^{(2)}$ は $A_1 \sim A_4$ から異なる 2 個をとってきて作る共通部分（全部で 6 個）のいずれかに一致する．

$p=3$ のとき ${}_4C_3 = 4$ であるから $S_1^{(3)} \sim S_4^{(3)}$ は $A_1 \sim A_4$ から異なる 3 個をとってきて作る共通部分（全部で 4 個）のいずれかに一致する．

$p=4$ のとき ${}_4C_4 = 1$ であるから

$$S_1^{(4)} = A_1 \cap A_2 \cap A_3 \cap A_4$$

である．

$$g_1(x) = f_{A_1}(x) + f_{A_2}(x) + f_{A_3}(x) + f_{A_4}(x)$$
$$g_2(x) = f_{A_1 \cap A_2}(x) + f_{A_1 \cap A_3}(x) + f_{A_1 \cap A_4}(x)$$
$$+ f_{A_2 \cap A_3}(x) + f_{A_2 \cap A_4}(x) + f_{A_3 \cap A_4}(x)$$
$$g_3(x) = f_{A_1 \cap A_2 \cap A_3}(x) + f_{A_1 \cap A_2 \cap A_4}(x)$$
$$+ f_{A_1 \cap A_3 \cap A_4}(x) + f_{A_2 \cap A_3 \cap A_4}(x)$$
$$g_4(x) = f_{A_1 \cap A_2 \cap A_3 \cap A_4}(x)$$

とする．

$$f_P(x) = g_1(x) - g_2(x) + g_3(x) - g_4(x)$$

である．（2）より

$$n(P) = f_P(1) + f_P(2) + \cdots + f_P(k)$$

$$= \sum_{j=1}^{k} \{g_1(j) - g_2(j) + g_3(j) - g_4(j)\} \quad \cdots \cdots ①$$

$$\sum_{j=1}^{k} g_1(j) = \sum_{l=1}^{4} n(S_l^{(1)}) = s(1)$$

$$\sum_{j=1}^{k} g_2(j) = \sum_{l=1}^{6} n(S_l^{(2)}) = s(2)$$

$$\sum_{j=1}^{k} g_3(j) = \sum_{l=1}^{4} n(S_l^{(3)}) = s(3)$$

$$\sum_{j=1}^{k} g_4(j) = n(S_1^{(4)}) = s(4)$$

であるから，① に代入して

$$n(P) = s(1) - s(2) + s(3) - s(4)$$

注意 1°【特性関数の相等と性質】

集合 A, B について考える．全体集合のすべての要素 x について，$f_A(x) = f_B(x)$（すなわち，関数として $f_A = f_B$）であれば $A = B$ であることが言える．また，本問の（1）では，

補集合に関する特性関数の性質

$$f_{\overline{A}}(x) = 1 - f_A(x)$$

共通部分 $\cap$ に関する特性関数の性質

$$f_{A \cap B}(x) = f_A(x) f_B(x)$$

（3）では和集合 $\cup$ に関する特性関数の性質

$$f_{A \cup B}(x) = 1 - (1 - f_A(x))(1 - f_B(x)) \quad \cdots ②$$

を証明していることになる．（4）では $n=4$ の場合の包除の原理を証明している．

これらを用いると，集合においてよく用いられるド・モルガンの法則なども図ではなく数式的に証明できる．

> 【例題】A, B を集合 X の部分集合とする．このとき，次を示せ．
> （1）$\overline{A \cap B} = \overline{A} \cup \overline{B}$
> （2）$\overline{A \cup B} = \overline{A} \cap \overline{B}$

（1）$f_{\overline{A} \cup \overline{B}}(x) = 1 - (1 - f_{\overline{A}}(x))(1 - f_{\overline{B}}(x))$
$$= 1 - f_A(x) f_B(x)$$
$$= 1 - f_{A \cap B} = f_{\overline{A \cap B}}(x)$$

であるから，$\overline{A \cap B} = \overline{A} \cup \overline{B}$ である．

（2）$f_{\overline{A \cup B}}(x) = 1 - f_{A \cup B}(x)$
$$= (1 - f_A(x))(1 - f_B(x))$$
$$= f_{\overline{A}}(x) f_{\overline{B}}(x) = f_{\overline{A} \cap \overline{B}}(x)$$

であるから，$\overline{A \cup B} = \overline{A} \cap \overline{B}$ である．

2°【集合の対称差】

集合の特性関数は，集合の対称差に対して興味深い性

質を持つ．集合 A, B の対称差とは，$A \triangle B = (A \backslash B) \cup (B \backslash A)$ を表している（一応補足だが，$A \backslash B$ とは $A \cap \overline{B}$ のことである）．特性関数に対して，合同式の法を 2 としたとき

$$f_{A \triangle B}(x) = f_A(x) + f_B(x) \quad\cdots\cdots\cdots\cdots ③$$

が成立する．これを**対称差に関する特性関数の性質**とここでは呼ぶこととし，これをまず証明する．

$x \in A \cup B$ のときは

$$f_{A \triangle B}(x) = 0, \quad f_A(x) + f_B(x) = 0 + 0 = 0$$

である．$x \in A \backslash B$，または，$x \in B \backslash A$ のときは

$$f_{A \triangle B}(x) = 1, \quad f_A(x) + f_B(x) = 1$$

である．$x \in A \cap B$ のときは

$$f_{A \triangle B}(x) = 0, \quad f_A(x) + f_B(x) = 1 + 1 \equiv 0$$

である．よって，すべての x に対して $f_{A \triangle B}(x) = f_A(x) + f_B(x)$ であることが示された．

これを用いて，集合の対称差に関する次の性質について考察する．東京大学の演習の時間で，次の問題が出題されたのだが，出来た人はあまりいなかった．記号論理学的アプローチを試みるも，上手くいかない，または，複雑すぎることが多い．私の友人は，半分怒りぎみに「ベン図で書けば自明だろ！」と言っていた．確かに，数学科にでも進むのでなければこれは絵を描いて納得すれば済む話だろう．数学科は，そうはいかない．

【例題】 A, B および C を集合 X の部分集合とする．このとき，次を示せ．
（1） $A \triangle B = B \triangle A$
（2） $(A \triangle B) \triangle C = A \triangle (B \triangle C)$

（1） ③ の等式を用いると，

$$\begin{aligned} f_{A \triangle B}(x) &= f_A(x) + f_B(x) \\ &= f_B(x) + f_A(x) = f_{B \triangle A}(x) \end{aligned}$$

であるから，$A \triangle B = B \triangle A$ である．

（2） ③ の等式を用いると，

$$\begin{aligned} f_{(A \triangle B) \triangle C}(x) &= (f_A(x) + f_B(x)) + f_C(x) \\ &= f_A(x) + (f_B(x) + f_C(x)) = f_{A \triangle (B \triangle C)}(x) \end{aligned}$$

であるから，$(A \triangle B) \triangle C = A \triangle (B \triangle C)$ である．

《ゲームの必勝法》

13. A と B の二人が，A を先手として以下のルールで交互に石を取り合うゲームを行う．

―――ルール―――

- はじめに n 個の石がある．
- まず先手は $(n-1)$ 個以下の好きな数の石を取る．
- 以降は，直前に相手が取った石の数の 2 倍以下の好きな数の石を取ることを繰り返す．
- 最後の石を取ったほうが勝ちとなる．

相手の石の取り方によらず勝てるような石の取り方があるとき「必勝法がある」という．

例えば $n = 4$ のとき，まず A が 1 個取れば，次に B は 1 個か 2 個取ることができる．もし B が 1 個取ったなら，A は次に 2 個取ることで勝てる．もし B が 2 個取ったなら，A は次に 1 個取ることで勝てる．

このように，B の石の取り方によらず A は勝てるので，A に必勝法がある．

（1） $n = 5$ のとき，A または B のどちらに必勝法があるか答えよ．
（2） $n = 10$ のとき，A または B のどちらに必勝法があるか答えよ．

（20　一橋大・後期）

考え方 有限回で終わるゲームは先手必勝か，後手必勝のいずれかであることが分かっている．以下では，n が小さい場合の後手必勝，先手必勝に結びつけることを考える．そのために，最初に何を取るかに注意する．2 倍以下しか取れないという原則があるため，最初にあまり多くの数を取ると，つながりが難しくなるからである．

▶解答◀ （1） 「取らない」という選択はない．必ず最低でも 1 個は取る．

（石が 4 個以上残る場合の 3 分の 1 未満の規則）：石が残る場合，あまり多く取ってしまうと，残りが少なくなり，次の人が残りを取って勝ってしまう．だから，あまり多く取ってはいけない．現在目の前に残っている石の 3 分の 1 未満しか取れない．もし 3 分の 1 以上を取ると，3 分の 2 以下残るから，次の人がそれを取ってしまうからである．なお，前に取った人の数の 2 倍以下という条件もある．

$n = 2$ のとき．先手は 2 個は取れないから，1 個取る．すると後手が 1 個取り，後手必勝である．

$n = 3$ のとき．先手が 1 個取ると後手は残りの 2 個を取り，先手が 2 個取ると後手は残りの 1 個を取る．後手必勝である．

$n = 4$ のとき．上で述べた 3 分の 1 未満の規則から，先手は 1 個取る．3 個残る．3 個だと後手必勝（次の人は 1 個または 2 個取るから，2 倍の規則には合う）だから，この場合は次の人である A さんが勝つ．つまり，最初から考えれば，先手必勝である．

$n = 5$ のとき．上で述べた 3 分の 1 未満の規則から，先手は 1 取る．4 個残る．4 個だと先手必勝（次の人は 1 個取るから，2 倍の規則には合う）だから，最初から考えれば，後手必勝である．**B が勝つ**

（2）$n = 6$ のとき．先手が 1 個取ると 5 個残るから，5 個は後手必勝（次の人は 1 個取るから，2 倍の規則には合う），つまり，最初から考えれば，先手必勝である．

$n = 7$ のとき．先手が 2 個取ると 5 個残り，後手は 4 個以下しか取れない．全部取れない．5 個は後手必勝（次の人は 1 個取るから，2 倍の規則には合う），つまり，最初から考えれば，先手必勝である．

$n = 8$ のとき．上で述べた 3 分の 1 未満の規則から，先手は 1 個または 2 個取る．1 個取ると，7 個残り，7 個は先手必勝（次の人は 2 個取るから，2 倍の規則には合う）．つまり，最初から考えれば，後手必勝である．先手が 2 個取ると，6 個残り，6 個は先手必勝（次の人は 1 個取るから，2 倍の規則には合う）．つまり，最初から考えれば，後手必勝である．

$n = 9$ のとき．先手が 1 個取ると，8 個残り，8 個は後手必勝（次の人は 1 個取る）．つまり，最初から考えれば，先手必勝である．

$n = 10$ のとき．先手が 2 個取ると，8 個残り，後手は 4 個以下しか取れない．全部取れない．8 個は後手必勝（次の人は 1 個取るから，2 倍の規則には合う）．つまり，最初から考えれば，先手必勝である．**A が勝つ**

ついでに $n = 11$ のとき．先手が 3 個取ると，8 個残り，後手は 6 個以下しかとれない．8 個は後手必勝．つまり，最初から考えれば，先手必勝である．

ついでに $n = 12$ のとき．3 分の 1 未満の規則から，A は 1 個，または 2 個，または 3 個取る．これが 1 個のとき，11 個残るが，B は 1 個（残りは 10 個），または 2 個（残りは 9 個）取る．このとき，A は残りが 8 個になるように取ると，後手（この場合は A）必勝になる．よって $n = 12$ のときは先手必勝である．

ついでに $n = 13$ のとき．3 分の 1 未満の規則から，A は 1 個，または 2 個，または 3 個，または 4 個取る．A が 1 個取ると，12 個残り，B は 2 個以下取ることができる．$n = 12$ のときの考察から先手必勝，この場合は B の必勝（最初は B が 1 個取る）である．A が 2 個，3 個，4 個取ると，B が 3 個，2 個，1 個とって 8 個残るように

すると，後手必勝（この場合は B）になる（A は次には 6 個以下しか取れない）．よって $n = 13$ のときは後手必勝である．

【一般的な解法について】

$$F_1 = 1,\ F_2 = 2$$
$$F_{k+2} = F_{k+1} + F_k\ (k = 1, 2, 3, \cdots)$$

を満たす数列 $\{F_k\}$ を定める．ここに現れる数をフィボナッチ数と呼ぶことにする．

$$1, 2, 3, 5, 8, 13, 21, \cdots$$

となる．

【命題】 n がフィボナッチ数のときは後手必勝，n がフィボナッチ数でないときには先手必勝である．戦略は次の証明の中で分かる．実際，$n = 10$ までは成り立っている．

【証明】 $n < k(k \geqq 10)$ で成り立つとする．

（ア）k がフィボナッチ数のとき．

$k = F_m = F_{m-1} + F_{m-2}\ (m \geqq 5)$ として，A が取る石の個数を x とする．上の 3 分の 1 未満の法則より $x < \frac{1}{3}F_m = \frac{1}{3}(F_{m-1} + F_{m-2})$ で考える．

（a）$x \leqq \frac{1}{3}F_{m-2}$ のとき．A が取った後は，石が F_{m-1} 個より多く，$k - 1$ 個以下であるから，帰納法の仮定から，先手必勝，最初から考えれば後手必勝である．もし，仮に，A が $\frac{1}{3}F_{m-2}$ 個取り（この場合，$\frac{1}{3}F_{m-2}$ が整数のときである）B が $\frac{2}{3}F_{m-2}$ 個取ったとすると，残りは F_{m-1} 個である．次に A が取れる最大数は $\frac{4}{3}F_{m-2}$ であり，$F_{m-1} > \frac{4}{3}F_{m-2}$ であることが示されるから，次に A は全部取ることはできない．よって後手必勝である．なお

$$3F_{m-1} - 4F_{m-2} = 3(F_{m-2} + F_{m-3}) - 4F_{m-2}$$
$$= 3F_{m-3} - F_{m-2}$$
$$= 3F_{m-3} - (F_{m-3} + F_{m-4}) = 2F_{m-3} - F_{m-4} > 0$$

である．なお，フィボナッチ数列は増加列である．

（b）$\frac{1}{3}F_{m-2} < x < \frac{1}{3}F_m = \frac{1}{3}(F_{m-1} + F_{m-2})$ のとき．A が x 個取った後，B は $\frac{2}{3}F_{m-2}$ より多く取ることができる．すると，二人の取る数の合計が F_{m-2} になるように取れるから，その時点で F_{m-1} 個残り，後手必勝である．

（イ）k がフィボナッチ数でないとき．k より小さな最大のフィボナッチ数を F_m とする．先手が $k - F_m$ 個を取ると残りは F_m 個で，のちに示すように，後手は全部

取ることはできない．すると帰納法の仮定から，後手必勝，最初から考えれば先手必勝である．

（c） $k-F_m < \dfrac{1}{2}F_m$ のとき．残りは F_m 個だから，後手は全部取れない．

（d） $k-F_m \geqq \dfrac{1}{2}F_m$ のとき．後手は全部取ることはできない．すると帰納法の仮定から，後手必勝，最初から考えれば先手必勝である．

《方程式の無理数解》

14. q は正の有理数とし，$f(x) = x^2 - qx - q^2$ とする．2次方程式 $f(x) = 0$ の2つの実数解を $\alpha, \beta\ (\alpha < \beta)$ とする．以下の問に答えよ．

（1） γ が無理数であるとき，有理数 s, t に対して $s\gamma + t = 0$ が成り立つならば $s = t = 0$ であることを証明せよ．

（2） $\sqrt{5}$ は無理数であることを証明せよ．さらに α, β はともに無理数であることを証明せよ．

（3） 有理数 a, b, c に対して
$g(x) = x^3 + ax^2 + bx + c$ を考える．このとき，$g(\alpha) = 0$ であるための必要十分条件は $g(\beta) = 0$ であることを証明せよ．

（15　大教大・後期）

▶解答◀ （1） $s\gamma + t = 0$ ……………………①
において $s \neq 0$ と仮定すると，$\gamma = -\dfrac{t}{s}$ となり左辺は無理数，右辺は有理数で矛盾する．よって，$s = 0$ であり，①より $t = 0$ を得る．

（2） $\sqrt{5}$ が有理数であるとする．u, v を互いに素な正の整数として $\sqrt{5} = \dfrac{u}{v}$ とおけて，

$$5v^2 = u^2 \quad\cdots\cdots\cdots\cdots\cdots②$$

左辺は5の倍数だから右辺は5の倍数である．u も5の倍数である．$u = 5w$（w は自然数）とおいて，②に代入すると

$$5v^2 = 25w^2 \qquad \therefore \quad v^2 = 5w^2$$

右辺は5の倍数であるから左辺も5の倍数で，v も5の倍数である．u も v も5の倍数であるから，u, v が互いに素であることに反する．ゆえに $\sqrt{5}$ は無理数である．
$x^2 - qx - q^2 = 0$ を解くと

$$x = \frac{1 \pm \sqrt{5}}{2}q$$

$$\alpha = \frac{1 - \sqrt{5}}{2}q, \quad \beta = \frac{1 + \sqrt{5}}{2}q$$

$q \neq 0$ より $\dfrac{\alpha}{q} = \dfrac{1 - \sqrt{5}}{2}$

$$2 \cdot \frac{\alpha}{q} - 1 = -\sqrt{5}$$

α が有理数だと仮定すると左辺は有理数，右辺は無理数で矛盾するから α は無理数である．同様に β も無理数である．

（3） $g(x) = x^3 + ax^2 + bx + c$ を $f(x) = x^2 - qx - q^2$ で割った商を $x + p$，余りを $mx + n$ とおく．$g(x), f(x)$ はともに有理数係数の多項式であるから，p, m, n は有理数であり，

$$g(x) = f(x)(x + p) + mx + n$$

である．$x = \alpha$ を代入すると $f(\alpha) = 0$ より $g(\alpha) = m\alpha + n$ である．$g(\alpha) = 0$ ならば，$m\alpha + n = 0$ であり，（1）より $m = 0$，$n = 0$ となる．よって

$$g(x) = f(x)(x + p)$$

となり，$f(\beta) = 0$ より $g(\beta) = 0$ となり，$g(\alpha) = 0 \Longrightarrow g(\beta) = 0$ である．

同様の手順で $g(\beta) = 0 \Longrightarrow g(\alpha) = 0$ となる．よって $g(\alpha) = 0$ であるための必要十分条件は $g(\beta) = 0$ である．

《領域と不等式》

15.（1） 数直線上の閉区間 $[0, 1]$ を I_0 とし，点 $A(a)$ を $a > 1$ となるようにとる．このとき，A を含む閉区間 I に対して，不等式

$$\frac{L(I \cap I_0)}{L(I)} \leqq \frac{1}{a}$$

が成立することを示せ．さらに，等号成立は $I = [0, a]$ のときのみであることを示せ．ただし，I は数直線上の異なる2点を両端とし，$L(I), L(I \cap I_0)$ はそれぞれの区間の両端の間の距離を表し，$I \cap I_0$ が1点または空集合のときは $L(I \cap I_0) = 0$ とする．

（2） 座標平面上で，$(0, 0), (1, 0), (1, 1), (0, 1)$ を頂点とする正方形を Q_0 とし，点 $P(a, b)$ を $2 \leqq a$，
$1 \leqq b \leqq a$ となるようにとる．各辺が x 軸または y 軸に平行な正方形 Q が P を含むとき，不等式

$$\frac{S(Q \cap Q_0)}{S(Q)} \leqq \frac{1}{a^2}$$

が成立することを，次の各場合について示せ．

（ⅰ） Q の辺の長さが a 以上のとき，

（ⅱ） Q の辺の長さが a より小さく，$a - 1$ より大きいとき，

（iii）Q の辺の長さが $a-1$ 以下のとき．

さらに，等号が成立する Q をすべて求めよ．ただし，$S(Q)$, $S(Q \cap Q_0)$ はそれぞれ Q, $Q \cap Q_0$ の面積を表し，$Q \cap Q_0$ が 1 点，線分，または空集合のときは $S(Q \cap Q_0) = 0$ とする．

（20　和歌山県立医大）

▶解答◀　（1）閉区間 I の長さ $L(I) = l$ とする．証明すべき不等式を

$$a \cdot L(I \cap I_0) \leq l \quad \cdots\cdots\cdots\cdots\cdots① $$

と書き換える．さらに，l を固定し，区間 I の位置を変えて，できるだけ $L(I \cap I_0)$ を長くし，①の左辺の最大値と l を比べると考え，区間 I の右端を a に（左端をできるだけ左に）した状態で考える．

（2）の指示と同様に場合分けする．

（ア）$l \geq a$ のとき．$a - l \leq 0$ で，I が I_0 を含むから $L(I \cap I_0) = L(I_0) = 1$ であり，①は $a \leq l$ となるから成り立つ．等号は $l = a$, 区間の左端 $a - l = 0$, 右端が a, すなわち，$I = [0, a]$ のときに限って成り立つ．

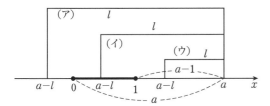

（イ）$a - 1 < l < a$ のとき．$L(I \cap I_0) = 1 - (a - l)$

$$l - aL(I \cap I_0) = l - a(1 - a + l)$$
$$= a(a - 1) - l(a - 1) = (a - l)(a - 1) > 0$$

①の等号のないものが成り立つ．

（ウ）$l \leq a - 1$ のとき．$I \cap I_0$ は空集合または 1 点で，$L(I \cap I_0) = 0$ である．①の等号のないものが成り立つ．

以上で証明された．

（2）$I_0 = [0, 1]$, $J_0 = [0, 1]$ とし，

$$Q_0 = \{(x, y) \mid x \in I_0, y \in J_0\}$$

と表す．これを簡略化して $Q_0 = I_0 \times J_0$ と表す（直積という）．同様に，$Q = I \times J$ とする．Q の一辺の長さを l とする．I, J の長さがともに l, $S(Q) = l^2$ である．

（i）$l \geq a$ のとき．$S(Q \cap Q_0) \leq S(Q_0) = 1$

$$\frac{S(Q \cap Q_0)}{S(Q)} \leq \frac{1}{l^2} \leq \frac{1}{a^2}$$

この第一の等号が成り立つのは $Q_0 \subset Q$ のときで，第二の等号が成り立つのは $l = a$ のときである．この 2 つの等号が成り立つとき，$I = [0, a]$,

$J = [c, d]$ $(c \leq 0, b \leq c + a), d - c = a$ である．

（ii）$a - 1 < l < a$ のとき．$I \cap I_0$ については（イ）と同様で

$$L(I \cap I_0) \leq 1 - (a - l) = 1 - a + l$$
$$L(J \cap J_0) \leq L(J_0) = 1$$
$$S(Q \cap Q_0) \leq (1 - a + l) \cdot 1 = 1 - a + l$$

ここで $1 - a + l \leq \dfrac{l^2}{a^2}$ であることを示す．

$$l^2 - a^2(1 - a + l) = a^2(a - l) - (a^2 - l^2)$$
$$= (a - l)(a^2 - a - l)$$
$$\geq (a - l)(2a - a - l) = (a - l)^2 > 0$$

ここで $a \geq 2$ を用いている．よって

$$S(Q \cap Q_0) \leq 1 - a + l < \frac{l^2}{a^2}$$
$$\frac{S(Q \cap Q_0)}{S(Q)} < \frac{1}{a^2}$$

である．証明すべき不等式の等号のないものが成り立つ．

（iii）$l \leq a - 1$ のとき．$I \cap I_0$ は 1 点または空集合であるから $S(Q \cap Q_0) = 0$ である．証明すべき不等式の等号のないものが成り立つ．

以上で不等式は証明された．等号が成り立つ Q の点の x 座標の範囲は $0 \leq x \leq a$, y 座標の範囲は $c \leq y \leq c + a$ $(c \leq 0, b \leq c + a)$ である．

注意 【（2）で錯覚した話】

（1）を J にも適用する．J が含む数値が a でなく b だから

$$\frac{L(I \cap I_0)}{L(I)} \leq \frac{1}{a}, \quad \frac{L(J \cap J_0)}{L(J)} \leq \frac{1}{b}$$

となり，これらを辺ごとに掛けて

$$\frac{L(I \cap I_0) \cdot L(J \cap J_0)}{L(I) \cdot L(J)} \leq \frac{1}{ab}$$
$$\frac{S(Q \cap Q_0)}{S(Q)} \leq \frac{1}{ab}$$

となる．$\dfrac{1}{ab} \leq \dfrac{1}{a^2}$ となって終わるかと思ったが，残念なことに，この最後の不等式は成り立たない．

━━━━━━《対称式を含む不等式》━━━

16. 以下の問いに答えなさい．

（1）x, y, z が 2 以上の整数であるとき，不等式

$$\frac{xyz - 1}{(x - 1)yz} < \frac{xyz}{(x - 1)(y - 1)(z - 1)}$$

が成り立つことを証明しなさい．

（2） x, y, z が $3 \leqq x < y < z$ を満たす奇数であるとき，不等式

$$1 < \frac{xyz-1}{(x-1)(y-1)(z-1)} < 3$$

が成り立つことを証明しなさい．

（3） 関数

$$g(x) = x^3 + Ax^2 + Bx + C$$

が次の二つの条件（ⅰ），（ⅱ）を満たすとき，A, B, C の値を求めなさい．

（ⅰ） 方程式 $g(x) = 0$ は異なる三つの整数を解に持ち，さらに，それらの解はすべて 3 以上の奇数です．

（ⅱ） $\dfrac{A+B+2C+2}{A+B+C+1}$ は整数です．

（19 横浜市大・共通）

▶解答◀ （1） $x \geqq 2, y \geqq 2, z \geqq 2$ のとき

$$(y-1)(z-1) < yz$$

$$\frac{1}{yz} < \frac{1}{(y-1)(z-1)}$$

$$\frac{1}{(x-1)yz} < \frac{1}{(x-1)(y-1)(z-1)} \quad \cdots\cdots\cdots①$$

が成り立つ．また

$$xyz - 1 < xyz \quad \cdots\cdots\cdots\cdots\cdots②$$

である．①，② より

$$\frac{xyz-1}{(x-1)yz} < \frac{xyz}{(x-1)(y-1)(z-1)}$$

（2） x, y, z が $3 \leqq x < y < z$ をみたす奇数のとき

$$\frac{xyz-1}{(x-1)(y-1)(z-1)} < \frac{xyz}{(x-1)(y-1)(z-1)}$$

$$= \left(1 + \frac{1}{x-1}\right)\left(1 + \frac{1}{y-1}\right)\left(1 + \frac{1}{z-1}\right)$$

$$\leqq \left(1 + \frac{1}{2}\right)\left(1 + \frac{1}{4}\right)\left(1 + \frac{1}{6}\right) = \frac{35}{16} < 3$$

よって $\dfrac{xyz-1}{(x-1)(y-1)(z-1)} < 3$ が成り立つ．また

$$(xyz-1) - (x-1)(y-1)(z-1)$$

$$= xy + yz + zx - x - y - z$$

$$= x(y-1) + y(z-1) + z(x-1) > 0$$

より $xyz - 1 > (x-1)(y-1)(z-1)$ すなわち $1 < \dfrac{xyz-1}{(x-1)(y-1)(z-1)}$ が成り立つ．

（3） $g(x) = x^3 + Ax^2 + Bx + C = 0$ の 3 つの解を $\alpha, \beta, \gamma \ (\alpha < \beta < \gamma)$ とおくと，解と係数の関係より

$\alpha + \beta + \gamma = -A, \ \alpha\beta + \beta\gamma + \gamma\alpha = B, \ \alpha\beta\gamma = -C \ \cdots③$

ここで（2）より $1 < \dfrac{\alpha\beta\gamma - 1}{(\alpha-1)(\beta-1)(\gamma-1)} < 3$

が成り立ち，

$$(\alpha-1)(\beta-1)(\gamma-1)$$

$$= \alpha\beta\gamma - (\alpha\beta + \beta\gamma + \gamma\alpha) + (\alpha + \beta + \gamma) - 1$$

$$= -A - B - C - 1$$

より $1 < \dfrac{C+1}{A+B+C+1} < 3$ である．ここで

$$\frac{A+B+2C+2}{A+B+C+1} = 1 + \frac{C+1}{A+B+C+1}$$

より $2 < \dfrac{A+B+2C+2}{A+B+C+1} < 4$ とわかり，

$\dfrac{A+B+2C+2}{A+B+C+1}$ は整数より

$$\frac{A+B+2C+2}{A+B+C+1} = 3$$

$$A + B + 2C + 2 = 3(A+B+C+1)$$

$$2A + 2B + C + 1 = 0$$

③ を代入して

$$-2(\alpha+\beta+\gamma) + 2(\alpha\beta+\beta\gamma+\gamma\alpha) - \alpha\beta\gamma + 1 = 0$$

$$2(\alpha-1)(\beta-1)(\gamma-1) = \alpha\beta\gamma - 1$$

ここで α, β, γ は 3 以上の異なる奇数だから，k, l, m を $k < l < m$ をみたす自然数として

$$\alpha = 2k+1, \ \beta = 2l+1, \ \gamma = 2m+1$$

とおける．これを代入して

$$2 \cdot 2k \cdot 2l \cdot 2m = (2k+1)(2l+1)(2m+1) - 1$$

$$16klm = 8klm + 4(kl + lm + mk) + 2(k+m+l)$$

$$2lm + m + l = k(4lm - 2l - 2m - 1) \quad \cdots\cdots④$$

$k \geqq 1$ より

$$2lm + m + l \geqq 4lm - 2l - 2m - 1$$

$$2lm - 3l - 3m - 1 \leqq 0$$

$$(2l-3)\left(m - \frac{3}{2}\right) - \frac{11}{2} \leqq 0$$

$$(2l-3)(2m-3) \leqq 11$$

$l \geqq 2, m \geqq 3$ より $2l - 3 \geqq 1, 2m - 3 \geqq 3$ で l, m は異なる自然数だから

$$(2l-3, 2m-3)$$

$$= (1, 3), (1, 5), (1, 7), (1, 9), (1, 11)$$

に限り，このとき

$$(l, m) = (2, 3), (2, 4), (2, 5), (2, 6), (2, 7)$$

これを ④ にそれぞれ代入すると k の値は順に

$$k = \frac{17}{13}, \ \frac{22}{19}, \ \frac{27}{25}, \ \frac{32}{31}, \ 1$$

$k < l < m$ をみたすのは $(k, l, m) = (1, 2, 7)$ である．このとき $\alpha = 3, \beta = 5, \gamma = 15$ であるから ③ より

$$\boldsymbol{A = -23, \ B = 135, \ C = -225}$$

♦別解♦ （1）では与式の分母を払った

$$(xyz - 1)(y-1)(z-1) < xy^2z^2$$

を示せばよいが（右辺）−（左辺）を計算しても普通に示すことができる．左辺は

$$(xyz-1)(yz-y-z+1)$$
$$= xy^2z^2 - xy^2z - xyz^2 + xyz - yz + y + z - 1$$

だから（右辺）−（左辺）を計算すると

$$xy^2z + xyz^2 - xyz + yz - y - z + 1$$
$$= xyz(y-1) + y(xz^2-1) + z(y-1) + 1 > 0$$

となり示される．

《恒等式の扱い方》

17. q は $0 < q < 1$ を満たす実数とする．多項式 $f(x)$ に対し，$F(x) = \dfrac{f(x) - f(qx)}{(1-q)x}$ と定める．恒等式

$$x(x-1)F(x) - (1+q)xf(x) = cf(x) \cdot (\star)$$

を満たす実数 c と多項式 $f(x)$ を求めたい．以下の問いに答えよ．

（1）$f(x) = x^n$（n は自然数）に対して，多項式 $F(x)$ を求めよ．

（2）ある c に対して，0 でない多項式 $f(x)$ が $(\star)$ を満たすと仮定する．このとき，$f(x)$ は 2 次式であることを示せ．

（3）ある c に対して，2 次式 $f(x) = x^2 + ax + b$ が $(\star)$ を満たすと仮定する．実数の組 (a, b, c) をすべて求めよ． （18 中央大・理工）

▶解答◀ （1）$f(x) = x^n$ であるとき

$$F(x) = \frac{f(x) - f(qx)}{(1-q)x}$$
$$= \frac{x^n - q^n x^n}{(1-q)x} = \frac{1-q^n}{1-q}x^{n-1}$$

（2）$(\star)$ に $F(x)$ を代入すると

$$x(x-1) \cdot \frac{f(x) - f(qx)}{(1-q)x} - (1+q)xf(x) = cf(x)$$
$$(x-1)f(x) - (x-1)f(qx) - (1-q^2)xf(x)$$
$$= c(1-q)f(x)$$
$$(q^2x-1)f(x) - (x-1)f(qx)$$
$$= c(1-q)f(x) \quad\cdots\cdots\cdots\cdots\cdots\cdots① $$

ここで

$$f(x) = a_n x^n + a_{n-1}x^{n-1} + \cdots + a_0$$

（n は 0 以上の整数，$a_n \neq 0$）

とおく．ただし $x^0 = 1$ と定義する．このとき①の左辺の最高次の項は

$$q^2 \cdot a_n x^{n+1} - x \cdot a_n q^n x^n = a_n(q^2 - q^n)x^{n+1} \quad\cdots② $$

①の右辺の最高次の項は

$$c(1-q) \cdot a_n x^n$$

であるから，②の係数は 0 である．$a_n \neq 0$ より

$$q^2 - q^n = 0 \quad\cdots\cdots\cdots\cdots\cdots\cdots\cdots\cdots③ $$

$0 < q < 1$ であるから，③が成立するとき $n = 2$ である．したがって，$f(x)$ は 2 次式である．

（3）$f(x) = x^2 + ax + b$ のとき，①の左辺は

$$(q^2x-1)(x^2+ax+b) - (x-1)(q^2x^2+aqx+b)$$
$$= q^2x^3 + (aq^2-1)x^2 + (bq^2-a)x - b$$
$$\qquad -q^2x^3 - (aq-q^2)x^2 - (b-aq)x + b$$
$$= (aq^2-aq+q^2-1)x^2 + (bq^2-b+aq-a)x$$
$$= \{aq(q-1)+(q+1)(q-1)\}x^2$$
$$\qquad +\{b(q+1)(q-1)+a(q-1)\}x$$
$$= (1-q)\{-(aq+q+1)x^2$$
$$\qquad -(bq+b+a)x\} \quad\cdots\cdots\cdots\cdots④ $$

①の右辺は

$$c(1-q)(x^2+ax+b)$$
$$= (1-q)(cx^2+acx+bc) \quad\cdots\cdots\cdots⑤ $$

④，⑤ および $1-q \neq 0$ より

$$-(aq+q+1) = c \quad\cdots\cdots\cdots\cdots\cdots\cdots⑥ $$
$$-(bq+b+a) = ac \quad\cdots\cdots\cdots\cdots\cdots⑦ $$
$$0 = bc \quad\cdots\cdots\cdots\cdots\cdots\cdots\cdots\cdots⑧ $$

⑧より $b = 0$ または $c = 0$

（ア）$b = 0$ のとき

⑦より $-a = ac$

$$a(1+c) = 0$$

$a = 0$ または $c = -1$

　$a = 0$ のとき，⑥より $c = -1 - q$

　$c = -1$ のとき，⑥より

$$-aq - q - 1 = -1$$
$$aq = -q$$

$q \neq 0$ であるから $a = -1$

（イ）$c = 0$ のとき

⑥より $aq + q + 1 = 0$

$$aq = -(1+q)$$

$q \neq 0$ であるから

$$a = -\frac{1+q}{q}$$

⑦より $-bq - b + \dfrac{1+q}{q} = 0$

$$(1+q)b = \frac{1+q}{q}$$

$1 + q \neq 0$ であるから $b = \dfrac{1}{q}$

　以上より，(a, b, c) の組は

$$(a, b, c) = (0, 0, -1 - q), (-1, 0, -1),$$
$$\left(-\frac{1 + q}{q}, \frac{1}{q}, 0 \right)$$

《コーシー・シュバルツの不等式》

18.（1）n を正整数とし，$2n$ 個の実数 $x_1, \cdots, x_n, y_1, \cdots, y_n$ をとる．t の関数

$$f(t) = \sum_{i=1}^{n} (tx_i + y_i)^2$$

は，どのような実数 t に対しても $f(t) \geq 0$ であることを用いて，任意の実数 $x_1, \cdots, x_n, y_1, \cdots, y_n$ に対して次の不等式が成り立つことを証明せよ．

$$\left(\sum_{i=1}^{n} x_i^2 \right) \left(\sum_{i=1}^{n} y_i^2 \right) \geq \left(\sum_{i=1}^{n} x_i y_i \right)^2$$

（2）n を正整数とする．任意の正の実数 $x_1, x_2, \cdots, x_n$ に対して次の不等式が成り立つことを証明せよ．

$$\sum_{i=1}^{n} \frac{1}{x_i^2} \geq \frac{n^3}{\left(\sum\limits_{i=1}^{n} x_i \right)^2}$$

（3）ある正整数 n を一つ固定しておき，実数 a に対して次の条件（N）を考える．

条件（N）: 不等式

$$a + \left[\sum_{i=1}^{n} \frac{1}{x_i^2} \right] > \frac{n^3}{\left(\sum\limits_{i=1}^{n} x_i \right)^2}$$

が，n 個の任意の正の実数 $x_1, \cdots, x_n$ に対して成り立つ．（ただし，実数 r に対して r を越えない最大の整数を $[r]$ と表す．）

このとき，条件（N）を満たす実数 a の中で $a = 1$ は最小であることを証明せよ．

（14 奈良県医大・後期）

▶**解答**◀（1）$f(t) = \sum\limits_{i=1}^{n} (x_i^2 t^2 + 2x_i y_i t + y_i^2)$ である．ここで

$$A = \sum_{i=1}^{n} x_i^2, \ B = \sum_{i=1}^{n} x_i y_i, \ C = \sum_{i=1}^{n} y_i^2$$

とおくと

$$f(t) = At^2 + 2Bt + C \quad \cdots\cdots\cdots\cdots①$$

となる．証明すべき不等式は

$$AC \geq B^2 \quad \cdots\cdots\cdots\cdots②$$

である．

（ア）$A = 0$ のとき．$x_1 = x_2 = \cdots = x_n = 0$ のときだから $B = 0$ となり，②が成り立つ．

（イ）$A > 0$ のとき．①で $f(t)$ の判別式を D とする．任意の実数 t に対して

$$f(t) = \sum_{i=1}^{n} (x_i t + y_i)^2 \geq 0$$

だから $D \leq 0$ である．

$$\frac{D}{4} = B^2 - AC \leq 0$$

だから②が成り立つ．

（2）証明すべき不等式は

$$\left(\sum_{i=1}^{n} \frac{1}{x_i^2} \right) \left(\sum_{i=1}^{n} x_i \right)^2 \geq n^3 \quad \cdots\cdots③$$

と書ける．まず（1）の不等式より

$$\left(\sum_{i=1}^{n} 1^2 \right) \left(\sum_{i=1}^{n} \frac{1}{x_i^2} \right) \geq \left(\sum_{i=1}^{n} 1 \cdot \frac{1}{x_i} \right)^2$$

$$n \sum_{i=1}^{n} \frac{1}{x_i^2} \geq \left(\sum_{i=1}^{n} \frac{1}{x_i} \right)^2$$

が成り立つ．この両辺に $\left(\sum\limits_{i=1}^{n} x_i \right)^2$ を掛けて

$$n \sum_{i=1}^{n} \frac{1}{x_i^2} \left(\sum_{i=1}^{n} x_i \right)^2 \geq \left\{ \left(\sum_{i=1}^{n} \frac{1}{x_i} \right) \left(\sum_{i=1}^{n} x_i \right) \right\}^2 \cdots④$$

となる．さらに（1）の不等式より，

$$\left(\sum_{i=1}^{n} \frac{1}{x_i} \right) \left(\sum_{i=1}^{n} x_i \right) = \left\{ \sum_{i=1}^{n} \frac{1}{(\sqrt{x_i})^2} \right\} \left\{ \sum_{i=1}^{n} (\sqrt{x_i})^2 \right\}$$

$$\geq \left(\sum_{i=1}^{n} \frac{1}{\sqrt{x_i}} \cdot \sqrt{x_i} \right)^2 = n^2 \quad \cdots\cdots⑤$$

である．④，⑤より

$$n \sum_{i=1}^{n} \frac{1}{x_i^2} \left(\sum_{i=1}^{n} x_i \right)^2 \geq \left\{ \left(\sum_{i=1}^{n} \frac{1}{x_i} \right) \left(\sum_{i=1}^{n} x_i \right) \right\}^2 \geq n^4$$

となる．この各辺を n で割れば③を得る．

（3）$X = \sum\limits_{i=1}^{n} \frac{1}{x_i^2}$，$Y = \dfrac{n^3}{\left(\sum\limits_{i=1}^{n} x_i \right)^2}$ とおく．（2）で証明した不等式は $X \geq Y$ すなわち

$$0 \geq Y - X \quad \cdots\cdots\cdots\cdots⑥$$

である．次に（N）の不等式は

$$a + [X] > Y \quad \cdots\cdots\cdots\cdots⑦$$

である．X の小数部分を $z \, (0 \leq z < 1)$ とおくと $[X] = X - z$ だから⑦は $a + X - z > Y$，すなわち

$$a - z > Y - X \quad \cdots\cdots\cdots\cdots⑧$$

となる．⑧が任意の正の $x_1, \cdots, x_n$ で成立するために a の満たす必要十分条件を求める．ただし X, Y, z は連動して動くから注意を要する．次の「必要性」では 1 変数にして考える．

（ア）【必要性について】⑧が $x_1 = \cdots = x_n (= x$ とおく）で成り立つことが必要である．このとき $Y = X$ となり，⑧は $a - z > 0$，すなわち $z < a$ となる．z は

$X = \dfrac{n}{x^2}$ の小数部分だから $0 \leqq z < 1$ のすべての値を取る. $z < a$ が任意の z に対して成り立つならば $1 \leqq a$ である.

（イ）【十分性について】$a \geqq 1$ ならば $a \geqq 1 > z$, すなわち $a - z > 0$ である. ⑥と合わせて

$$a - z > 0 \geqq Y - X$$

となり, ⑧が成り立つ. よって (N) が成り立つ.

よって⑦が任意の正の $x_1, \cdots, x_n$ で成立するために a の満たす必要十分条件は $a \geqq 1$ である. このような最小の定数 a は $a = 1$ である.

注意 【ガウス記号の扱い方】

(a) $x - 1 < [x] \leqq x$ と不等式で挟む

(b) x の小数部分を $\alpha\,(0 \leqq \alpha < 1)$ として $[x] = x - \alpha$ とおく.

本問のような場合「$a = 1$ は最小」と書く大学が多いが, a も動くと錯覚をする人がいるから「条件 (N) が成り立つために, 実数の定数 a の満たす必要十分条件は $a \geqq 1$ であることを示せ」と書く方が親切である.

参考 実数 x に対して, $[x]$ は x を超えない最大の整数を表す.

（1） 実数 a は $a \geqq 1$ であれば次の条件 (C) を満足することを示せ.

条件 (C)：「すべての 0 以上の実数 x, y に対して

$$[x + y] + a > 2\sqrt{xy} \text{ である.」}$$

（2） 条件 (C) を満足する実数 a の中で $a = 1$ は最小であることを示せ. （96 岐阜大・教育）

▶解答◀ （1） $x + y$ の小数部分を $z\,(0 \leqq z < 1)$ とおくと, $[x + y] = x + y - z$ である. これより, 条件 (C) は

$$x + y - z + a > 2\sqrt{xy}$$

$$a - z > 2\sqrt{xy} - (x + y) \cdots\cdots\cdots\cdots\cdots ⑨$$

となる. $a \geqq 1$ ならば $a \geqq 1 > z$, すなわち $a - z > 0$ となる. ここで, 相加・相乗平均の不等式より

$$x + y \geqq 2\sqrt{xy} \qquad \therefore\ 2\sqrt{xy} - (x + y) \leqq 0$$

が成立しているから,

$$a - z > 0 \geqq 2\sqrt{xy} - (x + y)$$

となって①が成り立つ. よって (C) が成り立つ.

（2） (C) が成り立っているとき, ①は $x = y$ としても成り立っているから,

$$a - z > 2x - 2x = 0 \qquad \therefore\ z < a$$

が成立している. z は $x + y$ の小数部分だから $0 \leqq z < 1$ のすべての値をとる. $z < a$ が任意の z に対して成り立つならば $1 \leqq a$ である. よって, ①がすべての 0 以上の実数 x, y に対して成立するために a の満たす必要十分条件は $a \geqq 1$ である. このような最小の定数 a は $a = 1$ である.

§2 図形

《面積の二等分線》

1. 三角形 △ABC の辺 BC, CA, AB の長さをそれぞれ a, b, c で表し，∠A, ∠B, ∠C の大きさをそれぞれ A, B, C で表す．ただし，$a > b > c$ とする．次の問いに答えよ．

（1） $\sqrt{\dfrac{ab}{2}} < b$ を示せ．

（2） 辺 AB 上の点 M と辺 AC 上の点 N を結ぶ線分 MN が △ABC の面積を 2 等分するとき，$\text{MN}^2 \geqq bc(1 - \cos A)$ が成り立つことを示せ．

（3） △ABC の周上の 2 点 P と Q を結ぶ線分 PQ で，△ABC の面積を 2 等分するとき，線分 PQ の長さの最小値を a, b, c を用いて表せ． (19 島根大・医, 数理／改題)

《正二十面体》

2. 正二十面体の体積を求めてみよう．正二十面体の各面は正三角形であり，1 つの頂点には 5 つの正三角形が集まっている．まず，H を中心とする円に内接する正五角形 ABCDE について考える．AC と BE の交点を I とすると，△IAB と △BCA を比較することにより，$\text{AC} = \dfrac{\boxed{} + \sqrt{\boxed{}}}{\boxed{}} \text{AB}$ となり，$\cos\angle\text{BAC} = \dfrac{\boxed{} + \sqrt{\boxed{}}}{\boxed{}}$

となることがわかる．これを用いて $\text{AB} = \dfrac{\sqrt{\boxed{} - \boxed{}\sqrt{\boxed{}}}}{\boxed{}} \text{AH}$ が求まる．次に，H を通り円 H を含む平面に垂直な直線上に FA = AB となるように F をとると，$\text{FH} = \dfrac{\boxed{} + \sqrt{\boxed{}}}{\boxed{}} \text{AH}$ である．さらに FH の延長上に FO = AO となるように O をとると $\text{HO} = \dfrac{\boxed{}}{\boxed{}} \text{AH}$ であり，$\text{FO} = \dfrac{\sqrt{\boxed{}}}{\boxed{}} \text{AH}$ となる．△FAB の重心を G とすると，$\text{FG} = \dfrac{\sqrt{\boxed{}}}{\boxed{}} \text{AB} = \dfrac{\sqrt{\boxed{} - \boxed{}\sqrt{\boxed{}}}}{\boxed{}} \text{AH}$ となる．このとき，正五角錐 ABCDEF は O を中心とする球に内接する正二十面体の一部である．$\text{GO} = \dfrac{\boxed{}\sqrt{\boxed{}} + \sqrt{\boxed{}}}{\boxed{}} \text{AB}$ となり，正二十面体の表面積は $\boxed{}\sqrt{\boxed{}} \text{AB}^2$ となるので体積は $\dfrac{\boxed{} + \boxed{}\sqrt{\boxed{}}}{\boxed{}} \text{AB}^3$ とあらわすことができる． (16 順天堂大)

《外心との距離の最小値》

3. △ABC において，AB＝AC＝x，BC＝2 とする．このとき，

$\cos\angle BAC = \boxed{}$, $\sin\angle BAC = \boxed{}$

であり，△ABC の外接円の半径は $\boxed{}$ である．

2 点 A，C を通る円の弧 AC で，図のように △ABC の外部にはみ出さないものを考える．

このような円の弧のうち，円の半径が最小のものをとり，その円の中心を P とする．△ABC の外心と点 P の距離は，$1 < x \leqq \boxed{}$ のとき $\boxed{}$ であり，$x \geqq \boxed{}$ のとき $\boxed{}$ である．　　　　　　（17　明治大・理工）

《星形と三角比》

4. 下図のような五芒星ABCDEFGHIJ がある．AE＝EI＝IC＝CG＝GA であり，点 A，C，E，G，I は同一円周上にある．AE＝1 として，以下の問いに答えよ．なお，途中の式や考え方等も記入すること．

（1）　△ABJ ≡ △CBD を証明せよ．

（2）　線分 AD の長さを求めよ．

（3）　五芒星の面積を求めよ．

（4）　線分 BD，DF，FH，HJ，JB を折り目として折り，五角形 BDFHJ を底面とする五角錐を作る．この五角錐の体積を求めよ．

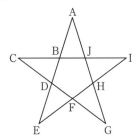

（19　兵庫医大）

《Fejer 系の問題》

5. a を正の実数とするとき，次の問いに答えよ．

（1）　1 辺の長さが 1，他の 2 辺のうち 1 辺の長さが a である三角形のなかで，面積が最大である三角形の残りの 1 辺の長さを a を用いて表せ．

（2）　2 辺の長さが 1，他の 2 辺のうち 1 辺の長さが a である四角形のなかで，面積が最大である四角形の残りの 1 辺の長さを a を用いて表せ．

（15　愛媛大・医）

《空間図形の論証》

6. 四面体 ABCD の面および内部から一直線上にない 3 点 P，Q，R を選ぶ．このとき，三角形 PQR の面積は四面体 ABCD の 4 つの面の面積のうち最大のものを超えないことを示せ．　　（20　京大・特色入試）

《オイラーの多面体定理》

7. 次のような凸多面体 K, K' について考える．K と K' のどちらについても，各面は，正方形または正六角形である．また，K について，頂点の数 v は 24，辺の数 e は 36 である．

次の問いに答えよ．

（1）K の面の数 f を求めよ．

（2）K' の各頂点について，その頂点に集まる面の数が 3 であることを示せ．

（3）K' について，正方形である面の数が 6 であることを示せ．

（4）K' の面の数を f' とするとき，$f \geqq f'$ であることを示せ． （22　大阪公立大・理-後）

《展開図から立体を作る》

8. 全ての面が 1 辺の長さ 2 の正三角形からなる六面体 S の展開図を示す．図の点 A〜点 H は六面体 S のいずれかの頂点である．この六面体 S の三角形 ABC を底面として，平面 P 上に置く．次の問いに答えよ．

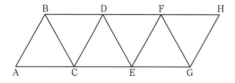

（1）六面体を作ったときに重なる点の組をすべて示せ．

（2）点 H と平面 P の距離を求めよ．

（3）六面体 S の全ての面に接する球の半径を求めよ．

（4）点 F と平面 P の距離を求めよ．

（5）線分 AB を含み平面 P に垂直な平面で六面体 S を切って 2 つの立体に分ける．このときできる 2 つの立体の体積の比を求めよ． （22　藤田医科大・後期）

《平面図形の論証》

9. 3 点 $(0,0)$, $(1,0)$, $(0,1)$ を頂点とする三角形を D とする．D の 1 辺を選び，その中点を中心として D を 180° 回転させる．このようにして D から得られる 3 個の三角形からなる集合を S_1 とする．S_1 から一つ三角形を選び，さらにその三角形の 1 辺を選び，その中点を中心としてその三角形を 180° 回転させる．このようにして S_1 から得られる三角形すべてからなる集合を S_2 とする．S_2 は 7 個の三角形からなる集合であり，その中には D も含まれる．一般に，自然数 n に対して S_n まで定義されたとき，S_n から一つ三角形を選び，さらにその三角形の 1 辺を選び，その中点を中心としてその三角形を 180° 回転させる．このようにして S_n から得られる三角形すべてからなる集合を S_{n+1} とする．次の問に答えよ．

（1）S_3 の要素を全て図示せよ．

（2）m を自然数とする．S_{2m} から一つ三角形を選び，その頂点それぞれと原点 $(0,0)$ との距離の最大値を考える．三角形の選び方をすべて考えたときの，この最大値の最大値 d_{2m} を求めよ． （16　早稲田大・教育）

《外接円と外心》

10. 三角形 ABC を AB＝AC かつ AB＞BC である二等辺三角形とする．辺 AB 上の点 D を，三角形 ABC と三角形 CDB が相似となるようにとる．三角形 ABC の外心を O，三角形 ADC の外心を P とする．以下の問いに答えよ．

（1）点 P は三角形 ADC の外部にあることを示せ．

（2）四角形 AOCP において，∠AOC＝∠APC であることを示せ．

（3）三角形 CDB の外心は，三角形 ADC の外接円の周上にあることを示せ． （14　奈良女子大・生活）

《チャップルの定理》

11. △ABC において，内心を I，外心を O，内接円の半径を r，外接円の半径を R とするとき，次の問いに答えよ．

（1） ∠BAC ＝ α とするとき，∠BIC を α の式で表せ．

（2） 直線 AI と △ABC の外接円との A でない交点を D とするとき，3 点 B，C，I は D を中心とする同一円周上にあることを証明せよ．

（3） 2 点 I, O の距離を d とする．AB ＝ AC のとき，等式 $(R+d)(R-d) = 2rR$ および不等式 $R \geqq 2r$ を証明せよ．

（4） AB ≠ AC のとき，不等式 $R > 2r$ を証明せよ．

（16 岡山理大）

《当たり前を論証する》

12. 以下の問いに答えよ．

（1） 平面上に相異なる 3 点がある．この 3 点が同一直線上にないとき，この 3 点を通る円は必ず存在し，かつ，一つだけしかないことを証明せよ．

（2） 平面上に相異なる 3 点 A, B, C があり，A, B 間の距離は，他の 2 点間の距離より短いとする。このとき，線分 AB を直径とする円は，内部に点 C を含まないことを証明せよ。

（3） 平面上に相異なる 4 点がある．この 4 点が同一円周上になく，かつ，どの 3 点も同一直線上にないとする．このとき，うまく 3 点を選ぶと，その 3 点を通る円は，残りの点を内部に含まないようにできることを証明せよ．

（15 横浜市大・医）

●●●● 解答編

《面積の二等分線》

1. 三角形 △ABC の辺 BC, CA, AB の長さをそれぞれ a, b, c で表し，∠A, ∠B, ∠C の大きさをそれぞれ A, B, C で表す．ただし，$a > b > c$ とする．次の問いに答えよ．

（1） $\sqrt{\dfrac{ab}{2}} < b$ を示せ．

（2） 辺 AB 上の点 M と辺 AC 上の点 N を結ぶ線分 MN が △ABC の面積を 2 等分するとき，$MN^2 \geqq bc(1 - \cos A)$ が成り立つことを示せ．

（3） △ABC の周上の 2 点 P と Q を結ぶ線分 PQ で，△ABC の面積を 2 等分するとき，線分 PQ の長さの最小値を a, b, c を用いて表せ．

（19 島根大・医，数理／改題）

考え方 かつて，京大，東大をはじめとして多くの大学に出題された有名問題である．最終目標を解くために不要な設問を削除した．

▶解答◀ （1） $a > b > c$ であるから，三角形の成立条件より $a < b + c$ であり，$a < b + c < 2b$ となる．$a < 2b$ に b を掛けて $ab < 2b^2$ となり $\sqrt{\dfrac{ab}{2}} < b$ である．

（2） $AM = x$，$AN = y$ とおく．

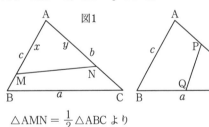

△AMN $= \dfrac{1}{2}$ △ABC より

$$\frac{1}{2} xy \sin A = \frac{1}{2} \cdot \frac{1}{2} bc \sin A$$

$$xy = \frac{1}{2} bc \quad \cdots\cdots\cdots\cdots①$$

△AMN に余弦定理を用いて

$$MN^2 = x^2 + y^2 - 2xy \cos A$$

$$\geqq 2\sqrt{x^2 y^2} - 2xy \cos A = 2xy(1 - \cos A)$$

$$MN^2 \geqq bc(1 - \cos A) \quad \cdots\cdots\cdots②$$

途中で相加相乗平均の不等式と ① を用いた．

（3） ② に $\cos A = \dfrac{b^2 + c^2 - a^2}{2bc}$ を用いて

$$MN^2 \geqq bc\left(1 - \frac{b^2 + c^2 - a^2}{2bc}\right)$$

$$= \frac{1}{2}(2bc - b^2 - c^2 + a^2) = \frac{1}{2}\{a^2 - (b - c)^2\}$$

$$MN^2 \geqq \frac{1}{2}(a + b - c)(a - b + c)$$

となる．P, Q が AB, AC 上にあるとき

$$PQ^2 \geqq \frac{1}{2}(a + b - c)(a - b + c) \quad \cdots\cdots\cdots③$$

P, Q が BA, BC 上にあるとき

$$PQ^2 \geqq \frac{1}{2}(b + a - c)(b + c - a) \quad \cdots\cdots④$$

P, Q が CA, CB 上にあるとき

$$PQ^2 \geqq \frac{1}{2}(c + a - b)(c + b - a) \quad \cdots\cdots⑤$$

である．また，三角形の成立条件より $a < b + c$ であり，$a > b > c$ より

$$0 < b + c - a < c + a - b < b + a - c$$

であるから，③，④，⑤ の右辺で一番小さいのは，⑤である．⑤の等号が成り立つのは，$CP = CQ = \sqrt{\dfrac{ab}{2}}$ のときで，（1）により，$\sqrt{\dfrac{ab}{2}} < b < a$ であるから，この長さの線分 CP, CQ は辺 CA, CB 上にとることができる．PQ の最小値は $\sqrt{\dfrac{1}{2}(c + a - b)(c + b - a)}$

《正二十面体》

2. 正二十面体の体積を求めてみよう．正二十面体の各面は正三角形であり，1 つの頂点には 5 つの正三角形が集まっている．まず，H を中心とする円に内接する正五角形 ABCDE について考える．AC と BE の交点を I とすると，△IAB と △BCA を比較することにより，

$$AC = \frac{\boxed{} + \sqrt{\boxed{}}}{\boxed{}} AB \ \text{となり，} \ \cos \angle BAC =$$

$$\frac{\boxed{} + \sqrt{\boxed{}}}{\boxed{}} \ \text{となることがわかる．これを用いて} \ AB = \frac{\sqrt{\boxed{} - \boxed{}\sqrt{\boxed{}}}}{\boxed{}} AH \ \text{が求ま}$$

る．次に，H を通り円 H を含む平面に垂直な直線上に FA = AB となるように F をとると，

$$FH = \frac{\boxed{} + \sqrt{\boxed{}}}{\boxed{}}AH$$ である．さらに FH

の延長上に FO = AO となるように O をとると HO $= \dfrac{\boxed{}}{\boxed{}}$AH であり，FO $= \dfrac{\sqrt{\boxed{}}}{\boxed{}}$AH

となる．△FAB の重心を G とすると，FG $=$

$$\frac{\sqrt{\boxed{}}}{\boxed{}}AB = \frac{\sqrt{\boxed{} - \boxed{}\sqrt{\boxed{}}}}{\boxed{}}AH$$ とな

る．このとき，正五角錐 ABCDEF は O を中心とする球に内接する正二十面体の一部である．

$$GO = \frac{\boxed{}\sqrt{\boxed{}} + \sqrt{\boxed{}}}{\boxed{}}AB$$ となり，正二十

面体の表面積は $\boxed{}\sqrt{\boxed{}}AB^2$ となるので体積

は $\dfrac{\boxed{} + \boxed{}\sqrt{\boxed{}}}{\boxed{}}AB^3$ とあらわすことができる．

(16　順天堂大)

▶解答◀ 正五角形の一辺の長さを l とおく．AC $=$ x とおく．図の黒丸は 1 つ 36° を表す．
△ABI，△BCI，△ABC は二等辺三角形である．

図1
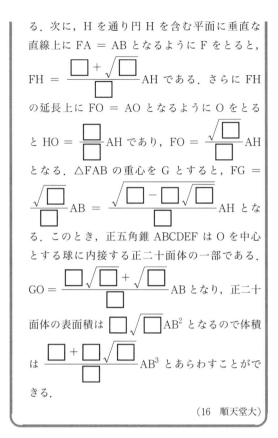

$$IA = AC - IC = AC - BC = x - l$$

△IAB ∽ △BCA

$$IA : AB = BA : CA$$

$$(x - l) : l = l : x$$

$$x^2 - lx - l^2 = 0 \qquad \therefore \quad AC = \frac{1 + \sqrt{5}}{2}AB$$

AC の中点を M とする．∠BAC = 36° = θ とおく．

$$\cos\theta = \frac{AM}{AB} = \frac{\frac{1}{2}x}{l} = \frac{1 + \sqrt{5}}{4}$$

$$\sin\theta = \sqrt{1 - \cos^2 \angle BAC} = \frac{\sqrt{10 - 2\sqrt{5}}}{4}$$

△ABC に正弦定理を用いる．△ABC の外接円の半径は

AH だから

$$\frac{AB}{\sin\theta} = 2AH$$

$$AB = (2\sin\theta)AH = \frac{\sqrt{10 - 2\sqrt{5}}}{2}AH$$

図2
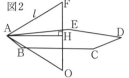

$$FH = \sqrt{AB^2 - AH^2}$$

$$= \sqrt{\frac{10 - 2\sqrt{5}}{4} - 1}\,AH = \frac{\sqrt{6 - 2\sqrt{5}}}{2}AH$$

$$= \frac{-1 + \sqrt{5}}{2}AH$$

$$AH^2 + HO^2 = AO^2 = FO^2$$

$$AH^2 + HO^2 = (FH + HO)^2$$

$$AH^2 = \left(\frac{-1 + \sqrt{5}}{2}\right)^2 AH^2 + 2 \cdot \frac{-1 + \sqrt{5}}{2}AH \cdot HO$$

$$AH = \frac{3 - \sqrt{5}}{2}AH + (-1 + \sqrt{5})HO$$

$$\frac{\sqrt{5} - 1}{2}AH = (\sqrt{5} - 1)HO \qquad \therefore \quad HO = \frac{1}{2}AH$$

$$FO = FH + HO = \frac{\sqrt{5}}{2}AH$$

G は正三角形 FAB の重心だから（J は AB の中点）

$$FG = \frac{2}{3}AJ$$

$$= \frac{2}{3} \cdot \frac{\sqrt{3}}{2}AB = \frac{\sqrt{3}}{3}AB$$

$$= \frac{\sqrt{3}}{3} \cdot \frac{\sqrt{10 - 2\sqrt{5}}}{2}AH = \frac{\sqrt{30 - 6\sqrt{5}}}{6}AH$$

図3
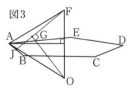

OFAB で OF = OA = OB だから OG ⊥ FG である．

$$GO^2 = FO^2 - FG^2 = \left(\frac{\sqrt{5}}{2}AH\right)^2 - \left(\frac{\sqrt{3}}{3}AB\right)^2$$

$$= \left\{\frac{5}{4}\left(\frac{2}{\sqrt{10 - 2\sqrt{5}}}\right)^2 - \frac{1}{3}\right\}AB^2$$

$$= \left(\frac{5}{10 - 2\sqrt{5}} - \frac{1}{3}\right)AB^2$$

$$= \left\{\frac{\sqrt{5}(\sqrt{5} + 1)}{8} - \frac{1}{3}\right\}AB^2$$

$$= \frac{7 + 3\sqrt{5}}{24}AB^2 = \frac{14 + 2\sqrt{45}}{48}AB^2$$

$$\text{GO} = \frac{3+\sqrt{5}}{4\sqrt{3}}\text{AB} = \frac{3\sqrt{3}+\sqrt{15}}{12}\text{AB}$$

正二十面体の表面積 S は

$$S = 20\triangle\text{FAB} = 20\cdot\frac{\sqrt{3}}{4}\text{AB}^2 = 5\sqrt{3}\text{AB}^2$$

体積 V は

$$V = \frac{1}{3}S\cdot\text{GO} = \frac{1}{3}\cdot 5\sqrt{3}\text{AB}^2\cdot\frac{\sqrt{3}(3+\sqrt{5})}{12}\text{AB}$$

$$= \frac{15+5\sqrt{5}}{12}\text{AB}^3$$

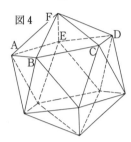

図 4

《外心との距離の最小値》

3. $\triangle\text{ABC}$ において，$\text{AB} = \text{AC} = x$, $\text{BC} = 2$ とする．このとき，

$$\cos\angle\text{BAC} = \boxed{},\ \sin\angle\text{BAC} = \boxed{}$$

であり，$\triangle\text{ABC}$ の外接円の半径は $\boxed{}$ である．

2 点 A, C を通る円の弧 AC で，図のように $\triangle\text{ABC}$ の外部にはみ出さないものを考える．

このような円の弧のうち，円の半径が最小のものをとり，その円の中心を P とする．$\triangle\text{ABC}$ の外心と点 P の距離は，$1 < x \leqq \boxed{}$ のとき $\boxed{}$ であり，$x \geqq \boxed{}$ のとき $\boxed{}$ である．

(17 明治大・理工)

▶解答◀ $\angle\text{BAC} = A$ とし，三角形 ABC の外接円の半径を R とする．余弦定理より

$$\cos A = \frac{x^2+x^2-4}{2x\cdot x} = \frac{x^2-2}{x^2}$$

$$\sin A = \sqrt{1-\cos^2 A} = \sqrt{1-\left(\frac{x^2-2}{x^2}\right)^2}$$

$$= \frac{\sqrt{x^4-(x^4-4x^2+4)}}{x^2} = \frac{2\sqrt{x^2-1}}{x^2}$$

正弦定理より $R = \dfrac{\text{BC}}{2\sin A} = \dfrac{x^2}{2\sqrt{x^2-1}}$

$\text{AB} = \text{AC}$ である．$\angle\text{B} = \angle\text{C} = \theta$ とおく．図 1 より

$$\cos\theta = \frac{1}{x},\ \sin\theta = \frac{\sqrt{x^2-1}}{x}$$

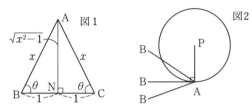

図 2 を見よ．P を中心とする半径 r の円周上に A がある．A を端点とする半直線 AB が円と，A 以外の交点をもつための必要十分条件は $\angle\text{PAB} < 90°$ である．

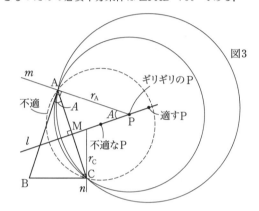

図 3 を見よ．M は AC の中点である．AC の垂直二等分線を l，A を通って AB に垂直な直線を m，C を通って BC に垂直な直線を n とする．題意から円弧の中心 P は直線 AC に関して B と反対の側にある．P は l 上にある．題意のようになるための必要十分条件は，$\angle\text{PAB} \geqq 90°$ かつ $\angle\text{PCB} \geqq 90°$ である．

P が m 上にあるとき（図 3 のギリギリの P を見よ），

$$\text{PA}\sin A = \text{AM}\qquad\therefore\ r\cdot\frac{2\sqrt{x^2-1}}{x^2} = \frac{x}{2}$$

この r を r_A とする．$r_\text{A} = \dfrac{x^3}{4\sqrt{x^2-1}}$ である．

P が n 上にあるとき（図 4）の r を r_C とおく．

$$r_\text{C} = \frac{x}{2\sin\theta} = \frac{x^2}{2\sqrt{x^2-1}} = \frac{2}{x}r_\text{A}$$

円弧の半径の最小値を r とする．r は r_A, r_C の大きい方（等しいときはその値）である．$x \geqq 2$ のとき $r = r_\text{A}$，$1 < x \leqq 2$ のとき $r = r_\text{C}$ である．

$\triangle\text{ABC}$ の外心 O は BC の垂直二等分線と l の交点である．図 4 を見よ．M は OP の中点であることに注意する．**$1 < x \leqq 2$ のとき $r = r_\text{C}$ である．**

$$\text{OP} = 2\text{PM} = 2r_\text{C}\cos\theta = \frac{x}{\sqrt{x^2-1}}$$

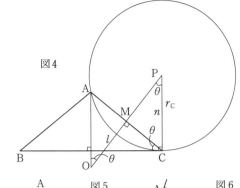

図4

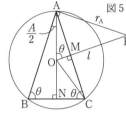

図5

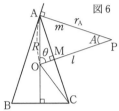

図6

$x \geqq 2$ のとき，図5を見よ．円周角と中心角の関係から，$\angle AOM = \theta$ である．また，直角三角形 ABN の内角から $\theta = 90° - \dfrac{A}{2}$ であり，

$$\angle PAO = 90° - \angle BAN = 90° - \dfrac{A}{2} = \angle POA$$

△PAO は二等辺三角形だから

$$OP = PA = r_A = \dfrac{x^3}{4\sqrt{x^2-1}}$$

となる．二等辺三角形であることに気づかない場合には，計算してもよい．図6を見よ．

$$OP = OM + PM = R\cos\theta + r_A\cos A$$
$$= \dfrac{x^2}{2\sqrt{x^2-1}} \cdot \dfrac{1}{x} + \dfrac{x^3}{4\sqrt{x^2-1}} \cdot \dfrac{x^2-2}{x^2}$$
$$= \dfrac{x}{2\sqrt{x^2-1}} + \dfrac{x^3-2x}{4\sqrt{x^2-1}} = \dfrac{x^3}{4\sqrt{x^2-1}}$$

《星形と三角比》

4. 下図のような五芒星 ABCDEFGHIJ がある．AE = EI = IC = CG = GA であり，点 A，C，E，G，I は同一円周上にある．AE = 1 として，以下の問いに答えよ．なお，途中の式や考え方等も記入すること．

（1） △ABJ ≡ △CBD を証明せよ．

（2） 線分 AD の長さを求めよ．

（3） 五芒星の面積を求めよ．

（4） 線分 BD，DF，FH，HJ，JB を折り目として折り，五角形 BDFHJ を底面とする五角錐を作る．この五角錐の体積を求めよ．

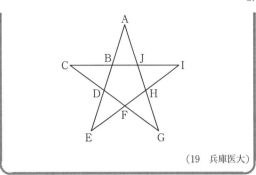

（19　兵庫医大）

▶解答◀ （1）　五角形 ACEGI の外接円を C とする．弦の長さが等しければ弧の長さも等しいことに注意する．

$$AE = EI = IC = CG = GA$$

であるから，円 C 上の2点に対して短い方の弧を考えて

$$\overparen{AE} = \overparen{EI} = \overparen{IC} = \overparen{CG} = \overparen{GA}$$

$\overparen{AE} = \overparen{CG}$ より，$\overparen{AC} = \overparen{EG}$ であるから，同様にして

$$\overparen{AC} = \overparen{CE} = \overparen{EG} = \overparen{GI} = \overparen{IA} \quad\cdots\cdots\cdots①$$

よって，円周角の定理より

$$\angle BAJ = \angle BCD$$

対頂角は等しいから

$$\angle ABJ = \angle CBD$$

2角が等しいから

$$\triangle ABJ \backsim \triangle CBD$$

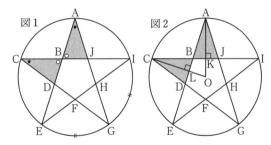

図2のように，円 C の中心を O として

$$AO = CO$$

である．点 O から弦 CI，AE までの距離は等しいから

$$OK = OL$$

である．これらより

$$AK = CL$$

よって，△ABJ と △CBD の高さは等しいから

$$\triangle ABJ \equiv \triangle CBD$$

（2）　AB = x とおく．

（1）より，AB ＝ BC ＝ x である．同様に，同じ位置関係になる五芒星の隣り合う辺は長さが等しく，AJ ＝ JI である．また，CI ＝ 1 より，BI ＝ $1 - x$ である．

① より，∠CIE ＝ ∠IEG であるから，CI // EG である．同様に，AE // IG であるから，四角形 BEGI は平行四辺形である．よって，EG ＝ BI ＝ $1 - x$ である．

上と同様にして，四角形 CEGJ も平行四辺形である．よって，CJ ＝ EG ＝ $1 - x$ であり

$$BJ = CJ - BC = 1 - 2x$$

である．

$x > 0$ かつ $1 - 2x > 0$ より，$0 < x < \dfrac{1}{2}$ に注意する．

$$AJ = JI = CI - CJ = 1 - (1 - x) = x$$

であるから，△ABJ は二等辺三角形であり，（1）と合わせて，△ABJ, △CBD, △EDF, △GFH, △IHJ は互いに合同な二等辺三角形である．特に，AB ＝ ED である．

CI // EG より，△ABJ ∽ △AEG であるから

$$AB : AE = BJ : EG$$
$$x : 1 = (1 - 2x) : (1 - x)$$
$$x(1 - x) = 1 - 2x$$
$$x^2 - 3x + 1 = 0$$

$0 < x < \dfrac{1}{2}$ より

$$x = \frac{3 - \sqrt{5}}{2}$$
$$AD = AE - ED = 1 - x = \frac{\sqrt{5} - 1}{2}$$

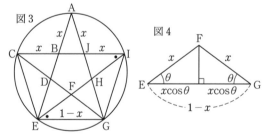

図3　図4

（3）① より，点 A, C, E, G, I で分けられる 5 つの弧に対する中心角はすべて等しく，$\dfrac{360°}{5} = 72°$ である．よって，これらの弧に対する円周角はすべて等しく 36° である．特に，∠CGE ＝ ∠GEI ＝ 36° であり，EG ＝ $1 - x$ である．$\theta = 36°$ とおく．図4より

$$2x \cos\theta = 1 - x$$
$$\cos\theta = \frac{1 - x}{2x} = \frac{\sqrt{5} - 1}{2(3 - \sqrt{5})}$$
$$= \frac{(\sqrt{5} - 1)(\sqrt{5} + 3)}{2(9 - 5)} = \frac{\sqrt{5} + 1}{4}$$
$$\sin\theta = \sqrt{1 - \left(\frac{\sqrt{5} + 1}{4}\right)^2}$$

$$= \sqrt{\frac{16 - (6 + 2\sqrt{5})}{16}} = \frac{\sqrt{10 - 2\sqrt{5}}}{4}$$

求める五芒星の面積は

$$\triangle ADG + \triangle BCD + \triangle DEF + \triangle HIJ$$
$$= \triangle ADG + 3\triangle BCD$$

である．

$$\triangle ADG = \frac{1}{2} \cdot 1 \cdot (1 - x)\sin\theta = \frac{1}{2}(1 - x)\sin\theta$$
$$\triangle BCD = \frac{1}{2} \cdot x \cdot x \cdot \sin\theta = \frac{1}{2}x^2 \sin\theta$$

であるから，求める面積は

$$\frac{1}{2}(1 - x)\sin\theta + 3 \cdot \frac{1}{2}x^2 \sin\theta$$
$$= \frac{1}{2}(3x^2 - x + 1)\sin\theta$$
$$= \frac{1}{2}\left(\frac{21 - 9\sqrt{5}}{2} - \frac{3 - \sqrt{5}}{2} + 1\right) \cdot \frac{\sqrt{10 - 2\sqrt{5}}}{4}$$
$$= \frac{(20 - 8\sqrt{5})\sqrt{10 - 2\sqrt{5}}}{16}$$
$$= \frac{(5 - 2\sqrt{5})\sqrt{10 - 2\sqrt{5}}}{4}$$

（4）正五角形 BDFHJ と正五角形 ACEGI は相似であり，相似比は $(1 - x) : (1 - 2x)$ である．

平面図形 F の面積を $[F]$ で表す．

$$[ACEGI] = \triangle ACE + \triangle AEG + \triangle AGI$$
$$= 2\triangle ACE + \triangle AEG$$
$$= 2 \cdot \frac{1}{2}(1 - x)\sin\theta + \frac{1}{2} \cdot 1^2 \cdot \sin\theta$$
$$= \frac{1}{2}(3 - 2x)\sin\theta$$
$$[BDFHJ] = \left(\frac{1 - 2x}{1 - x}\right)^2 [ACEGI]$$
$$= \frac{(3 - 2x)(1 - 2x)^2 \sin\theta}{2(1 - x)^2}$$

正五角形 BDFHJ の外接円の半径を R とおく．△BFH について，正弦定理より

$$2R = \frac{1 - 2x}{\sin\theta} \qquad \therefore \quad R = \frac{1 - 2x}{2\sin\theta}$$

求める五角錐の高さを h とおくと

$$h^2 = x^2 - R^2$$
$$= x^2 - \frac{1 - 4x + 4x^2}{4\sin^2\theta}$$
$$= \frac{4(\sin^2\theta - 1)x^2 + 4x - 1}{4\sin^2\theta}$$
$$h = \frac{\sqrt{4(\sin^2\theta - 1)x^2 + 4x - 1}}{2\sin\theta}$$

よって，求める五角錐の体積は

$$\frac{1}{3}[BDFHJ] \cdot h$$

$$= \frac{1}{12} \cdot \frac{(3-2x)(1-2x)^2}{(1-x)^2}$$
$$\times \sqrt{4(\sin^2\theta - 1)x^2 + 4x - 1}$$

$$= \frac{1}{12} \cdot \sqrt{5}(\sqrt{5}-2)^2 \cdot \left(\frac{2}{\sqrt{5}-1}\right)^2$$
$$\times \sqrt{4 \cdot \frac{-3-\sqrt{5}}{8} \cdot \frac{7-3\sqrt{5}}{2} + 2(3-\sqrt{5}) - 1}$$

$$= \frac{\sqrt{5}}{12} \cdot (\sqrt{5}-2)^2 \cdot \frac{4(\sqrt{5}+1)^2}{(5-1)^2}$$
$$\times \sqrt{\frac{-6+2\sqrt{5}+8(3-\sqrt{5})-4}{4}}$$

$$= \frac{\sqrt{5}(\sqrt{5}-2)^2(\sqrt{5}+1)^2\sqrt{14-6\sqrt{5}}}{6 \cdot 4^2}$$

$$= \frac{\sqrt{5}(3-\sqrt{5})^2\sqrt{14-2\sqrt{45}}}{6 \cdot 16}$$

$$= \frac{\sqrt{5}(3-\sqrt{5})^3}{6 \cdot 16} = \frac{\sqrt{5}(27-27\sqrt{5}+45-5\sqrt{5})}{6 \cdot 16}$$

$$= \frac{\sqrt{5}(36-16\sqrt{5})}{3 \cdot 16} = \boldsymbol{\frac{9\sqrt{5}-20}{12}}$$

♦別解♦ 以下の文字は解答とは無関係である.

（1） 五角形 ACEGI の外接円の中心を O, 半径を r とする. AE＝EI＝IC＝CG＝GA の半分の長さは $\frac{1}{2}$ である. O から AE, EI, IC, CG, GA におろした垂線の足を K, M, P, L, N とする. これらは O から等距離にあり

$$AK = \frac{1}{2}, \quad AO = r, \quad OK = \sqrt{r^2 - \frac{1}{4}}$$

となり, △AOK の三辺の長さが定まる. △EOK, △EOM, △GON, △IOP も同様であるから, ∠AOK＝θ とおくと, $\theta = \frac{360°}{5} = 72°$ である.

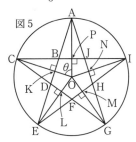

図5

△BOK と △BOP で, OB が共通で, OK＝OP より, △BOK≡△BOP となり, ∠BOK＝36° となる.

$$OK = \frac{AK}{\tan 72°} = \frac{1}{2\tan 72°}$$

$$BK = OK\tan 36° = \frac{\tan 36°}{2\tan 72°}$$

$$AB = \frac{1}{2} - \frac{\tan 36°}{2\tan 72°}$$

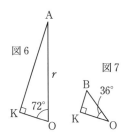

図6　図7

△CBD は

$$CB = CD = \frac{1}{2} - \frac{\tan 36°}{2\tan 72°}$$

$$DB = 2BK = \frac{\tan 36°}{\tan 72°}$$

で, 三辺の長さが定まる. △ABJ も同じように計算できる. よって, △ABJ≡△CBD である.

（2） $t = 36°$ とおくと, $5t = 180°$ である.

$$3t = 180° - 2t$$

$$\sin 3t = \sin 2t$$

$$3\sin t - 4\sin^3 t = 2\sin t\cos t$$

$\sin t \neq 0$ で割って

$$3 - 4\sin^2 t = 2\cos t$$

$$3 - 4(1-\cos^2 t) = 2\cos t$$

$\cos t > 0$ より, $\cos t = \frac{1+\sqrt{5}}{4} = c$ とおく.

$$BK = \frac{\tan t}{2\tan 2t} = \frac{\tan t}{4 \cdot \frac{\tan t}{1-\tan^2 t}}$$

$$= \frac{1-\tan^2 t}{4} = \frac{1}{4}\left(1 - \frac{1-c^2}{c^2}\right)$$

$$= \frac{1}{4}\left(2 - \frac{1}{c^2}\right) = \frac{1}{2} - \frac{1}{4}\left(\frac{4}{1+\sqrt{5}}\right)^2$$

$$= \frac{1}{2} - \frac{4}{6+2\sqrt{5}} = \frac{1}{2} - \frac{2}{3+\sqrt{5}}$$

$$= \frac{1}{2} - \frac{2(3-\sqrt{5})}{9-5} = \frac{\sqrt{5}-2}{2}$$

$$AD = AK + KD = AK + BK$$

$$= \frac{1}{2} + \frac{\sqrt{5}-2}{2} = \boldsymbol{\frac{\sqrt{5}-1}{2}}$$

（3） 求める五芒星の面積を S とおく.

$$\sin t = \sqrt{1 - \left(\frac{1+\sqrt{5}}{4}\right)^2} = \sqrt{\frac{5-\sqrt{5}}{8}} = s$$

とおく.

$$S = 10\triangle OAB = 10 \cdot \frac{1}{2}AB \cdot OK$$

$$= 5\left(\frac{1}{2} - BK\right) \cdot \frac{BK}{\tan t}$$

$$= 5\left(\frac{1}{2} - \frac{\sqrt{5}-2}{2}\right) \cdot \frac{\sqrt{5}-2}{2} \cdot \frac{c}{s}$$

$$= 5 \cdot \frac{3-\sqrt{5}}{2} \cdot \frac{\sqrt{5}-2}{2} \cdot \frac{1+\sqrt{5}}{4} \cdot \sqrt{\frac{8}{5-\sqrt{5}}}$$

$$= \frac{5(\sqrt{5}-2)\cdot 2(\sqrt{5}-1)}{16} \cdot \sqrt{\frac{8}{\sqrt{5}(\sqrt{5}-1)}}$$

$$= \frac{5(\sqrt{5}-2)}{4} \sqrt{\frac{2(\sqrt{5}-1)}{\sqrt{5}}}$$

$$= \frac{5(\sqrt{5}-2)}{4} \sqrt{\frac{2(5-\sqrt{5})}{5}}$$

$$= \frac{(5-2\sqrt{5})\sqrt{10-2\sqrt{5}}}{4}$$

（4） 正五角形 BDFHJ の面積を T, $\mathrm{OK}=k$ とおく.

$$T = 10\triangle\mathrm{OBK} = \frac{10}{2}\mathrm{BK}\cdot\mathrm{OK} = 5k^2\tan t$$

$r = \dfrac{k}{\cos 2t}$ と, $\cos 2t > 0$ に注意せよ.

求める五角錐の高さを h とおくと

$$h = \sqrt{\mathrm{CK}^2 - \mathrm{OK}^2} = \sqrt{(r-k)^2 - k^2}$$

$$= \sqrt{r^2 - 2rk} = \sqrt{\left(\frac{k}{\cos 2t}\right)^2 - \frac{2k^2}{\cos 2t}}$$

$$= \frac{k\sqrt{1-2\cos 2t}}{\cos 2t}$$

$k = \dfrac{1}{2\tan 2t}$ であるから, 求める五角錐の体積 V は

$$V = \frac{1}{3}Th = \frac{1}{3} \cdot \frac{5\tan t}{4\tan^2 2t} \cdot \frac{\sqrt{1-2\cos 2t}}{2\tan 2t\cos 2t}$$

$$= \frac{5\tan t\sqrt{1-2\cos 2t}}{24\tan^2 2t\sin 2t}$$

$$= \frac{5s\cos^2 2t\sqrt{1-2\cos 2t}}{24c\sin^3 2t}$$

$$= \frac{5s(2c^2-1)^2\sqrt{1-2(2c^2-1)}}{24c\cdot 8s^3c^3}$$

$$= \frac{5(2c^2-1)^2\sqrt{3-4c^2}}{24\cdot 8s^2c^4}$$

$$= \frac{5(2c^2-1)^2\sqrt{3-4c^2}}{24\cdot 8s^2c^4}$$

$c^2 = \left(\dfrac{1+\sqrt{5}}{4}\right)^2 = \dfrac{6+2\sqrt{5}}{16} = \dfrac{3+\sqrt{5}}{8}$ より

$$(2c^2-1)^2 = \left(\frac{3+\sqrt{5}}{4} - 1\right)^2$$

$$= \left(\frac{\sqrt{5}-1}{4}\right)^2 = \frac{6-2\sqrt{5}}{16} = \frac{3-\sqrt{5}}{8}$$

$$\sqrt{3-4c^2} = \sqrt{3 - \frac{3+\sqrt{5}}{2}}$$

$$= \sqrt{\frac{3-\sqrt{5}}{2}} = \sqrt{\frac{6-2\sqrt{5}}{4}} = \frac{\sqrt{5}-1}{2}$$

$$c^4 = \left(\frac{3+\sqrt{5}}{8}\right)^2 = \frac{14+6\sqrt{5}}{64} = \frac{7+3\sqrt{5}}{32}$$

であるから

$$V = \frac{5 \cdot \dfrac{3-\sqrt{5}}{8} \cdot \dfrac{\sqrt{5}-1}{2}}{24\cdot 8 \cdot \dfrac{5-\sqrt{5}}{8} \cdot \dfrac{7+3\sqrt{5}}{32}}$$

$$= \frac{5(3-\sqrt{5})}{12\sqrt{5}(7+3\sqrt{5})} = \frac{\sqrt{5}(3-\sqrt{5})(7-3\sqrt{5})}{12(49-45)}$$

$$= \frac{\sqrt{5}(36-16\sqrt{5})}{48} = \frac{9\sqrt{5}-20}{12}$$

《**Fejer 系の問題**》

5. a を正の実数とするとき, 次の問いに答えよ.

（1） 1辺の長さが1, 他の2辺のうち1辺の長さが a である三角形のなかで, 面積が最大である三角形の残りの1辺の長さを a を用いて表せ.

（2） 2辺の長さが1, 他の2辺のうち1辺の長さが a である四角形のなかで, 面積が最大である四角形の残りの1辺の長さを a を用いて表せ.

(15 愛媛大・医)

▶**解答**◀ （1） 長さ 1, a の2辺のなす角を θ とすると, この三角形の面積 S は,

$$S = \frac{1}{2}\cdot 1\cdot a\cdot\sin\theta$$

となる. これは $\theta = 90°$ で最大になり, そのとき残りの1辺の長さは, $\sqrt{a^2+1}$

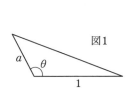
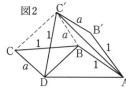

図1 図2

（2）（ア） 長さ1の2辺が隣り合っているとき.
$\mathrm{AB}=1$, $\mathrm{BC}=1$, $\mathrm{CD}=a$ とする (図2の ABCD を見よ).

$$\mathrm{DC}' = 1, \quad \mathrm{BC}' = a$$

となる C' をとると, $\triangle\mathrm{BC}'\mathrm{D}$ と $\triangle\mathrm{BCD}$ の面積は等しいから四角形 ABCD と四角形 ABC'D の面積は等しい (図2の ABC'D を参照). このとき四角形 ABC'D が凹四角形になるケースも考えられるが, そのときには, AC' に関して B と対称な点 B' をとる. 四角形 ABC'D より面積が大きな四角形 AB'C'D で, 長さ1の2辺が隣り合わないケースにできる (図2の AB'C'D を参照). B が線分 AC' 上にのっているときには AB'C'D は三角形になるが, それも四角形と考えよ. このようにして,（イ）の場合に帰着できる.

（イ） 長さ1の2辺が隣り合わないとき. 図3を参照せよ. $\mathrm{AB}=1$, $\mathrm{BC}=a$, $\mathrm{CD}=1$ とする.

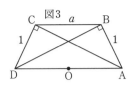

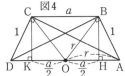

A, B, C を固定して D を動かし，△ACD を最大にすることを考え，∠ACD $= 90°$ のときに最大になる．同様に ∠DBA $= 90°$ のときに最大になる．AD の中点を O，AD $= 2r$ とすると，∠ACD $= 90°$，∠DBA $= 90°$ のとき，△ABD，△ACD の外心は O で，B，C は O を中心，半径 r の半円上にある．図4を参照せよ．AB $= 1$，DC $= 1$，OA，OB，OC，OD はすべて r に等しいから三角形 OAB と OCD は合同で，角 OAB と角 ODC は等しく，ABCD は等脚台形になる．図4の H に対して OH $= \dfrac{a}{2}$ だから，2つの三角形 ABH と OBH に三平方の定理を用いて

$$\frac{a^2}{4} + \mathrm{BH}^2 = r^2$$

$$\left(r - \frac{a}{2}\right)^2 + \mathrm{BH}^2 = 1$$

これらを辺ごとに引いて

$$-r^2 + ar = r^2 - 1$$

$$2r^2 - ar - 1 = 0$$

$r > 0$ より $r = \dfrac{a + \sqrt{a^2 + 8}}{4}$

$$\mathrm{AD} = 2r = \frac{a + \sqrt{a^2 + 8}}{2}$$

注意 **1°【このタイプの解法が内在する問題】** 円に内接する三角形で，面積が最大のものは正三角形であるという事実を示すときに『2点を固定して他の1点を動かし，三角形の面積を最大にするのは，優弧（固定2点が円の直径の両端の場合はどちらの弧でもよい）の中点のときである（図aを参照）』ということを繰り返して「正三角形の場合だ」と結論するのはよくないとされている．1点を優弧の中点に移動し，他の1点を優弧の中点に移動したとき，前の点について「優弧の中点」が崩れており，いくら繰り返しても，正三角形にならない（近づきはする）からだ．ただし，閉集合を定義域とする連続関数は最大値をもつから，最大値の存在を認めれば，これでもよいとされている．大学受験の解答では，二等辺三角形にしてから微分で最大値を求めるのが一般的である．なお，いきなり優弧の中点に取らないで行う Fejer の方法（後述）も知られている．本問で，Fejer の方法と同じようにできるかは不明である．最初に述べた本問の解答は**最大値の存在を認め，それが起こるならこの配置である**とし

た．最大値の存在を認めない方針は次の別解を見よ．

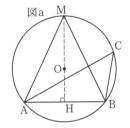

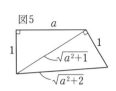

2°【生徒の誤答】 何人かの生徒に試した．（1）の後を考えればよいと，早速，1つの三角形を $a, 1, \sqrt{a^2+1}$ に固定してしまって，その上で他の辺を動かして図5のときであるとした人が大変多いのにはまいった．

解答の，a と 1 の位置を入れかえるところは高級である．また，対角線に関して折り返すところも高級である．次の別解はこれらを使わない有名な方針である．通常は，4辺の長さが定数で角を変化させるだけであるが，今はさらに1辺の長さを変化させ，数学 II の微分法を用いる．なお数学 III の微分法にする解法もあるが割愛する．

♦別解♦ a に隣接する辺の一方は長さが 1 である．
AB $= a$，BC $= b$，CD $= c$，DA $= 1$ とする．b, c の一方は 1 であるが，ひとまずは b, c としておく．

$$\angle BAD = t, \quad \angle BCD = u$$

とおく．四角形 ABCD の面積を S とおく．

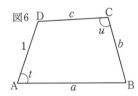

余弦定理で BD^2 を2通りに表し

$$a^2 + 1 - 2a\cos t = b^2 + c^2 - 2bc\cos u$$

$$\frac{a^2 + 1 - b^2 - c^2}{2} = a\cos t - bc\cos u \quad \cdots\cdots①$$

となる．一方，

$$2S = a\sin t + bc\sin u \quad \cdots\cdots②$$

である．①²＋②² より

$$\left(\frac{a^2 + 1 - b^2 - c^2}{2}\right)^2 + 4S^2$$

$$= a^2 + b^2c^2 - 2abc(\cos t\cos u - \sin t\sin u)$$

$$\left(\frac{a^2 + 1 - b^2 - c^2}{2}\right)^2 + 4S^2$$

$$= a^2 + b^2c^2 - 2abc\cos(t + u)$$

$$\leqq a^2 + b^2c^2 + 2abc \quad \cdots\cdots③$$

$$= (a + bc)^2$$

$$4S^2 \leqq (a+bc)^2 - \left(\frac{a^2+1-b^2-c^2}{2}\right)^2 \quad \cdots\cdots④$$

④ の等号は ③ の等号が成り立つときで，$t+u=\pi$ のとき，すなわち，四角形 ABCD が円に内接するときに成り立つ．④ の式で b，c のどちらが 1 でも同じであるから $b=1$ とし，c を変数として，$c=x$ とする．

$$4S^2 \leqq (a+x)^2 - \left(\frac{a^2-x^2}{2}\right)^2 = f(x)$$

とおく．

$$\begin{aligned}
f'(x) &= 2(a+x) - 2\left(\frac{a^2-x^2}{2}\right)(-x) \\
&= (a+x)\{2+x(a-x)\} \\
&= (a+x)(-x^2+ax+2)
\end{aligned}$$

$x^2 - ax - 2 = 0$，$x>0$ を解くと

$$x = \frac{a+\sqrt{a^2+8}}{2}$$

となる．$f(x)$ はここで極大かつ最大になる（増減表は省略）．

【Fejer の方法】

> 円に内接する三角形で面積が最大のものは正三角形である．

それに対して次のような証明（？）がある．

【証明？】図 a を参照せよ．△ABC が正三角形でないとき，CA ≠ CB とすると，AB の垂直二等分線と $\overparen{\text{AB}}$（C の乗っている方の弧）の交点を M として，面積について △MAB ＞ △ABC である．だから正三角形の方が面積が大きい．

【ダメな理由】弧の中点にもっていくということを繰り返しても，正三角形に近づきはするけれども，**いつまでたっても正三角形にはならない** ためである．

> 円 S に内接する △ABC が正三角形でないとき，それよりも面積が大きな三角形を工夫して作り，△ABC よりも，円 S に内接する正三角形の方が面積が大きいことを証明せよ．

Fejer（フェイエル）という数学者が，こんな方法を考えています．

【Fejer の証明】△ABC が正三角形でないとき，内角が 60° になるものは 1 つだけはあってもよいが，2 つはないので，60° より大きな内角と小さな内角がある．$A<60°<B$ とする．AB の垂直二等分線に関して C と対称な点を C′ とする．

$$\angle\text{C}'\text{AB} = B > 60° > A$$

だから，$\overparen{\text{CC}'}$（A，B がその上にのっていない方の弧）の間に D をとって ∠DAB = 60° にできる．D は $\overparen{\text{CC}'}$ の上にあるから △DAB ＞ △ABC である．

M ＝ D ならば △DAB は正三角形である．

M ≠ D ならば △DAB は正三角形ではないから，AD と AB は等しくない（等しいなら二等辺三角形で頂角 ∠DAB = 60° だから正三角形になる）．$\overparen{\text{BD}}$（A の乗っている方）の中点を E とすると

$$\triangle\text{DEB} > \triangle\text{DAB} > \triangle\text{ABC}$$

であり，

$$\angle\text{DEB} = \angle\text{DAB} = 60°,\ \text{EB} = \text{ED}$$

だから △EBD は正三角形である．

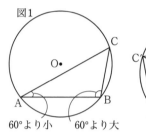

図1
60°より小　60°より大

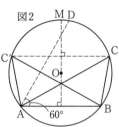

図2

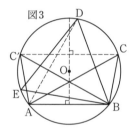

図3

注意 Fejer は 17 歳の頃，数学ができなくて数学の補講を受けていた．しかし，なんと，19 歳のときにはフーリエ級数に関する重要な定理を証明する．人の能力はわからないという一例である．Fejer の高校の先生が見る目がないのか，Fejer が変人だったのか？

《空間図形の論証》

6. 四面体 ABCD の面および内部から一直線上にない 3 点 P，Q，R を選ぶ．このとき，三角形 PQR の面積は四面体 ABCD の 4 つの面の面積のうち最大のものを超えないことを示せ．

(20 京大・特色入試)

考え方 デカルトの名言「困難は分割せよ」は受験の世界では，燦然と輝いている．「多変数のとき，一度に全部動かそうとしないで，幾つかを止めて残りを動かせ」は，有効な解法である．四面体 ABCD の表面または内部に 3 点 P，Q，R をとり，三角形 PQR の面積を

最大にする．もし，P，Q，Rのうちで頂点以外のものがあるのなら，他の2点を止めて，それをどれかの頂点に持って行ったときに，面積を大きくできることを示す．本問を見たとき，私は，子供の頃に土管の中に潜り込んで遊んでいた光景を思い出した．実物を見たことがなくても，ドラえもんの漫画で，ジャイアンが，土管の上に立って美声を披露しているシーンは覚えているだろう．私が子供の頃，巨大な土管が野原に積んであることがあった．下水を敷設して，文化的生活を整えようという時代であった．土管の中に潜り込んで，うっかり頭を上げて，てっぺんをしたたかに打ち付けたことを思い出したのである．

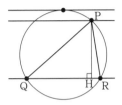

平面上で，三角形の面積を最大にするとき，1辺と平行な直線をずらしていって，高さの最大を考える解法がある．その空間バージョンを考える．

京大には，式変形ではなく，感性に訴えた幾何の名作が少なくない．

▶解答◀ 空間に直線 l があり空間の点 X から l に下ろした垂線の足を Y とする．XY の長さが $r > 0$ である X の集合を，l を中心軸とする半径 r の円柱面という．その円柱面 E に関して l と同じ側（E を含む）を E の内側ということにする．

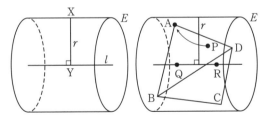

四面体 ABCD を F とする．A，B，C，D を F の頂点といい，四面体 ABCD の表面と内部の点で，F の頂点以外の点を内点と呼ぶことにする．四面体 ABCD の4つの面のうち，面積が最大のものを T とする．

（ア）P，Q，R がすべて F の頂点にあるとき，三角形 PQR は4面のどれかであるから，三角形 PQR の面積は T の面積以下である．

（イ）P，Q，R で F の内点のものがあるとき．……①
その内点を F の頂点にうまく置きかえ，他の2点はそ

のままにして，三角形の面積が大きくなるようにすることができる．P が F の内点であるとする．直線 QR を中心軸とし，半径がとても大きな円柱面 E を考え，E が F を内側に含むようにできる．その状態から E の半径を小さくしていくと，E の面上に F の頂点のいくつかがあり，それら以外の F のすべての点を内側に含むような E が存在する．P をそのときの F の頂点に変えた方が面積が大きくなる．なお，このとき F と E が辺で接する場合もあるが，そのときには，接している辺の端のどちらかの頂点を新たな P とする．さらに，もし，Q が F の内点なら，その三角形 PQR より面積が大きく，Q を F の頂点にうまく置きかえた三角形が存在する．さらに，もし，R が F の内点なら，R を F の頂点にうまく置きかえた，面積がより大きな三角形が存在する．よって①のときは，それよりも面積が大きな，F の頂点を3頂点にもつ三角形が存在するから，（ア）と合わせて，この三角形の面積は T 以下である．

以上で証明された．

注意 【類題】

私には，土管の問題は次の立体の問題とつながっている．

> 空間内に四面体 ABCD を考える．このとき，4つの頂点 A，B，C，D を同時に通る球面が存在することを示せ． （11 京大・理系）

考え方 「京大の直観幾何学」という主旨で，思いっきり直観的に書く．2020年の土管の問題へのつながりを意識してほしい．

子供の頃，家にはちゃぶ台が2つあり，1つはまん中に穴があいていた．炭の火を入れた七輪を置いて，すき焼きなど，鍋を囲む．ある日，このちゃぶ台に乗って遊んでいた．はずみでお尻を入れたら，抜け出ることはできなくなって慌てた．本問を見て，瞬時に次の解答を考えた．

穴のあいたちゃぶ台

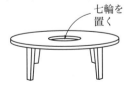
七輪を置く

▶解答◀ 四面体 ABCD を，三角形 ABC と，平面 ABC 上（π とする）にない1点 D に分ける．π をテーブルであると想像せよ．図では，π を xy 平面とした．

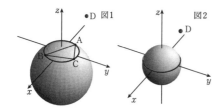

このテーブルに，△ABC の外接円の穴をあける．D は π 上にない．D が π の上方にあるとしてよい．図1 を見よ．π の下方に中心がある，極めて大きな半径の球 を，この穴にはめ込む．当然，D はこの球の外部にある． 球が穴にはまったまま，半径を次第に小さくしていく． 球の中心は次第に上方に動き（図2），やがて π の上方 に出る（図3）．この状態からさらに球の半径を大きくす る．つまり，今度は球の中心を π の上方にある状態で半 径を大きくする．極めて大きくとれば D は球の内部に 入る．この途中のどこかで球は点 D を通る（図4）．ゆ えに A，B，C，D を同時に通る球面が存在する．

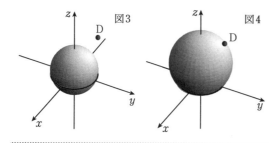

四面体 ABCD は AC = BD，AD = BC を満た すとし，辺 AB の中点を P，辺 CD の中点を Q と する．
（1）辺 AB と線分 PQ は垂直であることを示せ．
（2）線分 PQ を含む平面 α で四面体 ABCD を 切って2つの部分に分ける．このとき，2つの部 分の体積は等しいことを示せ．（18 京大・共通）

考え方 （1）はいろいろな解法がある．ここでも，本 書の意図「京大の直観幾何学」の解法だけ示したい．

▶解答◀ （1）解説を交えて書く．立体の図1を描 くだろう．AC = BD かつ AD = BC を見たとき，私は 「四角形 ACBD の向かい合った2組の長さが等しい」と 読めて仕方がなかった．図2を見よ．平行四辺形の紙 ACBD と，発泡スチロールの板（π とする）を用意せよ． π を机の上に置け．これは水平面である．AB のところ にはあらかじめ折り目を付け，その AB のどこか2箇所 で，この紙片を，発泡スチロールの板にピン止めしたと せよ．線分 AB は固定され，当然，P も固定されている．

最初，CD の中点 Q は，P に一致している．この状態か ら，C，D を，π から同じ距離だけ，少しずつ持ち上げ て行け．バランスを崩してはならない．真上から見てい ると，常に Q は P と重なった位置に見える．Q は，P か ら机に垂直に浮きあがり，常に PQ は机に垂直で，AB と PQ は垂直である．

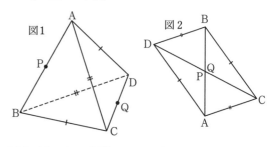

（2）図2が，四面体 ABCD を真上から見た図と思え． PQ を軸にして四面体を180°回転させると立体は回転前 と重なる．PQ を含む平面で切れば体積は2等分される．

━━━━━《オイラーの多面体定理》━━━━━

7. 次のような凸多面体 K，K' について考える．K と K' のどちらについても，各面は，正方形または 正六角形である．また，K について，頂点の数 v は24，辺の数 e は36である．
次の問いに答えよ．
（1）K の面の数 f を求めよ．
（2）K' の各頂点について，その頂点に集まる面 の数が3であることを示せ．
（3）K' について，正方形である面の数が6であ ることを示せ．
（4）K' の面の数を f' とするとき，$f \geqq f'$ であ ることを示せ． （22 大阪公立大・理-後）

考え方 浮き輪やドーナツのような穴が空いていな い，いくつかの多角形で囲まれた立体を多面体という． 多面体の頂点（vertex）の数を v，辺（edge）の数を e， 面（face）の数を f とするとき，オイラーの多面体定理
$$v - e + f = 2$$
が成り立つ．

▶解答◀ （1）オイラーの多面体定理より
$$24 - 36 + f = 2 \qquad \therefore \quad f = 14$$
（2）K' の1つの頂点に集まる正方形の数を a，正六 角形の数を b とすると $a + b \geqq 3$ であり，角度について
$$90a + 120b < 360 \qquad \therefore \quad 3a + 4b < 12$$
が成り立つ．これを満たす0以上の整数の組 (a, b) は
$$(a, b) = (1, 2), (2, 1), (3, 0)$$

である．いずれの場合も $a+b=3$ であるから，1つの頂点に集まる面の数は3である．

なお，K は K' の一種であるから，K についても1つの頂点に集まる面の数は3である．

（3）K' の正方形の数を x'，正六角形の数を y' とし，頂点，辺，面の数をそれぞれ v'，e'，f' とする．

あなたには部下がいて，1つの面に部下を一人ずつ配置して，部下に自分のいる面の辺の数と頂点の数を報告させると想像しよう．

頂点について：正方形の面には x' 人の部下がいて，それぞれが「頂点は4である」と報告し，正六角形の面には y' 人の部下がいて，それぞれが「頂点は6である」と報告する．頂点は $4x'+6y'$ 個あることがわかる．（2）より1つの頂点に面が3つ集まるから，立体 K' の頂点について，$v' = \dfrac{4x'+6y'}{3}$ ……………………①

辺について：正方形の部下は「辺は4である」，正六角形の部下は「辺は6である」と報告するから，辺は $4x'+6y'$ 本あることがわかる．2つの面で1つの辺が作られるから，立体 K' の辺について，
$e' = \dfrac{4x'+6y'}{2} = 2x'+3y'$ ……………………②

面について：$f' = x'+y'$ ……………………③

①，②，③を $v'-e'+f'=2$ に代入して

$$\dfrac{4x'+6y'}{3} - (2x'+3y') + (x'+y') = 2$$

$$\dfrac{4x'+6y'}{3} - x' - 2y' = 2 \qquad \therefore \quad x' = 6$$

したがって，正方形の面の数は6である．K についても正方形の面の数は6であることに注意せよ．

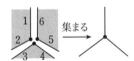

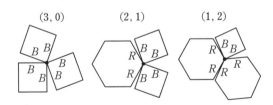

（4）（2）で用いた (a,b) を使う．$(3,0)$ の頂点の数を p，$(2,1)$ の頂点の数を q，$(1,2)$ の頂点の数を r とする．プライム（′）がないときは K について，プライムがあるときは K' についての記述である．

まず，図形 K について確認する．（3）より正方形の数 $x=6$ で，（1）より面の数 $f=14$ であるから，正六角形の数 $y = f-x = 14-6 = 8$ である．正方形の頂点は $4 \cdot 6 = 24$ であるが，$v = 24$ であるから，図形 K は正方形同士が頂点を共有しないことがわかる．したがって，$p=0$，$q=0$，$r=24$ である．

次に図形 K' について考察する．正方形の辺を青く塗り（図の B），正六角形の辺を赤く塗る（図の R）．$(3,0)$ の頂点（個数 p'）には6本の B が集まり，$(2,1)$ の頂点（個数 q'）には4本の B が集まり，$(1,2)$ の頂点（個数 r'）には2本の B が集まるから，頂点に注目して B を数えると $6p'+4q'+2r'$ である．正方形は6個あって，辺は $4 \cdot 6 = 24$ であるが，$6p'+4q'+2r'$ は1つの辺について両端の頂点からダブルカウントしていることに注意せよ．したがって，

$$6p'+4q'+2r' = 2 \cdot 24$$

$$3p'+2q'+r' = 24 \quad \text{……………………④}$$

$p' \geqq 0$，$q' \geqq 0$ であるから，$r' \leqq 24$ が成り立つ．

次に，R を数えると，$(3,0)$ に0本，$(2,1)$ に2本，$(1,2)$ に4本集まるから R は全部で $2q'+4r'$ 本ある．正六角形は y' 個あるから，ダブルカウントに注意して

$$2q'+4r' = 2 \cdot 6y' \qquad \therefore \quad q'+2r' = 6y' \quad \text{…⑤}$$

K' の頂点の数に注目して

$$p'+q'+r' = 8+2y' \quad \text{……………………⑥}$$

⑤＋⑥－④ より

$$-2p'+2r' = 8y'-16$$

$$r' = 4y'-8+p' \leqq 24$$

$$y' \leqq 8 - \dfrac{p'}{4} \leqq 8$$

よって，$f' = 6+y' \leqq 14 = f$ が成り立つ．

【注意】【図形は存在するのか？】

問題文では図形の条件を述べているだけで，具体的な図形には触れていない．しかし，次のように1つの頂点の周りの面の集まり方を1種類に限定すれば，簡単に図形が構成できる．

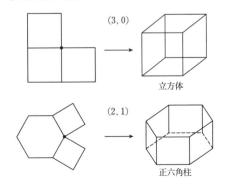

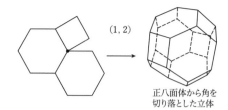

$(1, 2)$

正八面体から角を
切り落とした立体

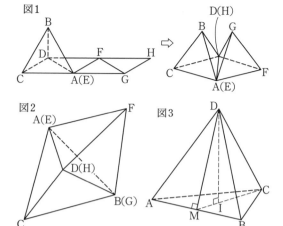

図1

図2

図3

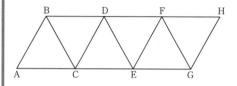

《展開図から立体を作る》

8. 全ての面が1辺の長さ2の正三角形からなる六面体 S の展開図を示す．図の点 A〜点 H は六面体 S のいずれかの頂点である．この六面体 S の三角形 ABC を底面として，平面 P 上に置く．次の問いに答えよ．

（1）六面体を作ったときに重なる点の組をすべて示せ．

（2）点 H と平面 P の距離を求めよ．

（3）六面体 S の全ての面に接する球の半径を求めよ．

（4）点 F と平面 P の距離を求めよ．

（5）線分 AB を含み平面 P に垂直な平面で六面体 S を切って2つの立体に分ける．このときできる2つの立体の体積の比を求めよ．

(22 藤田医科大・後期)

（3）平面 FMCD はこの立体の対称面である．

図4

図5

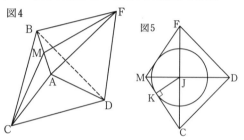

DM と CF の交点を J とおくと，J は △ABD の重心であり，内接球の中心である．J から MC へおろした垂線の足を K とする．

$CJ = DI = \dfrac{2\sqrt{6}}{3}$，$JM = IM = \dfrac{\sqrt{3}}{3}$ に注意せよ．

△CJM ∽ △CKJ であるから

$$CM : JM = CJ : KJ$$

$$\sqrt{3} : \dfrac{\sqrt{3}}{3} = \dfrac{2\sqrt{6}}{3} : KJ \qquad \therefore \quad KJ = \dfrac{2\sqrt{6}}{9}$$

求める半径は $\dfrac{2\sqrt{6}}{9}$ である．

（4）F から P へおろした垂線の足を L とする．CM が P 上にあることに注意せよ．FL が求めるものである．

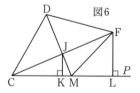

図6

J は CF の中点であるから，$FL = 2JK = \dfrac{4\sqrt{6}}{9}$ である．

（5）AB を含み P に垂直な平面と DF の交点を Q とする．

以下では立体 X の体積を $[X]$ で表す．△ABQ を底面と見ると，

$$[ABDQ] : [ABQF] = DQ : QF$$

である．

►解答◄ （1）折り方には山折りと谷折りがあるが，見る位置によって山折りが谷折りにもなる．以下では谷折りのみで立体を作る．BC, CD を折り目に △ABC を順に折り進めると **A と E** が重なる．同様に EF, FG を折り目に △FGH を順に折り進めると **D と H** が重なる．最後に DE を折り目にすることで **B と G** が重なり図2の立体ができる．図1はその途中である．

（2）正四面体 ABCD に注目する．図3を見よ．求めるものは D から平面 ABC へおろした垂線の長さである．交点を I とする．I は △ABC の重心である．

AB の中点を M とする．四面体は1辺の長さが2であるから $IM = \dfrac{1}{3}CM = \dfrac{\sqrt{3}}{3}$, $DM = \sqrt{3}$

△DIM に三平方の定理を用いて

$$DI = \sqrt{DM^2 - IM^2} = \sqrt{3 - \dfrac{1}{3}} = \dfrac{2\sqrt{6}}{3}$$

△ABQ は P に垂直であるから，CM⊥QM である．図 8 を見よ．DI と CF の交点を R，QM と CF の交点を S とする．DI∥QM に注意せよ．

I は △ABC の重心であるから

$$\mathrm{CR:RS=CI:IM=2:1}$$

J は △ABD の重心であるから

$$\mathrm{RJ:JS=DJ:JM=2:1}$$

したがって

$$\mathrm{CR:RJ:JS=6:2:1}$$

CJ = JF と合わせて

$$\mathrm{CR:RJ:JS:SF=6:2:1:7}$$

となり

$$[\mathrm{ABDQ}]:[\mathrm{ABQF}]=\mathrm{DQ:QF}$$
$$=\mathrm{RS:SF}=3:7$$

であるから，$[\mathrm{ABCD}]=[\mathrm{ABDF}]$ と合わせて

$$[\mathrm{ABCDQ}]:[\mathrm{ABQF}]$$
$$=([\mathrm{ABCD}]+[\mathrm{ABDQ}]):[\mathrm{ABQF}]$$
$$=(10+3):7=\mathbf{13:7}$$

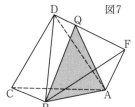
図7

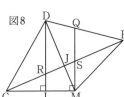
図8

◆別解◆（3） 座標を設定する．ただし，そのために正四面体の高さが必要であり，これについては解答の（2）と同様の方針で求めていることとする．

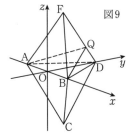
図9

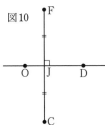
図10

A$(-1, 0, 0)$，B$(1, 0, 0)$，D$(0, \sqrt{3}, 0)$ とする．F と C は △ABD の重心 J について対称で，対称性から J の座標は $\left(0, \dfrac{\sqrt{3}}{3}, 0\right)$，$\mathrm{FJ=CJ}=\dfrac{2\sqrt{6}}{3}$ であるから

$$\mathrm{C}\left(0, \frac{\sqrt{3}}{3}, -\frac{2\sqrt{6}}{3}\right),\ \mathrm{F}\left(0, \frac{\sqrt{3}}{3}, \frac{2\sqrt{6}}{3}\right)$$

とする．S のすべての面に接する球の中心は対称性から J である．平面 ABC を

$$a(x+1)+by+cz=0$$

とおくと，B，C を通るから

$$2a=0,\ \frac{\sqrt{3}}{3}b-\frac{2\sqrt{6}}{3}c=0$$

より，$a=0$ で，$b=2\sqrt{2}c$ である．$c=0$ とすると $a=b=c=0$ で不適である．

$c\neq 0$ で，平面 ABC は

$$2\sqrt{2}y+z=0$$

である．球の半径は J と平面 ABC の距離であるから

$$\frac{2\sqrt{2}\cdot\dfrac{\sqrt{3}}{3}}{\sqrt{(2\sqrt{2})^2+1^2}}=\frac{2\sqrt{6}}{9}$$

（4） F と平面 ABC の距離であるから

$$\frac{\left|2\sqrt{2}\cdot\dfrac{\sqrt{3}}{3}+1\cdot\dfrac{2\sqrt{6}}{3}\right|}{\sqrt{(2\sqrt{2})^2+1^2}}=\frac{4\sqrt{6}}{9}$$

（5） 線分 AB を含み P に垂直な平面と DF の交点を Q とする．k を定数とする．

$$\overrightarrow{\mathrm{DF}}=\overrightarrow{\mathrm{OF}}-\overrightarrow{\mathrm{OD}}=\left(0, -\frac{2\sqrt{3}}{3}, \frac{2\sqrt{6}}{3}\right)$$

であるから

$$\overrightarrow{\mathrm{OQ}}=\overrightarrow{\mathrm{OD}}+k\overrightarrow{\mathrm{DF}}=\left(0, \sqrt{3}-\frac{2\sqrt{3}}{3}k, \frac{2\sqrt{6}}{3}k\right)$$

となる．$\overrightarrow{\mathrm{OC}}\perp\overrightarrow{\mathrm{OQ}}$ であるから

$$\overrightarrow{\mathrm{OC}}\cdot\overrightarrow{\mathrm{OQ}}=\frac{\sqrt{3}}{3}\left(\sqrt{3}-\frac{2\sqrt{3}}{3}k\right)-\left(\frac{2\sqrt{6}}{3}\right)^2 k$$
$$=1-\frac{10}{3}k=0$$

$k=\dfrac{3}{10}$ で DQ : QF $=3:7$ である．以下解答と同様．

◆別解◆（3） 内接球の半径を r とする．記号は上と同じである．図 9 を参照せよ．△ABD を底面として

$$[S]=\frac{\sqrt{3}}{4}\cdot 2^2\cdot\frac{4\sqrt{6}}{3}\cdot\frac{1}{3}$$

内接球の中心 J と S の各頂点を結ぶと 6 つの合同な四面体に分けられる．

$$[S]=\frac{\sqrt{3}}{4}\cdot 2^2 r\cdot\frac{1}{3}\cdot 6$$

であるから，$[S]$ を 2 通りで表して

$$\frac{\sqrt{3}}{4}\cdot 2^2 r\cdot\frac{1}{3}\cdot 6=\frac{\sqrt{3}}{4}\cdot 2^2\cdot\frac{4\sqrt{6}}{3}\cdot\frac{1}{3}$$
$$6r=\frac{4\sqrt{6}}{3}\qquad\therefore\quad r=\frac{\mathbf{2\sqrt{6}}}{\mathbf{9}}$$

═══《平面図形の論証》

9. 3 点 $(0, 0)$，$(1, 0)$，$(0, 1)$ を頂点とする三角形を D とする．D の 1 辺を選び，その中点を中心として D を 180° 回転させる．このようにして D か

ら得られる 3 個の三角形からなる集合を S_1 とする. S_1 から一つ三角形を選び, さらにその三角形の 1 辺を選び, その中点を中心としてその三角形を 180° 回転させる. このようにして S_1 から得られる三角形すべてからなる集合を S_2 とする. S_2 は 7 個の三角形からなる集合であり, その中には D も含まれる. 一般に, 自然数 n に対して S_n まで定義されたとき, S_n から一つ三角形を選び, さらにその三角形の 1 辺を選び, その中点を中心としてその三角形を 180° 回転させる. このようにして S_n から得られる三角形すべてからなる集合を S_{n+1} とする. 次の問に答えよ.

（1） S_3 の要素を全て図示せよ.

（2） m を自然数とする. S_{2m} から一つ三角形を選び, その頂点それぞれと原点 $(0, 0)$ との距離の最大値を考える. 三角形の選び方をすべて考えたときの, この最大値の最大値 d_{2m} を求めよ.

（16 早稲田大・教育）

▶解答◀ （1） 図 1, 2 を見よ. OA の中点を中心として D を 180° 回転すると図 2 のようになる. 図 1 の D の向きの三角形を正立, 図 2 の網目部分の三角形の向きを倒立ということにする. D を S_0 とする.

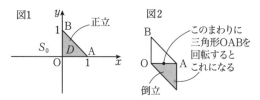

S_1, S_2, S_3 の要素は下図のようになる. S_1, S_3 の三角形は倒立, S_0, S_2 の三角形は正立である.

（2） S_n の凸包（とつほう, S_n を中に含む最小の凸の領域で, 図 6 を見よ）を T_n とする,

$T_0 : 0 \le x+y \le 1, 0 \le x \le 1, 0 \le y \le 1$

$T_2 : -1 \le x+y \le 2, -1 \le x \le 2, -1 \le y \le 2$

であり, S_0 は T_0 に含まれる正立な三角形で出来ている. S_2 は T_2 に含まれる正立な三角形で出来ている.

$T_1 : 0 \le x+y \le 2, -1 \le x \le 1, -1 \le y \le 1$

$T_3 : -1 \le x+y \le 3, -2 \le x \le 2, -2 \le y \le 2$

S_1 は T_1 に含まれる倒立な三角形で出来ている. S_3 は T_3 に含まれる倒立な三角形で出来ている.

$T_{2m} : -m \le x+y \le m+1, -m \le x \le m+1$, $-m \le y \le m+1$

であり, S_{2m} は T_{2m} に含まれる正立な三角形で出来ている. 正立の三角形を回転の中心を変えながら 180° 回

転を 2 度行うと向きは元にもどり, 平行移動される. だから凸包は外に向かって大きくなっていく. T_{2m} の頂点で原点との距離が最大になるのは $(m+1, -m)$ と $(-m, m+1)$ であり, これは S_{2m} の頂点でもある.

$$d_{2m} = \sqrt{(m+1)^2 + m^2} = \sqrt{2m^2 + 2m + 1}$$

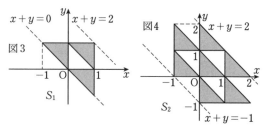

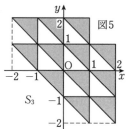

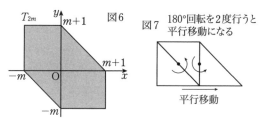

注意 点 $\vec{x}$ と点 $\vec{x'}$ が点 $\vec{\alpha}$ に関して対称で, さらに点 $\vec{x'}$ と点 $\vec{x''}$ が点 $\vec{\beta}$ に関して対称のとき,

$$\vec{x} + \vec{x'} = 2\vec{\alpha}, \quad \vec{x'} + \vec{x''} = 2\vec{\beta}$$

となり, 辺ごとに引くと $\vec{x''} - \vec{x} = 2(\vec{\beta} - \vec{\alpha})$ となる. つまり, 180° 回転を 2 回行うと（今は一辺の分の）平行移動になる. 商学部第三問と同系統の発想である. これを知っていると, 見通しがよい.

《外接円と外心》

10. 三角形 ABC を AB＝AC かつ AB＞BC である二等辺三角形とする. 辺 AB 上の点 D を, 三角形 ABC と三角形 CDB が相似となるようにとる. 三角形 ABC の外心を O, 三角形 ADC の外心を P とする. 以下の問いに答えよ.

（1） 点 P は三角形 ADC の外部にあることを示せ.

（2） 四角形 AOCP において, ∠AOC＝∠APC で

あることを示せ.

（3）三角形 CDB の外心は，三角形 ADC の外接円の周上にあることを示せ.

（14 奈良女子大・生活）

考え方 図形問題の難しさは，線が多く，どの辺，どの角に着目すればよいのか，森の中でさまよってしまうことにある．本問は，角の計算をするだけの中学生レベルの問題である.

▶解答◀（1）$\angle BCD = \angle A = \alpha$, $\angle DCA = \beta$ とおく．$\angle B = \alpha + \beta$ となり三角形 ABC の内角の和から

$$3\alpha + 2\beta = 180° \quad\cdots\cdots\cdots\cdots\cdots①$$

である.

$$\angle ADC = \angle B + \angle BCD = 2\alpha + \beta$$

図は，円を描かないでおいた，これ以上線が増えて注意力が散漫になるのを防ぐためである．△ADC の外接円の弧 AC に対する中心角 $\angle APC$ は円周角 $\angle ADC = 2\alpha + \beta$ の 2 倍だから

$$\angle APC = 2\angle ADC = 4\alpha + 2\beta \quad\cdots\cdots\cdots②$$

① より

$$\angle APC = 4\alpha + 2\beta > 3\alpha + 2\beta = 180°$$

である．中心角 $\angle APC$ は 180° より大きいから P は直線 AC に関して D と反対の側にあり，P は △ADC の外部にある.

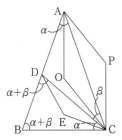

（2）△ABC の外接円の弧 AC に対する中心角 $\angle AOC$ は円周角 $\angle ABC = \alpha + \beta$ の 2 倍だから

$$\angle AOC = 2\angle ABC = 2\alpha + 2\beta$$

① より β を消去して $\angle AOC = 180° - \alpha$ である.

また ② を利用して，小さい方の角 $\angle APC$ は

$$\angle APC = 360° - (4\alpha + 2\beta)$$

となり，① を用いて β を消去すると

$$\angle APC = 360° - (180° + \alpha) = 180° - \alpha$$

よって $\angle AOC = \angle APC$ である.

（3）△CDB の外心を E とする．中心角

$$\angle CED = 2\angle CBD = 2(\alpha + \beta)$$

だから $\angle CED + \angle CAD = 3\alpha + 2\beta$ となる．① より $\angle CED + \angle CAD = 180°$ だから，C，A，D，E は同一円周上にある.

注意 **【道具に振り回された解答】** $\angle B = \theta$，△ABC の外接円の半径を R，△ADC の外接円の半径を R' とすると

$$OA = OC = R, \quad PA = PC = R' \quad\cdots\cdots\cdots③$$

正弦定理から

$$2R = \frac{AC}{\sin\angle ABC} = \frac{AC}{\sin\theta}$$

$$2R' = \frac{AC}{\sin\angle ADC} = \frac{AC}{\sin(\pi - \theta)} = \frac{AC}{\sin\theta}$$

よって $2R = 2R'$ となり $R = R'$

③ より $OA = OC = PA = PC$ なので，四角形 AOCP はひし形である．ひし形の対角は等しいから $\angle AOC = \angle APC$ である.

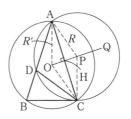

この証明をやる人が多いが，苦笑いするしかない.

正弦定理の証明を思い出してほしい．思い出せないなら，証明できるようにした方がよい．それができない限り，下を読んでも論点が理解できないだろう.

正弦定理の証明では，外接円の半径と円周角を使って辺の長さを計算する．そして，円周角は中心角に関わる.

$AC = 2R' \sin\angle ABC$ で計算する場合，

$\angle AOH = \angle ABC$ であることを使って，△AOH で $AH = OA \sin\angle AOH$ で計算し，

$AC = 2AH = 2OA\sin\angle AOH = 2R\sin\angle ABC$ とする.

$AC = 2R\sin\angle ADC$ で計算する場合，

$\angle ADC = \angle APQ$ であることを使っている．そして，角の計算で，$\angle AOH = \angle APH$ になるからこそ sin の値が等しくなる．（最初の解答では角の計算だけでやっているから）「角の計算をした時点で sin の計算などしなくても，終わっている」のである．正弦定理の成り立ちが理解できている者なら，最初から「角の計算だけで終わる」と見通せる．ブレがないから一本道である.

《チャップルの定理》

11. △ABC において，内心を I，外心を O，内接円の半径を r，外接円の半径を R とするとき，次の問いに答えよ．

（1）∠BAC $= \alpha$ とするとき，∠BIC を α の式で表せ．

（2）直線 AI と △ABC の外接円との A でない交点を D とするとき，3 点 B，C，I は D を中心とする同一円周上にあることを証明せよ．

（3）2 点 I，O の距離を d とする．AB $=$ AC のとき，等式 $(R+d)(R-d) = 2rR$ および不等式 $R \geqq 2r$ を証明せよ．

（4）AB $\neq$ AC のとき，不等式 $R > 2r$ を証明せよ．

（16 岡山理大）

▶解答◀ （1）$\alpha = 2t$，∠ABI $= \beta$，∠ACI $= \gamma$ とおく．

$$2t + 2\beta + 2\gamma = 180°$$
$$t + \beta + \gamma = 90° \quad \cdots\cdots\cdots① $$
$$∠DIB = ∠BAI + ∠ABI = t + \beta \quad \cdots\cdots②$$

であり，同様に ∠DIC $= t + \gamma$ である．

$$∠BIC = ∠DIB + ∠DIC = 2t + \beta + \gamma \quad \cdots\cdots③$$
$$= t + 90° = \frac{\alpha}{2} + 90°$$

なお，③で①を用いた．

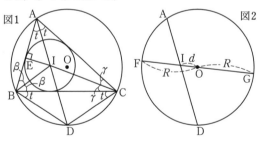

図1　図2

（2）弧 CD に対する円周角で ∠DBC $=$ ∠DAC $= t$
よって ∠DBI $= t + \beta$ で，②と合わせ ∠DBI $=$ ∠BID であるから △DIB は二等辺三角形であり，DI $=$ DB である．同様に DC $=$ DI である．B，C，I は D から等距離にあり，D を中心とする同一円周上にある．

（3）AB $=$ AC か，AB $\neq$ AC かで場合分けしてもうまくない．一般に扱う．内接円と AB の接点を E とする．△AIE は直角三角形だから
$$r = IE = AI \sin t \qquad \therefore \quad AI = \frac{r}{\sin t} \quad \cdots\cdots④$$
△ABD の外接円の直径は $2R$ だから，正弦定理より
$$\frac{DB}{\sin t} = 2R \qquad \therefore \quad DB = 2R \sin t$$

DB $=$ DI だから
$$DI = 2R \sin t \quad \cdots\cdots\cdots\cdots⑤$$
④，⑤より
$$AI \cdot DI = 2Rr \quad \cdots\cdots\cdots\cdots⑥$$
図2を見よ．直線 OI と外接円の交点を I に近い方から F，G とする．ただし O，I が一致するときには FG は任意の直径とせよ．方べきの定理より
$$AI \cdot DI = IF \cdot IG = (R-d)(R+d) \quad \cdots\cdots⑦$$
⑥，⑦より
$$(R-d)(R+d) = 2Rr$$
$$R^2 - d^2 = 2Rr \qquad \therefore \quad d^2 = R(R - 2r)$$

$d^2 \geqq 0$ より $R \geqq 2r$ である．

（4）等号が成り立つのは $d = 0$ のときだから，外心と内心が一致するとき，すなわち，△ABC が正三角形のときである．AB $\neq$ AC のときは $R > 2r$ である．

注意 1°【Chapple の定理（オイラーの定理）】

$OI^2 = R^2 - 2Rr$ が成り立つ．1746 年にチャップルが，1765 年にオイラーがチャップルと独立に証明した．

2°【出題者の意図？】

（3）図 a を見よ．AB $=$ AC のとき，∠A $= 2t$ とおく．内接円と AB の接点を E とする．

図a　図b

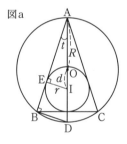
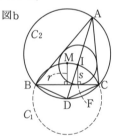

$$BD = AD \sin t, \ AI \sin t = IE$$

である．AD $= 2R$，IE $= r$ であり，（1）より BD $=$ DI であるから DI $= 2R \sin t$，AI $\sin t = r$ となる．2 式を辺ごとに掛けて $\sin t$ で割ると
$$DI \cdot AI = 2Rr$$
DI と AI の一方は $R + d$，他方は $R - d$ である．図 a は AI $= R + d$，DI $= R - d$ の場合である．よって
$$(R+d)(R-d) = 2Rr \qquad \therefore \quad R^2 - d^2 = 2Rr$$
$R(R - 2r) = d^2 \geqq 0$ より $R \geqq 2r$

（4）図 b を見よ．（2）の D を中心とする円を C_1，△ABC の外接円を C_2 とする．内接円の半径を別の文字にしたいから，AB $=$ AC のときの内接円の半径を r，AB $\neq$ AC のときの内接円の半径を s，BC と内

接円の接点を F とする．（3）により $r \leqq \dfrac{R}{2}$ である．B, D, C を固定し（このとき C_1, C_2 も固定される）A を動かすと，I は C_1 上を，A は C_2 上を動く．このとき $s =$ IF は I と BC の距離だから，I が弧 BC（ただし C_2 の内部にある方）の中点（図 b の M）のときと比べ，$s < r \leqq \dfrac{R}{2}$ である．

《当たり前を論証する》

12. 以下の問いに答えよ．

（1）平面上に相異なる 3 点がある．この 3 点が同一直線上にないとき，この 3 点を通る円は必ず存在し，かつ，一つだけしかないことを証明せよ．

（2）平面上に相異なる 3 点 A, B, C があり，A, B 間の距離は，他の 2 点間の距離より短いとする。このとき，線分 AB を直径とする円は，内部に点 C を含まないことを証明せよ．

（3）平面上に相異なる 4 点がある．この 4 点が同一円周上になく，かつ，どの 3 点も同一直線上にないとする．このとき，うまく 3 点を選ぶと，その 3 点を通る円は，残りの点を内部に含まないようにできることを証明せよ．

（15 横浜市大・医）

▶解答◀ （1）3 点を A, B, C とする．3 点を通る円とは，3 点から等距離にある点を中心とする円である．AO ＝ BO ＝ CO をみたす点 O がただ 1 つ存在することを示せばよい．

A, B から等距離にある点の軌跡は線分 AB の垂直二等分線である．B, C についても同様である．

A, B, C は同一直線上にないから，AB と BC は平行でない．ゆえに AB の垂直二等分線と BC の垂直二等分線も平行でなく，1 点で交わる．この点が O で A, B, C から等距離にある点は他にない．以上で示された．

（2）最初に次のことを注意しておく．

直線 AB に関して C, P が同じ側にあるとき，△ABC の外接円を L として，

$\angle$APB ＞ $\angle$ACB $\iff$ P は L の内部にある
$\angle$APB ＜ $\angle$ACB $\iff$ P は L の外部にある

【証明】P が L の内部にあるとき，AP の P 方向への延長と L との交点を Q とする（図 1 参照）．

$$\angle\text{ACB} = \angle\text{AQB} < \angle\text{AQB} + \angle\text{QBP} = \angle\text{APB}$$

同様に L の外部に P があるとき，線分 AP と L の交

点を Q として

$$\angle\text{APB} < \angle\text{AQB} = \angle\text{ACB}$$

となる（図 2 参照）．よって上記命題が成り立つ．

さて，本問を証明する．AB を直径とする円（L とする）の内部に C があると仮定する．AC の C 方向への延長と L との交点を D とすると $\angle$ACB ＞ $\angle$ADB ＝ 90° であるから $\angle$ACB は鈍角であり，△ABC の内角で最大角は $\angle$ACB である．三角形では，辺の大小と対角の大小は一致するから，AB は AB, BC, CA のうちの最大辺である．これは，AB が BC, CA より小さいことに反し矛盾する．L は内部に C を含まない．（図 3 参照）

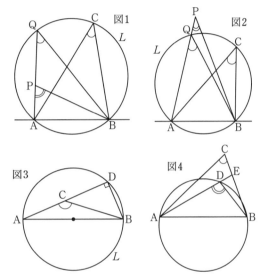

図1　図2　図3　図4

（3）A, B, C, D の 4 点から 2 点を選んで結び，6 本の線分でできる図形の外周を凸包という．どの 3 点も一直線上にないからどの頂点も凸包の線分の途中にはない．

（ア）凸包が三角形のとき（図 4 参照）．A, B, C, D のどれか 3 頂点でつくる三角形の内部に 1 点があるときである．△ABC の内部に点 D があるとしてよい．AD の D 方向への延長と BC との交点を E とする．

$$\angle\text{ADB} = \angle\text{AEB} + \angle\text{DBE}$$
$$> \angle\text{AEB} = \angle\text{ACB} + \angle\text{CAE} > \angle\text{ACB}$$

であるから，（2）で述べた命題により，C は △ABD の外接円の外部にある．

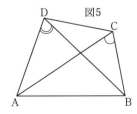

図5

（イ）凸包が四角形のとき（図 5 参照）．それを四角形 ABCD としてもよい．C, D は直線 AB に関して同

じ側にある．四角形 ABCD は円に内接しないから，$\angle ADB \neq \angle ACB$ である．

$\angle ADB > \angle ACB$ なら C が △ABD の外接円の外部に

あり，$\angle ADB < \angle ACB$ なら D が △ABC の外接円の外部にある．

§3 場合の数と確率

《数字の順列》

1. 7個の数字 0, 1, 2, 3, 4, 5, 6 を重複なく使って4桁の整数をつくる．千の位の数と百の位の数の和が3となる整数は □ 通りある．隣り合う位の数の和が3とならない整数は □ 通りある．また，4の倍数となる整数は □ 通りある．　　　　　　　　　　　　　　　　　　　　　　　　　　　　　　（22　同志社大・文系）

《色の塗り分け》

2. 図の ① から ⑥ の6つの部分を色鉛筆を使って塗り分ける方法について考える．ただし，1つの部分は1つの色で塗り，隣り合う部分は異なる色で塗るものとする．答えは記号を用いず，数字で求めよ．

（ⅰ） 6色で塗り分ける方法は，□ 通りである．

（ⅱ） 5色で塗り分ける方法は，□ 通りである．

（ⅲ） 4色で塗り分ける方法は，□ 通りである．

（ⅳ） 3色で塗り分ける方法は，□ 通りである．　　　　　　　　　　　　（20　立命館大・文系）

図

《図形の分割》

3. 円周上に n 点をとり点同士を結ぶ線分を引きうる限り引くとする．ただし，3つの線が内部で1点で交わることはないものとする．これらの線により分割された領域の数を a_n とおく．たとえば，$a_1 = 1$, $a_2 = 2$, $a_3 = 4$, $a_4 = 8$, $a_5 = 16$, $a_6 = 31$ である（下の図）．a_{10} の値は □ であり，a_{20} の値は □ である．

（19　産業医大）

《数珠順列》

4. k を自然数とする．赤い玉と白い玉がそれぞれ $2k$ 個ずつある．これらをすべて円周上に等間隔に並べる並べ方の総数を N_k とおくと，

$$N_1 = \boxed{}, \ N_2 = \boxed{}, \ N_3 = \boxed{}$$

である．ただし，回転して並びが同じになるものは同じ並べ方と考える．　　　　　　　（18　慶應大・医）

《組分けの問題》

5. 自然数 n に対して，n 人をいくつかの部屋に分けたい．ただし，各部屋には必ず誰か 1 人は入るものとする．

（1） 部屋 1 と部屋 2 への分け方は何通りあるか．

（2） 部屋 1 と部屋 2 と部屋 3 への分け方は何通りあるか．

（3） 部屋 1 と部屋 2 と部屋 3 と部屋 4 への分け方は何通りあるか．

（4） $k \leqq n$ を満たす自然数 k について，部屋 1 から部屋 k への分け方は何通りか．二項係数と記号 $\sum$ を用いた式で表せ． (22 近大・医-推薦)

《漏れなくダブりなく》

6. 座標平面上に 8 本の直線

$$x = a\,(a = 1, 2, 3, 4),\ y = b\,(b = 1, 2, 3, 4)$$

がある．以下，16 個の点

$$(a, b)\,(a = 1, 2, 3, 4,\quad b = 1, 2, 3, 4)$$

から異なる 5 個の点を選ぶことを考える．

（1） 次の条件を満たす 5 個の点の選び方は何通りあるか．

上の 8 本の直線のうち，選んだ点を 1 個も含まないものがちょうど 2 本ある．

（2） 次の条件を満たす 5 個の点の選び方は何通りあるか．

上の 8 本の直線は，いずれも選んだ点を少なくとも 1 個含む． (20 東大・文科)

《図形の個数を数える》

7. 1 辺の長さが 1 の正三角形を下図のように積んでいく．図の中には大きさの異なったいくつかの正三角形が含まれているが，底辺が下側にあるものを「上向きの正三角形」，底辺が上側にあるものを「下向きの正三角形」とよぶことにする．例えば，この図は 1 辺の長さが 1 の正三角形を 4 段積んだものであり，1 辺の長さが 1 の上向きの正三角形は 10 個あり，1 辺の長さが 2 の上向きの正三角形は 6 個ある．また，1 辺の長さが 1 の下向きの正三角形は 6 個ある．上向きの正三角形の総数は 20 であり，下向きの正三角形の総数は 7 である．こうした正三角形の個数に関して，次の問いに答えよ．

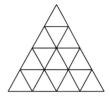

（1） 1 辺の長さが 1 の正三角形を 5 段積んだとき，上向きと下向きとを合わせた正三角形の総数を求めよ．

（2） 1 辺の長さが 1 の正三角形を n 段（ただし n は自然数）積んだとき，上向きの正三角形の総数を求めよ．

（3） 1 辺の長さが 1 の正三角形を n 段（ただし n は自然数）積んだとき，下向きの正三角形の総数を求めよ． (21 早稲田大・教育)

《座標平面上の場合の数》

8. 座標平面において，x 座標，y 座標がともに 0 以上の整数である点の集合を A とする．A の各点 (i, j) に実数 $a(i, j)$ が対応しており，A に属する任意の (i, j) に対して $a(i, j + 1) = a(i + 1, j) - a(i, j)$ が成り立っているとする．また，各 k について $a_k = a(k, 0)$ とする．n が自然数のとき，$a(0, n)$ を $a_k\,(k = 0, 1, 2, \cdots)$ で表せ． (15 山梨大・医-後)

《条件を満たす数の組》

9. N を 5 以上の整数とする．1 以上 $2N$ 以下の整数から，相異なる N 個の整数を選ぶ．ただし 1 は必ず選ぶこととする．選んだ数の集合を S とし，S に関する以下の条件を考える．

　　　条件 1：S は連続する 2 個の整数からなる集合を 1 つも含まない．

　　　条件 2：S は連続する $N-2$ 個の整数からなる集合を少なくとも 1 つ含む．

ただし，2 以上の整数 k に対して，連続する k 個の整数からなる集合とは，ある整数 l を用いて $\{l, l+1, \cdots, l+k-1\}$ と表される集合を指す．例えば $\{1, 2, 3, 5, 7, 8, 9, 10\}$ は連続する 3 個の整数からなる集合 $\{1, 2, 3\}$，
$\{7, 8, 9\}$，$\{8, 9, 10\}$ を含む．

（1） 条件 1 を満たすような選び方は何通りあるか．

（2） 条件 2 を満たすような選び方は何通りあるか．　　　　　　　　　　　　　　　　　（21　東大・文科）

《カタラン数》

10. いくつかの 0 と 1 を並べたものを，01 列と呼ぶことにする．すなわち，$A = a_1 a_2 \cdots a_k$ が 01 列とは，$1 \leqq i \leqq k$ について，a_i は 0 または 1 であるものをいう．このとき，a_i を A の i 番目の成分と呼び，A を長さ k の 01 列と呼ぶことにする．さらに，$1 \leqq i \leqq k$ に対して，1 番目から i 番目までの成分の中で 0 であるものの個数を，$x_i(A)$ とし，1 であるものの個数を，$y_i(A)$ とする．便宜的に，空列 $A = \emptyset$ の場合も，長さ 0 の 01 列と呼ぶことにする．このとき，次の各問に答えよ．

（1） 4 個の 0 と 4 個の 1 からなる 01 列の総数を求めよ．

（2） 01 列に対して次の操作（#）を考える．

（#）01 列に対して，連続した 2 個の成分が 01 であれば，それを除いて長さの短い 01 列をつくる．複数の 01 の部分がある場合は，いずれを選んでも良い．

（例えば，01100<u>1</u>001 の <u>01</u> の部分を除いて，0110001 を得る．）

得られた 01 列に対して，順次この操作を繰り返して，可能な限り 01 の部分を取り除いていく．

（例えば，011001001 → <u>01</u>10001 → 100<u>01</u> → 100）

（ⅰ） それぞれ 3 個の 0 と 1 からなる長さ 6 の 01 列 A で，すべての $i = 1, 2, \cdots, 6$ について，$x_i(A) \geqq y_i(A)$ を満たすものの総数をもとめよ．

（ⅱ） それぞれ n 個（$n \geqq 1$）の 0 と 1 からなる長さ $2n$ の 01 列 A に対して，（#）を行い，最終的に長さ 0 の 01 列にたどり着くための必要十分条件は，すべての $1 \leqq i \leqq 2n$ について，$x_i(A) \geqq y_i(A)$ であることを示せ．

（ⅲ） それぞれ 4 個の 0 と 1 からなる長さ 8 の 01 列で，（ⅱ）の必要十分条件を満たすものの総数をもとめよ．

　　　　　　　　　　　　　　　　　　　　　　　　　　　　　　　　　　　　　　　（20　明治大・商）

《玉の取り出し》

11. 1, 2, 3, 4, 5 のそれぞれの数字が書かれた玉が 2 個ずつ，合計 10 個ある．

（1） 10 個の玉を袋に入れ，よくかき混ぜて 2 個の玉を取り出す．書かれている 2 つの数字の積が 10 となる確率を求めよ．

（2） 10 個の玉を袋に入れ，よくかき混ぜて 4 個の玉を取り出す．書かれている 4 つの数字の積が 100 となる確率を求めよ．

（3） 10 個の玉を袋に入れ，よくかき混ぜて 6 個の玉を順に取り出す．1 個目から 3 個目の玉に書かれている 3 つの数字の積と，4 個目から 6 個目の玉に書かれている 3 つの数字の積が等しい確率を求めよ．（14　東北大・共通）

《サイコロの出る目の積》

12. 3個のさいころを投げる.

（1） 出た目の積が6となる確率を求めよ.

（2） 出た目の積が k となる確率が $\dfrac{1}{36}$ であるような k をすべて求めよ.

(18　一橋大・前期)

《サイコロの出る目の最大公約数》

13. サイコロを投げてその目を記録する，という操作を繰り返し行う. n を2以上の自然数として，1回目から n 回目までに出た目の最大公約数を X_n とする. 以下の問いに答えよ.

（1） $X_2 = 1$ となる確率を求めよ.

（2） $X_n = 2, 3, 4, 5, 6$ となる確率をそれぞれ求めよ.

（3） $X_2, \cdots, X_n$ はいずれも1ではなく，$X_{n+1} = 1$ となる確率を求めよ.

(16　九大・理-後期)

《一種のクジ引き》

14. 赤色のひもが1本，青色のひもが1本，白色のひもが3本，全部で5本のひもがある. これらのひもの端を無作為に2つ選んで結び，まだ結ばれていない端からさらに無作為に2つ選んで結ぶ操作を行い，すべての端が結ばれるまで繰り返す. その結果，ひもの輪が1つ以上できる. 次の問いに答えよ.

（1） 赤色と青色のひもが同一のひもの輪にある確率を求めよ.

（2） ひもの輪が1つだけできる確率を求めよ.

(17　藤田保健衛生大・推薦)

《正多角形に絡んだ確率 1》

15. n を4以上の整数とする. 正 n 角形の2つの頂点を無作為に選び，それらを通る直線を l とする. さらに，残りの $n-2$ 個の頂点から2つの頂点を無作為に選び，それらを通る直線を m とする. 直線 l と m が平行になる確率を求めよ.

(15　一橋大・前期)

《正多角形に絡んだ確率 2》

16. （1） 正6角形の6つの頂点を1，2，3，4，5，6とする. サイコロを3回振って出た目を順に i, j, k とする. 頂点 i, j, k が3角形をなす確率，直角3角形をなす確率，鋭角3角形をなす確率，鈍角3角形をなす確率をそれぞれ求めよ.

（2） 正 n 角形の n 個の頂点を $1, 2, \cdots, n$ とする. 番号 $1, 2, \cdots, n$ が等確率で現れるくじを引いて戻すことを3回繰り返し，出た番号を順に i, j, k とする. 頂点 i, j, k が直角3角形をなす確率，鋭角3角形をなす確率をそれぞれ求めよ.

(15　お茶の水女子大・共通)

《整数が背景にある確率》

17. 2つの関数を $f_0(x) = \dfrac{x}{2}$，$f_1(x) = \dfrac{x+1}{2}$ とおく. $x_0 = \dfrac{1}{2}$ から始め，各 $n = 1, 2, \cdots$ について，それぞれ確率 $\dfrac{1}{2}$ で $x_n = f_0(x_{n-1})$ または $x_n = f_1(x_{n-1})$ と定める. このとき，$x_n < \dfrac{2}{3}$ となる確率 P_n を求めよ.

(15　京大・理系)

《2 次方程式の整数解と確率》

18. 1つのサイコロを3回投げる．1回目に出る目を a，2回目に出る目を b，3回目に出る目を c とする．なお，サイコロは1から6までの目が等確率で出るものとする．

（1） 2次方程式 $x^2 - bx + c = 0$ が少なくとも1つ整数解をもつ確率を求めよ．

（2） 2次方程式 $ax^2 - bx + c = 0$ のすべての解が整数である確率を求めよ．

（3） 2次方程式 $ax^2 - bx + c = 0$ が少なくとも1つ整数解をもつ確率を求めよ． (19 名古屋大・文系)

《期待値1》

19. 同じ大きさと重さの白石と黒石がそれぞれ m 個と n 個ある．これらの石から k 個を無作為に抽出し，その中の白石の数を X とする．ただし m，n，k は自然数で $1 \leqq k < m$，$1 \leqq k < n$ である．以下の問いに答えなさい．

（1） 整数 i に対して $X = i$ の確率 $p(i, k \mid m, n)$ を求めなさい．ただし，組合せの記号 ${}_q\mathrm{C}_r$ を用いて結果を表現しなさい．

（2） $m = 4$，$n = 6$，$k = 3$ のときの X の期待値を求めなさい．

（3） 一般の m，n，k に対して X の期待値を求めなさい． (17 大分大・医)

《期待値2》

20. 下図のように，アルファベットと数字が各々1つずつ書かれたカードが9枚ある．これらのカードから無作為に1枚選ぶ操作を繰り返す．ただし選んだカードは元に戻さず残りのカードから次のカードを選ぶ．この操作を終了するのは選んだカードの中に同じアルファベット，または同じ数字が書かれた3枚が1組以上揃った時点とする．その時点までに選んだカードの枚数を得点とする．

次の問いに答えよ．

（1） 得点が4点となる確率を求めよ．

（2） 得点が5点となる確率を求めよ．

（3） 得点の期待値を求めよ．

なお，（3）は範囲外のため，全員正解として採点された．

A	A	A	B	B	B	C	C	C
1	2	3	1	2	3	1	2	3

(16 藤田保健衛生大・医)

《経路問題》

21. 図に示すように，ある街には東西に 5 本，南北に 5 本の道がある．ただし，1 区画の長さはすべて 1 とする．このとき，次の問いに答えよ．

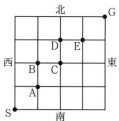

（1）最短距離で点 S から点 G へ行く経路を考える．
（ⅰ）点 D を通る経路は，全部で□通りである．
（ⅱ）DE 間を通る経路は，全部で□通りである．
（ⅲ）点 D または点 E を通る経路は，全部で□通りである．

（2）P と Q の 2 人が，点 S を同時に出発して，最短距離で点 E に向かって，毎分 1 の速さで，t 分間移動するものとする．ただし，最短距離で行くすべての経路のなかで，どの経路を選ぶかは同様に確からしいものとする．
（ⅰ）P と Q が 1 分間移動するものとする．1 分後に同じ位置にいる確率は，□である．
（ⅱ）P と Q が 2 分間移動するものとする．2 分後に点 A で初めて再会する確率は，□である．ただし，2 分後に点 A で初めて再会するとは，1 分後に P と Q は異なる位置にいた後，2 分後に両者が点 A にいることを意味する．
（ⅲ）P と Q が 6 分間移動するものとする．6 分後に点 E で初めて再会する確率を求めることを考える．ただし，6 分後に点 E で初めて再会するとは，1 分後から 5 分後の間は P と Q は異なる位置にいた後，6 分後に両者が点 E にいることを意味する．
① P と Q が 2 分後，3 分後，4 分後あるいは 5 分後に初めて再会する可能性がある位置は，全部で□か所である．
② P と Q が点 E に到達する経路の組合せは，全部で□通りである．
③ P と Q が点 B で初めて再会して点 E に到達する経路の組合せは，全部で□通りであり，点 C で初めて再会して点 E に到達する経路の組合せは，全部で□通りである．
④ P と Q が点 E で初めて再会する確率は，□である．

（16　立命館大・薬）

《操作が終わらない可能性のある確率》

22. 2人のプレイヤー A, B がじゃんけんをする次のようなゲームがある．じゃんけんをしてじゃんけんに勝った
プレイヤーはグーを出して勝てば1点を，パーあるいはチョキで勝てば2点をもらえ，負けたプレイヤーやあいこ
のプレイヤーは得点をもらえない．双方の最初の持ち点は0点である．ゲームが始まる前に T の値を決めておき，
先に得点の合計が T 以上になったプレイヤーをゲームの勝者とする．プレイヤー A はグー，チョキ，パーのうち
どれか1つを選び，毎回同じものを出し続け，プレイヤー B は1回ごとにグーを $\frac{2}{5}$，チョキを $\frac{2}{5}$，パーを $\frac{1}{5}$ の
確率で出すとする．

また，$|p| < 1$ をみたす実数 p と0以上の整数 n について，無限級数 $\sum\limits_{k=1}^{\infty} k^n p^k$ が収束することは既知の事実とし
て利用してよい．

（1） $T = 1$ とし，プレイヤー A がグーを選んだとする．k 回目のじゃんけんでプレイヤー A がゲームに勝つ確
率を P_k とすると $P_k = \boxed{}$ であり，$\sum\limits_{k=1}^{\infty} P_k = \boxed{}$ となる．

（2） $T = 2$ とし，プレイヤー A がグーを選んだとする．k 回目のじゃんけんでプレイヤー A がゲームに勝つ確
率を Q_k とすると $\sum\limits_{k=1}^{\infty} Q_k = \boxed{}$ となる．

（3） $T = 2$ とし，プレイヤー A がチョキを選んだとする．k 回目のじゃんけんでプレイヤー A がゲームに勝つ
確率を R_k とすると $\sum\limits_{k=1}^{\infty} R_k = \boxed{}$ となる．

（4） 実数の定数 p が $|p| < 1$ をみたしているとし，数列 $\{a_n\}$ の第 n 項を $a_n = \sum\limits_{k=n}^{\infty} \dfrac{(k-1)! \, p^k}{(k-n)!}$ と定める．例
えば a_1 は無限等比級数の和である．$a_3 - p a_3$ を計算することにより $a_3 = \sum\limits_{k=3}^{\infty} (k-1)(k-2) p^k = \boxed{}$ が得ら
れる．$\{a_n\}$ の一般項を極限を用いずに表すと $a_n = \boxed{}$ となる．

（5） $T = 3$ とし，プレイヤー A がグーを選んだとする．k 回目のじゃんけんでプレイヤー A の得点が3，プレ
イヤー B の得点が2で，プレイヤー A がゲームに勝つ確率を S_k とすると，$\sum\limits_{k=1}^{\infty} S_k = \boxed{}$ となる．

（20　東海大・医）

《ベクトルと確率》

23. O を原点とする座標平面上で考える．0以上の整数 k に対して，ベクトル $\vec{v_k}$ を

$$\vec{v_k} = \left(\cos \frac{2k\pi}{3}, \ \sin \frac{2k\pi}{3} \right)$$

と定める．投げたとき表と裏がどちらも $\frac{1}{2}$ の確率で出るコインを N 回投げて，座標平面上に点
$X_0, X_1, X_2, \cdots, X_N$ を以下の規則（ i ），（ ii ）に従って定める．

（ i ） X_0 は O にある．

（ ii ） n を1以上 N 以下の整数とする．X_{n-1} が定まったとし，X_n を次のように定める．

● n 回目のコイン投げで表が出た場合，

$$\overrightarrow{OX_n} = \overrightarrow{OX_{n-1}} + \vec{v_k}$$

により X_n を定める．ただし，k は1回目から n 回目までのコイン投げで裏が出た回数とする．

● n 回目のコイン投げで裏が出た場合，X_n を X_{n-1} と定める．

（1） $N = 8$ とする．X_8 が O にある確率を求めよ．

（2） $N = 200$ とする．X_{200} が O にあり，かつ，合計200回のコイン投げで表がちょうど r 回出る確率を p_r と
おく．ただし $0 \leqq r \leqq 200$ である．p_r を求めよ．また p_r が最大となる r の値を求めよ．　（22　東大・理科）

●●● **解答編**
●●●

《数字の順列》

1. 7個の数字 0, 1, 2, 3, 4, 5, 6 を重複なく使って 4 桁の整数をつくる．千の位の数と百の位の数の和が 3 となる整数は □ 通りある．隣り合う位の数の和が 3 とならない整数は □ 通りある．また，4 の倍数となる整数は □ 通りある．

(22 同志社大・文系)

▶**解 答**◀ 和が 3 になる 2 数の組合せは

{0, 3}，{1, 2} である．上位 2 桁は 30，21，12 の 3 通りで，下位 2 桁には残り 5 数のうちの 2 数が入るから

$$3 \cdot 5 \cdot 4 = \textbf{60 通り}$$

4 桁の数の千の位は 0 以外の 6 通りで，残り 3 桁は 6・5・4 通りあるから，全部で

$$6 \cdot 6 \cdot 5 \cdot 4 = 720 \text{ 通り}$$

このうち，0 と 3，1 と 2 が隣り合うのは次の場合である．

（ア）30xy　（イ）x 03 y　（ウ）xy 03
（エ）12 xy　（オ）x 12 y　（カ）xy 12

ab は a と b が隣り合っていることを表し，ab と ba の 2 通りある．

（ア）（イ）（ウ）（エ）では，x, y は 5・4 = 20 通りあるから，全部で $(1 + 2 \cdot 3) \cdot 20 = 140$ 通り

（オ）（カ）では $x \neq 0$ より，x, y は 4・4 = 16 通りあるから，全部で $2 \cdot 2 \cdot 16 = 64$ 通り

ただし，（ア）と（カ），（ウ）と（エ）は

30 12 ，12 03

が重複しており，これは $2 + 2^2 = 6$ 通りある．

よって，1 と 2，0 と 3 の少なくとも一組が隣り合う数は

$$140 + 64 - 6 = 198 \text{ 通り}$$

いずれの組も隣り合わない数は

$$720 - 198 = \textbf{522 通り}$$

4 の倍数となるのは下位 2 桁が 4 の倍数のときであるから下位 2 桁は次のようになる．

04　20　40　60

12　16　24　32　36　52　56　64

このうち，0 を含むものは 4 個あり，これらについて，上位 2 桁は 5・4 = 20 通りある．

また，0 を含まないものは 8 個あり，これらについて，下位 2 桁の 2 数を除いた残り 5 数に 0 を含むから，上位 2 桁は 4・4 = 16 通りある．

よって，4 の倍数となる整数は

$$4 \cdot 20 + 8 \cdot 16 = \textbf{208 通り}$$

となる．

《色の塗り分け》

2. 図の ① から ⑥ の 6 つの部分を色鉛筆を使って塗り分ける方法について考える．ただし，1 つの部分は 1 つの色で塗り，隣り合う部分は異なる色で塗るものとする．答えは記号を用いず，数字で求めよ．

（i）6 色で塗り分ける方法は，□ 通りである．
（ii）5 色で塗り分ける方法は，□ 通りである．
（iii）4 色で塗り分ける方法は，□ 通りである．
（iv）3 色で塗り分ける方法は，□ 通りである．

(20 立命館大・文系)

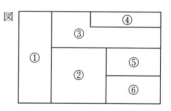

図

考え方 問題文が少しわかりにくい．（i）の場合，6 色の色鉛筆が用意されていて，その中から何色か好きな色を選んで塗るのか，6 色すべてを使わなければならないのかはっきりしない．後者であると判断して解答する．できることなら，「6 色すべてを使って塗り分ける方法」などと誤解のないようにしてほしい．

▶**解 答**◀ （i）①〜⑥ までにそれぞれどの色を割り当てるか考えて 6! = **720 通り**である．

（ii）5 色で 6 つの部分を塗るとき，2 つの部分を塗る色が 1 つある．その色の選び方は 5 通りである．また，その 2 つの部分は隣合わないから，(①, ④), (①, ⑤), (①, ⑥), (②, ④), (③, ⑥), (④, ⑤), (④, ⑥) の 7 通り

に限られる．他の4色の割り当て方は4!通りであるから，5色すべてを使って塗り分ける方法は$5\cdot 7\cdot 4! = \boldsymbol{840}$通りである．

（iii）4色で6つの部分を塗るとき，3つの部分を塗る色が1つあるか，2つの部分を塗る色が2つある．

（ア）3つの部分を塗る色が1つあるとき：

その色の選び方は4通りである．3つの部分の選び方は（①，④，⑤），（①，④，⑥）の2通りに限られる．他の3色の割り当て方は3!通りより，$4\cdot 2\cdot 3! = 48$通りある．

（イ）2つの部分を塗る色が2つあるとき：

その色の選び方は${}_4P_2$通りである．また，2箇所の2つの部分の選び方は

（①，④）&（③，⑥），（①，⑤）&（②，④），
（①，⑤）&（③，⑥），（①，⑤）&（④，⑥），
（①，⑥）&（②，④），（①，⑥）&（④，⑤），
（②，④）&（③，⑥），（③，⑥）&（④，⑤）

の8通りに限られる．他の2色の割り当て方は2!通りより，${}_4P_2\cdot 8\cdot 2! = 192$通りである．

　　よって，（ア），（イ）から$48 + 192 = \boldsymbol{240}$通りである．

（iv）2色以下では明らかに塗り分けられない．

①を塗る色の選び方は3通り，

②を塗る色の選び方は①で使った色以外の2通り，

③を塗る色の選び方は①，②で使った色以外の1通り，

④を塗る色の選び方は③で使った色以外の2通り，

⑤を塗る色の選び方は②，③で使った色以外の1通り，

⑥を塗る色の選び方は②，⑤で使った色以外の1通り

であるから，3色で塗る方法は$3\cdot 2\cdot 1\cdot 2\cdot 1\cdot 1 = \boldsymbol{12}$通りである．

注意 1°【他の方法を考える】

（iv）と同様の考え方により，n色以内で塗り分ける方法が何通りあるか考える．この数をa_n通りとする．

　　①を塗る色の選び方はn通り，②を塗る色の選び方は①で使った色以外の$n-1$通り，③を塗る色の選び方は①，②で使った色以外の$n-2$通り，④を塗る色の選び方は③で使った色以外の$n-1$通り，⑤を塗る色の選び方は②，③で使った色以外の$n-2$通り，⑥を塗る色の選び方は②，⑤で使った色以外の$n-2$通りであるから，

$$a_n = n(n-1)(n-2)(n-1)(n-2)(n-2)$$
$$= n(n-1)^2(n-2)^3$$

である（これは$n = 1, 2$のときも成立している）．これを用いると，n色すべてを用いて色を塗る方法の数をb_nとすると，$b_1 = b_2 = 0$である．また，$n+1$色用意されている中で，その中からちょうどk色を使っ

て塗り分ける方法は${}_{n+1}C_k b_k$であるから，

$$b_{n+1} = a_{n+1} - ({}_{n+1}C_n b_n + {}_{n+1}C_{n-1} b_{n-1}$$
$$+ \cdots + {}_{n+1}C_2 b_2 + {}_{n+1}C_1 b_1)$$
$$= a_{n+1} - \sum_{k=1}^{n} {}_{n+1}C_k b_k$$

であるから，これにそれぞれ値を代入して

$$b_3 = a_3 - ({}_3C_1 b_1 + {}_3C_2 b_2) = 12$$
$$b_4 = a_4 - ({}_4C_1 b_1 + {}_4C_2 b_2 + {}_4C_3 b_3)$$
$$= 4\cdot 3^2\cdot 2^3 - 4\cdot 12 = 240$$

などと，答えが得られる．

2°【価値観の相違】

夫婦の間での価値観の相違は大変なものであるが，出題者と受験生の間の価値観の相違もこれまた困ったものである．冒頭でも書いたように，「6色で塗り分ける」と言われた場合，「6色すべて使って塗る」のか，「6色以内で塗る」のか解釈の違いが出ることがある．本解では前者として処理したが，後者として解釈した場合の解答も述べておく．先ほどの注で述べたa_nを用いるだけである．

（ⅰ）　$a_6 = 6\cdot 5^2\cdot 4^3 = \boldsymbol{9600}$通り

（ⅱ）　$a_5 = 5\cdot 4^2\cdot 3^3 = \boldsymbol{2160}$通り

（ⅲ）　$a_4 = 4\cdot 3^2\cdot 2^3 = \boldsymbol{288}$通り

（ⅳ）　$a_3 = 3\cdot 2^2\cdot 1^3 = \boldsymbol{12}$通り

《図形の分割》

3. 円周上にn点をとり点同士を結ぶ線分を引きうる限り引くとする．ただし，3つの線が内部で1点で交わることはないものとする．これらの線により分割された領域の数をa_nとおく．たとえば，$a_1 = 1$，$a_2 = 2$，$a_3 = 4$，$a_4 = 8$，$a_5 = 16$，$a_6 = 31$である（下の図）．a_{10}の値は□であり，a_{20}の値は□である．

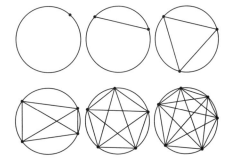

(19　産業医大)

▶解答◀　どの3本も1点で交わらない$n-1$本の直

線が引かれているとき，さらに n 本目の直線を引くと n 本目の直線は n 分割されるから新しく増える領域の個数は n である．この値 n は新しく増える交点の個数 $n-1$ に新しく増える直線の本数（常に 1）を足したものと考えることができる．（図 1 は $n=4$ の場合）

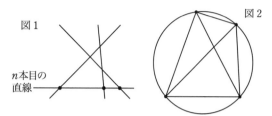

図 1

n 本目の直線

図 2

よって円の内部の交点の総数を b_n，線分の総数を c_n とし，はじめの領域の個数を $1 (= a_1)$ と考えると，分割された円の内部の領域の総数は

$$a_n = b_n + c_n + 1$$

である．ここで，円周上の n 点から 4 点を選ぶと交点が 1 個でき，n 点から 2 点を選ぶと直線が 1 本できるから

$$b_n = {}_nC_4, \quad c_n = {}_nC_2$$

である．したがって $a_n = {}_nC_4 + {}_nC_2 + 1$ であるから

$$a_{10} = \frac{10 \cdot 9 \cdot 8 \cdot 7}{4 \cdot 3 \cdot 2 \cdot 1} + \frac{10 \cdot 9}{2 \cdot 1} + 1 = 256$$

$$a_{20} = \frac{20 \cdot 19 \cdot 18 \cdot 17}{4 \cdot 3 \cdot 2 \cdot 1} + \frac{20 \cdot 19}{2 \cdot 1} + 1 = 5036$$

♦別解♦ 円周上に k 個の点を時計回りに P_1, P_2, P_3, $\cdots$, P_k ととる．さらに円周上に P_{k+1} をとることで領域がいくつ増えるかを考える．（図 3 は $k=5$ の場合）

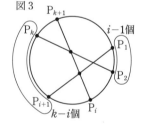

図 3

P_{k+1} と P_i $(1 \le i \le k)$ とを結ぶ線分を引くと線分 $P_{k+1}P_i$ は $(i-1)(k-i)$ 本の線分と交わるから，増える領域の個数は $(i-1)(k-i)+1$ である．よって増える領域の総数は

$$\sum_{i=1}^{k} \{(i-1)(k-i)+1\}$$
$$= \sum_{i=1}^{k} \{-i^2 + (k+1)i + 1 - k\}$$
$$= -\frac{1}{6}k(k+1)(2k+1)$$
$$\qquad + (k+1) \cdot \frac{k(k+1)}{2} + (1-k)k$$

$$= \frac{1}{6}k^3 - \frac{1}{2}k^2 + \frac{4}{3}k$$

$$a_{k+1} - a_k = \frac{1}{6}k^3 - \frac{1}{2}k^2 + \frac{4}{3}k$$

$n \ge 2$ のとき $k=1$ から $k=n-1$ とした式を加え

$$a_n - a_1 = \frac{1}{6} \cdot \left\{ \frac{(n-1)n}{2} \right\}^2$$
$$\qquad - \frac{1}{2} \cdot \frac{1}{6}(n-1)n(2n-1) + \frac{4}{3} \cdot \frac{(n-1)n}{2}$$
$$= \frac{1}{24}(n^4 - 6n^3 + 23n^2 - 18n)$$

$$\begin{aligned} a_2 &- a_1 \\ a_3 &- a_2 \\ &\vdots \\ a_n &- a_{n-1} \end{aligned}$$

結果は $n=1$ でも成り立つ．$a_1 = 1$ であるから

$$a_n = \frac{1}{24}(n^4 - 6n^3 + 23n^2 - 18n + 24)$$

ここに代入して計算すると

$$a_{10} = 256, \quad a_{20} = 5036$$

《数珠順列》

4. k を自然数とする．赤い玉と白い玉がそれぞれ $2k$ 個ずつある．これらをすべて円周上に等間隔に並べる並べ方の総数を N_k とおくと，

$$N_1 = \boxed{}, \quad N_2 = \boxed{}, \quad N_3 = \boxed{}$$

である．ただし，回転して並びが同じになるものは同じ並べ方と考える． （18 慶應大・医）

▶解答◀ 以下赤玉を R，白玉を W で表す．

（ア） $k=1$ のとき．2 個の R が隣接するか離れるかで 2 通りある．$N_1 = 2$ である．

（イ） $k=2$ のとき．図 2-1 のように正八角形の頂点に 8 個の異なる席 S1〜S8 を設定し，そこに同色の玉は区別しない 4 個の R と 4 個の W を並べる．4 個の R を置く席の組合せは全部で ${}_8C_4 = \frac{8 \cdot 7 \cdot 6 \cdot 5}{4 \cdot 3 \cdot 2 \cdot 1} = 70$ 通りある．

この 1 つの並び（以下，配列と呼ぶ）をとり，その配列のまま，全体を左周りに玉 1 個分ずつ回転していくとき，一回転する前に R と W の並びが元と一致する（以下，自己一致と呼ぶ）することがあるかを考察する．

(a) $\frac{1}{4}$ 回転（45° 回転）で自己一致するのは，図 2-2 と図 2-3 のように，丸枠で囲んだ部分に，円の中心から見

て左から W, R と並べるか, R, W と並べたものを固まりとして, 左周りに $\frac{1}{4}$ 回転ずつコピーしていった2通りがある. しかし, これらは席の区別をなくしたときには同じものだから1通りである. 図の線で結んだ直径は, 両端が R のものである.

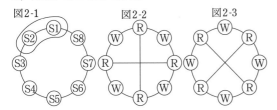

図2-1　　図2-2　　図2-3

(b) $\frac{1}{2}$ 回転 (180°回転) して初めて自己一致するものを考える. 2個の R と2個の W を丸枠で囲んだ部分に並べたもののうち (a) で出てきた2通りを除く

$_4C_2 - 2 = 4$ 通りについて, その4個の固まりを, $\frac{1}{2}$ 回転してコピーする. 図2-4のように丸枠内に入れたものは図2-5になる. この配列の1つをとり, 左周りに玉1個分ずつ回転していく. 図2-6の太枠の窓から見ていると, 窓外には, 異なる並びが4通り現れる. 図2-4の配列の場合には RRWW, RWWR, WWRR, WRRW となる. これは上の $_4C_2 - 2 = 4$ 通りでは異なるものとして数えられていたが, 1つの配列を回転して全部現れるから, 席の区別をなくしたときには同じものである.

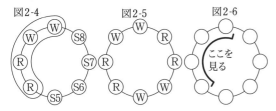

図2-4　　図2-5　　図2-6

(c) 以上の2通りと4通りを除いた $70 - 2 - 4 = 64$ 通りについては, 1回転未満では自己一致にならない. この配列の1つをとり, 左周りに玉1個分ずつ回転していくとき, 図2-7の太枠の窓から見ていると, 異なる並びが8通り現れる. 上の64通りは席の区別をなくしたときには $\frac{64}{8} = 8$ 通りになる.

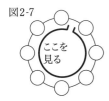

図2-7

$$N_2 = 1 + 1 + 8 = \mathbf{10}$$

(ウ) $k = 3$ のとき. 6の約数は 1, 2, 3, 6 の4つある. R, W を同数ずつ組に分けるときには2個 (R, W

が1個ずつの組が6組), 4個 (R, W が2個ずつの組が3組), 6個 (R, W が3個ずつの組が2組), 12個 (全体として1組) に分けることができる.

正12角形の頂点に12個の異なる席 S1〜S12 を設定し, そこに同色の玉は区別しない6個の R と6個の W を並べる. 6個の R を置く席の組合せは全部で

$$_{12}C_6 = \frac{12 \cdot 11 \cdot 10 \cdot 9 \cdot 8 \cdot 7}{6 \cdot 5 \cdot 4 \cdot 3 \cdot 2 \cdot 1} = 11 \cdot 3 \cdot 4 \cdot 7 = 924 \,(\text{通り})$$

ある. このうち

(a) $\frac{1}{6}$ 回転 (R, W を1個ずつ使う) で自己一致するのは, 図3-1の丸枠で囲んだ部分に, 左から W, R と並べるか, R, W と並べたものを固まりとして, 左周りに $\frac{1}{6}$ 回転ずつコピーしていった2通りがある. 席の区別をなくしたときには同じものだから1通りである.

(b) $\frac{1}{3}$ 回転 (R, W を2個ずつ使う) して初めて自己一致するものを考える. 2個の R と2個の W を図3-2の丸枠で囲んだ部分に並べたもののうち (a) で出てきた2通りを除く $_4C_2 - 2 = 4$ 通りについて, その4個の固まりを, $\frac{1}{3}$ 回転ずつしてコピーしていく. この配列の1つをとり, 左周りに玉1個分ずつ回転していく. 上で考えたような太枠の窓から見ていると, 窓外には, 異なる並びが4通り現れる. 上の $_4C_2 - 2 = 4$ 通りでは異なるものとして数えられていたものだが, 1つの配列を回転して全部現れるから, 席の区別をなくしたときには同じものである.

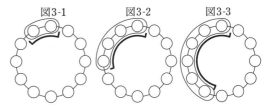

図3-1　　図3-2　　図3-3

(c) $\frac{1}{2}$ 回転 (R, W を3個ずつ使う) して初めて自己一致するものを考える. 3個の R と3個の W を図3-3の丸枠で囲んだ部分に並べたもののうち (a) で出てきた2通りを除く $_6C_3 - 2 = 18$ 通り ((b) は関係ないことに注意) について, その6個の固まりを, $\frac{1}{2}$ 回転してコピーする. この配列の1つをとり, 左周りに玉1個分ずつ回転していく. 窓外には, 異なる並びが6通り現れる. 席の区別をなくしたときには $\frac{18}{6} = 3$ 通りある.

(d) 以上の2通りと4通りと18通りを除いた $924 - 2 - 4 - 18 = 900$ 通りについては, 1回転未満では自己一致にならない. この配列の1つをとり, 左周りに玉1個分ずつ回転していくとき, 同様な窓から見るとき, 異なる並びが12通り現れる. 上の900通りは席の

区別をなくしたときには $\dfrac{900}{12} = 75$ 通りになる.

$$N_3 = 1 + 1 + 3 + 75 = \mathbf{80}$$

♦別解♦ 今度は場所も玉も区別しない.

$k = 2$ のとき. 4つの赤玉の間の白玉の個数で分類して考える. 一番に赤玉を動かないように固定し, 残りの3個の赤玉はひとまず, 仮に, 円形に並べる. 赤玉と赤玉の間に白玉を置いたら, 状況に応じて玉がずれて, 8個が等間隔に並ぶものとする. 右周りに見て, 赤玉と赤玉の間の部分を $A_1 \sim A_4$ とし, そこにある白玉の個数を x, y, z, w (x が最大) とする. 同じ個数の白玉が入るときは, 回転して並びが同じになるものが現れる可能性があるから重複に気をつける. たとえば, 白玉を m 個と n 個に分けて並べることを $\{m, n\}$ などと表す. $(4, 0, 0, 0)$ は (x, y, z, w) の値である. 記号は上手く解釈せよ.

$\{4\}$ のとき. $(4, 0, 0, 0)$ の1通り.

$\{3, 1\}$ のとき. A_1 に3個, $A_2 \sim A_4$ から1ヶ所選んで1個置くと考えて3通り.

$\{2, 2\}$ のとき. A_1 と同じ個数の場所があるから注意する. このときは, $(2, 2, 0, 0)$, $(2, 0, 2, 0)$ の2通りである. $(2, 0, 0, 2)$ は回転すると $(2, 2, 0, 0)$ と同じ並びになるから, 数えない.

$\{2, 1, 1\}$ のとき. A_1 に2個, $A_2 \sim A_4$ から2ヶ所選んで1個ずつ置くと考えて $_3C_2 = 3$ 通り.

$\{1, 1, 1, 1\}$ のとき1通り.

$$N_2 = 1 + 3 + 2 + 3 + 1 = \mathbf{10}$$

$k = 3$ のときも $k = 2$ のときと同様に一番上の赤玉を固定し, $A_1 \sim A_6$ を定めて考える.

$\{6\}$ のとき. $(6, 0, 0, 0, 0, 0)$ の1通り.

$\{5, 1\}$ のとき. A_1 に5個, $A_2 \sim A_6$ から1ヶ所選んで1個置くと考えて5通り.

$\{4, 2\}$ のとき. $\{5, 1\}$ と同様に考えて, 5通り.

$\{4, 1, 1\}$ のとき. A_1 に4個, $A_2 \sim A_6$ から2ヶ所選んで1個ずつ置くと考えて $_5C_2 = 10$ 通り.

$\{3, 3\}$ のとき. A_1 と同じ個数の場所があるから注意する. このときは, $(3, 3, 0, 0, 0, 0)$, $(3, 0, 3, 0, 0, 0)$, $(3, 0, 0, 3, 0, 0)$ の3通りになる. $(3, 0, 0, 0, 3, 0)$ は $(3, 0, 3, 0, 0, 0)$ と, $(3, 0, 0, 0, 0, 3)$ は $(3, 3, 0, 0, 0, 0)$ と, 回転すると同じ並びになるから, 数えない.

$\{3, 2, 1\}$ のとき. A_1 に3個, $A_2 \sim A_6$ から1ヶ所選んで2個, 残りから1ヶ所選んで1個置くと考えて $_5C_1 \cdot _4C_1 = 20$ 通り.

$\{3, 1, 1, 1\}$ のとき. A_1 に3個, $A_2 \sim A_6$ から3ヶ所選んで1個ずつ置くと考えて $_5C_3 = 10$ 通り.

$\{2, 2, 2\}$ のとき. A_1 と同じ個数の場所があるから注意する. 2個の白玉3組が $A_1 \sim A_6$ で連続して現れるとき, このときは, $(2, 2, 2, 0, 0, 0)$ で1通りと考える. これと $(2, 2, 0, 0, 0, 2)$, $(2, 0, 0, 0, 2, 2)$ は, 回転すると同じ並びになるから, 数えない. 2個の白玉2組が $A_1 \sim A_6$ で連続して現れるときは,

$(2, 2, 0, 2, 0, 0)$, $(2, 2, 0, 0, 2, 0)$ で2通りと考える.

これらと $(2, 0, 2, 0, 0, 2)$, $(2, 0, 0, 2, 2, 0)$

$(2, 0, 2, 2, 0, 0)$, $(2, 0, 0, 2, 0, 2)$ は, 回転すると同じ並びになるから, 数えない. 2個の白玉3組がばらばらになるのは, $(2, 0, 2, 0, 2, 0)$ のときだけで, 1通りである. 以上より, $\{2, 2, 2\}$ のときは

$1 + 2 + 1 = 4$ 通り.

$\{2, 2, 1, 1\}$ のとき. 同じ個数になる場所が多いから慎重に調べる.

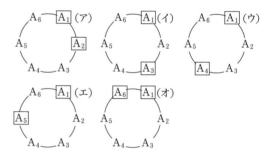

（ア） A_1 と A_2 に2個ずつ置くとき. 図は2個置く場所を □ で囲んで見やすくしている. $A_3 \sim A_6$ から2ヶ所選んで1個ずつ置くと考えて $_4C_2 = 6$ 通り.

（イ） A_1 と A_3 に2個ずつ置くとき. $A_2, A_4 \sim A_6$ から2ヶ所選んで1個ずつ置くと考えて $_4C_2 = 6$ 通り.

（ウ） A_1 と A_4 に2個ずつ置くとき. A_2 と A_3, A_2 と A_5, A_2 と A_6, A_3 と A_6 に1個ずつ置く4通りがある. A_3 と A_5 に1個ずつ置くのは A_2 と A_6 に1個ずつ置く場合と同じ並び, A_5 と A_6 に1個ずつ置くのは A_2 と A_3 に1個ずつ置く場合と同じ並びであるから, 数えない.

（エ） A_1 と A_5 に2個ずつ置くとき. 回転すると（イ）と同じ並びになる.

（オ） A_1 と A_6 に2個ずつ置くとき. 回転すると（ア）と同じ並びになる.

（ア）〜（オ）より $\{2, 2, 1, 1\}$ のときは $6 + 6 + 4 = 16$ 通り.

$\{2, 1, 1, 1, 1\}$ のとき．A_1 に 2 個，$A_2 \sim A_6$ から 4 ヶ所選んで 1 個ずつ置くと考えて ${}_5C_4 = 5$ 通り．

$\{1, 1, 1, 1, 1, 1\}$ のとき．$(1, 1, 1, 1, 1, 1)$ の 1 通り．

以上，足し合わせて $N_3 = \mathbf{80}$ である．

《組分けの問題》

5. 自然数 n に対して，n 人をいくつかの部屋に分けたい．ただし，各部屋には必ず誰か 1 人は入るものとする．

（1）部屋 1 と部屋 2 への分け方は何通りあるか．

（2）部屋 1 と部屋 2 と部屋 3 への分け方は何通りあるか．

（3）部屋 1 と部屋 2 と部屋 3 と部屋 4 への分け方は何通りあるか．

（4）$k \leqq n$ を満たす自然数 k について，部屋 1 から部屋 k への分け方は何通りか．二項係数と記号 $\sum$ を用いた式で表せ． (22 近大・医-推薦)

考え方 包除の原理についての問題である．一般の P.I.E. だと，計算が少し面倒だが，原理的には同様である．過去には，4 個の場合が数回，6 個の場合が京大で，そして，一般の場合を使うと圧倒的に早い問題が，2019 年に，日本医大・後期で出題された．集合の要素の個数を数える公式は，高校では名前を習わないが「包含と排除の原理」（Principle of Inclusion and Exclusion, 長いので包除原理，P.I.E. と略す）という．

本問では，P.I.E. の（2）では 3 個の場合，（3）では 4 個の場合が必要である．なお，集合の要素の個数を表す記号 $n(A)$ は，現在では，世界ではあまり使われない．他の n と被る危険性が高いからである．国際数学オリンピックでは $|A|$ を使うから，解答でもそれに合わせている．

▶解答◀ （1）1 人に対して部屋 1 に入るか部屋 2 に入るかで 2 通りあり n 人では 2^n 通りとなるが，部屋 1 か部屋 2 が空室になる 2 通りを除いて，$\mathbf{2^n - 2}$ 通りある．

（2）部屋 1，部屋 2，部屋 3 が空室となる集合をそれぞれ I（いちの頭文字），N（にの頭文字），S（さんの頭文字）とし，そのような部屋の分け方の総数をそれぞれ $|I|$，$|N|$，$|S|$ と書くことにする．

このとき求める総数は

$$|\overline{I} \cap \overline{N} \cap \overline{S}| = |\overline{I \cup N \cup S}|$$
$$= 3^n - |I \cup N \cup S|$$

となる．ここで，$|I \cup N \cup S|$ について考える．

$$|I \cup N \cup S|$$

$$= |I| + \cdots \text{（3 個ある）}$$
$$- |I \cap N| - \cdots \text{（${}_3C_2$ 個ある）}$$
$$+ |I \cap N \cap S|$$

である．ここで，部屋 1，部屋 2，部屋 3 がすべて空室になることはないから，$|I \cap N \cap S| = 0$ である．

部屋 1，部屋 2 を空室とすると全員が部屋 3 に入るから，$|I \cap N| = 1$ である．

部屋 1 が空室とする．このとき n 人はそれぞれ部屋 2 か部屋 3 に入るから，$|I| = 2^n$ である．

I, N, S は対称であるから

$$|I \cup N \cup S| = 3|I| - 3|I \cap N| + |I \cap N \cap S|$$
$$= 3 \cdot 2^n - 3 \cdot 1 + 0$$

となる．よって求める総数は

$$3^n - (3 \cdot 2^n - 3 \cdot 1 + 0) = \mathbf{3^n - 3 \cdot 2^n + 3} \text{（通り）}$$

（3）部屋 4 が空室になる集合を Y（よんの頭文字）とする．このとき求める総数は

$$|\overline{I} \cap \overline{N} \cap \overline{S} \cap \overline{Y}| = |\overline{I \cup N \cup S \cup Y}|$$
$$= 4^n - |I \cup N \cup S \cup Y|$$

となる．ここで $|I \cup N \cup S \cup Y|$ について考える．

$$|I \cup N \cup S \cup Y|$$
$$= |I| + \cdots \text{（4 個ある）}$$
$$- |I \cap N| - \cdots \text{（${}_4C_2$ 個ある）}$$
$$+ |I \cap N \cap S| + \cdots \text{（${}_4C_3$ 個ある）}$$
$$- |I \cap N \cap S \cap Y|$$

である．ここで，部屋 $1 \sim 4$ がすべて空室になることはないから，$|I \cap N \cap S \cap Y| = 0$ である．

部屋 $1 \sim 3$ が空室とすると全員が部屋 4 に入るから，$|I \cap N \cap S| = 1$ である．

部屋 $1 \sim 2$ が空室とする．このとき n 人はそれぞれ部屋 3 か部屋 4 に入るから，$|I \cap N| = 2^n$ である．

部屋 1 が空室とする．このとき n 人はそれぞれ部屋 $2 \sim 4$ に入るから，$|I| = 3^n$ である．

I, N, S, Y は対称であるから

$$|I \cup N \cup S \cup Y| = 4|I| - 6|I \cap N|$$
$$+ 4|I \cap N \cap S| - |I \cap N \cap S \cap Y|$$
$$= 4 \cdot 3^n - 6 \cdot 2^n + 4 \cdot 1 - 0$$

となる．よって求める総数は

$$4^n - (4 \cdot 3^n - 6 \cdot 2^n + 4 \cdot 1 - 0)$$
$$= \mathbf{4^n - 4 \cdot 3^n + 6 \cdot 2^n - 4} \text{（通り）}$$

（4）求める総数は

$$k^n - {}_kC_1(k-1)^n + {}_kC_2(k-2)^n$$

$$-{}_k\mathrm{C}_3(k-3)^n+\cdots+(-1)^{k-1}{}_k\mathrm{C}_{k-1}1^n$$

$$=\sum_{l=0}^{k-1}(-1)^l{}_k\mathrm{C}_l(k-l)^n\ (\text{通り})$$

注意 【包除原理】

$$|A_1\cup A_2\cup A_3\cup A_4|$$

$$=|A_1|+\cdots \qquad \cdots\cdots\cdots 1\text{つずつ}{}_4\mathrm{C}_1\text{個ある, ①}$$

$$-|A_1\cap A_2|-\cdots \qquad \cdots\cdots 2\text{つずつ}{}_4\mathrm{C}_2\text{個ある, ②}$$

$$+|A_1\cap A_2\cap A_3|+\cdots \qquad 3\text{つずつ}{}_4\mathrm{C}_3\text{個ある, ③}$$

$$-|A_1\cap A_2\cap A_3\cap A_4| \qquad \cdots\cdots\cdots\cdots {}_4\mathrm{C}_4\text{個ある, ④}$$

となる．1つずつを足して，2つずつを引いて，3つずつを足して，4つずつを引いて，… となる．個数が増えても同様とわかるだろう．ただし，この時点では，なんとなくそうかな？と思っているだけだから，確認しないといけない．たとえば，A_1, A_2, A_3, A_4 のうち A_1, A_2, A_3 に属し，A_4 に属していない要素は，①で，$|A_1|$ と $|A_2|$ と $|A_3|$ で ${}_3\mathrm{C}_1$ 回数え，②で，$|A_1\cap A_2|$ と $|A_2\cap A_3|$ と $|A_3\cap A_1|$ で ${}_3\mathrm{C}_2$ 回数え，③で，$|A_1\cap A_2\cap A_3|$ で ${}_3\mathrm{C}_3$ 回数えるから，全部で

$${}_3\mathrm{C}_1-{}_3\mathrm{C}_2+{}_3\mathrm{C}_3=1$$

回数える．A_1, A_2, A_3, A_4 のうちの集合3つに属する他の要素の場合も同様である．

A_1, A_2, A_3, A_4 のうちの集合1つだけに属する場合，2つだけに属する場合，4つに属する場合も，同様に調べ，このように，どの要素についても，ちょうど1回だけ数えられていることが確認できる．

《漏れなくダブりなく》

6. 座標平面上に8本の直線

$x=a\,(a=1,2,3,4)$, $y=b\,(b=1,2,3,4)$

がある．以下，16個の点

$(a,b)\,(a=1,2,3,4,\quad b=1,2,3,4)$

から異なる5個の点を選ぶことを考える．

（1）次の条件を満たす5個の点の選び方は何通りあるか．

上の8本の直線のうち，選んだ点を1個も含まないものがちょうど2本ある．

（2）次の条件を満たす5個の点の選び方は何通りあるか．

上の8本の直線は，いずれも選んだ点を少なくとも1個含む． (20 東大・文科)

考え方 直接図を見ながら考えるか，形式的に x 座標，y 座標の数の列を考えるか，解法の選択をする．

▶解答◀ 直線 $x=1$, $x=2$, $x=3$, $x=4$ を l_1, l_2, l_3, l_4 とし，$y=1$, $y=2$, $y=3$, $y=4$ を m_1, m_2, m_3, m_4 とする．

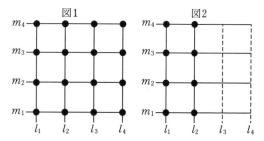

図1　　図2

（1）「選んだ点を1個も含まない直線」を「空き直線」と呼ぶことにする．2本の空き直線が

（ア）縦2本のとき：その2本の組合せは ${}_4\mathrm{C}_2=6$ 通りある．以下はそれが l_3, l_4 のときを考える．図2を見よ．l_1, l_2 上に8個の点があり，ここから5個の点を選ぶ組合せは ${}_8\mathrm{C}_5={}_8\mathrm{C}_3=\dfrac{8\cdot7\cdot6}{3\cdot2\cdot1}=56$ 通りある．この中には，l_1, l_2, m_1, m_2, m_3, m_4 のうちで空き直線ができてしまうケースもある．しかし，l_1, l_2 上には4点しかないので，l_1 と l_2 は空き直線にはなり得ない．空き直線は，m_1, m_2, m_3, m_4 のうちの1本である．2本以上ではない．以下は空き直線が m_4 のときを考える．図3を見よ．図3の6個の点から5個を選ぶ組合せは ${}_6\mathrm{C}_5=6$ 通りある．56通りのうち，空き直線ができてしまうものは $4\cdot6=24$ 通りある．

よって，空き直線が縦2本になる組合せは

$6\cdot(56-24)=192$ 通りある．

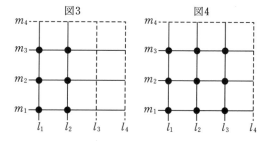

図3　　図4

（イ）横2本のとき：（ア）と同じで 192 通りある．

（ウ）縦1本，横1本のとき：その2本の組合せは $4\cdot4=16$ 通りある．以下はそれが l_4 と m_4 のときを考える．図4の9個の点から5個の点を選ぶ組合せは ${}_9\mathrm{C}_5={}_9\mathrm{C}_4=\dfrac{9\cdot8\cdot7\cdot6}{4\cdot3\cdot2\cdot1}=126$ 通りある．

この中には，l_1, l_2, l_3, m_1, m_2, m_3 のうちで空き直線ができてしまうケースもある．その直線が何かで6通りある．以下はそれが l_3 のときを考える．この場合は図3の6点から5点を選ぶ組合せを考えて ${}_6\mathrm{C}_5=6$ 通りある．よって，空き直線が縦1本，横1本になる組合せは

$16\cdot(126-6\cdot6)=1440$ 通りある.

空き直線がちょうど 2 本になる 5 点の組合せは

$$192+192+1440=\mathbf{1824}(通り)$$

（2） 16 個の点から 5 個の点を選ぶ組合せは全部で

$$_{16}C_5=\frac{16\cdot15\cdot14\cdot13\cdot12}{5\cdot4\cdot3\cdot2\cdot1}=4368（通り）$$

ある. この中には空き直線ができるケースがある. 以下, それを数えるが, その空き直線の本数で場合分けをする.

（ア） 3 本のとき：空き直線が縦 3 本のときには, 残る縦 1 本の上には 4 点しかないから, 5 点を選ぶことはできない. 同じく, 空き直線が横 3 本ということも起こらない.

空き直線が 3 本になる場合は, 縦 2 本と横 1 本, または縦 1 本と横 2 本である. 以下は縦 2 本と横 1 本のときを考える. 3 直線の組合せは $_4C_2\cdot{}_4C_1=24$ 通りある. 以下はこれが l_3,l_4,m_4 のときを考える. この場合は図 3 の 6 点から 5 点を選ぶことになるから, その組合せは $_6C_5=6$ 通りある. 空き直線が 3 本になる場合は $6\cdot24\cdot2=288$ 通りある.

（イ） 2 本のとき：（1）より 1824 通りある.

（ウ） 1 本のとき：それが何かで 8 通りある. 以下はこれが l_4 のときを考える.

図 5 の 12 個の点から 5 個を選ぶ組合せは

$$_{12}C_5=\frac{12\cdot11\cdot10\cdot9\cdot8}{5\cdot4\cdot3\cdot2\cdot1}=792（通り）$$

ある.

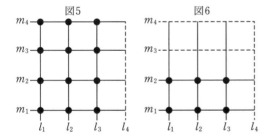

この中には空き直線ができてしまうケースがある.

（ウ-1） 縦の空き直線ができるもの：それが何かで 3 通りある. 以下はそれが l_3 のときを考える. このとき図 2 の 8 点から 5 点を選ぶから, これは（1）の（ア）で考察してあり, $56-24=32$ 通りと求めてある. よって縦の空き直線ができるものは $32\cdot3=96$ 通りある.

（ウ-2） 横の空き直線が 1 本できるもの：それが何かで 4 通りある. 以下はそれが m_4 のときを考える. このとき図 4 の 9 個の点から 5 点を選ぶから, これは（1）の（ウ）で考察してあり, $126-36=90$ 通りと求めてある. よって横の空き直線が 1 本できるものは $90\cdot4=360$ 通りある.

（ウ-3） 横の空き直線が 2 本できるもの：それが何かで $_4C_2=6$ 通りの組合せがある. 以下はそれが m_3 と m_4 のときを考える. このとき図 6 の 6 個の点から 5 点を選ぶから $_6C_5=6$ 通りの組合せがある. よって横の空き直線が 2 本できるものは $6\cdot6=36$ 通りある.

（ウ-4） 縦の空き直線が 1 本と横の空き直線が 1 本できるもの：それが何かで $3\cdot4=12$ 通りの組合せがある. 以下はそれが l_3 と m_4 のときを考える. このとき図 3 の 6 個の点から 5 点を選ぶから $_6C_5=6$ 通りの組合せがある. よって縦の空き直線が 1 本と横の空き直線が 1 本できるものは $6\cdot12=72$ 通りある.

よって空き直線が 1 本できるのは

$$\{792-(96+360+36+72)\}\cdot8=228\cdot8=1824（通り）$$

ある.

以上より, 空き直線がないのは

$$4368-(288+1824+1824)=\mathbf{432}（通り）$$

ある.

注意 【抽象化せよ】

以上, 大変正直な方法を解説した.（1）が終わった時点で「これを（2）で続けるのは大変だな」と思った. 小学校では, 常に思考に意味づけをして考えたが, 中学になって「具体的な問題から, 未知数を文字でおいて, 立式し, 抽象的な計算に移って処理する」方法を習い, なんと素晴らしいのかと, 感動したことを覚えているだろう. 勿論, 一部には, 方程式より算数の方が上手いタイプの問題もあるけれど, 大半は, それまで○○算と別タイプにしていたものが, すべて同列になり, 方程式の処理という 1 つの方法で解ける. 具体的なままでなんなく解けるのなら, それで問題はない. しかし, 具体的で苦労するなら, 抽象化するのがよいこともある.

◆別解◆（2） 5 点を選ぶとき, x 座標だけを見ていくと 5 つの数字（勿論, 重複がある）が使われ, y 座標だけを見ていくと 5 つの数字（重複がある）が使われる. 本問で求められているのは, x 座標の方でも, y 座標の方でも, 1, 2, 3, 4 がすべて使われるのは何通りあるかということである. このとき, x 座標の方では 2 回使われる数字が 1 つだけあり, y 座標の方でも 2 回使われる数字が 1 つだけある. これらが何かで $4\cdot4$ 通りの組合せがある. 以下はそれがともに 1 のときを考える.

$$
\begin{array}{ccccc}
x: & 1, & 1, & 2, & 3, & 4 \\
y: & \square, & \square, & \square, & \square, & \square
\end{array}
$$

と書くことにする. 空欄に 2, 3, 4, 1, 1 と入ったら,

$$(1,2),(1,3),(2,4),(3,1),(4,1)$$

を選ぶと考える．5つの空欄に1, 1, 2, 3, 4を入れる順列は $\frac{5!}{2!}$ 通りあるが，この中には，左端の2つの空欄に1, 1を入れてしまうものが3!通りある．この場合は $(1, 1)$, $(1, 1)$ という同じ点を2度選んでしまっており，不適である．左端の2つの空欄に左から a, b を入れるとき，$\frac{5!}{2!} - 3!$ 通りの中には $a < b$ のケースと $a > b$ のケースが同数ずつあり，これは同じ場合であるから，求める個数は

$$\frac{\frac{5!}{2!} - 3!}{2} \cdot 4 \cdot 4 = (60 - 6) \cdot 8 = \mathbf{432}（通り）$$

注意【1つのアイデアに拘るな】

　上の別解は重複が少ない（同じ x 座標が2回，y 座標が2回）から有効であったが，これを（1）でやるのは，あまり得策ではない．1つ思いついたからといって，それで全体を通そうとするのはよろしくない．問題のタイプによって得意なものが変わってくる．

　幾つか（2）の別解を挙げよう．

◆別解◆　（2）　最初の解法の（ウ）の場合の別解である．空き直線が1本のとき，それが何かで8通りある．以下はそれが l_4 のときを考える．図5を見よ．m_1, m_2, m_3, m_4 に5点を配置するから，これら4直線のうちの1本の上に2点，他の3本の直線の上には1点を配置する．どれの上に2点を配置するかで4通りある．以下はこれが m_4 のときを考える．

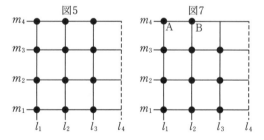

　図5で，m_4 の上に3個の点があり，ここから2個の点を選ぶとき，その組合せは $_3C_2$ 通りある．以下はそれが図7のA，Bのときを考える．m_1 上の3点のうちの1個，m_2 上の3点のうちの1個，m_3 上の3点のうちの1個を選ぶが，その 3^3 通りの選択のうち，m_1 上の左の2個（l_3 上の点を除く），m_2 上の左の2個（l_3 上の点を除く），m_3 上の左の2個（l_3 上の点を除く）を選ぶ 2^3 通りは，l_3 が空き直線となるから不適である．

　よって空き直線が1本になるのは

$$8 \cdot 4 \cdot {}_3C_2 \cdot (3^3 - 2^3) = 1824 （通り）$$

ある．

◆別解◆　（2）　空き直線がない場合，m_1, m_2, m_3, m_4 の上に5点があるから，2個含むものが1本ある．それが何かで4通りある．以下はそれが m_4 のときを考える．m_4 上の4点から2点を選ぶ組合せは $_4C_2$ 通りある．以下はそれが左の2つ（図8，9のA，B）のときを考える．

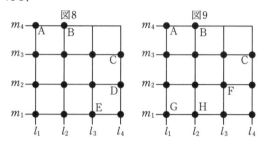

　以下では点を選ぶとき，それらは m_1, m_2, m_3 のうち，同一直線上に乗ってはいけないことに注意せよ．今度は縦方向を考え，l_1, l_2, l_3, l_4 のどれか1本の上に2点がある．

（ア）l_4 上の2点を選ぶとき．それは下から3個の中の2個を選ぶから，その組合せは $_3C_2 = 3$ 通りある．以下は図8のC，Dを選ぶときを考える．そのとき l_3 上の1点はEに定まる．

（イ）l_3 上の2点を選ぶときも3通りある．

（ウ）l_3, l_4 上には1点だけがあるとき，l_3 上の3点のどれを選ぶか，l_4 上の3点のどれを選ぶか（これらは左右に並んではいけない）で $3 \cdot 2$ 通りある．以下はこれが図9のC，Fのときを考える．このとき m_1 上ではGかHを選ぶ．

　よって求める数は $4 \cdot {}_4C_2 \cdot (3 + 3 + 3 \cdot 2 \cdot 2) = \mathbf{432}$（通り）

《図形の個数を数える》

7. 1辺の長さが1の正三角形を下図のように積んでいく．図の中には大きさの異なったいくつかの正三角形が含まれているが，底辺が下側にあるものを「上向きの正三角形」，底辺が上側にあるものを「下向きの正三角形」とよぶことにする．例えば，この図は1辺の長さが1の正三角形を4段積んだものであり，1辺の長さが1の上向きの正三角形は10個あり，1辺の長さが2の上向きの正三角形は6個ある．また，1辺の長さが1の下向きの正三角形は6個ある．上向きの正三角形の総数は20であり，下向きの正三角形の総数は7である．こうした正三角形の個数に関して，次の問いに答えよ．

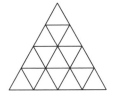

（1）　1辺の長さが1の正三角形を5段積んだとき，上向きと下向きとを合わせた正三角形の総数を求めよ．

（2）　1辺の長さが1の正三角形を n 段（ただし n は自然数）積んだとき，上向きの正三角形の総数を求めよ．

（3）　1辺の長さが1の正三角形を n 段（ただし n は自然数）積んだとき，下向きの正三角形の総数を求めよ．
（21　早稲田大・教育）

考え方　このタイプでは，実践的にはシグマで計算をしていく解法をとる生徒が大半であるが，うまく対応を見つければシグマ計算を回避して，華麗にコンビネーションで求めることができる．経験としては後者の解法も知っておきたい．

▶解答◀　（1）　「上向き正三角形」△ を単に正立，「下向き正三角形」▽を，単に倒立と呼ぶことにする．

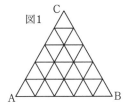

図1

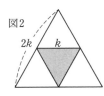

図2

まず，正立の個数を調べる．1辺の長さが k のものの個数を a_k とする．図1を見よ．

$a_1 = 1+2+3+4+5 = 15$

$a_2 = 1+2+3+4 = 10$

$a_3 = 1+2+3 = 6$

$a_4 = 1+2 = 3$

$a_5 = 1$

の合計 35 個ある．次に，倒立の個数を調べる．1辺の長さが $2k$ の正立の中央に1辺の長さが k の倒立がある（図2）から，倒立は $a_2 + a_4 = 13$ 個ある．

求める正三角形の個数は合計 $35 + 13 = \mathbf{48}$ である．

（2）　図3のとき，Pの座標が (x, y) であるということにする．

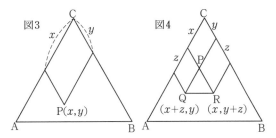

図3　　　図4

$C(0, 0)$，$A(n, 0)$，$B(0, n)$ で，P が線分 AB 上にあるときは $x+y = n$ を満たす．図4のように三角形 PQR を決める．$P(x, y)$，$Q(x+z, y)$，$R(x, y+z)$ である．x, y は 0 以上の整数，z は正の整数で $x+y+z \leqq n$ を満たす整数解 (x, y, z) を定めると，1個の正立が定まる．$w = n-(x+y+z)$ とおくと，$w \geqq 0$ であり，$x+y+z+w = n$

$$(x+1)+(y+1)+z+(w+1) = n+3$$

$(x+1, y+1, z, w+1)$ は正の整数解であるから，これは $n+3$ 個のボールを並べ，その間 $(n+2)$ カ所あるから異なる3カ所を選ぶ，そこに1本ずつ仕切りを入れ，ボールを分けることを考える．

$$\bigcirc\,|\,\bigcirc\bigcirc\,|\,\bigcirc\bigcirc\,|\,\bigcirc\bigcirc\bigcirc$$

の場合は $x = 1$，$y = 2$，$z = 2$，$w = 3$ である．正立は全部で ${}_{n+2}C_3 = \dfrac{1}{6}\boldsymbol{n(n+1)(n+2)}$ 個ある．

（3）　${}_{n+2}C_3$ 通りの正立のうち，辺の長さが奇数のものの個数を S_O，偶数のものの個数を S_E とする．倒立は1辺の長さが偶数の中央にあるから，倒立の個数は S_E に一致する．$n = 1$ のとき $S_E = 0$ である．

$n \geqq 2$ のとき，辺の長さが偶数のものは，図5のように下方への辺の長さを1だけ減らすと，底辺が AB 上にない，1辺の長さが奇数の正立になる（図5の三角形 DEF と三角形 D′E′F の対応）．底辺が AB 上にある正三角形の個数を T とする．$S_O = S_E + T$ である．

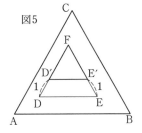

図5

次に T を求める．AB 上の頂点を左から $X_0, \cdots, X_n$ とする．この点の，添え字が偶数のものの個数を G，添え字が奇数のものの個数を K とする．n が偶数のときは $G = \dfrac{n+2}{2}$，$K = \dfrac{n}{2}$，n が奇数のときは

$G = \dfrac{n+1}{2}$，$K = \dfrac{n+1}{2}$ である．AB 上に底辺をもつ1辺の長さが奇数の三角形は，添え字が奇数のものか

ら 1 点，添え字が偶数のものから 1 点を選んで定める．$Q(x+z, y)$，$R(x, y+z)$ を定めると $x+z$, y, x, $y+z$ が定まるから，$P(x, y)$ も定まることに注意せよ．$T = GK$ である．$S_O = S_E + T$ である．

$$S_O - S_E = GK$$
$$S_E + S_O = {}_{n+2}C_3$$

から S_E を求め

$$S_E = \frac{1}{2}({}_{n+2}C_3 - GK)$$

n が奇数のとき

$$S_E = \frac{1}{2}\left\{ \frac{1}{6}n(n+1)(n+2) - \frac{1}{4}(n+1)^2 \right\}$$
$$= \frac{1}{24}(n+1)\{2n(n+2) - 3(n+1)\}$$
$$= \frac{1}{24}(n+1)(2n^2 + n - 3)$$
$$= \frac{1}{24}(n+1)(n-1)(2n+3)$$

結果は $n=1$ でも成り立つ．

n が偶数のとき

$$S_E = \frac{1}{2}\left\{ \frac{1}{6}n(n+1)(n+2) - \frac{1}{4}n(n+2) \right\}$$
$$= \frac{1}{24}n(n+2)\{2(n+1) - 3\}$$
$$= \frac{1}{24}n(n+2)(2n-1)$$

◆別解◆ （2）a_k の定義は解答と同じとする．

$$a_1 = 1 + 2 + 3 + \cdots + (n-2) + (n-1) + n$$
$$a_2 = 1 + 2 + 3 + \cdots + (n-2) + (n-1)$$
$$a_3 = 1 + 2 + 3 + \cdots + (n-2)$$
$$\cdots$$
$$a_n = 1$$

であり，

$$a_k = 1 + 2 + 3 + \cdots + \{n - (k-1)\}$$
$$= \frac{1}{2}(n-k+1)(n-k+2)$$
$$= \frac{1}{2}(n+1)(n+2) - \frac{1}{2}k(2n+3) + \frac{1}{2}k^2 \quad \cdots ①$$

これを $1 \le k \le n$ でシグマして

$$\frac{1}{2}(n+1)(n+2) \cdot n - \frac{1}{4}n(n+1)(2n+3)$$
$$+ \frac{1}{12}n(n+1)(2n+1)$$
$$= \frac{1}{12}n(n+1)\{6(n+2) - 3(2n+3) + (2n+1)\}$$
$$= \frac{1}{12}n(n+1)(2n+4)$$
$$= \frac{1}{6}n(n+1)(n+2)$$

（3）1 辺の長さが $2k$ の場合の個数は，① で k を $2k$ にしたもので，

$$\frac{1}{2}(n+1)(n+2) - k(2n+3) + 2k^2$$

となる．$\frac{n}{2}$ の整数部分を m とする．$1 \le k \le m$ でシグマすると

$$S_E = \frac{1}{2}(n+1)(n+2)m$$
$$- \frac{1}{2}m(m+1)(2n+3) + \frac{1}{3}m(m+1)(2m+1)$$

n が奇数のとき，$n=1$ ならば $S_E = 0$ であり，$n \ge 3$ ならば，$m = \frac{n-1}{2}$ で

$$S_E = \frac{1}{4}(n-1)(n+1)(n+2)$$
$$- \frac{1}{8}(n-1)(n+1)(2n+3) + \frac{1}{12}(n-1)(n+1)n$$
$$= \frac{1}{24}(n+1)(n-1)\{6(n+2) - 3(2n+3) + 2n\}$$
$$= \frac{1}{24}(n+1)(n-1)(2n+3)$$

結果は $n=1$ でも成り立つ．

n が偶数のとき，$m = \frac{n}{2}$ で

$$S_E = \frac{n}{4}(n+1)(n+2)$$
$$- \frac{n}{4}\left(\frac{n}{2}+1\right)(2n+3) + \frac{n}{6}\left(\frac{n}{2}+1\right)(n+1)$$
$$= \frac{1}{24}n(n+2)\{6(n+1) - 3(2n+3) + 2(n+1)\}$$
$$= \frac{1}{24}n(n+2)(2n-1)$$

注意 【有名問題】

本問は，受験雑誌「大学への数学（大数）」の 1976 年 10 月号の「宿題」に，川邊隆夫氏（後に東大医学部助教授，現在は東京・東小金井で川辺クリニック開業）が出題したのが初出である．近年では 2018 年の山口大に出題され，同年の大数 11 月号に私が解説記事を書いた．宿題出題時には，ある程度のシグマ計算が必要と思われていたが，2018 年の原稿執筆時，および，安田が主宰するサロンの参加者の，日下部詢弥先生（東北中央病院　整形外科医師）のアイデアなどで，対応関係を用いてシグマが回避されることが分かった．2020 年名古屋大文系など，幾つかの類題がある．

《座標平面上の場合の数》

8. 座標平面において，x 座標，y 座標がともに 0 以上の整数である点の集合を A とする．A の各点 (i, j) に実数 $a(i, j)$ が対応しており，A に属する任意の (i, j) に対して
$$a(i, j+1) = a(i+1, j) - a(i, j)$$ が成り立って

いるとする．また，各 k について $a_k = a(k, 0)$ とする．n が自然数のとき，$a(0, n)$ を

a_k $(k = 0, 1, 2, \cdots)$ で表せ． (15 山梨大・医-後)

▶解答◀ 与えられた規則は図1のように「引く」という作業もあって考えにくい．すべて「加える」にするために，与えられた関係式に $(-1)^{i+j+1}$ を掛けると

$$(-1)^{i+j+1}a(i, j+1)$$
$$= (-1)^{i+j}a(i, j) + (-1)^{i+j+1}a(i+1, j)$$

となる．$(-1)^{i+j}a(i, j) = b(i, j)$ とおくと

$$b(i, j+1) = b(i, j) + b(i+1, j)$$

になる．図2を見よ．

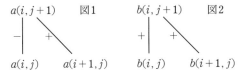

図1 図2

$$b_k = (-1)^k a(k, 0) = (-1)^k a_k$$

とおく．

$$b(0, n) = (-1)^n a(0, n)$$

である．まず，$b(0, n)$ を b_k で表し，その後，$a(0, n)$ を a_k で表すことにする．図2の規則に従って，実際に数を加えてみよう．$b_0 = a, b_1 = b, b_2 = c, b_3 = d, b_4 = e$ とする．図3を見よ．

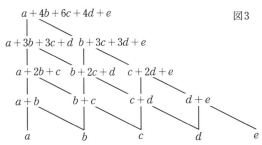

図3

図3で左上の数 $a + 4b + 6c + 4d + e$ の c の係数が6になる理由は図4のように↑を2つ，↘ を2つ進む経路の数が $_4C_2$ 通りあるからである．これは1を左端と右端に並べて加えるパスカルの三角形と同じ原理である．$b(0, n)$ における b_k の係数は↑を $n-k$ 個，↘ を k 個並べた経路の数 $_nC_k$ になる．

$$b(0, n) = \sum_{k=0}^{n} {}_nC_k b_k$$

である．

$$(-1)^n a(0, n) = \sum_{k=0}^{n} {}_nC_k (-1)^k a_k$$

$$\boldsymbol{a(0, n) = \sum_{k=0}^{n} {}_nC_k (-1)^{n+k} a_k}$$

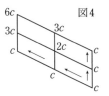

図4

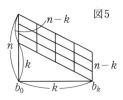

図5

注 意 一般項は

$$a(i, j) = \sum_{k=i}^{i+j} {}_jC_{i+j-k}(-1)^{i+j-k}a_k$$

となる．これは図5と同様の経路に気づかないと無理であり，そのことに気づけば，予想というより確信で，もはや証明の必要はない．

♦別解♦ $a(k, 0)$ $(k = 0, 1, 2, 3, 4)$ を順に a, b, c, d, e として，$a(0, 4)$ を求めてみる．図aを見よ．

$$a(0, 4) = {}_4C_0 a_0 - {}_4C_1 a_1 + {}_4C_2 a_2 - {}_4C_3 a_3 + {}_4C_4 a_4$$

である．$a(5, 0) = f$ として，全く同じ手順で $a(1, 4)$ を求めてみれば，係数は同じものを使い，ずらしただけの等式

$$a(1, 4) = b - 4c + 6d - 4e + f$$
$$= {}_4C_0 a_1 - {}_4C_1 a_2 + {}_4C_2 a_3 - {}_4C_3 a_4 + {}_4C_4 a_5$$

が成り立つ．

図a

$a - 4b + 6c - 4d + e$

$-a + 3b - 3c + d$ $-b + 3c - 3d + e$

$a - 2b + c$ $b - 2c + d$ $c - 2d + e$

$-a + b$ $-b + c$ $-c + d$ $-d + e$

a b c d e

さて，上の $a(0, 4)$ の例から次の等式

$$a(0, n) = \sum_{k=0}^{n} {}_nC_k (-1)^{n+k} a_k$$

が予想できる．これを n についての数学的帰納法で証明する．図aの作り方から

$$a(0, 0) = a_0, \quad a(0, 1) = -a_0 + a_1$$

であるから $n = 0, 1$ で成り立つ．

$n = m\ (\geqq 1)$ で成り立つとする．

$$a(0, m) = \sum_{k=0}^{m} {}_mC_k (-1)^{m+k} a_k \quad \cdots\cdots\cdots\cdots①$$

である．上で述べた $a(1, 4)$ の注意と同様に

$$a(1, m) = \sum_{k=0}^{m} {}_mC_k (-1)^{m+k} a_{k+1} \quad \cdots\cdots\cdots\cdots②$$

となる．①の $k = 0$ の項と②の $k = m$ の項をシグマからはずして，①，②に共通に現れる a_k はシグマに入れる．

$$a(0, m) = (-1)^m a_0 + \sum_{k=1}^{m} {}_mC_k (-1)^{m+k} a_k$$

$$a(1, m) = \sum_{k=1}^{m} {}_mC_{k-1}(-1)^{m+k-1}a_k$$

$$+ {}_mC_m(-1)^{2m}a_{m+1}$$

$$a(0, m+1) = a(1, m) - a(0, m)$$

を計算すると，シグマの中は

$${}_mC_{k-1}(-1)^{m+k-1}a_k - {}_mC_k(-1)^{m+k}a_k$$

$$= ({}_mC_{k-1} + {}_mC_k)(-1)^{m+k-1}a_k$$

$$= {}_{m+1}C_k(-1)^{m+1+k}a_k$$

となるから

$$a(0, m+1) = {}_mC_m(-1)^{2m}a_{m+1} - (-1)^m a_0$$

$$+ \sum_{k=1}^{m} {}_{m+1}C_k(-1)^{m+1+k}a_k$$

$$= {}_{m+1}C_{m+1}(-2)^{2m+2}a_{m+1} + (-1)^{m+1}a_0$$

$$+ \sum_{k=1}^{m} {}_{m+1}C_k(-1)^{m+1+k}a_k$$

$$= \sum_{k=0}^{m+1} {}_{m+1}C_k(-1)^{m+1+k}a_k$$

$n = m+1$ でも成り立つから数学的帰納法により証明された．

《条件を満たす数の組》

9. N を 5 以上の整数とする．1 以上 $2N$ 以下の整数から，相異なる N 個の整数を選ぶ．ただし 1 は必ず選ぶこととする．選んだ数の集合を S とし，S に関する以下の条件を考える．

　　　条件 1：S は連続する 2 個の整数からなる集合を 1 つも含まない．

　　　条件 2：S は連続する $N-2$ 個の整数からなる集合を少なくとも 1 つ含む．

ただし，2 以上の整数 k に対して，連続する k 個の整数からなる集合とは，ある整数 l を用いて $\{l, l+1, \cdots, l+k-1\}$ と表される集合を指す．例えば $\{1, 2, 3, 5, 7, 8, 9, 10\}$ は連続する 3 個の整数からなる集合 $\{1, 2, 3\}$，
$\{7, 8, 9\}$，$\{8, 9, 10\}$ を含む．

（1）　条件 1 を満たすような選び方は何通りあるか．

（2）　条件 2 を満たすような選び方は何通りあるか． 　　　　　　　　　　　　　　　　　（21　東大・文科）

考え方　以下「悪文」という言葉が出て来ます．これは「私の個人的評価」です．「どこが悪い」と思う人は無視してください．

世間の人には，おそらくどうでもよいこと，私にとっては重要なことを書いてみます．適当に読み飛ばしてください．鳥は最初に見た動くものを親だと思うそうです．飛行機を親だと思って，飛行機について飛ぶ群れは微笑ましくもあります．私は，特に数学の学習に関して，多くの分野で躓きました．「場合の数・確率」については，拙著「ハッとめざめる確率」に書いてあります．「毎回 1 段または 2 段でのぼるとする，10 段のぼるときに何通りののぼり方があるか」という問題があります．「右足からのぼるか，左足からのぼるかの違いはどうするんだ？逆立ちしたり，ケンケン跳びをしたら，のぼり方なんか無数にあるだろう」と思って，解けなかったという話を書いています．多くの読者は「安田は冗談のための冗談を書いている」と思うらしいのですが，実話です．私に言わせれば，なんの疑問も感じないのは，最初に悪文を見て，悪文が普通だと思っているからです．わざと曖昧に書いて，初心者を惑わせているとしか思えません．「最初に 1 段のぼり，次に 2 段のぼることを 1＋2 と表す．最初に 2 段のぼり，次に 1 段のぼることを 2＋1 と表す．連続して 3 回 1 段のぼることを 1＋1＋1 と表す．このように和が 3 になるような 1 または 2 だけを用いた列は 3 通りある．このような形で，10 段ののぼり方，すなわち，和が 10 になるような 1 または 2 だけを用いた列は何通りあるか」と文字列（数の列）で書けば，疑問の余地などありません．真意が伝わりやすい表現など，幾らでも可能です．

たとえば，1 と 2 を選ぶとき，「1 を選んでから 2 を選ぶ」と「2 を選んでから 1 を選ぶ」のは，違う「選び方」に思えます．「選び方」という言葉には恣意性があります．恣意性というのは，必然的な意味がなく，受け取り方が人それぞれであるということです．「集合 $\{1, 2\}$ を作る」と書けば，誤解など入り込みません．

本問（東大の問題）は，集合で書いています．本問は最後に「選び方」と書いていますが，本当は「S は何通りあるか」と書こうとしたけれど，「選び方」という教科書の悪文に慣れた人に合わせたのだろうと解釈しています．2020 年の東大の場合の数の問題も，2021 年の問題も，東大は，明治以来の悪文からの脱却を図ろうとしているように見えます．問題文を抽象化することによって，抽象的な解法が見えてきます．類題（長崎大，龍谷大，比較的普通の表現）との違いに気づいていただきたいので，注意を述べました．

入試問題の作成委員になると，皆，悩むようです．ときには，ネタの融通が行われ，同じ内容で，あちこちの大学で出題されることは珍しくはありません．誰かがネタを提供し，他の人達はそれを微妙に変えながら使って

いくのです．これは，皆，公式には否定しますから，大学に問いあわせたりしないようにしてください．

2021 年の流行の第一はソーシャルディスタンスの問題です．

図のように番号のついた正方形のマス目を横一列につなげて並べ，そのマス目に区別のできない 3 個の碁石を置く．ただし，どの碁石も 2 マス以上間をあけて置くものとする．このとき，以下の問いに答えよ．

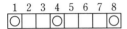

（1） 1 番から 8 番までの 8 個のマス目に碁石を並べるとき，並べ方をすべて書け．例えば，図のような並べ方は，$(1, 4, 8)$ と表すものとする．

（2） n を 7 以上の自然数とする．1 番から n 番までの n 個のマス目に碁石を並べるとき，並べ方は全部で何通りあるか．（21 長崎大・サンプル問題）

これは長崎大が「今年は高度な問題を出します．そのサンプルです」といって，2020 年 7 月頃からホームページに掲載したものです．ただし問題を短縮しました．

「(x, y) や $\{x, y\}$」で書く方が紛れがないと思っています．学校では ( ) を小括弧，{ } を中括弧と呼びますが，正式名称は丸括弧と波括弧です．丸括弧は座標で馴染みがあるでしょう．(x, y) は順序対 (orderd pair) といい，$(1, 2)$ と $(2, 1)$ は違うという立場です．集合 $\{1, 2, 3\}$ は集合 $\{1, 3, 2\}$ と同じだという立場です．順序対は，順序付けてある数の組 pair，組合せは集合です．

▶解答◀ （1） 碁石があるマスの番号を左から x, y, z とする．問題文の図では
$x = 1, y = 4, z = 8$ である．「どの碁石も 2 マス以上間をあけて置く」という条件から，$y - x \geq 3, z - y \geq 3$ である．「2 マスだから $y - x \geq 2, z - y \geq 2$」のように感じる人もいる（？）と思いますが，それは私と同レベルの慌て者です．
$$(x, y, z) = (1, 4, 7), (1, 4, 8), (1, 5, 8), (2, 5, 8)$$
（2） これは，幾つかの見方が出来ます．碁石の置いてないマスを空席と呼ぶことにします．碁石に左から A，B，C と名前をつける．$(x, y, z) = (1, 4, 7)$ は A，B，C が一番左方にある場合である（図1）．そのとき C の右に空席がある．これを持ち上げて，B と C の間に空席を突っ込むと $(x, y, z) = (1, 4, 8)$ になる（図2）．A と B の間に突っ込むと $(x, y, z) = (1, 5, 8)$，A の左方に突っ込むと $(x, y, z) = (2, 5, 8)$ になる．「空

席の処理」がポイントです．

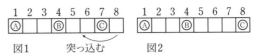

図1　突っ込む　図2

最初に左右に A，B，C の 3 つだけを置く．次に，A の左に X 個の空席を突っ込み，A と B の間に Y 個の空席を突っ込み，B と C の間に Z 個の空席を突っ込み，C の右側に W 個の空席を突っ込む．

$$
\begin{array}{cccc}
X & Y & Z & W \\
\Downarrow & \Downarrow & \Downarrow & \Downarrow \\
 & A \quad B \quad & C &
\end{array}
$$

$$X + Y + Z + W = n - 3,$$

$$X \geq 0, Y \geq 2, Z \geq 2, W \geq 0$$

である．これを次のように書き換える．

$$(X + 1) + (Y - 1) + (Z - 1) + (W + 1) = n - 3,$$

$$X + 1 \geq 1, Y - 1 \geq 1, Z - 1 \geq 1, W + 1 \geq 1$$

$n - 3$ 個の○を左右一列に並べ，○と○の間（$n - 4$ カ所）のうちの 3 カ所に仕切りを突っ込み，左から 1 本目の仕切りの左の○の個数を $X + 1$，1 本目と 2 本目の仕切りの間の○の個数を $Y - 1$，2 本目と 3 本目の仕切りの間の○の個数を $Z - 1$，残りの○の個数を $W + 1$ と考える．(X, Y, Z, W) の個数は ${}_{n-4}C_3$ である．

たとえば $n = 13$ で　○｜○○｜○○○｜○○○○
の場合は $X + 1 = 1, Y - 1 = 2, Z - 1 = 3, W + 1 = 4$，となり，$X = 0, Y = 3, Z = 4, W = 3$ となる．（長崎大の解答終わり）

人を区別せず，左右一列にならんだ 1 番から n 番までの席があり，そこに客が着席するか，空席のままかという区別を考えます．$X = 0, Y = 3, Z = 4, W = 3$ は左右に席が 13 席あり，1 番の席に着席，2 番，3 番，4 番は空席，5 番に着席，6 番，7 番，8 番，9 番は空席，10 番に着席，あと 3 つは空席ということです．

◆別解◆ ずらす解法が知られています．

$y - x \geq 3$ ということは $y - 2 \geq x + 1$ であり，

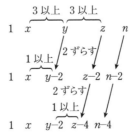

$$1 \leq x < y - 2 < z - 4 \leq n - 4$$

となる．これを満たす整数の組 $(x, y-2, z-4)$ の個数を求めればよく，$1 \sim n-4$ の中から異なる 3 つの整数を選ぶ組合せを考えて，${}_{n-4}\mathrm{C}_3$ 通りである．

東大の問題の解答です．空席の個数を数えます．

▶解答◀ （1）1 を選び，連続しない整数を N 個選ぶ．その一例は，N 個の奇数

$$1 \quad 3 \quad 5 \quad \cdots \quad (2N-3) \quad (2N-1)$$

を選ぶときである．これは椅子を $2N$ 個並べておいて，そのうちの N 個に，どの人も間を 1 個以上空けて着席するときに，1 番左端に着席し，間を 1 個空けて，3 番目の椅子に着席し，間を 1 個空けて，5 番目に着席し，$\cdots$，間を 1 個空けて，$2N-1$ 番目に着席し，最後に右端を空けた場合である．着席というのは人が座ることとする．ただし，人の違いは無視する．右端の空いている椅子を持ち上げて，人と人の間（$N-1$ カ所ある）に突っ込んでもよい．どこに突っ込むかで，$N-1$ 通りあるから，空席と着席の列は全部で $1+(N-1)=N$ 通りある．

（2）「連続する $N-2$ 個の整数」を R とし，あと 2 個選ぶ数を，左から A, B とする．R と A, B の位置関係は次の 3 タイプがある．R の左方には，どれだけ多くても，数は 2 個しかない．R で $N-2$ 個の数を取るから，残りは 2 個だからである．（1）と同様に空席と着席で説明する．x, y, z は空席の個数を表す．

（ア）R が左端から始まるとき．

$$\begin{array}{ccccccc} & & x & & y & & z \\ & & \Downarrow & & \Downarrow & & \Downarrow \\ R & & A & & B & & \end{array}$$

x は R と A の間の空席の個数を表し，他も同様とする．

$$x+y+z = N, x \geqq 0, y \geqq 0, z \geqq 0$$

である．たとえば $N=5$ のとき，$x=2, y=2, z=1$ の場合には，

$$1, 2, 3, 4, 5, 6, 7, 8, 9, 10$$

で，太字は選択する数，細字は選択しない数を表し，$x=2$ は選択しない個数が 2 であることを表す．この結果，選ぶ集合は $\{1, 2, 3, 6, 9\}$ である．

$$(x+1)+(y+1)+(z+1) = N+3,$$
$$x+1 \geqq 1, y+1 \geqq 1, z+1 \geqq 1$$

となり，自然数解 $(x+1, y+1, z+1)$ の個数は ${}_{N+2}\mathrm{C}_2$ である．

（イ）R が左端から始まらず，R の左方に 1 個の着席があるとき．この場合，R の直前は空席である．

$$\begin{array}{ccccccc} & & x & & y & & z \\ & & \Downarrow & & \Downarrow & & \Downarrow \\ A & & R & & B & & \end{array}$$

$$x+y+z = N, x \geqq 1, y \geqq 0, z \geqq 0$$
$$(x+(y+1)+(z+1) = N+2,$$
$$x \geqq 1, y+1 \geqq 1, z+1 \geqq 1$$

自然数解 $(x, y+1, z+1)$ の個数は ${}_{N+1}\mathrm{C}_2$ である．

（ウ）R が左端から始まらず，R の左方に 2 個の着席があるとき．この場合も R の直前は空席である．

$$\begin{array}{ccccccc} & & x & & y & & z \\ & & \Downarrow & & \Downarrow & & \Downarrow \\ A & & B & & R & & \end{array}$$

$$x+y+z = N, x \geqq 0, y \geqq 0, z \geqq 0$$

自然数解 $(x+1, y, z+1)$ の個数は ${}_{N+1}\mathrm{C}_2$ である．(x, y, z) の個数は全部で

$$\begin{aligned} &{}_{N+2}\mathrm{C}_2 + {}_{N+1}\mathrm{C}_2 + {}_{N+1}\mathrm{C}_2 \\ &= \frac{1}{2}(N+2)(N+1) + (N+1)N \\ &= \frac{1}{2}(N+1)(3N+2) \end{aligned}$$

注意 1° 【個数の数え方】

$x+y+z = N, x \geqq 0, y \geqq 0, z \geqq 0$ のとき，

$$(x+1)+(y+1)+(z+1) = N+3$$
$$x+1 \geqq 1, y+1 \geqq 1, z+1 \geqq 1$$

$\bigcirc$ を $N+3$ 個並べ，その間（$N+2$ カ所ある）から 2 カ所を選んで仕切りを 1 本ずつ突っ込む．1 本目の仕切りから左の $\bigcirc$ の個数を $x+1$，2 本の仕切りの間の $\bigcirc$ の個数を $y+1$，2 本目の仕切りから右の $\bigcirc$ の個数を $z+1$ とする．自然数解 $(x+1, y+1, z+1)$ の個数は ${}_{N+2}\mathrm{C}_2$ である．たとえば $\bigcirc\bigcirc|\bigcirc\bigcirc\bigcirc\bigcirc|\bigcirc$ のときは $x+1=2, y+1=4, z+1=1$ を表す．

$x \geqq 1, y \geqq 0, z \geqq 0$ のときは
$$x+(y+1)+(z+1) = N+2$$

で，$(x, y+1, z+1)$ は ${}_{N+1}\mathrm{C}_2$ 通りある．

2° 【漏れなく重複なく】

$$\begin{array}{ccccccc} & & x & & y & & z \\ & & \Downarrow & & \Downarrow & & \Downarrow \\ R & & A & & B & & \end{array} \quad x \geqq 0, y \geqq 0, z \geqq 0$$

$$\begin{array}{ccccccc} & & x & & y & & z \\ & & \Downarrow & & \Downarrow & & \Downarrow \\ A & & R & & B & & \end{array} \quad x \geqq 1, y \geqq 0, z \geqq 0$$

$$\begin{array}{ccccccc} & & x & & y & & z \\ & & \Downarrow & & \Downarrow & & \Downarrow \\ A & & B & & R & & \end{array} \quad x \geqq 0, y \geqq 1, z \geqq 0$$

という 3 つの分類で，R が左端から始まる，R より左に 1 つの着席がある（R の直前は空席），R より左に 2 つの着席がある（R の直前は空席）であり，R よりも左に 3 つ以上の着席はなく，重なりがなくすべてを尽くしている．この意識を持とう．

3°【実例で説明】

　しつこく，$N=5$ で説明します．カウンターに 10 席の椅子があります．そこへ，3 人の団体さんと，別々の A さん，B さんが来ます．ただし，今は人を区別していないので，彼等には顔がなく「千と千尋の神隠し」の「カオナシ」のようなものです．カウンターに並んだら，誰が誰だか区別がつかないとします．○を着席，×を空席とします．

　　　　○○○○○×××××

の場合は「団体」「A」「B」「5 つの空席」の順で並んでいます．「A」「団体」「B」「5 つの空席」ではないし，「A」「B」「団体」「5 つの空席」でもありません．なぜかというと，団体が左端にない場合には，団体の直前は空席だからです．そして，この場合の S は $S=\{1,2,3,4,5\}$ です．

　　　　○×○○○○××××

の場合は「A」「空席」「団体」「B」「4 つの空席」です．「A」「空席」「B」「団体」「4 つの空席」ではありません．しつこいですが，団体が左端にない場合には，団体の直前は空席だからです．この場合の S は $S=\{1,3,4,5,6\}$ です．

　　　　○×○×○○○×××

の場合には，「A」「空席」「B」「空席」「団体」「3 つの空席」で，$S=\{1,3,5,6,7\}$ です．

　え？最初

　　　　○○○×○×○×××

だったのに，A さんが「そっちの団体さん，盛り上がっているねえ．オジさん，そっちの端にくっついちゃってもいいかな？」

　　　　○○○○××○×××

になって，さらに B さんもくっついて

　　　　○○○○○×××××

になる，時間の経過とともに変化するのはどうするんだって？うちの店で他の客に声を掛けるんじゃねえ．勝手に移動する客は帰ってくれ！

♦別解♦（1）　選ぶ数を小さい方から

　　　$1,\ x_1,\ x_2,\ x_3,\ \cdots,\ x_{N-1}$

とする．

　　　$3\leqq x_1<x_2<x_3<\cdots<x_{N-1}\leqq 2N$

である．隣り合う数は 2 以上離れているから

$3\leqq x_1<x_2-1<x_3-2<\cdots<x_{N-1}-(N-2)\leqq N+2$

$$2\text{以上離れている}$$

$$1\quad\ \ \underbracket{x_1\qquad\quad x_2}\qquad x_3$$

$$\underbracket{1\quad\text{以上}\quad}\ \diagup 1\text{ずらす}\diagup 2\text{ずらす}$$

$$1\quad\ \ x_1\qquad x_2-1\qquad x_3-2$$

　3〜$N+2$ の N 個の中から $N-1$ 個の異なる整数を選ぶ組合せを考え ${}_N\mathrm{C}_{N-1}=\boldsymbol{N}$ 通りある．

（2）　「連続する $N-2$ 個の整数」を R で表し，$N-2$ 個の整数が連続していることを $N-2$ 連続と呼ぶことにする．

（ア）　1 から $N-2$ 連続が始まるとき．

　　　$\boxed{\text{左端が 1 の }R}\ \boxed{(N-1)\text{〜}2N\text{ から 2 個}}$

$(N-1)$〜$2N$ の $N+2$ 個から 2 個選ぶ組合せを考え，${}_{N+2}\mathrm{C}_2=\dfrac{1}{2}(N+2)(N+1)$ 通りある．

（イ）　1 から $N-2$ 連続が始まらないとき．

　　　$1\ \boxed{\text{席が }N+2\text{ 個内に}\ \boxed{R}\ \boxed{1\text{ 個}}}$

まず，空席を $N+2$ 個並べておいて，その 1 席に R を入れ，他の 1 席に 1 以外に選ぶ 1 個を入れると考える．R と 1 個を入れる順列は $(N+2)(N+1)$ 通りある．この位置を決めれば数自体が定まる．ただし，この中には，二重に数えられているものがある．

（イ-1）　1 個と R が隣り合い $N-1$ 連続になるもの．

　　　$1\ \boxed{\text{席が }N+1\text{ 個内に}\ \boxed{N-1\text{ 連続}}}$

この $N-1$ 連続部分が

　　　$\boxed{1\text{ 個}}\ \boxed{R}$，　　$\boxed{R}\ \boxed{1\text{ 個}}$

の 2 タイプあるからである．$N-1$ 連続の固まりと空席 N 個の順列が $N+1$ 通りある．これを引くだけでは駄目で，この中でも，1 を含めた順列で，1 が連続に組込まれたもの，$1,2,\cdots,N$ の連続になってしまうものが 1 通りある（今は 1 が連続に組込まれないものを数えている）．

　　　$1\ \boxed{N-1\text{ 連続}}\ \boxed{N\text{ 個空席}}$

（イ-2）　1 個と R がつながらないが，R が 1 と連続してしまう（1 から $N-1$ 個の連続になっている）もの．その連続の右に空席を 1 個置き，1 個と $N-1$ 個の空席の順列を考え，N 通りの順列がある．

　　$\boxed{\text{左端が 1 の }N-1\text{ 連続}}\ \boxed{1\text{ 個空席}}\ \boxed{\text{席が }N\text{ 個内に 1 個}}$

これが不適である．

　　以上より，求める数は

$$\frac{1}{2}(N+2)(N+1)+(N+2)(N+1)-(N+2+N)$$

$$=\frac{3}{2}(N+2)(N+1)-2(N+1)$$

$$=\frac{1}{2}(N+1)(3N+2)$$

═══《カタラン数》═══

10. いくつかの0と1を並べたものを，01列と呼ぶことにする．すなわち，$A = a_1 a_2 \cdots a_k$ が01列とは，$1 \leq i \leq k$ について，a_i は0または1であるものをいう．このとき，a_i を A の i 番目の成分と呼び，A を長さ k の01列と呼ぶことにする．さらに，$1 \leq i \leq k$ に対して，1番目から i 番目までの成分の中で0であるものの個数を，$x_i(A)$ とし，1であるものの個数を，$y_i(A)$ とする．便宜的に，空列 $A = \emptyset$ の場合も，長さ0の01列と呼ぶことにする．このとき，次の各問に答えよ．

（1）4個の0と4個の1からなる01列の総数を求めよ．

（2）01列に対して次の操作（#）を考える．

（#）01列に対して，連続した2個の成分が01であれば，それを除いて長さの短い01列をつくる．複数の01の部分がある場合は，いずれを選んでも良い．

（例えば，0110<u>01</u>001 の 01 の部分を除いて，0110001 を得る．）

得られた01列に対して，順次この操作を繰り返して，可能な限り01の部分を取り除いていく．

（例えば，0110<u>01</u>001 → 01<u>1</u>0001 → 10<u>01</u> → 100）

（ⅰ）それぞれ3個の0と1からなる長さ6の01列 A で，すべての $i = 1, 2, \cdots, 6$ について，$x_i(A) \geq y_i(A)$ を満たすものの総数をもとめよ．

（ⅱ）それぞれ n 個（$n \geq 1$）の0と1からなる長さ $2n$ の01列 A に対して，（#）を行い，最終的に長さ0の01列にたどり着くための必要十分条件は，すべての $1 \leq i \leq 2n$ について，$x_i(A) \geq y_i(A)$ であることを示せ．

（ⅲ）それぞれ4個の0と1からなる長さ8の01列で，（ⅱ）の必要十分条件を満たすものの総数をもとめよ．

（20 明治大・商）

▶**解答**◀ （1）4個の0と4個の1を並べる順列に等しいから

$$\frac{8!}{4!4!} = \frac{8 \cdot 7 \cdot 6 \cdot 5}{4 \cdot 3 \cdot 2 \cdot 1} = \boldsymbol{70}$$

（2）（ⅰ）常に，左から数えて0の個数が1の個数以

上の順列は

$$000111,\ 001011,\ 001101,\ 010011,\ 010101$$

で，その数は **5** である．

（ⅱ）（十分性）

長さ $2n$ の01列 A について初めて $y_i(A) = 1$ となる1の左隣は0である．その部分は連続した01ができるから，まず最初にそれを取り除く．残りの長さ $2n-2$ の01列についても $1 \leq i \leq 2n-2$ に対して $x_i(A) \geq y_i(A)$ は成り立つ．さらに長さ $2n-2$ である残りの01列についても初めて $y_i(A) = 1$ となる1について，その左隣は0であるから，その連続した01を取り除く．これを繰り返すと0と1は同数の n 個ずつあるから，長さ0にたどり着く．

$n = 3$ の場合（丸数字は取り除く順番を表す）

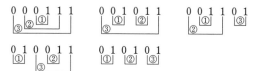

（必要性）

まず，長さ0の01列を01にして長さ2の01列をつくる．次に，この01に0と1を付け加えて，長さ4の01列を以下のどちらかの方法でつくる．

（ア）01列の左隣か右隣に01を付け加える．

（イ）01列の左に0を右に1を付け加える．

この操作を繰り返して，長さ $2n$ の01列を作れば，すべての $1 \leq i \leq 2n$ について $x_i(A) \geq y_i(A)$ となる．

（ⅲ）00001111 から始めて，1を1つずつ左に移動していく．ただし常に，左から数えて0の個数が1の個数以上になるようにする．最終形は01010101である．

$00001111,\ 00010111,\ 00011011,\ 00011101$

$00100111,\ 00101011,\ 00101101,\ 00110011$

$00110101,\ 01000111,\ 01001011,\ 01001101$

$01010011,\ 01010101$

求める総数は **14** である．

注意 すべての $1 \leq i \leq 2n$ について $x_i(A) \geq y_i(A)$ を満たす01列の総数は $C_n = \dfrac{{}_{2n}C_n}{n+1}$ で，カタラン数と呼ばれる．

◆**別解**◆ （2）（ⅲ）0を並べることを x 軸方向に $+1$ 進む（→），1を並べることを y 軸方向に $+1$ 進む（↑）で表す．たとえば01010101と並べることを →↑→↑→↑→↑ という経路で表す．

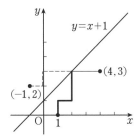

それぞれ4個の0と1からなる長さ8の01列 A に対してすべての $1 \leqq i \leqq 8$ について $x_i(A) \geqq y_i(A)$ を満たすものの総数を N とする。並べる前は $(0, 0)$ にいる。N は常に $y < x+1$ の部分を進んで $(4, 4)$ に行く経路の総数である。

最初は0を並べるから $(0, 0)$ から $(1, 0)$ に行く。最後は1を並べるから $(4, 3)$ から $(4, 4)$ へ行く。$(1, 0)$ から $(4, 3)$ への最短経路は「→」3個、「↑」3個の経路だから $_6C_3$ 通りある。この中には直線 $y = x+1$ 上に乗ってしまう経路が含まれている。そのような経路について『直線 $y = x+1$ との最初の交点から左側部分を直線 $y = x+1$ に関して折り返す（右側部分はそのまま）』ことによって、点 $(-1, 2)$ から点 $(4, 3)$ への経路になる。「$(1, 0)$ から $(4, 3)$ に至る経路で直線 $y = x+1$ と少なくとも1点を共有する経路（図の例では太い実線から細い実線をたどる）」と「$(-1, 2)$ から $(4, 3)$ に至る経路（破線から細い実線をたどる）」が1対1に対応する。$(-1, 2)$ から $(4, 3)$ への最短経路は「→」5個「↑」1個の順列で $_6C_1$ 通りある。

$$N = {}_6C_3 - {}_6C_1 = 20 - 6 = \mathbf{14}$$

━━━━━《玉の取り出し》━━━━━

11. 1, 2, 3, 4, 5 のそれぞれの数字が書かれた玉が2個ずつ，合計10個ある。

（1） 10個の玉を袋に入れ，よくかき混ぜて2個の玉を取り出す。書かれている2つの数字の積が10となる確率を求めよ。

（2） 10個の玉を袋に入れ，よくかき混ぜて4個の玉を取り出す。書かれている4つの数字の積が100となる確率を求めよ。

（3） 10個の玉を袋に入れ，よくかき混ぜて6個の玉を順に取り出す。1個目から3個目の玉に書かれている3つの数字の積と，4個目から6個目の玉に書かれている3つの数字の積が等しい確率を求めよ。 （14 東北大・共通）

▶解答◀ （1） 10個の異なる玉から2個を選ぶ組合せは全部で $_{10}C_2$ 通りある。このうち，書かれている

数字の積が10になるのは（2の玉と5の玉をとるときで，2の玉は2個，5の玉も2個あるから）$2 \cdot 2$ 通りある。求める確率は

$$\frac{2 \cdot 2}{_{10}C_2} = \frac{4}{45}$$

（2） 10個の玉から4個の玉の組を取り出す組合せは全部で $_{10}C_4$ 通りある。このうち，書かれている数字の積が $100 = 2^2 \cdot 5^2$ となるのは，5を2個と2を2個取るか，5を2個と1と4を1ずつ個取るときである。前者の取り出し方は1通りであり，後者の取り出し方は1の玉と4の玉の取り出し方がそれぞれ2通りずつあるので $2 \cdot 2$ 通りある。求める確率は

$$\frac{1 + 2 \cdot 2}{_{10}C_4} = \frac{5}{10 \cdot 3 \cdot 7} = \frac{1}{42}$$

（3） 最初の3個の玉の集合を S_1，S_1 の玉に書かれた数字を小さい順に a_1, a_2, a_3 とする。次の玉の集合を S_2 とし，S_2 の玉に書かれた数字を小さい順に x_1, x_2, x_3 とする。$T_1 = \{a_1, a_2, a_3\}$，$T_2 = \{x_1, x_2, x_3\}$ とおく。S_1, S_2 は全部で $_{10}C_3 \cdot {}_7C_3$ 通りある。このうち $a_1 a_2 a_3 = x_1 x_2 x_3$ になるときを調べる。

（ア） $T_1 = T_2$ のとき。1, 2, 3, 4, 5 のうちから3つの数字を選び（$_5C_3$ 通りある），その数字の玉2つを，それぞれ S_1 に入れるか，S_2 に入れるかを考え，S_1, S_2 は $_5C_3 \cdot 2^3$ 通りある。

（イ） $T_1 \neq T_2$ のとき。

(a) T_1 が3を含むとき。T_2 も3を含む。T_1 が5も含むとすると，T_2 も5を含み，T_1, T_2 の3, 5以外の数も一致することになり，不適。

T_1, T_2 の3以外の2数は（1, 1, 2, 2, 4, 4から2つずつ取って）1と4, 2と2にするしかない。1と4, 2と2を S_1, S_2 のどちらに入れるかで2通りある。1, 4は2つの玉のどちらを取るかで2通りずつあり，2つの3を S_1, S_2 のどちらに入れるかで2通りずつある。S_1, S_2 は 2^4 通りある。

(b) T_1 が5を含むときは (a) と同様である。

(c) T_1 が3も5も含まないとき。1, 1, 2, 2, 4, 4（ちょうど6つある）から3つずつ取って（つまり，2組に分け）S_1, S_2 に入れ，$T_1 \neq T_2$ かつ $a_1 a_2 a_3 = x_1 x_2 x_3$ にすることはできない。

求める確率は

$$\frac{_5C_3 \cdot 2^3 + 2^4 + 2^4}{_{10}C_3 \cdot {}_7C_3}$$

$$= \frac{10 \cdot 2^3 + 2^4 + 2^4}{5 \cdot 3 \cdot 8 \cdot 7 \cdot 5} = \frac{10 + 2 + 2}{5 \cdot 3 \cdot 7 \cdot 5} = \frac{2}{75}$$

注意 【順列にしたければ】全事象を順列（$_{10}P_6$）に

するなら，解答の組合せの数に $3!3!$ を掛けて

$$\frac{(10\cdot 2^3+2^4+2^4)3!3!}{{}_{10}\mathrm{P}_6}=\frac{2}{75}$$

と計算する．順列では無駄に掛け算をする．

《サイコロの出る目の積》

12. 3個のさいころを投げる．

（1） 出た目の積が6となる確率を求めよ．

（2） 出た目の積が k となる確率が $\dfrac{1}{36}$ であるような k をすべて求めよ． （18 一橋大・前期）

▶**解答**◀ （1） 3個のさいころの目の出方は $6^3=216$ 通りある．積が6となる3つの目の組合せは $(1,1,6)$，$(1,2,3)$ であり，どのさいころがどの目を出すかも考えると，$3+3!=9$ 通りある．よって，求める確率は $\dfrac{9}{216}=\dfrac{1}{24}$ である．

（2） $\dfrac{1}{36}=\dfrac{6}{216}$ であるから，3つの目の積が k となるさいころの目の出方が6通りであるような k を求める．

3つの目の組合せは

(a,a,a) …………………………………①

$(a,a,b)\ (a\neq b)$ ……………………②

$(a,b,c)\ (a<b<c)$ …………………③

の3つの型がある．どのさいころがどの目を出すかも考えると，①，②，③の目の出方はそれぞれ1通り，3通り，6通りであるから，全部で6通りとなるのは

（ア） 積が k になる③の型がちょうど1組あり，①，②の型がない

（イ） 積が k になる②の型がちょうど2組あり，①，③の型がない

のいずれかである．

（ア）のとき

$a,\ b,\ c$ の組合せは ${}_6\mathrm{C}_3=20$ 通りあるが，この中から不適なものを除外する．

$$1\cdot 4=2\cdot 2,\quad 1\cdot 6=2\cdot 3,\quad 2\cdot 6=3\cdot 4$$

に注意すると，$(1,4)$，$(1,6)$，$(2,3)$，$(2,6)$，$(3,4)$ を含む組は不適である．例えば，$1\cdot 4\cdot 5=2\cdot 2\cdot 5$ であるから，積が20となる組は $(1,4,5)$ 以外にも存在し，$(1,4,5)$ は不適になる．よって

$$(a,b,c)=(1,2,5),\ (1,3,5),\ (2,4,5),$$
$$(3,5,6),\ (4,5,6)$$

であり，k の値はそれぞれ 10, 15, 40, 90, 120 である．

（イ）のとき

a を縦，b を横にとり，$a^2 b$ の値を計算すると表のようになる．複数回現れる数を太字にしてある．

	1	2	3	4	5	6
1		2	3	**4**	5	6
2	**4**		12	**16**	20	24
3	9	18		**36**	45	54
4	**16**	32	48		80	96
5	25	50	75	100		150
6	**36**	72	108	144	180	

k の候補は

$$4=1^2\cdot 4=2^2\cdot 1,\quad 16=2^2\cdot 4=4^2\cdot 1$$

$$36=3^2\cdot 4=6^2\cdot 1$$

の3つである．一方

$$36=2\cdot 3\cdot 6$$

より 36 は不適で，4, 16 は別の表し方が存在せず適する．

以上より，求める k は

$$k=4,\ 10,\ 15,\ 16,\ 40,\ 90,\ 120$$

注意 少々大変ではあるが，3個のさいころの目の出方 $6^3=216$ 通りに対し，3つの目の積を表にまとめ，その中にちょうど6回現れる数字を調べてもよい．

2個のさいころの目の積は次の表のようになる．

	1	2	3	4	5	6
1	1	2	3	4	5	6
2	2	4	6	8	10	12
3	3	6	9	12	15	18
4	4	8	12	16	20	24
5	5	10	15	20	25	30
6	6	12	18	24	30	36

これら36個の数にもう1つの目 1~6 をかけたものを表にする．上の表に含まれる数を1行ずつ取り出し，それぞれに 1~6 をかけたものをまとめると，次の6個の表のようになる．ちょうど6回現れる数を太字にしてある．

	1	2	3	4	5	6
1	1	2	3	**4**	5	6
2	2	**4**	6	8	**10**	12
3	3	6	9	12	**15**	18
4	**4**	8	12	**16**	20	24
5	5	**10**	**15**	20	25	30
6	6	12	18	24	30	36

	2	4	6	8	10	12
1	2	**4**	6	8	**10**	12
2	**4**	8	12	**16**	20	24
3	6	12	18	24	30	36
4	8	**16**	24	32	**40**	48
5	**10**	20	30	**40**	50	60
6	12	24	36	48	60	72

	3	6	9	12	15	18
1	3	6	9	12	**15**	18
2	6	12	18	24	30	36
3	9	18	27	36	45	54
4	12	24	36	48	60	72
5	**15**	30	45	60	75	**90**
6	18	36	54	72	**90**	108

	4	8	12	16	20	24
1	**4**	8	12	**16**	20	24
2	8	**16**	24	32	**40**	48
3	12	24	36	48	60	72
4	**16**	32	48	64	80	96
5	20	**40**	60	80	100	**120**
6	24	48	72	96	**120**	144

	5	10	15	20	25	30
1	5	**10**	**15**	20	25	30
2	**10**	20	30	**40**	50	60
3	**15**	30	45	60	75	**90**
4	20	**40**	60	80	100	**120**
5	25	50	75	100	125	150
6	30	60	**90**	**120**	150	180

	6	12	18	24	30	36
1	6	12	18	24	30	36
2	12	24	36	48	60	72
3	18	36	54	72	**90**	108
4	24	48	72	96	**120**	144
5	30	60	**90**	**120**	150	180
6	36	72	108	144	180	216

よって，求める k は

$$k = 4, 10, 15, 16, 40, 90, 120$$

である．

《サイコロの出る目の最大公約数》

13. サイコロを投げてその目を記録する，という操作を繰り返し行う．n を 2 以上の自然数として，1 回目から n 回目までに出た目の最大公約数を X_n とする．以下の問いに答えよ．

（1） $X_2 = 1$ となる確率を求めよ．

（2） $X_n = 2, 3, 4, 5, 6$ となる確率をそれぞれ求めよ．

（3） $X_2, \cdots, X_n$ はいずれも 1 ではなく，$X_{n+1} = 1$ となる確率を求めよ．

(16　九大・理-後期)

▶解答◀ （1） 1 回目，2 回目に出る目をそれぞれ a, b とおく．(a, b) は全部で 6^2 通りある．

$X_2 = 1$ となるのは a と b が互いに素のときだから，

$a = 1$ のとき $b = 1, 2, \cdots, 6$ の 6 通り

$a = 2$ のとき $b = 1, 3, 5$ の 3 通り

$a = 3$ のとき $b = 1, 2, 4, 5$ の 4 通り

$a = 4$ のとき $b = 1, 3, 5$ の 3 通り

$a = 5$ のとき $b = 1, 2, 3, 4, 6$ の 5 通り

$a = 6$ のとき $b = 1, 5$ の 2 通り

合計で $6 + 3 + 4 + 3 + 5 + 2 = 23$ 通りある．よって求める確率は $\dfrac{23}{36}$

（2）（ア）$X_n = 2$ の場合：

$X_n = 2$ となるのは，出る目が 2，4，6 のいずれかでかつすべてが 4，すべてが 6 ではないときだから

$$P(X_n = 2) = \frac{3^n - 2}{6^n}$$

（イ）$X_n = 3$ の場合：

$X_n = 3$ となるのは，出る目が 3 または 6 でかつすべて 6 ではないときだから

$$P(X_n = 3) = \frac{2^n - 1}{6^n}$$

（ウ）$X_n = 4, 5, 6$ の場合：

$X_n = 4$ となるのは，出る目がすべて 4 のときだから

$$P(X_n = 4) = \frac{1}{6^n}$$

同様に $P(X_n = 5) = \dfrac{1}{6^n}$，$P(X_n = 6) = \dfrac{1}{6^n}$

（3） 以上を加えて，

$$P(X_n \neq 1) = \frac{3^n + 2^n}{6^n}$$

$$P(X_n = 1) = 1 - \frac{3^n + 2^n}{6^n}$$

$$P(X_{n+1} = 1) = 1 - \frac{3^{n+1} + 2^{n+1}}{6^{n+1}}$$

$X_{n+1} = 1$ の中には，

$$X_n = 1 \quad かつ \quad X_{n+1} = 1$$

の場合と

$$X_n \neq 1 \quad かつ \quad X_{n+1} = 1$$

の場合がある.

$X_n = 1$ かつ $X_{n+1} = 1$ というのは $X_n = 1$ ということと同じであるから, $X_n \neq 1$ かつ $X_{n+1} = 1$ になる確率は

$$P(X_{n+1} = 1) - P(X_n = 1)$$
$$= \frac{6 \cdot 3^n + 6 \cdot 2^n}{6^{n+1}} - \frac{3 \cdot 3^n + 2 \cdot 2^n}{6^{n+1}}$$
$$= \frac{3 \cdot 3^n + 4 \cdot 2^n}{6^{n+1}} = \frac{3^{n+1} + 2^{n+2}}{6^{n+1}}$$

注意 文字は自然数とする. a, b, c, d の最大公約数が 1 である(全部に共通な素因数がない)とき, a, b, c, d, e の最大公約数が 1 である. ひとたび最大公約数が 1 になったらずっと最大公約数は 1 である.

《一種のクジ引き》

14. 赤色のひもが 1 本, 青色のひもが 1 本, 白色のひもが 3 本, 全部で 5 本のひもがある. これらのひもの端を無作為に 2 つ選んで結び, まだ結ばれていない端からさらに無作為に 2 つ選んで結ぶ操作を行い, すべての端が結ばれるまで繰り返す. その結果, ひもの輪が 1 つ以上できる. 次の問いに答えよ.

（1） 赤色と青色のひもが同一のひもの輪にある確率を求めよ.

（2） ひもの輪が 1 つだけできる確率を求めよ.

(17 藤田保健衛生大・推薦)

▶解答◀ 「ひもの」と書くと「干物」かと思うから漢字で紐と書く. 本問は確率の積で考える.

赤, 青, 白3本の紐の端を, それぞれ R, r, B, b, W_1, w_1, W_2, w_2, W_3, w_3 とおく. 本問は, 紐の端を無作為に 2 つ選ぶから, 例えば r と結ばれる可能性のある端点は 9 つあることに注意する.

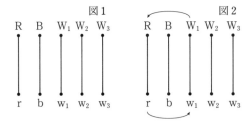

図1　　　図2

（1） 赤と青が同一の輪にならないときを考える.

（ア） 赤が紐 1 本だけの輪になるとき.

r は他の端点 9 つのいずれかと結ばれる. それが R になる確率は $\frac{1}{9}$ である.

（イ） 赤が紐 2 本からなる輪に含まれるとき.

r が 9 個ある端のうちの, 白紐のどれかと結ばれ(その確率は $\frac{6}{9}$)(例は図2)その結ばれた白紐の他端が結ばれる先が 7 つあるうちの R と結ばれる(確率 $\frac{1}{7}$)ときで, その確率は $\frac{6}{9} \cdot \frac{1}{7} = \frac{6}{9 \cdot 7}$ である.

（ウ） 赤が紐 3 本からなる輪に含まれるとき.

（イ）と同様に考える. r が 9 個ある端のうちの, 白紐のどれかと結ばれ(その確率は $\frac{6}{9}$), その結ばれた白紐の他端が結ばれる先が 7 つあるうちの白紐のどれかと結ばれ(その確率は $\frac{4}{7}$)その他端が結ばれる先が 5 つあるうちの R と結ばれるとき(その確率は $\frac{1}{5}$)である(例は図3). その確率は

$$\frac{6}{9} \cdot \frac{4}{7} \cdot \frac{1}{5} = \frac{24}{9 \cdot 7 \cdot 5}$$

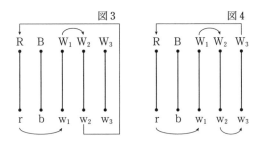

図3　　　　　　図4

（エ） 赤が紐 4 本からなる輪に含まれるとき.

もう説明は不要だろう. 上の思考を続ければよい(例は図4). その確率は

$$\frac{6}{9} \cdot \frac{4}{7} \cdot \frac{2}{5} \cdot \frac{1}{3} = \frac{48}{9 \cdot 7 \cdot 5 \cdot 3}$$

（ア）～（エ）より, 赤と青が同一の輪にならない確率は

$$\frac{1}{9} + \frac{6}{9 \cdot 7} + \frac{24}{9 \cdot 7 \cdot 5} + \frac{48}{9 \cdot 7 \cdot 5 \cdot 3}$$
$$= \frac{105 + 90 + 72 + 48}{9 \cdot 7 \cdot 5 \cdot 3} = \frac{315}{9 \cdot 7 \cdot 5 \cdot 3} = \frac{1}{3}$$

であり, 求める確率は

$$1 - \frac{1}{3} = \mathbf{\frac{2}{3}}$$

（2） r が 9 つあるうちの R 以外と結ばれ(確率 $\frac{8}{9}$), その結ばれた紐の他端が, 7 つある先の R 以外と結ばれ(確率 $\frac{6}{7}$), その結ばれた紐の他端が, 5 つある先の R 以外と結ばれ(確率 $\frac{4}{5}$), その結ばれた紐の他端が, 3 つある先の R 以外と結ばれ(確率 $\frac{2}{3}$), その結ばれた紐の他端が R と結ばれるときである(例は図5). その確率は

$$\frac{8}{9} \cdot \frac{6}{7} \cdot \frac{4}{5} \cdot \frac{2}{3} = \mathbf{\frac{128}{315}}$$

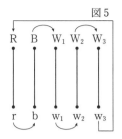

図 5

注 意 1° 【クジ引き】

これは「クジ引き」である。紐の端が，結ばれる相手というクジを引くのである。

2° 【有名問題】

類題が，40 余年前の数学セミナー「エレガントな解答を求む」や 1998 年の日本数学オリンピック予選，名古屋市大，商業用模試など多数出題されている。紐を束ねて持って，上は上同士，下は下同士結ぶ問題が多い。

《正多角形に絡んだ確率 1》

15. n を 4 以上の整数とする。正 n 角形の 2 つの頂点を無作為に選び，それらを通る直線を l とする。さらに，残りの $n-2$ 個の頂点から 2 つの頂点を無作為に選び，それらを通る直線を m とする。直線 l と m が平行になる確率を求めよ。

(15 一橋大・前期)

▶**解答**◀ l と m を，問題文には直線と書いてあるが，頂点と頂点の間の弦として表す。無駄に伸ばすといろいろ書きにくいからである。l と m の定め方が全部で N 通りあるとする。

$$N = {}_nC_2 \cdot {}_{n-2}C_2 = \frac{n(n-1)(n-2)(n-3)}{4}$$

である。前の二項係数が l，後が m の定め方の数で，順序がついている。このうち，l と m が平行になるものが M 通りあるとする。求める確率を P とする。

正 n 角形の外接円を描く。

n が奇数のとき。 図 1 を参照せよ。$n = 2k+1, k \geqq 2$ とおく。l と m が平行になる場合，l と m の垂直二等分線は 1 つの頂点を通る。まず，その頂点を選び（$2k+1$ 通りある）それを通る直径（L と呼ぶ）を引く。L の左右に k 個ずつの頂点が分けられる。一方の側から 2 個の頂点を選び（${}_kC_2$ 通りある），L に垂直に引くと考える。どちらが l, m かで 2 通りある。

$$M = (2k+1){}_kC_2 \cdot 2 = (2k+1)k(k-1)$$

$$P = \frac{M}{N} = \frac{(2k+1)k(k-1)}{\dfrac{(2k+1)(2k)(2k-1)(2k-2)}{4}}$$

$$= \frac{1}{2k-1} = \frac{1}{n-2}$$

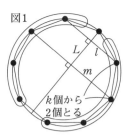

図 1

k 個から 2 個とる

n **が偶数のとき。** $n = 2k, k \geqq 2$ とおく。l と m が平行になる場合，l と m の垂直二等分線は 2 つの頂点を通るか，辺の中点を通る。前者のタイプを（ア），後者のタイプを（イ）とする。

（ア）図 2 を参照せよ。まず，直径をなす 2 頂点を選び（k 通りある）それを通る直径（L と呼ぶ）を引く。L の左右に $k-1$ 個ずつの頂点が分けられる。一方の側から 2 個の頂点を選び（${}_{k-1}C_2$ 通りある），L に垂直に引くと考える。どちらが l, m かで 2 通りある。この場合の定め方の数を M_1 通りとする。

$$M_1 = k \cdot {}_{k-1}C_2 \cdot 2 = k(k-1)(k-2)$$

（イ）図 3 を参照せよ。まず，辺の中点を通る直径を選ぶ（k 通りある。L と呼ぶ）。L の左右に k 個ずつの頂点が分けられる。一方の側から 2 個の頂点を選び（${}_kC_2$ 通りある），L に垂直に引くと考える。どちらが l, m かで 2 通りある。この場合の定め方の数を M_2 通りとする。

$$M_2 = k \cdot {}_kC_2 \cdot 2 = k^2(k-1)$$

$$P = \frac{M}{N} = \frac{M_1 + M_2}{N}$$

$$= \frac{k(k-1)(k-2) + k^2(k-1)}{\dfrac{(2k)(2k-1)(2k-2)(2k-3)}{4}}$$

$$= \frac{(k-2) + k}{(2k-1)(2k-3)}$$

$$= \frac{2k-2}{(2k-1)(2k-3)}$$

$$= \frac{n-2}{(n-1)(n-3)}$$

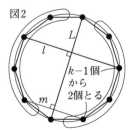

図 2

$k-1$ 個から 2 個とる

図 3

k 個から 2 個とる

《正多角形に絡んだ確率 2》

16. （1）正 6 角形の 6 つの頂点を 1，2，3，4，

5, 6とする．サイコロを3回振って出た目を順に i, j, k とする．頂点 i, j, k が3角形をなす確率，直角3角形をなす確率，鋭角3角形をなす確率，鈍角3角形をなす確率をそれぞれ求めよ．

（2） 正 n 角形の n 個の頂点を $1, 2, \cdots, n$ とする．番号 $1, 2, \cdots, n$ が等確率で現れるくじを引いて戻すことを3回繰り返し，出た番号を順に i, j, k とする．頂点 i, j, k が直角3角形をなす確率，鋭角3角形をなす確率をそれぞれ求めよ．

（15　お茶の水女子大・共通）

▶解答◀ 三角形ができる確率，直角三角形，鈍角三角形になる確率，鋭角三角形になる確率を s, c, d, e とする．

（1）(i, j, k) は全部で 6^3 通りある．このうち三角形ができるのは i, j, k が異なるときで $6 \cdot 5 \cdot 4$ 通りある．

$$s = \frac{6 \cdot 5 \cdot 4}{6^3} = \frac{5}{9}$$

直角三角形は，外接円の直径の両端を選び（3通りある）他の1点を選ぶと考え，全部で $3 \cdot 4 = 12$ 個ある．1つの三角形に対して (i, j, k) は，3! 通りあるから，

$$c = \frac{3 \cdot 4 \cdot 3!}{6^3} = \frac{1}{3}$$

鈍角三角形は，連続する3頂点を選ぶ場合で6つある．1つの三角形に対して (i, j, k) は，3! 通りあるから

$$d = \frac{6 \cdot 3!}{6^3} = \frac{1}{6}$$

$$e = \frac{5}{9} - \left(\frac{1}{3} + \frac{1}{6}\right) = \frac{10 - (6+3)}{18} = \frac{1}{18}$$

（2）$s = \dfrac{n(n-1)(n-2)}{n^3} = \dfrac{(n-1)(n-2)}{n^2}$

n が奇数のとき．

直角三角形はできない．$c = 0$ である．

鈍角三角形は1頂点を選び（n 通りある），そこから左回りに半周する間（$\frac{n-1}{2}$ 個の頂点がある）に2個選ぶと考え，鈍角三角形は $n \cdot {}_{\frac{n-1}{2}}C_2$ 個ある．1つの三角形に対して (i, j, k) は 3! 通りずつあるから

$$d = \frac{n \cdot \dfrac{\frac{n-1}{2} \cdot \frac{n-3}{2}}{2} \cdot 3!}{n^3} = \frac{3(n-1)(n-2)}{4n^2}$$

$$e = s - d = \frac{(n-1)(n-2)}{n^2} - \frac{3(n-1)(n-3)}{4n^2}$$

$$= \frac{n-1}{4n^2}\{4(n-2) - 3(n-3)\}$$

$$= \frac{(n-1)(n+1)}{4n^2}$$

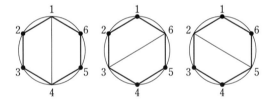

n が偶数のとき．

直角三角形は，外接円の直径の両端を選び（$\frac{n}{2}$ 通りある）他の頂点を1つ選ぶ（$n-2$ 通りある）と考え，全部で $\frac{n}{2} \cdot (n-2)$ 個ある．

$$c = \frac{\dfrac{n}{2} \cdot (n-2) \cdot 3!}{n^3} = \frac{3(n-2)}{n^2}$$

鈍角三角形は1頂点を選び（n 通りある），そこから左回りに半周する間（$\frac{n-2}{2}$ 個の頂点がある）に2個選ぶと考え，鈍角三角形は $n \cdot {}_{\frac{n-2}{2}}C_2$ 個ある．1つの三角形に対して (i, j, k) は 3! 通りずつあるから

$$d = \frac{n \cdot \dfrac{\frac{n-2}{2} \cdot \frac{n-4}{2}}{2} \cdot 3!}{n^3} = \frac{3(n-2)(n-4)}{4n^2}$$

$$e = s - (c+d) = \frac{(n-1)(n-2)}{n^2}$$

$$- \left\{ \frac{3(n-2)}{n^2} + \frac{3(n-2)(n-4)}{4n^2} \right\}$$

$$= \frac{n-2}{4n^2}\{4(n-1) - 12 - 3(n-4)\}$$

$$= \frac{(n-2)(n-4)}{4n^2}$$

注意 n が偶数のときは，$\frac{n}{2}$ 本の直径から3本を選び，1つおきに結ぶと鋭角三角形が2つできると考え，鋭角三角形は ${}_{\frac{n}{2}}C_3 \cdot 2$ 通りある．

《整数が背景にある確率》

17. 2つの関数を $f_0(x) = \dfrac{x}{2}$, $f_1(x) = \dfrac{x+1}{2}$ とおく．$x_0 = \dfrac{1}{2}$ から始め，各 $n = 1, 2, \cdots$ について，それぞれ確率 $\dfrac{1}{2}$ で $x_n = f_0(x_{n-1})$ または $x_n = f_1(x_{n-1})$ と定める．このとき，$x_n < \dfrac{2}{3}$ となる確率 P_n を求めよ． （15　京大・理系）

▶解答◀ この規則は，確率 $\dfrac{1}{2}$ で $\dfrac{1}{2}$ を掛けるか，確率 $\dfrac{1}{2}$ で $\dfrac{1}{2}$ を掛けて $\dfrac{1}{2}$ を加える．$\dfrac{1}{2}$ はかさばるから

$r = \dfrac{1}{2}$ とおく.

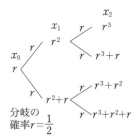

分岐の
確率$r = \dfrac{1}{2}$

x_n を 2 進法で表示すると, 小数第 $n+1$ 位は 1 で, 小数第 1 位から小数第 n 位までの各位が 0, 1 になる確率は $\dfrac{1}{2}$ である(証明は後述) …………………Ⓐ

$$\frac{2}{3} = \frac{a_1}{2} + \frac{a_2}{2^2} + \frac{a_3}{2^3} + \frac{a_4}{2^4} + \cdots$$

($a_k = 0$ または 1)とすると

$$\frac{4}{3} = a_1 + \frac{a_2}{2} + \frac{a_3}{2^2} + \frac{a_4}{2^3} + \cdots$$

$a_1 = 1$ であり, 両辺から 1 をひいて 2 倍すると

$$\frac{2}{3} = a_2 + \frac{a_3}{2} + \frac{a_4}{2^2} + \cdots$$

$a_2 = 0$ となり, 以後これが続く. すなわち, $\dfrac{2}{3}$ を 2 進展開すると(以下小数はすべて 2 進表示である)

$$\frac{2}{3} = 0.101010\cdots$$

と無限に続く. よって, $x_n < \dfrac{2}{3}$ になるのは

(ア) n が偶数のとき. $n = 2m$ として,

$$x_n = 0.c_1 c_2 c_3 c_4 c_5 c_6 1$$

($n = 6$ の例)の形で(x_8, x_7 の注意を見よ),

$$c_1 = 0$$

または

$$c_1 = 1, \ c_2 = 0, \ c_3 = 0$$

(1, 0 のあとに 0)または

$$c_1 = 1, \ c_2 = 0, \ c_3 = 1, \ c_4 = 0, \ c_5 = 0$$

(1, 0 を 2 セット繰り返したあと 0)または

$$c_1 = 1, \ c_2 = 0, \ \cdots, \ c_{2m-2} = 0, \ c_{2m-1} = 0$$

(1, 0 を $m-1$ セット繰り返したあと 0)または

$$c_1 = 1, \ c_2 = 0, \ \cdots, \ c_{2m-1} = 1, \ c_{2m} = 0$$

(1, 0 を m セット繰り返し)のときである.

$$\begin{aligned}
P_{2m} &= r + r^3 + \cdots + r^{2m-1} + r^{2m} \\
&= r \cdot \frac{1 - (r^2)^m}{1 - r^2} + r^{2m} \\
&= \frac{2}{3}\left\{1 - \left(\frac{1}{4}\right)^m\right\} + \left(\frac{1}{4}\right)^m \\
&= \frac{2}{3} + \frac{1}{3}\left(\frac{1}{4}\right)^m = \frac{2}{3} + \frac{1}{3}\left(\frac{1}{2}\right)^{2m}
\end{aligned}$$

(イ) n が奇数のとき, $n = 2m-1$ として, 上の最後の項がない場合だから

$$P_{2m-1} = \frac{2}{3}\left\{1 - \left(\frac{1}{4}\right)^m\right\} = \frac{2}{3} - \frac{1}{3}\left(\frac{1}{2}\right)^{2m-1}$$

n が偶数のとき $P_n = \dfrac{2}{3} + \dfrac{1}{3}\left(\dfrac{1}{2}\right)^n$

n が奇数のとき $P_n = \dfrac{2}{3} - \dfrac{1}{3}\left(\dfrac{1}{2}\right)^n$

Ⓐ について:

x_n において, 小数第 n 位が 1 か 0 かは, x_1 で $+r$ をしたか, $+0$ で決まる. 小数第 $n-1$ 位が 1 か 0 かは, x_2 で $+r$ をしたか, $+0$ で決まる. 以下同様である. 各位が 1 か 0 かは確率 $\dfrac{1}{2}$ である.

注意 x_8 と x_7 で説明します. $\dfrac{2}{3} = b$ とおく.

$$x_8 = 0.c_1 c_2 c_3 c_4 c_5 c_6 c_7 c_8 1$$

$c_1 = 0$ のとき, $c_2 \sim c_8$ が何でも $x_8 < b$ となります.
$c_1 = 1, c_2 = 0, c_3 = 0$ のとき, $c_4 \sim c_8$ が何でも $x_8 < b$ となります.

$$x_8 = 0.1010100c_8 1 \quad \cdots\cdots\cdots\cdots\cdots Ⓑ$$

のとき c_8 が何でも $x_8 < b$

これが 1, 0 を繰り返したあと 0 のタイプです.

$$x_8 = 0.101010101$$

という 1, 0 の連続で終わるものもあり

$$P_8 = r + r^3 + r^5 + r^7 + r^8$$

です. それに対して

$$x_7 = 0.c_1 c_2 c_3 c_4 c_5 c_6 c_7 1$$

について,

$$x_7 = 0.10101001 \quad \cdots\cdots\cdots\cdots\cdots Ⓒ$$

(Ⓑ, Ⓒ の小数第 7 位までは同じ)は $x_7 < b$ ですが

$$x_7 = 0.10101011 > b$$

なので

$$P_7 = r + r^3 + r^5 + r^7$$

までとなります.

◆別解◆ $0 < x_n < 1$ であることを数学的帰納法で示す. $n = 0$ のとき成り立つ.
$n = k$ で成り立つとする. $0 < x_k < 1$

$$x_{k+1} = \frac{1}{2}x_k \ \text{または} \ \frac{1}{2}x_k + \frac{1}{2}$$

であるから

$$0 < x_{k+1} \leqq \frac{1}{2}x_k + \frac{1}{2} < \frac{1}{2} + \frac{1}{2} = 1$$

である. $n = k+1$ でも成り立つから, 数学的帰納法により証明された.
$0 < x_n < \dfrac{1}{3}$ である確率を s_n,
$\dfrac{1}{3} \leqq x_n < \dfrac{2}{3}$ である確率を t_n,

$\frac{2}{3} \leqq x_n < 1$ である確率を u_n とする.

$P_n = s_n + t_n$ である.

$0 < x_n < \frac{1}{3}$ のとき $0 < \frac{1}{2}x_n \leqq \frac{1}{6} < \frac{1}{3}$

$$\frac{1}{3} \leqq \frac{1}{2}x_n + \frac{1}{2} < \frac{1}{6} + \frac{1}{2} = \frac{2}{3}$$

$0 < x_{n+1} < \frac{1}{3}$ または $\frac{1}{3} \leqq x_{n+1} < \frac{2}{3}$ が等確率でおこる.

$\frac{1}{3} \leqq x_n < \frac{2}{3}$ のとき

$$\frac{1}{6} \leqq \frac{1}{2}x_n < \frac{1}{3}, \quad \frac{2}{3} \leqq \frac{1}{2}x_n + \frac{1}{2} < \frac{5}{6}$$

$0 < x_{n+1} < \frac{1}{3}$ または $\frac{2}{3} \leqq x_{n+1} < 1$ が等確率でおこる.

$\frac{2}{3} \leqq x_n < 1$ のとき

$$\frac{1}{3} \leqq \frac{1}{2}x_n < \frac{1}{2}, \quad \frac{5}{6} \leqq \frac{1}{2}x_n + \frac{1}{2} < 1$$

$\frac{1}{3} \leqq x_{n+1} < \frac{2}{3}$ または $\frac{2}{3} \leqq x_{n+1} < 1$ が等確率でおこる.

$P_n = s_n + t_n$, $s_n + t_n + u_n = 1$ であることに注意する.

$$s_{n+1} = \frac{1}{2}(s_n + t_n) \quad \cdots\cdots\cdots①$$

$$t_{n+1} = \frac{1}{2}(s_n + u_n) \quad \cdots\cdots\cdots②$$

$$u_{n+1} = \frac{1}{2}(t_n + u_n) \quad \cdots\cdots\cdots③$$

$x_0 = \frac{1}{2}$ だから $s_0 = 0$, $u_0 = 0$, $t_0 = 1$ と考える.

①－③ より $s_{n+1} - u_{n+1} = \frac{1}{2}(s_n - u_n)$

数列 $\{s_n - u_n\}$ は等比数列で

$$s_n - u_n = \left(\frac{1}{2}\right)^n (s_0 - u_0) = 0$$

よって $u_n = s_n$ であり, $s_n + t_n + u_n = 1$ より

$$2s_n + t_n = 1$$

$P_n = s_n + t_n$ より, $2P_n - t_n = 1 \cdots\cdots\cdots④$

② で $s_n + u_n = 1 - t_n$ だから

$$t_{n+1} = \frac{1}{2}(1 - t_n)$$

$$t_{n+1} - \frac{1}{3} = -\frac{1}{2}\left(t_n - \frac{1}{3}\right)$$

数列 $\left\{t_n - \frac{1}{3}\right\}$ は等比数列で

$$t_n - \frac{1}{3} = \left(-\frac{1}{2}\right)^n \left(t_0 - \frac{1}{3}\right)$$

$$t_n = \frac{1}{3} + \frac{2}{3}\left(-\frac{1}{2}\right)^n$$

④ より $P_n = \frac{1}{2}(t_n + 1) = \dfrac{2}{3} + \dfrac{1}{3}\left(-\dfrac{1}{2}\right)^n$

注 意 さいころを繰り返し投げるとする. 自然数 n に対して, n 回目に出た目が 3 の倍数であれば

$a_n = 1$, そうでなければ $a_n = 0$ と定める. $X_0 = 0$ とし, さらに, $X_n = \dfrac{a_1}{2} + \dfrac{a_2}{2^2} + \cdots + \dfrac{a_n}{2^n}$ とする.

q_n を, $X_{n-1} \leqq \dfrac{1}{3}$ かつ $X_n > \dfrac{1}{3}$ となる確率とし, p_n を $X_{2n-1} > \dfrac{1}{3}$ となる確率とする.

（ 1 ） $\dfrac{0}{2} + \dfrac{1}{2^2} + \dfrac{0}{2^3} + \dfrac{1}{2^4} + \dfrac{0}{2^5} + \dfrac{1}{2^6} + \cdots$ を求めよ.

（ 2 ） q_1, q_2, q_3, q_4, q_5 を求めよ.

（ 3 ） q_{2n-1} を n を用いて表せ.

（ 4 ） $\displaystyle\lim_{n\to\infty} p_n$ を求めよ. （13 大阪教育大・後期）

═══《 2 次方程式の整数解と確率》═══

18. 1 つのサイコロを 3 回投げる. 1 回目に出る目を a, 2 回目に出る目を b, 3 回目に出る目を c とする. なお, サイコロは 1 から 6 までの目が等確率で出るものとする.

（ 1 ） 2 次方程式 $x^2 - bx + c = 0$ が少なくとも 1 つ整数解をもつ確率を求めよ.

（ 2 ） 2 次方程式 $ax^2 - bx + c = 0$ のすべての解が整数である確率を求めよ.

（ 3 ） 2 次方程式 $ax^2 - bx + c = 0$ が少なくとも 1 つ整数解をもつ確率を求めよ.

（19 名古屋大・文系）

▶解答◀ （ 1 ） 2 解を α, β $(\alpha \leqq \beta)$ とする. 解と係数の関係より

$$\alpha + \beta = b, \quad \alpha\beta = c$$

$b > 0$, $c > 0$ より α, β はともに正であり, α, β の一方が整数なら他方も整数であるから, 2 解は正の整数である. $\alpha\beta = c \leqq 6$ より, α, β は $1 \leqq \alpha \leqq \beta \leqq 6$ を満たす自然数である. $\alpha + \beta$, $\alpha\beta$ がともに 6 以下になるのは

$$\alpha = 1, \ \beta = 1\sim5 \quad \cdots\cdots\cdots①$$

$$\alpha = 2, \ \beta = 2\sim3 \quad \cdots\cdots\cdots②$$

のときで, $\alpha = 1$ のとき

$$(b, c) = (1 + \beta, \beta)$$

$$= (2, 1), (3, 2), (4, 3), (5, 4), (6, 5) \ \cdots\cdots③$$

$\alpha = 2$ のとき

$$(b, c) = (2 + \beta, 2\beta)$$

$$= (4, 4), (5, 6) \quad \cdots\cdots\cdots④$$

の 7 通りがある. 2 つの目の組 (b, c) は全部で 6^2 通りあるから, 求める確率は

$$\frac{7}{6^2} = \boldsymbol{\frac{7}{36}}$$

（ 2 ） 解と係数の関係より

$$\alpha + \beta = \frac{b}{a}, \quad \alpha\beta = \frac{c}{a}$$

$a=1$ のときは（1）で調べた．(b, c) は7通りある．

$$\alpha\beta = \frac{c}{a} \leqq c \leqq 6$$

であるから，$1 \leqq \alpha \leqq \beta \leqq 6$ であることは（1）と同じである．よって，(α, β) は①，②の中にある．③，④の7通り（ただし今回は (b, c) ではなく $\left(\frac{b}{a}, \frac{c}{a}\right)$ である）のうちで，b, c がともに6以下の a の倍数になる場合を調べる．

$a=1$ のときは③，④の7通り．

$a=2$ のときは $(b, c) = (4, 2), (6, 4)$ の2通り．

$a=3$ のときは $(b, c) = (6, 3)$ の1通り．

(a, b, c) は全部で 6^3 通りあるから，求める確率は

$$\frac{7+2+1}{6^3} = \frac{10}{216} = \frac{5}{108}$$

（3）以下，x は題意の整数解とする．

$$ax^2 - bx + c = 0$$

（ア）$x \leqq 0$ のとき，（左辺）> 0 で成立しない．

（イ）$x=1$ のとき，$a+c = b \leqq 6$ であるから

$$(a, c) = (1, 1{\sim}5), (2, 1{\sim}4), (3, 1{\sim}3),$$
$$(4, 1{\sim}2), (5, 1)$$

の15通りある．

（ウ）$x=2$ のとき，$4a+c = 2b$ より c は偶数である．

$c=2$ のとき，$2a+1 = b$ であり

$$(a, b) = (1, 3), (2, 5)$$

$c=4$ のとき，$2a+2 = b$ であり

$$(a, b) = (1, 4), (2, 6)$$

$c=6$ のとき，$2a+3 = b$ であり

$$(a, b) = (1, 5)$$

の5通りある．

（エ）$x=3$ のとき，$9a+c = 3b$ より c は3の倍数である．$c=3$ のとき，$3a+1 = b$ であり

$$(a, b) = (1, 4)$$

$c=6$ のとき，$3a+2 = b$ であり

$$(a, b) = (1, 5)$$

の2通りある．

（オ）$x=4$ のとき，$16a+c = 4b$ より $c=4$ である．このとき $4a+1 = b$ であり

$$(a, b) = (1, 5)$$

の1通りある．

（カ）$x=5$ のとき，$25a+c = 5b$ より $c=5$ である．このとき $5a+1 = b$ であり

$$(a, b) = (1, 6)$$

の1通りある．

（キ）$x \geqq 6$ のとき

$$b = ax + \frac{c}{x} > ax \geqq 6$$

となり不適．

以上で，$15+5+2+1+1 = 24$ 通りあるが，この中には相異なる2つの正の整数解をもつ場合が二重に数えられている．例えば，$x=1, 2$ を解にもつときは（イ）と（ウ）で重複している．一般に，相異なる2つの正の整数解をもつのは，$a=1$ のとき

$$(\alpha, \beta) = (1, 2), (1, 3), (1, 4), (1, 5), (2, 3)$$
$$(b, c) = (3, 2), (4, 3), (5, 4), (6, 5), (5, 6)$$

$a=2$ のとき

$$(\alpha, \beta) = (1, 2), \quad (b, c) = (6, 4)$$

の6通りあるから，これを除いた $24-6 = 18$ 通りが適す．求める確率は

$$\frac{18}{6^3} = \frac{3}{36} = \frac{1}{12}$$

---《期待値1》---

19. 同じ大きさと重さの白石と黒石がそれぞれ m 個と n 個ある．これらの石から k 個を無作為に抽出し，その中の白石の数を X とする．ただし m, n, k は自然数で $1 \leqq k < m$, $1 \leqq k < n$ である．以下の問いに答えなさい．

（1）整数 i に対して $X=i$ の確率 $p(i, k \mid m, n)$ を求めなさい．ただし，組合せの記号 ${}_qC_r$ を用いて結果を表現しなさい．

（2）$m=4$, $n=6$, $k=3$ のときの X の期待値を求めなさい．

（3）一般の m, n, k に対して X の期待値を求めなさい．

（17 大分大・医）

▶**解答**◀ （2），（3）は範囲外で採点から除外された．

（1）取り出す石の組合せは全部で ${}_{m+n}C_k$ 通りある．このうち m 個の白石から i 個と，n 個の黒石から $k-i$ 個取り出す組合せは ${}_mC_i \cdot {}_nC_{k-i}$ 通りある．

$$p(i, k \mid m, n) = \frac{{}_mC_i \cdot {}_nC_{k-i}}{{}_{m+n}C_k}$$

（2）求める期待値は，

$$\sum_{i=1}^{3} i \cdot \frac{{}_4C_i \cdot {}_6C_{3-i}}{{}_{10}C_3}$$
$$= \frac{1}{\frac{10 \cdot 9 \cdot 8}{3 \cdot 2 \cdot 1}} (1 \cdot 4 \cdot {}_6C_2 + 2 \cdot {}_4C_2 \cdot 6 + 3 \cdot 4)$$
$$= \frac{1}{30}\left(\frac{6 \cdot 5}{2 \cdot 1} + \frac{4 \cdot 3}{2 \cdot 1} \cdot 3 + 3\right)$$

$$= \frac{1}{10}(5 + 6 + 1) = \frac{6}{5}$$

（３）　求める期待値を E とする.

$$E = \sum_{i=1}^{k} i \cdot p(i, k \mid m, n) = \sum_{i=1}^{k} \frac{i \cdot {}_mC_i \cdot {}_nC_{k-i}}{{}_{m+n}C_k}$$

ここで,

$$i \cdot {}_mC_i = i \cdot \frac{m!}{i!(m-i)!}$$

$$= \frac{(m-1)!}{(i-1)!(m-i)!} m = {}_{m-1}C_{i-1} \cdot m$$

$$E = m \sum_{i=1}^{k} \frac{{}_{m-1}C_{i-1} \cdot {}_nC_{k-i}}{{}_{m+n}C_k}$$

ここで次のようなことを考える. $m-1$ 個の白石の中から $i-1$ 個を取り出し, n 個の黒石の中から $k-i$ 個を取り出す. そして i について加える. 白石と黒石を合わせて $m+n-1$ 個の石から $k-1$ 個の石を取り出すから

$$\sum_{i=1}^{k} {}_{m-1}C_{i-1} \cdot {}_nC_{k-i} = {}_{m+n-1}C_{k-1}$$

となる.

$$E = m \cdot \frac{{}_{m+n-1}C_{k-1}}{{}_{m+n}C_k}$$

$$= m \cdot \frac{\frac{(m+n-1)!}{(k-1)!(m+n-k)!}}{\frac{(m+n)!}{k!(m+n-k)!}} = \frac{mk}{m+n}$$

♦別解♦　白石を $W_1 \sim W_m$ とする. W_k を取り出せば $X_k = 1$, 取り出さなかったら $X_k = 0$ とする.

$X = X_1 + \cdots + X_m$ は取り出す白石の個数を表す.

$X_k = 1$ になる確率は $\frac{k}{m+n}$

$$E(X_k) = 1 \cdot \frac{k}{m+n}$$

公式 $E(X_1 + X_2) = E(X_1) + E(X_2)$ を用いると

$$E(X) = E(X_1) + \cdots + E(X_m)$$

$$= \frac{k}{m+n} \cdot m = \frac{mk}{m+n}$$

《期待値2》

20. 下図のように, アルファベットと数字が各々1つずつ書かれたカードが9枚ある. これらのカードから無作為に1枚選ぶ操作を繰り返す. ただし選んだカードは元に戻さず残りのカードから次のカードを選ぶ. この操作を終了するのは選んだカードの中に同じアルファベット, または同じ数字が書かれた3枚が1組以上揃った時点とする. その時点までに選んだカードの枚数を得点とする. 次の問いに答えよ.

（１）　得点が4点となる確率を求めよ.

（２）　得点が5点となる確率を求めよ.

（３）　得点の期待値を求めよ.

なお, （３）は範囲外のため, 全員正解として採点された.

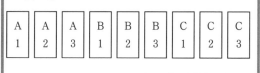

A 1	A 2	A 3	B 1	B 2	B 3	C 1	C 2	C 3

（16　藤田保健衛生大・医）

▶解答◀　終了するのは

A1	A2	A3	が揃う.
B1	B2	B3	が揃う.
C1	C2	C3	が揃う.
A1	B1	C1	が揃う.
A2	B2	C2	が揃う.
A3	B3	C3	が揃う

ときである. あるカードを取ったときに, アルファベットと数字の両方が同時に揃うことがあり, それは5枚目以降である. 得点が k である確率を $P(k)$ とする.

（１）　4枚目を取って A が揃うとき.

A の3枚のうちの2枚を選び（その組合せは ${}_3C_2 = 3$ 通りある）残る A のカード以外から1枚を選び（6通りある）, これら3枚を1枚目から3枚目に並べ（3! 通りある）, 4枚目に残りの A のカードを置くと考え, この順列は $3 \cdot 6 \cdot 6$ 通りある.

4枚目を取って B が揃う, C が揃う, 1が揃う, 2が揃う, 3が揃うときも同様である.

4枚目までの順列は全部で $9 \cdot 8 \cdot 7 \cdot 6$ 通りあるから

$$P(4) = \frac{3 \cdot 6 \cdot 6 \cdot 6}{9 \cdot 8 \cdot 7 \cdot 6} = \frac{3}{14}$$

（２）　上の考察に続ける.

（ア）　5枚目を取って A だけが揃って数字が揃わないとき.

A の3枚のうちの2枚を選ぶ. その組合せが ${}_3C_2$ 通りある. 今, A1 と A2 を選ぶときを考える. B1～B3, C1～C3 から2枚を選ぶ. その組合せは

${}_6C_2 = \frac{6 \cdot 5}{2 \cdot 1} = 15$ 通りある. このとき, B1 と C1, B2 と C2, B3 と C3 を選ぶときを除いた12通りについて, A1 と A2 を合わせた4枚の順列を考え 4! 通りある. 5枚目には A3 を置く. この場合の順列は $3 \cdot 12 \cdot 4!$ 通りある. $a = 3 \cdot 12 \cdot 24$ とおく.

（イ）　5枚目を取って A と数字の3が揃うとき.

A1, A2, B3, C3 を並べ（4! 通り）, 5枚目に A3 を置く. $b = 24$ とおく.

アルファベットと数字の一方だけが揃うのは $6a$ 通り

ある．アルファベットと数字の両方が揃うのは，A，B，Cのどれか，1，2，3のどれかで，その組合せが3・3通りあるから，アルファベットと数字の両方が揃う順列は9b通りある．

$$P(5) = \frac{6a + 9b}{9 \cdot 8 \cdot 7 \cdot 6 \cdot 5} = \frac{6 \cdot 3 \cdot 12 \cdot 24 + 9 \cdot 24}{9 \cdot 8 \cdot 7 \cdot 6 \cdot 5}$$
$$= \frac{2 \cdot 12 + 1}{7 \cdot 2 \cdot 5} = \frac{25}{70} = \frac{5}{14}$$

（3）$P(3)$について：3枚目でAが揃う順列は3!通りある．B，C，1，2，3が揃うのも同様であり

$$P(3) = \frac{3! \cdot 6}{9 \cdot 8 \cdot 7} = \frac{1}{14}$$

$P(7)$について：7枚目で終了するのは，6枚選んだ時点でA，B，Cを2枚ずつ，どの数字も2枚ずつになっているときである．このような選び方は，6枚目の時点でAi，Bj，Ck（i，j，kは1，2，3の並び替え）が選ばれていないと考えて3! = 6通りがある．6枚目までの順列は6!通りであるから，

$$P(7) = \frac{6 \cdot 6!}{9 \cdot 8 \cdot 7 \cdot 6 \cdot 5 \cdot 4} = \frac{1}{14}$$

$P(6)$について：ここまでの考察から，得点は3点以上かつ7点以下であるから

$$P(6) = 1 - P(3) - P(4) - P(5) - P(7)$$
$$= 1 - \frac{1}{14} - \frac{3}{14} - \frac{5}{14} - \frac{1}{14} = \frac{2}{7}$$

したがって得点の期待値は

$$3P(3) + 4P(4) + 5P(5) + 6P(6) + 7P(7)$$
$$= \frac{3}{14} + \frac{12}{14} + \frac{25}{14} + \frac{24}{14} + \frac{7}{14} = \frac{71}{14}$$

【◆別解◆】（3）$P(6)$を余事象を利用せず（2）と同様の方法で求めることもできる．

（ア）6枚目を選んでAだけが揃って数字が揃わないとき．

Aの3枚のうち2枚を選ぶ組み合わせは$_3C_2$通り．B1～3，C1～3のうちどの数字も重複せず，かつB，Cどちらも3枚揃わないように3枚選ぶ組み合わせは6通りある．これら5枚を並べる方法は5!通り．6枚目はAの残り1枚を選ぶから，この場合の組み合わせは$_3C_2 \cdot 6 \cdot 5!$通り．$a' = {}_3C_2 \cdot 6 \cdot 5!$とおく．

（イ）6枚目でAおよび3が3枚揃うとき．

A1，A2，B3，C3およびB1，B2，C1，C2から1枚を5枚目までに選び，6枚目にA3を選ぶから，この場合の組み合わせは4・5!通り．$b' = 4 \cdot 5!$とおく．

（2）と同様にして，

$$P(6) = \frac{6a' + 9b'}{9 \cdot 8 \cdot 7 \cdot 6 \cdot 5 \cdot 4}$$
$$= \frac{(6 \cdot 3 \cdot 6 + 9 \cdot 4) \cdot 5!}{9 \cdot 8 \cdot 7 \cdot 6 \cdot 5 \cdot 4} = \frac{2}{7}$$

《経路問題》

21. 図に示すように，ある街には東西に5本，南北に5本の道がある．ただし，1区画の長さはすべて1とする．このとき，次の問いに答えよ．

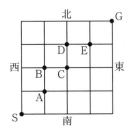

（1）最短距離で点Sから点Gへ行く経路を考える．

（ⅰ）点Dを通る経路は，全部で□通りである．

（ⅱ）DE間を通る経路は，全部で□通りである．

（ⅲ）点Dまたは点Eを通る経路は，全部で□通りである．

（2）PとQの2人が，点Sを同時に出発して，最短距離で点Eに向かって，毎分1の速さで，t分間移動するものとする．ただし，最短距離で行くすべての経路のなかで，どの経路を選ぶかは同様に確からしいものとする．

（ⅰ）PとQが1分間移動するものとする．1分後に同じ位置にいる確率は，□である．

（ⅱ）PとQが2分間移動するものとする．2分後に点Aで初めて再会する確率は，□である．ただし，2分後に点Aで初めて再会するとは，1分後にPとQは異なる位置にいた後，2分後に両者が点Aにいることを意味する．

（ⅲ）PとQが6分間移動するものとする．6分後に点Eで初めて再会する確率を求めることを考える．ただし，6分後に点Eで初めて再会するとは，1分後から5分後の間はPとQは異なる位置にいた後，6分後に両者が点Eにいることを意味する．

① PとQが2分後，3分後，4分後あるいは5分後に初めて再会する可能性がある位置は，全部で□か所である．

② PとQが点Eに到達する経路の組合せは，全部で□通りである．

③ ＰとＱが点Ｂで初めて再会して点Ｅに到達する経路の組合せは，全部で☐通りであり，点Ｃで初めて再会して点Ｅに到達する経路の組合せは，全部で☐通りである．

④ ＰとＱが点Ｅで初めて再会する確率は，☐である．

(16 立命館大・薬)

▶解答◀ （１）（ⅰ） Ｄを通る経路は，Ｓ→Ｄ(→ 2回，↑3回)が $_5C_2 = 10$ 通り，Ｄ→Ｇ(→ 2回，↑1回)が $_3C_1 = 3$ 通りあるから，$10 \cdot 3 = 30$ 通りある．

（ⅱ） ＤＥ間を通る経路は，Ｓ→Ｄが10通り，Ｄ→Ｅが1通り，Ｅ→Ｇが2通りあるから，$10 \cdot 1 \cdot 2 = 20$ 通りある．

（ⅲ） Ｅを通る経路は，Ｓ→Ｅ(→ 3回，↑3回)が $_6C_3 = 20$ 通り，Ｅ→Ｇが2通りあるから，$20 \cdot 2 = 40$ 通りある．よって，ＤまたはＥを通る経路は，$30 + 40 - 20 = 50$ 通りある．

（２） Ｓ→Ｅの経路は $_6C_3 = 20$ 通りある．Ｐ，Ｑの経路の組合せは全部で $20^2 = 400$ 通りある．

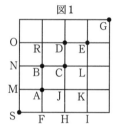

図1

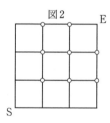

図2

（ⅰ） Ｓ→Ｆ→Ｅの経路は $_5C_2 = 10$ 通りある．Ｐ，Ｑがともに Ｓ→Ｆ→Ｅを選ぶか，ともに Ｓ→Ｍ→Ｅを選ぶときで，そのような2人の経路の組合せ $10^2 \cdot 2 = 200$ 通りある．求める確率は

$$\frac{200}{400} = \frac{1}{2}$$

（ⅱ） Ｐが Ｓ→Ｆ→Ａ→Ｅ($_4C_2 = 6$ 通り)を選び，Ｑが Ｓ→Ｍ→Ａ→Ｅ(6通り)を選ぶか，この逆を選ぶときで，求める確率は

$$\frac{6 \cdot 6 \cdot 2}{400} = \frac{9}{50}$$

（ⅲ） ① 図2の白丸を付けた**8か所**である．

② **400通り**

③ ＰとＱが点Ｂで初めて再会してＥに到達するのは，Ｐが Ｓ→Ｆ→Ｂ→Ｅ(3通り)を選び，Ｑが Ｓ→Ｎ→Ｂ→Ｅ(3通り)を選ぶかこの逆を選ぶときで，このような経路の組合せは $3 \cdot 3 \cdot 2 = 18$ 通りである．

　ＰとＱが点Ｃで初めて再会する場合，Ｓ→Ｃ間では Ｐが Ｓ→Ｈ→Ｃ で Ｑが Ｓ→Ｍ→Ａ→Ｂ→Ｃ または Ｓ→Ｎ

→Ｃを選ぶか，

Ｐが Ｓ→Ｆ→Ａ→Ｊ→Ｃ で Ｑが Ｓ→Ｎ→Ｃを選ぶか，またはこの逆を選ぶときがあり，ここまでは $3 \cdot 2 = 6$ 通りある．Ｃ→Ｅは2人とも2通りずつ選択があるから，このような経路は全部で $6 \cdot 2 \cdot 2 = 24$ 通りある．

④ まずＰがＦを通り，ＱがＭを通る経路を数える．最後に2倍する．以下，Ｓ，Ｅは記述しない．このとき，Ｐは Ｆ→Ｌ，Ｑは Ｍ→Ｄ と行くしかなく，これだけで $6 \cdot 6 = 36$ 通りしかない．調べあげても大したことはない．

　Ｐが Ｆ→Ｉ→Ｌ と行くとき．Ｑは Ｍ→Ｄ と行く6通りがある．

　Ｐが Ｆ→Ｈ→Ｊ→Ｋ→Ｌ と行くとき．Ｑは Ｍ→Ｊ→Ｄ 以外の5通りがある．

　Ｐが Ｆ→Ｈ→Ｊ→Ｃ→Ｌ と行くとき．ＱはＣを通らない場合の Ｍ→Ｒ→Ｄ と行く3通りがある．

　Ｐが Ｆ→Ａ→Ｋ→Ｌ と行くとき．Ｑは Ｍ→Ｎ→Ｄ と行く3通りがある．

　Ｐが Ｆ→Ａ→Ｊ→Ｃ→Ｌ と行くとき．Ｑは Ｍ→Ｎ→Ｒ→Ｄ と行く2通りがある．

　Ｐが Ｆ→Ｂ→Ｌ と行くとき．Ｑは Ｍ→Ｏ→Ｄ と行く1通りがある．

　以上で $6 + 5 + 3 + 3 + 2 + 1 = 20$ 通りがある．

　求める確率は

$$\frac{20 \cdot 2}{400} = \frac{1}{10}$$

―――《操作が終わらない可能性のある確率》―――

22. 2人のプレイヤー Ａ，Ｂ がじゃんけんをする次のようなゲームがある．じゃんけんをしてじゃんけんに勝ったプレイヤーはグーを出して勝てば1点を，パーあるいはチョキで勝てば2点をもらえ，負けたプレイヤーやあいこのプレイヤーは得点をもらえない．双方の最初の持ち点は0点である．ゲームが始まる前にＴの値を決めておき，先に得点の合計がＴ以上になったプレイヤーをゲームの勝者とする．プレイヤー Ａ はグー，チョキ，パーのうちどれか1つを選び，毎回同じものを出し続け，プレイヤー Ｂ は1回ごとにグーを $\frac{2}{5}$，チョキを $\frac{2}{5}$，パーを $\frac{1}{5}$ の確率で出すとする．

また，$|p| < 1$ をみたす実数 p と0以上の整数 n について，無限級数 $\sum_{k=1}^{\infty} k^n p^k$ が収束することは既知の事実として利用してよい．

（１） $T = 1$ とし，プレイヤー Ａ がグーを選んだ

とする．k 回目のじゃんけんでプレイヤー A がゲームに勝つ確率を P_k とすると $P_k = \boxed{}$ であり，$\sum_{k=1}^{\infty} P_k = \boxed{}$ となる．

（2）$T = 2$ とし，プレイヤー A がグーを選んだとする．k 回目のじゃんけんでプレイヤー A がゲームに勝つ確率を Q_k とすると $\sum_{k=1}^{\infty} Q_k = \boxed{}$ となる．

（3）$T = 2$ とし，プレイヤー A がチョキを選んだとする．k 回目のじゃんけんでプレイヤー A がゲームに勝つ確率を R_k とすると $\sum_{k=1}^{\infty} R_k = \boxed{}$ となる．

（4）実数の定数 p が $|p| < 1$ をみたしているとし，数列 $\{a_n\}$ の第 n 項を $a_n = \sum_{k=n}^{\infty} \frac{(k-1)! \, p^k}{(k-n)!}$ と定める．例えば a_1 は無限等比級数の和である．$a_3 - p a_3$ を計算することにより $a_3 = \sum_{k=3}^{\infty} (k-1)(k-2)p^k = \boxed{}$ が得られる．$\{a_n\}$ の一般項を極限を用いずに表すと $a_n = \boxed{}$ となる．

（5）$T = 3$ とし，プレイヤー A がグーを選んだとする．k 回目のじゃんけんでプレイヤー A の得点が 3，プレイヤー B の得点が 2 で，プレイヤー A がゲームに勝つ確率を S_k とすると，$\sum_{k=1}^{\infty} S_k = \boxed{}$ となる． （20 東海大・医）

▶解答◀ （1）得点の合計が 1 点以上になったプレイヤーがゲームの勝者となる．A がグーを出し続けるから，じゃんけん 1 回毎に

A が勝つ確率は $\frac{2}{5}$ で A が +1 点

引き分ける確率は $\frac{2}{5}$

B が勝つ確率は $\frac{1}{5}$ で B が +2 点

である．

k 回目のじゃんけんでプレイヤー A がゲームに勝つのは，1 回目から $k-1$ 回目まで引き分けが続き，k 回目に A が勝つ場合であるから

$$P_k = \left(\frac{2}{5}\right)^{k-1} \cdot \frac{2}{5} = \left(\frac{2}{5}\right)^k$$

$$\sum_{k=1}^{\infty} P_k = \sum_{k=1}^{\infty} \left(\frac{2}{5}\right)^k = \frac{\frac{2}{5}}{1 - \frac{2}{5}} = \frac{2}{3}$$

（2）得点の合計が 2 点以上になったプレイヤーがゲームの勝者となる．A がグーを出し続けるから，じゃんけん 1 回毎の状況は（1）と同じである．k 回目のじゃんけんでプレイヤー A がゲームに勝つのは，$k \geq 2$ で 1 回目から $k-1$ 回目までのうち，1 回だけ A が勝ちそれ以外の $k-2$ 回は引き分けで，k 回目に A が勝つ場合であるから

$$Q_k = {}_{k-1}\mathrm{C}_1 \frac{2}{5} \cdot \left(\frac{2}{5}\right)^{k-2} \cdot \frac{2}{5} = (k-1)\left(\frac{2}{5}\right)^k$$

$T_n = \sum_{k=1}^{n} Q_k$ とおくと（$Q_1 = 0$ とする）

$$T_n = 1 \cdot \left(\frac{2}{5}\right)^2 + 2 \cdot \left(\frac{2}{5}\right)^3 + 3 \cdot \left(\frac{2}{5}\right)^4 + \cdots + (n-1)\left(\frac{2}{5}\right)^n \quad \cdots\cdots①$$

$$\frac{2}{5} T_n = 1 \cdot \left(\frac{2}{5}\right)^3 + 2 \cdot \left(\frac{2}{5}\right)^4 + \cdots + (n-2)\left(\frac{2}{5}\right)^n + (n-1)\left(\frac{2}{5}\right)^{n+1} \quad \cdots②$$

①－② より

$$\frac{3}{5} T_n = \left(\frac{2}{5}\right)^2 + \left(\frac{2}{5}\right)^3 + \left(\frac{2}{5}\right)^4 + \cdots + \left(\frac{2}{5}\right)^n - (n-1)\left(\frac{2}{5}\right)^{n+1}$$

$$= \frac{\left(\frac{2}{5}\right)^2 \left\{1 - \left(\frac{2}{5}\right)^{n-1}\right\}}{1 - \frac{2}{5}} - (n-1)\left(\frac{2}{5}\right)^{n+1}$$

$$T_n = \frac{4}{9}\left\{1 - \left(\frac{2}{5}\right)^{n-1}\right\} - \frac{2}{3}(n-1)\left(\frac{2}{5}\right)^n$$

$\lim_{n \to \infty} (n-1)\left(\frac{2}{5}\right)^n = 0$ を用いて，

$$\sum_{k=1}^{\infty} Q_k = \lim_{n \to \infty} T_n = \frac{4}{9}$$

（3）得点の合計が 2 点以上になったプレイヤーがゲームの勝者となる．A がチョキを出し続けるから，じゃんけん 1 回毎に

A が勝つ確率は $\frac{1}{5}$ で A が +2 点

引き分ける確率は $\frac{2}{5}$

B が勝つ確率は $\frac{2}{5}$ で B が +1 点

である．

k 回目のじゃんけんでプレイヤー A がゲームに勝つのは，1 回目から $k-1$ 回目のうち

（ア）1 回目から $k-1$ 回目まですべて引き分けで

（イ）1 回だけ B が勝ちそれ以外の $k-2$ 回は引き分けで（$k \geq 2$）

その後，k 回目に A が勝つ場合であるから

$$R_k = \left\{\left(\frac{2}{5}\right)^{k-1} + {}_{k-1}\mathrm{C}_1 \frac{2}{5} \cdot \left(\frac{2}{5}\right)^{k-2}\right\} \cdot \frac{1}{5}$$

$$= \frac{1}{5}\left(\frac{2}{5}\right)^{k-1} + \frac{1}{2} Q_k$$

ただし，$Q_1 = 0$ と考える．

（2）の結果を用いて

$$\sum_{k=1}^{\infty} R_k = \frac{1}{5}\sum_{k=1}^{\infty}\left(\frac{2}{5}\right)^{k-1} + \frac{1}{2}\sum_{k=1}^{\infty} Q_k$$
$$= \frac{1}{5}\cdot\frac{1}{1-\frac{2}{5}} + \frac{1}{2}\cdot\frac{4}{9} = \frac{5}{9}$$

（4） $a_n - p a_n = \sum_{k=n}^{\infty}\dfrac{(k-1)!\,p^k}{(k-n)!} - \sum_{k=n}^{\infty}\dfrac{(k-1)!\,p^{k+1}}{(k-n)!}$

$$= \sum_{k=n}^{\infty}\frac{(k-1)!\,p^k}{(k-n)!} - \sum_{k=n+1}^{\infty}\frac{(k-2)!\,p^k}{\{k-(n+1)\}!}$$
$$= \sum_{k=n}^{\infty}\frac{(k-1)!\,p^k}{(k-n)!} - \sum_{k=n}^{\infty}\frac{k-n}{k-1}\cdot\frac{(k-1)!\,p^k}{(k-n)!}$$
$$= \sum_{k=n}^{\infty}\frac{(k-1)-(k-n)}{k-1}\cdot\frac{(k-1)!\,p^k}{(k-n)!}$$
$$= (n-1)\sum_{k=n}^{\infty}\frac{(k-2)!\,p^k}{(k-n)!}$$
$$= (n-1)\sum_{k=n-1}^{\infty}\frac{(k-1)!\,p^{k+1}}{\{k-(n-1)\}!} = (n-1)p\,a_{n-1}$$

より， $a_n = \dfrac{(n-1)p}{1-p}a_{n-1}$ ……………………（*）

また， $a_1 = \sum_{k=1}^{\infty} p^k = \dfrac{p}{1-p}$ であるから（*）を用いて

$$a_2 = \frac{p}{1-p}a_1 = \frac{p^2}{(1-p)^2}$$
$$a_3 = \frac{2p}{1-p}a_2 = \frac{2p^3}{(1-p)^3}$$

以下，（*）を用いて帰納的に求めて $a_n = \dfrac{(n-1)!\,p^n}{(1-p)^n}$

（5）得点の合計が3点以上になったプレイヤーがゲームの勝者となる．Aがグーを出し続けるから，じゃんけん1回毎の状況は（1）と同じである．k 回目のじゃんけんで，プレイヤーAの得点が3，プレイヤーBの得点が2でプレイヤーAがゲームに勝つのは，$k \geqq 4$ で1回目から $k-1$ 回目までのうち，2回だけAが，1回だけBが勝ちそれ以外の $k-4$ 回は引き分けで，k 回目にAが勝つ場合であるから

$$S_k = \frac{(k-1)!}{2!\cdot1!\cdot(k-4)!}\left(\frac{2}{5}\right)^2\cdot\frac{1}{5}\cdot\left(\frac{2}{5}\right)^{k-4}\cdot\frac{2}{5}$$
$$= \frac{1}{4}\cdot\frac{(k-1)!}{(k-4)!}\left(\frac{2}{5}\right)^k$$

（4）の結果を $p = \dfrac{2}{5}$ として用いて

$$\sum_{k=4}^{\infty} S_k = \frac{1}{4}\sum_{k=4}^{\infty}\frac{(k-1)!}{(k-4)!}\left(\frac{2}{5}\right)^k$$
$$= \frac{1}{4}\cdot\frac{3!\left(\frac{2}{5}\right)^4}{\left(1-\frac{2}{5}\right)^4} = \frac{8}{27}$$

◆別解◆（1）$\sum_{k=1}^{\infty} P_k = P$ とおく．P は，最終的にAがゲームの勝者になる確率と考えられる．1回目のじゃんけんで

（ア）Aが勝つとき，その確率は $\dfrac{2}{5}$ でAがゲームの勝者となる．

（イ）引き分けのとき，最終的にAがゲームの勝者となる確率は $\dfrac{2}{5}P$

よって，$P = \dfrac{2}{5} + \dfrac{2}{5}P$　　∴　$P = \dfrac{2}{3}$

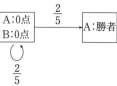

（2）$\sum_{k=1}^{\infty} Q_k = Q$ とおく．Q は，最終的にAがゲームの勝者になる確率と考えられる．1回目のじゃんけんで

（ア）Aが勝つとき，最終的にAがゲームの勝者となる確率は $\dfrac{2}{5}P$

（イ）引き分けのとき，最終的にAがゲームの勝者となる確率は $\dfrac{2}{5}Q$

よって，$Q = \dfrac{2}{5}P + \dfrac{2}{5}Q$

$$Q = \frac{2}{3}P = \frac{2}{3}\cdot\frac{2}{3} = \frac{4}{9}$$

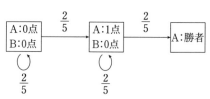

（3）$\sum_{k=1}^{\infty} R_k = R$ とおく．R は，最終的にAが勝つ確率と考えられる．まず，A，Bの得点がそれぞれ0，1点のとき，最終的にAがゲームの勝者となる確率と考えられる S を求める．1回目のじゃんけんで

（ア）Aが勝つとき，その確率は $\dfrac{1}{5}$ で最終的にAがゲームの勝者となる．

（イ）引き分けのとき，最終的にAがゲームの勝者となる確率は $\dfrac{2}{5}S$

よって，$S = \dfrac{1}{5} + \dfrac{2}{5}S$　　∴　$S = \dfrac{1}{3}$

次に，R を求める．1回目のじゃんけんで

（ア）Aが勝つとき，その確率は $\dfrac{1}{5}$ でAがゲームの勝者となる．

（イ）引き分けのとき，$\dfrac{2}{5}R$

（ウ）Bが勝つとき，最終的にAがゲームの勝者となる確率は $\dfrac{2}{5}S$

よって，$R = \dfrac{1}{5} + \dfrac{2}{5}R + \dfrac{2}{5}S$

$$R = \frac{1}{3} + \frac{2}{3}S = \frac{1}{3} + \frac{2}{3}\cdot\frac{1}{3} = \frac{5}{9}$$

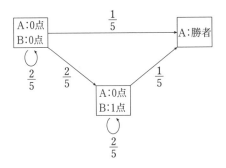

《ベクトルと確率》

23. O を原点とする座標平面上で考える．0 以上の整数 k に対して，ベクトル $\vec{v_k}$ を

$$\vec{v_k} = \left(\cos \frac{2k\pi}{3},\ \sin \frac{2k\pi}{3} \right)$$

と定める．投げたとき表と裏がどちらも $\frac{1}{2}$ の確率で出るコインを N 回投げて，座標平面上に点 $X_0,\ X_1,\ X_2,\ \cdots,\ X_N$ を以下の規則（ i ），（ ii ）に従って定める．

（ i ） X_0 は O にある．

（ ii ） n を 1 以上 N 以下の整数とする．X_{n-1} が定まったとし，X_n を次のように定める．

・ n 回目のコイン投げで表が出た場合，

$$\overrightarrow{OX_n} = \overrightarrow{OX_{n-1}} + \vec{v_k}$$

により X_n を定める．ただし，k は 1 回目から n 回目までのコイン投げで裏が出た回数とする．

・ n 回目のコイン投げで裏が出た場合，X_n を X_{n-1} と定める．

（1） $N = 8$ とする．X_8 が O にある確率を求めよ．

（2） $N = 200$ とする．X_{200} が O にあり，かつ，合計 200 回のコイン投げで表がちょうど r 回出る確率を p_r とおく．ただし $0 \leq r \leq 200$ である．p_r を求めよ．また p_r が最大となる r の値を求めよ．

(22 東大・理科)

考え方 私は普段，確率では「条件付き確率以外では『た』を使わないで書け」と書いている．理由は「時制が狂って認識するから」である．事前の確率で，まだ何もやっていないにもかかわらず「出てしまった」と誤解しやすい．はからずも，本問で，私は，出題者の意図と違う読み方をした．

最初に表が出るとき，この場合は，・ のついた 2 つの規則の上の規則を適用することになるが，この時点では裏は出ていないから，「出た回数」がなく，$\vec{v_k}$ がなく，

動けないと思った．問題，おかしくないか？しばらくして，あ，$k = 0$ かと気づいたのであるが，これを「出た回数」と言っていいのか怪しい．「出た，と言っているのに，出てないじゃん」と，ごねるところである．欠陥とはいえないが，不親切である．「ただし，最初に表が出るときには $k = 0$ とせよ」と書くべきであろう．

$\overrightarrow{OX_n} = \overrightarrow{OX_{n-1}} + \vec{v_k}$ は $X_n = X_{n-1} + \vec{v_k}$ という感じで読み，点 X_n は点 X_{n-1} を $\vec{v_k}$ だけ平行移動した点であると読む．

$k = 0$ のとき $\vec{v_k} = \vec{v_0} = (1, 0)$ で，右向きに長さ 1 だけ移動するベクトルになる．このベクトルを → で表す．

$k = 1$ のとき $\vec{v_k} = \vec{v_1} = \left(-\frac{1}{2},\ \frac{\sqrt{3}}{2} \right)$ で，左上向き（偏角 120 度方向）に長さ 1 だけ移動するベクトルになる．このベクトルを ↖ で表す．

$k = 2$ のとき $\vec{v_k} = \vec{v_2} = \left(-\frac{1}{2},\ -\frac{\sqrt{3}}{2} \right)$ で，左下向き（偏角 240 度方向）に長さ 1 だけ移動するベクトルになる．このベクトルを ↙ で表す．

$k = 3$ のときは $\vec{v_0}$ と同じである．以下，これを繰り返す．

〇は表，×は裏を表す．

例えば，コインを 6 回投げて，〇×〇×〇×と出るケースを考えよう．

〇 × 〇 × 〇 ×
→   ↖   ↙   →

これを上のように表すことにする．つまり，最初の〇で右に長さ 1 動き，次の×で進行方向を ↖ に変え（進みはしない，以下これは省略），次の〇で左上に長さ 1 動き，次の×で進行方向を ↙ に変え，次の〇で左下に長さ 1 動き，最後の×で右に方向を変える．図 a のように動く．

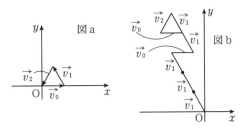

図 a　図 b

×〇〇〇××〇×〇〇×〇×〇と出るケースを考えよう．これを次のように表す．

× 〇〇〇 × × 〇 × 〇〇 × 〇 × 〇
→   ↖   ↙   →   ↖   ↙   →

最初の×で進行方向を ↖ に変え，〇〇〇で左上に長さ 1 動くことを 3 回行い（つまり長さ 3 動く），×で進行方向を ↙ に変え，次の×で進行方向を → に変え，次

の〇で右に長さ1動き，次の×で進行方向を↖に変え，次の〇〇で左上に長さ1動くことを2回行い（つまり長さ2動く），次の×で進行方向を↙に変え，次の〇で左下に長さ1動き，次の×で進行方向を→に変え，次の〇で右に長さ1動く．図bのようになる．

様子が分かってきただろうか？題意を頭の中に入れていくことが必要である．裏は方向の回転を担う．表は進む回数を担う．上の実験では方向の回転に重きを置いて説明したが，さらに，→に長さ1進むことをA，↖に長さ1進むことをB，↙に長さ1進むことをCと表し，最初の→を省略し，上の移動を次のように表すことにする．

$$\times\ 〇〇〇\ \times\ \times\ 〇\ \times\ 〇〇\ \times\ 〇\ \times\ 〇$$
$$↙\ B\ B\ B\ ↙\ →\ A\ ↙\ B\ B\ ↙\ C\ →\ A$$

慣れてきたら，少し鬱陶しくなってきたろう．さらに省略し次のように表す．

$$\times\ BBB\ \times\ \times\ A\ \times\ BB\ \times\ C\ \times\ A$$

左端が×でなければ，左端はAであり，×が出る度に，その右にくるべき×以外の文字はB, C, Aと変わっていく．

▶解答◀ 〇は表，×は裏を表す．kが3の倍数のとき$\vec{v_k} = \vec{v_0} = (1, 0)$で，右向きに長さ1だけ移動するベクトルになる．このベクトルを→で表す．

kが3で割って余りが1のとき
$$\vec{v_k} = \vec{v_1} = \left(-\frac{1}{2}, \frac{\sqrt{3}}{2}\right)$$で，左上向き（偏角120度方向）に長さ1だけ移動するベクトルになる．このベクトルを↖で表す．

kが3で割って余りが2のとき
$$\vec{v_k} = \vec{v_2} = \left(-\frac{1}{2}, -\frac{\sqrt{3}}{2}\right)$$で，左下向き（偏角240度方向）に長さ1だけ移動するベクトルになる．このベクトルを↙で表す．

→の方向へs回進み，↖の方向へt回進み，↙の方向へu回進んで原点Oに戻ってくるとする．

$$s(1, 0) + t\left(-\frac{1}{2}, \frac{\sqrt{3}}{2}\right) + u\left(-\frac{1}{2}, -\frac{\sqrt{3}}{2}\right) = (0, 0)$$

$$s - \frac{1}{2}t - \frac{1}{2}u = 0 \ \text{かつ} \ \frac{\sqrt{3}}{2}t - \frac{\sqrt{3}}{2}u = 0$$

であり，$s = t = u$となる．

（1）（ア）8回すべて裏が出る場合は原点から動かないからX_8はOにある．

（イ）〇×〇×〇と出ることを，一旦次のように表す．
$$〇\ \times\ 〇\ \times\ 〇$$
$$→\quad ↖\quad ↙$$

右に長さ1，左上に長さ1，左下に長さ1動いて，原点Oに戻る．さらに，→に長さ1進むことをA，↖に長さ1進むことをB，↙に長さ1進むことをCと表し，最初の→を省略し，上の移動を次のように表す．

$$〇\ \times\ 〇\ \times\ 〇$$
$$A\ ↖\ B\ ↙\ C$$

先頭の→を省略するだけでなく，さらに↙，↖も省略し，〇も省略し次のように表すことにする．

$$A \times B \times C$$

さて，原点Oに戻るような「×とA, B, Cの列」は，×を除けば，A, B, Cが同数ずつ並ぶから表が出る回数の合計は3の倍数である．$N = 8$の場合，表の出る回数の合計は3か6である．

表の出る回数の合計が3のとき．

$$A \times B \times C \times \times \times$$
$$A \times B \times \times \times \times C$$
$$A \times \times C \times \times B \times$$
$$A \times \times \times \times B \times C$$
$$\times B \times C \times A \times \times$$
$$\times B \times \times \times A \times \times C$$
$$\times \times C \times A \times B \times$$
$$\times \times \times A \times B \times C$$

の8通りがある．

（ウ）表の出る回数の合計が6のとき．

$$AA \times BB \times CC$$

X_8がOにある確率は，

$$\frac{1 + 8 + 1}{2^8} = \frac{5}{128}$$

（2）X_{200}がOにあるとき，表の出る回数の合計は3の倍数である．表の出る回数の合計が3の倍数でないときには，原点に戻ることはできない．したがって，**rが3の倍数でないとき，$p_r = 0$である**．

rが3の倍数のとき．$r = 3k\ (0 \leq k \leq 66)$とおくと，$s = t = u = k$である．200回のうち，残る$200 - 3k$回は裏が出る．$200 - 3k$は3で割った余りが2である．$200 - 3k$個の×の列においては，×同士の間と両端は全部で$201 - 3k$箇所ある．これは3の倍数である．3で割ると$67 - k$である．

以下のx_i, y_i, z_iは0以上の整数である．$200 - 3k$個の×と，$3k$個の〇の列において，1個目の×の左にある〇の個数をx_1，1個目の×と2個目の×の間にある〇の個数をy_1，2個目の×と3個目の×の間にある〇の個数をz_1，…，最後の×の右にある〇の個数をz_{67-k}とする．

Aの個数は$x_1 + \cdots + x_{67-k} = k$，
Bの個数は$y_1 + \cdots + y_{67-k} = k$，$C$の個数は

$z_1 + \cdots + z_{67-k} = k$ である.

$x_1 + \cdots + x_{67-k} = k$ のとき, k 個の○と $66 - k$ 本の仕切りを考え, 1 本目の仕切りから左の○の個数を x_1, 1 本目の仕切りと 2 本目の仕切りの間の○の個数を x_2, $\cdots$ とする. $(x_1, \cdots, x_{67-k})$ は $_{66}\mathrm{C}_k$ 通りある. $(y_1, \cdots, y_{67-k})$, $(z_1, \cdots, z_{67-k})$ についても同様である.

r が 3 の倍数のとき

$$p_r = \frac{(_{66}\mathrm{C}_k)^3}{2^{200}} = \frac{\left(_{66}\mathrm{C}_{\frac{r}{3}}\right)^3}{2^{200}}$$

後半について :

$$\frac{_{66}\mathrm{C}_{k+1}}{_{66}\mathrm{C}_k} = \frac{\dfrac{66!}{(k+1)!(65-k)!}}{\dfrac{66!}{k!(66-k)!}}$$

$$= \frac{k!}{(k+1)!} \cdot \frac{(66-k)!}{(65-k)!} = \frac{66-k}{k+1}$$

$$\frac{_{66}\mathrm{C}_{k+1}}{_{66}\mathrm{C}_k} - 1 = \frac{66-k}{k+1} - 1$$

$$\frac{_{66}\mathrm{C}_{k+1} - {_{66}\mathrm{C}_k}}{_{66}\mathrm{C}_k} = \frac{65-2k}{k+1}$$

$0 \leqq k \leqq 32$ のとき $65 - 2k > 0$ で $_{66}\mathrm{C}_k < {_{66}\mathrm{C}_{k+1}}$

$33 \leqq k \leqq 65$ のとき $65 - 2k < 0$ で $_{66}\mathrm{C}_k > {_{66}\mathrm{C}_{k+1}}$

$$_{66}\mathrm{C}_0 < {_{66}\mathrm{C}_1} < \cdots < {_{66}\mathrm{C}_{32}} < {_{66}\mathrm{C}_{33}}$$

$$_{66}\mathrm{C}_{33} > {_{66}\mathrm{C}_{34}} > \cdots$$

$_{66}\mathrm{C}_k$ は $k = 33$ で最大になる. p_r は $r = 3k = 99$ で最大になる.

注意 1° 【例】

$$\times \bigcirc\bigcirc\bigcirc \times \times \bigcirc \times \bigcirc\bigcirc \times \bigcirc\bigcirc \times \bigcirc \times \bigcirc$$
$$\to \searrow B\ B\ B \nearrow \to A \searrow B\ B \nearrow C\ C \to A \searrow B$$

という場合,

$x_1 = 0$, $y_1 = 3$, $z_1 = 0$, $x_2 = 1$, $y_2 = 2$,
$z_2 = 2$, $x_3 = 1$, $y_3 = 1$
である.

$$\underbrace{}_{x_1=0} \Big| \underbrace{\bigcirc\bigcirc\bigcirc}_{x_2=3} \Big| \underbrace{}_{x_3=1} \Big| \underbrace{\bigcirc\bigcirc}_{x_4=2}$$

上は $x_1 + x_2 + x_3 + x_4 = 6$ の一例で,
$x_1 = 0$, $x_2 = 3$, $x_3 = 1$, $x_4 = 2$ を表す.

2° 【二項係数の増加性について】

(a) $(k+1)_n\mathrm{C}_{k+1} = (n-k)_n\mathrm{C}_k$ であることを示す. 意味づけすれば

n 人の国民から $k+1$ 人の国会議員と, 国会議員の中から 1 人の首相を選ぶ. これが $(k+1)_n\mathrm{C}_{k+1}$ 通りある. 一方, 首相以外の k 人の国会議員を先に選び ($_n\mathrm{C}_k$ 通り) 残った $n-k$ 人から 1 人の首相を選ぶと考えると $(n-k)_n\mathrm{C}_k$ 通りあるから $(k+1)_n\mathrm{C}_{k+1} = (n-k)_n\mathrm{C}_k$ である. 式で示すと

$$(k+1)_n\mathrm{C}_{k+1} = (k+1) \cdot \frac{n!}{(k+1)!(n-k-1)!}$$

$$= \frac{n!}{k!(n-k-1)!} = (n-k) \cdot \frac{n!}{k!(n-k)!}$$

$$= (n-k)_n\mathrm{C}_k$$

(b) 次に $1 \leqq k+1 \leqq \dfrac{n}{2}$ のとき $_n\mathrm{C}_k < {_n\mathrm{C}_{k+1}}$ であることを示す.

$1 \leqq k+1 \leqq \dfrac{n}{2}$ のとき $2k+2 \leqq n$ であるから $k+1 < n-k$, $(k+1)_n\mathrm{C}_{k+1} = (n-k)_n\mathrm{C}_k$ であり, $_n\mathrm{C}_{k+1} > {_n\mathrm{C}_k}$ となる.

(c) $0 \leqq k \leqq n$ のとき $_n\mathrm{C}_k$ を最大にする k を求める.

$0 \leqq k \leqq \dfrac{n-2}{2}$ のときには $_n\mathrm{C}_k < {_n\mathrm{C}_{k+1}}$ である. n が偶数なら

$$_n\mathrm{C}_0 < {_n\mathrm{C}_1} < \cdots < {_n\mathrm{C}_{\frac{n-2}{2}}} < {_n\mathrm{C}_{\frac{n}{2}}}$$

n が奇数なら

$$_n\mathrm{C}_0 < {_n\mathrm{C}_1} < \cdots < {_n\mathrm{C}_{\frac{n-3}{2}}} < {_n\mathrm{C}_{\frac{n-1}{2}}}$$

あとは左右対称性 $_n\mathrm{C}_k = {_n\mathrm{C}_{n-k}}$ を考え
n が偶数のとき $k = \dfrac{n}{2}$ で最大になり,
n が奇数のとき $k = \dfrac{n-1}{2}$, $\dfrac{n+1}{2}$ で最大になる.

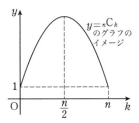

§4 整数

■ 問題編

《素数に関する問題》

1. $a-b-8$ と $b-c-8$ が素数となるような素数の組 (a, b, c) をすべて求めよ.　　　　（14　一橋大・前期）

《階乗と倍数》

2. n を 2 以上の自然数とする.
（1）　n が素数または 4 のとき，$(n-1)!$ は n で割り切れないことを示せ.
（2）　n が素数でなくかつ 4 でもないとき，$(n-1)!$ は n で割り切れることを示せ.　　　　（16　東工大・前）

《3 つの数の最大公約数》

3. 3 つの正の整数 a, b, c の最大公約数が 1 であるとき，次の問いに答えよ.
（1）　$a+b+c, bc+ca+ab, abc$ の最大公約数は 1 であることを示せ.
（2）　$a+b+c, a^2+b^2+c^2, a^3+b^3+c^3$ の最大公約数となるような正の整数をすべて求めよ.（22　東工大・前期）

《条件を満たす自然数の和》

4. 次の問いに答えなさい.　ただし，m, n は自然数とする.
（1）　10 以上 100 以下の自然数のうち，3 で割り切れるものの和を求めなさい.
（2）　10 以上 $3m$ 以下の自然数のうち，3 で割り切れるものの和が 3657 であるとする.　このとき，m の値を求めなさい.
（3）　18 以上 $3n$ 以下の自然数のうち，15 との最大公約数が 3 であるものの和が 2538 であるとする.　このとき，n の値を求めなさい.　　　　（21　山口大・医，理）

《2016 年に関わる問題》

5. 以下の問いに答えよ.
（1）　2016 と $2^{2016}+1$ は互いに素であることを証明せよ.
（2）　$2^{2016}+1$ を 2016 で割った余りを求めよ.
（3）　$2^{2016}(2^{2016}+1)(2^{2016}+2)\cdots(2^{2016}+m)$ が 2016 の倍数となる最小の自然数 m を求めよ.

（16　九大・理-後期）

《ピタゴラス数》

6. a, b, c が $a^2=b^2+c^2$ を満たす互いに素な正の整数であるとき，次の問いに答えよ.
（1）　b, c のうち，どちらか一方が奇数であり，他方が偶数であることを証明せよ.
（2）　b, c のうち，どちらか一方が 4 の倍数であることを証明せよ.
（3）　$a=65$ のとき，(b, c) の組をすべて求めよ.　　　　（18　藤田保健衛生大・推薦）

《素数を多項式で表す》

7. n を正の整数, $a_0, a_1, a_2, \cdots, a_n$ を非負の整数として, 整式

$$f(x) = a_n x^n + a_{n-1} x^{n-1} + a_{n-2} x^{n-2}$$
$$+ \cdots + a_1 x + a_0$$

を考える. ただし, $a_0 \neq 1$ とする. p が素数ならば $f(p)$ も素数であるとき, 次の (A) または (B) が成り立つことを示せ.

(A) $a_i = 0 \, (i = 1, 2, 3, \cdots, n)$ かつ a_0 は素数である.

(B) $a_i = 0 \, (i = 0, 2, 3, 4, \cdots, n)$ かつ $a_1 = 1$ である. (21 東北大・理-AO)

《ガウス記号を含む方程式》

8. 実数 x に対して, x を超えない最大の整数を $[x]$ で表す. 次の問いに答えよ.

(1) $[x+1] = [2x]$ をみたす x を求めよ.

(2) $x^2 + 2[x] + 1 = 0$ をみたす x を求めよ. (18 岐阜聖徳学園大・B日程／改題)

《2次の不定方程式》

9. (1) $xy + 2 = 3(x - y)$ をみたす整数 x, y の組をすべて求めよ.

(2) $xy + 456 = 789(x - y)$ をみたす整数 x, y で, それらの差が10以下となる組をすべて求めよ.

(19 和歌山県立医大・医)

《累乗を含む不定方程式》

10. 整数 a, b は等式

$$3^a - 2^b = 1 \quad \cdots\cdots\cdots\cdots\text{①}$$

を満たしているとする.

(1) a, b はともに正となることを示せ.

(2) $b > 1$ ならば, a は偶数であることを示せ.

(3) ① を満たす整数の組 (a, b) をすべてあげよ. (18 東北大・理系)

《3変数の不定方程式》

11. 整数 a, b, c に対し, $S = a^3 + b^3 + c^3 - 3abc$ とおく.

(1) $a + b + c = 0$ のとき, $S = 0$ であることを示せ.

(2) $S = 2022$ をみたす整数 a, b, c は存在しないことを示せ.

(3) $S = 63$ かつ $a \le b \le c$ をみたす整数の組 (a, b, c) をすべて求めよ. (22 北海道大・後期)

《根号を含む分数式が自然数となる》

12. 自然数 m, n が $1 \le m < n \le 20$ を満たすとき, $\dfrac{\sqrt{n} + \sqrt{m}}{\sqrt{n} - \sqrt{m}}$ の値が自然数になる (m, n) の組み合わせは $\boxed{}$ 通りある. (21 星薬大・推薦)

《分数形の不定方程式》

13. 次の問に答えよ.

（1） 次の条件（＊）を満たす3つの自然数の組 (a, b, c) をすべて求めよ.

$$（＊） \quad a < b < c \text{ かつ } \frac{1}{a} + \frac{1}{b} + \frac{1}{c} = \frac{1}{2} \text{ である.}$$

（2） 偶数 $2n \, (n \geq 1)$ の3つの正の約数 p, q, r で, $p > q > r$ と $p + q + r = n$ を満たす組 (p, q, r) の個数を $f(n)$ とする. ただし, 条件を満たす組が存在しない場合は, $f(n) = 0$ とする. n が自然数全体を動くときの $f(n)$ の最大値 M を求めよ. また, $f(n) = M$ となる自然数 n の中で最小のものを求めよ.

(17 名古屋大・文系)

《不定方程式が解を持つ条件》

14. （1） 整数 a と正の整数 b に対し, a を b で割ったときの「商」と「余り」の定義をそれぞれ述べなさい. また, その定義に基づいて, -1 を 2021 で割ったときの商と余りを求めなさい.

（2） a, b, c は整数とし, a と b のうち少なくとも一方は0でないものとします. a, b, c に関する次の条件（ⅰ）,（ⅱ）,（ⅲ）について,（ⅱ）は（ⅰ）であるための必要十分条件であることを示しなさい. さらに,（ⅲ）は（ⅰ）であるための必要十分条件であるかどうかを調べなさい.

（ⅰ） $ax + by = c$ をみたす整数 x, y が存在する.

（ⅱ） p が素数で n が正の整数ならば,

$$ax + by + p^n z = c$$

をみたす整数 x, y, z が存在する.

（ⅲ） p が素数ならば,

$$ax + by + pz = c$$

をみたす整数 x, y, z が存在する.

(21 鳴門教育大・教育)

《下2桁を求める》

15. $a_n = n^{10} + 15n^8 \, (n = 1, 2, 3, \cdots)$ とし, a_n を 100 で割ったときの余りを b_n とする.

（1） n を 10 で割ったときの余りが 2 のとき, b_n を求めよ.

（2） 集合 $\{b_n \mid n = 1, 2, 3, \cdots\}$ の要素をすべて求めよ.

(19 東北大・医-AO)

《上3桁を求める》

16. 2014^{10} に関して, 以下の問に答えよ. ただし, 必要ならば $7^9 = 40353607$ および $7^{10} = 282475249$ を用いてよい.

（1） 2014^{10} の十の位の数字を求めよ.

（2） 2014^{10} の十万の位の数字を求めよ.

（3） 2014^{10} の上3桁の数字を求めよ.

(14 岐阜大・工, 医, 地科, 応生)

《二項係数と方程式》

17. 以下の問いに答えよ.

（1） $m \leq n$ であって, $mn + 2 = {}_{m+n}C_m$ を満たす正の整数の組 (m, n) を1つ求めよ.

（2） $m \leq n$ であって, $mn + 2 = {}_{m+n}C_m$ を満たす正の整数の組 (m, n) は,（1）で求めた組に限ることを示せ.

(22 熊本大・医)

《二項係数と素数のコラボ》

18. 以下の問いに答えよ.

（1） 正の整数 n に対して，二項係数に関する次の等式を示せ.

$$n\,{}_{2n}\mathrm{C}_n = (n+1)\,{}_{2n}\mathrm{C}_{n-1}$$

また，これを用いて ${}_{2n}\mathrm{C}_n$ は $n+1$ の倍数であることを示せ.

（2） 正の整数 n に対して，$a_n = \dfrac{{}_{2n}\mathrm{C}_n}{n+1}$ とおく. このとき，$n \geq 4$ ならば $a_n > n+2$ であることを示せ.

（3） a_n が素数となる正の整数 n をすべて求めよ.

（21 東工大）

《n 進法で表された小数》

19. 三進法の循環小数を以下のように表す.

$$0.002002002\cdots_{(3)} = 0.\dot{0}0\dot{2}_{(3)}$$

次の問いに答えなさい.

（1） 十進法の $\dfrac{20}{27}$ を三進法の小数で表しなさい.

（2） m, n を正の整数とする. 十進法の $\dfrac{n}{m}$ が三進法の小数で $0.0\dot{1}10\dot{0}_{(3)}$ と表されるように，m, n を 1 組定めなさい.

（3） n を $n \geq 1$ を満たす整数とする. 十進法の $\dfrac{1}{3^n - 1} - \dfrac{1}{3^n}$ を三進法の小数で表したとき，初めて 1 が現れるのは小数第何位か答えなさい.

（4） 十進法の $\dfrac{3^{2020}}{7}$ を三進法の小数で表したとき，三進法で表された小数の小数部分を答えなさい.

（20 秋田大・医）

《Weyl の一様分布》

20. α, β を正の無理数とする. 2 つの集合 A, B を

$$A = \{[n\alpha] \mid n = 1, 2, 3, \cdots\}$$
$$B = \{[n\beta] \mid n = 1, 2, 3, \cdots\}$$

で定める. 集合 C を A と B の共通部分とする. 集合 D を A と B の和集合とする. $\dfrac{1}{\alpha} + \dfrac{1}{\beta} = 1$ のとき以下の問いに答えよ. ただし，実数 x に対して，x を超えない最大の整数を $[x]$ と表す.

（1） C は空集合となることを示せ.

（2） $E = \{n \mid n = 1, 2, 3, \cdots, 99\}$ のとき，E は D の部分集合となることを示せ.

（16 京都府立大・生命環境）

《調和級数に関する問題》

21. p を 2 より大きい素数，n を正の整数とする. $1 \leq k \leq p^n$ を満たす整数 k で，p と互いに素であるもの全体の集合を A とする. 次の問いに答えよ.

（1） $p = 3, n = 2$ のとき，集合 A を求めよ.

（2） A に属する整数の個数，および A に属するすべての整数の和を求めよ.

（3） A に属する整数 k に対して，$kl - 1$ が p^n の倍数となるような A に属する整数 l が存在し，それはただ一つであることを示せ. ただし，整数 a と b が互いに素であるとき，1 次不定方程式 $ax + by = 1$ は，整数解をもつことが知られている. 必要ならばこの事実を利用してよい.

（4） A に属するすべての整数 k についての $\dfrac{1}{k}$ の和を既約分数で表したとき，分子は p^n の倍数となることを示せ.

（19 金沢大・理系）

《有理数をいくつかの逆数和で表す》

22. 以下の問いに答えよ.

（1） a と b を互いに素な自然数とし, 自然数 n に対し

$$\frac{1}{n+1} < \frac{b}{a} < \frac{1}{n}$$

が成り立つとする. 互いに素な自然数 c, d により

$$\frac{b}{a} - \frac{1}{n+1} = \frac{d}{c}$$

と表すとき, $d < b$ となることを示せ.

（2） S を 0 より大きく 1 より小さい有理数とする. このとき, S は異なる自然数 $n_1, n_2, \cdots, n_l$ の逆数の和として

$$S = \frac{1}{n_1} + \frac{1}{n_2} + \cdots + \frac{1}{n_l}$$

$$(1 < n_1 < n_2 < \cdots < n_l)$$

と表すことができることを示せ. （21　広島大・後期）

《特定の素因数に着目する》

23. 正の整数 a に対して,

$$a = 3^b c \quad （b, c は整数で c は 3 で割り切れない）$$

の形に書いたとき, $B(a) = b$ と定める. 例えば, $B(3^2 \cdot 5) = 2$ である. m, n は整数で, 次の条件を満たすとする.

（ⅰ） $1 \le m \le 30$.

（ⅱ） $1 \le n \le 30$.

（ⅲ） n は 3 で割り切れない.

このような (m, n) について

$$f(m, n) = m^3 + n^2 + n + 3$$

とするとき,

$$A(m, n) = B(f(m, n))$$

の最大値を求めよ. また, $A(m, n)$ の最大値を与えるような (m, n) をすべて求めよ. （20　京大・理系）

《多項式と整数》

24. n は正の整数とし, $f(x)$ を整数を係数とする n 次式とする. このとき, 次の問いに答えなさい.

（1） c を整数とし,

$$f(x+c) = a_n x^n + a_{n-1} x^{n-1} + \cdots + a_1 x + a_0 \quad （a_n, a_{n-1}, \cdots, a_1, a_0 は整数）$$

とおくとき,

$$a_0 = f(c), a_1 = f'(c)$$

が成り立つことを示しなさい.

（2） p を素数とする. $f(c)$ が p の倍数であり, かつ, $f'(c)$ が p の倍数でないような整数 c が存在するとき,

$$kf'(c) + \frac{f(c)}{p}$$

が p の倍数となるような整数 k が存在することを示しなさい.

（3） （2）の c, k, p に対し, $f(kp+c)$ は p^2 の倍数であることを示しなさい.

（4） $f(x) = x^7 + 4x^5 + 4x^2 + 2$ とする. このとき, $f(m)$ が 121 の倍数になる整数 m を 1 つ求めなさい.

（20　山口大・後期）

《漸化式と周期性》

25. r を 0 以上の整数とし，数列 $\{a_n\}$ を次のように定める．

$$a_1 = r, \quad a_2 = r+1, \quad a_{n+2} = a_{n+1}(a_n + 1) \quad (n = 1, 2, 3, \cdots)$$

また，素数 p を 1 つとり，a_n を p で割った余りを b_n とする．ただし，0 を p で割った余りは 0 とする．

（1） 自然数 n に対し，b_{n+2} は $b_{n+1}(b_n + 1)$ を p で割った余りと一致することを示せ．

（2） $r = 2$，$p = 17$ の場合に，10 以下のすべての自然数 n に対して，b_n を求めよ．

（3） ある 2 つの相異なる自然数 n, m に対して，

$$b_{n+1} = b_{m+1} > 0, \quad b_{n+2} = b_{m+2}$$

　が成り立ったとする．このとき，$b_n = b_m$ が成り立つことを示せ．

（4） $a_2, a_3, a_4, \cdots$ に p で割り切れる数が現れないとする．このとき，a_1 も p で割り切れないことを示せ．

（14　東大・理科）

《新たな設定を用いた問題》

26. 分母が奇数，分子が整数の分数で表せる有理数を「控えめな有理数」と呼ぶことにする．例えば $-\frac{1}{3}, 2$ はそれぞれ $\frac{-1}{3}, \frac{2}{1}$ と表せるから，ともに控えめな有理数である．1 個以上の有限個の控えめな有理数 $a_1, \cdots, a_n$ に対して，集合 $S\langle a_1, \cdots, a_n \rangle$ を，

$$S\langle a_1, \cdots, a_n \rangle = \{x_1 a_1 + \cdots + x_n a_n \mid x_1, \cdots, x_n は控えめな有理数 \}$$

と定める．例えば 1 は $1 \cdot \left(-\frac{1}{3} \right) + \frac{2}{3} \cdot 2$ と表せるから，$S\left\langle -\frac{1}{3}, 2 \right\rangle$ の要素である．

（1） 控えめな有理数 $a_1, \cdots, a_n$ が定める集合 $S\langle a_1, \cdots, a_n \rangle$ の要素は控えめな有理数であることを示せ．

（2） 0 でない控えめな有理数 a が与えられたとき，$S\langle a \rangle = S\langle 2^t \rangle$ となる 0 以上の整数 t が存在することを示せ．

（3） 控えめな有理数 $a_1, \cdots, a_n$ が与えられたとき，$S\langle a_1, \cdots, a_n \rangle = S\langle b \rangle$ となる控えめな有理数 b が存在することを示せ．

（4） 2016 が属する集合 $S\langle a_1, \cdots, a_n \rangle$ はいくつあるか．ただし $a_1, \cdots, a_n$ は控えめな有理数であるとし，$a_1, \cdots, a_n$ と $b_1, \cdots, b_m$ が異なっていても，$S\langle a_1, \cdots, a_n \rangle = S\langle b_1, \cdots, b_m \rangle$ であれば，$S\langle a_1, \cdots, a_n \rangle$ と $S\langle b_1, \cdots, b_m \rangle$ は一つの集合として数える．

（16　滋賀医大）

解答編

――《素数に関する問題》――

1. $a-b-8$ と $b-c-8$ が素数となるような素数の組 (a, b, c) をすべて求めよ.（14 一橋大・前期）

▶解答◀ 以下，偶数の素数は 2 だけ，3 以上の素数は奇数であることを使う.

$$a-b-8 \geqq 2, \ b-c-8 \geqq 2$$
$$b \geqq c+10 \geqq 12, \ a \geqq b+10 \geqq 22$$

a, b は 2 より大きい素数だから，両方とも奇数である.よって $a-b-8$ は偶数の素数だから $a-b-8=2$ であり，$a=b+10$ である.

次に $b-c-8=p$ とおく．p は素数である．b は奇数だったから $p+c=b-8$ は奇数である．ゆえに p, c の一方は偶数，他方は奇数だから，一方は 2 である.

（ア） $c=2$ のとき．$b=p+10, \ a=b+10=p+20$

$p=3$ のとき $a=23, \ b=13$ は素数で適する.

$p \geqq 5$ のとき．p は素数だから 3 の倍数でない.

p が 3 で割って余りが 1 のとき $a=p+20$ が 3 より大きな 3 の倍数になり，不適.

p が 3 で割って余りが 2 のとき $b=p+10$ が 3 より大きな 3 の倍数になり，不適.

よって $p \geqq 5$ のときは解なし.

（イ） $p=2$ のとき．$b=c+10, \ a=b+10=c+20$

あとは（ア）と同様になるので $c=3, \ a=23, \ b=13$ だけである.

以上より，$(a, b, c)=(23, 13, 2), (23, 13, 3)$

――《階乗と倍数》――

2. n を 2 以上の自然数とする.
（1） n が素数または 4 のとき，$(n-1)!$ は n で割り切れないことを示せ.
（2） n が素数でなくかつ 4 でもないとき，$(n-1)!$ は n で割り切れることを示せ.（16 東工大・前）

考え方 （2）こういうときには実験が重要である．下線をつけたところを拾うと n が出来ている．n を作るときに複数の可能性があるが，最初に出てきた素数を使う最小の組（よけいな数を使わないように）にした.

$n=6$ のとき

$$5! = 1 \cdot \underline{2} \cdot \underline{3} \cdot 4 \cdot 5$$

は 6 で割り切れる.

$n=12$ のとき

$$11! = 1 \cdot \underline{2} \cdot 3 \cdot 4 \cdot 5 \cdot \underline{6} \cdot 7 \cdot 8 \cdot 9 \cdot 10 \cdot 11$$

は 12 で割り切れる.

$n=9$ のとき

$$8! = 1 \cdot 2 \cdot \underline{3} \cdot 4 \cdot 5 \cdot \underline{6} \cdot 7 \cdot 8$$

は 9 で割り切れる.

実験しても，すぐに証明の方針が浮かばないかもしれない．問題文の「素数でない」に解法のヒントがある．「2 以上の自然数 n が素数でない」を式にしてみよう．$n=xy$（x, y は 2 以上の自然数）の形に表される数 n を合成数という．そこで，上の実験を見る．$x \neq y$ のケースでは，$(n-1)!$ に x も y も出てくる．$x=y$ の場合の処理が難しい.

素数は 2 だけが偶数で，他は 3 以上の奇数の素数である．このことも利用する．これはいろいろな場面に顔を出す基本的で重要な事項である.

▶解答◀ （1）（ア） n が素数のとき.

$$(n-1)! = 1 \cdot 2 \cdot 3 \cdot \cdots \cdot (n-1)$$

$1, 2, \cdots, n-1$ は n の倍数でないから $(n-1)!$ は n で割り切れない.

（イ） n が 4 のとき．$3!=6$ は 4 で割り切れない.

よって証明された.

（2） n が素数でなく，かつ 4 でもないとき，n を割り切る最小の素数が存在し，それを p とすると $n=pq$（$2 \leqq p \leqq q$）とおける．ただし q は整数で，$(p, q) \neq (2, 2)$ である.

（ア） $p<q$ のとき．$1<p<q<n$ であるから

$$(n-1)! = 1 \cdot \cdots \cdot p \cdot \cdots \cdot q \cdot \cdots \cdot (n-1)$$

は $n=pq$ で割り切れる.

（イ） $p=q$ のとき．ただし $n \neq 4$ より $(p, q) \neq (2, 2)$ である．p は 3 以上の奇数の素数である．すると $n=p^2 \geqq 3p > 2p$ だから $1 \sim (n-1)$ の中には p と $2p$ があり

$$(n-1)! = 1 \cdot \cdots \cdot p \cdot \cdots \cdot 2p \cdot \cdots \cdot (n-1)$$

は $p^2=n$ で割り切れる.

注意 【別の例】

上の設定で，$n=pq$

$$p(q-1)-q = pq-p-q$$

101

$$= (p-1)(q-1) - 1 \geqq (2-1)(3-1) - 1 > 0$$

$$n - 1 = pq - 1 > pq - p = p(q-1) > q$$

$$(n-1)! = (n-1)\cdots p(q-1)\cdots q\cdots 1$$

は pq の倍数である.

《3つの数の最大公約数》

3. 3つの正の整数 a, b, c の最大公約数が1である
とき,次の問いに答えよ.

（1） $a+b+c, bc+ca+ab, abc$ の最大公約数
は1であることを示せ.

（2） $a+b+c, a^2+b^2+c^2, a^3+b^3+c^3$ の最大
公約数となるような正の整数をすべて求めよ.

(22 東工大・前期)

考え方 例えば,24,36,60 の最大公約数は 12
である.24,36,60 はすべて 12 の倍数である.
「24,36,60 はすべて g の倍数である」という g は
1,2,3,4,6,12 の中にあるが,その中で一番大き
いものが最大公約数12 である.正の整数 X, Y, Z の最
大公約数を G とすると,もし,X, Y, Z がすべて g の
倍数であるならば,$G \geqq g$ になる.

▶解答◀ 以下,文字はすべて整数とする.

（1） $a+b+c = A, bc+ca+ab = B, abc = C$ とお
く.A, B, C が共通の素因数 p をもつと仮定する.この
とき

$$a+b+c = pA', \quad bc+ca+ab = pB', \quad abc = pC'$$

とおける.ここで,a, b, c は3次方程式

$$x^3 - Ax^2 + Bx - C = 0$$

すなわち

$$x^3 - pA'x^2 + pB'x - pC' = 0$$

の解である.$x = a$ とすると

$$a^3 = p(A'a^2 - B'a + C')$$

右辺は p の倍数であるから,左辺も p の倍数となる.す
なわち a は p の倍数である.同様に,b, c も p の倍数
になり,a, b, c の最大公約数が1であることに矛盾す
る.よって,$a+b+c, bc+ca+ab, abc$ の最大公約数
は1である.

（2） $D = a^2+b^2+c^2, E = a^3+b^3+c^3$ とおく.ま
た,A, D, E の最大公約数を G とする.A, D, E はす
べて G の倍数である.以下は $G > 1$ のときを考える.

$$a^2+b^2+c^2 - (a+b+c)^2 = -2(ab+bc+ca)$$

となり,$D - A^2 = -2B$ で左辺は G の倍数であるから
$2B$ も G の倍数である.

$$a^3+b^3+c^3-3abc$$
$$= (a+b+c)(a^2+b^2+c^2-ab-bc-ca)$$

であるから $E - A(D-B) = 3C$

であり,$3C$ も G の倍数である.$A, 2B, 3C$ の最大公約
数を g とする.$A, 2B, 3C$ はすべて G の倍数であるか
ら,$g \geqq G$ である.

$D = A^2 - 2B, \ E = A(D-B) + 3C$ で右辺は g の倍
数であるから D, E も g の倍数である.A, D, E の最大
公約数は G であるから $G \geqq g$ である.

$g \geqq G, \ G \geqq g$ から $G = g$ となる.

$A, 2B, 3C$ の最大公約数 $G > 1$ を考える.しつこい
が,こうなる $G > 1$ があるときの話である.

A, B, C の最大公約数は1だから,A, B, C 全体に共
通な素因数はない.新たに 2,3 が1個だけ加わること
によって $G > 1$ が生み出されるから,G は 2,3,6 のい
ずれかである.これで分かる人は次のしつこい説明を無
視せよ.

さらにしつこく説明しよう.

$A = GA', B = GB', C = GC'$ のような $G > 1$ が存在
しないが,$A = GA', 2B = GB', 3C = GC'$ のような
$G > 1$ が存在する場合,G は 2,3 以外の素因数をもた
ないのは当然である.G が4の倍数だとしよう.$G = 4G'$
とすると,これを $A = GA', 2B = GB', 3C = GC'$ に代
入し $A = 4G'A', 2B = 4G'B', 3C = 4G'C'$ となる.真
ん中の式を2で割ると $A = 4G'A', B = 2G'B',$
$3C = 4G'C'$ となる.A, B, C が共通の素因数2をもつ
ことになり,矛盾する.同様に G が9の倍数だとして
も矛盾する.ゆえに,G は 2,3 をもっても1個である.
ゆえに,G は 2,3,6 のいずれかである.

以下では $G = 1$ の場合も含めて話をする.

$f(a, b, c) = (A, B, C, 2B, 3C)$ とする.「A, B, C
の最大公約数が1」と「$A, 2B, 3C$ の最大公約数が G」を
確認する.

$$f(1, 1, 1) = (3, 3, 1, 6, 3), \quad G = 3$$
$$f(1, 1, 3) = (5, 7, 3, 14, 9), \quad G = 1$$
$$f(1, 2, 3) = (6, 11, 6, 22, 18), \quad G = 2$$
$$f(1, 1, 4) = (6, 9, 4, 18, 12), \quad G = 6$$

であるから,A, D, E の最大公約数となるような正の整
数は **1, 2, 3, 6** である.

《条件を満たす自然数の和》

4. 次の問いに答えなさい.ただし,m, n は自然数
とする.

（1） 10 以上 100 以下の自然数のうち,3で割り
切れるものの和を求めなさい.

（２） 10 以上 $3m$ 以下の自然数のうち, 3 で割り切れるものの和が 3657 であるとする. このとき, m の値を求めなさい.

（３） 18 以上 $3n$ 以下の自然数のうち, 15 との最大公約数が 3 であるものの和が 2538 であるとする. このとき, n の値を求めなさい.

(21 山口大・医, 理)

考え方 （３） 15 との最大公約数が 3 である自然数というのは, もっとわかりやすく言えば, 3 の倍数ではあるが, 5 の倍数ではないものである. これより, 求める和は, 3 の倍数の和から, 3 の倍数かつ 5 の倍数（すなわち 15 の倍数）の和を引いたものである. ただし, この 15 の倍数の和を求めるためには, 15 の倍数を並べていったときに $3n$ がどの辺に現れるのかという尺度が必要になる.

▶解答◀ （１） $3 \cdot 4 + 3 \cdot 5 + \cdots + 3 \cdot 33$

$\qquad = 3(4 + 5 + \cdots + 33)$

$\qquad = 3 \cdot \dfrac{1}{2} \cdot 30 \cdot (4 + 33) = \mathbf{1665}$

（２） $3 \cdot 4 + 3 \cdot 5 + \cdots + 3 \cdot m = 3(4 + 5 + \cdots + m)$

$\qquad = 3 \cdot \dfrac{1}{2} \cdot (m - 3)(4 + m) = 3657$

$\quad (m - 3)(m + 4) = 2438$

$50^2 = 2500$ であり, 左側の 2 数の差が 7 であることを考慮すると, $46 \cdot 53 = 2438$ であるから $m = \mathbf{49}$

（３） 18 以上 $3n$ 以下の自然数で 3 の倍数の和は,

$$3 \cdot 6 + 3 \cdot 7 + \cdots + 3 \cdot n = \frac{3}{2}(n - 5)(n + 6)$$

であり, k を $5k \leqq n < 5(k + 1)$ を満たす整数とおくと（このように不等式で挟むのが難しい）, 18 以上 $3n$ 以下の自然数で 15 の倍数の和は,

$$15 \cdot 2 + 15 \cdot 3 + \cdots + 15k = 15(2 + 3 + \cdots + k)$$
$$= \frac{15}{2}(k - 1)(k + 2)$$

となる.

15 との最大公約数が 3 であるものは,「3 の倍数」かつ「5 の倍数ではない」数である. 和が 2538 であるから

$$\frac{3}{2}(n - 5)(n + 6) - \frac{15}{2}(k - 1)(k + 2) = 2538$$

が成り立つ.

$$(n - 5)(n + 6) - 5(k - 1)(k + 2) = 1692 \quad \cdots①$$

$5k \leqq n < 5(k + 1)$ から

$$(5k - 5)(5k + 6) \leqq (n - 5)(n + 6)$$
$$< 5k(5k + 11)$$

となるから

$$(5k - 5)(5k + 6) - 5(k - 1)(k + 2) \leqq 1692$$

$$< 5k(5k + 11) - 5(k - 1)(k + 2)$$

この左辺と右辺を整理して

$$20(k - 1)(k + 1) \leqq 1692 < 20k^2 + 50k + 10 \quad \cdots②$$

ここで $20k^2 \fallingdotseq 1600$ としてみると

$k \fallingdotseq 4\sqrt{5} = 4 \cdot 2.23 \cdots \fallingdotseq 9$ である. ②の左右両辺は k の増加関数である. ②で $k = 8$ とすると（正しかろうと間違いであろうと, 代入した式をそのまま書く. 後も同様）$1260 \leqq 1692 < 1690$ となり成立しない. $k = 9$ とすると $1600 \leqq 1690 < 2080$ で成り立つ. $k = 10$ とすると $1980 \leqq 1692 < 2510$ で成立しない. 適する k は $k = 9$ だけである. ①に代入し

$$(n - 5)(n + 6) = 2132 \quad \cdots③$$

$n^2 \fallingdotseq 2000$ とすると $n \fallingdotseq 20\sqrt{5} = 20 \cdot 2.2 \cdots = 44.7 \cdots$ であるから, ③で $n = 45$ としてみると $2040 = 2132$ で成立しない. $n = 46$ とすると $2132 = 2132$ で成り立つ. $(n - 5)(n + 6)$ は増加関数であるから, $n = \mathbf{46}$ に限る.

《2016 年に関わる問題》

5. 以下の問いに答えよ.

（１） 2016 と $2^{2016} + 1$ は互いに素であることを証明せよ.

（２） $2^{2016} + 1$ を 2016 で割った余りを求めよ.

（３） $2^{2016}(2^{2016} + 1)(2^{2016} + 2) \cdots (2^{2016} + m)$ が 2016 の倍数となる最小の自然数 m を求めよ.

(16 九大・理-後期)

▶解答◀ （１） $2016 = 2^5 \cdot 3^2 \cdot 7$ である.

$\quad 2^{2016} + 1 \equiv 1 \pmod 2$

$\quad 2^{2016} + 1 \equiv (-1)^{2016} + 1 \equiv 2 \pmod 3$

$\quad 2^{2016} + 1 \equiv (2^3)^{672} + 1 \equiv 2 \pmod 7$

したがって $2^{2016} + 1$ は 2 も 3 も 7 も素因数としてもたないから, 2016 と互いに素である.

（２） $2016 = 2^5 \cdot 63 = 2^5(2^6 - 1)$ に注意する.

$f(n) = 2^n + 1$ とおく.

$$f(n + 6) - f(n) = 2^{n+6} - 2^n = 2^n(2^6 - 1)$$

だから $n \geqq 5$ のとき

$$f(n + 6) - f(n) \equiv 0 \pmod{2016}$$

である. 2016 は 6 の倍数だから

$$f(2016) \equiv f(6) \equiv 2^6 + 1 = 65$$

$$2^{2016} + 1 \equiv 65$$

求める余りは **65** である.

（３） $g(m) = 2^{2016}(2^{2016} + 1) \cdot \cdots \cdot (2^{2016} + m)$ とおく.

mod 2016 で, $2^{2016} \equiv 64$ だから

$$g(m) \equiv 64(64 + 1) \cdot \cdots \cdot (64 + m)$$

$65 = 5 \cdot 13$, $66 = 2 \cdot 3 \cdot 11$, 67 は素数, $68 = 2^2 \cdot 17$,

$69 = 3 \cdot 23$, $70 = 2 \cdot 5 \cdot 7$

$g(m)$ が $2016 = 2^5 \cdot 3^2 \cdot 7$ の倍数になる最小の m について, $64 + m = 70$ ∴ $\boldsymbol{m = 6}$

《ピタゴラス数》

6. a, b, c が $a^2 = b^2 + c^2$ を満たす互いに素な正の整数であるとき, 次の問いに答えよ.

(1) b, c のうち, どちらか一方が奇数であり, 他方が偶数であることを証明せよ.

(2) b, c のうち, どちらか一方が 4 の倍数であることを証明せよ.

(3) $a = 65$ のとき, (b, c) の組をすべて求めよ.

(18 藤田保健衛生大・推薦)

▶**解答**◀ (1) 以下, 文字はすべて正の整数とする. b, c は互いに素な整数であるから, ともに偶数となることはない. b, c がともに奇数であるとすると, b^2, c^2 も奇数であるから, $b^2 + c^2$ は偶数. すなわち, a は偶数となる. $a = 2k$, $b = 2l - 1$, $c = 2m - 1$ とおくと, $a^2 = b^2 + c^2$ より

$$4k^2 = 4(l^2 - l + m^2 - m) + 2$$

となり, 左辺は 4 の倍数, 右辺は 4 で割って 2 余るので矛盾する. したがって, b, c のどちらか一方が奇数, 他方が偶数である.

(2) b を偶数, c を奇数としても一般性を失わない. このとき a は奇数となるから, $a = 2k - 1$, $b = 2l$, $c = 2m - 1$ とおくと, $a^2 = b^2 + c^2$ より

$$(2k - 1)^2 = (2l)^2 + (2m - 1)^2$$
$$4k^2 - 4k + 1 = 4l^2 + 4m^2 - 4m + 1$$
$$l^2 = k(k - 1) - m(m - 1)$$

$k(k - 1)$, $m(m - 1)$ は連続する 2 整数の積であるから偶数である. したがって l^2 は偶数であるから, l も偶数である. $l = 2n$ とおくと, $b = 4n$ となり 4 の倍数となる.

(3) b を偶数, c を奇数とすると, a は奇数で,

$$a^2 = b^2 + c^2$$
$$b^2 = (a + c)(a - c)$$

b, $a + c$, $a - c$ はすべて偶数であるから, 両辺を 4 で割って,

$$\left(\frac{b}{2}\right)^2 = \frac{a + c}{2} \cdot \frac{a - c}{2} \quad \cdots\cdots\cdots\cdots① $$

$\dfrac{b}{2}$, $\dfrac{a + c}{2}$, $\dfrac{a - c}{2}$ はすべて正の整数である.

もし, $\dfrac{a + c}{2}$ と $\dfrac{a - c}{2}$ が共通な素数の約数 p をもつと,

すると,

$$\frac{a + c}{2} = pA, \quad \frac{a - c}{2} = pB \quad (A > B)$$

と表せて,

$$a = p(A + B), \quad c = p(A - B)$$

となり, a と c が互いに素であることに反する. ゆえに $\dfrac{a + c}{2}$, $\dfrac{a - c}{2}$ は互いに素である. ① の左辺は平方数であるから, 素数を偶数乗の形でもつ. ある素数は $\dfrac{a + c}{2}$ が偶数乗の形でもち, 別の素数は $\dfrac{a - c}{2}$ が偶数乗の形でもつから, $\dfrac{a + c}{2}$, $\dfrac{a - c}{2}$ は平方数である. したがって,

$$\frac{a + c}{2} = x^2, \quad \frac{a - c}{2} = y^2 \quad (x > y)$$

とおけて, $a = x^2 + y^2$, $c = x^2 - y^2$ となる. ① より

$$b^2 = 4x^2y^2 \qquad \therefore \quad b = 2xy$$

$a = 65$ のとき, $x^2 + y^2 = 65$ であり, 65 以下の平方数は 1, 4, 9, 16, 25, 36, 49, 64 であるから,

$$(x, y) = (8, 1), (7, 4)$$

である. b, c を入れかえた場合も考え,

$$(b, c) = \boldsymbol{(16, 63)}, \boldsymbol{(63, 16)}, \boldsymbol{(56, 33)}, \boldsymbol{(33, 56)}$$

《素数を多項式で表す》

7. n を正の整数, $a_0, a_1, a_2, \cdots, a_n$ を非負の整数として, 整式

$$f(x) = a_n x^n + a_{n-1} x^{n-1} + a_{n-2} x^{n-2}$$
$$+ \cdots + a_1 x + a_0$$

を考える. ただし, $a_0 \neq 1$ とする. p が素数ならば $f(p)$ も素数であるとき, 次の (A) または (B) が成り立つことを示せ.

(A) $a_i = 0$ $(i = 1, 2, 3, \cdots, n)$ かつ a_0 は素数である.

(B) $a_i = 0$ $(i = 0, 2, 3, 4, \cdots, n)$ かつ $a_1 = 1$ である.

(21 東北大・理-AO)

▶**解答**◀ 「p が素数ならば $f(p)$ も素数」は命題で, 「任意の整数 p に対して, もし p が素数であるならば $f(p)$ も素数である」となる. ただし, 「どのような素数 p に対しても, 常に $f(p)$ は素数である」という方が分かりやすいだろう.

$a_0 \geqq 0$, $a_0 \neq 1$ より, $a_0 = 0$ または $a_0 \geqq 2$ である.

(ア) $a_0 = 0$ のとき. 素数 p に対して

$$f(p) = a_n p^n + a_{n-1} p^{n-1} + \cdots + a_1 p$$
$$= p(a_n p^{n-1} + a_{n-1} p^{n-2} + \cdots + a_2 p + a_1)$$

が素数となる条件は

$$a_n p^{n-1} + a_{n-1} p^{n-2} + \cdots + a_2 p + a_1 = 1$$

であり，これが無数の素数 p に対して成り立つ条件は，p についての恒等式になることで，それは

$a_i = 0$ $(i = 2, 3, 4, \cdots, n)$ かつ $a_1 = 1$，すなわち (B) が成り立つことである．

（イ）$a_0 \geqq 2$ のとき．a_0 は素数の因数をもつから，その素因数の1つを p として $a_0 = pN$（N は自然数）とおくと

$$f(p) = a_n p^n + a_{n-1} p^{n-1} + \cdots + a_1 p + pN$$
$$= p(a_n p^{n-1} + a_{n-1} p^{n-2} + \cdots + a_2 p + a_1 + N)$$

が素数となる条件は

$$a_n p^{n-1} + a_{n-1} p^{n-2} + \cdots + a_2 p + a_1 + N = 1$$

であり，これが p についての恒等式になる条件は

$a_i = 0$ $(i = 2, 3, 4, \cdots, n)$ かつ $a_1 + N = 1$ である．$N \geqq 1$ であるから $a_1 = 0$ かつ $N = 1$ となる．このとき $a_0 = p$ となるから a_0 は素数となる．よって (A) が成り立つ．

以上で証明された．

《ガウス記号を含む方程式》

8. 実数 x に対して，x を超えない最大の整数を $[x]$ で表す．次の問いに答えよ．

（1）$[x+1] = [2x]$ をみたす x を求めよ．

（2）$x^2 + 2[x] + 1 = 0$ をみたす x を求めよ．

（18 岐阜聖徳学園大・B日程／改題）

考え方 原題の（2）は $-3 \leqq x \leqq 0$ という制限がついており，それでは練習にならないから削除した．

$[x]$ はガウス記号と呼ばれるもので，本来，ガウス記号は個数を数えるためのものである．たとえば「鉛筆を12本，ケースに入れたものを1ダースと呼ぶ．自然数 n に対して，n 本の鉛筆をケースに入れるとき，何ダースできるか？ただし，余った鉛筆はケースに入れず保管しておくとする」という問いに対して，$\left[\dfrac{n}{12}\right]$ ダースできると，答えることになる．

n を整数，α を $0 \leqq \alpha < 1$ を満たす実数として，$x = n + \alpha$ と表すとき，n は x の整数部分，α は x の小数部分という．たとえば $-3.4 = -4 + 0.6$ であるから -3.4 の整数部分は -4，小数部分は 0.6 である．$3.4 = 3 + 0.4$ であるから 3.4 の整数部分は 3，小数部分は 0.4 である．

$[x]$ は x の整数部分を表す．つまり，$[x] = n$ である．$\alpha = x - [x]$ であり，これは x の小数部分である．

ガウス記号の問題は大きく分けて2つのアプローチがある．

（ア）$x = n + \alpha$ の形で扱い，等式の変形をする

（イ）$\alpha = x - [x]$ は x の小数部分であり，$0 \leqq x - [x] < 1$ が成り立つ．$[x]$ について解けば

$$x - 1 < [x] \leqq x$$

となる．これを用いて $[x]$ を消去して範囲を絞る．

▶解答◀ （1）$x = n + \alpha$（$0 \leqq \alpha < 1$，n は整数）とおく．

$$[n + 1 + \alpha] = [2n + 2\alpha]$$
$$n + 1 = 2n + [2\alpha]$$
$$1 - n = [2\alpha] \quad \cdots\cdots\cdots\cdots①$$

$0 \leqq \alpha < 1$ であるから $0 \leqq 2\alpha < 2$ であり，$[2\alpha] = 0$ または1である．

（a）$0 \leqq \alpha < \dfrac{1}{2}$ のとき．$0 \leqq 2\alpha < 1$ であるから $[2\alpha] = 0$ であり，①の右辺は0であるから $1 - n = 0$ である．$n = 1$ で，$x = n + \alpha = 1 + \alpha$ より

$$1 \leqq x < \dfrac{3}{2}$$

（b）$\dfrac{1}{2} \leqq \alpha < 1$ のとき．$1 \leqq 2\alpha < 2$ であるから $[2\alpha] = 1$ であり，①の右辺は1であるから $1 - n = 1$ である．$n = 0$ で，$x = n + \alpha = \alpha$ より

$$\dfrac{1}{2} \leqq x < 1$$

以上により

$$\dfrac{1}{2} \leqq x < \dfrac{3}{2}$$

（2）$x - 1 < [x] \leqq x$ が成り立つ．各辺を2倍して

$$2x - 2 < 2[x] \leqq 2x$$

各辺に $x^2 + 1$ を加えて

$$x^2 + 2x - 1 < x^2 + 2[x] + 1 \leqq (x+1)^2$$

この中央の値は0であり，

$$x^2 + 2x - 1 < 0 \leqq (x+1)^2$$

右の不等式は成り立つ．$x^2 + 2x - 1 < 0$ から

$$-1 - \sqrt{2} < x < -1 + \sqrt{2}$$
$$-2.4\cdots < x < 0.4\cdots$$
$$[x] = -3, -2, -1, 0$$

のいずれかである．

$$x^2 = -2[x] - 1 \quad \cdots\cdots\cdots\cdots②$$

（a）$[x] = -3$ のとき．②より $x^2 = 5$

$[x] = -3$ より $-3 \leqq x < -2$ であるから $x < 0$ である．$x = -\sqrt{5}$ となり，これは $-3 \leqq x < -2$ を満たす．

（b）$[x] = -2$ のとき．②より $x^2 = 3$

$[x] = -2$ より $-2 \leqq x < -1$ であるから $x < 0$ である．

$x = -\sqrt{3}$ となり，これは $-2 \leqq x < -1$ を満たす．

(c) $[x] = -1$ のとき．② より $x^2 = 1$

$[x] = -1$ より $-1 \leqq x < 0$ であるから $x < 0$ である．

$x = -1$ となり，これは $-1 \leqq x < 0$ を満たす．

(d) $[x] = 0$ のとき．② より $x^2 = -1$

不適である．

$$x = -1, -\sqrt{3}, -\sqrt{5}$$

♦別解♦ （2） $x = n + \alpha$ とおく．n は整数，$0 \leqq \alpha < 1$ である．$[x] = n$ である．

$x^2 + 2[x] + 1 = 0$ より

$$(n + \alpha)^2 + 2n + 1 = 0$$

$$(n + \alpha)^2 = -(2n + 1)$$

左辺 $\geqq 0$ だから $-(2n + 1) \geqq 0$

$$n \leqq -1$$

であり $0 \leqq \alpha < 1$ であるから

$$n + \alpha \leqq -1 + \alpha < 0$$

である．

$$n + \alpha = -\sqrt{-(2n + 1)}$$

$$\alpha = -n - \sqrt{-(2n + 1)}$$

$n = -1$ のとき $\alpha = 1 - \sqrt{1} = 0$

$n = -2$ のとき $\alpha = 2 - \sqrt{3}$

$n = -3$ のとき $\alpha = 3 - \sqrt{5}$

$n = -4$ のとき $\alpha = 4 - \sqrt{7} > 1$ となり不適．

$n \leqq -5$ のとき $n = -m \ (m \geqq 5)$ とおくと

$$\alpha = m - \sqrt{2m - 1}$$

ここで，$m - \sqrt{2m - 1} > 1$ であることを示す．そのために，$m - 1 > \sqrt{2m - 1}$ とし，2乗した $(m-1)^2 > 2m - 1$ を示す．

$$(m-1)^2 - (2m - 1) = m^2 - 4m + 2$$

$$= m(m - 4) + 2 > 0$$

よって示された．

従って，$n \leqq -5$ のときは不適であり，解は

$$x = n + \alpha = -1, -\sqrt{3}, -\sqrt{5}$$

――――――《2次の不定方程式》――――――

9. （1） $xy + 2 = 3(x - y)$ をみたす整数 x, y の組をすべて求めよ．

（2） $xy + 456 = 789(x - y)$ をみたす整数 x, y で，それらの差が10以下となる組をすべて求めよ．

（19　和歌山県立医大・医）

考え方 （2）を（1）と同様の方針でやると大変である．

$$xy + 456 = 789(x - y)$$

$$(x + 789)(y - 789) = -3 \cdot 281 \cdot 739$$

右辺の約数は，符号まで考慮すると16個ある．それを1つ1つ調べるのは時間がかかる．「差が10以下」が大きな条件であるから，ここは差を変数にとることになる．

▶解答◀ （1） $xy + 2 = 3(x - y)$

$$xy - 3x + 3y + 2 = 0$$

$$(x + 3)(y - 3) = -11$$

$$(x + 3, y - 3) = (-11, 1), (1, -11),$$
$$(-1, 11), (11, -1)$$

$$(x, y) = (-14, 4), (-2, -8), (-4, 14), (8, 2)$$

（2） $xy + 456 = 789(x - y)$ ……………………①

x, y がともに奇数のとき，①の左辺が奇数，右辺が偶数になるから不適である．

x, y の偶奇が異なるとき，①の左辺が偶数，右辺が奇数になるから不適である．

したがって x, y はともに偶数であるから，$x - y$ は10以下の偶数で，整数 k を用いて

$$x - y = 2k \ (-5 \leqq k \leqq 5)$$

とおくことができる．

$y = x - 2k$ を①に代入して

$$x(x - 2k) = 789 \cdot 2k - 456$$

$$x(x - 2k) = 2(789k - 228) \quad \cdots\cdots\cdots②$$

$$(x - k)^2 = k^2 + 1578k - 456 \quad \cdots\cdots\cdots③$$

x は偶数であるから，②の左辺は4の倍数である．したがって，$789k - 228$ は偶数であり，k は偶数となる．

また③で $k = -4, -2, 0$ を代入すると，右辺は負となるが左辺は0以上であるから不適である．

$k = 2$ のとき③は

$$(x - 2)^2 = 2704$$

$$(x - 2)^2 = 52^2$$

$$x - 2 = \pm 52 \qquad \therefore \quad x = -50, 54$$

$x - y = 4$ であるから $(x, y) = (-50, -54), (54, 50)$

$k = 4$ のとき③は

$$(x - 4)^2 = 5872$$

$$(x - 4)^2 = 4^2 \cdot 367$$

$19^2 = 361, 20^2 = 400$ であるから，これを満たす整数 x は存在しない．

《累乗を含む不定方程式》

10. 整数 a, b は等式

$$3^a - 2^b = 1 \quad \cdots\cdots\cdots④$$

を満たしているとする.

（1） a, b はともに正となることを示せ.

（2） $b > 1$ ならば, a は偶数であることを示せ.

（3） ① を満たす整数の組 (a, b) をすべてあげよ. （18 東北大・理系）

▶**解答**◀ （1） $3^a - 2^b = 1 \quad \cdots\cdots\cdots①$

$$3^a = 2^b + 1 > 1 = 3^0$$

であるから, $a > 0$ である. a は整数だから $a \geqq 1$ である. ① より

$$2^b = 3^a - 1 \geqq 3^1 - 1 = 2^1$$

であるから, $b \geqq 1$ である. したがって, a, b はともに正となる.

（2） a が奇数であると仮定する. $a = 2k+1$ とおく.

$$3^{2k+1} = 2^b + 1$$

$$3 \cdot 9^k = 2^b + 1$$

$$3 \cdot (8+1)^k = 2^b + 1 \quad \cdots\cdots\cdots②$$

ここで, $(8+1)^k$ を二項展開して

$$(8+1)^k = 8^k + \cdots + {}_nC_2 \cdot 8^2 + {}_nC_1 \cdot 8 + 1$$
$$= 8N + 1 \, (N \text{ は整数})$$

とおけるから, ② は

$$3(8N+1) = 2^b + 1$$

$$3 \cdot 8N + 3 = 2^b + 1$$

となるが, 左辺を 4 で割ると 3 余り（$b \geqq 2$ であるから）右辺を 4 で割ると 1 余り矛盾する. よって, a は偶数である.

（3）（ア） $b = 1$ のとき

① より

$$3^a - 2^1 = 1$$

$$3^a = 3 \qquad \therefore \quad a = 1$$

（イ） $b > 1$ のとき

（2）より $a = 2k$（k は自然数）とおく. ① より

$$3^{2k} - 2^b = 1$$

$$3^{2k} - 1 = 2^b$$

$$(3^k + 1)(3^k - 1) = 2^b$$

ここで, l を $0 \leqq l \leqq b$ を満たす整数とすると

$$3^k + 1 = 2^l \quad \cdots\cdots\cdots③$$

$$3^k - 1 = 2^{b-l} \quad \cdots\cdots\cdots④$$

と表せる. ③ － ④ より

$$2 = 2^l - 2^{b-l}$$

両辺を 2 で割って

$$1 = 2^{l-1} - 2^{b-l-1}$$

$$l - 1 = 1, \quad b - l - 1 = 0$$

したがって, $l = 2, b = 3$ となる. ③, ④ より $k = 1$ であるから, $a = 2$ となる. 以上より

$$(a, b) = (1, 1), (2, 3)$$

《3 変数の不定方程式》

11. 整数 a, b, c に対し, $S = a^3 + b^3 + c^3 - 3abc$ とおく.

（1） $a + b + c = 0$ のとき, $S = 0$ であることを示せ.

（2） $S = 2022$ をみたす整数 a, b, c は存在しないことを示せ.

（3） $S = 63$ かつ $a \leqq b \leqq c$ をみたす整数の組 (a, b, c) をすべて求めよ. （22 北海道大・後期）

▶**解答**◀

$$S = (a+b+c)(a^2+b^2+c^2-ab-bc-ca)$$

$P = a+b+c, \ Q = a^2+b^2+c^2-ab-bc-ca$ とおく.

（1） $P = 0$ のとき, $S = PQ = 0$ である.

（2） 合同式の法を 3 とすると

$$Q = (a+b+c)^2 - 3(ab+bc+ca)$$
$$\equiv (a+b+c)^2 \equiv P^2$$

であるから, P と Q はともに 3 の倍数であるか, もしくはともに 3 の倍数でないかのいずれかである. ゆえに, S は 9 の倍数か, 3 の倍数でないかのいずれかとなる.

ここで, $2022 = 2 \cdot 3 \cdot 337$ より 2022 は 9 の倍数でない 3 の倍数であるから, 上のいずれも満たさない. よって, $S = 2022$ を満たす整数 a, b, c は存在しない.

（3） $S = 63$ は 9 の倍数であるから,（2）より P, Q ともに 3 の倍数である. さらに,

$$Q = \frac{1}{2}\{(a-b)^2 + (b-c)^2 + (c-a)^2\}$$

であるから, $P \geqq 0, Q \geqq 0$ である. $S = PQ = 63$ となるとき, 次の 2 通りがある.

（ア）$(P, Q) = (3, 21)$ のとき：$a \leqq b \leqq c$ より $3 = a+b+c \leqq 3c$, すなわち $c \geqq 1$ を満たしている. さらに,

$$3^2 - 3(ab+bc+ca) = 21$$

$$ab + bc + ca = -4$$

$a+b=3-c$ を代入すると

$$ab = -4 - (a+b)c$$
$$= -4 - (3-c)c = c^2 - 3c - 4$$

これより，$a, b \, (a \leqq b)$ は 2 次方程式

$$x^2 - (3-c)x + (c^2 - 3c - 4) = 0 \quad \cdots\cdots\cdots① $$

の 2 解である．① が整数解をもつ条件を考える．① の判別式を D_1 とすると，D_1 が平方数になることが必要で

$$D_1 = (3-c)^2 - 4(c^2 - 3c - 4)$$
$$= -3c^2 + 6c + 25 = 28 - 3(c-1)^2$$

$c \geqq 1$ に注意すると，$c = 2, 3, 4$ である．また，① の解は $x = \dfrac{(3-c) \pm \sqrt{D_1}}{2}$ である．

• $c = 2$ のとき $x = \dfrac{1 \pm 5}{2} = -2, 3$ となるが，$3 = b > c = 2$ となるから不適である．

• $c = 3$ のとき $x = \dfrac{0 \pm 4}{2} = -2, 2$ となり，これは $a \leqq b \leqq c$ を満たしている．

• $c = 4$ のとき $x = \dfrac{-1 \pm 1}{2} = -1, 0$ となり，これは $a \leqq b \leqq c$ を満たしている．

(イ) $(P, Q) = (21, 3)$ のとき：$a \leqq b \leqq c$ より $21 = a+b+c \leqq 3c$，すなわち $c \geqq 7$ を満たしている．さらに，

$$21^2 - 3(ab + bc + ca) = 3$$
$$ab + bc + ca = 146$$

$a+b=21-c$ を代入すると

$$ab = 146 - (a+b)c$$
$$= 146 - (21-c)c = c^2 - 21c + 146$$

これより，$a, b \, (a \leqq b)$ は 2 次方程式

$$x^2 - (21-c)x + (c^2 - 21c + 146) = 0 \quad \cdots\cdots②$$

の 2 解である．② が整数解をもつ条件を考える．② の判別式を D_2 とすると，D_2 が平方数になることが必要で

$$D_2 = (21-c)^2 - 4(c^2 - 21c + 146)$$
$$= -3c^2 + 42c - 143 = 4 - 3(c-7)^2$$

$c \geqq 7$ に注意すると $c = 7, 8$ である．また，② の解は $x = \dfrac{(21-c) \pm \sqrt{D_2}}{2}$ である．

• $c = 7$ のとき $x = \dfrac{14 \pm 2}{2} = 6, 8$ となるが，$8 = b > c = 7$ となるから不適である．

• $c = 8$ のとき $x = \dfrac{13 \pm 1}{2} = 6, 7$ となり，これは $a \leqq b \leqq c$ を満たしている．

以上（ア），（イ）より，$S = 63$ かつ $a \leqq b \leqq c$ をみたす整数の組 (a, b, c) は

$$(a, b, c) = (-2, 2, 3), (-1, 0, 4), (6, 7, 8)$$

◆**別解**◆ （3） 場合分けまでは本解と同様である．

（ア）$(P, Q) = (3, 21)$ のとき：

$$Q = \frac{1}{2}\{(b-a)^2 + (c-b)^2 + (c-a)^2\} = 21$$
$$(b-a)^2 + (c-b)^2 + (c-a)^2 = 42 \quad \cdots\cdots\cdots③$$

$b-a \geqq 0, \, c-b \geqq 0, \, c-a \geqq 0$ であり，$c-a$ が最大である．

• $c-a = 6$ のとき：$(b-a)^2 + (c-b)^2 = 6$ だがこれを満たす $(b-a, c-b)$ は存在しない．

• $c-a = 5$ のとき：$(b-a)^2 + (c-b)^2 = 17$ だがこれを満たす $(b-a, c-b)$ は

$$(b-a, c-b) = (4, 1), (1, 4)$$

$a+b+c = 3$ と合わせると，

$$(a, b, c) = (-2, 2, 3), (-1, 0, 4)$$

• $c-a = 4$ のとき：$(b-a)^2 + (c-b)^2 = 26$ だがこれを満たす $(b-a, c-b)$ は存在しない．

• $c-a \leqq 3$ のとき：$(b-a)^2 + (c-b)^2 \leqq 18$ となるから，③ を満たす $(b-a, c-b)$ は存在しない．

（イ）$(P, Q) = (21, 3)$ のとき：

$$Q = \frac{1}{2}\{(b-a)^2 + (c-b)^2 + (c-a)^2\} = 3$$
$$(b-a)^2 + (c-b)^2 + (c-a)^2 = 6 \quad \cdots\cdots\cdots④$$

$b-a \geqq 0, \, c-b \geqq 0, \, c-a \geqq 0$ であり，$c-a$ が最大である．

• $c-a = 2$ のとき：$(b-a)^2 + (c-b)^2 = 2$ だがこれを満たす $(b-a, c-b)$ は

$$(b-a, c-b) = (1, 1)$$

$a+b+c = 21$ と合わせると，

$$(a, b, c) = (6, 7, 8)$$

• $c-a \leqq 1$ のとき：$(b-a)^2 + (c-b)^2 \leqq 2$ となるから，④ を満たす $(b-a, c-b)$ は存在しない．

以上（ア），（イ）より，$S = 63$ かつ $a \leqq b \leqq c$ をみたす整数の組 (a, b, c) は

$$(a, b, c) = (-2, 2, 3), (-1, 0, 4), (6, 7, 8)$$

《**根号を含む分数式が自然数となる**》

12. 自然数 m, n が $1 \leqq m < n \leqq 20$ を満たすとき，$\dfrac{\sqrt{n} + \sqrt{m}}{\sqrt{n} - \sqrt{m}}$ の値が自然数になる (m, n) の組み合わせは $\boxed{}$ 通りある． （21 星薬大・推薦）

考え方 分母の有理化をすると「mn が平方数になる」と分かる．しかし，これは必要条件であり，mn が平方数になるものがすべて適するとは限らない．

▶解答◀ 以下，$1 \leqq m < n \leqq 20$ はいちいち書かない．$f(n, m) = \dfrac{\sqrt{n} + \sqrt{m}}{\sqrt{n} - \sqrt{m}}$ とおく．

$$f(n, m) = \frac{(\sqrt{n} + \sqrt{m})^2}{n - m} = \frac{n + m + 2\sqrt{mn}}{n - m}$$

が自然数になるためには $\sqrt{mn}$ が自然数になること，すなわち，mn が平方数になることが必要である．

（ア）m が平方数のとき，n も平方数で，$1 \sim 20$ の中の平方数は $1, 4, 9, 16$ である．この中から 2 数を選ぶ組合せは $_4\mathrm{C}_2 = 6$ 通りある．

$$f(4, 1) = \frac{2 + 1}{2 - 1} = 3$$

$$f(9, 1) = \frac{3 + 1}{3 - 1} = 2$$

$$f(16, 1) = \frac{4 + 1}{4 - 1} = \frac{5}{3} \text{ は不適．}$$

$$f(9, 4) = \frac{3 + 2}{3 - 2} = 5$$

$$f(16, 4) = \frac{4 + 2}{4 - 2} = 3$$

$$f(16, 9) = \frac{4 + 3}{4 - 3} = 7$$

（イ）m が平方数でないとき．m が 3 種類以上の素因数をもつとすると，$m \geqq 2 \cdot 3 \cdot 5 = 30$ で不適．m が 2 種類の素因数をもつとき，$2, 3$ を使う場合は，$m < 20$ より $m = 2 \cdot 3, 2^2 \cdot 3, 2 \cdot 3^2$ のいずれかであり，$m = 2 \cdot 3$ のとき，mn が平方数になる場合，$n \geqq 2 \cdot 3 \cdot 2^2 > 20$ となって不適である．$m = 2^2 \cdot 3$ のとき，$n \geqq 3^3$ で不適である．$m = 2 \cdot 3^2$ のときは $n = 18 < m \leqq 20$ では mn は平方数にならず不適である．5 以上を使う場合は当然不適．

m の素因数は 1 種類で奇数個もつ．最初は素因数を 1 個もつものを考え

$$m = 2, \ n = 2 \cdot 2^2$$

$$m = 2, \ n = 2 \cdot 3^2$$

$$m = 3, \ n = 3 \cdot 2^2$$

$$m = 5, \ n = 5 \cdot 2^2$$

次に素因数を 3 個もつものを考え

$$m = 2 \cdot 2^2, \ n = 2 \cdot 3^2$$

のいずれかである．

この最初の 4 つは $n = mk^2$（$k = 2, 3$）の形をしていて

$$f(n, m) = \frac{k\sqrt{m} + \sqrt{m}}{k\sqrt{m} - \sqrt{m}} = \frac{k + 1}{k - 1}$$

は $k = 2$ のとき 3，$k = 3$ のとき 2 で適する．

最後の場合は $f(n, m) = \dfrac{3\sqrt{2} + 2\sqrt{2}}{3\sqrt{2} - 2\sqrt{2}} = 5$ で適する．

以上より **10** 通りある．

注意 **1°【ミスの帳消し】**

$n = mk^2$ の形は思いつきやすいが，最後の形 $m = 2a^2, n = 2b^2$（$a = 2, b = 3$）は見落としやすいかもしれない．$f(16, 1)$ が不適であることのチェックを忘れ，$m = 2 \cdot 2^2, n = 2 \cdot 3^2$ の存在を見落とすと，ミスが帳消しになり，答えの 10 個というのは合う．実際，そういう生徒がいた．

2°【実戦的な方法】

上に $n = 1, 2, \cdots, 20$，縦に $m = 1, 2, \cdots, 20$ と書いて，実際に mn を計算し，mn が平方数になるかどうかを調べていくのが実戦的である．図の長い斜線から下は調べない．図は $m \geqq 10$ の部分は省略した．

○がついたところが平方数になる組である．

$m \backslash n$	1	2	3	4	5	6	7	8	9	10	11	12	13	14	15	16	17	18	19	20
1				○					○							○				
2								○										○		
3												○								
4									○							○				
5																				○
6																				
7																				
8																		○		
9																				

調べながら，ある程度の法則に気づくはずである．

$m = 1$ のとき，$n = 2$ は駄目，$n = 3$ も駄目，$n = 4$ は OK，$n = 5, 6, 7, 8$ は駄目，$n = 9$ は OK，次は 16 だ．あれ，これは平方数だから，m, n が平方数同士の

$$(m, n) = (1, 4), (1, 9), (1, 16),$$
$$(4, 9), (4, 16), (9, 16)$$

が OK とわかる．

次は $m = 2$ のとき．$n = 3, 4, 5, 6, 7$ は駄目で $n = 8$ のときは $mn = 16$ で OK．$n = 9, 10, \cdots, 17$ は駄目で $n = 18$ は OK．以下これを続ける．

$$(m, n) = (2, 8), (2, 18), (3, 12), (5, 20)$$

$m = 6, 7$ は駄目，$m = 8$ のとき $n = 18$ は気づきにくい．やはり $m = 2^3, n = 2 \cdot 3^2$ と，素因数分解で表示し，理詰めで考える方がよい．

$$(m, n) = (8, 18)$$

《分数形の不定方程式》

13. 次の問に答えよ．

（1）次の条件 $(*)$ を満たす 3 つの自然数の組 (a, b, c) をすべて求めよ．

$(*)$　$a < b < c$ かつ $\dfrac{1}{a} + \dfrac{1}{b} + \dfrac{1}{c} = \dfrac{1}{2}$ である．

（2）偶数 $2n$（$n \geqq 1$）の 3 つの正の約数 p, q, r で，$p > q > r$ と $p + q + r = n$ を満たす組 (p, q, r) の個数を $f(n)$ とする．ただし，条件

を満たす組が存在しない場合は，$f(n)=0$ とする．n が自然数全体を動くときの $f(n)$ の最大値 M を求めよ．また，$f(n)=M$ となる自然数 n の中で最小のものを求めよ．

(17　名古屋大・文系)

考え方　（1）は頻出である．問題なかろう．（2）は難しい．その難しさの原因と攻略法を書いてみたい．多くの人が，（2）を見て，自分には解けないと，諦める．（1）で a, b, c がある．（2）では新たに p, q, r, n, M，そして関数 $f(n)$ が現れた．文字，関数を含め，9種類，「文字の多さ」が困難の主因である．

対策は，東大などの，文字の多い問題を解いて，文字の多さに慣れること，それしかない．そして，心を強くもつことである．他の問題を先に解いて，見直して，後はこれしかないという状態にしよう．他の人もひるんでいるに違いないと思え．少しは落ち着くだろう．

「（1）を使うはずだ」と信じ「$2n$ の約数 p, q, r」を式にするなら $2n=pa, 2n=qb, 2n=rc$ と置くしかない．$p+q+r=n$ に代入すれば，（1）の式に帰着する．そこで，a, b, c は（1）で求めたものとわかる．

$a=3, b=7, c=42$ のとき．

$p=\dfrac{2n}{a}, q=\dfrac{2n}{b}, r=\dfrac{2n}{c}$ に戻れば，

$$(p, q, r)=\left(\frac{2n}{3}, \frac{2n}{7}, \frac{n}{21}\right)$$

となる．ゴールは間近だ．

▶解答◀　（1）　$0<a<b<c$ より

$0<\dfrac{1}{c}<\dfrac{1}{b}<\dfrac{1}{a}$ であるから

$$\frac{1}{a}<\frac{1}{a}+\frac{1}{b}+\frac{1}{c}<\frac{1}{a}+\frac{1}{a}+\frac{1}{a}$$

$$\frac{1}{a}<\frac{1}{2}<\frac{3}{a} \qquad \therefore \ 2<a<6$$

a は自然数であるから，$a=3, 4, 5$ である．

（ア）　$a=3$ のとき

$$\frac{1}{b}+\frac{1}{c}=\frac{1}{6}$$

$$6c+6b=bc$$

$$(b-6)(c-6)=36$$

$3=a<b<c$ より $-3<b-6<c-6$ であるから

$$(b-6, c-6)=(1, 36), (2, 18), (3, 12), (4, 9)$$

$$(b, c)=(7, 42), (8, 24), (9, 18), (10, 15)$$

（イ）　$a=4$ のとき

$$\frac{1}{b}+\frac{1}{c}=\frac{1}{4}$$

$$4c+4b=bc$$

$$(b-4)(c-4)=16$$

$4=a<b<c$ より $0<b-4<c-4$ であるから

$$(b-4, c-4)=(1, 16), (2, 8)$$

$$(b, c)=(5, 20), (6, 12)$$

（ウ）　$a=5$ のとき

$$\frac{1}{b}+\frac{1}{c}=\frac{3}{10}$$

$$10c+10b=3bc$$

$$(3b-10)(3c-10)=100$$

$5=a<b<c$ より $5<3b-10<3c-10$ であるから，$(3b-10, 3c-10)$ は存在しない．以上より

$$(a, b, c)=\mathbf{(3, 7, 42), (3, 8, 24), (3, 9, 18),}$$

$$\mathbf{(3, 10, 15), (4, 5, 20), (4, 6, 12)}$$

（2）　p, q, r は $2n$ の正の約数であるから

$$a=\frac{2n}{p}, \quad b=\frac{2n}{q}, \quad c=\frac{2n}{r}$$

とおくと，a, b, c は自然数で，$p>q>r$ より

$$a<b<c \cdots\cdots\cdots\cdots\cdots\cdots\cdots①$$

また，$p=\dfrac{2n}{a}, q=\dfrac{2n}{b}, r=\dfrac{2n}{c}$ で，$p+q+r=n$ に代入すると

$$\frac{2n}{a}+\frac{2n}{b}+\frac{2n}{c}=n$$

$$\frac{1}{a}+\frac{1}{b}+\frac{1}{c}=\frac{1}{2} \cdots\cdots\cdots\cdots\cdots②$$

①，②より，(a, b, c) は（1）で求めたものである．

　$(a, b, c)=(3, 7, 42)$ のとき

$$(p, q, r)=\left(\frac{2n}{3}, \frac{2n}{7}, \frac{n}{21}\right) \cdots\cdots\cdots③$$

(p, q, r) が自然数の組になる条件は，n が 3, 7, 21 の倍数になること，すなわち n が 21 の倍数になることである．他の (a, b, c) に対する (p, q, r) は

$$(p, q, r)=\left(\frac{2n}{3}, \frac{n}{4}, \frac{n}{12}\right) \cdots\cdots\cdots④$$

$$(p, q, r)=\left(\frac{2n}{3}, \frac{2n}{9}, \frac{n}{9}\right) \cdots\cdots\cdots⑤$$

$$(p, q, r)=\left(\frac{2n}{3}, \frac{n}{5}, \frac{2n}{15}\right) \cdots\cdots⑥$$

$$(p, q, r)=\left(\frac{n}{2}, \frac{2n}{5}, \frac{n}{10}\right) \cdots\cdots⑦$$

$$(p, q, r)=\left(\frac{n}{2}, \frac{n}{3}, \frac{n}{6}\right) \cdots\cdots\cdots⑧$$

となる．さて，n を動かす．最初は $n=1$ だ．そのとき，③〜⑧の (p, q, r) で，p, q, r がすべて整数のセットになるものがあるか？1つもない．$f(1)=0$ だ．$f(n)$ というのは，n を定めたときに p, q, r がすべて整数になる (p, q, r) の個数である．$n=2$ のときには ⑦ の $p=\dfrac{n}{2}=1$ は整数だが，$q=\dfrac{4}{5}$ が整数でない．最初に整数セットが現れるのは $n=6$ のときだ．⑧ が $(p, q, r)=(3, 2, 1)$ でやっと $f(6)=1$ になる．

$f(7)$ は再び $f(7) = 0$ に転落だ．次に 0 でなくなるのは，⑤ が整数セットになる $n = 9$ で，$f(9) = 1$ だ．様子が掴めた．③〜⑧ が整数セットになるのは，それぞれ，n が 21，12，9，15，10，6 の倍数になるときである．したがって $f(n)$ のとる値は 0 から 6 までの整数値で，最大値 $M = 6$ である．$f(n) = 6$ になるのは n が，21，12，9，15，10，6 のすべての倍数になるときで，それは n が $4 \cdot 9 \cdot 5 \cdot 7 = 1260$ の倍数になるときである．最小の n は $n = 1260$ である．

《不定方程式が解を持つ条件》

14.（1）　整数 a と正の整数 b に対し，a を b で割ったときの「商」と「余り」の定義をそれぞれ述べなさい．また，その定義に基づいて，-1 を 2021 で割ったときの商と余りを求めなさい．

（2）　a，b，c は整数とし，a と b のうち少なくとも一方は 0 でないものとします．a，b，c に関する次の条件（ⅰ），（ⅱ），（ⅲ）について，（ⅱ）は（ⅰ）であるための必要十分条件であることを示しなさい．さらに，（ⅲ）は（ⅰ）であるための必要十分条件であるかどうかを調べなさい．

（ⅰ）　$ax + by = c$ をみたす整数 x，y が存在する．

（ⅱ）　p が素数で n が正の整数ならば，

$$ax + by + p^n z = c$$

をみたす整数 x，y，z が存在する．

（ⅲ）　p が素数ならば，

$$ax + by + pz = c$$

をみたす整数 x，y，z が存在する．

（21　鳴門教育大・教育）

考え方（2）題意の解釈が難しい．入試問題は「変数と定数」の区別を書かないものであるが，そのために正しく題意を取れない危険性が高い．（ⅱ）は「どのような素数 p，どのような正の整数 n に対しても，題意の等式が成り立つような整数 x，y，z が存在する」ということであるが，「存在」という表現は高校では出てこないために，生徒は「なんでもいいからあればいいのでしょ？ $z = 0$ にしたら皆同じ式だ．$z = 0$ がある．」と無茶苦茶をする．a，b，c は定数で，動かせない．解答者が考察に関して選択権があるのは p，n であり，z は，ひとまずは，勝手に決めてよいものではない．

▶解答◀（1）　すべての b の整数倍

$$\cdots,\ -3b,\ -2b,\ -b,\ 0,\ b,\ 2b,\ 3b,\ \cdots$$

を並べると，a は，どれかに一致するかどれかの間に入

る．すなわち，ある整数 q が存在して $bq \leqq a < b(q+1)$ となる．このとき $0 \leqq a - bq < b$ であるから $a - bq = r$ として

$$a = bq + r,\ 0 \leqq r < b$$

となる．このとき，整数 q，r がそれぞれ，a を b で割ったときの「商」と「余り」である．

$a = -1$，$b = 2021$ のとき

$$-1 = 2021 \cdot (-1) + 2020$$

で，2020 は $0 \leqq 2020 < 2021$ を満たすから，求める商は -1，余りは 2020 である．

（2）　下の ① で最大公約数が出てくる．0 や負の整数を含む最大公約数は高校の範囲外であり，問題文は「答案を書きやすくする配慮」に欠ける．a，b の最大公約数を g とする．ここでは g を次のように定義する．

$ab \neq 0$ のとき，$|a|$，$|b|$ の最大公約数を g とする．

$a = 0$ のときは $a = 0 \cdot b$ として $|b|$ を g とする．たとえば $a = 0$，$b = -4$ のとき a，b は素因数 2 を 2 個もつと考え，$g = 4$ とする．

$b = 0$ のときは $b = 0 \cdot a$ として $|a|$ を g とする．

このとき $ax + by$ は g の倍数であり

（ⅰ）$\Longleftrightarrow c$ が g の倍数 …………………………………①

は有名である．答案本体を短くするためこれを既知とする．注で補う．

（ⅱ）について：「任意の素数 p，および任意の自然数 n に対して $ax + by + p^n z = c$ をみたす整数 x，y，z が存在する」

ならば，a，b が共通にもつ素因数があれば，それを p とし，a，b がもつ p の個数の小さい方（等しいときはその値）を n とすると，$ax + by + p^n z = c$ の左辺は p^n の倍数になる．よって c は p^n の倍数である．これが a，b の共通のすべての素因数 p について言えるから c は g の倍数になる．逆に c が g の倍数ならば，$z = 0$ として $ax + by = c$ となる整数 x，y が存在するから，

（ⅰ）$\Longleftrightarrow$（ⅱ）………………………………………②

である．

a，b が共通にもつ素因数がなければ $g = 1$ で ①，② は成り立つ．

（ⅱ）は（ⅰ）であるための必要十分条件である．

（ⅲ）について．（ⅲ）ならば，$z = p^{n-1} z_1$（z_1 は整数）とすれば $ax + by + pz = c$ の式は（ⅱ）の式になり，c が g の倍数になる．逆に c が g の倍数になるならば，$z = 0$ として $ax + by + pz = c$ の式は（ⅰ）の式になる．（ⅲ）$\Longleftrightarrow$（ⅰ）

（ⅲ）は（ⅰ）であるための必要十分条件

注意 1°【①について】

g は解答に書いた意味での a, b の最大公約数である.

(a) $b > 0$, $g \neq 1$ のとき.
$$c - a \cdot 0,\ c - a \cdot 1,\ \cdots,\ c - a \cdot (b-1) \quad \cdots\cdots \cdots ③$$
は b 個の整数である. これらを b で割った余りが全部異なれば, 0 から $b-1$ が 1 個ずつ現れ, ③ の中に b の倍数のものがあるから $c - ax = by$ となる整数 x, y が存在する.

③ を b で割った余りの中に等しいものがあると仮定すると $0 \leq i < j \leq b-1$ となる整数 i, j で
$$(c - ai) - (c - aj) = a(j - i)$$
が b の倍数になるものがあるが, $0 < j - i < b$ であり, a と b は互いに素であるから矛盾する. ゆえにそのようなものはない.

(b) $b < 0$ のとき. $by = (-b)(-y)$ であるから $-b$ を新たな b だと思って上と同様に考えればよい.

(c) $b = 0$ のとき. $ax + by = c$ は $ax = c$ となり, c は g の倍数である.

(d) a, b が互いに素でないとき, $ax + by$ は g の倍数であるから,
$a = ga'$, $b = gb'$, $c = gc'$ として, $ax + by = c$ の両辺を g で割った式は $a'x + b'y = c'$ となる. これを満たす整数 x, y が存在することは以上で示されている.

なお, ユークリッドの互除法の応用として $ax + by = c$ の特殊解を見つける解法もある. この解法をとる場合, a, b は正でなければならないから, 出題者の負や 0 を許した出題姿勢はよくない. 無駄に面倒である.

2°【p, n は都合の良いものだけを考えるのではない】

上の解答で p を a, b の共通因数, n を a, b がもつ個数の小さい方の指数にとっているが, 「どのような p, n に対してもこうなっている」 というのであるから, p が a, b がもっていない素数であったり, n が小さい自然数のときには $ax + by = c$, $z = 0$ になるという形である.

───《下 2 桁を求める》───
15. $a_n = n^{10} + 15n^8\ (n = 1, 2, 3, \cdots)$ とし, a_n を 100 で割ったときの余りを b_n とする.
（1）n を 10 で割ったときの余りが 2 のとき, b_n を求めよ.
（2）集合 $\{b_n \mid n = 1, 2, 3, \cdots\}$ の要素をすべて求めよ. （19 東北大・医-AO）

考え方 いきなり mod 100 で合同式で書き始める人がいる.
（1）mod 100 で $m \equiv 2$
と書いたりする. 残念ながら, そうではない. たとえば $n = 22$ のとき, n を 10 で割った余りは 2 であるが, mod 100 で $n \equiv 2$ ではない. 世間には合同式が何か特別な, スーパーなものだと思っている人がいるが, 間違いである. 基本的には, 普通の方法の省略形である. それに, 普通の方法の方が強力である. 私は, $n = 10k + 2$ とおいたのに 100 で割った余りが求められるタイプの問題を 「法が変わる問題」 と呼んでいる. それは実際に展開しないとわからない.

▶解答◀ （1）以下文字は整数とする. n を 10 で割って余りが 2 のとき $n = 10k + 2$ とおける.
$$a_n = n^{10} + 15n^8$$
$$= (10k + 2)^{10} + 15(10k + 2)^8$$
これらを二項展開すると 10 の 2 乗以上の項は 100 の倍数であるから
$$a_n = 100A + {}_{10}C_1 \cdot 10k \cdot 2^9 + 2^{10}$$
$$+ 15(100B + {}_8C_1 \cdot 10k \cdot 2^7 + 2^8)$$
の形となる.
$$a_n = 100A + 100k \cdot 2^9 + 2^{10}$$
$$+ 1500B + 1200k \cdot 2^7 + 15 \cdot 2^8$$
$$= 100C + 2^{10} + 15 \cdot 2^8$$
$$= 100C + 1024 + 3840 = 100C + 4864$$
の形となる.
$$b_n = \mathbf{64}$$
（2）$n = 10k + r\ (r = 0, \pm 1, \pm 2, \pm 3, \pm 4, 5)$ とおけて, 上と同様に
$$a_n = 100D + r^{10} + 15 \cdot r^8$$
の形となる. $f(r) = r^{10} + 15 \cdot r^8$ とおく.
$$f(0) = 0$$
$$f(\pm 1) = 1 + 15 = 16$$
$$f(\pm 2) = 4864$$
$$f(\pm 3) = (9 + 15) \cdot 3^8$$
$$= 24 \cdot 81^2 = 24 \cdot 6561 = 157464$$
$$f(\pm 4) = (16 + 15) \cdot 4^8$$
$$= 31 \cdot 1024 \cdot 64 = 1024 \cdot 1984 = 2031616$$
$$f(5) = 5^{10} + 15 \cdot 5^8 = 5^8(25 + 15) = 5^7 \cdot 200$$
求める要素は $\mathbf{0, 16, 64}$

───《上 3 桁を求める》───
16. 2014^{10} に関して, 以下の問に答えよ. ただし,

必要ならば $7^9 = 40353607$ および $7^{10} = 282475249$
を用いてよい．

（1） 2014^{10} の十の位の数字を求めよ．

（2） 2014^{10} の十万の位の数字を求めよ．

（3） 2014^{10} の上 3 桁の数字を求めよ．

（14　岐阜大・工，医，地科，応生）

▶解答◀　（1） $N = 2014^{10}$ とおく．整数 x, y および自然数 p に対して $x - y$ が p の倍数であることを $x \equiv y$ と書くことにする．N を 100 で割った余りを求める．$p = 100$ として

$$N = (2000 + 14)^{10} \equiv 14^{10} \equiv (14^2)^5 \equiv 196^5$$
$$\equiv (200 - 4)^5 \equiv (-4)^5 \equiv -2^{10} \equiv -1024$$
$$\equiv -24 \equiv -24 + 100 \equiv 76$$

N を 100 で割った余りは 76 だから N の十の位の数字は **7** である．

（2）　$N = (2 \cdot 1007)^{10} = 2^{10}(1000 + 7)^{10}$

$a = 1000$ とおく．

$$N = 2^{10}(1000 + 7)^{10} = 2^{10}(a + 7)^{10}$$
$$= 2^{10} \sum_{k=0}^{10} {}_{10}C_k a^k \cdot 7^{10-k}$$

$a^2 = 1000000$ は 100 万だから a の指数が 2 以上の項は 100 万の倍数である．N を 100 万で割った余りを求める．$p = 10^6$ とする．

$$N \equiv 2^{10}(7^{10} + {}_{10}C_1 \cdot 7^9 \cdot a)$$
$$\equiv 1024(282475249 + 10 \cdot 40353607 \cdot 1000)$$
$$\equiv 1024(75249 + 70000) \equiv 1024 \cdot 45249$$
$$\equiv 46334976 \equiv 334976$$

N を 100 万で割った余りは 334976 だから N の十万の位の数字は **3** である．

（3）　$N = 2^{10}(1000 + 7)^{10} = 2^{10}(1000)^{10}\left(1 + \dfrac{7}{1000}\right)^{10}$

$x = \dfrac{7}{1000}$ とおく．$(1 + x)^{10}$ を二項展開すると

$$(1 + x)^{10} = 1 + {}_{10}C_1 x + {}_{10}C_2 x^2 + \sum_{k=3}^{10} {}_{10}C_k x^k$$

となる．ここで

$$y = {}_{10}C_2 x^2 + \sum_{k=3}^{10} {}_{10}C_k x^k$$

とおく．$3 \leqq k \leqq 10$ のとき $x^k \leqq x^3$（等号は $k = 3$ のときだけ成り立つ）だから

$$y < 45x^2 + \sum_{k=3}^{10} {}_{10}C_k x^3 \quad \cdots\cdots\cdots\cdots\cdots\cdots ①$$

である．ここで，

$$2^{10} = {}_{10}C_0 + {}_{10}C_1 + {}_{10}C_2 + \sum_{k=3}^{10} {}_{10}C_k$$

$$\sum_{k=3}^{10} {}_{10}C_k = 1024 - (1 + 10 + 45) = 968$$

だから ① は

$$y < 45x^2 + 968x^3$$

となる．さらに

$$45x^2 + 968x^3 = \frac{45 \cdot 49}{10^6} + \frac{968 \cdot 343}{10^9}$$
$$= \frac{2205}{1000000} + \frac{332024}{1000000000}$$
$$= 0.002205 + 0.000332024$$
$$= 0.002537024 < 0.003$$

だから $0 < y < 0.003$ である．

$$(1 + x)^{10} = 1 + 10x + y = 1.07 + y$$

とから

$$1.07 < (1 + x)^{10} < 1.073$$

となる．各辺に $1024 \cdot 10^{30}$ を掛けて

$$1095.68 \cdot 10^{30} < N < 1098.752 \cdot 10^{30}$$

である．N の上 3 桁の数字は，**109** である．

注意【y をどこまで絞るか】$(1 + x)^{10} = 1 + 10x + y$ において，$1 + {}_{10}C_1 x = 1.07$ までとれば答えが得られるのではないかと予想を立てる．あとで $2^{10} = 1024$ を掛けるから，$1027 \cdot 1.07 = 1095.68$ により，N の上 3 桁は 109 と予想できる．ここに $1024y$ を加えて一の位で桁上がりが起こってはいけないので $1024y < 4.32$ であると有り難い．これを解くと

$$y < 0.0042$$

となる．これを導くことを目標にする．

$$y = \sum_{k=2}^{10} {}_{10}C_k x^k \leqq \sum_{k=2}^{10} {}_{10}C_k x^2 = 1013x^2 = 0.049637$$

とすると $y < 0.0042$ は得られず失敗する．そこで解答のようにする．

《二項係数と方程式》

17. 以下の問いに答えよ．

（1）　$m \leqq n$ であって，$mn + 2 = {}_{m+n}C_m$ を満たす正の整数の組 (m, n) を 1 つ求めよ．

（2）　$m \leqq n$ であって，$mn + 2 = {}_{m+n}C_m$ を満たす正の整数の組 (m, n) は，（1）で求めた組に限ることを示せ．

（22　熊本大・医）

考え方　うーん，たくさん解があるのかなぁなどと不安な気持になっていては，始まらない．左辺の次数は 2 なのに対して，右辺はコンビネーションだから，次数がかなり大きくなる．このような大小の感覚を持ってお

くと，どうせ大して m, n は大きくなれまい，と自信を持ちながら進めることができる．

▶解答◀ （**1**） $m=1$ のとき

$_{m+n}C_m = {}_{n+1}C_1 = n+1$, $mn+2 = n+2$

$$mn+2 = {}_{m+n}C_m \quad \cdots\cdots\cdots\cdots\cdots ①$$

で $m=1$ とすると $n+2 = {}_{1+n}C_1$

$$n+1 = n+2$$

となり，成立しない．

$m=2$ のとき

$$2n+2 = {}_{2+n}C_2$$

$$2(n+1) = \frac{1}{2}(n+2)(n+1)$$

$4 = n+2$ となり $n=2$ である．答えは $(m, n) = (2, 2)$

（**2**） $m \geqq 2$ のときは $mn+2 \leqq {}_{m+n}C_m$ であり，等号は $m=2$ かつ $n=2$ に限って成り立つことを証明する．

まず，一般の二項係数の性質「$_nC_k$ は k が $\frac{n}{2}$ に近いほど大きく，離れるほど小さい」ことを既知として用いる．このとき $2 \leqq m \leqq \frac{m+n}{2}$ であるから $_{m+n}C_m \geqq {}_{m+n}C_2$ である．次に，$_{m+n}C_2 \geqq mn+2$ であることを示す．m 人の M 家の家族がおり，n 人の N 家の家族がいるとする．$m+n$ 人から 2 人をとる組合せを考えるとき，M 家と N 家から 1 人ずつとる組合せが mn 通りあり，M 家の $m(\geqq 2)$ 人から 2 人を選ぶ組合せは 1 通り以上あり，N 家の $n(\geqq 2)$ 人から 2 人を選ぶ組合せは 1 通り以上あるから，$_{m+n}C_2 \geqq mn+2$ である．以上より $_{m+n}C_m \geqq {}_{m+n}C_2 \geqq mn+2$ となり

$$_{m+n}C_m \geqq mn+2$$

等号は $m=n=2$ のときに限って成り立つ．以上で証明された．

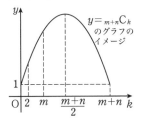

$y = {}_{m+n}C_k$ のグラフのイメージ

注意 1°【二項係数の増加性について】

（a） $(k+1)_nC_{k+1} = (n-k)_nC_k$ であることを示す．意味づけすれば

n 人の国民から $k+1$ の国会議員と，国会議員の中から 1 人の首相を選ぶ．これが $(k+1)_nC_{k+1}$ 通りある．一方，首相以外の k 人の国会議員を先に選び（$_nC_k$ 通り）残った $n-k$ 人から 1 人の首相を選ぶと考えると $(n-k)_nC_k$ 通りあるから $(k+1)_nC_{k+1} = (n-k)_nC_k$ である．式で示すと

$$(k+1)_nC_{k+1} = (k+1) \cdot \frac{n!}{(k+1)!(n-k-1)!}$$

$$= \frac{n!}{k!(n-k-1)!} = (n-k) \cdot \frac{n!}{k!(n-k)!}$$

$$= (n-k)_nC_k$$

（b） 次に $1 \leqq k+1 \leqq \frac{n}{2}$ のとき $_nC_k < {}_nC_{k+1}$ であることを示す．

$1 \leqq k+1 \leqq \frac{n}{2}$ のとき $2k+2 \leqq n$ であるから

$k+1 < n-k$, $(k+1)_nC_{k+1} = (n-k)_nC_k$

であり，$_nC_{k+1} > {}_nC_k$ となる．

（c） $0 \leqq k \leqq n$ のとき $_nC_k$ を最大にする k を求める．

$0 \leqq k \leqq \frac{n-2}{2}$ のときには $_nC_k < {}_nC_{k+1}$ である．n が偶数なら

$$_nC_0 < {}_nC_1 < \cdots < {}_nC_{\frac{n-2}{2}} < {}_nC_{\frac{n}{2}}$$

n が奇数なら

$$_nC_0 < {}_nC_1 < \cdots < {}_nC_{\frac{n-3}{2}} < {}_nC_{\frac{n-1}{2}}$$

あとは左右対称性 $_nC_k = {}_nC_{n-k}$ を考え n が偶数のとき $k = \frac{n}{2}$ で最大になり，n が奇数のとき $k = \frac{n-1}{2}, \frac{n+1}{2}$ で最大になる．

《二項係数と素数のコラボ》

18. 以下の問いに答えよ．

（**1**） 正の整数 n に対して，二項係数に関する次の等式を示せ．

$$n \cdot {}_{2n}C_n = (n+1)_{2n}C_{n-1}$$

また，これを用いて $_{2n}C_n$ は $n+1$ の倍数であることを示せ．

（**2**） 正の整数 n に対して，$a_n = \frac{{}_{2n}C_n}{n+1}$ とおく．このとき，$n \geqq 4$ ならば $a_n > n+2$ であることを示せ．

（**3**） a_n が素数となる正の整数 n をすべて求めよ． （21 東工大）

▶解答◀ （**1**） $n \cdot {}_{2n}C_n = (n+1)_{2n}C_{n-1}$ は $n=1$ のとき成り立つ．$n \geqq 2$ のとき

$$n \cdot {}_{2n}C_n = n \cdot \frac{(2n)(2n-1) \cdot \cdots \cdot (n+2)(n+1)}{n(n-1) \cdot \cdots \cdot 2 \cdot 1}$$

$$= (n+1) \cdot \frac{(2n)(2n-1) \cdot \cdots \cdot (n+3)(n+2)}{(n-1) \cdot \cdots \cdot 2 \cdot 1}$$

$$= (n+1) \cdot {}_{2n}C_{n-1}$$

$n \cdot {}_{2n}C_n = (n+1)_{2n}C_{n-1}$ である．右辺は $n+1$ の倍数であるから左辺も $n+1$ の倍数で，n と $n+1$ は互いに素であるから $_{2n}C_n$ は $n+1$ の倍数である．

（**2**） （1）より a_n は自然数である．$a_n > n+2$，すなわち $\frac{a_n}{n+2} > 1$ を示す．$b_n = \frac{a_n}{n+2}$ とおく．$n \geqq 4$ で

$b_n > 1$ を示す.

$$b_n = \frac{{}_{2n}C_n}{(n+1)(n+2)}$$

$$= \frac{2n(2n-1)(2n-2)\cdots(n+1)}{(n+1)(n+2)\cdot n!}$$

$$= \frac{2n(2n-1)(2n-2)\cdots(n+3)}{n(n-1)\cdots 1}$$

$$\frac{b_{n+1}}{b_n} = \frac{\dfrac{(2n+2)(2n+1)2n\cdots(n+4)}{(n+1)n(n-1)\cdots 1}}{\dfrac{2n(2n-1)(2n-2)\cdots(n+3)}{n(n-1)\cdots 1}}$$

$$= \frac{\dfrac{(2n+2)(2n+1)}{(n+1)}}{\dfrac{(n+3)}{1}} = \frac{4n+2}{n+3}$$

$$= \frac{(n+3)+(3n-1)}{n+3} > 1$$

$b_{n+1} > b_n$ だから b_n は増加し,

$$b_4 = \frac{{}_8C_4}{5\cdot 6} = \frac{8\cdot 7\cdot 6\cdot 5}{4\cdot 3\cdot 2\cdot 1\cdot 5\cdot 6} = \frac{7}{3} > 1$$

$b_{n+1} > b_n \geq b_4 > 1$ であるから証明された.

（3） $a_1 = \dfrac{{}_2C_1}{2} = 1$, $a_2 = \dfrac{{}_4C_2}{3} = 2$,

$$a_3 = \frac{{}_6C_3}{4} = 5, \quad a_4 = \frac{{}_8C_4}{5} = 14,$$

$$a_5 = \frac{{}_{10}C_5}{6} = 42, \quad a_6 = \frac{{}_{12}C_6}{7} = 132$$

a_n は増加し, $n \geq 4$ のとき a_n は素数でないと推測できる.

$$a_n = \frac{2n\cdots(n+1)}{(n+1)n\cdots 1}$$

$$\frac{a_{n+1}}{a_n} = \frac{\dfrac{(2n+2)(2n+1)(2n)\cdots(n+2)}{(n+2)\cdots 1}}{\dfrac{2n\cdots(n+1)}{(n+1)\cdots 1}}$$

$$= \frac{\dfrac{(2n+2)(2n+1)}{(n+2)}}{\dfrac{n+1}{1}} = \frac{4n+2}{n+2}$$

$\dfrac{a_{n+1}}{a_n} = \dfrac{4n+2}{n+2} > 1$ であるから $a_{n+1} > a_n$ となり, a_n は増加する. また（2）より

$$a_{n+1} = \frac{4n+2}{n+2}a_n > \frac{4n+2}{n+2}(n+2) = 4n+2$$

である. a_{n+1} が素数になることがあると仮定すると, $(n+2)a_{n+1} = (4n+2)a_n$ の左辺にその素数があるから, 右辺にもある. a_n または $4n+2$ がその素因数 a_{n+1} をもつ. ところが $a_{n+1} > a_n$, $a_{n+1} > 4n+2$ であるから, 矛盾する. よって, $n \geq 4$ のとき a_n は素数にならない.

a_n が素数となる正の整数 n は **2, 3** のみである.

注意 （2）を直接示す場合.

$$\frac{{}_{2n}C_n}{(n+1)(n+2)}$$

$$= \frac{(2n)(2n-1)\cdots(n+4)(n+3)}{n(n-1)\cdots 2\cdot 1}$$

$$= \frac{n+3}{n}\cdot\frac{n+4}{n-1}\cdots\frac{2n-1}{4}\cdot\frac{2n}{3\cdot 2\cdot 1}$$

$n \geq 4$ においては $\dfrac{n+3}{n}$, $\dfrac{n+4}{n-1}$, ..., $\dfrac{2n-1}{4}$ はすべて 1 より大きく, $\dfrac{2n}{3\cdot 2\cdot 1} \geq \dfrac{2\cdot 4}{3\cdot 2\cdot 1} > 1$ であるから

$$\frac{{}_{2n}C_n}{(n+1)(n+2)} > 1$$

である. よって, $n \geq 4$ ならば $a_n > n+2$ である.

《n 進法で表された小数》

19. 三進法の循環小数を以下のように表す.

$$0.002002002\cdots_{(3)} = 0.\dot{0}0\dot{2}_{(3)}$$

次の問いに答えなさい.

（1） 十進法の $\dfrac{20}{27}$ を三進法の小数で表しなさい.

（2） m, n を正の整数とする. 十進法の $\dfrac{n}{m}$ が三進法の小数で $0.\dot{0}11\dot{0}_{(3)}$ と表されるように, m, n を1組定めなさい.

（3） n を $n \geq 1$ を満たす整数とする. 十進法の $\dfrac{1}{3^n-1} - \dfrac{1}{3^n}$ を三進法の小数で表したとき, 初めて1が現れるのは小数第何位か答えなさい.

（4） 十進法の $\dfrac{3^{2020}}{7}$ を三進法の小数で表したとき, 三進法で表された小数の小数部分を答えなさい.

(20　秋田大・医)

▶**解答**◀ （1） $\dfrac{20}{27} = \dfrac{2}{3} + \dfrac{2}{27}$ であるから

$$\frac{20}{27} = \mathbf{0.202_{(3)}}$$

（2） $x = 0.\dot{0}11\dot{0}_{(3)}$ とおく. 両辺を $10000_{(3)}$ 倍する. 3進法として

$$10000x = 110.0110\cdots$$

$$x = 0.0110\cdots$$

辺ごとに引いて

$$2222x = 110$$

$$2222_{(3)} = 2(3^3 + 3^2 + 3 + 1) = 80_{(10)}$$

$$110_{(3)} = 1\cdot 3^2 + 1\cdot 3 = 12_{(10)}$$

より, 10進法で $x = \dfrac{12}{80} = \dfrac{3}{20}$ であるから

$(m, n) = \mathbf{(20, 3)}$ である.

（3） $\dfrac{1}{3^n-1} - \dfrac{1}{3^n} = \dfrac{1}{(3^n-1)\cdot 3^n} > \dfrac{1}{3^n\cdot 3^n}$ で, $\dfrac{1}{(3^n-1)\cdot 3^n}$ は $\dfrac{1}{3^{2n}}$ に近い. そこで $\dfrac{1}{(3^n-1)\cdot 3^n} - \dfrac{1}{3^{2n}}$ を計算すると

$$\frac{1}{(3^n-1)\cdot 3^n} - \frac{1}{3^{2n}} = \frac{1}{3^{2n}(3^n-1)}$$

となり，$3^n - 1 \geqq 2$ であるから

$$\frac{1}{3^{2n}(3^n-1)} \leqq \frac{1}{3^{2n}\cdot 2} < \frac{2}{3^{2n+1}}$$

となる．よって，

$$\frac{1}{3^{2n}} < \frac{1}{3^n-1} - \frac{1}{3^n} < \frac{1}{3^{2n}} + \frac{2}{3^{2n+1}}$$

$\dfrac{1}{3^n-1} - \dfrac{1}{3^n}$ を 3 進法表示すると第 $2n$ 位にはじめて 1 が現れ（それまでは 0）その次の位は 0, 1 のいずれかである．

（4） 7 を法とする．

$$3^{2020} \equiv 9^{1010} \equiv 2^{1010} \equiv 1024^{101} \equiv 2^{101}$$

$$\equiv 2\cdot 1024^{10} \equiv 2\cdot 2^{10} \equiv 2048 \equiv 4$$

であるから，$\dfrac{3^{2020}}{7}$ の小数部分は $\dfrac{4}{7}$ である．これを 3 進法で表す．

$$3\cdot\frac{4}{7} = 1 + \frac{5}{7}$$

$$3\cdot\frac{5}{7} = 2 + \frac{1}{7}$$

$$3\cdot\frac{1}{7} = 0 + \frac{3}{7}$$

$$3\cdot\frac{3}{7} = 1 + \frac{2}{7}$$

$$3\cdot\frac{2}{7} = 0 + \frac{6}{7}$$

$$3\cdot\frac{6}{7} = 2 + \frac{4}{7}$$

より，求める小数部分は，$0.\dot{1}2010\dot{2}_{(3)}$ である．

《Weyl の一様分布》

20. α, β を正の無理数とする．2 つの集合 A, B を

$$A = \{[n\alpha] \mid n = 1, 2, 3, \cdots\}$$

$$B = \{[n\beta] \mid n = 1, 2, 3, \cdots\}$$

で定める．集合 C を A と B の共通部分とする．集合 D を A と B の和集合とする．$\dfrac{1}{\alpha} + \dfrac{1}{\beta} = 1$ のとき以下の問いに答えよ．ただし，実数 x に対して，x を超えない最大の整数を $[x]$ と表す．

（1） C は空集合となることを示せ．

（2） $E = \{n \mid n = 1, 2, 3, \cdots, 99\}$ のとき，E は D の部分集合となることを示せ．

(16 京都府立大・生命環境)

▶解答◀ （1） α, β は

$$\frac{1}{\alpha} + \frac{1}{\beta} = 1$$

を満たす無理数であるから，$\alpha \neq \beta$ であり，$\alpha < \beta$ としても一般性を失わない．

$\dfrac{1}{\alpha} > \dfrac{1}{\beta}$ であるから $\dfrac{1}{\alpha} > \dfrac{1}{2} > \dfrac{1}{\beta}$ であり，よって $1 < \alpha < 2 < \beta$ である．したがって $[\alpha] = 1$，$[\beta] \geqq 2$ である．集合 A, B のいずれも正の整数のみを要素とする集合である．

今，ある正の整数 k が $C = A \cap B$ の要素であると仮定すると，ある正の整数 r, s が存在して次の不等式が成り立つ．

$$k < r\alpha < k+1, \quad k < s\beta < k+1$$

α, β が無理数であるから，不等号に等号はつかないことに注意せよ．

$$\frac{k}{\alpha} < r < \frac{k+1}{\alpha}, \quad \frac{k}{\beta} < s < \frac{k+1}{\beta}$$

2 つの不等式の辺々をたす．

$$\frac{k}{\alpha} + \frac{k}{\beta} < r+s < \frac{k+1}{\alpha} + \frac{k+1}{\beta}$$

$$k\left(\frac{1}{\alpha} + \frac{1}{\beta}\right) < r+s < (k+1)\left(\frac{1}{\alpha} + \frac{1}{\beta}\right)$$

$\dfrac{1}{\alpha} + \dfrac{1}{\beta} = 1$ より，

$$k < r+s < k+1$$

k, r, s はいずれも正の整数であるから矛盾する．よって背理法により C は空集合である．

（2） ある正の整数 k が A, B のどちらの集合にも属していないと仮定する．このとき，ある正の整数 r, s が存在して，次の不等式が成り立つ．

$$r\alpha < k, \quad k+1 < (r+1)\alpha$$

$$s\beta < k, \quad k+1 < (s+1)\beta$$

このとき

$$r < \frac{k}{\alpha}, \quad \frac{k+1}{\alpha} < r+1$$

$$s < \frac{k}{\beta}, \quad \frac{k+1}{\beta} < s+1$$

となり，これらの不等式の辺々をたすと，

$$r+s < k, \quad k+1 < r+s+2$$

となる．k について解くと

$$r+s < k < r+s+1$$

となり，$r+s+1$ と $r+s$ は差が 1 の正の整数だから矛盾する．ゆえに任意の正の整数は A または B の一方に含まれ，D は正の整数の集合である．E は D の部分集合である．

《調和級数に関する問題》

21. p を 2 より大きい素数，n を正の整数とする．$1 \leqq k \leqq p^n$ を満たす整数 k で，p と互いに素であるもの全体の集合を A とする．次の問いに答えよ．

（1） $p = 3, n = 2$ のとき，集合 A を求めよ．

（２）　A に属する整数の個数，および A に属するすべての整数の和を求めよ．

（３）　A に属する整数 k に対して，$kl-1$ が p^n の倍数となるような A に属する整数 l が存在し，それはただ一つであることを示せ．ただし，整数 a と b が互いに素であるとき，1次不定方程式 $ax+by=1$ は，整数解をもつことが知られている．必要ならばこの事実を利用してよい．

（４）　A に属するすべての整数 k についての $\dfrac{1}{k}$ の和を既約分数で表したとき，分子は p^n の倍数となることを示せ．　　　　　（19　金沢大・理系）

▶解答◀　（１）　$p=3, n=2$ のとき．
$1 \leqq k \leqq 9$ の整数 k で 3 と互いに素であるものの集合 A は

$$A = \{1, 2, 4, 5, 7, 8\}$$

（２）　A に属する整数は，$1 \leqq k \leqq p^n$ を満たす整数全体 $1, 2, \cdots, p^n$ から，p の倍数のもの

$$p, 2p, 3p, \cdots, p^{n-1} \cdot p$$

を除いたもので，その要素の個数は

$$n(A) = p^n - p^{n-1}$$

である．A に属するすべての整数の和は

$$1 + 2 + 3 + \cdots + p^n$$
$$-(p + 2p + 3p + \cdots + p^{n-1} \cdot p)$$
$$= \frac{1}{2} p^n (p^n + 1) - p(1 + 2 + 3 + \cdots + p^{n-1})$$
$$= \frac{1}{2} p^n (p^n + 1) - p \cdot \frac{1}{2} p^{n-1}(p^{n-1} + 1)$$
$$= \frac{1}{2} p^n \{p^n + 1 - (p^{n-1} + 1)\}$$
$$= \frac{1}{2} p^n (p^n - p^{n-1})$$

（３）　k と p^n は互いに素であるから

$$kx - p^n y = 1 \quad \cdots\cdots\cdots\cdots\cdots\cdots ①$$

を満たす整数 x, y が存在する．x を p^n で割った余りを l とする．ただし，余りが 0 のときは 0 のかわりに p^n を使うことにする．商を z として

$$x = p^n z + l \quad (1 \leqq l \leqq p^n)$$

とおく．① に代入し

$$k(p^n z + l) - 1 = p^n y$$
$$kl - 1 = p^n (y - kz)$$

$kl-1$ が p^n の倍数となる整数 l $(1 \leqq l \leqq p^n)$ がただ1つ存在する．

もし l が p の倍数だとすると

$$kl - p^n (y - kz) = 1$$

の左辺は p の倍数，右辺は p の倍数でなく，矛盾する．よって l は p^n と互いに素である．

（４）　p は 2 より大きい素数であるから奇数である．
1 と $p^n - 1$ は A に属する．

$$\frac{1}{1} + \frac{1}{p^n - 1} = \frac{p^n}{p^n - 1}$$

2 と $p^n - 1$ は A に属する．

$$\frac{1}{2} + \frac{1}{p^n - 2} = \frac{p^n}{2(p^n - 2)}$$

一般に A に属する数は k と $p^n - k$ というペアで存在する．ただし p^n は奇数であるから $k = p^n - k$ ではない．

$$\frac{1}{k} + \frac{1}{p^n - k} = \frac{p^n}{k(p^n - k)}$$

よって A に属するすべての要素に対し，逆数の和をとると，$M_1, M_2, \cdots$ を自然数として

$$\frac{p^n}{M_1} + \frac{p^n}{M_2} + \cdots$$

の形になるから，これを通分したとき分子は p^n の倍数になる．

注意　（３）① の段階では x が $1 \leqq x \leqq p^n$ にあるという保証はない．$x < 0$ かもしれない．したがって最初からこれが目的の l だというわけにはいかない．

♦別解♦　（３）A に属する整数 k に対し，まず，

$$k \cdot 1 - 1, k \cdot 2 - 1, k \cdot 3 - 1, \cdots, k \cdot p^n - 1$$

を p^n で割った余りがすべて異なることを証明する．
$k \cdot x - 1$ を p^n で割った商を S_x，余りを R_x とする．
$1 \leqq i < j \leqq p^n$ を満たす i, j で，$R_i = R_j$ になる i, j が存在すると仮定する．

$$k \cdot j - 1 = p^n S_j - R_j$$
$$k \cdot i - 1 = p^n S_i - R_i$$

辺ごとにひいて，$R_i = R_j$ より

$$k(j - i) = p^n (S_j - S_i)$$

右辺は p^n の倍数であるから左辺も p^n の倍数である．ところが k は p^n と互いに素であり，$1 \leqq j - i \leqq p^n - 1 < p^n$ であるから $k(j-i)$ は p^n の倍数ではなく矛盾する．よって $R_i = R_j$ となる i, j は存在しない．ゆえに R_x はすべて異なり，$0, 1, \cdots, p^n - 1$ が 1 回ずつ現れる．よって $R_l = 0$ となる l $(1 \leqq l \leqq p^n)$ がただ 1 つ存在する．そのとき

$$k \cdot l - 1 = p^n S_l$$

となる．もし，l が p の倍数になると仮定すると

$$kl - p^n S_l = 1$$

の左辺は p の倍数になり，右辺は p の倍数でないから矛盾する．ゆえに l は p と互いに素である．

《有理数をいくつかの逆数和で表す》

22. 以下の問いに答えよ.

（1） a と b を互いに素な自然数とし，自然数 n に対し

$$\frac{1}{n+1} < \frac{b}{a} < \frac{1}{n}$$

が成り立つとする. 互いに素な自然数 c, d により

$$\frac{b}{a} - \frac{1}{n+1} = \frac{d}{c}$$

と表すとき，$d < b$ となることを示せ.

（2） S を 0 より大きく 1 より小さい有理数とする. このとき，S は異なる自然数 $n_1, n_2, \cdots, n_l$ の逆数の和として

$$S = \frac{1}{n_1} + \frac{1}{n_2} + \cdots + \frac{1}{n_l}$$

$$(1 < n_1 < n_2 < \cdots < n_l)$$

と表すことができることを示せ.

（21 広島大・後期）

▶**解答**◀ 基本的な考え方としては，できるだけ大きいものを削り取っていく方針である. 例えば，$\frac{7}{15}\left(= \frac{1}{2.14\cdots}\right)$ を考えると，$\frac{1}{2}$ は削りとれないが，$\frac{1}{3}$ は削り取れるから，まずそれを引くと，

$$\frac{7}{15} = \frac{1}{3} + \frac{2}{15}$$

とかける. さらに，$\frac{2}{15}\left(= \frac{1}{7.5}\right)$ から $\frac{1}{8}$ を削りとると

$$\frac{7}{15} = \frac{1}{3} + \frac{1}{8} + \frac{1}{120}$$

となって，操作が終了する. 問題は，この操作が永遠に続くことがあるかないかである. 方針が定まれば少しは気が楽になるだろう.

▶**解答**◀ （1） $\frac{1}{n+1} < \frac{b}{a} < \frac{1}{n}$ ………………①

「が成り立つとする」というのは，逆数をとって

$$n+1 > \frac{a}{b} > n \quad \cdots\cdots\cdots\cdots\cdots\cdots②$$

と変形できるから

$\frac{a}{b}$ が整数でないとき（$b \geqq 2$ のとき）に，$\frac{a}{b}$ の整数部分を n とする，ということである.

$$\frac{b}{a} - \frac{1}{n+1} = \frac{d}{c} \qquad \therefore \quad \frac{b(n+1)-a}{a(n+1)} = \frac{d}{c}$$

右辺は既約分数であるから，左辺の分子 $b(n+1)-a$ は d の倍数で，$d \leqq b(n+1)-a$

両辺から b を引いて $d-b \leqq bn-a$

一方，① より $bn < a$

よって $d-b \leqq bn-a < 0$

ゆえに $d < b$ となる.

（2） （1）の操作を次のように表す.

$\frac{b_1}{a_1} = S$ とする. $0 < \frac{b_k}{a_k} < 1$ である有理数 $\frac{b_k}{a_k}$ （a_k, b_k は互いに素な自然数で $b_k < a_k$）が与えられ，$b_k \geqq 2$ であるならば，$\frac{a_k}{b_k}$ の整数部分を m_k として，

$$\frac{b_k}{a_k} - \frac{1}{m_k+1} = \frac{b_{k+1}}{a_{k+1}} \text{（既約分数）}$$

によって b_{k+1} と a_{k+1} を定める.

$\frac{b_k}{a_k} > \frac{b_{k+1}}{a_{k+1}}$ であるから $\frac{a_k}{b_k} < \frac{a_{k+1}}{b_{k+1}}$ であり，もし $b_{k+1} \geqq 2$ であるならば，次に定まる m_{k+1} について，$m_k < m_{k+1}$ となる. また（1）で示したことにより $b_k > b_{k+1}$ である. いつまでもこの操作を続けることはできず，いつか $b_i = 1$ となる i が存在する.

$$S = \frac{1}{m_1+1} + \frac{1}{m_2+1} + \cdots + \frac{1}{m_{i-1}+1} + \frac{b_i}{a_i+1}$$

$$b_i = 1 \ (m_1 < m_2 < \cdots)$$

であるから，題意は証明された. ただし，$b_1 = b = 1$ ならば $\frac{1}{m_1+1} \sim \frac{1}{m_{i-1}+1}$ の部分はない.

《特定の素因数に着目する》

23. 正の整数 a に対して，

$$a = 3^b c \quad (b, c \text{ は整数で } c \text{ は } 3 \text{ で割り切れない})$$

の形に書いたとき，$B(a) = b$ と定める. 例えば，$B(3^2 \cdot 5) = 2$ である. m, n は整数で，次の条件を満たすとする.

（ i ） $1 \leqq m \leqq 30$.

（ ii ） $1 \leqq n \leqq 30$.

（iii） n は 3 で割り切れない.

このような (m, n) について

$$f(m, n) = m^3 + n^2 + n + 3$$

とするとき，

$$A(m, n) = B(f(m, n))$$

の最大値を求めよ. また，$A(m, n)$ の最大値を与えるような (m, n) をすべて求めよ.

（20 京大・理系）

考え方 $B(a)$ は a がもつ素因数 3 の個数である. $f(m, n)$ がもつ素因数 3 の個数の最大値を求める.

▶**解答**◀ まず $f(m, n)$ が 3 の倍数になる条件を求める.

$$m^3 - m = (m-1)m(m+1)$$

は 3 連続整数の積であるから 3 の倍数である. n は 3 の倍数でないから，$n-1, n+1$ のどちらかは 3 の倍数である. よって

$$n^2 - 1 = (n-1)(n+1)$$

は 3 の倍数である.

$$f(m, n) = (m^3 - m) + (n^2 - 1) + 3 + (m + n + 1)$$

が 3 の倍数になるための必要十分条件は $m + n + 1$ が 3 の倍数になることである. n が 3 で割って余りが 1 のとき, m は 3 で割って余りが 1 であり, n が 3 で割って余りが 2 のとき, m は 3 の倍数である. 以下, k, l は整数である,

（ア）$m = 3k, n = 3l - 1$ の形のとき:
$1 \leqq k \leqq 10, 1 \leqq l \leqq 10$ である. ここで,

$$f(m, n) = 27k^3 + (3l - 1)^2 + (3l - 1) + 3$$
$$= 9(3k^3 + l^2) - 3(l - 1) \quad \cdots\cdots\cdots①$$

$f(m, n)$ がもつ素因数 3 の個数の最大値を考えるから $l - 1$ が 3 の倍数のときを考える.

$$l = 3p + 1 \quad (0 \leqq p \leqq 3)$$

とおける. このとき,

$$f(m, n) = 9\{3k^3 + (3p + 1)^2\} - 3 \cdot 3p$$
$$= 27(k^3 + 3p^2 + 2p) - 9(p - 1)$$

$f(m, n)$ がもつ素因数 3 の個数の最大値を考えるから, $p - 1$ が 3 の倍数のときを考える. $p = 0, 1, 2, 3$ であるから $p = 1$ である. このとき, $l = 4, n = 11$ となり, ① に代入すると

$$f(m, n) = 9(3k^3 + 16) - 3 \cdot 3$$
$$= 27(k^3 + 5)$$

$k^3 + 5 = (k^3 - k) + 6 + (k - 1)$ が 3 の倍数になるときを調べる. それは k を 3 で割った余りが 1 になるときである. $1 \leqq k \leqq 10$ より $k = 1, 4, 7, 10$ である. このとき,

$$k^3 + 5 = 6, 69, 348, 1005$$

はいずれも 3 の倍数だが 9 の倍数ではないから, $f(m, n)$ がもつ素因数 3 の個数は 4 になり得るが 5 以上にはならない.

（イ）$m = 3k + 1, n = 3l + 1$ のとき:
$0 \leqq k \leqq 9, 0 \leqq l \leqq 9$ である. ここで,

$$f(m, n) = (3k + 1)^3 + (3l + 1)^2 + (3l + 1) + 3$$
$$= 9(3k^3 + 3k^2 + k + l^2 + l) + 6$$

は素因数 3 を 1 個だけもつ.

以上より $A(m, n)$ の最大値は（ア）の場合の 4 で, そのときの (m, n) は

$$(3, 11), (12, 11), (21, 11), (30, 11)$$

である.

注意【合同式で調べる】

合同式の法を 3 とすると, $n \equiv \pm 1$ である. m, n について次の 6 通りが考えられる.

- $m \equiv -1, n \equiv -1$ のとき:

$$f(m, n) \equiv -1 + 1 - 1 + 0 \equiv -1$$

- $m \equiv -1, n \equiv 1$ のとき:

$$f(m, n) \equiv -1 + 1 + 1 + 0 \equiv 1$$

- $m \equiv 0, n \equiv -1$ のとき:

$$f(m, n) \equiv 0 + 1 - 1 + 0 \equiv 0$$

- $m \equiv 0, n \equiv 1$ のとき:

$$f(m, n) \equiv 0 + 1 + 1 + 0 \equiv -1$$

- $m \equiv 1, n \equiv -1$ のとき:

$$f(m, n) \equiv 1 + 1 - 1 + 0 \equiv 1$$

- $m \equiv 1, n \equiv 1$ のとき:

$$f(m, n) \equiv 1 + 1 + 1 + 0 \equiv 0$$

以後は解答の（ア）,（イ）と同じである.

──《多項式と整数》──

24. n は正の整数とし, $f(x)$ を整数を係数とする n 次式とする. このとき, 次の問いに答えなさい.

（1）c を整数とし,

$$f(x + c) = a_n x^n + a_{n-1} x^{n-1} + \cdots + a_1 x + a_0$$

$$(a_n, a_{n-1}, \cdots, a_1, a_0 \text{は整数})$$

とおくとき,

$$a_0 = f(c), a_1 = f'(c)$$

が成り立つことを示しなさい.

（2）p を素数とする. $f(c)$ が p の倍数であり, かつ, $f'(c)$ が p の倍数でないような整数 c が存在するとき,

$$kf'(c) + \frac{f(c)}{p}$$

が p の倍数となるような整数 k が存在することを示しなさい.

（3）（2）の c, k, p に対し, $f(kp + c)$ は p^2 の倍数であることを示しなさい.

（4）$f(x) = x^7 + 4x^5 + 4x^2 + 2$ とする. このとき, $f(m)$ が 121 の倍数になる整数 m を 1 つ求めなさい. （20 山口大・後期）

▶解答◀ （1）$f(x + c) = a_n x^n + \cdots + a_1 x + a_0$ に $x = 0$ を代入すると $f(c) = a_0$ が成り立つ.

$$f'(x + c) = na_n x^{n-1} + \cdots + 2a_2 x + a_1$$

であるから, $x = 0$ を代入すると $f'(c) = a_1$ が成り

立つ.

（2） i, j は $1 \leqq i < j \leqq p$ をみたす整数とする.

$$\left\{ jf'(c) + \frac{f(c)}{p} \right\} - \left\{ if'(c) + \frac{f(c)}{p} \right\}$$
$$= (j-i)f'(c) \quad \cdots\cdots\cdots\cdots\cdots\text{①}$$

素数 p に対し, $1 \leqq j-i \leqq p-1$ であり, $f'(c)$ が p の倍数ではないことから, ① は p の倍数ではない.

したがって, $k = 1, 2, \cdots, p$ のときの $kf'(c) + \dfrac{f(c)}{p}$ を p で割ったときの余りはすべて異なる.

余りの種類は $0, 1, 2, \cdots, p-1$ の p 個であるから, $kf'(c) + \dfrac{f(c)}{p}$ を p で割ったときの余りが 0 となる整数 k が $1, 2, \cdots, p$ の中に必ず 1 つ存在する. この k の値に対して $kf'(c) + \dfrac{f(c)}{p}$ は p の倍数となる.

つまり, $kf'(c) + \dfrac{f(c)}{p}$ が p の倍数となる整数 k は存在する.

（3）（1）から

$$f(x+c) = a_n x^n + \cdots + a_2 x^2 + f'(c)x + f(c)$$

と表せる.

$$f(kp+c) = a_n(kp)^n + \cdots$$
$$+ a_2(kp)^2 + f'(c) \cdot kp + f(c)$$
$$= (a_n k^n p^{n-2} + \cdots + a_2 k^2)p^2 + \left\{ kf'(c) + \frac{f(c)}{p} \right\} p$$

（2）の c, k, p に対し, $kf'(c) + \dfrac{f(c)}{p}$ は p の倍数であるから $\left\{ kf'(c) + \dfrac{f(c)}{p} \right\} p$ は p^2 の倍数となる. したがって, （2）の c, k, p に対し, $f(kp+c)$ は p^2 の倍数である.

（4） $f(x) = x^7 + 4x^5 + 4x^2 + 2$ から

$$f'(x) = 7x^6 + 20x^4 + 8x$$

$f(1) = 11$ は 11 の倍数であり, $f'(1) = 35$ は 11 の倍数ではない.

$kf'(1) + \dfrac{f(1)}{11} = 35k+1$ は $k = 5$ のとき, $35 \cdot 5 + 1 = 11 \cdot 16$ であるから 11 の倍数となる.

したがって, $c = 1, k = 5, p = 11$ とおくことにより（3）から, $f(5 \cdot 11 + 1) = f(56)$ は $11^2 = 121$ の倍数となるから, m の 1 つは **56** である.

━━━━━━━━━━━━━《漸化式と周期性》

25. r を 0 以上の整数とし, 数列 $\{a_n\}$ を次のように定める.

$$a_1 = r, \quad a_2 = r+1,$$
$$a_{n+2} = a_{n+1}(a_n + 1) \quad (n = 1, 2, 3, \cdots)$$

また, 素数 p を 1 つとり, a_n を p で割った余りを b_n とする. ただし, 0 を p で割った余りは 0 とする.

（1） 自然数 n に対し, b_{n+2} は $b_{n+1}(b_n + 1)$ を p で割った余りと一致することを示せ.

（2） $r = 2$, $p = 17$ の場合に, 10 以下のすべての自然数 n に対して, b_n を求めよ.

（3） ある 2 つの相異なる自然数 n, m に対して,

$$b_{n+1} = b_{m+1} > 0, \quad b_{n+2} = b_{m+2}$$

が成り立ったとする. このとき, $b_n = b_m$ が成り立つことを示せ.

（4） $a_2, a_3, a_4, \cdots$ に p で割り切れる数が現れないとする. このとき, a_1 も p で割り切れないことを示せ. （14 東大・理科）

▶**解答**◀ （1） $0 \leqq b_n < p$ である. また a_n を p で割ったときの商を Q_n とする.

$$a_n = pQ_n + b_n, \quad a_{n+1} = pQ_{n+1} + b_{n+1}$$
$$a_{n+2} = pQ_{n+2} + b_{n+2}$$

と書ける. これらを $a_{n+2} = a_{n+1}(a_n + 1)$ に代入し

$$pQ_{n+2} + b_{n+2} = (pQ_{n+1} + b_{n+1})(pQ_n + b_n + 1)$$
$$pQ_{n+2} + b_{n+2}$$
$$= p\{ pQ_{n+1}Q_n + Q_{n+1}(b_n + 1) + b_{n+1}Q_n \}$$
$$+ b_{n+1}(b_n + 1)$$
$$b_{n+2} = p\{ pQ_{n+1}Q_n + Q_{n+1}(b_n + 1) + b_{n+1}Q_n - Q_{n+2} \}$$
$$+ b_{n+1}(b_n + 1)$$

よって b_{n+2} は $b_{n+1}(b_n + 1)$ を p で割った余りと一致する.

（2） 整数 x, y に対して $x - y$ が p の倍数であることを $x \equiv y$ と表すことにする. 今は $p = 17$ とする. （1）より

$$b_{n+2} \equiv b_{n+1}(b_n + 1)$$
$$b_1 \equiv r \equiv 2$$
$$b_2 \equiv r + 1 \equiv 3$$
$$b_3 \equiv b_2(b_1 + 1) \equiv 3 \cdot 3 \equiv 9$$
$$b_4 \equiv b_3(b_2 + 1) \equiv 9 \cdot 4 \equiv 36 \equiv 2$$
$$b_5 \equiv b_4(b_3 + 1) \equiv 2 \cdot 10 \equiv 20 \equiv 3$$

以後は同じ繰り返しになる.

$$\boldsymbol{b_1 = 2, \ b_2 = 3, \ b_3 = 9, \ b_4 = 2, \ b_5 = 3,}$$
$$\boldsymbol{b_6 = 9, \ b_7 = 2, \ b_8 = 3, \ b_9 = 9, \ b_{10} = 2}$$

（3） $b_{m+2} \equiv b_{m+1}(b_m + 1)$ および $b_{n+2} \equiv b_{n+1}(b_n + 1)$ かつ $b_{n+2} = b_{m+2}$ より

$$b_{n+1}(b_n + 1) \equiv b_{m+1}(b_m + 1)$$

である. $b_{n+1} = b_{m+1}$ より

$$b_{m+1}(b_n + 1) \equiv b_{m+1}(b_m + 1)$$

$$b_{m+1}(b_n - b_m) \equiv 0$$

$b_{m+1}(b_n - b_m)$ が素数 p の倍数であるが, $b_{m+1} > 0$ で, b_{m+1} は p の倍数ではないから $b_n - b_m$ が p の倍数である.

$$0 \leq b_n < p, \ 0 \leq b_m < p$$

より $-p < b_n - b_m < p$ だから $b_n - b_m = 0$ である. よって $b_n = b_m$ である.

（4） 最初に（3）のような, 等しい値をもつ連続するペア $(b_{n+1}, b_{n+2}) = (b_{m+1}, b_{m+2})$, $n < m$ があることを証明する. a_2, a_3, a_4, … は p で割り切れないので, $n \geq 2$ のとき $b_n \neq 0$ である.

$$(b_2, b_3), \ (b_3, b_4), \ \cdots, \ (b_k, b_{k+1}), \ \cdots$$

を作ると b_k, b_{k+1} はいずれも 1 以上 $p-1$ 以下だから (b_k, b_{k+1}) は $(p-1)^2$ 通りの値の組のいずれかになる. よって $(p-1)^2 + 1$ 個の組

$$(b_2, b_3), \ (b_3, b_4), \ \cdots, \ (b_{(p-1)^2+2}, b_{(p-1)^2+3})$$

の中には同じ値の組がある. よって

$$b_{n+1} = b_{m+1} > 0, \ b_{n+2} = b_{m+2} > 0, \ n < m$$

であるような自然数 n, m が存在する. すると（3）より $b_n = b_m$ となる. この手順を繰り返していくと, 添え字が 1 ずつ減っていき,

$$b_{n-(n-2)} = b_{m-(n-2)}$$

すなわち

$$b_2 = b_{m-n+2}$$

までくる. もう 1 回行うと

$$b_{m-n+1} = b_1$$

となる. $m-n+1 \geq 2$ だから $b_{m-n+1} > 0$ である. よって $b_1 > 0$ である. ゆえに a_1 も p で割り切れない.

注意 1° 【周期性の出題】 a_1, a_2 が整数, A, B を整数として

$$a_{n+2} + A a_{n+1} + B a_n = 0 \quad (n = 1, 2, \cdots\cdots)$$

で定まる数列について, a_n を p で割った余りが周期的になるというのは, a_1, a_2, A, B, p が具体的な場合については過去に何度も出題されている. 一般の p について周期性が問題になったのは, 大学入学試験では初めてである.

2° 【誤読をしないように】「（1）は合同式に相当することを証明させているから, 東大では, 合同式を証明してからでないと使ったらいかんと考えているのだ」

と言う人がいる. それは間違いである. 余りだけの計算をしてよいのだと, 不公平にならないように, 教えてくれているのである.

━━━━ 《新たな設定を用いた問題》 ━━━━

26. 分母が奇数, 分子が整数の分数で表せる有理数を「控えめな有理数」と呼ぶことにする. 例えば $-\dfrac{1}{3}$, 2 はそれぞれ $\dfrac{-1}{3}$, $\dfrac{2}{1}$ と表せるから, ともに控えめな有理数である. 1 個以上の有限個の控えめな有理数 a_1, …, a_n に対して, 集合 $S\langle a_1, \cdots, a_n \rangle$ を,

$$S\langle a_1, \cdots, a_n \rangle = \{ x_1 a_1 + \cdots + x_n a_n \mid$$
$$x_1, \cdots, x_n \text{ は控えめな有理数} \}$$

と定める. 例えば 1 は $1 \cdot \left(-\dfrac{1}{3} \right) + \dfrac{2}{3} \cdot 2$ と表せるから, $S\left\langle -\dfrac{1}{3}, 2 \right\rangle$ の要素である.

（1） 控えめな有理数 a_1, …, a_n が定める集合 $S\langle a_1, \cdots, a_n \rangle$ の要素は控えめな有理数であることを示せ.

（2） 0 でない控えめな有理数 a が与えられたとき, $S\langle a \rangle = S\langle 2^t \rangle$ となる 0 以上の整数 t が存在することを示せ.

（3） 控えめな有理数 a_1, …, a_n が与えられたとき, $S\langle a_1, \cdots, a_n \rangle = S\langle b \rangle$ となる控えめな有理数 b が存在することを示せ.

（4） 2016 が属する集合 $S\langle a_1, \cdots, a_n \rangle$ はいくつあるか. ただし a_1, …, a_n は控えめな有理数であるとし,

a_1, …, a_n と b_1, …, b_m が異なっていても, $S\langle a_1, \cdots, a_n \rangle$ ＝ $S\langle b_1, \cdots, b_m \rangle$ であれば, $S\langle a_1, \cdots, a_n \rangle$ と $S\langle b_1, \cdots, b_m \rangle$ は一つの集合として数える.

(16 滋賀医大)

▶解答◀ 控えめな有理数とは既約分数（整数のときは分母は 1 とする）で表したとき, 分母が奇数になる分数である. 分母 (denominator) が奇数 (odd) の有理数 (rational number) という意味で DOR と表現することにしよう.

（1） 2 つの DOR $\dfrac{p_1}{q_1}$, $\dfrac{p_2}{q_2}$ （p_1, p_2 は整数, q_1, q_2 は奇数）に対し,

$$\frac{p_1}{q_1} + \frac{p_2}{q_2} = \frac{p_1 q_2 + p_2 q_1}{q_1 q_2}, \ \frac{p_1}{q_1} \cdot \frac{p_2}{q_2} = \frac{p_1 p_2}{q_1 q_2}$$

は DOR である. $x_1 \sim x_n$, $a_1 \sim a_n$ が DOR のとき $a_1 x_1 \sim a_n x_n$ は DOR であり, $a_1 x_1 + \cdots + a_n x_n$ は DOR で

ある．よって $S\langle a_1, a_2, \cdots, a_n \rangle$ の要素は DOR である．

（**2**）$S\langle a \rangle$ というのは DOR a が定数のとき，任意の DOR x_1 を用いて $x_1 a$ で表される数の集合である．0 でない DOR a が与えられたとき，$a = \dfrac{2^t p}{q}$ と表せる．t は 0 以上の整数で p, q は互いに素な奇数である．$x_1 = \dfrac{r}{s}$（r, s は整数で s は奇数）とおくと

$$x_1 a = \frac{r}{s} \cdot \frac{2^t p}{q} = \frac{pr}{qs} 2^t \in S\langle 2^t \rangle$$

である．ここで qs は奇数であるから $\dfrac{pr}{qs}$ は DOR であることに注意せよ．

　逆に，$S\langle 2^t \rangle$ の任意の要素 $x \cdot 2^t$ をとる．x は DOR だから $x = \dfrac{u}{v}$ とおける．u, v は整数で v は奇数である．

$$x \cdot 2^t = \frac{u}{v} 2^t = \frac{uq}{vp} \cdot \frac{2^t p}{q} = \frac{uq}{vp} a \in S\langle a \rangle$$

である．ここで vp は奇数であることに注意せよ．

　よって $S\langle a \rangle = S\langle 2^t \rangle$ である．

（**3**）$a_1 \sim a_n$ がすべて 0 のときは，明らかに

$$S\langle a_1, \cdots, a_n \rangle = S\langle 0 \rangle$$

であるから題意は成り立つ．

　$a_1 \sim a_n$ の中に 0 がある場合には個数を減らして考えればよいから，以下は $a_1 \sim a_n$ がいずれも 0 でない場合を考える．

　$a_k = \dfrac{2^{t_k} p_k}{q_k}$（$t_k$ は 0 以上の整数，p_k, q_k は奇数）として $0 \le t_1 \le t_2 \le \cdots \le t_n$ の場合に証明すればよい．このとき

$$S\langle a_1, \cdots, a_n \rangle = S\langle 2^{t_1} \rangle$$

であることを数学的帰納法で証明する．（2）より $n = 1$ のとき成り立つ．$n = k$ のとき成り立つとする．このとき

$$x_1 a_1 + \cdots + x_k a_k + x_{k+1} a_{k+1}$$

について

$$x_1 a_1 + \cdots + x_k a_k \in S\langle 2^{t_1} \rangle$$

だから

$$x_1 a_1 + \cdots + x_k a_k = y 2^{t_1}$$

となる DOR y が存在する．$y = \dfrac{R}{S}$，$x_{k+1} = \dfrac{r}{s}$ とおく．R, r は整数，S, s は奇数である．

$$x_1 a_1 + \cdots + x_k a_k + x_{k+1} a_{k+1}$$
$$= y 2^{t_1} + x_{k+1} a_{k+1} = \frac{R}{S} 2^{t_1} + \frac{r}{s} \cdot \frac{2^{t_{k+1}} p_{k+1}}{q_{k+1}}$$
$$= \frac{R s q_{k+1} + r S 2^{t_{k+1} - t_1} p_{k+1}}{S s q_{k+1}} 2^{t_1} \in S\langle 2^{t_1} \rangle$$

である．なお $\dfrac{R s q_{k+1} + r S 2^{t_{k+1} - t_1} p_{k+1}}{S s q_{k+1}}$ は DOR である．

　また，逆に，$S\langle 2^{t_1} \rangle$ の任意の要素をとる．それを $\dfrac{T}{U} 2^{t_1}$（T は整数，U は奇数）とおく．

$$\frac{T}{U} 2^{t_1} = \frac{T q_1}{U p_1} \cdot \frac{2^{t_1} p_1}{q_1} = \frac{T q_1}{U p_1} a_1$$
$$= \frac{T q_1}{U p_1} a_1 + 0 \cdot a_2 + \cdots + 0 \cdot a_{k+1} \in S\langle a_1, \cdots, a_{k+1} \rangle$$

なお $U p_1$ は奇数である．$n = k + 1$ でも成り立つから数学的帰納法により証明された．

　以上より，題意の DOR $b = 0$ または $b = 2^t$ が存在する．ただし t は $a_1 \sim a_n$ のうち 0 でないものについて既約分数に表したときの分子が持つ 2 の指数の一番小さいものである．

（**4**）（3）より，$2016 \in S\langle 2^t \rangle$ となる 0 以上の整数 t の個数を求める．$2016 = 2^5 \cdot 63$ より，$t \le 5$ のとき，$2016 \in S\langle 2^t \rangle$ である．

　$t \ge 6$ のとき，$S\langle 2^t \rangle$ の要素は，$2^t \cdot \dfrac{p}{q}$（p は整数，q は奇数）と表せるから，$2016 \not\in S\langle 2^t \rangle$ である．

　よって $0 \le t \le 5$ より，題意の集合は **6** 個ある．

　[注][意]（3）「$a_1 \sim a_n$ がいずれも 0 でない」は p_1 が奇数というところに効いている．

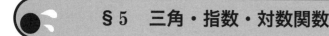

§5　三角・指数・対数関数

 問題編

《三角関数の方程式》

1. a を正の定数とする．条件

$$\cos\theta - \sin\theta = a\sin\theta\cos\theta, \quad 0 < \theta < \pi$$

を満たす θ について，以下の問いに答えよ．

（1）　条件を満たす θ は，$0 < \theta < \dfrac{\pi}{2}$ の範囲で，ただ 1 つ存在することを示せ．

（2）　条件を満たす θ の個数を求めよ．

（14　熊本大・医）

《正十七角形の作図可能性》

2. n を 0 以上の整数とする．$x_n = 2\cos\dfrac{2n}{17}\pi$ のとき以下の問いに答えよ．

（1）　$s = x_1 + x_2 + x_3 + x_4 + x_5 + x_6 + x_7 + x_8$ とするとき，$x_1(s+1) = 2s + 2$ となることを示せ．

（2）　$t = x_1 + x_2 + x_4 + x_8$ とするとき，$t^2 + t - 4 = 0$ となることを示せ．

（3）　$x_1 + x_4$ の値を求めよ．

（17　京都府立大・生命環境）

《ceiling function の扱い方》

3. 実数 a に対して以下の条件（F）を考える．

- 条件（F）：不等式 $\lceil \cos x \cos y \rceil < a - \sin x \sin y$ が任意の実数 x, y に対して成り立つ．
  但し，実数 r に対して $\lceil r \rceil$ は r 以上の整数の中で最小のものを表す．

（1）　$a \geqq 2$ ならば，a は条件（F）を満たすことを証明せよ．

（2）　条件（F）を満たす実数 a の中で，$a = 2$ は最小であることを証明せよ．　（16　奈良県立医大・後）

《三角関数と整数》

4. a, b は互いに素である自然数の定数で，$a \geqq 2$ とする．$0 < x \leqq \pi$ のとき，

$$\begin{cases} \cos x \leqq \cos 2ax \\ \sin 2ax \leqq 0 \end{cases}$$

をみたす x の値の範囲は，互いに共通部分をもたない n 個の閉区間の和集合であり，それら n 個の閉区間の長さの値を小さい方から順に $x_1, \cdots, x_n$ とする．$k = 1, \cdots, n$ に対し $\theta_k = 2b(2a+1)x_k$ とおき，xy 平面において，一般角 θ_k の動径と単位円との交点を Z_k とするとき，次の問いに答えよ．ただし，動径は原点を中心とし，x 軸の正の部分を始線とする．

（1）　$n = a$ であり，$\theta_k = 2k\pi\dfrac{b}{a}\ (k = 1, \cdots, a)$ と表されることを示せ．

（2）　$k = 1, \cdots, a$ に対し，kb を a で割ったときの商を q_k，余りを r_k とする．$1 \leqq i < j \leqq a$ をみたす任意の自然数 i, j に対し $r_i \neq r_j$ を示し，点 $Z_1, \cdots, Z_a$ は単位円を a 等分する a 個の分点であることを示せ．

（21　東京慈恵医大）

《3辺の長さの和の最大値》

5. 半径 1 の円に内接する三角形について，次の問いに答えよ．

（1） 1 つの角の大きさが $120°$ のとき，3 辺の長さの和の最大値は $\boxed{} + \sqrt{\boxed{}}$ である．

（2） 3 辺の長さの和の最大値は $\boxed{} \sqrt{\boxed{}}$ である． (22 青学大・経済)

《三角関数と図形の難問》

6. 半径 1 の円 C の周上に相異なる 5 点 A_1, A_2, A_3, A_4, A_5 がこの順に並んでいるとし，

B_1 を線分 A_1A_3 と線分 A_2A_4 の交点，B_2 を線分 A_2A_4 と線分 A_3A_5 の交点，

B_3 を線分 A_3A_5 と線分 A_4A_1 の交点，B_4 を線分 A_4A_1 と線分 A_5A_2 の交点，

B_5 を線分 A_5A_2 と線分 A_1A_3 の交点

とするとき，

S_1 を $\triangle A_1B_5B_4$ の面積，S_2 を $\triangle A_2B_1B_5$ の面積，S_3 を $\triangle A_3B_2B_1$ の面積，

S_4 を $\triangle A_4B_3B_2$ の面積，S_5 を $\triangle A_5B_4B_3$ の面積，T を五角形 $B_1B_2B_3B_4B_5$ の面積

とおく．このように A_1, A_2, A_3, A_4, A_5 を動かしたとき，

$$S = S_1 + S_2 + S_3 + S_4 + S_5 + 2T$$

の最大値を求めよ．ただし，三角比の値は具体的に求めずに用いてよい． (22 京大・特色入試)

《対数の大小評価》

7. 次の 6 つの数

$$(\sqrt{10}-\sqrt{3})^{\frac{1}{3}}, \quad \log_{\sqrt{3}}\frac{7}{4}, \quad \frac{7}{9}, \quad \log_7 5, \quad \frac{1}{\log_6 12}, \quad \log_{(\sqrt{15}-\sqrt{10})}12$$

について答えよ．

（1） 6 つの数のうち負の数はどれか，すべて答えよ．

（2） 6 つの数のうち 1 以上の数はどれか，すべて答えよ．

（3） 6 つの数のうち，（1）と（2）以外の数を左から小さい順に並べよ． (16 群馬大・医)

《対数関数の方程式》

8. a を正の実数とする．x の方程式 $\{\log(x^2+a)\}^2 + \log a = 1$ の異なる実数解の個数を，a の値によって場合分けして求めよ．ただし，対数は自然対数であるとする． (14 和歌山県医大)

《対数方程式の整数解》

9. $\log_y(6x+y) = x$ を満たす正の整数 x, y の組を求めよ． (22 一橋大・後期)

《対数と桁数》

10. 次の問に答えよ．ただし，

$$0.3010 < \log_{10}2 < 0.3011$$

であることは用いてよい．

（1） 100 桁以下の自然数で，2 以外の素因数を持たないものの個数を求めよ．

（2） 100 桁の自然数で，2 と 5 以外の素因数を持たないものの個数を求めよ． (17 京大・文系)

《対数と最上位の数》

11. n を 0 以上の整数とする．$n+1$ 個の自然数 $2^0, 2^1, \cdots, 2^n$ の中に，最上位の桁の数字が 1 であるものはいくつあるか．ただし，x を超えない最大の整数を表す記号 $[x]$ を用いて解答してよい．

注:例えば 2014 の最上位の桁の数字は 2 であり，14225 の最上位の桁の数字は 1 である．　（14　信州大・経・理・医）

《レイリーの定理》

12. $\alpha = \log_2 3$ とし，自然数 n に対して

$$a_n = [n\alpha], \quad b_n = \left[\frac{n\alpha}{\alpha - 1} \right]$$

とする．ただし，実数 x に対して $[x]$ は x を超えない最大の整数を表す．

（1）$a_5 = \boxed{}$ である．

（2）$b_3 = k$ とおくと，不等式

$$\frac{3^{k+c}}{2^k} \leqq 1 < \frac{3^{k+1+c}}{2^{k+1}}$$

が整数 $c = \boxed{}$ で成り立ち，$b_3 = \boxed{}$ であることがわかる．

（3）$a_n \leqq 10$ を満たす自然数 n の個数は $\boxed{}$ である．

（4）$b_n \leqq 10$ を満たす自然数 n の個数は $\boxed{}$ である．

（5）$a_n \leqq 50$ を満たす自然数 n の個数を s とし，$b_n \leqq 50$ を満たす自然数 n の個数を t とする．このとき，

$s + t = \boxed{}$ である．　（19　上智大・理工）

《対数と不等式》

13. 実数 x に対し,

$$\log_a b \geqq x \text{ かつ } 2 \leqq a \leqq 9 \text{ かつ } 2 \leqq b \leqq 9 \text{ を満たす自然数の組 } (a, b) \text{ の個数}$$

を $R(x)$ で表わすとき,次の問いに答えよ.ただし,$\log_{10} 2$ の値はおおよそ 0.3010 であることなどが知られているが,次の問いではこれらの近似値を一切使ってはならない.

（1） $R(2)$ および $R(1.5)$ をそれぞれ求めよ.

（2） 不等式 $\log_2 3 < \dfrac{8}{5} < \log_3 6$ を示せ.

（3） $2 \leqq p \leqq 9$ かつ $2 \leqq q \leqq 9$ である自然数の組 (p, q) で,$R(\log_p q) = 10$ となるものを求めよ.

(17 愛知教育大・後期)

《二項係数とパスカルの三角形》

14. n を自然数とする.$k = 1, 2, 3$ に対して,次の条件 P_k を考える.

P_k：$k \leqq r \leqq n-k$ を満たすすべての自然数 r に対して,${}_n C_r$ は偶数である.

（1） $2 \leqq n \leqq 20, k = 1$ とする.P_1 を満たす n は全部で $\boxed{}$ 個ある.このうち,最大のものは $\boxed{}$ である.

（2） $4 \leqq n \leqq 1000, k = 2$ とする.P_2 を満たす n は全部で $\boxed{}$ 個ある.このうち,最大のものは $\boxed{}$ である.

（3） $6 \leqq n \leqq 10^{16}, k = 3$ とする.P_3 を満たす n は全部で $\boxed{}$ 個ある.（注意：$0.3010 < \log_{10} 2 < 0.3011$）

(15 東京理科大・薬)

解答編

《三角関数の方程式》

1. a を正の定数とする．条件

$$\cos\theta - \sin\theta = a\sin\theta\cos\theta, \quad 0 < \theta < \pi$$

を満たす θ について，以下の問いに答えよ．

（1）条件を満たす θ は，$0 < \theta < \dfrac{\pi}{2}$ の範囲で，ただ1つ存在することを示せ．

（2）条件を満たす θ の個数を求めよ．

(14 熊本大・医)

考え方 三角関数の方程式の解の個数に関する頻出問題である．大抵は $t = \cos\theta$ などとおけば t の2次方程式となるのだが今回はそうはいかない．本解では $x = \cos\theta, y = \sin\theta$ とおいて，これと $x^2 + y^2 = 1$ という隠れた条件を利用する．別解の1つ目では，$t = \cos\theta - \sin\theta$ とおいて，t の2次方程式として処理する．また，別解の2つ目ではみんな大好き定数分離をする．別解で扱う場合は，$\theta = \dfrac{\pi}{2}$ のときの処理に気を配る必要がある．

▶解答◀ （1）$x = \cos\theta, y = \sin\theta$ とおく．点 (x, y) は xy 平面の円 $x^2 + y^2 = 1$ 上にある．また $\cos\theta - \sin\theta = a\sin\theta\cos\theta$ は $x - y = axy$ と書けて

$$xy - \frac{1}{a}x + \frac{1}{a}y = 0$$

$$\left(x + \frac{1}{a}\right)\left(y - \frac{1}{a}\right) = -\frac{1}{a^2}$$

図では $b = \dfrac{1}{a}$ とおいた．図は円を全体で描いた．

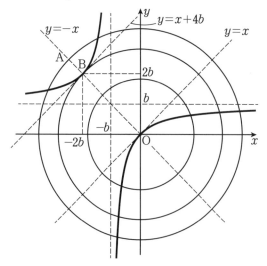

円と双曲線（反比例のグラフの平行移動だから数学III以外でも扱う）は第1象限でただ1つの交点を持つ．よって $0 < \theta < \dfrac{\pi}{2}$ のとき，解はただ1つである．

（2）図で $A\left(-\dfrac{1}{\sqrt{2}}, \dfrac{1}{\sqrt{2}}\right)$，$B(-2b, 2b)$ である．

$OA > OB$ のとき，$1 > \dfrac{2\sqrt{2}}{a}$ だから $a > 2\sqrt{2}$ のときである．このとき，第2象限に交点を2つ持つ．$OA = OB$, $OA < OB$ のときも考え

$a > 2\sqrt{2}$ のとき解は**3つ**ある．

$a = 2\sqrt{2}$ のとき解は**2つ**ある．

$0 < a < 2\sqrt{2}$ のとき解は**1つ**ある．

◆別解◆ 【2次関数に帰着する】

（1）$t = \cos\theta - \sin\theta$ とおく．2乗して

$$t^2 = 1 - 2\cos\theta\sin\theta$$

$$\cos\theta\sin\theta = \frac{1 - t^2}{2}$$

となる．$\cos\theta - \sin\theta = a\sin\theta\cos\theta$ は

$$2t = a(1 - t^2) \qquad \therefore \quad at^2 + 2t - a = 0$$

ここで $g(t) = at^2 + 2t - a$ とおく．$0 < \theta < \dfrac{\pi}{2}$ のとき

$$t = \sqrt{2}\sin\left(\theta + \frac{3\pi}{4}\right), \quad \frac{3\pi}{4} < \theta + \frac{3\pi}{4} < \frac{5\pi}{4}$$

だから $-1 < t < 1$ であり，t を1つ決めると θ はただ1つ決まる．$g(t)$ は2次関数であり，

$$g(-1) = -2 < 0, \quad g(1) = 2 > 0$$

だから $g(t) = 0$ は $-1 < t < 1$ に解を1つだけ持つ．よって $0 < \theta < \dfrac{\pi}{2}$ に解を1つだけ持つ．

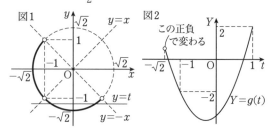

図1　　　図2　この正負で変わる　$Y = g(t)$

（2）$\theta = \dfrac{\pi}{2}$ のときは $\cos\theta - \sin\theta = a\sin\theta\cos\theta$ は成立しない．

$\dfrac{\pi}{2} < \theta < \pi$ のとき $\dfrac{5\pi}{4} < \theta + \dfrac{3\pi}{4} < \dfrac{7\pi}{4}$ だから $-\sqrt{2} \leqq t < -1$ である．t を1つ決めたとき $t = -\sqrt{2}$ ならば θ は1つ決まり，$-\sqrt{2} < t < -1$ ならば θ は2つ決まる．図1, 2を参照せよ．$g(-\sqrt{2}) = a - 2\sqrt{2}$ より

$a > 2\sqrt{2}$ のとき解は **3** つある.

$a = 2\sqrt{2}$ のとき解は **2** つある.

$0 < a < 2\sqrt{2}$ のとき解は **1** つある.

♦別解♦ 【定数分離】

（1）（2）で使えるように $0 < \theta < \pi$ で考える. 与式は $\theta = \dfrac{\pi}{2}$ では成立しない. $\theta \neq \dfrac{\pi}{2}$,

$0 < \theta < \pi$ として与式を $\cos\theta\sin\theta$ で割って,

$$\frac{1}{\sin\theta} - \frac{1}{\cos\theta} = a$$

$f(\theta) = \dfrac{1}{\sin\theta} - \dfrac{1}{\cos\theta}$ とおく.

$$f'(\theta) = -\frac{\cos\theta}{\sin^2\theta} - \frac{\sin\theta}{\cos^2\theta} = -\frac{\cos^3\theta + \sin^3\theta}{\cos^2\theta\sin^2\theta}$$

$f'(\theta) = 0$ を解く.

$$\cos^3\theta + \sin^3\theta = 0 \qquad \therefore \quad \tan^3\theta = -1$$

$$\tan\theta = -1 \qquad \therefore \quad \theta = \frac{3\pi}{4}$$

である. θ が 0 に近いところでは $f'(\theta)$ の符号は負であり, $\dfrac{3\pi}{4}$ の前後でのみ符号を変えるから, その前後で負から正に符号を変える.

θ	0	$\cdots$	$\dfrac{\pi}{2}$	$\cdots$	$\dfrac{3\pi}{4}$	$\cdots$	π
$f'(\theta)$		$-$	$\times$	$-$	0	$+$	
$f(\theta)$		$\searrow$	$\times$	$\searrow$		$\nearrow$	

$f(\theta)$ は上のように増減する. θ が $+0$, $\dfrac{\pi}{2}$, $\pi - 0$ に近づくとき, $f(\theta)$ は $+\infty$ あるいは $-\infty$ に発散する. $f\left(\dfrac{3\pi}{4}\right) = 2\sqrt{2}$ である.

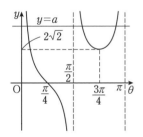

（1） $0 < \theta < \dfrac{\pi}{2}$ のとき曲線 $y = f(\theta)$ と直線 $y = a$ はただ 1 つの交点をもつ.

（2） 曲線 $y = f(\theta)$ と直線 $y = a$ の交点の個数の個数を n とすると,

$a > 2\sqrt{2}$ のとき $n = 3$

$a = 2\sqrt{2}$ のとき $n = 2$

$0 < a < 2\sqrt{2}$ のとき $n = 1$

《正十七角形の作図可能性》

2. n を 0 以上の整数とする. $x_n = 2\cos\dfrac{2n}{17}\pi$ のとき以下の問いに答えよ.

（1） $s = x_1 + x_2 + x_3 + x_4 + x_5 + x_6 + x_7 + x_8$ とするとき, $x_1(s+1) = 2s + 2$ となることを示せ.

（2） $t = x_1 + x_2 + x_4 + x_8$ とするとき, $t^2 + t - 4 = 0$ となることを示せ.

（3） $x_1 + x_4$ の値を求めよ.

（17 京都府立大・生命環境）

▶解答◀ （1） $x_1(s+1) = x_1 s + x_1$

$$= \sum_{k=1}^{8} x_1 x_k + x_1$$

ここで, $\theta = \dfrac{2\pi}{17}$ として

$$x_i x_j = 4\cos i\theta \cos j\theta$$

$$= 2\{\cos(i+j)\theta + \cos(i-j)\theta\}$$

$$= x_{i+j} + x_{i-j}$$

である. ただし, $i > j$ となるように順序を考えながら使う.

$$x_1(s+1) = \sum_{k=1}^{8}(x_{k+1} + x_{k-1}) + x_1$$

$$= (x_2 + \cdots + x_8 + x_9)$$

$$\qquad + (x_0 + x_1 + \cdots + x_7) + x_1$$

ここで

$$x_{17-i} = 2\cos\left(2\pi - \frac{2i}{17}\pi\right)$$

$$= 2\cos\frac{2i}{17}\pi = x_i$$

だから $x_9 = x_8$ であり, $x_0 = 2$ だから

$$x_1(s+1) = 2 + 2(x_1 + \cdots + x_8) = 2s + 2$$

である.

（2） $x_1 = 2\cos\dfrac{2\pi}{17} \neq 2$ だから（1）より $s = -1$ である.

$u = x_3 + x_5 + x_6 + x_7$ とおく. $t + u = -1$ である.

$$tu = (x_1 + x_2 + x_4 + x_8)(x_3 + x_5 + x_6 + x_7)$$

$$= x_1 x_3 + x_1 x_5 + x_1 x_6 + x_1 x_7$$

$$\quad + x_2 x_3 + x_2 x_5 + x_2 x_6 + x_2 x_7$$

$$\quad + x_4 x_3 + x_4 x_5 + x_4 x_6 + x_4 x_7$$

$$\quad + x_8 x_3 + x_8 x_5 + x_8 x_6 + x_8 x_7$$

$$= x_4 + x_2 + x_6 + x_4 + x_7 + x_5 + x_8 + x_6$$

$$\quad + x_5 + x_1 + x_7 + x_3 + x_8 + x_4 + x_9 + x_5$$

$$\quad + x_7 + x_1 + x_9 + x_1 + x_{10} + x_2 + x_{11} + x_3$$

$$\quad + x_{11} + x_5 + x_{13} + x_3 + x_{14} + x_2 + x_{15} + x_1$$

ここで $x_{17-i} = x_i$ より

$$x_9 = x_8, \quad x_{10} = x_7, \quad x_{11} = x_6, \quad x_{13} = x_4,$$

$$x_{14} = x_3, \quad x_{15} = x_2$$

を用いると

$$tu = 4(x_1 + \cdots + x_8) = 4s = -4$$

となる．何個あるか，数えるだけでも大変である．

$t + u = -1$ と $tu = -4$ から u を消去して

$$t(-t-1) = -4$$
$$t^2 + t - 4 = 0$$

（3）　$t = \dfrac{-1 \pm \sqrt{17}}{2}$

$\sqrt{17} > 4$ だから

$$\frac{-1 - \sqrt{17}}{2} < \frac{-5}{2} = -2.5$$
$$0 < \frac{2\pi}{17} < \frac{4\pi}{17} < \frac{8\pi}{17} < \frac{\pi}{2}$$
$$x_1 > x_2 > x_4 > 0 > x_8 > -2 \quad\cdots\cdots\cdots\cdots①$$

だから，$t = \dfrac{-1 + \sqrt{17}}{2}$

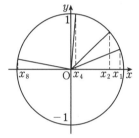

$x_1 + x_4 = a$, $x_2 + x_8 = b$ とすると

$$\begin{aligned}
ab &= x_1 x_2 + x_1 x_8 + x_4 x_2 + x_4 x_8 \\
&= x_3 + x_1 + x_9 + x_7 + x_6 + x_2 + x_{12} + x_4 \\
&= x_3 + x_1 + x_8 + x_7 + x_6 + x_2 + x_5 + x_4 \\
&= s = -1
\end{aligned}$$

$a + b = t$ であるから，a, b は

$$x^2 - tx - 1 = 0$$

の解で，①より $a > b$ だから

$$\begin{aligned}
a &= \frac{t + \sqrt{t^2 + 4}}{2} \\
&= \frac{1}{2}\left(\frac{-1 + \sqrt{17}}{2} + \sqrt{\frac{18 - 2\sqrt{17}}{4} + 4} \right) \\
&= \frac{1}{4}\left(-1 + \sqrt{17} + \sqrt{34 - 2\sqrt{17}} \right)
\end{aligned}$$

◆別解◆　（1）　$z = \cos\dfrac{2n}{17}\pi + i\sin\dfrac{2n}{17}\pi$ とする．
$z^{17} = 1$ である．$x_i = z^i + z^{17-i}$ であるから

$$s + 1 = 1 + z + z^2 + \cdots + z^{16} = \frac{1 - z^{17}}{1 - z} = 0$$

よって $x_1(s+1) = 2(s+1)$ が成り立つ．

注意　$x_3 + x_5 = c$, $x_6 + x_7 = d$ として，同様に計算すると a, b, c, d の値が求まる．

$$x_1 + x_4 = a, \quad x_1 x_4 = x_3 + x_5 = c$$

より，$x^2 - ax + c = 0$ を解くと x_1 の値が得られる．すなわち，$\cos\dfrac{2}{17}\pi$ が得られるわけだが，この値は四則演算と平方根のみで与えられるから，正十七角形が作図可能であることが示される．

《ceiling function の扱い方》

3. 実数 a に対して以下の条件（F）を考える．

- 条件（F）：不等式 $\lceil \cos x \cos y \rceil < a - \sin x \sin y$ が任意の実数 x, y に対して成り立つ．

　但し，実数 r に対して $\lceil r \rceil$ は r 以上の整数の中で最小のものを表す．

（1）　$a \geq 2$ ならば，a は条件（F）を満たすことを証明せよ．

（2）　条件（F）を満たす実数 a の中で，$a = 2$ は最小であることを証明せよ．

（16　奈良県立医大・後）

考え方　$\lceil r \rceil$ は ceiling function of r とよばれ，r の小数部分の切り上げを表す．組合せ論では，個数を数えて端数が出たときに切り上げる際に使う．たとえば，n 本の鉛筆を 12 本入りの鉛筆ケースに入れるときケースは $\left\lceil \dfrac{n}{12} \right\rceil$ 個必要という使い方である．

たとえば $\lceil 3.1 \rceil = 4$, $\lceil 3 \rceil = 3$ である．

扱い方は 2 種類あり，

$$\lceil r \rceil - 1 < r \leq \lceil r \rceil$$

と不等式でとらえるか，

$$r = \lceil r \rceil - \alpha, \quad 0 \leq \alpha < 1$$

と切り上げ分 α を用いて等式で表すかである．後者の場合は等式で処理できるから，値域を考察するときに便利である．

$r = -3.1$ なら $\lceil r \rceil = -3$, $\alpha = 0.1$ である．

$r = 3.1$ なら $\lceil r \rceil = 4$, $\alpha = 0.9$ である．

なお，本問は 2014 年に同系統の問題がある．あわせて参考とせよ．そのときは ceiling function ではなく，ガウス記号であった．このタイプの問題がよほど気に入っているのだろう．第一手は「文字定数は分離」である．

▶解答◀　（F）の不等式は

$$\lceil \cos x \cos y \rceil + \sin x \sin y < a \quad\cdots\cdots\cdots\cdots①$$

と書ける．

$$f = \lceil \cos x \cos y \rceil + \sin x \sin y \quad\cdots\cdots\cdots\cdots②$$

とおく．「 」を外して加法定理を利用することを考える．

$$\lceil \cos x \cos y \rceil = \cos x \cos y + \alpha, \ 0 \leqq \alpha < 1$$

とおける．このとき

$$f = \cos x \cos y + \alpha + \sin x \sin y$$
$$= \cos(x - y) + \alpha$$

となり①は $f < a$ となる．ここで

$$-1 \leqq \cos(x - y) \leqq 1, \ 0 \leqq \alpha < 1$$

より $-1 \leqq f < 2$ である．

（1） $a \geqq 2$ のとき $f < 2 \leqq a$

よってつねに①が成り立つから（F）を満たす．

（2） f が2にいくらでも近い値をとることを示す．

②の方が見やすい．

$0 < x < \dfrac{\pi}{2}, \ 0 < y < \dfrac{\pi}{2}$ のとき $0 < \cos x \cos y < 1$

$\lceil \cos x \cos y \rceil = 1$

$\sin x \sin y$ の値域は $0 < \sin x \sin y < 1$ であるから，このとき f の値域は $1 < f < 2$ である．つねに $f < a$ が成り立つためには $2 \leqq a$ であることが必要である．

（1）とあわせて（F）が成り立つために a が満たす必要十分条件は

$$2 \leqq a$$

である．これを満たす最小の $a = 2$ である．

注意 1°【f の値域】

（2）上の段階で示した $-1 \leqq f < 2$ は f の値域になっているかどうかは不明である．α と $\cos(x - y)$ は連動しているからである．f がこのすべての値をとることは示すことができる．

（ア） $-\dfrac{\pi}{2} < x < \dfrac{\pi}{2}, \ -\dfrac{\pi}{2} < y < \dfrac{\pi}{2}$ のとき

$0 < \cos x \cos y \leqq 1$

$\lceil \cos x \cos y \rceil = 1$

で，この場合の $\sin x \sin y$ の値域は

$-1 < \sin x \sin y < 1$

$f = 1 + \sin x \sin y$

の値域は $0 < f < 2$

（イ） $-\dfrac{\pi}{2} < x \leqq 0, \ \dfrac{\pi}{2} \leqq y < \pi$ のとき

$-1 < \cos x \cos y \leqq 0$

$\lceil \cos x \cos y \rceil = 0$

$f = \sin x \sin y$

この場合の f の値域は

$-1 < f \leqq 0$

（ウ） $x = \dfrac{\pi}{2}, \ y = \dfrac{3}{2}\pi$ のとき $f = -1$

$-1 \leqq f < 2$ のすべての範囲をとりうる．

2°【切り上げ分を使わない方法】

（1）について

$-1 \leqq \cos x \cos y \leqq 1$ だから

$\lceil \cos x \cos y \rceil \leqq 1$

また，$\sin x \sin y \leqq 1$

∴ $\lceil \cos x \cos y \rceil + \sin x \sin y \leqq 2$

ただしこの等号は成立しない．

$\cos x = \cos y = \pm 1$ ……………………………Ⓐ

$\sin x = \sin y = \pm 1$ ……………………………Ⓑ

のときに成り立つが，Ⓐ は x, y が π の整数倍のときに成り立ち，そのとき Ⓑ にはならないからである．

$2 \leqq a$ ならば

$\lceil \cos x \cos y \rceil + \sin x \sin y < 2 \leqq a$

だから①は成り立つ．

3°【記号の名前】

日本と中国では x 以下の最大の整数を $[x]$ と表し，ガウス記号という．世界では $\lfloor x \rfloor$ と表し，floor function of x という．ガウス記号しか知らないと，「ガウス記号だ！」と思って，等号の位置など，処理をまちがえるから注意しよう．

《三角関数と整数》

4. a, b は互いに素である自然数の定数で，$a \geqq 2$ とする．$0 < x \leqq \pi$ のとき，

$$\begin{cases} \cos x \leqq \cos 2ax \\ \sin 2ax \leqq 0 \end{cases}$$

をみたす x の値の範囲は，互いに共通部分をもたない n 個の閉区間の和集合であり，それら n 個の閉区間の長さの値を小さい方から順に $x_1, \cdots, x_n$ とする．$k = 1, \cdots, n$ に対し $\theta_k = 2b(2a+1)x_k$ とおき，xy 平面において，一般角 θ_k の動径と単位円との交点を Z_k とするとき，次の問いに答えよ．ただし，動径は原点を中心とし，x 軸の正の部分を始線とする．

（1） $n = a$ であり，$\theta_k = 2k\pi \dfrac{b}{a} \ (k = 1, \cdots, a)$ と表されることを示せ．

（2） $k = 1, \cdots, a$ に対し，kb を a で割ったときの商を q_k，余りを r_k とする．$1 \leqq i < j \leqq a$ をみたす任意の自然数 i, j に対し $r_i \neq r_j$ を示し，点 $Z_1, \cdots, Z_a$ は単位円を a 等分する a 個の分点であることを示せ． （21 東京慈恵医大）

▶解答◀ （1） k を自然数とする．図を見よ．

$\cos x \leqq \cos 2ax$ を満たす $2ax$ の範囲は図の点線以外の部分であり，その上で $\sin 2ax \leqq 0$ も満たしているのは図の太線部分に限られる．よって，

$$-x + 2k\pi \leqq 2ax \leqq 0 + 2k\pi$$

$$\frac{2k}{2a+1}\pi \leqq x \leqq \frac{k}{a}\pi$$

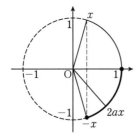

$0 < x \leqq \pi$ となるのは $k = 1, 2, \cdots, a$ である．次に，この区間が繋がってしまう，すなわち，ある k のときの区間の右端と $k+1$ のときの区間の左端が重なって追い越してしまうことがないことを示す．

$$\frac{2(k+1)}{2a+1}\pi - \frac{k}{a}\pi = \frac{2a-k}{a(2a+1)}\pi > 0$$

であるから，このようなことは起り得ない．よって，x の値の範囲は，互いに共通部分を持たない a 個の閉区間の和集合であるから，$n = a$ である．また，

$$\frac{k}{a}\pi - \frac{2k}{2a+1}\pi = \frac{k}{a(2a+1)}\pi$$

であるから，k が大きくなるほど区間の長さも大きくなる．ゆえに，$k = 1, 2, \cdots, a$ に対し

$$x_k = \frac{k}{a(2a+1)}\pi$$

$$\theta_k = 2b(2a+1)x_k = 2k\pi\frac{b}{a}$$

であることが示された．

（2） $ib = q_i a + r_i$ ……………………………………①

$jb = q_j a + r_j$ ……………………………………②

$1 \leqq i < j \leqq a$ に対して $r_i = r_j$ と仮定すると，$q_i \neq q_j$ である．このとき，②－① より

$$(j - i)b = (q_j - q_i)a$$

ここで，右辺は a の倍数だが，$0 < j - i < a$ であり，b は a と互いに素より左辺は a の倍数となりえない．これは矛盾である．よって，$1 \leqq i < j \leqq a$ を満たす任意の自然数 i, j に対し $r_i \neq r_j$ である．

これより k を 1 から a まで動かすと，r_k は 0 から $a-1$ までが一回ずつ現れる．このとき，

$$\theta_k = 2\pi\frac{kb}{a} = 2\pi\frac{q_k a + r_k}{a} = 2\pi\frac{r_k}{a} + 2q_k\pi$$

であるから，Z_k の動径 θ_k を $0\sim 2\pi$ に制限すると $2\pi\frac{r_k}{a}$ より，Z_k の座標は $\left(\cos\left(2\pi\frac{r_k}{a}\right), \sin\left(2\pi\frac{r_k}{a}\right)\right)$ であ

る．r_k は 0 から $a-1$ までが一回ずつ現れるから，$Z_1, \cdots, Z_a$ の動径は

$$0, 2\pi\frac{1}{a}, 2\pi\frac{2}{a}, \cdots, 2\pi\frac{a-1}{a}$$

のいずれかが一つずつ現れる．よって，点 $Z_1, \cdots, Z_a$ は単位円を a 等分する a 個の分点である．

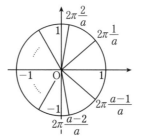

《3 辺の長さの和の最大値》

5. 半径 1 の円に内接する三角形について，次の問いに答えよ．

（1） 1 つの角の大きさが $120°$ のとき，3 辺の長さの和の最大値は $\boxed{} + \sqrt{\boxed{}}$ である．

（2） 3 辺の長さの和の最大値は $\boxed{}\sqrt{\boxed{}}$ である．

（22 青学大・経済）

考え方 （1）は 1 つ角 θ を定めれば，3 辺の長さの和は θ の式でかけるから，安泰である．（2）は α, β, γ の 3 変数を用いて 3 辺の長さの和を表し，隠れた条件「$\alpha + \beta + \gamma = 180°$」を利用することを考える．Jensen の不等式の利用が鍵となる．同年にこれを数段階難しくした Jensen の不等式を用いる問題（この問題でさえ難しいのに）が京大・特色入試で出題されている．

▶解答◀ 半径 1 の円に内接する三角形を $\triangle ABC$ とおく．

（1） $\angle BAC = 120°$，$\angle ABC = \theta$ とおく．このとき，$0° < \theta < 60°$ である．正弦定理により

$$BC = 2 \cdot 1 \cdot \sin 120° = \sqrt{3}$$

$$CA = 2 \cdot 1 \cdot \sin\theta = 2\sin\theta$$

$$AB = 2 \cdot 1 \cdot \sin(60° - \theta) = 2\sin(60° - \theta)$$

$$AB + BC + CA = 2\sin(60° - \theta) + 2\sin\theta + \sqrt{3}$$

$$= 2 \cdot 2\sin\frac{60°}{2}\cos\frac{60° - 2\theta}{2} + \sqrt{3}$$

$$= 2\cos(30° - \theta) + \sqrt{3}$$

したがって，3 辺の長さの和の最大値は $\theta = 30°$ のとき $\mathbf{2 + \sqrt{3}}$ である．

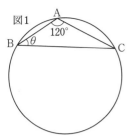

図1

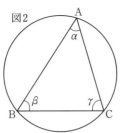

図2

（2）$\angle \mathrm{BAC} = \alpha$, $\angle \mathrm{ABC} = \beta$, $\angle \mathrm{BCA} = \gamma$

$(\alpha \leqq \beta \leqq \gamma)$ とおく．$\alpha + \beta + \gamma = 180°$ である．正弦定理により

$$\mathrm{BC} = 2 \cdot 1 \cdot \sin\alpha = 2\sin\alpha$$

$$\mathrm{CA} = 2 \cdot 1 \cdot \sin\beta = 2\sin\beta$$

$$\mathrm{AB} = 2 \cdot 1 \cdot \sin\gamma = 2\sin\gamma$$

$$\mathrm{AB} + \mathrm{BC} + \mathrm{CA} = 2(\sin\alpha + \sin\beta + \sin\gamma)$$

$f(x) = \sin x \,(0° < x < 180°)$ とおく．$y = f(x)$ のグラフは $0° < x < 180°$ では上に凸のグラフである．

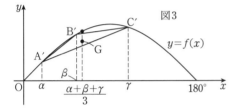

図3

図3を見よ．$\mathrm{A}'(\alpha, f(\alpha))$, $\mathrm{B}'(\beta, f(\beta))$, $\mathrm{C}'(\gamma, f(\gamma))$ とおく．ただし，$\alpha + \beta + \gamma = 180°$ である．

$\triangle \mathrm{A}'\mathrm{B}'\mathrm{C}'$ の重心 G の座標は

$\left(\dfrac{\alpha + \beta + \gamma}{3}, \dfrac{f(\alpha) + f(\beta) + f(\gamma)}{3} \right)$ である．

$$\mathrm{G} \text{ の } y \text{ 座標} \leqq f\left(\frac{\alpha + \beta + \gamma}{3} \right) \quad \cdots\cdots\cdots\cdots①$$

が成り立ち，等号が成立する場合は $\alpha = \beta = \gamma = 60°$ のときである．①から

$$\frac{\sin\alpha + \sin\beta + \sin\gamma}{3}$$

$$\leqq \sin\frac{\alpha + \beta + \gamma}{3} = \sin 60° = \frac{\sqrt{3}}{2}$$

$$\sin\alpha + \sin\beta + \sin\gamma \leqq \frac{3\sqrt{3}}{2}$$

以上のことから，3辺の長さの和の最大値は **$3\sqrt{3}$** である．

◆別解◆（ii）α を固定して考える．

$$2(\sin\alpha + \sin\beta + \sin\gamma)$$

$$= 2(\sin\alpha + \sin\beta + \sin(180° - \alpha - \beta))$$

$$= 2\sin\alpha + 2\sin\beta + 2\sin(\alpha + \beta)$$

$$= 2\sin\alpha + 4\sin\left(\frac{\alpha}{2} + \beta \right)\cos\frac{\alpha}{2}$$

$\cos\dfrac{\alpha}{2} > \cos 90° = 0$ であるから，この値が最大となるのは $\dfrac{\alpha}{2} + \beta = 90°$，すなわち $\beta = 90° - \dfrac{\alpha}{2}$ のときである．このとき $\gamma = 90° - \dfrac{\alpha}{2}$ となる．最大値は

$$2\sin\alpha + 4\cos\frac{\alpha}{2} = 4\left(\sin\frac{\alpha}{2} + 1 \right)\cos\frac{\alpha}{2}$$

となる．

$y = 4\left(\sin\dfrac{\alpha}{2} + 1 \right)\cos\dfrac{\alpha}{2}$, $x = \sin\dfrac{\alpha}{2}$ $(0 < x < 1)$ とおく．

$$y = 4(x + 1)\sqrt{1 - x^2} = 4\sqrt{(x+1)^2(1-x^2)}$$

根号の中を $g(x)$ とおく．

$$g(x) = -x^4 - 2x^3 + 2x + 1$$

$$g'(x) = -4x^3 - 6x^2 + 2$$

$$= -2(2x^3 + 3x^2 - 1)$$

$$= -2(x + 1)(2x^2 + x - 1) = -2(x+1)^2(2x-1)$$

x	0	$\cdots$	$\dfrac{1}{2}$	$\cdots$	1
$g'(x)$		$+$	0	$-$	
$g(x)$		$\nearrow$		$\searrow$	

$x = \sin\dfrac{\alpha}{2} = \dfrac{1}{2}$ すなわち $\alpha = 60°$ のとき，$g(x)$ は最大となり，y も最大となる．また，$\alpha = 60°$ から $\beta = \gamma = 60°$ となる．3辺の長さの和の最大値は，1辺の長さが $\sqrt{3}$ の正三角形のとき **$3\sqrt{3}$** である．

─《三角関数と図形の難問》─

6. 半径 1 の円 C の周上に相異なる 5 点 $\mathrm{A}_1, \mathrm{A}_2, \mathrm{A}_3, \mathrm{A}_4, \mathrm{A}_5$ がこの順に並んでいるとし，

　　B_1 を線分 $\mathrm{A}_1\mathrm{A}_3$ と線分 $\mathrm{A}_2\mathrm{A}_4$ の交点，B_2 を線分 $\mathrm{A}_2\mathrm{A}_4$ と線分 $\mathrm{A}_3\mathrm{A}_5$ の交点，

　　B_3 を線分 $\mathrm{A}_3\mathrm{A}_5$ と線分 $\mathrm{A}_4\mathrm{A}_1$ の交点，B_4 を線分 $\mathrm{A}_4\mathrm{A}_1$ と線分 $\mathrm{A}_5\mathrm{A}_2$ の交点，

　　B_5 を線分 $\mathrm{A}_5\mathrm{A}_2$ と線分 $\mathrm{A}_1\mathrm{A}_3$ の交点

とするとき，

　　S_1 を $\triangle \mathrm{A}_1\mathrm{B}_5\mathrm{B}_4$ の面積，S_2 を $\triangle \mathrm{A}_2\mathrm{B}_1\mathrm{B}_5$ の面積，S_3 を $\triangle \mathrm{A}_3\mathrm{B}_2\mathrm{B}_1$ の面積，

　　S_4 を $\triangle \mathrm{A}_4\mathrm{B}_3\mathrm{B}_2$ の面積，S_5 を $\triangle \mathrm{A}_5\mathrm{B}_4\mathrm{B}_3$ の面積，T を五角形 $\mathrm{B}_1\mathrm{B}_2\mathrm{B}_3\mathrm{B}_4\mathrm{B}_5$ の面積

とおく．このように $\mathrm{A}_1, \mathrm{A}_2, \mathrm{A}_3, \mathrm{A}_4, \mathrm{A}_5$ を動かしたとき，

$$S = S_1 + S_2 + S_3 + S_4 + S_5 + 2T$$

の最大値を求めよ．ただし，三角比の値は具体的に求めずに用いてよい． （22　京大・特色入試）

考え方 3点 O, A, B がこの順で左回りにあるとき正，右回りにあるとき負になるような，三角形 OAB の

符号付き面積を △OAB で表す．この意味では
△OAB = −△OBA である．これを用いて考える．

▶**解答**◀　添字は mod 5 で同一視する．すなわち，
$A_6 = A_1$，$A_7 = A_2$ などである．このとき，符号付き面積を考えると，

$$S = \triangle OA_1A_3 + \triangle OA_2A_4 + \triangle OA_3A_5$$
$$+ \triangle OA_4A_1 + \triangle OA_5A_2$$
$$= \sum_{k=1}^{5} \triangle OA_kA_{k+2} \quad \cdots\cdots\cdots① $$

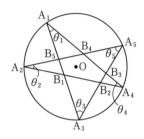

ここで，図のように $\theta_k = \angle A_{k+2}A_kA_{k+3}$ ととると，円周角の定理より $\angle A_kOA_{k+1} = 2\theta_{k-2}$ だから，

$$\angle A_kOA_{k+2} = \angle A_kOA_{k+1} + \angle A_{k+1}OA_{k+2}$$
$$= 2(\theta_{k-2} + \theta_{k-1})$$

となる．さらに，$\varphi_k = 2(\theta_{k-2} + \theta_{k-1})$ とおくと ① より

$$S = \sum_{k=1}^{5} \frac{1}{2} \cdot 1 \cdot 1 \sin \varphi_k = \frac{1}{2}\sum_{k=1}^{5} \sin \varphi_k \quad \cdots\cdots② $$

である．ここで，$\sum_{k=1}^{5}\theta_k = \pi$ であるから

$$\varphi_k + \varphi_{k+2}$$
$$= 2(\theta_{k-2} + \theta_{k-1}) + 2(\theta_k + \theta_{k+1})$$
$$= 2(\pi - \theta_{k+2}) < 2\pi$$

すなわち，$0 < \dfrac{\varphi_k + \varphi_{k+2}}{2} < \pi$ である．② を考えると

$$2S = \sum_{k=1}^{5} \sin \varphi_k = \sum_{k=1}^{5} \frac{1}{2}(\sin \varphi_k + \sin \varphi_{k+2})$$
$$= \sum_{k=1}^{5} \sin \frac{\varphi_k + \varphi_{k+2}}{2} \cos \frac{\varphi_k - \varphi_{k+2}}{2}$$
$$\leqq \sum_{k=1}^{5} \sin \frac{\varphi_k + \varphi_{k+2}}{2}$$

これに Jensen の不等式を用いて

$$2S \leqq 5 \sin \frac{1}{5} \sum_{k=1}^{5} \frac{\varphi_k + \varphi_{k+2}}{2}$$
$$= 5 \sin \frac{1}{5} \sum_{k=1}^{5} \varphi_k = 5 \sin \frac{4}{5}\pi$$

$\varphi_1 = \varphi_2 = \varphi_3 = \varphi_4 = \varphi_5 = \dfrac{4}{5}\pi$ のときに等号はすべて成立する．よって，S の最大値は
$\dfrac{5}{2} \sin \dfrac{4}{5}\pi \left(= \dfrac{5}{2} \sin \dfrac{\pi}{5} \right)$ である．

注意　【Jensen の不等式】
解答中で用いている Jensen の不等式は以下のようなものである．

> **【Jensen の不等式】** $f''(x) < 0$ を満たす関数 $f(x)$ を考える．このとき任意の実数 $x_1, \cdots, x_n$ と，$p_1 + p_2 + \cdots + p_n = 1$ を満たす非負実数 $p_1, \cdots, p_n$ に対して
> $$p_1 f(x_1) + p_2 f(x_2) + \cdots + p_n f(x_n)$$
> $$\leqq f(p_1 x_1 + p_2 x_2 + \cdots + p_n x_n)$$
> が成り立つ．

【証明】 上に凸であるから，$x = t$ における接線は曲線 $y = f(x)$ より上方にある．

$$f(x) \leqq f'(t)(x - t) + f(t)$$

$x = x_i$ として両辺に p_i を掛けると

$$p_i f(x_i) \leqq f'(t)(p_i x_i - p_i t) + p_i f(t)$$

i についてシグマすると $p_1 + \cdots + p_n = 1$ であるから

$$\sum_{i=1}^{n} p_i f(x_i) \leqq f'(t)\left(\sum_{i=1}^{n} p_i x_i - t\right) + f(t)$$

$t = \sum_{i=1}^{n} p_i x_i$ と取ると

$$\sum_{i=1}^{n} p_i f(x_i) \leqq f\left(\sum_{i=1}^{n} p_i x_i\right)$$

この接線を利用した不等式の証明は，2022 年は三重大 **3**（それは積分が出てくる不等式）でも紹介した．なお，Jensen はイエンゼンと読む．以前，某所で出題したときに，印刷直前に事務担当者が勝手に変更を加えたらしく，ジェンセンとフリガナがふってあった．試験実施後に問題用紙が送られてきて，笑った．さらに「先生，いきなり上に凸って書いてありますが，これは曲線 $y = f(x)$ が上に凸じゃないんですかあ」という人がいるが，関数が上に凸というのが正しい．

《対数の大小評価》

7. 次の 6 つの数
$$(\sqrt{10} - \sqrt{3})^{\frac{1}{3}}, \ \log_{\sqrt{3}}\frac{7}{4}, \ \frac{7}{9},$$
$$\log_7 5, \ \frac{1}{\log_6 12}, \ \log_{(\sqrt{15}-\sqrt{10})}12$$
について答えよ．

（1）6 つの数のうち負の数はどれか，すべて答えよ．

（2）6 つの数のうち 1 以上の数はどれか，すべて答えよ．

（3）6 つの数のうち，（1）と（2）以外の数を左

から小さい順に並べよ． （16 群馬大・医）

▶解答◀ （1） $a=(\sqrt{10}-\sqrt{3})^{\frac{1}{3}}$,

$b=\log_{\sqrt{3}}\dfrac{7}{4}$, $c=\dfrac{7}{9}$, $d=\log_{7}5$,

$e=\dfrac{1}{\log_{6}12}$, $f=\log_{(\sqrt{15}-\sqrt{10})}12$

とおく．こまごまと答えるのは面倒だからある程度まとめて考察する．

$\sqrt{10}>3>2>\sqrt{3}$ より

$\sqrt{10}-\sqrt{3}>1$ ∴ $a>1$

$\dfrac{7}{4}=1.75>\sqrt{3}>1$ より $b>1$

また $0<c<1$

$1<5<7$ より $0<d<1$

$1<6<12$ より

$\log_{6}12>1$ ∴ $0<e<1$

$3<\sqrt{10}<\sqrt{15}<4$ より

$0<\sqrt{15}-\sqrt{10}<1$ ∴ $f<0$

よって負であるものは $\mathbf{log_{(\sqrt{15}-\sqrt{10})}12}$

（2） 1以上のものは $(\sqrt{10}-\sqrt{3})^{\frac{1}{3}}$, $\log_{\sqrt{3}}\dfrac{7}{4}$

（3） いきなり解答を書いても読者にはありがたくない．まず大小を予想しよう．そのために，有名な近似値 $\log_{10}2=0.3010$, $\log_{10}3=0.4771$, $\log_{10}7=0.8451$ を用いる．以下底を省略する．

$c=\dfrac{7}{9}=0.777\cdots$

$d=\dfrac{\log 5}{\log 7}=\dfrac{1-\log 2}{\log 7}=\dfrac{0.6990}{0.8451}=0.8\cdots$

$e=\dfrac{\log 6}{\log 12}=\dfrac{\log 2+\log 3}{2\log 2+\log 3}=\dfrac{0.7781}{1.0791}=0.721\cdots$

$e<c<d$

$\dfrac{1}{\log_{6}12}<\dfrac{7}{9}<\log_{7}5$

と予想ができる．

$7^2=49<50=5^2\cdot 2<5^2\sqrt{5}=5^{\frac{5}{2}}$

$7^{\frac{4}{5}}<5$ ∴ $\dfrac{4}{5}<\log_{7}5$

$d>\dfrac{4}{5}>\dfrac{7}{9}=c$

よって $c<d$ が証明された．

$c-e=\dfrac{7}{9}-\dfrac{\log 2+\log 3}{2\log 2+\log 3}$

$=\dfrac{5\log 2-2\log 3}{9(2\log 2+\log 3)}=\dfrac{\log 32-\log 9}{9(2\log 2+\log 3)}>0$

よって $e<c$ が証明された．

注意 【$c<d$ を正直に示す】

$d-c=\dfrac{\log 5}{\log 7}-\dfrac{7}{9}$

$=\dfrac{9\log 5-7\log 7}{9\log 7}=\dfrac{\log 5^9-\log 7^7}{9\log 7}$

$=\dfrac{\log 1953125-\log 823543}{9\log 7}>0$

計算はすごい．

《対数関数の方程式》

8. a を正の実数とする．x の方程式

$$\{\log(x^2+a)\}^2+\log a=1$$

の異なる実数解の個数を，a の値によって場合分けして求めよ．ただし，対数は自然対数であるとする． （14 和歌山県医大）

▶解答◀ （1） 実数解の個数を N とする．

$\{\log(x^2+a)\}^2+\log a=1$

$\{\log(x^2+a)\}^2=1-\log a$ ……………①

$\{\log(x^2+a)\}^2\geqq 0$ だから，$1-\log a<0$ のときは実数解を持たない．$\log a=1$ のときは $a=e$ であるがこのとき $\log(x^2+e)\geqq 1$ だから①は成立しない．

次に $1-\log a>0$ のときを調べる．

$\log(x^2+a)=\pm\sqrt{1-\log a}$

曲線 $y=\log(x^2+a)$ は $x\geqq 0$ で増加し，グラフは y 軸に関して対称である．y 切片は $\log a$ である．図で $C:y=\log(x^2+a)$, $l=\sqrt{1-\log a}$ とする．

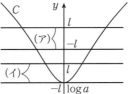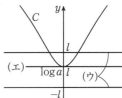

（ア） $\log a<-\sqrt{1-\log a}$ ………………………②

のとき．$N=4$ である．②を整理する．

$\log a<-\sqrt{1-\log a}\leqq 0$ だから $\log a<0$ である．

$\log a<-\sqrt{1-\log a}$ を2乗して

$(\log a)^2>1-\log a$

$(\log a)^2+\log a-1>0$, $\log a<0$

$\log a<\dfrac{-1-\sqrt{5}}{2}$

（イ） $\log a=-\sqrt{1-\log a}$ ………………………③

のとき．$N=3$ である．③を整理する計算は（ア）を利用できて $\log a=\dfrac{-1-\sqrt{5}}{2}<0$ となる．

（ウ） $-\sqrt{1-\log a}<\log a<\sqrt{1-\log a}$ …………④

のとき．$N=2$ である．④を整理する．

$|\log a|<\sqrt{1-\log a}$

$(\log a)^2<1-\log a$

$$(\log a)^2 + \log a - 1 < 0$$

$$\frac{-1-\sqrt{5}}{2} < \log a < \frac{-1+\sqrt{5}}{2}$$

（エ）$\log a = \sqrt{1 - \log a}$ ……………………⑤

のとき $N = 1$ である．⑤を整理すると

$$\log a \geqq 0, \ \log a = \frac{-1 \pm \sqrt{5}}{2}$$

$$\log a = \frac{-1 + \sqrt{5}}{2}$$

となる．

　以上以外は $N = 0$ である．

　解の個数は

$0 < a < e^{\frac{-1-\sqrt{5}}{2}}$ のとき 4，　$a = e^{\frac{-1-\sqrt{5}}{2}}$ のとき 3

$e^{\frac{-1-\sqrt{5}}{2}} < a < e^{\frac{-1+\sqrt{5}}{2}}$ のとき 2

$a = e^{\frac{-1+\sqrt{5}}{2}}$ のとき 1，　$e^{\frac{-1+\sqrt{5}}{2}} < a$ のとき 0

《対数方程式の整数解》

9. $\log_y (6x + y) = x$ を満たす正の整数 x, y の組を求めよ． （22　一橋大・後期）

考え方　「解を見つける」「それ以外に解がないことを示す」ということになる．数学的帰納法，二項定理，微分法など，いろいろな解法があるが，文系としては帰納法であろう．変数が x, y の2つだから，二重帰納法かと思うかもしれないが，x についての帰納法でよい．$x = 5, y = 2$ が絶妙な第一段階になっている．

▶解答◀　対数の底の条件より $y \geqq 2$ である．

$\log_y (6x + y) = x$ より

$$y^x = 6x + y$$

（ア）$x = 1$ のときは $y = 6 + y$ となり成立しない．

（イ）$x = 2$ のときは $y^2 = 12 + y$ で，$(y-1)y = 3 \cdot 4$

$y = 2, 3, 4, \cdots$ を代入していくと，$y = 4$ で成り立ち，$y > 4$ では左辺の方が大きくなり成立しない．

以下「$y > 4$ で左辺の方が大きくなり成立しない」的なことは飛ばすから適宜読め．

（ウ）$x = 3$ のときは $y^3 = 18 + y$ で，

$y(y-1)(y+1) = 18$ となり不適である．

（エ）$x = 4$ のときは $y^4 = 24 + y$ で，$y(y^3 - 1) = 24$ となり不適である．

（オ）$x = 5$ のときは $y^5 = 30 + y$ で，$y(y^4 - 1) = 2 \cdot 15$

$y = 2$ で成り立ち，$y > 2$ では成立しない．

以下，$x \geqq 5, y \geqq 2$ では $y^x \geqq 6x + y$ が成り立ち，$x = 5, y = 2$ 以外では等号は成立しないことを x についての数学的帰納法で証明する．

　$x = 5, y = 2$ で等号が成り立つことは上で示した．

$x = k \geqq 5$ で成り立つとする．$y^k \geqq 6k + y$ である．$y \geqq 2$ と辺ごとに掛けて

$$y^{k+1} \geqq 12k + 2y = 6(k+k) + y + y > 6(k+1) + y$$

$x = k+1$ でも成り立ち，等号のない不等号となる．

　求める整数解は $(x, y) = (2, 4), (5, 2)$ である．

《対数と桁数》

10. 次の問に答えよ．ただし，

$$0.3010 < \log_{10} 2 < 0.3011$$

であることは用いてよい．

（1）100桁以下の自然数で，2以外の素因数を持たないものの個数を求めよ．

（2）100桁の自然数で，2と5以外の素因数を持たないものの個数を求めよ． （17　京大・文系）

▶解答◀　以下 m, n を0以上の整数とする．「2以外の素因数を持たない」を「3, 5, 7, … を素因数に持たない」「もし，素因数を持つならば2だけ」の意味に解釈する．1が適するかどうかが問題になるからである．「2を素因数に持ち，かつ，それ以外の素因数を持たない」の意味に解釈するならば1を除くことになる．

（1）$1 \leqq 2^m < 10^{100}$ のとき．常用対数をとって

$$0 \leqq m \log 2 < 100$$

$$0 \leqq m < \frac{100}{\log 2}$$ ……………………①

$0.3010 < \log 2 < 0.3011$ より

$$\frac{100}{0.3011} < \frac{100}{\log 2} < \frac{100}{0.3010}$$

$$332.1\cdots < \frac{100}{\log 2} < 332.2\cdots$$

$$\frac{100}{\log 2} = 332.\cdots$$

であるから①を満たす m の個数は333である．ゆえに求める個数は **333** である．

（2）いきなり100桁と言われたら数を実際に書くことができない．1桁，2桁では小さすぎてよくわからない．まず3桁で行ってみよう．$2^m 5^n$ の形の3桁の整数を，すべて（調べ落とすことなく）作っていくのである．$2^{10} = 1024$ で4桁になってしまうから，2の指数は9以下である．

$$1, 2, 4, 8, 16, 32, 64, 128, 256, 512$$ ……………②

に5を掛けて3桁の整数を掛けていこうとすると，単純ではない．32に5を掛けて160，さらに5を掛けて800と，1回のみならず2回掛けても3桁の範囲に収まっていて，どのように数えたらよいかわからない．「掛けたら3桁」に収まるような数が1個だとよい．

そこで，②に掛ける数を 10 にしよう．

②の数に 1，10，100，… を掛けて 3 桁になるようにする．そのような 10 の冪はただ 1 つある．1 から 8 には 100 を掛け，16 から 64 には 10 を掛け，128 から 512 には 1 を掛けて

　　100, 200, 400, 800, 160, 320, 640, 128, 256, 512

にする．このようにすると $2^m 5^n$ $(m \geqq n)$ の形の 3 桁の数がすべて得られる．

　同じく

　　1, 5, 25, 125, 625

に 10 の冪を掛けていって 3 桁にして

　　100, 500, 250, 125, 625

にする．これで $2^m 5^n$ $(m \leqq n)$ の形の 3 桁の数がすべて得られる．

　100 が重なっているから 3 桁の場合は全部で $10 + 5 - 1 = 14$ 個ある．

　さて，100 桁以下になる 5^n の個数を数えよう．（1）と同様に $1 \leqq 5^n < 10^{100}$ のとき，常用対数をとって

$$0 \leqq n < \frac{100}{\log 5}$$

となる．$\log 5 = 1 - \log 2$ から $0.6989 < \log 5 < 0.699$ であり

$$\frac{100}{0.699} < \frac{100}{\log 5} < \frac{100}{0.6989}$$

$$143.06\cdots < \frac{100}{\log 5} < 143.08\cdots$$

$$\frac{100}{\log 5} = 143.0\cdots$$

であるから 100 桁以下になる 5^n の個数は 144 である．

　3 桁の場合と同じように 10 を掛けるという操作で考える．求める整数の個数は $333 + 144 - 1 = \mathbf{476}$ である．

―――――《対数と最上位の数》―――――

11. n を 0 以上の整数とする．$n+1$ 個の自然数 2^0, 2^1, $\cdots$, 2^n の中に，最上位の桁の数字が 1 であるものはいくつあるか．ただし，x を超えない最大の整数を表す記号 $[x]$ を用いて解答してよい．

注:例えば 2014 の最上位の桁の数字は 2 であり，14225 の最上位の桁の数字は 1 である．

(14　信州大・経・理・医)

▶解答◀　2^k $(k = 0, 1, 2, \cdots)$ で，1 に次々と 2 を掛けていって，同じ桁数のもので群を作っていく．

1, 2, 4, 8

16, 32, 64

128, 256, 512

1024, 2048, 4096, 8192

…

$1000\cdots \sim 1999\cdots$（最上位が 1 のもの）を 2 倍すると $2000\cdots \sim 3999\cdots$（最上位が 2 または 3）になり，さらに 2 倍すると $4000\cdots \sim 7999\cdots$（最上位が 4，5，6，または 7）になる．このとき最上位が 5 以上なら，2 倍すると桁上がりする．最上位が 4 の場合は 2 倍して同じ桁であり，さらに 2 倍すると桁上がりする．

　$5000\cdots \sim 9999\cdots$ を 2 倍すると最上位は 1 となる．

　よってこれらの群は各項が 3 つまたは 4 つで出来ていて，各群の先頭は最上位が 1 の数である．

　最後の数 2^n の桁数を N とする．

$$10^{N-1} \leqq 2^n < 10^N$$

である．各辺の $\log_{10}$ をとり

$$N - 1 \leqq n \log_{10} 2 < N$$

$n \log_{10} 2$ の整数部分が $N - 1$ であることを示しているから

$$N - 1 = [n \log_{10} 2]$$

よって最上位が 1 のものの個数 $N = \mathbf{[n \log_{10} 2] + 1}$ である．

　注意 **1°【最上位が 4 のもの】**最上位が 4 のものは 4 つで出来ている群の 3 番目にある．2^n が最後の群の何番目かが分かれば $1 \sim 2^n$ の中の最上位が 4 のものの個数も分かる．たとえば 2^n の最上位が 5 以上の場合について求めてみよう．$1 \sim 2^n$ の $n+1$ 項で，3 つで出来ている群が x，4 つで出来ている群が y あるとすると

$$3x + 4y = n, \ x + y = [n \log_{10} 2] + 1$$

になる．これを解いて $y = n - 3[n \log_{10} 2] - 3$ になる．つまり，最上位が 4 のものは $y = n - 3[n \log_{10} 2] - 3$ 個ある．**後の別解の方針では最上位が 4 のものの個数を数えることはできない．**

2°【出題履歴】この問題（最上位が 1，4 の問題）を，受験の世界で最初に出題したのは，30 年以上前の代ゼミ時代の私（安田）で，早大模試に出題した．駿台に移ってから東大実戦模試に，難しくして出題した．古い資料を捨てたので年度不明である．難しいのは最上位が 4 のものである．開成，筑波大付属，灘など主要な高校の現役生の答案をすべて見た．大半は「周期的に現れる」と書いた誤答である．上記の考察をして，正解した答案が 20 枚近く見られた．2^k の最上位の数には $k \log_{10} 2$ の小数部分が関わり，周期的には現れな

い．これはワイルという数学者の「ワイルの定理」に関係する．一人だけワイルの定理を「発見」していた答案もあり，感心した．

その後，東京理科大や横浜共立中学入試，04 年早大・商，06 年早大・教育など，多く出題された．04 年旺文社「入試問題正解」では「早大・商学部の問題は最上位が 1 だが，4 だと難しい」と解説を書いた．ただし今回の信州大の出題はそれらとは無関係で，独立に出題されたらしい．大学の数学で，こうしたことが出てくるようで「模試が真似された」のでも「入試正解の記事に触発された」のでもないらしい．なお，アメリカの数学オリンピック用の問題集に同趣旨の問題が掲載されている．もちろん，私の出題の方が遙かに早い．

◆別解◆ 2^k （k は 0 以上の整数）が l 桁で最上位の桁の数字が 1 であるとすると

$$10^{l-1} \leq 2^k < 2 \cdot 10^{l-1}$$

$$l - 1 \leq k \log_{10} 2 < \log_{10} 2 + l - 1$$

$\log_{10} 2 > 0$ だから

$$\frac{l-1}{\log_{10} 2} \leq k < \frac{l-1}{\log_{10} 2} + 1 \quad \cdots\cdots\cdots\cdots①$$

この区間の幅は 1 だから，任意の自然数 l に対して，この不等式を満たす自然数 k はただ 1 つ存在する．つまり，1 桁で最上位の桁の数字が 1 であるものはただ 1 つ存在し，2 桁で最上位の桁の数字が 1 であるものはただ 1 つ存在し，… となり，各桁に，最上位が 1 のものが 1 つずつ存在するのである．

最後の数 2^n の桁数を N とする．

$$10^{N-1} \leq 2^n < 10^N$$

である．各辺の $\log_{10}$ をとり

$$N - 1 \leq n \log_{10} 2 < N$$

$n \log_{10} 2$ の整数部分が $N-1$ であることを示しているから

$$N - 1 = [n \log_{10} 2]$$

よって最上位が 1 のものの個数 $N = [\boldsymbol{n \log_{10} 2}] + 1$ である．

注意 $[x]$ は日本と中国ではガウス記号と呼ばれる．「x を超えない最大の整数」と書かれることも多いが「超えない」という否定形より「x 以下の最大の整数」の方が分かりやすい．$x = n + \alpha$（n は整数，$0 \leq \alpha < 1$）のとき α を x の小数部分といい，x から n にすることを「小数部分の切り捨て」という．現在，小数部分を切り捨てた整数を $\lfloor x \rfloor$ と表し，floor

function of x という．これはガウス記号と同じ意味である．同じく小数部分の切り上げ（x 以上の最小の整数）を ceiling function of x といい $\lceil x \rceil$ と表す．$k = \left\lceil \dfrac{l-1}{\log_{10} 2} \right\rceil$ である．これらは個数を数えるときに必要となる．セットで教えたい．08 年に東工大で ceiling function が出題されたとき，多くの人がガウス記号と錯覚して些細なミスをした．

《レイリーの定理》

12. $\alpha = \log_2 3$ とし，自然数 n に対して

$$a_n = [n\alpha], \quad b_n = \left[\frac{n\alpha}{\alpha - 1}\right]$$

とする．ただし，実数 x に対して $[x]$ は x を超えない最大の整数を表す．

（1） $a_5 = \boxed{}$ である．

（2） $b_3 = k$ とおくと，不等式

$$\frac{3^{k+c}}{2^k} \leq 1 < \frac{3^{k+1+c}}{2^{k+1}}$$

が整数 $c = \boxed{}$ で成り立ち，$b_3 = \boxed{}$ であることがわかる．

（3） $a_n \leq 10$ を満たす自然数 n の個数は $\boxed{}$ である．

（4） $b_n \leq 10$ を満たす自然数 n の個数は $\boxed{}$ である．

（5） $a_n \leq 50$ を満たす自然数 n の個数を s とし，$b_n \leq 50$ を満たす自然数 n の個数を t とする．このとき，

$$s + t = \boxed{}$$

である． （19　上智大・理工）

考え方 【近似値を覚えておこう！】

β などの記号は解答を見よ．本問は空欄補充問題である．実戦的には答えを見つければよい．

$$\log_{10} 2 \fallingdotseq 0.3010, \quad \log_{10} 3 \fallingdotseq 0.4771$$

は知っているべきである．

$$\alpha = \frac{\log_{10} 3}{\log_{10} 2} = 1.585\cdots$$

$$5\alpha = 7.92\cdots \qquad \therefore \quad [5\alpha] = \boldsymbol{7}$$

$$\beta = \frac{\alpha}{\alpha - 1} = 2.70\cdots$$

$$3\beta = 8.1\cdots \qquad \therefore \quad [3\beta] = \boldsymbol{8}$$

$a_n \leq 10$ になるのは $n\alpha < 11$ のときであり，

$$n < \frac{11}{1.58\cdots} = 6.9\cdots \qquad \therefore \quad n \leq \boldsymbol{6}$$

$b_n \leq 10$ になるのは $n\beta < 11$ のときであり，

$$n < \frac{11}{2.70\cdots} = 4.07\cdots \qquad \therefore \quad n \leq \boldsymbol{4}$$

$$\frac{51}{\alpha} = 32.1\cdots, \quad \frac{51}{\beta} = 18.8\cdots$$

であり，$32 + 18 = \mathbf{50}$ も得られる．ここで太字にした部分は，c 以外の答えである．5分も掛からず c の空欄以外は入る．近似値バンザイ！！

▶解答◀ （1）　$a_5 = [5\alpha] = [5\log_2 3]$

$\log_2 3$ の近似値がほしい．

$2^n : 2, 4, 8, 16, 32, 64, 128, 256, 512, 1024, 2048, \cdots$ ①

$3^n : 3, 9, 27, 81, 243, 729, 2187, \cdots$ …………②

のうちで接近しているものを考える．

手軽なのは 8 と 9，243 と 256 であり，2048 と 2187 も捨てがたい．まず，前の 2 つを考え，

$$2^3 < 3^2, \, 2^8 > 3^5$$

の各辺の $\log_2$ をとって

$$3 < 2\log_2 3, \, 8 > 5\log_2 3$$

$$\frac{3}{2} < \log_2 3 < \frac{8}{5} \quad\cdots\cdots\cdots\cdots\cdots\cdots③$$

$$7.5 < 5\log_2 3 < 8$$

$$a_5 = [5\log_2 3] = \mathbf{7}$$

（2）　$\beta = \dfrac{\alpha}{\alpha - 1}$ とおく．

$$\frac{1}{\beta} = 1 - \frac{1}{\alpha} \quad\cdots\cdots\cdots\cdots\cdots\cdots④$$

$$b_3 = [3\beta]$$

$$\beta = \frac{\alpha}{\alpha - 1} = \frac{\log_2 3}{\log_2 3 - 1} = \frac{\log_2 3}{\log_2 \frac{3}{2}} = \log_{\frac{3}{2}} 3$$

$$3\beta = \log_{\frac{3}{2}} 3^3$$

$b_3 = k$ のとき $[3\beta] = k$

$$k \leqq 3\beta < k+1$$

$$k \leqq \log_{\frac{3}{2}} 3^3 < k+1$$

$$\left(\frac{3}{2}\right)^k \leqq 3^3 < \left(\frac{3}{2}\right)^{k+1}$$

$$\frac{3^{k-3}}{2^k} \leqq 1 < \frac{3^{k+1-3}}{2^{k+1}}$$

$$c = \mathbf{-3}$$

③ より $\dfrac{3}{2} < \alpha < \dfrac{8}{5}$

$$\frac{5}{8} < \frac{1}{\alpha} < \frac{2}{3}$$

$$\frac{1}{3} < 1 - \frac{1}{\alpha} < \frac{3}{8}$$

④ より $\dfrac{1}{3} < \dfrac{1}{\beta} < \dfrac{3}{8}$

$$\frac{8}{3} < \beta < 3 \quad\cdots\cdots\cdots\cdots\cdots\cdots⑤$$

$$8 < 3\beta < 9$$

$$b_3 = [3\beta] = \mathbf{8}$$

（3）　$a_n \leqq 10$ のとき $[n\alpha] \leqq 10$

$$n\alpha < 11$$

$$n\log_2 3 < 11$$

$$3^n < 2^{11}$$

①，② を見て，$729 = 3^6$, $3^7 = 2187$, $2048 = 2^{11}$ であるから，n は 1〜6 の **6個**

（4）　⑤ より $\dfrac{32}{3} < 4\beta < 12$

これでは $[4\beta] = 10$ または 11 のどちらか不明である．

①，② にもどり 2187 と 2048 を使う．

$$3^7 = 2187 > 2^{11} = 2048$$

$$7\log_2 3 > 11$$

$$\log_2 3 > \frac{11}{7}$$

③ とあわせて $\dfrac{11}{7} < \alpha < \dfrac{8}{5}$

$$\frac{5}{8} < \frac{1}{\alpha} < \frac{7}{11}$$

$$\frac{4}{11} < 1 - \frac{1}{\alpha} < \frac{3}{8}$$

④ より $\dfrac{4}{11} < \dfrac{1}{\beta} < \dfrac{3}{8}$

$$\frac{8}{3} < \beta < \frac{11}{4}$$

$$\frac{32}{3} < 4\beta < 11, \, 5\beta > \frac{40}{3} > 13$$

$$b_4 = [4\beta] = 10, \, b_5 = [5\beta] \geqq 13$$

$b_n \leqq 10$ になるのは $n = 1$〜4 の **4個** ある．

（5）　$\alpha = \log_2 3$ が無理数であることに注意せよ．

$[n\alpha] \leqq 50$ となる n が s 個あるとは

$$s\alpha < 51 < (s+1)\alpha$$

になることである．

$(s+1)\alpha$ が51を
飛び越す

$$s < \frac{51}{\alpha} < s+1$$

同様に β も無理数で

$$t < \frac{51}{\beta} < t+1$$

辺ごとに加えて，④ から導かれる $\dfrac{1}{\alpha} + \dfrac{1}{\beta} = 1$ を用いると

$$s+t < 51 < s+t+2$$

$$49 < s+t < 51$$

$s+t$ は正の整数であるから

$$s+t = \mathbf{50}$$

注意 1°【レーリーの定理】

α, β が 1 より大きな無理数で $\dfrac{1}{\alpha} + \dfrac{1}{\beta} = 1$ を満たすとき，自然数 N に対し，$[n\alpha] \leqq N$ となる自然数 n

の個数と $[n\beta] \leqq N$ となる自然数 n の個数の和は N である．国際数学オリンピック（1978 年）など，多くの出題がある．

このときさらに次のことがわかる．

（ア）　$[n\alpha] = [m\beta]$ となる自然数 m, n は存在しない．

（イ）　任意の自然数は

$$[\alpha], [2\alpha], [3\alpha], \cdots$$
$$[\beta], [2\beta], [3\beta], \cdots$$

の中に 1 個ずつ現れる．

【証明】　$[\alpha] = 1$ であったことを思い出せ．同様に $2 < \beta$ であるから $[\beta] \geqq 2$ である．

$[n\alpha] \leqq N + 1$ を満たす自然数 n の個数を s' とし，$[n\beta] \leqq N + 1$ を満たす自然数 n の個数を t' とする．このとき，$s' + t' = N + 1$ であるから，

「$s' = s + 1, t' = t$」または「$s' = s, t' = t + 1$」

である．$[n\alpha] = N + 1$ になる n，または $[n\beta] = N + 1$ になる n の一方の n が 1 個だけ存在する．よって（ア），（イ）が成り立つ．

2° 【無理数の証明】

$\log_2 3$ が有理数であると仮定する．

p, q を互いに素な自然数として

$$\log_2 3 = \frac{q}{p}$$
$$3^p = 2^q$$

左辺は奇数，右辺は偶数で矛盾する．

よって $\log_2 3$ は無理数である．

3° 【空欄はうまる】

（3）＋（4）＝ 10 だから $s + t = 50$ と予想する人は多いらしい？

━━━━《対数と不等式》━━━━

13. 実数 x に対し，

$$\log_a b \geqq x \text{ かつ } 2 \leqq a \leqq 9 \text{ かつ}$$

$2 \leqq b \leqq 9$ を満たす自然数の組 (a, b) の個数を $R(x)$ で表わすとき，次の問いに答えよ．ただし，$\log_{10} 2$ の値はおおよそ 0.3010 であることなどが知られているが，次の問いではこれらの近似値を一切使ってはならない．

（1）　$R(2)$ および $R(1.5)$ をそれぞれ求めよ．

（2）　不等式 $\log_2 3 < \dfrac{8}{5} < \log_3 6$ を示せ．

（3）　$2 \leqq p \leqq 9$ かつ $2 \leqq q \leqq 9$ である自然数の組 (p, q) で，$R(\log_p q) = 10$ となるものを求めよ．

（17 愛知教育大・後期）

▶解答◀　（1）　$a \geqq 2$ であるから

$\log_a b \geqq x$ は $b \geqq a^x$ と表される．

$$a^x \leqq b, 2 \leqq a \leqq 9, 2 \leqq b \leqq 9$$

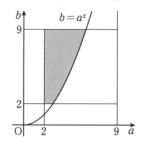

$R(2)$ について：$x = 2$ のとき

$$a^2 \leqq b, 2 \leqq a \leqq 9, 2 \leqq b \leqq 9$$

$a = 2$ のとき $4 \leqq b \leqq 9$

$b = 4 \sim 9$ の 6 個ある．

$a = 3$ のとき $9 \leqq b \leqq 9$

$b = 9$ の 1 個ある．

$a \geqq 4$ のとき $16 \leqq b \leqq 9$ は成立しない．

$$R(2) = 6 + 1 = \mathbf{7}$$

$R(1.5)$ について：$x = \dfrac{3}{2}$ のとき

$$a\sqrt{a} \leqq b, 2 \leqq a \leqq 9, 2 \leqq b \leqq 9$$

近似値を使うなら $a = 2$ のとき $2\sqrt{2} \leqq b$

$$2.8\cdots \leqq b \leqq 9$$

「など」「これら」の中に $\sqrt{2}$ や $\sqrt{3}$ も含まれているのだろうか？あいまいである．近似値を使わないなら

$$8 \leqq b^2 \leqq 9^2$$

に $b = 2, 3, \cdots, 9$ を代入し $b = 3 \sim 9$ の 7 個ある．

$a = 3$ のとき $3\sqrt{3} \leqq b$

$$5.1\cdots \leqq b \leqq 9$$
$$27 \leqq b^2 \leqq 9^2$$

に $b = 2, 3, \cdots, 9$ を代入し $b = 6 \sim 9$ の 4 個ある．

$a = 4$ のとき $8 \leqq b \leqq 9$

b は 2 個ある．

$a \geqq 5$ のとき

$$9 \geqq b \geqq a\sqrt{a} \geqq 5\sqrt{5} > 5 \cdot 2 = 10$$

で，成立しない．

$$R(1.5) = 7 + 4 + 2 = \mathbf{13}$$

（2）　$\dfrac{8}{5} - \log_2 3 = \dfrac{1}{5}(8\log_2 2 - 5\log_2 3)$

$$= \dfrac{1}{5}(\log_2 2^8 - \log_2 3^5)$$
$$= \dfrac{1}{5}(\log_2 256 - \log_2 243) > 0$$

$\log_3 6 - \dfrac{8}{5} = \log_3 2 \cdot 3 - \dfrac{8}{5}$

$$= \log_3 2 + 1 - \dfrac{8}{5} = \log_3 2 - \dfrac{3}{5}$$

$$= \frac{1}{5}(5\log_3 2 - 3\log_3 3)$$

$$= \frac{1}{5}(\log_3 2^5 - \log_3 3^3)$$

$$= \frac{1}{5}(\log_3 32 - \log_3 27) > 0$$

不等式は証明された.

（3） $\log_p q = x$ とおく. $p \geqq 2, q \geqq 2$ のとき $x > 0$ である. a を $a \geqq 2$ で1つ定める.

$$\log_a b \geqq x, \ 2 \leqq a \leqq 9, \ 2 \leqq b \leqq 9$$

をみたす (a, b) の個数が $R(x)$ である.

$0 < x_1 < x_2$ のとき,

$\log_a b > x_1$ をみたす (a, b) の個数

と $\log_a b > x_2$ をみたす (a, b) の個数

では同じか, 前者の方が多い. よって

$$R(x_1) \geqq R(x_2)$$

である.

$$7 = R(2) < 10 < 13 = R(1.5)$$

であるから $R(x) = 10$ のとき

$$1.5 < x < 2$$

が成り立つ. $x = \log_p q$ のとき

$$1.5 < \log_p q < 2$$

$$p\sqrt{p} < q < p^2$$

$2 \leqq p \leqq 9, 2 \leqq q \leqq 9$ であるから

$p = 2$ のとき $2\sqrt{2} < q < 4$

$$q = 3$$

$p = 3$ のとき $3\sqrt{3} < q < 9$

$$q = 6\sim 8$$

$p = 4$ のとき $8 < q < 16$

$$q = 9$$

$p \geqq 5$ のとき $p\sqrt{p} < q \leqq 9$

は成立しない. よって

$$(p, q) = (2, 3), (3, 6), (3, 7), (3, 8), (4, 9)$$

のいずれかである. ……………………………Ⓐ

（ア） $R(\log_2 3)$ について：

$$\log_a b \geqq \log_2 3, \ 2 \leqq a \leqq 9, \ 2 \leqq b \leqq 9$$

$a = 2$ のとき, $b = 3\sim 9$ の7個ある.

$a = 3$ のとき, $\log_3 b \geqq \log_2 3$ ………………①

（2）で $\log_2 3 < \frac{8}{5}$ を示したから $\log_3 2 > \frac{5}{8}$ である.

$$\log_3 6 = \log_3 3 \cdot 2 = 1 + \log_3 2 > 1 + \frac{5}{8}$$

$$= \frac{13}{8} > \frac{8}{5} > \log_2 3 \ \cdots\cdots\cdots\cdots ②$$

① は $b = 6, 7, 8, 9$ のときには成り立つから,

$$R(\log_2 3) \geqq 7 + 4 = 11$$

（イ） $R(\log_3 6)$ について：

$$\log_a b \geqq \log_3 6, \ 2 \leqq a \leqq 9, \ 2 \leqq b \leqq 9$$

② で示したように $\log_2 3 < \log_3 6$ であることに注意する.

$a = 2$ のとき, $\log_2 b \geqq \log_3 6$

$b = 2, 3$ では成立しない.

$$\log_2 4 = 2 > \log_3 6$$

であるから $b = 4\sim 9$ で成り立つ. 6個ある.

$a = 3$ のとき, $\log_3 b \geqq \log_3 6$

$b = 6\sim 9$ の4個ある.

$a = 4$ のとき,

$$\log_4 9 = \log_2 3 < \log_3 6$$

であるから $\log_4 b \geqq \log_3 6, 2 \leqq b \leqq 9$ が成り立つ b は存在しない. つまり

$$\log_4 b < \log_3 6, \ 2 \leqq b \leqq 9$$

である. よって, $a = 5\sim 9$ でも

$$\log_a b < \log_3 6, \ 2 \leqq b \leqq 9$$

である.

$$R(\log_3 6) = 6 + 4 = 10$$

（ウ） $R(\log_3 7), R(\log_3 8)$ について：

$a = 3$ のとき, $R(\log_3 6)$ では

$$\log_3 b \geqq \log_3 6$$

は $b = 6\sim 9$ の4個であった.

$R(\log_3 7)$ では

$$\log_3 b \geqq \log_3 7$$

は $b = 7\sim 9$ の3個である. $b = 6$ の分だけは減る.

$R(\log_3 8)$ では

$$\log_3 b \geqq \log_3 8$$

であるから, さらに $b = 7$ の分が減る.

（エ） $R(\log_4 9) = R(\log_2 3) \geqq 11$

以上より求める $(p, q) = \boldsymbol{(3, 6)}$

♦別解♦ （3） Ⓐ までは解答と同じ.

$R\left(\dfrac{8}{5}\right)$ を求める.

$$\log_a b \geqq \frac{8}{5}$$

$a = 2$ のとき $b^5 \geqq 2^8 = 256$

$b = 2, 3, \cdots$ を代入し $b = 4\sim 9$

$a = 3$ のとき $b^5 \geqq 3^8 = 6561$

$$b = 6\sim 9$$

$a \geqq 4$ のとき $b^5 \geqq a^8 \geqq 4^8 = 65536$

ところが $b^5 \leqq 9^5 = 59049$ であるから $b^5 \geqq a^8$ は成立しない.

$$R\left(\frac{8}{5}\right) = 6 + 4 = 10$$

$$\frac{8}{5} < \log_3 6 < \log_3 7 < \log_3 8 < \log_3 9 = 2$$

$$10 = R\left(\frac{8}{5}\right) \geqq R(\log_3 6) > R(\log_3 7)$$
$$> R(\log_3 8) > R(\log_3 9) = R(2) = 7$$

この $R(\log_3 6) > R(\log_3 7)$ 等に等号がつかない理由は解答と同じ. 1以上は減るからである.

$$R(\log_3 6) = 10, \quad R(\log_3 7) = 9,$$
$$R(\log_3 8) = 8, \quad R(\log_3 9) = 7$$

となる. 求める $(p, q) = (3, 6)$ である.

《二項係数とパスカルの三角形》

14. n を自然数とする. $k = 1, 2, 3$ に対して, 次の条件 P_k を考える.

$P_k : k \leqq r \leqq n-k$ を満たすすべての自然数 r に対して, ${}_n\mathrm{C}_r$ は偶数である.

（1） $2 \leqq n \leqq 20$, $k = 1$ とする. P_1 を満たす n は全部で □ 個ある. このうち, 最大のものは □ である.

（2） $4 \leqq n \leqq 1000$, $k = 2$ とする. P_2 を満たす n は全部で □ 個ある. このうち, 最大のものは □ である.

（3） $6 \leqq n \leqq 10^{16}$, $k = 3$ とする. P_3 を満たす n は全部で □ 個ある.

（注意：$0.3010 < \log_{10} 2 < 0.3011$）

(15 東京理科大・薬)

▶解答◀ パスカルの三角形を書く.

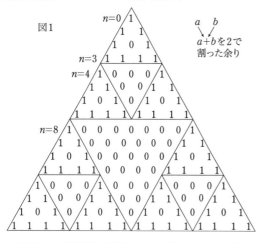

図1

a　b
$a+b$ を2で割った余り

ただし, 二項係数の値そのものを書くのではなく, それが偶数ならば 0 を, 奇数ならば 1 を書く. 高校では頂

上が1個でないが, それでは調和がとれないので, 頂上は0段目で ${}_0\mathrm{C}_0 = 1$ とする. 1段目は左から ${}_1\mathrm{C}_0 = 1$, ${}_1\mathrm{C}_1 = 1$, 2段目は左から ${}_2\mathrm{C}_0 = 1$, ${}_2\mathrm{C}_1 = 2$, ${}_2\mathrm{C}_2 = 1$ で, この偶奇に対応して, 左から 1, 0, 1 を書く. 上段に a, b があるとき, その一段下に $a+b$ を2で割った余りを書く. 以下続ける. $n = 4, 8, 16$ の1段上 ($n = 3, 7, 15$ 段) では 1 が並ぶ. これが続くと思われる. 空欄補充問題だから, 結論を急ごう. 以下 a は自然数である.

（1） P_1 は ${}_n\mathrm{C}_1$ から ${}_n\mathrm{C}_{n-1}$ まで 0 が並ぶということで, その行は両端以外が 0 になるということである. $n = 2^a$ の形の数である. $2 \leqq n \leqq 20$ では, $n = 2^1, 2^2, 2^3, 2^4$ の **4** 個あり, 最大のものは **16** である.

（2） P_2 は ${}_n\mathrm{C}_2$ から ${}_n\mathrm{C}_{n-2}$ まで 0 が並ぶということで, その行は左端2つ, 右端2つを除いた部分は 0 になるということである. $n = 2^a, 2^a + 1$ の形の数である. $2^9 = 512, 2^{10} = 1024$ より $4 \leqq n \leqq 1000$ では $n = 2^2, 2^2 + 1, 2^3, 2^3 + 1, \cdots, 2^9, 2^9 + 1$ の $(9 - 2 + 1) \cdot 2 = $ **16** 個あり, 最大のものは $2^9 + 1 = $ **513** である.

（3） P_3 を満たす n は $n = 2^a, 2^a + 1, 2^a + 2$ の形の数である. $2^m \leqq 10^{16}$ を満たす最大の自然数 m を求める.

$$m \log_{10} 2 \leqq 16$$
$$m \leqq \frac{16}{\log_{10} 2} < \frac{16}{0.3010} = 53.1\cdots$$

$m = 53$ である.

$$\log_{10} 2^{53} = 53 \log_{10} 2 < 53 \cdot 0.3011 = 15.9583$$
$$2^{53} < 10^{16}$$
$$\log_{10} 2^{54} = 54 \log_{10} 2 > 54 \cdot 0.3010 = 16.254$$
$$2^{54} > 10^{16}$$

$2^{53} + 2$ は 2 で 1 回しか割り切れず, 10^{16} は 4 で割り切れるから

$$2^{53} + 1 < 2^{53} + 2 < 2^{53} + 4 \leqq 10^{16}$$

である. よって, $6 \leqq n \leqq 10^{16}$ では, $n = 2^2 + 2, 2^3, 2^3 + 1, 2^3 + 2, \cdots, 2^{53}, 2^{53} + 1, 2^{53} + 2$ の $1 + (53 - 3 + 1) \cdot 3 = $ **154** 個ある.

空欄補充としては以上で終わりである. 上でよいことを説明してみよう. 公式 $r \, {}_n\mathrm{C}_r = n \, {}_{n-1}\mathrm{C}_{r-1}$ を用いる. $n = 2^a$, $1 \leqq r \leqq 2^a - 1$ のとき,

$$ {}_n\mathrm{C}_r = \frac{2^a \, {}_{n-1}\mathrm{C}_{r-1}}{r}$$

となり, 右辺の分母の r に含まれる素因数 2 の個数は a より小さいから ${}_n\mathrm{C}_r$ は偶数である. $n = 2^a$ 段目には両端には 1 が, それ以外はすべて 0 が並ぶ. さらに, $n = 2^a$, $1 \leqq r \leqq 2^a - 1$ のとき

$${}_n\mathrm{C}_r = {}_{n-1}\mathrm{C}_r + {}_{n-1}\mathrm{C}_{r-1}$$

の左辺は偶数だから $_{n-1}\mathrm{C}_r$ と $_{n-1}\mathrm{C}_{r-1}$ の偶奇が一致する．$_{n-1}\mathrm{C}_0 = 1$ は奇数だから $_{n-1}\mathrm{C}_r$ はすべて奇数である．$n = 2^a - 1$ 段目に並ぶのはすべて 1 である．

図 2 の中央にある逆三角形（▽）の形の 0 のブロックに接した左上から右下にかけて 1 の連続した並びがある．よって，横の並びで，両端を除いて 0 が並ぶのは $n = 2^a$ のときしかないし，左端の 2 つと右端の 2 つを除いて 0 が並ぶのは $n = 2^a + 1$ のときしかないし，左端の 3 つと右端の 3 つを除いて 0 が並ぶのは $n = 2^a + 2$ のときしかない．

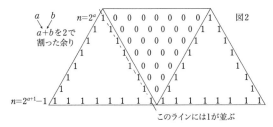

n を 2 進法にしたとき現れる 1 の個数を a_n とする．また，$_n\mathrm{C}_k\ (k = 0, 1, \cdots, n)$ が奇数となるような k の個数を b_n とする．このとき，$b_n = 2^{a_n}$ という関係が成り立っている．証明は，割と大変である．2021 年度の弊社主催の東大数学ハイパー模試にこれに関する出題がある．例えば，

$$2022 = 2^{10} + 2^9 + 2^8 + 2^7 + 2^6 + 2^5 + 2^2 + 2^1$$
$$= 11111100110_{(2)}$$

であるから $a_{2022} = 8$ となる．

よって，$b_{2022} = 2^8 = 256$ である．

§6 図形と方程式

問題編

《2つの円が接する》

1. 実数 θ, a は $-\dfrac{\pi}{2} < \theta < \dfrac{\pi}{2}$, $a > 0$ を満たすとし，2つの円 C_1, C_2 の方程式を以下で定める．

$$C_1 : (x - \tan\theta)^2 + (y - \tan\theta)^2 = 9$$

$$C_2 : (x - a\cos\theta + 1)^2 + (y - a\sin\theta - 1)^2 = 1$$

以下の問いに答えよ．

（1） $t = \dfrac{1}{\cos\theta}$ とおく．C_1 の中心と C_2 の中心の間の距離を L とする．L^2 を t と a を用いて表せ．

（2） ある実数 a に対して，2つの円 C_1, C_2 がただ1つの共有点をもつような θ がちょうど5個存在するとする．このとき a の値を求めよ．

（21 東北大・後期）

《隠れた円（縁？）を見つけ出す》

2. α は $0 < \alpha < \dfrac{\pi}{2}$ を満たす実数とする．$\angle A = \alpha$ および $\angle P = \dfrac{\pi}{2}$ を満たす直角三角形 APB が，次の2つの条件 (a)，(b) を満たしながら，時刻 $t = 0$ から時刻 $t = \dfrac{\pi}{2}$ まで xy 平面上を動くとする．

　(a) 時刻 t での点 A，B の座標は，それぞれ $A(\sin t, 0)$, $B(0, \cos t)$ である．

　(b) 点 P は第一象限内にある．

このとき，次の問いに答えよ．

（1） 点 P はある直線上を動くことを示し，その直線の方程式を α を用いて表せ．

（2） 時刻 $t = 0$ から時刻 $t = \dfrac{\pi}{2}$ までの間に点 P が動く道のりを α を用いて表せ．

（3） xy 平面内において，連立不等式

$$x^2 - x + y^2 < 0, \ x^2 + y^2 - y < 0$$

により定まる領域を D とする．このとき，点 P は領域 D には入らないことを示せ．

（22 東工大・前期）

《2次方程式の解と線形計画法》

3. p, q を定数とする．2次方程式 $x^2 - px + \dfrac{1}{4}q = 0$ の異なる2つの実数解を α, β とし，$\alpha^2 + \beta^2 < 4$ を満たすとする．

（1） p と q の関係を求める．α と β は2次方程式の異なる2つの実数解であることから，$q < \boxed{\text{ア}}$ である．また，α と β が $\alpha^2 + \beta^2 < 4$ を満たすことから，$q > \boxed{\text{イ}}$ である．

（2） 点 (p, q) が $\boxed{\text{イ}} < q < \boxed{\text{ア}}$ を満たす領域 D_1 を動くとき，$-2p + q$ がとり得る値の範囲は $\boxed{\text{ウ}} < -2p + q < \boxed{}$ である．

（3） 点 (p, q) が $\boxed{\text{イ}} < q < \boxed{\text{ア}}$，かつ $\alpha > 0$, $\alpha^2 > \beta^2$ を満たす領域 D_2 を動くとき，$-2p + q$ がとり得る値の範囲は $\boxed{\text{ウ}} < -2p + q < \boxed{}$ である．

（21 立命館大・文系）

《領域と関数の値域》

4. $-1-\sqrt{2} \leqq x \leqq 1+\sqrt{2}$ を満たす全ての x に対して $bx^2 - 2ax - b - 4 \leqq 0$ が成立する．このとき，a と b が満たす連立不等式によって表される領域の面積は □ であり，この領域内において $k = \dfrac{b+2-\sqrt{2}}{a+3\sqrt{2}}$ がとりうる値の範囲は □ である．

(18 福岡大・医)

《軌跡の図形的考察》

5. 円 $x^2 + y^2 = 5$ を C とする．C 上の点 $(2,1)$，$(2,-1)$ をそれぞれ A，B とする．C 上にない任意の点 P から直線 PA を引き，PA と C の共有点が A，Q であるとする．ただし PA が C に接するときは Q は A に一致するものとする．同様に直線 PB と C の共有点が B，R であるとする．

(1) 点 P が C の外部にあり線分 QR が C の直径であるとき，P の位置によらず $\angle$APB の大きさは一定であることを示せ．

(2) 線分 QR が C の直径であるような点 P の軌跡を求めよ． (17 弘前大・理系)

《五心の軌跡》

6. x-y 平面の双曲線 $y = \dfrac{1}{x}$ 上の相異なる 3 点を，A，B，C とし，その x 座標を，それぞれ，a, b, c とする．このとき，次の各問に答えよ．

(1) 空欄にあてはまる数式を求めよ．

直線 AB に垂直な直線の傾きは □ である．$\triangle$ABC の垂心を H とするとき，H の x, y 座標を a, b, c を用いて表すと，$x =$ □ ，$y =$ □ である．よって，A，B，C が双曲線上を動くとき，H の軌跡は x, y の関係式 □ で表され，H はこの関係式で表される図形上のすべての点を動く．

(2) $\triangle$ABC の外心を P(x, y) とする．

(i) P の座標 x, y を，a, b, c を用いて表せ．

(ii) a, b, c が，$a + b = 0$，$c = 1$ を満たすとき，P(x, y) の軌跡を求め，その軌跡を図示せよ． (14 早大・政経)

《反転》

7. r を $r > 1$ である定数とする．O を原点とする座標平面上において，点 P(a, b) は，原点 O を除く円 $C : (x - r)^2 + y^2 = r^2$ 上を動くとする．点 P に対して点 Q(p, q) は，OP $\times$ OQ $= 1$ を満たし，3 点 O，P，Q は一直線上にあり，$p > 0$ であるとする．また点 Q に対して，点 R$(p, -q)$ を考える．このとき次の問いに答えよ．

(1) p, q をそれぞれ a, b を用いて表せ．

(2) 点 P が円 C 上を動くとき，点 R の軌跡を r を用いて表せ．

(3) 2 点 P，R の距離 d を a, r を用いて表せ．

(4) r が $r^2 > \dfrac{1}{4}\left(2 + \sqrt{5}\right)$ を満たすとき，2 点 P，R の距離 d の最小値とそのときの a の値を r を用いて表せ．

(16 同志社大・法)

《線分の通過領域 1》

8. 座標平面上の 2 点 P(t, t^2)，Q$(t-5, t^2 - 4t + 2)$ に対して，t が $1 \leqq t \leqq 3$ の範囲を動くとき，以下の各問いに答えよ．

(1) 線分 PQ を表す直線の方程式および定義域を，t を用いて表せ（答えのみでよい）．

(2) 線分 PQ が通過する範囲 D を求め，図示せよ． (16 日本医大)

《線分の通過領域 2》

9. 座標平面の原点を O で表す．線分 $y = \sqrt{3}x$ $(0 \leqq x \leqq 2)$ 上の点 P と，線分 $y = -\sqrt{3}x$ $(-2 \leqq x \leqq 0)$ 上の点 Q が，線分 OP と線分 OQ の長さの和が 6 となるように動く．このとき，線分 PQ の通過する領域を D とする．

（1） s を $0 \leqq s \leqq 2$ をみたす実数とするとき，点 (s, t) が D に入るような t の範囲を求めよ．

（2） D を図示せよ． (14 東大・理科)

《領域と格子点》

10. a は実数とする．座標平面上で連立不等式

$$\begin{cases} y \geqq x^2 \\ y \leqq (2a+3)x - a(a+3) \end{cases}$$

の表す領域を $D(a)$ とおく．いま，x 座標も y 座標も整数であるような点を格子点と呼ぶことにする．

（1） n を整数とする．このとき $D(n)$ に含まれる格子点の個数を求めよ．

（2） 任意の実数 a について，$D(a)$ に含まれる格子点の個数と $D(a+1)$ に含まれる格子点の個数は等しいことを示せ． (19 千葉大・前期)

《交点と面積》

11. a, b を実数とし，少なくとも一方は 0 でないとする．このとき，次の問に答えよ．

（1） 連立不等式

$3x + 2y + 4 \geqq 0$, $x - 2y + 4 \geqq 0$, $ax + by \geqq 0$

の表す領域，または連立不等式

$3x + 2y + 4 \geqq 0$, $x - 2y + 4 \geqq 0$, $ax + by \leqq 0$

の表す領域が三角形であるために a, b がみたすべき条件を求めよ．さらに，その条件をみたす点 (a, b) の範囲を座標平面上に図示せよ．

（2） （1）の三角形の面積を S とするとき，S を a, b を用いて表せ．

（3） $S \geqq 4$ を示せ． (18 名古屋大・文系)

《対称式と面積》

12. 座標平面上の原点を O とする．点 A$(a, 0)$，点 B$(0, b)$ および点 C が

$$\mathrm{OC} = 1, \ \mathrm{AB} = \mathrm{BC} = \mathrm{CA}$$

を満たしながら動く．

（1） $s = a^2 + b^2$, $t = ab$ とする．s と t の関係を表す等式を求めよ．

（2） $\triangle\,\mathrm{ABC}$ の面積のとりうる値の範囲を求めよ． (15 一橋大・前期)

《2つの円が接する》

1. 実数 θ, a は $-\dfrac{\pi}{2} < \theta < \dfrac{\pi}{2}, a > 0$ を満たすとし，2つの円 C_1, C_2 の方程式を以下で定める．

$$C_1 : (x - \tan\theta)^2 + (y - \tan\theta)^2 = 9$$

$$C_2 : (x - a\cos\theta + 1)^2 + (y - a\sin\theta - 1)^2 = 1$$

以下の問いに答えよ．

（1） $t = \dfrac{1}{\cos\theta}$ とおく．C_1 の中心と C_2 の中心の間の距離を L とする．L^2 を t と a を用いて表せ．

（2） ある実数 a に対して，2つの円 C_1, C_2 がただ1つの共有点をもつような θ がちょうど5個存在するとする．このとき a の値を求めよ．

（21 東北大・後期）

考え方 見かけ上は，円の問題のように見えるが，本質的な問題は方程式の解がいくつあるかというものに帰着される．特に，2つの方程式の解が合計でいくつあるか，ということを考えなくてはいけないため少し難しい．地道に2次関数として処理をするか，aY 平面に図示するかの解法の選択が必要である．

▶解答◀ （1） C_1, C_2 の中心をそれぞれ $\mathrm{O}_1, \mathrm{O}_2$ とすると，

$$\mathrm{O}_1(\tan\theta, \tan\theta), \quad \mathrm{O}_2(a\cos\theta - 1, a\sin\theta + 1)$$

である．このとき

$$
\begin{aligned}
L^2 &= (a\cos\theta - 1 - \tan\theta)^2 + (a\sin\theta + 1 - \tan\theta)^2 \\
&= (a\cos\theta - 1)^2 - 2\tan\theta(a\cos\theta - 1) + \tan^2\theta \\
&\quad + (a\sin\theta + 1)^2 - 2\tan\theta(a\sin\theta + 1) + \tan^2\theta \\
&= 2 + 2\tan^2\theta + a^2 - 2a\cos\theta - 2a\sin\theta \\
&\quad + 2a\sin\theta - 2a\tan\theta\sin\theta \\
&= 2(1 + \tan^2\theta) + a^2 - 2a\cos\theta(1 + \tan^2\theta) \\
&= \frac{2}{\cos^2\theta} + a^2 - \frac{2a}{\cos\theta} = \boldsymbol{2t^2 - 2at + a^2} \\
&= 2\left(t - \frac{a}{2}\right)^2 + \frac{a^2}{2}
\end{aligned}
$$

（2） C_1, C_2 の半径はそれぞれ $3, 1$ であるから，2円 C_1, C_2 がただ1つの共有点をもつのは C_1, C_2 が外接または内接しているときであり，そのとき $L = 4, 2$ である．ゆえに，

$$2t^2 - 2at + a^2 = 16 \quad\cdots\cdots\cdots\cdots\cdots① $$

$$2t^2 - 2at + a^2 = 4 \quad\cdots\cdots\cdots\cdots\cdots② $$

を考える．①，②を平方完成すると

$$(2t - a)^2 + a^2 = 32 \quad\cdots\cdots\cdots\cdots\cdots③ $$

$$(2t - a)^2 + a^2 = 8 \quad\cdots\cdots\cdots\cdots\cdots④ $$

となり，$2t - a = Y$ とおくと aY 平面における2つの円

$$a^2 + Y^2 = 32, \quad a^2 + Y^2 = 8$$

となる．(a, Y) を決めると (a, t) が定まるから，t の個数と (a, Y) の個数は等しい．$t \geqq 1$ より $Y = -a + 2$ 上の共有点については対応する θ が1個，それより上の部分の共有点については対応する θ が2個である．

例えば，$a = 1$ とすると，図より $Y > a + 2$ の範囲で③との共有点が1つ，④との共有点が1つであるから，対応する θ は $2 \cdot 2 = 4$ である．

同様に考えると，対応する θ が5個となるのは $a^2 + Y^2 = 8$ と $Y = -a + 2$ の共有点の a 座標となるときであり

$$a^2 + (-a + 2)^2 = 8 \qquad \therefore \quad a = 1 \pm \sqrt{3}$$

図から，$a = 1 + \sqrt{3}$ のときである．

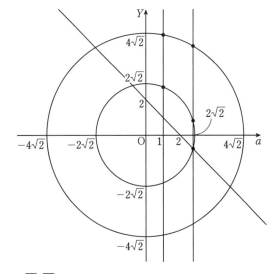

注意 【$\theta = 0$ が解だ！】

$\theta = 0$ が解でないと5個というのは起こらないから①，②に $t = 1$ を代入し

$$a^2 - 2a - 14 = 0, \quad a^2 - 2a - 2 = 0$$

$a > 0$ より $a = 1 + \sqrt{15}, 1 + \sqrt{3}$

と書く人がいる．「それでどっちなん？」と言うと「両

方です」とか言うから，「$1+\sqrt{15}$ は駄目なんだけど」と言うと絶句する．説明不足としかいえない．

◆別解◆ $f(t) = 2t^2 - 2at + a^2$ とおく．また，$-\dfrac{\pi}{2} < \theta < \dfrac{\pi}{2}$ において，$t = 1$ のとき対応する θ は1つ，$t > 1$ のとき2つ，$t < 1$ のとき対応する θ はない．軸の位置で場合分けをする．

（ア）$\dfrac{a}{2} \leqq 1$ のとき：図1を見よ．$f(t)$ は $t \geqq 1$ において単調増加である．ゆえに ①，② の解のうち $t \geqq 1$ を満たすものはともに1個以下であるから，対応する θ は $2 \cdot 2 = 4$ 個以下となる．よって，5個にはならない．

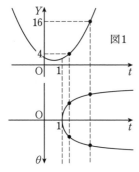

図1

（イ）$\dfrac{a}{2} \geqq 1$ のとき：対応する θ が奇数個であるから，① と ② のどちらかは必ず $t = 1$ を解にもつ．すなわち，$f(1) = 16$ または $f(1) = 4$ である．

● $f(1) = 16$ のとき：図2を見よ．

$$2 - 2a + a^2 = 16 \qquad \therefore \quad a = 1 \pm \sqrt{15}$$

このうち $\dfrac{a}{2} \geqq 1$ を満たすものは $a = 1 + \sqrt{15}$ である．このとき ① は $t > 1$ に解をもう1つもつから，① を満たす θ は3つである．このときの頂点の y 座標は

$$\frac{a^2}{2} = \frac{(1 + \sqrt{15})^2}{2} = 8 + \sqrt{15} > 4$$

であるから ② を満たす t は存在しない．よって，①，② を満たす θ は3個となり不適．

● $f(1) = 4$ のとき：図3を見よ．

$$2 - 2a + a^2 = 4 \qquad \therefore \quad a = 1 \pm \sqrt{3}$$

このうち $\dfrac{a}{2} \geqq 1$ を満たすものは $a = 1 + \sqrt{3}$ である．このとき ② は $t > 1$ に解をもう1つもつから，② を満たす θ は3つである．また，① は $t > 1$ に解を1つもつから，① を満たす θ は2つである．よって，①，② を満たす θ は5個となり適する．

よって，2つの円 C_1, C_2 がただ1つの共有点をもつような θ がちょうど5個存在するような a は $\boldsymbol{a = 1 + \sqrt{3}}$ である．

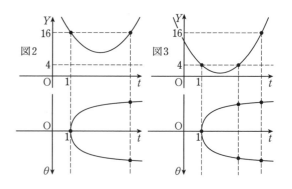

図2　図3

《隠れた円（縁？）を見つけ出す》

2. α は $0 < \alpha < \dfrac{\pi}{2}$ を満たす実数とする．$\angle A = \alpha$ および $\angle P = \dfrac{\pi}{2}$ を満たす直角三角形 APB が，次の2つの条件 (a), (b) を満たしながら，時刻 $t = 0$ から時刻 $t = \dfrac{\pi}{2}$ まで xy 平面上を動くとする．

　（a）時刻 t での点 A，B の座標は，それぞれ $A(\sin t, 0)$, $B(0, \cos t)$ である．

　（b）点 P は第一象限内にある．

このとき，次の問いに答えよ．

（1）点 P はある直線上を動くことを示し，その直線の方程式を α を用いて表せ．

（2）時刻 $t = 0$ から時刻 $t = \dfrac{\pi}{2}$ までの間に点 P が動く道のりを α を用いて表せ．

（3）xy 平面内において，連立不等式

$$x^2 - x + y^2 < 0, \quad x^2 + y^2 - y < 0$$

により定まる領域を D とする．このとき，点 P は領域 D には入らないことを示せ．

（22　東工大・前期）

考え方 SEKAI NO OWARI というアーティストがいる．2022年にレコード大賞を受賞している．その「アースチャイルド」という曲の中に『変わらない為に僕らはいつまでも変わり続けるよ』という歌詞がある．そう，色々なものが変化する中で，「変わらないもの」というのを見つけるという本問を解きながら，私はこの曲を思い出したのである．円の半径も，△OAB の形もぐにゃぐにゃと変わる．その中で，変わらないものは何か？？そう問うのである．すると，「4点 O, A, P, B は AB を直径とする同一円周上にある」という事実や，「OA と OP のなす角」など変わらないものが見えてくるだろう．

▶解答◀（1）$\angle APB = \angle AOB = \dfrac{\pi}{2}$ より，4点 O, A, P, B は AB を直径とする同一円周上にある．円周角の定理より $\angle BOP = \angle BAP = \alpha$ であるから P は

直線 OP 上にある. ゆえに P は

$$y = \tan\left(\frac{\pi}{2} - \alpha\right)x \qquad \therefore \quad y = \frac{x}{\tan\alpha}$$

上を動く.

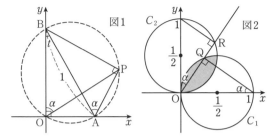

（2）$\angle OBA = t$ である. $\angle OAP$ の外接円の直径は AB でその長さは 1 であるから, $\angle OAP$ で正弦定理より

$$\frac{OP}{\sin\angle OAP} = 1$$

$$OP = \sin\angle OAP$$

$$= \sin\left(\frac{\pi}{2} - t + \alpha\right) = \cos(t - \alpha)$$

$0 \leq t \leq \alpha$ のとき, OP は $\cos(-\alpha) = \cos\alpha$ から 1 まで動き, $\alpha \leq t \leq \frac{\pi}{2}$ のとき, OP は 1 から

$\cos\left(\frac{\pi}{2} - \alpha\right) = \sin\alpha$ まで動くから, P が動く道のりは

$$|1 - \cos\alpha| + |\sin\alpha - 1|$$

$$= (1 - \cos\alpha) + (1 - \sin\alpha) = 2 - \sin\alpha - \cos\alpha$$

（3） 領域 D は

$$\left(x - \frac{1}{2}\right)^2 + y^2 < \frac{1}{4}, \quad x^2 + \left(y - \frac{1}{2}\right)^2 < \frac{1}{4}$$

であるから, これを図示すると図 2 のようになる.

$$C_1 : \left(x - \frac{1}{2}\right)^2 + y^2 = \frac{1}{4}$$

$$C_2 : x^2 + \left(y - \frac{1}{2}\right)^2 = \frac{1}{4}$$

とする. 直線 OP と C_1, C_2 の交点をそれぞれ Q, R とする. このとき

$$OQ = 1 \cdot \cos\left(\frac{\pi}{2} - \alpha\right) = \sin\alpha$$

$$OR = 1 \cdot \cos\alpha = \cos\alpha$$

ここで, （2）より $OP \geq \min\{\cos\alpha, \sin\alpha\}$ だから

$$\min\{OQ, OR\} = \min\{\cos\alpha, \sin\alpha\} \leq OP$$

となる. よって, P は領域 D には入らない.

注意 【幾何が苦手だと三角形を動かす】

AB の中点を M とする.

AB の長さは 1 で, 2 つの直角三角形 OAB, PAB の外心は M であり, MO, MA, MB, MP の長さはすべて $\frac{1}{2}$ である. 三角形 OMP は等辺の長さが $\frac{1}{2}$ の二等辺三角形である. ただし, O, M, P の順で一直線上にあるときも三角形であるということにする. M

にあなたが立ち, 2 本の長さ $\frac{1}{2}$ の線分 MO, MP を出し, 折りたたむところを想像せよ.

幾何が苦手だと, たくさん図を描いて, 三角形を動かし, 視覚に訴えようとする. おそらく, 多くの人は, 頭の中に次のような一連の図を描いているのだろう. なお, これは $\alpha = \frac{\pi}{6}$ より少し小さい値にしてある. ⓐ の, 少し OP が長めの状態から, 次第にもっと伸び, ⓓ で $OP = 1$ になり, その後折れ線 OMP をたたみ, ⓙ で OP が最短になる.

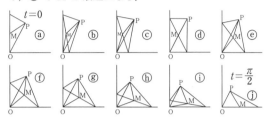

答案は, 可能な限り, 動かさないで, 式にする.

◆別解◆ （2） 図番号を 1 から振り直す.

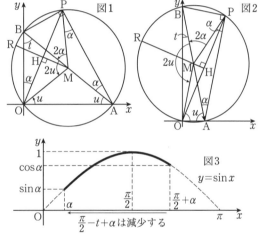

$u = \frac{\pi}{2} - t$ とおく. $\angle BMO = 2u$, $\angle PMB = 2\alpha$ である. MP から MO に回る角（左まわりを正とする）は $2\alpha + 2u$ である. PO の中点を H（正しくは, 外接円周上を P から左回りに O まで回る間の弧 PO の中点を R として, 直線 MR と OP の交点を H）とする. MP から MR に回る角は $\frac{2\alpha + 2u}{2} = \alpha + u = \frac{\pi}{2} + \alpha - t$ であり,

$$OP = 2PH = 2 \cdot \frac{1}{2}\sin(\alpha + u) = \sin\left(\frac{\pi}{2} - t + \alpha\right)$$

t が 0 から $\frac{\pi}{2}$ まで増加するとき, $\frac{\pi}{2} - t + \alpha$ は $\frac{\pi}{2} + \alpha$（$OP = \cos\alpha$）から減少し（OP は増加する）, $\frac{\pi}{2}$ になり（$OP = 1$ になる）, 最後は α（$OP = \sin\alpha$）になる.

P の移動距離は

$$(1 - \cos\alpha) + (1 - \sin\alpha) = 2 - \sin\alpha - \cos\alpha$$

《2次方程式の解と線形計画法》

3. p, q を定数とする．2次方程式 $x^2 - px + \frac{1}{4}q = 0$ の異なる2つの実数解を α, β とし，$\alpha^2 + \beta^2 < 4$ を満たすとする．

（1） p と q の関係を求める．α と β は2次方程式の異なる2つの実数解であることから，$q <$ ［ア］ である．また，α と β が $\alpha^2 + \beta^2 < 4$ を満たすことから，$q >$ ［イ］ である．

（2） 点 (p, q) が ［イ］ $< q <$ ［ア］ を満たす領域 D_1 を動くとき，$-2p + q$ がとり得る値の範囲は ［ウ］ $< -2p + q <$ ［　］ である．

（3） 点 (p, q) が ［イ］ $< q <$ ［ア］，かつ $\alpha > 0$，$\alpha^2 > \beta^2$ を満たす領域 D_2 を動くとき，$-2p + q$ がとりうる値の範囲は ［ウ］ $< -2p + q <$ ［　］ である． (21 立命館大・文系)

▶**解答**◀ （ⅰ） $x^2 - px + \frac{1}{4}q = 0$ ……………① は相異2実解をもつことから p, q は実数であり，判別式を D とすると

$$D = p^2 - q > 0 \qquad \therefore \quad q < \boldsymbol{p^2}$$

である．また，解と係数の関係

$$\alpha + \beta = p, \ \alpha\beta = \frac{1}{4}q$$

を用いて

$$\alpha^2 + \beta^2 = (\alpha + \beta)^2 - 2\alpha\beta = p^2 - \frac{1}{2}q$$

となるから，$\alpha^2 + \beta^2 < 4$ より

$$p^2 - \frac{1}{2}q < 4 \qquad \therefore \quad q > \boldsymbol{2p^2 - 8}$$

（ⅱ） 領域 $D_1 : 2p^2 - 8 < q < p^2$ を，横軸に p，縦軸に q をとってかいたのが，図1の網目部分である．ただし，境界は含まない．また，$q = 2p^2 - 8$ と $q = p^2$ の交点は $(\pm 2\sqrt{2}, 8)$ である．

$-2p + q = k$ とおき，直線 $l : q = 2p + k$ とすると，k は傾き2の直線 l の y 切片である．

直線 $l : q = 2p + k$ と放物線 $q = 2p^2 - 8$ が接するのは，2式から q を消去して

$$2p^2 - 2p - 8 - k = 0$$

が重解を持つときであるから，判別式を D' とすると

$$\frac{D'}{4} = 1^2 + 2(8 + k) = 0 \qquad \therefore \quad k = -\frac{17}{2}$$

また，直線 l が点 $(-2\sqrt{2}, 8)$ を通るのは，$k = -2p + q$ より

$$k = -2(-2\sqrt{2}) + 8 = 8 + 4\sqrt{2}$$

のときであるから，(p, q) が D_1 上にあるとき $k = -2p + q$ のとり得る値の範囲は

$$-\frac{17}{2} < -2p + q < 8 + 4\sqrt{2}$$

（ⅲ） $4x^2 - 4px + q = 0$ より，2解は

$$x = \frac{p \pm \sqrt{p^2 - q}}{2}$$ であり，$\alpha^2 > \beta^2$ は $|\alpha| > |\beta|$ と同値であるから

（ア） $p > 0$ のとき，p と $\sqrt{p^2 - q}$ は同符号であるから，$\alpha = \dfrac{p + \sqrt{p^2 - q}}{2}$ であり，このとき $\alpha > 0$ を満たす．

（イ） $p < 0$ のとき，p と $-\sqrt{p^2 - q}$ は同符号であるから，$\alpha = \dfrac{p - \sqrt{p^2 - q}}{2}$ であるが，条件 $\alpha > 0$ を満たさない．

（ウ） $p = 0$ のとき，$|\alpha| = |\beta|$ となるから，条件を満たさない．

（ア），（イ），（ウ）より，領域 D_2 は D_1 と $p > 0$ の共通部分であり，図2の網目部分である．ただし，境界は含まない．

直線 l が点 $(2\sqrt{2}, 8)$ を通るのは

$$k = -2(2\sqrt{2}) + 8 = 8 - 4\sqrt{2}$$

のときであるから，(p, q) が D_2 上にあるとき $k = -2p + q$ のとり得る値の範囲は

$$-\frac{17}{2} < -2p + q < 8 - 4\sqrt{2}$$

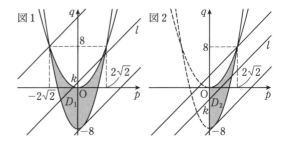

《領域と関数の値域》

4. $-1 - \sqrt{2} \le x \le 1 + \sqrt{2}$ を満たす全ての x に対して $bx^2 - 2ax - b - 4 \le 0$ が成立する．このとき，a と b が満たす連立不等式によって表される領域の面積は ［　］ であり，この領域内において $k = \dfrac{b + 2 - \sqrt{2}}{a + 3\sqrt{2}}$ がとりうる値の範囲は ［　］ である． (18 福岡大・医)

考え方 前半部分は，$-1 - \sqrt{2} \le x \le -1 + \sqrt{2}$ を満たすすべての x について2次不等式が成立する条件を求める問題で，典型ではあるが変数が a, b の2つあるため

に予選決勝法ではやりづらい．地道に場合分けをする．

後半部分は前半で求めた領域を考える線型計画法の問題である．前半で求めた領域を D とし，

$$f(a, b) = \frac{b + 2 - \sqrt{2}}{a + 3\sqrt{2}} \quad \text{とおくとき，}$$

ある値 k が $f(a, b)$ の値域に含まれる

$\iff f(a, b) = k$ を満たす (a, b) が領域 D 内に存在する．

$\iff f(a, b) = k$ の表す図形と D が共有点を持つ

という流れをしっかり理解できているかどうかがポイントである．その上で，$f(a, b) = k$ の表す図形を「定点 $\mathrm{F}(-3\sqrt{2}, 2 - \sqrt{2})$ を通り傾きが k の直線（から F を除いたもの）」として捉えられればゴールはすぐそこ．

▶解答◀ $f(x) = bx^2 - 2ax - b - 4$ とおく．
$-1 - \sqrt{2} \leqq x \leqq 1 + \sqrt{2}$ における $f(x)$ の最大値を M とする．$-1 - \sqrt{2} \leqq x \leqq 1 + \sqrt{2}$ を満たすすべての x について $f(x) \leqq 0$ が成り立つ条件は $M \leqq 0$ である．

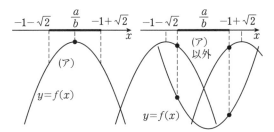

$b \neq 0$ のときは

$$f(x) = b\left(x - \frac{a}{b}\right)^2 - \frac{a^2}{b} - b - 4$$

である．

最大値は区間の端または頂点でとる．ただし頂点が有効なのは $b < 0$ で軸が区間内にあるときである．
（ア）頂点で最大になるとき．カンマは「かつ」を表す．まず，$b < 0$ で軸が区間内にあるという条件を式にする．

$$b < 0, \quad -1 - \sqrt{2} \leqq \frac{a}{b} \leqq 1 + \sqrt{2}$$

である．$b < 0$ に注意して変形する．

$$b < 0, \quad b \leqq -(\sqrt{2} - 1)a, \quad b \leqq (\sqrt{2} - 1)a \quad \cdots\cdots ①$$

となる．図1を見よ．

これを満たす (a, b) の領域は，折れ線 B'OD' の下方である．なお B' は $l : b = (\sqrt{2} - 1)a$ の左の遠くの点，D' は $m : b = -(\sqrt{2} - 1)a$ の右の遠くの点である．

このときは $M = f\left(\dfrac{a}{b}\right) \leqq 0$

$$-\frac{a^2}{b} - b - 4 \leqq 0$$

$-b (> 0)$ を掛けて

$$a^2 + b^2 + 4b \leqq 0$$

$$a^2 + (b + 2)^2 \leqq 4$$

図1の $C_1 : a^2 + (b + 2)^2 = 4$ の周または内部である．

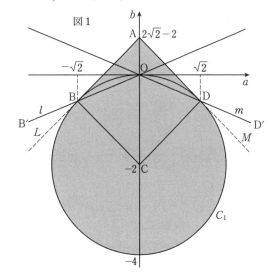

図1

（イ）折れ線 B'OD' の上方にあるとき．区間の端で最大になるから，a, b が満たすべき条件は

$$f(-1 - \sqrt{2}) \leqq 0 \quad \text{かつ} \quad f(1 + \sqrt{2}) \leqq 0$$

である．ここで

$$f(-1 - \sqrt{2}) = b(1 + \sqrt{2})^2 + 2a(1 + \sqrt{2}) - b - 4$$

$$= 2b(1 + \sqrt{2}) + 2a(1 + \sqrt{2}) - 4$$

であるから $f(-1 - \sqrt{2}) \leqq 0$ より

$$b \leqq -a + 2(\sqrt{2} - 1)$$

同様に $f(1 + \sqrt{2}) \leqq 0$ より

$$b \leqq a + 2\sqrt{2} - 2$$

今はまとめることを求められていないが，まとめておこう．簡潔に書くのは難しい．点 (a, b) の存在範囲は

$b \leqq -(\sqrt{2} - 1)|a|$ かつ $a^2 + (b + 2)^2 \leqq 4$

または

$b \geqq -(\sqrt{2} - 1)|a|$ かつ $b \leqq -|a| + 2\sqrt{2} - 2$

なお，$\mathrm{D}(\sqrt{2}, \sqrt{2} - 2)$，$\mathrm{E}(-\sqrt{2}, \sqrt{2} - 2)$ であり，D は $m : b = -(\sqrt{2} - 1)a$ と $M : a + b = 2\sqrt{2} - 2$ を連立させて得られる．E も $l : b = (\sqrt{2} - 1)a$ と $L : b = a + 2\sqrt{2} - 2$ を連立させて得られる．D，E は円 $C_1 : a^2 + (b + 2)^2 = 4$ の周上にあり，L, M は C_1 の接線である．四角形 ABCD は一辺が 2 の正方形である．

求める面積は

$$2 \cdot 2 + \frac{3}{4} \cdot \pi \cdot 2^2 = \boldsymbol{3\pi + 4}$$

次に $F(-3\sqrt{2}, \sqrt{2}-2)$, $P(a, b)$ について

$$k = \frac{b+2-\sqrt{2}}{a+3\sqrt{2}}$$

は FP の傾きである。その最大は P ＝ A で起こる。最大値は

$$k = \frac{2\sqrt{2}-2+2-\sqrt{2}}{0+3\sqrt{2}} = \frac{\sqrt{2}}{3\sqrt{2}} = \frac{1}{3}$$

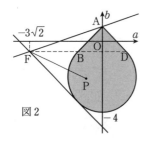

図2

最小になるのは $k < 0$ で直線 $ka - b + 3\sqrt{2}k - 2 + \sqrt{2} = 0$ が C_1 と接するときに起こり、$C(0, -2)$ との距離が 2 であるから

$$\frac{|k\cdot 0 - (-2) + 3\sqrt{2}k - 2 + \sqrt{2}|}{\sqrt{k^2+1}} = 2$$

$$|3\sqrt{2}k + \sqrt{2}| = 2\sqrt{k^2+1}$$

$$(3k+1)^2 = 2(k^2+1)$$

$$7k^2 + 6k - 1 = 0$$

$$(7k-1)(k+1) = 0$$

$k < 0$ のときであるから $k = -1$ である。k のとりうる値の範囲は $\boldsymbol{-1 \leqq k \leqq \dfrac{1}{3}}$

《軌跡の図形的考察》

5. 円 $x^2 + y^2 = 5$ を C とする。C 上の点 $(2, 1)$, $(2, -1)$ をそれぞれ A, B とする。C 上にない任意の点 P から直線 PA を引き、PA と C の共有点が A, Q であるとする。ただし PA が C に接するときは Q は A に一致するものとする。同様に直線 PB と C の共有点が B, R であるとする。

（1）点 P が C の外部にあり線分 QR が C の直径であるとき、P の位置によらず $\angle$APB の大きさは一定であることを示せ。

（2）線分 QR が C の直径であるような点 P の軌跡を求めよ。

(17 弘前大・理系)

考え方 （1）で角度に関する設問があることから、座標をおいて計算するより初等幾何的な考察をしたほうがよいだろう。座標やベクトルでは cos や tan の計算する必要があり、かなり厳しい。いざ、幾何の知識を総動員だ。

▶解答◀ （1）

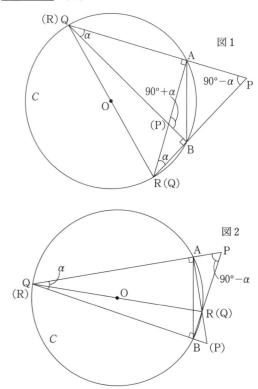

図1

図2

劣弧（長さの短い方）AB に対する円周角を α とする。A, B, Q, R の配置は、これらが重なる場合を除けば、Q, R が両方とも優弧（長さの長い方）AB 上にある（図1）か、一方が劣弧 AB 上、他方が優弧 AB 上（図2）の場合がある。図1の P の場合と図2の P, および図2の (P) の場合は、いずれの場合も $\angle$BPA ＝ $90° - \alpha$ で一定である。図1の場合は三角形 PAR, PBQ が直角三角形であることに注意せよ。

（2）（1）の場合、P は弧 AB に対する円周角が $90° - \alpha$ の円弧（D とする）を描く。D の中心を S とする。

図1の (P) の場合は、P が円 C の内部にある場合である。

$$\angle A(P)B = \angle ARB + \angle QBR = \alpha + 90°$$

だから (P) は弧 AB に対する円周角が $90° + \alpha$ の円弧を描く。

$$\angle APB + \angle A(P)B = 180°$$

だから A, P, B, (P) は同一円周上にある。ゆえに (P) も S を中心とする円周上にある。

なお、Q または R が A または B と一致するときには、直線 PA, PB の一方が C の接線になるが、結論に変わりはない。

図3を見よ。いまから S の座標を求める。S は弦 AB

の垂直二等分線上（x軸上）にあり $\angle ASB = 2(90° - \alpha)$ になる点である．$\angle AOB = 2\alpha$ である．

$\angle ASO = 90° - \alpha$，$\angle AOS = \alpha$ であるから，$\triangle OAS$ は直角三角形である．

図3

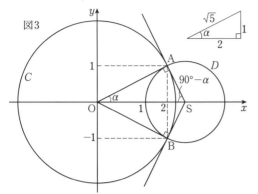

$$OS = \frac{OA}{\cos\alpha} = \sqrt{5} \cdot \frac{\sqrt{5}}{2} = \frac{5}{2}$$

$$AS = OA\tan\alpha = \sqrt{5} \cdot \frac{1}{2} = \frac{\sqrt{5}}{2}$$

P の軌跡は円（A，B を除く）

$$\left(x - \frac{5}{2}\right)^2 + y^2 = \frac{5}{4},\ x \neq 2$$

――――――《五心の軌跡》――――――

6. x-y 平面の双曲線 $y = \dfrac{1}{x}$ 上の相異なる 3 点を，A，B，C とし，その x 座標を，それぞれ，a, b, c とする．このとき，次の各問に答えよ．

（1）空欄にあてはまる数式を求めよ．

直線 AB に垂直な直線の傾きは $\boxed{}$ である．$\triangle ABC$ の垂心を H とするとき，H の x, y 座標を a, b, c を用いて表すと，$x = \boxed{}$，$y = \boxed{}$ である．よって，A，B，C が双曲線上を動くとき，H の軌跡は x, y の関係式 $\boxed{}$ で表され，H はこの関係式で表される図形上のすべての点を動く．

（2）$\triangle ABC$ の外心を P(x, y) とする．

（i）P の座標 x, y を，a, b, c を用いて表せ．

（ii）a, b, c が，$a + b = 0, c = 1$ を満たすとき，P(x, y) の軌跡を求め，その軌跡を図示せよ．

（14　早大・政経）

考え方　垂心と外心の定義と性質を思い出そう．垂心は各頂点から対辺におろした垂線の交点，外心は各辺の垂直二等分線の交点である．

▶解答◀　（1）a, b, c はいずれも 0 でない．このとき，AB の傾きは $\dfrac{\dfrac{1}{a} - \dfrac{1}{b}}{a - b} = -\dfrac{1}{ab}$ であるから，AB

に垂直な直線の傾きは $\boldsymbol{ab}$ である．よって

$$CH : y - \frac{1}{c} = ab(x - c)$$

同様に BC に垂直な直線の傾きは bc なので

$$AH : y - \frac{1}{a} = bc(x - a)$$

2 式を連立させて $x = -\dfrac{1}{abc}$，$y = -abc$．よって H の軌跡の方程式は $\boldsymbol{xy = 1}$ である．

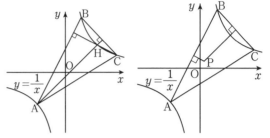

（2）（i）AB，BC の垂直 2 等分線を l_1, l_2 とすると

$$l_1 : y - \frac{1}{2}\left(\frac{1}{a} + \frac{1}{b}\right) = ab\left(x - \frac{a+b}{2}\right)$$

$$l_2 : y - \frac{1}{2}\left(\frac{1}{b} + \frac{1}{c}\right) = bc\left(x - \frac{b+c}{2}\right)$$

2 式の交点が P なので 2 式を連立させて

$$\boldsymbol{x = \frac{1}{2}\left(\frac{1}{abc} + a + b + c\right)}$$

$$\boldsymbol{y = \frac{1}{2}\left(abc + \frac{1}{a} + \frac{1}{b} + \frac{1}{c}\right)}$$

（ii）（i）より $b = -a, c = 1$ のとき

$$x = \frac{1}{2}\left(-\frac{1}{a^2} + 1\right),\ y = \frac{1}{2}(-a^2 + 1)$$

$$x - \frac{1}{2} = -\frac{1}{2a^2},\ y - \frac{1}{2} = -\frac{1}{2}a^2$$

$$\left(x - \frac{1}{2}\right)\left(y - \frac{1}{2}\right) = \frac{1}{4} \quad\text{……………①}$$

$b = -a, c = 1$ で，a, b は c と異なるから $a \neq \pm 1$ である．よって，軌跡は①かつ $x < \dfrac{1}{2}$，$y < \dfrac{1}{2}$ かつ $x \neq 0$ である．以上より，次の図のようになる．

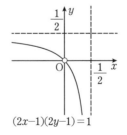

$(2x-1)(2y-1) = 1$

――――――《反転》――――――

7. r を $r > 1$ である定数とする．O を原点とする座標平面上において，点 P(a, b) は，原点 O を除く円 $C : (x - r)^2 + y^2 = r^2$ 上を動くとする．点 P に対して点 Q(p, q) は，OP $\times$ OQ $= 1$ を満たし，3 点 O，P，Q は一直線上にあり，$p > 0$ であると

する．また点 Q に対して，点 R$(p, -q)$ を考える．このとき次の問いに答えよ．

（1）　p, q をそれぞれ a, b を用いて表せ．

（2）　点 P が円 C 上を動くとき，点 R の軌跡を r を用いて表せ．

（3）　2 点 P, R の距離 d を a, r を用いて表せ．

（4）　r が $r^2 > \dfrac{1}{4}(2+\sqrt{5})$ を満たすとき，2 点 P, R の距離 d の最小値とそのときの a の値を r を用いて表せ．　　　　　（16　同志社大・法）

考え方　ある教科書傍用問題集に，次のような解答が載っている．

「O, P, Q は一直線上にあるから $\dfrac{p}{a} = \dfrac{q}{b} = k > 0$ とおける．$p = ak, q = bk$ となり，OP・OQ $= 1$ より $\sqrt{p^2+q^2}\sqrt{a^2+b^2} = 1$ であるから，これに代入し $k(a^2+b^2) = 1$ となる．$k = \dfrac{1}{a^2+b^2}$ を $p = ak, q = bk$ に代入して答えを得る」

これは不十分解である．私が高校生のときから，この解答が載っている．50 年も経っているのに，まだ，この欠陥解答が載っているのかと，驚いた．誰も指摘しないか，指摘されても駄目な点が認識できないのだろう．そして，授業でもこの解答を書いている先生がいる．何が駄目かって？「$\dfrac{p}{a} = \dfrac{q}{b}$」は，$a \neq 0$ かつ $b \neq 0$ のときの話であり，$a = 0$ や $b = 0$ のときは，まずいだろう．答案としては「結果は $a = 0$ または $b = 0$ でも成り立つ（もちろん，ちゃんと，それを確認すべし）」と書くか，ベクトルで書くことである．

▶解答◀　（1）　$\overrightarrow{OQ} = \dfrac{|\overrightarrow{OQ}|}{|\overrightarrow{OP}|}\overrightarrow{OP}$

$$= \frac{|\overrightarrow{OP}||\overrightarrow{OQ}|}{|\overrightarrow{OP}|^2}\overrightarrow{OP} = \frac{1}{|\overrightarrow{OP}|^2}\overrightarrow{OP}$$

であるから，

$$(p, q) = \frac{1}{a^2+b^2}(a, b)$$

$$p = \frac{a}{a^2+b^2}, q = \frac{b}{a^2+b^2}$$

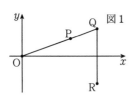

図1

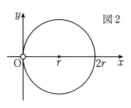

図2

（2）　同様に考えると

$$\overrightarrow{OP} = \frac{1}{|\overrightarrow{OQ}|^2}\overrightarrow{OQ}$$

$$a = \frac{p}{p^2+q^2}, b = \frac{q}{p^2+q^2} \quad\cdots\cdots\cdots\cdots①$$

であり，

$$(a-r)^2 + b^2 = r^2$$

が成り立つから

$$a^2 + b^2 - 2ar = 0 \quad\cdots\cdots\cdots\cdots②$$

ここに ① を代入し（$a^2+b^2 = \dfrac{1}{p^2+q^2}$ に注意せよ）

$$\frac{1}{p^2+q^2} - 2r \cdot \frac{p}{p^2+q^2} = 0$$

$$p = \frac{1}{2r}$$

よって，R の軌跡は直線 $\boldsymbol{x = \dfrac{1}{2r}}$ である．

（3）　P(a, b), R$\left(\dfrac{a}{a^2+b^2}, \dfrac{-b}{a^2+b^2}\right)$ であるから，

$$\mathrm{PR}^2 = \left(a - \frac{a}{a^2+b^2}\right)^2 + \left(b + \frac{b}{a^2+b^2}\right)^2$$

$$= a^2 + b^2 + \frac{2(b^2-a^2)}{a^2+b^2} + \frac{1}{a^2+b^2}$$

となり，② より $b^2 = 2ar - a^2$ であるから

$$\mathrm{PR}^2 = 2ar + \frac{4(ar-a^2)}{2ar} + \frac{1}{2ar}$$

$$d = \sqrt{2a\left(r - \frac{1}{r}\right) + \frac{1}{2ar} + 2}$$

（4）　$d^2 = \dfrac{1}{r}\left\{2a(r^2-1) + \dfrac{1}{2a}\right\} + 2$

$r > 1$ より $r^2 - 1 > 0$ であり，① で $p > 0$ より $a > 0$ である．相加・相乗平均の不等式より

$$2a(r^2-1) + \frac{1}{2a}$$

$$\geq 2\sqrt{2a(r^2-1) \cdot \frac{1}{2a}} = 2\sqrt{r^2-1}$$

等号は $2a(r^2-1) = \dfrac{1}{2a}$

$$a = \frac{1}{2\sqrt{r^2-1}} \quad\cdots\cdots\cdots\cdots③$$

のとき成り立つ．

a は $0 < a \leq 2r$ の範囲に存在しなければならないが

$$(2r)^2 - \left(\frac{1}{2\sqrt{r^2-1}}\right)^2$$

$$= \frac{4r^2 \cdot 4(r^2-1) - 1}{4(r^2-1)}$$

$$= \frac{(4r^2)^2 - 4(4r^2) - 1}{4(r^2-1)}$$

$$= \frac{\{4r^2 - (2+\sqrt{5})\}\{4r^2 - (2-\sqrt{5})\}}{4(r^2-1)} \quad\cdots\cdots④$$

となり，$4r^2 > 2+\sqrt{5}$ であるから ④ は 0 以上となり，③ となる a は $0 < a \leq 2r$ に存在する．

d は $a = \dfrac{1}{2\sqrt{r^2-1}}$ のとき最小値 $\sqrt{\dfrac{2}{r}\sqrt{r^2-1} + 2}$ をとる．

◆別解◆ 【微分する】

出題が文系のため，相加・相乗平均の不等式で処理ができるだろうと推測ができてしまうが，東大などでは過去に相加・相乗平均の不等式だけでは等号成立が起こらず，場合分けをする必要がある問題が出題されている．例えば，2008 年の第 4 問を見よ．$r^2 > \frac{1}{4}(2 + \sqrt{5})$ という条件がなく，ただ r が正の定数として与えられているときには，場合分けが必要になるから，大人しく微分するのがよい．

$$f(a) = \frac{1}{r}\left\{2a(r^2 - 1) + \frac{1}{2a}\right\} + 2$$

とおくと，

$$f'(a) = \frac{1}{r}\left\{2(r^2 - 1) - \frac{1}{2a^2}\right\}$$
$$= \frac{4(r^2 - 1)a^2 - 1}{2a^2 r}$$

（ア）$(0 <) r \leqq 1$ のとき：$f'(a) \leqq 0$ であるから，$f(a)$ は最小値

$$f(2r) = \frac{1}{r}\left\{4r(r^2 - 1) + \frac{1}{4r}\right\} + 2$$
$$= \frac{16r^4 - 8r^2 + 1}{4r^2} = \frac{(4r^2 - 1)^2}{4r^2}$$

をとる．ゆえに，d は $a = 2r$ で最小値 $\dfrac{|4r^2 - 1|}{2r}$ をとる．

$r \geqq 1$ のとき，$0 < a \leqq 2r$ であるから，$\dfrac{1}{2\sqrt{r^2 - 1}}$ と $2r$ の大小を考える必要が出てくる．本解と同様に考えると場合分けが発生する．

（イ）$1 \leqq r^2 \leqq \frac{1}{4}(2 + \sqrt{5})$ のとき：本解と同じような議論により，$\dfrac{1}{2\sqrt{r^2 - 1}} \geqq 2r$ となるから，$0 < a \leqq 2r$ において $f'(a) \leqq 0$ である．よって，（ア）と同様に，d は $a = 2r$ で最小値 $\dfrac{4r^2 - 1}{2r}$ をとる．

（ウ）$r^2 > \frac{1}{4}(2 + \sqrt{5})$ のとき：$\dfrac{1}{2\sqrt{r^2 - 1}} < 2r$ より

$a < \dfrac{1}{2\sqrt{r^2 - 1}}$ のとき $f'(a) < 0$

$a > \dfrac{1}{2\sqrt{r^2 - 1}}$ のとき $f'(a) > 0$

となり，$f(a)$ は最小値

$$f\left(\frac{1}{2\sqrt{r^2 - 1}}\right) = \frac{2}{r}\sqrt{r^2 - 1} + 2$$

をとる．ゆえに，d は $a = \dfrac{1}{2\sqrt{r^2 - 1}}$ で最小値

$$\sqrt{\frac{2}{r}\sqrt{r^2 - 1} + 2}$$ をとる．

以上（ア）～（ウ）より

- $(0 <) r \leqq \frac{1}{2}\sqrt{2 + \sqrt{5}}$ のとき，$a = 2r$ で

最小値 $\dfrac{|4r^2 - 1|}{2r}$ をとる．

- $r \geqq \frac{1}{2}\sqrt{2 + \sqrt{5}}$ のとき，$a = \dfrac{1}{2\sqrt{r^2 - 1}}$ で

最小値 $\sqrt{\dfrac{2}{r}\sqrt{r^2 - 1} + 2}$ をとる．

《線分の通過領域 1》

8. 座標平面上の 2 点 $\mathrm{P}(t, t^2)$，$\mathrm{Q}(t - 5, t^2 - 4t + 2)$ に対して，t が $1 \leqq t \leqq 3$ の範囲を動くとき，以下の各問いに答えよ．

（1）線分 PQ を表す直線の方程式および定義域を，t を用いて表せ（答えのみでよい）．

（2）線分 PQ が通過する範囲 D を求め，図示せよ．　　　　　　　　　(16 日本医大)

▶解答◀ （1）直線 PQ の方程式は

$$y = \frac{t^2 - (t^2 - 4t + 2)}{t - (t - 5)}(x - t) + t^2$$
$$y = \frac{4t - 2}{5}(x - t) + t^2 \quad\cdots\cdots\cdots\cdots①$$

常に $t - 5 < t$ だから，定義域は $t - 5 \leqq x \leqq t$ である．

（2）①を t について整理し

$$y = \frac{1}{5}\{t^2 + (4x + 2)t - 2x\}$$
$$= \frac{1}{5}(t + 2x + 1)^2 - \frac{(2x + 1)^2 + 2x}{5}$$
$$= f(t)$$

とおく．$t - 5 \leqq x \leqq t$，$1 \leqq t \leqq 3$ より

$$x \leqq t \leqq x + 5, \quad 1 \leqq t \leqq 3$$

これを満たす点 (x, t) の存在範囲と直線 $t = -2x - 1$ を図示した．x を固定し，t を満たす範囲における $f(t)$ の最小値を m，最大値を M とする．図 1 から t の範囲を求め，$t = -2x - 1$ から遠くに離れている端で $f(t)$ は最大になり，他の端または $t = -2x - 1$（が変域内にあるとき）で $f(t)$ は最小になる．

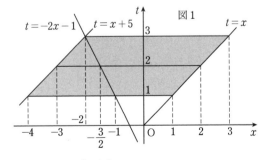

$$f(1) = \frac{2x + 3}{5}, \quad f(3) = 2x + 3, \quad f(x) = x^2,$$
$$f(x + 5) = x^2 + 6x + 7,$$
$$f(-2x - 1) = \frac{-4x^2 - 6x - 1}{5}$$

線分の通過領域は $m \leqq y \leqq M$ で与えられる.

（ア）$-4 \leqq x \leqq -2$ のとき

$$1 \leqq t \leqq x+5$$

$$M = f(1),\ m = f(x+5)$$

$$x^2 + 6x + 7 \leqq y \leqq \frac{2x+3}{5}$$

（イ）$-2 \leqq x \leqq -\dfrac{3}{2}$ のとき

$$1 \leqq t \leqq 3$$

$$M = f(1),\ m = f(-2x-1)$$

$$\frac{-4x^2 - 6x - 1}{5} \leqq y \leqq \frac{2x+3}{5}$$

（ウ）$-\dfrac{3}{2} \leqq x \leqq -1$ のとき

$$1 \leqq t \leqq 3$$

$$M = f(3),\ m = f(-2x-1)$$

$$\frac{-4x^2 - 6x - 1}{5} \leqq y \leqq 2x+3$$

（エ）$-1 \leqq x \leqq 1$ のとき

$$1 \leqq t \leqq 3$$

$$M = f(3),\ m = f(1)$$

$$\frac{2x+3}{5} \leqq y \leqq 2x+3$$

（オ）$1 \leqq x \leqq 3$ のとき

$$x \leqq t \leqq 3$$

$$M = f(3),\ m = f(x)$$

$$x^2 \leqq y \leqq 2x+3$$

図示すると，図 2 の境界を含む網目部分である．ただし，以下のように曲線に名前をつけた．

$$l_1 : y = \frac{2x+3}{5}$$

$$l_2 : y = 2x+3$$

$$C_1 : y = x^2$$

$$C_2 : y = x^2 + 6x + 7$$

$$C_3 : y = \frac{-4x^2 - 6x - 1}{5}$$

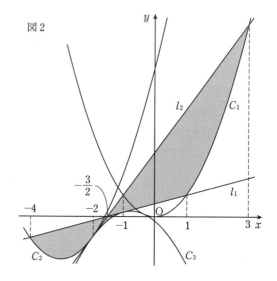

図 2

《線分の通過領域 2》

9. 座標平面の原点を O で表す．線分 $y = \sqrt{3}x\ (0 \leqq x \leqq 2)$ 上の点 P と，線分 $y = -\sqrt{3}x\ (-2 \leqq x \leqq 0)$ 上の点 Q が，線分 OP と線分 OQ の長さの和が 6 となるように動く．このとき，線分 PQ の通過する領域を D とする．

（1）s を $0 \leqq s \leqq 2$ をみたす実数とするとき，点 (s, t) が D に入るような t の範囲を求めよ．

（2）D を図示せよ． （14 東大・理科）

▶**解答**◀ （1） 点 P, Q の座標は
P$(p, \sqrt{3}p)$, $(0 \leqq p \leqq 2)$, Q$(-q, \sqrt{3}q)$, $(0 \leqq q \leqq 2)$ とおけて OP $= 2p$, OQ $= 2q$ である.

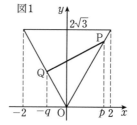

図1

OP $+$ OQ $= 6$ だから $2p + 2q = 6$, すなわち $q = 3 - p$ となる. $0 \leqq q \leqq 2$ にこれを代入すると $0 \leqq 3 - p \leqq 2$, すなわち $1 \leqq p \leqq 3$ となる.

$0 \leqq p \leqq 2$ と合わせて $1 \leqq p \leqq 2$ となる.

線分 PQ の方程式は

$$y = \frac{\sqrt{3}p - \sqrt{3}q}{p + q}(x - p) + \sqrt{3}p, \quad -q \leqq x \leqq p$$

となる. $q = 3 - p$ を代入すると

$$y = \frac{2p - 3}{\sqrt{3}}(x - p) + \sqrt{3}p, \quad p - 3 \leqq x \leqq p$$

$$y = \frac{(2p-3)(x-p)+3p}{\sqrt{3}}, \quad p-3 \leq x \leq p$$

となる．点 (s, t) が領域 D に入るための必要十分条件（以下では J と呼ぶ）は

$$t = \frac{(2p-3)(s-p)+3p}{\sqrt{3}} \quad \cdots\cdots\cdots\cdots①$$

かつ $1 \leq p \leq 2$ かつ $p-3 \leq s \leq p$

を満たす p が存在することである．

$$f(p) = \frac{(2p-3)(s-p)+3p}{\sqrt{3}}$$

とおく．また，$0 \leq s \leq 2$ に注意して，

$$1 \leq p \leq 2 \text{ かつ } s \leq p \leq s+3 \quad \cdots\cdots\cdots\cdots②$$

を整理する．$2 < s+3$ なので，$p \leq s+3$ は無視できる．結局②は

$0 \leq s \leq 1$ のとき $1 \leq p \leq 2$

$1 \leq s \leq 2$ のとき $s \leq p \leq 2$

となる．この区間における $f(p)$ の最小値を m，最大値を M とする．J は $m \leq t \leq M$ になることである．

$$f(p) = \frac{1}{\sqrt{3}}\{-2p^2 + 2p(s+3) - 3s\}$$

$$= \frac{1}{\sqrt{3}}\left\{-2\left(p - \frac{s+3}{2}\right)^2 + \frac{(s+3)^2}{2} - 3s\right\}$$

$$= \frac{1}{\sqrt{3}}\left\{-2\left(p - \frac{s+3}{2}\right)^2 + \frac{s^2+9}{2}\right\}$$

（ア）$0 \leq s \leq 1$ のとき．$\frac{3}{2} \leq \frac{s+3}{2} \leq 2$（つまり，軸が区間の中に入っていて，区間の中央よりも右寄り）だから（図2を参照）

$$M = f\left(\frac{s+3}{2}\right) = \frac{s^2+9}{2\sqrt{3}}$$

$$m = f(1) = \frac{4-s}{\sqrt{3}}$$

である．J は

$$\frac{4-s}{\sqrt{3}} \leq t \leq \frac{s^2+9}{2\sqrt{3}}$$

である．

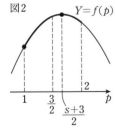

図2 $Y = f(p)$

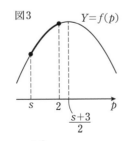

図3 $Y = f(p)$

（イ）$1 \leq s \leq 2$ のとき．$2 \leq \frac{s+3}{2}$（つまり，軸が区間の右側にはずれている）だから（図3を参照）

$$M = f(2) = \frac{s+4}{\sqrt{3}}$$

$$m = f(s) = \frac{3s}{\sqrt{3}} = \sqrt{3}\,s$$

である．J は

$$\sqrt{3}\,s \leq t \leq \frac{s+4}{\sqrt{3}}$$

である．

求める t の範囲は

$0 \leq s \leq 1$ のとき $\dfrac{4-s}{\sqrt{3}} \leq t \leq \dfrac{s^2+9}{2\sqrt{3}}$

$1 \leq s \leq 2$ のとき $\sqrt{3}\,s \leq t \leq \dfrac{s+4}{\sqrt{3}}$

（2）左右対称性を考えて，D は図4の，境界を含む網目部分である．

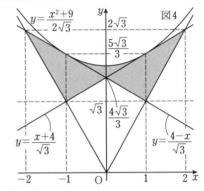

図4

$\boxed{\text{♦別解♦}}$ （2）直線 PQ の方程式は

$$y = \frac{(2p-3)(x-p)+3p}{\sqrt{3}}$$

であり，これは

$$y = \frac{1}{\sqrt{3}}\left\{-2\left(p - \frac{x+3}{2}\right)^2 + \frac{x^2+9}{2}\right\}$$

と変形できる．このとき常に

$$y \leq \frac{1}{\sqrt{3}} \cdot \frac{x^2+9}{2}$$

が成り立つことに注意せよ．そこで放物線

$$y = \frac{x^2+9}{2\sqrt{3}} \quad \cdots\cdots\cdots\cdots\cdots\cdots\cdots Ⓐ$$

と直線 PQ の方程式を連立させると

$$\frac{x^2+9}{2\sqrt{3}} = -\frac{2}{\sqrt{3}}\left(p - \frac{x+3}{2}\right)^2 + \frac{x^2+9}{2\sqrt{3}}$$

となり $p - \dfrac{x+3}{2} = 0$ すなわち $x = 2p-3$ の重解とわかる．直線 PQ は放物線 Ⓐ と $x = 2p-3$ の点 T で接して動く．$1 \leq p \leq 2$ より $-1 \leq 2p-3 \leq 1$，つまり接点の x 座標は $-1 \leq x \leq 1$ となる．あとは実際に線分を動かして図4を得る．

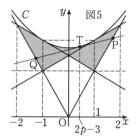

図5

注意 1°【包絡線】このようにパラメータが入った曲線が，一定の曲線に接して動くとき，一定の曲線を包絡線（ほうらくせん）という．別解の Ⓐ は次のようにしても得られる．直線 PQ の方程式を p について整理して

$$2p^2 - 2(x+3)p + \sqrt{3}y + 3x = 0$$

これを p についての方程式と見て，判別式を D とする．$\dfrac{D}{4} = 0$ とおいてみる．

$$\frac{D}{4} = (x+3)^2 - 2\sqrt{3}y - 6x = 0$$

$$y = \frac{x^2 + 9}{2\sqrt{3}}$$

となる．

2°【線分でなく直線にすると】多くの人達が「線分 PQ の通過領域でなく直線 PQ の通過領域を考えた方がいい」と，$-q \le x \le p$ を無視しました．ただし，その場合は（2）が先に出てしまいます．その方針を次に述べます．細かな部分は前の解答を受け継ぎ，少し飛ばします．

♦別解♦ 直線 PQ の方程式は

$$y = \frac{(2p-3)(x-p) + 3p}{\sqrt{3}}$$

である．まず最初に直線 PQ の通過領域を求め，このうち，$y \ge \sqrt{3}x,\ y \ge -\sqrt{3}x$ の部分を図示し，これによって線分 PQ の通過領域を求める．

$$f(p) = \frac{(2p-3)(x-p) + 3p}{\sqrt{3}}$$

とおく．x を固定して，p を $1 \le p \le 2$ で動かしたときの $f(p)$ の最大値 M と最小値 m を求め $m \le y \le M$ とする．

$$f(p) = -\frac{2}{\sqrt{3}}\left(p - \frac{x+3}{2}\right)^2 + \frac{x^2+9}{2\sqrt{3}}$$

となる．実数 a, b の大きい方（$a = b$ のときはその値）を $\max\{a, b\}$，小さい方（$a = b$ のときはその値）を $\min\{a, b\}$ と表すことにする．

$1 \le \dfrac{x+3}{2} \le 2$（$-1 \le x \le 1$）のとき．

$$M = f\left(\frac{x+3}{2}\right) = \frac{x^2+9}{2\sqrt{3}}$$

であり，これ以外は

$$M = \max\{f(1), f(2)\} = \max\left\{\frac{4-x}{\sqrt{3}},\ \frac{4+x}{\sqrt{3}}\right\}$$

である．また，常に

$$m = \min\{f(1), f(2)\} = \min\left\{\frac{4-x}{\sqrt{3}},\ \frac{4+x}{\sqrt{3}}\right\}$$

である．線分 PQ の通過領域は，

$y \ge \sqrt{3}x$ かつ $y \ge -\sqrt{3}x$ かつ $-1 \le x \le 1$ のとき

$$\min\left\{\frac{4-x}{\sqrt{3}},\ \frac{4+x}{\sqrt{3}}\right\} \le y \le \frac{x^2+9}{2\sqrt{3}}$$

$-2 \le x \le -1,\ 1 \le x \le 2$ のとき

$$\min\left\{\frac{4-x}{\sqrt{3}},\ \frac{4+x}{\sqrt{3}}\right\} \le y \le \max\left\{\frac{4-x}{\sqrt{3}},\ \frac{4+x}{\sqrt{3}}\right\}$$

を満たす範囲である．

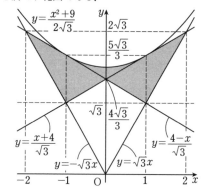

【ヤコービアンによる解答】類似の問題で，線分 PQ 上の動点をパラメータ表示して考えよという設定もある．たとえば 97 年熊本県立大を見よ．上で見たように，高校範囲では難解である．大学ではヤコービアンという道具を使う．

$$P\begin{pmatrix} p \\ \sqrt{3}p \end{pmatrix},\ Q\begin{pmatrix} p-3 \\ \sqrt{3}(3-p) \end{pmatrix},\ 1 \le p \le 2 \text{ となる．}$$

線分 PQ 上の点 $R\begin{pmatrix} x \\ y \end{pmatrix}$ は，

$$\begin{pmatrix} x \\ y \end{pmatrix} = t\begin{pmatrix} p \\ \sqrt{3}p \end{pmatrix} + (1-t)\begin{pmatrix} p-3 \\ \sqrt{3}(3-p) \end{pmatrix}$$

$(0 \le t \le 1)$ とおける．

$$0 \le t \le 1,\ 1 \le p \le 2 \quad\cdots\cdots\cdots\cdots\cdots Ⓐ$$

で定まる (t, p) の領域を

$$x = p + 3t - 3,\ y = \sqrt{3}(3 - p - 3t + 2pt)$$

定まる写像で写す．ヤコービアン

$$J(p, t) = \begin{vmatrix} \dfrac{\partial x}{\partial p} & \dfrac{\partial x}{\partial t} \\[2mm] \dfrac{\partial y}{\partial p} & \dfrac{\partial y}{\partial t} \end{vmatrix}$$

$$= \begin{vmatrix} 1 & 3 \\ \sqrt{3}(2t-1) & \sqrt{3}(2p-3) \end{vmatrix}$$

$$= \sqrt{3}(2p-3) - 3\sqrt{3}(2t-1)$$
$$= \sqrt{3}(2p-6t) = 0$$

とおくと $p = 3t$ を得る．直線 $p = 3t$ と領域 Ⓐ の共有部分を求めると，線分

$$p = 3t, \quad \frac{1}{3} \leqq t \leqq \frac{2}{3} \quad \cdots\cdots\cdots\cdots\cdots\text{Ⓑ}$$

となる．a を定数として，$p + 3t - 3 = a$ になるように動かす．まず

$$p = 3t, \quad p + 3t - 3 = a$$

を解いて $p = \dfrac{3+a}{2}, \ t = \dfrac{3+a}{6}$ を得る．よって $p + 3t = 3 + a$ を満たす p, t は

$$t = \frac{3+a}{6} + u, \quad p = \frac{3+a}{2} - 3u$$

とおける．このとき R の x, y に対して

$$x = a, \quad y = \sqrt{3}\left(\frac{a^2+9}{6} - 6u^2\right)$$

だから $|u|$ が増加すると y は減少する．Ⓑ 以外の Ⓐ の内部の点は領域の内部に写される．線分 PQ の通過領域は Ⓐ の周の像と，線分 Ⓑ の像で囲まれた図形になる．

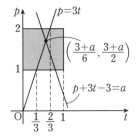

（ア）$t = 1, \ 1 \leqq p \leqq 2$ のとき．
$$x = p, \ y = \sqrt{3}p, \ 1 \leqq p \leqq 2$$
は線分 $y = \sqrt{3}x, \ 1 \leqq x \leqq 2$ を描く．

（イ）$t = 0, \ 1 \leqq p \leqq 2$ のとき．
$$x = p - 3, \ y = \sqrt{3}(3-p), \ 1 \leqq p \leqq 2$$
は線分 $y = -\sqrt{3}x, \ -2 \leqq x \leqq -1$ を描く．

（ウ）$p = 1, \ 0 \leqq t \leqq 1$ のとき．
$$x = 3t - 2, \ y = \sqrt{3}(2-t), \ 0 \leqq t \leqq 1$$
は線分 $y = \dfrac{4-x}{\sqrt{3}}, \ -2 \leqq x \leqq 1$ を描く．

（エ）$p = 2, \ 0 \leqq t \leqq 1$ のとき．
$$x = 3t - 1, \ y = \sqrt{3}(1+t), \ 0 \leqq t \leqq 1$$
は線分 $y = \dfrac{x+4}{\sqrt{3}}, \ -1 \leqq x \leqq 2$ を描く．

（オ）Ⓑ のとき．
$$x = 6t - 3, \ y = \sqrt{3}(3 - 6t + 6t^2), \ \frac{1}{3} \leqq t \leqq \frac{2}{3}$$
は曲線の弧 $y = \dfrac{x^2+9}{2\sqrt{3}}, \ -1 \leqq x \leqq 1$ を描く．

線分 PQ の通過領域はこれらで囲まれた図形である．

3° 【写像について】集合 A と集合 B があり，A の任意の要素 x に対して集合 B の要素 y が対応する関係 f があるとき，$y = f(x)$ と書いて「x の f による像が y である」「x が f で y に写る」という．このとき f を A から B への写像といい，A を f の定義域という．x が A 全体を動くときの $f(x)$ の動く範囲全体を値域といい $f(A)$ で表す．$B = f(A)$ になることもあるが，そうでないこともある．

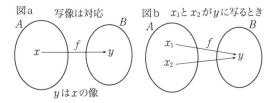

また，y を与えたとき，$y = f(x)$ を満たす x の全体を y の逆像という．逆像は原像，元像という人もいる．

【例】$X = x + y, \ Y = xy$ とする．点 (x, y) を (X, Y) に写す写像を f とする．
$(x, y) = (2, 3)$ のとき $(X, Y) = (5, 6)$，
$(x, y) = (3, 2)$ のとき $(X, Y) = (5, 6)$ である．
$(2, 3)$ と $(3, 2)$ はともに $(5, 6)$ に写り，$(5, 6)$ の逆像は $(2, 3)$ と $(3, 2)$ である．

【例】上の例で (x, y) が $x^2 + y^2 \leqq 1$ を動くとき (X, Y) の描く図形を求めよ．

（1954 年東大に出題されて以来の頻出問題）

4° 【逆像の存在を調べる解法（逆手流）】

$x^2 + y^2 \leqq 1$ ならば $(x+y)^2 - 2xy \leqq 1$ となり $X^2 - 2Y \leqq 1$ すなわち $Y \geqq \dfrac{X^2-1}{2}$ となる．これは (x, y) の像 (X, Y) が $Y \geqq \dfrac{X^2-1}{2}$ を満たすというだけで，この中全体を動くかどうかは不明である．（図 d を参照せよ）

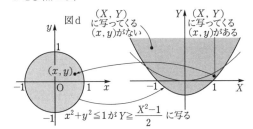

$Y \geqq \dfrac{X^2-1}{2}$ を満たす (X, Y) を任意に 1 つ取ってくる．その (X, Y) に対して $X = x + y, \ Y = xy$ を満たす x, y が存在するかどうかを調べる．解と係数の関係により x, y は 2 次方程式 $t^2 - Xt + Y = 0$ の 2 解であるから，このような実数 t が存在するための必要十

分条件は，判別式 $D = X^2 - 4Y \geqq 0$ である．よって $Y \leqq \dfrac{X^2}{4}$ であれば $X = x+y$, $Y = xy$ を満たす x, y が存在し，$Y > \dfrac{X^2}{4}$ であれば $X = x+y$, $Y = xy$ を満たす x, y が存在しない．

よって求める図形は $Y \leqq \dfrac{X^2}{4}$ かつ $Y \geqq \dfrac{X^2-1}{2}$ である．

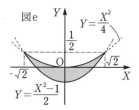

図e

この考え方を，受験雑誌「大学への数学」では「逆手流（さかてりゅう）」と呼んでいる．逆像は大学の数学の用語である．逆手流は，逆像の存在条件を調べる解法である．今回の問題も逆手流であった．対称性がくずれた逆手流は簡単にはいかない．

5°【実際に動かす解法】（ア）　$a \neq b$ の場合．
$(x, y) = (a, b)$ のときと $(x, y) = (b, a)$ のときには，ともに $(X, Y) = (a+b, ab)$ になり，直線 $y = x$ に関して対称な 2 点は同じ点に写される．よって領域 $x^2 + y^2 \leqq 1$, $y \leqq x$ の像と領域 $x^2 + y^2 \leqq 1$, $y \geqq x$ の像は同じであるから，領域 $x^2 + y^2 \leqq 1$, $y \leqq x$ の像を調べればよい．（図 A を参照）

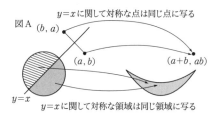

図A

（イ）　$y = x$, $-\dfrac{\sqrt{2}}{2} \leqq x \leqq \dfrac{\sqrt{2}}{2}$ のとき $X = 2x$, $Y = x^2$, $-\sqrt{2} \leqq X \leqq \sqrt{2}$ となり線分 $y = x$, $-\dfrac{\sqrt{2}}{2} \leqq x \leqq \dfrac{\sqrt{2}}{2}$ は曲線 $Y = \dfrac{X^2}{4}$, $-\sqrt{2} \leqq X \leqq \sqrt{2}$ に写される．
（ウ）　$x^2 + y^2 = 1$ のとき $(x+y)^2 - 2xy = 1$ だから円 $x^2 + y^2 = 1$ は放物線 $Y = \dfrac{X^2-1}{2}$ に写される．
（エ）　図 B, C を参照せよ．$X = a$ を固定し，直線 $x + y = a$ 上の $y \leqq x$ の部分を動かす．

2 直線 $x + y = a$, $y = x$ の交点は $(x, y) = \left(\dfrac{a}{2}, \dfrac{a}{2} \right)$ だから，$y \leqq x$ の部分の点は $(x, y) = \left(\dfrac{a}{2} + t, \dfrac{a}{2} - t \right)$ $(t \geqq 0)$ とおける．このと

き $Y = \left(\dfrac{a}{2} + t \right)\left(\dfrac{a}{2} - t \right) = \dfrac{a^2}{4} - t^2$ だから $t \geqq 0$ の増加とともに (X, Y) は下に下がる．動き出すのは曲線 $Y = \dfrac{X^2}{4}$ 上の点からであり，動き終わるのは曲線 $Y = \dfrac{X^2-1}{2}$ 上の点である．

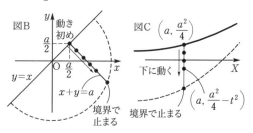

以上から (X, Y) は領域 $\dfrac{X^2-1}{2} \leqq Y \leqq \dfrac{X^2}{4}$ を動く．

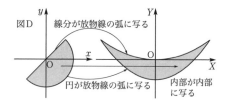

図D

《領域と格子点》

10. a は実数とする．座標平面上で連立不等式
$$\begin{cases} y \geqq x^2 \\ y \leqq (2a+3)x - a(a+3) \end{cases}$$
の表す領域を $D(a)$ とおく．いま，x 座標も y 座標も整数であるような点を格子点と呼ぶことにする．
（1）　n を整数とする．このとき $D(n)$ に含まれる格子点の個数を求めよ．
（2）　任意の実数 a について，$D(a)$ に含まれる格子点の個数と $D(a+1)$ に含まれる格子点の個数は等しいことを示せ．　　（19　千葉大・前期）

▶解答◀　（2）　$x = x_1$（整数）のとき $D(a)$ に含まれる格子点の個数は区間
$$x_1{}^2 \leqq y \leqq (2a+3)x_1 - a(a+3)$$
に含まれる整数 y の個数である（図 1）から，両端から $x_1{}^2$ を引いて区間
$$0 \leqq y \leqq -x_1{}^2 + (2a+3)x_1 - a(a+3)$$
すなわち区間
$$0 \leqq y \leqq -(x_1 - a)(x_1 - a - 3)$$
に含まれる整数 y の個数に等しい．（図 2）

よって，領域 $0 \leqq y \leqq -(x - a)(x - a - 3)$ を $D'(a)$ とすると，2 つの領域 $D(a)$ と $D'(a)$ 内の格子点の個数

は等しい.

$D'(a+1)$ を表す不等式は

$$0 \le y \le -\{x-(a+1)\}\{x-(a+1)-3\}$$
$$0 \le y \le -\{(x-1)-a\}\{(x-1)-a-3\}$$

であるから, $D'(a+1)$ は $D'(a)$ を x 軸方向に 1 平行移動したものであり, これらの領域内の格子点の個数は等しい. よって, 題意は示された.

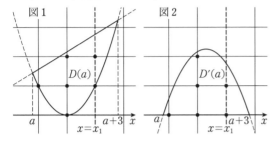

図1　図2

（1）　$D(a)$ に含まれる格子点の個数, すなわち $D'(a)$ に含まれる格子点の個数を $f(a)$ とする.（2）より

$$f(a+1) = f(a)$$

であるから, $f(a)$ は周期 1 の周期関数であり, 整数 n に対して

$$f(n) = f(0)$$

が成り立つ. $D'(0) : 0 \le y \le -x(x-3)$ は図のようになるから, $f(n) = f(0) = 8$

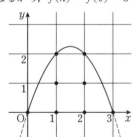

《交点と面積》

11. a, b を実数とし, 少なくとも一方は 0 でないとする. このとき, 次の問に答えよ.

（1）連立不等式

　　$3x+2y+4 \ge 0$, $x-2y+4 \ge 0$, $ax+by \ge 0$
　　の表す領域, または連立不等式
　　$3x+2y+4 \ge 0$, $x-2y+4 \ge 0$, $ax+by \le 0$
　　の表す領域が三角形であるために a, b がみたすべき条件を求めよ. さらに, その条件をみたす点 (a, b) の範囲を座標平面上に図示せよ.

（2）（1）の三角形の面積を S とするとき, S を a, b を用いて表せ.

（3）$S \ge 4$ を示せ. 　　　（18　名古屋大・文系）

考え方　ベクトルを利用して計算の軽減化を図ろう.

▶解答◀　（1）　領域の境界線を

$$l : 3x+2y+4 = 0 \quad \cdots\cdots①$$
$$m : x-2y+4 = 0 \quad \cdots\cdots②$$
$$n : ax+by = 0 \quad \cdots\cdots③$$

とおく. 題意は, l の上方, m の下方が n で二分割され, 一方の側が三角形になるということである. すなわち, 3 直線の 2 つずつが唯一の交点をもち, l と m の交点を A, l と n の交点を B, m と n の交点を C とすると, B と C が A より右方にあるということである.

　A を求める. ①＋② より $4x+8=0$ となり, $x=-2$ を得る. これを ① に代入し $-6+2y+4=0$ で $y=1$ を得る. A$(-2, 1)$ である.

　l の傾きは $-\dfrac{3}{2}$ であるから, 方向ベクトルは $\begin{pmatrix} 2 \\ -3 \end{pmatrix}$ であり, $\overrightarrow{AB} = s\begin{pmatrix} 2 \\ -3 \end{pmatrix}$ とおける.

$$\overrightarrow{OB} = \overrightarrow{OA} + \overrightarrow{AB} = \begin{pmatrix} -2 \\ 1 \end{pmatrix} + s\begin{pmatrix} 2 \\ -3 \end{pmatrix} = \begin{pmatrix} -2+2s \\ 1-3s \end{pmatrix}$$

となる. B は ③ 上にあるから代入し

$$a(-2+2s) + b(1-3s) = 0$$
$$(2a-3b)s = 2a-b$$

$2a-3b \ne 0$ であり, $s = \dfrac{2a-b}{2a-3b}$ となる.

　m の傾きは $\dfrac{1}{2}$ であるから, $\overrightarrow{AC} = t\begin{pmatrix} 2 \\ 1 \end{pmatrix}$ とおけて

$$\overrightarrow{OC} = \overrightarrow{OA} + \overrightarrow{AC} = \begin{pmatrix} -2 \\ 1 \end{pmatrix} + t\begin{pmatrix} 2 \\ 1 \end{pmatrix} = \begin{pmatrix} -2+2t \\ 1+t \end{pmatrix}$$

となる. C は ③ 上にあるから代入し

$$a(-2+2t) + b(1+t) = 0$$
$$(2a+b)t = 2a-b$$

$2a+b \ne 0$ であり, $t = \dfrac{2a-b}{2a+b}$ となる.

　a, b の満たす必要十分条件は $s > 0, t > 0$ である.

$$\frac{2a-b}{2a-3b} > 0, \quad \frac{2a-b}{2a+b} > 0$$

丁寧に場合分けする方法は別解に示した. ここでは一気に示す. これらは $2a-b \ne 0$ に対して $2a-3b$ と $2a+b$ が同符号であることを示している. よって求める必要十分条件は

$$(2a-3b)(2a+b) > 0 \quad \cdots\cdots④$$

である. 図示すると図2の境界を除く網目部分となる. このとき $2a-b \ne 0$ は成り立つ.

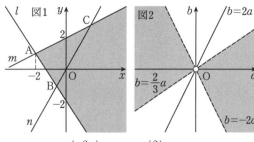

（2） $\overrightarrow{AB} = s\begin{pmatrix} 2 \\ -3 \end{pmatrix}$, $\overrightarrow{AC} = t\begin{pmatrix} 2 \\ 1 \end{pmatrix}$

$$S = \frac{1}{2}\left| st\{2\cdot 1 - (-3)\cdot 2\}\right| = 4|st|$$

$$= \frac{4(2a-b)^2}{(2a-3b)(2a+b)}$$

ただし，最後は④を用いて絶対値を外した．

（3） $S - 4 = \dfrac{4(2a-b)^2}{(2a-3b)(2a+b)} - 4$

$$= 4\cdot\frac{(2a-b)^2 - (2a-3b)(2a+b)}{(2a-3b)(2a+b)}$$

$$= 4\cdot\frac{4b^2}{(2a-3b)(2a+b)} \geqq 0$$

よって，$S \geqq 4$ が成り立つ．

注意 1°【ベクトルで式を立てるときのイメージ】

　最初のベクトルで式を立てるときには，図aのように見ている．

$$B = A + \overrightarrow{AB}$$

であり「Aから $\overrightarrow{AB}$ だけ動いてBに行く」のである．

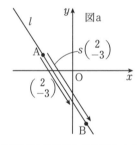

2°【領域の図示では場合分けをしない】

　④の図示は次のようにする．境界 $2a - 3b = 0$ と $2a + b = 0$ で ab 平面を4分割する．④で $b = 0\,(a \neq 0)$ とすると成り立つから，a 軸を含む部分が適する．後は境界を線で飛び越えるたびに適と不適を交代する．

　$\dfrac{2a-b}{2a-3b} > 0$ を満たす (a, b) の存在範囲を図示してみよう．学校では

「$2a - b > 0$ かつ $2a - 3b > 0$」または「$2a - b < 0$ かつ $2a - 3b < 0$」

と場合分けをせよと教わるが，場合分けが多くなると集中力が下がる．途中でこのように符号を相手にしないようにする．符号は特別な値を代入することで考察

する．各因子 $2a - b$, $2a - 3b$ が0になるところが境界で，2本の境界 $2a - b = 0$ と $2a - 3b = 0$ で平面全体を4分割する．図bを見よ．ただし，a 軸と b 軸は境界ではない．$\dfrac{2a-b}{2a-3b} > 0$ で $b = 0\,(a \neq 0)$ とおくと $\dfrac{2a}{2a} > 0$ となり，これは成り立つ．よって，4分割された領域のうち a 軸を含む部分が適する．境界を除く．同様に $\dfrac{2a-b}{2a+b} > 0$ は図cの網目部分を見よ．これらの共通部分が図2であると考えてもよい．

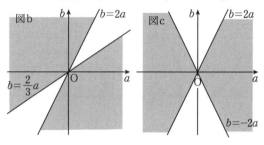

3°【面積の公式】

　$\overrightarrow{AB} = (a, b)$, $\overrightarrow{AC} = (c, d)$ のとき，三角形 ABC の面積について

$$\triangle ABC = \frac{1}{2}|ad - bc|$$

である．

【証明】 $\angle BAC = \theta$ とおく．

$\triangle ABC = \dfrac{1}{2} AB \cdot AC \sin\theta$

$= \dfrac{1}{2} AB \cdot AC \sqrt{1 - \cos^2\theta}$

$= \dfrac{1}{2}|\overrightarrow{AB}||\overrightarrow{AC}|\sqrt{1 - \left(\dfrac{\overrightarrow{AB}\cdot\overrightarrow{AC}}{|\overrightarrow{AB}||\overrightarrow{AC}|}\right)^2}$

$= \dfrac{1}{2}\sqrt{|\overrightarrow{AB}|^2|\overrightarrow{AC}|^2 - (\overrightarrow{AB}\cdot\overrightarrow{AC})^2}$

$= \dfrac{1}{2}\sqrt{(a^2+b^2)(c^2+d^2) - (ac+bd)^2}$

$= \dfrac{1}{2}\sqrt{a^2d^2 + b^2c^2 - 2abcd} = \dfrac{1}{2}|ad-bc|$

4°【交点をベクトルで求めないとき】

　上の解答を見れば「大したことはないじゃん」と思うだろう．しかし，多くの人が x, y のままで交点を求め「計算量が多い，文系には重い難問だ」と感じるはずだ．標準問題を難問だと感じる原因は何かを考え，どのように学んでいくべきかを省みるべきと思う．

◆別解◆ （1） ③×2−①×b と ①×a−③×3 より

$$(2a-3b)x - 4b = 0, \quad (2a-3b)y + 4a = 0$$

①，③が唯一の交点を持つから $2a - 3b \neq 0$ であり

$$x = \frac{4b}{2a-3b}, \quad y = -\frac{4a}{2a-3b}$$

l と n の交点は $B\left(\dfrac{4b}{2a-3b}, -\dfrac{4a}{2a-3b}\right)$ である．

②×b＋③×2 と ③－②×a より

$$(2a+b)x+4b=0, \quad (2a+b)y-4a=0$$

$2a+b\neq 0$ で，m と n の交点は $\text{C}\left(-\dfrac{4b}{2a+b},\ \dfrac{4a}{2a+b}\right)$ である．

三角形ができる条件は，B，C の x 座標がともに -2 より大きいことで

$$\frac{4b}{2a-3b}>-2 \quad\text{かつ}\quad -\frac{4b}{2a+b}>-2$$

$$\frac{2(2a-b)}{2a-3b}>0 \quad\text{かつ}\quad \frac{2(2a-b)}{2a+b}>0$$

$2a-b=0$ は不適である．

$2a-b>0$，すなわち $b<2a$ のとき

$$2a-3b>0 \quad\text{かつ}\quad 2a+b>0$$

$$-2a<b<\frac{2}{3}a$$

$2a-b<0$，すなわち $b>2a$ のとき

$$2a-3b<0 \quad\text{かつ}\quad 2a+b<0$$

$$\frac{2}{3}a<b<-2a$$

よって，(a, b) の範囲は図 2 の網目部分である．境界を除く．図 2 より，a, b が満たすべき条件は

$$\boldsymbol{(2a-3b)(2a+b)>0}$$

《対称式と面積》

12. 座標平面上の原点を O とする．点 $\text{A}(a, 0)$，点 $\text{B}(0, b)$ および点 C が

$$\text{OC}=1,\ \text{AB}=\text{BC}=\text{CA}$$

を満たしながら動く．

（1） $s=a^2+b^2$，$t=ab$ とする．s と t の関係を表す等式を求めよ．

（2） $\triangle\text{ABC}$ の面積のとりうる値の範囲を求めよ．

（15 一橋大・前期）

▶解答◀ （1） AB の中点 $\left(\dfrac{a}{2},\ \dfrac{b}{2}\right)$ を M とする．MC は MA と垂直で，長さが $\sqrt{3}$ 倍である．$\overrightarrow{\text{MA}}=\left(\dfrac{a}{2},\ -\dfrac{b}{2}\right)$ であり，この x, y 成分を取り替えて，一方の符号を調整する．ベクトル $\left(\dfrac{b}{2},\ \dfrac{a}{2}\right)$ は $\overrightarrow{\text{MA}}$ と垂直である．

$$\overrightarrow{\text{MC}}=\pm\sqrt{3}\left(\frac{b}{2},\ \frac{a}{2}\right)$$

$$\overrightarrow{\text{OC}}=\overrightarrow{\text{OM}}+\overrightarrow{\text{MC}}$$

$$=\left(\frac{a}{2},\ \frac{b}{2}\right)\pm\sqrt{3}\left(\frac{b}{2},\ \frac{a}{2}\right)$$

$$=\left(\frac{a\pm\sqrt{3}b}{2},\ \frac{b\pm\sqrt{3}a}{2}\right)$$

以下複号同順である．$\text{OC}=1$ より

$$(a\pm\sqrt{3}b)^2+(b\pm\sqrt{3}a)^2=4$$

$$a^2+b^2\pm\sqrt{3}ab=1$$

$s=a^2+b^2$，$t=ab$ より，求める等式は

$$\boldsymbol{s\pm\sqrt{3}t=1}$$

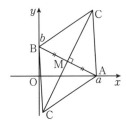

（2） $\triangle\text{ABC}=\dfrac{\sqrt{3}}{4}\text{AB}^2=\dfrac{\sqrt{3}}{4}(a^2+b^2)=\dfrac{\sqrt{3}}{4}s$ だから s のとりうる値の範囲を求める．

$$\pm ab=\frac{1-s}{\sqrt{3}}\quad\text{は}\quad |ab|=\frac{|1-s|}{\sqrt{3}}\quad\text{と同値である．}$$

相加相乗平均の不等式より

$$a^2+b^2\geqq 2\sqrt{a^2b^2}=2|ab|$$

$$2|ab|\leqq a^2+b^2$$

である．右辺は s で，左辺を $\dfrac{|1-s|}{\sqrt{3}}$ で置きかえ

$$\frac{2|s-1|}{\sqrt{3}}\leqq s$$

絶対値を外して

$$-s\leqq\frac{2(s-1)}{\sqrt{3}}\leqq s$$

$$-\sqrt{3}s\leqq 2s-2\leqq\sqrt{3}s$$

$$(2-\sqrt{3})s\leqq 2\leqq(2+\sqrt{3})s$$

$$2(2-\sqrt{3})\leqq s\leqq 2(2+\sqrt{3})$$

$$2(2-\sqrt{3})\leqq a^2+b^2\leqq 2(2+\sqrt{3})$$

左の等号は $a^2=b^2=2-\sqrt{3}$ のときに成り立ち，右の等号は $a^2=b^2=2+\sqrt{3}$ のときに成り立つ．よって，$\triangle\text{ABC}$ のとりうる値の範囲は

$$\frac{2\sqrt{3}-3}{2}\leqq\triangle\text{ABC}\leqq\frac{2\sqrt{3}+3}{2}$$

注意 実数 a, b の存在条件を考えてもよい．それは 0 以上の実数 a^2, b^2 が存在することである．

$a^2+b^2=s$，$a^2b^2=t^2$ より，a^2, b^2 は

$$x^2-sx+t^2=0$$

の 2 解である．判別式を D とする．これが 0 以上の 2 解を持つ条件は $D\geqq 0$ かつ 2 解の和（s）が 0 以上，かつ，2 解の積（t^2）が 0 以上になることである．後の 2 つは成り立つから

$$D=s^2-4t^2\geqq 0$$

$t = \pm \dfrac{1-s}{\sqrt{3}}$ を代入し

$$s^2 - 4 \cdot \frac{(1-s)^2}{3} \geqq 0$$

$$3s^2 - 4(1-s)^2 \geqq 0$$

$$s^2 - 8s + 4 \leqq 0$$

$$4 - 2\sqrt{3} \leqq s \leqq 4 + 2\sqrt{3}$$

よって，△ABC のとりうる値の範囲は

$$\frac{2\sqrt{3}-3}{2} \leqq \triangle ABC \leqq \frac{2\sqrt{3}+3}{2}$$

♦別解♦（1） $C(x, y)$ として，$CA^2 = AB^2$，$CB^2 = AB^2$ より

$$(x-a)^2 + y^2 = a^2 + b^2 \quad\cdots\cdots\cdots\cdots①$$

$$x^2 + (y-b)^2 = a^2 + b^2 \quad\cdots\cdots\cdots\cdots②$$

①$-$② より

$$-2ax + 2by + a^2 - b^2 = 0$$

$b \neq 0$ のとき $y = \dfrac{a}{b}x + \dfrac{b^2 - a^2}{2b}$ を② に代入し

$$x^2 + \left(\frac{a}{b}x - \frac{a^2+b^2}{2b} \right)^2 = a^2 + b^2$$

$$\frac{a^2+b^2}{b^2}x^2 - \frac{a(a^2+b^2)}{b^2}x + \frac{(a^2+b^2)^2}{4b^2} = a^2 + b^2$$

$a^2 + b^2$ で割って b^2 を掛けて

$$x^2 - ax + \frac{a^2+b^2}{4} = b^2$$

$$x^2 - ax + \frac{a^2 - 3b^2}{4} = 0$$

$$x = \frac{a \pm \sqrt{a^2 - a^2 + 3b^2}}{2} = \frac{a \pm \sqrt{3}b}{2}$$

$$y = \frac{a}{b} \cdot \frac{a \pm \sqrt{3}b}{2} + \frac{b^2 - a^2}{2b}$$

$$= \frac{b^2 \pm \sqrt{3}ab}{2b} = \frac{b \pm \sqrt{3}a}{2}$$

よって

$$C\left(\frac{a \pm \sqrt{3}b}{2}, \frac{b \pm \sqrt{3}a}{2} \right) \quad\cdots\cdots\cdots\cdots③$$

となる．$b = 0$ のときには $C\left(\dfrac{a}{2}, \pm\dfrac{\sqrt{3}}{2}a \right)$ であるから，このときも含めて，③ が成り立つ．後は解答と同じである．

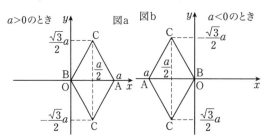

$a > 0$ のとき　図a　図b　$a < 0$ のとき

この解法では「x, y が a, b の1次式で表される」ことに注意しよう．

♦別解♦（1） 上の別解の ①，② の式で，$OC^2 = 1$ より $x^2 + y^2 = 1$ が成り立つから，これを使って

$$1 - 2ax + a^2 = a^2 + b^2, \quad 1 - 2by + b^2 = a^2 + b^2$$

とする人が多い．そして，この後，

$$x = \frac{1-b^2}{2a}, \quad y = \frac{1-a^2}{2b} \quad (a \neq 0, b \neq 0)$$

と書く人が大変多い．

「この，$(a \neq 0, b \neq 0)$ って何？このときを考えるというの？こうだと決めつけているの？」

「いや，$a \neq 0, b \neq 0$ としてやればよいかと思って」

と答える．これは，教科書で，たとえば点と直線の距離の公式 $\dfrac{|ax_0 + by_0 + c|}{\sqrt{a^2 + b^2}}$ を証明するときに，一番証明しやすい $a \neq 0, b \neq 0$ の場合だけを示し，欄外に「$a = 0$ や $b = 0$ でも成り立つ（ことが知られている）」と，誤魔化しているが，あの方式の悪影響である．数学では，場合分けが出てくるのは普通であり，それを正しく実行することが大切である．それを，$(a \neq 0, b \neq 0)$ と括弧つきで誤魔化しながら処理してはいけない．

$a \neq 0$ かつ $b \neq 0$ のとき

$$x = \frac{1-b^2}{2a}, \quad y = \frac{1-a^2}{2b}$$

これを $x^2 + y^2 = 1$ に代入し

$$\left(\frac{1-b^2}{2a} \right)^2 + \left(\frac{1-a^2}{2b} \right)^2 = 1$$

$$b^2(1-b^2)^2 + a^2(1-a^2)^2 = 4a^2 b^2$$

$$b^6 - 2b^4 + b^2 + a^6 - 2a^4 + a^2 = 4a^2 b^2$$

$$a^6 + b^6 + a^2 + b^2 = 2(a^4 + 2a^2 b^2 + b^4)$$

$$(a^2+b^2)^3 - 3a^2 b^2(a^2+b^2) + a^2 + b^2 = 2(a^2+b^2)^2$$

$a^2 + b^2$ で割って

$$(a^2+b^2)^2 - 3a^2 b^2 + 1 = 2(a^2+b^2)$$

ここで $a^2 + b^2 = s$，$ab = t$ であるから

$$s^2 - 3t^2 + 1 = 2s$$

$$(s-1)^2 = 3t^2$$

$$\boldsymbol{s - 1 = \pm\sqrt{3}t}$$

$$a^2 + b^2 - 1 = \pm\sqrt{3}ab \quad\cdots\cdots\cdots\cdots④$$

$b = 0$ のときは，次の図のように $a = \pm1$ となる．このときも ④ は成り立つ．

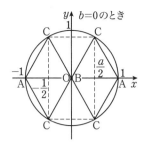

$a=0$ のときは $b=\pm1$ で，$a=0$ または $b=0$ のときも含めて ④ となる．

§7 微分法と積分法（数II）

●●● 問題編

《これが文系での出題！？》

1. n を正の整数とする．$f(x)$ は x の $n+1$ 次式で表される関数で，x が 0 以上 n 以下の整数のとき $f(x) = 0$ であり，$f(n+1) = n+1$ である．このとき，

$$\sum_{k=0}^{n} \frac{(1-\sqrt{2})^k}{f'(k)} > 2^{2021}$$

を満たす最小の n は $\boxed{}$ である． (21　早稲田大・商)

《多項式の除法と微分 1》

2. 実数を係数とする 0 でない整式 $f(x)$，$g(x)$ に対して，

$$F(x) = (f(x) + g(x))^3 + (f(x) - g(x))^3$$

とおく．このとき，次の問に答えよ．

（1）　$F(x)$ は $f(x)$ で割り切れることを示せ．

（2）　実数 α に対して，$F(x)$ は $(x-\alpha)^2$ で割り切れ，$(x-\alpha)^3$ では割り切れないとする．このとき，$f(x)$ は $(x-\alpha)^2$ で割り切れることを示せ． (19　佐賀大・後期)

《多項式の除法と微分 2》

3. n を 3 以上の自然数，α，β を相異なる実数とするとき，以下の問いに答えよ．

（1）　次をみたす実数 A, B, C と整式 $Q(x)$ が存在することを示せ．

$$x^n = (x-\alpha)(x-\beta)^2 Q(x)$$
$$+ A(x-\alpha)(x-\beta) + B(x-\alpha) + C$$

（2）　（1）の A, B, C を n, α, β を用いて表せ．

（3）　（2）の A について，n と α を固定して，β を α に近づけたときの極限 $\lim_{\beta \to \alpha} A$ を求めよ． (22　九大・前期)

《接線の本数》

4. 3 次関数 $f(x) = x^3 - ax$（a は定数）について，以下の問に答えよ．

（1）　座標平面上の曲線 $C : y = f(x)$ が点 $(3, a)$ を通る接線をちょうど 2 本もつような a を求めよ．

（2）　曲線 C 上の異なる 2 点 S，T それぞれにおける C の接線がどちらも直線 ST に直交するとする．このような S，T が存在する a の範囲を求めよ．

（3）　曲線 C と曲線 $y = (x-2)^3 - ax + 2a$ の両方に接する直線がちょうど 4 本あるとき，それらの直線をすべて求めよ． (20　防衛医大・医)

《抽象的な証明》

5. 曲線 $C : y = f(x)$ を，実数 a, b, c に対し $f(x) = x^3 + ax^2 + bx + c$ で定める．このとき，C 上に相異なる 2 点が存在し，各々の点における C の法線が一致するための必要十分条件を求めよ．　（20　京大・総人-特色）

《複接線》

6. 曲線 $C : y = x^4 - 9x^3 + 27x^2 - 31x + 12$ が，1 本の直線と異なる 2 点 P，Q で接する．次の問いに答えなさい．

（1）　x 軸，y 軸との共有点をすべて求め，それらの座標を使って曲線 C のグラフの概形を描きなさい．

（2）　直線 PQ の方程式を求めなさい．

（3）　曲線 C と直線 PQ で囲まれた部分の面積を求めなさい．　（16　兵庫医大）

《合成関数の極値》

7. x を実数，$f(x) = |x^2 - x - 6|$ として，以下の問いに答えよ．

（1）　不等式 $f(x) > 2x + 6$ の解は

$$x < \frac{\boxed{} - \sqrt{\boxed{}}}{\boxed{}}, \ \boxed{} < x < \boxed{}, \ \frac{\boxed{} + \sqrt{\boxed{}}}{\boxed{}} < x$$

である．

（2）　方程式 $f(x) = 2x + k$ が異なる 3 つの実数解を持つように，定数 k の値を求めると，$k = \boxed{}$ または $\dfrac{\boxed{}}{\boxed{}}$ となる．

（3）　区間 $-3 < x < 4$ において，$y = \sin(f(x))$ のグラフには，極大となる点が $\boxed{}$ 個存在する．これらの点のうち，極大値が 1 未満となるのは，$x = \dfrac{\boxed{}}{\boxed{}}$ のときである．　（18　杏林大）

《面積の最小値》

8. xy 平面上に曲線 $C : y = \dfrac{1}{2} x^2$ と直線 $l : y = x - \dfrac{15}{8}$ がある．以下の問いに答えよ．

（1）　不等式 $b < \dfrac{1}{2} a^2$ を満たす点 $A(a, b)$ から曲線 C に 2 本の接線を引いたときの接点を B，D とする．三角形 ABD の面積を求めよ．

（2）　点 P は曲線 C 上の点とし，直線 l に関して点 P と対称な点を Q とする．点 Q から曲線 C に 2 本の接線を引いたときの接点を R，S とする．点 P が曲線 C 上を動くとき三角形 QRS の面積の最小値を求めよ．

（18　東北大・理-AO）

《4 次関数の最大・最小》

9. 4 次関数 $f(x) = ax^4 + bx^2 + c$ がある．ここで x の区間 $[3, 6]$ における関数 $f(x - t)$ の最大値を $g(t)$，最小値を $h(t)$ とおく．$g(t)$ は $\alpha \leq t \leq \beta$ で $g(t) = \dfrac{3}{2}$ となり，$t < \alpha$ または $t > \beta$ で $g(t) > \dfrac{3}{2}$ であり，$h(t)$ は $\dfrac{3}{2} \leq t \leq \dfrac{15}{2}$ で $h(t) = \dfrac{-57}{16}$ で，$t < \dfrac{3}{2}$ または $t > \dfrac{15}{2}$ で $h(t) > \dfrac{-57}{16}$ であった．このとき $a = \boxed{}$，$b = \dfrac{\boxed{}}{\boxed{}}$，$c = \dfrac{\boxed{}}{\boxed{}}$，$\alpha = \boxed{} - \dfrac{\boxed{} \sqrt{\boxed{}}}{\boxed{}}$，$\beta = \boxed{} + \dfrac{\boxed{} \sqrt{\boxed{}}}{\boxed{}}$ である．　（16　順天堂大）

《Fejer の問題立体バージョン》

10. 中心を共有する 2 つの球 S_1, S_2 があり，それぞれの半径は 13, 8 である．球 S_1 の球面上または内部に点 A を，球 S_2 の球面上または内部に点 B, C, D をとって四面体 ABCD を作るとき，この四面体の体積 V の最大値を求めよ． 　　　　　　　　　　　　　　　　　　　　　　　　　　　　　　　（17　藤田保健衛生大・推薦）

《空間図形と微分》

11. 空間内の図形 O-ABCD は，OA $= 3$ である正四角錐とする．ただし，正四角錐 O-ABCD とは，頂点が O，底面が正方形 ABCD で 4 つの側面が合同な二等辺三角形となる四角錐のことをいう．

（1）　点 O から平面 ABCD に垂線を下ろし，平面 ABCD との交点を H とする．$\angle AOH = \theta$ としたとき，線分 AC の長さを θ を用いて表すと □ である．また，正四角錐 O-ABCD の体積を θ を用いて表すと □ である．

以下，OA $= 3$ であり，2 点 O, A は固定されているとする．

（2）　図形 O-ABCD が正四角錐であるという条件を満たしながら，3 点 B, C, D が動くとき，正四角錐 O-ABCD の体積の最大値は $\boxed{ア}$ である．

（3）　正四角錐 O-ABCD の体積が $\boxed{ア}$ であるという条件を満たしながら，3 点 B, C, D が動くとする．このとき，△OAC の周および内部が通過しうる範囲を K_1，△OAB の周および内部が通過しうる範囲を K_2 とする．K_1 の体積は □ であり，K_1 と K_2 の共通部分の体積は □ である． 　　　　　　　　　　（19　慶應大・理工）

《等面四面体》

12. $0 < \theta < \dfrac{\pi}{2}$ を満たす実数 θ に対し，xyz 空間内の 4 点

A$(\cos\theta, \cos\theta, \sin\theta)$,　B$(-\cos\theta, -\cos\theta, \sin\theta)$,

C$(\cos\theta, -\cos\theta, -\sin\theta)$,　D$(-\cos\theta, \cos\theta, -\sin\theta)$

を頂点とする四面体の体積を $V(\theta)$，この四面体の

xz 平面による切り口の面積を $S(\theta)$ とする．このとき以下の各問いに答えよ．

（1）　$S\left(\dfrac{\pi}{6}\right)$, $V\left(\dfrac{\pi}{6}\right)$ をそれぞれ求めよ．

（2）　$0 < \theta < \dfrac{\pi}{2}$ における $S(\theta)$ の最大値を求めよ．

（3）　$0 < \theta < \dfrac{\pi}{2}$ における $V(\theta)$ の最大値を求めよ．

　　　　　　　　　　　　　　　　　　　　　　　　　　　　　　　　　　（14　東京医歯大）

《絶対値のついた関数》

13. 関数 $f(x)$ を $f(x) = -7 + k\displaystyle\int_0^6 |x - u|\, du$ と定義する．ただし，k は定数，$f(3) = -5$ である．次の各問に答えなさい．

（1）　k の値を求めなさい．

（2）　$y = f(x)$ のグラフの概形を図示しなさい．

（3）　実数 s, t が条件 $0 \le s \le 20$, $0 \le t \le 20$ を満たしながら動くとき，xy 座標平面上の点 P$\left(\dfrac{1}{2}s + \dfrac{1}{10}t,\ -\dfrac{1}{4}s - \dfrac{1}{5}t\right)$ が動く領域 D を求めなさい．

（4）　不等式 $y \ge f(x)$ の表す領域を E とするとき，領域 E と領域 D の共通部分の面積を求めなさい．

　　　　　　　　　　　　　　　　　　　　　　　　　　　　　　　　　　（14　帯広畜産大）

《差の関数と間口の広さ》

14. a を実数とする．xy 平面上の 2 つの曲線 $C_1 : y = x^3$ と $C_2 : y = 2x^2 - ax$ を考える．

（1） 2 曲線 C_1, C_2 が異なる 3 つの交点をもつための a の条件を求めよ．

（2） 2 曲線 C_1, C_2 が異なる 3 つの交点をもち，C_1 と C_2 で囲まれる 2 つの部分の面積が等しくなるような a の値を求めよ． 　　　　　　　　　　　　　　　　　　　　　　　　　　　　　　　（14 東北大・理・後期）

《3 次関数・4 次関数》

15. 実数 p, q に対して，4 次関数 $f(x) = x^4 - 3px^2 + 4qx$ $(p^3 > 2q^2)$ は $x = \alpha$, β, γ $(\alpha < \beta < \gamma)$ で極値をとるとする．また，xy 平面において，点 $\mathrm{A}(\alpha, f(\alpha))$，点 $\mathrm{B}(\beta, f(\beta))$，点 $\mathrm{C}(\gamma, f(\gamma))$ とし，2 次関数 $y = g(x)$ のグラフは 3 点 A, B, C を通るとする．次の問いに答えよ．

（1） $p = q = 4$ としたときの $y = f(x)$ のグラフの概形を描け．

（2） $g(x)$ を p, q, x を用いて表せ．

（3） $f(\gamma) = 0$ が成り立つとき，q, α, β, γ を p を用いてそれぞれ表せ．

（4） $p = 4$ とする．$f(\gamma) = 0$ が成り立つとき，3 次関数 $y = f'(x)$ のグラフと 2 次関数 $y = g(x)$ のグラフで囲まれた部分の面積 S を求めよ． 　　　　　　　　　　　　　　　　　　（18 同志社大・文系）

《数列と面積》

16. $f_1(x) = x^2$ とし，$n = 1, 2, 3, \cdots$ に対して

$$f_{n+1}(x) = \big| f_n(x) - 1 \big|$$

と定める．以下の問に答えよ．

（1） $y = f_2(x)$, $y = f_3(x)$ のグラフの概形をかけ．

（2） $0 \leqq x \leqq \sqrt{n-1}$ において

$$0 \leqq f_n(x) \leqq 1$$

であることと，$\sqrt{n-1} \leqq x$ において

$$f_n(x) = x^2 - (n-1)$$

であることを示せ．

（3） $n \geqq 2$ とする．$y = f_n(x)$ のグラフと x 軸で囲まれた図形の面積を S_n とする．$S_n + S_{n+1}$ を求めよ． 　　　　　　　　　　　　　　　　　　　　　　　　　　　　　　（18 神戸大・後期）

《回転体の体積》

17. 座標空間に立方体 K があり，原点 O と 3 点 $\mathrm{A}(a, b, 0)$, $\mathrm{B}(r, s, t)$, $\mathrm{C}(3, 0, 0)$ が次の条件をみたしている．

（ⅰ） OA, AB, BC は立方体 K の辺である．

（ⅱ） OC は立方体 K の辺ではない．

（ⅲ） $b > 0$, $t > 0$

このとき，以下の問いに答えよ．

（1） 立方体 K の一辺の長さ l を求めよ．

（2） 点 A の座標を求めよ．

（3） 点 B の座標を求めよ．

（4） 辺 AB 上の点 P から x 軸に下ろした垂線の足を $\mathrm{H}(x, 0, 0)$ とする．PH の長さを x を用いて表せ．

（5） 立方体 K を x 軸を回転軸として 1 回転させて得られる回転体の体積 V を求めよ． 　　　　　　　　　（14 名工大）

《イメージしにくい立体図形》

18. xyz 空間において，連立不等式 $|x| \leqq 1$，$|y| \leqq 1$，$|z| \leqq 1$ の表す領域を Q とし，原点 O$(0, 0, 0)$ を中心とする半径 r の球面を S_O とする．さらに，点 A$(1, 1, 1)$，B$(1, -1, -1)$，C$(-1, 1, -1)$，D$(-1, -1, 1)$ を中心とし，S_O に外接する球面を，それぞれ S_A，S_B，S_C，S_D とする．このとき以下の各問いに答えよ．ここで，「球面 X が球面 Y に外接する」とは，X と Y が互いにその外部にあって，1 点を共有することである．

（1） S_A と S_B が共有点を持つとき，r の最大値 r_1 を求めよ．

（2） S_O，S_A，S_B，S_C，S_D およびそれらの内部の領域の和集合と，Q との共通部分の体積を $V(r)$ とする．区間 $r_1 \leqq r \leqq 1$ において，$V(r)$ が最小となる r の値 r_2 を求めよ．ここで r_1 は（1）で求めた値とする．

（3） S_O と共有点を持つどんな平面も，S_A，S_B，S_C，S_D のいずれかと共有点を持つとき，r の最大値 r_3 を求めよ．

（18　東京医歯大・医）

解答編

《これが文系での出題！？》

1. n を正の整数とする．$f(x)$ は x の $n+1$ 次式で表される関数で，x が 0 以上 n 以下の整数のとき $f(x) = 0$ であり，$f(n+1) = n+1$ である．このとき，

$$\sum_{k=0}^{n} \frac{(1-\sqrt{2})^k}{f'(k)} > 2^{2021}$$

を満たす最小の n は □ である．

(21 早稲田大・商)

考え方 問題文があっさりとしておきながら，さまざまなエッセンスが凝縮された問題である．因数定理を用いて $f(x)$ を決定したらまず大きな一歩．文系の出題ではあるが，積の微分法くらいはやっておけという大学側からのメッセージ！？

▶解答◀ $f(x)$ は $n+1$ 次式で，
$f(0) = f(1) = \cdots = f(n) = 0$ であるから
$$f(x) = ax(x-1)(x-2)\cdots(x-n) \quad (a \text{ は定数})$$
とおけて，$f(n+1) = n+1$ より
$$a(n+1)n(n-1)\cdots 1 = n+1 \qquad \therefore \quad a = \frac{1}{n!}$$
よって
$$f(x) = \frac{1}{n!}x(x-1)(x-2)\cdots(x-n)$$
となる．このとき
$$n!f'(x)$$
$$= 1 \cdot (x-1)(x-2)\cdots(x-k)\cdots(x-n)$$
$$+ x \cdot 1 \cdot (x-2)\cdots(x-k)\cdots(x-n)$$
$$+ x(x-1) \cdot 1 \cdots(x-k)\cdots(x-n)$$
$$+ \cdots$$
$$+ x(x-1)\cdots(x-k+1) \cdot 1 \cdot (x-k-1)$$
$$\quad \cdots(x-n)$$
$$+ \cdots$$
$$+ x(x-1)\cdots(x-k)\cdots(x-n+1) \cdot 1$$
$$n!f'(k) = k(k-1)\cdots 1 \cdot 1 \cdot (-1)\cdots(-n+k)$$
$$f'(k) = \frac{(-1)^{n-k}k!(n-k)!}{n!} = \frac{(-1)^{n-k}}{{}_nC_k}$$
となるから
$$\sum_{k=0}^{n} \frac{(1-\sqrt{2})^k}{f'(k)} = \sum_{k=0}^{n} {}_nC_k(1-\sqrt{2})^k(-1)^{n-k}$$

$$= (1-\sqrt{2}-1)^n = (-\sqrt{2})^n > 2^{2021}$$
となる．n は偶数であり，両辺を 2 乗すると
$$2^n > 2^{4042} \qquad \therefore \quad n > 4042$$
となるから，$n = 4044$ が最小である．

注意 【$f'(k)$ の求め方】微分係数の定義から，$k = 0, 1, \cdots, n$ のとき
$$f'(k) = \lim_{h \to 0} \frac{f(k+h) - f(k)}{h}$$
$$= \lim_{h \to 0} \frac{f(k+h)}{h}$$
$$= \frac{1}{n!} \lim_{h \to 0} \frac{1}{h}(h+k)\cdots(h+1)h(h-1)$$
$$\cdots(h-n+k)$$
$$= \frac{1}{n!} \lim_{h \to 0}(h+k)\cdots(h+1)(h-1)\cdots(h-n+k)$$
$$= \frac{1}{n!}k\cdots 1 \cdot (-1)\cdots(-n+k)$$
$$= (-1)^{n-k}\frac{k!(n-k)!}{n!}$$
$$= \frac{(-1)^{n-k}}{{}_nC_k}$$

《多項式の除法と微分 1》

2. 実数を係数とする 0 でない整式 $f(x)$，$g(x)$ に対して，
$$F(x) = (f(x) + g(x))^3 + (f(x) - g(x))^3$$
とおく．このとき，次の問に答えよ．
（1） $F(x)$ は $f(x)$ で割り切れることを示せ．
（2） 実数 α に対して，$F(x)$ は $(x-\alpha)^2$ で割り切れ，$(x-\alpha)^3$ では割り切れないとする．このとき，$f(x)$ は $(x-\alpha)^2$ で割り切れることを示せ．

(19 佐賀大・後期)

▶解答◀ （1） $F(x)$ を計算する．
$$F(x) = 2\{f(x)\}^3 + 6f(x)\{g(x)\}^2 \quad \cdots\cdots\text{①}$$
$$= 2f(x)\{\{f(x)\}^2 + 3\{g(x)\}^2\}$$
であるから，$F(x)$ は $f(x)$ で割り切れる．
（2） $F(x)$ は $(x-\alpha)^2$ で割り切れるから，
$$f(\alpha)\{\{f(\alpha)\}^2 + 3\{g(\alpha)\}^2\} = 0$$
$$f(\alpha) = 0 \text{ または } \{f(\alpha)\}^2 + 3\{g(\alpha)\}^2 = 0$$

$f(x), g(x)$ は実数係数の多項式であるから, $f(\alpha), g(\alpha)$ は実数であり, 後者の場合は

$$f(\alpha)=0 \text{ かつ } g(\alpha)=0$$

となる. よって, いずれの場合も $f(\alpha)=0$ となるから, $f(x)$ は $x-\alpha$ で割り切れる.

$$F'(x)=6\{f(x)\}^2 f'(x)$$
$$+6f'(x)\{g(x)\}^2+12f(x)g(x)g'(x)$$

$F(x)$ は $(x-\alpha)^2$ で割り切れるから, $F'(\alpha)=0$ であり, $f(\alpha)=0$ もあわせると,

$$6f'(\alpha)\{g(\alpha)\}^2=0$$
$$f'(\alpha)=0 \text{ または } g(\alpha)=0$$

$g(\alpha)=0$ とすると, $g(x)$ は $x-\alpha$ で割り切れ, $f(x)$, $g(x)$ が $x-\alpha$ で割り切れるから,
① より $F(x)$ が $(x-\alpha)^3$ で割り切れ, 条件に反する. よって, $g(\alpha)\neq0$ である.

ゆえに, $f(\alpha)=0$ かつ $f'(\alpha)=0$ となり, $f(x)$ は $(x-\alpha)^2$ で割り切れる.

《多項式の除法と微分2》

3. n を3以上の自然数, α, β を相異なる実数とするとき, 以下の問いに答えよ.

（1） 次をみたす実数 A, B, C と整式 $Q(x)$ が存在することを示せ.

$$x^n=(x-\alpha)(x-\beta)^2 Q(x)$$
$$+A(x-\alpha)(x-\beta)+B(x-\alpha)+C$$

（2） （1）の A, B, C を n, α, β を用いて表せ.

（3） （2）の A について, n と α を固定して, β を α に近づけたときの極限 $\lim_{\beta\to\alpha} A$ を求めよ.

(22 九大・前期)

考え方 これは数学 II の極限と思われるから数学 II に入れておく.

▶解答◀ （1） x^n を $x-\alpha$ で割った商を $Q_1(x)$, 余りを C とおくと

$$x^n=(x-\alpha)Q_1(x)+C$$

となる. ここで, $Q_1(x)$ を $x-\beta$ で割った商を $Q_2(x)$, 余りを B とおくと

$$Q_1(x)=(x-\beta)Q_2(x)+B$$

となる. $Q_2(x)$ をさらに $x-\beta$ で割った商を $Q(x)$, 余りを A とおくと

$$Q_2(x)=(x-\beta)Q(x)+A$$

となる. このとき,

$$x^n=(x-\alpha)Q_1(x)+C$$

$$=(x-\alpha)\{(x-\beta)Q_2(x)+B\}+C$$
$$=(x-\alpha)(x-\beta)\{(x-\beta)Q(x)+A\}$$
$$+B(x-\alpha)+C$$

これより,

$$x^n=(x-\alpha)(x-\beta)^2 Q(x)$$
$$+A(x-\alpha)(x-\beta)+B(x-\alpha)+C \quad \cdots\cdots①$$

となるから, 示された.

（2） ①において $x=\alpha$ とすると

$$\alpha^n=C \qquad \therefore \quad C=\alpha^n$$

①において $x=\beta$ とすると

$$\beta^n=B(\beta-\alpha)+C$$
$$\beta^n=B(\beta-\alpha)+\alpha^n \qquad \therefore \quad B=\frac{\beta^n-\alpha^n}{\beta-\alpha}$$

①の両辺を x で微分すると

$$nx^{n-1}=(x-\beta)^2 Q(x)+2(x-\alpha)(x-\beta)Q(x)$$
$$+(x-\alpha)(x-\beta)^2 Q'(x)+A(x-\beta)$$
$$+A(x-\alpha)+B$$

となるから, この両辺において $x=\beta$ とすると

$$n\beta^{n-1}=A(\beta-\alpha)+B$$
$$A=\frac{1}{\beta-\alpha}\left(n\beta^{n-1}-\frac{\beta^n-\alpha^n}{\beta-\alpha}\right)$$

（3） $\beta-\alpha=h$ とおく. $\alpha=\beta-h$ より

$$A=\frac{n\beta^{n-1}-\dfrac{\beta^n-(\beta-h)^n}{h}}{h}$$
$$=\frac{n\beta^{n-1}h-\beta^n+(\beta-h)^n}{h^2}$$

$h\to0$ とする極限を考えるから分子の h^3 以上の項は無関係である. 分子で h^0 の項は相殺されて消える. h の項も $n\beta^{n-1}h+{}_nC_1\beta^{n-1}(-h)=0$ で消える. h^2 の項は ${}_nC_2\beta^{n-2}(-h)^2$ だから, ${}_nC_2\beta^{n-2}$ になる.

$$\lim_{\beta\to\alpha} A={}_nC_2\alpha^{n-2}=\frac{1}{2}n(n-1)\alpha^{n-2}$$

注意 $\beta=\alpha+h$ として代入すると2箇所に代入になるから, α を消去した.

《接線の本数》

4. 3次関数 $f(x)=x^3-ax$ (a は定数) について, 以下の問に答えよ.

（1） 座標平面上の曲線 $C: y=f(x)$ が点 $(3, a)$ を通る接線をちょうど2本もつような a を求めよ.

（2） 曲線 C 上の異なる2点 S, T それぞれにおける C の接線がどちらも直線 ST に直交すると

する．このような S，T が存在する a の範囲を求めよ．

（3） 曲線 C と曲線 $y=(x-2)^3-ax+2a$ の両方に接する直線がちょうど 4 本あるとき，それらの直線をすべて求めよ． （20 防衛医大・医）

▶解答◀ （1） $f'(x)=3x^2-a$ から，接点の x 座標が t であるような接線の方程式は

$$y-(t^3-at)=(3t^2-a)(x-t)$$

$$y=(3t^2-a)x-2t^3 \quad\cdots\cdots\cdots\cdots\cdots\cdots①$$

とかける．これが点 $(3,a)$ を通るから

$$a=(3t^2-a)\cdot3-2t^3$$

$$a=-\frac{t^3}{2}+\frac{9}{4}t^2$$

$g(t)=-\dfrac{t^3}{2}+\dfrac{9}{4}t^2$ とすると，

$$g'(t)=-\frac{3}{2}t^2+\frac{9}{2}t=-\frac{3}{2}t(t-3)$$

から下の増減表を得る．

t	$\cdots$	0	$\cdots$	3	$\cdots$
$g'(t)$	$-$	0	$+$	0	$-$
$g(t)$	$\searrow$		$\nearrow$		$\searrow$

$g(0)=0$，$g(3)=-\dfrac{27}{2}+\dfrac{81}{4}=\dfrac{27}{4}$ である．

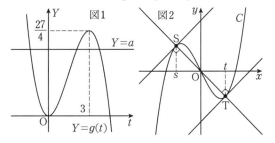

接線がちょうど 2 本ひけるとき，t がちょうど 2 つ存在するから，$Y=a$ と $Y=g(t)$ の共有点が 2 つになる a の値を考えて，**$a=0,\ \dfrac{27}{4}$**

（2） S，T の x 座標を s，t とすると，$s\neq t$ であり，S における接線と T における接線は平行であるから

$$3s^2-a=3t^2-a \qquad \therefore\ s=-t$$

また $f(x)$ は奇関数であるから，S，T は原点対称である．ゆえに，直線 ST は O を通るから，ST の傾きは OT の傾きに等しく，

$$\frac{t^3-at}{t}=t^2-a$$

である．接線と OT の傾きの積が -1 となるから

$$(3t^2-a)(t^2-a)=-1$$

$$3t^4-4at^2+(a^2+1)=0$$

$u=t^2$ とおくと

$$3u^2-4au+(a^2+1)=0$$

$h(u)=3u^2-4au+(a^2+1)$ とおく．

$h(u)=0$ が $u>0$ に解を持つ条件を考える．

$h(0)=a^2+1>0$ である．軸は $u=\dfrac{2}{3}a$ である．$h(u)$ の判別式を D とする．求める条件は

$$D=(2a)^2-3(a^2+1)=a^2-3\geqq0,\ \frac{2}{3}a>0$$

$$\boldsymbol{a\geqq\sqrt{3}}$$

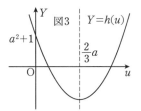

（3） 曲線 $D:y=(x-2)^3-a(x-2)$ は C を右に 2 だけ平行移動したもので，C と D の共通接線がちょうど 4 本のときは，次の図のように，点 $(1,0)$ で C，D が接する．

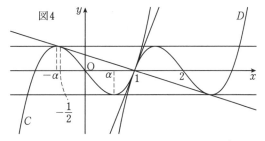

以下，計算でこれを示す．図 4，5 で $\alpha=\dfrac{1}{\sqrt{3}}$ とする．D について $y'=3(x-2)^2-a$ であるから D の点 $(v+2,v^3-av)$ における接線は

$$y=(3v^2-a)(x-v-2)+v^3-av$$

$$y=(3v^2-a)x-2v^3-6v^2+2a \quad\cdots\cdots\cdots②$$

①と②が一致する条件は

$$3t^2-a=3v^2-a \quad\cdots\cdots\cdots\cdots\cdots③$$

$$-2t^3=-2v^3-6v^2+2a \quad\cdots\cdots\cdots\cdots\cdots④$$

である．③より $v=\pm t$ となる．

$v=t$ を④に代入すると $-2t^3=-2t^3-6t^2+2a$

$$a=3t^2$$

$v=-t$ を④に代入すると $-2t^3=2t^3-6t^2+2a$

$$a=-2t^3+3t^2$$

となる．$p(t)=-2t^3+3t^2$ とすると，

$$p'(t)=-6t^2+6t=-6t(t-1)$$

t	$\cdots$	0	$\cdots$	1	
$p'(t)$	$-$	0	$+$	0	$-$
$p(t)$	$\searrow$		$\nearrow$		$\searrow$

$p(0) = 0,\ p(1) = -2 + 3 = 1$

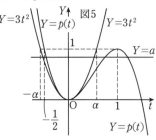

図5

2 曲線 $Y = -2t^3 + 3t^2$, $Y = 3t^2$ の共有点は原点だけである. 3 次関数においては接点が異なると接線が異なる. 接線がちょうど 4 本ひける条件は t がちょうど 4 つ存在することで, $Y = a$ と $Y = 3t^2$, $Y = -2t^3 + 3t^2$ の共有点が 4 つになる a の値は $a = 1$ である.

$3t^2 = 1$ の解は $t = \pm\dfrac{1}{\sqrt{3}}$ である.

$-2t^3 + 3t^2 = 1$ のとき $(t-1)^2(2t+1) = 0$ となり, $t = -\dfrac{1}{2},\ 1$ である. これらおよび $a = 1$ をそれぞれ ① に代入し, 求める 4 本の接線は

$$y = \pm\frac{2}{3\sqrt{3}},\ \ y = -\frac{x}{4} + \frac{1}{4},\ \ y = 2x - 2$$

《抽象的な証明》

5. 曲線 $C : y = f(x)$ を, 実数 a, b, c に対し $f(x) = x^3 + ax^2 + bx + c$ で定める. このとき, C 上に相異なる 2 点が存在し, 各々の点における C の法線が一致するための必要十分条件を求めよ.

(20 京大・総人-特色)

考え方 $f(x)$ を直接相手にしてもよいが, 未知数が多く, 計算が膨らむ. 適当に平行移動をしても性質は変わらないから, 変曲点が原点にくるように平行移動したものについて考える.

▶解答◀ $f(x) = \left(x + \dfrac{a}{3}\right)^3 - \dfrac{a^2}{3}x - \dfrac{a^3}{27} + bx + c$

$\qquad = \left(x + \dfrac{a}{3}\right)^3 - \left(\dfrac{a^2}{3} - b\right)\left(x + \dfrac{a}{3}\right)$

$\qquad\quad + \dfrac{a^3}{27} - \dfrac{ab}{3} + c$

であるから, C を x 方向に $\dfrac{a}{3}$, y 方向に $-\dfrac{a^3}{27} + \dfrac{ab}{3} - c$ だけ平行移動した

$$g(x) = x^3 - \left(\frac{a^2}{3} - b\right)x$$

について, 曲線 $C' : y = g(x)$ 上に相異なる 2 点が存

在し, 各々の点における C' の法線が一致するための必要十分条件を考える. ここで, $p = \dfrac{a^2}{3} - b$ とかくと, $g'(x) = 3x^2 - p$ である.

図 1 を見よ. 曲線 C' 上の異なる 2 点 S, T それぞれにおける C' の接線がどちらも直線 ST に直交するような S, T が存在する p の条件を考える. S, T の x 座標を s, t とすると, $s \neq t$ であり, S における接線と T における接線は平行であるから,

$$3s^2 - p = 3t^2 - p \qquad \therefore \quad s = -t$$

また $g(x)$ は奇関数であるから, S, T は原点対称である. ゆえに, 直線 ST は O を通るから, ST の傾きは OT の傾きに等しく,

$$\frac{t^3 - pt}{t} = t^2 - p$$

である. 接線と OT の傾きの積が -1 となるから

$$(3t^2 - p)(t^2 - p) = -1$$

$$3t^4 - 4pt^2 + (p^2 + 1) = 0$$

$u = t^2$ とおくと

$$3u^2 - 4pu + (p^2 + 1) = 0$$

$h(u) = 3u^2 - 4pu + (p^2 + 1)$ とおく (図 2 を見よ).

$h(u) = 0$ が $u > 0$ に解を持つ条件を考える.

$h(0) = p^2 + 1 > 0$ である. 軸は $u = \dfrac{2}{3}p$ である. $h(u)$ の判別式を D とする. 求める条件は

$$D = (2p)^2 - 3(p^2 + 1) = p^2 - 3 \geqq 0,\ \frac{2}{3}p > 0$$

ゆえに $p \geqq \sqrt{3}$ であるから, これを a, b の条件に書き換えると, 求める必要十分条件は $\dfrac{a^3}{3} - b \geqq \sqrt{3}$ である.

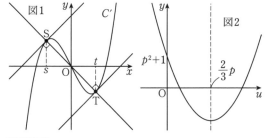

図1　図2

◆別解◆ 【平行移動しない方法】

生徒は, そのままやろうとする. 置き換えたり, 移動したりすることは, 問題文を一時無視することで, 「教えた通りに覚えろ (書かれた通りに解け)」という学校教育の対極にあるからだ. そのままやるとどうなるかを書いてみる.

法点 (法線を引く点) を P, Q, その x 座標を p, q ($p \neq q$) とする.

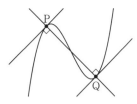

P, Q に置ける法線が一致するための必要十分条件は,

（ア） P, Q に置ける接線が平行になり

（イ） 直線 PQ と上の接線が直交すること

である.

（ア）について：$f'(p) = f'(q)$

$$3p^2 + 2ap + q = 3q^2 + 2aq + b$$

$$3(p-q)(p+q) + 2a(p-q) = 0$$

$p \neq q$ より $p + q = -\dfrac{2}{3}a$ となり，以下，適宜これを用いる.

（イ）について：法線の傾き m_1 は PQ の傾きで

$$m_1 = \frac{f(p) - f(q)}{p - q}$$

$$= p^2 + pq + q^2 + a(p+q) + b$$

$$= (p+q)^2 - pq + a(p+q) + b$$

$$= \frac{4}{9}a^2 - pq - \frac{2}{3}a^2 + b$$

$$= -pq - \frac{2}{9}a^2 + b$$

P, Q における接線の傾き m_2 は

$$m_2 = \frac{f'(p) + f'(q)}{2}$$

$$= \frac{3}{2}(p^2 + q^2) + a(p+q) + b$$

$$= \frac{3}{2}(p+q)^2 - 3pq + a(p+q) + b$$

$$= \frac{3}{2} \cdot \frac{4}{9}a^2 - 3pq - \frac{2}{3}a^2 + b$$

$$= -3pq + b$$

$pq = X$ とおいて，$m_1 m_2 = -1$ に代入すると

$$\left(-X - \frac{2}{9}a^2 + b \right)(-3X + b) + 1 = 0$$

ここで,

$$g(X) = \left(-X - \frac{2}{9}a^2 + b \right)(-3X + b) + 1$$

とおく. p, q を解とする 2 次方程式は

$$t^2 + \frac{2}{3}at + X = 0$$

で，この判別式を D_1 とすると

$$\frac{D_1}{4} = \frac{a^2}{9} - X > 0$$

$$g\left(\frac{a^2}{9} \right) = \left(b - \frac{a^2}{3} \right)^2 + 1 > 0$$

となる. また,

$$g(X) = 3X^2 - 2\left(2b - \frac{a^2}{3} \right)X + b^2 - \frac{2}{9}a^2 b + 1$$

の軸：$X = \dfrac{2}{3}b - \dfrac{a^2}{9}$

$g(X)$ の判別式を D_2 とする.

$$\frac{D_2}{4} = \left(2b - \frac{a^2}{3} \right)^2 - 3b^2 + \frac{2}{3}a^2 b - 3$$

$$= b^2 - \frac{2}{3}a^2 b + \frac{a^4}{9} - 3$$

$$= \left(\frac{a^2}{3} - b \right)^2 - 3$$

$g(X) = 0$ が $X < \dfrac{a^2}{9}$ の解を少なくとも 1 つもつ条件は $\dfrac{2}{3}b - \dfrac{a^2}{9} < \dfrac{a^2}{9}$ かつ $D_2 \geqq 0$ である.

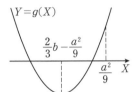

よって，$\dfrac{a^2}{3} - b > 0$ かつ $\left(\dfrac{a^2}{3} - b \right)^2 \geqq 3$ となるから，$\boldsymbol{\dfrac{a^2}{3} - b \geqq \sqrt{3}}$ である.

《複接線》

6. 曲線 $C : y = x^4 - 9x^3 + 27x^2 - 31x + 12$ が，1 本の直線と異なる 2 点 P, Q で接する. 次の問いに答えなさい.

（1） x 軸，y 軸との共有点をすべて求め，それらの座標を使って曲線 C のグラフの概形を描きなさい.

（2） 直線 PQ の方程式を求めなさい.

（3） 曲線 C と直線 PQ で囲まれた部分の面積を求めなさい. 　　　　　　　　　　（16 兵庫医大）

▶解答◀ （1）

$f(x) = x^4 - 9x^3 + 27x^2 - 31x + 12$ とおく.

$$f(1) = 1 - 9 + 27 - 31 + 12 = 0$$

$$f(3) = 81 - 9 \cdot 27 + 27 \cdot 9 - 93 + 12 = 0$$

$$f(x) = (x-1)(x-3)(x^2 - 5x + 4)$$

$$= (x-1)(x-3)(x-1)(x-4)$$

$$= (x-1)^2(x-3)(x-4)$$

よって，x 軸との共有点は

$$\boldsymbol{(1, 0),\ (3, 0),\ (4, 0)}$$

また，$f(0) = 12$ より，y 軸との共有点は $\boldsymbol{(0, 12)}$

以上より曲線 C のグラフは図 1 のようになる.

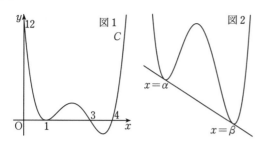

（2） 直線PQを $y = px + q$ として，P，Qの x 座標を α，β $(\alpha < \beta)$ とする.

$$f(x) - (px + q) = \{(x - \alpha)(x - \beta)\}^2$$

と書ける. さらに $-\alpha - \beta = r$，$\alpha\beta = s$ として

$$f(x) - px - q = (x^2 + rx + s)^2$$

$$x^4 - 9x^3 + 27x^2 - (31 + p)x + 12 - q$$

$$= x^4 + 2rx^3 + (r^2 + 2s)x^2 + 2rsx + s^2$$

係数を比べて

$$2r = -9, \quad r^2 + 2s = 27, \quad \cdots\cdots\cdots\cdots① $$

$$2rs = -31 - p, \quad s^2 = 12 - q \quad \cdots\cdots\cdots② $$

①より $r = -\dfrac{9}{2}$，$s = \dfrac{1}{2}\left(27 - \dfrac{81}{4}\right) = \dfrac{27}{8}$

②より

$$p = -31 - 2rs = -31 + 9 \cdot \dfrac{27}{8} = -\dfrac{5}{8}$$

$$q = 12 - \dfrac{729}{64} = \dfrac{39}{64}$$

直線PQは $\boldsymbol{y = -\dfrac{5}{8}x + \dfrac{39}{64}}$

（3） $x - \alpha = X$ とおく. $x = \alpha + X$ で，$\beta - \alpha = \gamma$ とおくと

$$f(x) - (px + q)$$

$$= \{X(X + \alpha - \beta)\}^2 = \{X(X - \gamma)\}^2$$

$$= X^2(X^2 - 2\gamma X + \gamma^2)$$

$$= (x - \alpha)^4 - 2\gamma(x - \alpha)^3 + \gamma^2(x - \alpha)^2$$

求める面積を S とする.

$$S = \int_\alpha^\beta \{f(x) - (px + q)\}\, dx$$

$$= \left[\dfrac{1}{5}(x - \alpha)^5 - \dfrac{\gamma}{2}(x - \alpha)^4 + \dfrac{\gamma^2}{3}(x - \alpha)^3\right]_\alpha^\beta$$

$$= \dfrac{1}{5}\gamma^5 - \dfrac{1}{2}\gamma^5 + \dfrac{1}{3}\gamma^5 = \dfrac{1}{30}\gamma^5$$

α，β は $x^2 + rx + s = 0$

$$x^2 - \dfrac{9}{2}x + \dfrac{27}{8} = 0$$

の2解で

$$x = \dfrac{\dfrac{9}{2} \pm \sqrt{\dfrac{81}{4} - \dfrac{27}{2}}}{2} = \dfrac{9 \pm \sqrt{27}}{4}$$

$$\beta - \alpha = \dfrac{\sqrt{27}}{2}$$

$$S = \dfrac{1}{30}\left(\dfrac{\sqrt{27}}{2}\right)^5 = \dfrac{1}{30} \cdot \dfrac{27 \cdot 27 \cdot 3\sqrt{3}}{32} = \boldsymbol{\dfrac{729\sqrt{3}}{320}}$$

◆**別解**◆ $x = \alpha$ における接線は

$$y = (4\alpha^3 - 27\alpha^2 + 54\alpha - 31)(x - \alpha)$$

$$+ \alpha^4 - 9\alpha^3 + 27\alpha^2 - 31\alpha + 12$$

$$y = (4\alpha^3 - 27\alpha^2 + 54\alpha - 31)x$$

$$-3\alpha^4 + 18\alpha^3 - 27\alpha^2 + 12$$

これを $y = g(x)$ とする.

$$f(x) - g(x)$$

$$= x^4 - 9x^3 + 27x^2 - 31x + 12$$

$$-(4\alpha^3 - 27\alpha^2 + 54\alpha - 31)x$$

$$+3\alpha^4 - 18\alpha^3 + 27\alpha^2 - 12$$

$$= x^4 - 9x^3 + 27x^2 - (4\alpha^3 - 27\alpha^2 + 54\alpha)x$$

$$+3\alpha^4 - 18\alpha^3 + 27\alpha^2$$

$$= (x - \alpha)^2\{x^2 + (2\alpha - 9)x + 3(\alpha - 3)^2\}$$

他の接点をもつから

$$x^2 + (2\alpha - 9)x + 3(\alpha - 3)^2 = 0$$

の判別式が0で

$$(2\alpha - 9)^2 - 4 \cdot 3(\alpha - 3)^2 = 0 \quad \cdots\cdots\cdots\cdots③ $$

$$8\alpha^2 - 36\alpha + 27 = 0$$

③の重解を β とする.

$$\alpha = \dfrac{18 \pm \sqrt{18^2 - 8 \cdot 27}}{8} = \dfrac{9 \pm 3\sqrt{3}}{4}$$

$$\beta = \dfrac{-2\alpha + 9}{2} = \dfrac{9 \mp 3\sqrt{3}}{4}$$

$$g(x) = f(x) - (x - \alpha)^2(x - \beta)^2$$

$$= f(x) - \{x^2 - (\alpha + \beta)x + \alpha\beta\}^2$$

$$= f(x) - \left(x^2 - \dfrac{9}{2}x + \dfrac{27}{8}\right)^2$$

$$= f(x) - \left(x^4 - 9x^3 + 27x^2 - \dfrac{243}{8} + \dfrac{729}{64}\right)$$

$$= -\dfrac{5}{8}x + \dfrac{39}{64}$$

――――――――《合成関数の極値》

7. x を実数，$f(x) = |x^2 - x - 6|$ として，以下の問いに答えよ.

（1） 不等式 $f(x) > 2x + 6$ の解は

$$x < \dfrac{\boxed{} - \sqrt{\boxed{}}}{\boxed{}}, \boxed{} < x < \boxed{},$$

$$\dfrac{\boxed{} + \sqrt{\boxed{}}}{\boxed{}} < x$$

である.

（2）方程式 $f(x) = 2x + k$ が異なる3つの実数解を持つように，定数 k の値を求めると，

$$k = \boxed{} \text{ または } \boxed{\dfrac{\boxed{}}{\boxed{}}} \text{ となる.}$$

（3）区間 $-3 < x < 4$ において，
$y = \sin(f(x))$ のグラフには，極大となる点が $\boxed{}$ 個存在する．これらの点のうち，極大値が 1 未満となるのは，$x = \boxed{\dfrac{\boxed{}}{\boxed{}}}$ のときである.

（18 杏林大）

▶解答◀ （1） $|x^2 - x - 6| > 2x + 6$

$|(x+2)(x-3)| > 2x + 6$ ……………①

（ア） $x \leqq -2, 3 \leqq x$ のとき，① は

$x^2 - x - 6 > 2x + 6$

$x^2 - 3x - 12 > 0$

$x < \dfrac{3 - \sqrt{57}}{2}, \dfrac{3 + \sqrt{57}}{2} < x$

これは，$x \leqq -2, 3 \leqq x$ を満たす.

（イ） $-2 \leqq x \leqq 3$ のとき，① は

$-x^2 + x + 6 > 2x + 6$

$x^2 + x < 0$

$x(x+1) < 0 \qquad \therefore \quad -1 < x < 0$

これは，$-2 \leqq x \leqq 3$ を満たす.

（ア），（イ）より

$$x < \dfrac{3 - \sqrt{57}}{2}, \; -1 < x < 0, \; \dfrac{3 + \sqrt{57}}{2} < x$$

注 意 右辺の正負に関わらず

$$|X| > A \Longleftrightarrow X > A \text{ または } X < -A$$

が成り立つ．$A \geqq 0$ のときは図 a，$A < 0$ のときは図 b のようになるから，いずれにせよ成り立つ，ということである.

これを用いると別解のようになる.

図 a 　　　　　　図 b

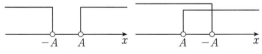

◆別解◆ $|x^2 - x - 6| > 2x + 6$ より

$x^2 - x - 6 > 2x + 6, \; x^2 - x - 6 < -2x - 6$

$x^2 - 3x - 12 > 0, \; x^2 + x < 0$

$x < \dfrac{3 - \sqrt{57}}{2}, \; -1 < x < 0, \; \dfrac{3 + \sqrt{57}}{2} < x$

（2）$y = f(x)$ のグラフ（C とする）と，$y = 2x + k$ のグラフが，異なる3つの共有点をもつような k の値を考える．それは，図1の l_1 のように C と接するときと，図1の l_2 のように $(-2, 0)$ を通るときである.

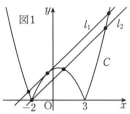

図1

（ア） $y = 2x + k$ が C と接するとき

$-x^2 + x + 6 = 2x + k$

$x^2 + x + k - 6 = 0$

判別式を D とおく.

$D = 1 - 4(k - 6) = 0$

$25 - 4k = 0 \qquad \therefore \quad k = \dfrac{25}{4}$

（イ） $y = 2x + k$ が $(-2, 0)$ を通るとき

$0 = 2 \cdot (-2) + k \qquad \therefore \quad k = 4$

（ア），（イ）より，$k = 4$ または $\dfrac{25}{4}$ である.

（3）$g(x) = \sin|x^2 - x - 6|$ とおく.

$g(x) = \sin\left|\left(x - \dfrac{1}{2}\right)^2 - \dfrac{25}{4}\right|$ より，$y = g(x)$ のグラフは，直線 $x = \dfrac{1}{2}$ について対称である．また，$x = -3$ は，$x = \dfrac{1}{2}$ に関して $x = 4$ と対称である.

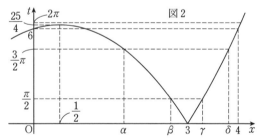

図2

$t = f(x)$ とおく．まず，$0 \leqq x < 4$ における t の増減を考える．xt 平面における $t = f(x)$ のグラフは放物線を x 軸で上に折り返した形である（図2）.

$$f(0) = 6, \; f\left(\dfrac{1}{2}\right) = \dfrac{25}{4}, \; f(3) = 0, \; f(4) = 6$$

であり，$6.25 = \dfrac{25}{4} < 2\pi \fallingdotseq 6.28$ であるから，t の値域は，$0 \leqq t \leqq \dfrac{25}{4} \, (< 2\pi)$ である.

図2のように，$0 \leqq x < 4$ の範囲に

$$t = \dfrac{\pi}{2}, \; \dfrac{3}{2}\pi \qquad \cdots\cdots ②$$

となる x が，それぞれ2つずつ存在する．これらを小さ

い方から, $\alpha, \beta, \gamma, \delta$ とする. なお, t の値域から, ②の2つの値以外に, $\sin t = \pm 1$ となる x は存在しない.

特に, $t = \dfrac{\pi}{2}$ となる点が2つ ($x = \beta, \gamma$) あることに注意せよ.

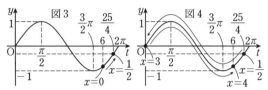

図3, 図4はともに $y = \sin t$ のグラフである. 図2から, $0 \leqq x \leqq \dfrac{1}{2}$ のとき, t は6から増加して $\dfrac{25}{4}$ ($< 2\pi$) になる. この様子を $y = \sin t$ のグラフ上で表したのが, 図3である. 次に, ふたたび図2を見る. $\dfrac{1}{2} \leqq x \leqq 3$ において, t は $\dfrac{25}{4}$ から減少して0になり, $3 \leqq x \leqq 4$ において, t は0から増加して6になる. この様子を $y = \sin t$ のグラフ上で表したのが, 図4である.

さて, $0 \leqq t < \dfrac{25}{4}$ において $y = \sin t$ が極大値をとるのは $t = \dfrac{\pi}{2}$ のときであり, そのような x は, $\dfrac{1}{2} \leqq x \leqq 3$ と $3 \leqq x \leqq 4$ にそれぞれ1つずつある. また, $x = \dfrac{1}{2}$ の前後で, t は増加して $\dfrac{25}{4}$ になり, 減少に転じるから, $y = \sin t$ は $x = \dfrac{1}{2}$ でも極大値をとる.

$y = g(x)$ の $x = \dfrac{1}{2}$ に関する対称性に注意して, 求める個数は

$$2 \cdot 2 + 1 = \mathbf{5}$$

である. このうち, $t = \dfrac{\pi}{2}$ となる x ($= \beta, \gamma$) における $g(x)$ の極大値は $\sin \dfrac{\pi}{2} = 1$ であり, $t = \dfrac{25}{4}$ となる $x \left(= \dfrac{1}{2} \right)$ における $g(x)$ の極大値は $g \left(\dfrac{1}{2} \right) = \sin \dfrac{25}{4}$ である.

$$4.71 \doteqdot \dfrac{3}{2}\pi < \dfrac{25}{4} < 2\pi \doteqdot 6.28$$

であることと, $y = \sin t$ は $\dfrac{3}{2}\pi \leqq t \leqq 2\pi$ で増加関数であること, および, $\sin \dfrac{3}{2}\pi = -1$, $\sin 2\pi = 0$ から

$$-1 < g \left(\dfrac{1}{2} \right) < 0$$

よって, 極大値が1未満となるのは, $x = \dfrac{1}{2}$ のときである. これは, 図3, 図4からも見てとれる.

注意 合成関数の極値の問題であるが, 三角関数と2次関数の組合せであるから, 数学 II の範囲で解いた. 数学 III の合成関数の微分を用いると, 別解のようになる.

◆別解◆ 【合成関数の微分法を用いる】

対称性から, $x \geqq \dfrac{1}{2}$ に注目して考える. 以下, 複号は $\dfrac{1}{2} \leqq x \leqq 3$ のとき − (マイナス), $3 \leqq x < 4$ のとき + (プラス) である.

$$y = \sin\{\pm(x^2 - x - 6)\}$$
$$y = \pm \sin(x^2 - x - 6)$$
$$y' = \pm(2x - 1)\cos(x^2 - x - 6)$$

$h(x) = x^2 - x - 6$ とおく. 図5は, $y = h(x)$ のグラフである. 図5のように, $0 \leqq x < 4$ の範囲に

$$h(x) = -\dfrac{3}{2}\pi, -\dfrac{\pi}{2}, \dfrac{\pi}{2}, \dfrac{3}{2}\pi \quad \cdots\cdots\cdots ③$$

となる x が, それぞれ1つずつ存在する. これらをそれぞれ $\alpha, \beta, \gamma, \delta$ とする. なお, $h(0) = -6$, $h(4) = 6$ であるから, ③の4つの値以外に, $\cos(h(x)) = 0$ となる x は存在しない.

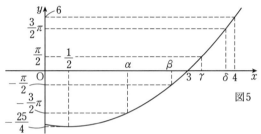

図5

$x = \alpha, \beta, \gamma, \delta$ の他に, $x = \dfrac{1}{2}$ のときも, $y' = 0$ である. $x = \dfrac{1}{2}$ の前後の増減を見るために, $0 \leqq x < 4$ で増減表を書く.

x	0	$\cdots$	$\dfrac{1}{2}$	$\cdots$	α	$\cdots$	β	$\cdots$	3	$\cdots$	γ	$\cdots$	δ	$\cdots$	4
y'		+	0	−	0	+	0	−	×	+	0	−	0	+	
y		↗		↘		↗		↘		↗		↘		↗	

この増減表を, $x = \dfrac{1}{2}$ に関する対称性に注意して読む. $x = -3$ は, $x = \dfrac{1}{2}$ に関して $x = 4$ と対称であるから, $-3 < x < 4$ において, $y = \sin(f(x))$ のグラフには, 極大となる点が5個存在する.

$g(x) = \sin(f(x))$ として

$$g(\alpha) = g(\beta) = g(\gamma) = g(\delta) = 1$$

であるから, 極大値が1未満となる点があるとすれば, $x = \dfrac{1}{2}$ のときである.

$$g \left(\dfrac{1}{2} \right) = \sin \left| -\dfrac{25}{4} \right| = \sin \dfrac{25}{4}$$

であるから, 後は解答のようにすれば, 確かに $x = \dfrac{1}{2}$ における極大値が1未満であることが分かる.

注意 別解の $\alpha, \beta, \gamma, \delta$ は, 解答のものと同じである. また, $y = \sin(f(x))$ ($-3 < x < 4$) のグラフは図6のようになる.

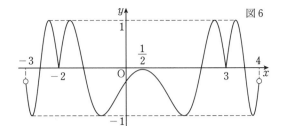

図6

《面積の最小値》

8. xy 平面上に曲線 $C : y = \dfrac{1}{2}x^2$ と直線

$l : y = x - \dfrac{15}{8}$ がある. 以下の問いに答えよ.

（1） 不等式 $b < \dfrac{1}{2}a^2$ を満たす点 $A(a, b)$ から

曲線 C に 2 本の接線を引いたときの接点を B,
D とする. 三角形 ABD の面積を求めよ.

（2） 点 P は曲線 C 上の点とし, 直線 l に関して
点 P と対称な点を Q とする. 点 Q から曲線 C
に 2 本の接線を引いたときの接点を R, S とす
る. 点 P が曲線 C 上を動くとき三角形 QRS の
面積の最小値を求めよ.　　　（18 東北大・理-AO）

▶**解答**◀　（1） A を通る C の接線を

$$y = m(x - a) + b$$

とおく. C と連立させて

$$\frac{1}{2}x^2 = mx - ma + b$$

$$x^2 - 2mx + 2(ma - b) = 0 \quad \cdots\cdots\cdots①$$

判別式を D として, $\dfrac{D}{4} = 0$ より

$$m^2 - 2ma + 2b = 0 \quad \cdots\cdots\cdots②$$

$$m = a \pm \sqrt{a^2 - 2b}$$

これらを $m_1,\ m_2\ (m_1 < m_2)$ とする.

①の重解 x は $x = m$ である.

図1

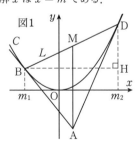

$$B\left(m_1,\ \frac{1}{2}m_1{}^2\right),\ D\left(m_2,\ \frac{1}{2}m_2{}^2\right)$$

として, 直線 BD を L とすると

$$L : y = \frac{1}{2} \cdot \frac{m_1{}^2 - m_2{}^2}{m_1 - m_2}(x - m_1) + \frac{1}{2}m_1{}^2$$

$$L : y = \frac{1}{2}(m_1 + m_2)x - \frac{1}{2}m_1 m_2$$

②で解と係数の関係より

$$m_1 + m_2 = 2a,\ m_1 m_2 = 2b$$

$$L : y = ax - b$$

直線 $x = a$ と L の交点を M とすると

$$M(a, a^2 - b)$$

であり

$$AM = a^2 - b - b = a^2 - 2b$$

直線 $x = m_2$ に B からおろした垂線の足を H とする.

$$BH = |m_1 - m_2| = 2\sqrt{a^2 - 2b}$$

$$\triangle ABD = \frac{1}{2}AM \cdot BH$$

$$= \left(\sqrt{a^2 - 2b}\right)^3$$

（2） $P\left(p, \dfrac{1}{2}p^2\right)$ とおく. P から l におろした垂線の
足を K とすると

$$K\left(p + t,\ \frac{1}{2}p^2 - t\right)$$

とおけて, l に代入すると

$$\frac{1}{2}p^2 - t = p + t - \frac{15}{8}$$

$$2t = \frac{1}{2}p^2 - p + \frac{15}{8}$$

$$Q = \left(p + 2t,\ \frac{1}{2}p^2 - 2t\right)$$

$$= \left(\frac{1}{2}p^2 + \frac{15}{8},\ p - \frac{15}{8}\right)$$

$a = \dfrac{1}{2}p^2 + \dfrac{15}{8},\ b = p - \dfrac{15}{8}$ として,

$$a^2 - 2b = \left(\frac{1}{2}p^2 + \frac{15}{8}\right)^2 - 2p + \frac{15}{4}$$

$$= \frac{p^4}{4} + \frac{15}{8}p^2 - 2p + \frac{225}{64} + \frac{15}{4}$$

$$= f(p)$$

とおく.

$$f'(p) = p^3 + \frac{15}{4}p - 2 = \frac{1}{4}(4p^3 + 15p - 8)$$

$$= \frac{1}{4}(2p - 1)(2p^2 + p + 8)$$

$2p^2 + p + 8$ の判別式は負で

$$2p^2 + p + 8 > 0$$

である.

p	$\cdots$	$\dfrac{1}{2}$	$\cdots$
$f'(p)$	$-$	0	$+$
$f(p)$	$\searrow$		$\nearrow$

$$f\left(\frac{1}{2}\right) = \left(\frac{1}{8} + \frac{15}{8}\right)^2 - 1 + \frac{15}{4}$$

$$= 4 - 1 + \frac{15}{4} = \frac{27}{4}$$

求める最小値は $\left(\sqrt{\dfrac{27}{4}}\right)^3 = \dfrac{81\sqrt{3}}{8}$

図2

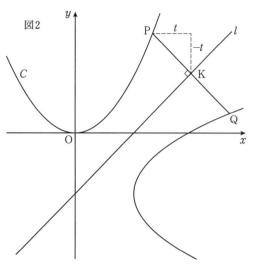

【◆別解◆】 （1） $B\left(\alpha, \frac{1}{2}\alpha^2\right)$, $D\left(\beta, \frac{1}{2}\beta^2\right)$ とおく.

$\alpha < \beta$ としてもよい. $y = \frac{1}{2}x^2$ のとき $y' = x$ であり,
B, D における C の接線を l_1, l_2 とすると

$$l_1 : y = \alpha(x - \alpha) + \frac{1}{2}\alpha^2$$

$$l_1 : y = \alpha x - \frac{1}{2}\alpha^2$$

$$l_2 : y = \beta x - \frac{1}{2}\beta^2$$

l_1, l_2 を連立させると

$$(\alpha - \beta)x = \frac{1}{2}(\alpha - \beta)(\alpha + \beta)$$

$$x = \frac{1}{2}(\alpha + \beta)$$

これを l_1 に代入すると

$$y = \alpha \cdot \frac{1}{2}(\alpha + \beta) - \frac{1}{2}\alpha^2 = \frac{1}{2}\alpha\beta$$

$$a = \frac{\alpha + \beta}{2}, \quad b = \frac{1}{2}\alpha\beta$$

である. $A\left(\frac{\alpha + \beta}{2}, \frac{1}{2}\alpha\beta\right)$ として

$$\overrightarrow{AB} = \left(\frac{\alpha - \beta}{2}, \frac{1}{2}\alpha(\alpha - \beta)\right)$$

$$\overrightarrow{AD} = \left(-\frac{\alpha - \beta}{2}, -\frac{1}{2}\beta(\alpha - \beta)\right)$$

となる. これらを (p, q), (r, s) とすると

$$ps - qr = \frac{\alpha - \beta}{2} \cdot \left(-\frac{1}{2}\beta\right)(\alpha - \beta)$$
$$+ \frac{\alpha - \beta}{2} \cdot \frac{1}{2}\alpha(\alpha - \beta)$$
$$= \frac{1}{4}(\alpha - \beta)^3$$

$$\triangle ABD = \frac{1}{2}|ps - qr| = \frac{1}{8}|\alpha - \beta|^3$$

一方, $\alpha + \beta = 2a$, $\alpha\beta = 2b$ より

$$(\alpha - \beta)^2 = (\alpha + \beta)^2 - 4\alpha\beta$$

$$= (2a)^2 - 8b = 4(a^2 - 2b)$$

$$|\alpha - \beta| = 2\sqrt{a^2 - 2b}$$

$$\triangle ABD = \left(\sqrt{a^2 - 2b}\right)^3$$

《4 次関数の最大・最小》

9. 4 次関数 $f(x) = ax^4 + bx^2 + c$ がある. ここで x の区間 $[3, 6]$ における関数 $f(x - t)$ の最大値を $g(t)$, 最小値を $h(t)$ とおく. $g(t)$ は $\alpha \leqq t \leqq \beta$ で $g(t) = \frac{3}{2}$ となり $t < \alpha$ または $t > \beta$ で $g(t) > \frac{3}{2}$ であり, $h(t)$ は $\frac{3}{2} \leqq t \leqq \frac{15}{2}$ で $h(t) = \frac{-57}{16}$ で, $t < \frac{3}{2}$ または $t > \frac{15}{2}$ で $h(t) > \frac{-57}{16}$ であった. このとき $a = \boxed{}$, $b = \frac{\boxed{}}{\boxed{}}$, $c = \frac{\boxed{}}{\boxed{}}$, $\alpha = \boxed{} - \frac{\boxed{}\sqrt{\boxed{}}}{\boxed{}}$, $\beta = \boxed{} + \frac{\boxed{}\sqrt{\boxed{}}}{\boxed{}}$ である. (16 順天堂大)

【▶解答◀】 以下 $\alpha < \beta$ とする.

$$f(x) = a\left(x^2 + \frac{b}{2a}\right)^2 + c - \frac{b^2}{4a}$$

（ア） $a > 0$, $\frac{b}{2a} < 0$ のとき.

$$p = \sqrt{-\frac{b}{2a}}, \quad m = c - \frac{b^2}{4a}, \quad f(0) = M \text{ とおく.}$$

$f(x) = a(x^2 - p^2)^2 + m$ である. $f(x)$ は偶関数で, 曲線 $y = f(x)$ は図1のようになる. 横軸を x として, 図1のア－1を見よ. 図1のようにAからFを定める.

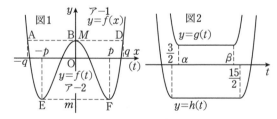

偶関数であることに注意して

$$y = f(x - t) = f(t - x)$$

で, x を 3 から 6 まで動かす. 曲線 $y = f(t)$ を右に平行移動し, 曲線 $y = f(t - 3)$ から曲線 $y = f(t - 6)$ までを考える. 今度は横軸を t として, 図1のア－2と図3（一例）を見よ. 図3でクニュクニュといくつもグラフが描いてあるのは, 平行移動していく様子を描い

た．t を1つ定めたときに，t 軸に垂直にこの曲線群の通過領域を切って，y のうちの一番大きな値が $g(t)$ であり，一番小さな値が $h(t)$ である．通過領域の上側の境界（太線）が曲線 $y=g(t)$，下側の境界（太線）が曲線 $y=h(t)$ である．E を右に3だけ平行移動したのが E′，6だけ平行移動したのが E″ である．他も同様とする．

$h(t)$ のグラフが図2のようになるためには E″ が F′ より右方（重なってもよい．以下同様）になることで，その条件は $p+3 \leqq -p+6$，つまり $2p \leqq 3$ である．さらに $g(t)$ のグラフが図2のようになるためには B″ が D′ より右方になることで（そのとき A″ が B′ より右方になる），その条件は $q+3 \leqq 6$，つまり $q \leqq 3$ である．題意が成り立つための必要十分条件は

$$2p \leqq 3,\ q \leqq 3,\ m = -\frac{57}{16},\ M = \frac{3}{2},$$

$$3-p = \frac{3}{2},\ p+6 = \frac{15}{2},\ \alpha = 6-q,\ \beta = 3+q$$

である．

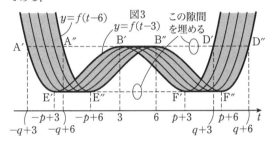

図3

これらより $p = \frac{3}{2}$ である．

$$f(x) = a\left(x^2 - \frac{9}{4}\right)^2 - \frac{57}{16}$$

となる．$f(0) = \frac{3}{2}$ より

$$a \cdot \frac{81}{16} - \frac{57}{16} = \frac{3}{2}$$

$$a \cdot \frac{81}{16} = \frac{81}{16} \qquad \therefore\quad a = 1$$

$$f(x) = \left(x^2 - \frac{9}{4}\right)^2 - \frac{57}{16} = x^4 - \frac{9}{2}x^2 + \frac{3}{2}$$

$f(x) = f(0)$ を解くと $x = 0,\ \pm\frac{3}{\sqrt{2}}$ となり，$q = \frac{3\sqrt{2}}{2}$ である．このとき $2p \leqq 3,\ q \leqq 3$ は成り立つ．

$$a = 1,\ b = -\frac{9}{2},\ c = \frac{3}{2}$$

$$\alpha = 6-q = 6 - \frac{3\sqrt{2}}{2},\ \beta = 3 + \frac{3\sqrt{2}}{2}$$

（イ）$a < 0$ のときは，曲線 $y=g(t)$，$y=h(t)$ が，手を下に下げた形になり，不適．また，$a > 0,\ \frac{b}{2a} \geqq 0$ のときは曲線 $y=f(x)$ が放物線のような形になり，$g(t)$ のグラフに平坦なところができないから不適（図4を参照）．

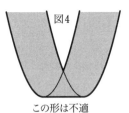

図4

この形は不適

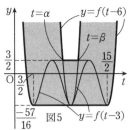

$t = \alpha$　$y = f(t-6)$　$t = \beta$

$y = f(t-3)$

図5

注意 最終形は図5です．

《Fejer の問題立体バージョン》

10. 中心を共有する2つの球 S_1，S_2 があり，それぞれの半径は $13, 8$ である．球 S_1 の球面上または内部に点 A を，球 S_2 の球面上または内部に点 B，C，D をとって四面体 ABCD を作るとき，この四面体の体積 V の最大値を求めよ．

（17　藤田保健衛生大・推薦）

▶解答◀ 平面 BCD（π とする）を固定するとき，π と球 S_2 の交わりの円板内で，B，C，D が円板内部にあるときより，円板周上までのばして，より面積を大きくすることができるから，B，C，D が球面 S_2 上にあるときを考える．

2球の中心を O とし，O，A から π におろした垂線の足を H，K とする．$\mathrm{OH} = x$ とする．x を一定にして A を動かす．点 A が球 S_1 内部にあるとき，球面上までのばして，より体積を大きくできるから，A が球面 S_1 上にあるときを考える．

$$\mathrm{AK} \leqq \mathrm{OH} + \mathrm{OA} \leqq x + 13$$

等号は A，O，H の順に一直線上に並ぶとき成立する．

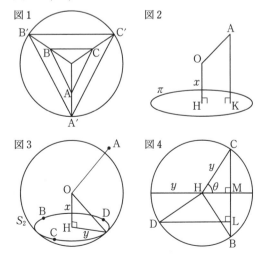

図1　図2　図3　図4

x を一定にして，B，C を止めて D を動かす．B，C，D は半径 $y = \sqrt{64 - x^2}$ の円周上にある．BC の中点

を M，D から直線 BC におろした垂線の足を L，$\angle BHC = 2\theta$ $(0 < 2\theta \leq \pi)$ とする．

$$DL \leq DH + HM = y + y\cos\theta$$

等号は D，H，M の順に一直線上に並ぶとき成立する．

$$
\begin{aligned}
V &= \frac{1}{3}\triangle BCD \cdot AK \\
&\leq \frac{1}{3}(y + y\cos\theta)y\sin\theta \cdot (x + 13) \\
&= \frac{1}{3}(1 + \cos\theta)\sin\theta \cdot y^2(x + 13) \\
&= \frac{1}{3}\sqrt{(1 + \cos\theta)^2(1 - \cos^2\theta)}(64 - x^2)(x + 13) \\
&= \frac{1}{3}\sqrt{(1 + \cos\theta)^3(1 - \cos\theta)}(64 - x^2)(x + 13)
\end{aligned}
$$

ここで

$$
\begin{aligned}
f(x) &= (64 - x^2)(x + 13) \\
&= -x^3 - 13x^2 + 64x + 832 \quad (0 \leq x < 8) \\
g(p) &= (1 + p)^3(1 - p) \quad (p = \cos\theta,\ 0 \leq p < 1)
\end{aligned}
$$

とおくと

$$
\begin{aligned}
f'(x) &= -3x^2 - 26x + 64 = (-x + 2)(3x + 32) \\
g'(p) &= 3(1 + p)^2(1 - p) - (1 + p)^3 \\
&= (1 + p)^2(2 - 4p)
\end{aligned}
$$

$f(x)$ は $x = 2$ で，$g(p)$ は $p = \frac{1}{2}$ で極大かつ最大となるから，求める体積の最大値は

$$
\begin{aligned}
&\frac{1}{3}\sqrt{g\left(\frac{1}{2}\right)}f(2) \\
&= \frac{1}{3}\left(1 + \frac{1}{2}\right)\sqrt{1 - \frac{1}{4}}(64 - 4)\cdot 15 = \boldsymbol{225\sqrt{3}}
\end{aligned}
$$

注意 1°【このタイプの解法が内在する問題】

円に内接する三角形で，面積が最大のものは正三角形であるという事実を示すときに『2 点を固定して他の 1 点を動かし，三角形の面積を最大にするのは，優弧（固定 2 点が円の直径の両端の場合はどちらの弧でもよい）の中点のときである（図 a を参照）』ということを繰り返して「正三角形の場合だ」と結論するのはよくないとされている．

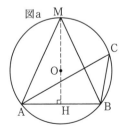

図a

1 点を優弧の中点に移動し，他の 1 点を優弧の中点に移動したとき，前の点について「優弧の中点」が崩れており，いくら繰り返しても，正三角形にならない（近づきはする）からである．ただし，閉集合を定義域とする連続関数は最大値をもつから，最大値の存在を認めれば，これでもよいとされている．大学受験の解答では，二等辺三角形にしてから微分で最大値を求めるのが一般的である．なお，いきなり優弧の中点に取らないで行う Fejer の方法も知られている．

2°【Fejer の方法】【定理】

円に内接する三角形で面積が最大のものは正三角形である．

これに対して次のような証明（？）があります．

【証明？】図 a を参照せよ．△ABC が正三角形でないとき，CA $\neq$ CB とすると，AB の垂直二等分線と $\overset{\frown}{AB}$（C の乗っている方の弧）の交点を M として，面積について △MAB > △ABC である．だから正三角形の方が面積が大きい．

【ダメな理由】弧の中点にもっていくということを繰り返しても，正三角形に近づきはするけれども，**いつまでたっても正三角形にはならない** ためである．

これに対して，次のように粘る生徒がいる．

【解？】円に内接する三角形で面積が最大のものはあるはずで，それが正三角形でないとすると上の考察から矛盾する．だから正三角形である．

残念なことに，これは解答とは認められない．

【理由】高校数学では存在定理を認めない．関数の最大・最小も，存在を認めて行うのでなく，増減を調べて，「増加から減少になるから最大」というような思考をすることになっている．

上の定理を幾何的に証明することはできないだろうか？ これができるのである．

【問題】

円 S に内接する △ABC が正三角形でないとき，それよりも面積が大きな三角形を工夫して作り，△ABC よりも，円 S に内接する正三角形の方が面積が大きいことを証明せよ．

Fejer（フェイエル）という数学者が，こんな方法を考えている．

【Fejer の証明】△ABC が正三角形でないとき，内角が 60° になるものは 1 つだけはあってもよいが，2 つはないので，60° より大きな内角と小さな内角がある．

$A < 60° < B$ とする．AB の垂直二等分線に関して C と対称な点を C′ とする．

$$\angle C'AB = B > 60° > A$$

だから，$\overset{\frown}{CC'}$（A，B がその上にのっていない方の弧）

の間に D をとって ∠DAB = 60° にできる．D は $\overset{\frown}{CC'}$ の上にあるから △DAB > △ABC である．

図1

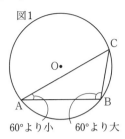

60°より小　　60°より大

M = D ならば △DAB は正三角形である．
M ≠ D ならば △DAB は正三角形ではないから，AD と AB は等しくない（等しいなら二等辺三角形で頂角 ∠DAB = 60° だから正三角形になる）．$\overset{\frown}{BD}$（A の乗っている方）の中点を E とすると

$$\triangle DEB > \triangle DAB > \triangle ABC$$

であり，

$$\angle DEB = \angle DAB = 60°,\ EB = ED$$

であるから，△EBD は正三角形である．

図2

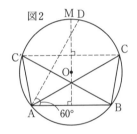

図3

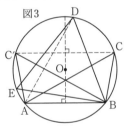

「フーリエ解析大全」という本に次のようなエピソードが載っている．Fejer は 17 歳の頃，数学ができなくて数学の補講を受けていたが，19 歳のときにはフーリエ級数に関する重要な定理を証明した．Fejer はよほど高校の先生と相性が悪かったのだろうか．あるいは他に原因があったのだろうか．私は「教えた通りに書け」と要求する教師に反発して苦しむ高校生を何人も見て来た．私自身は「減点したけりゃどうぞ．教師は神ではない．僕は自分の好きなように書く．僕が神だ」と思っていたけれど．

《空間図形と微分》

11. 空間内の図形 O-ABCD は，OA = 3 である正四角錐とする．ただし，正四角錐 O-ABCD とは，頂点が O，底面が正方形 ABCD で 4 つの側面が合同な二等辺三角形となる四角錐のことをいう．

（1）点 O から平面 ABCD に垂線を下ろし，平面 ABCD との交点を H とする．∠AOH = θ としたとき，線分 AC の長さを θ を用いて表す

と □ である．また，正四角錐 O-ABCD の体積を θ を用いて表すと □ である．

以下，OA = 3 であり，2 点 O，A は固定されているとする．

（2）図形 O-ABCD が正四角錐であるという条件を満たしながら，3 点 B，C，D が動くとき，正四角錐 O-ABCD の体積の最大値は □ア である．

（3）正四角錐 O-ABCD の体積が □ア であるという条件を満たしながら，3 点 B，C，D が動くとする．このとき，△OAC の周および内部が通過しうる範囲を K_1，△OAB の周および内部が通過しうる範囲を K_2 とする．K_1 の体積は □ であり，K_1 と K_2 の共通部分の体積は □ である．

(19 慶應大・理工)

▶**解答**◀ （1） AC = 2AH = **6 sin θ**，
OH = 3 cos θ，AB = $\sqrt{2}$AH = $3\sqrt{2}$ sin θ である．

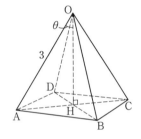

正四角錐 O-ABCD の体積を V とすると

$$V = AB^2 \cdot OH \cdot \frac{1}{3} = 18 \sin^2 \theta \cdot 3 \cos \theta \cdot \frac{1}{3}$$
$$= \mathbf{18 \sin^2 \theta \cos \theta}$$

（2）（1）の結果から

$$V = 18(1 - \cos^2 \theta) \cos \theta$$

である．$\cos \theta = t$ とおくと $0 < \theta < \dfrac{\pi}{2}$ ゆえ $0 < t < 1$ となり，$V = 18(t - t^3)$ である．$V = f(t)$ とすると

$$f'(t) = 18(1 - 3t^2)$$

であるから，$f(t)$ の増減表は次のようになる．

t	0	$\cdots$	$\dfrac{1}{\sqrt{3}}$	$\cdots$	1
$f'(t)$		$+$	0	$-$	
$f(t)$		↗		↘	

よって V は $t = \dfrac{1}{\sqrt{3}}$ のとき最大値

$$18 \cdot \frac{1}{\sqrt{3}} \cdot \left(1 - \frac{1}{3}\right) = 18 \cdot \frac{\sqrt{3}}{3} \cdot \frac{2}{3} = \mathbf{4\sqrt{3}}$$

をとる.

(3) このとき

$$\cos\theta = \frac{1}{\sqrt{3}}, \ \sin\theta = \sqrt{1-\frac{1}{3}} = \frac{\sqrt{6}}{3}$$

となるから, $AC = 6\sin\theta = 2\sqrt{6}$ である.

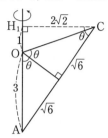

点 C から直線 OA に下ろした垂線を CH_1 とすると, $\angle ACH_1 = \theta$ であるから

$$AH_1 = AC\sin\theta = 2\sqrt{6}\cdot\frac{\sqrt{6}}{3} = 4$$

$$CH_1 = AC\cos\theta = 2\sqrt{6}\cdot\frac{1}{\sqrt{3}} = 2\sqrt{2}$$

となる. K_1 は直角三角形 ACH_1 を直線 OA を軸として回転させてできる円錐から, 直角三角形 OCH_1 を同様に回転させてできる円錐を引いた部分であり, その体積は

$$\pi\cdot CH_1{}^2\cdot OA\cdot\frac{1}{3} = \pi\cdot(2\sqrt{2})^2\cdot3\cdot\frac{1}{3} = 8\pi$$

$\triangle OAC$, $\triangle OAB$ を回転させた立体の共通部分を考えるから, これらの三角形を同一平面上に描く. $\triangle OAC$, $\triangle OAB$ はいずれも二等辺三角形で, 底角はそれぞれ $\frac{\pi}{2}-\theta$, θ である. 点 O から辺 AB に下ろした垂線を OH_2 とし, 辺 AC と辺 OB, 線分 OH_2 の交点をそれぞれ P, Q とする.

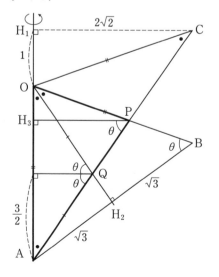

K_1 と K_2 の共通部分は, $\triangle OAP$ を直線 OA を軸として

回転させてできる立体である. また, $\triangle QOA$ は

$$QO = QA = \frac{3}{2\sin\theta} = \frac{3}{2}\cdot\frac{\sqrt{6}}{2} = \frac{3\sqrt{6}}{4}$$

を満たす二等辺三角形であり, $OH_2 = \sqrt{6}$ と合わせて

$$OQ : OH_2 = 3 : 4$$

を得る. $OP = x$ とし, $\triangle OBH_2$ と直線 AC に対してメネラウスの定理を用いると

$$\frac{OP}{PB}\cdot\frac{BA}{AH_2}\cdot\frac{H_2Q}{QO} = 1$$

$$\frac{x}{3-x}\cdot\frac{2}{1}\cdot\frac{1}{3} = 1$$

$$2x = 9-3x \qquad \therefore \quad x = \frac{9}{5}$$

となり,

$$OP : PB = \frac{9}{5} : \frac{6}{5} = 3 : 2$$

が得られる. 点 P から辺 OA に下ろした垂線を PH_3 とし, $\triangle OAP$ の面積について 2 通りの式を立てると

$$3\cdot PH_3\cdot\frac{1}{2} = 2\sqrt{3}\cdot\sqrt{6}\cdot\frac{1}{2}\cdot\frac{3}{5}$$

$$PH_3 = \frac{6\sqrt{2}}{5}$$

よって, K_1 と K_2 の共通部分の体積は

$$\pi\cdot PH_3{}^2\cdot OA\cdot\frac{1}{3} = \pi\cdot\left(\frac{6\sqrt{2}}{5}\right)^2\cdot3\cdot\frac{1}{3} = \boldsymbol{\frac{72}{25}\pi}$$

─────────────────《等面四面体》

12. $0<\theta<\dfrac{\pi}{2}$ を満たす実数 θ に対し, xyz 空間内の 4 点

A$(\cos\theta, \cos\theta, \sin\theta)$,
B$(-\cos\theta, -\cos\theta, \sin\theta)$,
C$(\cos\theta, -\cos\theta, -\sin\theta)$,
D$(-\cos\theta, \cos\theta, -\sin\theta)$

を頂点とする四面体の体積を $V(\theta)$, この四面体の xz 平面による切り口の面積を $S(\theta)$ とする. このとき以下の各問いに答えよ.

(1) $S\left(\dfrac{\pi}{6}\right)$, $V\left(\dfrac{\pi}{6}\right)$ をそれぞれ求めよ.

(2) $0<\theta<\dfrac{\pi}{2}$ における $S(\theta)$ の最大値を求めよ.

(3) $0<\theta<\dfrac{\pi}{2}$ における $V(\theta)$ の最大値を求めよ.

(14 東京医歯大)

▶解答◀ z 軸の正方向から下を見ると図 1 のように見える. $c = \cos\theta$, $s = \sin\theta$ とおく. 図 1 では xy 平面上に 4 点 A, B, C, D があるかのように見えるが, 実際には A と B は xy 平面より s だけ手前に, C と D

は xy 平面より s だけ下方にある．四面体 ABCD は 6 枚の平面 $x = \pm c$，$y = \pm c$，$z = \pm s$ で囲まれた直方体に埋め込まれている．図 2 を見よ．

四面体の辺は 6 辺があり，$y = 0$ は辺 AD，BC と平行だから，これ以外の 4 辺と交わる．AB の中点を K$(0, 0, s)$，CD の中点を L$(0, 0, -s)$，AC の中点を N$(c, 0, 0)$，BD の中点を M$(-c, 0, 0)$ とする．これらは平面 $y = 0$ 上にあるから，断面は四角形 KMLN である．図 2 の直方体の側面 BHCF に対して KMLN の面積は BHCF の面積の半分で

$$S(\theta) = \frac{1}{2} 2c \cdot 2s = \sin 2\theta$$

四面体 ABCD の体積は直方体の四隅から四角錐を除いた立体の体積を考え

$$V(\theta) = (2c)^2 (2s)\left(1 - \frac{1}{6} \cdot 4\right) = \frac{8}{3} sc^2$$

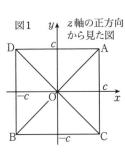

図1　z 軸の正方向から見た図

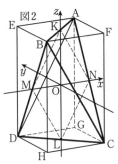

図2

（1）　$S\left(\dfrac{\pi}{6}\right) = \sin\dfrac{\pi}{3} = \dfrac{\sqrt{3}}{2}$

$V\left(\dfrac{\pi}{6}\right) = \dfrac{8}{3} \cdot \dfrac{1}{2} \cdot \dfrac{3}{4} = 1$

（2）　$S(\theta) = \sin 2\theta$ は $2\theta = \dfrac{\pi}{2}$ で最大値 1 をとる．

（3）　$\sin\theta = t$ とおくと，$0 < t < 1$ で，

$$V(\theta) = \frac{8}{3} t(1 - t^2)$$

である．ここで $f(t) = t - t^3$ とおくと，

$$f'(t) = 1 - 3t^2$$

$f(t)$ は次のように増減する．

t	0	$\cdots$	$\dfrac{1}{\sqrt{3}}$	$\cdots$	1
$f(t)$		$+$	0	$-$	
$f'(t)$		$\nearrow$		$\searrow$	

したがって，$V(\theta)$ の最大値は，

$$\frac{8}{3} f\left(\frac{1}{\sqrt{3}}\right) = \frac{8}{3} \cdot \frac{1}{\sqrt{3}}\left(1 - \frac{1}{3}\right) = \frac{16\sqrt{3}}{27}$$

《絶対値のついた関数》

13. 関数 $f(x)$ を $f(x) = -7 + k\displaystyle\int_0^6 |x - u|\, du$

と定義する．ただし，k は定数，$f(3) = -5$ である．次の各問に答えなさい．

（1）　k の値を求めなさい．

（2）　$y = f(x)$ のグラフの概形を図示しなさい．

（3）　実数 s, t が条件 $0 \leq s \leq 20$，$0 \leq t \leq 20$ を満たしながら動くとき，xy 座標平面上の点 $\mathrm{P}\left(\dfrac{1}{2}s + \dfrac{1}{10}t, -\dfrac{1}{4}s - \dfrac{1}{5}t\right)$ が動く領域 D を求めなさい．

（4）　不等式 $y \geq f(x)$ の表す領域を E とするとき，領域 E と領域 D の共通部分の面積を求めなさい．
（14　帯広畜産大）

▶**解答**◀　（1）　$I = \displaystyle\int_0^6 |x - u|\, du$ とおく．$0 \leq x \leq 6$ のとき，

$$I = \int_0^x |x - u|\, du + \int_x^6 |x - u|\, du$$

$0 \leq u \leq x$ で $|x - u| = x - u$，
$x \leq u \leq 6$ で $|x - u| = -(x - u)$ だから

$$I = \int_0^x (x - u)\, du - \int_x^6 (x - u)\, du$$

$$= \left[xu - \frac{u^2}{2} \right]_0^x - \left[xu - \frac{u^2}{2} \right]_x^6$$

$$= 2 \cdot \frac{x^2}{2} - 6x + 18 = x^2 - 6x + 18$$

$$f(x) = -7 + k(x^2 - 6x + 18)$$

$f(3) = -5$ より

$$-7 + 9k = -5 \qquad \therefore\quad k = \frac{2}{9}$$

$$f(x) = \frac{2}{9}(x^2 - 6x + 18) - 7 = \frac{2}{9}(x - 3)^2 - 5$$

（2）　$x \leq 0$ のとき．$0 \leq u \leq 6$ では $x - u \leq 0$

$$I = -\int_0^6 (x - u)\, du = -\left[xu - \frac{u^2}{2} \right]_0^6$$

$$= -6x + 18$$

$$f(x) = \frac{2}{9}(-6x + 18) - 7 = -\frac{4}{3}x - 3$$

$x \geq 6$ のとき．$0 \leq u \leq 6$ では $x - u \geq 0$

$$I = \int_0^6 (x - u)\, du = 6x - 18$$

$$f(x) = \frac{2}{9}(6x - 18) - 7 = \frac{4}{3}x - 11$$

グラフは図 1 のようになる．l は $y = -\dfrac{4}{3}x - 3$，m は $y = \dfrac{4}{3}x - 11$，C は $y = \dfrac{2}{9}(x - 3)^2 - 5$ である．

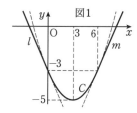

（3） $x = \dfrac{1}{2}s + \dfrac{1}{10}t,\ y = -\dfrac{1}{4}s - \dfrac{1}{5}t$ を連立させると

$$s = \dfrac{8x + 4y}{3},\ t = -\dfrac{10x + 20y}{3}$$

条件より

$$0 \leqq \dfrac{8x + 4y}{3} \leqq 20,\ 0 \leqq -\dfrac{10x + 20y}{3} \leqq 20$$

$$-2x \leqq y \leqq -2x + 15,\ -\dfrac{x}{2} - 3 \leqq y \leqq -\dfrac{x}{2}$$

D は図2の境界を含む網目部分である.

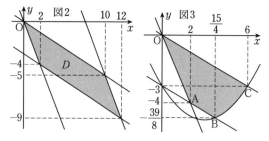

（4） 領域 E と領域 D の共通部分は図3の境界を含む網目部分である. 直線 BC と放物線 $y = \dfrac{2}{9}x^2 - \dfrac{4}{3}x - 3$ で囲まれた部分の面積を T とする. 直線 BC は $y = \dfrac{5}{6}x - 8$ なので

$$T = \int_{\frac{15}{4}}^{6} \left\{ \left(\dfrac{5}{6}x - 8 \right) - \left(\dfrac{2}{9}x^2 - \dfrac{4}{3}x - 3 \right) \right\} dx$$

$$= -\dfrac{2}{9} \int_{\frac{15}{4}}^{6} \left(x - \dfrac{15}{4} \right)(x - 6)\, dx$$

$$= \dfrac{2}{9} \cdot \dfrac{1}{6} \left(6 - \dfrac{15}{4} \right)^3 = \dfrac{1}{9 \cdot 3} \left(\dfrac{9}{4} \right)^3 = \dfrac{27}{64}$$

$\mathrm{A}(2, -4),\ \mathrm{B}\left(\dfrac{15}{4}, -\dfrac{39}{8} \right),\ \mathrm{C}(6, -3)$ とすると

$$\triangle \mathrm{OAB} = \dfrac{1}{2} \left| 2 \cdot \left(-\dfrac{39}{8} \right) - (-4) \cdot \dfrac{15}{4} \right| = \dfrac{21}{8}$$

$$\triangle \mathrm{OBC} = \dfrac{1}{2} \left| \dfrac{15}{4} \cdot (-3) - \left(-\dfrac{39}{8} \right) \cdot 6 \right| = 9$$

$$S = \triangle \mathrm{OAB} + \triangle \mathrm{OBC} + T$$

$$= \dfrac{21}{8} + 9 + \dfrac{27}{64} = \dfrac{168 + 576 + 27}{64} = \dfrac{771}{64}$$

────《差の関数と間口の広さ》────

14. a を実数とする. xy 平面上の 2 つの曲線 $C_1 : y = x^3$ と $C_2 : y = 2x^2 - ax$ を考える.

（1） 2 曲線 $C_1,\ C_2$ が異なる 3 つの交点をもつための a の条件を求めよ.

（2） 2 曲線 $C_1,\ C_2$ が異なる 3 つの交点をもち,

C_1 と C_2 で囲まれる 2 つの部分の面積が等しくなるような a の値を求めよ.

（14 東北大・理・後期）

考え方 C_1 と C_2 を直接相手にしても進まないから, 差の関数を考える. 面積を計算してもできるが, 図形的考察を用いるとより計算量が減らせる. ぜひ別解も使いこなせるようにしたい.

▶**解答**◀ （1） 2 曲線を連立させる.

$$x^3 = 2x^2 - ax \qquad \therefore\ x(x^2 - 2x + a) = 0$$

$x^2 - 2x + a = 0$ の判別式を D とする. 求める条件は $x^2 - 2x + a = 0$ が $x = 0$ とは異なる 2 つの実数解をもつことである. それは $\dfrac{D}{4} = 1 - a > 0$ かつ $a \neq 0$, すなわち **$a < 0$ または $0 < a < 1$** である.

（2） C_1 と C_2 で囲まれる 2 つの部分の面積を左から $S_1,\ S_2$ とする. $f(x) = x^3,\ g(x) = 2x^2 - ax,$ $h(x) = f(x) - g(x)$ とおく. S_1 や S_2 は $f(x) - g(x)$ の積分によって得られるから, $y = f(x)$ と $y = g(x)$ で囲む面積は $y = f(x) - g(x)$ と x 軸で囲む図形の面積を考えるのと同じである.

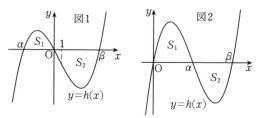

$x^2 - 2x + a = 0$ の解を $\alpha,\ \beta\ (\alpha < \beta)$ とおく. 解と係数の関係より $\alpha + \beta = 2 > 0$ だから $\beta > 0$ である.

（ア） $\alpha < 0$ のとき. 図1を参照せよ. $\alpha\beta = a < 0$ である.

$$h(x) = f(x) - g(x) = x(x^2 - 2x + a)$$

$$= x(x - \alpha)(x - \beta)$$

である.

$$S_1 = \int_{\alpha}^{0} h(x)\, dx,\quad S_2 = -\int_{0}^{\beta} h(x)\, dx$$

$$S_1 - S_2 = \int_{\alpha}^{0} h(x)\, dx + \int_{0}^{\beta} h(x)\, dx$$

$$= \int_{\alpha}^{\beta} h(x)\, dx$$

$$= \int_{\alpha}^{\beta} \left\{ x^3 - (\alpha + \beta)x^2 + \alpha\beta x \right\} dx$$

$$= \left[\dfrac{x^4}{4} - \dfrac{\alpha x^3}{3} - \dfrac{\beta x^3}{3} + \dfrac{\alpha\beta x^2}{2} \right]_{\alpha}^{\beta}$$

$$= \left(\dfrac{\beta^4}{4} - \dfrac{\alpha\beta^3}{3} - \dfrac{\beta^4}{3} + \dfrac{\alpha\beta^3}{2} \right)$$

$$-\left(\frac{\alpha^4}{4} - \frac{\alpha^4}{3} - \frac{\alpha^3\beta}{3} + \frac{\alpha^3\beta}{2}\right)$$

$$= \frac{1}{12}(\alpha^4 - \beta^4) - \frac{1}{6}\alpha\beta(\alpha^2 - \beta^2)$$

$$= \frac{1}{12}(\alpha^2 - \beta^2)(\alpha^2 + \beta^2 - 2\alpha\beta)$$

$$= \frac{1}{12}(\alpha - \beta)^3(\alpha + \beta)$$

$\alpha < \beta$, $\alpha + \beta = 2$ だから $S_1 - S_2 \neq 0$ である.

（イ）$\alpha > 0$ のとき. $0 < a < 1$ である. 図2を参照せよ.

$$S_1 = \int_0^\alpha h(x)\,dx, \quad S_2 = -\int_\alpha^\beta h(x)\,dx$$

$$S_1 - S_2 = \int_0^\alpha h(x)\,dx + \int_\alpha^\beta h(x)\,dx$$

$$= \int_0^\beta h(x)\,dx = \left[\frac{x^4}{4} - \frac{2}{3}x^3 + \frac{a}{2}x^2\right]_0^\beta$$

$$= \frac{\beta^4}{4} - \frac{2}{3}\beta^3 + \frac{a}{2}\beta^2$$

これが0に等しく, $\beta \neq 0$ なので,

$$\frac{\beta^2}{4} - \frac{2}{3}\beta + \frac{a}{2} = 0 \quad\cdots\cdots\cdots\cdots①$$

が成り立つ. ところで

$$\beta^2 - 2\beta + a = 0 \quad\cdots\cdots\cdots\cdots②$$

が成り立つから ①×2 − ② より

$$-\frac{1}{2}\beta^2 + \frac{2}{3}\beta = 0 \qquad \therefore\quad \beta = \frac{4}{3}$$

② に代入して,

$$a = 2\cdot\frac{4}{3} - \frac{16}{9} = \frac{8}{9}$$

これは $0 < a < 1$ を満たす. また, $\alpha = 2 - \beta = \frac{2}{3}$ で, $\alpha < \beta$ を満たし, 適す.

◆別解◆ （2）場合分けの前までは本解と同様.

（ア）$\alpha < 0$ のとき：$\alpha\beta = a < 0$ である. $y = h(x)$ を原点に関して対称移動した曲線 $y = -h(-x)$ を考える.

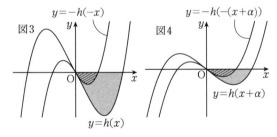

図3

$y = -h(-x)$

$y = h(x)$

図4

$y = -h(-(x+\alpha))$

$y = h(x+\alpha)$

図3の斜線部の面積が S_1, 網目部の面積が S_2 である.

$$h(x) - \{-h(-x)\}$$

$$= x(x - \alpha)(x - \beta) - x(x + \alpha)(x + \beta)$$

$$= -2(\alpha + \beta)x^2 = -4x^2$$

これより, $x > 0$ で $h(x) < -h(-x)$ となるから, 常に $S_1 < S_2$ である.

（イ）$\alpha > 0$ のとき：$0 < a < 1$ である. $y = h(x)$ を左に α だけ平行移動した曲線 $y = h(x + \alpha)$ と, それを原点に関して対称移動した曲線 $y = -h(-x + \alpha)$ を考える. 図4の斜線部の面積が S_1, 網目部の面積が S_2 である.

$$h(x + \alpha) - \{-h(-x + \alpha)\}$$

$$= x(x + \alpha)(x + \alpha - \beta) - x(x - \alpha)(x - \alpha + \beta)$$

$$= 2(2\alpha - \beta)x^2$$

$S_1 = S_2$ となる条件は $y = h(x + \alpha)$ と $y = -h(-x + \alpha)$ がぴったり重なる, すなわち $2\alpha - \beta = 0$ となることである. このとき $\alpha + \beta = 2$ と連立すると $\alpha = \frac{2}{3}$, $\beta = \frac{4}{3}$ となる. ゆえに, $a = \alpha\beta = \frac{8}{9}$ である.

注意 1°【差のグラフを考える理由】一般に2曲線 $y = f(x)$ と $y = g(x)$ の間にあって, 2直線 $x = a$, $x = b\,(a < b)$ で囲む部分全体の面積 S は

$$S = \int_a^b |f(x) - g(x)|\,dx$$

で計算できる. この式は, S が, $y = f(x) - g(x)$ と x 軸の間にあって2直線 $x = a$, $x = b\,(a < b)$ で囲む部分全体の面積に等しいことを示している. 3次関数と2次関数の交点の様子を直接描くと見づらい. このような場合は差（一方から他方を引いたもの）のグラフを考えるとよい.

2°【間口が広けりゃ庭は広い】$\frac{\alpha + \beta}{2} = 1$ だから図1の場合, x 軸と囲む2つの部分で, 左は間口が狭く右は間口が広いので, 右の方が面積が大きいに決まっている. 2つの面積が同じなら間口の広さは同じである. つまり, 図2の場合では $\beta = 2\alpha$ は当たり前である.

3°【図形的な解法】よく知られているように, 3次関数のグラフは変曲点に関して対称である.

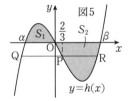

図5

S_1

$\frac{2}{3}$

S_2

β

α

Q

O

P

R

x

$y = h(x)$

$h(x) = x^3 - 2x^2 + ax$ について $h''(x) = 6x - 4$ だから変曲点 P は $P\left(\frac{2}{3}, h\left(\frac{2}{3}\right)\right)$ である. $\alpha < 0$ のとき図5で, 曲線 $y = h(x)$ と線分 PQ が囲む面積は, 曲線 $y = h(x)$ と線分 PR が囲む面積に等しい. したがって図6のようになっていて, $S_1 < S_2$ である.

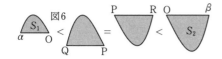

図6

この考察から（イ）の場合の答えも見える．図2で点 $(\alpha, 0)$ は変曲点である．

$$\alpha = \frac{2}{3}, \ \beta = 2\alpha = \frac{4}{3}$$

であり，解と係数の関係より $a = \alpha\beta = \frac{8}{9}$ である．

4°【3次関数のグラフは変曲点に関して点対称である】

$$f(x) = ax^3 + bx^2 + cx + d$$

とする．変曲点は $\left(-\frac{b}{3a}, \ f\left(-\frac{b}{3a}\right)\right)$ である．

$$\frac{1}{2}\left\{f\left(-\frac{b}{3a}+t\right) + f\left(-\frac{b}{3a}-t\right)\right\} = f\left(-\frac{b}{3a}\right)$$

であることを証明する． $p = -\dfrac{b}{3a}$ とおく．

$$f(p+t) = a(p+t)^3 + b(p+t)^2 + c(p+t) + d$$
$$= a(p^3 + 3p^2t + 3pt^2 + t^3)$$
$$\qquad + b(p^2 + 2pt + t^2) + c(p+t) + d$$
$$f(p-t) = a(p^3 - 3p^2t + 3pt^2 - t^3)$$
$$\qquad + b(p^2 - 2pt + t^2) + c(p-t) + d$$
$$\frac{f(p+t) + f(p-t)}{2}$$
$$= a(p^3 + 3pt^2) + b(p^2 + t^2) + cp + d$$
$$= ap^3 + (3ap+b)t^2 + bp^2 + cp + d$$

$3ap + b = 0$ であるから

$$\frac{f(p+t) + f(p-t)}{2} = ap^3 + bp^2 + cp + d = f(p)$$

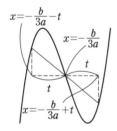

《3次関数・4次関数》

15. 実数 p, q に対して，4次関数
$f(x) = x^4 - 3px^2 + 4qx \ (p^3 > 2q^2)$ は $x = \alpha$, β, γ $(\alpha < \beta < \gamma)$ で極値をとるとする．また，xy 平面において，点 A$(\alpha, f(\alpha))$，点 B$(\beta, f(\beta))$，点 C$(\gamma, f(\gamma))$ とし，2次関数 $y = g(x)$ のグラフは3点 A, B, C を通るとする．次の問いに答えよ．

（1） $p = q = 4$ としたときの $y = f(x)$ のグラフの概形を描け．

（2） $g(x)$ を p, q, x を用いて表せ．

（3） $f(\gamma) = 0$ が成り立つとき，q, α, β, γ を p を用いてそれぞれ表せ．

（4） $p = 4$ とする．$f(\gamma) = 0$ が成り立つとき，3次関数 $y = f'(x)$ のグラフと2次関数 $y = g(x)$ のグラフで囲まれた部分の面積 S を求めよ．

(18 同志社大・文系)

▶解答◀ （1） $f(x) = x^4 - 12x^2 + 16x$ より

$$f'(x) = 4x^3 - 24x + 16 = 4(x^3 - 6x + 4)$$
$$= 4(x-2)(x^2 + 2x - 2)$$

$x^2 + 2x - 2 = 0$ を解くと，$x = -1 \pm \sqrt{3}$

x	$\cdots$	$-1-\sqrt{3}$	$\cdots$	$-1+\sqrt{3}$	$\cdots$	2	$\cdots$
$f'(x)$	$-$	0	$+$	0	$-$	0	$+$
$f(x)$	$\searrow$		$\nearrow$		$\searrow$		$\nearrow$

$$x^4 - 12x^2 + 16x$$
$$= (x^2 + 2x - 2)(x^2 - 2x - 6) + 12(2x - 1)$$

より

$$f(-1 \pm \sqrt{3}) = 12(-2 \pm 2\sqrt{3} - 1)$$
$$= -36 \pm 24\sqrt{3} \ (複号同順)$$
$$f(2) = 16 - 48 + 32 = 0$$

よって $y = f(x)$ の概形は図1のようになる．

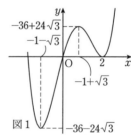

図1

（2） $f'(x) = 4x^3 - 6px + 4q$

$f'(x) = 0$ の解は $x = \alpha$, β, γ である．

$$f(x) = \frac{1}{4}x(4x^3 - 6px + 4q) - \frac{3}{2}px^2 + 3qx$$

また $p^3 > 2q^2$ より $p > 0$ である．

$$f(\alpha) = -\frac{3}{2}p\alpha^2 + 3q\alpha$$
$$f(\beta) = -\frac{3}{2}p\beta^2 + 3q\beta$$
$$f(\gamma) = -\frac{3}{2}p\gamma^2 + 3q\gamma$$

これらは点 A$(\alpha, f(\alpha))$，B$(\beta, f(\beta))$，C$(\gamma, f(\gamma))$ が曲線 $y = -\dfrac{3}{2}px^2 + 3qx$ 上にあることを示している．

3点 A, B, C を通る2次関数はただ1つに決まるから，

$$g(x) = -\frac{3}{2}px^2 + 3qx$$

（3） $4x^3 - 6px + 4q = 0$ において，解と係数の関係より

$$\alpha + \beta + \gamma = 0 \quad \cdots\cdots\cdots\cdots\cdots\cdots① $$

$$\alpha\beta + \beta\gamma + \gamma\alpha = -\frac{3}{2}p \quad \cdots\cdots\cdots\cdots② $$

$$\alpha\beta\gamma = -q \quad \cdots\cdots\cdots\cdots\cdots\cdots③ $$

$f(\gamma) = 0$ より

$$-\frac{3}{2}p\gamma^2 + 3q\gamma = 0 $$

$\gamma = 0$ または $\dfrac{2q}{p}$ である.

$\gamma = 0$ のとき，③より $q = 0$. このとき
$f'(x) = 4x^3 - 6px = 2x(2x^2 - 3p)$ となり，$f'(x) = 0$
を解くと $x = 0, \pm\sqrt{\dfrac{3p}{2}}$ となるが，$\alpha < \beta < \gamma = 0$ よ
り，$x = \sqrt{\dfrac{3p}{2}}$ となる解が存在しないから，不適.

$\gamma = \dfrac{2q}{p}$ のとき③より

$$\alpha\beta = -\frac{p}{2} \quad \cdots\cdots\cdots\cdots\cdots\cdots④ $$

①，②，④より

$$-\frac{p}{2} - \gamma^2 = -\frac{3}{2}p \qquad \therefore \quad \gamma^2 = p \quad \cdots\cdots⑤ $$

$p > 0, \alpha < \beta$ と④より $\beta > 0, \gamma > 0$ であるから

$$\gamma = \sqrt{p}, \quad q = \frac{p}{2}\gamma = \frac{p\sqrt{p}}{2} $$

①と②より

$$\alpha + \beta = -\sqrt{p}, \quad \alpha\beta = -\frac{p}{2} $$

これより α, β は t の2次方程式 $t^2 + \sqrt{p}\,t - \dfrac{p}{2} = 0$ の
解である.

$$t = \frac{-\sqrt{p} \pm \sqrt{p + 2p}}{2} = \frac{-1 \pm \sqrt{3}}{2}\sqrt{p} $$

$\alpha < \beta$ より，$\alpha = \dfrac{-1 - \sqrt{3}}{2}\sqrt{p}, \beta = \dfrac{-1 + \sqrt{3}}{2}\sqrt{p}$

（4） $p = 4$ より $q = \dfrac{1}{2}\cdot 4 \cdot 2 = 4$

これより

$$f(x) = x^4 - 12x^2 + 16x, \quad g(x) = -6x^2 + 12x $$

$$f'(x) - g(x) $$
$$= (4x^3 - 24x + 16) - (-6x^2 + 12x) $$
$$= 4x^3 + 6x^2 - 36x + 16 $$
$$= 2(x + 4)(2x - 1)(x - 2) $$

であるから $-4 < x < \dfrac{1}{2}$ のとき $f'(x) - g(x) > 0$,
$\dfrac{1}{2} < x < 2$ のとき $f'(x) - g(x) < 0$

$$S = \int_{-4}^{\frac{1}{2}} \{f'(x) - g(x)\}\,dx $$

$$-\int_{\frac{1}{2}}^{2} \{f'(x) - g(x)\}\,dx $$

$$= \int_{-4}^{\frac{1}{2}} (4x^3 + 6x^2 - 36x + 16)\,dx $$

$$-\int_{\frac{1}{2}}^{2} (4x^3 + 6x^2 - 36x + 16)\,dx $$

$$= \Big[x^4 + 2x^3 - 18x^2 + 16x \Big]_{-4}^{\frac{1}{2}} $$

$$+ \Big[x^4 + 2x^3 - 18x^2 + 16x \Big]_{2}^{\frac{1}{2}} $$

$$= 2\Big(\frac{1}{16} + \frac{1}{4} - \frac{9}{2} + 8 \Big) $$
$$-(256 - 128 - 288 - 64) - (16 + 16 - 72 + 32) $$
$$= \frac{61}{8} + 224 + 8 = \frac{1917}{8} $$

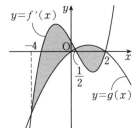

《数列と面積》

16. $f_1(x) = x^2$ とし，$n = 1, 2, 3, \cdots$ に対して
$$f_{n+1}(x) = |f_n(x) - 1| $$
と定める. 以下の問に答えよ.

（1） $y = f_2(x), y = f_3(x)$ のグラフの概形を
かけ.

（2） $0 \leqq x \leqq \sqrt{n-1}$ において
$$0 \leqq f_n(x) \leqq 1 $$
であることと，$\sqrt{n-1} \leqq x$ において
$$f_n(x) = x^2 - (n-1) $$
であることを示せ.

（3） $n \geqq 2$ とする. $y = f_n(x)$ のグラフと x 軸
で囲まれた図形の面積を S_n とする. $S_n + S_{n+1}$
を求めよ.

（18 神戸大・後期）

▶解答◀ （1） $f_2(x) = |f_1(x) - 1| = |x^2 - 1|$
$y = f_2(x)$ のグラフは，$y = x^2 - 1$ のグラフの $y < 0$ の
部分を x 軸に関して折り返したものであり，図1のよう
になる.

$$f_3(x) = |f_2(x) - 1| = \big| |x^2 - 1| - 1 \big| $$

$y = f_3(x)$ のグラフは，$y = f_2(x)$ のグラフを1だけ下
に下げた $y = f_2(x) - 1$ のグラフで $y < 0$ の部分を x

軸に関して折り返すことによって得られ，図2のようになる．

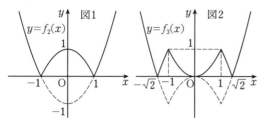

（2）　数学的帰納法で示す．

$n=1$ のとき，$f_1(x)=x^2$ である．

$0 \leqq x \leqq \sqrt{1-1}$ すなわち $x=0$ のとき $0 \leqq f_1(x) \leqq 1$ は成立している．また，$\sqrt{1-1} \leqq x$ すなわち $0 \leqq x$ のとき $f_1(x)=x^2=x^2-(1-1)$ であるから成立している．

$n=k$ のとき成り立つと仮定する．$0 \leqq x \leqq \sqrt{k-1}$ において $0 \leqq f_k(x) \leqq 1$ であり，$\sqrt{k-1} \leqq x$ において $f_k(x)=x^2-(k-1)$ である．

$$f_{k+1}(x)=\left| f_k(x)-1 \right|$$

について，$0 \leqq x \leqq \sqrt{k-1}$ のとき，$f_k(x)-1 \leqq 0$ であるから

$$f_{k+1}(x)=-f_k(x)+1 \quad \cdots\cdots\cdots\cdots\cdots ①$$

$\sqrt{k-1} \leqq x$ のとき，$f_k(x)=x^2-(k-1)$ であるから

$$f_{k+1}(x)=\left| x^2-(k-1)-1 \right|=\left| x^2-k \right|$$

である．

$\sqrt{k-1} \leqq x \leqq \sqrt{k}$ のとき

$$f_{k+1}(x)=\left| x^2-k \right|=-x^2+k \quad \cdots\cdots\cdots\cdots ②$$

であり，

$0 \leqq x \leqq \sqrt{k-1}$ において

$$0 \leqq -f_k(x)+1 \leqq 1$$
$$0 \leqq f_{k+1}(x) \leqq 1$$

$\sqrt{k-1} \leqq x \leqq \sqrt{k}$ において

$$0 \leqq -x^2+k \leqq 1$$
$$0 \leqq f_{k+1}(x) \leqq 1$$

よって，$0 \leqq x \leqq \sqrt{k}$ において $0 \leqq f_{k+1}(x) \leqq 1$ が成り立つ．

　また，$\sqrt{k} \leqq x$ において

$$f_{k+1}(x)=\left| x^2-k \right|$$
$$=x^2-k$$
$$=x^2-\{(k+1)-1\}$$

である．

したがって，$n=k+1$ のときも成り立ち，数学的帰納法によって示された．

（3）　$y=f_n(x)$ のグラフは y 軸に関して対称である．

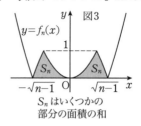

S_n はいくつかの
部分の面積の和

（2）で示したことから，S_n は図3の網目部分の面積である．図3のグラフは $n=3$ の場合を描いている．

$$S_n=\int_{-\sqrt{n-1}}^{\sqrt{n-1}} f_n(x)\,dx=2\int_0^{\sqrt{n-1}} f_n(x)\,dx$$

$$S_{n+1}=2\int_0^{\sqrt{n}} f_{n+1}(x)\,dx$$

であるから

$$S_n+S_{n+1}$$
$$=2\left\{\int_0^{\sqrt{n-1}} f_n(x)\,dx+\int_0^{\sqrt{n}} f_{n+1}(x)\,dx\right\}$$

$$\frac{1}{2}(S_n+S_{n+1})$$
$$=\int_0^{\sqrt{n-1}} f_n(x)\,dx+\int_0^{\sqrt{n}} f_{n+1}(x)\,dx$$
$$=\int_0^{\sqrt{n-1}} f_n(x)\,dx+\int_0^{\sqrt{n-1}} f_{n+1}(x)\,dx$$
$$+\int_{\sqrt{n-1}}^{\sqrt{n}} f_{n+1}(x)\,dx$$
$$=\int_0^{\sqrt{n-1}} \{f_n(x)+f_{n+1}(x)\}\,dx$$
$$+\int_{\sqrt{n-1}}^{\sqrt{n}} f_{n+1}(x)\,dx$$

①から，$0 \leqq x \leqq \sqrt{n-1}$ のとき

$$f_{n+1}(x)=-f_n(x)+1$$
$$f_n(x)+f_{n+1}(x)=1$$

②から，$\sqrt{n-1} \leqq x \leqq \sqrt{n}$ のとき

$$f_{n+1}(x)=-x^2+n$$

であるから

$$\frac{1}{2}(S_n+S_{n+1})=\int_0^{\sqrt{n-1}} dx$$
$$+\int_{\sqrt{n-1}}^{\sqrt{n}} (-x^2+n)\,dx$$
$$=\left[\, x \,\right]_0^{\sqrt{n-1}}+\left[\, -\frac{1}{3}x^3+nx \,\right]_{\sqrt{n-1}}^{\sqrt{n}}$$
$$=\sqrt{n-1}-\frac{1}{3}(\sqrt{n})^3+n\sqrt{n}$$

$$+\frac{1}{3}(\sqrt{n-1})^3-n\sqrt{n-1}$$

$$=-\frac{1}{3}(\sqrt{n})^3+\frac{1}{3}(\sqrt{n-1})^3$$

$$+(\sqrt{n})^3-\sqrt{n-1}(n-1)$$

$$=\frac{2}{3}(\sqrt{n})^3+\frac{1}{3}(\sqrt{n-1})^3-(\sqrt{n-1})^3$$

$$=\frac{2}{3}(\sqrt{n})^3-\frac{2}{3}(\sqrt{n-1})^3$$

$$S_n+S_{n+1}=\frac{4}{3}(\sqrt{n})^3-\frac{4}{3}(\sqrt{n-1})^3$$

♦別解♦ $f_{n+1}(x)=\bigl|f_n(x)-1\bigr|$

曲線 $C_n : y=f_n(x)$ が定まったとき，曲線 $y=f_n(x)$ を下に 1 だけ下げて（x 軸を 1 だけ上げて），x 軸より下方に出た部分を x 軸に関して折り返すと曲線 $C_{n+1} : y=f_{n+1}(x)$ が得られる．

したがって，曲線 $y=x^2$ に対し，$y=1,2,3,\cdots$ を記入し，$y=1$ の下方に出た部分を上方に折り返し，C_1 の $y=1$ の上方部分とあわせて，C_2 が得られ，C_2 の $y=2$ の下方に出た部分を上方に折り返し，C_2 の $y=2$ の上方部分とあわせて，C_3 が得られ，$\cdots$ となる．図で S_3 は $1\leqq y\leqq 2$ の部分の 2 か所の面積の和，あるいは，$2\leqq y\leqq 3$ の部分の 2 か所の面積の和である．他も同様である．

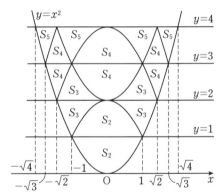

$\frac{1}{6}$ 公式を用いて

$$S_n+S_{n+1}=\frac{1}{6}(2\sqrt{n})^3-\frac{1}{6}(2\sqrt{n-1})^3$$

$$=\frac{4}{3}(\sqrt{n})^3-\frac{4}{3}(\sqrt{n-1})^3$$

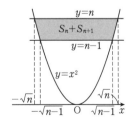

C_1 にとっての x 軸は $y=0$

C_2 にとっての x 軸は $y=1$

C_3 にとっての x 軸は $y=2$

$\cdots$ となる．

《回転体の体積》

17. 座標空間に立方体 K があり，原点 O と 3 点 A$(a,b,0)$，B(r,s,t)，C$(3,0,0)$ が次の条件をみたしている．

（ i ） OA, AB, BC は立方体 K の辺である．

（ ii ） OC は立方体 K の辺ではない．

（ iii ） $b>0,\, t>0$

このとき，以下の問いに答えよ．

（ 1 ） 立方体 K の一辺の長さ l を求めよ．

（ 2 ） 点 A の座標を求めよ．

（ 3 ） 点 B の座標を求めよ．

（ 4 ） 辺 AB 上の点 P から x 軸に下ろした垂線の足を H$(x,0,0)$ とする．PH の長さを x を用いて表せ．

（ 5 ） 立方体 K を x 軸を回転軸として 1 回転させて得られる回転体の体積 V を求めよ．

（14 名工大）

考え方 頻出問題である．しかし，初見の人には難問である．2010 年京大文系（文系なのに体積！）に出題されたときには，正解者が 0 であったらしい．2015 年大阪市立大にも出題されている．こうした問題は余所行きになって丁寧に解説する大人が多いが，それは解説であって，そんな解答を書いたら時間内に答えが出ない．数学は答えが出てナンボで，説明無用で計算すればよい．

図は解答の図を見よ．直角三角形 OBC, ODC, OFC は合同である．B, D, F から OC に下ろした垂線の足は一致し，それは正三角形 BDF の外心（重心）である．また，OC は平面 BDF に垂直である．同じく A, E, G から OC に下ろした垂線の足は一致し，それは正三角形 AEG の外心である．また，BD は AC, OC と垂直だから BD は平面 OAC と垂直で，BD の中点は AC の中点と一致するから，B, D は平面 OAC に関して対称である．折れ線 OABC と，折れ線 OADC を直線 OC の周りに回転してできる曲面は一致する．他の折れ線 OEBC, OEFC, OGDC, OGFC についても同様で，（5）では，折れ線 OABC の回転だけを考えればよい．

▶解答◀ （ 1 ） 立方体の 1 辺の長さが l のとき，立方体の対角線の長さは $\sqrt{3}l$ となる．$\sqrt{3}l=3$ より $l=\sqrt{3}$ である．

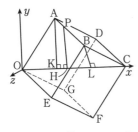

（2） OA $= \sqrt{3}$ だから OA$^2 = 3$ である.

$$a^2 + b^2 = 3 \quad \cdots\cdots\cdots\cdots\cdots①$$

AC は面の対角線だから AC $= \sqrt{2}l = \sqrt{6}$ である.
AC$^2 = 6$ より,

$$(a-3)^2 + b^2 = 6 \quad \cdots\cdots\cdots②$$

①$-$② より $6a = 6$ となる. $a = 1$ で, ① に代入して $b^2 = 2$ となる. $b > 0$ より $b = \sqrt{2}$ である.

A$(1, \sqrt{2}, 0)$ となる.

（3） OB $= \sqrt{6}$ だから

$$r^2 + s^2 + t^2 = 6 \quad \cdots\cdots\cdots\cdots③$$

BC $= \sqrt{3}$ だから

$$(r-3)^2 + s^2 + t^2 = 3 \quad \cdots\cdots\cdots④$$

AB $= \sqrt{3}$ だから

$$(r-1)^2 + (s - \sqrt{2})^2 + t^2 = 3 \quad \cdots\cdots⑤$$

③$-$④ より $6r - 9 = 3$ となり $r = 2$ である. ③, ⑤ に代入し

$$s^2 + t^2 = 2 \quad \cdots\cdots\cdots\cdots\cdots⑥$$

$$(s - \sqrt{2})^2 + t^2 = 2 \quad \cdots\cdots\cdots⑦$$

⑥$-$⑦ より

$$2\sqrt{2}s - 2 = 0 \qquad \therefore \quad s = \frac{\sqrt{2}}{2}$$

⑥ に代入し $\frac{1}{2} + t^2 = 2$ となり $t^2 = \frac{3}{2}$ である. $t > 0$ より $t = \frac{\sqrt{6}}{2}$ である. **B$\left(2, \frac{\sqrt{2}}{2}, \frac{\sqrt{6}}{2}\right)$** である.

（4） 辺 AB 上の点 P は

$$\overrightarrow{\mathrm{OP}} = (1-p)\overrightarrow{\mathrm{OA}} + p\overrightarrow{\mathrm{OB}}$$

$(0 \leqq p \leqq 1)$ とおける.

$$\overrightarrow{\mathrm{OP}} = (1-p)(1, \sqrt{2}, 0) + p\left(2, \frac{\sqrt{2}}{2}, \frac{\sqrt{6}}{2}\right)$$

$$= \left(1 + p, \frac{\sqrt{2}}{2}(2-p), \frac{\sqrt{6}}{2}p\right)$$

点 P から x 軸に下ろした垂線の足は $(1 + p, 0, 0)$ である. これが H$(x, 0, 0)$ だから $x = 1 + p$ で, $p = x - 1$ である.

$$\overrightarrow{\mathrm{OP}} = \left(x, \frac{\sqrt{2}}{2}(3-x), \frac{\sqrt{6}}{2}(x-1)\right)$$

H$(x, 0, 0)$ で,

$$\mathrm{PH}^2 = \frac{1}{2}(3-x)^2 + \frac{3}{2}(x-1)^2$$

$$= \frac{1}{2}(x^2 - 6x + 9) + \frac{3}{2}(x^2 - 2x + 1)$$

$$= 2x^2 - 6x + 6$$

$$\mathrm{PH} = \sqrt{2x^2 - 6x + 6}$$

（5） A から x 軸に下ろした垂線の足を K$(1, 0, 0)$ とする. AK $= \sqrt{2}$, OK $= 1$ である. 折れ線 OAK を x 軸の周りに回転してできる円錐の体積を V_1 とする. B から x 軸に下ろした垂線の足を L$(2, 0, 0)$ とする. 折れ線 KABL を x 軸の周りに回転してできる立体の体積を V_2 とする. 折れ線 BLC を x 軸の周りに回転してできる円錐の体積は V_1 に等しい.

$$V_1 = \frac{\pi}{3}(\sqrt{2})^2 \cdot 1 = \frac{2\pi}{3}$$

$$V_2 = \pi \int_1^2 \mathrm{PH}^2\, dx$$

$$= \pi \int_1^2 (2x^2 - 6x + 6)\, dx$$

$$= \pi \left[\frac{2}{3}x^3 - 3x^2 + 6x\right]_1^2$$

$$= \pi\left(\frac{2}{3} \cdot 7 - 3 \cdot 3 + 6\right) = \frac{5}{3}\pi$$

$$V = 2V_1 + V_2 = \frac{4\pi}{3} + \frac{5\pi}{3} = \mathbf{3\pi}$$

注意 回転してできる立体は図のようになる. 回転体の中央部分は回転一葉双曲面という. 2010 年の京大のときには, 円錐 2 つと円錐台 2 つをつなぎ合わせた立体を考えた, 気楽な誤答が続出したらしい. このタイプでは円錐台は出てこない.

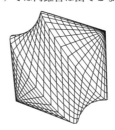

《イメージしにくい立体図形》

18. xyz 空間において, 連立不等式 $|x| \leqq 1$, $|y| \leqq 1$, $|z| \leqq 1$ の表す領域を Q とし, 原点 O$(0, 0, 0)$ を中心とする半径 r の球面を S_O とする. さらに, 点 A$(1, 1, 1)$, B$(1, -1, -1)$, C$(-1, 1, -1)$, D$(-1, -1, 1)$ を中心とし, S_O に外接する球面を, それぞれ S_A, S_B, S_C, S_D とする. このとき以下の各問いに答えよ. ここで, 「球面 X が球面 Y に外接する」とは, X と Y が互いにその外部にあって, 1 点を共有することである.

（1）S_A と S_B が共有点を持つとき，r の最大値 r_1 を求めよ．

（2）S_O, S_A, S_B, S_C, S_D およびそれらの内部の領域の和集合と，Q との共通部分の体積を $V(r)$ とする．区間 $r_1 \leqq r \leqq 1$ において，$V(r)$ が最小となる r の値 r_2 を求めよ．ここで r_1 は（1）で求めた値とする．

（3）S_O と共有点を持つどんな平面も，S_A, S_B, S_C, S_D のいずれかと共有点を持つとき，r の最大値 r_3 を求めよ． （18 東京医歯大・医）

▶解答◀ （1）$OA = \sqrt{3}$ である．

S_O に S_A が外接しているとき，中心間の距離を考えて，S_A の半径は $\sqrt{3} - r$ である．S_B, S_C, S_D の半径も同様に $\sqrt{3} - r$ である．図2を参照せよ．

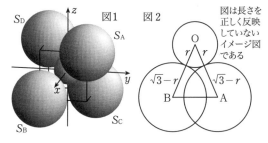

図1 図2
図は長さを正しく反映していないイメージ図である

S_A と S_B が共有点を持つ条件は
$$AB \leqq 2(\sqrt{3} - r)$$
$$2\sqrt{2} \leqq 2(\sqrt{3} - r)$$
$$r \leqq \sqrt{3} - \sqrt{2}$$
したがって，$r_1 = \sqrt{3} - \sqrt{2}$

（2）$r_1 \leqq r \leqq 1$ のとき，S_A, S_B, S_C, S_D は互いに共有点を1点より多くは持たない．したがって，$V(r)$ は S_O, S_A, S_B, S_C, S_D の体積の合計である．
$$V(r) = \frac{4}{3}\pi r^3 + 4 \cdot \frac{1}{8} \cdot \frac{4}{3}\pi(\sqrt{3} - r)^3$$
$$= \frac{2}{3}\pi\{2r^3 + (\sqrt{3} - r)^3\}$$
$$V'(r) = \frac{2}{3}\pi\{6r^2 - 3(\sqrt{3} - r)^2\}$$
$$= 2\pi(r^2 + 2\sqrt{3}r - 3)$$

$r_1 \leqq r \leqq 1$ での増減表は次のようになる．

r	r_1	$\cdots$	$\sqrt{6} - \sqrt{3}$	$\cdots$	1
$V'(r)$		$-$	0	$+$	
$V(r)$		↘		↗	

$V(r)$ が最小となるとき，$r = \sqrt{6} - \sqrt{3}$

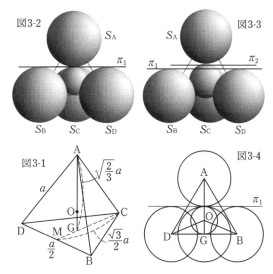

図3-2 S_A π_1 S_B S_C S_D

図3-3 S_A π_1 π_2 S_B S_C S_D

図3-1
A
a $\sqrt{\frac{2}{3}}a$
O
D M G C
$\frac{a}{2}$ $\frac{\sqrt{3}}{2}a$
B

図3-4
A
π_1
O
D G B

（3）ABCD は正四面体をなす．一辺の長さを a とすると $a = 2\sqrt{2}$ である．BD の中点を M，△BCD の重心を G とする．O は 4 点 A, B, C, D の座標を加え 4 で割ったものであるから四面体 ABCD の重心（外接球の中心）である．よく知られているように $AG = \sqrt{\frac{2}{3}}a$ で，O は AG を $3 : 1$ に内分する．

S_B, S_C, S_D を平面上に置き，さらにその上に平面 π_1 を置け．S_O は π_1 の邪魔にならないように透明な球とせよ．図3-3 のように π_1 と S_A の間にすき間があると，π_2 のような，すき間を通る平面は S_O と共有点をもつが S_A, S_B, S_C, S_D と共有点をもたないから不適．図3-2 のようにすき間がないと S_O と共有点をもつどんな平面も，S_A, S_B, S_C, S_D のいずれかと共有点をもつ．その条件は
$$2(\sqrt{3} - r) \geqq AG$$
$$2(\sqrt{3} - r) \geqq \sqrt{\frac{2}{3}}a$$
$$\sqrt{3} - r \geqq \frac{2}{\sqrt{3}}$$
$$r \leqq \frac{1}{\sqrt{3}}$$

よって，$r_3 = \frac{1}{\sqrt{3}}$

§8 数列

●●● 問題編

《等差数列と等比数列》

1. 数列 $\{a_n\}$ は a_1 が正の整数で，公比が 1 でない正の実数であるような等比数列とする．数列 $\{b_n\}$ は b_1 が整数で，公差が整数であるような等差数列とする．このとき，次の問いに答えよ．

（1） 数列 $\{a_n\}$ の各項は整数とする．数列 $\{b_n\}$ は $b_1 = 8$ であり，公差は 10 とする．$a_5 = b_5$ であるとき，数列 $\{a_n\}$ の一般項を求めよ．

（2） $a_1 = 27$ であり，数列 $\{a_n\}$ の公比は 1 より小さいとする．また，$a_1 > b_1 > 0$ と $a_3 = b_3$ を満たすとする．このとき，数列 $\{b_n\}$ の公差が最大となる場合の数列 $\{a_n\}$ と数列 $\{b_n\}$ の一般項の組をすべて求めよ．

（3） 数列 $\{a_n\}$ の公比は 1 より大きいとする．また，$a_2 = b_2$ と $a_4 = b_4$ を満たすとする．このとき，数列 $\{b_n\}$ の公差が最小となる場合の数列 $\{a_n\}$ と数列 $\{b_n\}$ それぞれの一般項を求めよ． （20 高知大・医，理工）

《シグマ計算の工夫》

2. 数列 $\{a_n\}$ を漸化式

$$a_1 = -1, \ a_{n+1} = a_n - 3n + \frac{1}{2^{n-1}} \ (n = 1, 2, 3, \cdots)$$

で定める．第 n 項 a_n に対して，a_n を超えない最大の整数を b_n，また c_n を $c_n = a_n - b_n$ より定める．ここで実数 x に対し x を超えない最大の整数とは，$N \leqq x < N + 1$ を満たす整数 N とする．このとき次の問いに答えよ．

（1） a_2, a_3, b_2, b_3 の値をそれぞれ求めよ．

（2） 数列 $\{a_n\}$ の一般項 a_n を n を用いて表せ．

（3） $n \geqq 3$ のとき，数列 $\{b_n\}$, $\{c_n\}$ の一般項をそれぞれ n を用いて表せ．

（4） 正の整数 n に対して，数列 $\{d_n\}$ を $d_n = \sum_{k=1}^{n} b_k c_k$ で定める．数列 $\{d_n\}$ の第 n 項を n を用いて表せ．

（16 同志社大・法）

《フィボナッチ数列》

3. 次の条件によって定められる数列 $\{a_n\}$ がある．

$$a_1 = 1, \ a_2 = 1, \ a_{n+2} = a_{n+1} + a_n \ (n = 1, 2, 3, \cdots\cdots)$$

以下の問いに答えよ．

（1） 2 以上の自然数 n に対して，$a_{n+2} > 2a_n$ が成り立つことを示せ．

（2） 2 以上の自然数 m は，数列 $\{a_n\}$ の互いに異なる k 個 $(k \geqq 2)$ の項の和で表されることを，数学的帰納法によって示せ．

（3） （2）における項の個数 k は，$k < 2\log_2 m + 2$ を満たすことを示せ．

（17 九大・工-後）

《分数形の漸化式》

4. 次の条件によって定まる数列 $\{a_n\}$ を考える.

$$a_1 = \frac{1}{3}, \ a_{n+1} = \frac{1}{3 - 2a_n} \ (n = 1, 2, 3, \cdots\cdots)$$

このとき,次の問いに答えよ.

（1） すべての自然数 n に対し,a_n は $\frac{1}{3} \leqq a_n < \frac{1}{2}$ を満たす有理数であることを示せ.

（2） 一般項 a_n を $a_n = \dfrac{p_n}{q_n}$ （ただし,p_n, q_n は互いに素な自然数）と既約分数で表したとき,p_{n+1} を p_n と q_n

で,q_{n+1} を p_n と q_n でそれぞれ表せ.

（3） 数列 $\{a_n\}$ の一般項 a_n を求めよ.

（17 お茶の水女子大）

《積の形の漸化式》

5. 次の条件によって定められる数列 $\{a_n\}$ がある.

$$a_1 = 2, \ a_{n+1} = 8a_n{}^2 \ (n = 1, 2, 3, \cdots)$$

（1） $b_n = \log_2 a_n$ とおく.b_{n+1} を b_n を用いてあらわせ.

（2） 数列 $\{b_n\}$ の一般項を求めよ.

（3） $P_n = a_1 a_2 a_3 \cdots a_n$ とおく.数列 $\{P_n\}$ の一般項を求めよ.

（4） $P_n > 10^{100}$ となる最小の自然数 n を求めよ.

（17 大阪大・文系）

《ガウス記号を含む数列》

6. 実数 x に対して,数列 $\{a_k(x)\}$ を次で定義する.

$$a_1(x) = x, \ a_{k+1}(x) = 2a_k(x) - [2a_k(x)] \ (k = 1, 2, 3, \cdots)$$

ただし,実数 x に対して $[x]$ は x 以下の最大の整数を表す.正の整数 n に対して,S_n を次の条件(*)を満たす有理

数 $\dfrac{i}{n}$ （i は 1 以上 $n-1$ 以下の整数）全体の集合とする.

    (*) ある正の整数 k が存在して,$a_k\left(\dfrac{i}{n}\right) = 0$

次の設問に答えよ.

（1） S_{12} を求めよ.

（2） $S_1, S_2, S_3, \cdots, S_{2018}$ の少なくとも 1 つに属する要素全体の集合を T とするとき,T の要素の個数を求め

よ.

（18 早稲田大・商）

《隠れた群数列》

7. 数列 $\{a_n\}$ を次のように定める.

$$a_1 = 1, \ a_{n+1} = \begin{cases} a_n - 1 & a_n > 0 \ \text{のとき} \\ n & a_n \leqq 0 \ \text{のとき} \end{cases} \ (n = 1, 2, 3, \cdots\cdots)$$

次の問いに答えよ.

（1） $a_n = 10000$ となる最小の n の値を求めよ.

（2） $\{a_n\}$ の初項から第 n 項までの和を S_n で表す.$S_n \geqq 10000$ となる最小の n の値を求めよ.

（19 名古屋市立大・医）

194

《特殊な条件で与えられた数列》

8. 整数 n に対し，整数 $f(n)$ が次の条件（ⅰ），（ⅱ），（ⅲ）を満たすように定義されている．

（ⅰ）$f(2015) = 0$

（ⅱ）すべての整数 n に対して，$f(f(n) + 4) = n$

（ⅲ）すべての整数 n に対して，$f(2n) < f(2n + 2)$

次の設問に答えよ．

（1）$f(4)$ を求めよ．

（2）整数 n に対し，$f(4n + 1)$ を求めよ．

（15 早稲田大・商）

《フィボナッチ数列と稠密性》

9. 次の問いに答えよ．

（1）r, s を $r < s$ である有理数とするとき，$r < c < s$ をみたす無理数 c が存在することを示せ．

（2）α, β を $\alpha < \beta$ である実数とするとき，$\alpha < q < \beta$ をみたす有理数 q が存在することを示せ．

（3）x を有理数の定数とする．このとき，不等式 $\left| x - \dfrac{n}{m} \right| < \dfrac{1}{m^2}$ をみたすような自然数 m と整数 n を用いて $\dfrac{n}{m}$ の形に表すことができる有理数は有限個であることを示せ．

（4）条件式 $a_1 = a_2 = 1$, $a_{n+2} = a_{n+1} + a_n$ $(n = 1, 2, 3, \cdots\cdots)$ により数列 $\{a_n\}$ を定め，$x = \dfrac{1 + \sqrt{5}}{2}$ とする．

不等式

$$\left| x - \frac{a_{n+1}}{a_n} \right| < \frac{1}{a_n^2} \qquad (n = 1, 2, 3, \cdots\cdots)$$

を示せ．

（16 阪大・挑戦枠）

《漸化式と母関数》

10. n, k を，$1 \leqq k \leqq n$ を満たす整数とする．n 個の整数

$$2^m \quad (m = 0, 1, 2, \cdots, n - 1)$$

から異なる k 個を選んでそれらの積をとる．k 個の整数の選び方すべてに対しこのように積をとることにより得られる ${}_nC_k$ 個の整数の和を $a_{n,k}$ とおく．例えば，

$$a_{4,3} = 2^0 \cdot 2^1 \cdot 2^2 + 2^0 \cdot 2^1 \cdot 2^3 + 2^0 \cdot 2^2 \cdot 2^3 + 2^1 \cdot 2^2 \cdot 2^3 = 120$$

である．

（1）2 以上の整数 n に対し，$a_{n,2}$ を求めよ．

（2）1 以上の整数 n に対し，x についての整式

$$f_n(x) = 1 + a_{n,1}x + a_{n,2}x^2 + \cdots + a_{n,n}x^n$$

を考える．$\dfrac{f_{n+1}(x)}{f_n(x)}$ と $\dfrac{f_{n+1}(x)}{f_n(2x)}$ を x についての整式として表せ．

（3）$\dfrac{a_{n+1, k+1}}{a_{n,k}}$ を n, k で表せ．

（20 東大・共通）

《チェビシェフの多項式》

11. 以下の問いに答えよ.

（1） 等式 $\sin 5\theta = f_5(\sin\theta)$ を満たす 5 次多項式 $f_5(x)$ を求めよ.

（2） n を正の奇数とする. ある n 次多項式 $f_n(x)$ が存在して, 等式

$$\sin(n\theta) = f_n(\sin\theta)$$

が成立することを示せ.

（3） n を正の偶数とする. どのような多項式 $g(x)$ を用いても, 等式

$$\sin(n\theta) = g(\sin\theta)$$

が成立しないことを示せ. (16 東北大・理)

《方程式の自然数解の個数》

12. $x,\ y,\ z$ の 1 次方程式

$$x + y + z = 2k - 1 \quad\cdots\cdots\cdots①$$

について, 次の問に答えよ. ただし, 定数 k は $k \geqq 6$ を満たす整数である.

（1） 方程式 ① の整数解 (x, y, z) のうち, $x > 0,\ y > 0,\ z > 0$ をすべて満たすものは全部で何個あるか, k を用いて表せ.

（2） （1）のうち, $x \leqq k$ を満たすものは全部で何個あるか, k を用いて表せ.

（3） （1）のうち, $x \leqq k,\ y \leqq k+1,\ z \leqq k+2$ をすべて満たすものは全部で何個あるか, k を用いて表せ. (16 早稲田大・社会)

《図形問題と漸化式》

13. a と b を正の実数とする. △ABC において, ∠B と ∠C は鋭角とする. 点 A を通り辺 BC に直交する直線を引き, 辺 BC との交点を X_1 とし, 線分 AX_1 の長さを 1 とする. また, $BX_1 = a$, $CX_1 = b$ とする. 各 $n = 1,\ 2,\ 3,\ \cdots$ に対して以下の操作を行う.

辺 BC 上の点 X_n を通り辺 AC に平行な直線を引き, 辺 AB との交点を Y_n とする. また, 点 Y_n を通り辺 BC に平行な直線を引き, 辺 AC との交点を Z_n とする. 点 Z_n を通り辺 BC に直交する直線を引き, 辺 BC との交点を X_{n+1} とする.

線分 $Z_n X_{n+1}$ の長さを l_n とするとき, 以下の問いに答えよ.

（1） l_1 を $a,\ b$ を用いて表せ.

（2） l_{n+1} を $l_n,\ a,\ b$ を用いて表せ.

（3） $b = 8a$ のとき, $l_n > \dfrac{1}{2}$ となる最小の奇数 n を求めよ. 必要ならば, $3.169 < \log_2 9 < 3.17$ を用いてよい. (15 熊本大・前期)

《数字の入れ方と漸化式》

14. n を2以上の整数とする．正方形の形に並んだ $n \times n$ のマスに0または1のいずれかの数字を入れる．マスは上から第1行，第2行，$\cdots$，左から第1列，第2列，$\cdots$，と数える．数字の入れ方についての次の条件 p を考える．

条件 p：1から $n-1$ までのどの整数 i, j についても，第 i 行，第 $i+1$ 行と第 j 列，第 $j+1$ 列とが作る 2×2 の4個のマスには0と1が2つずつ入る．

（$n=4$ の場合の入れ方の例）

（1）条件 p を満たすとき，第 n 行と第 n 列の少なくとも一方には0と1が交互に現れることを示せ．

（2）条件 p を満たすような数字の入れ方の総数 a_n を求めよ．

（15　阪大・理系）

《場合の数と漸化式》

15. 形と色が異なる5種類のタイルがある．形にはS型，L型の2種類があり，S型のタイルは2辺の長さが1と2であるような長方形，L型のタイルは2辺の長さが1と3であるような長方形をしている．さらに，S型のタイルには赤，青，黄の3色，L型のタイルには白，黒の2色がある．

自然数 n に対して，縦の長さが1，横の長さが n であるような長方形をした壁一面にこれらのタイルを隙間なく重なりなく貼るとき，そのようなタイルの並べ方の総数を a_n とする．ただし，$a_1 = 0$ とし，タイルは5種類とも何枚でも利用できるものとする．

（1）a_2 と a_3 を求めよ．

（2）a_n, a_{n+1} を用いて a_{n+3} を表せ．

（3）$b_n = a_n + a_{n+1}$ とおくとき，b_n, b_{n+1} を用いて b_{n+2} を表せ．

（4）$c_n = b_{n+1} - qb_n$ とおくとき，$\{c_n\}$ が等比数列となるような定数 q をすべて求めよ．また，そのときの公比 r を求めよ．

（5）b_n を求めよ．

（6）$\displaystyle\sum_{k=1}^{n} a_k$ を求めよ．

（7）a_n を求めよ．

（19　東京理科大・理）

《ランダムウォーク》

16. コインを投げて数直線上を動く点Pがある．次の規則がある．

コインを投げて，表が出れば座標が1増え，裏が出れば座標が1減る．ただし，座標が0のときに裏が出ても座標は0のままである．コインを1回投げた後にPの座標は0であった．

コインを n 回投げた後で座標が t である確率を $M(n, t)$ と表す．$M(n, t)$ を求めよ．

ただし，n は自然数，t は0以上の整数で，範囲はいずれも実現可能な範囲で答えよ．　（18　慶應大・商／改題）

《連立漸化式》

17. 3個の玉が横に一列に並んでいる．コインを1回投げて，それが表であれば，そのときに中央にある玉とその左にある玉とを入れ替える．また，それが裏であれば，そのときに中央にある玉とその右にある玉とを入れ替える．この操作を繰り返す．

（1） 最初に中央にあったものが n 回後に中央にある確率を求めよ．

（2） 最初に右端にあったものが n 回後に右端にある確率を求めよ． （14 信州大・経・理・医）

《マルコフ過程と漸化式》

18. 座標平面上の原点を中心とする半径1の円上の動点 A, B, C を考える．以下，A が $(1, 0)$，B が $(0, 1)$，C が $(-1, 0)$ にいる状態を初期状態と呼ぶ．

8枚の硬貨 $Q_1, Q_2, Q_3, \cdots, Q_8$ を同時に投げる試行を T とする．A, B, C はいずれも，試行 T を行うたびに次の規則に従って動く．

$n = 1, 2, 3, \cdots, 8$ に対して，

$\left(\cos \dfrac{n}{4}\pi, \sin \dfrac{n}{4}\pi \right)$ にいる動点は，

硬貨 Q_n が表となったとき

$\left(\cos \dfrac{n+1}{4}\pi, \sin \dfrac{n+1}{4}\pi \right)$ に動き，

硬貨 Q_n が裏となったとき

$\left(\cos \dfrac{n-1}{4}\pi, \sin \dfrac{n-1}{4}\pi \right)$ に動く．

この規則により，ある時点で座標が一致している複数の動点は，試行 T の後も座標が一致する．

（1） 初期状態から試行 T を2回行ったとき，A と B の座標が一致している確率は $\dfrac{\Box}{\Box}$ であり，A と C の座標が一致している確率は $\dfrac{\Box}{\Box}$ である．また，A, B, C の座標が全て一致している確率は $\dfrac{\Box}{\Box}$ である．

（2） 初期状態から試行 T を2回行ったとき，A と B の座標が一致しているとする．このとき，C の座標が A, B の座標と一致している確率は $\dfrac{\Box}{\Box}$ である．

（3） 初期状態から試行 T を4回行ったとき，A と C の座標が一致している確率は $\dfrac{\Box}{\Box}$ である．

（4） 初期状態から試行 T を5回行ったとき，A と C の座標が一致している確率は $\dfrac{\Box}{\Box}$ である．

（20 慶應大・商）

《等差数列と等比数列》

1. 数列 $\{a_n\}$ は a_1 が正の整数で，公比が 1 でない正の実数であるような等比数列とする．数列 $\{b_n\}$ は b_1 が整数で，公差が整数であるような等差数列とする．このとき，次の問いに答えよ．

（1）数列 $\{a_n\}$ の各項は整数とする．数列 $\{b_n\}$ は $b_1 = 8$ であり，公差は 10 とする．$a_5 = b_5$ であるとき，数列 $\{a_n\}$ の一般項を求めよ．

（2）$a_1 = 27$ であり，数列 $\{a_n\}$ の公比は 1 より小さいとする．また，$a_1 > b_1 > 0$ と $a_3 = b_3$ を満たすとする．このとき，数列 $\{b_n\}$ の公差が最大となる場合の数列 $\{a_n\}$ と数列 $\{b_n\}$ の一般項の組をすべて求めよ．

（3）数列 $\{a_n\}$ の公比は 1 より大きいとする．また，$a_2 = b_2$ と $a_4 = b_4$ を満たすとする．このとき，数列 $\{b_n\}$ の公差が最小となる場合の数列 $\{a_n\}$ と数列 $\{b_n\}$ それぞれの一般項を求めよ．

(20 高知大・医，理工)

▶解答◀ 数列 $\{a_n\}$ の公比を r，数列 $\{b_n\}$ の公差を d とする．a_1 は正の整数，$r > 0$，d は整数である．

（1）a_n はつねに整数であるから $r = \dfrac{a_2}{a_1}$ は有理数である．もし，r が整数でない分数であるとすると，$r = \dfrac{p}{q}$（p, q は互いに素な自然数，$q \geqq 2$）とおけて

$$a_n = a_1 r^{n-1} = a_1 \left(\frac{p}{q}\right)^{n-1}$$

n が十分大きいとき $\dfrac{a_1}{q^{n-1}} < 1$ となり，分母の q は約分できず a_n は整数にならない．よって r は整数である．$a_5 = b_5$，$b_1 = 8$，$d = 10$ より $b_5 = 8 + 4 \cdot 10 = 48$

$$a_1 r^4 = 3 \cdot 2^4$$
$$a_1 = 3,\ r = 2 \qquad \therefore\ a_n = \boldsymbol{3 \cdot 2^{n-1}}$$

（2）d の最大を考えるから d は正の整数としてよい．$0 < r < 1$ より a_n は減少する．図1を見よ（ただしイメージである）．

$$1 \leqq b_1 < b_3 < 27$$
$$1 \leqq b_1 < b_1 + 2d < 27$$
$$2d < 27 - b_1 \leqq 27 - 1 = 26$$

$d < 13$ より $d \leqq 12$ である．最大の $d = 12$ で，

$$1 \leqq b_1 < b_1 + 24 < 27$$

$b_1 < 3$ で，$b_1 = 1, 2$

$$b_n = 1 + 12(n-1),\ 2 + 12(n-1)$$

このとき順に $a_3 = b_3 = 25, 26$

$$r^2 = \frac{a_3}{a_1} = \frac{25}{27},\ \frac{26}{27}$$
$$r = \frac{5}{3\sqrt{3}},\ \frac{\sqrt{26}}{3\sqrt{3}}$$
$$\boldsymbol{a_n = 27\left(\frac{5\sqrt{3}}{9}\right)^{n-1},\ b_n = 12n - 11}\ \text{または}$$
$$\boldsymbol{a_n = 27\left(\frac{\sqrt{78}}{9}\right)^{n-1},\ b_n = 12n - 10}$$

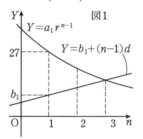

図1

（3）$a_1, a_2 = b_2$ は正の整数である．$r = \dfrac{a_2}{a_1}$ は正の有理数で $\dfrac{a_2}{a_1} = \dfrac{p}{q}$ とおける．ただし $r > 1$ であるから p, q は互いに素な自然数で，$p > q \geqq 1$ である．$b_4 = a_4 = a_1 r^3 = \dfrac{a_1 p^3}{q^3}$ は正の整数であるから a_1 は q^3 の倍数である．$a_1 = kq^3$（k は自然数）とおくと $b_4 = kp^3$ となる．$a_2 = a_1 r = kq^3 \cdot \dfrac{p}{q} = kpq^2$ となり，$b_2 = a_2 = kpq^2$ であるから，$b_4 = kp^3$，$b_2 = kpq^2$ を $b_4 - b_2 = 2d$ に代入し

$$2d = kp(p-q)(p+q)$$

$k \geqq 1$，$p > q \geqq 1$ より $p \geqq 2$，$q \geqq 1$ である．

$$2d \geqq 1 \cdot 2(2-1)(2+1) = 6$$

最小の $d = 3$ である．このとき $k = 1$，$p = 2$，$q = 1$，$r = \dfrac{2}{1} = 2$，$a_1 = kq^3 = 1$ であるから $b_2 = a_2 = a_1 r = 2$

$$a_n = \boldsymbol{2^{n-1}},\ b_n = 3(n-2) + 2 = \boldsymbol{3n - 4}$$

$b_n = 3(n-2) + 2$ は $n = 1$ でも成り立つ．

♦別解♦ （2） $a_n > 0$ である．b_n は整数である．

$r > 1$ より a_n は増加する．

$$b_4 = a_4 > a_2 = b_2$$

であるから $d > 0$ である．

　今度は（1）と違って，a_n がいつも整数とは限らないから，r は整数とは限らないから r を消去する．

$$a_1 = a_2 \cdot \frac{1}{r}, \quad a_4 = a_2 r^2$$

r を消去すると

$$a_1{}^2 a_4 = a_2{}^3 \quad \cdots\cdots\cdots\cdots\cdots\cdots① $$

$$b_4 = b_2 + 2d, \quad b_4 = a_4, \quad b_2 = a_2$$

$a_2 = x$ とおくと $a_4 = x + 2d$，$a_1 = x - c$ とおける．これらを①に代入し

$$(x - c)^2 (x + 2d) = x^3$$

$$(x^2 - 2cx + c^2)(x + 2d) = x^3$$

$$x^3 + (2d - 2c)x^2 + (c^2 - 4cd)x + 2c^2 d = x^3$$

$$(2d - 2c)x^2 + (c^2 - 4cd)x + 2c^2 d = 0$$

$a_1, a_4 = b_4, a_2 = b_2$ は正の整数であるから x, c, d は正の整数で（図2を見よ．ただしイメージである）$0 < c < d$，$a_1 = x - c > 0$ である．よって $d \geqq 2$ である．

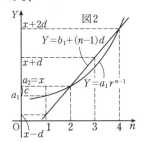

図2

$Y = b_1 + (n-1)d$
$Y = a_1 r^{n-1}$

（ア）$d = 2$ のとき．$c = 1$ である．

$$2x^2 - 7x + 4 = 0 \qquad \therefore \quad x = \frac{7 \pm \sqrt{17}}{4}$$

x が整数であることに反し，不適である．

（イ）$d = 3$ のとき．$c = 1$ または $c = 2$ である．

$$4x^2 - 11x + 6 = 0$$

または

$$2x^2 - 20x + 24 = 0$$

前者では $x = 2, \dfrac{3}{4}$，後者では $x = 5 \pm \sqrt{13}$ で整数 $x = 2$ である．よって，最小の $d = 3$ で

$$a_2 = b_2 = 2, \quad c = 1, \quad a_1 = a_2 - c = 1, \quad r = \frac{a_2}{a_1} = 2$$

$$a_n = 2^{n-1}, \quad b_n = 3(n-2) + 2 = \boldsymbol{3n - 4}$$

《シグマ計算の工夫》

2. 数列 $\{a_n\}$ を漸化式

$$a_1 = -1, \quad a_{n+1} = a_n - 3n + \frac{1}{2^{n-1}}$$

$$(n = 1, 2, 3, \cdots)$$

で定める．第 n 項 a_n に対して，a_n を超えない最大の整数を b_n，また c_n を $c_n = a_n - b_n$ より定める．ここで実数 x に対し x を超えない最大の整数とは，$N \leqq x < N + 1$ を満たす整数 N とする．このとき次の問いに答えよ．

（1）　a_2, a_3, b_2, b_3 の値をそれぞれ求めよ．

（2）　数列 $\{a_n\}$ の一般項 a_n を n を用いて表せ．

（3）　$n \geqq 3$ のとき，数列 $\{b_n\}, \{c_n\}$ の一般項をそれぞれ n を用いて表せ．

（4）　正の整数 n に対して，数列 $\{d_n\}$ を $d_n = \sum_{k=1}^{n} b_k c_k$ で定める．数列 $\{d_n\}$ の第 n 項を n を用いて表せ．

（16　同志社大・法）

考え方　数列 $\{a_n\}$ の第 n 項までの和 S_n を求める際に，$a_n = f(n) - f(n-1)$ を満たすような $f(n)$ が見つかれば

$$S_n = \sum_{k=1}^{n} a_n = \sum_{k=1}^{n} (f(k) - f(k-1))$$

$$= f(n) - f(0)$$

$$\begin{array}{cc} \cancel{f(1)} & - \ f(0) \\ \cancel{f(2)} & - \ \cancel{f(1)} \\ \cancel{f(3)} & - \ \cancel{f(2)} \\ \vdots & \vdots \\ f(n) & - \ \cancel{f(n-1)} \end{array}$$

として，和を求めることができる．例えば，

$$\sum_{k=1}^{n} (k-1)k$$

$$= \frac{1}{3} \sum_{k=1}^{n} \{(k-1)k(k+1) - (k-2)(k-1)k\}$$

$$= \frac{1}{3} \{(n-1)n(n+1) - (-1) \cdot 0 \cdot 1\}$$

$$= \frac{1}{3}(n-1)n(n+1)$$

などと求められる．このように式変形によって $f(n)$ が見つかる場合もあれば，そうでない場合もある．そのような場合は，解答のように形にあたりをつけて探しに行くことになる．

▶解答◀　（1）　$a_2 = a_1 - 3 + 1 = -1 - 2 = \boldsymbol{-3}$

したがって $b_2 = \boldsymbol{-3}$ である．

$$a_3 = a_2 - 6 + \frac{1}{2} = -3 - \frac{11}{2} = \boldsymbol{-\frac{17}{2}}$$

ゆえに, $b_3 = -9$

（2） $n \geqq 2$ のとき

$$a_n = a_1 + \sum_{k=1}^{n-1}\left(-3k + \frac{1}{2^{k-1}}\right)$$

$$= -1 - 3 \cdot \frac{(n-1)n}{2} + \frac{1 - \frac{1}{2^{n-1}}}{1 - \frac{1}{2}}$$

$$= -1 - \frac{3}{2}(n-1)n + 2 - \frac{1}{2^{n-2}}$$

$$a_n = 1 - \frac{3}{2}(n-1)n - \frac{1}{2^{n-2}}$$

結果は $n = 1$ でも成立する.

（3） $n \geqq 3$ のとき, $1 - \frac{1}{2^{n-2}} > 0$ であるから,

$$-\frac{3}{2}(n-1)n < a_n < 1 - \frac{3}{2}(n-1)n$$

となり, $\frac{3}{2}(n-1)n$ は整数だから, $b_n = -\frac{3}{2}(n-1)n$ となる. したがって

$$c_n = a_n - b_n = 1 - \frac{1}{2^{n-2}}$$

となる.

（4） $b_1 = -1$, $c_1 = 0$, $b_2 = -3$, $c_2 = 0$ であり, $k \geqq 3$ のとき

$$b_k c_k = -\frac{3}{2}(k-1)k\left(1 - \frac{1}{2^{k-2}}\right) \quad\text{……………①}$$

であるから, ① は $k = 1, 2$ でも成り立つ. $k \geqq 1$ で

$$b_k c_k = -\frac{3}{2}(k-1)k + \frac{3}{2^{k-1}}(k-1)k \quad\text{………②}$$

ここで, $f(x) = (ax^2 + bx + c)\left(\frac{1}{2}\right)^{x-1}$ とおく.

$$f(x) - f(x-1) = (x-1)x\left(\frac{1}{2}\right)^{x-1}$$

が成り立つようにする.

$$f(x) - f(x-1) = (ax^2 + bx + c)\left(\frac{1}{2}\right)^{x-1}$$
$$-\{a(x-1)^2 + b(x-1) + c\}\left(\frac{1}{2}\right)^{x-2}$$
$$= \{-ax^2 + (-b + 4a)x$$
$$+ (-2a - 2b - c)\}\left(\frac{1}{2}\right)^{x-1}$$

これが $(x-1)x\left(\frac{1}{2}\right)^{x-1}$ に一致するとき

$$-a = 1 \quad\text{かつ}\quad -b + 4a = -1$$
$$\text{かつ}\quad -2a - 2b - c = 0$$
$$(a, b, c) = (-1, -3, -4)$$
$$f(x) = -(x^2 + 3x + 4)\left(\frac{1}{2}\right)^{x-1}$$

② より

$$b_k c_k = -\frac{1}{2}\{(k+1) - (k-2)\}(k-1)k$$
$$+ 3\{f(k) - f(k-1)\}$$

$$= \frac{1}{2}\{(k-2)(k-1)k - (k-1)k(k+1)\}$$
$$+ 3\{f(k) - f(k-1)\}$$

と書けるから

$$\sum_{k=1}^{n} b_k c_k = \frac{1}{2}\{(-1)\cdot 0 \cdot 1 - (n-1)n(n+1)\}$$
$$+ 3\{f(n) - f(0)\}$$

$$= -\frac{1}{2}(n-1)n(n+1)$$

$$-3(n^2 + 3n + 4)\left(\frac{1}{2}\right)^{n-1} + 24$$

$$\begin{array}{ll}
\cancel{(-1)\cdot 0 \cdot 1} - \cancel{0\cdot 1 \cdot 2} & \cancel{f(1)} - f(0) \\
\cancel{0\cdot 1 \cdot 2} - \cancel{1\cdot 2 \cdot 3} & \cancel{f(2)} - \cancel{f(1)} \\
\cancel{1\cdot 2 \cdot 3} - \cancel{2\cdot 3 \cdot 4} & \cancel{f(3)} - \cancel{f(2)} \\
\vdots & \vdots \\
- (n-1)n(n+1) & f(n) - \cancel{f(n-1)}
\end{array}$$

《フィボナッチ数列》

3. 次の条件によって定められる数列 $\{a_n\}$ がある.

$$a_1 = 1, \ a_2 = 1, \ a_{n+2} = a_{n+1} + a_n$$
$$(n = 1, 2, 3, \cdots\cdots)$$

以下の問いに答えよ.

（1） 2 以上の自然数 n に対して, $a_{n+2} > 2a_n$ が成り立つことを示せ.

（2） 2 以上の自然数 m は, 数列 $\{a_n\}$ の互いに異なる k 個 $(k \geqq 2)$ の項の和で表されることを, 数学的帰納法によって示せ.

（3） （2）における項の個数 k は,
$$k < 2\log_2 m + 2$$ を満たすことを示せ.

(17 九大・工-後)

考え方 2 以上の自然数 m はフィボナッチ数列 $\{a_n\}$ の和で書けることをテーマにした問題である. 各 χ_i は 0 または 1 のいずれかとしたとき, 任意の自然数 m は

$$m = \sum_{i=2}^{N} \chi_i a_i$$

の形でかけるという, 2 進数表現の類似と考えることもできる. フィボナッチ表現という名前がついている（詳しくは ☞ 注）.

▶解答◀ （1） 与えられた漸化式より, $a_n > 0$ である. $n \geqq 2$ のとき

$$a_{n+1} = a_n + a_{n-1} > a_n \quad\text{……………………①}$$

であるから

$$a_{n+2} = a_{n+1} + a_n > a_n + a_n = 2a_n$$

が成り立つ.

（2） $a_1 = 1$, $a_2 = 1$, $a_3 = 2$, $a_4 = 3$, $a_5 = 5$, $2 = a_1 + a_2$ だから問題文の「互いに異なる」とは値が

異なることではなく，添字が異なることを意味するらしい．

$$3 = a_1 + a_3, \quad 4 = a_1 + a_4$$

$m = 2, 3, 4$ のとき成り立つ．

$m \leqq N\ (N \geqq 4)$ で成り立つとする．N 以下 2 以上の任意の自然数は，数列 $\{a_n\}$ の異なる添字をもつ 2 個以上の項の和として表される．数列 $\{a_n\}$ は自然数の値をとって，いくらでも増加するから

$$a_l \leqq N + 1 < a_{l+1}$$

となる自然数 $l\ (\geqq 4)$ が存在する．各辺から a_l を引いて

$$0 \leqq N + 1 - a_l < a_{l+1} - a_l = a_{l-1} \quad \cdots\cdots\cdots②$$

$N + 1 - a_l = 0$ の場合は

$$N + 1 = a_l = a_{l-1} + a_{l-2}$$

となり，$N + 1$ は数列 $\{a_n\}$ の 2 個以上の項の和として表される．

$N + 1 - a_l = 1$ の場合は

$$N + 1 = a_l + a_1$$

となり，$N + 1$ は数列 $\{a_n\}$ の 2 個以上の項の和として表される．

$N + 1 - a_l \geqq 2$ の場合は，②より，$N + 1 - a_l$ は a_1 から a_{l-2} までの数列 $\{a_n\}$ の 2 個以上の項の和として表される．それを仮に $a_i + \cdots + a_j\ (1 \leqq i < j \leqq l-2)$ と表すと

$$N + 1 = a_i + \cdots + a_j + a_l$$

となり，$N + 1$ は数列 $\{a_n\}$ の異なる 3 個以上の項の和として表される．$m = N + 1$ でも成り立つから，数学的帰納法により証明された．

（3）　$a_{n+2} > 2a_n$

$$a_n > 2a_{n-2} > 2 \cdot 2a_{n-4} > \cdots$$

n が偶数のとき

$$a_n \geqq 2^{\frac{n-2}{2}} a_2 = 2^{\frac{n-2}{2}}$$

n が奇数のとき

$$a_n \geqq 2^{\frac{n-1}{2}} a_1 = 2^{\frac{n-1}{2}} > 2^{\frac{n-2}{2}}$$

n の偶奇によらず

$$a_n \geqq 2^{\frac{n-2}{2}} \quad \cdots\cdots\cdots\cdots\cdots③$$

が成り立つ．2 以上の自然数 m が数列 $\{a_n\}$ の異なる $k\ (k \geqq 2)$ 個の和として表されるとき

$$m \geqq a_1 + \cdots + a_k \quad \cdots\cdots\cdots\cdots\cdots④$$

が成り立つ．ここで

$$a_l = a_{l+2} - a_{l+1}$$

だから，

$$\sum_{l=1}^{k} a_l = a_{k+2} - a_2$$

$$= a_{k+1} + a_k - a_2 \geqq a_{k+1} \geqq 2^{\frac{k-1}{2}} \quad \cdots\cdots\cdots⑤$$

ここで③を用いた．④，⑤より

$$m \geqq 2^{\frac{k-1}{2}}$$

$$\log_2 m \geqq \frac{k-1}{2}$$

$$k \leqq 2\log_2 m + 1 < 2\log_2 m + 2$$

よって証明された．

$$
\begin{aligned}
a_1 &= a_3 - a_2 \\
a_2 &= a_4 - a_3 \\
a_3 &= a_5 - a_4 \\
&\vdots \\
a_k &= a_{k+2} - a_{k+1}
\end{aligned}
$$

注意【フィボナッチ表現】

フィボナッチ数列の $a_2, a_3, \cdots$ を使って，2 以上の任意の自然数を表現できることが本問によって示された．ここで，

$$m = \sum_{i=2}^{N} \chi_i a_i$$

と書いたときの係数を取り出して表記する．例えば

$$12 = 1 \cdot a_6 + 0 \cdot a_5 + 1 \cdot a_4 + 0 \cdot a_3 + 1 \cdot a_2$$

$$= 10101_{(F)}$$

と書くことにする．これを見ると 2 進数表現と同様に見えるが，表現の仕方が一意でない点が大きく異なる．例えば，

$$9 = 10001_{(F)} = 1101_{(F)}$$

と 2 通りのフィボナッチ表現がある．これは数学的にはあまり性質としてありがたくない．しかし，このフィボナッチ表現の中に現れる 1 の個数が最小なものを極小フィボナッチ表現（正準フィボナッチ表現）と定めると，これは一意に定まることが知られている．

また，あるフィボナッチ表現に対し，それが極小フィボナッチ表現であるかどうかの判定法を Zeckendorf が与えている．$10110001_{(F)}$ や $10101001_{(F)}$ が極小フィボナッチ表現であるか否かを調べられるということである．Zeckendorf の定理は

「極小フィボナッチ表現である

$\iff$ 連続した 2 つの桁で 1 が並ぶ箇所がない」

ということを主張している．これによって，先程の例の $10110001_{(F)}$ は極小フィボナッチ表現でないが，$10101001_{(F)}$ は極小フィボナッチ表現であることがわかる．

《分数形の漸化式》

4. 次の条件によって定まる数列 $\{a_n\}$ を考える.

$$a_1 = \frac{1}{3}, \ a_{n+1} = \frac{1}{3-2a_n} \ (n = 1, 2, 3, \cdots\cdots)$$

このとき，次の問いに答えよ.

（1）　すべての自然数 n に対し，a_n は $\frac{1}{3} \leqq a_n < \frac{1}{2}$ を満たす有理数であることを示せ.

（2）　一般項 a_n を $a_n = \dfrac{p_n}{q_n}$（ただし，p_n, q_n は互いに素な自然数）と既約分数で表したとき，p_{n+1} を p_n と q_n で，q_{n+1} を p_n と q_n でそれぞれ表せ.

（3）　数列 $\{a_n\}$ の一般項 a_n を求めよ.

(17　お茶の水女子大)

▶**解答**◀　（1）$n = 1$ のとき成り立つ.

$n = k$ のとき成り立つとする. a_k は $\frac{1}{3} \leqq a_k < \frac{1}{2}$ をみたす有理数である.

$$2 < 3 - 2a_k \leqq 3 - \frac{2}{3} = \frac{7}{3}$$

$$\frac{1}{3} < \frac{3}{7} \leqq \frac{1}{3 - 2a_k} < \frac{1}{2}$$

$a_{n+1} = \dfrac{1}{3 - 2a_k}$ は $\frac{1}{3} \leqq a_{k+1} < \frac{1}{2}$ をみたす有理数である. $n = k+1$ でも成り立つから数学的帰納法により証明された.

（2）$p_1 = 1$, $q_1 = 3$ ……………………………①

である. また，（1）より

$$\frac{1}{3} \leqq \frac{p_n}{q_n} < \frac{1}{2} \ \cdots\cdots\cdots\cdots\cdots② $$

である. さらに

$$a_{n+1} = \frac{1}{3 - 2 \cdot \dfrac{p_n}{q_n}} = \frac{q_n}{3q_n - 2p_n}$$

となる. ここで，

$$p_{n+1} = q_n \ \cdots\cdots\cdots\cdots\cdots\cdots③$$

$$q_{n+1} = 3q_n - 2p_n \ \cdots\cdots\cdots\cdots\cdots④$$

と予想できる. ③，④ を p_n, q_n について解こう.

$$q_{n+1} = 3p_{n+1} - 2p_n$$

$$p_n = \frac{3p_{n+1} - q_{n+1}}{2}, \ q_n = p_{n+1}$$

となる. この分母の 2 が曲者である. 後に現れる共通因数が 2 で約分されると困る.

そこで ①，③，④ で定まる数列 $\{p_n\}$，$\{q_n\}$ について p_n, q_n はともに正の奇数であり，かつ，p_n と q_n は互いに素であることを証明する.

$n = 1$ のとき成り立つ.

$n = k$ で成り立つとする.

p_k と q_k は正の奇数で互いに素である.

もし，p_{k+1} と q_{k+1} が互いに素でないことがおこると仮定する. p_{k+1} と q_{k+1} の共通な素因数の 1 つをとり，それを r とする.

$$p_{k+1} = q_k$$

$$q_{k+1} = 3q_k - 2p_k$$

を解いた

$$p_k = \frac{3p_{k+1} - q_{k+1}}{2}, \ q_k = p_{k+1} \ \cdots\cdots\cdots\cdots⑤$$

の右辺の p_{k+1} と q_{k+1} はともに r の倍数である.

$q_k = p_{k+1}$ で左辺は奇数だから r は奇数であり，$3p_{k+1} - q_{k+1}$ は r の倍数だが，それは奇数だから分母の 2 で約分されない. ゆえに ⑤ の右辺はともに r の倍数だから p_k と q_k も r の倍数となるがこれは p_k と q_k が互いに素であることに反する. $p_k > 0$, $q_k > 0$ だから，② より

$$q_k > 2p_k$$

$$q_{k+1} = 3q_k - 2p_k > 3 \cdot 2p_k - 2p_k = 4p_k > 0$$

$$p_{k+1} = q_k > 0$$

q_k が奇数だから

$$p_{k+1} = q_k, \ q_{k+1} = 3q_k - 2p_k$$

はいずれも奇数である.

$n = k+1$ でも成り立つ. 数学的帰納法により証明された.

$$\boldsymbol{p_{n+1} = q_n, \ q_{n+1} = 3q_n - 2p_n}$$

（3）$a_2 = \dfrac{1}{3 - 2a_1} = \dfrac{3}{9 - 2} = \dfrac{3}{7}$

$$a_3 = \frac{1}{3 - 2a_2} = \frac{7}{21 - 6} = \frac{7}{15}$$

$\boldsymbol{a_n = \dfrac{2^n - 1}{2^{n+1} - 1}}$ と予想できる.

$n = 1$ のとき成り立つ. $n = k$ のとき成り立つとする.

$$a_k = \frac{2^k - 1}{2^{k+1} - 1}$$

$$a_{k+1} = \frac{1}{3 - 2a_k} = \frac{1}{3 - 2 \cdot \dfrac{2^k - 1}{2^{k+1} - 1}}$$

$$= \frac{2^{k+1} - 1}{3(2^{k+1} - 1) - 2^{k+1} + 2} = \frac{2^{k+1} - 1}{2^{k+2} - 1}$$

$n = k+1$ のときも成り立つから数学的帰納法により証明された.

♦**別解**♦　（3）$q_{n+1} = p_{n+2}$ より

$$p_{n+2} = 3p_{n+1} - 2p_n$$

$$p_{n+2} - 3p_{n+1} + 2p_n = 0$$

2 通りに変形して

$$p_{n+2} - p_{n+1} = 2(p_{n+1} - p_n)$$

$$p_{n+2} - 2p_{n+1} = p_{n+1} - 2p_n$$

数列 $\{p_{n+1} - p_n\}$, $\{p_{n+1} - 2p_n\}$ は等比数列で,
$p_1 = 1$, $p_2 = q_1 = 3$ より

$$p_{n+1} - p_n = 2^{n-1}(p_2 - p_1) = 2^n$$

$$p_{n+1} - 2p_n = p_2 - 2p_1 = 1$$

辺ごとに引いて

$$p_n = 2^n - 1$$

$$q_n = p_{n+1} = 2^{n+1} - 1$$

したがって $\boldsymbol{a_n = \dfrac{2^n - 1}{2^{n+1} - 1}}$

注意 【順序を逆に】（3）を先に解けば,（2）は意味がなくなる?

《積の形の漸化式》

5. 次の条件によって定められる数列 $\{a_n\}$ がある.

$$a_1 = 2, \quad a_{n+1} = 8a_n^2 \ (n = 1, 2, 3, \cdots)$$

（1）$b_n = \log_2 a_n$ とおく.b_{n+1} を b_n を用いてあらわせ.

（2）数列 $\{b_n\}$ の一般項を求めよ.

（3）$P_n = a_1 a_2 a_3 \cdots a_n$ とおく.数列 $\{P_n\}$ の一般項を求めよ.

（4）$P_n > 10^{100}$ となる最小の自然数 n を求めよ.

(17 大阪大・文系)

▶解答◀ （1）$b_1 = \log_2 a_1 = \log_2 2 = 1$

$$a_{n+1} = 8a_n^2$$

$$\log_2 a_{n+1} = \log_2 8 + 2\log_2 a_n$$

$$\boldsymbol{b_{n+1} = 2b_n + 3}$$

（2）$b_{n+1} + 3 = 2(b_n + 3)$

数列 $\{b_n + 3\}$ は等比数列で

$$b_n + 3 = (b_1 + 3) \cdot 2^{n-1}$$

$$\boldsymbol{b_n = 2^{n+1} - 3}$$

（3）$\log_2 P_n = \log_2 a_1 a_2 a_3 \cdots a_n$

$$= \sum_{k=1}^{n} \log_2 a_k = \sum_{k=1}^{n} b_k$$

$$= \sum_{k=1}^{n} (2^{k+1} - 3) = \frac{2^2(2^n - 1)}{2 - 1} - 3n$$

$$= 2^{n+2} - 3n - 4$$

よって,$\boldsymbol{P_n = 2^{2^{n+2} - 3n - 4}}$

（4）$a_1 = 2$, $a_{n+1} = 8a_n^2$

の形から,明らかに a_n は 2 以上の自然数である.それをかければかけるほど大きくなるから P_n は増加数列である.答えは 1 つしかないのだから見当をつけて見つける.

$2^{2^{n+2}} \fallingdotseq 10^{100}$ としてみる.

$$2^{n+2} \log_{10} 2 = 100$$

$\log_{10} 2 = 0.3010 \fallingdotseq 0.3$ としてみる.ここは正式な答案部分ではなく寝言のようなものである.いきなり 6 をもち出したらどうやって見つけたのか読者は不満に思うだろう.発見のしかたを書くのが書籍としての親切である.

$$2^{n+2} \fallingdotseq \frac{100}{0.3} = 333.\cdots$$

$2^8 = 256$, $2^9 = 512$ だから $n = 6, 7$ あたりが答えとわかる.ここからが答案本体である.

$f(n) = 2^{n+2} - 3n - 4$ とおく.

$$f(6) = 2^8 - 3 \cdot 6 - 4 = 256 - 22 = 234$$

$$f(7) = 2^9 - 3 \cdot 7 - 4 = 512 - 25 = 487$$

2 のべきを 10 ではさむ必要がある.定石的には

$$2^3 = 8 < 10, \quad 2^{10} = 1024 > 10^3$$

を使う.

$$P_6 = 2^{234} = (2^3)^{78} < 10^{78} < 10^{100}$$

$$P_7 = 2^{487} = (2^{10})^{48} \cdot 2^7$$

$$> (10^3)^{48} \cdot 2^7 = 10^{144} \cdot 2^7 > 10^{100}$$

したがって,求める最小の自然数 n は **7** である.

注意 $2^3 < 10$ で失敗したら 2^{13} を使う.

$$2^{13} = 8192 < 10^4, \quad 2^{10} > 10^3$$

$$13\log_{10} 2 < 4, \quad 10\log_{10} 2 > 3$$

$$0.3 < \log_{10} 2 < \frac{4}{13} = 0.307\cdots$$

これで $\log_{10} 2 = 0.30$ まで正しいとわかる.

《ガウス記号を含む数列》

6. 実数 x に対して,数列 $\{a_k(x)\}$ を次で定義する.

$$a_1(x) = x, \quad a_{k+1}(x) = 2a_k(x) - [2a_k(x)]$$

$$(k = 1, 2, 3, \cdots)$$

ただし,実数 x に対して $[x]$ は x 以下の最大の整数を表す.正の整数 n に対して,S_n を次の条件(*) を満たす有理数 $\dfrac{i}{n}$（i は 1 以上 $n-1$ 以下の整数）全体の集合とする.

　(*) ある正の整数 k が存在して,$a_k\left(\dfrac{i}{n}\right) = 0$

次の設問に答えよ.

（1）S_{12} を求めよ.

（2）S_1, S_2, S_3, $\cdots$, S_{2018} の少なくとも 1 つに属する要素全体の集合を T とするとき,T の要素の個数を求めよ.

(18 早稲田大・商)

▶解答◀ （1）N が整数のとき

$[a + N] = [a] + N$ はガウス記号の基本性質である.

$x - [x]$ は x の小数部分を表す. 与えられた漸化式を適用するたびに x の係数は 2 倍されるから（ガウス記号の部分を無視すれば）$a_k(x)$ の x の係数は 2^{k-1} と推測される. $k \geqq 2$ のとき

$$a_k(x) = 2^{k-1}x - [2^{k-1}x]$$

が成り立つことを数学的帰納法により示す.

$k = 2$ のとき

$$a_2(x) = 2a_1(x) - [2a_1(x)] = 2x - [2x]$$

となり成り立つ.

$k = m$ のとき成り立つとすると

$$a_m(x) = 2^{m-1}x - [2^{m-1}x]$$

$$a_{m+1}(x) = 2a_m(x) - [2a_m(x)]$$
$$= 2(2^{m-1}x - [2^{m-1}x]) - \left[2(2^{m-1}x - [2^{m-1}x]) \right]$$
$$= 2^m x - 2[2^{m-1}x] - \left[2^m x - 2[2^{m-1}x] \right]$$
$$= 2^m x - 2[2^{m-1}x] - ([2^m x] - 2[2^{m-1}x])$$
$$= 2^m x - [2^m x]$$

となり $k = m+1$ のときも成り立つ. よって証明された.

$k \geqq 2$ のとき $a_k(x) = 0$ の解は分母が 2^{k-1} の分数である. 実際, l を任意の整数として

$$a_k\left(\frac{l}{2^{k-1}}\right) = 2^{k-1} \cdot \frac{l}{2^{k-1}} - \left[2^{k-1} \cdot \frac{l}{2^{k-1}} \right]$$
$$= l - [l] = l - l = 0$$

である. S_n では, 分母の n を固定して, 分子を動かして 0 と 1 の間の分数を考える. 既約分数に直したときに分母の素因数の指数はそのままか, 小さくなる. そのときに分母が 2 の冪の分数に変形できるものだけを考える.

$12 = 2^2 \cdot 3$ だから,

$$S_{12} = \left\{ \frac{3}{12}, \frac{6}{12}, \frac{9}{12} \right\} = \left\{ \frac{1}{4}, \frac{1}{2}, \frac{3}{4} \right\}$$

（2） S_1 から S_{2018} の各要素を既約分数にしたときに, 分母に現れる素因数 2 の個数は 1 から 2018 のもつ素因数 2 の個数以下である. $2^{10} = 1024 < 2018 < 2^{11} = 2048$ であるから, 1 から 2018 の中で素因数 2 を最も多くもつものは $2^{10} = 1024$ である. よって

$$T = \left\{ \frac{1}{2^{10}}, \frac{2}{2^{10}}, \frac{3}{2^{10}}, \cdots, \frac{1023}{2^{10}} \right\}$$

となり, T の要素の個数は **1023** である.

━━━━《隠れた群数列》━━━━

7. 数列 $\{a_n\}$ を次のように定める.

$$a_1 = 1, \quad a_{n+1} = \begin{cases} a_n - 1 & a_n > 0 \text{ のとき} \\ n & a_n \leqq 0 \text{ のとき} \end{cases}$$

$$(n = 1, 2, 3, \cdots\cdots)$$

次の問いに答えよ.

（1） $a_n = 10000$ となる最小の n の値を求めよ.

（2） $\{a_n\}$ の初項から第 n 項までの和を S_n で表す. $S_n \geqq 10000$ となる最小の n の値を求めよ.

（19 名古屋市立大・医）

▶**解答**◀ （1） $\{a_n\}$ の項を書き並べると

$$\{a_n\} : 1, 0, 2, 1, 0, 5, 4, 3, 2, 1, 0, 11, 10, \cdots$$

となる.

$$\{a_n\} : 1, 0 \mid 2, 1, 0 \mid 5, 4, 3, 2, 1, 0 \mid 11, 10, \cdots$$

のように, 各群の末項が 0 になるように群に分ける.

第 k 群の末項の番号を b_k とすると, $b_1 = 2$ である.

第 $k+1$ 群の初項は第 k 群の末項の番号 b_k に等しく, 第 $k+1$ 群は

$$b_k, b_k - 1, \cdots, 1, 0$$

の $b_k + 1$ 項あるから, 第 $k+1$ 群の末項の番号は

$$b_{k+1} = b_k + (b_k + 1)$$

$$\underbrace{1, 0 \mid \cdots \mid b_{k-1}, \cdots, 0}_{b_k \text{個}} \mid \underbrace{\overset{\text{第 } k+1 \text{ 群}}{b_k, b_k - 1, \cdots, 0}}_{b_k + 1 \text{ 個}} \mid \cdots$$

である.

$$b_{k+1} = 2b_k + 1$$

$$b_{k+1} + 1 = 2(b_k + 1)$$

$\{b_k + 1\}$ は公比 2 の等比数列で

$$b_k + 1 = (b_1 + 1) \cdot 2^{k-1} = 3 \cdot 2^{k-1}$$

$$b_k = 3 \cdot 2^{k-1} - 1$$

よって, 第 k 群の初項を c_k とすると

$$c_k = b_{k-1} = 3 \cdot 2^{k-2} - 1 \, (k \geqq 2)$$

最初に現れる 10000 が第 m 群 $(m \geqq 3)$ にあるとすると

$$c_{m-1} < 10000 \leqq c_m$$

$$3 \cdot 2^{m-3} - 1 < 10000 \leqq 3 \cdot 2^{m-2} - 1$$

$$2^{m-3} < \frac{10001}{3} = 3333.6\cdots \leqq 2^{m-2}$$

$2^{11} = 2048$, $2^{12} = 4096$ であるから

$$m - 3 = 11 \qquad \therefore \quad m = 14$$

最初に現れる 10000 は第 14 群にあり

$$b_{14} = 3 \cdot 2^{13} - 1 = 3 \cdot 8192 - 1 = 24575$$

$$1, 0 \mid \cdots \mid 12287, 12286, \cdots, 10000, \underbrace{\overset{\text{第 14 群}}{9999, \cdots, 0}}_{10000 \text{ 個}} \mid \cdots$$

$$\underbrace{}_{b_{14} \text{個}}$$

であるから, 求める n は

$$n = b_{14} - 10000 = \mathbf{14575}$$

（2） 第 k 群 $(k \geqq 2)$ に含まれる項の和は

$$c_k + (c_k - 1) + \cdots + 2 + 1 + 0$$

$$= \frac{1}{2}c_k(c_k+1) = \frac{1}{2}(3 \cdot 2^{k-2}-1) \cdot 3 \cdot 2^{k-2}$$

$$= \frac{3}{2}(3 \cdot 4^{k-2} - 2^{k-2})$$

第 l 群 $(l \geqq 2)$ までの項の和を T_l とおくと

$$T_l = 1 + \sum_{k=2}^{l} \frac{3}{2}(3 \cdot 4^{k-2} - 2^{k-2})$$

$$= 1 + \frac{3}{2}\left\{\frac{3(4^{l-1}-1)}{4-1} - \frac{2^{l-1}-1}{2-1}\right\}$$

$$= 1 + \frac{3}{2}\{4^{l-1} - 1 - (2^{l-1}-1)\}$$

$$= 1 + 3 \cdot 2^{l-2}(2^{l-1}-1)$$

$S_n \geqq 10000$ となる最小の n に対し, a_n が第 m 群 $(m \geqq 3)$ にあるとすると

$$T_{m-1} < 10000 \leqq T_m$$

$$1 + 3 \cdot 2^{m-3}(2^{m-2}-1) < 10000$$

$$\leqq 1 + 3 \cdot 2^{m-2}(2^{m-1}-1)$$

$$2^{m-3}(2^{m-2}-1) < 3333 \leqq 2^{m-2}(2^{m-1}-1)$$

$2^{2m-5} \fallingdotseq 3000$ としてみると, $2m-5 \fallingdotseq 11$ であり, $m \fallingdotseq 8$ である. $m = 8$ としてみると

$$2^5(2^6-1) < 3333 \leqq 2^6(2^7-1)$$

$$32 \cdot 63 < 3333 \leqq 64 \cdot 127$$

$$2016 < 3333 \leqq 8128$$

で成り立つ. a_n は第 8 群にあり

$$T_8 = 1 + 3 \cdot 2^6(2^7-1) = 1 + 3 \cdot 8128 = 24385$$

である.

$$0 + 1 + \cdots + N \leqq 24385 - 10000$$

$$\underbrace{\overbrace{\underbrace{1, 0 \mid \cdots \mid c_8, c_8-1, \cdots, a_n}_{\text{和が } 10000 \text{ 以上}}, N, \cdots, 1, 0}^{\text{第 8 群}}}_{\text{和が } 24385} \mid \cdots$$

となる最大の自然数 N を求める.

$$\frac{1}{2}N(N+1) \leqq 14385$$

$$N(N+1) \leqq 28770$$

$N^2 \fallingdotseq 28770$ としてみると, $N \fallingdotseq 170$ である. $170 \cdot 171 = 29070$, $169 \cdot 170 = 28730$ より, 最大の N は $N = 169$ である. よって, a_n は第 8 群の後ろから $N+2$ 番目の項で, 求める n は

$$n = b_8 - (N+1) = 3 \cdot 2^7 - 1 - 170$$

$$= 3 \cdot 128 - 171 = 384 - 171 = \mathbf{213}$$

$$\underbrace{1, 0 \mid \cdots \mid c_8, c_8-1, \cdots, a_n, \overbrace{\underbrace{N, \cdots, 1, 0}_{N+1 \text{ 個}}}^{\text{第 8 群}} \mid \cdots}_{b_8 \text{個}}$$

《特殊な条件で与えられた数列》

8. 整数 n に対し, 整数 $f(n)$ が次の条件 (ⅰ), (ⅱ), (ⅲ) を満たすように定義されている.

(ⅰ) $f(2015) = 0$

(ⅱ) すべての整数 n に対して, $f(f(n)+4) = n$

(ⅲ) すべての整数 n に対して,

$$f(2n) < f(2n+2)$$

次の設問に答えよ.

(1) $f(4)$ を求めよ.

(2) 整数 n に対し, $f(4n+1)$ を求めよ.

(15 早稲田大・商)

▶解答◀ (1) $f(f(n)+4) = n$ ……………①

で, $n = 2015$ とおくと

$$f(f(2015)+4) = 2015, \quad f(2015) = 0$$

より $\boldsymbol{f(4) = 2015}$ である.

(2) $f(n)+4 = a$ ……………②

とおく. ① より,

$$f(a) = n$$ ……………③

である. また, ① で $n = a$ とおくと

$$f(f(a)+4) = a$$ ……………④

となる. ②, ③, ④ より a と $f(a)$ を消去すると

$$f(n+4) = f(n)+4$$

となる. ここで, $f(4k+1)$ の k は 0 以上の整数だけでなく負の整数も対象であることに注意しよう. そのために注意深く書く. f の中身が 4 だけ変わると値が 4 変わるので, 4 項ごとの等差数列 (間を 3 つ飛ばす) をなし, k が整数のとき

$$f(4k) = f(4) + 4 \cdot \frac{4k-4}{4} = f(4) + 4k - 4$$

$f(4) = 2015$ より,

$$f(4k) = 2011 + 4k$$ ……………⑤

となる. なお k が 0 以上の整数の場合, $f(4)$ から $f(4k)$ にいくならば, f の中は $4k-4$ 増えて, 1 ステップあたり 4 ずつ増えるのでステップ数は $\frac{4k-4}{4}$, 関数値が 1 ステップあたり 4 ずつ増えるから, 関数値は $4 \cdot \frac{4k-4}{4}$ 増える. そして「増える」を「減る」にすれば k が負でも成り立つことに注意せよ (☞ 注意 1°). 同様に

$$f(4k+1) = f(1) + 4k$$ ……………⑥

$$f(4k+2) = f(2) + 4k$$ ……………⑦

$$f(4k+3) = f(3) + 4k$$

である．以上で，任意の整数 n に対して $f(n)=n+A$ の形をしていることに注意せよ．ただし n を 4 で割った余りによって A の値は異なる．

n が 4 の倍数のとき．

$$f(n)=n+2011$$

n が 4 で割って余りが 3 のとき．$f(2015)=0$ より $0=2015+A$ だから $A=-2015$ であり，

$$f(n)=n-2015$$

以上ではここまでしか分からない．さて，$f(4k+1)$ を求めたいから $f(1)$ を求める．そのためには $f(f(n)+4)=n$ を見て $f(n)=-3$ となるような n を求めたい．$f(n)=-3$ となるような n の決定に（iii）を使うのだろう．（iii）は

f の中身が偶数のときには増加関数になる ……………⑧

ということである．

$$f(0)<f(2)<f(4)$$

である．⑤を用いれば，$2011<f(2)<2015$ となる．$f(2)$ は整数だから $f(2)=2012, 2013, 2014$ のいずれかとなる．もし $f(2)$ が偶数だとすれば矛盾すると予想できる．

$f(2)=2012$ だとすると $f(f(n)+4)=n$ で $n=2$ として $f(2016)=2$ となり，$f(2)=2012$，$f(2016)=2$ は⑧に矛盾する．

$f(2)=2014$ だとすると $f(f(n)+4)=n$ で $n=2$ として $f(2018)=2$ となり，$f(2)=2012$，$f(2018)=2$ は⑧に矛盾する．

よって $f(2)=2013$ である．⑦より，

$$f(4k+2)=2013+4k$$

$2013+4k=-3$ を解くと $k=-504$ となる．つまり，$k=-504$ にとれば $f(-2014)=-3$ となる．当初の目標通り $f(f(n)+4)=n$ で $f(n)=-3$ となる n を求めた．すなわち，$n=-2014$ とすれば $f(1)=-2014$ となる．⑥より **$f(4k+1)=4k-2014$**

注意 1°【進むと戻る】f の中身が増える場合は

$$f(12)=f(8)+4=f(4)+4+4$$
$$=f(4)+4\cdot(3-1)$$

f の中身が減る場合は $f(n)=f(n+4)-4$ より

$$f(-4)=f(0)-4=f(4)-4-4$$
$$=f(4)+4\cdot\{1-(-1)\}$$

2°【十分性を確認する】n が 4 の倍数のとき

$$f(n)=n+2011$$

n が 4 で割った余りが 1 のとき $f(n)=n-2015$

n が 4 で割った余りが 2 のとき $f(n)=n+2011$
n が 4 で割った余りが 3 のとき $f(n)=n-2015$
と決定された．

$$f(n)=n+2013\cdot(-1)^n-2$$

と 1 つの式で書ける．n が偶数のときには $f(n)$ は奇数，n が奇数のときには $f(n)$ は偶数になる．

したがって $(-1)^{f(n)}=-(-1)^n$ であることに注意せよ．

$$f(f(n)+4)=f(n)+4+(-1)^{f(n)+4}\cdot2013-2$$
$$=f(n)+2-(-1)^n\cdot2013=n$$

《フィボナッチ数列と稠密性》

9. 次の問いに答えよ．

（1）r, s を $r<s$ である有理数とするとき，$r<c<s$ をみたす無理数 c が存在することを示せ．

（2）α, β を $\alpha<\beta$ である実数とするとき，$\alpha<q<\beta$ をみたす有理数 q が存在することを示せ．

（3）x を有理数の定数とする．このとき，不等式 $\left|x-\dfrac{n}{m}\right|<\dfrac{1}{m^2}$ をみたすような自然数 m と整数 n を用いて $\dfrac{n}{m}$ の形に表すことができる有理数は有限個であることを示せ．

（4）条件式 $a_1=a_2=1$，$a_{n+2}=a_{n+1}+a_n$（$n=1, 2, 3, \cdots\cdots$）により数列 $\{a_n\}$ を定め，$x=\dfrac{1+\sqrt{5}}{2}$ とする．不等式 $\left|x-\dfrac{a_{n+1}}{a_n}\right|<\dfrac{1}{a_n^2}$（$n=1, 2, 3, \cdots\cdots$）を示せ．

（16 阪大・挑戦枠）

▶解答◀ （1）$c=r+\dfrac{s-r}{\sqrt{2}}$ とすると，$0<\dfrac{1}{\sqrt{2}}<1$ より $r<c<s$ である．$r, s-r$ はともに有理数で，$\sqrt{2}$ は無理数だから，c は無理数である．

（2）$\beta-\alpha>\dfrac{1}{a}$ となるような十分大きい自然数 a をとる．$a\beta-a\alpha>1$ だから，$a\alpha<b<a\beta$ となる自然数 b が存在し，$\alpha<\dfrac{b}{a}<\beta$ となる．よって，$\alpha<q<\beta$ となる有理数 q が存在する．

（3）問題の意味がとりにくい．x を有理数の定数として

$$\left|x-\frac{n}{m}\right|<\frac{1}{m^2} \quad\cdots\cdots\cdots\cdots\cdots\cdots①$$

をみたす有理数 $\dfrac{n}{m}$ は有限個（m, n はこれをみたす限り任意に動かす）であることを示すということである．

$x = \dfrac{p}{q}$ （p, q は互いに素な整数の定数で $q \geqq 1$）とおく．①に代入し

$$\left| \frac{p}{q} - \frac{n}{m} \right| < \frac{1}{m^2}$$

$$\left| pm - qn \right| < \frac{q}{m}$$

（ア）m を $m > q$ で動かすとき．

$$0 \leqq |pm - qn| < \frac{q}{m} < 1$$

$|pm - qn|$ は整数だから

$$pm - qn = 0 \qquad \therefore \quad \frac{n}{m} = \frac{p}{q}$$

$\dfrac{n}{m}$ はただ1つ存在する．

（イ）m を $1 \leqq m \leqq q$ で動かすとき．自然数 m は最大でも q 個しかない．1つの m を定めたとき

$$-\frac{1}{m^2} < \frac{p}{q} - \frac{n}{m} < \frac{1}{m^2}$$

$$-\frac{1}{m} < \frac{pm}{q} - n < \frac{1}{m}$$

$$\frac{pm}{q} - \frac{1}{m} < n < \frac{pm}{q} + \frac{1}{m} \quad \cdots\cdots②$$

となり，この区間の幅は $\dfrac{2}{m} \leqq 2$ だから，②をみたす整数 n は最大でも2個しかない．この場合の $\dfrac{n}{m}$ の個数の合計は $2q$ 以下である．

よって，①を満たす $\dfrac{n}{m}$ は $2q+1$ 個以下しかなく，有限個である．

（4）$X^2 - X - 1 = 0$ を解くと $X = \dfrac{1 \pm \sqrt{5}}{2}$

$x = \dfrac{1+\sqrt{5}}{2}$ だから $y = \dfrac{1-\sqrt{5}}{2}$ とおくと

$$a_{n+2} - (x+y)a_{n+1} + xy a_n = 0$$

$$a_{n+2} - y a_{n+1} = x(a_{n+1} - y a_n)$$

$$a_{n+2} - x a_{n+1} = y(a_{n+1} - x a_n)$$

数列 $\{a_{n+1} - y a_n\}$, $\{a_{n+1} - x a_n\}$ は等比数列で

$$a_{n+1} - y a_n = x^{n-1}(a_2 - y a_1)$$

$$a_{n+1} - x a_n = y^{n-1}(a_2 - x a_1)$$

$$a_2 - y a_1 = 1 - y = x$$

$$a_2 - x a_1 = 1 - x = y$$

だから

$$a_{n+1} - y a_n = x^n \quad \cdots\cdots③$$

$$a_{n+1} - x a_n = y^n \quad \cdots\cdots④$$

③ー④より

$$(x-y)a_n = x^n - y^n$$

$$a_n = \frac{x^n - y^n}{\sqrt{5}} \quad \cdots\cdots⑤$$

一方，④を a_n で割って

$$\frac{a_{n+1}}{a_n} - x = \frac{y^n}{a_n}$$

$$\left| \frac{a_{n+1}}{a_n} - x \right| = \frac{|y^n|}{|a_n|}$$

ここで $\dfrac{|y^n|}{|a_n|} < \dfrac{1}{a_n{}^2}$ を示したいが，そのために，分母をはらった

$$|a_n y^n| < 1 \quad \cdots\cdots⑥$$

を示す．⑤に y^n をかけた式を考え，$xy = -1$ より

$$|a_n y^n| = \left| \frac{(xy)^n - y^{2n}}{\sqrt{5}} \right|$$

$$= \left| \frac{(-1)^n - y^{2n}}{\sqrt{5}} \right| \leqq \frac{1 + |y|^{2n}}{\sqrt{5}}$$

$$< \frac{1+1}{\sqrt{5}} < 1$$

ここで $|y| < 1$ であることを用いた．よって⑥が証明された．

注意 三項間の定型の変形を使うと上のような流れになろう．一方で④だけ使うと

$$\frac{a_{n+1}}{a_n} - x = \frac{y^n}{a_n}$$

となり，$y = -\dfrac{1}{x}$, $a_n > 0$ であることを用いると

$$\left| \frac{a_{n+1}}{a_n} - x \right| = \frac{1}{|(-x)^n a_n|} = \frac{1}{x^n a_n}$$

ここで

$$a_n < x^n \quad \cdots\cdots⑦$$

を数学的帰納法で示すと

$$\left| x - \frac{a_{n+1}}{a_n} \right| = \frac{1}{x^n a_n} < \frac{1}{a_n{}^2}$$

となる．以下は⑦を証明する．

$a_1 = 1 < x$, $a_2 = 1 < x^2$ より，$n = 1, 2$ のとき成り立つ．$n = k, k+1$ で成り立つとする．$a_k < x^k$, $a_{k+1} < x^{k+1}$ である．

$$a_{k+2} = a_{k+1} + a_k < x^k + x^{k+1} = x^k(x+1) = x^{k+2}$$

だから $n = k+2$ でも成り立つ．数学的帰納法により証明された．

《漸化式と母関数》

10. n, k を，$1 \leqq k \leqq n$ を満たす整数とする．n 個の整数

$$2^m \quad (m = 0, 1, 2, \cdots, n-1)$$

から異なる k 個を選んでそれらの積をとる．k 個の整数の選び方すべてに対しこのように積をとることにより得られる ${}_n\mathrm{C}_k$ 個の整数の和を $a_{n,k}$ とお

く. 例えば,

$$a_{4,3} = 2^0 \cdot 2^1 \cdot 2^2$$

$$+ 2^0 \cdot 2^1 \cdot 2^3 + 2^0 \cdot 2^2 \cdot 2^3 + 2^1 \cdot 2^2 \cdot 2^3 = 120$$

である.

（1） 2 以上の整数 n に対し, $a_{n,2}$ を求めよ.

（2） 1 以上の整数 n に対し, x についての整式

$$f_n(x) = 1 + a_{n,1}x + a_{n,2}x^2 + \cdots + a_{n,n}x^n$$

を考える. $\dfrac{f_{n+1}(x)}{f_n(x)}$ と $\dfrac{f_{n+1}(x)}{f_n(2x)}$ を x についての整式として表せ.

（3） $\dfrac{a_{n+1,k+1}}{a_{n,k}}$ を n,k で表せ. （20 東大・共通）

考え方 本問を見て, 二項係数の母関数

$$(a+b)^n = \sum_{k=0}^n {}_nC_k a^k b^{n-k}$$

$$(1+x)^n = \sum_{k=0}^n {}_nC_k x^k$$

と同系統だと閃いてほしいものである.

▶解答◀ （1） $(a+b+c+d)^2 = a^2 + b^2 + c^2 + d^2 + 2S$

S は a, b, c, d から 2 つずつとった積の和で

$$S = ab + ac + ad + bc + bd + cd$$

である. このようにすると

$$(1 + 2 + 2^2 + \cdots + 2^{n-1})^2 = (1 + 4 + 4^2 + \cdots + 4^{n-1}) + 2a_{n,2}$$

$$\left(1 \cdot \frac{1-2^n}{1-2}\right)^2 = 1 \cdot \frac{1-4^n}{1-4} + 2a_{n,2}$$

$$(2^n - 1)^2 = \frac{4^n - 1}{3} + 2a_{n,2}$$

$$4^n - 2^{n+1} + 1 = \frac{1}{3} \cdot 4^n - \frac{1}{3} + 2a_{n,2}$$

$$a_{n,2} = \frac{1}{3} \cdot 4^n - 2^n + \frac{2}{3}$$

（2） $(1+ax)(1+bx)(1+cx)$

$$= 1 + (a+b+c)x + (ab+bc+ca)x^2 + abcx^3$$

であるから, 同様の考え方により,

$$f_n(x) = (1+x)(1+2x) \cdot \cdots \cdot (1+2^{n-1}x)$$

$$f_{n+1}(x) = (1+x)(1+2x) \cdot \cdots \cdot (1+2^{n-1}x)(1+2^nx)$$

$$f_n(2x) = (1+2x)(1+4x) \cdot \cdots \cdot (1+2^nx)$$

であるから, $\dfrac{f_{n+1}(x)}{f_n(x)} = 1 + 2^n x$ $\cdots\cdots\cdots\cdots$①

$$\frac{f_{n+1}(x)}{f_n(2x)} = 1 + x \quad \cdots\cdots\cdots\cdots ②$$

（3） ① より

$$1 + a_{n+1,1}x + \cdots + a_{n+1,k+1}x^{k+1} + \cdots + a_{n+1,n+1}x^{n+1}$$

$$= (1 + a_{n,1}x + \cdots + a_{n,k}x^k$$

$$+ a_{n,k+1}x^{k+1} + \cdots + a_{n,n}x^n)(1 + 2^n x)$$

の x^{k+1} の係数を比較して

$$a_{n+1,k+1} = a_{n,k+1} + 2^n a_{n,k} \quad \cdots\cdots\cdots\cdots ③$$

② より

$$1 + a_{n+1,1}x + \cdots + a_{n+1,k+1}x^{k+1} + \cdots + a_{n+1,n+1}x^{n+1}$$

$$= (1 + 2a_{n,1}x + \cdots + 2^k a_{n,k}x^k$$

$$+ 2^{k+1}a_{n,k+1}x^{k+1} + \cdots + 2^n a_{n,n}x^n)(1+x)$$

の x^{k+1} の係数を比較して

$$a_{n+1,k+1} = 2^{k+1}a_{n,k+1} + 2^k a_{n,k} \quad \cdots\cdots\cdots\cdots ④$$

③, ④ より $a_{n,k+1}$ を消去する. ③×2^{k+1}−④ より

$$(2^{k+1} - 1)a_{n+1,k+1} = (2^n \cdot 2^{k+1} - 2^k)a_{n,k}$$

$$\frac{a_{n+1,k+1}}{a_{n,k}} = \frac{2^k(2^{n+1} - 1)}{2^{k+1} - 1}$$

注意 **1°【公式】**

$$(a+b+c+d)^2 = a^2 + b^2 + c^2 + d^2 + 2S$$

の利用は有名である. しかし, 中には, 知らない生徒もいる. 教科書が, この展開を正式には扱っていないからである. その場合には, 少しずつ書いていくしかない. $2^i \cdot 2^j$ を $i < j$ の形で書いていくのである.

$a_{n,2}$ は次の形になる.

$$2^0 \cdot 2^1 + 2^0 \cdot 2^2 + 2^0 \cdot 2^3 + 2^0 \cdot 2^4 + \cdots + 2^0 \cdot 2^{n-1}$$

$$+ 2^1 \cdot 2^2 + 2^1 \cdot 2^3 + 2^1 \cdot 2^4 + \cdots + 2^1 \cdot 2^{n-1}$$

$$+ 2^2 \cdot 2^3 + 2^2 \cdot 2^4 + \cdots + 2^2 \cdot 2^{n-1}$$

$$+ 2^3 \cdot 2^4 + \cdots + 2^3 \cdot 2^{n-1}$$

$$\cdots$$

$$+ 2^{n-2} \cdot 2^{n-1}$$

一番上の行（横の並び）を 0 行目, 次の行を 1 行目, $\cdots$ とすると i 行目は

$$2^i(2^{i+1} + \cdots + 2^{n-1})$$

になる. $2^{i+1} + \cdots + 2^{n-1}$ の項数は $n - 1 - (i + 1) + 1 = n - i - 1$ である. 等比数列の和は 初項$\cdot \dfrac{1-公比^{項数}}{1-公比}$ と覚えるのが伝統的な形である. あるいは, $\dfrac{(初め) - (終わり)(公比)}{1 - 公比}$ と覚えてもよい. 後者を使うと項数を確認しなくてもよい.

$$2^i(2^{i+1} + \cdots + 2^{n-1}) = 2^i \cdot \frac{2^{i+1} - 2^n}{1 - 2}$$

$$= 2^i(2^n - 2^{i+1}) = 2^i \cdot 2^n - 2^{2i+1}$$

これを $i = 0$ から $n - 2$ でシグマする. 2^{2i+1} は初項 2, 公比 4 の等比数列をなすから（項数は $n - 1$）

$$a_{n,2} = 2^0 \cdot \frac{1 - 2^{n-1}}{1 - 2} \cdot 2^n - 2 \cdot \frac{1 - 4^{n-1}}{1 - 4}$$

$$= 2^n(2^{n-1} - 1) - \frac{2}{3}(4^{n-1} - 1)$$

$$= \frac{4^n}{2} - 2^n - \frac{1}{6} \cdot 4^n + \frac{2}{3}$$

$$a_{n,2} = \frac{1}{3} \cdot 4^n - 2^n + \frac{2}{3}$$

なお，等比数列の和で，$\dfrac{\text{初項}(\text{公比}^{\text{項数}} - 1)}{\text{公比} - 1}$ と書いている教科書もあるが，私は使わない．理由は，数学 III では，収束する無限等比級数の和の公式は $\dfrac{a}{1-r}$ になり，$1-r$ が自然だからである．私が高校生の頃は無論，今でも，上位進学校では，文系でも数学 III の微分までは教えている．それを理想とするなら，$\dfrac{\text{初項}(\text{公比}^{\text{項数}} - 1)}{\text{公比} - 1}$ を覚える意味がない（あくまでも，私の意見です）．「等比数列の和の計算で，符号ミスをする生徒がいるので避けるためです」という人がいるが，そんなところでミスをするレベルなら，どのみち，すぐに計算ミスをするだろう．私は突っ張るのである．

2°【母関数のこと】

数列 $\{a_k\}$ に対して，

$$f(x) = a_0 + a_1 x + a_2 x^2 + \cdots + a_n x^n$$

または，場合によっては無限級数で表される関数

$$f(x) = a_0 + a_1 x + a_2 x^2 + \cdots + a_n x^n + \cdots$$

を数列 $\{a_k\}$ の母関数という．大学で出てくるものは大半は無限級数になる．

二項係数の場合，n は1つの定数として，$a_k = {}_n\mathrm{C}_k$ とする．

$$a_0 = {}_n\mathrm{C}_0, \ a_1 = {}_n\mathrm{C}_1, \ a_2 = {}_n\mathrm{C}_2, \cdots, a_n = {}_n\mathrm{C}_n$$

とする．

$$a_0 + a_1 x + a_2 x^2 + \cdots + a_n x^n = (1+x)^n$$

となる．$(1+x)^n$ は数列 $\{a_k\}$ $(k = 0, 1, \cdots, n)$ の母関数である．

大学では，いろいろな母関数が出てくるが，残念なことに，高校では二項係数の母関数だけしか習わない．ポリアという，昔の有名な教授は「組合せ論入門（近代科学社）」という本の中で「$a_0, a_1, \cdots, a_n$ をすべて1つの関数にパッキングしている」と表現している．

$$(a+b)^n = \sum_{k=0}^{n} {}_n\mathrm{C}_k a^k b^{n-k}$$

になる理由は，説明できるだろうか？

$(a+b)(a+b)(a+b)(a+b)$ を並べておいて，各括弧内から，a か b を取り出して積を作る．たとえば，各括弧の左から順に

a, a, a, b と取れば $a^3 b$ ができる．

a, a, b, a と取れば $a^3 b$ ができる．

a, b, a, a と取れば $a^3 b$ ができる．

b, a, a, a と取れば $a^3 b$ ができる．

$a^3 b$ は4個できる．このように，$(a+b)$ を n 個並べ，各括弧から a を k 個（他は b をとる）とれば $a^k b^{n-k}$ ができる．そして，それは ${}_n\mathrm{C}_k$ 個できる．このことを理解していたら，本問で「あ，二項係数と同じだ」と気づくはずである．

3°【多項式環】

もしも，東大の問題文が生徒の答案で，学校の試験ならば

「$f_n(x) \neq 0$ のとき $\dfrac{f_{n+1}(x)}{f_n(x)} = 1 + 2^n x$，$f_n(x) = 0$ のとき $\dfrac{f_{n+1}(x)}{f_n(x)}$ は定義できない」と書きなさい，と減点を食らうかもしれない．

この場合，$f_n(x)$ は関数値を考えているわけではなく，単に式を考えており，大学の数学の，多項式環という立場をとっている．「多項式環では，これでいい．$f_n(x) \neq 0$ のときなんて安っぽいことは，意地でも書かないぞ」と，東大は突っ張るのである．

次は類題である．

自然数 $1, 2, \cdots\cdots, n$ から k 個を取り出して積をつくり，取り方すべてについてのこの積を加えた和を $S(n, k)$ で表す．

$k > n$ のときには $S(n, k) = 0$ とする．たとえば

$$S(n, 1) = 1 + 2 + \cdots\cdots + n = \frac{1}{2} n(n+1)$$

$$S(4, 2) = 1 \cdot 2 + 1 \cdot 3 + 1 \cdot 4 + 2 \cdot 3 + 2 \cdot 4 + 3 \cdot 4 = 35$$

である．さらに数列 $a_1, a_2, \cdots\cdots$ を

$$a_n = S(n, 1) + S(n, 2) + \cdots\cdots + S(n, n)$$

により定義し，これを以下のように求める．

$n = 2, 3, \cdots\cdots$ にたいして

$$S(n, 1) = n + S(n-1, 1)$$

であり，$1 < k \leqq n$ にたいしては $S(n, k)$ を $S(n-1, k-1)$ と $S(n-1, k)$ を用いて表すと

$$S(n, k) = \boxed{} + S(n-1, k)$$

である．これから，a_n を a_{n-1} で表す漸化式

$$a_n = \boxed{}, \quad n = 2, 3, \cdots\cdots$$

が得られる．これを $b_n = a_n + 1$ とおいて解くと

$$a_n = b_n - 1 = \boxed{} \ \text{となる．} \quad \text{(86 慶應大・理工)}$$

考え方 漸化式をつくる場合，**最後の項に着目するの**

は定石の 1 つである．本問の

$$S(n, k) = \boxed{} + S(n-1, k)$$

でも，n に注意し，n を使った積の部分と，そうでない部分に分けてみるとよい．たとえば，$S(4, 2)$ を並べかえ

$$S(4, 2) = 1 \cdot 2 + 1 \cdot 3 + 2 \cdot 3 + 4(1 + 2 + 3)$$

また

$$S(5, 3) = 1 \cdot 2 \cdot 3 + 1 \cdot 2 \cdot 4 + 1 \cdot 3 \cdot 4 + 2 \cdot 3 \cdot 4$$
$$+ 5(1 \cdot 2 + 1 \cdot 3 + 1 \cdot 4 + 2 \cdot 3 + 2 \cdot 4 + 3 \cdot 4)$$

とすれば分かるように

$$S(4, 2) = S(3, 2) + 4S(3, 1)$$
$$S(5, 3) = S(4, 3) + 5S(4, 2)$$

▶解答◀ $1 \sim n$ から k 個とる場合，n を使うものは $1 \sim n-1$ から $k-1$ 個とるもので，それらの和は $n \cdot S(n-1, k-1)$ であり，n を使わないものは $1 \sim n-1$ から k 個とるもので，それらの和は $S(n-1, k)$ であり，

$$S(n, k) = \boldsymbol{n \cdot S(n-1, k-1) + S(n-1, k)} \quad ①$$

である．$S(n, 1) = n + S(n-1, 1)$ であるから $S(n-1, 0) = 1$ とすると ① は $k = 1$ でも成り立つ．① で k を $1, 2, \cdots\cdots, n$ とした式を辺ごとに加え，$S(n-1, n) = 0$ に注意すると

$$S(n, 1) + \cdots\cdots + S(n, n)$$
$$= n\{1 + S(n-1, 1) + \cdots\cdots + S(n-1, n-1)\}$$
$$+ S(n-1, 1) + \cdots\cdots + S(n-1, n-1)$$
$$a_n = n(1 + a_{n-1}) + a_{n-1}$$
$$\boldsymbol{a_n = (n+1)a_{n-1} + n}$$
$$a_n + 1 = (n+1)(a_{n-1} + 1)$$
$$b_n = (n+1)b_{n-1} \quad (n \geq 2)$$

$a_1 = S(1, 1) = 1$ より，$b_1 = 2$ である．

$$b_n = (n+1)n(n-1) \cdot \cdots\cdots \cdot 3b_1 \quad (n \geq 2)$$
$$b_n = (n+1)! \quad (n \geq 2)$$

であり，$b_1 = 2$ より

$$b_n = (n+1)! \quad (n \geq 1)$$
$$a_n = b_n - 1 = \boldsymbol{(n+1)! - 1}$$

注意 次の等式が成り立つ．ただし，$S(n, 0) = 1$，$x^0 = 1$ とする．

$$(1+x)(1+2x) \cdots\cdots (1+nx) = \sum_{k=0}^{n} S(n, k)x^k$$

ここで $x = 1$ とすると

$$(n+1)! = S(n, 0) + S(n, 1) + \cdots\cdots + S(n, n)$$
$$a_n = (n+1)! - S(n, 0) = (n+1)! - 1$$

《チェビシェフの多項式》

11. 以下の問いに答えよ．

（1） 等式 $\sin 5\theta = f_5(\sin\theta)$ を満たす 5 次多項式 $f_5(x)$ を求めよ．

（2） n を正の奇数とする．ある n 次多項式 $f_n(x)$ が存在して，等式

$$\sin(n\theta) = f_n(\sin\theta)$$

が成立することを示せ．

（3） n を正の偶数とする．どのような多項式 $g(x)$ を用いても，等式

$$\sin(n\theta) = g(\sin\theta)$$

が成立しないことを示せ． （16 東北大・理）

考え方 【多項式とは何か】

実数係数の x の多項式 (polynomial) $f(x)$ とは，

$$1, x, x^2, \cdots, x^n$$

を基底，$a_0, a_1, a_2, \cdots, a_n$ を実数として

$$f(x) = a_n x^n + \cdots + a_2 x^2 + a_1 x + a_0$$

の形で表されるものである．poly- とは結合を表し，1 個だけでもよいし，2 個以上の和の形でもよい．なお，係数は実数である必要はないが，ここではそのように制限しておく．

x は不定元 (indeterminate) という．学校教育では「文字」と教えるが，数学用語は不定元である．決まっていない要素ということで，将来，何を入れることになるかわからないが，x には，代入可能なものなら何でも入るという雰囲気であろう．箱のようなものをイメージすればよい．実数，複素数は無論，それ以外のものも入る．たとえば，

$$f(x) = x^2 - (a+d)x + (ad - bc)$$

とすると，$A = \begin{pmatrix} a & b \\ c & d \end{pmatrix}$, $E = \begin{pmatrix} 1 & 0 \\ 0 & 1 \end{pmatrix}$ として

$$f(A) = A^2 - (a+d)A + (ad - bc)E$$

となり，$f(A) = \begin{pmatrix} 0 & 0 \\ 0 & 0 \end{pmatrix}$ になる．これは，今や高校の範囲外となってしまったが，かつては高校でも学んでいたケーリー・ハミルトンの定理の 2 次の場合である．大学では，他にも，演算子 $\dfrac{d}{dt}$ を入れたりする．

$\sin x$ の x に行列を入れたり，演算子を入れたりはしない．$\log x$ の x にも，変な物は入れない．

多項式は特別である．

$f(x)$ を 1 次以上の多項式とするとき，$\sqrt{1 - x^2} f(x)$ は多項式か？

多項式ではない．

40年近く前になるが「2^x は多項式で表せないことを示せ」という問題が出題された時代もある．当時の無知な私にはよくわからなかったが，今から思うと，悪い冗談以外の何物でもない．この x は不定元なのか？ 行列 A に対して 2^A をどう定義するつもりなのか？ 出題者は，多項式と，n 次関数を混同しているのではないか？

【関数と多項式の違い】

ここでは高校の普通の問題の場合を述べる．今度の A は上の行列 A とは関係ない．

実数の集合 A, B があり，A の任意の要素 x に対して B の要素 y が対応付けされているとき，その対応を $y = f(x)$ のように表す．$f(x)$ が n 次多項式の形になる場合，$f(x)$ を n 次関数という．この場合の x は不定元ではなく，実数値である．多項式の形で表された関数を多項式関数という人もいる．

【n 次関数に制限しても】

x を不定元と見るのではなく，実数の変数と捉え，「2^x は，多項式関数では表せないことを示せ」と問題文を変えて対応してみよう．高校時代の私は「$x \to \infty$ のとき n 次関数は $\pm\infty$ に発散するが，$2^x \to 0$ になるから証明された」などと書いて満足していたが，これは表面的な違いの一つを述べたに過ぎない．加算の回数を無視すれば，多項式関数は，実数を何回か掛けることで計算可能であるが，指数関数は実際の計算すら容易でない．嘘だと思うなら $2^{1.4}$ の具体的な数値を，電卓やパソコンを使わず，小数第1位まで求めてみよ．だから「関数の定義からして違うから，同じはずがない」というのが最も本質的な解答であると思う．このような出題が姿を消したのは喜ばしいことである．

▶解答◀ （1）　$x = \sin\theta$, $c = \cos\theta$ とおく．

$$\sin 5\theta = \sin(3\theta + 2\theta)$$
$$= \sin 3\theta \cos 2\theta + \cos 3\theta \sin 2\theta$$
$$= (3x - 4x^3)(1 - 2x^2) + (4c^3 - 3c) \cdot 2xc$$
$$= 3x - 10x^3 + 8x^5$$
$$\qquad + \{4(1 - x^2) - 3\} \cdot 2x(1 - x^2)$$
$$= 3x - 10x^3 + 8x^5 + 2(1 - 4x^2)x(1 - x^2)$$
$$f_5(x) = \boldsymbol{16x^5 - 20x^3 + 5x}$$

（2）　n が奇数のとき，$\sin n\theta = f_n$ とおく．

$$\sin(n+2)\theta + \sin(n-2)\theta = 2\sin n\theta \cos 2\theta \quad \cdots\text{①}$$
$$f_{n+2} + f_{n-2} = 2(1 - 2x^2)f_n$$

以下，f_n が x の多項式になることを証明する．

$$f_1 = \sin\theta = x$$

$$f_3 = \sin 3\theta = 3x - 4x^3$$

は x の多項式であるから，$n = 1, 3$ のとき成り立つ．$n = k-2, k$ のとき成り立つとする．k は3以上の正の奇数である．f_k, f_{k-2} は x の多項式である．

$$f_{k+2} = 2(1 - 2x^2)f_k - f_{k-2}$$

の右辺は x の多項式であるから，$n = k+2$ のときも成り立つ．よって数学的帰納法により証明された．

（3）　①を利用する．今度は n を0以上の偶数とする．$g_n = \dfrac{\sin n\theta}{\sin 2\theta}$ とおく．①を $\sin 2\theta$ で割り

$$\frac{\sin(n+2)\theta}{\sin 2\theta} + \frac{\sin(n-2)\theta}{\sin 2\theta} = 2\cos 2\theta \cdot \frac{\sin n\theta}{\sin 2\theta}$$
$$g_{n+2} + g_{n-2} = 2(1 - 2x^2)g_n$$

となる．$g_0 = 0$, $g_2 = 1$ であるから，g_n は x の多項式であることが数学的帰納法により証明できる．

$$\sin n\theta = g_n \cdot 2\sin\theta\cos\theta = \pm\sqrt{1 - x^2}(2xg_n)$$

となり，これは x の多項式にはならない．（ルートを使わない解法は別解で述べる）

注意　「$\sin 2\theta \neq 0$ のときを考える」と書かないのか？ と疑問に思う人が多いだろう．式を考えるときは書かないのがよろしい．ウソだと思う人は91年の東大の入試問題を見よ．ここでは $\cos\theta \neq 0$, $\theta \neq \dfrac{\pi}{2} + m\pi$　（m は整数）とは書いてない．

（1）　自然数 $n = 1, 2, 3, \cdots\cdots$ に対して，ある多項式 $p_n(x), q_n(x)$ が存在して，

$$\sin n\theta = p_n(\tan\theta)\cos^n\theta$$
$$\cos n\theta = q_n(\tan\theta)\cos^n\theta$$

と書けることを示せ．

（2）　このとき，$n > 1$ ならば次の等式が成立することを証明せよ．

$$p_n'(x) = nq_{n-1}(x), \quad q_n'(x) = -np_{n-1}(x)$$

（91　東大・理科）

◀別解▶　上で，割るのがいやなら次のようにすればよい．ルートも避けて書いてみる．①を利用する．n は0以上の偶数である．$h_0 = 0$, $h_2 = 1$, $n \geq 4$ のとき h_n は $n-2$ 次の多項式として

$$\sin n\theta = h_n \sin 2\theta$$

の形に表されることが数学的帰納法により証明できる（上と同様であるから省略する）．

$$\sin n\theta = h_n \cdot 2xc$$
$$\sin^2 n\theta = (h_n)^2 \cdot 4x^2(1 - x^2) \quad\cdots\cdots\cdots\cdots\cdots\text{②}$$

となるから，$n \geqq 4$ のとき右辺は $2(n-2)+4 = 2n$ 次の多項式となる．もし $\sin n\theta$ が x の多項式になることがあるとするなら，n 次の多項式となる．

k を $-\dfrac{n}{2} \leqq k \leqq \dfrac{n}{2}$ を満たす整数として，$\theta = \dfrac{k}{n}\pi$ とおくと $\sin n\theta = \sin k\pi = 0$ となる．

k は $\dfrac{n}{2} - \left(-\dfrac{n}{2}\right) + 1 = n+1$ 個あるから

$$x = \sin\theta = \sin\frac{k}{n}\pi, \quad -\frac{\pi}{2} \leqq \frac{k}{n}\pi \leqq \frac{\pi}{2}$$

により x は $n+1$ 個の値となる．x の n 次の多項式 $\sin n\theta = 0$ が $n+1$ 個の解をもつことは不合理であるから，$\sin n\theta$ は x の多項式にならない．

♦別解♦ （2） $c = \cos\theta$, $x = \sin\theta$ とおく．

$$\begin{aligned}
\cos n\theta + i\sin n\theta &= (\cos\theta + i\sin\theta)^n \\
&= (c+ix)^n = \sum_{k=0}^{n} {}_nC_k c^{n-k}(ix)^k \\
&= {}_nC_0 c^n - {}_nC_2 c^{n-2}x^2 + {}_nC_4 c^{n-4}x^4 \\
&\qquad - {}_nC_6 c^{n-6}x^6 + \cdots\cdots \\
&\quad + ix({}_nC_1 c^{n-1} - {}_nC_3 c^{n-3}x^2 + {}_nC_5 c^{n-5}x^4 \\
&\qquad - {}_nC_7 c^{n-7}x^6 + \cdots\cdots)
\end{aligned}$$

n が正の奇数のとき，$n = 2m-1\,(m \geqq 1)$ とおく．
$c^2 = 1-x^2$ であるから

$$\begin{aligned}
\sin n\theta &= x({}_nC_1 c^{2m-2} - {}_nC_3 c^{2m-4}x^2 \\
&\qquad + {}_nC_5 c^{2m-6}x^4 - \cdots\cdots) \\
&= x\{{}_nC_1(1-x^2)^{m-1} - {}_nC_3(1-x^2)^{m-2}x^2 \\
&\qquad + {}_nC_5(1-x^2)^{m-3}x^4 - \cdots\cdots\}
\end{aligned}$$

は x の多項式である．

（3） n が正の偶数のとき，$n = 2m$ とおく．

$$\begin{aligned}
\sin n\theta &= x({}_nC_1 c^{2m-1} - {}_nC_3 c^{2m-3}x^2 \\
&\qquad + {}_nC_5 c^{2m-5}x^4 - \cdots\cdots) \\
&= xc\{{}_nC_1(1-x^2)^{m-1} - {}_nC_3(1-x^2)^{m-2}x^2 \\
&\qquad + {}_nC_5(1-x^2)^{m-3}x^4 - \cdots\cdots\}
\end{aligned}$$

となり，$c = \pm\sqrt{1-x^2}$ が残るから，多項式でない．

注意 【第一種チェビシェフの多項式】第一種チェビシェフの多項式 $T_n(x)$ は

$$\cos n\theta = T_n(\cos\theta)$$

で定まるものである．

【第二種チェビシェフの多項式】第二種チェビシェフの多項式 $U_n(x)$ は

$$\frac{\sin(n+1)\theta}{\sin\theta} = U_n(\cos\theta)$$

で定まるものである．

【例】$\cos 2\theta = 2\cos^2\theta - 1$

$$\cos 3\theta = 4\cos^3\theta - 3\cos\theta$$

だから

$$T_1(x) = x, \quad T_2(x) = 2x^2 - 1, \quad T_3(x) = 4x^3 - 3x$$

$$\frac{\sin 2\theta}{\sin\theta} = 2\cos\theta$$

$$\frac{\sin 3\theta}{\sin\theta} = 3 - 4\sin^2\theta = 4\cos^2\theta - 1$$

だから

$$U_1(x) = 2x, \quad U_2(x) = 4x^2 - 1$$

チェビシェフは

$$f_n(x) = x^n + a_{n-1}x^{n-1} + \cdots + a_2 x^2 + a_1 x + a_0$$

について

$-1 \leqq x \leqq 1$ における $|f_n(x)|$ の最大値を最小にするものは何か？
$\displaystyle\int_{-1}^{1} |f_n(x)|\,dx$ を最小にするものは何か？
という問題を考えた．その答えは，順に，
$\dfrac{1}{2^{n-1}}T_n(x)$，$\dfrac{1}{2^n}U_n(x)$ である．

$\cos n\theta$ を展開し，形式的に $\cos\theta$ を x に置きかえた多項式を作るが，途中がそうであるからといって，$U_n(x)$ が，x の定義域が $-1 \leqq x \leqq 1$ の n 次関数ということではない．もし，x を実数に限定し，$T_3(x) = 4x^3 - 3x$ のグラフを描くならば，x の範囲は実数全体である．

また $\sin\theta$ で割るからといって「$\theta \neq 0$ だな．$U_n(x)$ は $x = 1$ では定義されない」と言ってはいけない．

《方程式の自然数解の個数》

12. x, y, z の1次方程式

$$x + y + z = 2k - 1 \quad\cdots\cdots\cdots\cdots\cdots③$$

について，次の問に答えよ．ただし，定数 k は $k \geqq 6$ を満たす整数である．

（1） 方程式①の整数解 (x, y, z) のうち，$x > 0$, $y > 0$, $z > 0$ をすべて満たすものは全部で何個あるか，k を用いて表せ．

（2） （1）のうち，$x \leqq k$ を満たすものは全部で何個あるか，k を用いて表せ．

（3） （1）のうち，$x \leqq k$, $y \leqq k+1$, $z \leqq k+2$ をすべて満たすものは全部で何個あるか，k を用いて表せ． （16 早稲田大・社会）

▶解答◀ （1） ○を $2k-1$ 個並べ，○と○の間（$2k-2$ 箇所ある）から2箇所を選び，2本の仕切りを入れ，1本目の仕切りから左の○の個数を x，2本の仕切りの間の○の個数を y，2本目の仕切りから右の○の個数を z と考える．仕切りを入れる箇所を決めると

$$x + y + z = 2k-1, \quad x > 0, \quad y > 0, \quad z > 0$$

を満たす (x, y, z) が1つ得られる．これを満たす (x, y, z) の個数を A とすると，

$$A = {}_{2k-2}C_2 = \frac{1}{2}(2k-2)(2k-3)$$
$$= (k-1)(2k-3)$$

（2） $x > k$ である (x, y, z) の個数を B とする．
$x - k = w$ とおく．$x = k + w$ を①に代入し，

$$k + w + y + z = 2k - 1$$
$$y + z + w = k - 1$$

すると（1）と同様にして

$$B = {}_{k-2}C_2 = \frac{1}{2}(k-2)(k-3)$$
$$A - B = (2k^2 - 5k + 3) - \frac{1}{2}(k^2 - 5k + 6)$$
$$= \frac{1}{2}(3k^2 - 5k)$$

（3）「$x \leq k$ かつ $y \leq k+1$ かつ $z \leq k+2$」の否定は「$x > k$ または $y > k+1$ または $z > k+2$」である．
$x + y + z = 2k - 1$ だから，$x > k$ かつ $y > k+1$ となることはなく，他の組み合わせも同様である．
$y > k+1$ のとき：(x, y, z) の個数を C とする．
$y = k + 1 + w$ とおいて，①に代入すると

$$x + z + w = k - 2$$
$$C = {}_{k-3}C_2 = \frac{1}{2}(k-3)(k-4)$$

$z > k+2$ のとき：(x, y, z) の個数を D とする．
$z = k + 2 + w$ とおいて，①に代入すると

$$x + y + w = k - 3$$
$$D = {}_{k-4}C_2 = \frac{1}{2}(k-4)(k-5)$$

よって，「$x \leq k$ かつ $y \leq k+1$ かつ $z \leq k+2$」である (x, y, z) の個数は

$$A - (B + C + D)$$
$$= (k-1)(2k-3) - \frac{1}{2}\{(k-2)(k-3)$$
$$+ (k-3)(k-4) + (k-4)(k-5)\}$$
$$= 2k^2 - 5k + 3 - \frac{1}{2}(3k^2 - 21k + 38)$$
$$= \frac{1}{2}(k^2 + 11k - 32)$$

♦別解♦（1）　高校生に解いてもらったら ${}_nH_r$ や，○と仕切りの解法を忘れていた人が多かった．当然だろうなと思う．忘れていても，粘りのある生徒，思考力のある生徒は次のようにしていた．
$x = 1$ のとき，$y + z = 2k - 2$ で，
$(y, z) = (1, 2k-3) \sim (2k-3, 1)$ の $2k-3$ 通りある．
$x = 2$ のときは $2k-4$ 通り，…と繰り返し，全部で $1 + 2 + \cdots + (2k-3) = \frac{1}{2}(2k-3)(2k-2)$（通り）ある．

（2）　$x = k$ のときは $y + z = k - 1$ で

$(y, z) = (1, k-2) \sim (k-2, 1)$ の $k-2$ 通りだから，
$(2k-3) + \cdots + (k-2) = \frac{1}{2}(2k-3 + k-2) \cdot k$（通り）ある．
$(2k-3) + \cdots + (k-2)$ は等差数列の和で
$(2k-3) - (k-2) + 1 = k$ 項ある．

（3）　この方針を続ける場合は慎重に行う必要がある．$y = k+1$ と $z = k+2$ の制限がある．この両方に掛かるか，一方か，掛からないかで場合分けをする．さらに自然数だから1以上という下の制限があることにも注意せよ．

$x = 1$ のとき．$y + z = 2k - 2$ である．$y = 1$ だとすると $z = 2k - 3$ で，$2k - 3 > k + 2$ だから不適である．この場合は上の制限が強い．そこで $z = k + 2$ にしてみると $y = k - 4$ になる．$y = k + 1$ にしてみると $z = k - 3$ になる．$(y, z) = (k-4, k+2) \sim (k+1, k-3)$ の6通りある．

$x = 2$ のとき．$y + z = 2k - 3$ で，
$(y, z) = (k-5, k+2) \sim (k+1, k-4)$ の7通りある．
$x = 3$ のとき．$y + z = 2k - 4$ で，
$(y, z) = (k-6, k+2) \sim (k+1, k-5)$ の8通りある．
これを繰り返す．$x = k - 4$ のときは $y + z = k + 3$ で，
$(y, z) = (1, k+2) \sim (k+1, 2)$ の $k+1$ 通りある．
ここまでは，各 x の値と場合の数の差が5であることに注意せよ．以上は $y = k+1$ と $z = k+2$ の両方の制限に掛かる場合である．$(1, k+2)$ は y の下の制限と，z の上の制限に掛かっている．$(k+1, 2)$ は y の上の制限だけに掛かっている．

$x = k - 3$ のときは $y + z = k + 2$ で，
$(y, z) = (1, k+1) \sim (k+1, 1)$ の $k+1$ 通りある．
$z = k + 2$ の制限は出てこない．

$x = k - 2$ のときは $y + z = k + 1$ で，
$(y, z) = (1, k) \sim (k, 1)$ の k 通りある．もう，$y = k+1$ の制限も出てこない．以後は下の制限だけである．

$x = k - 1$ のときは $(1, k-1) \sim (k-1, 1)$ の $k-1$ 通り．

$x = k$ のときは $(1, k-2) \sim (k-2, 1)$ の $k-2$ 通りとなる．これで終わり．求める個数は

$$\{6 + \cdots + (k+1)\}$$
$$+ (k+1) + k + (k-1) + (k-2)$$
$$= \frac{1}{2}(6 + k + 1)(k - 4) + 4k - 2$$
$$= \frac{1}{2}(k^2 + 11k - 32)$$

$6 + \cdots + (k+1)$ は等差数列の和で $(k+1) - 6 + 1 = k - 4$ 項ある．

私の生徒は，この途中で間違えていた．

この後が問題である．こんな面倒なことを，出題者がやっていると思うか？私が他の出題メンバーなら「面倒すぎる」と，ボツを主張する．大体において，多くの大学で，出題会議では模範解答は作らない．「これどうやって解くの？」「これこれです」と，一言で済む解法を用意しておく．命を賭けてもいい．こんな下手な解法では問題を作らない．

生徒に聞いた「ポケットに何を握りしめているか？」皆，キョトンとしている．私の授業は変なことばかり言っているから「いつものやつが始まったよ」という顔である．私は，問題を解くときには，握りしめているものがある．センターの論理を解くときには対偶を握っている．条件が $p \lor q \lor r$ の形で与えられていることが多く，否定をして $\overline{p} \land \overline{q} \land \overline{r}$ にした方が強くなって，考えやすいように出題者が用意しているからである．一方で「証明問題では対偶が有効なことはない．対偶で解けるなら背理法で解ける」であり，証明では対偶をポケットから放り出す．証明は直接証明か，背理法の2本立てでよい．

対偶，背理法には否定が絡む．場合の数・確率で，否定が絡むものは何か？

場合の数・確率では，ポケットの中で，余事象（これは確率用語で，場合の数では補集合というが，面倒なので，授業では余事象で統一する）を握っている．握っているというのは「使う」ということではない．「必ず，一瞬，検討し，直接やるのと，どっちが簡単かを考える」ということである．

出題者の発想は何かを考え，その経験を次に生かす必要がある．

《図形問題と漸化式》

13. a と b を正の実数とする．$\triangle ABC$ において，$\angle B$ と $\angle C$ は鋭角とする．点 A を通り辺 BC に直交する直線を引き，辺 BC との交点を X_1 とし，線分 AX_1 の長さを1とする．また，$BX_1 = a$，$CX_1 = b$ とする．各 $n = 1, 2, 3, \cdots$ に対して以下の操作を行う．

辺 BC 上の点 X_n を通り辺 AC に平行な直線を引き，辺 AB との交点を Y_n とする．また，点 Y_n を通り辺 BC に平行な直線を引き，辺 AC との交点を Z_n とする．点 Z_n を通り辺 BC に直交する直線を引き，辺 BC との交点を X_{n+1} とする．

線分 $Z_n X_{n+1}$ の長さを l_n とするとき，以下の問いに答えよ．

（1） l_1 を a，b を用いて表せ．

（2） l_{n+1} を l_n，a，b を用いて表せ．

（3） $b = 8a$ のとき，$l_n > \dfrac{1}{2}$ となる最小の奇数 n を求めよ．必要ならば，$3.169 < \log_2 9 < 3.17$ を用いてよい． （15 熊本大・前期）

▶解答◀ （1） $\angle BAX_1 = \alpha$，$\angle CAX_1 = \beta$ とする．

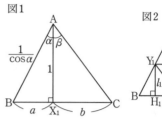
図1

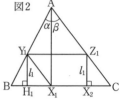
図2

$$a = \tan \alpha, \quad b = \tan \beta, \quad BA = \frac{1}{\cos \alpha}$$

である．

Y_n から BC におろした垂線の足を H_n とする．

$$Y_1 H_1 = Z_1 X_2 = l_1, \quad BY_1 = \frac{l_1}{\cos \alpha}$$

である．$X_1 Y_1$ は CA と平行だから

$$BA : BY_1 = BC : BX_1$$
$$\frac{1}{\cos \alpha} : \frac{l_1}{\cos \alpha} = (a + b) : a$$
$$l_1 = \frac{a}{a + b}$$

（2） $Y_{n+1} H_{n+1} = Z_{n+1} X_{n+2} = l_{n+1}$
$$BY_{n+1} = \frac{l_{n+1}}{\cos \alpha}$$

また，$CX_{n+1} = l_n \tan \beta$ であるから

$$BX_{n+1} = a + b - l_n \tan \beta = a + b - b l_n$$

である．$X_{n+1} Y_{n+1}$ は CA と平行だから

$$BA : BY_{n+1} = BC : BX_{n+1}$$
$$\frac{1}{\cos \alpha} : \frac{l_{n+1}}{\cos \alpha} = (a + b) : (a + b - b l_n)$$
$$l_{n+1} = \frac{a + b - b l_n}{a + b}$$

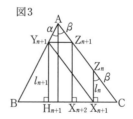
図3

（3） $b = 8a$ のとき

$$l_{n+1} = 1 - \frac{b \cdot l_n}{a + b} = 1 - \frac{8}{9} l_n$$
$$l_{n+1} - \frac{9}{17} = -\frac{8}{9} \left(l_n - \frac{9}{17} \right)$$

数列 $\left\{ l_n - \dfrac{9}{17} \right\}$ は等比数列であるから

$$l_n - \frac{9}{17} = \left(l_1 - \frac{9}{17} \right) \cdot \left(-\frac{8}{9} \right)^{n-1}$$

$l_1 = \dfrac{a}{a+b} = \dfrac{a}{a+8a} = \dfrac{1}{9}$ より

$$l_n = \frac{9}{17} - \frac{64}{17\cdot 9}\left(-\frac{8}{9}\right)^{n-1}$$

n が奇数のとき

$$l_n = \frac{9}{17} - \frac{8}{17}\left(\frac{8}{9}\right)^n$$

$l_n > \dfrac{1}{2}$ のとき

$$\frac{9}{17} - \frac{8}{17}\left(\frac{8}{9}\right)^n > \frac{1}{2}$$

$$\left(\frac{8}{9}\right)^n < \frac{1}{16}$$

両辺の $\log_2$ をとり

$$n(3 - \log_2 9) < -4$$

$$n(\log_2 9 - 3) > 4$$

$0.169 < \log_2 9 - 3 < 0.17$ より

$$n > \frac{4}{\log_2 9 - 3}$$

$$\frac{4}{0.17} < \frac{4}{\log_2 9 - 3} < \frac{4}{0.169}$$

$$23.5\cdots < \frac{4}{\log_2 9 - 3} < 23.6\cdots$$

$$n > 23.\cdots$$

となるから，これをみたす最小の奇数は

$$n = 25$$

───《数字の入れ方と漸化式》───

14. n を 2 以上の整数とする．正方形の形に並んだ $n \times n$ のマスに 0 または 1 のいずれかの数字を入れる．マスは上から第 1 行，第 2 行，$\cdots$，左から第 1 列，第 2 列，$\cdots$，と数える．数字の入れ方についての次の条件 p を考える．

条件 p：1 から $n-1$ までのどの整数 i, j についても，第 i 行，第 $i+1$ 行と第 j 列，第 $j+1$ 列とが作る 2×2 の 4 個のマスには 0 と 1 が 2 つずつ入る．

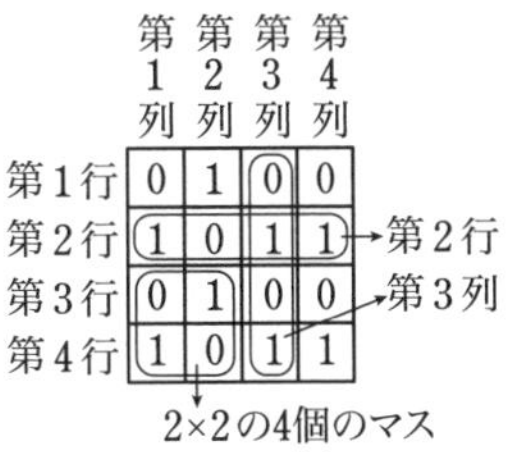

2×2 の 4 個のマス
($n=4$ の場合の入れ方の例)

（1）条件 p を満たすとき，第 n 行と第 n 列の少なくとも一方には 0 と 1 が交互に現れることを示せ．

（2）条件 p を満たすような数字の入れ方の総数 a_n を求めよ．

（15　阪大・理系）

▶解答◀ （1）$n = 2$ のとき，条件 p を満たす 2×2 マスは図 1 の 6 タイプがある．

図1
(a)　(b)　(c)　(d)　(e)　(f)

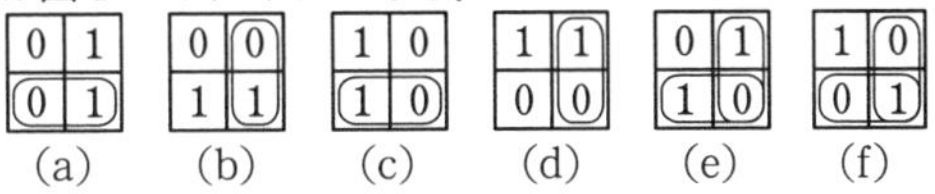

丸枠をつけたところが 0，1 が交互になるところである．以下，何度も「0，1 が交互になる」を書くのは嫌なので，これを単に OK と表す．「0，1 が交互になってはいない」ことを単に OK でないと表す．

「$n = 2$ のとき成り立つ．$n = k$ で成り立つとすると，$n = k+1$ のときは」と書いて手が止まる答案が大変多い．見通しもなく形だけの帰納法を始めても意味はない．

試行錯誤を裏に隠し，整理した原稿を書いても参考にならない．私自身の試行錯誤の様子を書いてみる．

私は様子がわからないので実験を続けた．

図 1 の 2×2 マスのどれかの右に 3 列目，下に 3 行目を付け加えて 3×3 マスを作る．

図2　　図3　　図4

（ア）2×2 マスが (a) のとき，図 2 を見よ．第 2 列で上から 1，1 とあるから，条件 p を満たすならば第 3 列は上から 0，0 となる（これは重要な情報だ！）．すると第 3 行目は $(D, C) = (1, 0)$ か（図3），$(D, C) = (0, 1)$（図4）となり，E はそれぞれ 0，1 と，一意に定まる．第 3 行が OK で，第 3 列は OK でない．

図5　　図6　　図7

（イ）2×2 マスが (e) のとき，図 5 を見よ．第 2 行が OK になるかならないかで場合を分ける．

第 2 行が OK になるのは $B = 1$ になるとき（図6）である．すると（ア）と同様に $(D, C) = (1, 0)$ か，$(D, C) = (0, 1)$ となり，C は一意に定まり第 3 行は OK となる．

第 2 行が OK にならないのは $B = 0$ になるとき（図7）である．すると，条件 p を満たすならば $C = 1$，$D = 1$ になり，$E = 0$ と定まり，第 3 行は OK でない．$A = 1$ となり，第 2 列と第 3 列は同じものが並ぶ．第 3 列は 1 と 0 が交互に並び第 3 列が OK になる．

次のことに注意しよう．

（ウ）第 n 行が OK でないなら第 $n+1$ 行は OK でない．第 n 行が OK でないということは，どこかで 0 の連

続か1の連続があるということである．条件pを満た
すならば，0の連続の下は1の連続になるし，1の連続
の下は0の連続になるから第$n+1$行はOKでない．

（エ）同様に，第n列がOKでないなら第$n+1$列は
OKでない．

（オ）第n行と第n列が両方ともOKの$n \times n$マスのも
のは市松模様（図8のように，上下左右に隣り合う数は
異なるもの）になり，2通りある．これは右下n行n列
成分を決めれば第n行目と第n列目が定まり，$n-1$行
$n-1$列成分も定まり，第$n-1$行目と第$n-1$列目が定
まり，…と続くからである．

0	1	0	1
1	0	1	0
0	1	0	1
1	0	1	0

図8

0	1	0	1	F	(δ)
1	0	1	0	E	(γ)
0	1	0	1	D	(β)
1	0	1	0	A	(α)
				C	B

図9

もう1つだけ実験しよう．図8の4×4マスの右に5
列目，下に5行目を付け加えて5×5マスを作る．

（カ）4行目をAまで延長してOKになる場合，すなわ
ち$A=1$のとき．5行目で$(C, B)=(0, 1), (1, 0)$の
どちらにするか2通りがあり，第5行目の他は一意に定
まる．第5行目はOKとなる．第4行目と第5行目は全
く同じ並びか，上下に0と1が並ぶ形である．さらに図
9で，$(\alpha), (\beta), (\gamma), (\delta)$とつけたところは，条件$p$を
満たす場合，いずれも0と1で出来ているから，(α)が
定まれば上方に順に定まる．

（キ）4行目をAまで延長してOKにならない場合，す
なわち$A=0$のとき．条件pを満たす場合，
$(B, C)=(1, 1)$となり，5行目はOKでない．この場
合，条件pを満たすなら，第4列目と第5列目には同じ
ものが並ぶしかない．そして第5列目はOKとなる．

さて所用の命題を証明しよう．図1により$n=2$のと
き成り立つ．$n=k \geq 2$のとき成り立つとする．$k \times k$
マスの右に$k+1$列目，下に$k+1$行目を付け加えて
$(k+1) \times (k+1)$マスを作る．

$k \times k$マスで第k行がOKのとき．k行目で，((カ)の
例のように)$k+1$列まで伸ばして，k行全体がOKの
場合，条件pを満たすならば第$k+1$行目のk列目と
$k+1$列目は1, 0か0, 1かの2通りがあり，ここを定
めればその左は一意に定まり，第$k+1$行目はOKとな
る．形としては第k行目と第$k+1$行目は両方ともOK
で，全く同じ並びか，上下に0と1が並ぶ形となる．
((キ)の例のように)$k+1$列まで伸ばし，k行全体が
OKでない場合があるとするならば，k行目の右端2つ
は同じものが並ぶから，第$k+1$行目について，右端2つ

は同じものが並び，第$k+1$行目はOKでなくなる．ま
た，k行目の右端2つは同じ数が並ぶから，この上方に
ついては，条件pを満たすならば，第k列目と第$k+1$
列目は全く同じ並びで，上下には0, 1が逆になり，第
$k+1$列がOKになる．なお，第k列の状態によっては
この形は起こりえないこともある．

$k \times k$マスで第k列がOKのときも同様である．

$n=k+1$でも成り立つから数学的帰納法により証明
された．

（2）$n \times n$マスで，第n行目がOKなものがb_n通りあ
るとする．第n列目がOKなものもb_n通りある．（オ）
で述べたように，第n行目と第n列目の両方がOKなも
のは2通りある．$n \times n$マスで，条件pを満たすものの
個数a_nは$a_n = b_n + b_n - 2$である．

また，（1）で述べたように，$k \times k$マスの右に$k+1$
列目，下に$k+1$行目を付け加えて$(k+1) \times (k+1)$
マスを作る場合，第$k+1$行目がOKなもの（b_{k+1}通
りある）は，$k \times k$マスの第k行目がOKなものを右に
1つ延長し，第k行目全体がOKなものにして，$k+1$
行目は第k行目と同じか0と1が上下逆になるように
するかの2通りがあり，第$k+1$列目は一意に定まる．
$b_{k+1} = 2b_k$が成り立つ．図1の(a), (c), (e), (f)よ
り$b_2 = 4$となる．

$$b_n = 2^{n-2}b_2 = 2^n$$

である．よって求める$a_n = 2b_n - 2$は

$$a_n = 2^n \cdot 2 - 2 = 2^{n+1} - 2$$

《場合の数と漸化式》

15. 形と色が異なる5種類のタイルがある．形に
はS型，L型の2種類があり，S型のタイルは2辺
の長さが1と2であるような長方形，L型のタイ
ルは2辺の長さが1と3であるような長方形をし
ている．さらに，S型のタイルには赤，青，黄の3
色，L型のタイルには白，黒の2色がある．

　自然数nに対して，縦の長さが1，横の長さがn
であるような長方形をした壁一面にこれらのタイ
ルを隙間なく重なりなく貼るとき，そのようなタ
イルの並べ方の総数をa_nとする．ただし，$a_1 = 0$
とし，タイルは5種類とも何枚でも利用できるも
のとする．

（1）a_2とa_3を求めよ．

（2）a_n, a_{n+1}を用いてa_{n+3}を表せ．

（3）$b_n = a_n + a_{n+1}$とおくとき，b_n, b_{n+1}を用
　　いてb_{n+2}を表せ．

（4） $c_n = b_{n+1} - qb_n$ とおくとき，$\{c_n\}$ が等比
数列となるような定数 q をすべて求めよ．また，
そのときの公比 r を求めよ．

（5） b_n を求めよ．

（6） $\sum_{k=1}^{n} a_k$ を求めよ．

（7） a_n を求めよ．　　　　（19　東京理科大・理）

▶解答◀

（1）　S型 □□　　L型 □□□

S型の赤，青，黄のタイルを R，B，Y と表す．L型の
白，黒のタイルを W，K と表す．a_2 は R，B，Y のどれ
を使うかで3通りある．$a_2 = 3$

a_3 は W，K のどれを使うかで2通りある．$a_3 = 2$

（2）　長さ $n+3$ の長方形を貼るとき，左端が S 型（長
さ2，R，B，Y のどれを使うかで3通り）で，あとの
長さ $n+1$ を貼る（a_{n+1} 通り）か，左端が L 型（長さ3，
W，K のどれを使うかで2通り）で，あとの長さ n を貼
る（a_n 通り）ときがあり

$$a_{n+3} = 3a_{n+1} + 2a_n \quad\cdots\cdots\cdots\cdots①$$

（3）　① に a_{n+2} を加え

$$a_{n+3} + a_{n+2} = a_{n+2} + a_{n+1} + 2(a_{n+1} + a_n)$$
$$b_{n+2} = b_{n+1} + 2b_n \quad\cdots\cdots\cdots\cdots②$$

（4）　「すべて求めよ」という表現はよくない．
仮に $b_1 = 2$，$b_2 = 4$ なら $b_n = 2^n$ となり q が何であろ
うと $c_n = 2^n(4-q)$ は等比数列となる．つまり，「すべ
て求める」場合はこのようなことがおこらないことを示
さねばならない．ここは「2つ求めよ」と表現すべきで
ある．

$$b_1 = a_1 + a_2 = 3,\ b_2 = a_2 + a_3 = 5$$
$$b_3 = b_2 + 2b_1 = 11,\ b_4 = b_3 + 2b_2 = 21$$

c_n が等比数列をなすためには

$$c_1 c_3 = c_2^2$$
$$(b_2 - qb_1)(b_4 - qb_3) = (b_3 - qb_2)^2$$
$$(5 - 3q)(21 - 11q) = (11 - 5q)^2$$
$$8q^2 - 8q - 16 = 0$$
$$q^2 - q - 2 = 0$$
$$(q+1)(q-2) = 0 \qquad \therefore \quad q = -1,\ 2$$

のいずれかであることが必要である．

$$b_{n+2} + b_{n+1} = 2(b_{n+1} + b_n)$$
$$b_{n+2} - 2b_{n+1} = -(b_{n+1} - 2b_n)$$

となるから

$$(q, r) = (-1, 2),\ (2, -1) \quad\cdots\cdots\cdots\cdots③$$

に対して数列 $\{b_{n+1} - qb_n\}$ は等比数列となり，十分で
ある．なお，

$$b_{n+2} - qb_{n+1} = r(b_{n+1} - qb_n)$$

として

$$b_{n+2} = (q + r)b_{n+1} - qrb_n$$

と ② の係数を比べ

$$q + r = 1,\ -qr = 2 \quad\cdots\cdots\cdots\cdots④$$

$q,\ r$ は $x^2 - x - 2 = 0$ の2解で ③ であるとするのはす
べて求めたことにならない．「④ であればよい」と，一
部を見つけただけである．

（5）　$b_{n+1} - 2b_n = (-1)^{n-1}(b_2 - 2b_1) = (-1)^n$
$$b_{n+1} + b_n = 2^{n-1}(b_2 + b_1) = 2^{n+2}$$

b_{n+1} を消去して

$$3b_n = 2^{n+2} - (-1)^n$$
$$b_n = \frac{1}{3}\{2^{n+2} + (-1)^{n+1}\}$$

（6）　$S_n = \sum_{k=1}^{n} a_k$ とおく．

$$S_n = (a_1 + a_2) + (a_3 + a_4) + \cdots$$
$$= b_1 + b_3 + \cdots$$

となる．以下 m を自然数とする．

（ア）　**n が偶数のとき**，$n = 2m$ とおく．

$$S_n = \sum_{k=1}^{m} b_{2k-1} = \frac{1}{3}\sum_{k=1}^{m}\{2^{2k+1} + (-1)^{2k}\}$$
$$= \frac{1}{3}\left(2^3 \cdot \frac{1 - 4^m}{1 - 4} + 1 \cdot m\right)$$
$$= \frac{8}{9}(2^{2m} - 1) + \frac{1}{3}m$$
$$= \frac{8}{9} \cdot 2^n + \frac{n}{6} - \frac{8}{9}$$

（イ）　**n が奇数のとき**，$n = 2m - 1$ とおく．

$m \geqq 2$ のとき

$$S_n = a_1 + (a_2 + a_3) + \cdots + (a_{2m-2} + a_{2m-1})$$
$$= b_2 + b_4 + \cdots + b_{2m-2} = \sum_{k=1}^{m-1} b_{2k}$$
$$= \frac{1}{3}\sum_{k=1}^{m-1}\{2^{2k+2} + (-1)^{2k+1}\}$$
$$= \frac{1}{3}\left\{2^4 \cdot \frac{1 - 4^{m-1}}{1 - 4} - 1 \cdot (m-1)\right\}$$

結果は $m = 1$ でも成り立つ．

$$S_n = \frac{2^3}{9}(2^{2m-1} - 2) - \frac{2m-2}{6}$$
$$= \frac{8}{9}(2^n - 2) - \frac{n-1}{6} = \frac{8}{9} \cdot 2^n - \frac{n}{6} - \frac{29}{18}$$

（7）　$n \geqq 2$ のとき

$$a_n = S_n - S_{n-1}$$

である．

（ア）　**n が偶数のとき**，

$$a_n = S_n - S_{n-1}$$

$$= \left(\frac{8}{9} \cdot 2^n + \frac{n}{6} - \frac{8}{9} \right)$$
$$\quad - \left(\frac{8}{9} \cdot 2^{n-1} - \frac{n-1}{6} - \frac{29}{18} \right)$$
$$= \frac{1}{9} \cdot 2^{n+2} + \frac{n}{3} + \frac{5}{9}$$

（イ） n **が奇数のとき,**

$$a_n = S_n - S_{n-1}$$
$$= \left(\frac{8}{9} \cdot 2^n - \frac{n}{6} - \frac{29}{18} \right)$$
$$\quad - \left(\frac{8}{9} \cdot 2^{n-1} + \frac{n-1}{6} - \frac{8}{9} \right)$$
$$= \frac{1}{9} \cdot 2^{n+2} - \frac{n}{3} - \frac{5}{9}$$

結果は $n = 1$ でも成り立つ.

注意 【漸化式を解く】

① の特性方程式を作る.

$$x^3 = 3x + 2$$
$$x^3 - 3x - 2 = 0$$
$$(x+1)^2(x-2) = 0 \qquad \therefore \quad x = -1, 2$$

$b_n = a_{n+1} - (-1)a_n$ であるから, これにならって $d_n = a_{n+1} - 2a_n$ を考える. ① より

$$a_{n+3} - 2a_{n+2} = -2a_{n+2} + 4a_{n+1} - a_{n+1} + 2a_n$$
$$d_{n+2} = -2d_{n+1} - d_n$$

$(-1)^{n+2}$ で割ると

$$\frac{d_{n+2}}{(-1)^{n+2}} = \frac{2d_{n+1}}{(-1)^{n+1}} - \frac{d_n}{(-1)^n}$$
$$\frac{d_{n+2}}{(-1)^{n+2}} - \frac{d_{n+1}}{(-1)^{n+1}} = \frac{d_{n+1}}{(-1)^{n+1}} - \frac{d_n}{(-1)^n}$$

数列 $\left\{ \dfrac{d_n}{(-1)^n} \right\}$ は等差数列で

$$\frac{d_n}{(-1)^n} = \frac{d_1}{(-1)} + (n-1)\left\{ \frac{d_2}{(-1)^2} - \frac{d_1}{(-1)} \right\}$$
$$d_1 = a_2 - 2a_1 = 3$$
$$d_2 = a_3 - 2a_2 = -4$$
$$\frac{d_n}{(-1)^n} = -3 + (n-1)(-4+3)$$
$$d_n = (-1)^n(-n-2)$$
$$a_{n+1} - 2a_n = -(-1)^n(n+2)$$

これと b_n の式

$$a_{n+1} + a_n = \frac{1}{3}\{2^{n+2} + (-1)^{n+1}\}$$

から a_{n+1} を消去して

$$3a_n = \frac{1}{3}\{2^{n+2} + (-1)^{n+1}\} + (-1)^n(n+2)$$
$$a_n = \frac{1}{9}\{2^{n+2} + (-1)^{n+1}\} + \frac{1}{3}(-1)^n(n+2)$$

となる.

《ランダムウォーク》

16. コインを投げて数直線上を動く点 P がある. 次の規則がある.

コインを投げて, 表が出れば座標が 1 増え, 裏が出れば座標が 1 減る. ただし, 座標が 0 のときに裏が出ても座標は 0 のままである. コインを 1 回投げた後に P の座標は 0 であった. コインを n 回投げた後で座標が t である確率を $M(n, t)$ と表す. $M(n, t)$ を求めよ.

ただし, n は自然数, t は 0 以上の整数で, 範囲はいずれも実現可能な範囲で答えよ.

(18 慶應大・商／改題)

考え方 本問は, **2018 年の文系で一番面白い問題である**. 原題は冗長な文章であったから, 本質だけを抜き出した. 原題と答えを合わせるようにしてある.

▶解答◀ 図を見よ. X はコインを投げる回数を, Y は数直線の座標を表す. 例えば, $n = 4$ のとき, すなわち 2 回目から 4 回目に, ともに右に移動したとしよう. 4 回後の座標は 3 である. 途中の移動は図 a の C, D, E, F で表すことができる. この後, 右に移動すれば G, 左に移動すれば H に行く. このように, ↗, ↘ の移動で表すことができる. 直線 l_k $(k = 0, 1, 2, \cdots)$ は座標が k の直線である.

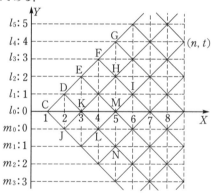

減る方は単純にはいかない. 裏が出れば 1 減ると言いたいところだが, もし, 既に 0 にあれば, 裏が出ても 0 のままである. これを ↗, ↘ で表現出来るなら, 本問は頻出問題に変身する. そこが, 本問の肝である.

最初は直線 l_0 上の C にいる. 例えば 2 回目に左に移動したとしよう. 座標は 0 のままである. l_0 の下に, もう 1 本, 座標が 0 の直線 m_0 を引いて, 2 回後に J にいると考える. 2 回目から 5 回目まで, 連続して左に動いたとしよう. その場合には C から J, K, L, M と, l_0 と m_0 の間を行ったり来たりして 5 回後は M にいる. 6 回目に右に動けば ↗ で l_1 上の I に移動する.

もし m_0 上にいるときに右に動けば座標は 1 増える. そのときには m_1 上に移動することにする. 例えば 4 回

後に L にいるときに，右に動けば 5 回後は N にいる．図で，m_k $(k = 0, 1, 2, \cdots)$ は座標が k の直線である．

（ア）↗ の移動を a 回，↘ の移動を b 回行って l_t 上の点 (n, t) に達するとき．

$$(1, 0) + a(1, 1) + b(1, -1) = (n, t)$$
$$1 + a + b = n, \quad a - b = t$$
$$a + b = n - 1, \quad a = \frac{n + t - 1}{2}$$
$$M(n, t) = \frac{1}{2^{n-1}} \cdot {}_{a+b}C_a = \frac{1}{2^{n-1}} \cdot {}_{n-1}C_{\frac{n+t-1}{2}}$$

ただし，これは $\dfrac{n + t - 1}{2}$ が整数のとき，すなわち $n + t$ が奇数のときに起こる．実現可能な範囲とは $0 \leqq \dfrac{n + t - 1}{2} \leqq n - 1$ である．

（イ）↗ の移動を a 回，↘ の移動を b 回行って m_t 上の点 (n, t) に達するとき．これは，C を点 $(0, -1)$ と見なし，下方向を Y の正方向と読み替えて式を立てる．

$$(1, -1) + a(1, 1) + b(1, -1) = (n, t)$$
$$1 + a + b = n, \quad -1 + a - b = t$$
$$a + b = n - 1, \quad a = \frac{n + t}{2}$$
$$M(n, t) = \frac{1}{2^{n-1}} \cdot {}_{a+b}C_a = \frac{1}{2^{n-1}} \cdot {}_{n-1}C_{\frac{n+t}{2}}$$

ただし，これは $n + t$ が偶数のときに起こる．実現可能な範囲とは $0 \leqq \dfrac{n + t}{2} \leqq n - 1$ である．

《連立漸化式》

17. 3 個の玉が横に一列に並んでいる．コインを 1 回投げて，それが表であれば，そのときに中央にある玉とその左にある玉とを入れ替える．また，それが裏であれば，そのときに中央にある玉とその右にある玉とを入れ替える．この操作を繰り返す．
（1）最初に中央にあったものが n 回後に中央にある確率を求めよ．
（2）最初に右端にあったものが n 回後に右端にある確率を求めよ．　　　　　　（14 信州大・経・理・医）

考え方 本問では，問題文に「漸化式」という言葉がない．そこで「直接求める」「確率を設定して漸化式を立てる」ということが選択肢になる．しかし，直接求めることは難しい．（1）は，「最初に中央にあった玉が n 回後に中央にある確率を q_n として q_{n+1} と q_n の間に成り立つ漸化式を立てる」でも解けるが，（2）では，最初に右端にあった玉が n 回後に右端にある確率を c_n として c_{n+1} と c_n の間に成り立つ漸化式を立てる」では，解くことが難しい．こうした問題では「n 回後に起こりうる状態を全て分類し，その状態すべてに確率を設定して，連立の漸化式を立てる」のが定石である．

▶解答◀（1）最初に中央にあった玉を A と呼ぶことにする．A が n 回後に左端にある確率を p_n，中央にある確率を q_n，右端にある確率を r_n とする．

$$p_n + q_n + r_n = 1, \quad p_1 = \frac{1}{2}, \quad q_1 = 0, \quad r_1 = \frac{1}{2}$$

である．なお，対称性から $p_n = r_n$ であるが，敢えてここではそれを使わない．

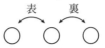

表　　　裏

A が $n + 1$ 回後に中央にある（その確率は q_{n+1}）のは，n 回後に左端にあり（確率 p_n）$n + 1$ 回目に表が出る（確率 $\frac{1}{2}$）か，n 回後に右端にあり（確率 r_n）$n + 1$ 回目に裏が出る（確率 $\frac{1}{2}$）ときである．なお，n 回後に中央にあると，$n + 1$ 回後には必ず右端か左端に移動する．

$$q_{n+1} = p_n \cdot \frac{1}{2} + r_n \cdot \frac{1}{2}$$

$p_n + r_n = 1 - q_n$ であるから

$$q_{n+1} = \frac{1}{2}(1 - q_n)$$
$$q_{n+1} - \frac{1}{3} = -\frac{1}{2}\left(q_n - \frac{1}{3}\right)$$

数列 $\left\{ q_n - \dfrac{1}{3} \right\}$ は等比数列で

$$q_n - \frac{1}{3} = \left(-\frac{1}{2}\right)^{n-1}\left(q_1 - \frac{1}{3}\right)$$
$$q_n = \frac{1}{3}\left\{ 1 - \left(-\frac{1}{2}\right)^{n-1} \right\}$$

（2）最初に右端にあった玉（B と呼ぶことにする）が n 回後に左端，中央，右端にある確率をそれぞれ a_n, b_n, c_n とおく．

$$a_n + b_n + c_n = 1, \quad a_1 = 0, \quad b_1 = \frac{1}{2}, \quad c_1 = \frac{1}{2}$$

$n + 1$ 回後に B が左端にある（その確率は a_{n+1}）のは，n 回後に左端にあり（確率 a_n）$n + 1$ 回目に裏が出る（確率 $\frac{1}{2}$）か，n 回後に中央にあり（確率 b_n）$n + 1$ 回目に表が出る（確率 $\frac{1}{2}$）ときである．

$$a_{n+1} = \frac{1}{2}(a_n + b_n) \quad \cdots\cdots\cdots\cdots\cdots ①$$

同様に

$$b_{n+1} = \frac{1}{2}(a_n + c_n) \quad \cdots\cdots\cdots\cdots\cdots ②$$
$$c_{n+1} = \frac{1}{2}(b_n + c_n) \quad \cdots\cdots\cdots\cdots\cdots ③$$

① － ③ より

$$a_{n+1} - c_{n+1} = \frac{1}{2}(a_n - c_n)$$

数列 $\{a_n - c_n\}$ は等比数列である．

$$a_n - c_n = \left(\frac{1}{2}\right)^{n-1}(a_1 - c_1)$$
$$a_n - c_n = -\left(\frac{1}{2}\right)^n \quad \cdots\cdots\cdots\cdots\cdots ④$$

また，② で，（1）と同様の手順で

$$b_n - \frac{1}{3} = \left(-\frac{1}{2}\right)^{n-1}\left(b_1 - \frac{1}{3}\right)$$
$$b_n - \frac{1}{3} = \left(-\frac{1}{2}\right)^{n-1}\left(\frac{1}{2} - \frac{1}{3}\right)$$

$$b_n = \frac{1}{3} - \frac{1}{3}\left(-\frac{1}{2}\right)^n$$

$$a_n + c_n = 1 - b_n = \frac{2}{3} + \frac{1}{3}\left(-\frac{1}{2}\right)^n \quad \cdots\cdots\cdots ⑤$$

⑤ − ④ より

$$c_n = \frac{1}{3} - \frac{1}{3}\left(-\frac{1}{2}\right)^{n+1} + \left(\frac{1}{2}\right)^{n+1}$$

注意 【上手く考える】

（1）A が $n+1$ 回後に中央にある（その確率は q_{n+1}）のは，n 回後に中央になく（確率 $1-q_n$）$n+1$ 回目に「表裏のうちの，A を中央に持ってくる方が出る（確率 $\frac{1}{2}$）」ときであるから $q_{n+1} = (1-q_n) \cdot \frac{1}{2}$ としてもよい．

♦別解♦（2）直接求める．（1）で求めた確率 q_n を利用して，A が n 回後に右端に来る確率は

$$\frac{1}{2}(1-q_n) = \frac{1}{3} - \frac{1}{3}\left(-\frac{1}{2}\right)^n$$

である．最初右端にあったものが n 回後に右端にあるのは次の場合がある．

（ア）n 回とも動かないとき．確率は $\left(\frac{1}{2}\right)^n$ である．

（イ）k 回目に初めて右端から中央に移り（確率 $\left(\frac{1}{2}\right)^k$），$n-k$ 回後に右端に移る（確率 $\frac{1}{3} - \frac{1}{3}\left(-\frac{1}{2}\right)^{n-k}$）とき．$1 \leqq k \leqq n-1$ とするのが自然だが，$k=n$ のときには上の確率は 0 で，そのようなことは起こらず，$k=n$ の確率を加えても値に影響しない．この確率の和を P とする．

$$P = \sum_{k=1}^{n} \left(\frac{1}{2}\right)^k \left\{\frac{1}{3} - \frac{1}{3}\left(-\frac{1}{2}\right)^{n-k}\right\}$$

$a = \frac{1}{2}$，$b = -\frac{1}{2}$ とおく．

$$P = \sum_{k=1}^{n} \left(\frac{1}{3}a^k - \frac{1}{3}a^k b^{n-k}\right)$$

の後半の和で，$a^n b^{n-n}$ を初項として，公比 $\frac{b}{a}$ の等比数列と考えると

$$P = \frac{1}{3} \cdot a \cdot \frac{1-a^n}{1-a} - \frac{1}{3} \cdot a^n \cdot \frac{1-\left(\frac{b}{a}\right)^n}{1-\frac{b}{a}}$$

$$= \frac{1}{3}(1-a^n) - \frac{1}{6}(a^n - b^n)$$

なお a^n と b^n は文字のまま残して，他は値を代入して整理した．

$$P = \frac{1}{3} - \frac{1}{2}a^n + \frac{1}{6}b^n$$

（ア）の確率を加え，求める確率は

$$a^n + P = \frac{1}{3} + \frac{1}{2}a^n + \frac{1}{6}b^n$$

$$= \frac{1}{3} + \left(\frac{1}{2}\right)^{n+1} - \frac{1}{3}\left(-\frac{1}{2}\right)^{n+1}$$

これは時習館高校 3 年（当時）の藤田啓介君の解法である．連立漸化式を立てないと解けない，と発言する私に対して，そんなことはないと示したものである．

《マルコフ過程と漸化式》

18. 座標平面上の原点を中心とする半径 1 の円上の動点 A，B，C を考える．以下，A が $(1, 0)$，B が $(0, 1)$，C が $(-1, 0)$ にいる状態を初期状態と呼ぶ．

8 枚の硬貨 $Q_1, Q_2, Q_3, \cdots, Q_8$ を同時に投げる試行を T とする．A，B，C はいずれも，試行 T を行うたびに次の規則に従って動く．

$n = 1, 2, 3, \cdots, 8$ に対して，
$\left(\cos\frac{n}{4}\pi, \sin\frac{n}{4}\pi\right)$ にいる動点は，
硬貨 Q_n が表となったとき
$\left(\cos\frac{n+1}{4}\pi, \sin\frac{n+1}{4}\pi\right)$ に動き，
硬貨 Q_n が裏となったとき
$\left(\cos\frac{n-1}{4}\pi, \sin\frac{n-1}{4}\pi\right)$ に動く．

この規則により，ある時点で座標が一致している複数の動点は，試行 T の後も座標が一致する．

（1）初期状態から試行 T を 2 回行ったとき，A と B の座標が一致している確率は $\dfrac{\square}{\square}$ であり，A と C の座標が一致している確率は $\dfrac{\square}{\square}$ である．また，A，B，C の座標が全て一致している確率は $\dfrac{\square}{\square}$ である．

（2）初期状態から試行 T を 2 回行ったとき，A と B の座標が一致しているとする．このとき，C の座標が A，B の座標と一致している確率は $\dfrac{\square}{\square}$ である．

（3）初期状態から試行 T を 4 回行ったとき，A と C の座標が一致している確率は $\dfrac{\square}{\square}$ である．

（4）初期状態から試行 T を 5 回行ったとき，A と C の座標が一致している確率は $\dfrac{\square}{\square}$ である．

（20 慶應大・商）

考え方 2020 年の名古屋大の問題（後に掲載）と比較せよ．とてもよく似ているとわかるはずである．

▶解答◀ 問題文の $Q_1 \sim Q_8$ の記述がわかりにくい．結局，A，B，C は毎回，正八角形 $P_1 \cdots P_8$ の，2 つある

隣りの点に確率 $\frac{1}{2}$ でうつるということである.

（1）1回後には次の4つの状態のどれかとなる. 図①ではAとBが P_1 で一致し, Cは P_3 か P_5 のいずれかにあるという図である. 他も同様である.

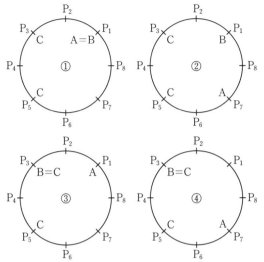

AとBの座標が一致することをA＝Bと表す. 他も同様とする. 2回後にA＝Bになる事象を X とする.

2回後にA＝Bになるときについて：

ここでは①〜④のCについては無視せよ. ①になるか, ②になり2回後に P_8 でA＝Bになるか, ③になり2回後に P_2 でA＝Bになるときで, その確率は

$$P(X) = \frac{1}{4} + \frac{1}{4} \cdot \frac{1}{4} \cdot 2 = \frac{3}{8}$$

2回後にA＝Cとなるときについて：

2回で, Cが $P_4 \to P_3 \to P_2$, Aが $P_8 \to P_1 \to P_2$ となるか, Cが $P_4 \to P_5 \to P_6$, Aが $P_8 \to P_7 \to P_6$ となるときで, その確率は

$$\frac{1}{4} \cdot \frac{1}{4} \cdot 2 = \frac{1}{8}$$

2回後にA＝B＝Cになる事象を Y とする. ①のCが P_3 の場合になり（確率 $\frac{1}{8}$）, 次に P_2 で出会う（確率 $\frac{1}{4}$）か, ③のCが P_3 の場合になり（確率 $\frac{1}{8}$）, 次に P_2 で出会う（確率 $\frac{1}{4}$）ときで,

$$P(Y) = \frac{1}{8} \cdot \frac{1}{4} \cdot 2 = \frac{1}{16}$$

（2）2回後に P_2 でA＝Cになるときは, 実はA＝B＝Cになっている.

$$P_X(Y) = \frac{P(X \cap Y)}{P(X)} = \frac{P(Y)}{P(X)} = \frac{\frac{1}{16}}{\frac{3}{8}} = \frac{1}{6}$$

（3）以後はAとCのみ考える.

便宜的に, 正八角形の外接円の周上でAとCの距離を d とする. 最初の状態は $d=4$ と表し, 他も同様に表すとする. 本当の距離でなく, 頂点がいくつ離れているかという距離である.

$d=4$ のとき, 次回で, ともに右まわりに動くか, 左まわりに動くと $d=4$（確率 $\frac{1}{4} \cdot 2 = \frac{1}{2}$）になり, それ以外は $d=2$（確率 $\frac{1}{2}$）になる.

$d=2$ のとき, 次回で, $d=0$ になる確率は $\frac{1}{4}$, $d=4$ になる確率は $\frac{1}{4}$, $d=2$ になる確率は $\frac{1}{2}$

樹形図で ● は状態を表し, その上または下に書いた数は確率を表す. 矢印の上または下に書いた数はその分岐の確率である. A＝Cになったら動きを止めるとする. 枝を単純にするためである.

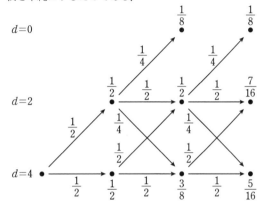

$d=4$ のとき, n 回後に動きを止める確率を p_n, $d=2$ のとき, n 回後に動きを止める確率を q_n とする.

$d=4$ のとき, $n+1$ 回後に動きを止める（その確率は p_{n+1}）のは, 1回後に $d=4$ になり（確率 $\frac{1}{2}$）あと n 回後に $d=0$ になる（その確率は p_n）か, 1回後に $d=2$ になり（確率 $\frac{1}{2}$）あと n 回後に $d=0$ になる（その確率は q_n）になるときで,

$$p_{n+1} = \frac{1}{2} p_n + \frac{1}{2} q_n$$

同様に

$$q_{n+1} = \frac{1}{4} p_n + \frac{1}{2} q_n \quad \cdots\cdots\cdots \text{Ⓐ}$$

$$p_2 = \frac{1}{8}, \quad q_1 = \frac{1}{4}, \quad q_2 = \frac{1}{8}$$

$$\begin{pmatrix} p_{n+1} \\ q_{n+1} \end{pmatrix} = \frac{1}{4} \begin{pmatrix} 2 & 2 \\ 1 & 2 \end{pmatrix} \begin{pmatrix} p_n \\ q_n \end{pmatrix}$$

と書くことにする. 計算の規則は注意を見よ.

$$\begin{pmatrix} p_3 \\ q_3 \end{pmatrix} = \frac{1}{4} \begin{pmatrix} 2 & 2 \\ 1 & 2 \end{pmatrix} \frac{1}{8} \begin{pmatrix} 1 \\ 1 \end{pmatrix} = \frac{1}{32} \begin{pmatrix} 4 \\ 3 \end{pmatrix}$$

$$\begin{pmatrix} p_4 \\ q_4 \end{pmatrix} = \frac{1}{4} \begin{pmatrix} 2 & 2 \\ 1 & 2 \end{pmatrix} \frac{1}{32} \begin{pmatrix} 4 \\ 3 \end{pmatrix} = \frac{1}{64} \begin{pmatrix} 7 \\ 5 \end{pmatrix}$$

$$\begin{pmatrix} p_5 \\ q_5 \end{pmatrix} = \frac{1}{4} \begin{pmatrix} 2 & 2 \\ 1 & 2 \end{pmatrix} \frac{1}{64} \begin{pmatrix} 7 \\ 5 \end{pmatrix} = \frac{1}{256} \begin{pmatrix} 24 \\ 17 \end{pmatrix}$$

元に戻し n 回後にAとCの座標が一致している確率を x_n とする.

$$x_4 = p_2 + p_3 + p_4 = \frac{1}{8} + \frac{1}{8} + \frac{7}{64} = \frac{23}{64}$$

（4）$x_5 = x_4 + p_5 = \frac{23}{64} + \frac{6}{64} = \frac{29}{64}$

注意 1°【行列の計算規則について】

文字はすべて実数とする.

$$\begin{pmatrix} ka & kb \\ kc & kd \end{pmatrix} = k \begin{pmatrix} a & b \\ c & d \end{pmatrix}, \quad \begin{pmatrix} kx \\ ky \end{pmatrix} = k \begin{pmatrix} x \\ y \end{pmatrix}$$

$$\begin{pmatrix} a & b \\ c & d \end{pmatrix}\begin{pmatrix} x \\ y \end{pmatrix} = \begin{pmatrix} ax+by \\ cx+dy \end{pmatrix}$$

である.

2° 【一般項について】

$$q_n = 2p_{n+1} - p_n$$

$$q_{n+1} = 2p_{n+2} - p_{n+1}$$

を Ⓐ に代入し

$$2p_{n+2} - p_{n+1} = \frac{1}{4}p_n + p_{n+1} - \frac{1}{2}p_n$$

$$p_{n+2} - p_{n+1} + \frac{1}{8}p_n = 0$$

$x^2 - x + \frac{1}{8} = 0$ の解を

$$\alpha = \frac{2-\sqrt{2}}{4},\ \beta = \frac{2+\sqrt{2}}{4}$$

とし,

$$p_{n+2} - \alpha p_{n+1} = \beta(p_{n+1} - \alpha p_n)$$

$$p_{n+2} - \beta p_{n+1} = \alpha(p_{n+1} - \beta p_n)$$

と表される. $p_1 = 0$, $p_2 = \frac{1}{8}$,

$$p_{n+1} - \alpha p_n = \beta^{n-1}(p_2 - \alpha p_1)$$

$$p_{n+1} - \beta p_n = \alpha^{n-1}(p_2 - \beta p_1)$$

を辺ごとにひいて

$$p_n = \frac{1}{\beta-\alpha} \cdot \frac{1}{8}(\beta^{n-1} - \alpha^{n-1})$$

$$x_n = p_1 + \cdots + p_n$$

$$= \frac{1}{8(\beta-\alpha)}\left(\frac{1-\beta^n}{1-\beta} - \frac{1-\alpha^n}{1-\alpha}\right)$$

で一般項を得る.

$$x_n = 1 + \sqrt{2}\left(\frac{2-\sqrt{2}}{4}\right)^{n+1} - \sqrt{2}\left(\frac{2+\sqrt{2}}{4}\right)^{n+1}$$

となる.

2名が先攻と後攻にわかれ, 次のようなゲームを行う.

（ⅰ） 正方形の4つの頂点を反時計回りに A, B, C, Dとする. 両者はコマを1つずつ持ち, ゲーム開始時には先攻の持ちゴマは A, 後攻の持ちゴマは C に置いてあるとする.

（ⅱ） 先攻から始めて, 交互にサイコロを振る. ただしサイコロは1から6までの目が等確率で出るものとする. 出た目を3で割った余りが0のときコマは動かさない. また余りが1のときは, 自分のコマを反時計回りに隣の頂点に動かし, 余りが2のときは, 自分のコマを時計回りに隣の頂点に動かす. もし移動した先に相手のコマがあれば, その時点でゲームは終了とし, サイコロを振った者の勝ちとする.

ちょうどn回サイコロが振られたときに勝敗が決まる確率を p_n とする. このとき, 以下の問に答えよ.

（1） p_2, p_3 を求めよ.

（2） p_n を求めよ.

（20 名古屋大・理系／設問を1つ削除）

考え方 アンドレイ・アンドレエヴィチ・マルコフ (1856-1922) はロシアの数学者で「未来に起こりうる状態を分類し確率を設定して漸化式を立てて考える」問題を考察した. マルコフ過程と呼ばれている. マルコフ過程は, 連続して起こることを想定している. そのタイプの問題をマルコフ的と呼ぶことにしよう. それに対して, 連続して起こらない事象の考察を非マルコフ的と呼ぶことにしよう.

たとえば「コインを繰り返し投げ（コイントスという）, 表が連続したらコイントスをやめるとする. n回目にコイントスをやめる確率を求めよ」という問題は有名である. n回目にやめることと, $n+1$回目にやめることは単純には連続しないから, これは非マルコフ的である.「やめない場合を考え, n回目に表が出るか, 裏が出る確率」を考えるならばマルコフ的である.

本問で, 正方形の周上での2点の距離を考える. マルコフ的に考えるならば,「n回後に距離が1になるか, 2になるかの確率を設定して漸化式を立てる」ことになる. しかし, 求めるものは「距離2から始めてn回後に距離が0になる確率」であるから, 求める確率は非マルコフ的である.

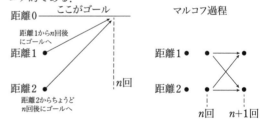

▶解答◀ （1） 最初の状態を, 正方形の周上での距離が2と表し, 他も同様とする.

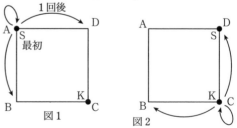

図1　　　図2

S は先攻の, K は後攻の持ちゴマとする. 1回後に距

離が 1 になる確率は $\frac{2}{3}$，距離が 2 のままになる確率は $\frac{1}{3}$ である.

1 回後に S が D に行ったとする. このとき，2 回後に距離が 0, 1, 2 になる確率はすべて $\frac{1}{3}$ である.

これを繰り返す.

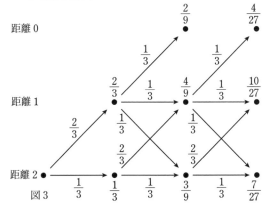

図 3

$p_1 = 0$ である. 図 3 において，p_2 は ↗↗ の確率で

$$p_2 = \frac{2}{3} \cdot \frac{1}{3} = \frac{2}{9}$$

p_3 は「→↗」または「↗→」の後で ↗ になる確率で

$$p_3 = \left(\frac{1}{3} \cdot \frac{2}{3} \right) \cdot 2 \cdot \frac{1}{3} = \frac{4}{27}$$

（2） 距離が 2 のとき，その n 回後に終了する確率が p_n である. 距離が 1 のとき，その n 回後に終了する確率を q_n とする.

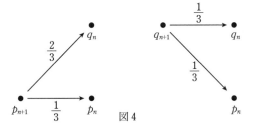

図 4

距離が 2 のとき，その $n+1$ 回後に終了する（確率 p_{n+1}）のは，1 回後に距離が 2 のままで（確率 $\frac{1}{3}$），その n 回後に終了する（確率 p_n）か，または，1 回後に距離が 1 になり（確率 $\frac{2}{3}$），その n 回後に終了する（確率

q_n）ときで

$$p_{n+1} = \frac{1}{3} p_n + \frac{2}{3} q_n \quad \cdots\cdots\cdots\cdots① $$

同様に

$$q_{n+1} = \frac{1}{3} p_n + \frac{1}{3} q_n \quad \cdots\cdots\cdots\cdots② $$

ただし，$n \geqq 1$ である.

①より

$$q_n = \frac{3}{2} p_{n+1} - \frac{1}{2} p_n$$

これと

$$q_{n+1} = \frac{3}{2} p_{n+2} - \frac{1}{2} p_{n+1}$$

を②に代入し

$$\frac{3}{2} p_{n+2} - \frac{1}{2} p_{n+1} = \frac{1}{3} p_n + \frac{1}{2} p_{n+1} - \frac{1}{6} p_n$$

$$p_{n+2} = \frac{2}{3} p_{n+1} + \frac{1}{9} p_n$$

$t^2 = \frac{2}{3} t + \frac{1}{9}$ とすると

$$(3t)^2 - 2 \cdot 3t - 1 = 0$$

$$3t = 1 \pm \sqrt{2} \qquad \therefore \quad t = \frac{1 \pm \sqrt{2}}{3}$$

$\alpha = \dfrac{1 + \sqrt{2}}{3}$，$\beta = \dfrac{1 - \sqrt{2}}{3}$ とおくと

$$p_{n+2} - \alpha p_{n+1} = \beta(p_{n+1} - \alpha p_n) \quad \cdots\cdots\cdots③ $$

$$p_{n+2} - \beta p_{n+1} = \alpha(p_{n+1} - \beta p_n) \quad \cdots\cdots\cdots④ $$

③より，数列 $\{p_{n+1} - \alpha p_n\}$ は公比 β の等比数列で

$$p_{n+1} - \alpha p_n = (p_2 - \alpha p_1) \beta^{n-1}$$

$$p_{n+1} - \alpha p_n = \frac{2}{9} \beta^{n-1} \quad \cdots\cdots\cdots\cdots⑤ $$

④より，数列 $\{p_{n+1} - \beta p_n\}$ は公比 α の等比数列で

$$p_{n+1} - \beta p_n = (p_2 - \beta p_1) \alpha^{n-1}$$

$$p_{n+1} - \beta p_n = \frac{2}{9} \alpha^{n-1} \quad \cdots\cdots\cdots\cdots\cdots⑥ $$

（⑥ − ⑤）÷ $(\alpha - \beta)$ より

$$p_n = \frac{2}{9} \cdot \frac{\alpha^{n-1} - \beta^{n-1}}{\alpha - \beta} = \frac{2}{9} \cdot \frac{\alpha^{n-1} - \beta^{n-1}}{\frac{2\sqrt{2}}{3}}$$

$$= \frac{\alpha^{n-1} - \beta^{n-1}}{3\sqrt{2}}$$

$$= \frac{1}{3\sqrt{2}} \left\{ \left(\frac{1 + \sqrt{2}}{3} \right)^{n-1} - \left(\frac{1 - \sqrt{2}}{3} \right)^{n-1} \right\}$$

§9 ベクトル

●●● 問題編
●●●

《傍心以外の位置ベクトル》

1. △ABC において，AB = 14，BC = 15，CA = 13 とし，$\vec{a} = \overrightarrow{CA}$，$\vec{b} = \overrightarrow{CB}$ とする．

（1） △ABC の重心 G について $\overrightarrow{CG}$ を $\vec{a}, \vec{b}$ で表せ．

（2） △ABC の垂心 H について $\overrightarrow{CH}$ を $\vec{a}, \vec{b}$ で表せ．

（3） △ABC の外接円の半径を求め，外心 O について $\overrightarrow{CO}$ を $\vec{a}, \vec{b}$ で表せ．

（4） △ABC の内接円の半径を求め，内心 I について $\overrightarrow{CI}$ を $\vec{a}, \vec{b}$ で表せ． （16　滋賀医大）

《外心・傍心の位置ベクトル》

2. AB = 7，AC = 6，BC = 8 である △ABC を考える．

（1） △ABC の面積は $\dfrac{\square\sqrt{\square}}{\square}$ である．また $\overrightarrow{AB}$ と $\overrightarrow{AC}$ の内積は $\dfrac{\square}{\square}$ である．

（2） 頂点 C から直線 AB に下ろした垂線と直線 AB との交点を P とするとき，

$$\overrightarrow{AP} = \frac{\square}{\square}\overrightarrow{AB}$$

である．また，△ABC の外心を O とするとき，

$$\overrightarrow{AO} = \frac{\square}{\square}\overrightarrow{AB} + \frac{\square}{\square}\overrightarrow{AC}$$

と表せる．

（3） 点 Q を，∠B の外角の二等分線と ∠C の外角の二等分線の交点とする．このとき，

$$\overrightarrow{AQ} = \frac{\square}{\square}\overrightarrow{AB} + \frac{\square}{\square}\overrightarrow{AC}$$

と表せる． （19　慶應大・商）

《ベクトル方程式》

3. 座標平面上にすべての内角が 180° 未満の四角形 ABCD がある．原点を O とし，

$$\overrightarrow{OA} = \vec{a}, \overrightarrow{OB} = \vec{b}, \overrightarrow{OC} = \vec{c}, \overrightarrow{OD} = \vec{d}$$

とおく．k は $0 \leqq k \leqq 1$ を満たす定数とする．0 以上の実数 s, t, u が $k + s + t + u = 1$ を満たしながら変わるとき

$$\overrightarrow{OP} = k\vec{a} + s\vec{b} + t\vec{c} + u\vec{d}$$

で定められる点 P の存在範囲を $E(k)$ とする．

（1） $E(1)$ および $E(0)$ を求めよ．

（2） $E\left(\dfrac{1}{3}\right)$ を求めよ．

（3） 対角線 AC，BD の交点を M とする．どの $E(k)\left(\dfrac{1}{3} \leqq k \leqq \dfrac{1}{2}\right)$ にも属するような点 P を考える．このような点 P が存在するための必要十分条件を，線分 AC，AM の長さを用いて答えよ． （16　千葉大）

《円とベクトル》

4. 線分 AB を直径とし, 中心を O とする円 O を考える. 円 O の円周上に動点 P をとる. ただし, 点 A, 点 B とは異なる点とする. また, 線分 OB の中点を C とする. 円 O と直線 PC の共有点で点 P と異なる点を Q とし, 線分 CQ 上に点 S をとる. さらに, 直線 AP と直線 BQ の交点を R とし, 直線 AP と直線 BS が交わるときの交点を T とする. $AB = 2$, $AP = p$, $\dfrac{CS}{PC} = s$, $\overrightarrow{AP} = \vec{p}$, $\overrightarrow{AB} = \vec{a}$ とし, AP // BS となるときの s を s_p とする. 次の問いに答えよ.

(1) 内積 $\overrightarrow{AP} \cdot \overrightarrow{AB}$ を p を用いて表せ. また, s_p を求めよ.

(2) $s > s_p$ のとき, $\overrightarrow{AS}$ を $\vec{a}$, $\vec{p}$, s を用いて表せ.

(3) $s > s_p$ のとき, $\overrightarrow{AT}$ を $\vec{p}$, s を用いて表せ.

(4) 点 S が点 Q と一致するときの s を p を用いて表せ. また, 内積 $\overrightarrow{AR} \cdot \overrightarrow{AB}$ を求めよ.

(5) 動点 P が円 O の点 A, B を両端とする 1 つの半円周上(点 A, B を除く)を動くとする. 点 R の軌跡を求めよ. 　　　　　　　　　　　　　　　　　　　　　　　　　　　　　(18　同志社大・文系)

《ベクトルのなす角》

5. 座標平面上において, 放物線 $C : y = x^2$ と 2 点 A(-1, 1), B(2, 4) を考える. また, $-1 < t < 2$ を満たす実数 t に対して, 放物線 C 上の点 P(t, t^2) を考える. このとき次の問いに答えよ.

(1) 2 つのベクトル $\overrightarrow{PA}$, $\overrightarrow{PB}$ の内積 $\overrightarrow{PA} \cdot \overrightarrow{PB}$ の値を t を用いて表せ.

(2) 2 つのベクトル $\overrightarrow{PA}$, $\overrightarrow{PB}$ のなす角を $\theta(0 < \theta < \pi)$ とする. このとき $\cos\theta$ の値を t を用いて表せ. また $\theta \neq \dfrac{\pi}{2}$ のとき $\dfrac{1}{\tan\theta}$ の値を t を用いて表せ.

(3) t が $-1 < t < 2$ を満たしながら変化するとき, $\angle APB$ が最小となる t の値を求めよ. 　　　(14　同志社大・法)

《ネットを張る》

6. 原点を O とする座標平面上に O とは異なる点 A と点 B があり, 点 O, A, B は一直線上にないとする. また, $OA = a$, $OB = b$, $\overrightarrow{OA} = \vec{a}$, $\overrightarrow{OB} = \vec{b}$, $\vec{a} \cdot \vec{b} = p$ とする. 次に答えよ.

(1) 点 A の座標が (2, 1), 点 B の座標が (1, 3) のとき, $m\vec{a} + n\vec{b} = (1, -7)$ となるように m, n を定めよ.

(2) $|\vec{b} - t\vec{a}|$ を最小にする実数 t とその最小値 s を a, b, p を用いて表せ.

(3) $\vec{a}$ と $\vec{b}$ のなす角を θ とするとき, (2)の最小値 s を b, θ を用いて表せ.

(4) 点 A, B が $a \leqq b$, $\dfrac{|p|}{a^2} \leqq \dfrac{1}{2}$ をみたすとき, $\vec{a}$ は,

$m\vec{a} + n\vec{b}$ 　(m, n は整数, $(m, n) \neq (0, 0)$)

と表せるベクトルの中で, 大きさが最小のベクトルであることを示せ.

(5) 点 A の座標を (1, 0) とし, 点 B を第 1 象限内にある点とする. また, 原点 O を基準とする位置ベクトルが
$m\vec{a} + n\vec{b}$ 　($m \in \{-1, 0, 1\}$,
　　　$n \in \{-1, 0, 1\}$, $(m, n) \neq (0, 0)$)
である 8 個の点を考え, その中で $\overrightarrow{OC} = -\vec{a} + \vec{b}$ をみたす点を C とする. 原点 O からこれら 8 個の点までの距離の中で距離 OC が最小となるとき, 点 B が存在する領域を座標平面に図示せよ. 　　　(22　九州工業大・後期)

《ベクトルと軌跡》

7. 座標平面上の相異なる 3 点 P，Q，R が 2 つの条件

$$(*) \begin{cases} |\overrightarrow{PQ}| = |\overrightarrow{QR}| \\ \overrightarrow{QP} \cdot \overrightarrow{QR} = -\dfrac{1}{3} \end{cases}$$

を満たしながら動くものとする．$|\overrightarrow{PQ}|$ を a とする．以下の各問に答えよ．

（1） $|\overrightarrow{PR}|$ を a で表せ．

（2） $\angle PQR = \dfrac{2}{3}\pi$ のときの a を求めよ．また，$\angle PQR = \pi$ のときの a を求めよ．

（3） a がとり得る値の範囲を求めよ．

（4） 原点を O とし，点 R を $(1, 0)$ に固定する．点 P，Q が $(*)$ および $|\overrightarrow{OP}| = |\overrightarrow{PQ}|$ を満たしながら動くとする．点 P が描く軌跡を求めよ．

（5） （4）において，点 P が描く軌跡の長さを求めよ． 　　　　　（15　茨城大・理）

《解法の選択 1》

8. 平面において，一直線上にない 3 点 O，A，B がある．O を通り直線 OA と垂直な直線上に O と異なる点 P をとる．O を通り直線 OB と垂直な直線上に O と異なる点 Q をとる．ベクトル $\overrightarrow{OP} + \overrightarrow{OQ}$ は $\overrightarrow{AB}$ に垂直であるとする．

（1） $\overrightarrow{OP} \cdot \overrightarrow{OB} = \overrightarrow{OQ} \cdot \overrightarrow{OA}$ を示せ．

（2） ベクトル $\overrightarrow{OA}$，$\overrightarrow{OB}$ のなす角を α とする．ただし，$0 < \alpha < \dfrac{\pi}{2}$ とする．このときベクトル $\overrightarrow{OP}$，$\overrightarrow{OQ}$ のなす角が $\pi - \alpha$ であることを示せ．

（3） $\dfrac{|\overrightarrow{OP}|}{|\overrightarrow{OA}|} = \dfrac{|\overrightarrow{OQ}|}{|\overrightarrow{OB}|}$ を示せ． 　　　　　（15　北海道大・文系）

《斜交座標》

9. 平面上の点 P，Q，R が同一直線上にないとき，それらを 3 頂点とする三角形の面積を $\triangle PQR$ で表す．また，P，Q，R が同一直線上にあるときは，$\triangle PQR = 0$ とする．

A，B，C を平面上の 3 点とし，$\triangle ABC = 1$ とする．この平面上の点 X が

$$2 \leqq \triangle ABX + \triangle BCX + \triangle CAX \leqq 3$$

を満たしながら動くとき，X の動きうる範囲の面積を求めよ． 　　　　　（20　東大・理科）

《抽象的なベクトルの問題》

10. n を 3 以上の自然数，λ を実数とする．次の条件（ⅰ），（ⅱ）を満たす空間ベクトル $\vec{v_1}, \vec{v_2}, \cdots, \vec{v_n}$ が存在するための n と λ が満たすべき条件を求めよ．

（ⅰ） $\vec{v_1}, \vec{v_2}, \cdots, \vec{v_n}$ は相異なる長さ 1 の空間ベクトルである．

（ⅱ） $i \neq j$ のときベクトル $\vec{v_i}$ と $\vec{v_j}$ の内積は λ に等しい． 　　　　　（21　京大・理-特色入試）

《空間図形を正確に把握する》

11. 図のように，1辺の長さが2である立方体 ABCD − EFGH の内側に，正方形 ABCD に内接する円を底面にもつ高さ2の円柱 V をとる．次の設問に答えよ．

（1） 立方体の対角線 AG と円柱 V の共通部分として得られる線分の長さを求めよ．

（2） W を三角柱 ABF − DCG と三角柱 AEH − BFG の共通部分とする．円柱 V の側面と W の共通部分に含まれる線分の長さの最大値を求めよ．

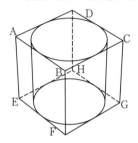

（21 早稲田大・商）

《四面体の問題》

12. 四面体 OABC において，△ABC の重心を G，△OAB の重心を H とする．

（1） 直線 OG と直線 CH は交わることを示せ．

以下では，直線 OG と直線 CH の交点を I として，OI = AI = BI = CI とする．

（2） $\overrightarrow{OI}$ を $\overrightarrow{OA}$, $\overrightarrow{OB}$, $\overrightarrow{OC}$ を用いて表せ．

（3） OA = BC, OB = CA, OC = AB を示せ．

（4） OA = 1, OB = $\sqrt{2}$, OC = $\sqrt{2}$ のとき，I を中心として，平面 OAB とただ一つの共有点を持つような球の半径を求めよ．

（19 滋賀医大・医）

《四角錐の切断面》

13. 1辺の長さが $\sqrt{2}$ の正方形 ABCD を底面とし，4つの正三角形を側面とする正四角錐 O-ABCD がある．OA と OC を 4:1 に内分する点をそれぞれ P と R，正の実数 r に対して OB を 1:r に内分する点を Q とする．

（1） 内積 $\overrightarrow{PQ}\cdot\overrightarrow{QR}$ と $\overrightarrow{PR}\cdot\overrightarrow{OQ}$ を計算せよ．答が r の有理式になる場合は，1つの既約分数式で解答せよ．

（2） 線分 PR の中点を M とする．QM と OD が平行になる r を求めよ．

（3） QM と OD が平行なとき，3点 P，Q，R を通る平面 α で正四角錐 O-ABCD を2つの多面体に切り分ける．このとき，α による切り口の図形の面積，および，切り分けたうち頂点 O を含む多面体の体積を求めよ．

（16 慶應大・経済）

《解法の選択 2》

14. k を正の実数とする．座標空間において，原点 O を中心とする半径1の球面上の4点 A, B, C, D が次の関係式を満たしている．

$$\overrightarrow{OA}\cdot\overrightarrow{OB} = \overrightarrow{OC}\cdot\overrightarrow{OD} = \frac{1}{2},$$

$$\overrightarrow{OA}\cdot\overrightarrow{OC} = \overrightarrow{OB}\cdot\overrightarrow{OC} = -\frac{\sqrt{6}}{4},$$

$$\overrightarrow{OA}\cdot\overrightarrow{OD} = \overrightarrow{OB}\cdot\overrightarrow{OD} = k.$$

このとき，k の値を求めよ．ただし，座標空間の点 X, Y に対して，$\overrightarrow{OX}\cdot\overrightarrow{OY}$ は，$\overrightarrow{OX}$ と $\overrightarrow{OY}$ の内積を表す．

（20 京大・共通）

《正射影と面積》

15. 4点 $A(3, 0, 0)$, $B(0, 6, 0)$, $C(0, 0, 9)$, $P(x, y, z)$ があり, 点 P から xy 平面に下ろした垂線の足を Q とする. 点 P が 3 点 A, B, C を含む平面上を, $AP^2 + BP^2 + CP^2 \leqq 100$ を満たしつつ動くとき, P が動きうる領域の面積は $\dfrac{\boxed{}}{\boxed{}}\pi$ であり, Q が動きうる領域の面積は $\dfrac{\boxed{}}{\boxed{}}\pi$ である. (20　早稲田大・人間科学)

《光源と正射影》

16. xyz 空間内において, 原点を中心とする半径 1 の光を通さない球体を考え, その表面を D とする. $a, b > 0$ かつ $a^2 + b^2 > 1$ を満たす実数 a, b に対し, 平面 $z = b$ 上の中心 $(0, 0, b)$, 半径 a の円を C とする.

　C 上にある点光源 L と, D 上の点 P について, P が L によって「照らされる」とは, 線分 LP と D との共有点が P のみであることとする.

　C 上のどのような位置にある点によっても照らされる D 上の点全体の集合を D_1 とし, また C 上に位置する少なくともひとつの点によって照らされる D 上の点全体の集合を D_2 とする. D_1 の xy 平面への正射影の面積を S_1 とし, また D_2 の xy 平面への正射影の面積を S_2 とする.

　ここで, 空間内の図形 A の xy 平面への正射影とは, A の各点 P を通り xy 平面と垂直な直線と xy 平面との交点を P′ とするとき, 点 P′ 全体の集合のことである.

（1）　$a \geqq 1$ かつ $b \geqq 1$ のとき, S_1 と S_2 を求めよ.

（2）　$a, b > 0$ かつ $a^2 + b^2 > 1$ のとき, S_1 と S_2 を求めよ. (16　東北大・理)

《球面と円錐》

17. c を正の実数として，点 $(-1, 1, c)$ を通りベクトル $(7, 4, 2)$ に平行な直線を考える．

（1）　この直線上に中心をもち，xy 平面，yz 平面，zx 平面すべてに接する球が存在するような c の値が二つあることを示せ．さらに，それぞれの c について，このような球が一つずつあることを示せ．

（2）　（1）で求めた二つの球の中心を通る直線を l とし，直線 l に垂直で原点を通る平面を α とする．直線 l と平面 α を，それぞれ式で表せ．

（3）　（1）で求めた二つの球のうち，半径の大きな方の球を S，もう一方の球を S' とする．球 S は平面 α と交わらないことを示せ．

（4）　球 S を，その中心が直線 l 上を動くように平面 α に向かって移動させる．球 S が平面 α に初めて接するまでの中心の移動距離を求めよ．

（5）　（4）の移動前の球 S と球 S' が内接する円錐の頂点を P とし，移動後の球 S と球 S' が内接する円錐の頂点を Q とするとき，P と Q の距離を求めよ．

(19　九大・後期)

《円錐の切断》

18. 空間内に $|\overrightarrow{OA}| = 2$ となる 2 点 O，A があり，空間内の図形 S は，$|\overrightarrow{OP}| = \overrightarrow{OA} \cdot \overrightarrow{OP}$ を満たす点 P 全体からなるとする．点 B は図形 S 上の点で，$|\overrightarrow{OB}| = 6$ であるとし，直線 AB と図形 S との交点のうち，点 B とは異なる点を C とする．点 D は図形 S 上の点で，$\overrightarrow{OC} \perp \overrightarrow{OD}$ かつ $|\overrightarrow{OC}| = |\overrightarrow{OD}|$ であるとする．

（1）　$\angle \text{AOB} = \boxed{}$ であり，$\overrightarrow{OC} = \boxed{}\overrightarrow{OA} + \boxed{}\overrightarrow{OB}$ である．また，$\overrightarrow{OB} \cdot \overrightarrow{OD} = \boxed{}$ である．

（2）　3 点 A，B，D を含む平面で図形 S を切った切り口の曲線を T とし，曲線 T 上の点 Q が
$\overrightarrow{OQ} = s\overrightarrow{OA} + t\overrightarrow{OB} + u\overrightarrow{OD}$（$s, t, u$ は実数）を満たすとする．このとき s と t は関係式
$$s^2 + \boxed{}t^2 + \boxed{}st + \boxed{}s + \boxed{}t = \boxed{}$$
を満たす．

（3）　曲線 T 上の点で，点 O からの距離が最大となる点を E とする．$\overrightarrow{OE}$ は $\overrightarrow{OA}$，$\overrightarrow{OB}$，$\overrightarrow{OD}$ を用いて
$\overrightarrow{OE} = \boxed{}\overrightarrow{OA} + \boxed{}\overrightarrow{OB} + \boxed{}\overrightarrow{OD}$ と表すことができる．また，四面体 OCDE の体積は $\boxed{}$ である．

(18　慶応大・理工)

解答編

《傍心以外の位置ベクトル》

1. △ABC において，AB = 14，BC = 15，CA = 13 とし，$\vec{a} = \overrightarrow{CA}$，$\vec{b} = \overrightarrow{CB}$ とする．

（1）△ABC の重心 G について $\overrightarrow{CG}$ を $\vec{a}, \vec{b}$ で表せ．

（2）△ABC の垂心 H について $\overrightarrow{CH}$ を $\vec{a}, \vec{b}$ で表せ．

（3）△ABC の外接円の半径を求め，外心 O について $\overrightarrow{CO}$ を $\vec{a}, \vec{b}$ で表せ．

（4）△ABC の内接円の半径を求め，内心 I について $\overrightarrow{CI}$ を $\vec{a}, \vec{b}$ で表せ． (16 滋賀医大)

▶**解答**◀ （1）

$$\overrightarrow{CG} = \frac{\overrightarrow{CA} + \overrightarrow{CB} + \overrightarrow{CC}}{3} = \frac{1}{3}\vec{a} + \frac{1}{3}\vec{b}$$

（2）$\cos C = \dfrac{13^2 + 15^2 - 14^2}{2 \cdot 13 \cdot 15} = \dfrac{99}{13 \cdot 15}$

$$\vec{a} \cdot \vec{b} = |\vec{a}||\vec{b}| \cos C$$
$$= 13 \cdot 15 \cdot \frac{99}{13 \cdot 15} = 99$$

$\overrightarrow{CH} = k\vec{a} + l\vec{b}$ （k, l は実数）とおく．

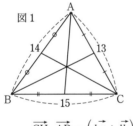
図1

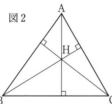
図2

$$\overrightarrow{CH} \cdot \overrightarrow{AB} = (k\vec{a} + l\vec{b}) \cdot (\vec{b} - \vec{a})$$
$$= k(\vec{a} \cdot \vec{b} - |\vec{a}|^2) + l(|\vec{b}|^2 - \vec{a} \cdot \vec{b})$$
$$= k(99 - 169) + l(225 - 99) = -70k + 126l$$

$\overrightarrow{CH} \perp \overrightarrow{AB}$ より $\overrightarrow{CH} \cdot \overrightarrow{AB} = 0$ だから

$$-70k + 126l = 0 \qquad \therefore \quad -5k + 9l = 0 \quad \cdots ①$$

$$\overrightarrow{AH} \cdot \overrightarrow{BC} = (\overrightarrow{CH} - \vec{a}) \cdot (-\vec{b})$$
$$= \{(k-1)\vec{a} + l\vec{b}\} \cdot (-\vec{b})$$
$$= (1-k)\vec{a} \cdot \vec{b} - l|\vec{b}|^2 = -99k - 225l + 99$$

$\overrightarrow{AH} \perp \overrightarrow{BC}$ より $\overrightarrow{AH} \cdot \overrightarrow{BC} = 0$ だから

$$-99k - 225l + 99 = 0$$

$$11k + 25l = 11 \quad \cdots\cdots\cdots\cdots\cdots\cdots ②$$

① より $l = \dfrac{5}{9}k$ でこれを ② に代入し

$$11k + \frac{125}{9}k = 11 \qquad \therefore \quad k = \frac{99}{224}, \quad l = \frac{55}{224}$$

$$\overrightarrow{CH} = \frac{99}{224}\vec{a} + \frac{55}{224}\vec{b}$$

（3）（2）より $\cos C = \dfrac{99}{195}$ であるから，

$$\sin C = \sqrt{1 - \cos^2 C} = \frac{\sqrt{195^2 - 99^2}}{195} = \frac{168}{195}$$

したがって，△ABC の外接円の半径を R とすると，正弦定理より

$$R = \frac{AB}{2\sin C} = \frac{1}{2} \cdot 14 \cdot \frac{195}{168} = \frac{65}{8}$$

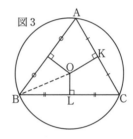
図3

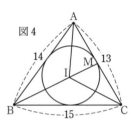
図4

AC の中点を K，BC の中点を L とする．

$\overrightarrow{CO} = m\vec{a} + n\vec{b}$ （m, n は実数）とおく．

$$\overrightarrow{CO} \cdot \overrightarrow{CA} = |\overrightarrow{CO}||\overrightarrow{CA}| \cos \angle OCA$$
$$= |\overrightarrow{CK}||\overrightarrow{CA}| = \frac{13}{2} \cdot 13 = \frac{169}{2}$$

であり，$\overrightarrow{CO} \cdot \overrightarrow{CA} = (m\vec{a} + n\vec{b}) \cdot \vec{a}$

$$= m|\vec{a}|^2 + n\vec{a} \cdot \vec{b} = 169m + 99n$$

であるから，$169m + 99n = \dfrac{169}{2}$ $\cdots\cdots\cdots$③

同様に，$\overrightarrow{CO} \cdot \overrightarrow{CB} = |\overrightarrow{CO}||\overrightarrow{CB}| \cos \angle OCB$

$$= |\overrightarrow{CL}||\overrightarrow{CB}| = \frac{15}{2} \cdot 15 = \frac{225}{2}$$

であり，$\overrightarrow{CO} \cdot \overrightarrow{CB} = (m\vec{a} + n\vec{b}) \cdot \vec{b}$

$$= m\vec{a} \cdot \vec{b} + n|\vec{b}|^2 = 99m + 225n$$

であるから，$99m + 225n = \dfrac{225}{2}$

$$11m + 25n = \frac{25}{2} \quad \cdots\cdots\cdots\cdots\cdots\cdots④$$

③×25 － ④×169 より

$$(169 \cdot 25 - 11 \cdot 169)m + (99 \cdot 25 - 25 \cdot 169)n = 0$$

$$169 \cdot 14m - 70 \cdot 25n = 0$$

$$169m = 125n$$

③ に代入し, $224n = \dfrac{169}{2}$

$$n = \dfrac{169}{448}, \quad m = \dfrac{125}{448}$$

したがって, $\overrightarrow{CO} = \dfrac{125}{448}\vec{a} + \dfrac{169}{448}\vec{b}$

（4） 内接円の半径を r とすると, $S = rs$ の公式より

$$\dfrac{1}{2} \cdot 13 \cdot 15 \cdot \dfrac{168}{195} = \dfrac{1}{2}(13 + 14 + 15) \cdot r$$

だから $r = 4$ である.

　直線 BI と AC の交点を M とする. 角の二等分線の定理より, $AM : CM = 14 : 15$ だから

$$CM = 13 \cdot \dfrac{15}{14 + 15} = \dfrac{195}{29}$$

$BI : MI = CB : CM = 15 : \dfrac{195}{29} = 29 : 13$ である. したがって, $\overrightarrow{CI} = \dfrac{13}{42}\overrightarrow{CB} + \dfrac{29}{42}\overrightarrow{CM}$

$$= \dfrac{13}{42}\vec{b} + \dfrac{29}{42} \cdot \left(\dfrac{1}{13} \cdot \dfrac{195}{29} \right)\vec{a} = \dfrac{5}{14}\vec{a} + \dfrac{13}{42}\vec{b}$$

《外心・傍心の位置ベクトル》

2. AB $= 7$, AC $= 6$, BC $= 8$ である $\triangle$ABC を考える.

（1） $\triangle$ABC の面積は $\dfrac{\boxed{}\sqrt{\boxed{}}}{\boxed{}}$ である. また $\overrightarrow{AB}$ と $\overrightarrow{AC}$ の内積は $\dfrac{\boxed{}}{\boxed{}}$ である.

（2） 頂点 C から直線 AB に下ろした垂線と直線 AB との交点を P とするとき,

$$\overrightarrow{AP} = \dfrac{\boxed{}}{\boxed{}}\overrightarrow{AB}$$

である. また, $\triangle$ABC の外心を O とするとき,

$$\overrightarrow{AO} = \dfrac{\boxed{}}{\boxed{}}\overrightarrow{AB} + \dfrac{\boxed{}}{\boxed{}}\overrightarrow{AC}$$

と表せる.

（3） 点 Q を, $\angle$B の外角の二等分線と $\angle$C の外角の二等分線の交点とする. このとき,

$$\overrightarrow{AQ} = \dfrac{\boxed{}}{\boxed{}}\overrightarrow{AB} + \dfrac{\boxed{}}{\boxed{}}\overrightarrow{AC}$$

と表せる. 　　　　　（19 慶應大・商）

▶解答◀　（1） $|\overrightarrow{BC}|^2 = |\overrightarrow{AC} - \overrightarrow{AB}|^2$

$$= |\overrightarrow{AC}|^2 + |\overrightarrow{AB}|^2 - 2\overrightarrow{AB} \cdot \overrightarrow{AC}$$

より, $\overrightarrow{AB} \cdot \overrightarrow{AC} = \dfrac{1}{2}(7^2 + 6^2 - 8^2) = \dfrac{21}{2}$

$$\triangle ABC = \dfrac{1}{2}\sqrt{|\overrightarrow{AB}|^2 \cdot |\overrightarrow{AC}|^2 - (\overrightarrow{AB} \cdot \overrightarrow{AC})^2}$$

$$= \dfrac{1}{2}\sqrt{7^2 \cdot 6^2 - \left(\dfrac{21}{2} \right)^2}$$

$$= \dfrac{7}{2}\sqrt{\dfrac{135}{4}} = \dfrac{21\sqrt{15}}{4}$$

（2） P は直線 AB 上にあるから, $\overrightarrow{AP} = s\overrightarrow{AB}$ とおける (s は実数)

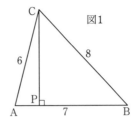

図1

$\overrightarrow{CP} = \overrightarrow{AP} - \overrightarrow{AC} = s\overrightarrow{AB} - \overrightarrow{AC}$ であり, $\overrightarrow{AB} \perp \overrightarrow{CP}$ より,

$$\overrightarrow{AB} \cdot \overrightarrow{CP} = s|\overrightarrow{AB}|^2 - \overrightarrow{AB} \cdot \overrightarrow{AC} = 49s - \dfrac{21}{2} = 0$$

よって, $s = \dfrac{\frac{21}{2}}{49} = \dfrac{3}{14}$

$$\overrightarrow{AP} = \dfrac{3}{14}\overrightarrow{AB}$$

$\overrightarrow{AO} = t\overrightarrow{AB} + u\overrightarrow{AC}$ とおける. (t, u は実数)

$$\overrightarrow{AO} \cdot \overrightarrow{AB} = t|\overrightarrow{AB}|^2 + u\overrightarrow{AB} \cdot \overrightarrow{AC} = 49t + \dfrac{21}{2}u$$

$$\overrightarrow{AO} \cdot \overrightarrow{AC} = t\overrightarrow{AB} \cdot \overrightarrow{AC} + u|\overrightarrow{AC}|^2 = \dfrac{21}{2}t + 36u$$

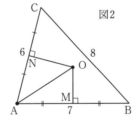

図2

ところで, AB, AC の中点をそれぞれ M, N とすると

$$\overrightarrow{AO} \cdot \overrightarrow{AB} = |\overrightarrow{AB}||\overrightarrow{AO}| \cos \angle OAB$$

$$= |\overrightarrow{AB}||\overrightarrow{AM}| = \dfrac{1}{2}|\overrightarrow{AB}|^2 = \dfrac{49}{2}$$

$$\overrightarrow{AO} \cdot \overrightarrow{AC} = |\overrightarrow{AC}||\overrightarrow{AO}| \cos \angle OAC$$

$$= |\overrightarrow{AC}||\overrightarrow{AN}| = \dfrac{1}{2}|\overrightarrow{AC}|^2 = 18$$

これらは, $|\overrightarrow{OA}| = |\overrightarrow{OB}|$ より

$$|\overrightarrow{AO}|^2 = |\overrightarrow{AB} - \overrightarrow{AO}|^2$$

$$= |\overrightarrow{AB}|^2 - 2\overrightarrow{AB} \cdot \overrightarrow{AO} + |\overrightarrow{AO}|^2$$

であるから, $\overrightarrow{AO} \cdot \overrightarrow{AB} = \dfrac{1}{2}|\overrightarrow{AB}|^2$

$|\overrightarrow{OA}| = |\overrightarrow{OC}|$ より

$$|\overrightarrow{AO}|^2 = |\overrightarrow{AC} - \overrightarrow{AO}|^2$$

$$= |\overrightarrow{AC}|^2 + |\overrightarrow{AO}|^2 - 2\overrightarrow{AC} \cdot \overrightarrow{AO}$$

であるから, $\overrightarrow{AO} \cdot \overrightarrow{AC} = \dfrac{1}{2}|\overrightarrow{AC}|^2$ というように計算しても求められる.

以上より, $49t + \dfrac{21}{2}u = \dfrac{49}{2}$, $\dfrac{21}{2}t + 36u = 18$

つまり，

$$14t + 3u = 7 \quad \cdots\cdots\cdots\cdots①$$
$$7t + 24u = 12 \quad \cdots\cdots\cdots\cdots②$$

①×8−②より，$105t = 44$ ∴ $t = \dfrac{44}{105}$

②×2−①より，$45u = 17$ ∴ $u = \dfrac{17}{45}$

$$\overrightarrow{AO} = \frac{44}{105}\overrightarrow{AB} + \frac{17}{45}\overrightarrow{AC}$$

（**3**） BQ は角 B の外角を二等分し，CQ は角 C の外角を二等分するから傍接円（図 3 では円の右と上をカットした）の中心で，AQ は角 A を二等分する．角の二等分線の定理により

$$BD : DC = AB : AC = 7 : 6$$
$$BD = \frac{7}{7+6}\cdot 8 = \frac{7}{13}\cdot 8$$
$$\overrightarrow{AD} = \frac{6\overrightarrow{AB} + 7\overrightarrow{AC}}{13}$$

角 B について外角の二等分線の定理（BQ が内角 B を二等分すると思って式を立てれば，それが外角の二等分線の定理になっている）より

$$AQ : QD = BA : BD = 7 : \frac{7}{13}\cdot 8 = 13 : 8$$
$$AD : AQ = (13-8) : 13 = 5 : 13$$
$$\overrightarrow{AQ} = \frac{13}{5}\overrightarrow{AD} = \frac{6}{5}\overrightarrow{AB} + \frac{7}{5}\overrightarrow{AC}$$

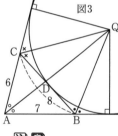
図3

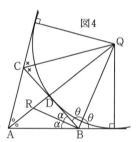
図4

注意

1° **【角の二等分線の定理】**

図 4 を見よ．三角形 ABD に対して，角 B の二等分線と AD の交点を R とするとき，

$$AR : RD = BA : BD$$

である．

【証明】 $\angle B = 2\alpha$ とする．面積比を 2 通りに表す．

$$AR : RD = \triangle ABR : \triangle BDR$$
$$= \frac{1}{2}BA\cdot BR\sin\alpha : \frac{1}{2}BR\cdot BD\sin\alpha = BA : BD$$

2° **【外角の二等分線の定理】**

三角形 ABD に対して，角 B の外角の二等分線と直線 AD の交点を Q とするとき，

$$AQ : QD = BA : BD$$

である．

【証明】 証明は内角の場合とほとんど同じである．図 4 を見よ．角 B の外角を 2θ として

$$AQ : QD = \triangle ABQ : \triangle BDQ$$
$$= \frac{1}{2}BA\cdot BQ\sin(\pi-\theta) : \frac{1}{2}BQ\cdot BD\sin\theta$$
$$= BA : BD$$

◆別解◆ （**3**） 使う文字がなくなってきた．上で用いた s, t と下の s, t は無関係とする．Q は角 B の外角の二等分線上にあるから

$$\overrightarrow{BQ} = s\left(\frac{\overrightarrow{AB}}{|\overrightarrow{AB}|} + \frac{\overrightarrow{BC}}{|\overrightarrow{BC}|}\right)$$
$$= s\left(\frac{\overrightarrow{AB}}{7} + \frac{\overrightarrow{AC}-\overrightarrow{AB}}{8}\right) = s\left(\frac{\overrightarrow{AB}}{56} + \frac{\overrightarrow{AC}}{8}\right)$$
$$\overrightarrow{AQ} = \overrightarrow{AB} + \overrightarrow{BQ} = \overrightarrow{AB} + s\left(\frac{\overrightarrow{AB}}{56} + \frac{\overrightarrow{AC}}{8}\right) \cdots③$$

と表される．

上の解答のように $\overrightarrow{AD}$ を求め，Q は直線 AD 上にあるから

$$\overrightarrow{AQ} = t\left(6\overrightarrow{AB} + 7\overrightarrow{AC}\right) \quad \cdots\cdots\cdots\cdots④$$

と表される．③，④ の係数を比べ

$$1 + \frac{s}{56} = 6t, \quad \frac{s}{8} = 7t$$

s を消去して $1 + t = 6t$

$$\overrightarrow{AQ} = \frac{6}{5}\overrightarrow{AB} + \frac{7}{5}\overrightarrow{AC}$$

《ベクトル方程式》

3. 座標平面上にすべての内角が $180°$ 未満の四角形 ABCD がある．原点を O とし，

$$\overrightarrow{OA} = \vec{a}, \overrightarrow{OB} = \vec{b}, \overrightarrow{OC} = \vec{c}, \overrightarrow{OD} = \vec{d}$$

とおく．k は $0 \le k \le 1$ を満たす定数とする．0 以上の実数 s, t, u が $k + s + t + u = 1$ を満たしながら変わるとき

$$\overrightarrow{OP} = k\vec{a} + s\vec{b} + t\vec{c} + u\vec{d}$$

で定められる点 P の存在範囲を $E(k)$ とする．

（**1**） $E(1)$ および $E(0)$ を求めよ．

（**2**） $E\left(\dfrac{1}{3}\right)$ を求めよ．

（**3**） 対角線 AC，BD の交点を M とする．どの $E(k)\left(\dfrac{1}{3} \le k \le \dfrac{1}{2}\right)$ にも属するような点 P を考える．このような点 P が存在するための必要十分条件を，線分 AC，AM の長さを用いて答えよ．

(16 千葉大)

▶解答◀ （**1**） $k = 1$ のとき，

$$s + t + u = 0, s \ge 0, t \ge 0, u \ge 0$$

より $s=t=u=0$ である．このとき，

$$\overrightarrow{\mathrm{OP}}=\overrightarrow{\mathrm{OA}} \qquad \therefore \quad \mathrm{P}=\mathrm{A}$$

であるから，$E(1)$ は点 **A** である．

$k=0$ のとき，$s+t+u=1$ である．

$$\overrightarrow{\mathrm{OP}}=s\overrightarrow{\mathrm{OB}}+t\overrightarrow{\mathrm{OC}}+u\overrightarrow{\mathrm{OD}}$$

このとき P は三角形 BCD の周と内部を動くことが知られている．公式だが，説明する．$s=1-t-u$ を代入し

$$\overrightarrow{\mathrm{OP}}=(1-t-u)\overrightarrow{\mathrm{OB}}+t\overrightarrow{\mathrm{OC}}+u\overrightarrow{\mathrm{OD}}$$
$$\overrightarrow{\mathrm{OP}}-\overrightarrow{\mathrm{OB}}=t(\overrightarrow{\mathrm{OC}}-\overrightarrow{\mathrm{OB}})+u(\overrightarrow{\mathrm{OD}}-\overrightarrow{\mathrm{OB}})$$
$$\overrightarrow{\mathrm{BP}}=t\overrightarrow{\mathrm{BC}}+u\overrightarrow{\mathrm{BD}}$$

$s=1-t-u\geqq 0$ であるから $t+u\leqq 1,\ t\geqq 0,\ u\geqq 0$ となり，P は三角形 BCD の周と内部を動く．$E(0)$ は △**BCD** の周および内部である．

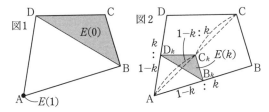

図1　$E(0)$
図2

（2）図2を参照せよ．

$$\overrightarrow{\mathrm{OP}}=k\overrightarrow{\mathrm{OA}}+s\overrightarrow{\mathrm{OB}}+t\overrightarrow{\mathrm{OC}}+u\overrightarrow{\mathrm{OD}} \quad\cdots\cdots\cdots①$$

の形を凸結合という．k を $0<k<1$ で固定し，0 以上の s,t,u を $s+t+u=1-k$ を満たして動かしたとき，点 P は s,t,u のうちの 2 つが 0 の場合に定まる頂点を結んで得られる多角形の周と内部を描く．以下これを示す．AB，AC，AD を $(1-k):k$ に内分する点を $\mathrm{B}_k,\mathrm{C}_k,\mathrm{D}_k$ とする．

$$\overrightarrow{\mathrm{OB}_k}=k\overrightarrow{\mathrm{OA}}+(1-k)\overrightarrow{\mathrm{OB}}$$
$$\overrightarrow{\mathrm{OC}_k}=k\overrightarrow{\mathrm{OA}}+(1-k)\overrightarrow{\mathrm{OC}}$$
$$\overrightarrow{\mathrm{OD}_k}=k\overrightarrow{\mathrm{OA}}+(1-k)\overrightarrow{\mathrm{OD}}$$

これらと ①×$(1-k)$ を作った

$$(1-k)\overrightarrow{\mathrm{OP}}=k(1-k)\overrightarrow{\mathrm{OA}}+s(1-k)\overrightarrow{\mathrm{OB}}$$
$$+t(1-k)\overrightarrow{\mathrm{OC}}+u(1-k)\overrightarrow{\mathrm{OD}}$$

から $(1-k)\overrightarrow{\mathrm{OB}},(1-k)\overrightarrow{\mathrm{OC}},(1-k)\overrightarrow{\mathrm{OD}}$ を消去すると

$$(1-k)\overrightarrow{\mathrm{OP}}=k(1-k)\overrightarrow{\mathrm{OA}}+s(\overrightarrow{\mathrm{OB}_k}-k\overrightarrow{\mathrm{OA}})$$
$$+t(\overrightarrow{\mathrm{OC}_k}-k\overrightarrow{\mathrm{OA}})+u(\overrightarrow{\mathrm{OD}_k}-k\overrightarrow{\mathrm{OA}})$$

$s+t+u=1-k$ だからこれを整理すると $\overrightarrow{\mathrm{OA}}$ は消えて

$$(1-k)\overrightarrow{\mathrm{OP}}=s\overrightarrow{\mathrm{OB}_k}+t\overrightarrow{\mathrm{OC}_k}+u\overrightarrow{\mathrm{OD}_k}$$

となる．

$$\frac{s}{1-k}=s',\ \frac{t}{1-k}=t',\ \frac{u}{1-k}=u'$$

とおく．$s+t+u=1-k$ だから

$$\overrightarrow{\mathrm{OP}}=s'\overrightarrow{\mathrm{OB}_k}+t'\overrightarrow{\mathrm{OC}_k}+u'\overrightarrow{\mathrm{OD}_k}$$
$$s'+t'+u'=1,\ s'\geqq 0,\ t'\geqq 0,\ u'\geqq 0$$

となる．$E(0)$ のときと同様に $E(k)$ は △$\mathrm{B}_k\mathrm{C}_k\mathrm{D}_k$ の周と内部である．$E\left(\dfrac{1}{3}\right)$ は AB，AC，AD を $2:1$ に内分する点を結んだ三角形の周と内部である．

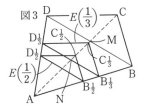

図3

（3）図3を参照せよ．k を $\dfrac{1}{3}\leqq k\leqq \dfrac{1}{2}$ で動かすと $E(k)$ は $E\left(\dfrac{1}{3}\right)$ から $E\left(\dfrac{1}{2}\right)$ の間を次第に小さくなり，A に向かって近づいて動く．

△ABD $\backsim$ △$\mathrm{AB}_{\frac{1}{3}}\mathrm{D}_{\frac{1}{3}}$ で，相似比は $1:\dfrac{2}{3}$ である．

$\mathrm{B}_{\frac{1}{3}}\mathrm{D}_{\frac{1}{3}}$ の中点を N とすると $\mathrm{AN}=\dfrac{2}{3}\mathrm{AM}$ である．また $\mathrm{AC}_{\frac{1}{2}}=\dfrac{1}{2}\mathrm{AC}$ である．

$E\left(\dfrac{1}{3}\right)$ から $E\left(\dfrac{1}{2}\right)$ のすべてに共通な点が存在するための必要十分条件は

$$\mathrm{AC}_{\frac{1}{2}}\geqq \mathrm{AN}$$
$$\frac{1}{2}\mathrm{AC}\geqq \frac{2}{3}\mathrm{AM} \qquad \therefore \quad \mathbf{AC}\geqq \frac{4}{3}\mathbf{AM}$$

《円とベクトル》

4. 線分 AB を直径とし，中心を O とする円 O を考える．円 O の円周上に動点 P をとる．ただし，点 A，点 B とは異なる点とする．また，線分 OB の中点を C とする．円 O と直線 PC の共有点で点 P と異なる点を Q とし，線分 CQ 上に点 S をとる．さらに，直線 AP と直線 BQ の交点を R とし，直線 AP と直線 BS が交わるときの交点を T とする．AB $=2$，AP $=p$，$\dfrac{\mathrm{CS}}{\mathrm{PC}}=s$，$\overrightarrow{\mathrm{AP}}=\vec{p}$，$\overrightarrow{\mathrm{AB}}=\vec{a}$ とし，AP // BS となるときの s を s_p とする．次の問いに答えよ．

（1）内積 $\overrightarrow{\mathrm{AP}}\cdot\overrightarrow{\mathrm{AB}}$ を p を用いて表せ．また，s_p を求めよ．

（2）$s>s_p$ のとき，$\overrightarrow{\mathrm{AS}}$ を $\vec{a},\vec{p},s$ を用いて表せ．

（3）$s>s_p$ のとき，$\overrightarrow{\mathrm{AT}}$ を $\vec{p},s$ を用いて表せ．

（4）点 S が点 Q と一致するときの s を p を用いて表せ．また，内積 $\overrightarrow{\mathrm{AR}}\cdot\overrightarrow{\mathrm{AB}}$ を求めよ．

（5）動点 P が円 O の点 A，B を両端とする 1 つ

の半円周上（点 A，B を除く）を動くとする．点 R の軌跡を求めよ． （18 同志社大・文系）

▶解答◀ （1）$\angle PAB = \theta$ とおく．AB は直径だから，$\angle APB = 90°$ である．（図1参照）

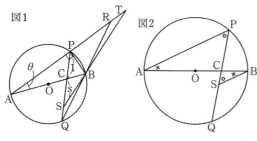

図1　図2

$$\overrightarrow{AP} \cdot \overrightarrow{AB} = |\overrightarrow{AP}||\overrightarrow{AB}|\cos\theta$$
$$= |\overrightarrow{AP}||\overrightarrow{AP}| = p^2 \quad\cdots\cdots\text{①}$$

AP // BS のとき △ACP ∽ △BCS であるから（図2参照）

$$PC : SC = AC : BC$$
$$1 : s_p = \frac{3}{2} : \frac{1}{2}$$
$$\frac{3}{2}s_p = \frac{1}{2} \qquad \therefore \quad s_p = \frac{1}{3}$$

（2）C は PS を $1 : s$ に内分するから

$$\overrightarrow{AC} = \frac{s\overrightarrow{AP} + \overrightarrow{AS}}{1+s}$$

よって

$$\overrightarrow{AS} = (1+s)\overrightarrow{AC} - s\overrightarrow{AP}$$

$\overrightarrow{AC} = \frac{3}{4}\vec{a}$ だから

$$\overrightarrow{AS} = \frac{3}{4}(1+s)\vec{a} - s\vec{p} \quad\cdots\cdots\text{②}$$

（3）T は直線 BS 上にあるから

$$\overrightarrow{AT} = (1-k)\overrightarrow{AB} + k\overrightarrow{AS}$$

とおける．②を代入して

$$\overrightarrow{AT} = (1-k)\vec{a} + \frac{3}{4}(1+s)k\vec{a} - sk\vec{p}$$
$$= \left(\frac{3s-1}{4}k + 1\right)\vec{a} - sk\vec{p}$$

T は半直線 AP 上にあるから

$$\frac{3s-1}{4}k + 1 = 0 \qquad \therefore \quad k = -\frac{4}{3s-1}$$

よって

$$\overrightarrow{AT} = -s \cdot \left(-\frac{4}{3s-1}\right)\vec{p}$$
$$= \frac{4s}{3s-1}\vec{p} \quad\cdots\cdots\text{③}$$

（4）△ACP について余弦定理を用いて

$$CP^2 = p^2 + \left(\frac{3}{2}\right)^2 - 2 \cdot p \cdot \frac{3}{2}\cos\theta$$

$$= p^2 + \frac{9}{4} - 3p \cdot \frac{p}{2}$$
$$= \frac{1}{4}(9 - 2p^2) \quad\cdots\cdots\text{④}$$

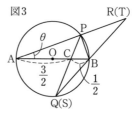

図3

方べきの定理より

$$AC \cdot CB = PC \cdot CQ$$
$$\frac{3}{2} \cdot \frac{1}{2} = PC \cdot sPC$$
$$\frac{3}{4} = s \cdot CP^2$$

④を代入して

$$\frac{3}{4} = s \cdot \frac{1}{4}(9 - 2p^2)$$
$$s = \frac{3}{9 - 2p^2} \quad\cdots\cdots\text{⑤}$$

⑤を p^2 について解くと

$$9 - 2p^2 = \frac{3}{s}$$
$$p^2 = \frac{9}{2} - \frac{3}{2s} = \frac{9s-3}{2s} \quad\cdots\cdots\text{⑥}$$

R＝T だから③を用いて

$$\overrightarrow{AR} \cdot \overrightarrow{AB} = \overrightarrow{AT} \cdot \overrightarrow{AB}$$
$$= \frac{4s}{3s-1}\vec{p} \cdot \vec{a}$$

ここで①より $\vec{p} \cdot \vec{a} = p^2$ である．⑥を代入して

$$\overrightarrow{AR} \cdot \overrightarrow{AB} = \frac{4s}{3s-1} \cdot p^2$$
$$= \frac{4s}{3s-1} \cdot \frac{9s-3}{2s} = 6 \quad\cdots\cdots\text{⑦}$$

（5）R から直線 AB に下ろした垂線の足を U とする．

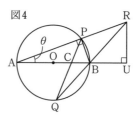

図4

⑦より $\overrightarrow{AR} \cdot \overrightarrow{AB} = 6$ だから

$$|\overrightarrow{AR}||\overrightarrow{AB}|\cos\theta = 6$$
$$|\overrightarrow{AR}| \cdot 2 \cdot \cos\theta = 6$$
$$|\overrightarrow{AR}|\cos\theta = 3$$

ここで，$|\overrightarrow{AR}|\cos\theta = |\overrightarrow{AU}|$ だから

$$|\overrightarrow{AU}| = 3 \quad (\text{一定})$$

したがって点 R の軌跡は，**AB を 3：1 に外分する点 U を始点とする AB と垂直な半直線 UR である．（ただし，点 U を除く）**

─────《ベクトルのなす角》─────

5． 座標平面上において，放物線 $C：y = x^2$ と 2 点 A$(-1, 1)$，B$(2, 4)$ を考える．また，$-1 < t < 2$ を満たす実数 t に対して，放物線 C 上の点 P(t, t^2) を考える．このとき次の問いに答えよ．

（1） 2 つのベクトル $\overrightarrow{PA}$，$\overrightarrow{PB}$ の内積 $\overrightarrow{PA} \cdot \overrightarrow{PB}$ の値を t を用いて表せ．

（2） 2 つのベクトル $\overrightarrow{PA}$，$\overrightarrow{PB}$ のなす角を θ $(0 < \theta < \pi)$ とする．このとき $\cos\theta$ の値を t を用いて表せ．また $\theta \neq \dfrac{\pi}{2}$ のとき $\dfrac{1}{\tan\theta}$ の値を t を用いて表せ．

（3） t が $-1 < t < 2$ を満たしながら変化するとき，$\angle APB$ が最小となる t の値を求めよ．

(14 同志社大・法)

▶解答◀ （1） $y = x^2$ の点

A$(-1, 1)$，B$(2, 4)$，P(t, t^2) について

$$\overrightarrow{PA} = (-1-t, 1-t^2) = (1+t)(-1, 1-t)$$
$$\overrightarrow{PB} = (2-t, 4-t^2) = (2-t)(1, 2+t)$$
$$\overrightarrow{PA} \cdot \overrightarrow{PB}$$
$$= (1+t)(2-t)\{-1 + (1-t)(2+t)\}$$
$$= \boldsymbol{(1+t)(2-t)(1-t-t^2)}$$

（2） $1+t > 0$，$2-t > 0$ だから $\overrightarrow{PA}$，$\overrightarrow{PB}$ のなす角は $\vec{u} = (-1, 1-t)$，$\vec{v} = (1, 2+t)$ のなす角に等しい．

$$\cos\theta = \frac{\vec{u} \cdot \vec{v}}{|\vec{u}||\vec{v}|}$$
$$= \frac{-1 + (1-t)(2+t)}{\sqrt{1+(1-t)^2}\sqrt{1+(2+t)^2}} \quad \cdots\cdots\cdots①$$
$$= \frac{\boldsymbol{1-t-t^2}}{\sqrt{\boldsymbol{(2-2t+t^2)(5+4t+t^2)}}}$$

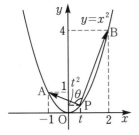

①に着目する．$1-t = a$，$2+t = b$ とおく

$$\cos\theta = \frac{ab-1}{\sqrt{1+a^2}\sqrt{1+b^2}}$$

$$\tan^2\theta = \frac{1}{\cos^2\theta} - 1 = \frac{(a^2+1)(b^2+1)}{(ab-1)^2} - 1$$
$$= \frac{a^2 + 2ab + b^2}{(ab-1)^2} = \frac{(a+b)^2}{(ab-1)^2} = \frac{9}{(ab-1)^2}$$

なお，最後で $a+b = 1-t+2+t = 3$ を用いた．$\tan\theta$ と $\cos\theta$ は同符号で，それは $ab-1$ と同符号である．

$$\frac{1}{\tan\theta} = \frac{ab-1}{3} = \boldsymbol{\frac{1-t-t^2}{3}}$$

（3） $\dfrac{\pi}{2} \leqq \theta < \pi$ のときは角が大きい．θ が最小になる場合は鋭角の範囲で考える．このとき $\tan\theta > 0$ で，$\tan\theta$ が最小になり，$\dfrac{1}{\tan\theta}$ が正で最大になる．

$$\frac{1}{\tan\theta} = \frac{\dfrac{5}{4} - \left(t + \dfrac{1}{2}\right)^2}{3}$$

それは $\boldsymbol{t = -\dfrac{1}{2}}$ で起こる．

注意 PA，PB の傾きを m_1，m_2 とする．

$m_1 = t-1$，$m_2 = t+2$ である．

$$\tan\theta = \frac{m_1 - m_2}{1 + m_1 m_2} = \frac{-3}{1 + (t-1)(t+2)}$$

とするのが定石だが，過去の他大学にも $\cos$ から始める迷惑な問題があったので要注意だ．

─────《ネットを張る》─────

6． 原点を O とする座標平面上に O とは異なる点 A と点 B があり，点 O，A，B は一直線上にないとする．また，OA $= a$，OB $= b$，$\overrightarrow{OA} = \vec{a}$，$\overrightarrow{OB} = \vec{b}$，$\vec{a} \cdot \vec{b} = p$ とする．次に答えよ．

（1） 点 A の座標が $(2, 1)$，点 B の座標が $(1, 3)$ のとき，$m\vec{a} + n\vec{b} = (1, -7)$ となるように m，n を定めよ．

（2） $|\vec{b} - t\vec{a}|$ を最小にする実数 t とその最小値 s を a，b，p を用いて表せ．

（3） $\vec{a}$ と $\vec{b}$ のなす角を θ とするとき，（2）の最小値 s を b，θ を用いて表せ．

（4） 点 A，B が $a \leqq b$，$\dfrac{|p|}{a^2} \leqq \dfrac{1}{2}$ をみたすとき，$\vec{a}$ は，

$m\vec{a} + n\vec{b}$ （m, n は整数，$(m, n) \neq (0, 0)$）

と表せるベクトルの中で，大きさが最小のベクトルであることを示せ．

（5） 点 A の座標を $(1, 0)$ とし，点 B を第 1 象限内にある点とする．また，原点 O を基準とする位置ベクトルが

$m\vec{a} + n\vec{b}$ （$m \in \{-1, 0, 1\}$，

$n \in \{-1, 0, 1\}$，$(m, n) \neq (0, 0)$）

である 8 個の点を考え，その中で $\overrightarrow{OC} = -\vec{a} + \vec{b}$

をみたす点を C とする．原点 O からこれら 8 個の点までの距離の中で距離 OC が最小となるとき，点 B が存在する領域を座標平面に図示せよ．

（22　九州工業大・後期）

考え方　$|\vec{ma} + \vec{nb}|^2 = a^2m^2 + 2mnp + b^2n^2$ となり，（4）では整数 m, n を $(m, n) \neq (0, 0)$ で動かしたときの最小値を求める．意外とやりにくい．1982 年の東工大に同趣旨の問題がある．

▶解答◀　（1）　$\vec{a} = (2, 1), \vec{b} = (1, 3)$

$$m(2, 1) + n(1, 3) = (1, -7)$$
$$(2m + n, m + 3n) = (1, -7)$$
$$2m + n = 1, \quad m + 3n = -7$$

これを解いて $(m, n) = (2, -3)$

（2）　$|\vec{b} - t\vec{a}|^2 = |\vec{b}|^2 - 2t\vec{a} \cdot \vec{b} + t^2|\vec{a}|^2$
$$= a^2t^2 - 2pt + b^2$$
$$= a^2\left(t - \frac{p}{a^2}\right)^2 - \frac{p^2}{a^2} + b^2$$

よって，$|\vec{b} - t\vec{a}|$ を最小にする t は $t = \dfrac{p}{a^2}$ で

$$s = \sqrt{b^2 - \frac{p^2}{a^2}}$$

（3）　$p = ab\cos\theta$ であるから

$$s = \sqrt{b^2 - \frac{a^2b^2\cos^2\theta}{a^2}} = \sqrt{b^2(1 - \cos^2\theta)}$$
$$= \sqrt{b^2\sin^2\theta} = b\sin\theta$$

（4）　$\dfrac{|p|}{a^2} \leq \dfrac{1}{2}$ より $\left|\dfrac{b\cos\theta}{a}\right| \leq \dfrac{1}{2}$ …………①

$f = |\vec{ma} + \vec{nb}|^2$ とおく．
$$f = a^2m^2 + 2mnp + b^2n^2$$
$$= a^2m^2 + 2abmn\cos\theta + b^2n^2$$
$$= a^2\left(m + \frac{bn}{a}\cos\theta\right)^2 - b^2n^2\cos^2\theta + b^2n^2$$

整数 m, n を $(m, n) \neq (0, 0)$ で動かすとき f の最小値が a^2 であることを示す．ただし n は固定しながら行う．

（ア）　$n = \pm 1$ のとき．①より，f の最小値は $m = 0$ のときに与えられる．もちろん，①の等号が成り立つ場合には，$m = -1$ や $m = 1$ でも $m = 0$ のときと値が等しくなることはあるが関係ない．ともかく，f の最小値は $m = 0$ で起こり，そのとき $f = b^2 \geq a^2$ になる．

（イ）　$n = 0$ のとき $f = a^2m^2$ となり，$|m| \geq 1$ であるから f の最小値は a^2 である．

（ウ）　$|n| \geq 2$ のとき．
$$f \geq -b^2n^2\cos^2\theta + b^2n^2 \geq b^2n^2 - n^2 \cdot \frac{a^2}{4}$$
$$\geq b^2n^2 - \frac{n^2b^2}{4} = \frac{3b^2n^2}{4} \geq 3b^2 > a^2$$

よって f の最小値は a^2 であるから証明された．

（5）　$\overrightarrow{OP} = \vec{ma} + \vec{nb}$ とおく．8 個の $\overrightarrow{OP}$ は $\pm\vec{a}, \pm\vec{b}, \pm(\vec{a} + \vec{b}), \pm(\vec{a} - \vec{b}) = \mp\overrightarrow{OC}$ であり，向きが反対のベクトルであるもの同士の大きさは等しい．B が第 1 象限内にあるとき，$\vec{a}$ と $\vec{b}$ のなす角は鋭角となるから $|\vec{a} + \vec{b}| > |\vec{a}|$ である．よって，題意が成り立つ条件は
$$|\vec{a}| \geq |\overrightarrow{OC}| \quad \text{かつ} \quad |\vec{b}| \geq |\overrightarrow{OC}|$$

$B(x, y) \ (x > 0, y > 0)$ とおく．

$$\overrightarrow{OC} = -(1, 0) + (x, y) = (x - 1, y)$$

$|\vec{a}| \geq |\overrightarrow{OC}|$ より $|\vec{a}|^2 \geq |\overrightarrow{OC}|^2$

$$(x - 1)^2 + y^2 \leq 1$$

$|\vec{b}| \geq |\overrightarrow{OC}|$ より $|\vec{b}|^2 \geq |\overrightarrow{OC}|^2$

$$x^2 + y^2 \geq (x - 1)^2 + y^2 \qquad \therefore \quad x \geq \frac{1}{2}$$

したがって，B が存在する領域は図 1 の網目部分である．ただし，境界は x 軸の部分のみ含まない．

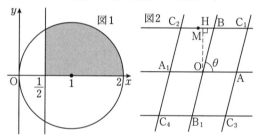

（4）は図 2 の図形的考察を式で押した．

《**ベクトルと軌跡**》

7. 座標平面上の相異なる 3 点 P, Q, R が 2 つの条件

$$(*)\begin{cases} |\overrightarrow{PQ}| = |\overrightarrow{QR}| \\ \overrightarrow{QP} \cdot \overrightarrow{QR} = -\dfrac{1}{3} \end{cases}$$

を満たしながら動くものとする．$|\overrightarrow{PQ}|$ を a とする．以下の各問に答えよ．

（1）　$|\overrightarrow{PR}|$ を a で表せ．

（2）　$\angle PQR = \dfrac{2}{3}\pi$ のときの a を求めよ．また，$\angle PQR = \pi$ のときの a を求めよ．

（3）　a がとり得る値の範囲を求めよ．

（4）　原点を O とし，点 R を $(1, 0)$ に固定する．点 P, Q が $(*)$ および $|\overrightarrow{OP}| = |\overrightarrow{PQ}|$ を満たしながら動くとする．点 P が描く軌跡を求めよ．

（5）　（4）において，点 P が描く軌跡の長さを求めよ．

（15　茨城大・理）

▶**解答**◀ （1） $|\overrightarrow{PR}|^2 = |\overrightarrow{PQ} + \overrightarrow{QR}|^2$

$= |\overrightarrow{PQ}|^2 + 2\overrightarrow{PQ} \cdot \overrightarrow{QR} + |\overrightarrow{QR}|^2$

$= 2|\overrightarrow{PQ}|^2 - 2\overrightarrow{QP} \cdot \overrightarrow{QR} = 2a^2 + \dfrac{2}{3}$

$|\overrightarrow{PR}| = \sqrt{2a^2 + \dfrac{2}{3}}$

（2） $\angle PQR = \theta$ とおく． $\overrightarrow{QP} \cdot \overrightarrow{QR} = -\dfrac{1}{3}$ より

$|\overrightarrow{QP}||\overrightarrow{QR}|\cos\theta = -\dfrac{1}{3}$

$a^2\cos\theta = -\dfrac{1}{3}$ ……………………………①

$a = \sqrt{-\dfrac{1}{3\cos\theta}}$

$\theta = \dfrac{2}{3}\pi$ のとき $a = \sqrt{\dfrac{2}{3}}$

$\theta = \pi$ のとき $a = \dfrac{1}{\sqrt{3}}$

（3） ① より $\cos\theta = -\dfrac{1}{3a^2}$

右辺は負で， $-1 \leqq \cos\theta \leqq 1$ だからこれを満たす θ が存在するために a の満たす条件は

$-1 \leqq -\dfrac{1}{3a^2}$ ∴ $a^2 \geqq \dfrac{1}{3}$

$a \geqq \dfrac{1}{\sqrt{3}}$

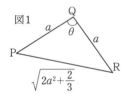

図1

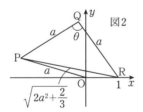

図2

（4） $P(x, y)$ とおく． $OP = a$ より

$x^2 + y^2 = a^2$ ……………………………②

$PR = \sqrt{2a^2 + \dfrac{2}{3}}$ より

$(x-1)^2 + y^2 = 2a^2 + \dfrac{2}{3}$ ………………③

②－③ より $2x - 1 = -a^2 - \dfrac{2}{3}$

$x = \dfrac{1 - 3a^2}{6}$

$a \geqq \dfrac{1}{\sqrt{3}}$ より $x \leqq 0$

②, ③ より， a^2 を消去して

$(x-1)^2 + y^2 = 2(x^2 + y^2) + \dfrac{2}{3}$

$x^2 + y^2 + 2x - \dfrac{1}{3} = 0$

$(x+1)^2 + y^2 = \dfrac{4}{3}$

求める軌跡は， $(x+1)^2 + y^2 = \dfrac{4}{3}$ $(x \leqq 0)$

（5） 図3で三角形 ABC は正三角形である． P の軌跡は図3の実線部分の弧である．点 P が描く軌跡の長さは

$2\pi \cdot \dfrac{2}{\sqrt{3}} \cdot \dfrac{5}{6} = \dfrac{10\sqrt{3}}{9}\pi$

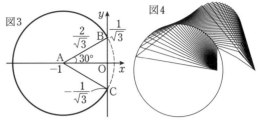

図3　図4

注意 図3の円弧上の (x, y) に対して

$-1 - \dfrac{2}{\sqrt{3}} \leqq x \leqq 0$ となるから，この場合の a の範囲は $\dfrac{1}{\sqrt{3}} \leqq a \leqq 1 + \dfrac{2}{\sqrt{3}}$ となる．

$PR = \sqrt{2a^2 + \dfrac{2}{3}}$ を満たす P に対し，図1の形を満たす Q が定まるから，常に Q は存在する．四角形 ORQP を PR で切って，三角形 RQP と三角形 ORP に分けて考えるのである．

$y \geqq 0$ で折れ線 OPQR を動かすと図4のようになる．

《解法の選択1》

8. 平面において，一直線上にない3点 O，A，B がある． O を通り直線 OA と垂直な直線上に O と異なる点 P をとる． O を通り直線 OB と垂直な直線上に O と異なる点 Q をとる．ベクトル $\overrightarrow{OP} + \overrightarrow{OQ}$ は $\overrightarrow{AB}$ に垂直であるとする．

（1） $\overrightarrow{OP} \cdot \overrightarrow{OB} = \overrightarrow{OQ} \cdot \overrightarrow{OA}$ を示せ．

（2） ベクトル $\overrightarrow{OA}$, $\overrightarrow{OB}$ のなす角を α とする．ただし， $0 < \alpha < \dfrac{\pi}{2}$ とする．このときベクトル $\overrightarrow{OP}$, $\overrightarrow{OQ}$ のなす角が $\pi - \alpha$ であることを示せ．

（3） $\dfrac{|\overrightarrow{OP}|}{|\overrightarrow{OA}|} = \dfrac{|\overrightarrow{OQ}|}{|\overrightarrow{OB}|}$ を示せ．

（15 北海道大・文系）

▶**解答**◀ （1） $(\overrightarrow{OP} + \overrightarrow{OQ}) \perp \overrightarrow{AB}$ より，

$(\overrightarrow{OP} + \overrightarrow{OQ}) \cdot (\overrightarrow{OB} - \overrightarrow{OA}) = 0$

$\overrightarrow{OP} \cdot \overrightarrow{OB} - \overrightarrow{OP} \cdot \overrightarrow{OA} + \overrightarrow{OQ} \cdot \overrightarrow{OB} - \overrightarrow{OQ} \cdot \overrightarrow{OA} = 0$ ……①

$OA \perp OP$, $OB \perp OQ$ より，

$\overrightarrow{OA} \cdot \overrightarrow{OP} = 0$, $\overrightarrow{OB} \cdot \overrightarrow{OQ} = 0$ ………………②

①, ② より $\overrightarrow{OP} \cdot \overrightarrow{OB} = \overrightarrow{OQ} \cdot \overrightarrow{OA}$

238

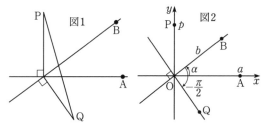

（2） 図2のように座標を定める.

OA $= a$, OB $= b\,(a > 0,\ b > 0)$ とすると,

B$(b\cos\alpha, b\sin\alpha)$ とおける. OA $\perp$ OP より P$(0, p)$ とおける. また, OB $\perp$ OQ より Q の座標は,

$$\left(q\cos\left(\alpha - \frac{\pi}{2}\right),\ q\sin\left(\alpha - \frac{\pi}{2}\right)\right)$$
$$= (q\sin\alpha,\ -q\cos\alpha)$$

とおける. ただし OP $= |p| \neq 0$, OQ $= |q| \neq 0$ である. $\overrightarrow{\mathrm{OP}} \cdot \overrightarrow{\mathrm{OB}} = \overrightarrow{\mathrm{OQ}} \cdot \overrightarrow{\mathrm{OA}}$ より

$$p \cdot b\sin\alpha = a \cdot q\sin\alpha$$

$0 < \alpha < \dfrac{\pi}{2}$ より $\sin\alpha \neq 0$ だから

$$pb = aq \quad\cdots\cdots\cdots\cdots\cdots\cdots①$$

$a > 0$, $b > 0$ より p と q は同符号であり, $pq > 0$ である. $\angle\mathrm{POQ} = \theta$ として

$$\cos\theta = \frac{\overrightarrow{\mathrm{OP}} \cdot \overrightarrow{\mathrm{OQ}}}{|\overrightarrow{\mathrm{OP}}||\overrightarrow{\mathrm{OQ}}|} = \frac{-pq\cos\alpha}{|pq|}$$

$pq > 0$ より $\cos\theta = -\cos\alpha$ となる.

$$\cos\theta = \cos(\pi - \alpha)$$

$0 \leqq \theta \leqq \pi$, $0 < \pi - \alpha < \pi$ より $\theta = \pi - \alpha$.

（3） ① より $\dfrac{p}{a} = \dfrac{q}{b}$

$$\frac{|p|}{a} = \frac{|q|}{b} \qquad \therefore\quad \frac{|\overrightarrow{\mathrm{OP}}|}{|\overrightarrow{\mathrm{OA}}|} = \frac{|\overrightarrow{\mathrm{OQ}}|}{|\overrightarrow{\mathrm{OB}}|}$$

注 意 図形問題はつねに **図形的な性質を利用する**, **座標で解く**, **ベクトルで解く**, **三角関数で解く**, という解法の選択がある. ベクトルで出題されていてもベクトルで解くのが最短でないこともある. 本問は座標が一番書きやすい. 内積でゴリ押しすると次のようになる.

♦別解♦ （2） $|\overrightarrow{\mathrm{OA}}| = a$, $|\overrightarrow{\mathrm{OB}}| = b$ とおく.

$$\overrightarrow{\mathrm{OA}} \cdot \overrightarrow{\mathrm{OB}} = |\overrightarrow{\mathrm{OA}}||\overrightarrow{\mathrm{OB}}|\cos\alpha = ab\cos\alpha$$

である.

$$\overrightarrow{\mathrm{OP}} = s\overrightarrow{\mathrm{OA}} + t\overrightarrow{\mathrm{OB}}, \quad \overrightarrow{\mathrm{OQ}} = u\overrightarrow{\mathrm{OA}} + v\overrightarrow{\mathrm{OB}}$$

とおけて $\overrightarrow{\mathrm{OP}}$ と $\overrightarrow{\mathrm{OA}}$ は垂直だから $\overrightarrow{\mathrm{OP}} \cdot \overrightarrow{\mathrm{OA}} = 0$ である.

$$s|\overrightarrow{\mathrm{OA}}|^2 + t\overrightarrow{\mathrm{OA}} \cdot \overrightarrow{\mathrm{OB}} = 0$$
$$sa^2 + tab\cos\alpha = 0$$

$$s = -\frac{b}{a}t\cos\alpha \quad\cdots\cdots\cdots\cdots\cdots①$$

$\overrightarrow{\mathrm{OQ}} \cdot \overrightarrow{\mathrm{OB}} = 0$ であるから

$$u\overrightarrow{\mathrm{OA}} \cdot \overrightarrow{\mathrm{OB}} + v|\overrightarrow{\mathrm{OB}}|^2 = 0$$
$$uab\cos\alpha + vb^2 = 0$$
$$v = -\frac{a}{b}u\cos\alpha \quad\cdots\cdots\cdots\cdots\cdots②$$

また, $\overrightarrow{\mathrm{OP}} \cdot \overrightarrow{\mathrm{OB}} = \overrightarrow{\mathrm{OQ}} \cdot \overrightarrow{\mathrm{OA}}$ より

$$s\overrightarrow{\mathrm{OA}} \cdot \overrightarrow{\mathrm{OB}} + t|\overrightarrow{\mathrm{OB}}|^2 = u|\overrightarrow{\mathrm{OA}}|^2 + v\overrightarrow{\mathrm{OA}} \cdot \overrightarrow{\mathrm{OB}}$$
$$sab\cos\alpha + tb^2 = ua^2 + vab\cos\alpha$$

①, ② を代入して

$$-b^2 t\cos\alpha + tb^2 = ua^2 - a^2 u\cos\alpha$$
$$tb^2(1 - \cos\alpha) = ua^2(1 - \cos\alpha)$$

$0 < \alpha < \dfrac{\pi}{2}$ より $1 - \cos\alpha \neq 0$

$$tb^2 = ua^2 \quad \therefore\quad u = \frac{b^2}{a^2}t \quad\cdots\cdots\cdots③$$

これを ② に代入し

$$v = -\frac{b}{a}t\cos\alpha \quad\cdots\cdots\cdots\cdots④$$

となる. ①, ②, ④ を $\overrightarrow{\mathrm{OP}}$, $\overrightarrow{\mathrm{OQ}}$ に代入し, $\cos\alpha = c$ とおくと,

$$\overrightarrow{\mathrm{OP}} = -\frac{b}{a}tc\overrightarrow{\mathrm{OA}} + c\overrightarrow{\mathrm{OB}}$$
$$= \frac{t}{a}(-bc\overrightarrow{\mathrm{OA}} + a\overrightarrow{\mathrm{OB}})$$
$$\overrightarrow{\mathrm{OQ}} = \frac{b^2}{a^2}t\overrightarrow{\mathrm{OA}} - \frac{b}{a}tc\overrightarrow{\mathrm{OB}}$$
$$= \frac{b}{a^2}t(b\overrightarrow{\mathrm{OA}} - ac\overrightarrow{\mathrm{OB}})$$

となる. ここで

$$\vec{x} = -bc\overrightarrow{\mathrm{OA}} + a\overrightarrow{\mathrm{OB}}, \quad \vec{y} = b\overrightarrow{\mathrm{OA}} - ac\overrightarrow{\mathrm{OB}}$$

とおく. $\overrightarrow{\mathrm{OP}}$, $\overrightarrow{\mathrm{OQ}}$ のなす角は $\vec{x}$, $\vec{y}$ のなす角に等しい.

$$|\vec{x}|^2 = b^2c^2|\overrightarrow{\mathrm{OA}}|^2 + a^2|\overrightarrow{\mathrm{OB}}|^2 - 2abc\overrightarrow{\mathrm{OA}} \cdot \overrightarrow{\mathrm{OB}}$$
$$= a^2b^2c^2 + a^2b^2 - 2a^2b^2c^2 = a^2b^2(1 - c^2)$$
$$|\vec{y}|^2 = b^2|\overrightarrow{\mathrm{OA}}|^2 + a^2c^2|\overrightarrow{\mathrm{OB}}|^2 - 2abc\overrightarrow{\mathrm{OA}} \cdot \overrightarrow{\mathrm{OB}}$$
$$= b^2a^2 + a^2c^2b^2 - 2a^2b^2c^2 = a^2b^2(1 - c^2)$$
$$|\vec{x}| = |\vec{y}| = ab\sqrt{1 - c^2}$$ となる.
$$\vec{x} \cdot \vec{y} = -b^2c|\overrightarrow{\mathrm{OA}}|^2 - a^2c|\overrightarrow{\mathrm{OB}}|^2$$
$$+ abc^2\overrightarrow{\mathrm{OA}} \cdot \overrightarrow{\mathrm{OB}} + ab\overrightarrow{\mathrm{OA}} \cdot \overrightarrow{\mathrm{OB}}$$
$$= -a^2b^2c - a^2b^2c + (abc^2 + ab)abc$$
$$= a^2b^2c^3 - 2a^2b^2c = a^2b^2(c^2 - 1)c$$

$\overrightarrow{\mathrm{OP}}$, $\overrightarrow{\mathrm{OQ}}$ のなす角を θ とする. それは $\vec{x}$, $\vec{y}$ のなす角で

$$\cos\theta = \frac{\vec{x} \cdot \vec{y}}{|\vec{x}||\vec{y}|} = \frac{a^2b^2(c^2 - 1)c}{a^2b^2(1 - c^2)}$$
$$= -c = -\cos\alpha = \cos(\pi - \alpha)$$

$$\cos\theta = \cos(\pi - \alpha)$$

$$0 \leqq \theta \leqq \pi, \quad \frac{\pi}{2} < \pi - \alpha < \pi$$

より $\theta = \pi - \alpha$ である.

（3） $\overrightarrow{OP} = \dfrac{t}{a}\vec{x}$, $\overrightarrow{OQ} = \dfrac{bt}{a^2}\vec{y}$

$|\vec{x}| = |\vec{y}|$ であるから

$$\frac{|\overrightarrow{OP}|}{|\overrightarrow{OQ}|} = \frac{\dfrac{|t|}{a}}{\dfrac{|bt|}{a^2}} = \frac{a}{b} = \frac{|\overrightarrow{OA}|}{|\overrightarrow{OB}|}$$

よって, $\dfrac{|\overrightarrow{OP}|}{|\overrightarrow{OA}|} = \dfrac{|\overrightarrow{OQ}|}{|\overrightarrow{OB}|}$ となる.

注意 $t > 0$ のとき $\overrightarrow{OP}$ と $\vec{x}$ は同じ向き, $\overrightarrow{OQ}$ と $\vec{y}$ は同じ向きである. $t < 0$ のとき $\overrightarrow{OP}$ と $\vec{x}$ は逆向き, $\overrightarrow{OQ}$ と $\vec{y}$ は逆向きである. いずれの場合であっても $\overrightarrow{OP}$ と $\overrightarrow{OQ}$ のなす角は $\vec{x}$ と $\vec{y}$ のなす角に等しい.

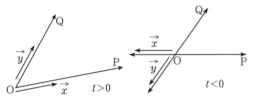

$t > 0$ ・・・ $t < 0$

《斜交座標》

9. 平面上の点 P, Q, R が同一直線上にないとき, それらを 3 頂点とする三角形の面積を $\triangle PQR$ で表す. また, P, Q, R が同一直線上にあるときは, $\triangle PQR = 0$ とする.

A, B, C を平面上の 3 点とし, $\triangle ABC = 1$ とする. この平面上の点 X が

$$2 \leqq \triangle ABX + \triangle BCX + \triangle CAX \leqq 3$$

を満たしながら動くとき, X の動きうる範囲の面積を求めよ.

（20 東大・理科）

考え方 解法の選択をする.

図形的に解く, ベクトルで計算, 三角関数で計算, 座標. 今は, 三角関数以外, 可能である.

▶解答◀ A を原点として, AB を X 軸とする XY 座標軸をとる. $\overrightarrow{AB} = (a, 0)$, $\overrightarrow{AC} = (b, c)$ とおく. $\triangle ABC = 1$ より

$$\frac{1}{2}|ac| = 1$$

である. また, ここで

$$\overrightarrow{AX} = x\overrightarrow{AB} + y\overrightarrow{AC} = (ax + by, cy)$$

とおくと

$$\triangle ABX = \frac{1}{2}|a \cdot cy| = |y|$$

$$\triangle ACX = \frac{1}{2}|b \cdot cy - c(ax + by)|$$

$$= \frac{1}{2}|acx| = |x|$$

$$\overrightarrow{BC} = \overrightarrow{AC} - \overrightarrow{AB} = (b - a, c)$$

$$\overrightarrow{BX} = \overrightarrow{AX} - \overrightarrow{AB} = (ax + by - a, cy)$$

$$\triangle BCX = \frac{1}{2}|(b - a)cy - c(ax + by - a)|$$

$$= \frac{1}{2}|ac(-x - y + 1)| = |x + y - 1|$$

よって, (x, y) が満たすべき条件は

$$2 \leqq |x| + |y| + |x + y - 1| \leqq 3$$

例えば, (x, y) が図の

⑦: $x \geqq 0$, $y \geqq 0$, $x + y \leqq 1$ にあるとき

$$2 \leqq x + y + 1 - x - y \leqq 3$$

$$2 \leqq 1 \leqq 3$$

となり, 成立しない. 他の領域についても同様に調べる.

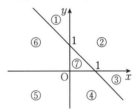

①: $2 \leqq -x + y + x + y - 1 \leqq 3$

$$\frac{3}{2} \leqq y \leqq 2$$

②: $2 \leqq x + y + x + y - 1 \leqq 3$

$$\frac{3}{2} \leqq x + y \leqq 2$$

③: $2 \leqq x - y + x + y - 1 \leqq 3$

$$\frac{3}{2} \leqq x \leqq 2$$

④: $2 \leqq x - y + 1 - x - y \leqq 3$

$$-1 \leqq y \leqq -\frac{1}{2}$$

⑤: $2 \leqq -x - y + 1 - x - y \leqq 3$

$$-1 \leqq x + y \leqq -\frac{1}{2}$$

⑥: $2 \leqq -x + y + 1 - x - y \leqq 3$

$$-1 \leqq x \leqq -\frac{1}{2}$$

A は $(0, 0)$, B は $(1, 0)$, C は $(0, 1)$ に相当し, $\triangle ABC = \dfrac{1}{2}$ に相当する.

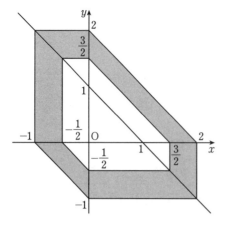

境界を含む網目部分の面積は

$$\left(\frac{1}{2}\cdot 2\cdot 2+2\cdot 1+\frac{1}{2}\cdot 1\cdot 1+1\cdot 2\right)$$
$$-\left(\frac{1}{2}\cdot\frac{3}{2}\cdot\frac{3}{2}+\frac{1}{2}\cdot\frac{3}{2}+\frac{1}{2}\cdot\frac{1}{2}\cdot\frac{1}{2}+\frac{1}{2}\cdot\frac{3}{2}\right)$$
$$=\left(6+\frac{1}{2}\right)-\left(\frac{5}{4}+\frac{3}{2}\right)=\frac{15}{4}$$

になり, 求める面積はこれを2倍し $\dfrac{15}{2}$

注意 1°【斜交座標】

一般に点 P を

$$\overrightarrow{AP}=x\overrightarrow{AB}+y\overrightarrow{AC}$$

と表されるとき $P(x, y)$ と表すことにする. さらに A
や頭の上の矢も省略し

$$P=xB+yC$$

と表し, $P(x, y)$ とする. B は $\overrightarrow{AB}$, C は $\overrightarrow{AC}$ である.

B$(1, 0)$, C$(0, 1)$, P(x, y) として, $\triangle ABC=\dfrac{1}{2}$ と
見たとき, 通常の面積の公式と同様に

$$\triangle ABX=\frac{1}{2}|1\cdot y-0\cdot x|=\frac{1}{2}|y|$$
$$\triangle ACX=\frac{1}{2}|0\cdot y-1\cdot x|=\frac{1}{2}|x|$$
$$\triangle BCX=\frac{1}{2}|(-1)\cdot y-1\cdot(x-1)|$$
$$=\frac{1}{2}|x+y-1|$$

となる. 今は $\triangle ABC=1$ だから

$$\triangle ABX+\triangle BCX+\triangle CAX$$
$$=|x|+|y|+|x+y-1|$$

となる. 角度や長さを扱わない限り, 面積と線型結合
を扱っている場合はこれで行ける.

2°【よくある問題】

AB を $1:2$ に内分する点を D, AC の中点を E とする
とき B$(1, 0)$, C$(0, 1)$, D$\left(\dfrac{1}{3}, 0\right)$, E$\left(0, \dfrac{1}{2}\right)$ として,

$$BE:\frac{x}{1}+\frac{y}{\frac{1}{2}}=1$$

$$CD:\frac{x}{\frac{1}{3}}+\frac{y}{1}=1$$

を連立させると

$$x=\frac{1}{5}, y=\frac{2}{5}$$

を得るから, BE と CD の交点は $P\left(\dfrac{1}{5}, \dfrac{2}{5}\right)$ となり,

$$\overrightarrow{AP}=\frac{1}{5}\overrightarrow{AB}+\frac{2}{5}\overrightarrow{AC}$$

を得る. このような考えを斜交座標という.

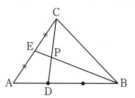

◆別解◆ $\triangle ABX+\triangle BCX+\triangle CAX=S$ とおく.

(ア) X が $\triangle ABC$ の周または内部にあるとき, 図1よ
り $S=\triangle ABC=1$ であり, 不適である.

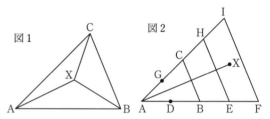

(イ) X が直線 BC に関して A と反対の側で, A を端
点とする2本の半直線 AB, AC に挟まれた領域にある
とき:S は $\triangle BCX$ 部分が二重になっている.

$$S=\triangle ABC+2\triangle BCX=1+2\triangle BCX$$

$2\le S\le 3$ のとき $1\le 2\triangle BCX\le 2$

$$\frac{1}{2}\le\triangle BCX\le 1$$

図2でA, D, B, E, F は等間隔に並び, A, G, C, H,
I も等間隔に並ぶとする.

$$\triangle BCE=\triangle BCH=\frac{1}{2}\triangle ABC=\frac{1}{2}$$
$$\triangle BCF=\triangle BCI=\triangle ABC=1$$

S の値が変わらないように動かすとき $\triangle BCX$ も変わら
ないように動くから, X は BC に平行に動く.

よって X は EH と FI に挟まれた部分を動く. 台形
EFIH の面積を S_1 とすると

$$S_1=\triangle AFI-\triangle AEH$$
$$=2^2\triangle ABC-\left(\frac{3}{2}\right)^2\triangle ABC$$
$$=4-\frac{9}{4}=\frac{7}{4}$$

(ウ) X がA, C を端点とする2本の半直線 AB, CB に
挟まれた部分にあるとき:

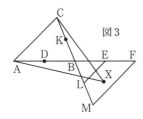

図3

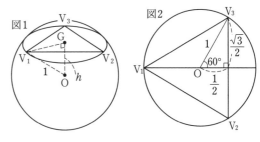

る．$\vec{v_1}, \vec{v_2}, \cdots, \vec{v_n}$ の始点を O とし，$\overrightarrow{OV_i} = \vec{v_i}$ とする．$|\vec{v_i}| = 1$ より V_i はすべて O を中心，半径 1 の球面（S とする）上にある．

S は △BCX と △ABX の部分が二重になる．その認識だと式にしにくい．

$$S = \triangle ABC + 2(\triangle BCX + \triangle ABX)$$
$$= 2(\triangle ABC + \triangle BCX + \triangle ABX) - \triangle ABC$$
$$= 2\triangle CAX - 1$$

$2 \leqq S \leqq 3$ のとき $3 \leqq 2\triangle CAX \leqq 4$

$$\frac{3}{2} \leqq \triangle CAX \leqq 2$$

図3でC，K，B，L，Mは等間隔に並び，A，D，B，E，F も等間隔に並ぶとする．X は台形 ELMF の周と内部を動く．この面積を S_2 とすると，

$$S_2 = \triangle BMF - \triangle BLE$$
$$= \triangle ABC - \left(\frac{1}{2}\right)^2 \triangle ABC = \frac{3}{4}$$

他も同様であるから，求める面積は

$$3(S_1 + S_2) = 3\left(\frac{7}{4} + \frac{3}{4}\right) = \frac{15}{2}$$

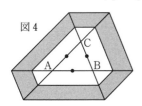

図4

《抽象的なベクトルの問題》

10. n を3以上の自然数，λ を実数とする．次の条件（ i ），（ ii ）を満たす空間ベクトル $\vec{v_1}, \vec{v_2}, \cdots, \vec{v_n}$ が存在するための n と λ が満たすべき条件を求めよ．

（ i ）$\vec{v_1}, \vec{v_2}, \cdots, \vec{v_n}$ は相異なる長さ1の空間ベクトルである．

（ ii ）$i \neq j$ のときベクトル $\vec{v_i}$ と $\vec{v_j}$ の内積は λ に等しい．　　　　　　　（21 京大・理-特色入試）

▶解答◀　自然数 i, j $(1 \leqq i < j \leqq n)$ について，

$$\left|\vec{v_i} - \vec{v_j}\right|^2 = |\vec{v_i}|^2 - 2\vec{v_i}\cdot\vec{v_j} + |\vec{v_j}|^2$$
$$\left|\vec{v_i} - \vec{v_j}\right|^2 = 2(1-\lambda) \quad\cdots\cdots\cdots\cdots①$$

（ i ）の条件の下で，$\vec{v_i}\cdot\vec{v_j}$ が i, j によらず λ に等しいとは，①の値が i, j によらず成り立つことと同値であ

（ア）$n = 3$ のとき．①から

$$V_1V_2 = V_2V_3 = V_3V_1$$

となるから，△$V_1V_2V_3$ は正三角形をなす．

O から平面 $V_1V_2V_3$ に下ろした垂線の足を G とする．$OG = h$ とおくと $GV_1 = \sqrt{OV_1{}^2 - h^2} = \sqrt{1 - h^2}$ となり，同様に $GV_1 = GV_2 = GV_3 = \sqrt{1 - h^2}$ となるから，G は正三角形 $V_1V_2V_3$（T とする）の外心で，それは重心に一致する．T の一辺の長さが最大になるのは G が O に一致するときで，そのとき，図2より，T の一辺の長さは $\sqrt{3}$ となる．また，h が1に近づくと T の一辺の長さは0に近づく．

$\left|\vec{v_i} - \vec{v_j}\right|^2$ の値域は $0 < \left|\vec{v_i} - \vec{v_j}\right|^2 \leqq 3$ である．①となる $\left|\vec{v_i} - \vec{v_j}\right|^2$ が存在するために λ が満たす条件は $0 < 2 - 2\lambda \leqq 3$ である．

（イ）$n = 4$ のとき．$n = 3$ のときと同様に考えると，△$V_1V_2V_3$，△$V_1V_2V_4$，△$V_1V_3V_4$，△$V_2V_3V_4$ はすべて正三角形をなすから $V_1V_2V_3V_4$ は正四面体（U とする）をなし，S は U の外接球である．ここで，正四面体の有名な性質より，V_4 から平面 $V_1V_2V_3$ に下ろした垂線の足は G であり，U の一辺の長さを a とすると，$V_4G = \sqrt{\dfrac{2}{3}}a$ であり，O は V_4G を $3:1$ に内分するから $\dfrac{3}{4}\sqrt{\dfrac{2}{3}}a = 1$ である．$a = \dfrac{4}{3}\sqrt{\dfrac{3}{2}}$ であり，$a^2 = \dfrac{8}{3}$ は①に等しい．よって $2 - 2\lambda = \dfrac{8}{3}$ で，$\lambda = -\dfrac{1}{3}$

（ウ）$n \geqq 5$ のとき．条件（ i ），（ ii ）を満たすベクトル $\vec{v_1}, \vec{v_2}, \cdots, \vec{v_n}$ は存在しないことを示す．もし存在したと仮定する．（イ）と同様に $V_1V_2V_3V_4$ および $V_1V_2V_3V_5$ はいずれも正四面体をなす．その一辺の長さを a とする．V_4 と V_5 は異なるから V_5 は平面 $V_1V_2V_3$ に関して V_4 と対称である．

$V_4V_5 = 2\sqrt{\dfrac{2}{3}}a = \dfrac{2\sqrt{6}}{3}a > a$ となるから，$V_4V_5 = a$ に矛盾する．$n \geqq 5$ のとき，条件（ i ），（ ii ）を満たすべ

クトル $\vec{v_1}, \vec{v_2}, \cdots, \vec{v_n}$ は存在しない.

条件（i），（ii）を満たす $\vec{v_1}, \vec{v_2}, \cdots, \vec{v_n}$ が存在するための n と λ が満たすべき条件は

「$n = 3$ かつ $-\dfrac{1}{2} \leqq \lambda < 1$」

または「$n = 4$ かつ $\lambda = -\dfrac{1}{3}$」

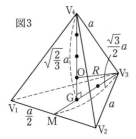

図3

注意 一辺が a の正四面体の高さについて

$V_4 G = \sqrt{\dfrac{2}{3}} a$ であることと，球の中心 O が $V_4 G$ を $3 : 1$ に内分することなど，解答では正四面体の有名な性質を使っている．試験ではこうしたことは証明せずに使い，答えを書く方がよい．知識は力である．一応，次に証明を書いておく．

$OV_1 = OV_2 = OV_3$ のとき O から平面 $V_1 V_2 V_3$ に下ろした垂線の足 G は $\triangle V_1 V_2 V_3$ の外心であることは示した．同様に $V_4 V_1 = V_4 V_2 = V_4 V_3 = a$ より，V_4 から平面 $V_1 V_2 V_3$ に下ろした垂線の足も $\triangle V_1 V_2 V_3$ の外心で，それは G に一致する．V_4, O, G は一直線上にある．$V_1 V_2$ の中点を M とすると $V_3 M = \dfrac{\sqrt{3}}{2} a$, $V_3 G = \dfrac{2}{3} V_3 M = \dfrac{\sqrt{3}}{3} a$ となり，$\triangle V_3 V_4 G$ で三平方の定理を用いて $V_4 G = \sqrt{a^2 - V_3 G^2} = \sqrt{\dfrac{2}{3}} a$ となる．正四面体の外接球の半径を R とすると，$\triangle OGV_3$ で三平方の定理を用いて $OG^2 + GV_3{}^2 = OV_3{}^2$

$$\left(\sqrt{\dfrac{2}{3}}a - R\right)^2 + \left(\dfrac{\sqrt{3}}{3}a\right)^2 = R^2$$

これを整理して $R = \dfrac{3}{4}\sqrt{\dfrac{2}{3}}a = \dfrac{3}{4}V_4 G$

他にも，正四面体を，O を 1 つの頂点，各面を底面とする 4 つの四面体に分割し，体積を 2 通りに表して $OG = \dfrac{1}{4}V_4 G$ を示す方法も有名である．

《空間図形を正確に把握する》

11. 図のように，1 辺の長さが 2 である立方体 ABCD−EFGH の内側に，正方形 ABCD に内接する円を底面にもつ高さ 2 の円柱 V をとる．次の設問に答えよ．

（1） 立方体の対角線 AG と円柱 V の共通部分と

して得られる線分の長さを求めよ．

（2） W を三角柱 ABF−DCG と三角柱 AEH−BFG の共通部分とする．円柱 V の側面と W の共通部分に含まれる線分の長さの最大値を求めよ．

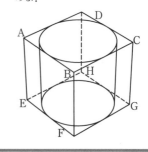

（21　早稲田大・商）

考え方 空間図形とどれだけ立体のままにらめっこしても勝てっこない．適切な座標を入れて数式的に攻める．すると，円柱 V や直線 AG，三角柱は x, y, z の式で表せる．そうなってしまえば，もうこちらのものである．

▶解答◀ （1） 点 G を原点 $(0, 0, 0)$ とし，H を $(2, 0, 0)$, F を $(0, 2, 0)$, C を $(0, 0, 2)$ とする座標で考える（図1）．線分 AG と円柱 V の側面との交点を G に近い方から P, Q とする．

円柱 V の側面：$(x-1)^2 + (y-1)^2 = 1$,
$0 \leqq z \leqq 2$

直線 AG：$x = y = z$

であるから，連立させると

$$x - 1 = y - 1 = z - 1 = \pm\dfrac{\sqrt{2}}{2}$$

となるから

$$\vec{PQ} = (\sqrt{2}, \sqrt{2}, \sqrt{2})$$

よって，求める長さは

$$PQ = \sqrt{(\sqrt{2})^2 + (\sqrt{2})^2 + (\sqrt{2})^2} = \sqrt{6}$$

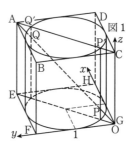

図1

（2） 立方体は

$$0 \leqq x \leqq 2, 0 \leqq y \leqq 2, 0 \leqq z \leqq 2$$

であるから，以下では，この条件下で考える．

平面 AFDG は $z = x$ であるから三角柱 ABF − DCG は

$$0 \le x \le z \le 2$$

また，平面 AHGB は $z = y$ であるから，三角柱 AEH − BFG は

$$0 \le z \le y \le 2$$

となるから，W は

$$0 \le x \le z \le y \le 2$$

となる．図2において，W は四面体 ABFG である．

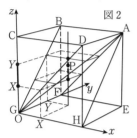

図2

いま，W 内に点 $P(X, Y, Z)$ をとる．P を通り xy 平面に垂直な直線と W との共有部分は

$$\text{線分} : x = X, y = Y, X \le z \le Y$$

この長さを $L(X, Y)$ とおくと（図2太破線部）

$$L(X, Y) = Y - X$$

であり，$(x, y) = (X, Y)$ における W の厚さを表している．求める長さは，円柱 V の側面と W との共有部分における厚さの最大値である（図3）．

図4は立方体を真上から見たものである．これを2次元の座標平面と考えると，点 $P(X, Y)$ における W の厚さ $Y - X$ は，点 P を通る傾き1の直線の y 切片に等しく，点 P と直線 $y = x$ との距離 d の $\sqrt{2}$ 倍に等しい．すなわち

$$L(X, Y) = \sqrt{2}d$$

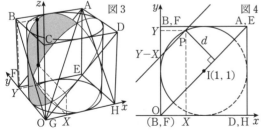

図3　図4

円柱 V の側面と W の共通部分は，中心 $I(1, 1)$，半径1の円のうち $y \ge x$ の部分であるから，P がこの半円上を動くとき，d の最大値は（∠OIP = 90° のとき），$d = 1$ である．よって，$L(X, Y)$ の最大値は $\sqrt{2}$ である．

◆別解◆（1）円柱の側面と線分 AC との交点を C に近い方から P′，Q′ とすると

$$AG = \sqrt{2^2 + 2^2 + 2^2} = 2\sqrt{3}$$

$$PQ : AG = P'Q' : CA = 2 : 2\sqrt{2}$$

であるから，求める線分の長さは

$$PQ = \frac{2\sqrt{3}}{\sqrt{2}} = \sqrt{6}$$

《四面体の問題》

12. 四面体 OABC において，△ABC の重心を G，△OAB の重心を H とする．
（1）直線 OG と直線 CH は交わることを示せ．
以下では，直線 OG と直線 CH の交点を I として，OI = AI = BI = CI とする．
（2）$\overrightarrow{OI}$ を $\overrightarrow{OA}, \overrightarrow{OB}, \overrightarrow{OC}$ を用いて表せ．
（3）OA = BC，OB = CA，OC = AB を示せ．
（4）OA = 1，OB = $\sqrt{2}$，OC = $\sqrt{2}$ のとき，I を中心として，平面 OAB とただ一つの共有点を持つような球の半径を求めよ．（19 滋賀医大・医）

▶解答◀（1）線分 AB の中点を M とする．G，H はそれぞれ線分 CM，OM を2:1 に内分する点である．直線 OG，CH は平面 OMC に含まれ，平行でないから交わる．

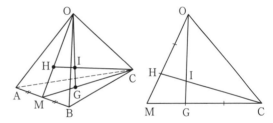

（2）△OMG と直線 CH に関してメネラウスの定理を用いると

$$\frac{OH}{HM} \cdot \frac{MC}{CG} \cdot \frac{GI}{IO} = 1$$

$$\frac{2}{1} \cdot \frac{3}{2} \cdot \frac{GI}{IO} = 1 \qquad \therefore \quad GI : IO = 1 : 3$$

$\overrightarrow{OG} = \dfrac{\overrightarrow{OA} + \overrightarrow{OB} + \overrightarrow{OC}}{3}$ であるから

$$\overrightarrow{OI} = \frac{3}{4}\overrightarrow{OG} = \frac{\overrightarrow{OA} + \overrightarrow{OB} + \overrightarrow{OC}}{4}$$

（3）△IOA ≡ △IBC を示す．線分 OA，BC の中点をそれぞれ P，Q とすると $\overrightarrow{OP} = \dfrac{1}{2}\overrightarrow{OA}$ で

$$\overrightarrow{OI} = \frac{\overrightarrow{OB} + \overrightarrow{OC}}{4} + \frac{\overrightarrow{OA}}{4}$$

$$= \frac{1}{2}\left(\frac{\overrightarrow{OB} + \overrightarrow{OC}}{2} + \frac{\overrightarrow{OA}}{2}\right) = \frac{\overrightarrow{OQ} + \overrightarrow{OP}}{2}$$

となるから，I は線分 PQ の中点である．IP = IQ = a とおく．

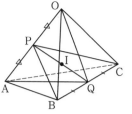
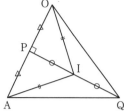

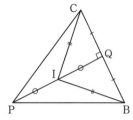

OI ＝ AI ＝ BI ＝ CI であるから，I は四面体 OABC の外心である．外接球の半径を R とすると

$$OP = \sqrt{IO^2 - IP^2} = \sqrt{R^2 - a^2}$$

$$OA = 2OP = 2\sqrt{R^2 - a^2}$$

一方

$$BQ = \sqrt{IB^2 - IQ^2} = \sqrt{R^2 - a^2}$$

$$BC = 2BQ = 2\sqrt{R^2 - a^2}$$

よって OA ＝ BC ＝ $2\sqrt{R^2 - a^2}$ となる．同様にして，OB ＝ CA，OC ＝ AB も示される．

（**4**） 四面体 OABC は等面四面体であるから，3 辺の長さが p, q, r の直方体に四面体 OABC を埋め込む．

OI ＝ AI ＝ BI ＝ CI より，点 I は直方体の中心となる．

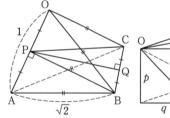

三平方の定理から

$$p^2 + q^2 = OA^2 = 1 \quad \cdots\cdots\cdots\cdots\cdots① $$

$$q^2 + r^2 = AC^2 = OB^2 = 2 \quad \cdots\cdots\cdots\cdots② $$

$$r^2 + p^2 = AB^2 = OC^2 = 2 \quad \cdots\cdots\cdots\cdots③ $$

である．①＋②＋③ より

$$2(p^2 + q^2 + r^2) = 5$$

$$p^2 + q^2 + r^2 = \frac{5}{2} \quad \cdots\cdots\cdots\cdots\cdots④ $$

④－② より

$$p^2 = \frac{1}{2} \qquad \therefore \quad p = \frac{\sqrt{2}}{2}$$

④－③ より

$$q^2 = \frac{1}{2} \qquad \therefore \quad q = \frac{\sqrt{2}}{2}$$

④－① より

$$r^2 = \frac{3}{2} = \frac{6}{4} \qquad \therefore \quad r = \frac{\sqrt{6}}{2}$$

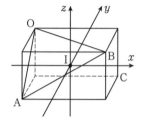

点 I を原点とし，x, y, z 軸を上図のようにとる．I を中心とする球と平面 OAB が唯一つの共有点をもつから，球と平面 OAB は接する．この球の半径は点 I と平面 OAB との距離に等しい．点 O, A, B の座標は

$$O\left(-\frac{r}{2}, \frac{q}{2}, \frac{p}{2}\right) = O\left(-\frac{\sqrt{6}}{4}, \frac{\sqrt{2}}{4}, \frac{\sqrt{2}}{4}\right)$$

$$A\left(-\frac{r}{2}, -\frac{q}{2}, -\frac{p}{2}\right) = A\left(-\frac{\sqrt{6}}{4}, -\frac{\sqrt{2}}{4}, -\frac{\sqrt{2}}{4}\right)$$

$$B\left(\frac{r}{2}, -\frac{q}{2}, \frac{p}{2}\right) = B\left(\frac{\sqrt{6}}{4}, -\frac{\sqrt{2}}{4}, \frac{\sqrt{2}}{4}\right)$$

平面 OAB の方程式を $sx + ty + uz + v = 0$ とおくと，この平面の法線ベクトル (s, t, u) が

$$\overrightarrow{OA} = \left(0, -\frac{\sqrt{2}}{2}, -\frac{\sqrt{2}}{2}\right)$$

$$\overrightarrow{OB} = \left(\frac{\sqrt{6}}{2}, -\frac{\sqrt{2}}{2}, 0\right)$$

と直交するから

$$-\frac{\sqrt{2}}{2}t - \frac{\sqrt{2}}{2}u = 0, \quad \frac{\sqrt{6}}{2}s - \frac{\sqrt{2}}{2}t = 0$$

$$u = -t, \quad t = \sqrt{3}s$$

$$t = \sqrt{3}s, \quad u = -\sqrt{3}s$$

平面 OAB の方程式は $s(x + \sqrt{3}y - \sqrt{3}z) + v = 0$ と書ける．これが点 O を通ることから

$$s\left(-\frac{\sqrt{6}}{4} + \frac{\sqrt{6}}{4} - \frac{\sqrt{6}}{4}\right) + v = 0$$

$$v = \frac{\sqrt{6}}{4}s$$

よって，平面 OAB の方程式は

$$s\left(x + \sqrt{3}y - \sqrt{3}z + \frac{\sqrt{6}}{4}\right) = 0$$

$$4x + 4\sqrt{3}y - 4\sqrt{3}z + \sqrt{6} = 0$$

となる．この平面と点 I との距離は，点と平面との距離の公式から

$$\frac{|4\cdot 0 + 4\sqrt{3}\cdot 0 - 4\sqrt{3}\cdot 0 + \sqrt{6}|}{\sqrt{4^2 + (4\sqrt{3})^2 + (-4\sqrt{3})^2}}$$

$$= \frac{\sqrt{6}}{4\sqrt{1+3+3}} = \frac{\sqrt{6}}{4\sqrt{7}} = \frac{\sqrt{42}}{28}$$

◆別解◆ I を中心とする球と平面 OAB が唯一の共有点をもつから，球と平面 OAB は接する．

P，Q はそれぞれ線分 OA，BC の中点であるから

$$BP = \sqrt{OB^2 - OP^2}$$
$$CP = \sqrt{OC^2 - OP^2}$$

であり，$OB = OC = \sqrt{2}$，$OP = \frac{1}{2}OA = \frac{1}{2}$ であるから

$$BP = CP = \sqrt{(\sqrt{2})^2 - \left(\frac{1}{2}\right)^2} = \frac{\sqrt{7}}{2}$$

また，（3）の結果より

$$BQ = \frac{1}{2}BC = \frac{1}{2}OA = \frac{1}{2}$$

であるから

$$PQ = \sqrt{PB^2 - BQ^2}$$
$$= \sqrt{\left(\frac{\sqrt{7}}{2}\right)^2 - \left(\frac{1}{2}\right)^2} = \frac{\sqrt{6}}{2}$$

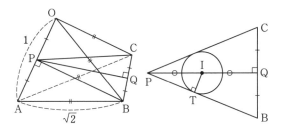

点 I を中心とする球が平面 OAB と接するとき，その接点 T は平面 PBC 上にあり，点 I から線分 BP に下ろした垂線と線分 BP の交点である．求める球の半径は線分 IT の長さに等しい．△PBQ ∽ △PIT であり，$PI = \frac{1}{2}PQ = \frac{\sqrt{6}}{4}$ であるから

$$IT = PI\cdot \frac{BQ}{BP} = \frac{\sqrt{6}}{4}\cdot \frac{\frac{1}{2}}{\frac{\sqrt{7}}{2}}$$

$$= \frac{\sqrt{6}}{4}\cdot \frac{\sqrt{7}}{7} = \frac{\sqrt{42}}{28}$$

《四角錐の切断面》

13. 1辺の長さが $\sqrt{2}$ の正方形 ABCD を底面とし，4つの正三角形を側面とする正四角錐 O-ABCD が

ある．OA と OC を $4:1$ に内分する点をそれぞれ P と R，正の実数 r に対して OB を $1:r$ に内分する点を Q とする．

（1）内積 $\overrightarrow{PQ}\cdot \overrightarrow{QR}$ と $\overrightarrow{PR}\cdot \overrightarrow{OQ}$ を計算せよ．答が r の有理式になる場合は，1つの既約分数式で解答せよ．

（2）線分 PR の中点を M とする．QM と OD が平行になる r を求めよ．

（3）QM と OD が平行なとき，3点 P，Q，R を通る平面 α で正四角錐 O-ABCD を 2つの多面体に切り分ける．このとき，α による切り口の図形の面積，および，切り分けたうち頂点 O を含む多面体の体積を求めよ．（16　慶應大・経済）

▶解答◀（1）$\overrightarrow{OA} = \vec{a}$，$\overrightarrow{OB} = \vec{b}$，$\overrightarrow{OC} = \vec{c}$ とおく．側面が正三角形であるから，

$$\vec{a}\cdot \vec{b} = \vec{b}\cdot \vec{c} = \sqrt{2}\cdot \sqrt{2}\cdot \cos 60° = 1$$

△OAC は ∠AOC が直角な三角形であるから，$\vec{a}\cdot \vec{c} = 0$．

また，条件より，

$$\overrightarrow{OP} = \frac{4}{5}\vec{a},\quad \overrightarrow{OQ} = \frac{1}{1+r}\vec{b},\quad \overrightarrow{OR} = \frac{4}{5}\vec{c}$$

よって，

$$\overrightarrow{PQ}\cdot \overrightarrow{QR} = (\overrightarrow{OQ} - \overrightarrow{OP})\cdot (\overrightarrow{OR} - \overrightarrow{OQ})$$
$$= \left(\frac{1}{1+r}\vec{b} - \frac{4}{5}\vec{a}\right)\cdot \left(\frac{4}{5}\vec{c} - \frac{1}{1+r}\vec{b}\right)$$
$$= \frac{4}{5(1+r)}\vec{b}\cdot \vec{c} - \frac{1}{(1+r)^2}|\vec{b}|^2$$
$$\quad - \frac{16}{25}\vec{a}\cdot \vec{c} + \frac{4}{5(1+r)}\vec{a}\cdot \vec{b}$$
$$= \frac{4}{5(1+r)}\cdot 1 - \frac{1}{(1+r)^2}\cdot 2 + \frac{4}{5(1+r)}\cdot 1$$
$$= \frac{8}{5(1+r)} - \frac{2}{(1+r)^2} = \frac{8r-2}{5(1+r)^2}$$

$$\overrightarrow{PR}\cdot \overrightarrow{OQ} = (\overrightarrow{OR} - \overrightarrow{OP})\cdot \overrightarrow{OQ}$$
$$= \left(\frac{4}{5}\vec{c} - \frac{4}{5}\vec{a}\right)\cdot \frac{1}{1+r}\vec{b}$$
$$= \frac{4}{5(1+r)}(\vec{b}\cdot \vec{c} - \vec{a}\cdot \vec{b}) = \mathbf{0}$$

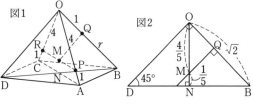

図1　図2

（2）$\overrightarrow{QM} = \overrightarrow{OM} - \overrightarrow{OQ} = \frac{1}{2}(\overrightarrow{OP} + \overrightarrow{OR}) - \overrightarrow{OQ}$

$$= \frac{2}{5}\vec{a} - \frac{1}{1+r}\vec{b} + \frac{2}{5}\vec{c} \quad\cdots\cdots① $$

また，$\overrightarrow{OD} = \vec{a} - \vec{b} + \vec{c}$

QM と OD が平行のとき，実数 k を用いて

$$\overrightarrow{\text{QM}} = k\overrightarrow{\text{OD}} = k\vec{a} - k\vec{b} + k\vec{c} \quad \cdots\cdots\cdots②$$

と表せる．$\vec{a}$, $\vec{b}$, $\vec{c}$ は1次独立であるから，①，②の係数を比較して

$$k = \frac{2}{5}, \quad -\frac{1}{1+r} = -k$$

$$\frac{1}{1+r} = \frac{2}{5} \qquad \therefore \quad r = \frac{3}{2}$$

（3）平面 α と CD，AD の交点を S，T とおくと，切り口は図3のように五角形 PQRST となる．α は OD と平行だから

$$\text{PT} \mathbin{/\!/} \text{RS} \mathbin{/\!/} \text{OD} \mathbin{/\!/} \text{QM}$$

である．図2を参照せよ．

$$\text{MQ} = \frac{1}{\sqrt{2}}\text{OM} = \frac{2\sqrt{2}}{5}$$

である．また，

$$\text{PT} = \frac{1}{5}\text{OD} = \frac{1}{5}\sqrt{2}$$

$$\text{ST} = \frac{4}{5}\text{AC} = \frac{4}{5}\cdot 2 = \frac{8}{5}$$

図形 F が多角形ならその面積を $[F]$ で表し，立体ならその体積を $[F]$ で表すことにする．求める切り口の面積を S_1 とする．

$$S_1 = \triangle\text{PQR} + [\text{PRST}]$$
$$= \frac{1}{2}\text{PR}\cdot\text{MQ} + \text{ST}\cdot\text{PT}$$
$$= \frac{1}{2}\cdot\frac{8}{5}\cdot\frac{2}{5}\sqrt{2} + \frac{8}{5}\cdot\frac{\sqrt{2}}{5} = \frac{16}{25}\sqrt{2}$$

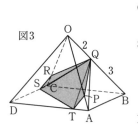
図3

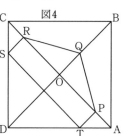
図4

α は OQ と垂直だから

$$[\text{OQRSTP}] = \frac{1}{3}S_1\cdot\text{OQ}$$
$$= \frac{1}{3}\cdot\frac{16}{25}\sqrt{2}\cdot\frac{2}{5}\sqrt{2} = \frac{64}{3\cdot 125}$$

図1で N は BD の中点である．ON は底面 ABCD と垂直である．

$$[\text{OSDT}] = \frac{1}{3}\triangle\text{DST}\cdot\text{ON}$$
$$= \frac{1}{3}\cdot\frac{1}{2}\text{DT}\cdot\text{DS}\cdot\text{ON} = \frac{1}{6}\left(\frac{4\sqrt{2}}{5}\right)^2\cdot 1 = \frac{16}{3\cdot 25}$$

求める体積は

$$[\text{OQRSTP}] + [\text{OSDT}] = \frac{64 + 16\cdot 5}{3\cdot 125} = \frac{48}{125}$$

《解法の選択2》

14. k を正の実数とする．座標空間において，原点 O を中心とする半径1の球面上の4点 A，B，C，D が次の関係式を満たしている．

$$\overrightarrow{\text{OA}}\cdot\overrightarrow{\text{OB}} = \overrightarrow{\text{OC}}\cdot\overrightarrow{\text{OD}} = \frac{1}{2},$$

$$\overrightarrow{\text{OA}}\cdot\overrightarrow{\text{OC}} = \overrightarrow{\text{OB}}\cdot\overrightarrow{\text{OC}} = -\frac{\sqrt{6}}{4},$$

$$\overrightarrow{\text{OA}}\cdot\overrightarrow{\text{OD}} = \overrightarrow{\text{OB}}\cdot\overrightarrow{\text{OD}} = k.$$

このとき，k の値を求めよ．ただし，座標空間の点 X，Y に対して，$\overrightarrow{\text{OX}}\cdot\overrightarrow{\text{OY}}$ は，$\overrightarrow{\text{OX}}$ と $\overrightarrow{\text{OY}}$ の内積を表す．

(20 京大・共通)

考え方 京大では，解法の選択が重要である．図形問題では

図形的に解く，ベクトルで計算する，三角関数で計算する，座標計算する

という，解法の選択をする．重要なのは，見かけの形に惑わされないようにすることである．座標で解く場合には座標軸の取り方を，計算が簡単になるようにする．重要なことは，図形が先にあり，後で，座標軸を入れるということである．

▶解答◀ $\overrightarrow{\text{OA}} = \vec{a}$ などと表す．

$$|\vec{a}| = |\vec{b}| = |\vec{c}| = |\vec{d}| = 1$$

である．$\vec{a}$ と $\vec{b}$ のなす角を α（$0 \leq \alpha \leq \pi$）とおくと，

$$\vec{a}\cdot\vec{b} = 1\cdot 1\cdot\cos\alpha = \frac{1}{2} \qquad \therefore \quad \alpha = \frac{\pi}{3}$$

同様にすると，$\vec{c}$ と $\vec{d}$ のなす角も $\frac{\pi}{3}$ である．

xyz 直交座標空間に図形を埋め込む．A，B が xy 平面上にあり，AB の中点 M が x 軸の正の部分にあり，A の y 座標が0以上となるように xy 軸を定め，z 軸の正方向は C の z 座標が0以上となるように定める．

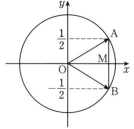

すると，A$\left(\dfrac{\sqrt{3}}{2}, \dfrac{1}{2}, 0\right)$，B$\left(\dfrac{\sqrt{3}}{2}, -\dfrac{1}{2}, 0\right)$ となる．

$\vec{a}\cdot\vec{c} = \vec{b}\cdot\vec{c} = -\dfrac{\sqrt{6}}{4}$ であるから，C(a, b, c) とすると

$$a^2 + b^2 + c^2 = 1, \quad c \geq 0$$

$$\frac{\sqrt{3}}{2}a + \frac{1}{2}b = -\frac{\sqrt{6}}{4}$$

$$\frac{\sqrt{3}}{2}a - \frac{1}{2}b = -\frac{\sqrt{6}}{4}$$

これらを解くと，$(a, b, c) = \left(-\frac{1}{\sqrt{2}}, 0, \frac{1}{\sqrt{2}}\right)$

$D(d, e, f)$ とすると

$$d^2 + e^2 + f^2 = 1$$

$$-\frac{1}{\sqrt{2}}d + \frac{1}{\sqrt{2}}f = \frac{1}{2}$$

$$\frac{\sqrt{3}}{2}d + \frac{1}{2}e = \frac{\sqrt{3}}{2}d - \frac{1}{2}e$$

これより，$e = 0,\ f = d + \frac{1}{\sqrt{2}}$ を $d^2 + e^2 + f^2 = 1$ に代入して，

$$d^2 + \left(d + \frac{1}{\sqrt{2}}\right)^2 = 1$$

$$4d^2 + 2\sqrt{2}d - 1 = 0 \qquad \therefore \quad d = \frac{-\sqrt{2} \pm \sqrt{6}}{4}$$

よって，$D\left(\dfrac{-\sqrt{2} \pm \sqrt{6}}{4},\ 0,\ f\right)$ であるから，

$$k = \overrightarrow{OA} \cdot \overrightarrow{OD} = \overrightarrow{OB} \cdot \overrightarrow{OD}$$

$$= \frac{\sqrt{3}}{2} \cdot \frac{-\sqrt{2} \pm \sqrt{6}}{4} + \frac{1}{2} \cdot 0 + 0 \cdot f$$

$$= \frac{\pm 3\sqrt{2} - \sqrt{6}}{8}$$

$k > 0$ であるから，$k = \dfrac{3\sqrt{2} - \sqrt{6}}{8}$ である．

◆別解◆【1次独立の基底を定める】

$\vec{a}$ などは本解と同じとする．解答で分かるように $\vec{a}, \vec{b}$ は平行ではない．A，B，C は同一平面上にないことを示す．もし同一平面上にあるならば

$$\vec{c} = p\vec{a} + q\vec{b}$$

とおける．両辺と $\vec{a}, \vec{b}, \vec{c}$ との内積をとって

$$\vec{a} \cdot \vec{c} = p|\vec{a}|^2 + q\vec{a} \cdot \vec{b}$$

$$-\frac{\sqrt{6}}{4} = p + \frac{1}{2}q \quad \cdots\cdots\cdots①$$

$$\vec{b} \cdot \vec{c} = p\vec{b} \cdot \vec{a} + q|\vec{b}|^2$$

$$-\frac{\sqrt{6}}{4} = \frac{1}{2}p + q \quad \cdots\cdots\cdots②$$

$$|\vec{c}|^2 = p\vec{c} \cdot \vec{a} + q\vec{c} \cdot \vec{b}$$

$$1 = -\frac{\sqrt{6}}{4}p - \frac{\sqrt{6}}{4}q \quad \cdots\cdots\cdots③$$

①，② より $p = q = -\dfrac{\sqrt{6}}{6}$ となるが，このとき③は成立しない．

よって $\vec{a}, \vec{b}, \vec{c}$ は1次独立で，$\vec{d}$ はその1次結合で表される．

$$\vec{d} = x\vec{a} + y\vec{b} + z\vec{c}$$

とおける．両辺と $\vec{a}, \vec{b}, \vec{c}, \vec{d}$ との内積をとって

$$\vec{a} \cdot \vec{d} = x|\vec{a}|^2 + y\vec{a} \cdot \vec{b} + z\vec{a} \cdot \vec{c}$$

$$k = x + \frac{1}{2}y - \frac{\sqrt{6}}{4}z \quad \cdots\cdots\cdots④$$

$$\vec{b} \cdot \vec{d} = x\vec{b} \cdot \vec{a} + y|\vec{b}|^2 + z\vec{b} \cdot \vec{c}$$

$$k = \frac{1}{2}x + y - \frac{\sqrt{6}}{4}z \quad \cdots\cdots\cdots⑤$$

$$\vec{c} \cdot \vec{d} = x\vec{c} \cdot \vec{a} + y\vec{c} \cdot \vec{b} + z|\vec{c}|^2$$

$$\frac{1}{2} = -\frac{\sqrt{6}}{4}x - \frac{\sqrt{6}}{4}y + z \quad \cdots\cdots\cdots⑥$$

$$|\vec{d}|^2 = x\vec{d} \cdot \vec{a} + y\vec{d} \cdot \vec{b} + z\vec{d} \cdot \vec{c}$$

$$1 = kx + ky + \frac{1}{2}z \quad \cdots\cdots\cdots⑦$$

④，⑤ より $x = y$ であり，⑥ も合わせて

$$k = \frac{3}{2}x - \frac{\sqrt{6}}{4}z,\ \frac{1}{2} = -\frac{\sqrt{6}}{2}x + z$$

となる．これらから x, z について解いて

$$x = \frac{4}{3}k + \frac{\sqrt{6}}{6},\ z = 1 + \frac{2\sqrt{6}}{3}k$$

これらを⑦に代入し

$$1 = 2k\left(\frac{4}{3}k + \frac{\sqrt{6}}{6}\right) + \frac{1}{2} + \frac{\sqrt{6}}{3}k$$

これを整理すると

$$8k^2 + 2\sqrt{6}k - \frac{3}{2} = 0$$

$k > 0$ であるから

$$k = \frac{-\sqrt{6} + 3\sqrt{2}}{8}$$

◆別解◆【図形的考察】

式の番号を振り直す．

途中までは本解と同じである．三角形 OAB は二等辺三角形である．線分 AB の垂直二等分面を p とする．p は O を通る．

$\vec{a} \cdot \vec{c} = \vec{b} \cdot \vec{c}$ より $(\vec{b} - \vec{a}) \cdot \vec{c} = 0$

$\overrightarrow{AB} \cdot \vec{c} = 0$ であるから，OC は AB と垂直である．よって C は p 上にある．同様に D も p 上にある．

$\overrightarrow{OE} = \vec{a} + \vec{b}$ となる E をとると，

$$|\overrightarrow{OE}|^2 = |\vec{a} + \vec{b}|^2$$

$$= 1 + 2 \cdot \frac{1}{2} + 1 = 3$$

より $|\overrightarrow{OE}| = \sqrt{3}$ である．$\vec{c}$ と $\vec{e}$ のなす角を $\beta\ (0 \leqq \beta \leqq \pi)$ とおくと，

$$\vec{c} \cdot \vec{e} = \vec{c} \cdot (\vec{a} + \vec{b}) = -\frac{\sqrt{6}}{2} \quad \cdots\cdots\cdots①$$

$$\vec{c} \cdot \vec{e} = 1 \cdot \sqrt{3} \cdot \cos\beta = \sqrt{3}\cos\beta \quad \cdots\cdots\cdots②$$

である. ①, ② より $\cos\beta = -\dfrac{\sqrt{2}}{2}$, すなわち $\beta = \dfrac{3}{4}\pi$ である. $\vec{d}$ と $\vec{e}$ のなす角を γ $(0 \leqq \gamma \leqq \pi)$ とおくと,

$$\vec{d} \cdot \vec{e} = \vec{d} \cdot (\vec{a} + \vec{b}) = 2k \quad\cdots\cdots\cdots\cdots③$$

$$\vec{d} \cdot \vec{e} = 1 \cdot \sqrt{3}\cos\gamma \quad\cdots\cdots\cdots\cdots④$$

であり, $k > 0$ より $\cos\gamma > 0$, すなわち $\gamma < \dfrac{\pi}{2}$ であるから, $\gamma = \beta - \alpha = \dfrac{3}{4}\pi - \dfrac{\pi}{3}$ となる. ④ より,

$$\begin{aligned}
\vec{d} \cdot \vec{e} &= \sqrt{3}\cos\left(\dfrac{3}{4}\pi - \dfrac{\pi}{3}\right) \\
&= \sqrt{3}\left(\cos\dfrac{3\pi}{4}\cos\dfrac{\pi}{3} + \sin\dfrac{3\pi}{4}\sin\dfrac{\pi}{3}\right) \\
&= \sqrt{3}\left\{\left(-\dfrac{1}{\sqrt{2}}\right)\cdot\dfrac{1}{2} + \dfrac{1}{\sqrt{2}}\cdot\dfrac{\sqrt{3}}{2}\right\} \\
&= \dfrac{3\sqrt{2}-\sqrt{6}}{4} \quad\cdots\cdots\cdots\cdots⑤
\end{aligned}$$

③, ⑤ より $2k = \dfrac{3\sqrt{2}-\sqrt{6}}{4}$, すなわち $k = \dfrac{3\sqrt{2}-\sqrt{6}}{8}$ である.

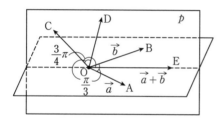

《正射影と面積》

15. 4点 $A(3, 0, 0)$, $B(0, 6, 0)$, $C(0, 0, 9)$, $P(x, y, z)$ があり, 点 P から xy 平面に下ろした垂線の足を Q とする. 点 P が3点 A, B, C を含む平面上を, $AP^2 + BP^2 + CP^2 \leqq 100$ を満たしつつ動くとき, P が動きうる領域の面積は $\dfrac{\boxed{}}{\boxed{}}\pi$ であり, Q が動きうる領域の面積は $\dfrac{\boxed{}}{\boxed{}}\pi$ である.

(20 早稲田大・人間科学)

考え方 図2のように, 2平面(これを α, β とする)のなす角が θ のとき, 平面 α 上の面積 S の図形を平面 β に正射影してできる図形の面積は, $S\cos\theta$ で与えられる.

▶解答◀ $AP^2 = (x-3)^2 + y^2 + z^2$

$$= x^2 + y^2 + z^2 - 6x + 9$$

$$BP^2 = x^2 + (y-6)^2 + z^2$$

$$= x^2 + y^2 + z^2 - 12y + 36$$

$$CP^2 = x^2 + y^2 + (z-9)^2$$

$$= x^2 + y^2 + z^2 - 18z + 81$$

であるから

$$AP^2 + BP^2 + CP^2 \leqq 100$$

$$3(x^2+y^2+z^2) - 6x - 12y - 18z + 26 \leqq 0$$

$$(x-1)^2 + (y-2)^2 + (z-3)^2 \leqq \dfrac{16}{3} \quad\cdots\cdots①$$

平面 ABC の方程式は

$$\dfrac{x}{3} + \dfrac{y}{6} + \dfrac{z}{9} = 1$$

$$6x + 3y + 2z = 18 \quad\cdots\cdots\cdots\cdots②$$

P が動く領域は ① かつ ② である円の周および内部である.

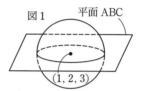

図1　平面ABC

点 $(1, 2, 3)$ は ② を満たすから, P が動く円の中心と ① の球の中心は一致する. よって, P が動く領域の面積を S とすると, $S = \dfrac{16}{3}\pi$ である.

Q が動く領域は, P が動く領域の xy 平面への正射影で, その面積を T とする.

平面 ABC と xy 平面のなす角を θ $\left(0 < \theta < \dfrac{\pi}{2}\right)$ とすると, $T = S\cos\theta$ である.

平面 ABC の法線ベクトルを $\vec{n}$, xy 平面の法線ベクトルを $\vec{m}$ とすると, $\vec{n} = (6, 3, 2)$, $\vec{m} = (0, 0, 1)$ がとれる.

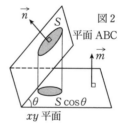
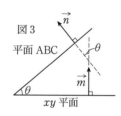

図2　平面ABC
図3　平面ABC

図2, 図3を参照せよ.

$$\cos\theta = \dfrac{\vec{m}\cdot\vec{n}}{|\vec{m}||\vec{n}|} = \dfrac{2}{\sqrt{6^2+3^2+2^2}} = \dfrac{2}{7}$$

であるから, $T = \dfrac{16}{3}\pi \cdot \dfrac{2}{7} = \dfrac{32}{21}\pi$ である.

《光源と正射影》

16. xyz 空間内において, 原点を中心とする半径1の光を通さない球体を考え, その表面を D とする. $a, b > 0$ かつ $a^2 + b^2 > 1$ を満たす実数 a, b に対し, 平面 $z = b$ 上の中心 $(0, 0, b)$, 半径 a の

円を C とする.

C 上にある点光源 L と，D 上の点 P について，P が L によって「照らされる」とは，線分 LP と D との共有点が P のみであることとする.

C 上のどのような位置にある点によっても照らされる D 上の点全体の集合を D_1 とし，また C 上に位置する少なくともひとつの点によって照らされる D 上の点全体の集合を D_2 とする．D_1 の xy 平面への正射影の面積を S_1 とし，また D_2 の xy 平面への正射影の面積を S_2 とする.

ここで，空間内の図形 A の xy 平面への正射影とは，A の各点 P を通り xy 平面と垂直な直線と xy 平面との交点を P′ とするとき，点 P′ 全体の集合のことである.

(1) $a \geqq 1$ かつ $b \geqq 1$ のとき，S_1 と S_2 を求めよ.

(2) $a, b > 0$ かつ $a^2 + b^2 > 1$ のとき，S_1 と S_2 を求めよ. (16 東北大・理)

▶解答◀ xz 平面内で点 L(a, b) から単位円 $x^2 + z^2 = 1$ に接線を引いたときの接点の x 座標を求める．接点を P(x_1, z_1) とおく.

$$x_1{}^2 + z_1{}^2 = 1 \quad \cdots\cdots\cdots\cdots\cdots① $$

が成り立つ．接線の方程式は

$$x_1 x + z_1 z = 1$$

であり，これが L を通るから

$$a x_1 + b z_1 = 1$$

が成り立つ．① $\times b^2$ より

$$b^2 x_1{}^2 + (b z_1)^2 = b^2$$

となり，ここに $b z_1 = 1 - a x_1$ を代入し

$$b^2 x_1{}^2 + (1 - a x_1)^2 = b^2$$

$$(a^2 + b^2) x_1{}^2 - 2 a x_1 + 1 - b^2 = 0$$

$$x_1 = \frac{a \pm \sqrt{a^2 - (a^2 + b^2)(1 - b^2)}}{a^2 + b^2}$$

$$= \frac{a \pm \sqrt{b^4 + a^2 b^2 - b^2}}{a^2 + b^2} = \frac{a \pm b\sqrt{a^2 + b^2 - 1}}{a^2 + b^2}$$

(1) L$(a, 0, b)$ としたとき，$y = 0$ での断面図は図1になる.

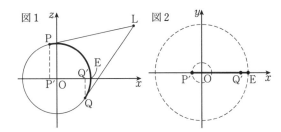

図1　図2

$\overset{\frown}{\mathrm{PQ}}$（太線部分）が照らされる範囲である．また，$\overset{\frown}{\mathrm{PQ}}$ の正射影は図2の線分 P′E（太線部分）である.

L を C 上で動かしたとき，D_1 の正射影は O を中心に線分 OP′ を回転させた円板であるから

$$S_1 = \pi \cdot \mathrm{OP'}^2 = \pi \left(\frac{a - b\sqrt{a^2 + b^2 - 1}}{a^2 + b^2} \right)^2$$

D_2 の正射影は線分 P′E を回転させた円板であるから

$$S_2 = \pi \cdot 1^2 = \pi$$

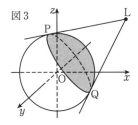

図3

(2) (ア) $0 < a < 1, b < 1$ のとき

$$S_1 = \pi \cdot \mathrm{OP'}^2 = \pi \left(\frac{a - b\sqrt{a^2 + b^2 - 1}}{a^2 + b^2} \right)^2$$

$$S_2 = \pi \cdot \mathrm{OQ'}^2 = \pi \left(\frac{a + b\sqrt{a^2 + b^2 - 1}}{a^2 + b^2} \right)^2$$

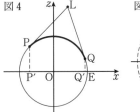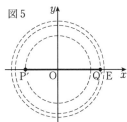

図4　図5

(イ) $1 \leqq a, b < 1$ のとき

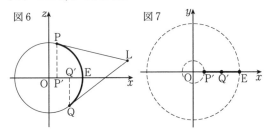

図6　図7

$$S_1 = 0$$

$$S_2 = \pi - \pi \cdot \mathrm{OP'}^2$$

$$= \pi \left\{ 1 - \left(\frac{a - b\sqrt{a^2 + b^2 - 1}}{a^2 + b^2} \right)^2 \right\}$$

（ウ）$a < 1, b < 1$ のとき

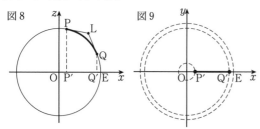

図8　　　　　　　図9

$S_1 = 0$

$S_2 = \pi \cdot \mathrm{OQ'}^2 - \pi \cdot \mathrm{OP'}^2$

$$= \pi \left\{ \left(\frac{a + b\sqrt{a^2 + b^2 - 1}}{a^2 + b^2} \right)^2 \right.$$
$$\left. - \left(\frac{a - b\sqrt{a^2 + b^2 - 1}}{a^2 + b^2} \right)^2 \right\}$$

$$= \frac{\pi}{(a^2 + b^2)^2} \cdot 2a \cdot 2b\sqrt{a^2 + b^2 - 1}$$

$$= \frac{4\pi ab\sqrt{a^2 + b^2 - 1}}{(a^2 + b^2)^2}$$

注意　最初の部分について：

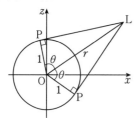

図のように θ をとる.

$r = \sqrt{a^2 + b^2}$ として

$$\cos\theta = \frac{1}{r},\ \sin\theta = \frac{\sqrt{r^2 - 1}}{r}$$

複素数平面上で，P に対応する複素数を p とする.
$\overrightarrow{\mathrm{OP}}$ は $\overrightarrow{\mathrm{OL}}$ を $\pm\theta$ 回転して $\frac{1}{r}$ 倍したものであるから

$$p = \frac{1}{r}(\cos\theta \pm i\sin\theta)(a + bi)$$
$$= \frac{1}{r^2}\left(1 \pm i\sqrt{r^2 - 1}\right)(a + bi)$$
$$= \frac{1}{a^2 + b^2}\left(1 \pm i\sqrt{a^2 + b^2 - 1}\right)(a + bi)$$
$$= \frac{1}{a^2 + b^2}\left\{ a \mp b\sqrt{a^2 + b^2 - 1} \right.$$
$$\left. + \left(b \pm a\sqrt{a^2 + b^2 - 1} \right)i \right\}$$

P の x 座標は

$$\frac{a \mp b\sqrt{a^2 + b^2 - 1}}{a^2 + b^2}$$

である.

《球面と円錐》

17. c を正の実数として，点 $(-1, 1, c)$ を通りベクトル $(7, 4, 2)$ に平行な直線を考える.

（1）この直線上に中心をもち，xy 平面，yz 平面，zx 平面すべてに接する球が存在するような c の値が二つあることを示せ．さらに，それぞれの c について，このような球が一つずつあることを示せ．

（2）（1）で求めた二つの球の中心を通る直線を l とし，直線 l に垂直で原点を通る平面を α とする．直線 l と平面 α を，それぞれ式で表せ．

（3）（1）で求めた二つの球のうち，半径の大きな方の球を S，もう一方の球を S' とする．球 S は平面 α と交わらないことを示せ．

（4）球 S を，その中心が直線 l 上を動くように平面 α に向かって移動させる．球 S が平面 α に初めて接するまでの中心の移動距離を求めよ．

（5）（4）の移動前の球 S と球 S' が内接する円錐の頂点を P とし，移動後の球 S と球 S' が内接する円錐の頂点を Q とするとき，P と Q の距離を求めよ．

(19　九大・後期)

▶解答◀（1）$\vec{d} = (7, 4, 2),\ \mathrm{A}(-1, 1, c)$ とおき，A を通り $\vec{d}$ と平行な直線を L とする．L 上の点 X について $\overrightarrow{\mathrm{AX}} /\!/ \vec{d}$ であるから，$\overrightarrow{\mathrm{AX}} = t\vec{d}$ とおける．

$$\overrightarrow{\mathrm{OX}} = \overrightarrow{\mathrm{OA}} + t\vec{d} = (-1 + 7t,\ 1 + 4t,\ c + 2t)$$

X を中心とする球が 3 つの座標平面に接するとき

$$|-1 + 7t| = |1 + 4t| = |c + 2t|$$

$|-1 + 7t| = |1 + 4t|$ より

$$-1 + 7t = \pm(1 + 4t) \qquad \therefore \quad t = 0,\ \frac{2}{3}$$

$$|1 + 4t| = |c + 2t| \quad \cdots\cdots\cdots\cdots\cdots\cdots ①$$

$t = 0$ のとき，① より $|c| = 1$

$c > 0$ だから $c = 1$

$t = \frac{2}{3}$ のとき，① より $\left| c + \frac{4}{3} \right| = \frac{11}{3}$

$c > 0$ だから $c = \frac{7}{3}$

よって c の値は 2 つ存在し，$c = 1$ のときは中心 $(-1, 1, 1)$，半径 1 の球，$c = \frac{7}{3}$ のときは中心 $\left(\frac{11}{3}, \frac{11}{3}, \frac{11}{3} \right)$，半径 $\frac{11}{3}$ の球だからそれぞれの c の値に対して球は 1 つずつ存在する.

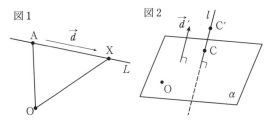

図1　図2

（2）　2つの球の中心を $C\left(\dfrac{11}{3}, \dfrac{11}{3}, \dfrac{11}{3}\right)$,

$C'(-1, 1, 1)$ とすると，$\overrightarrow{C'C} = \left(\dfrac{14}{3}, \dfrac{8}{3}, \dfrac{8}{3}\right)$ であるから，l の方向ベクトルの1つは $\vec{d} = (7, 4, 4)$ である．l の方程式は

$$l : \frac{x+1}{7} = \frac{y-1}{4} = \frac{z-1}{4}$$

$\vec{d}$ は平面 α の法線ベクトルでもあるから，α の方程式は

$$\alpha : 7x + 4y + 4z = 0$$

（3）　S の中心 $C\left(\dfrac{11}{3}, \dfrac{11}{3}, \dfrac{11}{3}\right)$ から α までの距離を f とすると点と平面の距離の公式より

$$f = \frac{\left| \frac{77}{3} + \frac{44}{3} + \frac{44}{3} \right|}{\sqrt{49 + 16 + 16}}$$
$$= \frac{165}{3} \cdot \frac{1}{9} = \frac{55}{9} > \frac{11}{3}$$

よって，S は α と交わらない．

（4）　S から α までの最短距離の分だけ動かしたときに S は α に初めて接するから，求める移動距離は

$$\frac{55}{9} - \frac{11}{3} = \frac{22}{9}$$

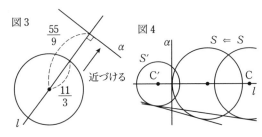

図3　図4　$S \Leftarrow S$　近づける

（5）　S' の中心 $C'(-1, 1, 1)$ と α との距離を f' とすると

$$f' = \frac{|-7 + 4 + 4|}{9} = \frac{1}{9} < 1$$

S' と α は交わっているから，円錐の頂点 P, Q は α から見て同じ側にある．図は l を含む平面で切った断面図である（長さは正確ではない）．

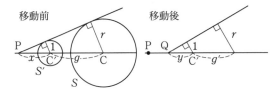

移動前　移動後

図中の $r = \dfrac{11}{3}$, $g - g' = \dfrac{22}{9}$ である．
移動前の図において

$$x : 1 = (x + g) : r$$
$$rx = x + g \qquad \therefore \quad x = \frac{g}{r - 1}$$

移動後の図において

$$y : 1 = (y + g') : r$$
$$ry = y + g' \qquad \therefore \quad y = \frac{g'}{r - 1}$$

PQ 間の距離は

$$x - y = \frac{g - g'}{r - 1} = \frac{\frac{22}{9}}{\frac{11}{3} - 1} = \frac{11}{12}$$

《円錐の切断》

18. 空間内に $|\overrightarrow{OA}| = 2$ となる2点 O, A があり，空間内の図形 S は，$|\overrightarrow{OP}| = \overrightarrow{OA} \cdot \overrightarrow{OP}$ を満たす点 P 全体からなるとする．点 B は図形 S 上の点で，$|\overrightarrow{OB}| = 6$ であるとし，直線 AB と図形 S との交点のうち，点 B とは異なる点を C とする．点 D は図形 S 上の点で，$\overrightarrow{OC} \perp \overrightarrow{OD}$ かつ $|\overrightarrow{OC}| = |\overrightarrow{OD}|$ であるとする．

（1）　$\angle AOB = \boxed{}$ であり，$\overrightarrow{OC} = \boxed{}\overrightarrow{OA} + \boxed{}\overrightarrow{OB}$ である．また，$\overrightarrow{OB} \cdot \overrightarrow{OD} = \boxed{}$ である．

（2）　3点 A, B, D を含む平面で図形 S を切った切り口の曲線を T とし，曲線 T 上の点 Q が $\overrightarrow{OQ} = s\overrightarrow{OA} + t\overrightarrow{OB} + u\overrightarrow{OD}$（$s, t, u$ は実数）を満たすとする．このとき s と t は関係式

$$s^2 + \boxed{}t^2 + \boxed{}st + \boxed{}s + \boxed{}t = \boxed{}$$

を満たす．

（3）　曲線 T 上の点で，点 O からの距離が最大となる点を E とする．$\overrightarrow{OE}$ は $\overrightarrow{OA}$, $\overrightarrow{OB}$, $\overrightarrow{OD}$ を用いて $\overrightarrow{OE} = \boxed{}\overrightarrow{OA} + \boxed{}\overrightarrow{OB} + \boxed{}\overrightarrow{OD}$ と表すことができる．また，四面体 OCDE の体積は $\boxed{}$ である．

（18 慶応大・理工）

考え方　円錐を平面によって切断すると，断面に2次曲線が現れる．その切断の方法によって双曲線，円，楕円の場合があるが，今回は楕円が現れる．（2）までは粘って点をとりたい．

▶解答◀　$P = O$ のとき $|\overrightarrow{OP}| = \overrightarrow{OA} \cdot \overrightarrow{OP}$ は成り立つ．$P \neq O$ のとき

$$|\overrightarrow{OP}| = \overrightarrow{OA} \cdot \overrightarrow{OP}$$

$|\overrightarrow{\mathrm{OP}}| = |\overrightarrow{\mathrm{OA}}| |\overrightarrow{\mathrm{OP}}| \cos \angle \mathrm{AOP}$

$|\overrightarrow{\mathrm{OA}}| = 2$ より

$$\cos \angle \mathrm{AOP} = \frac{1}{2} \qquad \therefore \quad \angle \mathrm{AOP} = \frac{\pi}{3}$$

図形 S は直線 OA を中心軸とし，母線とのなす角が $\frac{\pi}{3}$ の円錐を表す．

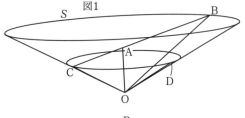

図1

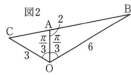

図2

（1） 点 B は S 上の点であるから，$\angle \mathrm{AOB} = \dfrac{\pi}{3}$ である．

$\triangle \mathrm{OBC} = \triangle \mathrm{OBA} + \triangle \mathrm{OAC}$ であるから

$$\frac{1}{2} \cdot 6 \cdot |\overrightarrow{\mathrm{OC}}| \cdot \sin \frac{2\pi}{3}$$
$$= \frac{1}{2} \cdot 6 \cdot 2 \cdot \sin \frac{\pi}{3} + \frac{1}{2} \cdot 2 \cdot |\overrightarrow{\mathrm{OC}}| \cdot \sin \frac{\pi}{3}$$
$$3|\overrightarrow{\mathrm{OC}}| = 6 + |\overrightarrow{\mathrm{OC}}| \qquad \therefore \quad |\overrightarrow{\mathrm{OC}}| = 3$$

直線 OA は，$\angle \mathrm{BOC}$ の二等分線であるから

$$\mathrm{BA} : \mathrm{AC} = 6 : 3 = 2 : 1$$

点 C は，線分 AB を $1:3$ に外分する．

$$\overrightarrow{\mathrm{OC}} = \frac{3\overrightarrow{\mathrm{OA}} - \overrightarrow{\mathrm{OB}}}{-1 + 3} = \frac{3}{2}\overrightarrow{\mathrm{OA}} - \frac{1}{2}\overrightarrow{\mathrm{OB}}$$
$$\overrightarrow{\mathrm{OC}} = \frac{1}{2}(3\overrightarrow{\mathrm{OA}} - \overrightarrow{\mathrm{OB}}) \quad \cdots\cdots\cdots\cdots\text{①}$$

$\overrightarrow{\mathrm{OC}} \perp \overrightarrow{\mathrm{OD}}$ だから①と $\overrightarrow{\mathrm{OD}}$ の内積をとり

$$3\overrightarrow{\mathrm{OA}} \cdot \overrightarrow{\mathrm{OD}} - \overrightarrow{\mathrm{OB}} \cdot \overrightarrow{\mathrm{OD}} = 0 \quad \cdots\cdots\cdots\cdots\text{②}$$

一方，点 D は S 上の点だから

$$\overrightarrow{\mathrm{OA}} \cdot \overrightarrow{\mathrm{OD}} = |\overrightarrow{\mathrm{OD}}|$$

であり，$|\overrightarrow{\mathrm{OD}}| = |\overrightarrow{\mathrm{OC}}| = 3$ だから

$$\overrightarrow{\mathrm{OA}} \cdot \overrightarrow{\mathrm{OD}} = 3 \quad \cdots\cdots\cdots\cdots\cdots\text{③}$$

である．これを②に代入し

$$\overrightarrow{\mathrm{OB}} \cdot \overrightarrow{\mathrm{OD}} = 9 \quad \cdots\cdots\cdots\cdots\text{④}$$

（2） $\overrightarrow{\mathrm{OQ}} = s\overrightarrow{\mathrm{OA}} + t\overrightarrow{\mathrm{OB}} + u\overrightarrow{\mathrm{OD}} \quad \cdots\cdots\text{⑤}$

と $\overrightarrow{\mathrm{OA}}$ の内積をとり

$$\overrightarrow{\mathrm{OQ}} \cdot \overrightarrow{\mathrm{OA}} = s|\overrightarrow{\mathrm{OA}}|^2 + t\overrightarrow{\mathrm{OA}} \cdot \overrightarrow{\mathrm{OB}} + u\overrightarrow{\mathrm{OA}} \cdot \overrightarrow{\mathrm{OD}} \quad \cdots\cdots\text{⑥}$$

点 Q は S 上にあるから $\overrightarrow{\mathrm{OQ}} \cdot \overrightarrow{\mathrm{OA}} = |\overrightarrow{\mathrm{OQ}}|$ が成り立ち，

$$|\overrightarrow{\mathrm{OA}}| = 2$$

$$\overrightarrow{\mathrm{OA}} \cdot \overrightarrow{\mathrm{OB}} = |\overrightarrow{\mathrm{OA}}| |\overrightarrow{\mathrm{OB}}| \cos \frac{\pi}{3} = 2 \cdot 6 \cdot \frac{1}{2} = 6 \quad \cdots\cdots\text{⑦}$$

となる．また③であるから，⑥より

$$|\overrightarrow{\mathrm{OQ}}| = 4s + 6t + 3u \quad \cdots\cdots\cdots\cdots\cdots\text{⑧}$$

となる．さて，⑤から $|\overrightarrow{\mathrm{OQ}}|^2$ を計算しよう．

$$|\overrightarrow{\mathrm{OQ}}|^2 = s^2|\overrightarrow{\mathrm{OA}}|^2 + t^2|\overrightarrow{\mathrm{OB}}|^2 + u^2|\overrightarrow{\mathrm{OD}}|^2$$
$$+ 2st\overrightarrow{\mathrm{OA}} \cdot \overrightarrow{\mathrm{OB}} + 2tu\overrightarrow{\mathrm{OB}} \cdot \overrightarrow{\mathrm{OD}} + 2su\overrightarrow{\mathrm{OD}} \cdot \overrightarrow{\mathrm{OA}}$$

$|\overrightarrow{\mathrm{OA}}| = 2$, $|\overrightarrow{\mathrm{OB}}| = 6$, $|\overrightarrow{\mathrm{OD}}| = 3$, ⑦, ④, ③ より

$$|\overrightarrow{\mathrm{OQ}}|^2 = 4s^2 + 36t^2 + 9u^2 + 12st + 18tu + 6su$$

⑧^2 にこれを代入し

$$4s^2 + 36t^2 + 9u^2 + 12st + 18tu + 6su$$
$$= 16s^2 + 36t^2 + 9u^2 + 48st + 36tu + 24su$$
$$2s^2 + 6st + 3tu + 3su = 0 \quad \cdots\cdots\cdots\cdots\text{⑨}$$

また，点 Q は平面 ABD 上にあるから

$$s + t + u = 1$$

が成り立ち，⑨に $u = 1 - s - t$ を代入すると

$$2s^2 + 6st + 3t(1 - s - t) + 3s(1 - s - t) = 0$$
$$s^2 + 3t^2 + 0st - 3s - 3t = 0$$

（3） $\left(s - \dfrac{3}{2}\right)^2 + 3\left(t - \dfrac{1}{2}\right)^2 = 3$

$$\frac{\left(s - \dfrac{3}{2}\right)^2}{3} + \left(t - \frac{1}{2}\right)^2 = 1$$

$$\frac{s - \dfrac{3}{2}}{\sqrt{3}} = \cos\theta, \quad t - \frac{1}{2} = \sin\theta \ (0 \leqq \theta < 2\pi) \ \text{とお}$$

ける．⑧に $u = 1 - s - t$ を代入すると

$$|\overrightarrow{\mathrm{OQ}}| = 4s + 6t + 3(1 - s - t) = s + 3t + 3$$

となる．

$$|\overrightarrow{\mathrm{OQ}}| = \frac{3}{2} + \sqrt{3}\cos\theta + \frac{3}{2} + 3\sin\theta + 3$$
$$= 2\sqrt{3}\sin\left(\theta + \frac{\pi}{6}\right) + 6$$

$\dfrac{\pi}{6} \leqq \theta + \dfrac{\pi}{6} < 2\pi + \dfrac{\pi}{6}$ より，$\theta + \dfrac{\pi}{6} = \dfrac{\pi}{2}$ すなわち，$\theta = \dfrac{\pi}{3}$ のとき $|\overrightarrow{\mathrm{OQ}}|$ は最大値 $6 + 2\sqrt{3}$ をとる．このとき，$s = \dfrac{3 + \sqrt{3}}{2}$, $t = \dfrac{1 + \sqrt{3}}{2}$

$$u = 1 - s - t = 1 - \frac{3 + \sqrt{3}}{2} - \frac{1 + \sqrt{3}}{2}$$
$$= -1 - \sqrt{3}$$

$$\overrightarrow{\mathrm{OE}} = \frac{3 + \sqrt{3}}{2}\overrightarrow{\mathrm{OA}} + \frac{1 + \sqrt{3}}{2}\overrightarrow{\mathrm{OB}} + (-1 - \sqrt{3})\overrightarrow{\mathrm{OD}}$$

ここに $\overrightarrow{\mathrm{OB}} = 3\overrightarrow{\mathrm{OA}} - 2\overrightarrow{\mathrm{OC}}$ を代入する．思いつきでやっているのではなく，理由があるが，それは後で述べる．

$$\overrightarrow{\mathrm{OE}} = \frac{3 + \sqrt{3}}{2}\overrightarrow{\mathrm{OA}} + \frac{1 + \sqrt{3}}{2}(3\overrightarrow{\mathrm{OA}} - 2\overrightarrow{\mathrm{OC}})$$

$$+(-1-\sqrt{3})\overrightarrow{\mathrm{OD}}$$
$$=(3+2\sqrt{3})\overrightarrow{\mathrm{OA}}-(1+\sqrt{3})(\overrightarrow{\mathrm{OC}}+\overrightarrow{\mathrm{OD}})$$

さて，点 C，D は S 上の点で
$$|\overrightarrow{\mathrm{OC}}|=|\overrightarrow{\mathrm{OD}}|=3,\ \overrightarrow{\mathrm{OC}}\cdot\overrightarrow{\mathrm{OD}}=0$$
であったことを思い出せ．
$$\overrightarrow{\mathrm{OA}}\cdot\overrightarrow{\mathrm{OC}}=3,\ \overrightarrow{\mathrm{OA}}\cdot\overrightarrow{\mathrm{OD}}=3\ \cdots\cdots\cdots\cdots\cdots\text{⑩}$$
である．いま，E から平面 OCD に下した垂線の足を H として，EH を求めたい．座標を導入する．OA ＝ 2 だから
$$\mathrm{C}(3,0,0),\ \mathrm{D}(0,3,0),\ \mathrm{A}(x,y,z)$$
$$x^2+y^2+z^2=4,\ z>0$$
とおける．⑩より $3x=3$，$3y=3$ であり，
$x=1$，$y=1$，$z=\sqrt{2}$ である．
$$\overrightarrow{\mathrm{OE}}=(3+2\sqrt{3})(1,1,\sqrt{2})-(1+\sqrt{3})(3,3,0)$$
$$\mathrm{EH}=(\mathrm{E}\ \text{の}\ z\ \text{座標})$$
$$=(3+2\sqrt{3})\sqrt{2}=3\sqrt{2}+2\sqrt{6}$$

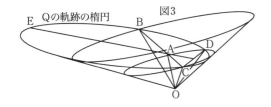

図3　Qの軌跡の楕円

四面体 OCDE の体積は
$$\frac{1}{3}\cdot(\triangle\mathrm{OCD})\cdot\mathrm{EH}$$
$$=\frac{1}{3}\cdot\frac{1}{2}\cdot3\cdot3\cdot(3\sqrt{2}+2\sqrt{6})=\boldsymbol{\frac{9\sqrt{2}+6\sqrt{6}}{2}}$$

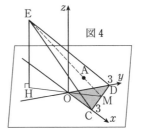

図4

注意　出題者は平面 ABD と S の交線を考えよといっている．しかし，C は直線 AB 上にあるから，平面 ABD 上にあり，平面 ABD は平面 ACD に一致する．だから平面 ABD といわず，平面 ACD というべきである．ところが，こういってしまうと E の位置が「CD の中点 M から最も遠いもの」とわかるであろう．これでも十分難しいと思うのだが，出題者は複雑にして，我々受験関係者に「どうだ，わかるか？」と挑戦しているにちがいない．

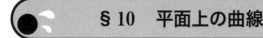

§10 平面上の曲線

《楕円の準円》

1. a, b を異なる正の実数とする．次で表される xy 平面上の円 C と楕円 E を考える．

$$C : x^2 + y^2 = a^2 + b^2$$

$$E : \frac{x^2}{a^2} + \frac{y^2}{b^2} = 1$$

C 上の点 A から E に引いた 2 本の接線が C と再び交わる点をそれぞれ P, Q とする．

（1） $\text{AP} \perp \text{AQ}$ を示せ．

（2） A が C 上を動くとき，$\triangle \text{APQ}$ の面積を最大，最小にする A の座標をそれぞれ求めよ． （20 滋賀医大・医）

《楕円同士の共有点の個数》

2. 平面上に楕円 $C : \dfrac{x^2}{4} + y^2 = 1$ と直線 $y = x + k$ （k は実数の定数）がある．

（1） 点 (x, y) と直線 $y = x + k$ に関して対称な点を (X, Y) とする．点 (x, y) が楕円 C 上を動くとき，点 (X, Y) が動いて描く曲線 C_1 の方程式を求めよ．

（2） 曲線 C と（1）の曲線 C_1 の共有点が 1 個であるような k の値をすべて求めよ．

（3） 曲線 C と（1）の曲線 C_1 の共有点が 4 個であるような k の値の範囲を求めよ． （19 聖マリアンナ医大・医）

《楕円と接線を共有する円》

3. a, b を $a^2 - b^2 = 1$ を満たす正の定数とし，xy 平面において楕円 $E : \dfrac{x^2}{a^2} + \dfrac{y^2}{b^2} = 1$ を考える．楕円 E 上に 2 点 $\text{P}(a\cos\theta, b\sin\theta)$ と $\text{Q}(-a\cos\theta, -b\sin\theta)$ $\left(0 \leqq \theta \leqq \dfrac{\pi}{2}\right)$ をとる．点 P で E に接し，点 Q を通る円を C とする．ここで，C と E が点 P において接するとは，P における C と E の接線が一致することをいう．次の問いに答えよ．

（1） 点 P における E の接線の方程式を求めよ．

（2） 円 C の中心 R の座標と半径 r を a, b と θ を用いて表せ．

（3） $0 \leqq \theta \leqq \dfrac{\pi}{2}$ の範囲で θ を変化させるとき，円 C の半径 r が最大となるときの $\cos\theta$ の値を求めよ．ただし，r の最大値を求める必要はない． （18 埼玉大・前期）

《楕円と円の関係》

4. 座標平面上の楕円 $C : x^2 + \left(\dfrac{y}{2}\right)^2 = 1$ と直線 $l : y = m(x - \sqrt{2})$ （m は実数）について，以下の問に答えよ．

（1） 楕円 C と直線 l が 2 点で交わるとき，それらの中点の軌跡を求めよ．

（2） 楕円 C と直線 l が接するときの接点は 2 点あり，それらを P, Q とする．このとき，直線 PQ と（1）の軌跡で囲まれる領域の面積を求めよ．

（16 信州大・教育）

《楕円の法線》

5. 以下の問いに答えよ.

（1） A, α を実数とする. θ の方程式

$$A\sin 2\theta - \sin(\theta + \alpha) = 0$$

を考える. $A > 1$ のとき, この方程式は $0 \leqq \theta < 2\pi$ の範囲に少なくとも 4 個の解を持つことを示せ.

（2） 座標平面上の楕円

$$C : \frac{x^2}{2} + y^2 = 1$$

を考える. また, $0 < r < 1$ を満たす実数 r に対して, 不等式

$$2x^2 + y^2 < r^2$$

が表す領域を D とする. D 内のすべての点 P が以下の条件を見たすような実数 $r\,(0 < r < 1)$ が存在することを示せ. また, そのような r の最大値を求めよ.

条件：C 上の点 Q で, Q における C の接線と直線 PQ が直交するようなものが少なくとも 4 個ある.

（20　東大・理科）

《双曲線と円》

6. a, b を正の定数とし, xy 平面上の双曲線 $\dfrac{x^2}{a^2} - \dfrac{y^2}{b^2} = 1$ を H とする. 正の実数 r, s に対して,
円 $C : (x - s)^2 + y^2 = r^2$ を考える.

（1） C の中心が H の焦点の一つであるとき, すなわち $s = \sqrt{a^2 + b^2}$ のとき, C と H は $x > 0$ において高々 2 点しか共有点を持たないことを示せ.

（2） C と H が $x > 0$ において 4 点の共有点を持つような (r, s) の範囲を, rs 平面上に図示せよ.

（3） C と H が $x > 0$ において 2 点で接するような (r, s) を考えるとき, 極限 $\displaystyle\lim_{r \to \infty} \frac{s}{r}$ を求めよ.

（16　滋賀医大）

《内心の軌跡》

7. 以下の文章の空欄に適切な数または式を入れて文章を完成させなさい. ただし, 空欄 (あ) から (か) には文字 s と t の式が入る.

座標平面の点 Q(s, t) （ただし, $s \neq 0$ かつ $|t| \neq 1$ とする）を中心として y 軸に接する円を C とし, y 軸上の点 A$(0, -1)$ および点 B$(0, 1)$ から C に引いた接線で, y 軸とは異なるものをそれぞれ L_A, L_B とする.

一般に三角形の 3 頂点から対辺またはその延長に下ろした 3 本の垂線は 1 点で交わり, その点を三角形の垂心という. また, 点 P が正の x 座標をもつとき, 点 P は右半平面にあるという.

（1） $s > 0$ かつ $|t| < 1$ のとき L_A の傾きは (あ) であり, L_B の傾きは (い) である.

（2） 点 Q(s, t) が, 右半平面にある点 P に対する三角形 APB の内心となるための条件は

$$s > 0 \text{ かつ } \boxed{（う）}$$

である.

（3） 三角形 AQB の垂心 H(u, v) の座標を s と t の式で表すと, $u = $ (え) , $v = $ (お) である. また, $s > 0$ かつ $|t| < 1$ のとき, 点 R$(-u, -v)$ と直線 L_A との距離 d を, 絶対値の記号および根号を用いずに, できるだけ簡単な式で表すと $d = $ (か) となる.

（4） 右半平面にある点 P が, 2 点 A, B を焦点とし, 長軸の長さ $2a$ （ただし, $a > 1$ とする）の楕円上にあるとき, 三角形 APB の内心 Q(s, t) は方程式

$$\boxed{（き）}\, x^2 + \boxed{（く）}\, x + \boxed{（け）}\, y^2 + \boxed{（こ）}\, y = 1$$

で表される 2 次曲線上にある.

（19　慶應大・医）

《双曲線と離心率》

8. 座標平面上に原点 O と点 A$(1, 0)$ がある．点 P は

$$\angle \mathrm{PAO} = 2\angle \mathrm{POA}$$

を満たしながら y 座標が正の範囲を動く．

（1） P の軌跡は曲線

$$\boxed{}\left(x + \frac{\boxed{}}{\boxed{}}\right)^2 + \boxed{}\,y^2 = 1$$

の第 1 象限の部分と一致し，直線

$$y = \sqrt{\boxed{}}\left(x + \frac{\boxed{}}{\boxed{}}\right)$$

を漸近線にもつ．

（2） k を実数とし，P から直線 $x = k$ に垂線 PH を下ろす．$\dfrac{\mathrm{PH}}{\mathrm{AP}}$ が常に一定の値であるとき，

$$k = \frac{\boxed{}}{\boxed{}}, \quad \frac{\mathrm{PH}}{\mathrm{AP}} = \frac{\boxed{}}{\boxed{}} \text{ である．}$$

（3） $\angle \mathrm{PAO} = \theta$ とすると

$$\mathrm{AP} = \frac{\boxed{}}{1 + \boxed{}\cos\theta}$$

が成り立つ． （18 上智大・理工）

《2 次曲線の性質》

9. $\boxed{\text{ア}}$ の解答は解答群の中から最も適切なものを 1 つ選べ．

式 $\dfrac{x^2}{2} + \dfrac{y^2}{3} = 1$ で表される楕円を F とする．

（1） 座標平面上の点 A$(1, 2)$ を通る，傾き k の直線は

$$y = k\left(x - \boxed{}\right) + \boxed{}$$

と表せる．この直線が楕円 F に接するとき，接線の傾き k に対し，次式が成り立つ．

$$k^2 + \boxed{}\,k - \boxed{} = 0$$

点 A から楕円 F に引いた 2 つの接線のなす角は $\dfrac{\boxed{}}{\boxed{}}\pi$ である．

これらの接線と楕円 F の接点を B, C とし，$\angle \mathrm{BAC}$ の二等分線の傾きを $\tan\alpha$ とすると，$\tan 2\alpha = \boxed{}$ が成り立つ．

（2） 楕円 F の外部にある点 P から F に引いた 2 つの接線の接点を Q, R とする．$\angle \mathrm{QPR}$ の二等分線の傾きが 1 であるとき，点 P は

$$\boxed{}\,x^2 + y^{\boxed{}} = 1$$

で表される $\boxed{\text{ア}}$ 上にある．

$\boxed{\text{ア}}$ の解答群

① 直線 ② 円周 ③ 楕円 ④ 双曲線 ⑤ 放物線 （15 杏林大-医）

《円柱の切断と2次曲線》

10. 座標空間において，点 $C(0, 0, 2)$ を中心とする半径 1 の球面を S とする．S 上の点 P と xy 平面上の点 P′ が条件

「直線 PP′ はベクトル $(2, 0, -1)$ に平行で，球面 S と点 P で接する」

を満たしながら動くとき，線分 PP′ の動いてできる面を T とする．

（1） 点 P′$(a, b, 0)$ の軌跡は長軸の長さ $\boxed{}\sqrt{\boxed{}}$，短軸の長さ $\boxed{}$ の楕円であり，a, b は

$$a^2 + \boxed{}b^2 + \boxed{}a + \boxed{}b + \boxed{} = 0$$

を満たす．

（2） 線分 PP′ の長さの最小値は $\boxed{}\sqrt{\boxed{}} + \boxed{}$ である．

（3） 点 P の軌跡を含む平面を α とする．平面 α，面 T および xy 平面で囲まれてできる立体の体積は

$$\boxed{}\sqrt{\boxed{}}\pi$$

である． (20　上智大・理工)

《楕円の極座標表示》

11. 以下の文章の空欄に適切な数または式を入れて文章を完成させなさい．

座標平面における円 $x^2 + y^2 = 4$ を C とし，C の内側にある点 P(a, b) を1つ固定する．C 上に点 Q をとり，線分 QP の垂直二等分線と線分 OQ との交点を R とする．ただし O は座標原点である．点 Q が円 C 上を一周するとき，点 R が描く軌跡を $S(a, b)$ とする．

（1） $S(a, b)$ は長軸の長さ $\boxed{\text{(あ)}}$，短軸の長さ $\boxed{\text{(い)}}$ の楕円である．点 R の x 座標と y 座標をそれぞれ $x = r\cos\theta, y = r\sin\theta$（ただし $r > 0$ かつ $0 \le \theta < 2\pi$）とすると，$S(1, 1)$ の方程式は $r = \boxed{\text{(う)}}$ と表される．$S(1, 1)$ 上の点で y 座標が最大となる点の座標を $(r_0\cos\theta_0, r_0\sin\theta_0)$ とすると $r_0 = \boxed{\text{(え)}}, \theta_0 = \boxed{\text{(お)}}$ である．

（2） t を $0 < t < 2$ の範囲で動かすとき，$S(t, 0)$ が通過してできる領域の面積は $\boxed{\text{(か)}}$ である． (17　慶應大・医)

《双曲線の極座標表示》

12. a と b を互いに異なる正の定数とする．双曲線 $\dfrac{x^2}{a^2} - \dfrac{y^2}{b^2} = 1$ と x 軸との交点を A$(a, 0)$, B$(-a, 0)$ とする．x_1 を $|x_1| > a$ を満たす実数とし，双曲線 $\dfrac{x^2}{a^2} - \dfrac{y^2}{b^2} = 1$ と直線 $x = x_1$ との交点を P(x_1, y_1), Q$(x_1, -y_1)$ とする．このとき，次の問に答えよ．

（1） 実数 x_1, y_1 を用いて，直線 AP と直線 BQ の交点 R の座標を表せ．

（2） （1）で求めた交点 R(x, y) の軌跡を求めよ．

（3） 原点 O を極とし，x 軸の正の部分を始線とする極座標を (r, ϕ) とする．（2）で求めた軌跡を極座標 (r, ϕ) を用いて表せ．

（4） （2）で求めた軌跡が表す図形を L とする．図形 L を，原点を中心にして反時計回りに角度 θ だけ回転させた図形を $L(\theta)$ とする．ただし，$0 < \theta < \pi$ とする．図形 L と図形 $L(\theta)$ の交点の個数を n とするとき，これら n 個の交点の極座標を，定数 a, b および角度 θ を用いて表せ．

（5） （4）で求めた図形 L と図形 $L(\theta)$ の n 個の交点を $V_1, \cdots, V_n$ とし，それらの極座標を $V_1(r_1, \phi_1), \cdots, V_n(r_n, \phi_n)$ とする．ただし，$r_1, \cdots, r_n$ は正の数とし，$0 \le \phi_1 < \cdots < \phi_n < 2\pi$ とする．角度 θ を $0 < \theta < \pi$ の範囲で動かしたとき，n 角形 $V_1 \cdots V_n$ の面積の最小値を求めよ．また，そのときの θ の値を求めよ． (19　山形大・医，理（数理科学），農，人文)

《円を定点に向かって折り曲げる》

13. 座標平面上で原点 O を中心とする円 $C : x^2 + y^2 = 4$ と点 A(1, 0) を考える. 円 C 上の点 $P(x_1, y_1)$ に対し, 線分 AP の垂直二等分線を l_P とする. 点 P が円 C 上を動くとき, 直線 l_P の通過する領域を D とする. 以下の問いに答えよ.

（1） 直線 l_P の方程式を求めよ.

（2） 直線 l_P が点 B(a, b) を通るとき, 内積 $\overrightarrow{\mathrm{OB}} \cdot \overrightarrow{\mathrm{OP}}$ を a の式で表せ.

（3） l_P が点 $(1, 1)$ を通るような P の座標をすべて求めよ.

（4） 領域 D を表す不等式を求めよ.

（5） 円 C で囲まれた領域 $x^2 + y^2 \leqq 4$ と領域 D の共通部分の面積 S を求めよ. 　　　　(22　電気通信大・後期)

《掛谷-ベシコビッチの問題》

14. 媒介変数表示された曲線

$$x = \frac{1}{2}\cos\theta + \frac{1}{4}\cos 2\theta, \ y = \frac{1}{2}\sin\theta - \frac{1}{4}\sin 2\theta$$

を内サイクロイドという $\left(\text{これは大きい円}\left(\text{半径 }\frac{3}{4}\right)\text{に内接しながら小さい円}\left(\text{半径 }\frac{1}{4}\right)\text{が滑らずに回転すると}\right.$ きの小さい円の円周上の定点の軌跡である$\Big)$. このとき, この曲線の中で長さ 1 の棒が回転できることを確かめるため, 次の問いに答えよ.

（1） 曲線上の点

$$x_0 = \frac{1}{2}\cos\theta_0 + \frac{1}{4}\cos 2\theta_0, \ y_0 = \frac{1}{2}\sin\theta_0 - \frac{1}{4}\sin 2\theta_0$$

における接線の傾きが $-\tan\dfrac{\theta_0}{2}$ であることを示せ.

（2） $0 < \theta_0 < \dfrac{2\pi}{3}$ とする.（1）の接線と曲線の交点を

$$x_k = \frac{1}{2}\cos\theta_k + \frac{1}{4}\cos 2\theta_k, \ y_k = \frac{1}{2}\sin\theta_k - \frac{1}{4}\sin 2\theta_k \quad (k = 1, 2)$$

とするとき $\left(\text{ただし, }\dfrac{2\pi}{3} < \theta_1 < \dfrac{4\pi}{3} < \theta_2 < 2\pi \text{ とする}\right)$,

$$(x_k - x_0)\sin\frac{\theta_0}{2} + (y_k - y_0)\cos\frac{\theta_0}{2} = \sin^2\frac{\theta_k - \theta_0}{2}\sin\left(\theta_k + \frac{\theta_0}{2}\right)$$

が成立することを示せ.

（3） $\theta_1 = \pi - \dfrac{\theta_0}{2}$, $\theta_2 = 2\pi - \dfrac{\theta_0}{2}$ を示せ.

（4） $x_1 - x_2 = \cos\theta_1$, $y_1 - y_2 = \sin\theta_1$ を示せ.

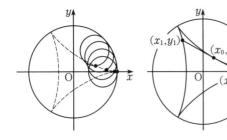

(15　玉川大・工)

解答編

《楕円の準円》

1. a, b を異なる正の実数とする. 次で表される xy 平面上の円 C と楕円 E を考える.

$$C : x^2 + y^2 = a^2 + b^2$$

$$E : \frac{x^2}{a^2} + \frac{y^2}{b^2} = 1$$

C 上の点 A から E に引いた 2 本の接線が C と再び交わる点をそれぞれ P, Q とする.

（1） $\mathrm{AP} \perp \mathrm{AQ}$ を示せ.

（2） A が C 上を動くとき, $\triangle \mathrm{APQ}$ の面積を最大, 最小にする A の座標をそれぞれ求めよ.

(20 滋賀医大・医)

考え方 楕円への 2 つの接線が直交するような点の軌跡は円となり, それを楕円の準円という. 一般に楕円 $C : \dfrac{x^2}{a^2} + \dfrac{y^2}{b^2} = 1$ の準円は $x^2 + y^2 = a^2 + b^2$ となる. 傾きを文字でおいて, その積が -1 となる条件を求めるのが伝統的だが, 接線が x 軸に垂直な直線となる場合は傾きが定義されないから, 別に考える必要がある.

▶解答◀ （1） $\mathrm{A}(X, Y)$ とおく.
$X^2 + Y^2 = a^2 + b^2$ である. $X = a$ のとき, $Y = \pm b$ であり, $(a, \pm b)$ から E に引いた接線は $X = a$ および $Y = \pm b$（複号同順）で, 2 線は直交する. $X = -a$ のときも同様である. 図は A が第一象限にあるという意味ではない. A の一例である.

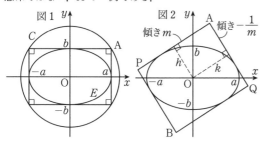

$X \neq \pm a$ のとき, A を通る接線は x 軸に垂直でないから A を通る接線は $y = m(x - X) + Y$ とおけて, E の分母をはらった式 $b^2 x^2 + a^2 y^2 = a^2 b^2$ に代入すると

$$b^2 x^2 + a^2 (mx + Y - mX)^2 = a^2 b^2$$

$$(b^2 + a^2 m^2) x^2 + 2a^2 m(Y - mX) x$$
$$+ a^2 (Y - mX)^2 - a^2 b^2 = 0$$

判別式を D として, $\dfrac{D}{4} = 0$ とすると

$$a^4 m^2 (Y - mX)^2$$
$$-(b^2 + a^2 m^2)\{a^2 (Y - mX)^2 - a^2 b^2\} = 0$$

これを展開する.

$$-a^2 b^2 (Y - mX)^2 + a^2 b^4 + a^4 b^2 m^2 = 0$$

$a^2 b^2$ で割り

$$-(Y - mX)^2 + b^2 + a^2 m^2 = 0 \quad \cdots\cdots\text{①}$$

$$(a^2 - X^2) m^2 + 2mXY + b^2 - Y^2 = 0$$

$X^2 + Y^2 = a^2 + b^2$ であるから
$b^2 - Y^2 = -(a^2 - X^2)$ である.

$$(a^2 - X^2) m^2 + 2mXY - (a^2 - X^2) = 0 \quad \cdots\cdots\text{②}$$

この 2 解を m_1, m_2 とする. 解と係数の関係により

$$m_1 m_2 = \frac{-(a^2 - X^2)}{a^2 - X^2} = -1$$

であるから 2 直線は直交し $\mathrm{AP} \perp \mathrm{AQ}$ である.

（2） $\angle \mathrm{PAQ} = 90°$ であるから PQ は C の直径である. A の O に関する対称点を B とする. AB と PQ はともに C の直径であり, 円の 2 本の直径の端の 4 点は長方形をなす. 四角形 APBQ は長方形である. $\triangle \mathrm{APQ}$ の面積は長方形 APBQ の面積の 2 倍であるから, この長方形の面積を最大にすることを考える. 2 直線 AP, AQ が座標軸に垂直（あるいは平行）なとき, 長方形の 2 辺の長さは $2a, 2b$ である. 2 直線 AP, AQ が座標軸に垂直でも平行でもないとき, これらの傾きを $m, -\dfrac{1}{m}（m \neq 0）$ とする.
O と $y = m(x - X) + Y$, $y = -\dfrac{1}{m}(x - X) + Y$ の距離を順に h, k とおく. ① より $Y - mX = \pm\sqrt{b^2 + a^2 m^2}$ であるから $y = m(x - X) + Y$ は $y = mx \pm \sqrt{a^2 m^2 + b^2}$ となり, 点と直線の距離の公式から

$$h = \frac{\sqrt{a^2 m^2 + b^2}}{\sqrt{1 + m^2}}$$

となる. この m に $-\dfrac{1}{m}$ を代入して

$$k = \frac{\sqrt{\dfrac{a^2}{m^2} + b^2}}{\sqrt{1 + \dfrac{1}{m^2}}} = \frac{\sqrt{a^2 + b^2 m^2}}{\sqrt{1 + m^2}}$$

長方形 APBQ の面積を S とする. $S = 2h \cdot 2k$ である.

$$S = 4 \cdot \frac{\sqrt{a^2 m^2 + b^2}}{\sqrt{1 + m^2}} \cdot \frac{\sqrt{a^2 + b^2 m^2}}{\sqrt{1 + m^2}}$$

で，形式的に $m = 0$ としてみると $S = 4ab$ となり，2直線 AP, AQ の一方が x 軸に垂直な場合も含め，一般に，x 軸に垂直でない方の接線の傾きを m として上で表される．

$$h^2 + k^2 = \frac{a^2(1+m^2) + b^2(1+m^2)}{1+m^2} = a^2 + b^2$$

であるから

$$S = 4\sqrt{h^2 k^2} = 4\sqrt{h^2(a^2 + b^2 - h^2)}$$

$$h^2 - b^2 = \frac{a^2 m^2 + b^2}{1+m^2} - b^2 = \frac{(a^2 - b^2)m^2}{1+m^2} \quad \cdots ③$$

$$a^2 - h^2 = a^2 - \frac{a^2 m^2 + b^2}{1+m^2} = \frac{a^2 - b^2}{1+m^2} \quad \cdots\cdots ④$$

となり，$a > b$ のとき，③ は 0 以上，④ は正であるから $b^2 \leqq h^2 < a^2$ となり，$a < b$ のときは $a^2 < h^2 \leqq b^2$ となる．$t = h^2$ とおく．図3は $b < a$ の場合である．

$S = 4\sqrt{t(a^2 + b^2 - t)}$ は $t = \dfrac{a^2 + b^2}{2}$ で最大になり，$t = b^2$ で最小になる．

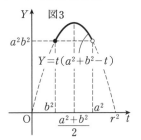

S が最大になるとき，$\dfrac{a^2 m^2 + b^2}{1+m^2} = \dfrac{a^2 + b^2}{2}$ の分母をはらって整理し，途中で $a^2 \neq b^2$ を用いると $m = \pm 1$ を得る．これを ② に代入すると $XY = 0$ を得るから A は座標軸上にある．$X^2 + Y^2 = a^2 + b^2$ より A の座標は $(\pm\sqrt{a^2 + b^2},\ 0),\ (0,\ \pm\sqrt{a^2 + b^2})$ である．

S が最小になるとき，$\dfrac{a^2 m^2 + b^2}{1+m^2} = b^2$ の分母をはらって整理し，途中で $a^2 \neq b^2$ を用いると $m = 0$ を得る．このとき A の座標は $(\pm a,\ \pm b)$ (複号任意) である．

注意 【判別式は不要】

a, b, c が実数で $\dfrac{c}{a} < 0$ のとき (つまり，$a \neq 0$ で，2 解の積が負のとき．本問では -1 のケースである) $ax^2 + bx + c = 0$ は正と負の解をもつから，当然，解は実数解である．見やすくするために $x^2 + \dfrac{b}{a}x + \dfrac{c}{a} = 0$ として，$y = x^2 + \dfrac{b}{a}x + \dfrac{c}{a}$ のグラフと y 軸との交点は原点の下方にあり，原点の左右で x 軸と交わることで納得できるであろう．本問のような，2 接線が直交する問題では，判別式を考える必要はない．

《楕円同士の共有点の個数》

2. 平面上に楕円 $C : \dfrac{x^2}{4} + y^2 = 1$ と直線 $y = x + k$

（k は実数の定数）がある．

（1） 点 (x, y) と直線 $y = x + k$ に関して対称な点を (X, Y) とする．点 (x, y) が楕円 C 上を動くとき，点 (X, Y) が動いて描く曲線 C_1 の方程式を求めよ．

（2） 曲線 C と（1）の曲線 C_1 の共有点が 1 個であるような k の値をすべて求めよ．

（3） 曲線 C と（1）の曲線 C_1 の共有点が 4 個であるような k の値の範囲を求めよ．

（19 聖マリアンナ医大・医）

考え方 逆関数のときにもよく起こりがちな勘違いであるが，$y = x$ に対して対称な図形に交点があればそれは必ず $y = x$ 上にあるというのは誤りであるから注意せよ．（3）で行う連立された式の同値変形は，1982 年の東大に類似のものがある．

▶解答◀ （1） P と Q(X, Y) が直線 $l : y = x + k$ に関して対称であるとする．

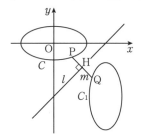

Q を通って l に垂直な直線

$$m : x + y = X + Y$$

と l の交点を H とする．l, m を連立させて

$$x = \frac{X+Y-k}{2}, \quad y = \frac{X+Y+k}{2}$$

をえる．

$$H\left(\frac{X+Y-k}{2},\ \frac{X+Y+k}{2}\right)$$

で，$\dfrac{\overrightarrow{OP} + \overrightarrow{OQ}}{2} = \overrightarrow{OH}$ であるから

$$\overrightarrow{OP} = 2\overrightarrow{OH} - \overrightarrow{OQ}$$
$$= (X+Y-k,\ X+Y+k) - (X, Y)$$
$$= (Y-k,\ X+k)$$

P は C 上にあるから，これを C に代入し

$$\frac{(Y-k)^2}{4} + (X+k)^2 = 1$$

$$C_1 : (x+k)^2 + \frac{(y-k)^2}{4} = 1$$

（2） C と C_1 の共有点が 1 つになるのは C と l が接するときである．C と l を連立させて

$$x^2 + 4(x+k)^2 = 4$$

$$5x^2 + 8kx + 4k^2 - 4 = 0 \quad \cdots\cdots\cdots\cdots① $$

判別式を D_1 として

$$\frac{D_1}{4} = (4k)^2 - 5(4k^2 - 4) = 4(5 - k^2) \quad \cdots\cdots② $$

$D_1 = 0$ のときで, $k = \pm\sqrt{5}$

（3） $x + k = u, \ y - k = v$ とおく.

$$C : x^2 + 4y^2 = 4 \quad \cdots\cdots\cdots\cdots\cdots\cdots\cdots③ $$

$$C_1 : 4u^2 + v^2 = 4 \quad \cdots\cdots\cdots\cdots\cdots\cdots\cdots④ $$

を連立させる. ③－④ を作る.

$$x^2 - v^2 + 4(y^2 - u^2) = 0 $$

$$(x - v)(x + v) + 4(y - u)(y + u) = 0 $$

$$(x - y + k)(x + y - k) $$

$$+ 4(-x + y - k)(x + y + k) = 0 $$

$$(x - y + k)\{x + y - k - 4(x + y + k)\} = 0 $$

$$(x - y + k)(-3x - 3y - 5k) = 0 $$

したがって, $y = x + k \quad\cdots\cdots\cdots\cdots\cdots\cdots⑤$

または $y = -x - \dfrac{5}{3}k \quad\cdots\cdots\cdots\cdots⑥$

「③ かつ ④」は

「③ かつ ⑤」または「③ かつ ⑥」と同値である.

③ かつ ⑤ は既に（2）で考察した. ⑥ を ③ に代入し

$$x^2 + 4\left(x + \frac{5}{3}k\right)^2 = 4 \quad \cdots\cdots\cdots⑦ $$

この判別式を D_2 とする. ② を利用して

$$\frac{D_2}{4} = 4\left\{5 - \left(\frac{5}{3}k\right)^2\right\} $$

$$= \frac{100}{9}\left(\frac{9}{5} - k^2\right) \quad \cdots\cdots\cdots\cdots\cdots⑧ $$

さて, ①, ⑦ が共通解をもつと, 少し複雑になる. それは ⑤, ⑥, ③ が解をもつときである.

⑤, ⑥ を連立させると

$$x = -\frac{4}{3}k, \ y = -\frac{k}{3} $$

となり, これを ③ に代入し

$$\frac{16}{9}k^2 + \frac{4}{9}k^2 = 4 $$

$$\frac{20}{9}k^2 = 4 \qquad \therefore \quad k^2 = \frac{9}{5} $$

このとき, ⑧ より $D_2 = 0$ となる. ⑦ は重解をもち, このとき ② より $D_1 > 0$ となる. ③, ④ の共有点は 2 個である.

③, ④ の共有点が 4 個ある条件は $D_1 > 0$ かつ $D_2 > 0$ になることで, それは $k^2 < \dfrac{9}{5}$ である.

$$-\frac{3}{5}\sqrt{5} < k < \frac{3}{5}\sqrt{5} $$

注意 1° 【グラフの例】n は直線 ⑥ である.

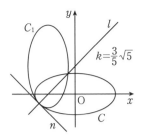

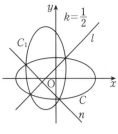

2° 【欠陥のある解答】

x, y が交錯している. 文字を変える. $P(p, q)$ とする. PQ の中点 $\left(\dfrac{p + X}{2}, \dfrac{q + Y}{2}\right)$ が $y = x + k$ 上にあるから

$$\frac{q + Y}{2} = \frac{p + X}{2} + k \quad \cdots\cdots\cdots\cdots Ⓐ $$

である. また, PQ の傾きが $\dfrac{q - Y}{p - X}$ であり, PQ と $y = x + k$ が直交するから

$$\frac{q - Y}{p - X} \cdot 1 = -1 \quad \cdots\cdots\cdots\cdots\cdots Ⓑ $$

$$q - Y = -p + X \quad \cdots\cdots\cdots\cdots\cdots Ⓒ $$

Ⓐ, Ⓒ を解いて

$$X = q - k, \ Y = p + k $$

という解法を教えられてきただろう. この解法には欠陥がある. $p = X$ のときには Ⓑ の分母が 0 になる. 厳密には $p = X$ か $p \neq X$ かの場合分けが必要である. 場合分けがなくても, 学校では丸にしてくれるかもしれないが, 外へ出たらそうはいかない. 私なら減点する. 「文字の分母が 0 かどうかに注意する」ことには, 敏感であるべきである.

━━━━━《楕円と接線を共有する円》━━━━━

3. a, b を $a^2 - b^2 = 1$ を満たす正の定数とし, xy 平面において楕円 $E : \dfrac{x^2}{a^2} + \dfrac{y^2}{b^2} = 1$ を考える. 楕円 E 上に 2 点 $P(a\cos\theta, b\sin\theta)$ と $Q(-a\cos\theta, -b\sin\theta)$ $\left(0 \leq \theta \leq \dfrac{\pi}{2}\right)$ をとる. 点 P で E に接し, 点 Q を通る円を C とする. ここで, C と E が点 P において接するとは, P における C と E の接線が一致することをいう. 次の問いに答えよ.

（1） 点 P における E の接線の方程式を求めよ.

（2） 円 C の中心 R の座標と半径 r を a, b と θ を用いて表せ.

（3） $0 \leq \theta \leq \dfrac{\pi}{2}$ の範囲で θ を変化させるとき, 円 C の半径 r が最大となるときの $\cos\theta$ の値を求めよ. ただし, r の最大値を求める必要はない.

（18 埼玉大・前期）

▶**解答**◀ （**1**）P における E の接線を l とする. その方程式は,

$$\frac{a\cos\theta}{a^2}x + \frac{b\sin\theta}{b^2}y = 1$$

したがって

$$\frac{\cos\theta}{a}x + \frac{\sin\theta}{b}y = 1 \quad \cdots\cdots\cdots\cdots\cdots①$$

（**2**）P と Q は原点 O について対称であるから, 直線 OR は線分 PQ の垂直二等分線である. OR ⊥ OP であるから, 直線 OR の方程式は

$$(a\cos\theta)x + (b\sin\theta)y = 0 \quad \cdots\cdots\cdots\cdots②$$

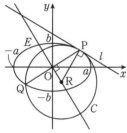

①から, l の法線ベクトルは $\left(\dfrac{\cos\theta}{a}, \dfrac{\sin\theta}{b}\right)$ であるから, PR の法線ベクトルは $\left(\dfrac{\sin\theta}{b}, -\dfrac{\cos\theta}{a}\right)$ である. 以下, $\sin\theta = s$, $\cos\theta = c$ とおく. 直線 PR の方程式は

$$\frac{s}{b}(x - ac) - \frac{c}{a}(y - bs) = 0$$
$$(x - ac)\cdot as - (y - bs)\cdot bc = 0$$
$$asx - bcy = (a^2 - b^2)sc$$

ここで $a^2 - b^2 = 1$ を代入して

$$asx - bcy = sc \quad \cdots\cdots\cdots\cdots\cdots\cdots③$$

②×c＋③×s から

$$ax = s^2c \qquad \therefore \quad x = \frac{s^2c}{a}$$

②×s－③×c から

$$by = -sc^2 \qquad \therefore \quad y = -\frac{sc^2}{b}$$

R の座標は $\left(\dfrac{\sin^2\theta\cos\theta}{a}, -\dfrac{\sin\theta\cos^2\theta}{b}\right)$ である. 次に r を求めるが, P と R の座標を用いて計算すると大変と思う人もいるから, 図形的に求める.
$a^2 - b^2 = 1$ を用いて

$$r^2 = \mathrm{OP}^2 + \mathrm{OR}^2$$
$$= a^2c^2 + b^2s^2 + \frac{s^4c^2}{a^2} + \frac{s^2c^4}{b^2}$$
$$= a^2c^2 + b^2(1 - c^2) + \left(\frac{s^2}{a^2} + \frac{c^2}{b^2}\right)s^2c^2$$
$$= (a^2 - b^2)c^2 + b^2 + \left(\frac{1 - c^2}{a^2} + \frac{c^2}{b^2}\right)s^2c^2$$
$$= c^2 + b^2 + \frac{b^2 + c^2}{a^2b^2}s^2c^2$$

$$= \left(1 + \frac{s^2c^2}{a^2b^2}\right)(b^2 + c^2)$$

したがって

$$r = \frac{1}{ab}\sqrt{(a^2b^2 + \sin^2\theta\cos^2\theta)(b^2 + \cos^2\theta)}$$

（**3**）$c^2 = t$ とおくと, $s^2 = 1 - t$ で, $0 \leqq \theta \leqq \dfrac{\pi}{2}$ であるから, $0 \leqq t \leqq 1$ となる.

$$f(t) = \{a^2b^2 + (1 - t)t\}(b^2 + t)$$

とおくと, $a^2 = b^2 + 1$ を用いて

$$f'(t) = (1 - 2t)(b^2 + t) + \{a^2b^2 + (1 - t)t\}\cdot 1$$
$$= -2t^2 + (1 - 2b^2)t + b^2 + a^2b^2 - t^2 + t$$
$$= -3t^2 + 2(1 - b^2)t + b^2(a^2 + 1)$$
$$= -3t^2 + 2(1 - b^2)t + b^2(b^2 + 2)$$
$$= -(3t - b^2 - 2)(t + b^2)$$

$\dfrac{b^2 + 2}{3} < 1$, $b > 0$ のとき $0 < b < 1$ である. このとき $f(t)$ の増減は次のようになる.

t	0	$\cdots$	$\dfrac{b^2 + 2}{3}$	$\cdots$	1
$f'(t)$		$+$	0	$-$	
$f(t)$		↗		↘	

$t = \dfrac{b^2 + 2}{3}$ のとき, $f(t)$ は最大である.
したがって, r が最大となるのは

$$\cos\theta = \sqrt{t} = \sqrt{\frac{b^2 + 2}{3}}$$

のときである.
$\dfrac{b^2 + 2}{3} \geqq 1$, $b > 0$ のとき $b \geqq 1$ である. このとき, $0 \leqq t \leqq 1$ で $f'(t) \geqq 0$ であるから, $f(t)$ は増加関数であり, $t = 1$ のとき $f(t)$ は最大となる. したがって, r が最大となるのは

$$\cos\theta = \sqrt{t} = 1$$

のときである.
ゆえに, r が最大となるときの $\cos\theta$ の値は

$0 < b < 1$ のとき $\cos\theta = \sqrt{\dfrac{b^2 + 2}{3}}$,

$b \geqq 1$ のとき $\cos\theta = 1$

注意 $a^2 - b^2 = 1$ であるから, （**3**）は

$1 < a < \sqrt{2}$ ならば $\cos\theta = \sqrt{\dfrac{a^2 + 1}{3}}$,

$a \geqq \sqrt{2}$ ならば $\cos\theta = 1$

である.

《楕円と円の関係》

4. 座標平面上の楕円 $C : x^2 + \left(\dfrac{y}{2}\right)^2 = 1$ と直線 $l : y = m(x - \sqrt{2})$ （m は実数）について, 以下の問に答えよ.

（1） 楕円 C と直線 l が2点で交わるとき，それらの中点の軌跡を求めよ．

（2） 楕円 C と直線 l が接するときの接点は2点あり，それらを P，Q とする．このとき，直線 PQ と（1）の軌跡で囲まれる領域の面積を求めよ．

(16 信州大・教育)

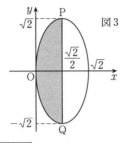
図3

【考え方】 「接する」という条件や「中点」という情報は楕円を円に変換しても変わらない．長さや角度は保たれないから，この変換が有効なときとそうでないときを区別せよ．もちろん直接求めることもできるが，計算量は増える（☞別解）．

▶解答◀ （1） $\dfrac{y}{2} = Y$ とおく．すると

$$x^2 + Y^2 = 1,\ 2Y = m(x - \sqrt{2}) \quad\cdots\cdots\cdots①$$

となる．$A(\sqrt{2}, 0)$ とする．

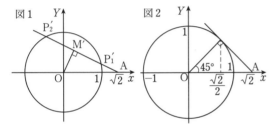

図1　　　図2

C と l の2交点を P_1，P_2，中点を M とする．この y 軸方向に $\dfrac{1}{2}$ 倍するという変換で $P_1{}'$，$P_2{}'$，M' に移るとする．この変換で「中点」ということは変わらない．

M' は $P_1{}'$，$P_2{}'$ の中点で，$\angle OM'A = 90°$ であるから M' は OA を直径とする円

$$\left(x - \frac{\sqrt{2}}{2}\right)^2 + Y^2 = \left(\frac{\sqrt{2}}{2}\right)^2$$

の $x < \dfrac{\sqrt{2}}{2}$ の部分を描く．なお，図2で A から円 $x^2 + Y^2 = 1$ にひいた接線の傾きは ± 1 で，接点の x 座標は $\dfrac{\sqrt{2}}{2}$ であることに注意せよ．

求める軌跡は

$$\left(x - \frac{\sqrt{2}}{2}\right)^2 + \left(\frac{y}{2}\right)^2$$

$$= \frac{1}{2},\ 0 \leqq x < \frac{\sqrt{2}}{2}$$

（2） ①で円と直線が接するときに対応し，その接点の x 座標は $\dfrac{\sqrt{2}}{2}$ である．

求める面積は図3の楕円全体の半分で

$$\frac{1}{2}\pi \cdot \frac{\sqrt{2}}{2} \cdot \sqrt{2} = \frac{\pi}{2}$$

♦別解♦ （1） C と l を連立させて

$$4x^2 + m^2(x - \sqrt{2})^2 = 4$$

$$(m^2 + 4)x^2 - 2\sqrt{2}m^2 x + 2m^2 - 4 = 0 \quad\cdots\cdots\cdots①$$

判別式を D として

$$\frac{D}{4} = 2m^4 - (m^2 + 4)(2m^2 - 4) = 16 - 4m^2 > 0$$

$$m^2 < 4 \quad\cdots\cdots\cdots\cdots\cdots\cdots\cdots②$$

①の2解を α, β とする．解と係数の関係より

$$\alpha + \beta = \frac{2\sqrt{2}m^2}{m^2 + 4}$$

である．2交点は $\left(\alpha,\ m(\alpha - \sqrt{2})\right)$，$\left(\beta,\ m(\beta - \sqrt{2})\right)$ とおけて，これらの中点を (X, Y) とすると

$$X = \frac{\alpha + \beta}{2} = \frac{\sqrt{2}m^2}{m^2 + 4} \quad\cdots\cdots\cdots\cdots\cdots③$$

$$Y = m(X - \sqrt{2})$$

図形的に $X < \sqrt{2}$ にあり $m = \dfrac{Y}{X - \sqrt{2}}$ となる．③に代入すると

$$X\left\{\left(\frac{Y}{X - \sqrt{2}}\right)^2 + 4\right\} = \sqrt{2}\left(\frac{Y}{X - \sqrt{2}}\right)^2$$

$$X\left\{Y^2 + 4(X - \sqrt{2})^2\right\} = \sqrt{2}Y^2$$

$$4X(X - \sqrt{2})^2 = Y^2(\sqrt{2} - X)$$

$X - \sqrt{2}$ で割って

$$4X(X - \sqrt{2}) = -Y^2$$

$$(2X - \sqrt{2})^2 + Y^2 = 2$$

③より $Xm^2 + 4X = \sqrt{2}m^2$

$$m^2(\sqrt{2} - X) = 4X \qquad \therefore\ m^2 = \frac{4X}{\sqrt{2} - X}$$

②より $\dfrac{4X}{\sqrt{2} - X} < 4$ となり，$\sqrt{2} - X > 0$ であるから

$$X < \sqrt{2} - X \qquad \therefore\ X < \frac{\sqrt{2}}{2}$$

軌跡は $(2x - \sqrt{2})^2 + y^2 = 2,\ x < \dfrac{\sqrt{2}}{2}$

（2） 接するのは $D = 0$ のときだから，そのとき $m^2 = 4$ となり，上の計算の道程から $X = \dfrac{\sqrt{2}}{2}$ のときとなる．

（以後省略）

《楕円の法線》

5. 以下の問いに答えよ.

（1） A, α を実数とする. θ の方程式

$$A\sin 2\theta - \sin(\theta + \alpha) = 0$$

を考える. $A > 1$ のとき, この方程式は $0 \leqq \theta < 2\pi$ の範囲に少なくとも4個の解を持つことを示せ.

（2） 座標平面上の楕円

$$C : \frac{x^2}{2} + y^2 = 1$$

を考える. また, $0 < r < 1$ を満たす実数 r に対して, 不等式

$$2x^2 + y^2 < r^2$$

が表す領域を D とする. D 内のすべての点 P が以下の条件を見たすような実数 r $(0 < r < 1)$ が存在することを示せ. また, そのような r の最大値を求めよ.

条件：C 上の点 Q で, Q における C の接線と直線 PQ が直交するようなものが少なくとも4個ある.

（20 東大・理科）

▶**解答**◀ （1） $f(\theta) = A\sin 2\theta - \sin(\theta + \alpha)$

とおく. $A > 1$ のとき, $\sin 2\theta = \pm 1$ となる点では, 次のように $f(\theta)$ の符号が決定される.

$$f\left(\frac{\pi}{4}\right) = A - \sin\left(\alpha + \frac{\pi}{4}\right) > 0$$

$$f\left(\frac{3}{4}\pi\right) = -A - \sin\left(\alpha + \frac{3}{4}\pi\right) < 0$$

$$f\left(\frac{5}{4}\pi\right) = A - \sin\left(\alpha + \frac{5}{4}\pi\right) > 0$$

$$f\left(\frac{7}{4}\pi\right) = -A - \sin\left(\alpha + \frac{7}{4}\pi\right) < 0$$

中間値の定理から,

$$\frac{\pi}{4} < \theta < \frac{3}{4}\pi, \ \frac{3}{4}\pi < \theta < \frac{5}{4}\pi, \ \frac{5}{4}\pi < \theta < \frac{7}{4}\pi$$

に1つずつ解を持つ. あとは

$$0 \leqq \theta < \frac{\pi}{4} \ \text{または} \ \frac{7}{4}\pi < \theta < 2\pi$$

の範囲で少なくとも1つの解を持つことを示す.

$$f(0) = f(2\pi) = -\sin\alpha$$

であるから,

$f(0) > 0$ のとき $\frac{7}{4}\pi < \theta < 2\pi$ の範囲で解を持つ（図1を参照）.

$f(0) \leqq 0$ のとき $0 \leqq \theta < \frac{\pi}{4}$ の範囲で解を持つ（図2を参照）.

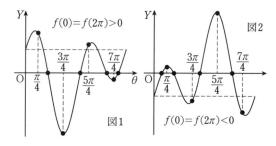

よって $A > 1$ のとき $f(\theta) = 0$ は $0 \leqq \theta < 2\pi$ に少なくとも4個の解を持つ.

（2） D 内の点 P は

$$\left(\frac{s}{\sqrt{2}}\cos\alpha, \ s\sin\alpha\right) \quad (0 \leqq s < r),$$

C 上の点 Q は $\left(\sqrt{2}\cos\theta, \ \sin\theta\right)$ とおける.

このとき, 点 Q における C の法線は

$$-\sqrt{2}\sin\theta(x - \sqrt{2}\cos\theta) + \cos\theta(y - \sin\theta) = 0$$

である. この法線上に点 P があるとき

$$-\sqrt{2}\sin\theta\left(\frac{s}{\sqrt{2}}\cos\alpha - \sqrt{2}\cos\theta\right)$$
$$+ \cos\theta(s\sin\alpha - \sin\theta) = 0$$

$$\sin\theta\cos\theta - s(\sin\theta\cos\alpha - \cos\theta\sin\alpha) = 0$$

$$\frac{1}{2}\sin 2\theta - s\sin(\theta - \alpha) = 0$$

$s = 0$ のとき $\frac{1}{2}\sin 2\theta = 0$ より $\theta = 0, \frac{\pi}{2}, \pi, \frac{3}{2}\pi$ となって条件を満たす.

$0 < s < r$ のとき $\frac{1}{2r} < \frac{1}{2s}$

$$\frac{1}{2s}\sin 2\theta - \sin(\theta - \alpha) = 0 \quad \cdots\cdots\cdots①$$

（ア） $1 \leqq \frac{1}{2r}$ のとき. 常に $1 \leqq \frac{1}{2r} < \frac{1}{2s}$ であるから（1）より①を満たす θ は $0 \leqq \theta < 2\pi$ の範囲に少なくとも4個存在する.

（イ） $\frac{1}{2r} < 1$ のとき. $\frac{1}{2r} < \frac{1}{2s}$ を満たす s として $s = \frac{1}{2}$ が存在する. このとき①を満たす θ が3個以下しか存在しないような α の例として $\alpha = -\frac{\pi}{4}$ がある. 図3を見よ. 図3の3つの黒丸の θ 座標が $\sin 2\theta - \sin(\theta - \alpha) = 0$ の解を与える. 条件を満たさない.

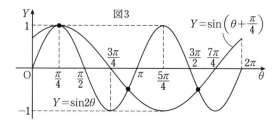

これは 2 曲線 $Y = \sin 2\theta$, $Y = \sin(\theta - \alpha)$ の最大値を与える点が一致するように α を選んでいる.

よって題意が成り立つために r の満たす必要十分条件は $1 \leqq \dfrac{1}{2r}$ である. r の最大値は $\dfrac{1}{2}$ である.

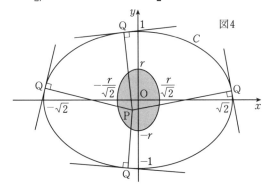

図4

注意 1°【法線の求め方あれこれ】

C 上の点 Q を $(\sqrt{2}\cos\theta, \sin\theta)$ とおく. これを θ で微分したベクトルを $\vec{u} = (-\sqrt{2}\sin\theta, \cos\theta)$ とすると, $\vec{u}$ は接線の方向ベクトルである. Q を通る法線は, $\vec{u}$ に垂直であるから

$$(-\sqrt{2}\sin\theta)(x - \sqrt{2}\cos\theta) + \cos\theta(y - \sin\theta) = 0$$

となる.

あるいは, 楕円の接線の公式を利用してもよい.

$$\frac{x^2}{a^2} + \frac{y^2}{b^2} = 1$$

上の点 (x_1, y_1) における接線の公式はよく知られており

$$\frac{x_1 x}{a^2} + \frac{y_1 y}{b^2} = 1$$

である. 法線は, x, y の係数を逆にして, 一方の符号を変え, (x_1, y_1) を通るようにして

$$\frac{y_1}{b^2}(x - x_1) - \frac{x_1}{a^2}(y - y_1) = 0$$

となる.

$$C: \quad \frac{x^2}{2} + y^2 = 1$$

を微分して考えてもよい. 両辺を x で微分して

$$x + 2y\frac{dy}{dx} = 0$$

より, $y \neq 0$ のとき $\dfrac{dy}{dx} = -\dfrac{x}{2y}$ であるから, 法線の傾きは $x \neq 0$ のとき $\dfrac{2y}{x}$ である. ゆえに Q における法線は

$$y = \frac{2\sin\theta}{\sqrt{2}\cos\theta}(x - \sqrt{2}\cos\theta) + \sin\theta$$

分母を払うことによって $\cos\theta \neq 0$ の制限をなくして

$$\cos\theta(y - \sin\theta) = \sqrt{2}\sin\theta(x - \sqrt{2}\cos\theta)$$

が得られる.

2°【解いてみる】

$A = 1$, $\alpha = -\dfrac{\pi}{4}$, $f(\theta) = 0$ のとき

$$\sin 2\theta - \sin\left(\theta + \frac{\pi}{4}\right) = 0$$

k を整数として

$$2\theta = \theta + \frac{\pi}{4} + 2k\pi \quad \text{または}$$

$$2\theta = \pi - \left(\theta + \frac{\pi}{4}\right) + 2k\pi$$

の形となり,

$$\theta = \frac{\pi}{4} + 2k\pi, \quad \text{または} \quad \frac{\pi}{4} + \frac{2}{3}k\pi$$

$0 \leqq \theta < 2\pi$ では

$$\theta = \frac{\pi}{4}, \frac{11}{12}\pi, \frac{19}{12}\pi$$

となり, $A = 1$ のとき 3 個以下の解しか持たないような α が存在する.

《双曲線と円》

6. a, b を正の定数とし, xy 平面上の双曲線 $\dfrac{x^2}{a^2} - \dfrac{y^2}{b^2} = 1$ を H とする. 正の実数 r, s に対して, 円 $C : (x - s)^2 + y^2 = r^2$ を考える.

（1）C の中心が H の焦点の一つであるとき, すなわち $s = \sqrt{a^2 + b^2}$ のとき, C と H は $x > 0$ において高々 2 点しか共有点を持たないことを示せ.

（2）C と H が $x > 0$ において 4 点の共有点を持つような (r, s) の範囲を, rs 平面上に図示せよ.

（3）C と H が $x > 0$ において 2 点で接するような (r, s) を考えるとき, 極限 $\displaystyle\lim_{r \to \infty} \frac{s}{r}$ を求めよ.

(16 滋賀医大)

▶解答◀

（1）H より

$$y^2 = \frac{b^2}{a^2}(x^2 - a^2) \quad \cdots\cdots\cdots\cdots\cdots① $$

これを C に代入し, $(x - s)^2 + \dfrac{b^2}{a^2}(x^2 - a^2) = r^2$

$$a^2(x^2 - 2sx + s^2) + b^2(x^2 - a^2) = a^2 r^2$$

$$(a^2 + b^2)x^2 - 2sa^2 x + a^2(s^2 - b^2 - r^2) = 0 \quad \cdots\cdots②$$

$$f(x) = (a^2 + b^2)x^2 - 2a^2 s x + a^2(s^2 - b^2 - r^2)$$

とおく. $f(x) = 0$ の 1 つの解 x に対して（①より）y は

$$y = \pm\frac{b}{a}\sqrt{x^2 - a^2} \quad \cdots\cdots\cdots\cdots\cdots③$$

で定まる. y が実数になる条件は $|x| \geqq a$ である.

$x > 0$ の解は $x \geqq a$ の解である. $s = \sqrt{a^2 + b^2}$ のとき $f(x) = 0$ が $x \geqq a$ に解を高々 1 つしか持たないこと

を示す．このとき，軸の位置について
$$x = \frac{a^2 s}{a^2 + b^2} = \frac{a^2}{\sqrt{a^2 + b^2}} < \frac{a^2}{a} = a$$

だから $f(x) = 0$ は $x \geqq a$ に2解をもつことはない（図1を参照せよ）．よって $x \geqq a$ に解を高々1つしか持たない．ゆえに C と H は共有点を高々2点しか持たない．

（2）C と H が $x > 0$ において4点の共有点を持つ条件は $f(x) = 0$ が $x > a$ の異なる2解をもつことである．判別式を D とする．

$$\frac{D}{4} = a^4 s^2 - (a^2 + b^2)a^2(s^2 - b^2 - r^2)$$
$$= -a^2 b^2 s^2 + (a^2 + b^2)a^2(b^2 + r^2)$$
$$= a^2(a^2 + b^2)\left(b^2 + r^2 - \frac{b^2}{a^2 + b^2}s^2\right) > 0$$

$$r^2 - \frac{b^2}{a^2 + b^2}s^2 > -b^2 \quad \cdots\cdots\cdots④$$

$y = f(x)$ の軸：$x = \dfrac{a^2 s}{a^2 + b^2} > a$

$$s > \frac{a^2 + b^2}{a} \quad \cdots\cdots\cdots⑤$$

$$f(a) = (a^2 + b^2)a^2 - 2a^3 s + a^2(s^2 - b^2 - r^2)$$
$$= a^2\{(s - a)^2 - r^2\}$$
$$= a^2(s - a - r)(s - a + r)$$

⑤のとき $s > a$ となるから，$s - a + r > 0$ である．よって $f(a) > 0$ になる条件は

$$s - a - r > 0 \quad \therefore \quad s > r + a \quad \cdots\cdots⑥$$

となる．④，⑤，⑥を図示する．

$$E : \frac{r^2}{b^2} - \frac{s^2}{a^2 + b^2} = -1 \quad \cdots\cdots\cdots\cdots⑦$$

は双曲線である．$l_1 : s = r + a$, $l_2 : s = \dfrac{\sqrt{a^2 + b^2}}{b}r$ とする．図示すると図2の境界を除く網目部分となる．

$s = \dfrac{a^2 + b^2}{a}$ を $r = s - a$ に代入すると $r = \dfrac{b^2}{a}$ になり P $\left(\dfrac{b^2}{a}, \dfrac{a^2 + b^2}{a}\right)$ は⑦上にある．⑦のPにおける接線は，$\dfrac{b^2}{a} \cdot \dfrac{r}{b^2} - \dfrac{1}{a^2 + b^2} \cdot \dfrac{a^2 + b^2}{a}s = -1$

$$r - s = -a$$

になる．

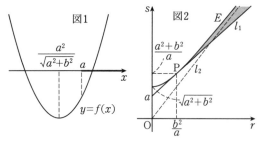

図1　図2

（3）$f(x) = 0$ が $x > a$ の重解をもつときである．$D = 0$ より⑦が成り立つ．

⑦より，$\dfrac{a^2 + b^2}{b^2} - \dfrac{s^2}{r^2} = -\dfrac{a^2 + b^2}{r^2}$

$$\lim_{r \to \infty}\frac{s}{r} = \lim_{r \to \infty}\sqrt{\frac{a^2 + b^2}{b^2} + \frac{a^2 + b^2}{r^2}}$$
$$= \frac{\sqrt{a^2 + b^2}}{b}$$

注意 この形式の問題は図で考えず式だけで考えるのが好ましい．

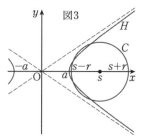

図3

$$H \iff y = \pm\frac{b}{a}\sqrt{x^2 - a^2}$$

C かつ $H \iff y = \pm\dfrac{b}{a}\sqrt{x^2 - a^2}$ かつ ②

である．だから②を満たす x に対し，

$$y = \pm\frac{b}{a}\sqrt{x^2 - a^2}$$

が実数になる範囲で考えるのである．

図で考えると，本質でないことに目を奪われる人が出てくる．

解答では $x \geqq a$ とした．図を描くと

$$(x - s)^2 + y^2 = r^2$$

から $s - r \leqq x \leqq s + r$ でないのか？この方が厳しい条件だ．これは考えないのか？と思う人が出てくる．そればかりか，

$x \geqq a$ かつ $s - r \leqq x \leqq s + r$

とすべきでないか？と思う人もいる．高校時代の私である．試験場で迷えば時間を浪費するだろう．

《内心の軌跡》

7. 以下の文章の空欄に適切な数または式を入れて文章を完成させなさい．ただし，空欄 $\boxed{（あ）}$ から $\boxed{（か）}$ には文字 s と t の式が入る．

座標平面の点 Q(s, t)（ただし，$s \neq 0$ かつ $|t| \neq 1$ とする）を中心として y 軸に接する円を C とし，y 軸上の点 A$(0, -1)$ および点 B$(0, 1)$ から C に引いた接線で，y 軸とは異なるものをそれぞれ L_A, L_B とする．

一般に三角形の3頂点から対辺またはその延長に下ろした3本の垂線は1点で交わり，その点を三角形の垂心という．また，点 P が正の x 座標をもつとき，点 P は右半平面にあるという．

（1） $s>0$ かつ $|t|<1$ のとき L_A の傾き
は （あ） であり，L_B の傾きは （い） である．

（2） 点 $Q(s,t)$ が，右半平面にある点 P に対す
る三角形 APB の内心となるための条件は

$$s>0 \text{ かつ } \boxed{（う）}$$

である．

（3） 三角形 AQB の垂心 $H(u,v)$ の座標を s と t
の式で表すと，$u=\boxed{（え）}$，$v=\boxed{（お）}$ で
ある．また，$s>0$ かつ $|t|<1$ のとき，点
$R(-u,-v)$ と直線 L_A との距離 d を，絶対値の
記号および根号を用いずに，できるだけ簡単な
式で表すと $d=\boxed{（か）}$ となる．

（4） 右半平面にある点 P が，2点 A，B を焦点と
し，長軸の長さ $2a$ （ただし，$a>1$ とする）の
楕円上にあるとき，三角形 APB の内心 $Q(s,t)$
は方程式

$$\boxed{（き）}x^2+\boxed{（く）}x$$
$$+\boxed{（け）}y^2+\boxed{（こ）}y=1$$

で表される2次曲線上にある．（19 慶應大・医）

▶解答◀ （1） $L_A:y=mx-1$ とおく．

$mx-y-1=0$ と $Q(s,t)$ の距離が円の半径 s に等しく

$$\frac{|ms-t-1|}{\sqrt{m^2+1}}=s$$

$$m^2s^2-2ms(t+1)+(t+1)^2=m^2s^2+s^2$$

$$m=\frac{(t+1)^2-s^2}{2s(t+1)}$$

$L_B:y=nx+1$ とおくと，上と同様に

$$n=\frac{(t-1)^2-s^2}{2s(t-1)}$$

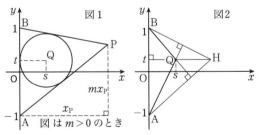

図1 図2

図は $m>0$ のとき

（2） まず，$\angle OBQ=\dfrac{\angle OBP}{2}<\dfrac{\pi}{2}$ である．同様に
$\angle OAQ<\dfrac{\pi}{2}$ である．ゆえに Q は $-1<y<1$ にあり，
$-1<t<1$ である．

L_A，L_B を連立させて

$$mx-1=nx+1 \qquad \therefore \quad (m-n)x=2 \quad \cdots\cdots①$$

これを満たす $x>0$ が存在するための必要十分条件は

$m-n>0$ である．

$$m-n=\frac{(t+1)^2-s^2}{2s(t+1)}-\frac{(t-1)^2-s^2}{2s(t-1)}$$
$$=\frac{1}{2s(t+1)(t-1)}\{(t-1)(t+1)^2$$
$$-(t+1)(t-1)^2+s^2(-t+1+t+1)\}$$
$$=\frac{t^2-1+s^2}{s(t+1)(t-1)}=\frac{1-s^2-t^2}{s(t+1)(1-t)}$$

これが正であり，$s>0$ かつ $-1<t<1$ と合わせて
$s^2+t^2<1$ である．①の x を x_P とおく．

$$x_P=\frac{2}{m-n}=\frac{2s(t+1)(1-t)}{1-s^2-t^2} \quad\cdots\cdots②$$

（3） BQ の傾きは $\dfrac{t-1}{s}$ であり，A を通って直線 BQ
に垂直な直線は $y=-\dfrac{s}{t-1}x-1$ である．Q を通って
AB に垂直な直線は $y=t$ であるから，$t=-\dfrac{s}{t-1}x-1$
を解いて $x=\dfrac{1-t^2}{s}$ となり $H(u,v)$ は $H\left(\dfrac{1-t^2}{s},t\right)$
であり，$u=\dfrac{1-t^2}{s}$，$v=t$ である．

$R(-u,-v)=\left(-\dfrac{1-t^2}{s},-t\right)$ と L_A の距離 d は

$$d=\frac{\left|-\dfrac{1-t^2}{s}m+t-1\right|}{\sqrt{1+m^2}}$$

この絶対値の中は

$$\frac{t^2-1}{s}\cdot\frac{(t+1)^2-s^2}{2s(t+1)}+t-1$$
$$=\frac{(t-1)\{(t+1)^2-s^2\}+2s^2(t-1)}{2s^2}$$
$$=\frac{(t-1)\{(t+1)^2+s^2\}}{2s^2}$$

であり，$1+m^2=1+\dfrac{\{(t+1)^2-s^2\}^2}{4s^2(t+1)^2}$

$$=\frac{\{(t+1)^2+s^2\}^2}{4s^2(t+1)^2}$$

$$\sqrt{1+m^2}=\frac{(t+1)^2+s^2}{2s(1+t)} \quad\cdots\cdots③$$

であるから，$s>0$，$-1<t<1$ に注意して

$$d=\frac{\dfrac{1-t}{2s^2}\{(t+1)^2+s^2\}}{\dfrac{(t+1)^2+s^2}{2s(1+t)}}=\frac{1-t^2}{s}$$

（4） 図1を見よ．②，③を用いる．

$$AP=\sqrt{x_P^2+(mx_P)^2}=x_P\sqrt{1+m^2}$$
$$=\frac{2s(t+1)(1-t)}{1-s^2-t^2}\cdot\frac{s^2+(t+1)^2}{2s(1+t)}$$
$$=\frac{(1-t)\{s^2+(t+1)^2\}}{1-s^2-t^2}$$

となる．同様に

$$BP=\frac{(1+t)\{s^2+(t-1)^2\}}{1-s^2-t^2}$$

となる．P が A，B を焦点とし，長軸の長さ $2a$ の楕円上にあるとき，$AP+BP=2a$ が成り立つから，

$$(1-t)\{s^2+(t+1)^2\}$$
$$+(1+t)\{s^2+(t-1)^2\}=2a(1-s^2-t^2)$$
$$s^2+(t+1)^2+s^2+(t-1)^2$$
$$+t\{s^2+(t-1)^2-s^2-(t+1)^2\}$$
$$=2a(1-s^2-t^2)$$
$$2s^2+2t^2+2+t(-4t)=2a(1-s^2-t^2)$$
$$(a+1)s^2+(a-1)t^2=a-1$$

s,t を x,y に変更して，Q が乗る 2 次曲線は

$$\frac{a+1}{a-1}x^2+0\cdot x+1\cdot y^2+0\cdot y=1$$

注意 1°【(4) について】

題意の楕円は $\dfrac{x^2}{a^2-1}+\dfrac{y^2}{a^2}=1$ である．図 3 を参照せよ．

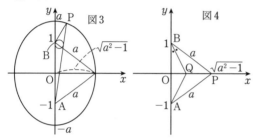
図3　図4

一般に，楕円 $\dfrac{x^2}{a^2}+\dfrac{y^2}{b^2}=1\ (a>b>0)$ 上の点 $P(x,y)$ に対し，$F(c,0)$，$F'(-c,0)$ $(c=\sqrt{a^2-b^2})$ とすると

$$PF=a-\frac{c}{a}x,\ PF'=a+\frac{c}{a}x$$

になることが知られている．これは

$$PF+PF'=2a,\ PF^2-PF'^2=-4cx$$

から導かれる．今は焦点が A，B であるから，楕円上の点 $P(p,q)$ に対し

$$PB=a-\frac{1}{a}q,\ PA=a+\frac{1}{a}q$$

となる．内心の位置ベクトルの公式を用いる．

$$\overrightarrow{OQ}=\frac{AB\overrightarrow{OP}+AP\overrightarrow{OB}+BP\overrightarrow{OA}}{AB+AP+BP}$$
$$=\frac{2\overrightarrow{OP}+\left(a+\frac{q}{a}\right)\overrightarrow{OB}+\left(a-\frac{q}{a}\right)\overrightarrow{OA}}{2+2a}$$
$$=\frac{1}{2+2a}\left\{2(p,q)+\left(a+\frac{q}{a}\right)(0,1)\right.$$
$$\left.+\left(a-\frac{q}{a}\right)(0,-1)\right\}$$

これを整理して $s=\dfrac{p}{1+a},\ t=\dfrac{q}{a}$ となる．

$\dfrac{p^2}{a^2-1}+\dfrac{q^2}{a^2}=1$ から p,q を消去して

$$\frac{(1+a)^2s^2}{a^2-1}+t^2=1$$

よって Q は曲線 $\dfrac{a+1}{a-1}x^2+1\cdot y^2=1$ 上にある．

2°【最後の答えの実戦的解法】上下対称性，左右対称性から，答えは $Dx^2+Ey^2=1$ の形に決まっている．P が y 軸の上方に近いときは，内接円の中心は $B(0,1)$ に近いから，$(0,1)$ を通る．よって $E=1$ である．P が $\left(\sqrt{a^2-1},0\right)$ のとき BQ は $\angle PBO$ を二等分するから，角の二等分線の定理より

$$OQ:QP=OB:PB=1:a$$

$$OQ=\frac{1}{1+a}OP=\frac{\sqrt{a^2-1}}{a+1}=\sqrt{\frac{a-1}{a+1}}$$

$Dx^2+Ey^2=1$ は点 $\left(\sqrt{\dfrac{a-1}{a+1}},0\right)$ を通るから

$$D\cdot\frac{a-1}{a+1}=1\qquad\therefore\quad D=\frac{a+1}{a-1}$$

よって，答えは $\dfrac{a+1}{a-1}x^2+y^2=1$

《双曲線と離心率》

8. 座標平面上に原点 O と点 $A(1,0)$ がある．点 P は

$$\angle PAO=2\angle POA$$

を満たしながら y 座標が正の範囲を動く．

（1）P の軌跡は曲線

$$\boxed{}\left(x+\frac{\boxed{}}{\boxed{}}\right)^2+\boxed{}y^2=1$$

の第 1 象限の部分と一致し，直線

$$y=\sqrt{\boxed{}}\left(x+\frac{\boxed{}}{\boxed{}}\right)$$

を漸近線にもつ．

（2）k を実数とし，P から直線 $x=k$ に垂線 PH を下ろす．$\dfrac{PH}{AP}$ が常に一定の値であるとき，

$$k=\frac{\boxed{}}{\boxed{}},\quad \frac{PH}{AP}=\frac{\boxed{}}{\boxed{}}$$ である．

（3）$\angle PAO=\theta$ とすると

$$AP=\frac{\boxed{}}{1+\boxed{}\cos\theta}$$

が成り立つ．

（18 上智大・理工）

考え方 x 軸とのなす角を考えるから，tan を利用するのがよい．（2）の一定値 $\dfrac{PH}{AP}$ は離心率の逆数になっている．2 次曲線の離心率を e とするとき，$0<e<1$ なら楕円，$e=1$ なら放物線，$e>1$ なら双曲線である．今回は $e=2$ になっている．

▶**解答**◀ （1） P(x, y)，∠POA $= \alpha$ とする．

$y > 0$ より

$$0 < \alpha < \pi$$

△POA の内角の和は π であるから

$$0 < \alpha + 2\alpha < \pi$$

$$0 < \alpha < \frac{\pi}{3}$$

$\alpha \neq \frac{\pi}{4}$ のとき直線 OP，直線 AP の傾きについて

$$\tan \alpha = \frac{y}{x} \quad\cdots\cdots\cdots\cdots\cdots① $$

$$\tan(\pi - 2\alpha) = \frac{y}{x - 1} \quad\cdots\cdots② $$

が成り立つ．② より

$$-\tan 2\alpha = \frac{y}{x - 1}$$

$$-\frac{2\tan \alpha}{1 - \tan^2 \alpha} = \frac{y}{x - 1}$$

$$2(x - 1)\tan \alpha = -y(1 - \tan^2 \alpha)$$

これに ① を代入すると

$$2(x - 1) \cdot \frac{y}{x} = -y\left(1 - \frac{y^2}{x^2}\right)$$

$$2xy(x - 1) = -y(x^2 - y^2)$$

$$y(3x^2 - 2x - y^2) = 0$$

$y > 0$ であるから

$$3x^2 - 2x - y^2 = 0 \quad\cdots\cdots\cdots\cdots\cdots③ $$

$$3\left(x - \frac{1}{3}\right)^2 - y^2 = \frac{1}{3}$$

$\alpha = \frac{\pi}{4}$ のとき P の座標は $(1, 1)$ であり，③ を満たす．

したがって

$$9\left(x - \frac{1}{3}\right)^2 - 3y^2 = 1$$

また，右辺の定数項を 0 とした式から漸近線の 1 つは

$$y = \sqrt{3}\left(x - \frac{1}{3}\right)$$

となる．

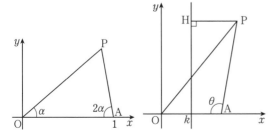

（2） P(x, y) のとき，H(k, y) であるから

$$\frac{PH}{AP} = \frac{\sqrt{(x - k)^2}}{\sqrt{(x - 1)^2 + y^2}}$$

ここで，$\dfrac{PH}{AP} = c \ (c > 0)$ とおくと

$$c\sqrt{(x - 1)^2 + y^2} = \sqrt{(x - k)^2}$$

$$c^2(x^2 - 2x + 1 + y^2) = x^2 - 2kx + k^2$$

P は ③ 上の点であり，$y^2 = 3x^2 - 2x$ を代入して整理すると

$$(4c^2 - 1)x^2 + 2(k - 2c^2)x + (c^2 - k^2) = 0$$

任意の x について成り立つから

$$4c^2 - 1 = 0 \quad かつ \quad k - 2c^2 = 0$$

$$かつ \quad c^2 - k^2 = 0$$

したがって

$$c = \frac{1}{2},\ k = \frac{1}{2}$$

となり $\dfrac{PH}{AP} = \dfrac{1}{2}$ である．

（3） ∠PAO $= \theta$ のとき，（2）から

$$PH = \frac{1}{2} + AP\cos(\pi - \theta)$$

$$\frac{1}{2}AP = \frac{1}{2} - AP\cos\theta$$

$$(1 + 2\cos\theta)AP = 1$$

$$AP = \frac{1}{1 + 2\cos\theta}$$

《2 次曲線の性質》

9. $\boxed{\text{ア}}$ の解答は解答群の中から最も適切なものを 1 つ選べ．

式 $\dfrac{x^2}{2} + \dfrac{y^2}{3} = 1$ で表される楕円を F とする．

（1） 座標平面上の点 A$(1, 2)$ を通る，傾き k の直線は

$$y = k\left(x - \boxed{}\right) + \boxed{}$$

と表せる．この直線が楕円 F に接するとき，接線の傾き k に対し，次式が成り立つ．

$$k^2 + \boxed{}k - \boxed{} = 0$$

点 A から楕円 F に引いた 2 つの接線のなす角は $\dfrac{\boxed{}}{\boxed{}}\pi$ である．

これらの接線と楕円 F の接点を B，C とし，∠BAC の二等分線の傾きを $\tan\alpha$ とすると，$\tan 2\alpha = \boxed{}$ が成り立つ．

（2） 楕円 F の外部にある点 P から F に引いた 2 つの接線の接点を Q，R とする．∠QPR の二等分線の傾きが 1 であるとき，点 P は

$$\boxed{}x^2 + y^{\boxed{}} = 1$$

で表される $\boxed{\text{ア}}$ 上にある．

$\boxed{\text{ア}}$ の解答群

① 直線 ② 円周 ③ 楕円
④ 双曲線 ⑤ 放物線

(15 杏林大-医)

▶**解答◀** （**1**） 座標平面上の点 $(1, 2)$ を通る傾き k の直線は，$y = k(x-1) + 2$ と表せる．

直線と楕円を連立させ，

$$\frac{x^2}{2} + \frac{\{k(x-1)+2\}^2}{3} = 1$$

$$3x^2 + 2\{k(x-1)+2\}^2 = 6$$

$$3x^2 + 2k^2(x^2 - 2x + 1) + 8k(x-1) + 8 = 6$$

$$(2k^2+3)x^2 - (4k^2 - 8k)x + 2k^2 - 8k + 2 = 0$$

2 つのグラフが接するので，判別式を D として，

$$\frac{D}{4} = (2k^2 - 4k)^2 - (2k^2+3)(2k^2 - 8k + 2) = 0$$

$$6k^2 + 24k - 6 = 0 \qquad \therefore \quad \boldsymbol{k^2 + 4k - 1 = 0}$$

この 2 解を k_1, k_2 とすると，解と係数の関係より $k_1 k_2 = -1$ だから 2 直線は直交し，なす角は $\dfrac{1}{2}\boldsymbol{\pi}$

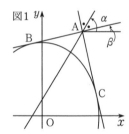

図1

接点のうち，x 座標が小さい方を B とし，x 軸の正方向から接線 AB にまわる角を β とする（図 1 参照）．

$k^2 + 4k - 1 = 0$ を解いて $k = -2 \pm \sqrt{5}$

AB の傾きは正より，$\tan \beta = -2 + \sqrt{5}$

$$\alpha = \beta + \frac{\pi}{4} \qquad \therefore \quad 2\alpha = \beta + \frac{\pi}{2}$$

$$\tan 2\alpha = \tan\left(\beta + \frac{\pi}{2}\right) = -\frac{1}{\tan 2\beta}$$

$$\tan 2\beta = \frac{2\tan\beta}{1 - \tan^2\beta} = \frac{2k}{1 - k^2}$$

$$= \frac{2k}{4k} = \frac{1}{2} \qquad \therefore \quad \tan 2\alpha = \boldsymbol{-2}$$

（**2**） 傾き 1 の直線が $\angle$RPQ を二等分する ……………①
ならば，P が第 2 象限（座標軸上を含む．以下同様），第 4 象限には存在しない．第 1 象限または第 3 象限に存在する．まず第 1 象限にある場合を考える．このとき，正方向から 2 接線にまわる角を θ_1, θ_2 とする（図 2 参照）．
ただし，$-\dfrac{3\pi}{4} < \theta_2 < \dfrac{\pi}{4} < \theta_1 < \dfrac{5\pi}{4}$ とする．

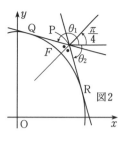

図2

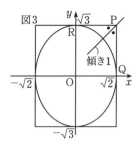

図3

① になる条件は，

$$\theta_1 - \frac{\pi}{4} = \frac{\pi}{4} - \theta_2$$

すなわち $\theta_1 + \theta_2 = \dfrac{\pi}{2}$ である．

（ア） 接線の一方が x 軸に垂直なとき（図 3 参照）
題意のようになる場合，$\angle$RPQ $= 90°$ になるから，$P(\sqrt{2}, \sqrt{3})$ と $(-\sqrt{2}, -\sqrt{3})$ である．これだけから答えの予想はつく．$Ax^2 + y^2 = 1$ と決めこめば，$2A + 3 = 1$ として $A = -1$ となり，P の軌跡は $-x^2 + y^2 = 1$ となり，空欄は埋められる．

（イ） 接線が両方とも x 軸とは垂直ではないとき
$P(X, Y)$（ただし，$X \neq \sqrt{2}$）として，接線は

$$y = m(x - X) + Y$$

とおける．$F : 3x^2 + 2y^2 = 6$ に代入して

$$3x^2 + 2\{m(x - X) + Y\}^2 = 6$$

$$(3 + 2m^2)x^2 + 4m(Y - mX)x + 2(Y - mX)^2 - 6 = 0$$

2 つのグラフが接するので，判別式を D として，

$$\frac{D}{4} = 4m^2(Y - mX)^2$$

$$\qquad - (3 + 2m^2)\{2(Y - mX)^2 - 6\} = 0$$

$$-6(Y - mX)^2 + 18 + 12m^2 = 0$$

$$2m^2 + 3 - (Y - mX)^2 = 0$$

$$(2 - X^2)m^2 + 2XYm + 3 - Y^2 = 0$$

この 2 解を m_1, m_2 とし，$m_1 = \tan\theta_1$，$m_2 = \tan\theta_2$ とする．$\theta_1 = \dfrac{\pi}{2} - \theta_2$ となる条件は，

$$\tan\theta_1 = \frac{1}{\tan\theta_2} \qquad \therefore \quad m_1 m_2 = 1$$

解と係数の関係より，

$$\frac{3 - Y^2}{2 - X^2} = 1$$

$$3 - Y^2 = 2 - X^2 \qquad \therefore \quad -X^2 + y^2 = 1$$

ここで $3x^2 + 2y^2 = 6$，$-x^2 + y^2 = 1$ を連立させると，

$$x^2 = \frac{4}{5}, \ y^2 = \frac{9}{5}$$

点 P が第 3 象限にある場合も考え，P の軌跡は曲線 $-x^2 + y^2 = 1$ の $x > \dfrac{2}{\sqrt{5}}$，$y > \dfrac{3}{\sqrt{5}}$ の部分または

$x < -\dfrac{2}{\sqrt{5}}$，$y < -\dfrac{3}{\sqrt{5}}$ の部分である．

《円柱の切断と 2 次曲線》

10. 座標空間において，点 C$(0, 0, 2)$ を中心とする半径 1 の球面を S とする．S 上の点 P と xy 平面上の点 P′ が条件

「直線 PP′ はベクトル $(2, 0, -1)$ に平行で，球面 S と点 P で接する」

を満たしながら動くとき，線分 PP′ の動いてできる面を T とする．

（1） 点 P′$(a, b, 0)$ の軌跡は長軸の長さ $\boxed{}\sqrt{\boxed{}}$，短軸の長さ $\boxed{}$ の楕円であり，a, b は

$$a^2 + \boxed{}\,b^2 + \boxed{}\,a + \boxed{}\,b + \boxed{} = 0$$

を満たす．

（2） 線分 PP′ の長さの最小値は $\boxed{}\sqrt{\boxed{}} + \boxed{}$ である．

（3） 点 P の軌跡を含む平面を α とする．平面 α，面 T および xy 平面で囲まれてできる立体の体積は

$$\boxed{}\sqrt{\boxed{}}\,\pi$$

である．

(20 上智大・理工)

▶**解答**◀ （1） 直線 PP′ は，点 P′$(a, b, 0)$ を通り方向ベクトルが $\vec{u} = (2, 0, -1)$ の直線であり，t をパラメータとして，

$$\overrightarrow{OP} = \overrightarrow{OP'} + \overrightarrow{PP'} = (a, b, 0) + t\vec{u}$$
$$= (a + 2t,\ b,\ -t) \quad\cdots\cdots\cdots\cdots\cdots\cdots①$$

となる．①を，

$$球面 S : x^2 + y^2 + (z-2)^2 = 1 \quad\cdots\cdots\cdots②$$

に代入して

$$(a + 2t)^2 + b^2 + (-t-2)^2 = 1$$
$$5t^2 + 4(a+1)t + a^2 + b^2 + 3 = 0 \quad\cdots\cdots\cdots③$$

①と③は接するから，③の判別式 $\dfrac{D}{4} = 0$

$$\{2(a+1)\}^2 - 5(a^2 + b^2 + 3) = 0$$
$$a^2 - 8a + 5b^2 + 11 = 0$$
$$(a-4)^2 + 5b^2 = 5$$
$$\frac{(a-4)^2}{5} + b^2 = 1 \quad\cdots\cdots\cdots④$$

よって，点 P′ の軌跡は，長軸の長さ $2\sqrt{5}$，短軸の長さ 2 の楕円であり，a, b は，

$$a^2 + 5b^2 - 8a + 11 = 0$$

を満たす．

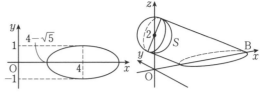

（2） t は③の重解で $t = -\dfrac{2(a+1)}{5}$ である．

$\overrightarrow{PP'} = -t\vec{u}$ より，

$$PP' = |t|\,|\vec{u}| = \left|\frac{2(a+1)}{5}\right| \cdot \sqrt{5} = \frac{2|a+1|}{\sqrt{5}}$$

④で $b^2 \geqq 0$ より，$4 - \sqrt{5} \leqq a \leqq 4 + \sqrt{5}$

よって，線分 PP′ の長さの最小値は

$$\frac{2\,|\,4 - \sqrt{5} + 1\,|}{\sqrt{5}} = 2(\sqrt{5} - 1)$$

（3） 平面 α，面 T および xy 平面で囲まれてできる立体は，下図のような円柱を斜めの面（xy 平面）で切った立体である．円柱の底面の中心 A を通り母線に平行な直線が斜めの面と交わる点を B とすると，$AB = 2\sqrt{5}$ である．

また，点 B を中心とする底面と平行な面と斜めの面の交線 CC′ を軸として，下図の網目部分を $180°$ 回転すると，この立体の体積は高さ $2\sqrt{5}$ の円柱と等しくなる．

よって，求める立体の体積は

$$\pi \cdot 1^2 \cdot 2\sqrt{5} = 2\sqrt{5}\,\pi$$

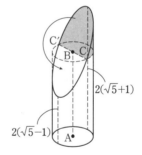

《楕円の極座標表示》

11. 以下の文章の空欄に適切な数または式を入れて文章を完成させなさい．

座標平面における円 $x^2 + y^2 = 4$ を C とし，C の内側にある点 P(a, b) を 1 つ固定する．C 上に点 Q をとり，線分 QP の垂直二等分線と線分 OQ との交点を R とする．ただし O は座標原点である．点 Q が円 C 上を一周するとき，点 R が描く軌跡を $S(a, b)$ とする．

（1） $S(a, b)$ は長軸の長さ $\boxed{\text{(あ)}}$，短軸の長さ $\boxed{\text{(い)}}$ の楕円である．点 R の x 座標と y

座標をそれぞれ $x = r\cos\theta, y = r\sin\theta$ (ただし $r > 0$ かつ $0 \leqq \theta < 2\pi$) とすると, $S(1, 1)$ の方程式は $r = \boxed{(う)}$ と表される. $S(1, 1)$ 上の点で y 座標が最大となる点の座標を $(r_0\cos\theta_0, r_0\sin\theta_0)$ とすると

$r_0 = \boxed{(え)}$, $\theta_0 = \boxed{(お)}$ である.

（2） t を $0 < t < 2$ の範囲で動かすとき, $S(t, 0)$ が通過してできる領域の面積は $\boxed{(か)}$ である.

(17 慶應大・医)

▶解答◀

（1） 図1を見よ.

$$OR + RP = OR + RQ = OQ = 2$$

R は O, P を焦点とする楕円を描く. 長軸の長さは 2, 楕円の中心は OP の中点 (M とする), 短軸の長さは,

$$2\sqrt{1 - MP^2} = 2\sqrt{1 - \frac{1}{4}(a^2 + b^2)}$$
$$= \sqrt{4 - a^2 - b^2}$$

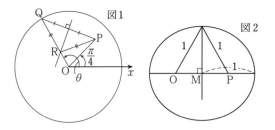

図1 図2

$S(1, 1)$ について： $P = (1, 1)$ のとき OP の偏角は $\frac{\pi}{4}$, OR の偏角を θ とすると, OP から OR にまわる角は $\theta - \frac{\pi}{4}(= u$ とおく) で, $OR = r$ とおくと $PR = 2 - r$ である. △OPR で余弦定理を用いて (余弦定理は, 座標で証明すれば一般角で成り立つから, 次の u は一般角)

$$(2 - r)^2 = r^2 + OP^2 - 2r \cdot OP \cos u$$
$$4 - 4r = 2 - 2r\sqrt{2}\cos u$$
$$(2 - \sqrt{2}\cos u)r = 1$$

$2 - \sqrt{2}\cos u > 0$ であり

$$r = \frac{1}{2 - \sqrt{2}\cos\left(\theta - \frac{\pi}{4}\right)}$$
$$= \frac{1}{2 - \cos\theta - \sin\theta}$$

$c = \cos\theta, s = \sin\theta$ として

$$y = rs = \frac{s}{2 - c - s}$$

分母は正で, y の最大を考えるから $\sin\theta > 0$ $(0 < \theta < \pi)$ で考える. $f(\theta) = \frac{2}{2 - c - s}$ として

$$f'(\theta) = \frac{c(2 - c - s) - s(s - c)}{(2 - c - s)^2}$$

$$= \frac{2c - 1}{(2 - c - s)^2}$$

θ	0	$\cdots$	$\frac{\pi}{3}$	$\cdots$	π
$f'(\theta)$		$+$	0	$-$	
$f(\theta)$		$\nearrow$		$\searrow$	

$f(\theta)$ は $\theta = \frac{\pi}{3}$ で最大になる. $\theta_0 = \frac{\pi}{3}$ である.

$$r_0 = \frac{1}{2 - \frac{1}{2} - \frac{\sqrt{3}}{2}} = \frac{2}{3 - \sqrt{3}} = \frac{3 + \sqrt{3}}{3}$$

（2） $P(t, 0)$ のとき, R の極座標表示を考える. このとき OR の偏角を $\theta (0 \leqq \theta < 2\pi)$ として, 上と同様に

$$(2 - r)^2 = r^2 + OP^2 - 2r \cdot OP \cos\theta$$
$$4 - 4r = t^2 - 2rt\cos\theta$$
$$t^2 - 2rt\cos\theta + 4r - 4 = 0$$

となる. θ を固定し, t を $0 < t < 2$ で動かし, r のとる値の範囲を求めるが, 微分するとうっとうしいから「逆手流」で行う.

$$f(t) = t^2 - 2rt\cos\theta + 4r - 4$$

とおく. $f(t) = 0, 0 < t < 2$ となる t が存在する条件を求める.

（ア） $0 < r < 1$ のとき. $f(0) = 4r - 4 < 0$ であるから, $f(t) = 0, 0 < t < 2$ となる t が存在する条件は $f(2) > 0$ である. $f(2) = 4r(1 - \cos\theta)$ だから $\cos\theta < 1$, すなわち $\theta \neq 0$ である. $0 < x^2 + y^2 < 1$ の場合は x 軸上を除く.

（イ） $r = 1$ のとき.

$$f(t) = t(t - 2\cos\theta)$$

$f(t) = 0, 0 < t < 2$ となる解が存在する条件は

$$0 < 2\cos\theta < 2 \qquad \therefore \quad 0 < \cos\theta < 1$$

$x = \cos\theta$ だから, $x^2 + y^2 = 1$ 上では $0 < x < 1$ となる.

（ウ） $r = 0$ のとき. $f(t) = t^2 - 4 < 0$ で不適. よって原点を除く.

（エ） $r > 1$ のとき.

$f(0) > 0$, $f(2) = 4r(1 - \cos\theta) \geqq 0$ に注意する.

判別式を D とする. みたすべき条件は

軸： $0 < r\cos\theta < 2$ かつ

$$\frac{D}{4} = r^2\cos^2\theta - 4r + 4 \geqq 0$$

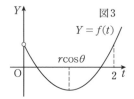

図3

$x = r\cos\theta, r = \sqrt{x^2 + y^2}$ として

$0 < x < 2$ かつ

$$x^2 + 4 \geqq 4\sqrt{x^2 + y^2}$$

である. 後者を 2 乗し

$$x^4 + 8x^2 + 16 \geqq 16x^2 + 16y^2$$

$$16y^2 \leqq 16 - 8x^2 + x^4$$

$$16y^2 \leqq (4 - x^2)^2$$

$0 < x < 2$ より

$$|4y| \leqq 4 - x^2, \quad x^2 + y^2 > 1$$

以上をまとめて, 題意の通過範囲は

$$-1 < x < 0, \quad x^2 + y^2 < 1$$

または, $0 \leqq x < 2, \; |y| \leqq 1 - \dfrac{x^2}{4}$

ただし 2 点 $(0, \pm 1)$ と線分 $0 \leqq x \leqq 1, y = 0$ を除く. 図示すると図 4 のようになる. 境界は白丸と破線を除き, 実線を含む. ただし, 領域内は座標軸があると視認性が悪いから座標軸を一部消してある.

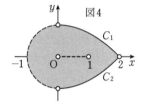

図4

$C_1 : y = 1 - \dfrac{1}{4}x^2, \; C_2 : y = \dfrac{1}{4}x^2 - 1$ である. 面積は

$$\frac{1}{2}\pi \cdot 1^2 + 2\int_0^2 \left(1 - \frac{1}{4}x^2\right) dx$$

$$= \frac{\pi}{2} + \left[2x - \frac{1}{6}x^3\right]_0^2 = \frac{\pi}{2} + \frac{8}{3}$$

《双曲線の極座標表示》

12. a と b を互いに異なる正の定数とする. 双曲線 $\dfrac{x^2}{a^2} - \dfrac{y^2}{b^2} = 1$ と x 軸との交点を $A(a, 0), B(-a, 0)$ とする. x_1 を $|x_1| > a$ を満たす実数とし, 双曲線 $\dfrac{x^2}{a^2} - \dfrac{y^2}{b^2} = 1$ と直線 $x = x_1$ との交点を $P(x_1, y_1), Q(x_1, -y_1)$ とする. このとき, 次の問に答えよ.

（1） 実数 x_1, y_1 を用いて, 直線 AP と直線 BQ の交点 R の座標を表せ.

（2） （1）で求めた交点 $R(x, y)$ の軌跡を求めよ.

（3） 原点 O を極とし, x 軸の正の部分を始線とする極座標を (r, ϕ) とする. （2）で求めた軌跡

を極座標 (r, ϕ) を用いて表せ.

（4） （2）で求めた軌跡が表す図形を L とする. 図形 L を, 原点を中心にして反時計回りに角度 θ だけ回転させた図形を $L(\theta)$ とする. ただし, $0 < \theta < \pi$ とする. 図形 L と図形 $L(\theta)$ の交点の個数を n とするとき, これら n 個の交点の極座標を, 定数 a, b および角度 θ を用いて表せ.

（5） （4）で求めた図形 L と図形 $L(\theta)$ の n 個の交点を $V_1, \cdots, V_n$ とし, それらの極座標を $V_1(r_1, \phi_1), \cdots, V_n(r_n, \phi_n)$ とする. ただし, $r_1, \cdots, r_n$ は正の数とし, $0 \leqq \phi_1 < \cdots < \phi_n < 2\pi$ とする. 角度 θ を $0 < \theta < \pi$ の範囲で動かしたとき, n 角形 $V_1 \cdots V_n$ の面積の最小値を求めよ. また, そのときの θ の値を求めよ.

（19 山形大・医, 理 (数理科学), 農, 人文)

▶解答◀ （1） 直線 AP の方程式は

$$y = \frac{y_1}{x_1 - a}(x - a)$$

であり, 直線 BQ の方程式は

$$y = -\frac{y_1}{x_1 + a}(x + a)$$

であるから, これらを連立して

$$\frac{y_1}{x_1 - a}(x - a) = -\frac{y_1}{x_1 + a}(x + a)$$

$|x_1| > a$ より $y_1 \neq 0$ であるから

$$(x_1 + a)(x - a) + (x_1 - a)(x + a) = 0$$

$$x = \frac{a^2}{x_1}$$

このとき

$$y = \frac{y_1}{x_1 - a}\left(\frac{a^2}{x_1} - a\right)$$

$$= \frac{ay_1(a - x_1)}{x_1(x_1 - a)} = -\frac{ay_1}{x_1}$$

よって, 点 R の座標は, $\left(\dfrac{a^2}{x_1}, \; -\dfrac{ay_1}{x_1}\right)$

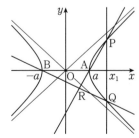

（2） 点 P, Q は双曲線上の点であるから $\dfrac{x_1^2}{a^2} - \dfrac{y_1^2}{b^2} = 1$ を満たす. $|x_1| > a$ より, $y_1 \neq 0$ で

ある．したがって，$x = \dfrac{a^2}{x_1}$, $y = -\dfrac{ay_1}{x_1}$ より

$$x_1 = \frac{a^2}{x}, \quad y_1 = -\frac{y}{a}x_1 = -\frac{ay}{x} \quad \cdots\cdots\cdots①$$

ただし，$x \neq 0$, $y \neq 0$ である．

よって，点 (x, y) は

$$\frac{1}{a^2} \cdot \left(\frac{a^2}{x}\right)^2 - \frac{1}{b^2} \cdot \left(-\frac{ay}{x}\right)^2 = 1$$

$$\frac{a^2}{x^2} - \frac{a^2y^2}{b^2x^2} = 1$$

$$\frac{x^2}{a^2} + \frac{y^2}{b^2} = 1 \,(ただし，x \neq 0, y \neq 0)$$

を満たす．逆にこれを満たす (x, y) に対して，① より (x_1, y_1) は存在するから，求める点 R の軌跡は，**楕円 $\dfrac{x^2}{a^2} + \dfrac{y^2}{b^2} = 1$ のうち，座標軸上の点 $(\pm a, \pm b)$（複号任意）を除いた部分**である．

（3）原点が極であるから，極座標で (r, ϕ) に対応する直交座標の点は $(r\cos\phi, r\sin\phi)$ である．したがって（2）の式に $x = r\cos\phi$, $y = r\sin\phi$ を代入して

$$\frac{r^2\cos^2\phi}{a^2} + \frac{r^2\sin^2\phi}{b^2} = 1$$

$$r^2(b^2\cos^2\phi + a^2\sin^2\phi) = a^2b^2$$

$r > 0$, $a > 0$, $b > 0$ より，

$$r = \frac{ab}{\sqrt{a^2\sin^2\phi + b^2\cos^2\phi}}$$

（4）L は x 軸，y 軸に関して対称な図形であるから，L を θ 回転してできる曲線 $L(\theta)$ との交点は，x 軸とそれを θ 回転してできる直線のなす角の二等分線上にある．したがって交点は 4 つあり，それらの偏角は $\dfrac{\theta}{2}$, $\dfrac{\theta+\pi}{2}$, $\dfrac{\theta+2\pi}{2}$, $\dfrac{\theta+3\pi}{2}$ である．

$$\sin\frac{\theta+\pi}{2} = \cos\frac{\theta}{2}, \quad \cos\frac{\theta+\pi}{2} = -\sin\frac{\theta}{2}$$

$$\sin\frac{\theta+2\pi}{2} = -\sin\frac{\theta}{2}, \quad \cos\frac{\theta+2\pi}{2} = -\cos\frac{\theta}{2}$$

$$\sin\frac{\theta+3\pi}{2} = -\cos\frac{\theta}{2}, \quad \cos\frac{\theta+3\pi}{2} = \sin\frac{\theta}{2}$$

に注意する．

$$p = \frac{ab}{\sqrt{a^2\sin^2\dfrac{\theta}{2} + b^2\cos^2\dfrac{\theta}{2}}}$$

$$q = \frac{ab}{\sqrt{a^2\cos^2\dfrac{\theta}{2} + b^2\sin^2\dfrac{\theta}{2}}}$$

とすると，交点の極座標は次のようになる．

$$\left(p, \frac{\theta}{2}\right), \left(q, \frac{\theta+\pi}{2}\right), \left(p, \frac{\theta+2\pi}{2}\right), \left(q, \frac{\theta+3\pi}{2}\right)$$

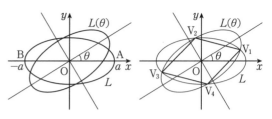

（5）（4）より，線分 V_1V_3 と線分 V_2V_4 は直交するので，四角形 $V_1V_2V_3V_4$ の面積を S とすると

$$S = \frac{1}{2}(r_1+r_3)(r_2+r_4) = \frac{1}{2} \cdot 2p \cdot 2q = 2pq$$

$c = \cos\dfrac{\theta}{2}$, $s = \sin\dfrac{\theta}{2}$ とおく．

（pq の分母のルートの中）

$$= (a^2s^2 + b^2c^2)(a^2c^2 + b^2s^2)$$

$$= (a^4+b^4)s^2c^2 + a^2b^2(s^4+c^4)$$

$$= (a^4+b^4)s^2c^2 + a^2b^2\{(s^2+c^2)^2 - 2s^2c^2\}$$

$$= \frac{1}{4}(a^4+b^4)\sin^2\theta + a^2b^2\left(1 - \frac{1}{2}\sin^2\theta\right)$$

$$= \frac{1}{4}(a^2-b^2)^2\sin^2\theta + a^2b^2$$

となるから，

$$S = \frac{2a^2b^2}{\sqrt{\dfrac{1}{4}(a^2-b^2)^2\sin^2\theta + a^2b^2}}$$

これが最小となるのは，$\sin^2\theta = 1$ となるときであるから，S の最小値は

$$S = \frac{2a^2b^2}{\dfrac{1}{2}\sqrt{(a^2-b^2)^2 + 4a^2b^2}} = \frac{4a^2b^2}{a^2+b^2}$$

このとき $\theta = \dfrac{\pi}{2}$ である．

注意　（4）で，「線対称である図形を回転させてできる図形との交点は，2 つの対称軸のなす角の二等分線上にある」ことは，試験本番では既知として答案を書き，余裕があれば証明を書いておくとよいであろう．証明は次のようにやる．

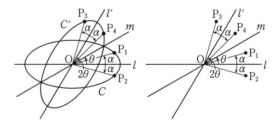

直線 l に関して線対称である図形を C とする．l 上の点 O を中心として C を 2θ 回転した図形を C'，l を 2θ 回転した直線を l'，l を θ 回転した直線を m とする．

C 上で O を中心として l から角 $\pm\alpha$ だけ回った点を P_1, P_2，C' 上で O を中心として l' から角 $\pm\alpha$ だけ回った点を P_3, P_4 とする．

P_1 と P_2 は l に関して対称，P_3 と P_4 は l' に関して対称，l と l' は m に関して対称であるから，P_1 と P_4，P_2 と P_3 は m に関して対称である．

したがって，C 上にある任意の点 P_1 を m に関して折り返した点 P_4 が C' 上にあるから，C と C' は m に関して対称であり，C と C' の交点は直線 m 上にある．

◆別解◆ （4）を計算でやることもできる．（3）より，$L(\theta)$ を表す極方程式は

$$r = \frac{ab}{\sqrt{a^2\sin^2(\phi-\theta)+b^2\cos^2(\phi-\theta)}}$$

L と $L(\theta)$ の極方程式を連立して

$$\frac{ab}{\sqrt{a^2\sin^2\phi+b^2\cos^2\phi}}$$
$$= \frac{ab}{\sqrt{a^2\sin^2(\phi-\theta)+b^2\cos^2(\phi-\theta)}}$$
$$a^2\sin^2\phi+b^2\cos^2\phi$$
$$= a^2\sin^2(\phi-\theta)+b^2\cos^2(\phi-\theta)$$
$$(a^2-b^2)\sin^2\phi+b^2$$
$$= (a^2-b^2)\sin^2(\phi-\theta)+b^2$$
$$(a^2-b^2)\{\sin^2\phi-\sin^2(\phi-\theta)\}=0$$

a, b は互いに異なる正の定数であるから

$$\sin^2\phi-\sin^2(\phi-\theta)=0$$
$$\cos 2\phi-\cos(2\phi-2\theta)=0$$
$$-2\sin(2\phi-\theta)\sin\theta=0$$

$0<\theta<\pi$ より，$\sin\theta\neq 0$ であるから

$$\sin(2\phi-\theta)=0$$
$$2\phi-\theta=k\pi\ (k\ は整数) \qquad \therefore\ \phi=\frac{\theta+k\pi}{2}$$

$0\leq\phi<2\pi$ で考えれば十分であり

$$0\leq\frac{\theta+k\pi}{2}<2\pi \qquad \therefore\ -\frac{\theta}{\pi}\leq k<4-\frac{\theta}{\pi}$$

ここで，$-1<-\dfrac{\theta}{\pi}<0$ であるから，$k=0,1,2,3$ である．したがって，

$$\phi=\frac{\theta}{2},\ \frac{\theta+\pi}{2},\ \frac{\theta+2\pi}{2},\ \frac{\theta+3\pi}{2}$$

よって，L と $L(\theta)$ の交点は 4 個である．

《円を定点に向かって折り曲げる》

13. 座標平面上で原点 O を中心とする円 C：$x^2+y^2=4$ と点 $A(1,0)$ を考える．円 C 上の点 $P(x_1, y_1)$ に対し，線分 AP の垂直二等分線を l_P とする．点 P が円 C 上を動くとき，直線 l_P の通過する領域を D とする．以下の問いに答えよ．
（1） 直線 l_P の方程式を求めよ．

（2） 直線 l_P が点 $B(a, b)$ を通るとき，内積 $\overrightarrow{OB}\cdot\overrightarrow{OP}$ を a の式で表せ．

（3） l_P が点 $(1,1)$ を通るような P の座標をすべて求めよ．

（4） 領域 D を表す不等式を求めよ．

（5） 円 C で囲まれた領域 $x^2+y^2\leq 4$ と領域 D の共通部分の面積 S を求めよ．

（22 電気通信大・後期）

考え方 これはまだ，私が小学生時代の話である．中学受験をするときに，志望校決定のためにいくつかのオープンキャンパスに出向くわけだが，その中で私立南山中学校（南山大学の附属である）のオープンキャンパスに行ったとき，数学の講座があった．そこで取り扱われていたのが，まさにこの問題である．「円の内部の点（中心ではない点にするように指定されていた気もする）を一つきめて，その点に向かって円を折り返す．そしてその折り目を定規でなぞる」という操作を繰り返すと，包絡線として円ではないなんらかの曲線が現れますね，というものであった．幼き日の私はそれに感動して，今でもずっと覚えている．思い出の問題である．

ちなみに，理科の講座ではクエン酸と重曹を混ぜる実験で，袋に入れて持ち帰ることができたのだが，発生した二酸化炭素によって袋が破裂して，カバンの中が大変汚れた．これは由々しき思い出である．だから私は数学科にすることにした．

▶解答◀ （1） $x_1^2+y_1^2=4$ ……………①

l_P 上の点を $Q(x, y)$ とすると AQ＝PQ である．

$$(x-1)^2+y^2=(x-x_1)^2+(y-y_1)^2$$
$$-2x+1=-2x_1x-2y_1y+4$$
$$l_P:\ 2(x_1-1)x+2y_1y-3=0 \ \cdots\cdots\cdots②$$

（2） ②が点 (a, b) を通るとき

$$2(x_1-1)a+2y_1b-3=0$$
$$ax_1+by_1=a+\frac{3}{2}$$

$\overrightarrow{OB}=(a, b)$，$\overrightarrow{OP}=(x_1, y_1)$ であるから

$$\overrightarrow{OB}\cdot\overrightarrow{OP}=ax_1+by_1=a+\frac{3}{2}$$

（3） ②が点 $(1,1)$ を通るとき

$$2(x_1-1)+2y_1-3=0$$
$$y_1=\frac{5}{2}-x_1$$

①に代入して

$$x_1^2+\left(\frac{5}{2}-x_1\right)^2=4$$

$$8x_1{}^2 - 20x_1 + 9 = 0$$

$$x_1 = \frac{10 \pm \sqrt{100 - 72}}{8} = \frac{5 \pm \sqrt{7}}{4}$$

複号同順で,$y_1 = \frac{5}{2} - \frac{5 \pm \sqrt{7}}{4} = \frac{5 \mp \sqrt{7}}{4}$

よって,P の座標は $\left(\dfrac{5 \pm \sqrt{7}}{4},\ \dfrac{5 \mp \sqrt{7}}{4} \right)$ である.

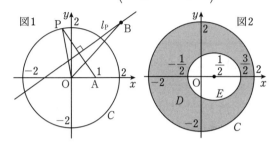

図1　図2

（4）$x_1 = 2\cos\theta,\ y_1 = 2\sin\theta$ とおく.（2）より,l_{P} 上の点 (a, b) は

$$2a\cos\theta + 2b\sin\theta = a + \frac{3}{2}$$

を満たす.$(a, b) = (0, 0)$ のときは ② が成り立たないから,$(a, b) \neq (0, 0)$ であることに注意して

$$2\sqrt{a^2 + b^2}\cos(\theta - \alpha) = a + \frac{3}{2}$$

ただし,$\cos\alpha = \dfrac{a}{\sqrt{a^2 + b^2}},\ \sin\alpha = \dfrac{b}{\sqrt{a^2 + b^2}}$ である.$-1 \leqq \cos(\theta - \alpha) \leqq 1$ であるから,

$$-2\sqrt{a^2 + b^2} \leqq 2\sqrt{a^2 + b^2}\cos(\theta - \alpha) \leqq 2\sqrt{a^2 + b^2}$$

$$-2\sqrt{a^2 + b^2} \leqq a + \frac{3}{2} \leqq 2\sqrt{a^2 + b^2}$$

$$\left(a + \frac{3}{2} \right)^2 \leqq 4(a^2 + b^2)$$

$$3a^2 - 3a + 4b^2 \geqq \frac{9}{4}$$

$$3\left(a - \frac{1}{2} \right)^2 + 4b^2 \geqq 3$$

$$\left(a - \frac{1}{2} \right)^2 + \frac{4}{3}b^2 \geqq 1$$

よって,$\left(x - \dfrac{1}{2} \right)^2 + \dfrac{4}{3}y^2 \geqq 1$

（5）S は図2の網目部分の面積である.

楕円 $\dfrac{x^2}{p^2} + \dfrac{y^2}{q^2} = 1$ の面積は πpq であるから,円の面積から楕円 $E : \left(x - \dfrac{1}{2} \right)^2 + \dfrac{4}{3}y^2 = 1$ の面積を引くと考えて

$$S = 4\pi - \pi \cdot 1 \cdot \frac{\sqrt{3}}{2} = \left(4 - \frac{\sqrt{3}}{2} \right)\pi$$

注意 1°【逆手流】

平面内の点 (a, b) を考えて,(a, b) を通る直線 l_{P} が存在すれば,すなわち,(x_1, y_1) が存在すれば (a, b)

は D に含まれ,存在しなければ (a, b) は D に含まれない.

連立方程式

$$x_1{}^2 + y_1{}^2 = 4 \quad \cdots\cdots\cdots\cdots ①$$

$$2(x_1 - 1)x + 2y_1 y - 3 = 0 \quad \cdots\cdots ②$$

が実数解 (x_1, y_1) を持つ条件を求めよう.

② より $2y_1 y = 3 - 2(x_1 - 1)x$ を ①$\times 4y^2$ に代入して

$$4y^2 x_1{}^2 + (3 - 2(x_1 - 1)x)^2 = 16y^2$$

$$4(x^2 + y^2)x_1{}^2 - 4x_1 x(3 + 2x)$$
$$+ (3 + 2x)^2 - 16y^2 = 0$$

判別式を D' とすると

$$\frac{D'}{4} = 4x^2(3 + 2x)^2 - 4(x^2 + y^2)\{(3 + 2x)^2 - 16y^2\}$$

$$= -4y^2(3 + 2x)^2 + 64(x^2 + y^2)y^2$$

$$= 4y^2\{-(3 + 2x)^2 + 16(x^2 + y^2)\}$$

$$= 4y^2(12x^2 - 12x + 16y^2 - 9) \geqq 0$$

$y^2 \geqq 0$ であるから

$$12x^2 - 12x + 16y^2 - 9 \geqq 0$$

$$\left(x - \frac{1}{2} \right)^2 + \frac{4}{3}y^2 \geqq 1$$

を得る.

2°【楕円の図形的性質】

楕円の幾何的な定義は2定点からの距離の和が一定の点の軌跡である.図3を見よ.l_{P} は AP の垂直二等分線であるから,PB = BA である.

$$AB + OB = PB + OB \geqq OP = 2$$

AB + OB = 2 のときの点 B は O,A を焦点とする楕円上にあるから,l_{P} 上の点は楕円の周上または外部にある.

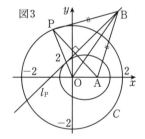

図3

《掛谷-ベシコビッチの問題》

14. 媒介変数表示された曲線

$$x = \frac{1}{2}\cos\theta + \frac{1}{4}\cos 2\theta,$$

$$y = \frac{1}{2}\sin\theta - \frac{1}{4}\sin 2\theta$$

を内サイクロイドという（これは大きい円（半径 $\dfrac{3}{4}$）に内接しながら小さい円（半径 $\dfrac{1}{4}$）が滑らずに回転するときの小さい円の円周上の定点の軌跡である）．このとき，この曲線の中で長さ 1 の棒が回転できることを確かめるため，次の問いに答えよ．

（1） 曲線上の点

$$x_0 = \frac{1}{2}\cos\theta_0 + \frac{1}{4}\cos2\theta_0,$$

$$y_0 = \frac{1}{2}\sin\theta_0 - \frac{1}{4}\sin2\theta_0$$

における接線の傾きが $-\tan\dfrac{\theta_0}{2}$ であることを示せ．

（2） $0 < \theta_0 < \dfrac{2\pi}{3}$ とする．（1）の接線と曲線の交点を

$$x_k = \frac{1}{2}\cos\theta_k + \frac{1}{4}\cos2\theta_k,$$

$$y_k = \frac{1}{2}\sin\theta_k - \frac{1}{4}\sin2\theta_k \quad (k = 1, 2)$$

とするとき（ただし，

$\dfrac{2\pi}{3} < \theta_1 < \dfrac{4\pi}{3} < \theta_2 < 2\pi$ とする），

$$(x_k - x_0)\sin\frac{\theta_0}{2} + (y_k - y_0)\cos\frac{\theta_0}{2}$$
$$= \sin^2\frac{\theta_k - \theta_0}{2}\sin\left(\theta_k + \frac{\theta_0}{2}\right)$$

が成立することを示せ．

（3） $\theta_1 = \pi - \dfrac{\theta_0}{2}$, $\theta_2 = 2\pi - \dfrac{\theta_0}{2}$ を示せ．

（4） $x_1 - x_2 = \cos\theta_1$, $y_1 - y_2 = \sin\theta_1$ を示せ．

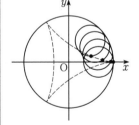

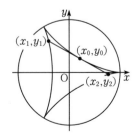

（15 玉川大・工）

▶解答◀ （1） $\dfrac{dx}{d\theta} = -\dfrac{1}{2}\sin\theta - \dfrac{1}{2}\sin2\theta$

$$= -\sin\frac{3}{2}\theta\cos\frac{\theta}{2}$$

$$\frac{dy}{d\theta} = \frac{1}{2}\cos\theta - \frac{1}{2}\cos2\theta = \sin\frac{3}{2}\theta\sin\frac{\theta}{2}$$

したがって

$$\frac{dy}{dx} = \frac{\dfrac{dy}{d\theta}}{\dfrac{dx}{d\theta}} = \frac{\sin\dfrac{3}{2}\theta\sin\dfrac{\theta}{2}}{-\sin\dfrac{3}{2}\theta\cos\dfrac{\theta}{2}} = -\tan\frac{\theta}{2}$$

点 (x_0, y_0) における接線の傾きは $-\tan\dfrac{\theta_0}{2}$ である．

（2） $\dfrac{\theta_k + \theta_0}{2} = a$, $\dfrac{\theta_k - \theta_0}{2} = b$ とおくと，

$$x_k - x_0 = \frac{1}{2}\{\cos(a+b) - \cos(a-b)\}$$
$$+ \frac{1}{4}\{\cos(2a+2b) - \cos(2a-2b)\}$$
$$= -\sin a\sin b - \frac{1}{2}\sin2a\sin2b$$
$$= -\sin a\sin b - \sin2a\sin b\cos b$$
$$= \sin b(-\sin a - \sin2a\cos b)$$

$$y_k - y_0 = \frac{1}{2}\{\sin(a+b) - \sin(a-b)\}$$
$$- \frac{1}{4}\{\sin(2a+2b) - \sin(2a-2b)\}$$
$$= \cos a\sin b - \frac{1}{2}\cos2a\sin2b$$
$$= \cos a\sin b - \cos2a\sin b\cos b$$
$$= \sin b(\cos a - \cos2a\cos b)$$

ゆえに

$$(x_k - x_0)\sin\frac{\theta_0}{2} + (y_k - y_0)\cos\frac{\theta_0}{2}$$
$$= \sin b(-\sin a - \sin2a\cos b)\sin\frac{\theta_0}{2}$$
$$+ \sin b(\cos a - \cos2a\cos b)\cos\frac{\theta_0}{2}$$
$$= \sin b\left\{\left(\cos a\cos\frac{\theta_0}{2} - \sin a\sin\frac{\theta_0}{2}\right)\right.$$
$$\left. - \cos b\left(\cos2a\cos\frac{\theta_0}{2} + \sin2a\sin\frac{\theta_0}{2}\right)\right\}$$
$$= \sin b\left\{\cos\left(a + \frac{\theta_0}{2}\right) - \cos b\cos\left(2a - \frac{\theta_0}{2}\right)\right\}$$

（$\theta_0 = a - b$ だから）

$$= \sin b\left(\cos\frac{3a - b}{2} - \cos b\cos\frac{3a + b}{2}\right)$$
$$= \sin b\left\{\cos\left(\frac{3a + b}{2} - b\right) - \cos b\cos\frac{3a + b}{2}\right\}$$

（左の項を展開し）

$$= \sin b\sin\frac{3a + b}{2}\sin b$$
$$= \sin^2\frac{\theta_k - \theta_0}{2}\sin\left(\theta_k + \frac{\theta_0}{2}\right)$$

より成立する．

（3） （1）より

$$\frac{y_k - y_0}{x_k - x_0} = -\tan\frac{\theta_0}{2} = -\frac{\sin\dfrac{\theta_0}{2}}{\cos\dfrac{\theta_0}{2}}$$

$$(x_k - x_0)\sin\frac{\theta_0}{2} + (y_k - y_0)\cos\frac{\theta_0}{2} = 0$$

（2）の結果から

$$\sin^2\frac{\theta_k - \theta_0}{2}\sin\left(\theta_k + \frac{\theta_0}{2}\right) = 0$$

$0 < \theta_0 < \frac{2}{3}\pi < \theta_1 < \frac{4}{3}\pi < \theta_2 < 2\pi$ であるから

$$0 < \frac{\theta_k - \theta_0}{2} < \pi \qquad \therefore \quad \sin\frac{\theta_k - \theta_0}{2} \neq 0$$

よって

$$\sin\left(\theta_k + \frac{\theta_0}{2}\right) = 0, \ 0 < \theta_k + \frac{\theta_0}{2} < 3\pi$$

$$\theta_1 + \frac{\theta_0}{2} = \pi, \ \theta_2 + \frac{\theta_0}{2} = 2\pi$$

$$\theta_1 = \pi - \frac{\theta_0}{2}, \ \theta_2 = 2\pi - \frac{\theta_0}{2}$$

（4）（3）より，$\theta_2 = \theta_1 + \pi$ だから

$$x_2 = \frac{1}{2}\cos\theta_2 + \frac{1}{4}\cos 2\theta_2$$

$$= \frac{1}{2}\cos(\theta_1 + \pi) + \frac{1}{4}\cos(2\theta_1 + 2\pi)$$

$$= -\frac{1}{2}\cos\theta_1 + \frac{1}{4}\cos 2\theta_1$$

$x_1 = \frac{1}{2}\cos\theta_1 + \frac{1}{4}\cos 2\theta_1$ だから

$$x_1 - x_2 = \cos\theta_1$$

である．同様に

$$y_2 = \frac{1}{2}\sin\theta_2 - \frac{1}{4}\sin 2\theta_2$$

$$= \frac{1}{2}\sin(\theta_1 + \pi) - \frac{1}{4}\sin(2\theta_1 + 2\pi)$$

$$= -\frac{1}{2}\sin\theta_1 - \frac{1}{4}\sin 2\theta_1$$

$y_1 = \frac{1}{2}\sin\theta_1 - \frac{1}{4}\sin 2\theta_1$ だから

$$y_1 - y_2 = \sin\theta_1$$

注 意 1°【掛谷-ベシコビッチの問題】「長さ 1 の線分を（その周および内部で）1 回転させることができる図形」を考える．直径の長さが 1 の円や，1 辺の長さが 1 の正三角形の外に各頂点を中心とする円弧を付けたルーローの三角形はそのような図形の 1 つである．

円

ルーローの三角形

1917 年，掛谷宗一は「このような図形で，面積が最小のものは何か」という問題を提起した．掛谷は最初ルーローの三角形だと考えたが，窪田忠彦が，本問の 3 尖点内サイクロイドを提案した．しかし，1928 年

に，ベシコビッチが「面積がいくらでも小さなものが存在する」ということを示し，世界の数学者達を驚かせた．

2°【図形的説明】本問はすごい計算量である．昔の人達が，こんな計算をして，この性質を発見したとは思えない．実は，丁寧な図を描くと，ほとんど図形的に説明できるのである．

分数を少なくするために $r = \frac{1}{4}$ とおく．半径 $3r$ の円に内接するように，半径 r の円上の点 P と，半径 $2r$ の円上の点 Q の軌跡を考えよう．P，Q は最初，点 E$(3r, 0)$ にあるとする．細かな点の説明は面倒だから図を見よ．なお，図は回転角が小さい状態で描いているが，角の測り方は一般角である．

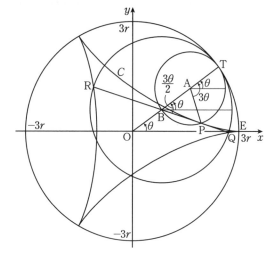

$\overrightarrow{AP}$ から $\overrightarrow{AT}$ に回る角を α とすると $\overparen{TP} = \overparen{TE}$ だから $r\alpha = 3r\theta$ である．よって $\alpha = 3\theta$ である．$\overrightarrow{AP}$ の偏角は $\theta - \alpha = -2\theta$ である．

$$\overrightarrow{OP} = \overrightarrow{OA} + \overrightarrow{AP} = \begin{pmatrix} 2r\cos\theta \\ 2r\sin\theta \end{pmatrix} + \begin{pmatrix} r\cos(-2\theta) \\ r\sin(-2\theta) \end{pmatrix}$$

となる．P の軌跡を C とする．

$$P(\theta) = \begin{pmatrix} r(2\cos\theta + \cos 2\theta) \\ r(2\sin\theta - \sin 2\theta) \end{pmatrix}$$

とおく．同様に，$\overrightarrow{BQ}$ から $\overrightarrow{BT}$ に回る角を β とすると $\overparen{TQ} = \overparen{TE}$ だから $2r\beta = 3r\theta$ である．よって $\beta = \frac{3\theta}{2}$ である．$\overrightarrow{BQ}$ の偏角は $\theta - \frac{3\theta}{2} = -\frac{\theta}{2}$ である．

$$\overrightarrow{OQ} = \begin{pmatrix} r\cos\theta \\ r\sin\theta \end{pmatrix} + \begin{pmatrix} 2r\cos\dfrac{\theta}{2} \\ -2r\sin\dfrac{\theta}{2} \end{pmatrix}$$

Q を Q(θ) とすると

$$Q(\theta) = \begin{pmatrix} r\left(\cos\theta + 2\cos\dfrac{\theta}{2}\right) \\ r\left(\sin\theta - 2\sin\dfrac{\theta}{2}\right) \end{pmatrix}$$

となる. $B\begin{pmatrix} r\cos\theta \\ r\sin\theta \end{pmatrix}$ に関して $Q(\theta)$ と対称な点を $R(\theta)$ とすると

$$R(\theta) = \begin{pmatrix} r\left(\cos\theta - 2\cos\dfrac{\theta}{2}\right) \\ r\left(\sin\theta + 2\sin\dfrac{\theta}{2}\right) \end{pmatrix}$$

$$Q(\theta) = P\left(-\frac{\theta}{2}\right), \quad R(\theta) = P\left(\pi - \frac{\theta}{2}\right)$$

であるから, $Q(\theta)$, $R(\theta)$ も C 上にある.

また, B, P は A を中心, 半径 r の円周上にあり, B, P, Q は一直線上にある. $\alpha = 2\beta$ で, 弧 TP に関する円周角と中心角の関係になっていることに注意せよ. $\overrightarrow{BQ}$ の偏角は $-\dfrac{\theta}{2}$, 傾きは $-\tan\dfrac{\theta}{2}$ である. また, $P(x, y)$ について,

$$\frac{dy}{dx} = -\tan\frac{\theta}{2}$$

だから, P における接線の傾きは $-\tan\dfrac{\theta}{2}$ である. よって直線 QR は C と P で接する. 微分法を用いないなら次のようにしてもよい. BT は円の直径だから $\angle\text{TPB} = 90°$ である. 円を少し動かすとき, 線分 TP は T を中心として回転する方向に動くだろう. したがって P の動く方向は TP に垂直な方向であり, それは BQ の方向である. よって直線 QR は C と P で接する.

そして QR の長さは $4r = 1$ で一定である. 長さ 1 の線分が C に接しながら両端を C 上に置いて動いていくと, 接点が C 上を 2 周して戻ったときに線分は一回転している.

§11 複素数平面

《方程式の裏にある複素数》

1. 3次の整式 $f(x) = x^3 + x^2 + px + q$（ただし，$p \neq q$, $q \neq 0$），および $g(x) = \dfrac{-1}{x+1}$ が次の条件 $(*)$ をみたすとする．

$(*)$ $f(x) = 0$ の任意の解 α に対して $g(\alpha)$ も $f(x) = 0$ の解である．

次の問に答えよ．

（1） p, q の値を求めよ．

（2） $f(x) = 0$ は $-2 < x < 2$ の範囲に 3 つの実数解をもつことを示せ．

（3） $f(x) = 0$ の任意の解を $2\cos\theta$ とするとき，$2\cos 2\theta$, $2\cos 3\theta$ も解であることを示せ．

（4） $2\cos\theta \, (0 < \theta < \pi)$ が $f(x) = 0$ の解であるとき，θ の値を求めよ． （17 早稲田大・理工）

《複素数体の部分集合》

2. α, β, γ を複素数として，$f(t) = \alpha t^2 + \beta t + \gamma$ とおく．実部と虚部がどちらも整数である複素数全体の集合を R とする．また，i を虚数単位とする．

（1） 次の 2 条件 (a), (b) は同値であることを示せ．

　　(a) すべての整数 n に対し，$f(n)$ は R の要素である．

　　(b) 2α, $\beta - \alpha$, γ はすべて R の要素である．

（2） x が R の要素ならば，$\dfrac{x(x+1)}{1-i}$ は R の要素であることを示せ．

（3） 次の 2 条件 (c), (d) は同値であることを示せ．

　　(c) すべての R の要素 x に対し，$f(x)$ は R の要素である．

　　(d) $(1-i)\alpha$, $\beta - \alpha$, γ はすべて R の要素である． （15 東北大・後）

《複素数体の部分群》

3. n を自然数とする．0 でない複素数からなる集合 M が次の条件（Ⅰ），（Ⅱ），（Ⅲ）を満たしている．

（Ⅰ） 集合 M は n 個の要素からなる．

（Ⅱ） 集合 M の要素 z に対して，$\dfrac{1}{z}$ と $-z$ はともに集合 M の要素である．

（Ⅲ） 集合 M の要素 z, w に対して，その積 zw は集合 M の要素である．ただし，$z = w$ の場合も含める．

このとき，次の問に答えよ．

（1） 1 および -1 は集合 M の要素であることを示せ．

（2） n は偶数であることを示せ．

（3） $n = 4$ のとき，集合 M は一通りに定まることを示し，その要素をすべて求めよ．

（4） $n = 6$ のとき，集合 M は一通りに定まることを示し，その要素をすべて求めよ． （17 名古屋大・理系）

《2次方程式の解と正三角形》

4. m, n, p, q を実数とする. x の2次方程式 $x^2 + 2mx + n = 0$ と $x^2 + 2px + q = 0$ が, ともに実数解をもたないとき, それぞれの解を α, β と γ, δ とする. ただし, α の虚部は正とする. 複素数平面上で α, β, γ, δ の表す点をそれぞれ A, B, C, D とするとき, 次の問いに答えよ. ただし, O は複素数平面上の原点とする.

（1） 三角形 OAB が正三角形となるための条件を m, n で表せ.

（2） 三角形 OAC が正三角形となるとき, p, q の値を m, n で表せ. （20 名古屋市立大・薬）

《3次方程式の解の公式》

5. 虚数単位を i とし, $\omega = \dfrac{-1 + \sqrt{3}i}{2}$ とする.

（1） 次の連立方程式を満たす複素数の組 (y, z) をすべて求めよ.

$$\begin{cases} y^3 + z^3 = 4 \\ yz = 1 \end{cases}$$

ただし, 正の実数 x の3乗根である実数を $\sqrt[3]{x}$ と記し, 分母の有理化はしなくてよい.

（2） a, b, c を相異なる3つの複素数とし, a, b, c が表す複素数平面上の3点を線分で結ぶ. このとき, 正三角形が得られるための必要十分条件は, 複素数 a, b, c が

$a + \omega b + \omega^2 c = 0$ または $a + \omega^2 b + \omega c = 0$

を満たすことである. このことを示せ.

（3） （1）で求めた組 (y, z) のなかで, y と z がともに実数であるものの1つを (q, r) とする. p を3次方程式 $x^3 - 3x + 4 = 0$ を満たす x のうち実数でないものとする. このとき, p, q, r が表す複素数平面上の3点を線分で結ぶと, 正三角形が得られることを示せ. （20 東北大・理-AO）

《複素数平面上の四角形の形状》

6. 複素数平面上の互いに異なる4点 $A(z_1)$, $B(w_1)$, $C(z_2)$, $D(w_2)$ を考える.

（1） 次の等式が成立することを示せ.

$$|z_1 w_1 + z_2 w_2|^2 = (|z_1|^2 + |z_2|^2)(|w_1|^2 + |w_2|^2) - |z_1 \overline{w_2} - z_2 \overline{w_1}|^2$$

（2） 2つの等式

$$|z_1 w_1 + z_2 w_2|^2 = (|z_1|^2 + |z_2|^2)(|w_1|^2 + |w_2|^2) \quad \cdots\cdots\cdots① $$

$$|z_1| = |w_1| \quad \cdots\cdots\cdots② $$

が成り立つとき, 2つの直線 AB と CD は平行であることを示せ.

（3） 2つの等式①, ②が成り立ち, 4点 A, B, C, D が同一直線上にないならば, これらの4点はある直線に関して対称な四角形の頂点となることを示せ. （19 東北大・後期）

《垂線の足が同一直線上にある》

7. 複素数平面上において，単位円上に異なる 3 点 A，B，C がある．3 直線 BC，CA，AB のいずれの上にもない点 P(w) を考える．P から直線 BC，CA，AB に下ろした垂線の足を，それぞれ A′，B′，C′ とする．

ここで，単位円とは原点を中心とする半径 1 の円のことである．また，点 P から直線 l に下ろした垂線の足とは，P を通り l に垂直な直線と l の交点のことである．

（1） A(α)，B(β) とするとき，直線 AB 上の点 z は

$$z + \alpha\beta\overline{z} = \alpha + \beta$$

を満たすことを示せ．

（2） A(α)，B(β)，C′(γ') とするとき，

$$2\gamma' = \alpha + \beta + w - \alpha\beta\overline{w}$$

を示せ．

（3） A′，B′，C′ が一直線上にあるとき，P は単位円上にあることを示せ． (21　滋賀医大)

《複素数をベクトルと見る》

8. 以下の問いに答えよ．

（1） 平面上の 2 点 P，Q の座標をそれぞれ (a, b)，(c, d) とし，O を原点とする．また，複素数 α，β を

$\alpha = a + ib$，$\beta = c + id$ と定める．このとき，ベクトル $\overrightarrow{OP}$ と $\overrightarrow{OQ}$ の内積 $\overrightarrow{OP} \cdot \overrightarrow{OQ}$ は $\dfrac{\alpha\overline{\beta} + \overline{\alpha}\beta}{2}$ に等しいことを示せ．ただし，i は虚数単位，$\overline{\alpha}$，$\overline{\beta}$ は，それぞれ，α，β の共役な複素数である．

（2） 原点 O を中心とする半径 1 の円を**単位円**という．単位円に内接する正 n 角形 ($n \geq 3$) の頂点を P$_0$，P$_1$，$\cdots$，P$_{n-1}$ とする．このとき，単位円上の点 A に対して，

$$S_p = (\overrightarrow{OP_0} \cdot \overrightarrow{OA})^p + (\overrightarrow{OP_1} \cdot \overrightarrow{OA})^p + \cdots + (\overrightarrow{OP_{n-1}} \cdot \overrightarrow{OA})^p$$

とする．ただし，p は $0 < p < n$ を満たす整数とする．

（ i ） $S_1 = 0$ が成り立つことを示せ．

（ ii ） $S_2 = \dfrac{n}{2}$ が成り立つことを示せ．

（iii） S_p の値は点 A によらないことを示せ． (19　九大・後期)

《複素数の表示方法あれこれ》

9. α を複素数とする．複素数 z の方程式

$$z^2 - \alpha z + 2i = 0 \quad \cdots\cdots\cdots ①$$

について，以下の問いに答えよ．ただし，i は虚数単位である．

（1） 方程式①が実数解をもつように α が動くとき，点 α が複素数平面上に描く図形を図示せよ．

（2） 方程式①が絶対値 1 の複素数を解にもつように α が動くとする．原点を中心に α を $\dfrac{\pi}{4}$ 回転させた点を表す複素数を β とするとき，点 β が複素数平面上に描く図形を図示せよ．

(18　東北大・理系)

《相似変換》

10. n を 3 以上の整数とする．半径 r (>0) の円 C に内接する正 n 角形の n 個の頂点を反時計回りの順に P$_0$，P$_1$，$\cdots$，P$_{n-1}$ とおく．点 Q が円 C の周上を動くとき，n 個の線分 QP$_0$，QP$_1$，$\cdots$，QP$_{n-1}$ の長さの積 $L(Q)$ が最大となるような点 Q の位置，及び $L(Q)$ の最大値を求めよ．

(17　奈良県立医大・後期)

《複素数を変換として見る》

11. a は 0 でない複素数で，$0 \leqq \arg a < \dfrac{\pi}{4}$ をみたすものとする．複素数平面上の点 $\mathrm{A}(-a^2 + 2ia)$，点 $\mathrm{B}(-1)$ と原点 O に対し，点 B を通り，$\angle \mathrm{ABO}$ を 2 等分する直線を l とする．ただし，i は虚数単位とする．

（1） t を正の実数，z を複素数とする．点 $\mathrm{P}(z)$ は直線 l 上にあり，$\mathrm{BP} = t$ かつ z の虚部は 0 以上とする．このとき，z を a と t で表せ．

（2） a は $\left| a - \left(2 + \dfrac{i}{2} \right) \right| = \dfrac{1}{2}$ をみたして動くとする．直線 l と原点 O との距離が最小となる a を求めよ．

(22 北海道大・後期)

《複素数平面上の軌跡 1》

12. 複素数 z_1, z_2 が $|z_1| = |z_2| = 1$ を満たすとする．次の問いに答えよ．

（1） $z_1 + z_2 = \dfrac{3}{2}$ を満たす z_1, z_2 を求めよ．

（2） $z_1 + z_2 = \dfrac{3}{2}\left(\dfrac{1}{2} + \dfrac{\sqrt{3}}{2}i \right)$ を満たす z_1, z_2 を求めよ．

（3） 複素数 α を $|\alpha| = 1$ を満たす定数とする．このとき，$z_1 + z_2 = 2 + \alpha$ を満たす z_1, z_2 が存在するような α について，そのような α 全体が複素数平面上に描く図形を図示せよ．

(18 秋田大・前期)

《複素数平面上の軌跡 2》

13. 3 つの複素数 α, β, z は次の関係式

$$\alpha + \beta = z, \quad \alpha\beta = i\,\overline{z}, \quad \alpha\beta \neq 0$$

を満たしているとする．ただし，i は虚数単位，$\overline{z}$ は z の共役な複素数とする．このとき $\dfrac{\alpha}{\beta}$ が実数であるような z の条件を求め，そのような z の集合を複素数平面上に図示せよ．

(17 早稲田大・教育)

《複素数平面上の軌跡 3》

14. 複素数平面上の原点を中心とする半径 1 の円を C とする．点 $\mathrm{P}(z)$ は C 上にあり，点 $\mathrm{A}(1)$ とは異なるとする．点 P における円 C の接線に関して，点 A と対称な点を $\mathrm{Q}(u)$ とする．$w = \dfrac{1}{1 - u}$ とおき，w と共役な複素数を $\overline{w}$ で表す．

（1） u と $\dfrac{\overline{w}}{w}$ を z についての整式として表し，絶対値の商 $\dfrac{|w + \overline{w} - 1|}{|w|}$ を求めよ．

（2） C のうち実部が $\dfrac{1}{2}$ 以下の複素数で表される部分を C' とする．点 $\mathrm{P}(z)$ が C' 上を動くときの点 $\mathrm{R}(w)$ の軌跡を求めよ．

(18 東大・理科)

284

《エルミート内積》

15. $f(z)$ は複素数平面全体で定義された関数であり，以下の条件 (N) を満たすものとする．

- 条件 (N)：$\mathrm{Re}(f(z)\overline{f(w)}) = \mathrm{Re}(z\overline{w})$ が任意の複素数 z, w に対して成り立つ．

（但し，複素数 α に対して，$\mathrm{Re}\,\alpha$ は α の実部を，$\overline{\alpha}$ は α の共役複素数を表す．）

（１） 複素数 z の絶対値が 1 ならば，$f(z)$ の絶対値も 1 であることを証明せよ．

（２） 以下の等式を証明せよ．

（ⅰ） 任意の複素数 z, w に対して $f(z+w) = f(z) + f(w)$ が成り立つ．

（ⅱ） 任意の実数 r と任意の複素数 z に対して $f(rz) = rf(z)$ が成り立つ．

（３） 絶対値が 1 の複素数 a を用いて，

$$f(z) = az \text{ または } f(z) = a\overline{z}$$

と表せることを証明せよ． （16 奈良県立医大-後）

《オイラーの公式》

16. 点 P_0 を xy 平面の原点とし，点 P_1 の座標を $(1, 0)$ とする．点 $\mathrm{P}_2, \mathrm{P}_3, \mathrm{P}_4, \cdots$ を次のように定める．

$n = 1, 2, 3, \cdots\cdots$ に対して，点 P_{n-1} を中心として点 P_n を反時計回りに $\theta\,(0 < \theta < \pi)$ だけ回転させた点を Q_n とし，点 P_{n+1} を $\overrightarrow{\mathrm{P}_{n-1}\mathrm{Q}_n} = \overrightarrow{\mathrm{P}_n\mathrm{P}_{n+1}}$ となるようにとる．

このとき，次の問いに答えよ．

（１） $k = 0, 1, 2, \cdots\cdots$ に対して，

$$\sin\frac{\theta}{2}\cos k\theta = \frac{1}{2}\left\{-\sin\left(\frac{2k-1}{2}\theta\right) + \sin\left(\frac{2k+1}{2}\theta\right)\right\}$$

$$\sin\frac{\theta}{2}\sin k\theta = \frac{1}{2}\left\{\cos\left(\frac{2k-1}{2}\theta\right) - \cos\left(\frac{2k+1}{2}\theta\right)\right\}$$

が成り立つことを示せ．

（２） $n = 1, 2, 3, \cdots\cdots$ に対して，

$$1 + \cos\theta + \cdots + \cos n\theta = \frac{1}{2\sin\frac{\theta}{2}}\left\{\sin\left(\frac{2n+1}{2}\theta\right) + \sin\frac{\theta}{2}\right\}$$

$$\sin\theta + \cdots + \sin n\theta = \frac{1}{2\sin\frac{\theta}{2}}\left\{-\cos\left(\frac{2n+1}{2}\theta\right) + \cos\frac{\theta}{2}\right\}$$

が成り立つことを示せ．

（３） 点 P_n の座標を (x_n, y_n) とおくとき，x_n および y_n を求めよ．

（４） すべての点 $\mathrm{P}_n\,(n = 0, 1, 2, \cdots)$ を通る円の方程式を求めよ． （14 富山大・薬）

《方程式の裏にある複素数》

1. 3次の整式 $f(x) = x^3 + x^2 + px + q$（ただし，$p \neq q,\ q \neq 0$），および $g(x) = \dfrac{-1}{x+1}$ が次の条件 (*) をみたすとする．

（*）$f(x) = 0$ の任意の解 α に対して $g(\alpha)$ も $f(x) = 0$ の解である．

次の問に答えよ．

（1）$p,\ q$ の値を求めよ．

（2）$f(x) = 0$ は $-2 < x < 2$ の範囲に3つの実数解をもつことを示せ．

（3）$f(x) = 0$ の任意の解を $2\cos\theta$ とするとき，$2\cos 2\theta,\ 2\cos 3\theta$ も解であることを示せ．

（4）$2\cos\theta\ (0 < \theta < \pi)$ が $f(x) = 0$ の解であるとき，θ の値を求めよ．　（17　早稲田大・理工）

考え方　(*) を繰り返し使うと，α が解のとき，$g(\alpha)$ も解で，$g(g(\alpha))$ も解で，$g(g(g(\alpha)))$ も解で…，となる．しかし，3次方程式の解は高々3つであるから，重複が起こる．解がグルグル回るイメージである．

▶解答◀　（1）$g(\alpha) = -\dfrac{1}{\alpha + 1}$

$$g(g(\alpha)) = -\frac{1}{-\dfrac{1}{\alpha+1}+1} = -\frac{\alpha+1}{\alpha}$$

$$g(g(g(\alpha))) = -\frac{1}{-\dfrac{\alpha+1}{\alpha}+1} = \alpha$$

で元に戻る．さて

$$\alpha,\ -\frac{1}{\alpha+1},\ -\frac{\alpha+1}{\alpha}$$

の中に等しいものがあるとしよう．

$$\alpha = -\frac{1}{\alpha+1},\ \alpha = -\frac{\alpha+1}{\alpha},$$

$$-\frac{1}{\alpha+1} = -\frac{\alpha+1}{\alpha}$$

のいずれを整理しても $\alpha^2 + \alpha + 1 = 0$ を得る．

（ア）$f(x) = 0$ が $\dfrac{-1 \pm \sqrt{3}i}{2}$ 以外の解をもつとき．$f(x) = 0$ は異なる3解をもつ．

（イ）$f(x) = 0$ が $\dfrac{-1+\sqrt{3}i}{2}$ か $\dfrac{-1-\sqrt{3}i}{2}$ の解をもつとき．$f(x) = 0$ の解はすべてこの中にある（この解の実部は $-\dfrac{1}{2}$ であることに注意せよ）．

$f(x) = 0$ の3解を $x_1,\ x_2,\ x_3$ とする．解と係数の関係

より $x_1 + x_2 + x_3 = -1$ であるが，$x_1 + x_2 + x_3$ の実部は $-\dfrac{1}{2} \cdot 3$ のはずであるから矛盾する．

ゆえに（イ）であることはなく（ア）で，$f(x)$ は異なる3解をもつ．$f(x) = 0$ の任意の解 x に対し，$f\left(-\dfrac{1}{x+1}\right) = 0$ であり，

$$-\frac{1}{(x+1)^3} + \frac{1}{(x+1)^2} - \frac{p}{x+1} + q = 0$$

$$q(x+1)^3 - p(x+1)^2 + x + 1 - 1 = 0$$

$$qx^3 + (3q-p)x^2$$
$$+ (3q - 2p + 1)x + q - p = 0 \quad \cdots\cdots① $$

となる．$f(x) = 0$ を q 倍し，

$$qx^3 + qx^2 + pqx + q^2 = 0 \quad \cdots\cdots② $$

①，②が異なる3解をもち，一致するから同じ方程式である．係数を比べ

$$3q - p = q \quad \cdots\cdots③ $$

$$3q - 2p + 1 = pq \quad \cdots\cdots④ $$

$$q - p = q^2 \quad \cdots\cdots⑤ $$

③ より $p = 2q$ で ⑤ に代入し

$$-q = q^2$$

$q \neq 0$ より $\boldsymbol{q = -1,\ p = -2}$

このとき ④ は成り立つ．

（2）$f(x) = x^3 + x^2 - 2x - 1$ より

$$f(-2) = -8 + 4 + 4 - 1 = -1$$
$$f(-1) = -1 + 1 + 2 - 1 = 1$$
$$f(0) = -1,\ f(2) = 8 + 4 - 4 - 1 = 7$$

より $f(-2) < 0,\ f(-1) > 0,\ f(0) < 0,\ f(2) > 0$ であるから，$f(x) = 0$ の解は $-2 < x < -1$，$-1 < x < 0,\ 0 < x < 2$ を満たす実数解となる．

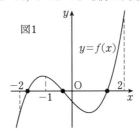

図1

（3）$\alpha^3 + \alpha^2 - 2\alpha - 1 = 0$ をみたす任意の α に対し $\alpha = 2\cos\theta$ とおくと

$$2\cos 2\theta = 2(2\cos^2\theta - 1) = \alpha^2 - 2$$

$$2\cos 3\theta = 2(4\cos^3\theta - 3\cos\theta) = \alpha^3 - 3\alpha$$

となる．一方

$$(\alpha^2 - 2) - \frac{-1}{\alpha + 1}$$
$$= \frac{(\alpha^2 - 2)(\alpha + 1) + 1}{\alpha + 1}$$
$$= \frac{\alpha^3 + \alpha^2 - 2\alpha - 1}{\alpha + 1} = 0$$
$$(\alpha^3 - 3\alpha) - \left(-\frac{\alpha + 1}{\alpha}\right)$$
$$= \frac{\alpha^4 - 3\alpha^2 + \alpha + 1}{\alpha}$$
$$= \frac{(\alpha^3 + \alpha^2 - 2\alpha - 1)(\alpha - 1)}{\alpha} = 0$$

よって $\alpha = 2\cos\theta$ のとき

$$-\frac{1}{\alpha + 1} = 2\cos 2\theta, \quad -\frac{\alpha + 1}{\alpha} = 2\cos 3\theta$$

だから $2\cos 2\theta$ も $2\cos 3\theta$ も解である．

（4）（1）のはじめに

$$g(\alpha) = -\frac{1}{\alpha + 1}, \quad g\left(-\frac{1}{\alpha + 1}\right) = -\frac{\alpha + 1}{\alpha} \quad \cdots ⑥$$

を示した．

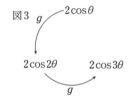

図2，図3

一方，$\alpha = 2\cos\theta$ と表すと

$$-\frac{1}{\alpha + 1} = 2\cos 2\theta, \quad -\frac{\alpha + 1}{\alpha} = 2\cos 3\theta$$

と表された．これらを⑥に適用し

$$g(2\cos\theta) = 2\cos 2\theta \quad \cdots\cdots\cdots ⑦$$
$$g(2\cos 2\theta) = 2\cos 3\theta \quad \cdots\cdots\cdots ⑧$$

これが任意の解に適用できるから，⑦の θ を 2θ にすれば

$$g(2\cos 2\theta) = 2\cos 4\theta \quad \cdots\cdots\cdots ⑨$$

⑧，⑨より

$$\cos 4\theta - \cos 3\theta = 0$$
$$2\sin \frac{7\theta}{2} \sin \frac{\theta}{2} = 0$$

$0 < \theta < \pi$ より $\sin \frac{\theta}{2} \neq 0$ であるから $\sin \frac{7\theta}{2} = 0$ で，$\frac{7\theta}{2} = n\pi$（n は整数）となる．

$$\theta = \frac{2}{7} n\pi, \quad 0 < \theta < \pi$$
$$\theta = \frac{2}{7}\pi, \frac{4}{7}\pi, \frac{6}{7}\pi$$

$0 < \theta < \pi$ で $\cos\theta$ は減少関数だから解 $x = 2\cos\theta$ は

$$2\cos \frac{2}{7}\pi, 2\cos \frac{4}{7}\pi, 2\cos \frac{6}{7}\pi$$

ですべてである．

注意 **1° 【グルグル回る】** $x^3 - 3x + 1 = 0$ の解 α, β, γ（$\gamma < \beta < \alpha$）に対し

$$\gamma = \beta^2 - 2, \quad \beta = \alpha^2 - 2, \quad \alpha = \gamma^2 - 2$$

でグルグル回るという話題は有名で，1997年早大・理工にある．2006年早大・理工には分数関数を使ってグルグルまわすものが出題されている．

2° 【複素数表示する】（4）で θ を 2θ にしたが，少し気持ち悪い．もともと $x^3 + x^2 - 2x - 1 = 0$ は直接解ける．$x = 2\cos\theta$（$0 < \theta < \pi$）とおくと

$$2\cos 2\theta = x^2 - 2, \quad 2\cos 3\theta = x^3 - 3x$$

であるから，これらから x を消去すると

$$2\cos 3\theta + 2\cos 2\theta + 2\cos\theta + 1 = 0$$

$z = \cos\theta + i\sin\theta$ とおくと，ド・モアブルの定理を用いて

$$z^3 + \overline{z^3} + z^2 + \overline{z^2} + z + \overline{z} + 1 = 0$$

$|z| = 1$ だから $\overline{z} = \frac{1}{z}$ であり

$$z^3 + \frac{1}{z^3} + z^2 + \frac{1}{z^2} + z + \frac{1}{z} + 1 = 0$$
$$z^6 + 1 + z^5 + z + z^4 + z^2 + z^3 = 0$$
$$z^6 + z^5 + z^4 + z^3 + z^2 + z + 1 = 0$$

$z - 1$ をかけて $z^7 - 1 = 0$ となる．$z \neq 1$ を考慮して

$$z = \cos \frac{2k}{7}\pi + i\sin \frac{2k}{7}\pi \quad (k = 1, \cdots, 6)$$

と解けるから $\theta = \frac{2}{7}\pi, \frac{4}{7}\pi, \frac{6}{7}\pi$ となる．

《複素数体の部分集合》

2. α, β, γ を複素数として，$f(t) = \alpha t^2 + \beta t + \gamma$ とおく．実部と虚部がどちらも整数である複素数全体の集合を R とする．また，i を虚数単位とする．

（1）次の2条件（a），（b）は同値であることを示せ．

（a）すべての整数 n に対し，$f(n)$ は R の要素である．

（b）$2\alpha, \beta - \alpha, \gamma$ はすべて R の要素である．

（2）x が R の要素ならば，$\frac{x(x+1)}{1-i}$ は R の要素であることを示せ．

（3）次の2条件（c），（d）は同値であることを示せ．

（c）すべての R の要素 x に対し，$f(x)$ は R の要素である．

（d）$(1-i)\alpha, \beta - \alpha, \gamma$ はすべて R の要素である．

（15 東北大・後）

考え方 「(a)と(b)が同値である」ことを示すとき，簡単な問題であれば同値変形をして終了だが，難しい問題になればなるほどそうは問屋が卸さない．そのようなときは「(a)⇒(b)」と「(b)⇒(a)」を個別に示していくことになる．大学に行ってからの証明はほとんど後者である．

▶解答◀ （1）(a)⇒(b)を示す．

全ての n に対して，$f(n) \in R$ より

$$f(1) = \alpha + \beta + \gamma \in R$$
$$f(0) = \gamma \in R$$
$$f(-1) = \alpha - \beta + \gamma \in R$$

となる．よって

$$2\alpha = f(1) + f(-1) - 2f(0) \in R$$
$$\beta - \alpha = f(0) - f(-1) \in R$$

である．

次に (b)⇒(a) を示す．$2\alpha = p$, $\beta - \alpha = q$ とする．$p \in R, q \in R$ のとき

$$\alpha = \frac{p}{2}, \quad \beta = q + \frac{p}{2}$$

となり

$$f(n) = \alpha n^2 + \beta n + \gamma$$
$$= \frac{p}{2}n^2 + \left(q + \frac{p}{2}\right)n + \gamma$$
$$= \frac{pn(n+1)}{2} + qn + \gamma$$

連続2整数の積 $n(n+1)$ は偶数であり，$\frac{n(n+1)}{2}$ は整数である．全ての自然数 n に対し，$f(n)$ は R の要素である．

（2）$x \in R$ より $x = u + vi$（u, v は整数）とおける．

$$\frac{x(x+1)}{1-i} = \frac{1}{2}(1+i)(u+vi)(u+1+vi)$$
$$= \frac{1}{2}(1+i)\{(u^2+u-v^2) + (2uv+v)i\}$$
$$= \frac{1}{2}\{u(u+1) - v(v+1) - 2uv\}$$
$$\qquad + \frac{1}{2}\{u(u+1) - v(v-1) + 2uv\}i$$
$$= \frac{u(u+1)}{2} - \frac{v(v+1)}{2} - uv$$
$$\qquad + \left\{\frac{u(u+1)}{2} - \frac{v(v-1)}{2} + uv\right\}i$$

となる．連続2整数の積 $u(u+1), v(v+1), v(v-1)$ は偶数であり，$\frac{u(u+1)}{2}, \frac{v(v+1)}{2}, \frac{v(v-1)}{2}$ は整数であり，よって $\frac{x(x+1)}{1-i} \in R$

（3）(c)⇒(d) を示す．全ての R の要素 x に対し，$f(\gamma) \in R$ より，(1)から $\beta - \alpha, \gamma \in R$ となる．$i, 1+i \in R$ に注意して

$$if(i) + f(1) - (1+i)f(0)$$

$$= i(-\alpha + i\beta + \gamma) + (\alpha + \beta + \gamma) - (1+i)\gamma$$
$$= (1-i)\alpha \in R$$

次に (d)⇒(c) を示す．$x \in R$ のとき，$\frac{x(x+1)}{1-i} \in R$ に注意して $(1-i)\alpha = s$, $\beta - \alpha = t$ とおくと，$s \in R, t \in R$ のとき

$$\alpha = \frac{s}{1-i}, \quad \beta = t + \frac{s}{1-i}$$

となり

$$f(x) = \alpha x^2 + \beta x + \gamma$$
$$= \frac{s}{1-i}x^2 + \left(t + \frac{s}{1-i}\right)x + \gamma$$
$$= s\frac{x(x+1)}{1-i} + tx + \gamma \in R$$

より示された．

《複素数体の部分群》

3. n を自然数とする．0でない複素数からなる集合 M が次の条件（Ⅰ），（Ⅱ），（Ⅲ）を満たしている．

（Ⅰ）集合 M は n 個の要素からなる．

（Ⅱ）集合 M の要素 z に対して，$\frac{1}{z}$ と $-z$ はともに集合 M の要素である．

（Ⅲ）集合 M の要素 z, w に対して，その積 zw は集合 M の要素である．ただし，$z = w$ の場合も含める．

このとき，次の問に答えよ．

（1）1 および -1 は集合 M の要素であることを示せ．

（2）n は偶数であることを示せ．

（3）$n = 4$ のとき，集合 M は一通りに定まることを示し，その要素をすべて求めよ．

（4）$n = 6$ のとき，集合 M は一通りに定まることを示し，その要素をすべて求めよ．

(17 名古屋大・理系)

考え方 群論の問題である．複素数からなる集合 M が（乗法を演算とする）群であるとは

- $z, w \in M$ ならば $zw \in M$
  （すなわち，演算について閉じている）
- $1 \in M$（単位元の存在）
- $z \in M$ ならば $\frac{1}{z} \in M$（逆元の存在）

が成り立つことである．一般の群においては，上に加えて，結合法則が成り立つという条件も必要になる．本問の場合は，$-z \in M$ も条件になっているから，さらに厳しい．環の一歩手前である．

▶解答◀ M はすぐに定まる．それを求めよう．かつての頻出問題で，大学では群論の練習問題である．

（I）より M の要素は n 個ある．それを z_1, z_2, $\cdots$, z_n とする．この任意の要素を1つ定め，それを w とする．$w \neq 0$ だから wz_1, wz_2, $\cdots$, wz_n はすべて相異なる．（III）より，wz_1, wz_2, $\cdots$, wz_n は全体として z_1, z_2, $\cdots$, z_n に一致する．これらの積をつくると

$$w^n(z_1 z_2 \cdots z_n) = z_1 z_2 \cdots z_n$$

である．$z_1 z_2 \cdots z_n \neq 0$ で割ると $w^n = 1$ となり，M は1の n 乗根の集合である．よって M は唯一に定まる．

（1）$w^n = 1$ の解の1つは1である．よって1は M の要素である．（II）より -1 も M の要素である．

（2）-1 が $w^n = 1$ の解の1つだから $(-1)^n = 1$ である．ゆえに n は偶数である．

（3）$n = 4$ のとき，冒頭で述べたことにより $w^4 = 1$ の解集合に定まり

$$M = \{1, i, -1, -i\}$$

（4）$n = 6$ のとき，$w^6 = 1$ の解集合に定まり

$$M = \left\{ \pm 1, \frac{1 \pm \sqrt{3}i}{2}, \frac{-1 \pm \sqrt{3}i}{2} \right\}$$

◆別解◆（1）（I）より，M には少なくとも1つの要素があるから，それを z とすると，（II）より，$\dfrac{1}{z} \in M$，$-z \in M$ である．（III）より

$$z \cdot \frac{1}{z} \in M, \quad -z \cdot \frac{1}{z} \in M$$

よって，$1 \in M$，$-1 \in M$ である．

（2）$z \in M$ とすると，（III）より，z, z^2, $\cdots$ はすべて M の要素である．$|z| \neq 1$ と仮定すると，z, z^2, $\cdots$ はすべて異なるから，M が無数の要素をもち，（I）と矛盾する．よって，$|z| = 1$ である．このとき

$$z \bar{z} = 1 \quad \therefore \quad \frac{1}{z} = \bar{z} \quad \cdots\cdots\cdots①$$

（II）より，$\bar{z} \in M$，$-z \in M$ であり，さらに $-\bar{z} \in M$ である．よって

$$z \in M \Rightarrow \bar{z} \in M, -z \in M, -\bar{z} \in M$$

が成り立つから，M の要素を複素数平面上に図示すると，要素はすべて単位円上にあり，かつ実軸，虚軸に関して対称である．

$1 \in M$，$-1 \in M$ に注意する．また，$0 < \arg z < \dfrac{\pi}{2}$ を満たす M の要素の個数を k とおく．

（ア）$i \in M$ のとき

$-i \in M$ であるから，1，-1 も含めて，$n = 4k + 4$ である．

（イ）$i \notin M$ のとき

$-i \notin M$ であるから，1，-1 も含めて，$n = 4k + 2$ である．

以上より，$n = 4k + 4$ または $n = 4k + 2$ で，n は偶数である．

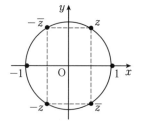

（3）$n = 4$ となるのは，$k = 0$ かつ（2）の（ア）の場合である．このとき，$M = \{1, -1, i, -i\}$ で，確かに（III）を満たす．よって，M は1通りに定まり

$$M = \{1, -1, i, -i\}$$

（4）$n = 6$ となるのは，$k = 1$ かつ（2）の（イ）の場合である．

$0 < \arg z < \dfrac{\pi}{2}$ を満たす M のただ1つの要素を z とおくと，1，-1，z，$\bar{z}$，$-z$，$-\bar{z}$ はすべて M の要素であり，また，すべて異なるから

$$M = \{1, -1, z, \bar{z}, -z, -\bar{z}\} \quad \cdots\cdots\cdots②$$

となるしかない．

一方，（III）より，$z^2 \in M$ であるから，z^2 は②のどれかの要素と一致する．$0 < \arg(z^2) < \pi$ に注意する．偏角がこの範囲にある②の要素は z と $-\bar{z}$ であり，$z \neq 0, 1$ より $z^2 \neq z$ であるから

$$z^2 = -\bar{z}$$

である．①を用いて

$$z^2 = -\frac{1}{z}$$
$$z^3 + 1 = 0$$
$$(z + 1)(z^2 - z + 1) = 0$$

$0 < \arg z < \dfrac{\pi}{2}$ より，$z = \dfrac{1 + \sqrt{3}i}{2}$ である．よって

$$M = \left\{ \pm 1, \frac{1 \pm \sqrt{3}i}{2}, \frac{-1 \pm \sqrt{3}i}{2} \right\}$$

これは

$$M = \left\{ \cos \frac{m\pi}{3} + i \sin \frac{m\pi}{3} \,\middle|\, m = 0, 1, \cdots, 5 \right\}$$

と書けるから，確かに（III）を満たす．以上より，M は1通りに定まり

$$M = \left\{ \pm 1, \frac{1 \pm \sqrt{3}i}{2}, \frac{-1 \pm \sqrt{3}i}{2} \right\}$$

《2次方程式の解と正三角形》

4. m, n, p, q を実数とする. x の2次方程式 $x^2 + 2mx + n = 0$ と $x^2 + 2px + q = 0$ が, ともに実数解をもたないとき, それぞれの解を α, β と γ, δ とする. ただし, α の虚部は正とする. 複素数平面上で α, β, γ, δ の表す点をそれぞれA, B, C, Dとするとき, 次の問いに答えよ. ただし, Oは複素数平面上の原点とする.

（1） 三角形 OAB が正三角形となるための条件を m, n で表せ.

（2） 三角形 OAC が正三角形となるとき, p, q の値を m, n で表せ. （20 名古屋市立大・薬）

考え方 大学の数学用語は複素平面という. 複素数平面というのは, 三平方の定理などと並び, 高等学校教育にある方言である. 解答中では, 私は「複素数平面」は使わない. 複素平面は, 点と複素数を対応づけするもので, 対応づけするとは同一視することである. 慣習により, z と書いた場合, それは数であるが, 点 z も表すことを許されている.

▶解答◀ （1） $x^2 + 2mx + n = 0$ ……………①

が実数解をもたないから, （判別式）< 0 であり

$$m^2 - n < 0 \quad \text{……………②}$$

① を解くと

$$x = -m \pm \sqrt{n - m^2}\, i$$

α の虚部は正であるから

$$\alpha = -m + \sqrt{n - m^2}\, i, \ \beta = -m - \sqrt{n - m^2}\, i$$

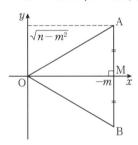

AB の中点を M とおくと, M($-m$) である. A と B は OM に関して対称な位置にあるから, 三角形 OAB が正三角形となる条件は, OM $= \sqrt{3}$AM であり

$$|-m| = \sqrt{3}\sqrt{n - m^2}$$

両辺を2乗して

$$m^2 = 3(n - m^2) \qquad \therefore \quad n = \frac{4}{3}m^2$$

② より

$$m^2 - \frac{4}{3}m^2 < 0$$

$$m^2 > 0 \qquad \therefore \quad m \neq 0$$

以上より, 求める条件は

$$n = \frac{4}{3}m^2, \ m \neq 0$$

（2） $w = \cos\left(\pm\dfrac{\pi}{3}\right) + i\sin\left(\pm\dfrac{\pi}{3}\right)$ とおく. 以下, 複号同順とする. 三角形 OAC が正三角形となるとき

$$\gamma = w\alpha = \frac{1 \pm \sqrt{3}i}{2}(-m + \sqrt{n - m^2}\, i)$$

$$= \frac{1}{2}\{-m \mp \sqrt{3(n - m^2)} + (\sqrt{n - m^2} \mp \sqrt{3}m)i\}$$

$x^2 + 2px + q = 0$ は実数係数の2次方程式で, 実数解をもたないから, $\delta = \overline{\gamma}$ である. 解と係数の関係を用いて

$$\gamma + \overline{\gamma} = -2p, \ \gamma\overline{\gamma} = q$$

$$p = -\frac{\gamma + \overline{\gamma}}{2} = \frac{1}{2}\{m \pm \sqrt{3(n - m^2)}\}$$

$$q = |\gamma|^2 = |w\alpha|^2 = |\alpha|^2 = \alpha\overline{\alpha} = \alpha\beta = n$$

注意 3次方程式の解と正三角形に関する問題も同じ年に出題されている. 合わせて演習したい.

> **参考** a, b は実数で, $a > 0$ とする. z に関する方程式
> $$z^3 + 3az^2 + bz + 1 = 0 \quad \text{……………}(*)$$
> は3つの相異なる解を持ち, それらは複素数平面上で一辺の長さが $\sqrt{3}a$ の正三角形の頂点となっているとする. このとき, a, b と $(*)$ の3つの解を求めよ. （20 京大・理系）

▶解答◀ 実数係数の3次方程式は実数解を少なくとも1つもつ. 式番号は1から振り直す.

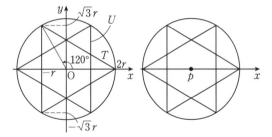

その3解が複素平面上で正三角形をなす場合, 他の2解は共役な虚数であり, 三角形の重心は実軸にある. それが原点の場合には, 実軸上の点を $2r$ とすると, 他の2点はこれを $\pm 120°$ 回転し

$$2r(\cos 120° \pm i\sin 120°) = r(-1 \pm \sqrt{3}i)$$

とおける. 図で T は $r > 0$ のとき, U は $r < 0$ のときを表す.

一般に設定し，重心を p として，（＊）の 3 解は $p+2r,\ p-r+\sqrt{3}ri,\ p-r-\sqrt{3}ri$ とおける．解と係数の関係より

$$3p = -3a \quad\cdots\cdots\cdots\cdots\cdots\cdots\cdots\cdots①$$

$$(p+2r)(2p-2r)+(p-r)^2+3r^2 = b \quad\cdots\cdots②$$

$$(p+2r)\{(p-r)^2+3r^2\} = -1 \quad\cdots\cdots\cdots\cdots③$$

となり，この正三角形の一辺の長さが $\sqrt{3}a$ であるから

$$\left|2\sqrt{3}r\right| = \sqrt{3}a \quad\cdots\cdots\cdots\cdots\cdots\cdots\cdots④$$

①，④より $p=-a,\ r=\pm\dfrac{a}{2}$ である．③より $p+2r \neq 0$ であるから $r=\dfrac{a}{2}$ は不適である．

$p=-a,\ r=-\dfrac{a}{2}$ を③に代入し

$$(-2a)\left\{\left(-\frac{a}{2}\right)^2+\frac{3}{4}a^2\right\} = -1$$

$2a^3=1$ で，$a=\dfrac{1}{\sqrt[3]{2}}$

これは $a>0$ を満たす．②に代入し

$$b = (-2a)(-a)+a^2 = 3a^2 = \frac{3}{\sqrt[3]{4}}$$

（＊）の 3 解を a で表すと $-2a,\ -\dfrac{a}{2}\pm\dfrac{\sqrt{3}}{2}ai$ であり

$$-\sqrt[3]{4},\ -\frac{1}{2\sqrt[3]{2}}(1\pm\sqrt{3}i)$$

《3 次方程式の解の公式》

5. 虚数単位を i とし，$\omega = \dfrac{-1+\sqrt{3}i}{2}$ とする．

（1） 次の連立方程式を満たす複素数の組 (y,z) をすべて求めよ．

$$\begin{cases} y^3+z^3 = 4 \\ yz = 1 \end{cases}$$

ただし，正の実数 x の 3 乗根である実数を $\sqrt[3]{x}$ と記し，分母の有理化はしなくてよい．

（2） a,b,c を相異なる 3 つの複素数とし，a,b,c が表す複素数平面上の 3 点を線分で結ぶ．このとき，正三角形が得られるための必要十分条件は，複素数 a,b,c が

$a+\omega b+\omega^2 c=0$ または $a+\omega^2 b+\omega c=0$

を満たすことである．このことを示せ．

（3） （1）で求めた組 (y,z) のなかで，y と z がともに実数であるものの 1 つを (q,r) とする．p を 3 次方程式 $x^3-3x+4=0$ を満たす x のうち実数でないものとする．このとき，p,q,r が表す複素数平面上の 3 点を線分で結ぶと，正三角形が得られることを示せ．(20 東北大・理-AO)

考え方 （1）は $y=\dfrac{1}{z}$ と 1 文字消去を想定しているだろうが，解と係数の関係を用いる．

▶解答◀ （1） $y^3+z^3=4,\ y^3z^3=1$ であるから，y^3,z^3 を 2 解とする 2 次方程式は

$$t^2-4t+1 = 0$$

$$t = 2\pm\sqrt{3}$$

y^3,z^3 の一方は $2+\sqrt{3}$，他方は $2-\sqrt{3}$ である．$yz=1$ および $\omega^3=1$ であるから，以下では，各括弧内では複号同順として

$$(\boldsymbol{y},\boldsymbol{z}) = \left(\sqrt[3]{2\pm\sqrt{3}},\ \sqrt[3]{2\mp\sqrt{3}}\right),$$

$$\left(\boldsymbol{\omega}\sqrt[3]{2\pm\sqrt{3}},\ \boldsymbol{\omega^2}\sqrt[3]{2\mp\sqrt{3}}\right),$$

$$\left(\boldsymbol{\omega^2}\sqrt[3]{2\pm\sqrt{3}},\ \boldsymbol{\omega}\sqrt[3]{2\mp\sqrt{3}}\right)$$

（2） $A(a),\ B(b),\ C(c)$ とする．$\theta=\pm\dfrac{\pi}{3}$ とする．3 点 A，B，C が正三角形をなすための必要十分条件は，$\overrightarrow{BA}$ が $\overrightarrow{BC}$ を θ 回転した形になることで，

$$a-b = (\cos\theta+i\sin\theta)(c-b)$$

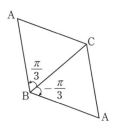

$$a+(-1+\cos\theta+i\sin\theta)b-(\cos\theta+i\sin\theta)c = 0$$

$\theta=\pm\dfrac{\pi}{3}$ と複号同順で

$$-1+\cos\theta+i\sin\theta = -\frac{1}{2}\pm\frac{\sqrt{3}}{2}i \quad\cdots\cdots\cdots\cdots①$$

$$-(\cos\theta+i\sin\theta) = -\frac{1}{2}\mp\frac{\sqrt{3}}{2}i \quad\cdots\cdots\cdots\cdots②$$

①，②は，複号が上のときにはそれぞれ ω,ω^2 であり，下のときには ω^2,ω である．したがって 3 点 a,b,c が正三角形をなすための必要十分条件は

$a+\omega b+\omega^2 c=0$ $\cdots\cdots\cdots\cdots\cdots\cdots\cdots③$

または $a+\omega^2 b+\omega c=0$ $\cdots\cdots\cdots\cdots\cdots④$

を満たすことである．

さらに次の設問の準備をする．③または④は，これらを辺ごとに掛けた次の式と同値である．

$$(a+\omega b+\omega^2 c)(a+\omega^2 b+\omega c) = 0$$

これを展開し $\omega^3=1,\ \omega^2+\omega=-1$ を利用すると

$$a^2+b^2+c^2+(\omega^2+\omega)(ab+bc+ca) = 0$$

$$a^2+b^2+c^2-ab-bc-ca = 0$$

となる．これが，相異なる複素数 a, b, c が正三角形をなすための必要十分条件である．

（3） $x^3 - 3x + 4 = 0$ の虚数解 p について，$p^3 - 3p + 4 = 0$ が成り立ち，$4 = q^3 + r^3$，$1 = qr$ であるから $p^3 - 3p + 4 = 0$ は

$$p^3 + q^3 + r^3 - 3pqr = 0$$

となる．

$$(p + q + r)(p^2 + q^2 + r^2 - pq - qr - rp) = 0$$

いま，q, r は実数，p は虚数であるから $p + q + r \neq 0$ であり，

$$p^2 + q^2 + r^2 - pq - qr - rp = 0$$

となる．（2）の解答の最後で述べたことにより，相異なる複素数 p, q, r は正三角形をなす．

注意 1° 【（1）について】

$$y = \frac{1}{z}$$

を $y^3 + z^3 = 4$ に代入して，

$$y^3 + \frac{1}{y^3} = 4 \qquad (y^3)^2 - 4y^3 + 1 = 0$$

$$\therefore \quad y^3 = 2 \pm \sqrt{3}$$

ゆえに $y = \sqrt[3]{2 \pm \sqrt{3}}, \ \omega \sqrt[3]{2 \pm \sqrt{3}}, \ \omega^2 \sqrt[3]{2 \pm \sqrt{3}}$

複号同順で，

$$(y, z) = \left(\sqrt[3]{2 \pm \sqrt{3}}, \ \frac{1}{\sqrt[3]{2 \pm \sqrt{3}}} \right),$$

$$\left(\omega \sqrt[3]{2 \pm \sqrt{3}}, \ \frac{1}{\omega \sqrt[3]{2 \pm \sqrt{3}}} \right),$$

$$\left(\omega^2 \sqrt[3]{2 \pm \sqrt{3}}, \ \frac{1}{\omega^2 \sqrt[3]{2 \pm \sqrt{3}}} \right)$$

2° 【3次方程式の解の公式】

a, b を実数として，$x^3 - 3ax + b = 0$ の解を考える．（1）と同様にして $b = y^3 + z^3$，$a = yz$ となる y, z が求められる．本問と同様の手順で，ある意味で3次方程式が解けることになる．

ここでは y, z は実数とは限らないが，ひとまず先へ行こう．$x^3 + b - 3ax = 0$ は

$$x^3 + y^3 + z^3 - 3xyz = 0$$

となり

$$(x + y + z)(x^2 + y^2 + z^2 - xy - yz - zx) = 0$$

$$(x + y + z)(x + \omega y + \omega^2 z)(x + \omega^2 y + \omega z) = 0$$

$$x = -(y + z), \ -\omega y - \omega^2 z, \ -\omega^2 y - \omega z \quad \cdots\cdots ⑤$$

となる．

これで3次方程式が解けることになるが，実は，ことはそう簡単ではない．$y^3 + z^3 = b$，$y^3 z^3 = a$ だから，y^3, z^3 を解とする2次方程式は

$$t^2 - bt + a^3 = 0$$

であり，

$$\frac{b + \sqrt{b^2 - 4a^3}}{2}, \ \frac{b - \sqrt{b^2 - 4a^3}}{2} \quad \cdots\cdots ⑥$$

の一方が y^3，他方が z^3 である．⑥が実数なら，平和である．3乗根をつければ実数 y, z が得られ，

$$y = \sqrt[3]{\frac{b + \sqrt{b^2 - 4a^3}}{2}}, \ z = \sqrt[3]{\frac{b - \sqrt{b^2 - 4a^3}}{2}}$$

となり，⑤で，すべての解 x（3つある）が得られる．（3）はこの形である．1つの実数解と2つの虚数解になる．⑥が虚数なら，まず，その3乗根をとるのが，単純ではない．具体的に示せとなると，一般的には，簡単にはならない．

たとえば $f(x) = x^3 - 6x + 3$ としよう．

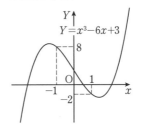

$f(-1) = 8 > 0$，$f(1) = -2 < 0$ であるから，$f(x) = 0$ は異なる3つの実数解をもつ．

この場合，

$$y = \sqrt[3]{\frac{3 + \sqrt{23}i}{2}}, \ z = \sqrt[3]{\frac{3 - \sqrt{23}i}{2}}$$

として，⑤で，3つの実数解が与えられる．実数解であるのに，その表示をするのに，虚数 i が必要なのである．なんてことだ！なお，c が虚数のときの $\sqrt[3]{c}$ は $z^3 = c$ を満たすもの（3つある）を意味する．

シピオーネ・デル・フェッロが，世界で最初に3次方程式の解の公式を導いて，カルダノが1545年に「アルスマグナ（ラテン語．偉大なる技術という意味）」に書いた時代には，まだ，負の数すら市民権を得ておらず，$x^2 + 3x - 4 = 0$ のような負の数を用いた記述も許されず，$x^2 + 3x = 4$ のように表示された．その時代に，詭弁として，虚数 $\sqrt{-1}$ が登場し，やがて，認められていくことになるのである．

━━━━━《複素数平面上の四角形の形状》━━━━━

6. 複素数平面上の互いに異なる4点 A(z_1), B(w_1), C(z_2), D(w_2) を考える．

（1） 次の等式が成立することを示せ.

$$|z_1 w_1 + z_2 w_2|^2$$
$$= (|z_1|^2 + |z_2|^2)(|w_1|^2 + |w_2|^2)$$
$$- |z_1 \overline{w_2} - z_2 \overline{w_1}|^2$$

（2） 2つの等式

$$|z_1 w_1 + z_2 w_2|^2$$
$$= (|z_1|^2 + |z_2|^2)(|w_1|^2 + |w_2|^2) \quad ①$$

$$|z_1| = |w_1| \quad \cdots\cdots\cdots\cdots\cdots\cdots\cdots ②$$

が成り立つとき, 2つの直線 AB と CD は平行であることを示せ.

（3） 2つの等式①, ②が成り立ち, 4点 A, B, C, D が同一直線上にないならば, これらの4点はある直線に関して対称な四角形の頂点となることを示せ. 　　　　　(19 東北大・後期)

▶解答◀ （1） $(|z_1|^2 + |z_2|^2)(|w_1|^2 + |w_2|^2)$

$$= |z_1|^2|w_1|^2 + |z_1|^2|w_2|^2$$
$$+ |z_2|^2|w_1|^2 + |z_2|^2|w_2|^2$$
$$= z_1 \overline{z_1} w_1 \overline{w_1} + z_1 \overline{z_1} w_2 \overline{w_2}$$
$$+ z_2 \overline{z_2} w_1 \overline{w_1} + z_2 \overline{z_2} w_2 \overline{w_2}$$

$$|z_1 \overline{w_2} - z_2 \overline{w_1}|^2$$
$$= (z_1 \overline{w_2} - z_2 \overline{w_1})\overline{(z_1 \overline{w_2} - z_2 \overline{w_1})}$$
$$= (z_1 \overline{w_2} - z_2 \overline{w_1})(\overline{z_1} w_2 - \overline{z_2} w_1)$$
$$= z_1 \overline{w_2} \, \overline{z_1} w_2 - z_1 \overline{w_2} \, \overline{z_2} w_1$$
$$- z_2 \overline{w_1} \, \overline{z_1} w_2 + z_2 \overline{w_1} \, \overline{z_2} w_1$$

であるから

$$右辺 = z_1 \overline{z_1} w_1 \overline{w_1} + z_1 \overline{z_1} w_2 \overline{w_2}$$
$$+ z_2 \overline{z_2} w_1 \overline{w_1} + z_2 \overline{z_2} w_2 \overline{w_2}$$
$$- (z_1 \overline{z_1} w_2 \overline{w_2} - z_1 \overline{z_2} w_1 \overline{w_2}$$
$$- z_2 \overline{z_1} w_2 \overline{w_1} + z_2 \overline{z_2} w_1 \overline{w_1})$$
$$= z_1 \overline{z_1} w_1 \overline{w_1} + z_1 \overline{z_2} w_1 \overline{w_2}$$
$$+ z_2 \overline{z_1} w_2 \overline{w_1} + z_2 \overline{z_2} w_2 \overline{w_2}$$
$$= z_1 w_1 (\overline{z_1} \, \overline{w_1} + \overline{z_2} \, \overline{w_2})$$
$$+ z_2 w_2 (\overline{z_1} \, \overline{w_1} + \overline{z_2} \, \overline{w_2})$$
$$= (z_1 w_1 + z_2 w_2)(\overline{z_1} \, \overline{w_1} + \overline{z_2} \, \overline{w_2})$$
$$= (z_1 w_1 + z_2 w_2)\overline{(z_1 w_1 + z_2 w_2)} = 左辺$$

（2） ①が成り立つとき, （1）より

$$|z_1 \overline{w_2} - z_2 \overline{w_1}|^2 = 0$$

$$z_1 \overline{w_2} = z_2 \overline{w_1} \quad \cdots\cdots\cdots\cdots\cdots\cdots ③$$

が成り立つ. 4点が互いに異なるから,

$$|z_1| = |w_1| = k とおくと k \neq 0 であり,$$
$z_1 \neq 0$, $w_1 \neq 0$ である.

③ より $\overline{w_2} = \dfrac{z_2}{z_1} \overline{w_1}$

③ の両辺の共役をとって

$$\overline{z_1} w_2 = \overline{z_2} w_1 \qquad \therefore \quad \overline{z_2} = \dfrac{w_2}{w_1} \overline{z_1}$$

$$\overline{\left(\dfrac{z_2 - w_2}{z_1 - w_1} \right)} = \dfrac{\overline{z_2} - \overline{w_2}}{\overline{z_1} - \overline{w_1}} = \dfrac{\dfrac{w_2}{w_1}\overline{z_1} - \dfrac{z_2}{z_1}\overline{w_1}}{\overline{z_1} - \overline{w_1}}$$

$$= \dfrac{w_2 z_1 \overline{z_1} - w_1 \overline{w_1} z_2}{w_1 z_1 \overline{z_1} - w_1 \overline{w_1} z_1} = \dfrac{k^2 w_2 - k^2 z_2}{k^2 w_1 - k^2 z_1}$$

$$= \dfrac{z_2 - w_2}{z_1 - w_1}$$

であるから $\dfrac{z_2 - w_2}{z_1 - w_1}$ は実数となる. よって AB ∥ CD である.

（3） ②より △OAB は OA = OB の二等辺三角形であり, AB の中点を M とすると, 直線 OM に関して対称である. ③ より

$$|z_1 \overline{w_2}| = |z_2 \overline{w_1}|$$

$$|z_1||w_2| = |z_2||w_1|$$

$$k|w_2| = k|z_2| \qquad \therefore \quad |w_2| = |z_2|$$

であるから, △OCD は OC = OD の二等辺三角形であり, CD の中点を N とすると, 直線 ON に関して対称である. AB ∥ CD であるとき, 直線 OM は直線 CD と垂直に交わる. すなわち直線 OM は O から CD に下ろした垂線となり, CD との交点は N と一致するから, 3点 O, M, N は同一直線上に並び, A と B, C と D はこの直線に関して対称である. よって4点 A, B, C, D が同一直線上にないならば, これらの4点は直線 OM に関して対称な四角形の頂点となる.

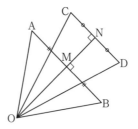

《垂線の足が同一直線上にある》

7. 複素数平面上において, 単位円上に異なる3点 A, B, C がある. 3直線 BC, CA, AB のいずれの上にもない点 P(w) を考える. P から直線 BC, CA, AB に下ろした垂線の足を, それぞれ A′, B′, C′ とする.

ここで，単位円とは原点を中心とする半径 1 の円のことである．また，点 P から直線 l に下ろした垂線の足とは，P を通り l に垂直な直線と l の交点のことである．

（1） A(α), B(β) とするとき，直線 AB 上の点 z は

$$z + \alpha\beta\bar{z} = \alpha + \beta$$

を満たすことを示せ．

（2） A(α), B(β), C′(γ') とするとき，

$$2\gamma' = \alpha + \beta + w - \alpha\beta\overline{w}$$

を示せ．

（3） A′, B′, C′ が一直線上にあるとき，P は単位円上にあることを示せ．　　　　（21 滋賀医大）

▶解答◀ （1） $|\alpha| = 1$ であるから $\alpha\bar{\alpha} = 1$ であり，$\bar{\alpha} = \dfrac{1}{\alpha}$ となる．同様に $\bar{\beta} = \dfrac{1}{\beta}$ となる．これを繰り返し用いる．z は直線 AB 上にあるから $\dfrac{z - \alpha}{\beta - \alpha}$ は実数である．

$$\frac{z - \alpha}{\beta - \alpha} = \frac{\bar{z} - \bar{\alpha}}{\bar{\beta} - \bar{\alpha}}$$

$$\frac{z - \alpha}{\beta - \alpha} = \frac{\bar{z} - \dfrac{1}{\alpha}}{\dfrac{1}{\beta} - \dfrac{1}{\alpha}}$$

$$\frac{z - \alpha}{\beta - \alpha} = \frac{\alpha\beta\bar{z} - \beta}{\alpha - \beta}$$

$$z - \alpha = -\alpha\beta\bar{z} + \beta$$

$$z + \alpha\beta\bar{z} = \alpha + \beta$$

図1

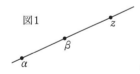

図2

（2） γ' は直線 AB 上にあるから（1）の式に代入し

$$\gamma' + \alpha\beta\overline{\gamma'} = \alpha + \beta \quad\cdots\cdots\cdots① $$

また，$\dfrac{\gamma' - w}{\alpha - \beta}$ は純虚数である（図 2 を見よ）から

$$\frac{\gamma' - w}{\alpha - \beta} = -\frac{\overline{\gamma'} - \overline{w}}{\bar{\alpha} - \bar{\beta}}$$

$\bar{\alpha} = \dfrac{1}{\alpha}$, $\bar{\beta} = \dfrac{1}{\beta}$ を代入し

$$\frac{\gamma' - w}{\alpha - \beta} = \frac{\alpha\beta}{\alpha - \beta} \cdot (\overline{\gamma'} - \overline{w})$$

$\alpha - \beta$ をかけて

$$\gamma' - w = \alpha\beta\overline{\gamma'} - \alpha\beta\overline{w}$$

① を用いて $\alpha\beta\overline{\gamma'}$ を消去し

$$\gamma' - w = \alpha + \beta - \gamma' - \alpha\beta\overline{w}$$

$$2\gamma' = \alpha + \beta + w - \alpha\beta\overline{w}$$

（3） 当然，A′(α'), B′(β'), C(γ) とする．

$$2\alpha' = \beta + \gamma + w - \beta\gamma\overline{w} \quad\cdots\cdots\cdots②$$

$$2\beta' = \gamma + \alpha + w - \gamma\alpha\overline{w} \quad\cdots\cdots\cdots③$$

$$2\gamma' = \alpha + \beta + w - \alpha\beta\overline{w} \quad\cdots\cdots\cdots④$$

②－③ より

$$2(\alpha' - \beta') = \beta - \alpha - (\beta - \alpha)\gamma\overline{w}$$

$$2(\alpha' - \beta') = (\beta - \alpha)(1 - \gamma\overline{w}) \quad\cdots\cdots⑤$$

②－④ より

$$2(\alpha' - \gamma') = (\gamma - \alpha)(1 - \beta\overline{w}) \quad\cdots\cdots⑥$$

α', β', γ' は一直線上にあるから $\dfrac{\alpha' - \beta'}{\alpha' - \gamma'}$ は実数である．⑤，⑥ より $\dfrac{\beta - \alpha}{\gamma - \alpha} \cdot \dfrac{1 - \gamma\overline{w}}{1 - \beta\overline{w}}$ は実数である．

$$\frac{\beta - \alpha}{\gamma - \alpha} \cdot \frac{1 - \gamma\overline{w}}{1 - \beta\overline{w}} = \frac{\overline{\beta} - \overline{\alpha}}{\overline{\gamma} - \overline{\alpha}} \cdot \frac{1 - \overline{\gamma}w}{1 - \overline{\beta}w}$$

右辺に $\bar{\beta} = \dfrac{1}{\beta}$, $\bar{\alpha} = \dfrac{1}{\alpha}$, $\bar{\gamma} = \dfrac{1}{\gamma}$ を代入し

$$\frac{\beta - \alpha}{\gamma - \alpha} \cdot \frac{1 - \gamma\overline{w}}{1 - \beta\overline{w}} = \frac{\dfrac{1}{\beta} - \dfrac{1}{\alpha}}{\dfrac{1}{\gamma} - \dfrac{1}{\alpha}} \cdot \frac{1 - \dfrac{1}{\gamma}w}{1 - \dfrac{1}{\beta}w}$$

$$\frac{\beta - \alpha}{\gamma - \alpha} \cdot \frac{1 - \gamma\overline{w}}{1 - \beta\overline{w}} = \frac{\dfrac{\alpha - \beta}{\alpha\beta}}{\dfrac{\alpha - \gamma}{\alpha\gamma}} \cdot \frac{\dfrac{1}{\gamma}(\gamma - w)}{\dfrac{1}{\beta}(\beta - w)}$$

$$\frac{1 - \gamma\overline{w}}{1 - \beta\overline{w}} = \frac{\gamma - w}{\beta - w}$$

$$\beta - w - \beta\gamma\overline{w} + \gamma w\overline{w} = \gamma - w - \beta\gamma\overline{w} + \beta w\overline{w}$$

$$\beta - \gamma = (\beta - \gamma)|w|^2$$

$\beta - \gamma \neq 0$ で割って $|w|^2 = 1$

$|w| = 1$ で P は単位円周上にある．

注意 1°【実部と虚部】

x, y を実数，$z = x + yi$ とすると

$$\bar{z} = x - yi$$

$$x = \frac{1}{2}(z + \bar{z}),\ yi = \frac{1}{2}(z - \bar{z})$$

となる．とくに

z が実数 $\Longleftrightarrow z = \bar{z}$

z が純虚数（実部が 0 のことで，0 も純虚数とすることも多い）$\Longleftrightarrow \bar{z} = -z$

$\overrightarrow{\alpha\beta}$ は点 α と点 β を結ぶベクトルに対応する複素数を表す（検定教科書には書かれていないが古くからあ

る表現である). 図2を見よ. $\overrightarrow{\alpha\beta}$ と $\overrightarrow{w\gamma'}$ は垂直である. $\overrightarrow{\alpha\beta} = \beta - \alpha$, $\overrightarrow{w\gamma'} = \gamma' - w$

$\dfrac{\gamma' - w}{\beta - \alpha}$ は純虚数である.

2°【(2)の別解】

出題者の意図に従うと $\overline{\gamma'}$ が出てきて少し混乱する. これを避ける. 垂線は水平, 垂直に変換するのが定石である. $\overrightarrow{AB}$ に対応する複素数は $\beta - \alpha$ で, これを水平にするために, 全体を $\beta - \alpha$ で割る.

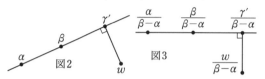

図2   図3

$\dfrac{\gamma'}{\beta - \alpha}$ の実部は $\dfrac{w}{\beta - \alpha}$ の実部に等しく, 虚部は $\dfrac{\alpha}{\beta - \alpha}$ に等しい(注1°を見よ).

$$\frac{\gamma'}{\beta - \alpha} = \frac{1}{2}\left(\frac{w}{\beta - \alpha} + \frac{\overline{w}}{\overline{\beta - \alpha}}\right)$$
$$+ \frac{1}{2}\left(\frac{\alpha}{\beta - \alpha} - \frac{\overline{\alpha}}{\overline{\beta - \alpha}}\right)$$

$\overline{\beta} = \dfrac{1}{\beta}$, $\overline{\alpha} = \dfrac{1}{\alpha}$ を代入し

$$\frac{\gamma'}{\beta - \alpha} = \frac{1}{2}\left(\frac{w}{\beta - \alpha} + \frac{\alpha\beta\,\overline{w}}{\alpha - \beta}\right)$$
$$+ \frac{1}{2}\left(\frac{\alpha}{\beta - \alpha} - \frac{\alpha\beta\,\overline{\alpha}}{\alpha - \beta}\right)$$

$\beta - \alpha$ をかけて, $\alpha\overline{\alpha} = |\alpha|^2 = 1$ を用いると

$$\gamma' = \frac{1}{2}(w - \alpha\beta\,\overline{w}) + \frac{1}{2}(\alpha + \beta)$$
$$2\gamma' = \alpha + \beta + w - \alpha\beta\,\overline{w}$$

3°【平面幾何による証明】

(3)の直線 A'B'C' をシムソン線という.
$\angle CA'P = \angle CB'P = 90°$ であるから4点 A', C, B', P は同一円周上にある. $\angle PA'B = \angle BC'P = 90°$ であるから, 4点 A', P, C', B も同一円周上にある.

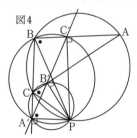

図4

A', B', C' が一直線上にあることに注意せよ. $\overparen{C'P}$ に関する円周角の定理から

$\angle C'BP = \angle C'A'P$ ∴ $\angle C'BP = \angle B'A'P$

また, $\overparen{B'P}$ に関する円周角の定理から

$\angle B'CP = \angle B'A'P$

であるから, $\angle C'BP = \angle B'CP$ となり P は △ABC の外接円周上にある.

《複素数をベクトルと見る》

8. 以下の問いに答えよ.

(1) 平面上の2点 P, Q の座標をそれぞれ (a, b), (c, d) とし, O を原点とする. また, 複素数 α, β を

$\alpha = a + ib$, $\beta = c + id$ と定める. このとき, ベクトル $\overrightarrow{OP}$ と $\overrightarrow{OQ}$ の内積 $\overrightarrow{OP} \cdot \overrightarrow{OQ}$ は $\dfrac{\alpha\overline{\beta} + \overline{\alpha}\beta}{2}$ に等しいことを示せ. ただし, i は虚数単位, $\overline{\alpha}$, $\overline{\beta}$ は, それぞれ, α, β の共役な複素数である.

(2) 原点 O を中心とする半径1の円を**単位円**という. 単位円に内接する正 n 角形($n \geqq 3$)の頂点を $P_0, P_1, \cdots, P_{n-1}$ とする. このとき, 単位円上の点 A に対して,

$$S_p = (\overrightarrow{OP_0} \cdot \overrightarrow{OA})^p + (\overrightarrow{OP_1} \cdot \overrightarrow{OA})^p$$
$$+ \cdots + (\overrightarrow{OP_{n-1}} \cdot \overrightarrow{OA})^p$$

とする. ただし, p は $0 < p < n$ を満たす整数とする.

(ⅰ) $S_1 = 0$ が成り立つことを示せ.

(ⅱ) $S_2 = \dfrac{n}{2}$ が成り立つことを示せ.

(ⅲ) S_p の値は点 A によらないことを示せ.

(19 九大・後期)

考え方 (2) 単位円に内接する正 n 角形の頂点を設定するわけだが, その位置によらず S_p が定まるのかということが心配になる(ちょっと傾けて置いたら S_p の値が変わりました, なんてことは起こって欲しくない). いわゆる, well-defined 性というものである. しかし, 内積は位置関係にはよらず2つのベクトルの長さとなす角のみで決定されるから, 単位円の中でどのように正 n 角形の頂点を置いても S_p の値はきちんと一意になる. それがわかれば, わざわざ複雑な位置におくより, 一つの頂点(例えば P_0)を $(1, 0)$ に固定すれば見通しがよくなるだろう.

▶解答◀ (1) $\overrightarrow{OP} \cdot \overrightarrow{OQ} = (a, b) \cdot (c, d)$

$= ac + bd$

$\alpha\overline{\beta} + \overline{\alpha}\beta = (a + bi)(c - di) + (a - bi)(c + di)$

$= 2ac + 2bd$

よって，$\overrightarrow{OP} \cdot \overrightarrow{OQ} = \dfrac{\alpha \overline{\beta} + \overline{\alpha} \beta}{2}$ が成り立つ.

（2） 図のように単位円周上の点 A, P を同じ角度ずつ回転させた点を A′, P′ とするとき

$$\overrightarrow{OP} \cdot \overrightarrow{OA} = \overrightarrow{OP'} \cdot \overrightarrow{OA'}$$

が成り立つから，P_0 は $(1, 0)$ であるとしてよい.

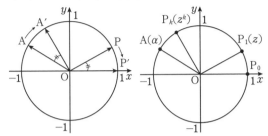

P_1 を表す複素数を $z = \cos \dfrac{2\pi}{n} + i \sin \dfrac{2\pi}{n}$ とおくと P_k を表す複素数は z^k である. $|z| = 1$ であるから，$\overline{z} = \dfrac{1}{z}$ が成り立ち，$z^n = \overline{z^n} = 1$ である.

A を表す複素数を α とすると，$|\alpha| = 1$ であるから，$\overline{\alpha} = \dfrac{1}{\alpha}$ が成り立つ.

（1）より，$\overrightarrow{OP_k} \cdot \overrightarrow{OA} = \dfrac{\alpha \overline{z^k} + \overline{\alpha} z^k}{2}$

（ⅰ） $S_1 = \sum\limits_{k=0}^{n-1} \overrightarrow{OP_k} \cdot \overrightarrow{OA} = \dfrac{1}{2} \sum\limits_{k=0}^{n-1} \left(\alpha \overline{z^k} + \overline{\alpha} z^k \right)$

$z \neq 1$ であるから，$\sum\limits_{k=1}^{n-1} z^k = \dfrac{1 - z^n}{1 - z} = 0$

$\sum\limits_{k=1}^{n-1} \overline{z^k} = \dfrac{1 - \overline{z^n}}{1 - \overline{z}} = 0$

よって，$S_1 = 0$ である.

（ⅱ） $\left(\overrightarrow{OP_k} \cdot \overrightarrow{OA} \right)^2 = \dfrac{1}{4} \left(\alpha \overline{z^k} + \overline{\alpha} z^k \right)^2$

$= \dfrac{1}{4} \left\{ \alpha^2 \overline{z^{2k}} + \left(\overline{\alpha} \right)^2 z^{2k} + 2 \alpha \overline{\alpha} z^k \overline{z^k} \right\}$

$= \dfrac{1}{4} \left\{ \alpha^2 \left(\overline{z} \right)^{2k} + \left(\overline{\alpha} \right)^2 z^{2k} + 2 \right\}$

$S_2 = \sum\limits_{k=0}^{n-1} \left(\overrightarrow{OP_k} \cdot \overrightarrow{OA} \right)^2$

$= \dfrac{1}{4} \sum\limits_{k=0}^{n-1} \left\{ \alpha^2 \left(\overline{z} \right)^{2k} + \left(\overline{\alpha} \right)^2 z^{2k} + 2 \right\}$

ここで，$\sum\limits_{k=0}^{n-1} z^{2k} = \dfrac{1 - z^{2n}}{1 - z^2} = 0$,

$\sum\limits_{k=0}^{n-1} \left(\overline{z} \right)^{2k} = \dfrac{1 - \left(\overline{z} \right)^{2n}}{1 - \left(\overline{z} \right)^2} = 0$ であるから，

$S_2 = \dfrac{1}{2} \sum\limits_{k=0}^{n-1} 1 = \dfrac{n}{2}$

（ⅲ） $\left(\overrightarrow{OP_k} \cdot \overrightarrow{OA} \right)^p = \dfrac{1}{2^p} \left\{ \alpha \left(\overline{z} \right)^k + \overline{\alpha} z^k \right\}^p$

$2^p S_p = \sum\limits_{k=0}^{n-1} \left(\dfrac{\alpha}{z^k} + \dfrac{z^k}{\alpha} \right)^p$

$= \sum\limits_{k=0}^{n-1} \left\{ \sum\limits_{l=0}^{p} {}_p C_l \left(\dfrac{\alpha}{z^k} \right)^l \left(\dfrac{z^k}{\alpha} \right)^{p-l} \right\}$

$= \sum\limits_{k=0}^{n-1} \left\{ \sum\limits_{l=0}^{p} {}_p C_l \alpha^{2l-p} \left(z^k \right)^{p-2l} \right\}$

$= \sum\limits_{l=0}^{p} \left\{ {}_p C_l \alpha^{2l-p} \sum\limits_{k=0}^{n-1} \left(z^{p-2l} \right)^k \right\}$ ……………①

（ア） p が奇数のとき.

すべての $l = 0, 1, \cdots, p$ に対して $z^{p-2l} \neq 1$ であるから

$$\sum\limits_{k=0}^{n-1} (z^{p-2l})^k = \dfrac{1 - (z^{p-2l})^n}{1 - z^{p-2l}} = \dfrac{1 - (z^n)^{p-2l}}{1 - z^{p-2l}} = 0$$

したがって $S_p = 0$ となり α に依らない.

（イ） p が偶数のとき.

ある r に対して $p = 2r$ であるから①の和を $l = 0 \sim r-1, r, r+1 \sim p$ に分けると

$2^p S_p = \sum\limits_{l=0}^{r-1} \left\{ {}_p C_l \alpha^{2l-p} \sum\limits_{k=0}^{n-1} \left(z^{p-2l} \right)^k \right\}$ …………Ⓐ

$+ {}_p C_r \cdot \alpha^0 \sum\limits_{k=0}^{n-1} 1^k$

$+ \sum\limits_{l=r+1}^{p} \left\{ {}_p C_l \alpha^{2l-p} \sum\limits_{k=0}^{n-1} \left(z^{p-2l} \right)^k \right\}$ ……………Ⓑ

ここでⒶとⒷの $z^{p-2l} \neq 1$ であるから（ア）と同様に $\sum\limits_{k=0}^{n-1} \left(z^{p-2l} \right)^k = 0$ となり，$2^p S_p = {}_p C_{\frac{p}{2}} \cdot n$

したがって α に依らない.

《複素数の表示方法あれこれ》

9. α を複素数とする. 複素数 z の方程式

$$z^2 - \alpha z + 2i = 0 \quad\text{……………………①}$$

について，以下の問いに答えよ. ただし，i は虚数単位である.

（1） 方程式①が実数解をもつように α が動くとき，点 α が複素数平面上に描く図形を図示せよ.

（2） 方程式①が絶対値 1 の複素数を解にもつように α が動くとする. 原点を中心に α を $\dfrac{\pi}{4}$ 回転させた点を表す複素数を β とするとき，点 β が複素数平面上に描く図形を図示せよ.

(18 東北大・理系)

▶解答◀ （1） $z^2 - \alpha z + 2i = 0$ ……………①

①は $z = 0$ の解をもたないから

$$\alpha = \dfrac{z^2 + 2i}{z} = z + \dfrac{2}{z} i \quad\text{……………………②}$$

z は実数だから，$\alpha = x + yi$ とおくと

$$x = z, \quad y = \dfrac{2}{z}$$

したがって，点 α は $y = \dfrac{2}{x}$ 上を動き，z は 0 以外のすべての実数だから，点 α は $y = \dfrac{2}{x}$ 全体を動く. α が複素数平面上に描く図形は図 1 の双曲線である.

図1　　　　　　　図2

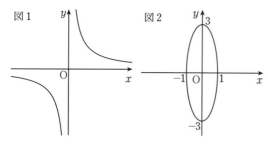

（2）　$|z|=1$ だから $z=\cos\theta+i\sin\theta\ (0\le\theta<2\pi)$ とおく．$z\bar{z}=|z|^2=1$ であるから

$$\frac{1}{z}=\bar{z}=\cos\theta-i\sin\theta$$

② より

$$\alpha=\cos\theta+i\sin\theta+2(\cos\theta-i\sin\theta)i$$
$$=(\cos\theta+2\sin\theta)+(2\cos\theta+\sin\theta)i$$

となる．よって

$$\beta=(\cos\frac{\pi}{4}+i\sin\frac{\pi}{4})\alpha$$
$$=\frac{1+i}{\sqrt{2}}\{(\cos\theta+2\sin\theta)+(2\cos\theta+\sin\theta)i\}$$
$$=\frac{1}{\sqrt{2}}\{(-\cos\theta+\sin\theta)+(3\cos\theta+3\sin\theta)i\}$$
$$=-\cos\left(\theta+\frac{\pi}{4}\right)+3i\sin\left(\theta+\frac{\pi}{4}\right)$$

$\beta=x+yi$ とおくと

$$x=-\cos\left(\theta+\frac{\pi}{4}\right),\ y=3\sin\left(\theta+\frac{\pi}{4}\right)$$

$\frac{\pi}{4}\le\theta+\frac{\pi}{4}<\frac{9}{4}\pi$ だから，β の軌跡の方程式は

$$x^2+\frac{y^2}{9}=1$$

である．図示すると図2の楕円である．

《相似変換》

10. n を3以上の整数とする．半径 $r\,(>0)$ の円 C に内接する正 n 角形の n 個の頂点を反時計回りの順に $P_0,\ P_1,\ \cdots,\ P_{n-1}$ とおく．点 Q が円 C の周上を動くとき，n 個の線分 $QP_0,\ QP_1,\ \cdots,\ QP_{n-1}$ の長さの積 $L(Q)$ が最大となるような点 Q の位置，及び $L(Q)$ の最大値を求めよ．

(17　奈良県立医大・後期)

▶解答◀　全体を $\frac{1}{r}$ 倍して半径1の円に内接する正 n 角形で考えても同じことである．その状態でも便宜的に $P_0\sim P_{n-1}$，Q をそのまま使うことにする．

$$\alpha=\cos\frac{2\pi}{n}+i\sin\frac{2\pi}{n}$$

とおく．ド・モアブルの定理より

$$\alpha^n=\cos2\pi+i\sin2\pi=1$$

で，$1,\ \alpha,\ \alpha^2,\ \cdots,\ \alpha^{n-1}$ は $z^n=1$ の異なる n 個の解であり，複素数平面上で単位円に内接する正 n 角形の頂点をなす．$z,\ 1,\ \alpha,\ \cdots,\ \alpha^{n-1}$ に対応する点を $Q,\ P_0,\ \cdots,\ P_{n-1}$ とする．$(z-1)(z-\alpha)\cdots(z-\alpha^{n-1})=z^n-1$ と書ける．

$$|z-1||z-\alpha|\cdots|z-\alpha^{n-1}|$$
$$=|z^n-1|\le|z^n|+1=2$$
$$QP_0\cdot\cdots\cdot QP_{n-1}\le2$$

等号は $z^n=-1$ のとき成り立つ．

このとき $z=\cos\theta+i\sin\theta,\ 0\le\theta<2\pi$ とおくと，k を整数として

$$n\theta=(2k+1)\pi\qquad\therefore\quad\theta=\frac{2k+1}{n}\pi$$

である．$0\le\theta<2\pi$ より $k=0,\ 1,\ \cdots,\ (n-1)$ である．

$$\theta=\frac{1}{2}\left\{\frac{2\pi}{n}\cdot k+\frac{2\pi}{n}(k+1)\right\}$$

が成り立つから z は弧 P_kP_{k+1} の中点にある．ただし $P_n=P_0$ とする．元にもどして，最大値は $2r^n$ で，最大を与える Q は弧 $\mathbf{P_kP_{k+1}}$（$k=0,\ 1,\ \cdots,\ n-1$）**の中点**である．ただし，$P_n=P_0$ とする．

《複素数を変換として見る》

11. a は0でない複素数で，$0\le\arg a<\frac{\pi}{4}$ をみたすものとする．複素数平面上の点 $A(-a^2+2ia)$，点 $B(-1)$ と原点 O に対し，点 B を通り，$\angle ABO$ を2等分する直線を l とする．ただし，i は虚数単位とする．

（1）　t を正の実数，z を複素数とする．点 $P(z)$ は直線 l 上にあり，$BP=t$ かつ z の虚部は0以上とする．このとき，z を a と t で表せ．

（2）　a は $\left|a-\left(2+\frac{i}{2}\right)\right|=\frac{1}{2}$ をみたして動くとする．直線 l と原点 O との距離が最小となる a を求めよ．

(22　北海道大・後期)

|考|え|方|　角度と相性がいいのは，回転である．そうなったとき，点 $B(-1)$ 周りに θ 回転などは扱いにくい．すべての点を1だけ平行移動してしまえば，B は原点にくるから，単純に極座標を考えればよくなる．こうなったとき，A を平行移動した点 $-a^2+2ia+1$ が何かの2乗になっていると，二等分線との相性がいいなぁなどと思いながら，思考を進めていく．難問である．

▶解答◀　a は0でない複素数で，$0\le\arg a<\frac{\pi}{4}$ を満たしているから，実数 $p,\ q$ を用いて，$a=p+qi\ (0\le q<p)$ とかける．

（1）　図1のように，実軸方向に1平行移動したものを考える．移動後の点や直線を，ダッシュをつけて表すこ

とにする．このとき，A$'(-a^2+2ia+1)$, B$'(0)$, O$'(1)$, P$'(z+1)$ である．ここで，$-a^2+2ia+1=(ia+1)^2$ であるから，$ia+1$ は l' 上にある．$ia+1$ の表す点を C$'$ とする．

$$ia+1=i(p+qi)+1=(1-q)+pi$$

より，$ia+1$ の実部は $1-q$，虚部は $p>0$ である．

ゆえに C$'$ は l' のうち虚部が正の部分にあるから，
$\overrightarrow{\mathrm{B'P'}}=t\dfrac{\overrightarrow{\mathrm{B'C'}}}{|\overrightarrow{\mathrm{B'C'}}|}$ となる．

$$z+1=t\frac{ia+1}{|ia+1|} \qquad \therefore\ z=t\frac{ia+1}{|ia+1|}-1$$

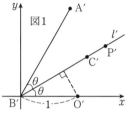 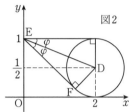

（2）a が $\left|a-\left(2+\dfrac{i}{2}\right)\right|=\dfrac{1}{2}$ を満たしているとき

$$\left|(p+qi)-\left(2+\frac{i}{2}\right)\right|=\frac{1}{2}$$

$$(p-2)^2+\left(q-\frac{1}{2}\right)^2=\frac{1}{4}$$

となる．これより $0\leqq q\leqq1$ であるから，$1-q\geqq0$ である．また，l' の方程式は $px-(1-q)y=0$ とかけるから，直線 l' と O$'$ の距離は

$$\frac{|p|}{\sqrt{p^2+(1-q)^2}}=\frac{1}{\sqrt{1+\left(\dfrac{1-q}{p}\right)^2}}$$

となる．これより，$\dfrac{1-q}{p}=-\dfrac{q-1}{p-0}$ を最大にする，すなわち，(p,q) と $(0,1)$ の傾きを最小にするような a が求めるものである．

図 2 を見よ．D$\left(2+\dfrac{i}{2}\right)$, E$(i)$, F$(a)$ とする．(p,q) と $(0,1)$ の傾きが最小になるのは直線 EF が下側から円に接するときである．DE $=\sqrt{4+\dfrac{1}{4}}=\dfrac{\sqrt{17}}{2}$ だから

$$\cos\varphi=\frac{4}{\sqrt{17}},\ \sin\varphi=\frac{1}{\sqrt{17}}$$

となる．ゆえに，EF $=2$ も合わせると，

$$p=2\cos2\varphi=2(2\cos^2\varphi-1)=\frac{30}{17}$$

$$q=1-2\sin2\varphi=1-4\sin\varphi\cos\varphi=\frac{1}{17}$$

となるから，直線 l と原点 O の距離を最小にする a は $a=\dfrac{30}{17}+\dfrac{i}{17}$ である．

【◆別解◆】 a は中心 $2+\dfrac{i}{2}$，半径 $\dfrac{1}{2}$ の円上にあるから

$$a=\left(2+\frac{1}{2}\cos u\right)+i\left(\frac{1}{2}+\frac{1}{2}\sin u\right)$$

とパラメータ表示できる．ゆえに，

$$p=\frac{4+\cos u}{2},\quad q=\frac{1+\sin u}{2}$$

$$\frac{1-q}{p}=\frac{1-\sin u}{4+\cos u}$$

となる．$f(u)=\dfrac{1-\sin u}{4+\cos u}$ とおいて，これの最大値を求める方針でも解くことができる．

《複素数平面上の軌跡 1》

12. 複素数 z_1, z_2 が $|z_1|=|z_2|=1$ を満たすとする．次の問いに答えよ．

（1）$z_1+z_2=\dfrac{3}{2}$ を満たす z_1, z_2 を求めよ．

（2）$z_1+z_2=\dfrac{3}{2}\left(\dfrac{1}{2}+\dfrac{\sqrt{3}}{2}i\right)$ を満たす z_1, z_2 を求めよ．

（3）複素数 α を $|\alpha|=1$ を満たす定数とする．このとき，$z_1+z_2=2+\alpha$ を満たす z_1, z_2 が存在するような α について，そのような α 全体が複素数平面上に描く図形を図示せよ．

（18 秋田大・前期）

▶解答◀ 単位円を C とする．また，A(z_1), B(z_2) とし，AB の中点を H とする．

（1）H を通って OH に垂直な直線を l とする．l と円 C の交点が A，B である．これは本問全体で成り立つ．

$$\mathrm{AC}=\mathrm{BC}=\sqrt{1-\left(\frac{3}{4}\right)^2}=\frac{\sqrt{7}}{4}$$

複号同順で

$$(z_1,z_2)=\left(\frac{3}{4}\pm\frac{\sqrt{7}}{4}i,\ \frac{3}{4}\mp\frac{\sqrt{7}}{4}i\right)$$

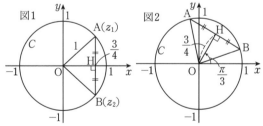

（2）$w=\dfrac{1}{2}+\dfrac{\sqrt{3}}{2}i$ とおくと，w は 60 度回転の複素数で，与式を w で割ると $\dfrac{z_1}{w}+\dfrac{z_2}{w}=\dfrac{3}{2}$ となる．$\dfrac{z_1}{w}$, $\dfrac{z_2}{w}$ はいずれも絶対値が 1 だから（1）で求めたものに等しい．z_1, z_2 は（1）の答えを 60 度回転したものである．

$$\left(\frac{3}{4}+\frac{\sqrt{7}}{4}i\right)\left(\cos\frac{\pi}{3}+i\sin\frac{\pi}{3}\right)$$

$$=\left(\frac{3}{4}+\frac{\sqrt{7}}{4}i\right)\left(\frac{1}{2}+\frac{\sqrt{3}}{2}i\right)$$

$$= \frac{3 - \sqrt{21}}{8} + \frac{3\sqrt{3} + \sqrt{7}}{8}i$$

であり，他方は $\sqrt{7}$ の係数の符号を変え，複号同順で $(z_1, z_2) =$

$$\left(\frac{3 \mp \sqrt{21}}{8} + \frac{3\sqrt{3} \pm \sqrt{7}}{8}i, \ \frac{3 \pm \sqrt{21}}{8} + \frac{3\sqrt{3} \mp \sqrt{7}}{8}i \right)$$

（3） $\dfrac{z_1 + z_2}{2} = 1 + \dfrac{\alpha}{2}$ ……………①

であるから，H を表す複素数は $1 + \dfrac{\alpha}{2}$ である．① を満たす z_1, z_2 が存在するための必要十分条件は C と l が 2 交点，または接点をもつことで，それは，H が C の周または内部にあることである．

$$\left| 1 + \frac{\alpha}{2} \right| \leqq 1$$

である．したがって α の満たす必要十分条件は

$$|\alpha + 2| \leqq 2, \ |\alpha| = 1$$

である．α は単位円上で，点 -2 を中心とする半径 2 の周または内部の部分にある．

$$(x + 2)^2 + y^2 \leqq 4, \ x^2 + y^2 = 1$$

を整理して $x \leqq -\dfrac{1}{4}, \ x^2 + y^2 = 1$ を得る．図示すると図 3 の太線部分である．

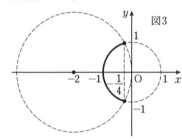

図3

《複素数平面上の軌跡 2》

13. 3 つの複素数 α, β, z は次の関係式

$$\alpha + \beta = z, \quad \alpha\beta = i\overline{z}, \quad \alpha\beta \neq 0$$

を満たしているとする．ただし，i は虚数単位，$\overline{z}$ は z の共役な複素数とする．このとき $\dfrac{\alpha}{\beta}$ が実数であるような z の条件を求め，そのような z の集合を複素数平面上に図示せよ．

(17　早稲田大・教育)

▶解答◀ $\dfrac{\alpha}{\beta} = s$ とおく．s は実数である．$\alpha = \beta s$ を与式に代入し

$$(1 + s)\beta = z, \ s\beta^2 = i\overline{z}$$

$z \neq 0$ より $s \neq -1, \ s \neq 0, \ \beta \neq 0$ である．

$(1 + s)\beta = z$ より $\beta = \dfrac{z}{1 + s}$ で，これを $s\beta^2 = i\overline{z}$ に代入し

$$s \left(\frac{z}{1 + s} \right)^2 = i\overline{z}$$

$$\frac{z^2}{\overline{z}} = i\frac{(1 + s)^2}{s}$$

左辺の分母分子に z をかけて

$$\frac{z^3}{|z|^2} = i\frac{(1 + s)^2}{s} \quad \text{……………①}$$

$s \neq 0, \ s \neq -1$ で s を任意に定めたとき ① を満たす z をすべて求め，それらを $\beta = \dfrac{z}{1 + s}$ に代入すると β が定まり，$\alpha = \beta s = \dfrac{s}{1 + s}z$ で α が定まる．

$\arg z = \theta \ (0 \leqq \theta < 2\pi)$ とおく．

（ア）$s > 0$ のとき，① の両辺の偏角を考え

$$3\theta = \frac{\pi}{2} + 2n\pi \quad (n \text{ は整数})$$

となる．

$$\theta = \frac{\pi}{6} + \frac{2n}{3}\pi$$

$0 \leqq \theta < 2\pi$ より $n = 0, 1, 2$

$$\theta = \frac{\pi}{6}, \frac{5}{6}\pi, \frac{3}{2}\pi$$

① の両辺の絶対値をとって

$$|z| = \frac{(1 + s)^2}{s} = \frac{1}{s} + s + 2$$

相加・相乗平均の不等式より

$$s + \frac{1}{s} \geqq 2\sqrt{s \cdot \frac{1}{s}} = 2$$

等号は $s = \dfrac{1}{s}$，すなわち $s = 1$ のとき成り立つ．

$s + \dfrac{1}{s} + 2$ の値域は 4 以上のすべての実数であるから，$|z|$ の値域は $|z| \geqq 4$

（イ）$s < 0$ のとき，① の両辺の偏角より

$$3\theta = \frac{3}{2}\pi + 2n\pi$$

$$\theta = \frac{\pi}{2} + \frac{2n}{3}\pi$$

$$\theta = \frac{\pi}{2}, \frac{7}{6}\pi, \frac{11}{6}\pi$$

$\dfrac{(1 + s)^2}{s}$ は s を -0 に近づけたとき $-\infty$ に発散し，s を -1 に近づけたとき 0 に近づくので，負の任意の実数をとり，$|z|$ の値域は $|z| > 0$ である．

z の存在範囲は図の白丸を除く太線部分である．

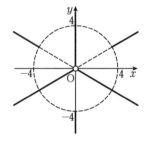

《複素数平面上の軌跡 3》

14. 複素数平面上の原点を中心とする半径 1 の円を C とする．点 $P(z)$ は C 上にあり，点 $A(1)$ と

は異なるとする．点 P における円 C の接線に関して，点 A と対称な点を Q(u) とする．$w = \dfrac{1}{1-u}$ とおき，w と共役な複素数を $\overline{w}$ で表す．

（1）u と $\dfrac{\overline{w}}{w}$ を z についての整式として表し，絶対値の商 $\dfrac{|w + \overline{w} - 1|}{|w|}$ を求めよ．

（2）C のうち実部が $\dfrac{1}{2}$ 以下の複素数で表される部分を C' とする．点 P(z) が C' 上を動くときの点 R(w) の軌跡を求めよ． （18 東大・理科）

▶解答◀（1）複素数をかけたり割ったりすると，回転移動と相似変換の合成となる．

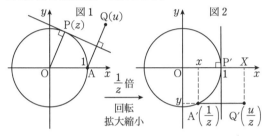

図1　P(z)　Q(u)

図2

$\dfrac{1}{z}$ 倍
回転
拡大縮小

A$\left(\dfrac{1}{z}\right)$　Q$\left(\dfrac{u}{z}\right)$

全体を z で割る．点 A(1) の変換後の点を A$\left(\dfrac{1}{z}\right)$ と表し，点 Q(u) の変換後の点を Q$\left(\dfrac{u}{z}\right)$ と表す．A$'$ と Q$'$ は直線 $x=1$ に関して対称であるから

$$\frac{1}{z} = x + yi, \quad \frac{u}{z} = X + yi$$

(x, y, X は実数）とおけて

$$\frac{x+X}{2} = 1$$

である．$X = 2 - x$ である．x, y を $\dfrac{1}{z}$，$\dfrac{1}{\overline{z}}$ で表すと

$$x = \frac{1}{2}\left(\frac{1}{z} + \frac{1}{\overline{z}}\right)$$

$$y = \frac{1}{2i}\left(\frac{1}{z} - \frac{1}{\overline{z}}\right)$$

であるから，$X = 2 - \dfrac{1}{2}\left(\dfrac{1}{z} + \dfrac{1}{\overline{z}}\right)$ であり

$$\frac{u}{z} = 2 - \frac{1}{2}\left(\frac{1}{z} + \frac{1}{\overline{z}}\right) + \frac{1}{2}\left(\frac{1}{z} - \frac{1}{\overline{z}}\right)$$

$$\frac{u}{z} = 2 - \frac{1}{\overline{z}} \qquad \therefore \quad u = 2z - \frac{z}{\overline{z}}$$

である．$z\overline{z} = 1$ であるから

$$u = 2z - z^2$$

$$w = \frac{1}{1-u} = \frac{1}{1 - 2z + z^2} = \frac{1}{(1-z)^2} \quad \cdots\cdots ①$$

$\overline{w} = \dfrac{1}{(1-\overline{z})^2}$ に，$\overline{z} = \dfrac{1}{z}$ を代入し

$$\overline{w} = \frac{1}{\left(1 - \dfrac{1}{z}\right)^2} = \frac{z^2}{(1-z)^2}$$

$$\frac{\overline{w}}{w} = z^2$$

$$\frac{|w + \overline{w} - 1|}{|w|} = \frac{\left|\dfrac{1}{(1-z)^2} + \dfrac{z^2}{(1-z)^2} - 1\right|}{\left|\dfrac{1}{(1-z)^2}\right|}$$

$$= |1 + z^2 - (1-z)^2| = |2z| = 2$$

（2）$z = \cos\theta + i\sin\theta$ とおく．ただし，$\dfrac{\pi}{3} \leqq \theta \leqq \dfrac{5}{3}\pi$ である．

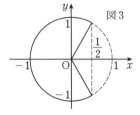

図3

$$\frac{1}{1-z} = \frac{1}{1 - \cos\theta - i\sin\theta}$$

$$= \frac{1}{2\sin^2\dfrac{\theta}{2} - 2i\sin\dfrac{\theta}{2}\cos\dfrac{\theta}{2}}$$

$$= \frac{1}{2\sin\dfrac{\theta}{2}\left(\sin\dfrac{\theta}{2} - i\cos\dfrac{\theta}{2}\right)} \quad\cdots\cdots②$$

分母・分子に $\sin\dfrac{\theta}{2} + i\cos\dfrac{\theta}{2}$ をかけて

$$\frac{1}{1-z} = \frac{\sin\dfrac{\theta}{2} + i\cos\dfrac{\theta}{2}}{2\sin\dfrac{\theta}{2}} = \frac{1}{2} + \frac{i}{2}t \quad\cdots\cdots③$$

となる．ただし，$t = \dfrac{\cos\dfrac{\theta}{2}}{\sin\dfrac{\theta}{2}}$ とおいた．①より

$$w = \left(\frac{1}{1-z}\right)^2 = \left(\frac{1}{2} + \frac{i}{2}t\right)^2$$

$$= \frac{1}{4} - \frac{t^2}{4} + \frac{t}{2}i$$

$x = \dfrac{1}{4} - \dfrac{t^2}{4}$，$y = \dfrac{t}{2}$ とおく．これは，（1）で現れた x, y とは無関係である．

$$x = \frac{1}{4} - y^2$$

が成り立つ．

$$y = \frac{1}{2}\cot\frac{\theta}{2}, \quad \frac{\pi}{6} \leqq \frac{\theta}{2} \leqq \frac{5}{6}\pi$$

なお，$\cot\theta = \dfrac{\cos\theta}{\sin\theta}$ である（コタンジェントと読む）．

$\cot\theta$ $(0 < \theta < \pi)$ は減少関数である．

$f(\theta) = \dfrac{1}{2}\cot\dfrac{\theta}{2}$ とおく．

$$f\left(\frac{\pi}{3}\right) = \frac{1}{2}\cdot\frac{1}{\tan\dfrac{\pi}{6}} = \frac{\sqrt{3}}{2}$$

$$f\left(\frac{5\pi}{3}\right) = \frac{1}{2}\cdot\frac{1}{\tan\dfrac{5\pi}{6}} = -\frac{\sqrt{3}}{2}$$

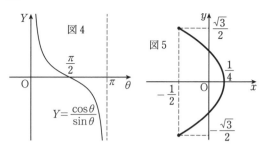

図4　$Y = \dfrac{\cos\theta}{\sin\theta}$

図5

求める軌跡は

$$x = \frac{1}{4} - y^2, \quad -\frac{\sqrt{3}}{2} \leqq y \leqq \frac{\sqrt{3}}{2}$$

であり，図示すると，図5の太線部分となる.

注意 **1°【$|z| = 1$ のときの変形】**$|z| = 1$ のとき，②，③のように変形することは，受験の世界ではあまり知られていない．受験雑誌「大学への数学」では，安田が担当のときには毎年書いている．例えば 2017 年 11 月号 p.41 を見よ．大学入試では 2004 年東北大・文系・後期第 3 問にある.

2°【オイラーの公式】大学の複素関数論では

$$e^{i\theta} = \cos\theta + i\sin\theta$$

を使って次のように変形する.

$$\frac{1}{1-z} = \frac{1}{1-e^{i\theta}}$$

で分母・分子に $e^{-\frac{i}{2}\theta}$ をかけて

$$\frac{1}{1-z} = \frac{e^{-\frac{i}{2}\theta}}{e^{-\frac{i}{2}\theta} - e^{\frac{i}{2}\theta}}$$

となり

$$e^{\frac{i}{2}\theta} = \cos\frac{\theta}{2} + i\sin\frac{\theta}{2}$$

$$e^{-\frac{i}{2}\theta} = \cos\frac{\theta}{2} - i\sin\frac{\theta}{2}$$

$$\frac{1}{1-z} = \frac{\cos\frac{\theta}{2} - i\sin\frac{\theta}{2}}{-2i\sin\frac{\theta}{2}}$$

$$= \frac{1}{2} - \frac{1}{2i}\cot\frac{\theta}{2} = \frac{1}{2} + \frac{i}{2}\cot\frac{\theta}{2}$$

◆別解◆　**(1)** 直線 OP に A からおろした垂線の足を H，AQ の中点を M とする．$\overrightarrow{OP}$ の偏角を θ として，$\cos\theta > 0$, $\cos\theta < 0$ に応じて

$$AM = PH = OP - OH = 1 - \cos\theta$$

$$AM = PH = OP + OH = 1 + (-\cos\theta)$$

となる．いずれにしても

$$AM = 1 - \cos\theta$$

であり

$$AQ = 2AM = 2(1 - \cos\theta)$$

$\overrightarrow{AQ}$ に対応する複素数は

$$u - 1 = 2(1 - \cos\theta)z$$

である．$\cos\theta = \dfrac{1}{2}(z + \overline{z})$ を代入して

$$u = 2z - (z^2 + z\overline{z}) + 1$$

$z\overline{z} = 1$ より

$$u = 2z - z^2$$

(以下省略)

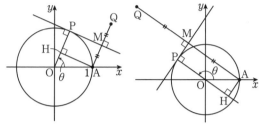

(2)　$|w + \overline{w} - 1| = 2|w|$

$w = x + yi$ (x, y は実数) とおくと

$$|2x - 1| = 2\sqrt{x^2 + y^2}$$

$$4x^2 - 4x + 1 = 4(x^2 + y^2)$$

$$x = \frac{1}{4} - y^2$$

① より $w = \dfrac{1}{(1-z)^2}$ であるから

$$x + yi = \frac{1}{(1-z)^2}$$

$$\frac{1}{4} - y^2 + yi = \frac{1}{(1-z)^2}$$

$$\left(\frac{1}{2} + yi\right)^2 = \frac{1}{(1-z)^2}$$

$$\pm\left(\frac{1}{2} + yi\right) = \frac{1}{1-z}$$

両辺を $\pm\left(\dfrac{1}{2} + yi\right)$ で割り，$1 - z$ をかけて

$$1 - z = \pm\frac{1}{\frac{1}{2} + yi}$$

$$1 - z = \pm\frac{\frac{1}{2} - yi}{\frac{1}{4} + y^2}$$

$z = X + Yi$ (X, Y は実数，$-1 \leqq X \leqq \dfrac{1}{2}$) とおくと

$$1 - X - Yi = \pm\frac{\frac{1}{2} - yi}{\frac{1}{4} + y^2}$$

両辺の実部を比べ

$$1 - X = \pm\frac{\frac{1}{2}}{\frac{1}{4} + y^2}$$

左辺は正であるから，$\pm$ は $+$ で

$$1 - X = \frac{\frac{1}{2}}{\frac{1}{4} + y^2}$$

$\dfrac{1}{2} \leqq 1 - X \leqq 2$ であるから

$$\dfrac{1}{2} \leqq \dfrac{\dfrac{1}{2}}{\dfrac{1}{4} + y^2} \leqq 2$$

$$\dfrac{1}{4} \leqq \dfrac{1}{4} + y^2 \leqq 1$$

$$0 \leqq y^2 \leqq \dfrac{3}{4} \qquad \therefore \quad -\dfrac{\sqrt{3}}{2} \leqq y \leqq \dfrac{\sqrt{3}}{2}$$

よって，R の軌跡は

$$x = \dfrac{1}{4} - y^2, \quad -\dfrac{\sqrt{3}}{2} \leqq y \leqq \dfrac{\sqrt{3}}{2}$$

───《エルミート内積》───

15. $f(z)$ は複素数平面全体で定義された関数であり，以下の条件 (N) を満たすものとする．
- 条件 (N)：$\mathrm{Re}(f(z)\overline{f(w)}) = \mathrm{Re}(z\overline{w})$ が任意の複素数 z, w に対して成り立つ．

(但し，複素数 α に対して，$\mathrm{Re}\,\alpha$ は α の実部を，$\overline{\alpha}$ は α の共役複素数を表す.)

（1）複素数 z の絶対値が 1 ならば，$f(z)$ の絶対値も 1 であることを証明せよ．

（2）以下の等式を証明せよ．

（ⅰ）任意の複素数 z, w に対して $f(z+w) = f(z) + f(w)$ が成り立つ．

（ⅱ）任意の実数 r と任意の複素数 z に対して $f(rz) = rf(z)$ が成り立つ．

（3）絶対値が 1 の複素数 a を用いて，

$$f(z) = az \ \text{または} \ f(z) = a\overline{z}$$

と表せることを証明せよ． (16 奈良県立医大-後)

▶**解答**◀　$\mathrm{Re}(z) = \dfrac{1}{2}(z + \overline{z})$ であるから (N) の条件は

$$f(z)\overline{f(w)} + \overline{f(z)}f(w) = z\overline{w} + \overline{z}w \quad \cdots\cdots①$$

となる．この式を「f が掛かって z, w が対等に出ていたら f が消せる」と読む．

（1）①で $w = z$ とすると

$$f(z)\overline{f(z)} = z\overline{z} \quad \cdots\cdots②$$
$$|f(z)|^2 = |z|^2 \quad \cdots\cdots③$$

$|f(z)| = |z|$ となる．特に $|z| = 1$ ならば

$$|f(z)| = 1$$

である．

（2）（ⅰ）式が横に長くなって 1 行に入らないという印刷の都合上，一部分の式で $z + w = p$ とおく．入るときはそのまま $z + w$ とする．

$$|f(z+w) - f(z) - f(w)|^2$$

$$= \{f(p) - f(z) - f(w)\}\overline{\{f(p) - f(z) - f(w)\}}$$
$$= \{f(p) - f(z) - f(w)\}\{\overline{f(p)} - \overline{f(z)} - \overline{f(w)}\}$$
$$= f(p)\overline{f(p)} - f(p)\overline{f(z)} - f(p)\overline{f(w)}$$
$$\quad - f(z)\overline{f(p)} + f(z)\overline{f(z)} + f(z)\overline{f(w)}$$
$$\quad - f(w)\overline{f(p)} + f(w)\overline{f(z)} + f(w)\overline{f(w)}$$
$$= p\overline{p} - p\overline{z} - p\overline{w} - z\overline{p} + z\overline{z} + z\overline{w}$$
$$\quad - w\overline{p} + w\overline{z} + w\overline{w}$$
$$= (p - z - w)(\overline{p} - \overline{z} - \overline{w})$$
$$= |p - (z+w)|^2 = |(z+w) - (z+w)|^2 = 0$$

なお，上の計算で f を取り去るところは②より

$$f(p)\overline{f(p)} = p\overline{p}, \ f(z)\overline{f(z)} = z\overline{z},$$
$$f(w)\overline{f(w)} = w\overline{w}$$

であり，①より，①そのものと

$$f(p)\overline{f(z)} + \overline{f(p)}f(z) = p\overline{z} + \overline{p}z$$
$$f(p)\overline{f(w)} + \overline{f(p)}f(w) = p\overline{w} + \overline{p}w$$

であることを用いた．

$$|f(z+w) - f(z) - f(w)|^2 = 0$$

であるから

$$f(z+w) - f(z) - f(w) = 0$$
$$f(z+w) = f(z) + f(w)$$

である．

（ⅱ）

$$|f(rz) - rf(z)|^2$$
$$= \{f(rz) - rf(z)\}\overline{\{f(rz) - rf(z)\}}$$
$$= \{f(rz) - rf(z)\}\{\overline{f(rz)} - r\overline{f(z)}\}$$
$$= f(rz)\overline{f(rz)} + r^2 f(z)\overline{f(z)}$$
$$\quad - r\{f(rz)\overline{f(z)} + \overline{f(rz)}f(z)\}$$
$$= rz\,r\overline{z} + r^2 z\overline{z} - r(rz\overline{z} + r\overline{z}z) = 0$$
$$f(rz) - rf(z) = 0$$
$$f(rz) = rf(z)$$

（3）x, y を実数として $z = x + yi$ とおく．（ⅰ），（ⅱ）を用いる．

$$f(z) = f(x + yi) = f(x) + f(yi)$$
$$= f(x \cdot 1) + f(y \cdot i)$$
$$= xf(1) + yf(i)$$

$f(1) = \alpha$, $f(i) = \beta$ とおく．（1）より $|\alpha| = 1$, $|\beta| = 1$ である．

$$f(z) = x\alpha + y\beta$$

③を用いる．

$$|x\alpha + y\beta|^2 = |x + yi|^2$$

$$(x\alpha + y\beta)(x\overline{\alpha} + y\overline{\beta}) = x^2 + y^2$$
$$x^2 \alpha\overline{\alpha} + y^2 \beta\overline{\beta} + xy(\alpha\overline{\beta} + \overline{\alpha}\beta)$$
$$= x^2 + y^2$$

$\alpha\overline{\alpha} = 1, \beta\overline{\beta} = 1$ を用いて $x^2 + y^2$ を消すと

$$xy(\alpha\overline{\beta} + \overline{\alpha}\beta) = 0$$

x, y は任意であるから

$$\alpha\overline{\beta} + \overline{\alpha}\beta = 0$$

$\alpha\overline{\alpha}$ で割ると

$$\frac{\overline{\beta}}{\overline{\alpha}} + \frac{\beta}{\alpha} = 0$$

$$\mathrm{Re}\left(\frac{\beta}{\alpha}\right) = 0 \quad\cdots\cdots\cdots④$$

$\left|\dfrac{\beta}{\alpha}\right| = \dfrac{|\beta|}{|\alpha|} = 1$ であるから ④ とあわせて $\dfrac{\beta}{\alpha}$ は純虚数 $\pm i$ である.

$$\frac{\beta}{\alpha} = \pm i \qquad \therefore \quad \beta = \pm i\alpha$$
$$f(z) = x\alpha \pm iy\alpha = \alpha(x \pm yi)$$
$$f(z) = \alpha z \text{ または } f(z) = \alpha\overline{z},\ |\alpha| = 1$$

である. 証明された.

注意 1° 【意味】

$z = x + yi, w = a + bi\ (a, b, x, y$ は実数) とおくと

$$\mathrm{Re}(z\overline{w}) = \mathrm{Re}((x+yi)(a-bi)) = ax + by$$

だから, これはベクトル $(x, y), (a, b)$ の内積を表す. (2) で示した性質は線形性という. 内積が不変なら, 線形性が成り立ち, それは一次変換になり, 回転または折り返しである, という事実がある. 内積だから図形的な説明もできるが, 大学の数学では, 拡張した内積や長さ (ノルムという) を扱うから, こうした抽象性の高いものは式だけで扱うべきである.

2° 【他の例】

大学の本には, こんな例が載っている.

2次元の任意のベクトル $\vec{x}$ に対して定義された関数 $f(\vec{x})$ が, 任意のベクトル $\vec{x}, \vec{y}$ に対して

$$f(\vec{x}+\vec{y}) + f(\vec{x}-\vec{y}) = 2f(\vec{x}) + 2f(\vec{y}) \quad\cdots\cdots⑤$$

を満たすとする.

$$f(\vec{x}+\vec{y}) - f(\vec{x}-\vec{y}) = g(\vec{x}, \vec{y}) \quad\cdots\cdots\cdots⑥$$

で $g(\vec{x}, \vec{y})$ を定義するとき, 任意のベクトル $\vec{x}, \vec{y}, \vec{z}$ に対して

$$g(\vec{x}+\vec{y}, \vec{z}) = g(\vec{x}, \vec{z}) + g(\vec{y}, \vec{z}) \quad\cdots\cdots⑦$$

が成り立つことを示せ.

⑤, ⑥, ⑦ は順に中線定理を与えて長さの性質を限定し, 内積の4倍を定義し, 内積の分配法則を示そうという内容である.

3° 【内積が定義できるか?】

少し専門的な話をする. 読み飛ばしてもらって構わない. ノルム空間というものがある. ノルムというのは, 簡単に言えば「長さ」のようなものである. 例えば, 閉区間 $[0, 1]$ における連続関数 f のノルム (大きさ) を $[0, 1]$ での $|f(x)|$ の最大値で定め, $\|f\|$ とかくことにしよう. するとこれはノルム空間と呼ばれるものになる. 例を挙げよう.

$f(x) = 1$ のとき, $\|f\| = 1$
$f(x) = 5x$ のとき, $\|f\| = 5$
$f(x) = x^2 - x + 2$ のとき, $\|f\| = 2$

などである. ノルム空間に内積を定められるかどうかは, 中線定理が成立するかどうかで判定することができる. 今, $f(x) = 1, g(x) = x$ とすると,

$$f(x) + g(x) = 1 + x,$$
$$f(x) - g(x) = 1 - x$$

であるから,

$$\|f+g\|^2 + \|f-g\|^2 = 2^2 + 1^2 = 5$$
$$2(\|f\|^2 + \|g\|^2) = 2(1^2 + 1^2) = 4$$

となるから,

$$\|f+g\|^2 + \|f-g\|^2 \neq 2(\|f\|^2 + \|g\|^2)$$

となって, 中線定理が成立しない. よって, 閉区間 $[0, 1]$ における連続関数 f のノルム (大きさ) を $[0, 1]$ での $|f(x)|$ の最大値で定めるようなノルム空間に内積を定めることができないことがわかる.

しかし, 例えば閉区間 $[0, 1]$ における連続関数 f のノルム (大きさ) を

$$\|f\| = \left(\int_0^1 |f(x)|^2\, dx\right)^{\frac{1}{2}}$$

と定めると, このノルム空間に内積を定めることができる (各自確かめてみるとよい). 同じ「閉区間 $[0, 1]$ における連続関数 f」という対象に対しても, ノルムの定め方によって内積が定義できるか定義できないかが変わってくるのは興味深い.

《オイラーの公式》

16. 点 P_0 を xy 平面の原点とし, 点 P_1 の座標を $(1, 0)$ とする. 点 $\mathrm{P}_2, \mathrm{P}_3, \mathrm{P}_4, \cdots$ を次のように定める.

$n = 1, 2, 3, \cdots\cdots$ に対して, 点 P_{n-1} を中心として点 P_n を反時計回りに $\theta\ (0 < \theta < \pi)$ だけ回転させた点を Q_n とし, 点 P_{n+1} を $\overrightarrow{\mathrm{P}_{n-1}\mathrm{Q}_n} = \overrightarrow{\mathrm{P}_n\mathrm{P}_{n+1}}$ となるようにとる.

このとき, 次の問いに答えよ.

（1） $k = 0, 1, 2, \cdots\cdots$ に対して，

$$\sin\frac{\theta}{2}\cos k\theta$$
$$= \frac{1}{2}\left\{-\sin\left(\frac{2k-1}{2}\theta\right) + \sin\left(\frac{2k+1}{2}\theta\right)\right\}$$
$$\sin\frac{\theta}{2}\sin k\theta$$
$$= \frac{1}{2}\left\{\cos\left(\frac{2k-1}{2}\theta\right) - \cos\left(\frac{2k+1}{2}\theta\right)\right\}$$

が成り立つことを示せ．

（2） $n = 1, 2, 3, \cdots\cdots$ に対して，

$$1 + \cos\theta + \cdots + \cos n\theta$$
$$= \frac{1}{2\sin\frac{\theta}{2}}\left\{\sin\left(\frac{2n+1}{2}\theta\right) + \sin\frac{\theta}{2}\right\}$$
$$\sin\theta + \cdots + \sin n\theta$$
$$= \frac{1}{2\sin\frac{\theta}{2}}\left\{-\cos\left(\frac{2n+1}{2}\theta\right) + \cos\frac{\theta}{2}\right\}$$

が成り立つことを示せ．

（3） 点 P_n の座標を (x_n, y_n) とおくとき，x_n および y_n を求めよ．

（4） すべての点 $P_n\ (n = 0, 1, 2, \cdots)$ を通る円の方程式を求めよ． （14 富山大・薬）

▶解答◀ （1） $\dfrac{\theta}{2} = t$ とおく．

$$-\sin\left(\frac{2k-1}{2}\theta\right) + \sin\left(\frac{2k+1}{2}\theta\right)$$
$$= \sin(2kt + t) - \sin(2kt - t)$$
$$= (\sin 2kt\cos t + \cos 2kt\sin t)$$
$$\qquad - (\sin 2kt\cos t - \cos 2kt\sin t)$$
$$= 2\cos 2kt\sin t = 2\cos k\theta\sin\frac{\theta}{2}$$
$$\cos\left(\frac{2k-1}{2}\theta\right) - \cos\left(\frac{2k+1}{2}\theta\right)$$
$$= \cos(2kt - t) - \cos(2kt + t)$$
$$= (\cos 2kt\cos t + \sin 2kt\sin t)$$
$$\qquad - (\cos 2kt\cos t - \sin 2kt\sin t)$$
$$= 2\sin 2kt\sin t = 2\sin\frac{\theta}{2}\sin k\theta$$

よって等式は成り立つ．

（2） もう出題されない行列の解答を書いても，誰も有り難くないから，複素数で解答をする．また複素数の場合は，積→和の公式は使わないので（1）は無視する．

$z = \cos\theta + i\sin\theta$ とおく．$0 < \theta < \pi$ だから $z \neq 1$ である．$S_n = 1 + z + \cdots + z^n$ とおく．

$$1 + \cos\theta + \cdots + \cos n\theta = A_n$$
$$\sin\theta + \cdots + \sin n\theta = B_n$$

とおく．ド・モアブルの定理より $z^k = \cos k\theta + i\sin k\theta$ だから

$$A_n + iB_n = \sum_{k=0}^{n} z^k = S_n = \frac{1 - z^{n+1}}{1 - z}$$

ここで分母の実数化をする．高校では分母分子に $1 - \overline{z}$ を掛けるのが普通だが，これは結構鬱陶しい計算になる．大学では $e^{i\theta} = \cos\theta + i\sin\theta$（オイラーの公式）と書くが，分母に $1 - e^{i\theta}$ がある場合には，分母分子に $e^{-\frac{i\theta}{2}} = \cos\frac{\theta}{2} - i\sin\frac{\theta}{2}$ を掛けるのが定石である．

分数が鬱陶しいので $t = \dfrac{\theta}{2}$，$w = \cos t + i\sin t$，$z = \cos\theta + i\sin\theta$ とおく．ド・モアブルの定理より $z = w^2$ である．

$$S_n = \frac{1 - z^{n+1}}{1 - z} = \frac{1 - w^{2n+2}}{1 - w^2}$$

分母分子に $\overline{w}$ を掛けて，$\overline{w}w = |w|^2 = 1$ だから

$$S_n = \frac{\overline{w} - w^{2n+1}}{\overline{w} - w}$$

$\overline{w} = \cos t - i\sin t$ だから $\overline{w} - w = -2i\sin t$ であり

$$S_n = \frac{\cos t - i\sin t - \cos(2n+1)t - i\sin(2n+1)t}{-2i\sin t}$$
$$= \frac{\sin(2n+1)t + \sin t + i\{\cos t - \cos(2n+1)t\}}{2\sin t}$$
$$A_n = \frac{\sin(2n+1)t + \sin t}{2\sin t}$$
$$= \frac{1}{2\sin\frac{\theta}{2}}\left\{\sin\left(\frac{2n+1}{2}\theta\right) + \sin\frac{\theta}{2}\right\}$$
$$B_n = \frac{\cos t - \cos(2n+1)t}{2\sin t}$$
$$= \frac{1}{2\sin\frac{\theta}{2}}\left\{-\cos\left(\frac{2n+1}{2}\theta\right) + \cos\frac{\theta}{2}\right\}$$

よって証明された．

（3） $\overrightarrow{P_{n-1}Q_n}$ は $\overrightarrow{P_{n-1}P_n}$ を θ 回転したもので $\overrightarrow{P_{n-1}Q_n} = \overrightarrow{P_nP_{n+1}}$ だから，$\overrightarrow{P_nP_{n+1}}$ は $\overrightarrow{P_{n-1}P_n}$ を θ 回転したものである．P_n に対応する複素数を p_n とする．複素平面の考え方は，点と複素数を同一視するものであり

$$\overrightarrow{p_np_{n+1}} = (\theta回転)\overrightarrow{p_{n-1}p_n}$$

と見る．

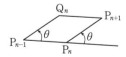

$$p_{n+1} - p_n = z(p_n - p_{n-1})$$

数列 $\{p_{n+1} - p_n\}$ は等比数列で

$$p_{k+1} - p_k = z^k(p_1 - p_0)$$

$p_1 = 1$，$p_0 = 0$ だから

$$p_{k+1} - p_k = z^k$$

304

$n \geqq 1$ のとき, $k = 0, 1, \cdots, n-1$ とした式を辺ごとに加え

$$p_n - p_0 = 1 \cdot \frac{1-z^n}{1-z}$$

$$p_n = \frac{1-z^n}{1-z}$$

となる. この式は $n = 0$ でも成り立つ.

$p_n = S_{n-1} = A_{n-1} + iB_{n-1}$ であり, $x_n = A_{n-1}$, $y_n = B_{n-1}$ である.

$$x_n = \frac{1}{2\sin\frac{\theta}{2}}\left\{\sin\left(\frac{2n-1}{2}\theta\right) + \sin\frac{\theta}{2}\right\}$$

$$y_n = \frac{1}{2\sin\frac{\theta}{2}}\left\{-\cos\left(\frac{2n-1}{2}\theta\right) + \cos\frac{\theta}{2}\right\}$$

（4） $x_n - \frac{1}{2} = \frac{1}{2\sin t}\sin(2n-1)t$

$y_n - \frac{\cos t}{2\sin t} = -\frac{1}{2\sin t}\cos(2n-1)t$

だから

$$\left(x - \frac{1}{2}\right)^2 + \left(y - \frac{1}{2\tan\frac{\theta}{2}}\right)^2 = \frac{1}{4\sin^2\frac{\theta}{2}}$$

が成り立つ.

注意 1° 【答えが見える変形】

$p_n = \frac{1}{1-z} + \frac{1}{1-z} \cdot z^n$, $|z| = 1$

に注意すると

$$\left|p_n - \frac{1}{1-z}\right| = \left|\frac{1}{1-z}\right|$$

である.

2° 【分母の実数化】 $|z| = 1$ のとき $\frac{1}{1-z}$ の分母を実数化する場合, $1 - \overline{z}$ を掛けると少し計算が長くなる. $z = \cos\theta + i\sin\theta$ とすると $w = \cos\frac{\theta}{2} + i\sin\frac{\theta}{2}$ として $\overline{w}$ を掛けると見通しがよい.

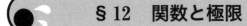

§12　関数と極限

　問題編

《極限の計算》

1. $\displaystyle\lim_{x\to\infty}\left(\cos^2\sqrt{x+1}+\sin^2\sqrt{x}\right)$ を求めよ. 　　　　　　　　　　　　　　　　（20　一橋大・後期）

《素因数と極限》

2.（1）　自然数 k に対して，3^k を約数にもつ自然数は 2 から 30 までに何個あるか.

（2）　$30!=6^d\cdot l$ となる自然数 d を求めよ. ただし，l は 6 で割り切れない自然数である.

（3）　n を自然数とし，p を素数とする. $p^n!=p^e\cdot m$ となる自然数 e を求めよ. ただし，m は p で割り切れない自然数である.

（4）　自然数 n に対して，自然数 $d(n), e(n)$ を $30^n!=6^{d(n)}\cdot l=5^{e(n)}\cdot m$ と定める. ただし，l, m はそれぞれ 6, 5 で割り切れない自然数である. このときの極限 $\displaystyle\lim_{n\to\infty}\frac{d(n)}{e(n)}$ を求めよ. 　　　　（20　和歌山県立医大）

《逆関数と極限》

3. 2 つの関数

$$f(x)=\frac{2}{2x+3},\ g(x)=\frac{2x+1}{-x+2}$$

がある.

（1）　関数 $g(x)$ の逆関数 $g^{-1}(x)$ を求めよ.

（2）　合成関数 $g^{-1}(f(g(x)))$ を求めよ.

（3）　実数 c が無理数であるとき，$f(c)$ は無理数であることを証明せよ.

（4）　次の条件によって定められる数列 $\{a_n\}$ の一般項を求めよ.

$$a_1=g(\sqrt{2}),\quad a_{n+1}=f(a_n)\quad(n=1,2,3,\cdots\cdots)$$

（5）　（4）で定められた数列 $\{a_n\}$ の極限 $\displaystyle\lim_{n\to\infty}a_n$ を求めよ.

（15　名古屋工大）

《合成関数と不動点》

4. 整数ではない実数 x に対して $f(x)=\dfrac{1}{x-[x]}$ と定める.

ただし，$[x]$ は $l<x<l+1$ を満たす整数 l を表す. 以下の問いに答えよ.

（1）　$f(\sqrt{2}),\ f(f(\sqrt{2}))$ を計算し，簡潔な形で答えよ.

（2）　$f(\sqrt{3}),\ f(f(\sqrt{3})),\ f(f(f(\sqrt{3})))$ を計算し，簡潔な形で答えよ.

（3）　自然数 n に対して，$n<x<n+1$ かつ $f(x)=x$ を満たす x を求めよ.

（4）　自然数 n を 1 つ固定する. $n<x<n+1$ の範囲の x で，$f(x)$ が整数ではなく，さらに $f(f(x))=x$ を満たす x を大きい順に並べる. その中の x で $f(x)=x$ を満たすものは何番目に現れるかを答えよ.

（15　浜松医大・医）

《シルベスター数列》

5. 数列 $\{a_n\}$ を次の条件によって定める.

$$a_1 = 2,\ a_{n+1} = 1 + \frac{1}{1 - \sum\limits_{k=1}^{n} \dfrac{1}{a_k}}\ (n = 1, 2, 3, \cdots)$$

（1） a_5 を求めよ.

（2） a_{n+1} を a_n の式で表せ.

（3） 無限級数 $\sum\limits_{k=1}^{\infty} \dfrac{1}{a_k}$ が収束することを示し，その和を求めよ.

（17　千葉大・前期）

《ずっと先ではどうなるか》

6. r を実数とする. 次の条件によって定められる数列 $\{a_n\}$, $\{b_n\}$, $\{c_n\}$ を考える.

$$a_1 = r,$$
$$a_{n+1} = \frac{[a_n]}{4} + \frac{a_n}{4} + \frac{5}{6}\quad (n = 1, 2, 3, \cdots)$$
$$b_1 = r,\ b_{n+1} = \frac{b_n}{2} + \frac{7}{12}\quad (n = 1, 2, 3, \cdots)$$
$$c_1 = r,\ c_{n+1} = \frac{c_n}{2} + \frac{5}{6}\quad (n = 1, 2, 3, \cdots)$$

ただし，$[x]$ は x を超えない最大の整数とする. 以下の問に答えよ.

（1） $\lim\limits_{n \to \infty} b_n$ と $\lim\limits_{n \to \infty} c_n$ を求めよ.

（2） $b_n \leqq a_n \leqq c_n\ (n = 1, 2, 3, \cdots)$ を示せ.

（3） $\lim\limits_{n \to \infty} a_n$ を求めよ.

（22　早稲田大・理工）

《逆数和の極限》

7. 数列 $\{a_n\}$, $\{b_n\}$ は以下の条件をみたす.

（ i ） $a_1 = 1,\ a_n \neq 0\ (n = 2, 3, 4, \cdots)$

（ii） $n = 1, 2, 3, \cdots$ に対して，b_n は $\dfrac{1}{a_n}$ より大きい最小の自然数である.

（iii） $n = 1, 2, 3, \cdots$ に対して，$a_{n+1} = a_n - \dfrac{1}{b_n}$ が成り立つ.

次の問いに答えよ.

（1） $b_1,\ a_2,\ b_2,\ a_3,\ b_3$ を求めよ.

（2） $b_1 b_2 \cdots b_n a_{n+1}\ (n = 1, 2, 3, \cdots)$ を求めよ.

（3） $\lim\limits_{n \to \infty} \sum\limits_{k=1}^{n} \dfrac{1}{b_k}$ を求めよ.

（17　横浜国大・理工）

《複素数値の極限》

8. i を虚数単位とし，$f(z) = \dfrac{z-1}{z+1+i}$ とする. 複素数 $z_n\ (n = 1, 2, 3, \cdots)$ は

$$z_1 = i,\ z_{n+1} = f(z_n)\ (n = 1, 2, 3, \cdots)$$

を満たしているとする. このとき次の問に答えよ.

（1） 虚部が正となる複素数 α で $f(\alpha) = \alpha$ となるものを求めよ.

（2） n が奇数のとき，z_n は虚部が正である純虚数であることを示せ.

（3） $|z_n|$ を z_n の絶対値とするとき，数列 $\{|z_n|\}$ の極限を求めよ.

（19　群馬大・前期）

《周期数列の難問》

9. すべての自然数 n に対して $a_{n+p} = a_n$ を満たすような自然数 p があるとき，数列 $\{a_n\}$ は周期的であるといい，このような p のうち最小のものを $\{a_n\}$ の周期という．

実数 q に対し，次の条件を満たす数列 $\{a_n\}$ を考える．

$$a_{n+1} = \begin{cases} q & (a_n = 0 \text{ のとき}) \\ q - \dfrac{1}{a_n} & (a_n \neq 0 \text{ のとき}) \end{cases}$$

以下の問いに答えよ．

（1） $q = \sqrt{3}$ のとき，数列 $\{a_n\}$ は周期的であることを示し，その周期を求めよ．

（2） $x^2 - qx + 1 = 0$ が 2 つの実数解をもつとし，それらの解を α, β $(0 < |\alpha| < |\beta|)$ とする．$\{a_n\}$ が周期 1 の数列ではなく，すべての n に対して $a_n \neq 0$ であるとする．このとき，すべての n に対し，$a_n \neq \alpha$ であることを示し，数列 $\{b_n\}$ を

$$b_n = \frac{a_n - \beta}{a_n - \alpha}$$

と定めれば数列 $\{b_n\}$ は等比数列となることを示せ．

（3） （2）の数列 $\{a_n\}$ に対し，極限 $\displaystyle \lim_{n \to \infty} a_n$ が存在することを示し，その値を求めよ．

（4） $q = 2$ のとき，数列 $\{a_n\}$ に対し，極限 $\displaystyle \lim_{n \to \infty} a_n$ が存在することを示し，その値を求めよ．

（20 お茶の水女子大・後期）

《バーゼル問題》

10. 以下の文章の空欄に適切な数または式を入れて文章を完成させなさい．

関数 $f(x)$, $g(x)$ を

$$f(x) = \frac{1}{\sin^2 x}, \quad g(x) = \frac{1}{\tan^2 x}$$

と定める．

（1） 定数 a を $a = \boxed{}$ と定めると，$0 < x < \dfrac{\pi}{2}$ のとき

$$f(x) + f\left(\frac{\pi}{2} - x\right) = a f(2x)$$

が成り立つ．

（2） 自然数 n に対して

$$S_n = \sum_{k=1}^{2^n - 1} f\left(\frac{k\pi}{2^{n+1}}\right), \quad T_n = \sum_{k=1}^{2^n - 1} g\left(\frac{k\pi}{2^{n+1}}\right)$$

とおく．このとき S_1, S_2, S_3 の値を求めると

$$S_1 = \boxed{}, \quad S_2 = \boxed{}, \quad S_3 = \boxed{}$$

である．また S_n と S_{n+1} の間には $S_{n+1} = \boxed{}$ の関係がある．このことから，S_n を n の式で表すと $S_n = \boxed{}$ となる．また T_n を n の式で表すと $T_n = \boxed{}$ である．したがって，$0 < \theta < \dfrac{\pi}{2}$ に対して $\sin \theta < \theta < \tan \theta$ であることに注意すると，

$$\lim_{n \to \infty} \sum_{k=1}^{2^n - 1} \frac{1}{k^2} = \boxed{}$$

がわかる．

（20 慶應大・医）

《有理数と極限》

11. n を自然数とする．整数 k に関する次の条件 (C)，(D) を考える．

(C)　$0 \leqq k < n$.

(D)　$\dfrac{k}{n} \leqq \dfrac{1}{m} < \dfrac{k+1}{n}$ を満たす自然数 m が存在する．

条件 (C)，(D) を満たす整数 k の個数を T_n とする．以下の設問に答えよ．

（1）　T_{50} を求めよ．

（2）　次の極限値を求めよ．

$$\lim_{n \to \infty} \frac{\log T_n}{\log n}$$

(19　京大・理-特色)

《図形問題との融合》

12. 凸五角形 $A_n B_n C_n D_n E_n$ $(n = 1, 2, \cdots)$ が次の条件を満たしている．

　　A_{n+1} は辺 $C_n D_n$ の中点，

　　B_{n+1} は辺 $D_n E_n$ の中点，

　　C_{n+1} は辺 $E_n A_n$ の中点，

　　D_{n+1} は辺 $A_n B_n$ の中点，

　　E_{n+1} は辺 $B_n C_n$ の中点，

下図は，五角形 $A_n B_n C_n D_n E_n$ と五角形 $A_{n+1} B_{n+1} C_{n+1} D_{n+1} E_{n+1}$ の位置関係を図示したものである．

　以下の設問に答えよ．

（1）　正の実数 α をうまく取ると，数列 $\left\{ \alpha^n \left| \overrightarrow{A_n B_n} \right| \right\}$ が 0 でない実数に収束するようにできることを示せ．

（2）　五角形 $A_n B_n C_n D_n E_n$ の 5 本の辺の長さの和を L_n，5 本の対角線の長さの和を M_n とする．極限値 $\displaystyle \lim_{n \to \infty} \frac{M_n}{L_n}$ を求めよ．

ただし，五角形が凸であるとは，その内角がすべて $180°$ 未満であることをいう．また，五角形の対角線とは，2 頂点を結ぶ線分で辺でないもののことである．

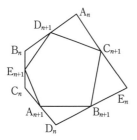

(18　京大・理-特色)

《複素数平面上の図形と極限》

13. $0 < \theta < \dfrac{\pi}{2}$, $z_0 = 1$ とする. 複素数平面の原点を O, z_0 のあらわす点を A_0 とする. 線分 OA_0 を直径とする円上の点 $A_1(z_1)$ で $z_1 \neq 0$, $\angle A_0OA_1 = \theta$ であり $\dfrac{z_1}{z_0}$ の虚部が正であるものを考える. 同様に $n = 1, 2, \cdots$ に対して, 線分 OA_n を直径とする円上の点 $A_{n+1}(z_{n+1})$ で $z_{n+1} \neq 0$, $\angle A_nOA_{n+1} = \dfrac{\theta}{2^n}$ であり $\dfrac{z_{n+1}}{z_n}$ の虚部が正であるものを考える. このとき, 以下の問いに答えよ.

（1） すべての自然数 n について次が成り立つことを示せ.

$$|z_n| = \frac{\sin 2\theta}{2^n \sin\left(\dfrac{\theta}{2^{n-1}}\right)}$$

（2） $0 < x < \theta$ のとき, $\dfrac{\sin \theta}{\theta} < \dfrac{\sin x}{x} < 1$ が成り立つことを示せ.

（3） 三角形 A_nOA_{n+1} の面積を S_n とするとき, 次が成り立つことを示せ.

$$\frac{\sin^2 2\theta}{8\theta} < \sum_{n=1}^{\infty} S_n < \frac{\sin^2 2\theta}{8\sin\theta}$$

（21　お茶の水女子大・前期）

《状況を把握して漸化式を立てる》

14. 赤玉 1 個のみが入った袋 C_0 と, それぞれ白玉 1 個のみが入った n 個の袋 $C_1, C_2, \cdots, C_n$ に対して,

$$C_0 \to C_1 \to C_2 \to \cdots \to C_{n-1} \to C_n \to C_{n-1} \to C_{n-2} \to \cdots \to C_1 \to C_0$$

なる列を考える. 列が示すように, 始めに, $k = 0, 1, \cdots, n-1$ の順に各 $C_k \to C_{k+1}$ において, C_k から無作為に玉を 1 個取り出して C_{k+1} へと入れる操作を行う. 次に, $k = n, n-1, \cdots, 1$ の順に各 $C_k \to C_{k-1}$ において, C_k から無作為に玉を 1 個取り出して C_{k-1} へと入れる操作を行う.

この試行で最終的に袋 C_0 に赤玉が入っている確率を p_n とし, k が奇数であるようないずれかの C_k に赤玉が入っている確率を q_n とする.

次の問いに答えよ.

（1） p_1, p_2 の値をそれぞれ求めよ.

（2） $n \geq 2$ の場合の p_n を p_{n-1} を用いて表せ.

（3） 数列 $p_1, p_2, p_3, \cdots$ の一般項 p_n を求めよ.

（4） 極限値 $\lim_{n \to \infty} q_n$ を求めよ.

（22　東北大・医 AO）

310

《2階マルコフ過程と極限》

15. 次の3つのルール（ⅰ），（ⅱ），（ⅲ）にしたがって三角形ABCの頂点上でコマを動かすことを考える.

（ⅰ）時刻0においてコマは頂点Aに位置している.

（ⅱ）時刻0にサイコロを振り，出た目が偶数なら時刻1で頂点Bに，出た目が奇数なら時刻1で頂点Cにコマを移動させる.

（ⅲ）$n = 1, 2, 3, \cdots$ に対して，時刻nにサイコロを振り，出た目が3の倍数でなければ時刻$n+1$でコマを時刻$n-1$に位置していた頂点に移動させ，出た目が3の倍数であれば時刻$n+1$でコマを時刻$n-1$にも時刻nにも位置していなかった頂点に移動させる.

時刻nにおいてコマが頂点Aに位置する確率をp_nとする. 以下の設問に答えよ.

（1）p_2, p_3 を求めよ.

（2）$n = 1, 2, 3, \cdots$ に対して，p_{n+1} を p_{n-1} と p_n を用いて表せ.

（3）極限値 $\lim_{n \to \infty} p_n$ を求めよ.

(20 京大・特色入試)

《$\varepsilon - N$ 論法が必要》

16. C を1以上の実数，$\{a_n\}$ を0以上の整数からなる数列で $a_1 = 0, a_2 = 1$ を満たすとする. xy 平面上の点 $A_n = (a_n, a_{n+1})$ はすべての $n = 1, 2, 3, \cdots$ について次の条件（ⅰ），（ⅱ），（ⅲ）を満たすとする.

（ⅰ）3点 A_n, O, A_{n+1} は同一直線上になく，三角形 A_nOA_{n+1} と三角形 $A_{n+1}OA_{n+2}$ の内部は互いに交わらない.

（ⅱ）三角形 A_nOA_{n+1} の面積は C より小さい.

（ⅲ）$\angle A_1OA_{n+1} < \frac{\pi}{4}$ かつ $\lim_{n \to \infty} \angle A_1OA_{n+1} = \frac{\pi}{4}$ である.

ここで O は xy 平面の原点を表す. 以下の設問に答えよ.

（1）$C = 100$ のとき，（ⅰ），（ⅱ），（ⅲ）を満たす数列 $\{a_n\}$ の例を1つ与えよ.

（2）2以上の自然数 n, m が $n < m$ を満たすとき，

$$0 < \frac{a_{n+1}}{a_n} - \frac{a_{m+1}}{a_m} \leq 2C\left(\frac{1}{a_n} - \frac{1}{a_m}\right)$$

となることを示せ.

（3）ある実数 D が存在して，すべての自然数 n について $a_{n+1} - a_n \leq D$ となることを示せ.

（4）ある自然数 n_0 が存在して，点 $A_{n_0}, A_{n_0+1}, A_{n_0+2}, \cdots$ はすべて同一直線上にあることを示せ.

(21 京大・特色入試)

《極限の計算》

1. $\lim\limits_{x \to \infty} (\cos^2 \sqrt{x+1} + \sin^2 \sqrt{x})$ を求めよ.

（20　一橋大・後期）

考え方 形を揃えよう.

▶解答◀ $\cos^2 \sqrt{x+1} + \sin^2 \sqrt{x}$

$= \dfrac{1}{2}(1 + \cos 2\sqrt{x+1}) + \dfrac{1}{2}(1 - \cos 2\sqrt{x})$

$= 1 + \dfrac{1}{2}(\cos 2\sqrt{x+1} - \cos 2\sqrt{x})$

となる. $f(t) = \cos 2\sqrt{t}$ として, 平均値の定理により

$\cos 2\sqrt{x+1} - \cos 2\sqrt{x} = f(x+1) - f(x)$

$= (x+1-x)f'(c) = -\dfrac{\sin 2\sqrt{c}}{\sqrt{c}}$

となる $c\ (x < c < x+1)$ が存在する. $x \to \infty$ のとき $c \to \infty$ であり, $\sin 2\sqrt{c}$ は -1 以上 1 以下の有限な値を振動するから

$\lim\limits_{x \to \infty} (\cos 2\sqrt{x+1} - \cos 2\sqrt{x}) = 0$

である. 求める極限値は **1** である.

◆別解◆ 【平均値の定理を使わない方法】

平均値の定理を使わない解法を書く. 今度はハサミウチの原理を用いて書く.

$\sqrt{x+1} = u$, $\sqrt{x} = v$ とおく.

$g(x) = \cos 2\sqrt{x+1} - \cos 2\sqrt{x}$ とおく.

$g(x) = \cos 2u - \cos 2v$

$= \cos((u+v)+(u-v))$

$\quad - \cos((u+v)-(u-v))$

$= -2\sin(u+v)\sin(u-v)$

$= -\sin(\sqrt{x+1}+\sqrt{x})\sin(\sqrt{x+1}-\sqrt{x})$

$= -\sin(\sqrt{x+1}+\sqrt{x})\sin\dfrac{1}{\sqrt{x+1}+\sqrt{x}}$

$\left|\sin(\sqrt{x+1}+\sqrt{x})\right| \leqq 1$ であるから

$0 \leqq \left|g(x)\right| \leqq \sin\dfrac{1}{\sqrt{x+1}+\sqrt{x}}$

であり, $\lim\limits_{x\to\infty}\left|\sin\dfrac{1}{\sqrt{x+1}+\sqrt{x}}\right| = \sin 0 = 0$ とハサミウチの原理より $\lim\limits_{x\to\infty} g(x) = 0$ であるから,

$\lim\limits_{x\to\infty} (\cos^2\sqrt{x+1}+\sin^2\sqrt{x}) = \mathbf{1}$

《素因数と極限》

2.（1）自然数 k に対して, 3^k を約数にもつ自然数は 2 から 30 までに何個あるか.

（2）$30! = 6^d \cdot l$ となる自然数 d を求めよ. ただし, l は 6 で割り切れない自然数である.

（3）n を自然数とし, p を素数とする. $p^n! = p^e \cdot m$ となる自然数 e を求めよ. ただし, m は p で割り切れない自然数である.

（4）自然数 n に対して, 自然数 $d(n), e(n)$ を $30^n! = 6^{d(n)} \cdot l = 5^{e(n)} \cdot m$ と定める. ただし, l, m はそれぞれ 6, 5 で割り切れない自然数である. このときの極限 $\lim\limits_{n\to\infty}\dfrac{d(n)}{e(n)}$ を求めよ.

（20　和歌山県立医大）

▶解答◀（1）2 から 30 までの自然数の中の 3^k の倍数の個数を数えて

$k=1$ のとき, 3 の倍数は, $3\cdot1, 3\cdot2, 3\cdot3, \cdots, 3\cdot10$ の **10** 個

$k=2$ のとき, 3^2 の倍数は, $9\cdot1, 9\cdot2, 9\cdot3$ の **3** 個

$k=3$ のとき, 3^3 の倍数は, $27\cdot1$ の **1** 個

$k \geqq 4$ のとき, $3^k \geqq 81$ より, 3^k の倍数は **0** 個

（2）（1）より, $30!$ の因数 3 の個数は, $10+3+1 = 14$ 個である.

$6 = 2\cdot3$ であり, 明らかに, $30!$ の因数 3 の個数は因数 2 の個数より少ないから, $d = \mathbf{14}$

（3）$p^n!$ の因数 p の個数は,

$\sum\limits_{k=1}^{n}\left[\dfrac{p^n}{p^k}\right] = \sum\limits_{k=1}^{n} p^{n-k} = \dfrac{p^n-1}{p-1}$ 個

よって, $e = \dfrac{p^n-1}{p-1}$

（4）明らかに, $30^n!$ の因数 3 の個数は因数 2 の個数より少ないから, $d(n)$ は $30^n!$ の因数 3 の個数である.

$3^M < 30^n < 3^{M+1}$ ……①

を満たす自然数 M がただ 1 つ存在し,

$d(n) = \sum\limits_{k=1}^{M}\left[\dfrac{30^n}{3^k}\right]$

である.

ここで, $\dfrac{30^n}{3^k} - 1 \leqq \left[\dfrac{30^n}{3^k}\right] \leqq \dfrac{30^n}{3^k}$ であり,

$k = 1, 2, 3, \cdots, M$ として辺々加えて, $P = \sum\limits_{k=1}^{M}\dfrac{1}{3^k}$ とお

くと,

$$30^n P - M < d(n) \leqq 30^n P \quad \text{……………②}$$

であり,

$$P = \frac{\frac{1}{3}\left\{1 - \left(\frac{1}{3}\right)^M\right\}}{1 - \frac{1}{3}} = \frac{1}{2}\left(1 - \frac{1}{3^M}\right)$$

① より, $\dfrac{1}{2}\left(1 - \dfrac{3}{30^n}\right) < P < \dfrac{1}{2}\left(1 - \dfrac{1}{30^n}\right)$ ………③

さらに, $M < n\log_3 30$ であるから ② より

$$30^n P - n\log_3 30 < d(n) \leqq 30^n P \quad \text{……………④}$$

また, $e(n)$ は, $30^n!$ の因数 5 の個数である.

$$5^N < 30^n < 5^{N+1} \quad \text{……………………⑤}$$

を満たす自然数 N はただ 1 つ存在し,

$$e(n) = \sum_{k=1}^{N}\left[\frac{30^n}{5^k}\right]$$

である.

ここで, $\dfrac{30^n}{5^k} - 1 \leqq \left[\dfrac{30^n}{5^k}\right] \leqq \dfrac{30^n}{5^k}$ であり,

$k = 1, 2, 3, \cdots, N$ として辺々加えて, $Q = \sum_{k=1}^{N}\dfrac{1}{5^k}$ とおくと,

$$30^n Q - N < e(n) \leqq 30^n Q \quad \text{……………………⑥}$$

であり,

$$Q = \frac{\frac{1}{5}\left\{1 - \left(\frac{1}{5}\right)^N\right\}}{1 - \frac{1}{5}} = \frac{1}{4}\left(1 - \frac{1}{5^N}\right)$$

⑤ より, $\dfrac{1}{4}\left(1 - \dfrac{5}{30^n}\right) < Q < \dfrac{1}{4}\left(1 - \dfrac{1}{30^n}\right)$ ………⑦

さらに, $N < n\log_5 30$ であるから ⑥ より

$$30^n Q - n\log_5 30 < e(n) \leqq 30^n Q \quad \text{……………⑧}$$

④, ⑧ より

$$\frac{30^n P - n\log_3 30}{30^n Q} < \frac{d(n)}{e(n)} < \frac{30^n P}{30^n Q - n\log_5 30}$$

$$\frac{P - \frac{n}{30^n}\log_3 30}{Q} < \frac{d(n)}{e(n)} < \frac{P}{Q - \frac{n}{30^n}\log_5 30}$$

$n \to \infty$ のとき, $\dfrac{1}{30^n} \to 0$, $\dfrac{n}{30^n} \to 0$ であるから, ハサミウチの原理を用いると, $n \to \infty$ のとき, ③ より $P \to \dfrac{1}{2}$, ⑦ より $Q \to \dfrac{1}{4}$ であり, かつ

$$\lim_{n \to \infty} \frac{d(n)}{e(n)} = \frac{\frac{1}{2}}{\frac{1}{4}} = \mathbf{2}$$

注意 $0 < r < 1$ のとき, $\displaystyle\lim_{n \to \infty} n r^n = 0$ を用いた.

参考 自然数 n と素数 p に対して, $n!$ に含まれる p の個数を $f(n, p)$ で表す. $f(n, p)$ には日本では名前がついていないが,「組合せ論の精選 102 問」(朝倉書店, 清

水俊宏訳) には「ルジャンドル関数」という名前がある. この式の証明には 2 通りあるが, 直接的であるのは次の方法である. 図は $n = 24$, $p = 2$ の場合であるが, これは視覚化した例でしかない. p の倍数 (図では偶数) を並べ, 各整数が p を幾つ持っているかを, 縦に, 黒丸の個数で表す. 最終的には黒丸の総数を求める. 1 列目を横に数えていく. ここには p の倍数だけの黒丸が並ぶから $\left[\dfrac{n}{p}\right]$ 個の黒丸がある. 2 列目を横に数えていく. ここに黒丸があるものは, p^2 の倍数のものだから $\left[\dfrac{n}{p^2}\right]$ 個の黒丸がある. 以下同様で

$$f(n, p) = \left[\frac{n}{p}\right] + \left[\frac{n}{p^2}\right] + \left[\frac{n}{p^3}\right] + \cdots$$

となる.

	2,	4,	6,	8,	10,	12,	14,	16,	18,	20,	22,	24
1 列目	●	●	●	●	●	●	●	●	●	●	●	●
2 列目		●		●		●		●		●		●
3 列目				●				●				●
4 列目								●				

なお, 自然数 n, k に対して 1 以上 n 以下の自然数で k の倍数が $\left[\dfrac{n}{k}\right]$ 個あることを公式として用いた. $[x]$ をガウス記号とする.

《逆関数と極限》

3. 2 つの関数

$$f(x) = \frac{2}{2x+3}, \quad g(x) = \frac{2x+1}{-x+2}$$

がある.

(1) 関数 $g(x)$ の逆関数 $g^{-1}(x)$ を求めよ.

(2) 合成関数 $g^{-1}(f(g(x)))$ を求めよ.

(3) 実数 c が無理数であるとき, $f(c)$ は無理数であることを証明せよ.

(4) 次の条件によって定められる数列 $\{a_n\}$ の一般項を求めよ.

$$a_1 = g(\sqrt{2}), \quad a_{n+1} = f(a_n)$$

$$(n = 1, 2, 3, \cdots\cdots)$$

(5) (4) で定められた数列 $\{a_n\}$ の極限 $\displaystyle\lim_{n \to \infty} a_n$ を求めよ. (15 名古屋工大)

▶解答◀ (1) $y = \dfrac{2x+1}{-x+2}$ とおく. x, y をとりかえて

$$x = \frac{2y+1}{-y+2} \qquad \therefore \quad -xy + 2x = 2y+1$$

$$y(x+2) = 2x - 1$$

$x = -2$ では成立しないので $x \neq -2$ であり

$$y = \frac{2x-1}{x+2}$$

$$g^{-1}(x) = \frac{2x-1}{x+2}$$

（2） $f(g(x)) = \dfrac{2}{2 \cdot \dfrac{2x+1}{-x+2} + 3}$ ....①

$\quad = \dfrac{2(-x+2)}{2(2x+1)+3(-x+2)}$ ....②

$\quad = \dfrac{-2x+4}{x+8}$

$g^{-1}(f(g(x))) = \dfrac{2 \cdot \dfrac{-2x+4}{x+8} - 1}{\dfrac{-2x+4}{x+8} + 2}$ ....③

$\quad = \dfrac{2(-2x+4)-(x+8)}{-2x+4+2(x+8)} = -\dfrac{1}{4}x$

（3） c が無理数のとき，$f(c)$ が有理数であると仮定する．$f(c) = \dfrac{2}{2c+3}$ であるから $f(c) \neq 0$ である．

$\quad 2cf(c) = 2 - 3f(c)$ より $c = \dfrac{2-3f(c)}{f(c)}$

右辺は有理数であるが，これは c が無理数であることに矛盾する．よって $f(c)$ は無理数である．

（4） $g^{-1}(f(g(x))) = -\dfrac{1}{4}x$ ....④
は任意の実数 x に対して定義されるわけではない．①，②，③ のすべての分母を 0 にしない x に対して定義される．①，②，③ のどれかの分母を 0 にする x の値は有理数である．よって無理数 x に対しては ④ が定義される．

$a_1 = g(\sqrt{2})$ により a_1 は無理数であり，

$\quad a_{n+1} = f(a_n)$ ....⑤

により，帰納的に，常に a_n は無理数である．④，⑤ を見比べて，$f(g(x))$ の f の中身を a_n にするために $g(b_n) = a_n$ とおく．すなわち

$\quad b_n = g^{-1}(a_n)$

と定義する．常に b_n は無理数である．① で $x = b_n$ とすると

$\quad g^{-1}(f(g(b_n))) = -\dfrac{1}{4}b_n$

左辺に $g(b_n) = a_n$ を適用し

$\quad g^{-1}(f(a_n)) = -\dfrac{1}{4}b_n$

次に $a_{n+1} = f(a_n)$ を適用する．

$\quad g^{-1}(a_{n+1}) = -\dfrac{1}{4}b_n$

$b_{n+1} = g^{-1}(a_{n+1})$ だから

$\quad b_{n+1} = -\dfrac{1}{4}b_n$

となる．数列 $\{b_n\}$ は等比数列で

$\quad b_n = \left(-\dfrac{1}{4}\right)^{n-1} b_1$

$\quad b_1 = g^{-1}(a_1) = g^{-1}\left(g(\sqrt{2})\right) = \sqrt{2}$

$$a_n = g(b_n) = \frac{2b_n+1}{-b_n+2} = \frac{1+2\sqrt{2}\left(-\frac{1}{4}\right)^{n-1}}{2-\sqrt{2}\left(-\frac{1}{4}\right)^{n-1}}$$

（5） $\left|-\dfrac{1}{4}\right| < 1$ だから

$$\lim_{n\to\infty} a_n = \lim_{n\to\infty} \frac{1+2\sqrt{2}\left(-\frac{1}{4}\right)^{n-1}}{2-\sqrt{2}\left(-\frac{1}{4}\right)^{n-1}} = \frac{1}{2}$$

注 意 【思いつかなければ…】

試験場で（3）をうまく利用できるかどうかわからない．これで合否が変わるかもしれないのに指をくわえてみているだけというのはあまりに不憫である．式番号は 1 から振り直す．

$\quad a_{n+1} = \dfrac{2}{2a_n+3}$

であるから，特性方程式 $x = \dfrac{2}{2x+3}$ を解けば，

$x = \dfrac{1}{2}, -2$ と出てくるので，変形すると

$\quad a_{n+1} - \dfrac{1}{2} = -\dfrac{a_n - \dfrac{1}{2}}{2a_n+3}$ ....①

$\quad a_{n+1} + 2 = \dfrac{4(a_n+2)}{2a_n+3}$ ....②

①÷② をすると，

$\quad \dfrac{a_{n+1} - \dfrac{1}{2}}{a_{n+1}+2} = \left(-\dfrac{1}{4}\right)\dfrac{a_n - \dfrac{1}{2}}{a_n+2}$

これより，数列 $\left\{\dfrac{a_n - \dfrac{1}{2}}{a_n+2}\right\}$ は等比数列であるから，

$\quad \dfrac{a_n - \dfrac{1}{2}}{a_n+2} = \left(-\dfrac{1}{4}\right)^{n-1}\dfrac{a_1 - \dfrac{1}{2}}{a_1+2}$ ....③

ここで，$\dfrac{a_1 - \dfrac{1}{2}}{a_1+2} = \dfrac{1}{\sqrt{2}}$ である（計算せよ）．さらに，

③ の右辺を β とおくと $\beta = \dfrac{1}{\sqrt{2}}\left(-\dfrac{1}{4}\right)^{n-1}$ であり，

$\quad \dfrac{a_n - \dfrac{1}{2}}{a_n+2} = \beta$

$\quad (\beta-1)a_n = -\dfrac{1}{2} - 2\beta$

$\quad a_n = \dfrac{-\dfrac{1}{2} - 2\beta}{\beta-1} = \dfrac{1+4\beta}{2-2\beta}$

よって，$a_n = \dfrac{1+2\sqrt{2}\left(-\dfrac{1}{4}\right)^{n-1}}{2-\sqrt{2}\left(-\dfrac{1}{4}\right)^{n-1}}$ となる．

《合成関数と不動点》

4. 整数ではない実数 x に対して

$\quad f(x) = \dfrac{1}{x-[x]}$ と定める．

ただし，$[x]$ は $l < x < l+1$ を満たす整数 l を表す．以下の問いに答えよ．

（1） $f(\sqrt{2})$，$f(f(\sqrt{2}))$ を計算し，簡潔な形で答えよ．

（2） $f(\sqrt{3})$，$f(f(\sqrt{3}))$，$f(f(f(\sqrt{3})))$ を計算し，簡潔な形で答えよ．

（3） 自然数 n に対して，$n < x < n+1$ かつ $f(x) = x$ を満たす x を求めよ．

（4） 自然数 n を1つ固定する．$n < x < n+1$ の範囲の x で，$f(x)$ が整数ではなく，さらに $f(f(x)) = x$ を満たす x を大きい順に並べる．その中の x で $f(x) = x$ を満たすものは何番目に現れるかを答えよ． （15 浜松医大・医）

▶解答◀ （1） $1 < \sqrt{2} < 2$ である．

$$f(\sqrt{2}) = \frac{1}{\sqrt{2} - [\sqrt{2}]} = \frac{1}{\sqrt{2} - 1} = \sqrt{2} + 1$$

$$f(f(\sqrt{2})) = f(\sqrt{2} + 1)$$
$$= \frac{1}{\sqrt{2} + 1 - [\sqrt{2} + 1]} = \frac{1}{\sqrt{2} - [\sqrt{2}]} = \sqrt{2} + 1$$

（2） $f(\sqrt{3}) = \dfrac{1}{\sqrt{3} - [\sqrt{3}]} = \dfrac{1}{\sqrt{3} - 1} = \dfrac{\sqrt{3} + 1}{2}$

$$f(f(\sqrt{3})) = f\left(\frac{\sqrt{3} + 1}{2}\right)$$
$$= \frac{1}{\dfrac{\sqrt{3} + 1}{2} - \left[\dfrac{\sqrt{3} + 1}{2}\right]}$$
$$= \frac{1}{\dfrac{\sqrt{3} + 1}{2} - 1} = \frac{2}{\sqrt{3} - 1} = \sqrt{3} + 1$$

ただし $1 < \dfrac{\sqrt{3} + 1}{2} < 2$ を用いた．

$$f(f(f(\sqrt{3}))) = f(\sqrt{3} + 1)$$
$$= \frac{1}{\sqrt{3} + 1 - [\sqrt{3} + 1]} = \frac{1}{\sqrt{3} - [\sqrt{3}]}$$
$$= \frac{1}{\sqrt{3} - 1} = \frac{\sqrt{3} + 1}{2}$$

（3） $n < x < n+1$ において，$f(x) = x$ とすると

$$\frac{1}{x - n} = x$$

$$x^2 - nx - 1 = 0 \qquad \therefore \quad x = \frac{n \pm \sqrt{n^2 + 4}}{2}$$

ここで，$g(x) = x^2 - nx - 1$ とおくと，$g(n) = -1 < 0$，$g(n+1) = n > 0$ だから大きい方の解は $n < x < n+1$ にある．

$$x = \frac{n + \sqrt{n^2 + 4}}{2} \qquad \cdots\cdots\text{①}$$

（4） $n < x < n+1$ のとき，$f(x) = \dfrac{1}{x - n}$ であり，$f(x)$ は単調減少である．また，$0 < x - n < 1$ より $f(x) > 1$ である．$f(x)$ が整数でないとき

$$k < f(x) < k+1 \qquad \cdots\cdots\cdots\cdots\cdots\text{②}$$

となる自然数 k が存在する．自然数 k 1つに対し，②かつ $f(f(x)) = x$ を満たす x がただ1つ存在することを示す．

②のとき，$f(f(x)) = x$ とすると

$$\frac{1}{f(x) - [f(x)]} = x \qquad \therefore \quad \frac{1}{\dfrac{1}{x - n} - k} = x$$

$$1 = \frac{x}{x - n} - kx \qquad \therefore \quad kx^2 - knx - n = 0$$

$$x = \frac{kn \pm \sqrt{k^2 n^2 + 4kn}}{2k}$$

$h(x) = kx^2 - knx - n$ とおくと，$h(n) = -n < 0$

$$h(n+1) = k(n+1) - n \geqq (n+1) - n > 0$$

より，$h(x) = 0$ は $n < x < n+1$ に解をもち，$x > 0$ より，

$$x = \frac{kn + \sqrt{k^2 n^2 + 4kn}}{2k} \qquad \cdots\cdots\cdots\cdots\text{③}$$

のただ1つである．

$f(x)$ は単調減少だから，②より，③の x は k に関し単調減少で，大きい方から k 番目の x を表す．一方，（3）より，$n < x < n+1$ かつ $f(x) = x$ を満たす x は①であり，③で $k = n$ としたものだから，この x は **n 番目**に現れる．

◆別解◆ （4） $[x]$ は x の整数部分を表し，$x - [x]$ は x の小数部分を表す．x が整数でないとき，$0 < x - [x] < 1$ である．$f(x) = \dfrac{1}{x - [x]}$ は x の小数部分の逆数で，$f(x) > 1$ である．

$$f(f(x)) = \frac{1}{f(x) - [f(x)]}$$

は $f(x)$ の小数部分の逆数である．

曲線 $y = f(x)$ を C_1，$y = f(f(x))$ を C_2 とする．図1を見よ．$n < x < n+1$ のとき $f(x) = \dfrac{1}{x - n}$ である．x が n に近づくと $f(x)$ は ∞ に発散し，x が $n+1$ に近づくと $f(x)$ は1に近づく．

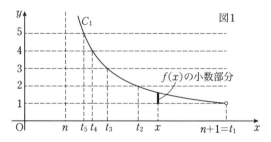

図1

$t_1 = n+1$ とし，C_1 と直線 $y = 2$，$y = 3$，$y = 4$，$\cdots$ との交点の x 座標を t_2，t_3，t_4，$\cdots$ とする．$f(x)$ の小数部分は図 1 の太線の長さのように視覚化できる．$f(x)$ の小数部分が 0 に近いと（その逆数）$f(f(x))$ はとても大きく，$f(x)$ の小数部分が 1 に近いと $f(f(x))$ は 1 に近い．

図 2 を見よ．各区間 $t_{k+1} < x < t_k$ では $f(f(x))$ は 1 から単調に増加する．$f(f(x))$ は 1 次分数関数（分母が 1 次式，分子が 1 次以下の分数関数）であり，1 次分数関数のグラフは下に凸か上に凸であるから，ここでは下に凸である．区間 $t_{k+1} < x < t_k$ で C_2 は直線 $y = x$ と 1 つだけ共有点を持つ．

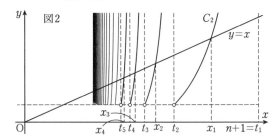

図2

$$t_{k+1} < x < t_k, f(f(x)) = x \quad \cdots\cdots\cdots\cdots ④$$

の解を $x = x_k$ とする．④ は

$$t_{k+1} < x < t_k, \frac{1}{f(f(x)) - [f(x)]} = x \quad \cdots\cdots ⑤$$

と書ける．$t_{k+1} < x < t_k$ では

$$k < f(x) < k+1, [f(x)] = k$$

であるから ⑤ は

$$t_{k+1} < x < t_k, \frac{1}{f(f(x)) - k} = x$$

となる．この解が $x = x_k$ である．

さて，$f(x) = x$ の解が x_m に等しいとする．$x = x_m$ については

$$\frac{1}{f(f(x)) - m} = x \quad \cdots\cdots\cdots\cdots ⑥$$

が成り立つ．一方，$f(x) = x$ の解については

$$f(f(x)) = f(x) = x$$

が成り立つから，⑥ は

$$\frac{1}{x - m} = x \quad \cdots\cdots\cdots\cdots\cdots\cdots ⑦$$

となる．一方，$f(x) = x$ の解については

$$\frac{1}{x - n} = x \quad \cdots\cdots\cdots\cdots\cdots\cdots ⑧$$

が成り立つから ⑦，⑧ の式をそれぞれ

$$\frac{1}{x} = x - m, \frac{1}{x} = x - n$$

と変形して，辺ごとに引けば $n = m$ を得る．ゆえに $f(x) = x$ の解は **n 番目**である．

《シルベスター数列》

5. 数列 $\{a_n\}$ を次の条件によって定める．

$$a_1 = 2, \quad a_{n+1} = 1 + \frac{1}{1 - \sum_{k=1}^{n} \frac{1}{a_k}} \quad (n = 1, 2, 3, \cdots)$$

（1） a_5 を求めよ．

（2） a_{n+1} を a_n の式で表せ．

（3） 無限級数 $\sum_{k=1}^{\infty} \frac{1}{a_k}$ が収束することを示し，その和を求めよ．

（17　千葉大・前期）

▶解答◀ （1）

$$a_2 = 1 + \frac{1}{1 - \frac{1}{a_1}} = 1 + \frac{1}{1 - \frac{1}{2}} = 3$$

$$a_3 = 1 + \frac{1}{1 - \left(\frac{1}{2} + \frac{1}{3} \right)} = 1 + \frac{1}{1 - \frac{5}{6}} = 7$$

a_4, a_5 は（2）の式を用いる．

$$a_4 = 7 \cdot 6 + 1 = 43, \quad a_5 = 43 \cdot 42 + 1 = \mathbf{1807}$$

（2） $a_{n+1} - 1 = \dfrac{1}{1 - \sum_{k=1}^{n} \frac{1}{a_k}}$

$a_n \neq 1$ であるから，逆数をとって，

$$\frac{1}{a_{n+1} - 1} = 1 - \sum_{k=1}^{n} \frac{1}{a_k} \quad \cdots\cdots\cdots\cdots\cdots ①$$

また，$n \geq 2$ のとき

$$\frac{1}{a_n - 1} = 1 - \sum_{k=1}^{n-1} \frac{1}{a_k} \quad \cdots\cdots\cdots\cdots\cdots ②$$

①－② より

$$\frac{1}{a_{n+1} - 1} - \frac{1}{a_n - 1} = -\frac{1}{a_n}$$

$$\frac{1}{a_{n+1} - 1} = \frac{1}{a_n - 1} - \frac{1}{a_n}$$

$$\frac{1}{a_{n+1} - 1} = \frac{1}{a_n(a_n - 1)}$$

$$a_{n+1} - 1 = a_n(a_n - 1)$$

$$a_{n+1} = \boldsymbol{a_n(a_n - 1) + 1}$$

$a_1 = 2, a_2 = 3$ であるから，これは $n = 1$ でも成り立つ．

（3） ① より，

$$\sum_{k=1}^{n} \frac{1}{a_k} = 1 - \frac{1}{a_{n+1} - 1} \quad \cdots\cdots\cdots\cdots\cdots ③$$

$a_n \geq 2^{n-1}$ を示す．$n = 1, 2, 3$ のとき成立する．

$n = k (\geq 3)$ のとき成立すると仮定すると，$a_k \geq 2^{k-1}$

$$a_{k+1} = a_k(a_k - 1) + 1$$

$$\geq 2^{k-1}(2^{k-1} - 1) + 1$$

$$\geq 2^{k-1}(2^2 - 1) + 1 > 2^{k-1} \cdot 3 > 2^k$$

$n = k + 1$ でも成り立つから数学的帰納法により証明された．

よって，$\displaystyle\lim_{n\to\infty} a_n = \infty$ であり，③ より

$$\sum_{k=1}^{\infty} \frac{1}{a_k} = \lim_{n\to\infty}\left(1 - \frac{1}{a_{n+1}-1}\right) = 1$$

【注】【意】 シルベスター数列と呼ばれる数列の問題である．横浜国大にも同様の出題がある．シルベスター数列の有名な性質として，

$$a_n = 1 + \prod_{k=0}^{n-1} a_k$$

があげられる．証明は数学的帰納法による．

《ずっと先ではどうなるか》

6. r を実数とする．次の条件によって定められる数列 $\{a_n\}$，$\{b_n\}$，$\{c_n\}$ を考える．

$$a_1 = r,$$
$$a_{n+1} = \frac{[a_n]}{4} + \frac{a_n}{4} + \frac{5}{6} \quad (n = 1, 2, 3, \cdots)$$
$$b_1 = r, \quad b_{n+1} = \frac{b_n}{2} + \frac{7}{12} \quad (n = 1, 2, 3, \cdots)$$
$$c_1 = r, \quad c_{n+1} = \frac{c_n}{2} + \frac{5}{6} \quad (n = 1, 2, 3, \cdots)$$

ただし，$[x]$ は x を超えない最大の整数とする．以下の問に答えよ．

（1）$\displaystyle\lim_{n\to\infty} b_n$ と $\displaystyle\lim_{n\to\infty} c_n$ を求めよ．

（2）$b_n \leqq a_n \leqq c_n \,(n = 1, 2, 3, \cdots)$ を示せ．

（3）$\displaystyle\lim_{n\to\infty} a_n$ を求めよ． （22 早稲田大・理工）

▶**解答**◀ （1）$b = \dfrac{b}{2} + \dfrac{7}{12}$ を解くと

$b = \dfrac{7}{6}$ となるから，

$$b_{n+1} - \frac{7}{6} = \frac{1}{2}\left(b_n - \frac{7}{6}\right)$$

これより，数列 $\left\{b_n - \dfrac{7}{6}\right\}$ は等比数列で

$$b_n - \frac{7}{6} = \left(\frac{1}{2}\right)^{n-1}\left(b_1 - \frac{7}{6}\right)$$
$$b_n = \left(\frac{1}{2}\right)^{n-1}\left(r - \frac{7}{6}\right) + \frac{7}{6}$$

よって，$\displaystyle\lim_{n\to\infty} b_n = \boldsymbol{\dfrac{7}{6}}$ である．

同様に，$c = \dfrac{c}{2} + \dfrac{5}{6}$ を解くと $c = \dfrac{5}{3}$ となるから，

$$c_{n+1} - \frac{5}{3} = \frac{1}{2}\left(c_n - \frac{5}{3}\right)$$

これより，数列 $\left\{c_n - \dfrac{5}{3}\right\}$ は等比数列で

$$c_n - \frac{5}{3} = \left(\frac{1}{2}\right)^{n-1}\left(c_1 - \frac{5}{3}\right)$$
$$c_n = \left(\frac{1}{2}\right)^{n-1}\left(r - \frac{5}{3}\right) + \frac{5}{3}$$

よって，$\displaystyle\lim_{n\to\infty} c_n = \boldsymbol{\dfrac{5}{3}}$ である．

（2）$a_n - 1 < [a_n] \leqq a_n$ であるから，

$$\frac{a_n - 1}{4} + \frac{a_n}{4} + \frac{5}{6} < a_{n+1} \leqq \frac{a_n}{4} + \frac{a_n}{4} + \frac{5}{6}$$

$$\frac{a_n}{2} + \frac{7}{12} < a_{n+1} \leqq \frac{a_n}{2} + \frac{5}{6} \quad \cdots\cdots\cdots①$$

となる．$b_n \leqq a_n \leqq c_n$ であることを数学的帰納法によって示す．

$n = 1$ のとき，$b_1 = a_1 = c_1 = r$ より成立している．

$n = k$ で成立しているとする．$b_k \leqq a_k \leqq c_k$ である．このとき，

$$\frac{b_k}{2} + \frac{7}{12} \leqq \frac{a_k}{2} + \frac{7}{12}$$
$$\frac{a_k}{2} + \frac{5}{6} \leqq \frac{c_k}{2} + \frac{5}{6}$$

であるから，① より

$$\frac{b_k}{2} + \frac{7}{12} < a_{k+1} \leqq \frac{c_k}{2} + \frac{5}{6}$$
$$b_{k+1} < a_{k+1} \leqq c_{k+1}$$

となり，$n = k + 1$ でも成立する．

よって，すべての自然数に対して $b_n \leqq a_n \leqq c_n$ である．

（3）（1）の結果より，十分大きな N に対して，$n \geqq N$ を満たすならば

$$\left| b_n - \frac{7}{6} \right| < \frac{1}{6} \quad \text{かつ} \quad \left| c_n - \frac{5}{3} \right| < \frac{1}{3}$$

を満たすような N が存在する．このとき，（2）より

$$1 < b_n \leqq a_n \leqq c_n < 2$$

が成立しているから，$n \geqq N$ では $[a_n] = 1$ となり，漸化式は

$$a_{n+1} = \frac{1}{4} + \frac{a_n}{4} + \frac{5}{6} = \frac{a_n}{4} + \frac{13}{12}$$

となる．$a = \dfrac{a}{4} + \dfrac{13}{12}$ を解くと $a = \dfrac{13}{9}$ となるから，

$$a_{n+1} - \frac{13}{9} = \frac{1}{4}\left(a_n - \frac{13}{9}\right)$$

これより，数列 $\left\{a_n - \dfrac{13}{9}\right\}$ は等比数列で

$$a_n - \frac{13}{9} = \left(\frac{1}{4}\right)^{n-N}\left(a_N - \frac{13}{9}\right)$$
$$a_n = \left(\frac{1}{4}\right)^{n-N}\left(a_N - \frac{13}{9}\right) + \frac{13}{9}$$

よって，$\displaystyle\lim_{n\to\infty} a_n = \boldsymbol{\dfrac{13}{9}}$ である．

【力学系の図示】

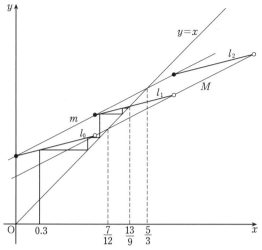

$f(x) = \dfrac{[x]}{4} + \dfrac{x}{4} + \dfrac{5}{6}$ とする.

k を整数として $k \le x < k+1$ のとき

$f(x) = \dfrac{k}{4} + \dfrac{x}{4} + \dfrac{5}{6}$ であり，この左端の点

$\left(k, \dfrac{k}{2} + \dfrac{5}{6}\right)$ は直線 $m : y = \dfrac{x}{2} + \dfrac{5}{6}$ 上にあり，右端

の点 $\left(k+1, \dfrac{k}{2} + \dfrac{13}{12}\right)$ は直線 $M : y = \dfrac{x}{2} + \dfrac{7}{12}$ に

あり，この2点を両端とする線分を l_k とする．ただし，

左端を含み右端を除く．線分 l_k は m と M に挟まれた

間にある．n が進むとやがて実質 l_1 上の話になるという

ことである．

$a_1 = 0.3$（これは一例）のときの力学系の軌道は

$(0.3, 0)$ を端点とする図のような折れ線となる．

《逆数和の極限》

7. 数列 $\{a_n\}$，$\{b_n\}$ は以下の条件をみたす．

（ i) $a_1 = 1$，$a_n \ne 0 (n = 2, 3, 4, \cdots)$

（ ii) $n = 1, 2, 3, \cdots$ に対して，b_n は $\dfrac{1}{a_n}$ より大

きい最小の自然数である．

（ iii) $n = 1, 2, 3, \cdots$ に対して，$a_{n+1} = a_n - \dfrac{1}{b_n}$

が成り立つ．

次の問いに答えよ．

（1) b_1，a_2，b_2，a_3，b_3 を求めよ．

（2) $b_1 b_2 \cdots b_n a_{n+1} \ (n = 1, 2, 3, \cdots)$ を求めよ．

（3) $\displaystyle\lim_{n\to\infty} \sum_{k=1}^{n} \dfrac{1}{b_k}$ を求めよ．

(17 横浜国大・理工)

▶**解答**◀ （1) b_1 は $\dfrac{1}{a_1} = 1$ より大きい最小の自然

数であるから $\boldsymbol{b_1 = 2}$

$a_2 = a_1 - \dfrac{1}{b_1} = 1 - \dfrac{1}{2} = \dfrac{\boldsymbol{1}}{\boldsymbol{2}}$

b_2 は $\dfrac{1}{a_2} = 2$ より大きい最小の自然数であるから $\boldsymbol{b_2 = 3}$

$a_3 = a_2 - \dfrac{1}{b_2} = \dfrac{1}{2} - \dfrac{1}{3} = \dfrac{\boldsymbol{1}}{\boldsymbol{6}}$

b_3 は $\dfrac{1}{a_3} = 6$ より大きい最小の自然数であるから $\boldsymbol{b_3 = 7}$

（2) 今のところ

$b_n = \dfrac{1}{a_n} + 1$ ……………………①

が成り立っている．① を証明しよう．

$n = 1, 2$ で成り立つ．

$n = k$ で成り立つとする．$b_k - 1 = \dfrac{1}{a_k}$ だから

$a_{k+1} = a_k - \dfrac{1}{b_k} = \dfrac{1}{b_k - 1} - \dfrac{1}{b_k} = \dfrac{1}{b_k(b_k - 1)}$

$\dfrac{1}{a_{k+1}} = b_k(b_k - 1)$

b_{k+1} は $b_k(b_k - 1)$ より大きい最小の自然数だから

$b_{k+1} = b_k(b_k - 1) + 1$ ……………………②

$b_{k+1} = \dfrac{1}{a_{k+1}} + 1$ ……………………③

である．$n = k+1$ でも成り立つから数学的帰納法により証明された．そしてその過程から ② がつねに成り立つ．

$b_{k+1} - 1 = b_k(b_k - 1)$ ……………………④

であり ① で $n = k$ とした式と ③ より

$b_k - 1 = \dfrac{1}{a_k}$，$b_{k+1} - 1 = \dfrac{1}{a_{k+1}}$ ……………⑤

である．

④，⑤ より

$\dfrac{1}{a_{k+1}} = b_k \cdot \dfrac{1}{a_k}$ ∴ $b_k = \dfrac{a_k}{a_{k+1}}$

ここで $k = 1, 2, \cdots, n$ とした式を辺ごとにかけると

$b_1 \cdots \cdot b_n = \dfrac{a_1}{a_2} \cdot \dfrac{a_2}{a_3} \cdot \dfrac{a_3}{a_4} \cdots \cdot \dfrac{a_n}{a_{n+1}}$

$b_1 \cdots \cdot b_n = \dfrac{a_1}{a_{n+1}}$

$b_1 \cdots \cdot b_n a_{n+1} = 1$ ……………………⑥

（3) ④ より

$\dfrac{1}{b_{k+1} - 1} = \dfrac{1}{b_k - 1} - \dfrac{1}{b_k}$

$\dfrac{1}{b_k} = \dfrac{1}{b_k - 1} - \dfrac{1}{b_{k+1} - 1}$

$k = 1, 2, \cdots, n$ とした式を辺ごとに加え

$\dfrac{1}{b_1} = \dfrac{1}{b_1 - 1} - \dfrac{1}{b_2 - 1}$

$\dfrac{1}{b_2} = \dfrac{1}{b_2 - 1} - \dfrac{1}{b_3 - 1}$

$\dfrac{1}{b_3} = \dfrac{1}{b_3 - 1} - \dfrac{1}{b_4 - 1}$

$\vdots$

$\dfrac{1}{b_n} = \dfrac{1}{b_n - 1} - \dfrac{1}{b_{n+1} - 1}$

$\displaystyle\sum_{k=1}^{n} \dfrac{1}{b_k} = \dfrac{1}{b_1 - 1} - \dfrac{1}{b_{n+1} - 1}$

$n \to \infty$ のとき $b_{n+1} \to \infty$ （後述）であるから

$$\lim_{n \to \infty} \sum_{k=1}^{n} \frac{1}{b_k} = \frac{1}{b_1 - 1} = 1$$

なお，⑥，① より

$$b_1 \cdots \cdots b_n = \frac{1}{a_{n+1}} = b_{n+1} - 1$$

であり，b_n は 2 以上の自然数だから

$$b_{n+1} - 1 = b_1 \cdots b_n \geqq 2^n$$

よって $\lim_{n \to \infty} b_{n+1} = \infty$ である．

《複素数値の極限》

8. i を虚数単位とし，$f(z) = \dfrac{z-1}{z+1+i}$ とする．複素数 $z_n\,(n=1, 2, 3, \cdots)$ は

$$z_1 = i,\ z_{n+1} = f(z_n)\,(n=1, 2, 3, \cdots)$$

を満たしているとする．このとき次の問に答えよ．
 （1） 虚部が正となる複素数 α で $f(\alpha) = \alpha$ となるものを求めよ．
 （2） n が奇数のとき，z_n は虚部が正である純虚数であることを示せ．
 （3） $|z_n|$ を z_n の絶対値とするとき，数列 $\{|z_n|\}$ の極限を求めよ． (19 群馬大・前期)

▶**解答**◀ （1） $\alpha = f(\alpha)$ より

$$\alpha = \frac{\alpha - 1}{\alpha + 1 + i}$$
$$\alpha(\alpha + 1 + i) = \alpha - 1$$
$$\alpha^2 + i\alpha + 1 = 0$$
$$\left(\alpha + \frac{i}{2}\right)^2 = \frac{i^2}{4} - 1$$

$\dfrac{i^2}{4} - 1 = -\dfrac{5}{4} = \left(\dfrac{\sqrt{5}}{2}i\right)^2$ であるから

$$\alpha + \frac{i}{2} = \pm \frac{\sqrt{5}}{2}i \qquad \therefore\ \alpha = \frac{-1 \pm \sqrt{5}}{2}i$$

α の虚部は正であるから

$$\alpha = \frac{\sqrt{5} - 1}{2}i$$

（2） $z_{n+2} = f(z_{n+1}) = f(f(z_n))$

$$= \frac{\dfrac{z_n - 1}{z_n + 1 + i} - 1}{\dfrac{z_n - 1}{z_n + 1 + i} + 1 + i}$$

$$= \frac{z_n - 1 - (z_n + 1 + i)}{z_n - 1 + (1 + i)(z_n + 1 + i)}$$

$$= \frac{-2 - i}{(2 + i)z_n + 2i + i^2} = \frac{-(2 + i)}{(2 + i)(z_n + i)}$$

$$= \frac{-1}{z_n + i} \quad \cdots\cdots\cdots\cdots\cdots\cdots① $$

が成り立つから，これを用いて，数学的帰納法で示す．

$z_1 = i$ であるから，$n = 1$ のとき成り立つ．

$n = 2k - 1$ のとき成り立つとする．このとき，p を正の実数として，$z_{2k-1} = pi$ と表すことができるから，① を用いて

$$z_{2k+1} = \frac{-1}{z_{2k-1} + i}$$
$$= \frac{-1}{pi + i} = \frac{i^2}{(p+1)i} = \frac{1}{p+1}i$$

$p > 0$ より $\dfrac{1}{p+1} > 0$ であるから，これは虚部が正である純虚数である．よって，$n = 2k + 1$ でも成り立つ．

したがって，数学的帰納法により，示された．

（3） $f(\alpha) = \alpha$ より $f(f(\alpha)) = f(\alpha) = \alpha$ であるから，① より

$$\alpha = \frac{-1}{\alpha + i} \quad \cdots\cdots\cdots\cdots\cdots\cdots② $$

n が奇数のときの z_n について考える．

$n = 2m - 1$，$w_m = z_{2m-1}$ とすると，①，② より

$$w_{m+1} - \alpha = \frac{-1}{w_m + i} - \frac{-1}{\alpha + i}$$
$$= \frac{-(\alpha + i) + (w_m + i)}{(w_m + i)(\alpha + i)} = \frac{w_m - \alpha}{(w_m + i)(\alpha + i)}$$

よって

$$|w_{m+1} - \alpha| = \frac{1}{|w_m + i|} \cdot \frac{1}{|\alpha + i|}|w_m - \alpha|$$

（2）より，$w_m = pi$，$p > 0$ と表すことができるから

$$|w_m + i| = |(p+1)i| = p + 1 > 1$$

また，$r = \dfrac{1}{|\alpha + i|}$ とおくと，$\alpha + i = \dfrac{\sqrt{5}+1}{2}i$ より

$$r = \frac{2}{\sqrt{5} + 1}$$

したがって

$$|w_{m+1} - \alpha| < r|w_m - \alpha|,\ 0 < r < 1$$

これを繰り返し用いて

$$|w_m - \alpha| < r|w_{m-1} - \alpha| < \cdots < r^{m-1}|w_1 - \alpha|$$

よって

$$0 \leqq |w_m - \alpha| < r^{m-1}|w_1 - \alpha|$$

ここで，$0 < r < 1$ であるから

$$\lim_{m \to \infty} r^{m-1}|w_1 - \alpha| = 0$$

ハサミウチの原理を用いて

$$\lim_{m \to \infty} |w_m - \alpha| = 0$$

したがって

$$\lim_{m \to \infty} z_{2m-1} = \lim_{m \to \infty} w_m = \alpha$$

次に n が偶数のときの z_n について考える．

$n = 2m$ とすると，$z_{2m} = f(z_{2m-1})$ であるから

$$\lim_{m \to \infty} z_{2m} = \lim_{m \to \infty} f(z_{2m-1}) = f(\alpha) = \alpha$$

以上から，$\lim_{n \to \infty} z_n = \alpha$ が成り立つから

$$\lim_{n \to \infty} |z_n| = |\alpha| = \frac{\sqrt{5}-1}{2}$$

《周期数列の難問》

9. すべての自然数 n に対して $a_{n+p} = a_n$ を満たすような自然数 p があるとき，数列 $\{a_n\}$ は周期的であるといい，このような p のうち最小のものを $\{a_n\}$ の周期という．

実数 q に対し，次の条件を満たす数列 $\{a_n\}$ を考える．

$$a_{n+1} = \begin{cases} q & (a_n = 0 \text{ のとき}) \\ q - \dfrac{1}{a_n} & (a_n \neq 0 \text{ のとき}) \end{cases}$$

以下の問いに答えよ．

（1） $q = \sqrt{3}$ のとき，数列 $\{a_n\}$ は周期的であることを示し，その周期を求めよ．

（2） $x^2 - qx + 1 = 0$ が 2 つの実数解をもつとし，それらの解を α, β $(0 < |\alpha| < |\beta|)$ とする．$\{a_n\}$ が周期 1 の数列ではなく，すべての n に対して $a_n \neq 0$ であるとする．このとき，すべての n に対し，$a_n \neq \alpha$ であることを示し，数列 $\{b_n\}$ を

$$b_n = \frac{a_n - \beta}{a_n - \alpha}$$

と定めれば数列 $\{b_n\}$ は等比数列となることを示せ．

（3） （2）の数列 $\{a_n\}$ に対し，極限 $\lim_{n \to \infty} a_n$ が存在することを示し，その値を求めよ．

（4） $q = 2$ のとき，数列 $\{a_n\}$ に対し，極限 $\lim_{n \to \infty} a_n$ が存在することを示し，その値を求めよ．

（20　お茶の水女子大・後期）

▶解答◀ （1） 0 になる項が存在するかどうかで場合分けする．

（ア） すべての n に対して $a_n \neq 0$ のとき

$a_1 = a$ とすると

$$a_2 = \sqrt{3} - \frac{1}{a_1} = \sqrt{3} - \frac{1}{a}$$

$$a_3 = \sqrt{3} - \frac{1}{a_2} = \sqrt{3} - \frac{1}{\sqrt{3} - \dfrac{1}{a}} = \frac{2 - \dfrac{\sqrt{3}}{a}}{\sqrt{3} - \dfrac{1}{a}}$$

$$= \frac{2a - \sqrt{3}}{\sqrt{3}a - 1}$$

$$a_4 = \sqrt{3} - \frac{1}{a_3} = \sqrt{3} - \frac{\sqrt{3}a - 1}{2a - \sqrt{3}} = \frac{\sqrt{3}a - 2}{2a - \sqrt{3}}$$

$$a_5 = \sqrt{3} - \frac{1}{a_4} = \sqrt{3} - \frac{2a - \sqrt{3}}{\sqrt{3}a - 2} = \frac{a - \sqrt{3}}{\sqrt{3}a - 2}$$

$$a_6 = \sqrt{3} - \frac{1}{a_5} = \sqrt{3} - \frac{\sqrt{3}a - 2}{a - \sqrt{3}} = -\frac{1}{a - \sqrt{3}}$$

$$a_7 = \sqrt{3} - \frac{1}{a_6} = \sqrt{3} + (a - \sqrt{3}) = a$$

$a_7 = a_1$ であり，a_{n+1} は a_n により一意に定まることから，数列 $\{a_n\}$ は周期的である．その周期は **6** である．

（イ） $a_n = 0$ となる n が存在するとき

$a_m = 0$ とする．

まず番号を減らしていく．漸化式より，$a_n = \sqrt{3}$ のとき $a_{n-1} = 0$ であり，$a_n \neq \sqrt{3}$ のとき

$$a_n = \sqrt{3} - \frac{1}{a_{n-1}}$$

$$\frac{1}{a_{n-1}} = \sqrt{3} - a_n \qquad \therefore \quad a_{n-1} = \frac{1}{\sqrt{3} - a_n}$$

である．これを繰り返し用いる．$a_m = 0$ から始めて

$$a_{m-1} = \frac{1}{\sqrt{3} - a_m} = \frac{1}{\sqrt{3}}$$

$$a_{m-2} = \frac{1}{\sqrt{3} - a_{m-1}} = \frac{1}{\sqrt{3} - \dfrac{1}{\sqrt{3}}} = \frac{\sqrt{3}}{2}$$

$$a_{m-3} = \frac{1}{\sqrt{3} - a_{m-2}} = \frac{1}{\sqrt{3} - \dfrac{\sqrt{3}}{2}} = \frac{2}{\sqrt{3}}$$

$$a_{m-4} = \frac{1}{\sqrt{3} - a_{m-3}} = \frac{1}{\sqrt{3} - \dfrac{2}{\sqrt{3}}} = \sqrt{3}$$

$$a_{m-5} = 0$$

以下，この繰り返しである．

次に番号を増やしていく．これは上の結果を逆にたどればよく，$a_m = 0$ から始めて

$$a_{m+1} = \sqrt{3}, \ a_{m+2} = \frac{2}{\sqrt{3}}, \ a_{m+3} = \frac{\sqrt{3}}{2},$$

$$a_{m+4} = \frac{1}{\sqrt{3}}, \ a_{m+5} = 0$$

以下，この繰り返しである．

よって，数列 $\{a_n\}$ は 0, $\sqrt{3}$, $\dfrac{2}{\sqrt{3}}$, $\dfrac{\sqrt{3}}{2}$, $\dfrac{1}{\sqrt{3}}$ を繰り返し，周期的である（初項はこの 5 つの数値のいずれか）．その周期は **5** である．

（2） $\alpha^2 - q\alpha + 1 = 0$ と $\alpha \neq 0$ より

$$\alpha^2 = q\alpha - 1 \qquad \therefore \quad \alpha = q - \frac{1}{\alpha} \quad \cdots\cdots\cdots① $$

であることに注意する．

また，すべての n に対して $a_n \neq 0$ であるから

$$a_{n+1} = q - \frac{1}{a_n} \quad \cdots\cdots\cdots\cdots\cdots\cdots②$$

である．②$-$①より

$$a_{n+1} - \alpha = \frac{1}{\alpha} - \frac{1}{a_n}$$

$$a_{n+1} - \alpha = \frac{a_n - \alpha}{\alpha a_n} \quad \cdots\cdots\cdots\cdots\cdots③$$

が成り立つ.

まず, すべての n に対し

$$a_n \neq \alpha \quad \text{……………④}$$

であることを数学的帰納法で示す. $a_1 = \alpha$ であると仮定すると

$$a_2 = q - \frac{1}{a_1} = q - \frac{1}{\alpha} = \alpha$$

ただし最後に ① を用いた. 以下同様にして

$$a_n = \alpha \quad (n = 3, 4, \cdots)$$

であり, 数列 $\{a_n\}$ は周期 1 の数列となるから矛盾する. よって, $a_1 \neq \alpha$ であり, $n = 1$ のとき ④ が成り立つ.

$n = k$ のとき ④ が成り立つと仮定すると, $a_k \neq \alpha$ である. このとき, $a_{k+1} = \alpha$ であると仮定する. ③ で $n = k$ として

$$a_{k+1} - \alpha = \frac{a_k - \alpha}{\alpha a_k}$$

$$0 = \frac{a_k - \alpha}{\alpha a_k} \qquad \therefore \quad a_k = \alpha$$

これは $a_k \neq \alpha$ と矛盾するから, $a_{k+1} \neq \alpha$ である. よって, $n = k+1$ のときも ④ が成り立つ.

以上より, すべての n に対し $a_n \neq \alpha$ である. 同様にして, $a_n \neq \beta$ も成り立つ.

次に数列 $\{b_n\}$ が等比数列であることを示す. ③ と同様に

$$a_{n+1} - \beta = \frac{a_n - \beta}{\beta a_n} \quad \text{………………⑤}$$

が成り立つ. $a_n \neq \alpha$ であるから, ⑤÷③ より

$$\frac{a_{n+1} - \beta}{a_{n+1} - \alpha} = \frac{\dfrac{a_n - \beta}{\beta a_n}}{\dfrac{a_n - \alpha}{\alpha a_n}}$$

$$\frac{a_{n+1} - \beta}{a_{n+1} - \alpha} = \frac{\alpha}{\beta} \cdot \frac{a_n - \beta}{a_n - \alpha}$$

$b_n = \dfrac{a_n - \beta}{a_n - \alpha}$ より

$$b_{n+1} = \frac{\alpha}{\beta} b_n$$

よって, 数列 $\{b_n\}$ は公比 $\dfrac{\alpha}{\beta}$ の等比数列である.

（3） $b_1 = \dfrac{a_1 - \beta}{a_1 - \alpha} = b$ とおくと

$$b_n = b \left(\frac{\alpha}{\beta} \right)^{n-1}$$

$0 < |\alpha| < |\beta|$ より $\left| \dfrac{\alpha}{\beta} \right| < 1$ であるから

$$\lim_{n \to \infty} b_n = 0$$

である.

$b_n = \dfrac{a_n - \beta}{a_n - \alpha}$ より

$$b_n(a_n - \alpha) = a_n - \beta$$

$$(1 - b_n)a_n = \beta - \alpha b_n$$

$\alpha \neq \beta$ より $b_n \neq 1$ であるから

$$a_n = \frac{\beta - \alpha b_n}{1 - b_n}$$

よって

$$\lim_{n \to \infty} a_n = \frac{\beta - \alpha \cdot 0}{1 - 0} = \beta$$

であり, 極限 $\lim_{n \to \infty} a_n$ が存在する.

（4）（ア） すべての n に対して $a_n \neq 0$ のとき

$$a_{n+1} = 2 - \frac{1}{a_n}$$

両辺から 1 を引いて

$$a_{n+1} - 1 = 1 - \frac{1}{a_n}$$

$$a_{n+1} - 1 = \frac{a_n - 1}{a_n} \quad \text{………………⑥}$$

(a) $a_1 = 1$ のとき

$$a_2 - 1 = \frac{a_1 - 1}{a_1} = 0 \qquad \therefore \quad a_2 = 1$$

同様にして

$$a_n = 1 \quad (n = 3, 4, \cdots)$$

であるから

$$\lim_{n \to \infty} a_n = 1$$

である.

(b) $a_1 \neq 1$ のとき

⑥ を用いると,（2）と同様にして, すべての n に対して $a_n \neq 1$ であるから, ⑥ の両辺の逆数をとり

$$\frac{1}{a_{n+1} - 1} = \frac{a_n}{a_n - 1}$$

$$\frac{1}{a_{n+1} - 1} = \frac{1}{a_n - 1} + 1$$

数列 $\left\{ \dfrac{1}{a_n - 1} \right\}$ は公差 1 の等差数列で, $\dfrac{1}{a_1 - 1} = c$ とおくと

$$\frac{1}{a_n - 1} = c + (n-1) \cdot 1 = n + c - 1$$

$$a_n - 1 = \frac{1}{n + c - 1}$$

$$a_n = \frac{1}{n + c - 1} + 1$$

よって

$$\lim_{n \to \infty} a_n = 0 + 1 = 1$$

である.

（イ） $a_n = 0$ となる n が存在するとき

$a_m = 0$ とすると, $a_{m+1} = 2$ である.

$$a_{m+2} = 2 - \frac{1}{a_{m+1}} = 2 - \frac{1}{2} = \frac{3}{2}$$

$$a_{m+3} = 2 - \frac{1}{a_{m+2}} = 2 - \frac{2}{3} = \frac{4}{3}$$

以下同様にして，$n \geqq m+1$ のとき

$$1 < a_n \leqq 2 \quad \cdots\cdots\cdots\cdots\cdots\cdots⑦$$

であると予想できる．これを数学的帰納法で示す．

$n = m+1$ のとき⑦は成り立つ．

$n = k$ のとき⑦が成り立つと仮定すると

$$1 < a_k \leqq 2$$

このとき $a_k \neq 0$ であるから

$$a_{k+1} = 2 - \frac{1}{a_k}$$

であり，また $\frac{1}{2} \leqq \frac{1}{a_k} < 1$ であるから

$$1 < a_{k+1} \leqq \frac{3}{2} < 2$$

$n = k+1$ のときも⑦が成り立つ．

よって，$n \geqq m+1$ のとき⑦が成り立つから，（ア）の（b）と同様にして

$$a_{n+m} = \frac{1}{n+c-1} + 1 \quad (n = 1, 2, \cdots)$$

と書ける．ただし，$c = \dfrac{1}{a_{m+1}-1} = \dfrac{1}{2-1} = 1$ であり

$$a_{n+m} = \frac{1}{n} + 1$$

である．ゆえに

$$\lim_{n \to \infty} a_n = \lim_{n \to \infty} a_{n+m} = 0 + 1 = 1$$

である．

以上より，いずれの場合も極限 $\displaystyle\lim_{n \to \infty} a_n$ は存在し，極限値は **1** である．

《バーゼル問題》

10. 以下の文章の空欄に適切な数または式を入れて文章を完成させなさい．

関数 $f(x), g(x)$ を

$$f(x) = \frac{1}{\sin^2 x}, \quad g(x) = \frac{1}{\tan^2 x}$$

と定める．

（1）定数 a を $a = \boxed{}$ と定めると，$0 < x < \dfrac{\pi}{2}$ のとき

$$f(x) + f\left(\frac{\pi}{2} - x\right) = af(2x)$$

が成り立つ．

（2）自然数 n に対して

$$S_n = \sum_{k=1}^{2^n-1} f\left(\frac{k\pi}{2^{n+1}}\right), \quad T_n = \sum_{k=1}^{2^n-1} g\left(\frac{k\pi}{2^{n+1}}\right)$$

とおく．このとき S_1, S_2, S_3 の値を求めると

$$S_1 = \boxed{}, \quad S_2 = \boxed{}, \quad S_3 = \boxed{}$$

である．また S_n と S_{n+1} の間には $S_{n+1} = \boxed{}$ の関係がある．このことから，S_n を n の式で表

すと $S_n = \boxed{}$ となる．また T_n を n の式で表すと $T_n = \boxed{}$ である．したがって，

$$0 < \theta < \frac{\pi}{2} \text{ に対して } \sin\theta < \theta < \tan\theta \text{ である}$$

ことに注意すると，

$$\lim_{n \to \infty} \sum_{k=1}^{2^n-1} \frac{1}{k^2} = \boxed{}$$

がわかる． （20 慶應大・医）

▶解答◀ （1） $\sin\left(\dfrac{\pi}{2} - x\right) = \cos x$

$$f(x) + f\left(\frac{\pi}{2} - x\right) = \frac{1}{\sin^2 x} + \frac{1}{\cos^2 x}$$

$$= \frac{\cos^2 x + \sin^2 x}{\sin^2 x \cos^2 x} = \frac{1}{\left(\frac{1}{2}\sin 2x\right)^2}$$

$$= \frac{4}{\sin^2 2x} = \mathbf{4}f(2x)$$

（2） $S_1 = f\left(\dfrac{\pi}{4}\right) = \mathbf{2}$ である．

$$S_2 = \sum_{k=1}^{3} f\left(\frac{k\pi}{8}\right)$$

$$= f\left(\frac{\pi}{8}\right) + f\left(\frac{2}{8}\pi\right) + f\left(\frac{3}{8}\pi\right)$$

$f\left(\dfrac{\pi}{8}\right) + f\left(\dfrac{3}{8}\pi\right)$ は，$\dfrac{\pi}{8} + \dfrac{3}{8}\pi = \dfrac{\pi}{2}$ であるから（1）の関係を用いると

$$f\left(\frac{\pi}{8}\right) + f\left(\frac{3}{8}\pi\right) = 4f\left(\frac{\pi}{4}\right) = 4S_1 = 8$$

S_2 の項を両側から2つずつ加えて変形すると分母が半分になった項の和となる．

$$S_2 = 4S_1 + f\left(\frac{2}{8}\pi\right) = 4 \cdot 2 + 2 = \mathbf{10}$$

$$S_3 = \sum_{k=1}^{7} f\left(\frac{k\pi}{16}\right)$$

$$= f\left(\frac{\pi}{16}\right) + f\left(\frac{2}{16}\pi\right) + f\left(\frac{3}{16}\pi\right)$$

$$+ f\left(\frac{4}{16}\pi\right) + f\left(\frac{5}{16}\pi\right)$$

$$+ f\left(\frac{6}{16}\pi\right) + f\left(\frac{7}{16}\pi\right)$$

$f\left(\dfrac{\pi}{16}\right) + f\left(\dfrac{7}{16}\pi\right)$ は，$\dfrac{\pi}{16} + \dfrac{7}{16}\pi = \dfrac{\pi}{2}$ であるから（1）の関係を用いると

$$f\left(\frac{\pi}{16}\right) + f\left(\frac{7}{16}\pi\right) = 4f\left(\frac{\pi}{8}\right)$$

同様に

$$f\left(\frac{2}{16}\pi\right) + f\left(\frac{6}{16}\pi\right) = 4f\left(\frac{2}{8}\pi\right)$$

となる．S_3 の項を両側から2つずつ加えて変形すると分母が半分になった項の和となる．

$$S_3 = 4\left\{f\left(\frac{\pi}{8}\right) + f\left(\frac{2}{8}\pi\right)\right.$$

$$\left. + f\left(\frac{3}{8}\pi\right)\right\} + f\left(\frac{4}{16}\pi\right)$$

$$= 4S_2 + f\left(\frac{\pi}{4}\right) = 4S_2 + 2 = \mathbf{42}$$

$$S_{n+1} = \sum_{k=1}^{2^{n+1}-1} f\left(\frac{k\pi}{2^{n+2}}\right)$$

これを 3 つの部分に分け

$$S_{n+1} = \sum_{k=1}^{2^n-1} f\left(\frac{k\pi}{2^{n+2}}\right) + f\left(\frac{2^n}{2^{n+2}}\pi\right)$$
$$+ \sum_{k=1}^{2^n-1} f\left(\frac{(2^{n+1}-k)\pi}{2^{n+2}}\right)$$

$k = 1\sim 2^n - 1$ のとき

$$2^{n+1} - k = 2^{n+1}-1 \sim 2^n+1$$

を動くことに注意せよ．そして

$$\frac{k\pi}{2^{n+2}} + \frac{(2^{n+1}-k)\pi}{2^{n+2}} = \frac{2^{n+1}}{2^{n+2}}\pi = \frac{\pi}{2}$$

であるから（2）の関係を用いて

$$S_{n+1} = \sum_{k=1}^{2^n-1} 4f\left(\frac{k\pi}{2^{n+1}}\right) + f\left(\frac{2^n}{2^{n+2}}\pi\right)$$
$$S_{n+1} = \mathbf{4S_n + 2}$$

となる．

$$S_{n+1} + \frac{2}{3} = 4\left(S_n + \frac{2}{3}\right)$$

数列 $\left\{S_n + \frac{2}{3}\right\}$ は等比数列で

$$S_n + \frac{2}{3} = 4^{n-1}\left(S_1 + \frac{2}{3}\right)$$
$$S_n = \frac{8}{3}\cdot 4^{n-1} - \frac{2}{3} = \frac{2}{3}(4^n - 1)$$

次に，T_n を求める．ここで，

$$1 + \frac{1}{\tan^2 x} = \frac{1}{\sin^2 x}$$

であるから，$g(x) = f(x) - 1$ が成立する．ゆえに

$$T_n = \sum_{k=1}^{2^n-1}\left\{f\left(\frac{k\pi}{2^{n+1}}\right) - 1\right\}$$
$$= S_n - (2^n - 1) = \frac{2}{3}\cdot 4^n - 2^n + \frac{1}{3}$$

さらに，$1 \leq k \leq 2^n - 1$ のとき $0 < \frac{k\pi}{2^{n+1}} < \frac{\pi}{2}$ であり，$\alpha = \frac{k\pi}{2^{n+1}}$ とおくと，

$$\sin\alpha < \alpha < \tan\alpha$$
$$\frac{1}{\tan^2\alpha} < \frac{1}{\alpha^2} < \frac{1}{\sin^2\alpha}$$
$$g(\alpha) < \frac{1}{\alpha^2} < f(\alpha)$$

$k = 1, 2, \cdots, 2^n - 1$ まで和をとると

$$T_n < \sum_{k=1}^{2^n-1}\left(\frac{2^{n+1}}{k\pi}\right)^2 < S_n$$

$$\frac{\pi^2}{4^{n+1}}T_n < \sum_{k=1}^{2^n-1}\frac{1}{k^2} < \frac{\pi^2}{4^{n+1}}S_n$$
$$\frac{\pi^2}{4^{n+1}}T_n = \pi^2\left(\frac{2}{3}\cdot\frac{1}{4} - \frac{1}{4\cdot 2^n} + \frac{1}{3\cdot 4^{n+1}}\right)$$
$$\lim_{n\to\infty}\frac{\pi^2}{4^{n+1}}T_n = \pi^2\left(\frac{1}{6} - 0 + 0\right) = \frac{\pi^2}{6}$$

$$\frac{\pi^2}{4^{n+1}}S_n = \pi^2\cdot\frac{2}{3}\left(\frac{1}{4} - \frac{1}{4^{n+1}}\right)$$
$$\lim_{n\to\infty}\frac{\pi^2}{4^{n+1}}S_n = \frac{\pi^2}{6}$$

であるから，ハサミウチの原理より

$$\lim_{n\to\infty}\sum_{k=1}^{2^n-1}\frac{1}{k^2} = \frac{\pi^2}{6}$$

注 意【バーゼル問題（Basel problem）】

$\sum_{k=1}^{\infty}\frac{1}{k^2}$ を求めよ，という問題をバーゼル問題という．1644 年に問題提起をしたピエトロ・モンゴメリ，解こうとして解けなかったヤコブ・ベルヌーイ，そして，解いたオイラーがスイスのバーゼルの出身であったためである．問題提起から 80 年近く後，オイラーが，$\frac{\pi^2}{6}$ と予想し，その 10 年後の，1735 年にオイラーによって厳密に証明された．天才オイラーをもってしても，長い時間が掛かった問題が，今では大学入試の常連である．いろいろな解法が知られている．

部分和 $\sum_{k=1}^{N}\frac{1}{k^2}$ を考える．自然数 N に対して

$$2^n - 1 \leq N < 2^{n+1} - 1$$

を満たす自然数 n はただ 1 つ存在する．このとき，

$$\sum_{k=1}^{2^n-1}\frac{1}{k^2} \leq \sum_{k=1}^{N}\frac{1}{k^2} < \sum_{k=1}^{2^{n+1}-1}\frac{1}{k^2}$$

であり，ハサミウチの原理より

$$\sum_{k=1}^{\infty}\frac{1}{k^2} = \frac{\pi^2}{6}$$

《有理数と極限》

11. n を自然数とする．整数 k に関する次の条件 (C), (D) を考える．

(C) $0 \leq k < n$.

(D) $\frac{k}{n} \leq \frac{1}{m} < \frac{k+1}{n}$ を満たす自然数 m が存在する．

条件 (C), (D) を満たす整数 k の個数を T_n とする．以下の設問に答えよ．

（1）T_{50} を求めよ．

（2）次の極限値を求めよ．

$$\lim_{n\to\infty}\frac{\log T_n}{\log n}$$

(19 京大・理-特色)

考 え 方 (D) の不等式を変形すると

$$k \leq \frac{n}{m} < k+1$$

となる．$k = \left[\frac{n}{m}\right]$ である．m の値 1 つに対して，k の値はいくつ対応しているのかを考えるとき，$\frac{n}{m}$ と $\frac{n}{m+1}$

の差が 1 以上であれば，m の値 1 つに対して k の値が 1 つ定まる．m が大きくなると，$\left[\dfrac{n}{m}\right]=\left[\dfrac{n}{m+1}\right]$ などとなって，m の数と k の数が等しくなくなる．この境目を考えるために，

$$\frac{n}{m}-\frac{n}{m+1}\geqq 1$$

を考えてみるとよいだろう．

▶解答◀ （1） $n=50$ のとき

$$k\leqq\frac{50}{m}<k+1$$

$\left[\dfrac{50}{m}\right]=k$ である．［ ］はガウス記号である．

$f(m)=\dfrac{50}{m}$ とおく．

$$f(1)=50,\ f(2)=25,\ f(3)=16.6\cdots,$$

$$f(4)=12.5,\ f(5)=10,\ f(6)=8.3\cdots,$$

$$f(7)=7.1\cdots,\ f(8)=6.25,$$

$$f(9)=5.5\cdots,\ f(10)=5,$$

$$f(11)=4.5,\ f(12)=4.1\cdots,$$

$$f(13)=3.8\cdots,\ f(25)=2,$$

$$f(26)=1.92\cdots,\ f(50)=1,$$

$$f(51)=0.98\cdots,\ f(52)=0.96\cdots$$

$[f(m)]$ は最初，50，25，16，12，10，8 と大きく減少するが，次第に間が混んできて，$[f(6)]$ 以後は 8，7，6，5，4，3，2，1，0 のすべての値をとる．$[f(1)]\sim[f(5)]$ まではとびとびの整数値をとり，$[f(6)]\sim$ は 8 〜 0 のすべての整数値をとる．条件 (C) より $k<50$ であるから $[f(1)]=50$ を除外すると，$T_{50}=5+9-1=\mathbf{13}$ である．

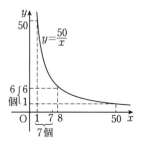

（2） 間が混んでくるのはどのようなときかを調べる．

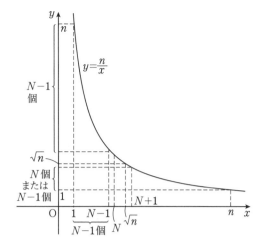

$$\frac{n}{m}-\frac{n}{m+1}\geqq 1\ \cdots\cdots\cdots\cdots\cdots\cdots\cdots①$$

になるのはどのようなときかを調べる．① は

$$n\geqq m(m+1)\ \cdots\cdots\cdots\cdots\cdots\cdots\cdots②$$

となり，これを

$$n\geqq m(m+1)>m^2$$

としてみると

$$\sqrt{n}>m$$

となる．ここで

$$\sqrt{n}=N+\alpha$$

とおける．N は $\sqrt{n}$ の整数部分で $0\leqq\alpha<1$ である．

$m\leqq N-1$ のとき

$$n=(N+\alpha)^2>(N-1)N\geqq m(m+1)$$

であるから ② は成り立つ．

$m\geqq N+1$ のとき

$$\sqrt{n}=N+\alpha<N+1\leqq m<m+1$$

$$n<m(m+1)$$

となる．よって

$$\frac{n}{m}-\frac{n}{m+1}<1\ \cdots\cdots\cdots\cdots\cdots\cdots③$$

である．$m=N$ については ① か ③ かは不明である．

$$f(N+1)=\frac{n}{N+1}=\frac{(N+\alpha)^2}{N+1}$$

$$<\frac{(N+1)^2}{N+1}=N+1$$

$$\frac{(N+\alpha)^2}{N+1}\geqq\frac{N^2}{N+1}=N-1+\frac{1}{N+1}>N-1$$

$$[f(N+1)]=N\ \text{または}\ N-1$$

である．

$$f(N)=\frac{n}{N}=\frac{(N+\alpha)^2}{N}$$

$$<\frac{(N+1)^2}{N}=N+2+\frac{1}{N}$$

$$f(N) = \frac{(N+\alpha)^2}{N} \geq \frac{N^2}{N} = N$$

$$[f(N)] = N \text{ または } N+1 \text{ または } N+2$$

$1 \leq m \leq N-1$ のときは，$[f(m)]$ は $[f(1)]$ から $[f(N-1)]$ までの $N-1$ 個の異なる整数値をとる．

$N+1 \leq m \leq n$ のとき $[f(m)]$ は 1 から（N または $N-1$）までの整数値をすべてとる．

$$T_n = N-1+\beta+N-\gamma$$

（β は 1 または 0，γ も 1 または 0）とおける．
$N = \sqrt{n} - \alpha$ であるから

$$T_n = 2\sqrt{n} + (-1+\beta-\gamma-2\alpha)$$

$\delta = -1+\beta-\gamma-2\alpha$ とおく．

$$-4 \leq \delta \leq 0$$

$$\log T_n = \log(2\sqrt{n} + \delta)$$
$$= \log\sqrt{n} + \log\left(2 + \frac{\delta}{\sqrt{n}}\right)$$
$$= \frac{1}{2}\log n + \log\left(2 + \frac{\delta}{\sqrt{n}}\right)$$

$$\frac{\log T_n}{\log n} = \frac{1}{2} + \frac{\log\left(2 + \dfrac{\delta}{\sqrt{n}}\right)}{\log n}$$

$-4 \leq \delta \leq 0$ であるから，$n \to \infty$ のとき

$$\log\left(2 + \frac{\delta}{\sqrt{n}}\right) \to \log 2$$

$$\lim_{n\to\infty} \frac{\log T_n}{\log n} = \frac{1}{2}$$

注意 95 年の早大・商に，同趣旨の問題が出ている．

《図形問題との融合》

12. 凸五角形 $A_n B_n C_n D_n E_n$（$n = 1, 2, \cdots$）が次の条件を満たしている．

A_{n+1} は辺 $C_n D_n$ の中点，

B_{n+1} は辺 $D_n E_n$ の中点，

C_{n+1} は辺 $E_n A_n$ の中点，

D_{n+1} は辺 $A_n B_n$ の中点，

E_{n+1} は辺 $B_n C_n$ の中点，

下図は，五角形 $A_n B_n C_n D_n E_n$ と五角形 $A_{n+1} B_{n+1} C_{n+1} D_{n+1} E_{n+1}$ の位置関係を図示したものである．

以下の設問に答えよ．

（1）正の実数 α をうまく取ると，数列 $\left\{\alpha^n \left| \overrightarrow{A_n B_n} \right|\right\}$ が 0 でない実数に収束するようにできることを示せ．

（2）五角形 $A_n B_n C_n D_n E_n$ の 5 本の辺の長さの和を L_n，5 本の対角線の長さの和を M_n とする．

極限値 $\displaystyle\lim_{n\to\infty} \frac{M_n}{L_n}$ を求めよ．

ただし，五角形が凸であるとは，その内角がすべて $180°$ 未満であることをいう．また，五角形の対角線とは，2 頂点を結ぶ線分で辺でないもののことである．

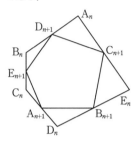

（18 京大・理-特色）

▶解答◀ （1） 平面上に点 O をとり，O を基準とした点 A_n の位置ベクトルを $\overrightarrow{a_n}$ のように書く．中点連結定理より

$$\overrightarrow{A_{n+1}B_{n+1}} = \frac{1}{2}\overrightarrow{C_n E_n} \quad\cdots\cdots\cdots\cdots①$$

が成り立つ（図1）．

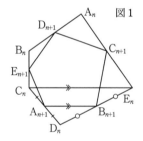

図1

したがって

$$\overrightarrow{A_{n+2}B_{n+2}} = \frac{1}{2}\overrightarrow{C_{n+1}E_{n+1}}$$
$$= \frac{\overrightarrow{e_{n+1}} - \overrightarrow{c_{n+1}}}{2} = \frac{1}{2}\left(\frac{\overrightarrow{b_n} + \overrightarrow{c_n}}{2} - \frac{\overrightarrow{e_n} + \overrightarrow{a_n}}{2}\right)$$
$$= \frac{(\overrightarrow{b_n} - \overrightarrow{a_n}) - (\overrightarrow{e_n} - \overrightarrow{c_n})}{4}$$
$$= \frac{1}{4}\overrightarrow{A_n B_n} - \frac{1}{4}\overrightarrow{C_n E_n}$$

① を用いて

$$\overrightarrow{A_{n+2}B_{n+2}} = \frac{1}{4}\overrightarrow{A_n B_n} - \frac{1}{2}\overrightarrow{A_{n+1}B_{n+1}}$$

となる．$\overrightarrow{p_n} = \overrightarrow{A_n B_n}$ とおくと

$$\overrightarrow{p_{n+2}} = \frac{1}{4}\overrightarrow{p_n} - \frac{1}{2}\overrightarrow{p_{n+1}}$$
$$4\overrightarrow{p_{n+2}} + 2\overrightarrow{p_{n+1}} - \overrightarrow{p_n} = 0$$

である．ここで

$$4x^2 + 2x - 1 = 0$$

を解くと
$$x = \frac{-1 \pm \sqrt{5}}{4}$$
となる.
$$\beta = -\frac{\sqrt{5}+1}{4}, \quad \gamma = \frac{\sqrt{5}-1}{4}$$
とおくと
$$\overrightarrow{p_{n+2}} - \beta\overrightarrow{p_{n+1}} = \gamma\left(\overrightarrow{p_{n+1}} - \beta\overrightarrow{p_n}\right)$$
$$\overrightarrow{p_{n+2}} - \gamma\overrightarrow{p_{n+1}} = \beta\left(\overrightarrow{p_{n+1}} - \gamma\overrightarrow{p_n}\right)$$
が成り立つ.
$$\overrightarrow{p_{n+1}} - \beta\overrightarrow{p_n} = \gamma^{n-1}\left(\overrightarrow{p_2} - \beta\overrightarrow{p_1}\right)$$
$$\overrightarrow{p_{n+1}} - \gamma\overrightarrow{p_n} = \beta^{n-1}\left(\overrightarrow{p_2} - \gamma\overrightarrow{p_1}\right)$$
となるから, 辺ごとに引いて
$$(\gamma - \beta)\overrightarrow{p_n} = \gamma^{n-1}\left(\overrightarrow{p_2} - \beta\overrightarrow{p_1}\right)$$
$$- \beta^{n-1}\left(\overrightarrow{p_2} - \gamma\overrightarrow{p_1}\right)$$
$$\overrightarrow{p_n} = \frac{\gamma^{n-1}\left(\overrightarrow{p_2} - \beta\overrightarrow{p_1}\right) - \beta^{n-1}\left(\overrightarrow{p_2} - \gamma\overrightarrow{p_1}\right)}{\gamma - \beta}$$
$$\left|\frac{\overrightarrow{p_n}}{\beta^n}\right| = \frac{1}{|\beta(\gamma - \beta)|}$$
$$\times \left|\left(\frac{\gamma}{\beta}\right)^{n-1}\left(\overrightarrow{p_2} - \beta\overrightarrow{p_1}\right) - \left(\overrightarrow{p_2} - \gamma\overrightarrow{p_1}\right)\right|$$
ここで
$$\left|\frac{\gamma}{\beta}\right| = \frac{\sqrt{5}-1}{\sqrt{5}+1} < 1$$
であるから
$$\lim_{n\to\infty}\left|\frac{\overrightarrow{p_n}}{\beta^n}\right| = \left|\frac{\overrightarrow{p_2} - \gamma\overrightarrow{p_1}}{\beta(\gamma - \beta)}\right|$$
である. $\overrightarrow{p_2} = \gamma\overrightarrow{p_1}$ が成り立つと仮定すると
$$\gamma = \frac{\sqrt{5}-1}{4} > 0$$
であるから $\overrightarrow{p_2} = \overrightarrow{A_2B_2}$ と $\overrightarrow{p_1} = \overrightarrow{A_1B_1}$ は平行で向きが等しい. ところが, 五角形 $A_nB_nC_nD_nE_n$ は凸であるからこれは成立しえない (図2, 図3).

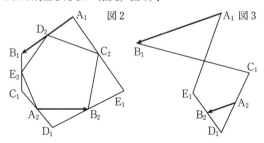

ゆえに $\left|\overrightarrow{p_2} - \gamma\overrightarrow{p_1}\right| \neq 0$ であり, $\left|\dfrac{\overrightarrow{p_n}}{\beta^n}\right|$ は 0 でない実数に収束する. したがって
$$\alpha = \alpha_0 = \frac{1}{|\beta|} = \frac{4}{\sqrt{5}+1} = \sqrt{5}-1$$

とすると数列 $\{\alpha_0{}^n |\overrightarrow{A_nB_n}|\}$ は 0 でない実数に収束する.

注意 凹多角形には辺同士が交わる (自己交差する) ものが存在するが, 凸多角形にはない.

(2) $L_n = A_nB_n + B_nC_n + C_nD_n + D_nE_n + E_nA_n$ である. M_n を求める.

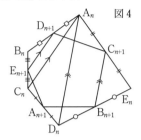

図4

中点連結定理より
$$A_nC_n = 2D_{n+1}E_{n+1}$$
$$A_nD_n = 2C_{n+1}B_{n+1}$$
$$B_nD_n = 2E_{n+1}A_{n+1}$$
$$B_nE_n = 2D_{n+1}C_{n+1}$$
$$C_nE_n = 2A_{n+1}B_{n+1}$$
が成り立つ (図4). 辺ごとに足して
$$M_n = 2L_{n+1}$$
を得る. (1) の結果から, 数列 $\{\alpha_0{}^n L_n\}$ も 0 でない実数に収束し, その収束値を L とおくと
$$\frac{M_n}{L_n} = \frac{2L_{n+1}}{L_n}$$
$$= \frac{2}{\alpha_0} \cdot \frac{\alpha_0{}^{n+1} L_{n+1}}{\alpha_0{}^n L_n}$$
$$\to \frac{2}{\alpha_0} \cdot \frac{L}{L} = \frac{2}{\alpha_0}$$
$$= \frac{2}{\sqrt{5}-1} = \frac{\sqrt{5}+1}{2}$$
となる.

《複素数平面上の図形と極限》

13. $0 < \theta < \dfrac{\pi}{2}$, $z_0 = 1$ とする. 複素数平面の原点を O, z_0 のあらわす点を A_0 とする. 線分 OA_0 を直径とする円上の点 $A_1(z_1)$ で $z_1 \neq 0$, $\angle A_0OA_1 = \theta$ であり $\dfrac{z_1}{z_0}$ の虚部が正であるものを考える. 同様に $n = 1, 2, \cdots$ に対して, 線分 OA_n を直径とする円上の点 $A_{n+1}(z_{n+1})$ で $z_{n+1} \neq 0$, $\angle A_nOA_{n+1} = \dfrac{\theta}{2^n}$ であり $\dfrac{z_{n+1}}{z_n}$ の虚部が正であるものを考える. このとき, 以下の問いに答えよ.

(1) すべての自然数 n について次が成り立つこ

とを示せ.
$$|z_n| = \frac{\sin 2\theta}{2^n \sin\left(\frac{\theta}{2^{n-1}}\right)}$$

（2） $0 < x < \theta$ のとき，$\dfrac{\sin\theta}{\theta} < \dfrac{\sin x}{x} < 1$ が成り立つことを示せ.

（3） 三角形 $A_n O A_{n+1}$ の面積を S_n とするとき，次が成り立つことを示せ.
$$\frac{\sin^2 2\theta}{8\theta} < \sum_{n=1}^{\infty} S_n < \frac{\sin^2 2\theta}{8\sin\theta}$$
（21 お茶の水女子大・前期）

▶解答◀ （1） A_{n+1} が線分 OA_n を直径とする円上の点であることから，$\angle OA_{n+1}A_n = \dfrac{\pi}{2}$ である. また，$\angle A_n O A_{n+1} = \dfrac{\theta}{2^n} < \dfrac{\pi}{2}$ と $\dfrac{z_{n+1}}{z_n}$ の虚部が正であることから，A_{n+1} は A_n を原点を中心に反時計回りに $\dfrac{\theta}{2^n}$ 回転し $\cos\dfrac{\theta}{2^n}$ 倍したものである.

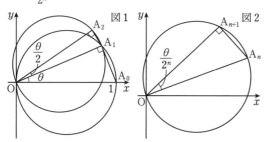

よって
$$|z_{n+1}| = OA_{n+1} = OA_n \cos\frac{\theta}{2^n} = |z_n| \cos\frac{\theta}{2^n}$$

両辺に $\sin\dfrac{\theta}{2^n}$ をかけて
$$|z_{n+1}| \sin\frac{\theta}{2^n} = |z_n| \cos\frac{\theta}{2^n} \sin\frac{\theta}{2^n}$$
$$|z_{n+1}| \sin\frac{\theta}{2^n} = \frac{1}{2} |z_n| \sin\frac{\theta}{2^{n-1}}$$

数列 $\left\{ |z_n| \sin\dfrac{\theta}{2^{n-1}} \right\}$ は公比 $\dfrac{1}{2}$ の等比数列で
$$|z_n| \sin\frac{\theta}{2^{n-1}} = \left(|z_0| \sin\frac{\theta}{2^{-1}} \right) \left(\frac{1}{2} \right)^n$$
$$|z_n| \sin\frac{\theta}{2^{n-1}} = \frac{\sin 2\theta}{2^n}$$
$$|z_n| = \frac{\sin 2\theta}{2^n \sin\frac{\theta}{2^{n-1}}} \quad \cdots\cdots\cdots\cdots①$$

（2） $f(x) = \dfrac{\sin x}{x}$ とおくと
$$f'(x) = \frac{(\cos x)x - (\sin x)\cdot 1}{x^2}$$
$$= \frac{x\cos x - \sin x}{x^2}$$
$g(x) = x\cos x - \sin x$ とおくと
$$g'(x) = \cos x + x(-\sin x) - \cos x = -x\sin x$$

$0 < x < \theta < \dfrac{\pi}{2}$ のとき $g'(x) < 0$ であるから，$g(x)$ は減少関数で，これと $g(0) = 0$ より，$g(x) < 0$ である. よって，$f'(x) < 0$ であるから，$f(x)$ は減少関数で
$$\lim_{x \to +0} \frac{\sin x}{x} = 1, \quad f(\theta) = \frac{\sin\theta}{\theta}$$
であることから，$0 < x < \theta$ のとき
$$\frac{\sin\theta}{\theta} < f(x) < 1$$
が成り立つ.

（3） $S_n = \dfrac{1}{2} OA_n \cdot OA_{n+1} \sin\dfrac{\theta}{2^n}$
$$= \frac{1}{2} |z_n| |z_{n+1}| \sin\frac{\theta}{2^n}$$

①を代入し
$$S_n = \frac{1}{2} \cdot \frac{\sin 2\theta}{2^n \sin\frac{\theta}{2^{n-1}}} \cdot \frac{\sin 2\theta}{2^{n+1} \sin\frac{\theta}{2^n}} \sin\frac{\theta}{2^n}$$
$$= \frac{\sin^2 2\theta}{2^{2n+2} \sin\frac{\theta}{2^{n-1}}}$$

部分和が計算できる形ではさむために，$\sin\dfrac{\theta}{2^{n-1}}$ を評価する. $n \geqq 2$ のとき $0 < \dfrac{\theta}{2^{n-1}} < \theta$ であるから，（2）を用いて
$$\frac{\sin\theta}{\theta} < \frac{\sin\frac{\theta}{2^{n-1}}}{\frac{\theta}{2^{n-1}}} < 1 \quad \cdots\cdots\cdots\cdots\cdots②$$

各辺の逆数をとり
$$1 < \frac{\frac{\theta}{2^{n-1}}}{\sin\frac{\theta}{2^{n-1}}} < \frac{\theta}{\sin\theta}$$
$$\frac{2^{n-1}}{\theta} < \frac{1}{\sin\frac{\theta}{2^{n-1}}} < \frac{2^{n-1}}{\sin\theta}$$

各辺に $\dfrac{\sin^2 2\theta}{2^{2n+2}}$ をかけて
$$\frac{\sin^2 2\theta}{2^{n+3}\theta} < \frac{\sin^2 2\theta}{2^{2n+2} \sin\frac{\theta}{2^{n-1}}} < \frac{\sin^2 2\theta}{2^{n+3}\sin\theta}$$
$$\frac{\sin^2 2\theta}{8\theta} \cdot \frac{1}{2^n} < S_n < \frac{\sin^2 2\theta}{8\sin\theta} \cdot \frac{1}{2^n} \quad \cdots\cdots\cdots③$$

一方，$n = 1$ のときは②の左側の不等号が等号になるから，③の右側の不等号が等号になり
$$\frac{\sin^2 2\theta}{8\theta} \cdot \frac{1}{2} < S_1 = \frac{\sin^2 2\theta}{8\sin\theta} \cdot \frac{1}{2} \quad \cdots\cdots\cdots④$$

$N \geqq 2$ のとき，③で $n = 2, 3, \cdots, N$ とした式と④を辺ごとに加えると
$$\frac{\sin^2 2\theta}{8\theta} \sum_{n=1}^{N} \frac{1}{2^n} < \sum_{n=1}^{N} S_n < \frac{\sin^2 2\theta}{8\sin\theta} \sum_{n=1}^{N} \frac{1}{2^n} \quad \cdots\cdots⑤$$

ここで
$$\lim_{N \to \infty} \sum_{n=1}^{N} \frac{1}{2^n} = \frac{1}{2} \cdot \frac{1}{1 - \frac{1}{2}} = 1$$

であるから，⑤で $N \to \infty$ として

$$\frac{\sin^2 2\theta}{8\theta} < \sum_{n=1}^{\infty} S_n < \frac{\sin^2 2\theta}{8\sin\theta}$$

注意 一般に，常に $a_n < b_n$ が成り立ち，$\lim_{n\to\infty} a_n$，$\lim_{n\to\infty} b_n$ が収束するとき

$$\lim_{n\to\infty} a_n \leqq \lim_{n\to\infty} b_n$$

が成り立つ．前提の不等式には等号がつかなくても極限の不等式には等号がつくことに注意する．例えば $a_n = 0$，$b_n = \frac{1}{n}$ のときは等号が成り立つ．

今回も⑤では等号がつかないが，$N \to \infty$ とした最後の式では厳密には等号がつくはずである．等号が外れることを示したければ次のようにする．

和をとる前の③において，$n = 2$ のときに等号が成立しないことから，まず $n = 1, 2$ の場合を除いて考える．$N \geqq 3$ のとき，③で $n = 3, 4, \cdots, N$ とした式を辺ごとに加え

$$\frac{\sin^2 2\theta}{8\theta} \sum_{n=3}^{N} \frac{1}{2^n} < \sum_{n=3}^{N} S_n < \frac{\sin^2 2\theta}{8\sin\theta} \sum_{n=3}^{N} \frac{1}{2^n} \quad \cdots\cdots ⑥$$

ここで

$$\lim_{N\to\infty} \sum_{n=3}^{N} \frac{1}{2^n} = \frac{1}{2^3} \cdot \frac{1}{1 - \frac{1}{2}} = \frac{1}{4}$$

であるから，⑥で $N \to \infty$ として

$$\frac{\sin^2 2\theta}{8\theta} \cdot \frac{1}{4} \leqq \sum_{n=3}^{\infty} S_n \leqq \frac{\sin^2 2\theta}{8\sin\theta} \cdot \frac{1}{4}$$

この不等式に，③で $n = 2$ とした

$$\frac{\sin^2 2\theta}{8\theta} \cdot \frac{1}{4} < S_2 < \frac{\sin^2 2\theta}{8\sin\theta} \cdot \frac{1}{4}$$

と④を辺ごとに加えると

$$\frac{\sin^2 2\theta}{8\theta} < \sum_{n=1}^{\infty} S_n < \frac{\sin^2 2\theta}{8\sin\theta}$$

となり，等号が外れた式を得る．

なお，そもそも $\sum_{n=1}^{\infty} S_n$ が収束することについては，「単調かつ有界な数列は収束する」ことから言える．$\sum_{n=1}^{N} S_n$ は単調増加で，かつ $\frac{\sin^2 2\theta}{8\sin\theta}$ 以下である．

《状況を把握して漸化式を立てる》

14. 赤玉 1 個のみが入った袋 C_0 と，それぞれ白玉 1 個のみが入った n 個の袋 $C_1, C_2, \cdots, C_n$ に対して，

$$C_0 \to C_1 \to C_2 \to \cdots \to C_{n-1} \to C_n \to C_{n-1} \to C_{n-2} \to \cdots \to C_1 \to C_0$$

なる列を考える．列が示すように，始めに，$k = 0, 1, \cdots, n-1$ の順に各 $C_k \to C_{k+1}$ において，C_k から無作為に玉を 1 個取り出して C_{k+1} へと入れ

る操作を行う．次に，$k = n, n-1, \cdots, 1$ の順に各 $C_k \to C_{k-1}$ において，C_k から無作為に玉を 1 個取り出して C_{k-1} へと入れる操作を行う．

この試行で最終的に袋 C_0 に赤玉が入っている確率を p_n とし，k が奇数であるようないずれかの C_k に赤玉が入っている確率を q_n とする．

次の問いに答えよ．

（1） p_1，p_2 の値をそれぞれ求めよ．

（2） $n \geqq 2$ の場合の p_n を p_{n-1} を用いて表せ．

（3） 数列 p_1，p_2，p_3，$\cdots$ の一般項 p_n を求めよ．

（4） 極限値 $\lim_{n\to\infty} q_n$ を求めよ．

(22 東北大・医 AO)

▶解答◀ （1） $a = \frac{1}{2}$ とする．赤玉を R，白玉を W と表し，また，赤玉を取り出すことも R，白玉を取り出すことも W と表す．C_k から C_{k+1} に確率 a で R が移ることを $C_k \xrightarrow{R}{a} C_{k+1}$ と表す．他も同様に読め．

p_1 について：$C_0 \xrightarrow{R}{1} C_1 \xrightarrow{R}{a} C_0$

$$p_1 = 1 \cdot a = \frac{1}{2}$$

説明しなくてもわかると思うが，一応，言葉で書いておく．最初，C_0 から R が出て，C_1 の中が W と R になり，ここから R を取るときである．

p_2 について：

$$C_0 \xrightarrow{R}{1} C_1 \xrightarrow{R}{a} C_2 \xrightarrow{R}{a} C_1 \xrightarrow{R}{a} C_0$$

$$C_0 \xrightarrow{R}{1} C_1 \xrightarrow{W}{a} C_2 \xrightarrow{W}{1} C_1 \xrightarrow{R}{a} C_0$$

$$p_2 = 1 \cdot a^3 + 1 \cdot a \cdot 1 \cdot a = \frac{1}{8} + \frac{1}{4} = \frac{3}{8}$$

（2） 以後はすべて，先頭の $C_0 \xrightarrow{R}{1}$ を省略する．最初に C_1 に R, W が入っているところから始めればよい．p_3 を求めてみる．

$$C_1 \xrightarrow{R}{a} C_2 \xrightarrow{R}{a} C_3 \xrightarrow{R}{a} C_2 \xrightarrow{R}{a} C_1 \xrightarrow{R}{a} C_0$$

$$C_1 \xrightarrow{R}{a} C_2 \xrightarrow{W}{a} C_3 \xrightarrow{W}{1} C_2 \xrightarrow{R}{a} C_1 \xrightarrow{R}{a} C_0$$

$$C_1 \xrightarrow{W}{a} C_2 \xrightarrow{W}{1} C_3 \xrightarrow{W}{1} C_2 \xrightarrow{W}{1} C_1 \xrightarrow{R}{a} C_0$$

$$p_3 = a^5 + a^4 + a^2 = \frac{1}{32} + \frac{1}{16} + \frac{1}{4} = \frac{11}{32}$$

一般の n の場合は，矢印は $2n-1$ 個あり，すべて $\xrightarrow{R}{a}$ の場合と，それ以外は，中央から左右に $\xrightarrow{W}{1}$ が 1 個の場合，3 個の場合，$\cdots$ と増えていく．$C_1 \to \cdots \to C_n \to C_0$ のように点点を使って書く大人が多いが，点点にすると回数が見えなくなってしまう．p_3 の先頭は a^5 である．これは一番長く R が移動するときは 5 回移動するから

である. n なら $2n-1$ 回移動する. 次は a^4 である. これは中央の確率が（1個だけ）1になるからである. n なら a^{2n-2} になる. 次は1が3個になるから a^{2n-4} である. 以下同様に続く.

$$p_n = a^{2n-1} + a^{2n-2} + a^{2n-4} + \cdots + a^2 \quad \cdots\cdots\cdots ①$$

$$= a^{2n-1} + a^2 \cdot \frac{1-(a^2)^{n-1}}{1-a^2}$$

$$= 2a^{2n} + \frac{4}{3}\left(\frac{1}{4} - a^{2n}\right)$$

$$= \frac{1}{3} + \frac{2}{3}a^{2n} = \frac{1}{3} + \frac{2}{3 \cdot 4^n}$$

これは（3）の答えである. 答えが出たから漸化式の必要はないが, 一応, 漸化式にしておく.

$$p_{n-1} = a^{2n-3} + a^{2n-4} + a^{2n-6} + \cdots + a^2 \quad \cdots\cdots ②$$

① $=$ ② $\times a^2 + a^2$ であるから

$$\boldsymbol{p_n = \frac{1}{4}p_{n-1} + \frac{1}{4}} \quad \cdots\cdots\cdots\cdots\cdots ③$$

（3）　③ を解くことに意味はないが, 一応解いておく.

$$p_n - \frac{1}{3} = \frac{1}{4}\left(p_{n-1} - \frac{1}{3}\right)$$

数列 $\left\{p_n - \dfrac{1}{3}\right\}$ は等比数列で

$$p_n - \frac{1}{3} = \left(\frac{1}{4}\right)^{n-1}\left(p_1 - \frac{1}{3}\right)$$

$$p_n = \frac{1}{3} + \left(\frac{1}{4}\right)^{n-1}\left(\frac{1}{2} - \frac{1}{3}\right) = \frac{1}{3} + \frac{2}{3 \cdot 4^n}$$

（4）　最終的に C_k に R が残る確率を x_k とする. 右方向は時間の経過を表し, 上方向は袋への玉の移動を表す. 次の図は $n=5$ の場合である. 点線の矢印は R が取り残されている状態を表す.

図1
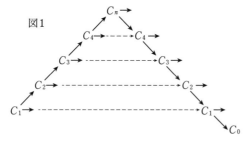

x_1 について：今度は, R の移動回数が少ないものから書く. 図1で, 左の $C_1 \to$ は, いきなり確率 a で R が C_1 にとどまることを表す. C_1 から C_2 へ W が出て行く. その後はずっと W が移動する. そして, 右の C_1 では C_2 から C_1 に W が入ってきて, C_1 にとどまっていた R と合わせて, C_1 の中が W と R になり, そこから確率 a で C_0 へ W が出て行き, R が C_1 にとどまる. この場合の確率は a^2 である.

次は, $C_1 \nearrow C_2 \to$ の後, $C_2 \searrow C_1 \to$ で, 確率は a^4 である. この後指数は2ずつ増え a^{2n-2} までになるが,

これで終わりではなく, 確率1部分がないものがあり, a^{2n-1} もある. 次は $n=4$ の場合を書くが, 一般の n と思って見よ.

$$C_1 \xrightarrow[a]{W} C_2 \xrightarrow[1]{W} C_3 \xrightarrow[1]{W} C_4 \xrightarrow[1]{W} C_3 \xrightarrow[1]{W} C_2 \xrightarrow[1]{W} C_1 \xrightarrow[1]{W} C_0$$

$$C_1 \xrightarrow[a]{R} C_2 \xrightarrow[1]{W} C_3 \xrightarrow[1]{W} C_4 \xrightarrow[1]{W} C_3 \xrightarrow[1]{W} C_2 \xrightarrow[a]{R} C_1 \xrightarrow[1]{W} C_0$$

$$C_1 \xrightarrow[a]{R} C_2 \xrightarrow[a]{R} C_3 \xrightarrow[1]{W} C_4 \xrightarrow[1]{W} C_3 \xrightarrow[a]{R} C_2 \xrightarrow[a]{R} C_1 \xrightarrow[1]{W} C_0$$

$$C_1 \xrightarrow[a]{R} C_2 \xrightarrow[a]{R} C_3 \xrightarrow[a]{R} C_4 \xrightarrow[a]{R} C_3 \xrightarrow[a]{R} C_2 \xrightarrow[a]{R} C_1 \xrightarrow[1]{W} C_0$$

$$x_1 = a^2 + a^4 + \cdots + a^{2n-2} + a^{2n-1}$$

一般に, $n \geqq 2$ かつ $1 \leqq k \leqq n-1$ のとき

$$x_k = a^{k+1} + a^{k+3} + \cdots + a^{2n-k-1} + a^{2n-k}$$

$$x_k = \frac{a^{k+1} - a^2 \cdot a^{2n-k-1}}{1-a^2} + a^{2n-k} \quad \cdots\cdots\cdots ④$$

（ここで, 和の公式の使い方については注を見よ）

$$x_k = \frac{4}{3}\left(a^{k+1} - a \cdot a^{2n-k}\right) + a^{2n-k}$$

$$= \frac{2}{3}a^k + \frac{1}{3}a^{2n-k} \quad \cdots\cdots\cdots\cdots ⑤$$

$x_n = a^n$ だから ⑤ は $n=k$ でも成り立つ. $1 \leqq k \leqq n$ で ⑤ が成り立つ. n 以下の最大の奇数を $2m-1$ （m は自然数）とする. $k=1, 3, \cdots, 2m-1$ で加え

$$q_n = \frac{2a}{3} \cdot \frac{1-(a^2)^m}{1-a^2} + \frac{1}{3} \cdot a^{2n-1} \cdot \frac{1-(a^{-2})^m}{1-a^{-2}}$$

$$= \frac{4}{9}(1-a^{2m}) - \frac{1}{9}(a^{2n-1} - a^{2n-1-2m})$$

n の奇, 偶に応じて $2m = n+1$ または $2m = n$ となる. $2m = n + \beta$ とおく. $\beta = 1$ または 0 である.

$$q_n = \frac{4}{9}(1-a^{2m}) - \frac{1}{9}(a^{2n-1} - a^{n-1-\beta})$$

$|a| < 1$ であるから $\displaystyle\lim_{n\to\infty} q_n = \frac{4}{9}$

♦別解♦　もう, 様子がわかっただろう. 上の解答は設問の流れを無視したが, 先に漸化式を立てよう. 図1を使って説明する. 記号等は解答と同じとする. この別解でも先頭の $C_0 \xrightarrow[1]{R}$ を省略する. また, 左右対称的にするように, 次のことを注意する. 右の C_1 に R が来たとき, このあと $\searrow$ で R が C_0 に移る確率と, $\to$ で R が C_1 にとどまる確率は等しい. C_0 以外に袋が n 個あるとき, R が最終的に C_1 にある確率と C_0 にある確率は等しく, それが p_n である. $\quad\cdots\cdots\cdots\cdots ⑥$

（2）　まず $n \geqq 3$ のときを考える. n 個の袋があるときに最終的に R が C_1 にある（確率 p_n）のは,

左の C_1 で $\to$ となり（C_1 に R がとどまり）右の C_1 で $\to$ になる（確率 a^2）か, または

左の C_1 で $\nearrow$ で C_2 に行き（確率 a）, 右の C_2 で $\searrow$ となり（この確率は p_{n-1}）C_1 にきて $\to$ となる（確率 a）

となるときで, $p_n = a^2 + a^2 p_{n-1}$ である. 結果は $n = 2$ でも成り立つ.

$$p_n = \frac{1}{4} p_{n-1} + \frac{1}{4}$$

（4） x_k は解答と同じものとする. $x_n = a^n$ は解答と同様である. $1 \le k \le n-1$ のとき, 最終的に C_k に R があるのは $C_1 \xrightarrow{R} C_2 \xrightarrow{R} \cdots \xrightarrow{R} C_k$ となり（C_k は図1の左のもので, この確率は a^{k-1}）, かつ（このとき左の C_k に R が入るから）$C_k \to \cdots \to C_k$ で図1の右の C_k にとどまる（その確率は $p_{n-(k-1)}$）ときである. ⑥ に注意せよ. x_k は

$$x_k = a^{k-1} p_{n-(k-1)} = a^{k-1} \left(\frac{1}{3} + \frac{2}{3 \cdot 4^{n-k+1}} \right)$$

となる. 後は解答と同じである.

注意 【等比数列の和の公式】$r \ne 1$ のとき

$$a + ar + \cdots + ar^{n-1} = a \cdot \frac{1-r^n}{1-r} = \frac{a - ar^n}{1-r}$$

の最後の分子は（初項 − 公比×最後の項）と読める. これを④ の x_k で使っている.

《2階マルコフ過程と極限》

15. 次の 3 つのルール（ i ）,（ ii ）,（ iii ）にしたがって三角形 ABC の頂点上でコマを動かすことを考える.

（ i ） 時刻 0 においてコマは頂点 A に位置している.

（ ii ） 時刻 0 にサイコロを振り, 出た目が偶数なら時刻 1 で頂点 B に, 出た目が奇数なら時刻 1 で頂点 C にコマを移動させる.

（ iii ） $n = 1, 2, 3, \cdots$ に対して, 時刻 n にサイコロを振り, 出た目が 3 の倍数でなければ時刻 $n+1$ でコマを時刻 $n-1$ に位置していた頂点に移動させ, 出た目が 3 の倍数であれば時刻 $n+1$ でコマを時刻 $n-1$ にも時刻 n にも位置していなかった頂点に移動させる.

時刻 n においてコマが頂点 A に位置する確率を p_n とする. 以下の設問に答えよ.

（1） p_2, p_3 を求めよ.

（2） $n = 1, 2, 3, \cdots$ に対して, p_{n+1} を p_{n-1} と p_n を用いて表せ.

（3） 極限値 $\lim_{n \to \infty} p_n$ を求めよ.

（20 京大・特色入試）

考え方 （iii）の規則が覚えにくい.

正三角形の周上を, 向きを忘れないようにして, 進行方向に次の頂点に移る確率が $\frac{1}{3}$, 進行方向を逆にして次の点に移る確率が $\frac{2}{3}$ である. たとえば, A→B と進んできたら, 次に C に行く確率は $\frac{1}{3}$, A に戻る確率は $\frac{2}{3}$ である.

アンドレイ・アンドレエヴィチ・マルコフが提唱したマルコフ過程は, 通常は, 連続しやすい事象について, n 回後と, $n+1$ 回後の関係を考える. これを1階のマルコフ過程という. 入学試験におけるマルコフ過程は, 今まで, 1階のマルコフ過程しか出なかった. 本問では, $n-1$ 回後と n 回後の状態が $n+1$ 回後に影響する. このようなものを2階のマルコフ過程という. 入試史上, 初めて, 2階のマルコフ過程が出題された. これは, 注目の一題である. もし, 今後もこれが出題されるなら, 訓練しておく必要がある. 初見では解けない. どんな問題であれ, 初めて出題されたときには, 皆, 慌てふためき繰り返し練習してきたのである.

▶解答◀ （1） コマが時刻 n に B, C にある確率を b_n, c_n とする. $b_1 = c_1 = \frac{1}{2}$ である. 以下「コマが」は省略する.

樹形図は必要のない枝は記入していない.

問題文の手順では, 時刻 n と時刻 $n+1$ には同じ点にない.

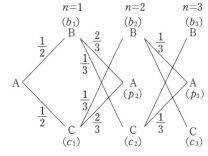

時刻 2 に A にあるのは, 時刻 1 に B にあり（確率 b_1）, 時刻 1 にサイコロを振り 3 の倍数以外の目が出る（確率 $\frac{2}{3}$）か, C にあり（確率 c_1）, 時刻 1 にサイコロを振り 3 の倍数以外の目が出る（確率 $\frac{2}{3}$）ときで

$$p_2 = b_1 \cdot \frac{2}{3} + c_1 \cdot \frac{2}{3} = \frac{2}{3}$$

同様に, 時刻 3 に A にあるのは, 時刻 1 に B にあり（確率 b_1）, 樹形図で ↘↗ と移動するか, C にあり（確率 c_1）

と移動するときで

$$p_3 = b_1 \cdot \frac{1}{3} \cdot \frac{1}{3} + c_1 \cdot \frac{1}{3} \cdot \frac{1}{3} = \frac{1}{9}$$

（2） $n-1$ 回後に A にいて，n 回後に B にいることを（A, B）と表す．他も同様に表す．B と C は対等だから，（A, B）である確率を x_n とすると，（A, C）である確率も x_n，（B, A）である確率を y_n とすると，（C, A）である確率も y_n，（B, C）である確率を z_n とすると，（C, B）である確率も z_n である．

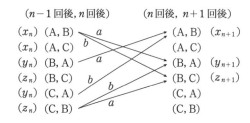

（$n-1$回後, n回後）　　（n回後, $n+1$回後）

n 回後，$n+1$ 回後についても同様に（A, B）などと表す．上の樹形図で，$a = \frac{2}{3}$，$b = \frac{1}{3}$ である．

$$2(x_n + y_n + z_n) = 1 \quad \cdots\cdots\cdots① $$

$$x_{n+1} = y_n \cdot \frac{2}{3} + y_n \cdot \frac{1}{3} = y_n \quad \cdots\cdots\cdots②$$

$$y_{n+1} = x_n \cdot \frac{2}{3} + z_n \cdot \frac{1}{3} \quad \cdots\cdots\cdots③$$

$$z_{n+1} = x_n \cdot \frac{1}{3} + z_n \cdot \frac{2}{3} \quad \cdots\cdots\cdots④$$

n 回後に A にある確率が p_n であるが，それは $2y_n$ でもある．$p_n = 2y_n$ である．$y_n = \frac{1}{2} p_n$ である．② を用いると $x_n = y_{n-1} = \frac{1}{2} p_{n-1}$ となる．③ を 2 倍し，$y_n = \frac{1}{2} p_n$，$x_n = \frac{1}{2} p_{n-1}$ を代入し，x_n, y_n を消去すると

$$p_{n+1} = \frac{4}{3} \cdot \frac{1}{2} p_{n-1} + \frac{2}{3} z_n$$

$$z_n = \frac{3}{2} p_{n+1} - p_{n-1}$$

となる．これらを ① に代入し

$$p_{n-1} + p_n + 3p_{n+1} - 2p_{n-1} = 1$$

$$p_{n+1} = \frac{1}{3} p_{n-1} - \frac{1}{3} p_n + \frac{1}{3}$$

（3） $p_{n+1} - \frac{1}{3} = \frac{1}{3}\left(p_{n-1} - \frac{1}{3}\right) - \frac{1}{3}\left(p_n - \frac{1}{3}\right)$ である．$q_n = p_n - \frac{1}{3}$ とおくと

$$q_{n+1} = \frac{1}{3} q_{n-1} - \frac{1}{3} q_n$$

ここで，$x^2 + \frac{1}{3} x - \frac{1}{3} = 0$ を解いて，

$$x = \frac{-1 \pm \sqrt{13}}{6}$$ を得る．

$$\alpha = \frac{-1 - \sqrt{13}}{6}, \quad \beta = \frac{-1 + \sqrt{13}}{6}$$

とおく．$3 < \sqrt{13} < 4$ より

$$|\alpha| < 1, \ |\beta| < 1 \quad \cdots\cdots\cdots⑤$$

である．

$$q_{n+1} - \alpha q_n = \beta(q_n - \alpha q_{n-1})$$

$$q_{n+1} - \beta q_n = \alpha(q_n - \beta q_{n-1})$$

数列 $\{q_{n+1} - \alpha q_n\}$，$\{q_{n+1} - \beta q_n\}$ は等比数列で

$$q_{n+1} - \alpha q_n = \beta^{n-1}(q_2 - \alpha q_1) \quad \cdots\cdots⑥$$

$$q_{n+1} - \beta q_n = \alpha^{n-1}(q_2 - \beta q_1) \quad \cdots\cdots⑦$$

（⑥ $-$ ⑦）$\div (\beta - \alpha)$ により，

$$q_n = \frac{\beta^{n-1}(q_2 - \alpha q_1) - \alpha^{n-1}(q_2 - \beta q_1)}{\beta - \alpha}$$

$$p_n = \frac{1}{3} + \frac{\beta^{n-1}(q_2 - \alpha q_1) - \alpha^{n-1}(q_2 - \beta q_1)}{\beta - \alpha}$$

⑤ より $n \to \infty$ のとき，$\alpha^n \to 0$，$\beta^n \to 0$ であるから

$$\lim_{n \to \infty} p_n = \frac{1}{3}$$

♦別解♦　（2）　コマが，時刻 $n-1$ か時刻 n に A にある確率は

$p_{n-1} + p_n$ である．連続して A にあることはできないからである．「時刻 $n-1$ か時刻 n に A にある」の余事象は「時刻 $n-1$ と時刻 n の両方で A にない」であり，その確率は $1 - (p_{n-1} + p_n)$ である．

時刻 $n+1$ に A にある（その確率は p_{n+1}）のは，n 回目の試行で 3 の倍数でない目が出て（確率 $\frac{2}{3}$），時刻 $n-1$ で A にある（確率 p_{n-1}）か，n 回目の試行で 3 の倍数の目が出て（確率 $\frac{1}{3}$）「時刻 $n-1$ と時刻 n の両方で A にない」ときである．

$$p_{n+1} = p_{n-1} \cdot \frac{2}{3} + (1 - p_n - p_{n-1}) \cdot \frac{1}{3}$$

$$p_{n+1} = \frac{1}{3} p_{n-1} - \frac{1}{3} p_n + \frac{1}{3}$$

《 $\varepsilon - N$ 論法が必要》

16. C を 1 以上の実数，$\{a_n\}$ を 0 以上の整数からなる数列で $a_1 = 0$，$a_2 = 1$ を満たすとする．xy 平面上の点 $A_n = (a_n, a_{n+1})$ はすべての $n = 1, 2, 3, \cdots$ について次の条件（ i ），（ ii ），（ iii ）を満たすとする．

（ i ）　3 点 A_n, O, A_{n+1} は同一直線上になく，三角形 $A_n O A_{n+1}$ と三角形 $A_{n+1} O A_{n+2}$ の内部は互いに交わらない．

（ ii ）　三角形 $A_n O A_{n+1}$ の面積は C より小さい．

（ iii ）　$\angle A_1 O A_{n+1} < \frac{\pi}{4}$ かつ $\lim_{n \to \infty} \angle A_1 O A_{n+1} = \frac{\pi}{4}$ である．

ここで O は xy 平面の原点を表す．以下の設問に答えよ．

（1） $C = 100$ のとき，（ i ），（ ii ），（iii）を満たす数列 $\{a_n\}$ の例を1つ与えよ．

（2） 2以上の自然数 n, m が $n < m$ を満たすとき，

$$0 < \frac{a_{n+1}}{a_n} - \frac{a_{m+1}}{a_m} \leqq 2C\left(\frac{1}{a_n} - \frac{1}{a_m}\right)$$

となることを示せ．

（3） ある実数 D が存在して，すべての自然数 n について $a_{n+1} - a_n \leqq D$ となることを示せ．

（4） ある自然数 n_0 が存在して，点 $A_{n_0}, A_{n_0+1}, A_{n_0+2}, \cdots$ はすべて同一直線上にあることを示せ． （21 京大・特色入試）

考え方 表記上の注意を述べておく．私は特に微積分のところで $P(t) = (x(t), y(t))$ という書き方をするが，あるとき，教員向けセミナーでこう書いたら，「『学校の古株の数学教員から，$A = (x, y)$ のようには書かない！』と強く叱責された」という新人教員の質問があった．古株氏は京大の出題者（問題文2行目に注意）も叱責するに違いない．高校の教科書しか見ず，本問の事例を教えても聞かず，「$A = (x, y)$ と書く人もいる」とは言わないのであろう．人生いろいろ，表現もいろいろである．

▶解答◀ 図1を見よ．$a_n \geqq 0$，$a_{n+1} \geqq 0$ だから $A_n = (a_n, a_{n+1})$ は領域 $x \geqq 0, y \geqq 0$ にある．（ i ）の「3点 A_n, O, A_{n+1} は同一直線上になく」より $A_{n+1} = (a_{n+1}, a_{n+2}) \neq O$ である．A_{n+1} が $0 \leqq y \leqq x$（原点を除く）にあると仮定すると $\angle A_1 O A_{n+1} \geqq \frac{\pi}{4}$ となり，（iii）に反する．よって A_{n+1} は $y > x$ にある．$a_{n+2} > a_{n+1}$ である．$a_1 = 0$，$a_2 = 1$ と合わせて，数列 $\{a_n\}$ は増加列で $a_1 = 0 < a_2 = 1 < a_3 < a_4 < \cdots$ である．

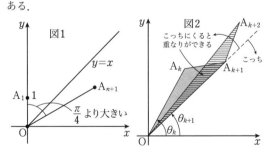

図1 $y = x$ A_1 1 A_{n+1} $\frac{\pi}{4}$ より大きい O x

図2 A_{k+2} こっちにくると重なりができる こっち A_k A_{k+1} θ_{k+1} θ_k O x

図2を見よ．図はあまり正確に描いていない．A_k の y 座標と A_{k+1} の x 座標が等しいとか，領域 $y > x$ にあるとかいうことを考えると窮屈で見づらくなるから，その点は無視している．OA_n の偏角を θ_n とする．$A_1 = (0, 1)$，$A_2 = (1, a_3)$ であるから $\theta_1 = \frac{\pi}{2} > \theta_2$

である．$\theta_n > \theta_{n+1}$ を数学的帰納法で証明する．$n = 1$ のとき成り立つ．$n = k$ で成り立つとする．$\theta_k > \theta_{k+1}$ である．A_{k+2} が直線 OA_{k+1} より上方にくると三角形 $A_k O A_{k+1}$ と三角形 $A_{k+1} O A_{k+2}$ の内部は重なりができて不適である．また A_{k+2} は直線 OA_{k+1} 上にはない．よって A_{k+2} は直線 OA_{k+1} より下方にあり，$\theta_{k+1} > \theta_{k+2}$ である．$n = k + 1$ でも成り立つ．よって数学的帰納法により証明された．$n \geqq 2$ のとき OA_{n+1} の傾きは OA_n の傾きより小さい．

$$\frac{a_{n+2}}{a_{n+1}} < \frac{a_{n+1}}{a_n} \quad \cdots\cdots\cdots\cdots\cdots\text{①}$$

$$a_{n+1}{}^2 - a_n a_{n+2} > 0$$

$a_{n+1}{}^2 - a_n a_{n+2} > 0$ 自体は $n = 1$ でも成り立つ．

条件（ ii ）より

$$\triangle A_n O A_{n+1} = \frac{1}{2}\left|a_{n+1}{}^2 - a_n a_{n+2}\right| < C$$

$$0 < a_{n+1}{}^2 - a_n a_{n+2} < 2C$$

さらに，$\lim\limits_{n \to \infty} \angle A_1 O A_{n+1} = \frac{\pi}{4}$ より，$\lim\limits_{n \to \infty} \frac{a_{n+1}}{a_n} = 1$ である．条件（ i ），（ ii ），（iii）は

数列 $\{a_n\}$ が単調増加 $\cdots\cdots\cdots\cdots\cdots\cdots\cdots$②

$$0 < a_{n+1}{}^2 - a_n a_{n+2} < 2C \quad \cdots\cdots\cdots\text{③}$$

$$\lim_{n \to \infty} \frac{a_{n+1}}{a_n} = 1 \quad \cdots\cdots\cdots\cdots\cdots\cdots\text{④}$$

の3つの条件と同値である．

（1） $a_n = \boldsymbol{n - 1}$ とすると，数列 $\{a_n\}$ は単調増加で，

$$a_{n+1}{}^2 - a_n a_{n+2}$$

$$= n^2 - (n-1)(n+1) = 1 < 200$$

$$\lim_{n \to \infty} \frac{a_{n+1}}{a_n} = \lim_{n \to \infty} \frac{n}{n-1} = \lim_{n \to \infty} \frac{1}{1 - \frac{1}{n}} = 1$$

となり②，③，④をすべて満たす．

（2） $n \geqq 2$ のとき，③を $a_n a_{n+1}$ で割って

$$0 < \frac{a_{n+1}}{a_n} - \frac{a_{n+2}}{a_{n+1}} < \frac{2C}{a_n a_{n+1}}$$

ここで，$\frac{1}{a_n a_{n+1}} = \frac{1}{a_{n+1} - a_n}\left(\frac{1}{a_n} - \frac{1}{a_{n+1}}\right)$ であり，$n \geqq 2$ のとき a_n は正の整数の値をとりながら増加するから $a_{n+1} - a_n \geqq 1$ であり

$$\frac{1}{a_n a_{n+1}} \leqq \frac{1}{a_n} - \frac{1}{a_{n+1}}$$

となるから，

$$0 < \frac{a_{n+1}}{a_n} - \frac{a_{n+2}}{a_{n+1}} \leqq 2C\left(\frac{1}{a_n} - \frac{1}{a_{n+1}}\right)$$

となる．よって $\frac{a_{n+2}}{a_{n+1}} < \frac{a_{n+1}}{a_n}$ かつ

$$\frac{a_{n+1}}{a_n} - \frac{2C}{a_n} \leqq \frac{a_{n+2}}{a_{n+1}} - \frac{2C}{a_{n+1}}$$

であるから数列 $\left\{\dfrac{a_{n+1}}{a_n}\right\}$ は減少列, $\left\{\dfrac{a_{n+1}}{a_n}-\dfrac{2C}{a_n}\right\}$ は広義増加列で $2\leqq n<m$ のとき

$$\frac{a_{m+1}}{a_m}<\frac{a_{n+1}}{a_n}$$

$$\frac{a_{n+1}}{a_n}-\frac{2C}{a_n}\leqq\frac{a_{m+1}}{a_m}-\frac{2C}{a_m}\quad\cdots\cdots\cdots\cdots\cdots⑤$$

となる. よって

$$0<\frac{a_{n+1}}{a_n}-\frac{a_{m+1}}{a_m}\leqq2C\left(\frac{1}{a_n}-\frac{1}{a_m}\right)$$

となり, 不等式は証明された.

（**3**） $n\geqq2$ のとき a_n は正の整数の値をとりながら増加するから $\displaystyle\lim_{m\to\infty}a_m=\infty$ である. ④ より $\displaystyle\lim_{m\to\infty}\frac{a_{m+1}}{a_m}=1$ である. ⑤ で $n(\geqq2)$ を固定し, $m\to\infty$ とすると

$$\frac{a_{n+1}}{a_n}-\frac{2C}{a_n}\leqq1-0$$

a_n を掛けて

$$a_{n+1}-2C\leqq a_n$$

$$a_{n+1}-a_n\leqq2C\quad\cdots\cdots\cdots\cdots\cdots\cdots⑥$$

$a_1=0$, $a_2=1$, $C\geqq1$ であるから ⑥ は $n=1$ でも成り立つ. $D=2C$ とすると, すべての自然数 n について

$$a_{n+1}-a_n\leqq D$$

（**4**） $\displaystyle\lim_{n\to\infty}\frac{a_{n+1}}{a_n}=1$ であるから, ある番号 n_1 以上の n に対しては常に $\dfrac{a_{n+1}}{a_n}\leqq1+\dfrac{1}{2C}$ が成り立つ. これは次

の ⑦ まで行くと意図が分かる. ① より $a_{n+2}<\dfrac{{a_{n+1}}^2}{a_n}$ であるから

$$a_{n+2}-a_{n+1}<\frac{{a_{n+1}}^2}{a_n}-a_{n+1}$$

$$=\frac{a_{n+1}}{a_n}(a_{n+1}-a_n)$$

$$\leqq\left(1+\frac{1}{2C}\right)(a_{n+1}-a_n)\quad\cdots\cdots\cdots\cdots⑦$$

$$=a_{n+1}-a_n+\frac{a_{n+1}-a_n}{2C}\leqq a_{n+1}-a_n+1$$

この最後で ⑥ を用いた. よって

$$a_{n+2}-a_{n+1}<a_{n+1}-a_n+1$$

となる. $a_{n+2}-a_{n+1}$, $a_{n+1}-a_n$ は正の整数であるから

$$a_{n+2}-a_{n+1}\leqq a_{n+1}-a_n$$

数列 $\{a_{n+1}-a_n\}$ は正の整数をとる広義減少列であるから, ある番号 $n_2(\geqq n_1)$ 以上の n に対して, 一定の値になる. その一定値を p （正の整数）とすると $a_{n+1}-a_n=p$, つまり, 等差数列になる. 等差数列は n の 1 次式で表されるから, n_2 以上の n に対して $a_n=pn+q$ の形になり, $n\geqq n_2$ ならば直線 A_nA_{n+1} の傾きが一定, すなわち

$$\frac{a_{n+2}-a_{n+1}}{a_{n+1}-a_n}=\frac{p}{p}=1$$

であるから自然数 $n_0=n_2$ が存在して, 点 A_{n_0}, A_{n_0+1}, A_{n_0+2}, $\cdots$ はすべて同一直線上にある.

§13 微分法とその応用

問題編

《**Rolle の定理**》

1. a を 1 より大きい定数とする．微分可能な関数 $f(x)$ が $f(a) = af(1)$ を満たすとき，曲線 $y = f(x)$ の接線で原点 $(0, 0)$ を通るものが存在することを示せ． (21 京大・前期)

《**Cauchy の平均値の定理**》

2. 整数 k, n は $0 \leqq k < n$ を満たすとする．以下の設問に答えよ．

（1） $f(x) = x^n$, $g(x) = x^k$ とする．$1 \leqq x < y$ に対して，次の不等式が成り立つことを示せ．

$$\left| \frac{g(x) - g(y)}{f(x) - f(y)} \right| < \frac{1}{x}$$

（2） $f(x), g(x)$ を実数係数の整式で，$f(x)$ の次数を n とし，$g(x)$ の次数を k 以下とする．$f(x_0)$ が整数となるすべての実数 x_0 に対して $g(x_0)$ も整数となるとき，$g(x)$ は x によらず一定の整数値をとることを示せ．

(20 京大・特色入試)

《**微分の絡む関数方程式**》

3. 正の実数全体を定義域とする関数 $f(x)$ は定数関数でなく，さらにすべての正の実数 x, y に対して等式

$$f(x \times y) = f(x) \times f(y)$$

が成り立っているものとする．また，関数 $f(x)$ は $x = 1$ で微分可能であるとする．

（1） 値 $f(1)$ を求めよ．

（2） すべての正の実数 x に対して $f(x) > 0$ となることを示せ．

（3） 関数 $f(x)$ がすべての正の実数 x で微分可能であることを示せ．

（4） $f'(1) = a$ であるとき，a を用いて $(\log f(x))'$ を表せ．

（5） $f'(1) = a$ であるとき，a を用いて $f(x)$ を表せ． (19 お茶の水女子大・前期)

《**微分可能性と微分係数**》

4. 関数 $f(x)$ を

$$f(x) = \begin{cases} 1 & (x = 0) \\ \dfrac{\sin x}{e^x - 1} & (x \neq 0) \end{cases}$$

で定義する．次の問に答えよ．

（1） 正の実数 x に対して，x^2，$(e^x - 1)^2$，$2(xe^x - e^x + 1)$ の間の大小関係を求めよ．

（2） $f(x)$ が $x = 0$ で微分可能であることを示せ．

（3） $x = 0$ における $f(x)$ の微分係数を求めよ． (19 群馬大・前期)

《高次導関数》

5. $0 \leqq x < 1$ の範囲で定義された連続関数 $f(x)$ は $f(0) = 0$ であり，$0 < x < 1$ において何回でも微分可能で次を満たすとする．

$$f(x) > 0, \ \sin\left(\sqrt{f(x)}\right) = x$$

この関数 $f(x)$ に対して，$0 < x < 1$ で連続な関数 $f_n(x)$, $n = 1, 2, 3, \cdots$ を以下のように定義する．

$$f_n(x) = \frac{d^n}{dx^n} f(x)$$

以下の設問に答えよ．

（1） 関数 $-xf'(x) + (1 - x^2)f''(x)$ は $0 < x < 1$ において x によらない定数値をとることを示せ．

（2） $n = 1, 2, 3, \cdots$ に対して，極限 $a_n = \lim\limits_{x \to +0} f_n(x)$ を求めよ．

（3） 極限 $\lim\limits_{N \to \infty}\left(\sum\limits_{n=1}^{N} \dfrac{a_n}{n! \, 2^{\frac{n}{2}}}\right)$ は存在することが知られている．この事実を認めた上で，その極限値を小数第 1 位まで確定せよ．

(20　京大・特色入試)

《力学系の漸化式の極限》

6. r を $1 < r < 3$ を満たす実数，k を $|r - 2| < k < 1$ を満たす実数とする．また，次の関数 $f(x)$ を考える．

$$f(x) = rx(1 - x).$$

以下の問いに答えよ．

（1） $f(x) = x$ を満たす x を求めよ．

以下の問題では（1）で求めた x のうちで正のものを x_r とする．

（2） 次の条件

$$|x - x_r| < a \text{ を満たすすべての } x \text{ について } |f'(x)| < k$$

が成り立つような正の実数 a が存在することを証明せよ．

（3） （2）の a に対して，数列 $\{x_n\}$ を

$$|x_1 - x_r| < a, \ x_{n+1} = f(x_n) \ (n = 1, 2, 3, \cdots)$$

により定める．

（ⅰ） すべての自然数 n について $|x_n - x_r| < a$ であることを証明せよ．

（ⅱ） $\lim\limits_{n \to \infty} x_n = x_r$ を証明せよ．

(16　浜松医大)

《共通接線》

7. 2 つの曲線 $y = e^x$, $y = \log x$ をそれぞれ C_1, C_2 とする．

（1） l を C_1 と C_2 の共通の接線とする．l と C_1 との接点を (a, e^a), l と C_2 との接点を $(b, \log b)$ とするとき，b を a の分数式として表せ．

（2） C_1 と C_2 の共通の接線のうち，傾きが最大のものを l_1，最小のものを l_2 とする．l_1 の傾きを m_1, l_2 の傾きを m_2 とするとき，$m_1 m_2$ の値を求めよ．

（3） （2）で定めた l_1, l_2 に対して，曲線 C_1 と 2 直線 l_1, l_2 で囲まれた部分の面積を S_1，曲線 C_2 と 2 直線 l_1, l_2 で囲まれた部分の面積を S_2 とする．このとき，$\dfrac{S_1}{S_2}$ の値を求めよ．

(19　東京理科大・理)

《極値の個数》

8. 実数 a に対して，関数
$$f(x) = x^2 - \frac{9a}{8}x + \frac{20}{x} + \frac{3a^2}{16}\log x - \frac{13}{2} \quad (x > 0)$$

を考える．このとき，次の各問に答えよ．

（1） 関数 $f(x)$ の導関数 $f'(x)$ を求めよ．

（2） 関数 $f(x)$ がちょうど 3 個の極値をもつとき，a^3 のとりうる値の範囲を求めよ．

（3）（2）の条件をみたす整数 a を求めよ．

（4）（3）で求めた a に対して，方程式 $f(x) = 0$ は，1 より小さい正の解を持つことを示せ．

（16　成蹊大・理工）

《最大値と最小値の差》

9. 関数 $f(x) = |x + 2\sin(x + a) + b|$ の $0 \leqq x \leqq 2\pi$ での最大値と最小値の差は，定数 a, b によらず常に π 以上で，かつ $\left(\dfrac{4\pi}{3} + 2\sqrt{3}\right)$ 以下であることを示せ．

（15　千葉大・前期）

《条件付きの最大値》

10. 正の実数 a, b に対して，連立不等式
$$\begin{cases} x \geqq 0 \\ y \geqq x^2 \\ a^2 x^2 - (y - b)^2 \geqq 0 \end{cases}$$

が表す xy 平面上の領域の面積を S とする．次の問いに答えよ．

（1） S を a, b の式で表せ．

（2） a, b が $\dfrac{a^2}{4} + \dfrac{4b^2}{9} = 1 \, (a, b > 0)$ をみたしながら動くとき，S の最大値およびそのときの a, b の値を求めよ．

（17　横浜国大・理工）

《背景のある最大値》

11. 定数 c は $1 < c < \sqrt{2}$ をみたすとし，$0 \leqq x < 1$ で定義された 2 つの関数
$$f(x) = x + \sqrt{1 - x^2}, \ g(x) = cf(x) - x\sqrt{1 - x^2}$$

を考える．$g(x)$ の導関数を $g'(x)$ と表す．

（1） $f(x)$ の最大値と最小値を求めよ．また，それらを与える x の値も求めよ．

（2） $g'(x) = h(x)(c - f(x))$ をみたす関数 $h(x)$ を求めよ．

（3） $g(x)$ の最大値を求めよ．ただし，最大値を与える x の値を求める必要はない．

（14　大阪府立大・知情，獣医など）

《共有点の個数》

12.（1） 関数
$$f(x) = \frac{x - 2}{x^2 - 6x + 10}$$

について，増減，極値および極限 $\lim_{x \to \infty} f(x)$, $\lim_{x \to -\infty} f(x)$ を調べ，$y = f(x)$ のグラフをかけ．

（2） k を定数とする．曲線 $y = \dfrac{4x - 10}{x^2 - 6x + 10}$ と直線 $y = kx - 1$ の共有点の個数を調べよ． （17　宮城教育大）

《方程式の解 1》

13. 方程式

$$e^x(1-\sin x) = 1$$

について，次の問に答えよ．

（1） この方程式は負の実数解を持たないことを示せ．また，正の実数解を無限個持つことを示せ．

（2） この方程式の正の実数解を小さい方から順に並べて $a_1, a_2, a_3, \cdots$ とし，$S_n = \sum_{k=1}^{n} a_k$ とおく．このとき極限

値 $\lim_{n \to \infty} \dfrac{S_n}{n^2}$ を求めよ． （18 東工大）

《方程式の解 2》

14. a を $0 < a < \dfrac{\pi}{2}$ をみたす定数とし，方程式 $x(1-\cos x) = \sin(x+a)$ を考える．

（1） n を正の整数とするとき，上の方程式は $2n\pi < x < 2n\pi + \dfrac{\pi}{2}$ の範囲でただ 1 つの解をもつことを示せ．

（2） （1）の解を x_n とおく．極限 $\lim_{n \to \infty}(x_n - 2n\pi)$ を求めよ．

（3） 極限 $\lim_{n \to \infty} \sqrt{n}(x_n - 2n\pi)$ を求めよ．ただし，$\lim_{x \to 0} \dfrac{\sin x}{x} = 1$ を用いてよい． （15 滋賀医大）

《方程式の解 3》

15. n をある自然数とする．実数 x に対して，方程式 $7\sin^{8n} x + x = 0$ の解の個数は $\boxed{}$ である．

（14 産業医大）

《不等式の証明 1》

16. 以下の問いに答えよ．

（1） 正の実数 a, b, c について，不等式

$$\frac{\log a}{a} + \frac{\log b}{b} + \frac{\log c}{c} < \log 4$$

が成立することを示せ．ただし，$\log$ は自然対数とし，必要なら $e > 2.7$ および $\log 2 > 0.6$ を用いてもよい．

（2） 自然数 a, b, c, d の組で

$$a^{bc}b^{ca}c^{ab} = d^{abc}, \quad a \leqq b \leqq c, \quad d \geqq 3$$

を満たすものをすべて求めよ． （14 熊本大・医）

《不等式の証明 2》

17. 以下の問いに答えよ．

（1） n を自然数，a を正の定数として，

$$f(x) = (n+1)\{\log(a+x) - \log(n+1)\} - n(\log a - \log n) - \log x$$

とおく．$x > 0$ における関数 $f(x)$ の極値を求めよ．ただし，対数は自然対数とする．

（2） n が 2 以上の自然数のとき，次の不等式が成り立つことを示せ．

$$\frac{1}{n} \sum_{k=1}^{n} \frac{k+1}{k} > (n+1)^{\frac{1}{n}}$$

（14 東北大・理系）

《抽象的な関数と面積》

18. 実数全体を定義域とする関数 $f(x)$ は奇関数で微分可能であるとする．さらに，$f'(x)$ も微分可能で $f'(0)=0$ を満たし，$x>0$ の範囲で $f''(x)>0$ であるとする．$y=f(x)$ のグラフを C_1，C_1 を x 軸方向に a，y 軸方向に $f(a)$ だけ平行移動した曲線を C_2 とする．ただし，a は正の定数とする．

（1） $f(0)$ の値を求めよ．

（2） $f'(x)$ は偶関数であることを示せ．

（3） C_1 と C_2 の共有点の個数が2個であることを示し，その2点の x 座標を求めよ．

（4） C_1 と C_2 で囲まれる図形の面積を $S(a)$ とする．a が $0<a\leqq 3$ の範囲を動くとき，$S(a)$ を最大にする a の値を求めよ．

（15　北里大・医）

《最短距離で答えに辿り着く》

19. 平面上に，下図のように，一辺の長さが $\sqrt{3}$ の正三角形 ABC と，正三角形 ABC をその重心 G のまわりに角度 $\theta\left(0<\theta<\dfrac{2}{3}\pi\right)$ 回転させてできる正三角形 A′B′C′ がある．また，正三角形 ABC で囲まれる部分と正三角形 A′B′C′ で囲まれる部分の共通部分，図の影をつけた六角形の面積を $S(\theta)$ とおく．次の問いに答えよ．

（1） $S(\theta)$ を θ の式で表せ．

（2） $S(\theta)$ の最小値とそのときの θ の値を求めよ．

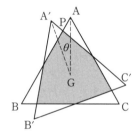

（20　藤田医科大・後期／改題）

《空間図形と微分法》

20. c を1より大きい実数とし，半径 $\dfrac{c}{2}$ の円を底面とする高さ1の直円柱を考える．上面の円の直径 AB を取り，下面の円周上で B に最も近い点を C とする．上面の円の中心を O とする．上面の円周上に点 P を取り，$\angle\mathrm{BOP}=2\theta\left(0\leqq\theta\leqq\dfrac{\pi}{2}\right)$ とする．弦 AP の長さを $f(\theta)$ とし，点 P から直円柱の側面を通って点 C へ行くときの最短距離を $g(\theta)$ とする．

（1） $f(\theta)$ および $g(\theta)$ を求めよ．

（2） 方程式 $\tan x=cx$ は $0<x<\dfrac{\pi}{2}$ の範囲にただ1つの解 $x=\alpha$ を持つことを示せ．

（3） 点 P が上面の円周上を動くときの $f(\theta)+g(\theta)$ の最大値を（2）の α を用いて表せ．

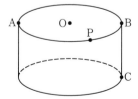

（21　千葉大・後期）

解答編

《Rolle の定理》

1. a を 1 より大きい定数とする。微分可能な関数 $f(x)$ が $f(a) = af(1)$ を満たすとき、曲線 $y = f(x)$ の接線で原点 $(0, 0)$ を通るものが存在することを示せ。 　　　　　　(21 京大・前期)

▶解答◀ $x = t$ における $y = f(x)$ の接線は

$$y = f'(t)(x - t) + f(t)$$
$$y = f'(t)x - (tf'(t) - f(t))$$

であるから、$tf'(t) - f(t) = 0$ となる t が存在することを示す。

$$g(x) = \frac{f(x)}{x}$$

とおくと、

$$g'(x) = \frac{xf'(x) - f(x)}{x^2}$$

である。$g(x)$ は $1 \leqq x \leqq a$ で連続であり、$1 < x < a$ で微分可能であるから平均値の定理より

$$\frac{g(a) - g(1)}{a - 1} = g'(c)$$

となる c が $1 < c < a$ の範囲に存在する。ここで、

$$g(a) - g(1) = \frac{f(a)}{a} - f(1) = 0$$

であるから、$g'(c) = 0$、すなわち $cf'(c) - f(c) = 0$ となる c が $1 < c < a$ の範囲に確かに存在する。よって $y = f(x)$ の接線で原点を通るものが存在することが示された。

♦別解♦ $f(a) = af(1), \; a > 1$

$$\frac{f(a)}{a} = \frac{f(1)}{1} \quad\cdots\cdots\cdots\cdots\cdots① $$

$A(a, f(a))$, $B(1, f(1))$ とおくと

$$(\text{OA の傾き}) = (\text{OB の傾き})$$

よって、A と B の間の $P(t, f(t))$ で、

$$(\text{OP の傾き}) = \frac{f(t)}{t}$$

が極値をとる点があり、そこで接線は原点を通る。

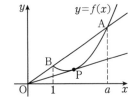
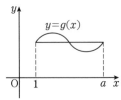

直観的すぎるというなら式で行う。

$$g(x) = \frac{f(x)}{x} \; (x \geqq 1) \text{ とおく。}$$

$$g'(x) = \frac{f'(x)x - f(x)}{x^2}$$

① より $g(a) = g(1)$ である。ロルの定理より

$$g'(t) = 0, \; 1 < t < a$$

となる t が存在する。

$$f'(t)t - f(t) = 0$$

よって $y = f(x)$ の $(t, f(t))$ における接線

$$y = f'(t)(x - t) + f(t)$$

は原点を通る。

1°【ロールの定理】 $a < b$ のとき閉区間 $[a, b]$ で連続で開区間 (a, b) で微分可能な関数 $f(x)$ について $f(a) = f(b)$ ならば $f'(c) = 0, a < c < b$ となる c が存在する。

　証明は、もちろん、グラフを書いたり、増減表を書いたりしない。純粋に式だけでやる。グラフで「どこかに極値があるよね」というのは証明とはいわない。証明の際に「連続関数は閉区間で最大値と最小値をもつ」ということを使う。そして、この証明も、グラフを使わないで行う。だから、高校では証明はできない。大学の微分積分学では、視覚に訴えた解法は排除するのである。なお「ロルの定理」と書いている本もある。もちろん、生徒の答案では「平均値の定理により」と書いてもよい。だいたい、ロールの定理など、習っていない生徒も多かろう。

2°【平均値の定理】 $a < b$ のとき閉区間 $[a, b]$ で連続で開区間 (a, b) で微分可能な関数 $f(x)$ について

$$\frac{f(a) - f(b)}{a - b} = f'(c), \; a < c < b$$

となる c が存在する。証明はロルの定理を用いて式で行う。グラフを描いて「平行な接線が引けるよね」というのは証明ではない。ロルの定理を証明できないので、本当の意味では、高校では、平均値の定理の証明はできない。

《Cauchy の平均値の定理》

2. 整数 k, n は $0 \leqq k < n$ を満たすとする。以下の設問に答えよ。

　（1） $f(x) = x^n$, $g(x) = x^k$ とする。$1 \leqq x < y$

に対して，次の不等式が成り立つことを示せ．

$$\left| \frac{g(x) - g(y)}{f(x) - f(y)} \right| < \frac{1}{x}$$

（2） $f(x)$, $g(x)$ を実数係数の整式で，$f(x)$ の次数を n とし，$g(x)$ の次数を k 以下とする．$f(x_0)$ が整数となるすべての実数 x_0 に対して $g(x_0)$ も整数となるとき，$g(x)$ は x によらず一定の整数値をとることを示せ．

(20 京大・特色入試)

▶解答◀ （1） コーシー型の平均値の定理を用いると，次のような c $(1 \leqq x < c < y)$ が存在する．

$$\frac{g(y) - g(x)}{f(y) - f(x)} = \frac{g'(c)}{f'(c)} = \frac{kc^{k-1}}{nc^{n-1}}$$

この値は正である．$\frac{k}{n} < 1$, $n - k \geqq 1$, $c > 1$ である．

$$\left| \frac{g(y) - g(x)}{f(y) - f(x)} \right| = \frac{k}{n} \cdot \frac{1}{c^{n-k}} < \frac{1}{c^{n-k}} \leqq \frac{1}{c} < \frac{1}{x}$$

となり示された．

（2） $g(x)$ が定数関数ではないと仮定する．$g(x)$ が m 次だとして

$$f(x) = \sum_{j=0}^{n} a_j x^j, \quad g(x) = \sum_{j=0}^{m} b_j x^j$$

とおく．$a_n \neq 0$, $b_m \neq 0$, $x^0 = 1$, $m \leqq k < n$ である．

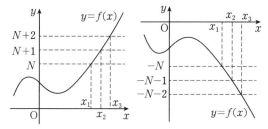

多項式は $x \to \infty$ のとき絶対値が ∞ に発散する．十分大きな x では単調関数である．

（ア） $a_n > 0$ のとき．十分大きな正の整数 N に対して，

$$f(x_1) = N, \quad f(x_2) = N + 1,$$
$$f(x_3) = N + 2, \quad f(x_4) = N + 3, \cdots$$

となる，正で十分大きな実数

$$x_1, x_2, x_3, x_4, \cdots \ (x_1 < x_2 < x_3 < x_4 < \cdots)$$

が存在する．このとき $g(x_1)$, $g(x_2)$, $g(x_3)$, $g(x_4)$, $\cdots$ は整数である．平均値の定理により

$$\frac{g(x_1) - g(x_2)}{f(x_1) - f(x_2)} = \frac{g'(c)}{f'(c)} \quad \text{……………①}$$

となる十分大きな実数 c が存在し

$$\frac{g'(c)}{f'(c)} = \frac{\sum_{j=0}^{m} j b_j c^{j-1}}{\sum_{j=0}^{n} j a_j c^{j-1}}$$

$$= \frac{c^{m-1}}{c^{n-1}} \cdot \frac{m b_m + (m-1) b_{m-1} \cdot \frac{1}{c} + \cdots}{n a_n + (n-1) a_{n-1} \cdot \frac{1}{c} + \cdots}$$

$$= \frac{1}{c^{n-m}} \cdot \frac{m b_m + (m-1) b_{m-1} \cdot \frac{1}{c} + \cdots}{n a_n + (n-1) a_{n-1} \cdot \frac{1}{c} + \cdots} \quad \text{……②}$$

c が十分大きいから，$\frac{1}{c^{n-m}}$ は 0 に近く，

$$\frac{m b_m + (m-1) b_{m-1} \cdot \frac{1}{c} + \cdots}{n a_n + (n-1) a_{n-1} \cdot \frac{1}{c} + \cdots} \text{ は } \frac{m b_m}{n a_n} \text{ に近い．②（す}$$

なわち①の右辺）は 0 に近いから，-1 と 1 の間にある．①の左辺の分母は 1 であり，分子は整数である．よって左辺は 0 である．$g(x_1) = g(x_2)$ である．

次に x_2 と x_3 で同様に考え，$g(x_2) = g(x_3)$ となる．以下同様に

$$g(x_1) = g(x_2) = g(x_3) = g(x_4) = \cdots$$

となる．$x = x_2, x_3, x_4, \cdots$ に対して $g(x) = g(x_1)$ となり，無限に多くの解 $x = x_2, x_3, x_4, \cdots$ をもつ．$g(x)$ は m 次式であるから，m 次方程式 $g(x) = g(x_1)$ は多くても m 個の解しかもたないから矛盾する．ゆえに $g(x)$ は定数である．

（イ） $a_n < 0$ のとき．

$$f(x_1) = -N, \quad f(x_2) = -(N+1),$$
$$f(x_3) = -(N+2), \quad f(x_4) = -(N+3), \cdots$$
$$x_1 < x_2 < x_3 < x_4 < \cdots$$

として同様である．

注意 【コーシー型の平均値の定理】

$f(x)$, $g(x)$ が閉区間 $[a, b]$ で連続，開区間 (a, b) で微分可能ならば，

$$\frac{f(b) - f(a)}{g(b) - g(a)} = \frac{f'(c)}{g'(c)}, \quad a < c < b$$

となる c が存在する．ただし $g(a) \neq g(b)$ であり，かつ，$f'(t)$ と $g'(t)$ は同時に 0 になることはないものとする．本問の（2）においては，x が十分大きなときを考えているから，この条件は満たされている．

媒介変数表示された曲線 $x = g(t)$, $y = f(t)$ で，

$$\frac{dy}{dx} = \frac{\frac{dy}{dt}}{\frac{dx}{dt}} = \frac{f'(t)}{g'(t)}$$

である．$t = c$ に対応する点における接線の傾きは $\frac{f'(c)}{g'(c)}$ であり，コーシー型の平均値の定理は，$t = a$, $t = b$ に対応する点 $A(g(a), f(a))$, $B(g(b), f(b))$ を通る直線に平行になるところがあるということである．

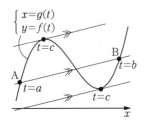

$$\begin{cases} x = g(t) \\ y = f(t) \end{cases}$$

なお，コーシー型の平均値の定理で「分子と分母で別々にラグランジュ型の平均値の定理を用いて分数にする」という方法は，有名な誤答である．分子と分母における c が共通とは言えないからである．

《微分の絡む関数方程式》

3. 正の実数全体を定義域とする関数 $f(x)$ は定数関数でなく，さらにすべての正の実数 x, y に対して等式
$$f(x \times y) = f(x) \times f(y)$$
が成り立っているものとする．また，関数 $f(x)$ は $x = 1$ で微分可能であるとする．

（1）値 $f(1)$ を求めよ．

（2）すべての正の実数 x に対して $f(x) > 0$ となることを示せ．

（3）関数 $f(x)$ がすべての正の実数 x で微分可能であることを示せ．

（4）$f'(1) = a$ であるとき，a を用いて $(\log f(x))'$ を表せ．

（5）$f'(1) = a$ であるとき，a を用いて $f(x)$ を表せ． （19 お茶の水女子大・前期）

考え方 $f(xy) = f(x)f(y)$ のような関係式を関数方程式という．注意すべきことは

（ア）1つ思いついて「あれに決まっているじゃん」と決めこまないこと．

（イ）x, y は独立で自由な変数であり，一度値を決めても，すぐに自由な変数にもどること．

である．本問では $f(x) = x^a$ になるが「$f(x) = x^a$ に決まっている」と，先に書かないようにする．理由は最後に述べる．

▶解答◀ （1）$f(xy) = f(x)f(y)$ ……………①
で $y = 1$ として
$$f(x) = f(x)f(1)$$
$f(x)$ は定数関数ではないから $f(x) \ne 0$ となる x が存在し，それで割って $f(1) = 1$

（2）①で $y = \dfrac{1}{x}$ として
$$f(x)f\left(\frac{1}{x}\right) = f(1) = 1$$

よって $f(x) \ne 0$ である．①で x, y を $\sqrt{x}$ にすると
$$f(x) = \{f(\sqrt{x})\}^2 > 0$$

（3）$xy = x + h$ とおく．ここで h は $h \ne 0$ で
$y = \dfrac{x+h}{x} = 1 + \dfrac{h}{x}$ が $y > 0$ を満たす程度に十分 0 に近い数（正とは限らない）とする．
$$f(x+h) = f(x)f\left(1 + \frac{h}{x}\right)$$
$$f(x+h) - f(x) = f(x)\left\{f\left(1 + \frac{h}{x}\right) - 1\right\}$$
右端の 1 を $f(1)$ でおきかえ，両辺を h で割ると
$$\frac{f(x+h) - f(x)}{h}$$
$$= \frac{f(x)}{x} \cdot \frac{f\left(1 + \dfrac{h}{x}\right) - f(1)}{\dfrac{h}{x}}$$
$$\lim_{h \to 0} \frac{f\left(1 + \dfrac{h}{x}\right) - f(1)}{\dfrac{h}{x}} = f'(1)$$
であるから $\displaystyle\lim_{h \to 0} \dfrac{f(x+h) - f(x)}{h}$ は収束し，$f(x)$ は微分可能である．
$$f'(x) = f'(1) \cdot \frac{f(x)}{x}$$

（4）$f'(x) = a \cdot \dfrac{f(x)}{x}$
$$\{\log f(x)\}' = \frac{f'(x)}{f(x)} = \frac{a}{x}$$

（5）$\{\log f(x)\}' = \dfrac{a}{x}$ を不定積分し
$$\log f(x) = a \log x + C$$
（C は積分定数）
$x = 1$ として $f(1) = 1$ より $C = 0$
$$\log f(x) = \log x^a$$
$$f(x) = x^a$$

注意 【コーシーの関数方程式】
$$f(x + y) = f(x) + f(y)$$
をコーシーの関数方程式という．コーシーは日本の高校生を困らせようとしてこれを扱ったのではない．自分の研究のためである．コーシーと同時代の天才ガウスが正規分布を導く過程でコーシーの関数方程式を用いている（「数学の小さな旅」羽鳥裕久著（近代科学社）p.141）．

コーシーの関数方程式の解として $f(x) = ax$（a は定数）を思いつく．これに限るか？が長い間懸案であった．1905 年に，ハメルが「それ以外にもある」という驚くべきことを提示した．ハメルの理論は，1つ思いついたからといって，それしかないと即断してはいけないということを示している．

《微分可能性と微分係数》

4. 関数 $f(x)$ を
$$f(x) = \begin{cases} 1 & (x = 0) \\ \dfrac{\sin x}{e^x - 1} & (x \neq 0) \end{cases}$$
で定義する．次の問に答えよ．

（1） 正の実数 x に対して，x^2，$(e^x - 1)^2$，$2(xe^x - e^x + 1)$ の間の大小関係を求めよ．

（2） $f(x)$ が $x = 0$ で微分可能であることを示せ．

（3） $x = 0$ における $f(x)$ の微分係数を求めよ．

(19 群馬大・前期)

考え方 意図が見えない問題である．手が出ないと 0 点だが，ロピタルの定理で書けば 0 点にはならないだろう．

▶解答◀ （1） $x > 0$ のとき
$$x^2 < 2(xe^x - e^x + 1) < (e^x - 1)^2$$
である．以下ではこれを 2 で割った
$$\frac{1}{2}x^2 < xe^x - e^x + 1 < \frac{1}{2}(e^x - 1)^2$$
を証明する．
$$F(x) = xe^x - e^x + 1 - \frac{1}{2}x^2$$
$$G(x) = \frac{1}{2}(e^x - 1)^2 - xe^x + e^x - 1$$
とおく．
$$F'(x) = e^x + xe^x - e^x - x = x(e^x - 1) > 0$$
$F(x)$ は増加関数で $F(0) = 0$ であるから $x > 0$ で $F(x) > 0$ である．
$$G'(x) = (e^x - 1)e^x - e^x - xe^x + e^x$$
$$= (e^x - 1 - x)e^x$$
ここで $H(x) = e^x - 1 - x$ とおく．
$$H'(x) = e^x - 1 > 0$$
$H(x)$ は増加関数で $H(0) = 0$ であるから $x > 0$ で $H(x) > 0$ である．
よって $G'(x) = H(x)e^x > 0$ であり，$x > 0$ で $G(x)$ は増加関数である．$G(0) = 0$ であるから $x > 0$ で $G(x) > 0$ である．

（2） $h \neq 0$ のとき
$$\frac{f(h) - f(0)}{h} = \frac{\dfrac{\sin h}{e^h - 1} - 1}{h}$$
$$= \frac{\sin h - (e^h - 1)}{h(e^h - 1)}$$
$$= \frac{\sin h - h - (e^h - 1 - h)}{h(e^h - 1)}$$

$$= \frac{\dfrac{\sin h - h}{h^2} - \dfrac{e^h - 1 - h}{h^2}}{\dfrac{e^h - 1}{h}}$$

まず，$\displaystyle\lim_{h \to 0} \frac{e^h - 1}{h} = 1$ である．

以下に示すことにより $\displaystyle\lim_{h \to 0} \frac{f(h) - f(0)}{h}$ は収束するから $f'(0)$ が存在し，$f(x)$ は $x = 0$ で微分可能である．

（ア） $\displaystyle\lim_{h \to 0} \frac{e^h - 1 - h}{h^2} = \frac{1}{2}$ である．

以下でこれを示す．なお，式が横に広がって見づらいから $w = \dfrac{e^x - 1}{x}$ とおく．

（1）より $x > 0$ のとき
$$\frac{x^2}{2} < xe^x - e^x + 1 < \frac{1}{2}(e^x - 1)^2$$
$$\frac{x^2}{2} < x(e^x - 1) - (e^x - 1 - x) < \frac{1}{2}(e^x - 1)^2$$
x^2 で割って
$$\frac{1}{2} < w - \frac{e^x - 1 - x}{x^2} < \frac{1}{2}w^2$$
$$w - \frac{1}{2}w^2 < \frac{e^x - 1 - x}{x^2} < w - \frac{1}{2}$$
$x \to +0$ として，$w \to 1$ であることからハサミウチの原理より
$$\lim_{x \to +0} \frac{e^x - 1 - x}{x^2} = \frac{1}{2}$$
である．

$x < 0$ のとき，$x = -t \ (t > 0)$ とおく．
$$\frac{e^x - 1 - x}{x^2} = \frac{e^{-t} - 1 + t}{t^2} = \frac{te^t - e^t + 1}{t^2 e^t} \quad \cdots\cdots①$$
（1）の不等式を $2x^2$ で割って
$$\frac{1}{2} < \frac{xe^x - e^x + 1}{x^2} < \frac{1}{2}w^2$$
$x \to +0$ として，（（1）では $x > 0$ であることに注意せよ）ハサミウチの原理より
$$\lim_{x \to +0} \frac{xe^x - e^x + 1}{x^2} = \frac{1}{2}$$
①について，$t \to +0 \ (x \to -0)$ とすると
$$\lim_{x \to -0} \frac{e^x - 1 - x}{x^2} = \lim_{t \to +0} \frac{te^t - e^t + 1}{t^2} \cdot \frac{1}{e^t} = \frac{1}{2}$$
以上より $\displaystyle\lim_{h \to 0} \frac{e^h - 1 - h}{h^2} = \frac{1}{2}$ である．

（イ） $\displaystyle\lim_{h \to 0} \frac{\sin h - h}{h^2} = 0$ である．

以下でこれを示す．$\dfrac{\sin h - h}{h^2}$ は奇関数だから $h \to +0$ で示せばよい．$0 < x < \dfrac{\pi}{2}$ で
$$\sin x < x < \tan x = \frac{\sin x}{\cos x}$$
であることは基本である．
$$x \cos x < \sin x < x$$
$$(\cos x - 1)x < \sin x - x < 0$$

$$-\frac{x\sin^2 x}{1+\cos x} < \sin x - x < 0$$

$$-\frac{x}{1+\cos x}\left(\frac{\sin x}{x}\right)^2 < \frac{\sin x - x}{x^2} < 0$$

$x \to +0$ としてハサミウチの原理より

$$\lim_{x\to+0}\frac{\sin x - x}{x^2} = 0$$

よって証明された.

（3） $\displaystyle\lim_{h\to 0}\frac{f(h)-f(0)}{h} = \frac{0-\frac{1}{2}}{1}$

$$f'(0) = -\frac{1}{2}$$

注意 1° 【定義域について】

$$F(x) = xe^x - e^x + 1 - \frac{1}{2}x^2$$

は実数全体で定義できる．その範囲で

$$F'(x) = x(e^x - 1)$$

となる．特に $x > 0$ では $F'(x) > 0$ になる．$F(x)$ は実数全体で定義しているから $x = 0$ にしても，何の問題もない．$F(0) = 0$ である．このように，場面ごとに範囲を読み分ける．

2° 【ロピタルの定理の 1 つの形】

$f(a) = g(a) = 0$ で $\displaystyle\lim_{x\to a}\frac{f'(x)}{g'(x)}$ が収束するならば

$\displaystyle\lim_{x\to a}\frac{f(x)}{g(x)} = \lim_{x\to a}\frac{f'(x)}{g'(x)}$ である.

を使うという方法もある．$\frac{0}{0}$ 形であり，2 回用いる.

$$\lim_{h\to 0}\frac{\sin h - (e^h - 1)}{h(e^h - 1)} = \lim_{h\to 0}\frac{\cos h - e^h}{(e^h - 1) + he^h}$$

$$= \lim_{h\to 0}\frac{-\sin h - e^h}{e^h + e^h + he^h} = -\frac{1}{2}$$

満点は貰えなくても，背に腹は代えられない．

3° 【細部に注意しよう】

$x \to 0$ は $x \to +0$ と $x \to -0$ を考える．$x < 0$ を忘れないように！

《高次導関数》

5. $0 \le x < 1$ の範囲で定義された連続関数 $f(x)$ は $f(0) = 0$ であり，$0 < x < 1$ において何回でも微分可能で次を満たすとする．

$$f(x) > 0, \ \sin\left(\sqrt{f(x)}\right) = x$$

この関数 $f(x)$ に対して，$0 < x < 1$ で連続な関数 $f_n(x)$, $n = 1, 2, 3, \cdots$ を以下のように定義する．

$$f_n(x) = \frac{d^n}{dx^n}f(x)$$

以下の設問に答えよ．

（1） 関数 $-xf'(x)+(1-x^2)f''(x)$ は $0 < x < 1$ において x によらない定数値をとることを示せ．

（2） $n = 1, 2, 3, \cdots$ に対して，極限

$$a_n = \lim_{x\to+0}f_n(x)$$ を求めよ．

（3） 極限 $\displaystyle\lim_{N\to\infty}\left(\sum_{n=1}^{N}\frac{a_n}{n!\,2^{\frac{n}{2}}}\right)$ は存在することが知られている．この事実を認めた上で，その極限値を小数第 1 位まで確定せよ．

(20 京大・特色入試)

考え方 （1） （1）の問題文の関数には sin, cos がないから，これらを消去する．

（2） 問題文で「極限値」とは書いていないから「収束することを示しながら求めよ」と解釈する．

（3） 一般的な N のままでシグマ計算することはできない．途中までは実際の値を使い，ある番号から先は不等式で挟む．

▶解答◀ （1） 以後，$f(x)$ を f, $f'(x)$ を f' と略記する．

$$\sin(\sqrt{f}) = x \quad\cdots\cdots\cdots\text{①}$$

の両辺を x で微分すると

$$\cos(\sqrt{f})\cdot\frac{f'}{2\sqrt{f}} = 1$$

右辺は 0 でないから，左辺も 0 でなく，$f' \neq 0$ であり

$$\cos(\sqrt{f}) = \frac{2\sqrt{f}}{f'} \quad\cdots\cdots\cdots\text{②}$$

①² + ②² より

$$1 = x^2 + \frac{4f}{(f')^2}$$

$$-4f + (1-x^2)(f')^2 = 0$$

両辺をさらに x で微分して

$$-4f' - 2x(f')^2 + (1-x^2)\cdot 2f'f'' = 0$$

両辺を $2f' \neq 0$ で割って

$$-2 - xf' + (1-x^2)f'' = 0$$

$$-xf' + (1-x^2)f'' = 2 \quad\cdots\cdots\cdots\text{③}$$

$-xf'(x)+(1-x^2)f''(x)$ は定数値となるから示された．

（2） 略記を続ける．③の両辺を x で微分すると

$$-f_1 - xf_2 + (-2x)f_2 + (1-x^2)f_3 = 0$$

$$-f_1 - 3xf_2 + (1-x^2)f_3 = 0$$

さらに x で微分すると

$$-f_2 - 3f_2 - 3xf_3 + (-2x)f_3 + (1-x^2)f_4 = 0$$

$$-4f_2 - 5xf_3 + (1-x^2)f_4 = 0$$

さらに x で微分すると

$$-4f_3 - 5f_3 - 5xf_4 + (-2x)f_4 + (1-x^2)f_5 = 0$$

$$-9f_3 - 7xf_4 + (1-x^2)f_5 = 0$$

となり，

$$-n^2 f_n - (2n+1)x f_{n+1} + (1-x^2)f_{n+2} = 0$$

と予想できる．$n = 1$ で成り立つ．$n = k$ で成り立つとすると，

$$-k^2 f_k - (2k+1)x f_{k+1} + (1-x^2)f_{k+2} = 0$$

である．両辺を x で微分すると

$$-k^2 f_{k+1} - (2k+1)f_{k+1} - (2k+1)x f_{k+2}$$
$$+(-2x)f_{k+2} + (1-x^2)f_{k+3} = 0$$

$$-(k+1)^2 f_{k+1} - (2k+3)x f_{k+2} + (1-x^2)f_{k+3} = 0$$

$n = k+1$ でも成り立つから数学的帰納法より証明された．

以下 (x) を復活する．$f'(x) = \dfrac{2\sqrt{f(x)}}{\cos\left(\sqrt{f(x)}\right)}$ を用いる．$f(x)$ は連続で，$f(0) = 0$ であるから

$$a_1 = \lim_{x \to +0} \frac{2\sqrt{f(x)}}{\cos\left(\sqrt{f(x)}\right)}$$
$$= \frac{2\sqrt{f(0)}}{\cos\left(\sqrt{f(0)}\right)} = \frac{0}{\cos 0} = 0$$

である．③ より

$$f''(x) = \frac{2 + x f'(x)}{1 - x^2}$$

で $x \to +0$ とすると

$$a_2 = \frac{2 + 0 \cdot a_1}{1} = 2$$

「a_n が収束する」ことは $n = 1, 2$ で成り立つ．$n = k, k+1$ で成り立つとすると，

$$f_{k+2}(x) = \frac{k^2 f_k(x) + (2k+1)x f_{k+1}(x)}{1 - x^2}$$

で $x \to +0$ とすると

$$a_{k+2} = \frac{k^2 a_k + (2k+1)\cdot 0 \cdot a_{k+1}}{1} = k^2 a_k$$

$n = k+2$ でも成り立つ．数学的帰納法より，a_n は常に収束する．

また，$a_{n+2} = n^2 a_n$ が成り立つ．

$$a_n = (n-2)^2 a_{n-2} = (n-2)^2(n-4)^2 a_{n-4} = \cdots$$

となる．$a_1 = 0$，$a_2 = 2$ であるから

n が奇数のとき $a_n = 0$

n が偶数のとき $a_n = 2\{(n-2)!!\}^2$ $\cdots\cdots\cdots\cdots$④

となる．ただし $!!$ は

$$n!! = n(n-2)(n-4)\cdots$$

となるもので，最後の数は 2 または 1 である．ただし $0!! = 1$ とする．④ は $n = 2$ でも成り立つ．

n が偶数のときには，$n = 2k$ として，$k \geqq 2$ のとき

$$a_{2k} = \{(2k-2)(2k-4)\cdot\cdots\cdot 4 \cdot 2\}^2 a_2$$

$$= 2^{2(k-1)}(k-1)^2(k-2)^2 \cdot\cdots\cdot 2^2 \cdot 1^2 \cdot 2$$
$$= 2^{2k-1}\{(k-1)!\}^2$$

ただし $0! = 1$ として結果は $k = 1$ でも成り立つ．

（3）$S_N = \sum\limits_{n=1}^{N} \dfrac{a_n}{n! 2^{\frac{n}{2}}}$ とおく．添え字が奇数の項は 0 であるから，添え字が偶数の項のみ考える．M は $\dfrac{N}{2}$ 以下の最大の整数とする．

$$S_N = \sum_{k=1}^{M} \frac{a_{2k}}{(2k)! 2^k} = \sum_{k=1}^{M} \frac{2^{2k-1}\{(k-1)!\}^2}{(2k)! 2^k}$$
$$= \sum_{k=1}^{M} \frac{2^{k-1}\{(k-1)!\}^2}{(2k)!}$$

ここで $b_k = \dfrac{2^{k-1}\{(k-1)!\}^2}{(2k)!}$ とおく．

$$b_1 = \frac{1}{2} = 0.5$$
$$b_2 = \frac{2}{4!} = \frac{1}{12} = 0.083333\cdots$$

（以後は 3 が続く）

$$b_3 = \frac{2^2 \cdot 2^2}{6!} = \frac{16}{720} = \frac{1}{45} = 0.022222\cdots$$

（以後は 2 が続く）となるから，

$$b_1 + b_2 + b_3 = 0.60555\cdots$$

（以後は 5 が続く）である．b_4 以後を加えても S_N が 0.7 以上になることはないと予想できる．

以下は $k \geqq 4$ とする．b_k の分母の $(2k)!$ で，下位には $(k-1)!$ があるから，それは分子とで約分する．分子には $2^{k-1}(k-1)!$ が残る．これは元に戻せば $(2k-2)!!$ である．

$$b_k = \frac{(2k-2)(2k-4)\cdot\cdots\cdot 4 \cdot 2}{2k(2k-1)(2k-2)(2k-3)\cdots k}$$

分子は $2k-2$ から小さくなる $k-1$ 個の偶数の積である．分母にある $(2k-2)(2k-3)\cdots k$ は $2k-2$ から下位へ連続する $k-1$ 個の整数の積で，後者の方が大きい．

$$b_k < \frac{1}{2k(2k-1)} < \frac{1}{2k(2k-2)} = \frac{1}{4}\left(\frac{1}{k-1} - \frac{1}{k}\right)$$

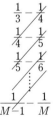

$M \geqq 4$ として

$$\sum_{k=4}^{M} b_k < \frac{1}{4}\left(\frac{1}{3} - \frac{1}{M}\right) < \frac{1}{12} = 0.08333\cdots$$

$$0.60555\cdots < S_N < 0.60555\cdots + 0.08333\cdots = 0.6888\cdots$$

$0.6 < \lim\limits_{N \to \infty}\left(\sum\limits_{n=1}^{N} \dfrac{a_n}{n! 2^{\frac{n}{2}}}\right) < 0.7$ であるから，小数第 1 位までは **0.6** である．

《力学系の漸化式の極限》

6. r を $1 < r < 3$ を満たす実数, k を $|r-2| < k < 1$ を満たす実数とする. また, 次の関数 $f(x)$ を考える.

$$f(x) = rx(1-x).$$

以下の問いに答えよ.

（1） $f(x) = x$ を満たす x を求めよ.

以下の問題では（1）で求めた x のうちで正のものを x_r とする.

（2） 次の条件

$$|x - x_r| < a \text{ を満たすすべての } x \text{ について}$$

$$|f'(x)| < k$$

が成り立つような正の実数 a が存在することを証明せよ.

（3）（2）の a に対して, 数列 $\{x_n\}$ を

$$|x_1 - x_r| < a, \quad x_{n+1} = f(x_n)$$

$$(n = 1, 2, 3, \cdots)$$

により定める.

（i） すべての自然数 n について

$$|x_n - x_r| < a \text{ であることを証明せよ.}$$

（ii） $\displaystyle\lim_{n\to\infty} x_n = x_r$ を証明せよ. （16 浜松医大）

考え方 力学系の漸化式の極限は, 図だけで答案を書くのはいけないというのが, 世間の多くの大人の主張である. 式による方針が浮かばないなら白紙よりましである. 開き直って図で攻めるのも最終手段としてはある. しかし, 特に式による筋道を設定してある場合は, その誘導に乗って式で示すべきである.

▶解答◀ （1） $f(x) = x$ とすると

$$rx(1-x) = x$$

$$x\{rx - (r-1)\} = 0 \qquad \therefore \quad \boldsymbol{x = 0, \ \frac{r-1}{r}}$$

（2） x_r が x_n と紛らわしいため, x_r を α と書くことにする. $\alpha = \dfrac{r-1}{r}$, $f'(x) = r(1-2x)$ である.

$|x - \alpha| < a$ を整理（同値変形）する.

$$-a < x - \alpha < a$$

$$\alpha - a < x < \alpha + a$$

$$\frac{r-1}{r} - a < x < \frac{r-1}{r} + a \quad\cdots\cdots\cdots\cdots①$$

$|f'(x)| < k$ を整理する.

$$-k < r(1-2x) < k$$

$$\frac{r-k}{2r} < x < \frac{r+k}{2r} \quad\cdots\cdots\cdots\cdots②$$

①を満たす任意の実数 x に対して②が成り立つための必要十分条件は

$$\frac{r-k}{2r} \leq \frac{r-1}{r} - a, \quad \frac{r-1}{r} + a \leq \frac{r+k}{2r}$$

である. これを a について整理し

$$a \leq \frac{k+r-2}{2r}, \quad a \leq \frac{k+2-r}{2r}$$

となる. これは

$$a \leq \frac{k - |r-2|}{2r} \quad\cdots\cdots\cdots\cdots\cdots\cdots③$$

とまとめられる.

$1 < r < 3$, $|r-2| < k$ より, $\dfrac{k - |r-2|}{2r} > 0$ であるから, ③を満たす正の実数 a が存在する. よって, 題意は示された.

（3）（i） $k < 1$ だから（2）の式は

$$|x - x_r| < a \Longrightarrow |f'(x)| < k < 1$$

と書けることに注意せよ.

$|x_n - \alpha| < a$ であることを数学的帰納法で示す.

$|x_1 - \alpha| < a$ より, $n = 1$ のとき成り立つ.

$n = m$ のとき成り立つとする.

$$|x_m - \alpha| < a$$

である.

$$x_{m+1} = f(x_m), \quad \alpha = f(\alpha)$$

を辺ごとに引いて

$$x_{m+1} - \alpha = f(x_m) - f(\alpha)$$

平均値の定理より

$$f(x_m) - f(\alpha) = (x_m - \alpha)f'(c_m)$$

となる c_m が x_m と α の間に存在する. ただし $x_m = \alpha$ のときは $x_m = c_m = \alpha$ とする.

$$x_{m+1} - \alpha = (x_m - \alpha)f'(c_l)$$

$$|x_{m+1} - \alpha| = |f'(c_m)||x_m - \alpha| \leq k|x_m - \alpha| < a$$

$n = m+1$ のときも成り立つ. 数学的帰納法により証明された.

（ii） 上の途中に出てくる式も成り立つから

$$|x_{n+1} - \alpha| \leq k|x_n - \alpha|$$

が成り立つ. これを繰り返し用いると,

$$|x_n - \alpha| \leq k|x_{n-1} - \alpha| \leq k\cdot k|x_{n-2} - \alpha|$$

$$\cdots \leq k^{n-1}|x_1 - \alpha|$$

$$0 \leq |x_n - \alpha| \leq k^{n-1}|x_1 - \alpha|$$

$|r-2| < k < 1$ より, $\displaystyle\lim_{n\to\infty} k^{n-1} = 0$ であるから, ハサミウチの原理より

$$\lim_{n\to\infty} |x_n - \alpha| = 0 \qquad \therefore \quad \lim_{n\to\infty} x_n = \alpha$$

《共通接線》

7. 2つの曲線 $y=e^x$, $y=\log x$ をそれぞれ C_1, C_2 とする.

（1）l を C_1 と C_2 の共通の接線とする. l と C_1 との接点を $(a, e^a), l$ と C_2 との接点を $(b, \log b)$ とするとき, b を a の分数式として表せ.

（2）C_1 と C_2 の共通の接線のうち, 傾きが最大のものを l_1, 最小のものを l_2 とする. l_1 の傾きを m_1, l_2 の傾きを m_2 とするとき, m_1m_2 の値を求めよ.

（3）（2）で定めた l_1, l_2 に対して, 曲線 C_1 と 2 直線 l_1, l_2 で囲まれた部分の面積を S_1, 曲線 C_2 と 2 直線 l_1, l_2 で囲まれた部分の面積を S_2 とする. このとき, $\dfrac{S_1}{S_2}$ の値を求めよ.

(19 東京理科大・理)

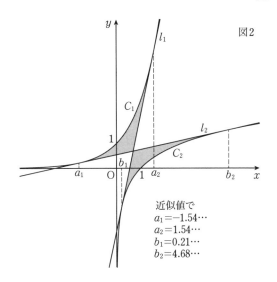

図2

近似値で
$a_1=-1.54\cdots$
$a_2=1.54\cdots$
$b_1=0.21\cdots$
$b_2=4.68\cdots$

▶**解答**◀ （1）$y=e^x$ のとき $y'=e^x$

C_1 の (a, e^a) における接線は

$$y=e^a(x-a)+e^a$$
$$y=e^ax-ae^a+e^a \quad\cdots\cdots①$$

$y=\log x$ のとき $y'=\dfrac{1}{x}$

C_2 の $(b, \log b)$ における接線は

$$y=\frac{1}{b}(x-b)+\log b$$
$$y=\frac{1}{b}x-1+\log b \quad\cdots\cdots②$$

①, ② が一致するとき, 係数を比べ

$$e^a=\frac{1}{b} \quad\cdots\cdots③$$
$$-ae^a+e^a=-1+\log b \quad\cdots\cdots④$$

③ より $a=-\log b\cdots\cdots⑤$

③, ⑤ を用いて ④ から e^a と $\log b$ を消去する.

$$-a\cdot\frac{1}{b}+\frac{1}{b}=-1-a$$
$$\frac{1-a}{b}=-1-a$$

$a=-1$ では成立しないから $a\ne-1$ で $b=\dfrac{a-1}{a+1}$

a の分数式とは, 分母・分子が a の多項式であるものと解釈する. $b=\dfrac{1}{e^a}$ は不適である.

（2）C_1 と C_2 は直線 $y=x$ に関して対称である. また C_1, C_2 の接線の傾きは正である.

$$m_2=\frac{1}{m_1}$$
$$m_1m_2=1$$

（3）$S_1=S_2$ で $\dfrac{S_1}{S_2}=1$

《極値の個数》

8. 実数 a に対して, 関数

$$f(x)=x^2-\frac{9a}{8}x+\frac{20}{x}$$
$$+\frac{3a^2}{16}\log x-\frac{13}{2} \quad(x>0)$$

を考える. このとき, 次の各問に答えよ.

（1）関数 $f(x)$ の導関数 $f'(x)$ を求めよ.

（2）関数 $f(x)$ がちょうど 3 個の極値をもつとき, a^3 のとりうる値の範囲を求めよ.

（3）（2）の条件をみたす整数 a を求めよ.

（4）（3）で求めた a に対して, 方程式 $f(x)=0$ は, 1 より小さい正の解を持つことを示せ.

(16 成蹊大・理工)

▶**解答**◀ （1）

$$f(x)=x^2-\frac{9a}{8}x+\frac{20}{x}+\frac{3a^2}{16}\log x-\frac{13}{2}$$
$$f'(x)=2x-\frac{9a}{8}-\frac{20}{x^2}+\frac{3a^2}{16x}$$

（2）$f'(x)=\dfrac{32x^3-18ax^2+3a^2x-320}{16x^2}$

$$g(x)=32x^3-18ax^2+3a^2x-320$$

とおく.

$$g'(x)=96x^2-36ax+3a^2$$
$$=3(4x-a)(8x-a)$$

（ア）$a\le0$ のとき. $x>0$ で $g'(x)>0$

$$g(0)=-320<0$$

だから $g(x)$ は $x>0$ で 1 回だけ符号を変え, $f'(x)$ も 1 回だけ符号を変える.

$f(x)$ は 1 個だけ極値をもつ.

（イ） $a > 0$ のとき.

x	0	$\cdots$	$\dfrac{a}{8}$	$\cdots$	$\dfrac{a}{4}$	$\cdots$
$g'(x)$		$+$	0	$-$	0	$+$
$g(x)$		$\nearrow$		$\searrow$		$\nearrow$

$$g(0) = -320 < 0, \lim_{x \to \infty} g(x) = \infty$$

$$g\left(\frac{a}{8}\right) = \frac{2a^3 - 9a^3 + 12a^3 - 320 \cdot 32}{32}$$

$$= \frac{5(a^3 - 2^{11})}{32}$$

$$g\left(\frac{a}{4}\right) = \frac{4a^3 - 9a^3 + 6a^3 - 320 \cdot 8}{8}$$

$$= \frac{a^3 - 5 \cdot 2^9}{8}$$

$f'(x)$ が 3 回符号を変える条件は

$$g\left(\frac{a}{8}\right) > 0, g\left(\frac{a}{4}\right) < 0$$

$$a^3 > 2^{11}, a^3 < 5 \cdot 2^9$$

$$2^{11} < a^3 < 5 \cdot 2^9$$

$2048 < a^3 < 2560$

（3） $a^3 < 5 \cdot 2^9 < 8 \cdot 2^9$

$$a < 2 \cdot 8 = 16$$

$15^3 = 3375, \ 14^3 = 2744, \ 13^3 = 2197, \ 12^3 = 1728$

よって整数 $a = 13$

（4） $a = 13$ のとき

$$f(x) = x^2 - \frac{9 \cdot 13}{8}x + \frac{20}{x} + \frac{3 \cdot 13^2}{16}\log x - \frac{13}{2}$$

$$f(1) = 1 - \frac{117}{8} + 20 - \frac{13}{2} = -\frac{1}{8} < 0$$

$$f(x) = \frac{1}{x}\left(x^3 - \frac{9a}{8}x^2 + 20 + \frac{3a^2}{16}x\log x - \frac{13}{2}x\right)$$

$$h(x) = x^3 - \frac{9a}{8}x^2 + 20 + \frac{3a^2}{16}x\log x - \frac{13}{2}x$$

とおく. $\lim_{x \to +0} x\log x = 0$ を既知とする.

$$\lim_{x \to +0} h(x) = 20 > 0$$

だから $x > 0$ で x が 0 に近いところで $f(x) > 0$ である. よって $0 < x < 1$, $f(x) = 0$ を満たす実数 x が存在する.

注意 $0 < -\log x < \frac{2}{\sqrt{x}}$, $0 < x < 1$ を示し,

$-2\sqrt{x} < x\log x < 0$ としてはさみうちの原理から $\lim_{x \to +0} x\log x = 0$ が示せる. 上の不等式は

$$F(x) = \frac{2}{\sqrt{x}} + \log x$$

として

$$F'(x) = \frac{1}{x} - x^{-\frac{3}{2}} = \frac{\sqrt{x} - 1}{x\sqrt{x}} < 0$$

$$F(1) = 2 > 0 \qquad \therefore \quad F(x) > 0$$

《最大値と最小値の差》

9. 関数 $f(x) = |x + 2\sin(x + a) + b|$ の $0 \le x \le 2\pi$ での最大値と最小値の差は, 定数 a, b によらず常に π 以上で, かつ $\left(\dfrac{4\pi}{3} + 2\sqrt{3}\right)$ 以下であることを示せ. （15 千葉大・前期）

▶解答◀ 微分したあと一般角が出てきて $2n\pi$ のせいで考えにくくなることを避けるために最初に一般角を消す.

$$a = 2n\pi + \alpha, \ 0 \le \alpha < 2\pi$$

とおく. n は整数であり, n, α は定数である.

$$f(x) = |x + 2\sin(x + 2n\pi + \alpha) + b|$$

$$= |x + 2\sin(x + \alpha) + b|$$

$x + \alpha = t$ とおく. $0 \le x \le 2\pi$ より $\alpha \le t \le 2\pi + \alpha$ である.

$$f(x) = |t - \alpha + 2\sin t + b|$$

$\alpha - b = c$ とおくと

$$f(x) = |t + 2\sin t - c|$$

である. c は定数である.

$$g(t) = t + 2\sin t, \ \alpha \le t \le 2\pi + \alpha$$

とおく. $g(t)$ の最大値を M, 最小値を m とする. また $f(x) = |g(t) - c|$ の最大値と最小値の差を L とする.

方針は次である. まず,

$$\frac{1}{2}(M - m) \le L \le M - m \quad \cdots\cdots\cdots①$$

を示す. 次に

$$2\pi \le M - m \le \frac{4\pi}{3} + 2\sqrt{3} \quad \cdots\cdots\cdots②$$

を示す. ①, ② を示せば

$$\pi \le \frac{1}{2}(M - m) \le L \le M - m \le \frac{4\pi}{3} + 2\sqrt{3}$$

となり, 証明が完了する.

まず① を示す.

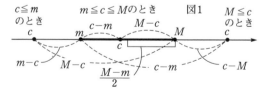

（ア） $M \le c$ のとき. $f(x) = |g(t) - c|$ の値域は

$$c - M \le f(x) \le c - m$$

であり,

$$L = (c - m) - (c - M) = M - m$$

である.

（イ）$c \le m$ のとき，$f(x) = |g(t) - c|$ の値域は

$$m - c \le f(x) \le M - c$$

であり，

$$L = (M - c) - (m - c) = M - m$$

である.

（ウ）$m \le c \le M$ のとき，$f(x) = |g(t) - c|$ の最小値は 0 であり，最大値は $\max(M - c, c - m)$ である．$\max(x, y)$ は x, y の大きい方の値（等しいときはその値）を表す．数直線上で，点 c と点 M の距離と，点 c と点 m の距離の大きい方（等しいときはその値）を考えよ．$L = \max(M - c, c - m)$ であり，① が成り立つ．① の右の等号は $c = m$ あるいは $c = M$ のとき成り立ち，左の等号は $c = \dfrac{M + m}{2}$ のとき成り立つ．なお数直線では，数と点を同一視し，数 c を点 c と表す．

（ア），（イ），（ウ）のいずれでも ① が成り立つ．次に ② を示す．

$$g'(t) = 1 + 2\cos t, \quad \alpha \le t \le 2\pi + \alpha$$

t の変域より少し広く，

$$1 + 2\cos t = 0, \quad 0 \le t \le 4\pi$$

の解を求めると

$$t = \frac{2\pi}{3}, \frac{4\pi}{3}, \frac{8\pi}{3}, \frac{10\pi}{3}$$

となる．次に極値の計算などをする.

$$g\left(\frac{2\pi}{3}\right) = \frac{2\pi}{3} + \sqrt{3}, \ g\left(\frac{4\pi}{3}\right) = \frac{4\pi}{3} - \sqrt{3}$$

$$g\left(\frac{8\pi}{3}\right) = \frac{8\pi}{3} + \sqrt{3}, \ g\left(\frac{10\pi}{3}\right) = \frac{10\pi}{3} - \sqrt{3}$$

$$2\pi - g\left(\frac{2\pi}{3}\right) = \frac{4\pi}{3} - \sqrt{3}$$

$$= \frac{4\pi - 3\sqrt{3}}{3} > \frac{4 \cdot 3 - 3 \cdot 2}{4} > 0$$

$$g\left(\frac{2\pi}{3}\right) + g\left(\frac{10\pi}{3}\right) = 4\pi$$

より $g\left(\dfrac{2\pi}{3}\right) < 2\pi < g\left(\dfrac{10\pi}{3}\right)$ である.

$$g(\alpha) = \alpha + 2\sin\alpha$$

$$g(2\pi + \alpha) = 2\pi + \alpha + 2\sin(2\pi + \alpha)$$

$$= 2\pi + \alpha + 2\sin\alpha$$

だから $g(2\pi + \alpha) - g(\alpha) = 2\pi$ であることに注意する.

$$m \le g(\alpha) < g(2\pi + \alpha) \le M$$

であるから

$$M - m \ge g(2\pi + \alpha) - g(\alpha) = 2\pi$$

である.

（a）M, m を区間の端でとるときには

$$M = g(2\pi + \alpha), \ m = g(\alpha), \ M - m = 2\pi$$

である.

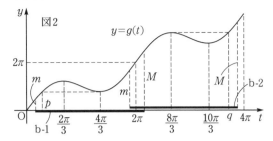

図2

（b）図2を参照せよ.

$g(t) = g\left(\dfrac{4\pi}{3}\right), t \ne \dfrac{4\pi}{3}$ の解を p,

$g(t) = g\left(\dfrac{8\pi}{3}\right), t \ne \dfrac{8\pi}{3}$ の解を q

とする．図2, 3の太線の左端の t 座標は α, 右端の t 座標は $\alpha + 2\pi$ である.

$0 \le \alpha \le p \left(< \dfrac{2\pi}{3}\right)$ のとき（図2の b-1 を参照）は $2\pi \le \alpha + 2\pi < \dfrac{8\pi}{3}$ だから (a) のケースである.

$\left(\dfrac{10\pi}{3} <\right) q \le \alpha + 2\pi < 4\pi$ のとき（図2の b-2 を参照）は $\dfrac{4\pi}{3} < \alpha < 2\pi$ だから (a) のケースである.

$p \le \alpha < \alpha + 2\pi \le q$ のとき (b-3)，図3を参照せよ.

$$g\left(\frac{4\pi}{3}\right) \le g(t) \le g\left(\frac{8\pi}{3}\right)$$

だから

$$g\left(\frac{4\pi}{3}\right) \le m \le g(t) \le M \le g\left(\frac{8\pi}{3}\right)$$

$$M - m \le g\left(\frac{8\pi}{3}\right) - g\left(\frac{4\pi}{3}\right) = \frac{4\pi}{3} + 2\sqrt{3}$$

である．以上より ② が証明された.

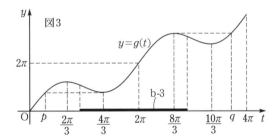

図3

《条件付きの最大値》

10. 正の実数 a, b に対して，連立不等式

$$\begin{cases} x \ge 0 \\ y \ge x^2 \\ a^2 x^2 - (y - b)^2 \ge 0 \end{cases}$$

が表す xy 平面上の領域の面積を S とする．次の問いに答えよ.

（1）S を a, b の式で表せ.

（2）a, b が $\dfrac{a^2}{4} + \dfrac{4b^2}{9} = 1 \ (a, b > 0)$ をみたしながら動くとき，S の最大値およびそのとき

の a, b の値を求めよ． (17 横浜国大・理工)

▶解答◀ （1） $|y-b| \leqq |ax|$ より題意の領域は図の網目部分である．

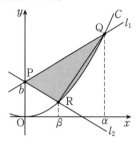

$l_1 : y = ax + b$, $l_2 : y = -ax + b$, $C : y = x^2$ である．図の α, β は

$$x^2 = ax + b, \quad x^2 = -ax + b$$

の正の解で，

$$\alpha = \frac{a + \sqrt{a^2 + 4b}}{2}, \quad \beta = \frac{-a + \sqrt{a^2 + 4b}}{2}$$

である．

$$P(0, b), \quad Q(\alpha, a\alpha + b), \quad R(\beta, -a\beta + b)$$

$$\overrightarrow{PQ} = (\alpha, a\alpha), \quad \overrightarrow{PR} = (\beta, -a\beta)$$

$$\triangle PQR = \frac{1}{2}|\beta \cdot a\alpha - \alpha(-a\beta)| = |a\alpha\beta|$$

$a > 0$, $\alpha > 0$, $\beta > 0$ より

$$\triangle PQR = a\alpha\beta$$

また線分 QR と C で囲まれた部分の面積は

$$\frac{1}{6}(\alpha - \beta)^3 = \frac{1}{6}a^3$$

$$S = ab + \frac{1}{6}a^3$$

（2） $\dfrac{a^2}{4} + \dfrac{4b^2}{9} = 1$ より

$$b^2 = \frac{9}{4}\left(1 - \frac{a^2}{4}\right)$$

$0 < a < 2$ かつ $b = \dfrac{3}{4}\sqrt{4 - a^2}$ であるから

$$S = a \cdot \frac{3}{4}\sqrt{4 - a^2} + \frac{1}{6}a^3$$

$$S' = \frac{3}{4}\left(\sqrt{4 - a^2} + a \cdot \frac{-2a}{2\sqrt{4 - a^2}}\right) + \frac{1}{2}a^2$$

$$= \frac{3}{4} \cdot \frac{4 - 2a^2}{\sqrt{4 - a^2}} + \frac{1}{2}a^2 = \frac{3(2 - a^2) + a^2\sqrt{4 - a^2}}{2\sqrt{4 - a^2}}$$

$0 < a < \sqrt{2}$ のとき $S' > 0$

$\sqrt{2} < a < 2$ のとき，上の式の分母分子に $a^2\sqrt{4 - a^2} - 3(2 - a^2)$ をかける．このかける式は正である．分母を z とおく．

$$S' = \frac{a^4(4 - a^2) - 9(4 - 4a^2 + a^4)}{z}$$

$$= \frac{-a^6 - 5a^4 + 36a^2 - 36}{z}$$

$$= \frac{(3 - a^2)(-12 + 8a^2 + a^4)}{z}$$

$a^2 > 2$ より $8a^2 > 12$ だから

$$a^4 + 8a^2 - 12 > 0$$

a	0	$\cdots$	$\sqrt{2}$	$\cdots$	$\sqrt{3}$	$\cdots$	2
S'		$+$		$+$	0	$-$	
S		$\nearrow$		$\nearrow$		$\searrow$	

S は $a = \sqrt{3}$ で最大になる．

そのとき $b = \dfrac{3}{4}\sqrt{4 - a^2} = \dfrac{3}{4}$

$$S = \frac{3}{4}\sqrt{3} + \frac{1}{6} \cdot 3\sqrt{3} = \frac{5}{4}\sqrt{3}$$

注意 多くの人は

$$S' = \frac{3}{4} \cdot \frac{4 - 2a^2}{\sqrt{4 - a^2}} + \frac{1}{2}a^2 = 0$$

を解いて，$a = \sqrt{3}$ を求め，「$a = \sqrt{3}$ で最大のはずだ」という見込みで増減表を書くだろう．あなたが，式変形の力を高めたいなら，解答のように，S' の符号が見えるまで変形することをおすすめしたい．

《背景のある最大値》

11. 定数 c は $1 < c < \sqrt{2}$ をみたすとし，$0 \leqq x < 1$ で定義された2つの関数

$$f(x) = x + \sqrt{1 - x^2},$$

$$g(x) = cf(x) - x\sqrt{1 - x^2}$$

を考える．$g(x)$ の導関数を $g'(x)$ と表す．

（1） $f(x)$ の最大値と最小値を求めよ．また，それらを与える x の値も求めよ．

（2） $g'(x) = h(x)(c - f(x))$ をみたす関数 $h(x)$ を求めよ．

（3） $g(x)$ の最大値を求めよ．ただし，最大値を与える x の値を求める必要はない．

(14 大阪府立大・知情，獣医など)

▶解答◀ （1） $f'(x) = 1 + \dfrac{-2x}{2\sqrt{1 - x^2}}$

$$= \frac{\sqrt{1 - x^2} - x}{\sqrt{1 - x^2}} \quad \cdots\cdots\cdots\cdots①$$

$$= \frac{1 - 2x^2}{\sqrt{1 - x^2}\left(\sqrt{1 - x^2} + x\right)}$$

x	0	$\cdots$	$\dfrac{1}{\sqrt{2}}$	$\cdots$	1
$f'(x)$		$+$	0	$-$	
$f(x)$		$\nearrow$		$\searrow$	

最大値は $\sqrt{2}$ $\left(x = \dfrac{1}{\sqrt{2}}\right)$, 最小値は 1 （$x = 0$）

（2） $g'(x) = cf'(x) - \sqrt{1-x^2} + x \cdot \dfrac{x}{\sqrt{1-x^2}}$

$$= cf'(x) - \dfrac{(\sqrt{1-x^2})^2 - x^2}{\sqrt{1-x^2}}$$

$$= cf'(x) - \dfrac{\sqrt{1-x^2} - x}{\sqrt{1-x^2}}(\sqrt{1-x^2} + x)$$

となり, ① に注意すると

$$g'(x) = cf'(x) - f'(x)f(x) = f'(x)\{c - f(x)\}$$

となる.

$$h(x) = f'(x) = 1 - \dfrac{x}{\sqrt{1-x^2}}$$

（3） $f(0) = f(1) = 1$ であることに注意せよ. ただし, $x = 1$ は定義域外ではある. $f(x)$ の値域は $1 \leqq f(x) \leqq \sqrt{2}$ であった. 必要があれば $y = f(x)$ のグラフ（下図）を参照せよ.

$1 < c < \sqrt{2}$ のとき $f(x) = c$ をみたす x は 2 つあり, これらを α, β $(\alpha < \beta)$ とおくと $g(x)$ は次のように増減し, $x = \alpha$ または $x = \beta$ で最大になる.

x	0	$\cdots$	α	$\cdots$	$\dfrac{1}{\sqrt{2}}$	$\cdots$	β	$\cdots$	1
$g'(x)$		$+$	0	$-$	0	$+$	0	$-$	
$g(x)$		↗		↘		↗		↘	

さて $f(x) = c$ の解に対して

$$x + \sqrt{1-x^2} = c$$

$$\sqrt{1-x^2} = c - x \quad \cdots\cdots\cdots\cdots②$$

となる. 両辺を 2 乗して

$$1 - x^2 = c^2 - 2cx + x^2$$

$$2x^2 - 2cx + c^2 - 1 = 0 \quad \cdots\cdots\cdots\cdots③$$

となる. 次に, このときの $g(x)$ の値を求めよう. まず $f(x) = c$ および ② に注意する.

$$g(x) = cf(x) - x\sqrt{1-x^2}$$

$$= c^2 - x(c - x) = c^2 + x^2 - cx$$

となる. ③ より $x^2 - cx = \dfrac{1-c^2}{2}$ だから

$$g(x) = c^2 + \dfrac{1-c^2}{2} = \dfrac{1+c^2}{2}$$

となる. つまり, $g(\alpha) = g(\beta) = \dfrac{1+c^2}{2}$ である. 求める最大値は $\dfrac{1+c^2}{2}$ である.

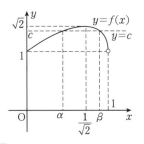

注意 **1°【その形に表せと読む】**（2）の $h(x)$ については, この問題の設定では $x = \alpha, \beta$ のとき $f(x) = c$ となるから, $g'(x) = h(x)(c - f(x))$ の両辺ともに 0 になって, $x = \alpha, \beta$ のとき $h(x)$ は確定しない. しかし, これは「その形に表せ」くらいの軽い気持ちで書いているのだろう.

2°【これは三角関数を微積に直した問題】 うまいヒントを付けものだと感心したが, $x = \cos\theta, 0 < \theta \leqq \dfrac{\pi}{2}$ とおけば,

$$g(x) = c(\cos\theta + \sin\theta) - \cos\theta\sin\theta$$

となるから, $t = \cos\theta + \sin\theta$ とおいて解くのが自然な問題である. 最大値も簡単に求められる.

《共有点の個数》

12.（1） 関数 $f(x) = \dfrac{x-2}{x^2-6x+10}$ について, 増減, 極値および極限 $\displaystyle\lim_{x\to\infty} f(x)$, $\displaystyle\lim_{x\to-\infty} f(x)$ を調べ, $y = f(x)$ のグラフをかけ.

（2） k を定数とする. 曲線 $y = \dfrac{4x-10}{x^2-6x+10}$ と直線 $y = kx - 1$ の共有点の個数を調べよ.

(17 宮城教育大)

▶解答◀（1） $f(x) = \dfrac{x-2}{x^2-6x+10}$

$$f'(x) = \dfrac{(x^2-6x+10) - (x-2)(2x-6)}{(x^2-6x+10)^2}$$

$$= \dfrac{-x^2+4x-2}{(x^2-6x+10)^2} = \dfrac{-(x^2-4x+2)}{(x^2-6x+10)^2}$$

$x^2 - 4x + 2 = 0$ を解くと $x = 2 \pm \sqrt{2}$

x	$\cdots$	$2-\sqrt{2}$	$\cdots$	$2+\sqrt{2}$	$\cdots$
$f'(x)$	$-$	0	$+$	0	$-$
$f(x)$	↘		↗		↘

$x = 2 + \sqrt{2}$ のとき

$$f(x) = \dfrac{1}{2x-6} = \dfrac{1}{2(x-3)}$$

$$= \dfrac{1}{2(\sqrt{2}-1)} = \dfrac{\sqrt{2}+1}{2}$$

$x = 2 - \sqrt{2}$ のとき $f(x) = -\dfrac{\sqrt{2}-1}{2}$ である.

$x = 2 - \sqrt{2}$ で極小値 $-\dfrac{\sqrt{2}-1}{2}$, $x = 2 + \sqrt{2}$ で極大値

$\dfrac{\sqrt{2}+1}{2}$ をとる.

$$\lim_{x \to \pm\infty} f(x) = 0$$

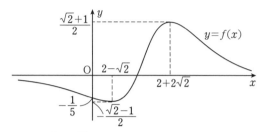

（2） $\dfrac{4x - 10}{x^2 - 6x + 10} = kx - 1$

$$\dfrac{x^2 - 2x}{x^2 - 6x + 10} - kx = 0$$

$$x\{f(x) - k\} = 0$$

$x = 0$ はつねに解で $x \neq 0$ のとき

$$f(x) = k$$

$f(0) = -\dfrac{1}{5}$ だから $k = -\dfrac{1}{5}$ のときは解の個数は2で，

他のときは直線 $y = f(x)$ と直線 $y = k$ の交点の個数

に1を加えたものが答えとなる.

$\boldsymbol{k < -\dfrac{\sqrt{2}-1}{2}}$ のとき1, $\boldsymbol{k = -\dfrac{\sqrt{2}-1}{2}}$ のとき2,

$\boldsymbol{-\dfrac{\sqrt{2}-1}{2} < k < -\dfrac{1}{5}}$ のとき3, $\boldsymbol{k = -\dfrac{1}{5}}$ のとき2,

$\boldsymbol{-\dfrac{1}{5} < k < 0}$ のとき3, $\boldsymbol{k = 0}$ のとき2,

$\boldsymbol{0 < k < \dfrac{\sqrt{2}+1}{2}}$ のとき3, $\boldsymbol{k = \dfrac{\sqrt{2}+1}{2}}$ のとき2,

$\boldsymbol{k > \dfrac{\sqrt{2}+1}{2}}$ のとき1

注意 $f(x) = \dfrac{g(x)}{h(x)}$ が $x = \alpha$ で極値をとり，

$h'(\alpha) \neq 0$ ならば $f(\alpha) = \dfrac{g'(\alpha)}{h'(\alpha)}$ である.

[証明] $f'(x) = \dfrac{g'(x)h(x) - g(x)h'(x)}{\{h(x)\}^2}$

$f'(\alpha) = 0$ より $g'(\alpha)h(\alpha) = g(\alpha)h'(\alpha)$ である.

$h(\alpha)h'(\alpha)$ で割って，

$\dfrac{g'(\alpha)}{h'(\alpha)} = \dfrac{g(\alpha)}{h(\alpha)}$ $\quad \therefore \quad f(\alpha) = \dfrac{g(\alpha)}{h(\alpha)} = \dfrac{g'(\alpha)}{h'(\alpha)}$

《方程式の解1》

13. 方程式

$$e^x(1 - \sin x) = 1$$

について，次の問に答えよ.

（1） この方程式は負の実数解を持たないこと
を示せ．また，正の実数解を無限個持つことを
示せ．

（2） この方程式の正の実数解を小さい方から順

に並べて $a_1, a_2, a_3, \cdots$ とし，$S_n = \sum\limits_{k=1}^{n} a_k$ とお

く．このとき極限値 $\lim\limits_{n \to \infty} \dfrac{S_n}{n^2}$ を求めよ．

（18 東工大）

考え方 （1） 生徒はすぐに $f'(x) = 0$ とおく．

$f'(x)$ の符号変化がどうなるかを，正しく表現できない．
しかし，本当は符号の考察こそ重要である．さらに，生
徒は「増減表を書かなければいけない」という強迫観念
にかられる．しかし，増減表の書き方なんか決まってい
ないのだと思ってみよう．日本の受験の世界で行われて
いる増減表は，世界の数学から見れば方言である．ネッ
トで，First derivative test で，世界の増減表を検索せ
よ．世界的には，日本の増減表は少数派である．目的は
増減を調べることである．増減表を書くことではない．
増減を正しく考察できるならどんな方法でもよい．数学
は自由だ．

一般角 x に対する $\cos x$, $\sin x$ の定義は何か？それは
円周上の点の座標である．解答は定義に従ったもので
ある．

なお，次の解答の（1）で使う n と（2）の n は別物
である．文字を変えるべきだと思う人がいるが，数学は
解答者本人が混乱しないのであれば，文字を変える必要
はない．同じ文字を別の意味で使うことは，普通に行わ
れる．うちのスタッフが，n が被るという理由で，使う
文字を変えた．私は，それをチマチマと，元に戻してい
る．忌々しい．

（2） 解を正確に記述することはできない．しかし，ど
うせ，n^2 で割って極限をとるのである．大雑把でよい．
$x > 0$ では，大体，幅 2π ごとに解が2個ずつある．だ
から，解は $k\pi$ 的で（恐ろしいほどいい加減）$a_k \doteqdot k\pi$
である．後は，これを答案らしく書けばよい．

▶解答◀ （1） $f(x) = e^x(1 - \sin x) - 1$ とおく.

$$f'(x) = e^x(1 - \sin x) - e^x \cos x$$

$$= e^x(1 - \sin x - \cos x)$$

$\cos x = X$, $\sin x = Y$ として，$1 - X - Y$ の正負を考え
る．$P(X, Y)$ とおくと P は円 $X^2 + Y^2 = 1$ 上で偏角（x
軸の正の方向から回る角）が x の点である．x の増加とと
もに左回りにまわる．原点を含む領域で正であるから，
図のように正負がわかる．点 $(1, 0)$ を下から上に通過す
るとき，$f'(x)$ は正から負に符号を変え，$f(x)$ は増加か
ら減少に増減を変えるから極大になり，点 $(0, 1)$ を右か
ら左に通過するとき，$f'(x)$ は負から正に符号を変え，

$f(x)$ は減少から増加に増減を変えるから極小になる．n を整数として $f(x)$ は $x = 2n\pi$ で極大，$x = \dfrac{\pi}{2} + 2n\pi$ で極小になる．

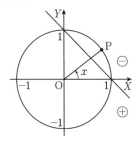

$$f\left(\dfrac{\pi}{2} + 2n\pi\right) = -1, \quad f(2n\pi) = e^{2n\pi} - 1$$

である．

$n < 0$ のとき $e^{2n\pi} < 1$ であるから，極大値 $f(2n\pi) = e^{2n\pi} - 1 < 0$ である．$x < 0$ で常に $f(x) < 0$ であるから $f(x) = 0$ は負の実数解をもたない．

$f(0) = 0$ であるから曲線 $C : y = f(x)$ は 0 で x 軸に接する．

$f\left(\dfrac{\pi}{2} + 2n\pi\right) = -1$ であるから C は $x = \dfrac{\pi}{2} + 2n\pi$ で直線 $y = -1$ に接する．

$n > 0$ のとき，$e^{2n\pi} > 1$ であるから，極大値 $f(2n\pi) = e^{2n\pi} - 1 > 0$ である．

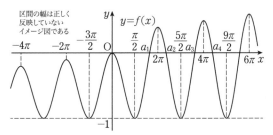

曲線 $y = f(x)$ は図のようになり，$f(x) = 0$ は 2π の左右，4π の左右，6π の左右，… に無限に多くの解をもつ．

（**2**）上図を見ながら次の不等式を読め．

$$\dfrac{\pi}{2} < a_1 < 2\pi$$

$$2\pi < a_2 < 2\pi + \dfrac{\pi}{2}$$

$$2\pi + \dfrac{\pi}{2} < a_3 < 4\pi$$

$$4\pi < a_4 < 4\pi + \dfrac{\pi}{2}$$

であるから a_1 は π の近く，a_2 は 2π の近く，a_3 は 3π の近く，a_4 は 4π の近くである．一般に a_k は $k\pi$ の近くで，

k が奇数のときは $k\pi - \dfrac{\pi}{2} < a_k < k\pi + \pi$

k が偶数のときは $k\pi < a_k < k\pi + \dfrac{\pi}{2}$ である．よって，

いずれの場合も

$$a_k = k\pi + b_k, \quad -\dfrac{\pi}{2} < b_k < \pi$$

とおける．b_k は a_k と $k\pi$ との誤差である．このとき

$$S_n = \sum_{k=1}^{n} a_k = \dfrac{1}{2} n(n+1)\pi + D_n$$

とおける．ただし，$D_n = \sum_{k=1}^{n} b_k$ であり

$$-\dfrac{n\pi}{2} < D_n < n\pi$$

$$-\dfrac{\pi}{2n} < \dfrac{D_n}{n^2} < \dfrac{\pi}{n}$$

であるから，ハサミウチの原理より $\displaystyle\lim_{n\to\infty} \dfrac{D_n}{n^2} = 0$ である．

$$\dfrac{S_n}{n^2} = \dfrac{1}{2}\left(1 + \dfrac{1}{n}\right)\pi + \dfrac{D_n}{n^2}$$

$$\lim_{n\to\infty} \dfrac{S_n}{n^2} = \dfrac{\pi}{2}$$

♦別解♦（**1**）合成をする．

$$f'(x) = e^x\left\{1 - \sqrt{2}\sin\left(x + \dfrac{\pi}{4}\right)\right\}$$

以下，文字 n は整数とする．繰り返すが，（2）の n とは無関係である．（2）で n が使われているから（1）では避けようなどという，問題の先読みをするのは不自然である．

$\sin\left(x + \dfrac{\pi}{4}\right) = \dfrac{1}{\sqrt{2}}$ となるのは

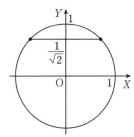

$$x + \dfrac{\pi}{4} = 2n\pi + \dfrac{\pi}{4}, \quad x + \dfrac{\pi}{4} = 2n\pi + \dfrac{3}{4}\pi$$

のときで，この 2 数の間の，たとえば $x + \dfrac{\pi}{4} = 2n\pi + \dfrac{\pi}{2}$ では

$$1 - \sqrt{2}\sin\left(x + \dfrac{\pi}{4}\right) = 1 - \sqrt{2} < 0$$

となる．よって

$$x + \dfrac{\pi}{4} = 2n\pi + \dfrac{\pi}{4} \quad\cdots\cdots\cdots①$$

の前後で $f'(x)$ は正から負へ

$$x + \dfrac{\pi}{4} = 2n\pi + \dfrac{3}{4}\pi \quad\cdots\cdots\cdots②$$

の前後で $f'(x)$ は負から正へ，符号を変える．よって②で極大，③で極小になる．本来，このように符号の考察を書くべきであろう．符号の考察ができれば増減表など不要である．符号の考察をせず増減表だけ書くのは誤魔化しであると，私は思う．

どうしても増減表を書きたい場合は次のように，増減表の一部を書けばよい．

x	$\cdots$	$2n\pi$	$\cdots$	$\dfrac{\pi}{2}+2n\pi$	$\cdots$
$f'(x)$	$+$	0	$-$	0	$+$
$f(x)$	$\nearrow$		$\searrow$		$\nearrow$

極大値 $f(2n\pi)=e^{2n\pi}-1$ は，$n<0$ で負の値，$n>0$ で正の値をとり，極小値 $f\left(\dfrac{\pi}{2}+2n\pi\right)=-1$ は常に負の値をとるから，$i=1,2,\cdots$ として

$$\frac{\pi}{2}+2(i-1)\pi < x < 2i\pi$$

$$2i\pi < x < \frac{\pi}{2}+2i\pi$$

に解が1つずつあり，$x>0$ における $f(x)=0$ の解は無限にある．

（2） $\dfrac{\pi}{2}+2(i-1)\pi < a_{2i-1} < 2i\pi$

$\qquad\quad 2i\pi < a_{2i} < \dfrac{\pi}{2}+2i\pi$

を辺ごとに加え

$$4i\pi-\frac{3}{2}\pi < a_{2i-1}+a_{2i} < 4i\pi+\frac{\pi}{2}$$

$i=1,2,\cdots,N$ として加えると

$$2N(N+1)\pi-\frac{3}{2}\pi N$$
$$< S_{2N} < 2N(N+1)\pi+\frac{\pi}{2}N \quad\cdots\cdots\cdots\text{③}$$

$4N^2$ で割って

$$\frac{1}{2}\left(1+\frac{1}{N}\right)\pi-\frac{3\pi}{8N} < \frac{S_{2N}}{(2N)^2} < \frac{1}{2}\left(1+\frac{1}{N}\right)\pi+\frac{\pi}{8N}$$

$\displaystyle\lim_{N\to\infty}\frac{1}{N}=0$ とハサミウチの原理より

$$\lim_{N\to\infty}\frac{S_{2N}}{(2N)^2}=\frac{\pi}{2}$$

③で各辺から a_{2N} を引くと

$$2N(N+1)\pi-\frac{3}{2}\pi N-a_{2N}$$
$$< S_{2N-1} < 2N(N+1)\pi+\frac{\pi}{2}N-a_{2N}$$

各辺を $(2N-1)^2$ で割って $N\to\infty$ にするとハサミウチの原理より

$$\lim_{N\to\infty}\frac{S_{2N-1}}{(2N-1)^2}=\frac{\pi}{2}$$

である（後述）．よって，n が偶数のときも奇数のときも同じ値に収束するから，$\displaystyle\lim_{n\to\infty}\frac{S_n}{n^2}=\frac{\pi}{2}$ である．なお，

$$2N\pi < a_{2N} < \frac{\pi}{2}+2N\pi$$

だから N の2次式で割って $N\to\infty$ にしたら0に収束する．つまり

$$\lim_{N\to\infty}\frac{a_{2N}}{(2N-1)^2}=0$$

である．$\displaystyle\lim_{N\to\infty}\frac{S_{2N-1}}{(2N-1)^2}$ の計算でこれを用いた．

注意 $e^{-x}=1-\sin x$ として，曲線 $y=e^{-x}$ と $y=1-\sin x$ の交点を考えるというのは数学的に正しくない．$x>0$ ではともに下に凸の部分が多くある（図a）．凹凸が同じ2曲線の交点は，グラフからはわからない．多くの場合，自分の結論に合わせた都合のいい図を描いているだけである．

次の事実を見よ．$0<a<1$ のとき $a^x=\log_a x$ の解の個数は単純に1個とする人が多いが，実際には3個のケースがある（図b，拙著「東大数学で1点でも多く取る方法」など参照）．

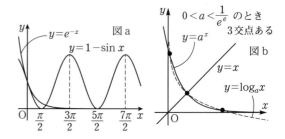

《方程式の解2》

14. a を $0<a<\dfrac{\pi}{2}$ をみたす定数とし，方程式 $x(1-\cos x)=\sin(x+a)$ を考える．

（1） n を正の整数とするとき，上の方程式は $2n\pi < x < 2n\pi+\dfrac{\pi}{2}$ の範囲でただ1つの解をもつことを示せ．

（2）（1）の解を x_n とおく．極限 $\displaystyle\lim_{n\to\infty}(x_n-2n\pi)$ を求めよ．

（3）極限 $\displaystyle\lim_{n\to\infty}\sqrt{n}(x_n-2n\pi)$ を求めよ．ただし，$\displaystyle\lim_{x\to0}\frac{\sin x}{x}=1$ を用いてよい． （15 滋賀医大）

▶解答◀ （1） $f(x)=x(1-\cos x)-\sin(x+a)$ とおく．

$$f'(x)=(1-\cos x)+x\sin x-\cos(x+a)$$
$$f''(x)=\sin x+\sin x+x\cos x+\sin(x+a)$$
$$=2\sin x+x\cos x+\sin x\cos a+\cos x\sin a$$

$2n\pi < x < 2n\pi+\dfrac{\pi}{2}$，$0<a<\dfrac{\pi}{2}$ より，$x,\sin x,$ $\cos x,\cos a,\sin a$ はすべて正であるから $f''(x)>0$ である．よって $f'(x)$ は増加関数である．

$$f'(2n\pi)=-\cos(a+2n\pi)=-\cos a<0$$
$$f'\left(2n\pi+\frac{\pi}{2}\right)=1+2n\pi+\frac{\pi}{2}-\cos\left(\frac{\pi}{2}+a\right)$$
$$=1+2n\pi+\frac{\pi}{2}+\sin a>0$$

よって $f'(x)$ は負から正に符号を変え，途中で1回だけ0になる．$f'(x)=0$ の解を α とおくと増減表は次のよ

うになる.

x	$2n\pi$	$\cdots$	α	$\cdots$	$2n\pi + \dfrac{\pi}{2}$
$f'(x)$		$-$	0	$+$	
$f(x)$		$\searrow$		$\nearrow$	

ここで

$$f(2n\pi) = -\sin a < 0$$

$$f\left(2n\pi + \frac{\pi}{2}\right) = 2n\pi + \frac{\pi}{2} - \cos a > 0$$

だから $f(x) = 0$ は $2n\pi < x < 2n\pi + \dfrac{\pi}{2}$ にただ 1 つの
実数解をもつ.

（2） $x_n(1 - \cos x_n) = \sin(x_n + a)$

$x_n = 2n\pi + \theta_n \left(0 < \theta_n < \dfrac{\pi}{2}\right)$ とおく.

$$(2n\pi + \theta_n)(1 - \cos\theta_n) = \sin(\theta_n + a)$$

$$1 - \cos\theta_n = \frac{\sin(\theta_n + a)}{2n\pi + \theta_n} \quad \cdots\cdots\cdots\cdots\cdots①$$

$n \to \infty$ のとき右辺の分母は ∞ に発散し, 分子は 1 と
-1 の間を振動するから右辺は 0 に収束する. よって
$1 - \cos\theta_n$ も 0 に収束し, $0 < \theta_n < \dfrac{\pi}{2}$ より θ_n は 0 に収
束する.

$$\lim_{n\to\infty}(x_n - 2n\pi) = \lim_{n\to\infty}\theta_n = \mathbf{0}$$

（3） ①で $\theta_n = 2t_n$ とおく.

$$2\sin^2 t_n = \frac{\sin(2t_n + a)}{2n\pi + 2t_n}$$

$0 < t_n < \dfrac{\pi}{4}$ だから $\sin^2 t_n > 0$ である. $n\pi + t_n$ をかけ
て $2\sin^2 t_n$ で割ると

$$n\pi + t_n = \frac{\sin(2t_n + a)}{4\sin^2 t_n}$$

$$n = \frac{\sin(2t_n + a)}{4\pi\sin^2 t_n} - \frac{t_n}{\pi}$$

$$nt_n^2 = \left(\frac{t_n}{\sin t_n}\right)^2 \cdot \frac{\sin(2t_n + a)}{4\pi} - \frac{t_n^3}{\pi}$$

$n \to \infty$ のとき $\theta_n \to 0$, $t_n \to 0$ だから

$$\lim_{n\to\infty}nt_n^2 = 1^2 \cdot \frac{\sin a}{4\pi}$$

$t_n > 0$ だから

$$\lim_{n\to\infty}\sqrt{n}\,t_n = \sqrt{\frac{\sin a}{4\pi}}$$

$x_n - 2n\pi = 2t_n$ だから

$$\lim_{n\to\infty}\sqrt{n}(x_n - 2n\pi) = \lim_{n\to\infty}\sqrt{n}(2t_n) = \sqrt{\frac{\sin a}{\pi}}$$

《方程式の解3》

15. n をある自然数とする. 実数 x に対して, 方程
式 $7\sin^{8n}x + x = 0$ の解の個数は $\boxed{}$ である.

(14 産業医大)

考え方 空欄補充問題用の解答として多くの人が書く
のは以下である. 論述用としては好ましくない.

$\sin^{8n}x = -\dfrac{x}{7}$ を考える.

$0 \leq \sin^{8n}x \leq 1$ だから $0 \leq -\dfrac{x}{7} \leq 1$,

よって $-7 \leq x \leq 0$ で考える. $2\pi = 6.28\cdots$ で 7 に近
い. $\dfrac{5\pi}{2} = 7.85\cdots$ だから

$$-\frac{5\pi}{2} < -7 < -2\pi$$

である. 図1より, 5 個の交点を持つ.

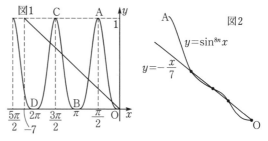

安田老人に解かせたら「手が震えてねえ, ワシのグ
ラフは〜図2だ〜. O と A の間では 3 回交わる. 全部
で 7 個だ」と言ったらどうするか？図1も, 図2も「先
入観で描いた」に過ぎず, 数学的根拠が示されていな
い. 交点の個数には凹凸が影響する. 数学 II の三角関
数のグラフでは $y = \cos^2 x$ のグラフは扱うがそれは
$y = \dfrac{1}{2}(1 + 2\cos 2x)$ のグラフから導いているに過ぎ
ない. 8 乗も同じだろうとは, 単なる推測である. だい
たい, グラフでいいのなら $\log x \leq x - 1$ を示すのも,
$e^x \geq 1 + x$ を示すのも, グラフでいいはずで, 差をとっ
て微分する必要などなくなる. えっ駄目だって？差を
とって微分すれば簡単に示せるから？つまり, 簡単に示
せるときは式でやる, 式で簡単にはいかない場合には都
合のいいグラフを描いて図でやるって？

本問も, もちろん, 式でやるのである.

このまま差を取って微分してもうまくいかない. $\log$
をとり, 指数を肩から下ろしてやる.

▶解答◀ $\sin^{8n}x = -\dfrac{x}{7}$
の解を考える.

$0 \leq \sin^{8n}x \leq 1$ だから $0 \leq -\dfrac{x}{7} \leq 1$

である. よって $-7 \leq x \leq 0$ で考える. 負の変数は扱い
にくいので $x = -t$ $(0 \leq t \leq 7)$ とおく.

$$\sin^{8n}t = \frac{t}{7} \quad \cdots\cdots\cdots\cdots\cdots①$$

$t = 0$ は解である. $t = \pi$, 2π は解ではない.

$$0 < t \leq 7, \ t \neq \pi, \ t \neq 2\pi \quad \cdots\cdots\cdots\cdots②$$

で考える．① の両辺の $\log_e$ をとる．

$$8n\log|\sin t| = \log t - \log 7$$

となる．$f(t) = 8n\log|\sin t| - \log t + \log 7$ とおく．

$$f'(t) = 8n \cdot \frac{\cos t}{\sin t} - \frac{1}{t}$$

$$f''(t) = 8n \cdot \frac{-\sin^2 t - \cos^2 t}{\sin^2 t} + \frac{1}{t^2}$$

$$= 8n \cdot \frac{-1}{\sin^2 t} + \frac{1}{t^2} = \frac{\sin^2 t - 8nt^2}{t^2 \sin^2 t}$$

となる．ここで，一般に $|\sin x| \leqq |x|$ が成り立つことを用いる．② では

$$\sin^2 t < t^2 \leqq 8nt^2$$

だから，$f''(t) < 0$ である．すなわち

$$0 < t < \pi,\ \pi < t < 2\pi,\ 2\pi < t < 7$$

の各区間では曲線 $y = f(t)$ は上に凸である．
$|\sin t| \leqq |t|$ だから

$$f(t) = 8n\log|\sin t| - \log t + \log 7$$

$$\leqq 8n\log|\sin t| - \log|\sin t| + \log 7$$

$$= \log 7 + (8n-1)\log|\sin t|$$

$t \to +0,\ t \to \pi,\ t \to 2\pi$ では $\log|\sin t| \to -\infty$ だから $f(t) \to -\infty$ となる．

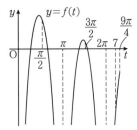

$$f\left(\frac{\pi}{2}\right) = 8n - \log\frac{\pi}{14}$$

において $\log\frac{\pi}{14} < \log e < 1 < 8n$ だから $f\left(\frac{\pi}{2}\right) > 0$ である．同様に $f\left(\frac{3\pi}{2}\right) > 0$ である．さらに

$$f\left(\frac{9\pi}{4}\right) = -4n\log 2 - \log\frac{9\pi}{28}$$

において $\frac{9\pi}{28} > 1$ だから $f\left(\frac{9\pi}{4}\right) < 0$

$$f'\left(\frac{9\pi}{4}\right) = 8n - \frac{4}{9\pi}$$

において $\frac{4}{9\pi} < 1 < 8n$ だから $f'\left(\frac{9\pi}{4}\right) > 0$ である．
よって $2\pi < t \leqq 7 < \frac{4}{9\pi}$ では増加して $f(t) < 0$ であり，この区間に $f(t) = 0$ の解はない．② を満たす解は4個あるから，求める解の個数は **5** である．

《不等式の証明 1》

16. 以下の問いに答えよ．

（1） 正の実数 a, b, c について，不等式

$$\frac{\log a}{a} + \frac{\log b}{b} + \frac{\log c}{c} < \log 4$$

が成立することを示せ．ただし，$\log$ は自然対数とし，必要なら $e > 2.7$ および $\log 2 > 0.6$ を用いてもよい．

（2） 自然数 a, b, c, d の組で

$$a^{bc}b^{ca}c^{ab} = d^{abc},\ a \leqq b \leqq c,\ d \geqq 3$$

を満たすものをすべて求めよ． （14 熊本大・医）

▶解答◀ （1） $f(x) = \dfrac{\log x}{x}$ とおく．

$$f'(x) = \frac{\frac{1}{x} \cdot x - (\log x) \cdot 1}{x^2} = \frac{1 - \log x}{x^2}$$

x	0	$\cdots$	e	$\cdots$
$f'(x)$		$+$	0	$-$
$f(x)$		↗		↘

$f(x)$ は上のように増減し，$f(x)$ の最大値は $f(e) = \dfrac{1}{e}$ である．

$$f(a) \leqq \frac{1}{e},\ f(b) \leqq \frac{1}{e},\ f(c) \leqq \frac{1}{e}$$

$$f(a) + f(b) + f(c) \leqq \frac{3}{e}$$

ここで，

$$\log 4 - \frac{3}{e} = \frac{2e\log 2 - 3}{e} > \frac{2 \cdot 2.7 \cdot 0.6 - 3}{e}$$

$$= \frac{0.24}{e} > 0$$

であるから，

$$f(a) + f(b) + f(c) \leqq \frac{3}{e} < \log 4$$

（2） $a^{bc}b^{ca}c^{ab} = d^{abc}$
の両辺の自然対数をとると，

$$bc\log a + ca\log b + ab\log c = abc\log d$$

両辺を $abc > 0$ で割ると，

$$\frac{\log a}{a} + \frac{\log b}{b} + \frac{\log c}{c} = \log d$$

$$f(a) + f(b) + f(c) = \log d$$

である．ここで，（1）の不等式を用いると

$$\log d = f(a) + f(b) + f(c) < \log 4$$

$$\log d < \log 4 \qquad \therefore\ d < 4$$

条件の $d \geqq 3$ とから $3 \leqq d < 4$ となる．d は自然数だから $d = 3$ である．

$$f(a) + f(b) + f(c) = \log 3 \quad\cdots\cdots\cdots① $$

である．ここで，

$$f(3) - f(2) = \frac{2\log 3 - 3\log 2}{6} = \frac{\log 9 - \log 8}{6} > 0$$

であることと，$f(x)$ のグラフから，自然数 n に対して $f(n)$ の最大値は $f(3) = \dfrac{\log 3}{3}$ である．

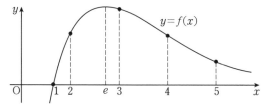

$$f(a) \leqq \frac{\log 3}{3}, \ f(b) \leqq \frac{\log 3}{3}, \ f(c) \leqq \frac{\log 3}{3}$$

$$f(a) + f(b) + f(c) \leqq \log 3$$

で，等号は $a = b = c = 3$ のときに限るから，① になるのは $a = b = c = 3$ のときに限る．求める a, b, c, d は $\boldsymbol{a = 3}, \boldsymbol{b = 3}, \boldsymbol{c = 3}, \boldsymbol{d = 3}$ である．

《不等式の証明 2》

17. 以下の問いに答えよ．

（1） n を自然数，a を正の定数として，

$$f(x) = (n+1)\{\log(a+x) - \log(n+1)\}$$
$$- n(\log a - \log n) - \log x$$

とおく．$x > 0$ における関数 $f(x)$ の極値を求めよ．ただし，対数は自然対数とする．

（2） n が 2 以上の自然数のとき，次の不等式が成り立つことを示せ．

$$\frac{1}{n} \sum_{k=1}^{n} \frac{k+1}{k} > (n+1)^{\frac{1}{n}}$$

（14 東北大・理系）

▶解答◀ （1） $f'(x) = \dfrac{n+1}{a+x} - \dfrac{1}{x}$

$$= \frac{nx - a}{x(x+a)}$$

より，増減は以下のようになる．

x	0	$\cdots$	$\dfrac{a}{n}$	$\cdots$
$f'(x)$		$-$	0	$+$
$f(x)$		$\searrow$		$\nearrow$

よって極値は，極小値で

$$f\left(\frac{a}{n}\right) = (n+1)\left\{\log\left(a + \frac{a}{n}\right) - \log(n+1)\right\}$$
$$- n(\log a - \log n) - \log \frac{a}{n}$$

$$= (n+1) \log \frac{a + \dfrac{a}{n}}{n+1} - n \log \frac{a}{n} - \log \frac{a}{n}$$

$$= (n+1) \log \frac{a}{n} - (n+1) \log \frac{a}{n} = \boldsymbol{0}$$

（2） $a_k = \dfrac{k+1}{k}$ とおくと，

$$a_1 \cdot a_2 \cdot a_3 \cdots a_n = \frac{2}{1} \cdot \frac{3}{2} \cdot \frac{4}{3} \cdots \cdots \frac{n+1}{n} = n+1$$

だから証明すべき不等式は

$$\frac{a_1 + a_2 + \cdots + a_n}{n} > (a_1 a_2 \cdots a_n)^{\frac{1}{n}} \quad \cdots\cdots\cdots①$$

である．この式の両辺の $\log_e$ をとって同値変形する．

$$\log \frac{a_1 + a_2 + \cdots + a_n}{n}$$
$$> \frac{1}{n}(\log a_1 + \log a_2 + \cdots + \log a_n)$$

さらに n を掛けて

$$n\{\log(a_1 + \cdots + a_n) - \log n\}$$
$$> \log a_1 + \log a_2 + \cdots + \log a_n \quad \cdots\cdots\cdots②$$

である．② を数学的帰納法で証明しようと思うが，しかし，（1）の利用の仕方が定かでない．そこで ② の n を $n+1$ にした式を作ってみる．

$$(n+1)\{\log(a_1 + \cdots + a_{n+1}) - \log(n+1)\}$$
$$> \log a_1 + \log a_2 + \cdots + \log a_n + \log a_{n+1} \quad \cdots③$$

となる．不等式として正しいか間違いかは別にして，③ $-$ ② を（不等号の向きはそのまま）作ってみると

$$(n+1)\{\log(a_1 + \cdots + a_{n+1}) - \log(n+1)\}$$
$$- n\{\log(a_1 + \cdots + a_n) - \log n\} > \log a_{n+1}$$

となる．おお，これは（1）の $f(x)$ で，

$$a = a_1 + \cdots + a_n, \ x = a_{n+1}$$

として得られる式と似ている形である．これで利用の仕方がわかった．

以下，② を数学的帰納法で証明する．

$$\frac{1}{2}(a_1 + a_2) - \sqrt{a_1 a_2} = \frac{1}{2}\left(\sqrt{a_1} - \sqrt{a_2}\right)^2 > 0$$

だから ① は $n = 2$ で成り立つ．① と同値な ② も $n = 2$ で成り立つ．② が $n = m$ で成り立つとする．

$$m\{\log(a_1 + \cdots + a_m) - \log m\}$$
$$> \log a_1 + \log a_2 + \cdots + \log a_m \quad \cdots\cdots\cdots④$$

である．ところで，（1）の $f(x)$ で，極小かつ最小値は 0 であったから，$f(x) \geqq 0$ が成り立つ．

$$(n+1)\{\log(a+x) - \log(n+1)\}$$
$$- n(\log a - \log n) - \log x \geqq 0$$

ここで $n = m, \ a = a_1 + \cdots + a_m, \ x = a_{m+1}$ とおくと

$$(m+1)\{\log(a_1 + \cdots + a_m + a_{m+1}) - \log(m+1)\}$$
$$- m\{\log(a_1 + \cdots + a_m) - \log m\}$$
$$\geqq \log a_{m+1} \quad \cdots\cdots\cdots\cdots\cdots\cdots\cdots⑤$$

④ $+$ ⑤ を作ると

$$(m+1)\{\log(a_1 + \cdots + a_m + a_{m+1}) - \log(m+1)\}$$
$$> \log a_1 + \log a_2 + \cdots + \log a_m + \log a_{m+1}$$

よって ② は $n = m+1$ でも成り立つから数学的帰納法により証明された．

注意 【もっと早い方法】②を証明するのに，この方法は悲しい．通常は次のようにする．$y = \log x$ の x 座標が t の点における接線は曲線 $y = \log x$ より上方にあるから，任意の正の数 x に対して

$$\log x \leqq \frac{1}{t}(x - t) + \log t$$

が成り立つ．等号は $x = t$ のときだけ成り立つ．上で定めた a_k に対して

$$\log a_k \leqq \frac{1}{t}(a_k - t) + \log t$$

が成り立つ．$k = 1, 2, \cdots, n$ とした式を辺ごとに加えると

$$\log a_1 + \log a_2 + \cdots + \log a_n$$
$$\leqq \frac{1}{t}(a_1 + a_2 + \cdots + a_n - nt) + n\log t$$

ここで $t = \dfrac{a_1 + a_2 + \cdots + a_n}{n}$ とおくと

$$\log a_1 + \log a_2 + \cdots + \log a_n$$
$$\leqq n\log \frac{a_1 + a_2 + \cdots + a_n}{n}$$

これは②と同値である．なお，$a_1 \neq a_2$ だから $n \geqq 2$ のとき，上の等号は成立しない．

弘前大にこの方針の問題があるので，参照してほしい．

《抽象的な関数と面積》

18. 実数全体を定義域とする関数 $f(x)$ は奇関数で微分可能であるとする．さらに，$f'(x)$ も微分可能で $f'(0) = 0$ を満たし，$x > 0$ の範囲で $f''(x) > 0$ であるとする．$y = f(x)$ のグラフを C_1，C_1 を x 軸方向に a，y 軸方向に $f(a)$ だけ平行移動した曲線を C_2 とする．ただし，a は正の定数とする．

（1） $f(0)$ の値を求めよ．

（2） $f'(x)$ は偶関数であることを示せ．

（3） C_1 と C_2 の共有点の個数が2個であることを示し，その2点の x 座標を求めよ．

（4） C_1 と C_2 で囲まれる図形の面積を $S(a)$ とする．a が $0 < a \leqq 3$ の範囲を動くとき，$S(a)$ を最大にする a の値を求めよ．

(15 北里大・医)

考え方 面積の最大値・最小値を求める際に，原始関数を具体的に求める必要があるのかどうか，と言う問題がある．結局積分したものを微分するのだから，原始関数がどのようなものなのかは必要がない．今回の場合は抽象的な関数だから，原始関数はもちろん定まらない．

▶解答◀ （1） $f(x)$ は奇関数であるから

$$f(x) = -f(-x) \quad \cdots\cdots\cdots① $$

$x = 0$ のとき $f(0) = -f(-0)$ 　　 $\therefore$ 　 $f(0) = \mathbf{0}$

（2） ①の両辺を微分して

$$f'(x) = (-1) \cdot (-f'(-x))$$
$$f'(x) = f'(-x)$$

したがって $f'(x)$ は偶関数である．

（3） $C_1 : y = f(x)$ であり，C_1 を $(a, f(a))$ だけ移動した C_2 は

$$C_2 : y = f(x - a) + f(a)$$

C_1 と C_2 を連立させて

$$f(x) = f(x - a) + f(a)$$

となり，$g(x) = f(x) - f(x - a) - f(a)$ とおくと

$$g'(x) = f'(x) - f'(x - a)$$

$f'(x)$ は偶関数であるから

$$f'(x) = f'(\pm x)$$
$$f'(x) = f'(|x|)$$

また $f'(x - a) = f'(|x - a|)$

$$g'(x) = f'(|x|) - f'(|x - a|)$$

平均値の定理を用いる．

$$f'(|x|) - f'(|x - a|)$$
$$= (|x| - |x - a|)f''(c)$$

となる c が存在する．c は $|x|$ と $|x - a|$ の間の数で $|x|$ と $|x - a|$ の少なくとも一方は正だから $c > 0$ である．

$$g'(x) = \frac{x^2 - (x - a)^2}{|x| + |x - a|} f''(c)$$
$$= \frac{a(2x - a)}{|x| + |x - a|} f''(c)$$

x	$\cdots$	$\dfrac{a}{2}$	$\cdots$
$g'(x)$	$-$	0	$+$
$g(x)$	$\searrow$		$\nearrow$

$g(x)$ は上のように増減し，$g(0) = 0$，$g(a) = 0$ より C_1 と C_2 は $x = 0, a$ のとき以外で交点を持たないから，交点の x 座標は $x = \mathbf{0, a}$ である．$0 < x < a$ で $g(x) < 0$ である．

（4） $f(x)$ の原始関数を $F(x)$ とすると

$$S(a) = \int_0^a \{-g(x)\}\, dx$$
$$= \int_0^a \{f(x - a) + f(a) - f(x)\}\, dx$$
$$= \Big[F(x - a) + f(a)x - F(x) \Big]_0^a$$
$$= F(0) + af(a) - F(a) - F(-a) + F(0)$$

$$= 2F(0) - F(a) - F(-a) + af(a)$$
$$S'(a) = -F'(a) + F'(-a) + af'(a) + f(a)$$

$F'(x) = f(x)$ より $F'(-x) = f(-x)$ であり, $f(x)$ は奇関数だから $F'(-x) = -f(-x)$ となる.

$$S'(a) = -f(a) - f(a) + af'(a) + f(a)$$
$$= af'(a) - f(a)$$

$f(0) = 0$ から $S'(0) = 0$ である.

$$S''(a) = f'(a) + af''(a) - f'(a) = af''(a)$$

$0 < a < 3$ では $f''(a) > 0$ だから $S''(a) > 0$ である. $S'(a)$ は増加関数で $S'(0) = 0$ だから $0 < a < 3$ で $S'(a) > 0$ である. $S(a)$ は増加関数だから $a = 3$ で最大になる.

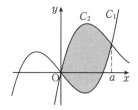

注意 1988 年の名古屋大に類題がある.

《最短距離で答えに辿り着く》

19. 平面上に, 下図のように, 一辺の長さが $\sqrt{3}$ の正三角形 ABC と, 正三角形 ABC をその重心 G のまわりに角度 $\theta\left(0 < \theta < \frac{2}{3}\pi\right)$ 回転させてできる正三角形 A′B′C′ がある. また, 正三角形 ABC で囲まれる部分と正三角形 A′B′C′ で囲まれる部分の共通部分, 図の影をつけた六角形の面積を $S(\theta)$ とおく. 次の問いに答えよ.

(1) $S(\theta)$ を θ の式で表せ.

(2) $S(\theta)$ の最小値とそのときの θ の値を求めよ.

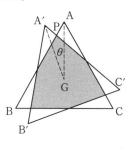

(20 藤田医科大・後期／改題)

考え方 古くからある有名問題である. 正弦定理などの公式に振り回された解法が連綿として受け継がれているが, 単純に考えた方がよい. 正弦定理無用, まして, $1 + \tan^2\theta = \frac{1}{\cos^2\theta}$ に用はない. 原題はとんでもない

方向に誘導してあった. 改題として扱う. 昔の書籍を見ると, 誰一人, 内接円に着目した解答を書いていない. 皆, 扱いが分からず, 右往左往したのである. 私は, 内接円に着目した日のことをよく覚えている. 印刷に回すために, 綺麗な図を描こうとしたのである. 外接円だけだと不安定だ. コンパスで内接円と外接円を描き, 頂点を少しずつずらしていけばよい.

▶解答◀ (1) まず, 全体をつかむために, 図1を見よ. 正三角形を回転すると, 頂点は, その外接円の周上を動く. さらに, 三角形の辺は内接円に接して動く. 正三角形では内心と外心と重心は一致する. G は外心である.

本質は内接円である. 図の D は辺と内接円の接点である. 他も, 説明が面倒だから図を見よ. 角は度数法で書く. AC を G の周りに 120° 回転したものが BA, D を G の周りに 120° 回転したものが E, $\angle DGE = 120°$ である. 内接円の半径 $r = \frac{1}{2}$ である. 三角形 GAE は 60 度定規である. 線が交錯するから GA は結ばず GC を結んでいる. 三角形 GDC も 60 度定規である. 以上は 120 度回転の話であった.

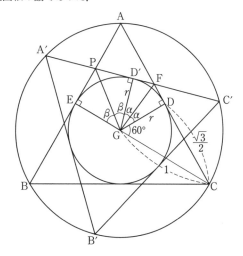

以下は θ 回転の話である. AC を G の周りに θ 回転したものが A′C′ である. D を G の周りに θ 回転したものが D′ である. 図のように α, β をとる. $2\alpha + 2\beta = 120°$, $\theta = 2\alpha$ であるから, $\alpha = \frac{\theta}{2}$, $\beta = 60° - \frac{\theta}{2}$ となる. これで道具は揃った.

$$S(\theta) = 6(\triangle GD'F + \triangle GD'P)$$
$$= 6\left(\frac{1}{2}r \cdot r\tan\alpha + \frac{1}{2}r \cdot r\tan\beta\right)$$
$$= \frac{3}{4}\left(\frac{\sin\alpha}{\cos\alpha} + \frac{\sin\beta}{\cos\beta}\right)$$
$$= \frac{3}{4} \cdot \frac{\sin\alpha\cos\beta + \cos\alpha\sin\beta}{\cos\alpha\cos\beta}$$

$$= \frac{3}{2} \cdot \frac{\sin(\alpha+\beta)}{\cos(\alpha+\beta)+\cos(\alpha-\beta)}$$

$$= \frac{3}{2} \cdot \frac{\sin 60°}{\cos 60°+\cos(\alpha-\beta)}$$

$\beta = 60° - \alpha$ を代入し，$2\alpha = \theta$ を用いれば

$$S(\theta) = \frac{3}{2} \cdot \frac{\sqrt{3}}{1+2\cos(\theta-60°)}$$

ラジアンに戻す．

$$S(\theta) = \frac{3}{2} \cdot \frac{\sqrt{3}}{1+2\cos\left(\theta-\dfrac{\pi}{3}\right)}$$

（2） $\theta = \dfrac{\pi}{3}$ のときに最小値 $\dfrac{\sqrt{3}}{2}$ をとる．

注意 【内接円から考えよう】

「どうして GF に関して対称になるのか？」と質問する人がいるが，2 つの直角三角形 FGD，FGD′ で，底辺の長さが等しくて斜辺が共通であり，合同になるからである．中学生レベルである．
原題は次である．

平面上に，下図のように，一辺の長さが $\sqrt{3}$ の正三角形 ABC と，正三角形 ABC をその重心 G のまわりに角度 $\theta\left(0 \leqq \theta \leqq \dfrac{2}{3}\pi\right)$ 回転させてできる正三角形 A′B′C′ がある．$\theta = 0$ のときに頂点 A と頂点 A′，頂点 B と頂点 B′，頂点 C と頂点 C′ が各々重なっていて，$\theta = \dfrac{2}{3}\pi$ のときに頂点 A′ が頂点 B に重なる向きに回転させるとする．$0 < \theta < \dfrac{2}{3}\pi$ のとき，辺 AB と辺 A′C′ との交点を P とする．$u = \tan\dfrac{\theta}{2}$ とし，線分 AP の長さを u の関数 $l(u)$ とおく．また，正三角形 ABC で囲まれる部分と正三角形 A′B′C′ で囲まれる部分の共通部分の面積を u の関数 $S(u)$ とおく．次の問いに答えよ．

（1） 線分 AA′ の長さを u の式で表せ．

（2） $l(u)$ を u の式で表せ．

（3） $\displaystyle\lim_{u \to \sqrt{3}} l(u)$ の値を求めよ．

（4） $S(u)$ を u の式で表せ．

（5） $S(u)$ の増減を調べ，最小値とそのときの θ の値を求めよ．

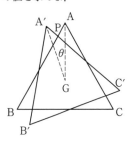

►解答◄ （1） 点の説明などは図を見よ．

図1

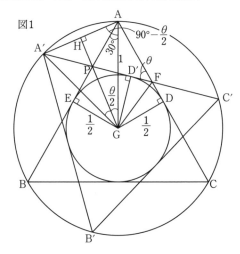

 AC を G の周りに θ 回転したものが A′C′ である．したがって図の $\angle AFA′ = \theta$ である．$\angle AGA′ = \theta$ である．H は AA′ の中点である．

$$AA′ = 2AH = 2GA\sin\frac{\theta}{2} = 2\sin\frac{\theta}{2}$$

図2

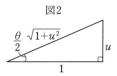

図 2 を見よ．底辺が 1，立辺が u，斜辺が $\sqrt{1+u^2}$ の直角三角形を考え

$$\cos\frac{\theta}{2} = \frac{1}{\sqrt{1+u^2}}, \ \sin\frac{\theta}{2} = \frac{u}{\sqrt{1+u^2}} \quad \cdots\cdots ①$$

$$AA′ = \frac{2u}{\sqrt{1+u^2}}$$

（2） $\angle AGH = \dfrac{\theta}{2}$ だから $\angle GAH = 90° - \dfrac{\theta}{2}$ である．$\angle GAE = 30°$ であるから，これを引いて $\angle PAH = 60° - \dfrac{\theta}{2}$ である．

$$l(u) = PA = \frac{AH}{\cos\left(60° - \dfrac{\theta}{2}\right)}$$

$$= \frac{\sin\dfrac{\theta}{2}}{\dfrac{1}{2}\cos\dfrac{\theta}{2} + \dfrac{\sqrt{3}}{2}\sin\dfrac{\theta}{2}}$$

$$= \frac{\tan\dfrac{\theta}{2}}{\dfrac{1}{2} + \dfrac{\sqrt{3}}{2}\tan\dfrac{\theta}{2}} = \frac{2u}{1+\sqrt{3}u}$$

（3） $\displaystyle\lim_{u \to \sqrt{3}} l(u) = \frac{2\sqrt{3}}{1+3} = \frac{\sqrt{3}}{2}$

（4） $\angle FAP = 60°$ であるから，三角形 FAP に正弦定

理を用いて

$$\frac{\text{PF}}{\sin 60°} = \frac{l(u)}{\sin\theta}$$

$$\text{PF} = \frac{\sqrt{3}l(u)}{2\sin\theta}$$

$$S(u) = 6 \cdot \triangle\text{PGF} = 6 \cdot \frac{1}{2}\text{PF} \cdot \text{GD}'$$

$$= 3 \cdot \frac{\sqrt{3}l(u)}{2\sin\theta} \cdot \frac{1}{2} = \frac{3\sqrt{3}}{8} \cdot \frac{l(u)}{\sin\frac{\theta}{2}\cos\frac{\theta}{2}}$$

① を用いて

$$S(u) = \frac{3\sqrt{3}}{8} \cdot \frac{\frac{2u}{1+\sqrt{3}u}}{\frac{u}{1+u^2}} = \frac{3\sqrt{3}(1+u^2)}{4(1+\sqrt{3}u)}$$

（5） $S'(u) = \dfrac{3\sqrt{3}}{4} \cdot \dfrac{2u(\sqrt{3}u+1) - \sqrt{3}(u^2+1)}{(\sqrt{3}u+1)^2}$

$$= \frac{3\sqrt{3}}{4} \cdot \frac{\sqrt{3}u^2 + 2u - \sqrt{3}}{(\sqrt{3}u+1)^2}$$

$$= \frac{3\sqrt{3}}{4} \cdot \frac{(\sqrt{3}u-1)(u+\sqrt{3})}{(\sqrt{3}u+1)^2}$$

$0 < \theta < \dfrac{2}{3}\pi$ より $0 < u < \sqrt{3}$ である.

u	0	$\cdots$	$\dfrac{1}{\sqrt{3}}$	$\cdots$	$\sqrt{3}$
$S'(u)$		$-$	0	$+$	
$S(u)$		$\searrow$		$\nearrow$	

最小値は $S\left(\dfrac{1}{\sqrt{3}}\right) = \dfrac{3\sqrt{3}}{4} \cdot \dfrac{\frac{4}{3}}{2} = \dfrac{\sqrt{3}}{2}$

であり, このとき $\tan\dfrac{\theta}{2} = \dfrac{1}{\sqrt{3}}$, $0 < \dfrac{\theta}{2} < \dfrac{\pi}{3}$ であるから $\theta = \dfrac{\pi}{3}$ である.

《空間図形と微分法》

20. c を 1 より大きい実数とし, 半径 $\dfrac{c}{2}$ の円を底面とする高さ 1 の直円柱を考える. 上面の円の直径 AB を取り, 下面の円周上で B に最も近い点を C とする. 上面の円の中心を O とする. 上面の円周上に点 P を取り, $\angle\text{BOP} = 2\theta$ $\left(0 \leqq \theta \leqq \dfrac{\pi}{2}\right)$ とする. 弦 AP の長さを $f(\theta)$ とし, 点 P から直円柱の側面を通って点 C へ行くときの最短距離を $g(\theta)$ とする.

（1） $f(\theta)$ および $g(\theta)$ を求めよ.

（2） 方程式 $\tan x = cx$ は $0 < x < \dfrac{\pi}{2}$ の範囲にただ 1 つの解 $x = \alpha$ を持つことを示せ.

（3） 点 P が上面の円周上を動くときの $f(\theta) + g(\theta)$ の最大値を（2）の α を用いて表せ.

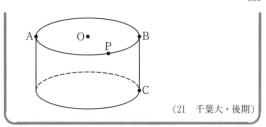

（21 千葉大・後期）

▶解答◀ （1） OA = OP, $\angle\text{BOP} = 2\theta$ であるから, $\angle\text{OAP} = \angle\text{OPA} = \theta$ である. O から AP に下ろした垂線の足を H とすると, AH = PH であるから

$$f(\theta) = \text{AP} = 2\text{AH} = 2 \cdot \frac{c}{2} \cdot \cos\theta = \boldsymbol{c\cos\theta}$$

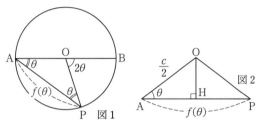

$\overset{\frown}{\text{BP}} = \dfrac{c}{2} \cdot 2\theta = c\theta$ である. $g(\theta)$ は直円柱の側面の展開図を用いて求める. 図 3 を見よ. $\triangle\text{BCP}$ で三平方の定理を用いて

$$g(\theta) = \sqrt{(c\theta)^2 + 1^2} = \sqrt{c^2\theta^2 + 1}$$

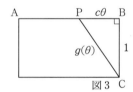

図 3

（2） $h(x) = \tan x - cx$ とおくと

$$h'(x) = \frac{1}{\cos^2 x} - c = \frac{1 - c\cos^2 x}{\cos^2 x}$$

$c > 1$ より $0 < \dfrac{1}{\sqrt{c}} < 1$ であるから, $\cos x = \dfrac{1}{\sqrt{c}}$ を満たす x が $0 < x < \dfrac{\pi}{2}$ にただ 1 つ存在する. それを β とすると, $h(x)$ は表のように増減する.

x	0	$\cdots$	β	$\cdots$	$\dfrac{\pi}{2}$
$h'(x)$		$-$	0	$+$	
$h(x)$		$\searrow$		$\nearrow$	

これと

$$\lim_{x \to +0} h(x) = 0, \quad \lim_{x \to \frac{\pi}{2}-0} h(x) = +\infty$$

であることから, $h(x) = 0$ は $0 < x < \dfrac{\pi}{2}$ にただ 1 つの解 α をもつ.

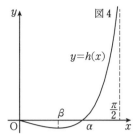

図4

$y=h(x)$

β　α　$\dfrac{\pi}{2}$

（3）　$p(\theta) = f(\theta) + g(\theta)$ とおくと

$$p(\theta) = c\cos\theta + \sqrt{c^2\theta^2 + 1}$$

$0 < \theta < \dfrac{\pi}{2}$ のとき

$$p'(\theta) = -c\sin\theta + \dfrac{c^2\theta}{\sqrt{c^2\theta^2+1}}$$

$$= c \cdot \dfrac{c\theta - \sin\theta\sqrt{c^2\theta^2+1}}{\sqrt{c^2\theta^2+1}}$$

$$= c \cdot \dfrac{c^2\theta^2 - \sin^2\theta(c^2\theta^2+1)}{\sqrt{c^2\theta^2+1}(c\theta + \sin\theta\sqrt{c^2\theta^2+1})}$$

$$= c \cdot \dfrac{c^2\theta^2\cos^2\theta - \sin^2\theta}{\sqrt{c^2\theta^2+1}(c\theta + \sin\theta\sqrt{c^2\theta^2+1})}$$

$$= c \cdot \dfrac{(\cos^2\theta)(c^2\theta^2 - \tan^2\theta)}{\sqrt{c^2\theta^2+1}(c\theta + \sin\theta\sqrt{c^2\theta^2+1})}$$

$$= c \cdot \dfrac{(\cos^2\theta)(c\theta + \tan\theta)(c\theta - \tan\theta)}{\sqrt{c^2\theta^2+1}(c\theta + \sin\theta\sqrt{c^2\theta^2+1})}$$

よって，$p'(\theta)$ の符号と $c\theta - \tan\theta$ の符号が一致するから，（2）を用いると，$p(\theta)$ は表のように増減する．

θ	0	$\cdots$	α	$\cdots$	$\dfrac{\pi}{2}$
$p'(\theta)$		$+$	0	$-$	
$p(\theta)$		$\nearrow$		$\searrow$	

$\tan\alpha = c\alpha$ であることに注意して，$p(\theta)$ の最大値は

$$p(\alpha) = c\cos\alpha + \sqrt{c^2\alpha^2 + 1}$$

$$= \dfrac{\tan\alpha}{\alpha} \cdot \cos\alpha + \sqrt{\tan^2\alpha + 1}$$

$$= \dfrac{\sin\alpha}{\alpha} + \dfrac{1}{\cos\alpha}$$

注意　$C: y = \tan x$，$l: y = cx$ とする．C の O における接線の傾きが 1 であることと，$c > 1$ であることから，図5のように，C と l は $0 < x < \dfrac{\pi}{2}$ にただ 1 つの共有点をもつ．

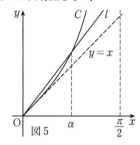

$y=x$

α　$\dfrac{\pi}{2}$

図5

§14　積分法（数式主体）

問題編

《複雑な定積分の計算》

1. $f(x)$ は微分可能な関数とする.

（1）　次の等式が成り立つ定数 A を求めよ.

$$\int_0^\pi x f(\sin x)\,dx = A \int_0^\pi f(\sin x)\,dx$$

（2）　定積分 $\displaystyle\int_0^\pi \frac{x \sin x}{8 + \sin^2 x}\,dx$ を計算せよ.

（3）　次の等式を示せ. ただし, C は積分定数とする.

$$\int e^x \left(f(x) + f'(x) \right)\,dx = e^x f(x) + C$$

（4）　定積分 $\displaystyle\int_0^{\frac{\pi}{4}} \frac{e^x \sqrt{1 + \sin 2x}}{1 + \cos 2x}\,dx$ を計算せよ.　　　　　　　　（22　大教大・前期）

《積分で表された関数の増減》

2. 関数 $f(x) = \displaystyle\int_{\cos x}^{\sin x} \sqrt{1 - t^2}\,dt\ (0 \le x \le 2\pi)$ について, 関数 $f(x)$ の増減, グラフの凹凸を調べて, そのグラフの概形をかきなさい.　　　　　　　　（20　信州大・教育）

《2 変数関数の積分》

3. 関数 $f(x)$ を次のように定める.

$$f(x) = \int_0^{2\pi} x^3 t^2 \sin(xt)\,dt$$

$-10 \le x \le 10$ において $f(x)$ を最大にする x の値をすべて求めよ.　　　　　　　　（19　お茶の水女子大・前期）

《積分方程式》

4. 次の等式を満たす $x > -1$ において定義された微分可能な関数 $f(x)$ を求めよ.

$$f(x) = \log(x + 1) + \int_0^x f(x - t) \sin t\,dt$$

（18　日本医大）

《区分求積法の原理》

5. 極限値 $\displaystyle\lim_{x \to +\infty} \sqrt{x}(\sqrt{1 + x} - \sqrt{x})$ を求めると $\boxed{}$ である. また, 平均値の定理を用いて極限値

$\displaystyle\lim_{n \to +\infty} \sum_{k=1}^{2n} \left| \cos^2\left(\frac{k}{n}\pi\right) - \cos^2\left(\frac{k-1}{n}\pi\right) \right|$ を求めると $\boxed{}$ である.　　　　　　　　（18　福岡大・医）

《格子点と区分求積法》

6. xy 平面において，x, y がともに整数であるとき，点 (x, y) を格子点とよぶ．2 以上の整数 n に対し，

$$0 < x < n, \ 1 < 2^y < \left(1 + \frac{x}{n}\right)^n$$

をみたす格子点 (x, y) の個数を $P(n)$ で表す．以下の問いに答えよ．

（1）不等式

$$\sum_{k=1}^{n-1}\left\{n\log_2\left(1 + \frac{k}{n}\right) - 1\right\} \leqq P(n) < \sum_{k=1}^{n-1} n\log_2\left(1 + \frac{k}{n}\right)$$

を示せ．

（2）極限値 $\displaystyle\lim_{n\to\infty} \frac{P(n)}{n^2}$ を求めよ．

（3）（2）で求めた極限値を L とする．不等式

$$L - \frac{P(n)}{n^2} > \frac{1}{2n}$$

を示せ．

（20　熊本大・医-医）

《数列と区分求積法》

7. 数列 $\{a_n\}$, $\{b_n\}$ を

$$\begin{cases} a_1 = 2 \\ b_1 = 1 \end{cases}, \quad \begin{cases} a_{n+1} = 4a_n - b_n \\ b_{n+1} = a_n + 2b_n \end{cases} \ (n = 1, 2, 3, \cdots)$$

により定義する．以下の設問に答えよ．

（1）a_2, b_2, a_3, b_3 を求めよ．

（2）a_n, a_{n+1}, a_{n+2} の間に成り立つ関係式を求めよ．

（3）$\{a_n\}$ の一般項を求めよ．

（4）$\{b_n\}$ の一般項を求めよ．

（5）数列 $\{c_n\}$ $(n = 1, 2, 3, \cdots)$ を

$$c_n = \frac{a_n}{b_n} - \frac{b_n}{a_n}$$

により定める．このとき，極限値 $\displaystyle\lim_{n\to\infty} \sum_{k=1}^{n} c_{n+k}$ を求めよ．

（19　気象大）

《方程式の解と積分 1》

8. n は 2 以上の偶数とする．n 個の式 $x - k$ $(k = 0, 1, 2, \cdots\cdots, n-1)$ の積を $f_n(x)$ とする．すなわち

$$f_n(x) = x(x-1)(x-2)\cdots\cdots(x-n+1)$$

である．

（1）関数 $y = f_n(x)$ のグラフは y 軸に平行なある直線に関して対称であることを証明せよ．

（2）x の方程式 $f_n(x) = n!$ はちょうど 2 つの実数解をもつことを証明し，その実数解を求めよ．

（3）（2）の実数解を α, β $(\alpha < \beta)$ とするとき

$$\lim_{n\to\infty} \frac{1}{(n+1)!} \int_\alpha^\beta |f_n(x)|\, dx$$

を求めよ．

（18　京都府立医大）

《方程式の解と積分 2》

9. n を自然数とする．関数 $f(x) = \sin^2 x + 4x\sin x + 4\cos x$ を考える．次の問いに答えよ．ただし，必要ならば，$3.1 < \pi < 3.2$ であることを用いてよい．

（1） 開区間 $(2n\pi - 2\pi, 2n\pi)$ において，関数 $f(x)$ の増減を調べ，極値を求めよ．

（2） 不定積分 $\displaystyle\int f(x)\,dx$ を求めよ．

（3） $0 \leqq x \leqq \dfrac{\pi}{6}$ のとき，$\dfrac{3}{\pi}x \leqq \sin x \leqq x$ が成り立つことを示せ．

（4） 開区間 $\left(2n\pi - \dfrac{1}{n\pi}, 2n\pi\right)$ において，方程式 $f(x) = 0$ はただ 1 つの実数解をもつことを示せ．

（5） 各自然数 n に対し，（4）で定まった実数解を p_n とおく．このとき，$\displaystyle\lim_{n\to\infty}\int_{p_n}^{p_{n+1}} f(x)\,dx$ を求めよ．

（21 同志社大・理系）

《珍しい形の積分》

10. 正の整数 n に対して，区間 $0 \leqq x \leqq \dfrac{\pi}{2}$ で連続な関数 $f_n(x)$ を

$$f_n(x) = \begin{cases} a_n & (x = 0) \\ \dfrac{\cos x \sin 2nx}{\sin x} & \left(0 < x \leqq \dfrac{\pi}{2}\right) \end{cases}$$

と定義し，$I_n = \displaystyle\int_0^{\frac{\pi}{2}} f_n(x)\,dx$ と定める．このとき，a_n を n の式で表せ．また，I_1, I_2 さらに I_n の値を求めよ．

（17 山梨大・医）

《e の絡んだ定積分の漸化式》

11. a を正の実数とする．$n = 1, 2, 3, \cdots$ に対して，

$$I_n = \int_0^1 x^{n+a-1}e^{-x}\,dx$$

と定める．次の問いに答えよ．

（1） $n = 1, 2, 3, \cdots$ に対して，$I_n \leqq \dfrac{1}{n+a}$ を示せ．

（2） $n = 1, 2, 3, \cdots$ に対して，$I_{n+1} - (n+a)I_n$ を求めよ．

（3） 極限値 $\displaystyle\lim_{n\to\infty} nI_n$ を求めよ．

（4） 実数 b, c に対して，$J_n = n^3\left(I_n + \dfrac{b}{n} + \dfrac{c}{n^2}\right)$ $(n = 1, 2, 3, \cdots)$ と定める．数列 $\{J_n\}$ が収束するとき，次の問いに答えよ．

  （ i ） b を求めよ．

  （ ii ） c を a の式で表せ．

  （iii） 極限値 $\displaystyle\lim_{n\to\infty} J_n$ を a の式で表せ．

（20 横浜国大・理系）

《tan の絡んだ定積分の漸化式》

12. $I_n = \displaystyle\int_0^{\frac{\pi}{4}} \tan^n x\,dx$ $(n = 1, 2, 3, \cdots)$ とおく．このとき，次の問いに答えよ．

（1） $\tan x \leqq x + 1 - \dfrac{\pi}{4}$ $\left(0 \leqq x \leqq \dfrac{\pi}{4}\right)$ が成り立つことを示せ．

（2） $\displaystyle\lim_{n\to\infty} I_n$ を求めよ．

（3） $I_n + I_{n+2}$ の値を n を用いて表せ．

（4） （3）までの結果を用いて，無限級数 $\displaystyle\sum_{n=1}^{\infty} \dfrac{(-1)^{n+1}}{2n}$ の和を求めよ．

（16 旭川医大）

《定積分の評価》

13. 以下の問に答えよ.

（1） 関数 $f(x)$ は，区間 $0 \leq x \leq 2\pi$ で第 2 次導関数 $f''(x)$ をもち $f''(x) > 0$ をみたしているとする．区間 $0 \leq x \leq \pi$ で関数 $F(x)$ を

$$F(x) = f(x) - f(\pi - x) - f(\pi + x) + f(2\pi - x)$$

と定義するとき，区間 $0 \leq x \leq \dfrac{\pi}{2}$ で $F(x) \geq 0$ であることを示せ.

（2） $f(x)$ を（1）の関数とするとき

$$\int_0^{2\pi} f(x)\cos x\, dx \geq 0$$

を示せ.

（3） 関数 $g(x)$ は，区間 $0 \leq x \leq 2\pi$ で導関数 $g'(x)$ をもち $g'(x) < 0$ をみたしているとする．このとき，

$$\int_0^{2\pi} g(x)\sin x\, dx \geq 0$$

を示せ.

（20　名古屋大・理系）

《ディラックのデルタ関数》

14. n を正の整数とする．以下の問いに答えよ.

（1） 関数 $g(x)$ を次のように定める.

$$g(x) = \begin{cases} \dfrac{\cos(\pi x) + 1}{2} & (|x| \leq 1 \text{のとき}) \\ 0 & (|x| > 1 \text{のとき}) \end{cases}$$

$f(x)$ を連続な関数とし，p, q を実数とする．$|x| \leq \dfrac{1}{n}$ をみたす x に対して $p \leq f(x) \leq q$ が成り立つとき，次の不等式を示せ.

$$p \leq n \int_{-1}^{1} g(nx) f(x)\, dx \leq q$$

（2） 関数 $h(x)$ を次のように定める.

$$h(x) = \begin{cases} -\dfrac{\pi}{2}\sin(\pi x) & (|x| \leq 1 \text{のとき}) \\ 0 & (|x| > 1 \text{のとき}) \end{cases}$$

このとき，次の極限を求めよ.

$$\lim_{n \to \infty} n^2 \int_{-1}^{1} h(nx) \log(1 + e^{x+1})\, dx$$

（15　東大・理科）

《素数の逆数和》

15. すべての素数を小さい順に並べた無限数列を $p_1, p_2, \cdots, p_n, \cdots$ とする.

（1） n を自然数とするとき

$$\sum_{k=1}^{n} \frac{1}{k} < \frac{1 - \left(\dfrac{1}{p_1}\right)^{n+1}}{1 - \dfrac{1}{p_1}} \times \frac{1 - \left(\dfrac{1}{p_2}\right)^{n+1}}{1 - \dfrac{1}{p_2}} \times \cdots \times \frac{1 - \left(\dfrac{1}{p_n}\right)^{n+1}}{1 - \dfrac{1}{p_n}}$$

を証明せよ.

（2） 無限級数 $\displaystyle\sum_{k=1}^{\infty} \left\{ -\log\left(1 - \frac{1}{p_k}\right) \right\}$ は発散することを証明せよ.

（3） 無限級数 $\displaystyle\sum_{k=1}^{\infty} \frac{1}{p_k}$ は発散することを証明せよ.

（14　大阪大・挑戦）

解答編

《複雑な定積分の計算》

1. $f(x)$ は微分可能な関数とする.

(1) 次の等式が成り立つ定数 A を求めよ.

$$\int_0^\pi x f(\sin x)\, dx = A \int_0^\pi f(\sin x)\, dx$$

(2) 定積分 $\displaystyle\int_0^\pi \frac{x \sin x}{8 + \sin^2 x}\, dx$ を計算せよ.

(3) 次の等式を示せ. ただし, C は積分定数とする.

$$\int e^x \left(f(x) + f'(x) \right) dx = e^x f(x) + C$$

(4) 定積分 $\displaystyle\int_0^{\frac{\pi}{4}} \frac{e^x \sqrt{1 + \sin 2x}}{1 + \cos 2x}\, dx$ を計算せよ.

(22 大教大・前期)

▶**解答**◀ (1) $I = \displaystyle\int_0^\pi x f(\sin x)\, dx$ とおく. $t = \pi - x$ とおくと

x	$0 \to \pi$
t	$\pi \to 0$

$dx = -dt,\ \sin x = \sin t$ であるから

$$I = \int_\pi^0 (\pi - t) f(\sin(\pi - t))\, (-dt)$$

$$= \int_0^\pi (\pi - t) f(\sin t)\, dt$$

$$I = \int_0^\pi (\pi - x) f(\sin x)\, dx$$

これと $I = \displaystyle\int_0^\pi x f(\sin x)\, dx$ を辺ごとに加え

$2I = \displaystyle\int_0^\pi \pi f(\sin x)\, dx$ となるから

$I = \dfrac{\pi}{2} \displaystyle\int_0^\pi f(\sin x)\, dx$ となり, $A = \dfrac{\pi}{2}$ である.

(2) $f(x) = \dfrac{x}{8 + x^2},\ J = \displaystyle\int_0^\pi x f(\sin x)\, dx$ とおく.
(1)より

$$J = \frac{\pi}{2} \int_0^\pi f(\sin x)\, dx$$

$$f(\sin x) = \frac{\sin x}{8 + \sin^2 x} = \frac{\sin x}{9 - \cos^2 x}$$

$$= \frac{1}{6} \left(\frac{\sin x}{3 + \cos x} + \frac{\sin x}{3 - \cos x} \right)$$

$$= \frac{1}{6} \left(-\frac{(3 + \cos x)'}{3 + \cos x} + \frac{(3 - \cos x)'}{3 - \cos x} \right)$$

$$J = \frac{\pi}{12} \Big[-\log(3 + \cos x) + \log(3 - \cos x) \Big]_0^\pi$$

$$= \frac{\pi}{12} \left[\log \frac{3 - \cos x}{3 + \cos x} \right]_0^\pi$$

$$= \frac{\pi}{12} \left(\log \frac{4}{2} - \log \frac{2}{4} \right) = \frac{\pi}{6} \log 2$$

(3) $(e^x f(x))' = e^x f(x) + e^x f'(x)$ であるから

$$\int e^x (f(x) + f'(x))\, dx = e^x f(x) + C$$

(4) $\cos x = c,\ \sin x = s$ と略記する. $0 \leqq x \leqq \dfrac{\pi}{4}$
では $c > 0,\ s \geqq 0$

$$e^x \cdot \frac{\sqrt{1 + \sin 2x}}{1 + \cos 2x} = e^x \cdot \frac{\sqrt{(c + s)^2}}{2c^2} = e^x \cdot \frac{c + s}{2c^2}$$

$$= \frac{1}{2} e^x \left(\frac{1}{c} + \frac{s}{c^2} \right) = \frac{1}{2} e^x \left(\frac{1}{c} + \left(\frac{1}{c} \right)' \right)$$

$$= \frac{1}{2} \left(e^x \cdot \frac{1}{c} \right)'$$

求める値は

$$\frac{1}{2} \left[\frac{e^x}{\cos x} \right]_0^{\frac{\pi}{4}} = \frac{e^{\frac{\pi}{4}}}{\sqrt{2}} - \frac{1}{2}$$

《積分で表された関数の増減》

2. 関数 $f(x) = \displaystyle\int_{\cos x}^{\sin x} \sqrt{1 - t^2}\, dt\ (0 \leqq x \leqq 2\pi)$
について, 関数 $f(x)$ の増減, グラフの凹凸を調べ
て, そのグラフの概形をかきなさい.

(20 信州大・教育)

▶**解答**◀ まず x を実数全体で考える.

$$\sin(x + \pi) = -\sin x$$

$$\cos(x + \pi) = -\cos x$$

であるから

$$f(x + \pi) = \int_{-\cos x}^{-\sin x} \sqrt{1 - t^2}\, dt$$

$-t = u$ とおくと $dt = -du$ で

$$f(x + \pi) = \int_{\cos x}^{\sin x} \sqrt{1 - u^2}\, (-du)$$

$$= -\int_{\cos x}^{\sin x} \sqrt{1 - t^2}\, dt = -f(x)$$

$c = \cos x,\ s = \sin x$ とおき

$$\mathrm{P}(c, s)$$

$$\mathrm{Q}\left(\cos\left(\frac{\pi}{2} - x \right), \sin\left(\frac{\pi}{2} - x \right) \right) = (s, c)$$

$$\mathrm{R}\left(\cos\left(x - \frac{\pi}{2} \right), \sin\left(x - \frac{\pi}{2} \right) \right) = (s, -c)$$

とする. $\mathrm{Sec(OPQ)}$ は扇形 OPQ の面積を表す. H, K
などは図 1 を見よ. P のそばの (x) は OP の偏角を表
す. 他も同様に読め. 半円は $Y = \sqrt{1 - t^2}$ である.

(ア) $\dfrac{\pi}{4} \leqq x \leqq \dfrac{\pi}{2}$ のとき

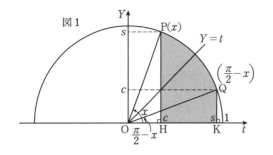

図1

$$f(x) = \mathrm{Sec}(OPQ) + \triangle OQK - \triangle OPH$$
$$= \frac{1}{2} \cdot 1^2 \cdot \left\{ x - \left(\frac{\pi}{2} - x \right) \right\} + \frac{1}{2}cs - \frac{1}{2}cs$$
$$= x - \frac{\pi}{4}$$

（イ） $0 \le x < \frac{\pi}{4}$ のとき，このときは図1でP，Qの位置が逆になり，$0 \le s < c$ となるから，$f(x)$ は図1の網目部分の面積にマイナスをつけたものになる．このときは $x - \frac{\pi}{4} < 0$ であるから，このときも $f(x) = x - \frac{\pi}{4}$ となる．

（ウ） $\frac{\pi}{2} \le x \le \pi$ のとき

$$\cos\left(x - \frac{\pi}{2} \right) = s, \ \sin\left(x - \frac{\pi}{2} \right) = -c$$

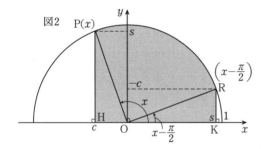

図2

$$f(x) = \mathrm{Sec}(OPR) + \triangle OPH \cdot 2$$
$$= \frac{\pi \cdot 1^2}{4} + \frac{1}{2}(-c)s \cdot 2$$
$$= \frac{\pi}{4} - \frac{1}{2}\sin 2x$$

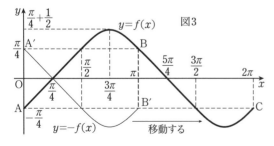

図3

以上から，曲線の弧 AB を得る．これを x 軸に関して折り返し，A′B′：$y = -f(x)$ を得て，これを右に π だけ移動して BC 部分を得る．$0 \le x \le 2\pi$ における曲線 $y = f(x)$ は ABC 部分となる．

$0 \le x \le \frac{\pi}{2}$ のとき，$f(x) = x - \frac{\pi}{4}$

$\frac{\pi}{2} \le x \le \pi$ のとき，$f(x) = \frac{\pi}{4} - \frac{1}{2}\sin 2x$

$\pi \le x \le \frac{3}{2}\pi$ のとき，$f(x) = -\left(x - \frac{5}{4}\pi \right)$

$\frac{3}{2}\pi \le x \le 2\pi$ のとき，$f(x) = -\frac{\pi}{4} + \frac{1}{2}\sin 2x$

増減はグラフのようになる．凹凸は，高校では1次関数の凹凸を扱わない．広義の凸，凹を扱わないから設問として不適切である．$0 \le x \le \frac{\pi}{2}$，$\pi \le x \le \frac{3}{2}\pi$ では広義の凸であり，広義の凹でもある．$\frac{\pi}{2} < x < \pi$ では上に凸，$\frac{3}{2}\pi < x < 2\pi$ では下に凸である．

注 意 【公式】

u, v が x の微分可能な関数であるとき
$$\frac{d}{dx}\int_u^v f(t)\, dt = v' f(v) - u' f(u)$$
である．

【証明】 $F'(t) = f(t)$ として
$$\frac{d}{dx}\int_u^v f(t)\, dt = \frac{d}{dx}\left[F(t) \right]_u^v$$
$$= \frac{d}{dx}(F(v) - F(u))$$
$$= v' F'(v) - u' F'(u)$$
$$= v' f(v) - u' f(u)$$

◆別解◆ $f(x) = \displaystyle\int_{\cos x}^{\sin x} \sqrt{1-t^2}\, dt$

$$f'(x) = \sqrt{1-\sin^2 x}(\sin x)' - \sqrt{1-\cos^2 x}(\cos x)'$$
$$= |\cos x|\cos x + |\sin x|\sin x$$

$0 \le x \le \frac{\pi}{2}$ のとき，
$$f'(x) = \cos^2 x + \sin^2 x = 1, \ f''(x) = 0$$

$\frac{\pi}{2} \le x \le \pi$ のとき，
$$f'(x) = -\cos^2 x + \sin^2 x = -\cos 2x$$
$$f''(x) = 2\sin 2x$$

$\pi \le x \le \frac{3}{2}\pi$ のとき，
$$f'(x) = -\cos^2 x - \sin^2 x = -1, \ f''(x) = 0$$

$\frac{3}{2}\pi \le x \le 2\pi$ のとき，
$$f'(x) = \cos^2 x - \sin^2 x = \cos 2x, \ f''(x) = -2\sin 2x$$

x	0	$\cdots$	$\frac{\pi}{2}$	$\cdots$	$\frac{3}{4}\pi$	$\cdots$	π	$\cdots$	$\frac{3}{2}\pi$	$\cdots$	$\frac{7}{4}\pi$	$\cdots$	2π
$f'(x)$	+		+	0	$-$				$-$	0	+		
$f''(x)$	0	$-$		$-$		0		+			+		
$f(x)$	↗	⌢		↘		↘		↘			↗		

以下では適宜，四分円の面積を考える．
$$f(0) = \int_1^0 \sqrt{1-t^2}\, dt = -\int_0^1 \sqrt{1-t^2}\, dt$$
$$= -\frac{1}{4} \cdot \pi \cdot 1^2 = -\frac{\pi}{4}$$

$$f\left(\frac{\pi}{2}\right) = \int_0^1 \sqrt{1-t^2}\,dt = \frac{\pi}{4}$$

$$f\left(\frac{3}{4}\pi\right) = \frac{\pi}{4} + \frac{1}{2}$$

$$f(\pi) = \int_{-1}^0 \sqrt{1-t^2}\,dt = \frac{\pi}{4}$$

$$f\left(\frac{3}{2}\pi\right) = \int_0^{-1} \sqrt{1-t^2}\,dt = -\frac{\pi}{4}$$

$$f\left(\frac{7}{4}\pi\right) = -\frac{\pi}{4} - \frac{1}{2}$$

$$f(2\pi) = f(0) = -\frac{\pi}{4}$$

以下，C_1 などは積分定数とする．

$0 \leqq x \leqq \dfrac{\pi}{2}$ では，$f'(x) = 1$

$$f(x) = x + C_1$$

$f(0) = -\dfrac{\pi}{4}$ であるから $C_1 = -\dfrac{\pi}{4}$

$$f(x) = x - \frac{\pi}{4}$$

$\dfrac{\pi}{2} \leqq x \leqq \pi$ では，$f'(x) = -\cos 2x$

$$f(x) = -\frac{1}{2}\sin 2x + C_2$$

$f(\pi) = \dfrac{\pi}{4}$ であるから $f(x) = \dfrac{\pi}{4} - \dfrac{1}{2}\sin 2x$

$\pi \leqq x \leqq \dfrac{3}{2}\pi$ では，$f'(x) = -1$

$$f(x) = -x + C_3$$

$f(\pi) = \dfrac{\pi}{4}$ であるから $C_3 = \dfrac{5}{4}\pi$

$$f(x) = -x + \frac{5}{4}\pi$$

$\dfrac{3}{2}\pi \leqq x \leqq 2\pi$ では，$f'(x) = \cos 2x$

$$f(x) = \frac{1}{2}\sin 2x + C_4$$

$f(2\pi) = -\dfrac{\pi}{4}$ であるから $C_4 = -\dfrac{\pi}{4}$

$$f(x) = \frac{1}{2}\sin 2x - \frac{\pi}{4}$$

《2 変数関数の積分》

3. 関数 $f(x)$ を次のように定める．

$$f(x) = \int_0^{2\pi} x^3 t^2 \sin(xt)\,dt$$

$-10 \leqq x \leqq 10$ において $f(x)$ を最大にする x の値をすべて求めよ．　　（19　お茶の水女子大・前期）

考え方　u, v が x の関数で，$f(t)$ が x を含まないとき

$$\frac{d}{dx}\int_u^v f(t)\,dt = v' f(v) - u' f(u) \quad\cdots\cdots\cdots\text{Ⓐ}$$

を使って積分する前に微分できる．ただし，積分記号の中から x を追い出さないといけない．

►解答◄　$xt = u$ とおく．（$t = \dfrac{u}{x}$ と解きたいが，$x = 0$ だと困る）

（ア）　$x = 0$ のとき $x^3 t^2 \sin xt = 0$

$$f(0) = \int_0^{2\pi} 0 \cdot dt = 0$$

（イ）　$x \neq 0$ のとき．$t = \dfrac{u}{x}$ であり $dt = \dfrac{1}{x}\,du$

$t : 0 \to 2\pi$ のとき $u : 0 \to 2\pi x$

$$f(x) = \int_0^{2\pi x} x u^2 \sin u \cdot \frac{1}{x}\,du$$

$$f(x) = \int_0^{2\pi x} u^2 \sin u\,du$$

これを微分して

$$f'(x) = 2\pi(2\pi x)^2 \sin 2\pi x \quad\cdots\cdots\cdots\cdots\text{①}$$

$$\int u^2 \sin u\,du$$

$$= \int u^2 (-\cos u)'\,du$$

$$= u^2(-\cos u) - \int (u^2)'(-\cos u)\,du$$

$$= -u^2 \cos u + 2\int u \cos u\,du$$

$$= -u^2 \cos u + 2\int u(\sin u)'\,du$$

$$= -u^2 \cos u + 2u\sin u - 2\int (u)'\sin u\,du$$

$$= -u^2 \cos u + 2u\sin u + 2\cos u + C$$

（C は積分定数）

$$f(x) = \Big[-u^2 \cos u + 2u\sin u + 2\cos u \Big]_0^{2\pi x}$$

$$= -(2\pi x)^2 \cos 2\pi x$$

$$\qquad + 2 \cdot 2\pi x \sin 2\pi x + 2\cos 2\pi x - 2 \quad\cdots\cdots\cdots\text{②}$$

これは $x = 0$ を含めて成り立つ．$f(x)$ は偶関数である．①で，$f'(x) = 0$，$x > 0$ のとき $2\pi x = m\pi$（m は自然数）で $x = \dfrac{m}{2}$ となる．

x	0	$\cdots$	$\dfrac{1}{2}$	$\cdots$	1	$\cdots$	$\dfrac{3}{2}$	$\cdots$	2
$f'(x)$		+	0	−	0	+	0	−	
$f(x)$		↗		↘		↗		↘	

$x > 0$ で $f(x)$ が極大になるのは，$x = \dfrac{1}{2}, \dfrac{3}{2}, \cdots$ である．その値を，$a_k = \dfrac{1}{2} + k$（k は 0 以上の整数）とする．

$$f(a_k) = -(2\pi a_k)^2 \cos((2k+1)\pi)$$

$$\qquad + 2(2\pi a_k)\sin((2k+1)\pi)$$

$$\qquad + 2\cos((2k+1)\pi) - 2$$

$$= (2\pi a_k)^2 - 4$$

これが最大になる a_k（$0 < a_k \leqq 10$）は $\dfrac{1}{2} + 9$ である．

$-10 \leqq x \leqq 0$ も考えて，求める $x = \pm\dfrac{19}{2}$

注意 Ⓐ の証明：$F'(t) = f(t)$ として

$$\frac{d}{dx}\int_u^v f(t)\,dt = \frac{d}{dx}\Big[F(t)\Big]_u^v$$

$$= \frac{d}{dx}\{F(v) - F(u)\} = v'F'(v) - u'F'(u)$$

$$= v'f(v) - u'f(u)$$

《積分方程式》

4. 次の等式を満たす $x > -1$ において定義された微分可能な関数 $f(x)$ を求めよ．

$$f(x) = \log(x+1) + \int_0^x f(x-t)\sin t\,dt$$

(18 日本医大)

▶解答◀ $g(x) = \displaystyle\int_0^x f(x-t)\sin t\,dt$ とおく．

$x - t = s$ とおくと $\dfrac{ds}{dt} = -1$ より $-dt = ds$

t	$0 \to x$
s	$x \to 0$

このとき $g(x) = \displaystyle\int_0^x f(x-t)\sin t\,dt$

$$= \int_x^0 f(s)\sin(x-s)\,(-ds)$$

$$= \int_0^x f(s)\sin(x-s)\,ds$$

$$= \int_0^x f(s)(\sin x\cos s - \cos x\sin s)\,ds$$

$$= \sin x\int_0^x f(s)\cos s\,ds$$

$$\qquad - \cos x\int_0^x f(s)\sin s\,ds \quad\cdots\cdots\cdots①$$

となる．このとき

$$g'(x) = \cos x\int_0^x f(s)\cos s\,ds + \sin x\cdot f(x)\cos x$$

$$\qquad + \sin x\int_0^x f(s)\sin s\,ds - \cos x\cdot f(x)\sin x$$

$$= \cos x\int_0^x f(s)\cos s\,ds$$

$$\qquad + \sin x\int_0^x f(s)\sin s\,ds \quad\cdots\cdots\cdots②$$

$$g''(x) = -\sin x\int_0^x f(s)\cos s\,ds + \cos^2 x\cdot f(x)$$

$$\qquad + \cos x\int_0^x f(s)\sin s\,ds + \sin^2 x\cdot f(x)$$

$$= -\sin x\int_0^x f(s)\cos s\,ds$$

$$\qquad + \cos x\int_0^x f(s)\sin s\,ds + f(x) \quad\cdots\cdots③$$

①，③ より

$$g(x) + g''(x) = f(x) \quad\cdots\cdots\cdots\cdots\cdots\cdots④$$

であり $g(x) = f(x) - \log(x+1)$ を代入して

$$\{f(x) - \log(x+1)\} + g''(x) = f(x)$$

$$g''(x) = \log(x+1)$$

x で不定積分して

$$g'(x) = (x+1)\log(x+1) - (x+1) + C_1$$

ただし C_1 は積分定数である．② より $g'(0) = 0$ だから

$$g'(0) = -1 + C_1 = 0 \qquad \therefore\quad C_1 = 1$$

よって

$$g'(x) = (x+1)\log(x+1) - x \quad\cdots\cdots\cdots\cdots⑤$$

ここで

$$\int (x+1)\log(x+1)\,dx$$

$$= \int \left\{\frac{(x+1)^2}{2}\right\}'\log(x+1)\,dx$$

$$= \frac{1}{2}(x+1)^2\log(x+1)$$

$$\qquad - \int \frac{(x+1)^2}{2}\{\log(x+1)\}'\,dx$$

$$= \frac{1}{2}(x+1)^2\log(x+1) - \int \frac{(x+1)}{2}\,dx$$

$$= \frac{1}{2}(x+1)^2\log(x+1) - \frac{(x+1)^2}{4} + C_2$$

ただし C_2 は積分定数である．⑤ を x で不定積分して

$$g(x) = \frac{1}{2}(x+1)^2\log(x+1)$$

$$\qquad - \frac{(x+1)^2}{4} - \frac{x^2}{2} + C_2$$

① より $g(0) = 0$ であるから

$$g(0) = -\frac{1}{4} + C_2 = 0 \qquad \therefore\quad C_2 = \frac{1}{4}$$

このとき

$$g(x) = \frac{1}{2}(x+1)^2\log(x+1) - \frac{3}{4}x^2 - \frac{1}{2}x$$

よって

$$f(x) = \log(x+1) + g(x)$$

$$= \frac{1}{2}(x^2 + 2x + 3)\log(x+1) - \frac{3}{4}x^2 - \frac{1}{2}x$$

《区分求積法の原理》

5. 極限値 $\displaystyle\lim_{x\to+\infty}\sqrt{x}(\sqrt{1+x} - \sqrt{x})$ を求めると $\boxed{}$ である．また，平均値の定理を用いて極限値 $\displaystyle\lim_{n\to+\infty}\sum_{k=1}^{2n}\left|\cos^2\left(\frac{k}{n}\pi\right) - \cos^2\left(\frac{k-1}{n}\pi\right)\right|$ を求めると $\boxed{}$ である． (18 福岡大・医)

▶解答◀ $\displaystyle\lim_{x\to+\infty}\sqrt{x}(\sqrt{1+x} - \sqrt{x})$

$$= \lim_{x\to+\infty}\sqrt{x}\cdot\frac{(1+x) - x}{\sqrt{1+x} + \sqrt{x}}$$

$$= \lim_{x\to+\infty}\sqrt{x}\cdot\frac{1}{\sqrt{1+x} + \sqrt{x}}$$

$$= \lim_{x \to +\infty} \frac{1}{\sqrt{\frac{1}{x}+1} + \sqrt{1}} = \frac{1}{2}$$

$f(x) = \cos^2 x$ とおく.

$$f'(x) = 2\cos x \cdot (-\sin x) = -\sin 2x$$

平均値の定理から

$$f\left(\frac{k}{n}\pi\right) - f\left(\frac{k-1}{n}\pi\right) = \left(\frac{k}{n}\pi - \frac{k-1}{n}\pi\right)f'(c_k)$$

$$= \frac{\pi}{n} \cdot (-\sin 2c_k) = -\frac{\pi}{n}\sin 2c_k$$

を満たす $c_k \left(\frac{k-1}{n}\pi < c_k < \frac{k}{n}\pi\right)$ が存在する.

$$\lim_{n \to +\infty} \sum_{k=1}^{2n} \left| \cos^2\left(\frac{k}{n}\pi\right) - \cos^2\left(\frac{k-1}{n}\pi\right) \right|$$

$$= \lim_{n \to +\infty} \sum_{k=1}^{2n} \frac{\pi}{n} \left| \sin 2c_k \right| (= I \text{ とおく})$$

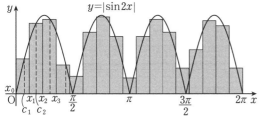

$x = \frac{k}{n}\pi \ (0 \leq k \leq 2n)$ を分点とする区分求積 (正しくはリーマン積分) を考える. 分点の範囲は $0 \leq x \leq 2\pi$ である. 隣り合う分点の幅は $\frac{\pi}{n}$ である. 図では $x_k = \frac{k\pi}{n}$ として, 0 に近いところだけ書いた. 横幅 $\frac{\pi}{n}$, 高さ $|\sin 2c_k|$ の長方形の面積を加える.

$$I = \int_0^{2\pi} |\sin 2x|\, dx = 4\int_0^{\frac{\pi}{2}} \sin 2x\, dx$$

$$= 4\left[-\frac{1}{2}\cos 2x \right]_0^{\frac{\pi}{2}} = 4\left(\frac{1}{2} + \frac{1}{2}\right) = 4$$

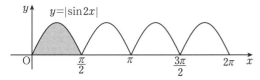

注意 1° 【区分求積】

$$\lim_{n \to \infty} \sum_{k=1}^{n} \frac{1}{n} f\left(\frac{k}{n}\right) = \int_0^1 f(x)\, dx$$

2° 【リーマン積分 (大学の範囲)】

$a < b$ のとき, $x_0 = a < x_1 < x_2 < \cdots < b = x_n$ であるような分点 $x_k \ (0 \leq k \leq n)$ を考える. そして $n \to \infty$ のとき $x_{k+1} - x_k$ の最大の値 (分割の最大幅) が 0 になるような分割を考えるとき, 各区間で

$$x_k \leq t_k \leq x_{k+1} \ (k = 0, 1, \cdots, n-1)$$

となる t_k をとり, $n \to \infty$ のとき

$$\sum_{k=0}^{n-1} f(t_k)(x_{k+1} - x_k)$$

がある値に収束するならば, $f(x)$ はリーマン積分可能であるといい

$$\lim_{n \to \infty} \sum_{k=0}^{n-1} f(t_k)(x_{k+1} - x_k) = \int_a^b f(x)\, dx$$

と表す. 連続関数はリーマン積分可能である.

《格子点と区分求積法》

6. xy 平面において, x, y がともに整数であるとき, 点 (x, y) を格子点とよぶ. 2 以上の整数 n に対し,

$$0 < x < n,\ 1 < 2^y < \left(1 + \frac{x}{n}\right)^n$$

をみたす格子点 (x, y) の個数を $P(n)$ で表す. 以下の問いに答えよ.

(1) 不等式

$$\sum_{k=1}^{n-1} \left\{ n\log_2\left(1 + \frac{k}{n}\right) - 1 \right\} \leq P(n)$$

$$< \sum_{k=1}^{n-1} n\log_2\left(1 + \frac{k}{n}\right)$$

を示せ.

(2) 極限値 $\displaystyle\lim_{n \to \infty} \frac{P(n)}{n^2}$ を求めよ.

(3) (2) で求めた極限値を L とする. 不等式

$$L - \frac{P(n)}{n^2} > \frac{1}{2n}$$

を示せ.

(20 熊本大・医-医)

▶解答◀ (1) 与えられた領域

$$0 < x < n, 0 < y < n\log_2\left(1 + \frac{x}{n}\right)$$

内の格子点について記述する. $1 \leq k \leq n-1$ を満たす自然数 k に対して, 直線 $x = k$ 上の格子点の個数を y_k とする. $n\log_2\left(1 + \frac{k}{n}\right)$ が整数のとき

$$y_k = n\log_2\left(1 + \frac{k}{n}\right) - 1$$

$n\log_2\left(1 + \frac{k}{n}\right)$ が整数でないとき y_k は

$$n\log_2\left(1 + \frac{k}{n}\right) - 1 < y_k < n\log_2\left(1 + \frac{k}{n}\right)$$

を満たす整数である. 一般に

$$n\log_2\left(1 + \frac{k}{n}\right) - 1 \leq y_k < n\log_2\left(1 + \frac{k}{n}\right)$$

を満たし, $P(n) = \sum_{k=1}^{n-1} y_k$ であるから,

$$\sum_{k=1}^{n-1} \left\{ n\log_2\left(1 + \frac{k}{n}\right) - 1 \right\} \leq P(n)$$

$$< \sum_{k=1}^{n-1} n\log_2\left(1 + \frac{k}{n}\right)$$

(2) (1) の不等式より,

$$\frac{1}{n}\sum_{k=1}^{n-1} \log_2\left(1 + \frac{k}{n}\right) - \frac{n-1}{n^2} \leq \frac{P(n)}{n^2}$$

$$< \frac{1}{n} \sum_{k=1}^{n-1} \log_2 \left(1 + \frac{k}{n} \right)$$

$$\lim_{n \to \infty} \frac{1}{n} \sum_{k=1}^{n-1} \log_2 \left(1 + \frac{k}{n} \right) = \int_0^1 \log_2 (x+1) \, dx$$

$$= \frac{1}{\log 2} \int_0^1 \log(1+x) \, dx$$

$$= \frac{1}{\log 2} \Big[(1+x) \log(1+x) - x \Big]_0^1 = \frac{2\log 2 - 1}{\log 2}$$

$\lim_{n \to \infty} \dfrac{n-1}{n^2} = 0$ であるからハサミウチの原理により

$$\lim_{n \to \infty} \frac{P(n)}{n^2} = 2 - \frac{1}{\log 2}$$

（3） 図を見よ．図形 ABCD の面積を [ABCD] で表し他も同様とする．説明を細かくすると煩雑になるから，適宜読み分けよ．L は曲線 $y = \log_2(1+x)$ $(0 \le x \le 1)$ と x 軸の間の面積で，$\dfrac{P(n)}{n^2} = \sum\limits_{k=1}^{n-1} \dfrac{y_k}{n^2}$ は，[EBCF] の和である．$x_k = \dfrac{k}{n}$ とおく．

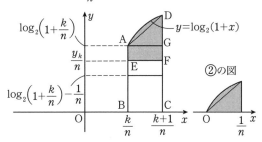

$$\int_{x_k}^{x_{k+1}} \log_2(1+x) \, dx - \frac{y_k}{n} \cdot \frac{1}{n}$$

$$= [ABCD] - [EBCF]$$

$$= [AEFD] > [AGD] > \triangle AGD$$

$$= \frac{1}{2} \cdot \frac{1}{n} \{ \log_2(1+x_{k+1}) - \log_2(1+x_k) \}$$

$$\int_{x_k}^{x_{k+1}} \log_2(1+x) \, dx - \frac{y_k}{n^2}$$

$$> \frac{1}{2n} \{ \log_2(1+x_{k+1}) - \log_2(1+x_k) \}$$

これを $1 \le k \le n-1$ でシグマして，$x_n = 1$ であることを用いて

$$\int_{x_1}^1 \log_2(1+x) \, dx - \sum_{k=1}^{n-1} \frac{y_k}{n^2}$$

$$> \frac{1}{2n} \{ \log_2 2 - \log_2(1+x_1) \} \quad \cdots\cdots\cdots① $$

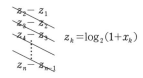

$$z_k = \log_2(1+x_k)$$

以上と同じく，三角形の面積を考え（形式的に $x_0 = 0$ を考え，曲線の下方と三角形を比べることに相当する）

$$\int_0^{x_1} \log_2(1+x) \, dx > \frac{1}{2n} \log_2(1+x_1) \quad \cdots\cdots②$$

①，②を加え

$$\int_0^1 \log_2(1+x) \, dx - \frac{P(n)}{n^2} > \frac{1}{2n}$$

《数列と区分求積法》

7. 数列 $\{a_n\}$, $\{b_n\}$ を

$$\begin{cases} a_1 = 2 \\ b_1 = 1 \end{cases}, \quad \begin{cases} a_{n+1} = 4a_n - b_n \\ b_{n+1} = a_n + 2b_n \end{cases} \quad (n = 1, 2, 3, \cdots)$$

により定義する．以下の設問に答えよ．

（1） a_2, b_2, a_3, b_3 を求めよ．

（2） a_n, a_{n+1}, a_{n+2} の間に成り立つ関係式を求めよ．

（3） $\{a_n\}$ の一般項を求めよ．

（4） $\{b_n\}$ の一般項を求めよ．

（5） 数列 $\{c_n\}$ $(n = 1, 2, 3, \cdots)$ を

$$c_n = \frac{a_n}{b_n} - \frac{b_n}{a_n}$$

により定める．このとき，極限値 $\lim\limits_{n \to \infty} \sum\limits_{k=1}^{n} c_{n+k}$ を求めよ．

(19　気象大)

▶**解答**◀ （1） $a_{n+1} = 4a_n - b_n$ ······················①

$$b_{n+1} = a_n + 2b_n \quad \cdots\cdots\cdots\cdots\cdots\cdots② $$

$$a_2 = 4a_1 - b_1 = 4 \cdot 2 - 1 = \mathbf{7}$$

$$b_2 = a_1 + 2b_1 = 2 + 2 \cdot 1 = \mathbf{4}$$

$$a_3 = 4a_2 - b_2 = 4 \cdot 7 - 4 = \mathbf{24}$$

$$b_3 = a_2 + 2b_2 = 7 + 2 \cdot 4 = \mathbf{15}$$

（2） ① より

$$b_n = 4a_n - a_{n+1} \quad \cdots\cdots\cdots\cdots\cdots③ $$

$$b_{n+1} = 4a_{n+1} - a_{n+2}$$

これらを ② に代入し，

$$4a_{n+1} - a_{n+2} = a_n + 2(4a_n - a_{n+1})$$

$$\boldsymbol{a_{n+2} - 6a_{n+1} + 9a_n = 0}$$

（3） $a_{n+2} - 3a_{n+1} = 3(a_{n+1} - 3a_n)$

数列 $\{a_{n+1} - 3a_n\}$ は等比数列であるから

$$a_{n+1} - 3a_n = 3^{n-1}(a_2 - 3a_1)$$

$$a_{n+1} = 3a_n + 3^{n-1}$$

両辺を 3^{n+1} で割って

$$\frac{a_{n+1}}{3^{n+1}} = \frac{a_n}{3^n} + \frac{1}{9}$$

数列 $\left\{ \dfrac{a_n}{3^n} \right\}$ は等差数列であるから

$$\frac{a_n}{3^n} = \frac{a_1}{3} + \frac{n-1}{9} = \frac{n+5}{9}$$

$$\boldsymbol{a_n = 3^{n-2}(n+5)}$$

（4） ③ より

$$b_n = 4 \cdot 3^{n-2}(n+5) - 3 \cdot 3^{n-2}(n+6)$$
$$= 3^{n-2}(n+2)$$

（5） $c_n = \dfrac{n+5}{n+2} - \dfrac{n+2}{n+5}$

$$= \left(1 + \dfrac{3}{n+2}\right) - \left(1 - \dfrac{3}{n+5}\right)$$

$$= \dfrac{3}{n+2} + \dfrac{3}{n+5}$$

$$c_{n+k} = \dfrac{3}{n+k+2} + \dfrac{3}{n+k+5}$$

$$= \dfrac{1}{n} \cdot \dfrac{3}{1 + \dfrac{k+2}{n}} + \dfrac{1}{n} \cdot \dfrac{3}{1 + \dfrac{k+5}{n}}$$

$$\sum_{k=1}^{n} c_{n+k} = \sum_{k=1}^{n} \dfrac{1}{n} \cdot \dfrac{3}{1 + \dfrac{k+2}{n}} + \sum_{k=1}^{n} \dfrac{1}{n} \cdot \dfrac{3}{1 + \dfrac{k+5}{n}}$$

第 1 項は $x = \dfrac{k+2}{n}$ を分点とする区分求積で $dx = \dfrac{1}{n}$ と考え，$1 \leqq k \leqq n$ のとき $\dfrac{3}{n} \leqq x \leqq \dfrac{n+2}{n}$ であるから $n \to \infty$ のとき $0 \leqq x \leqq 1$ となる．第 2 項も同様で

$$\lim_{n \to \infty} \sum_{k=1}^{n} c_{n+k} = 2 \int_0^1 \dfrac{3}{1+x} \, dx$$

$$= 6 \left[\log(1+x) \right]_0^1 = 6 \log 2$$

注意 1° 【区分求積の基本】

$$\lim_{n \to \infty} \sum_{k=1}^{n} \dfrac{1}{n} f\left(\dfrac{k}{n}\right) = \int_0^1 f(x) \, dx \quad \cdots\cdots\cdots Ⓐ$$

は区分求積の標準形である．次のようにすると標準形に持ち込める．

$$\sum_{k=1}^{n} \dfrac{1}{n} \cdot \dfrac{3}{1 + \dfrac{k+2}{n}}$$

$$= \sum_{k=1}^{n} \dfrac{1}{n} \cdot \dfrac{3}{1 + \dfrac{k}{n}} - \dfrac{1}{n} \cdot \dfrac{3}{1 + \dfrac{1}{n}} - \dfrac{1}{n} \cdot \dfrac{3}{1 + \dfrac{2}{n}}$$

$$+ \dfrac{1}{n} \cdot \dfrac{3}{1 + \dfrac{n+1}{n}} + \dfrac{1}{n} \cdot \dfrac{3}{1 + \dfrac{n+2}{n}}$$

$\dfrac{1}{n} \cdot \dfrac{3}{1 + \dfrac{1}{n}}$ などは 0 に収束するから

$$\lim_{n \to \infty} \sum_{k=1}^{n} \dfrac{1}{n} \cdot \dfrac{3}{1 + \dfrac{k+2}{n}} = \int_0^1 \dfrac{3}{1+x} \, dx$$

である．私の主張は「こんな変形をする必要はない」である．Ⓐ 以外に

$$\lim_{n \to \infty} \sum_{k=0}^{n-1} \dfrac{1}{n} f\left(\dfrac{k}{n}\right) = \int_0^1 f(x) \, dx$$

$$\lim_{n \to \infty} \sum_{k=1}^{n} \dfrac{b-a}{n} f\left(a + \dfrac{(b-a)k}{n}\right) = \int_a^b f(x) \, dx$$

を載せている教科書，参考書も多い．Ⓐ だけが区分求積の公式ではない．高校の授業では Ⓐ を証明せず，次のような図を描いて納得するだけだろう．

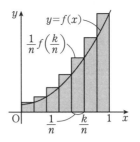

「k が 1 に近い幾つかと，n に近い幾つかの，有限個」はあってもなくても結果の極限に変わりはない．有限個の $\dfrac{1}{n} f\left(\dfrac{k}{n}\right)$ はどうせ 0 に収束するからである．本問は図で納得できる．$x_k = \dfrac{k}{n}$ とおく．

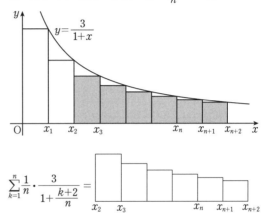

$$\sum_{k=1}^{n} \dfrac{1}{n} \cdot \dfrac{3}{1 + \dfrac{k+2}{n}} =$$

であり，これは $n \to \infty$ のとき

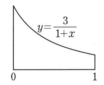

に収束する．

高校の積分は「微分と積分は逆演算」という定義によっている．「Ⓐ を証明できる？」と聞くと「不足和と過剰和」をもち出す人が多い．それでは積分の定義が高校の範囲でなくなってしまう．不足和と過剰和などもち出さなくても，普通に式の計算で Ⓐ が証明できる．その証明を知りたい人は拙書「数学 III の微分積分の検定外教科書」を見てほしい．式で証明できるのに証明しないのが，検定教科書である．それならば，その怠惰に合わせて，図で納得できることはすべて証明は不要であると，主張しているのである．

2° 【生徒が困るところは】

$$\dfrac{n+5}{n+2} = 1 + \dfrac{3}{n+2}$$

の変形ができない人が多い．分数式で

$$\frac{ax+b}{cx+d} = \frac{a}{c} + \frac{b - \dfrac{ad}{c}}{cx+d}$$

と変形するのは基本である．本問では，大半の生徒は

$$c_n = \frac{n+5}{n+2} - \frac{n+2}{n+5} = \frac{6n+21}{(n+2)(n+5)}$$

と通分する．（目的もなく通分することをやめよう！）実験の範囲では，生徒は，誰もこれから打開できなかった．

複雑だから単純にすると考える（泥沼にはまり込んでも抜け出る試行錯誤をしよう！）．

$$\frac{6}{n+4} < \frac{6n+21}{(n+2)(n+5)} < \frac{6}{n}$$

であることが証明できる．分母をはらって確認せよ．

$$\frac{6}{n+k+4} < c_{n+k} < \frac{6}{n+k}$$

を利用すれば，区分求積に持ち込める．

《方程式の解と積分1》

8. n は2以上の偶数とする．n 個の式 $x-k$ ($k=0, 1, 2, \cdots\cdots, n-1$) の積を $f_n(x)$ とする．すなわち

$$f_n(x) = x(x-1)(x-2)\cdots\cdots(x-n+1)$$

である．

（1）関数 $y = f_n(x)$ のグラフは y 軸に平行なある直線に関して対称であることを証明せよ．

（2）x の方程式 $f_n(x) = n!$ はちょうど2つの実数解をもつことを証明し，その実数解を求めよ．

（3）（2）の実数解を α, β ($\alpha < \beta$) とするとき

$$\lim_{n\to\infty} \frac{1}{(n+1)!} \int_\alpha^\beta |f_n(x)|\, dx$$

を求めよ． (18 京都府立医大)

▶解答◀ （1）$f_n(x) = 0$ の解は

$x = 0, 1, 2, \cdots, n-1$ と等間隔に並ぶから対称の軸はまん中の $x = \dfrac{n-1}{2}$ であると予想できる．

$a_0, a_1, \cdots, a_n$ の積を $a_0 a_1 \cdots a_n = \prod\limits_{k=0}^{n} a_k$ と書くことにする．$f_n(x) = \prod\limits_{k=0}^{n-1}(x-k)$ である．

図1は $y = f_4(x)$ のグラフである．

$\alpha = \dfrac{n-1}{2}$ とおいて，任意の実数 t に対して $f_n(\alpha - t) = f_n(\alpha + t)$ を示す．

$$f_n(\alpha - t) = \prod_{k=0}^{n-1}(\alpha - t - k) = (-1)^n \prod_{k=0}^{n-1}(k - \alpha + t)$$

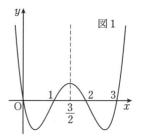

図1

ここで，$k + l = n - 1$ とおくと，$k = 0, 1, \cdots, n-1$ のとき，$l = n-1, n-2, \cdots, 0$ である．n は偶数，$n - 1 = 2\alpha$ であるから

$$f_n(\alpha - t) = \prod_{l=0}^{n-1}(n - 1 - \alpha - l + t)$$

$$= \prod_{l=0}^{n-1}(\alpha + t - l) = f_n(\alpha + t)$$

したがって，$y = f_n(x)$ のグラフは $x = \dfrac{n-1}{2}$ に関して対称である．

（2）$f_n(n) = n!$ であるから，$x = n$ は解の1つである．（1）の対称性から $x = -1$ も解である．

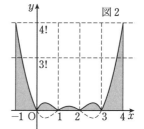

図2

（ア）$x \leq 0$，$n-1 \leq x$ について．

$n - 1 \leq x$ のとき，$f_n(x) = \prod\limits_{k=0}^{n-1}(x-k)$ の各因子 $x - k$ は増加するから $f_n(x)$ は増加関数である．

したがって，$n - 1 \leq x$ における解は $x = n$ のみである．

対称性により，$x \leq 0$ における解は $x = -1$ のみである．

（イ）$0 \leq x \leq n-1$ について．

$l \leq x \leq l+1$ ($l = 0, 1, \cdots, n-2$) に対し

$$|f_n(x)| = \prod_{k=0}^{n-1}|x-k|$$

$$= x(x-1)\cdots(x-l)$$

$$\times (l+1-x)\cdots(n-1-x) \quad \cdots\cdots①$$

前半 $x-l$ までの x を $l+1$ におきかえ，後半 $l+1-x$ 以後の x を l におきかえる．

$$① \leq (l+1)\cdot l \cdots 1 \cdot 1 \cdot 2 \cdots (n-l-1) \quad \cdots\cdots②$$

②からあとをそれぞれ l ずつ増やす．

$$② < (l+1)!(l+2)(l+3)\cdots(n-1) = (n-1)!$$

$f_n(x) < n!$ となるから $0 \leqq x \leqq n-1$ に解をもたない. (ア), (イ) より $f_n(x) = n!$ の解は $x = -1,\ n$ のちょうど 2 つである.

（3） $\alpha = -1,\ \beta = n$ である.

$l \leqq x \leqq l+1\ (l = 0, 1, \cdots, n-2)$ のとき, （2）より $|f_n(x)| < (n-1)!$ であるから,

$$\int_l^{l+1} |f_n(x)|\, dx < (n-1)!$$

図 2 より,

$$\int_{-1}^0 |f_n(x)|\, dx = \int_{n-1}^n |f_n(x)|\, dx < n!$$

$$\int_{-1}^n |f_n(x)|\, dx = \int_{-1}^0 |f_n(x)|\, dx$$
$$+ \sum_{l=0}^{n-2} \int_l^{l+1} |f_n(x)|\, dx + \int_{n-1}^n |f_n(x)|\, dx$$
$$< n! + (n-1)\cdot(n-1)! + n! < 3n!$$

$$0 < \frac{1}{(n+1)!} \int_{-1}^n |f_n(x)|\, dx < \frac{3n!}{(n+1)!} = \frac{3}{n+1}$$

$\displaystyle \lim_{n\to\infty} \frac{3}{n+1} = 0$ であるからハサミウチの原理より

$$\lim_{n\to\infty} \frac{1}{(n+1)!} \int_{-1}^n |f_n(x)|\, dx = 0$$

━━━《方程式の解と積分 2》━━━

9. n を自然数とする. 関数 $f(x) = \sin^2 x + 4x\sin x + 4\cos x$ を考える. 次の問いに答えよ. ただし, 必要ならば, $3.1 < \pi < 3.2$ であることを用いてよい.

（1） 開区間 $(2n\pi - 2\pi, 2n\pi)$ において, 関数 $f(x)$ の増減を調べ, 極値を求めよ.

（2） 不定積分 $\displaystyle \int f(x)\, dx$ を求めよ.

（3） $0 \leqq x \leqq \dfrac{\pi}{6}$ のとき, $\dfrac{3}{\pi} x \leqq \sin x \leqq x$ が成り立つことを示せ.

（4） 開区間 $\left(2n\pi - \dfrac{1}{n\pi},\ 2n\pi\right)$ において, 方程式 $f(x) = 0$ はただ 1 つの実数解をもつことを示せ.

（5） 各自然数 n に対し, （4）で定まった実数解を p_n とおく. このとき, $\displaystyle \lim_{n\to\infty} \int_{p_n}^{p_{n+1}} f(x)\, dx$ を求めよ. （21 同志社大・理系）

考え方 （5） 大雑把に見込みをつけることが大切である. （4）から $2n\pi - \dfrac{1}{n\pi} < p_n < 2n\pi$ がわかるが, n が大きくなると $\dfrac{1}{n\pi}$ はゴミのようなもので, $p_n \fallingdotseq 2n\pi$ となる. これより, 求める積分はほとんど $\displaystyle \int_{2n\pi}^{2(n+1)\pi} f(x)\, dx$ だろうと推測がつく.

▶解答◀ （1）

$$f'(x) = 2\sin x \cos x + 4(\sin x + x\cos x) - 4\sin x$$
$$= 2\cos x(\sin x + 2x)$$

ここで, $g(x) = \sin x + 2x$ とおくと,

$$g'(x) = \cos x + 2 > 0$$

$g(x)$ は増加関数で $g(0) = 0$ であるから, $x \geqq 0$ において $g(x) \geqq 0$ である. よって, $f'(x)$ の増減表は次のようになる. 増減の様子は表を見よ. 極値は

$$f\left(2n\pi - \frac{3}{2}\pi\right) = 1 + 4\left(2n\pi - \frac{3}{2}\pi\right)$$
$$= (8n-6)\pi + 1$$
$$f\left(2n\pi - \frac{\pi}{2}\right) = 1 - 4\left(2n\pi - \frac{\pi}{2}\right)$$
$$= (-8n+2)\pi + 1$$

x	$2n\pi - 2\pi$	$\cdots$	$2n\pi - \dfrac{3}{2}\pi$	$\cdots$	$2n\pi - \dfrac{\pi}{2}$	$\cdots$	$2n\pi$
$f'(x)$		$+$	0	$-$	0	$+$	
$f(x)$		↗		↘		↗	

（2） $f(x) = \dfrac{1}{2}(1 - \cos 2x) + 4\cos x + 4x\sin x$

$$\int f(x)\, dx$$
$$= \frac{x}{2} - \frac{\sin 2x}{4} + 4\sin x + 4(-x\cos x + \sin x)$$
$$= \frac{x}{2} - \frac{\sin 2x}{4} - 4x\cos x + 8\sin x + C$$

C は積分定数である.

（3） $\sin x \leqq x$ は $\displaystyle \lim_{x\to 0} \frac{\sin x}{x} = 1$ を導く際に用いる基本の不等式で, 微分を用いて証明すると循環論法であるとされている. 曲線 $y = \sin x\ \left(0 \leqq x \leqq \dfrac{\pi}{6}\right)$ は上に凸であり, 直線 $y = \dfrac{3}{\pi} x$ より上方にあるから $\dfrac{3}{\pi} x \leqq \sin x$ である. よって証明された. なお次の設問では $x = 0$ を除外したい. $0 < x < \dfrac{\pi}{6}$ では $\dfrac{3}{\pi} x < \sin x < x$ ……①

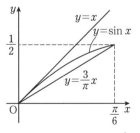

（4） $2n\pi - \dfrac{\pi}{2} < 2n\pi - \dfrac{1}{n\pi} < 2n\pi$ であるから, 開区間 $\left(2n\pi - \dfrac{1}{n\pi},\ 2n\pi\right)$ においては, $f(x)$ は増加する.

$$f(2n\pi) = 4 > 0$$

である. 行数節約のために $\theta_n = \dfrac{1}{n\pi}$ とおく.

$f(2n\pi - \theta_n)$ の正負を調べる.

$$\sin(2n\pi - \theta_n) = -\sin\theta_n,$$

$$\cos(2n\pi - \theta_n) = \cos\theta_n$$

であるから

$$f(2n\pi - \theta_n)$$
$$= \sin^2\theta_n - 4(2n\pi - \theta_n)\sin\theta_n + 4\cos\theta_n$$
$$= \sin^2\theta_n - 4\left(2\cdot\frac{1}{\theta_n} - \theta_n\right)\sin\theta_n + 4\cos\theta_n$$
$$= \sin^2\theta_n - 8\cdot\frac{\sin\theta_n}{\theta_n} + 4\theta_n\sin\theta_n + 4\cos\theta_n$$

① より $0 < x < \frac{\pi}{6}$ で $\frac{3}{\pi} < \frac{\sin x}{x}$, $\sin x < x$ として用いる. $0 < \theta_n \leqq \frac{1}{\pi} < \frac{1}{3} < \frac{\pi}{6}$ である.

$$f(2n\pi - \theta_n) < \theta_n{}^2 - 8\cdot\frac{3}{\pi} + 4\theta_n\cdot\theta_n + 4$$
$$= 5\theta_n{}^2 - \frac{24}{\pi} + 4 < \frac{5}{3^2} - \frac{24}{\pi} + 4$$
$$= \frac{41}{9} - \frac{24}{\pi} < \frac{41}{9} - \frac{24}{4} = \frac{41}{9} - 6 < 0$$

よって $f(x) = 0$ は $2n\pi - \theta_n < x < 2n\pi$ ではただ 1 つの実数解をもつ.

（**5**） 正直に積分したら時間内には終わらない.
$I_n = \displaystyle\int_{p_n}^{p_{n+1}} f(x)\,dx$ とおく. p_n は $2n\pi$ に近いから I_n は

$$I = \int_{2n\pi}^{2(n+1)\pi} f(x)\,dx$$
$$= \left[\frac{x}{2} - \frac{\sin 2x}{4} - 4x\cos x + 8\sin x\right]_{2n\pi}^{2n\pi+2\pi}$$
$$= \frac{2\pi}{2} - 4\cdot(2n\pi + 2\pi) + 4\cdot 2n\pi = -7\pi$$

に近いと思われる. 後はこれを証明する.

$$I_n = \int_{p_n}^{2n\pi} f(x)\,dx + \int_{2n\pi}^{2n\pi+2\pi} f(x)\,dx$$
$$- \int_{p_{n+1}}^{2n\pi+2\pi} f(x)\,dx$$

$p_n \leqq x \leqq 2n\pi$ で $f(x)$ は増加し, $f(p_n) = 0$,
$f(2n\pi) = 4$ であるから $0 \leqq f(x) \leqq 4$ である. この各辺を積分し

$$0 \leqq \int_{p_n}^{2n\pi} f(x)\,dx \leqq 4(2n\pi - p_n) < 4\cdot\frac{1}{n\pi}$$

となる. ここで $2n\pi - \dfrac{1}{n\pi} < p_n < 2n\pi$ を用いた.

$n \to \infty$ のとき $\dfrac{1}{n\pi} \to 0$ であるから, ハサミウチの原理により $\displaystyle\int_{p_n}^{2n\pi} f(x)\,dx \to 0$ である. 同じく
$\displaystyle\int_{p_{n+1}}^{2n\pi+2\pi} f(x)\,dx \to 0$ であるから, $I_n \to I$ となる. 求める極限値は -7π

◆別解◆ （**3**） $F(x) = x - \sin x$,
$G(x) = \sin x - \dfrac{3}{\pi}x$ とおくと.

$$F'(x) = 1 - \cos x \geqq 0$$

$F(x)$ は増加し, $F(0) = 0$ であるから, $0 \leqq x \leqq \dfrac{\pi}{6}$ で $F(x) \geqq 0$ である.

$$G'(x) = \cos x - \frac{3}{\pi}$$

$1 > \dfrac{3}{\pi} > \dfrac{3}{3.2} = 0.93\cdots > 0.9 > \dfrac{\sqrt{3}}{2}$ であるから $\cos x = \dfrac{3}{\pi}$ となる $x\left(0 < x < \dfrac{\pi}{6}\right)$ を γ とおく.

x	0	$\cdots$	γ	$\cdots$	$\frac{\pi}{6}$
$G'(x)$		$+$	0	$-$	
$G(x)$		↗		↘	

$G(0) = 0$, $G\left(\dfrac{\pi}{6}\right) = \dfrac{1}{2} - \dfrac{1}{2} = 0$

であるから, $0 \leqq x \leqq \dfrac{\pi}{6}$ で $G(x) \geqq 0$ である. よって, 不等式は証明された.

《珍しい形の積分》

10. 正の整数 n に対して, 区間 $0 \leqq x \leqq \dfrac{\pi}{2}$ で連続な関数 $f_n(x)$ を

$$f_n(x) = \begin{cases} a_n & (x = 0) \\ \dfrac{\cos x \sin 2nx}{\sin x} & \left(0 < x \leqq \dfrac{\pi}{2}\right) \end{cases}$$

と定義し, $I_n = \displaystyle\int_0^{\frac{\pi}{2}} f_n(x)\,dx$ と定める. このとき, a_n を n の式で表せ. また, I_1, I_2 さらに I_n の値を求めよ.

（17 山梨大・医）

▶解答◀ $f_n(x)$ は $0 \leqq x \leqq \dfrac{\pi}{2}$ で連続であるから

$$a_n = f_n(0) = \lim_{x\to+0} f_n(x) = \lim_{x\to+0}\frac{\cos x \sin 2nx}{\sin x}$$
$$= \lim_{x\to+0}\frac{x}{\sin x}\cdot\frac{\sin 2nx}{2nx}\cdot 2n\cdot\cos x$$
$$= 1\cdot 1\cdot 2n\cdot 1 = \boldsymbol{2n}$$

$0 < x \leqq \dfrac{\pi}{2}$ において

$$f_1(x) = \frac{\cos x \sin 2x}{\sin x}$$
$$= \frac{\cos x\cdot 2\sin x\cos x}{\sin x} = 2\cos^2 x$$

であり, $a_1 = 2$ であるから $f_1(x) = 2\cos^2 x$ は $x = 0$ のときも成り立つ. 以下 $f_n(0)$ の件はいちいち書かない. 以下, 常に $0 < x \leqq \dfrac{\pi}{2}$ の結果が $x = 0$ でも使える.

$$I_1 = \int_0^{\frac{\pi}{2}} f_1(x)\,dx = \int_0^{\frac{\pi}{2}} 2\cos^2 x\,dx$$
$$= \int_0^{\frac{\pi}{2}} (1 + \cos 2x)\,dx = \left[x + \frac{\sin 2x}{2}\right]_0^{\frac{\pi}{2}} = \boldsymbol{\frac{\pi}{2}}$$

$0 < x \leqq \dfrac{\pi}{2}$ において

$$f_2(x) = \frac{\cos x \sin 4x}{\sin x} = \frac{2\cos x \sin 2x\cos 2x}{\sin x}$$

$$= \frac{\cos x \cdot 4 \sin x \cos x \cos 2x}{\sin x} = 4\cos^2 x \cos 2x$$

$$= 2(1 + \cos 2x)\cos 2x = 2\cos 2x + 2\cos^2 2x$$

$$= 2\cos 2x + (1 + \cos 4x)$$

$$I_2 = \int_0^{\frac{\pi}{2}} f_2(x)\,dx$$

$$= \left[\sin 2x + x + \frac{1}{4}\sin 4x \right]_0^{\frac{\pi}{2}} = \frac{\pi}{2}$$

$I_n = \dfrac{\pi}{2}$ と予想できる．これを示すために $I_{n+1} = I_n$ であることを示す．$0 < x \leqq \dfrac{\pi}{2}$ において

$$f_{n+1}(x) - f_n(x)$$

$$= \frac{\cos x \sin(2nx + 2x)}{\sin x} - \frac{\cos x \sin(2nx)}{\sin x}$$

$$= \frac{\cos x}{\sin x}\{\sin((2n+1)x + x)$$
$$\qquad\qquad - \sin((2n+1)x - x)\}$$

$$= \frac{2\cos x \cos((2n+1)x)\sin x}{\sin x}$$

$$= 2\cos x \cos(2n+1)x$$

$$= \cos(2n+2)x + \cos 2nx$$

$$I_{n+1} - I_n = \int_0^{\frac{\pi}{2}} \{f_{n+1}(x) - f_n(x)\}\,dx$$

$$= \left[\frac{\sin(2n+2)x}{2n+2} + \frac{\sin 2nx}{2n} \right]_0^{\frac{\pi}{2}} = 0$$

より，$I_{n+1} = I_n$ が成り立つ．

よって I_n は一定で $I_n = \dfrac{\pi}{2}$

注意 高校数学では連続関数の積分しか扱わない．

《e の絡んだ定積分の漸化式》

11. a を正の実数とする．$n = 1, 2, 3, \cdots$ に対して，

$$I_n = \int_0^1 x^{n+a-1} e^{-x}\,dx$$

と定める．次の問いに答えよ．

（1） $n = 1, 2, 3, \cdots$ に対して，$I_n \leqq \dfrac{1}{n+a}$ を示せ．

（2） $n = 1, 2, 3, \cdots$ に対して，$I_{n+1} - (n+a)I_n$ を求めよ．

（3） 極限値 $\displaystyle\lim_{n \to \infty} nI_n$ を求めよ．

（4） 実数 b, c に対して，$J_n = n^3\left(I_n + \dfrac{b}{n} + \dfrac{c}{n^2}\right)$ $(n = 1, 2, 3, \cdots)$ と定める．数列 $\{J_n\}$ が収束するとき，次の問いに答えよ．

（ⅰ） b を求めよ．

（ⅱ） c を a の式で表せ．

（ⅲ） 極限値 $\displaystyle\lim_{n \to \infty} J_n$ を a の式で表せ．

(20 横浜国大・理系)

▶解答◀ （1） $0 \leqq x \leqq 1$ のとき

$e^{-x} \leqq 1$ であり，x^{n+a-1} をかけて

$$0 \leqq x^{n+a-1} e^{-x} \leqq x^{n+a-1}$$

各辺を積分し

$$0 \leqq I_n \leqq \int_0^1 x^{n+a-1}\,dx = \left[\frac{x^{n+a}}{n+a} \right]_0^1$$

$$0 \leqq I_n \leqq \frac{1}{n+a} \quad\cdots\cdots\cdots\cdots\cdots\cdots①$$

（2） $\displaystyle I_{n+1} = \int_0^1 x^{n+a} e^{-x}\,dx = \int_0^1 x^{n+a}(-e^{-x})'\,dx$

$$= \left[x^{n+a}(-e^{-x}) \right]_0^1 - \int_0^1 (x^{n+a})'(-e^{-x})\,dx$$

$$= -e^{-1} + (n+a)\int_0^1 x^{n+a-1} e^{-x}\,dx$$

$$= -e^{-1} + (n+a)I_n$$

$$I_{n+1} - (n+a)I_n = -e^{-1} \quad\cdots\cdots\cdots\cdots②$$

（3） ① と $\displaystyle\lim_{n \to \infty} \frac{1}{n+a} = 0$，および，ハサミウチの原理より $\displaystyle\lim_{n \to \infty} I_n = 0$ である．

② より $nI_n = I_{n+1} - aI_n + e^{-1} \quad\cdots\cdots\cdots③$

$\displaystyle\lim_{n \to \infty} I_{n+1} = 0$ でもあるから

$$\lim_{n \to \infty} nI_n = e^{-1}$$

（4） ③，および，③ の n を $n+1$，$n+2$ にした

$$(n+1)I_{n+1} = I_{n+2} - aI_{n+1} + e^{-1}$$

$$(n+2)I_{n+2} = I_{n+3} - aI_{n+2} + e^{-1}$$

を用いる．

$$nI_{n+1} = (n+1)I_{n+1} - I_{n+1}$$

$$= I_{n+2} - aI_{n+1} + e^{-1} - I_{n+1}$$

$$nI_{n+1} = I_{n+2} - (a+1)I_{n+1} + e^{-1} \quad\cdots\cdots\cdots④$$

$$nI_{n+2} = (n+2)I_{n+2} - 2I_{n+2}$$

$$= I_{n+3} - aI_{n+2} + e^{-1} - 2I_{n+2}$$

$$nI_{n+2} = I_{n+3} - (a+2)I_{n+2} + e^{-1} \quad\cdots\cdots\cdots⑤$$

さて，③ に n をかけて，④，③ を用いる．

$$n^2 I_n = nI_{n+1} - anI_n + ne^{-1}$$

$$= I_{n+2} - (a+1)I_{n+1} + e^{-1}$$
$$\qquad - a(I_{n+1} - aI_n + e^{-1}) + ne^{-1}$$

$$n^2 I_n = I_{n+2} - (2a+1)I_{n+1} + a^2 I_n$$
$$\qquad + e^{-1} - ae^{-1} + ne^{-1} \quad\cdots\cdots\cdots⑥$$

さらに n をかけて，③，④，⑤ を用いて

$$n^3 I_n = nI_{n+2} - (2a+1)nI_{n+1}$$
$$\qquad + a^2 nI_n + n(1-a)e^{-1} + n^2 e^{-1}$$

$$= I_{n+3} - aI_{n+2} + e^{-1} - 2I_{n+2}$$
$$\qquad - (2a+1)\{I_{n+2} - (a+1)I_{n+1} + e^{-1}\}$$

$$+ a^2(I_{n+1} - aI_n + e^{-1})$$
$$+ n(1-a)e^{-1} + n^2 e^{-1}$$
$$n^3 I_n - n(1-a)e^{-1} - n^2 e^{-1}$$
$$= I_{n+3} - (3a+3)I_{n+2} + (3a^2+3a+1)I_{n+1}$$
$$- a^3 I_n + (a^2 - 2a)e^{-1}$$

$n \to \infty$ にして

$$\lim_{n \to \infty} \{n^3 I_n - n(1-a)e^{-1} - n^2 e^{-1}\}$$
$$= (a^2 - 2a)e^{-1}$$

（ i ） $b = -e^{-1}$

（ ii ） $c = (a-1)e^{-1}$

（iii） $\lim_{n \to \infty} J_n = (a^2 - 2a)e^{-1}$

上の解答では，形式的には

$$J_n = n^3 I_n + bn^2 + cn$$

が $n \to \infty$ のとき収束するような b, c の一例を見つけただけになっているが，そのような b, c が唯一であることは明らかである．上で示した b, c に対する J_n が収束し，これらとは異なる b', c' に対する

$$J_n' = n^3 I_n + b'n^2 + c'n$$

も，収束すると仮定する．これらを引いて

$$J_n - J_n' = (b-b')n^2 + (c-c')n$$

の左辺は収束するが，$(b, c) \neq (b', c')$ のとき，n の 2 次以下の式

$$(b-b')n^2 + (c-c')n$$

が $n \to \infty$ で収束するのは $b-b' = 0$, $c-c' = 0$ のときに限るから矛盾する．

よって b, c は上で示したものに限る．

《tan の絡んだ定積分の漸化式》

12. $I_n = \displaystyle\int_0^{\frac{\pi}{4}} \tan^n x \, dx \ (n = 1, 2, 3, \cdots)$ とおく．このとき，次の問いに答えよ．

（1） $\tan x \leqq x + 1 - \dfrac{\pi}{4} \ \left(0 \leqq x \leqq \dfrac{\pi}{4}\right)$ が成り立つことを示せ．

（2） $\displaystyle\lim_{n \to \infty} I_n$ を求めよ．

（3） $I_n + I_{n+2}$ の値を n を用いて表せ．

（4）（3）までの結果を用いて，無限級数 $\displaystyle\sum_{n=1}^{\infty} \dfrac{(-1)^{n+1}}{2n}$ の和を求めよ． （16 旭川医大）

▶解答◀ （1） $0 \leqq x \leqq \dfrac{\pi}{4}$ において，

$$f(x) = x + 1 - \frac{\pi}{4} - \tan x$$

とおくと，

$$f'(x) = 1 - \frac{1}{\cos^2 x} = \frac{\cos^2 x - 1}{\cos^2 x}$$

$|\cos x| \leqq 1$ だから $f'(x) \leqq 0$ である．$f(x)$ は減少関数で $f\left(\dfrac{\pi}{4}\right) = 0$ とから $f(x) \geqq 0$ である．不等式は証明された．

（2） $0 \leqq x \leqq \dfrac{\pi}{4}$ のとき

$$0 \leqq \tan x \leqq x + 1 - \frac{\pi}{4}$$
$$0 \leqq \tan^n x \leqq \left(x + 1 - \frac{\pi}{4}\right)^n$$
$$0 \leqq \int_0^{\frac{\pi}{4}} \tan^n x \, dx \leqq \int_0^{\frac{\pi}{4}} \left(x + 1 - \frac{\pi}{4}\right)^n dx$$
$$= \left[\frac{1}{n+1}\left(x + 1 - \frac{\pi}{4}\right)^{n+1}\right]_0^{\frac{\pi}{4}}$$
$$= \frac{1}{n+1} - \frac{1}{n+1}\left(1 - \frac{\pi}{4}\right)^{n+1} < \frac{1}{n+1}$$
$$0 < I_n < \frac{1}{n+1} \quad\cdots\cdots\cdots\cdots\cdots ①$$

$\displaystyle\lim_{n \to \infty} \dfrac{1}{n+1} = 0$ とハサミウチの原理より $\displaystyle\lim_{n \to \infty} I_n = 0$

（3） $I_n + I_{n+2} = \displaystyle\int_0^{\frac{\pi}{4}} \tan^n x \, dx + \int_0^{\frac{\pi}{4}} \tan^{n+2} x \, dx$

$$= \int_0^{\frac{\pi}{4}} (1 + \tan^2 x) \tan^n x \, dx$$
$$= \int_0^{\frac{\pi}{4}} \frac{1}{\cos^2 x} \tan^n x \, dx$$
$$= \int_0^{\frac{\pi}{4}} \tan^n x (\tan x)' \, dx$$
$$= \left[\frac{1}{n+1} \tan^{n+1} x\right]_0^{\frac{\pi}{4}} = \frac{1}{n+1}$$

（4）（3）より，$\dfrac{1}{2n} = I_{2n+1} + I_{2n-1}$

$$\frac{(-1)^{n+1}}{2n} = (-1)^{n+1} I_{2n+1} - (-1)^n I_{2n-1}$$

$$\frac{(-1)^2}{2} = (-1)^2 I_3 - (-1) I_1$$
$$\frac{(-1)^3}{4} = (-1)^3 I_5 - (-1)^2 I_3$$
$$\frac{(-1)^4}{6} = (-1)^4 I_7 - (-1)^3 I_5$$
$$\vdots$$
$$\frac{(-1)^{N+1}}{2N} = (-1)^{N+1} I_{2N+1} - (-1)^N I_{2N-1}$$

$$\sum_{n=1}^{N} \frac{(-1)^{n+1}}{2n} = (-1)^{N+1} I_{2N+1} + I_1$$

$$I_1 = \int_0^{\frac{\pi}{4}} \frac{\sin x}{\cos x} \, dx = -\int_0^{\frac{\pi}{4}} \frac{(\cos x)'}{\cos x} \, dx$$
$$= -\left[\log \cos x\right]_0^{\frac{\pi}{4}} = -\log \frac{1}{\sqrt{2}} = \frac{1}{2} \log 2$$

$\displaystyle\lim_{N \to \infty} I_N = 0$ だから

$$\lim_{N \to \infty} \sum_{n=1}^{N} \frac{(-1)^{n+1}}{2n} = I_1 = \frac{1}{2} \log 2$$

注意 ①を示すよい方法がある．（3）の等式
$I_n + I_{n+2} = \dfrac{1}{n+1}$ と $I_{n+2} > 0$ より $0 < I_n < \dfrac{1}{n+1}$

《定積分の評価》

13. 以下の問に答えよ．

（1）関数 $f(x)$ は，区間 $0 \leqq x \leqq 2\pi$ で第2次導関数 $f''(x)$ をもち $f''(x) > 0$ をみたしているとする．区間 $0 \leqq x \leqq \pi$ で関数 $F(x)$ を

$$F(x) = f(x) - f(\pi - x)$$
$$-f(\pi + x) + f(2\pi - x)$$

と定義するとき，区間 $0 \leqq x \leqq \dfrac{\pi}{2}$ で $F(x) \geqq 0$ であることを示せ．

（2）$f(x)$ を（1）の関数とするとき

$$\int_0^{2\pi} f(x)\cos x \, dx \geqq 0$$

を示せ．

（3）関数 $g(x)$ は，区間 $0 \leqq x \leqq 2\pi$ で導関数 $g'(x)$ をもち $g'(x) < 0$ をみたしているとする．このとき，

$$\int_0^{2\pi} g(x)\sin x \, dx \geqq 0$$

を示せ． （20 名古屋大・理系）

▶解答◀ （1） 合成関数の微分法を用いて

$$F'(x) = f'(x) - f'(\pi - x)(\pi - x)'$$
$$-f'(\pi + x)(\pi + x)' + f'(2\pi - x)(2\pi - x)'$$

$$= f'(x) + f'(\pi - x) - f'(\pi + x) - f'(2\pi - x)$$

$0 \leqq x \leqq 2\pi$ で $f''(x) > 0$ より，$f'(x)$ は増加関数である．$0 \leqq x \leqq \dfrac{\pi}{2}$ のとき

$$0 \leqq x < \pi + x < 2\pi, \ 0 < \pi - x < 2\pi - x \leqq 2\pi$$

であるから

$$f'(x) < f'(\pi + x), \ f'(\pi - x) < f'(2\pi - x)$$

よって，$F'(x) < 0$ であり，$F(x)$ は減少関数である．これと $F\left(\dfrac{\pi}{2}\right) = 0$ より，$F(x) \geqq 0$ が成り立つ．

（2） $I = \displaystyle\int_0^{2\pi} f(x)\cos x \, dx$ とおく．積分区間を分割して

$$I = \int_0^{\frac{\pi}{2}} f(x)\cos x \, dx$$

$$+ \int_{\frac{\pi}{2}}^{\pi} f(x)\cos x \, dx \quad\cdots\cdots\cdots\cdots①$$

$$+ \int_{\pi}^{\frac{3}{2}\pi} f(x)\cos x \, dx \quad\cdots\cdots\cdots\cdots②$$

$$+ \int_{\frac{3}{2}\pi}^{2\pi} f(x)\cos x \, dx \quad\cdots\cdots\cdots\cdots③$$

①において，$x = \pi - t$ とおくと，$dx = -dt$ であり

x	$\dfrac{\pi}{2}$ → π
t	$\dfrac{\pi}{2}$ → 0

$$\int_{\frac{\pi}{2}}^{\pi} f(x)\cos x \, dx$$

$$= \int_{\frac{\pi}{2}}^{0} f(\pi - t)\cos(\pi - t)(-1)\, dt$$

$$= -\int_0^{\frac{\pi}{2}} f(\pi - t)\cos t \, dt$$

$$= -\int_0^{\frac{\pi}{2}} f(\pi - x)\cos x \, dx$$

②において，$x = \pi + t$ とおくと，$dx = dt$ であり

x	π → $\dfrac{3}{2}\pi$
t	0 → $\dfrac{\pi}{2}$

$$\int_{\pi}^{\frac{3}{2}\pi} f(x)\cos x \, dx$$

$$= \int_0^{\frac{\pi}{2}} f(\pi + t)\cos(\pi + t)\, dt$$

$$= -\int_0^{\frac{\pi}{2}} f(\pi + t)\cos t \, dt$$

$$= -\int_0^{\frac{\pi}{2}} f(\pi + x)\cos x \, dx$$

③において，$x = 2\pi - t$ とおくと，$dx = -dt$ であり

x	$\dfrac{3}{2}\pi$ → 2π
t	$\dfrac{\pi}{2}$ → 0

$$\int_{\frac{3}{2}\pi}^{2\pi} f(x)\cos x \, dx$$

$$= \int_{\frac{\pi}{2}}^{0} f(2\pi - t)\cos(2\pi - t)(-1)\, dt$$

$$= \int_0^{\frac{\pi}{2}} f(2\pi - t)\cos t \, dt$$

$$= \int_0^{\frac{\pi}{2}} f(2\pi - x)\cos x \, dx$$

よって

$$I = \int_0^{\frac{\pi}{2}} f(x)\cos x \, dx$$

$$- \int_0^{\frac{\pi}{2}} f(\pi - x)\cos x \, dx$$

$$- \int_0^{\frac{\pi}{2}} f(\pi + x)\cos x \, dx$$

$$+ \int_0^{\frac{\pi}{2}} f(2\pi - x)\cos x \, dx$$

$$= \int_0^{\frac{\pi}{2}} \{f(x) - f(\pi - x) - f(\pi + x)$$

$$+ f(2\pi - x)\}\cos x \, dx$$

$$= \int_0^{\frac{\pi}{2}} F(x)\cos x \, dx$$

（1）より，$0 \leqq x \leqq \frac{\pi}{2}$ のとき $F(x)\cos x \geqq 0$ であるから，$I \geqq 0$ が成り立つ．

（3）$J = \int_0^{2\pi} g(x)\sin x \, dx$ とおくと

$$J = \int_0^{\pi} g(x)\sin x \, dx + \int_{\pi}^{2\pi} g(x)\sin x \, dx$$

第2項において，$x = \pi + t$ とおくと，$dx = dt$ であり

x	$\pi \to 2\pi$
t	$0 \to \pi$

$$\int_{\pi}^{2\pi} g(x)\sin x \, dx = \int_0^{\pi} g(\pi+t)\sin(\pi+t) \, dt$$
$$= -\int_0^{\pi} g(\pi+t)\sin t \, dt$$
$$= -\int_0^{\pi} g(\pi+x)\sin x \, dx$$

よって

$$J = \int_0^{\pi} g(x)\sin x \, dx - \int_0^{\pi} g(\pi+x)\sin x \, dx$$
$$= \int_0^{\pi} \{g(x) - g(\pi+x)\}\sin x \, dx$$

ここで，$0 \leqq x \leqq 2\pi$ で $g'(x) < 0$ より，$g(x)$ は単調減少である．$0 \leqq x \leqq \pi$ のとき，$0 \leqq x < \pi + x \leqq 2\pi$ であることから

$$g(x) > g(\pi+x)$$
$$\{g(x) - g(\pi+x)\}\sin x \geqq 0$$

ゆえに，$J \geqq 0$ が成り立つ．

◆別解◆ （1）$F\left(\frac{\pi}{2}\right) = 0$ であるから，$0 \leqq x < \frac{\pi}{2}$ のときを考える．このとき

$$x < \pi - x, \ \pi + x < 2\pi - x$$

であるから，平均値の定理を用いて

$$\frac{f(\pi-x) - f(x)}{(\pi-x) - x} = f'(c)$$
$$\frac{f(2\pi-x) - f(\pi+x)}{(2\pi-x) - (\pi+x)} = f'(d)$$

となる c, d が

$$x < c < \pi - x, \ \pi + x < d < 2\pi - x$$

に存在する．

$$f(\pi-x) - f(x) = f'(c)(\pi-2x)$$
$$f(2\pi-x) - f(\pi+x) = f'(d)(\pi-2x)$$

であるから，辺ごとに引いて

$$F(x) = f'(d)(\pi-2x) - f'(c)(\pi-2x)$$
$$= \{f'(d) - f'(c)\}(\pi-2x)$$

ここで，$0 \leqq x \leqq 2\pi$ で $f''(x) > 0$ より，$f'(x)$ は増加関数である．これと $0 < c < d < 2\pi$ より

$$f'(c) < f'(d) \qquad \therefore \quad f'(d) - f'(c) > 0$$

また，$\pi - 2x > 0$ であるから

$$F(x) = \{f'(d) - f'(c)\}(\pi-2x) > 0$$

が成り立つ．

（3）$0 \leqq x \leqq 2\pi$ のときを考える．$G'(x) = g(x)$ となる関数 $G(x)$ をとると，部分積分を用いて

$$J = \int_0^{2\pi} G'(x)\sin x \, dx$$
$$= \left[G(x)\sin x \right]_0^{2\pi} - \int_0^{2\pi} G(x)(\sin x)' \, dx$$
$$= -\int_0^{2\pi} G(x)\cos x \, dx$$

ここで，$H(x) = -G(x)$ とおくと

$$H'(x) = -G'(x) = -g(x)$$
$$H''(x) = -g'(x) > 0$$

であるから，（2）の結果を用いると

$$\int_0^{2\pi} H(x)\cos x \, dx \geqq 0 \qquad \therefore \quad J \geqq 0$$

《ディラックのデルタ関数》

14. n を正の整数とする．以下の問いに答えよ．

（1）関数 $g(x)$ を次のように定める．

$$g(x) = \begin{cases} \dfrac{\cos(\pi x) + 1}{2} & (|x| \leqq 1 \text{のとき}) \\ 0 & (|x| > 1 \text{のとき}) \end{cases}$$

$f(x)$ を連続な関数とし，p, q を実数とする．$|x| \leqq \frac{1}{n}$ をみたす x に対して $p \leqq f(x) \leqq q$ が成り立つとき，次の不等式を示せ．

$$p \leqq n \int_{-1}^{1} g(nx)f(x) \, dx \leqq q$$

（2）関数 $h(x)$ を次のように定める．

$$h(x) = \begin{cases} -\dfrac{\pi}{2}\sin(\pi x) & (|x| \leqq 1 \text{のとき}) \\ 0 & (|x| > 1 \text{のとき}) \end{cases}$$

このとき，次の極限を求めよ．

$$\lim_{n \to \infty} n^2 \int_{-1}^{1} h(nx)\log(1 + e^{x+1}) \, dx$$

(15 東大・理科)

▶解答◀ （1）$g(x) \geqq 0$ であるから $p \leqq f(x) \leqq q$ に $ng(nx)$ を掛けて

$$p \cdot ng(nx) \leqq ng(nx)f(x) \leqq q \cdot ng(nx)$$

各辺を積分して

$$\int_{-1}^{1} p \cdot ng(nx) \, dx \leqq n \int_{-1}^{1} g(nx)f(x) \, dx$$

$$\leqq \int_{-1}^{1} q \cdot n g(nx)\, dx \quad \cdots\cdots\cdots\cdots\text{①}$$

である．ここで

$$g(nx)=\begin{cases} \dfrac{\cos(\pi nx)+1}{2} & (\,|nx|\leqq 1\,\text{のとき}) \\[2mm] 0 & (\,|nx|>1\,\text{のとき}) \end{cases}$$

であるから $|nx|\geqq 1$ では $g(nx)=0$ である．よって $|nx|\leqq 1$ の積分だけが問題で

$$\int_{-1}^{1} n g(nx)\, dx = \int_{-\frac{1}{n}}^{\frac{1}{n}} n g(nx)\, dx$$

$$= \int_{-1}^{1} g(t)\, dt \quad \cdots\cdots\cdots\cdots\cdots\text{②}$$

$$= 2\int_{0}^{1} g(t)\, dt \quad \cdots\cdots\cdots\cdots\text{③}$$

$$= 2\left[\frac{\sin(\pi t)}{2\pi}+\frac{t}{2}\right]_{0}^{1}=1$$

である．② では $nx=t$ という置換をした．③ では $g(t)$ が偶関数であることを用いた．よって ① より

$$p\leqq n\int_{-1}^{1} g(nx)f(x)\, dx \leqq q$$

が成り立つ．

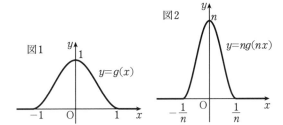

図1 $y=g(x)$

図2 $y=ng(nx)$

（2） $I=n^2\displaystyle\int_{-1}^{1} h(nx)\log(1+e^{x+1})\, dx$ とおく．
（1）と同様に $|nx|\leqq 1$ の積分だけが問題で

$$I=n^2\int_{-\frac{1}{n}}^{\frac{1}{n}} h(nx)\log(1+e^{x+1})\, dx$$

である．$F(x)=\log(1+e^{x+1})$ とおく．

$|x|<1$ において $g'(x)=h(x)$ であるから（次ではダッシュが何と気になるが，もちろん x による微分を表す）$|x|<\dfrac{1}{n}$ のとき，

$$\{g(nx)\}'=n\cdot g'(nx)=nh(nx)$$

であるから $h(nx)=\left\{\dfrac{g(nx)}{n}\right\}'$ となる．部分積分を用いて

$$I=n^2\int_{-\frac{1}{n}}^{\frac{1}{n}} h(nx)F(x)\, dx$$

$$=n^2\int_{-\frac{1}{n}}^{\frac{1}{n}}\left\{\frac{g(nx)}{n}\right\}' F(x)\, dx$$

$$=n^2\left[\frac{g(nx)}{n}F(x)\right]_{-\frac{1}{n}}^{\frac{1}{n}}$$

$$-n^2\int_{-\frac{1}{n}}^{\frac{1}{n}} \frac{g(nx)}{n}F'(x)\, dx$$

$g(-1)=0,\ g(1)=0$ であるから

$$I=-n\int_{-\frac{1}{n}}^{\frac{1}{n}} g(nx)F'(x)\, dx$$

$|x|\leqq\dfrac{1}{n}$ における $F'(x)=\dfrac{e^{x+1}}{1+e^{x+1}}$ の最小値，最大値を p,q とすると

$$p\leqq n\int_{-\frac{1}{n}}^{\frac{1}{n}} g(nx)F'(x)\, dx \leqq q$$

となる．$n\to\infty$ とすると区間が点 0 に潰れるから p,q は $F'(0)=\dfrac{e}{1+e}$ に収束する．ハサミウチの原理より

$$\lim_{n\to\infty} n\int_{-\frac{1}{n}}^{\frac{1}{n}} g(nx)F'(x)\, dx=\frac{e}{1+e}$$

である．I にはマイナスがついているから

$$\lim_{n\to\infty} I=-\frac{e}{1+e}$$

注 意 部分積分を使わない解答は次である．

◆別解◆ （2） $I=n^2\displaystyle\int_{-1}^{1} h(nx)\log(1+e^{x+1})\, dx$ とおく．（1）と同様に $|nx|\leqq 1$ の積分だけが問題で

$$I=n^2\int_{-\frac{1}{n}}^{\frac{1}{n}} h(nx)\log(1+e^{x+1})\, dx$$

である．$F(x)=\log(1+e^{x+1})$ とおく．

$$I=n^2\int_{-\frac{1}{n}}^{\frac{1}{n}} h(nx)F(x)\, dx$$

さらに $nx=t$ と置換して

$$I=n\int_{-1}^{1} h(t)F\left(\frac{t}{n}\right)\, dt$$

となる．（1）では $g(x)\geqq 0$ であったが，$h(t)$ は $-1\leqq t\leqq 0$ では 0 以上，$0\leqq t\leqq 1$ では 0 以下であるから，不等式の両辺に，単純には掛けられない．そこで区間分割をする．

$$I=n\int_{-1}^{0} h(t)F\left(\frac{t}{n}\right)\, dt+n\int_{0}^{1} h(t)F\left(\frac{t}{n}\right)\, dt$$

$J=n\displaystyle\int_{-1}^{0} h(t)F\left(\frac{t}{n}\right)\, dt$ とし，ここで $t=-u$ とおくと

$$J=n\int_{1}^{0} h(-u)F\left(-\frac{u}{n}\right)(-du)$$

$h(x)$ は奇関数であるから $h(-u)=-h(u)$ である．

$$J=n\int_{1}^{0} h(u)F\left(-\frac{u}{n}\right)\, du$$

積分変数を x に戻して

$$J=n\int_{1}^{0} h(x)F\left(-\frac{x}{n}\right)\, dx$$

$$= -n \int_0^1 h(x) F\left(-\frac{x}{n}\right) dx$$

となる．よって

$$I = -n \int_0^1 h(x) F\left(-\frac{x}{n}\right) dx$$
$$+ n \int_0^1 h(x) F\left(\frac{x}{n}\right) dx$$
$$= n \int_0^1 h(x) \left\{ F\left(\frac{x}{n}\right) - F\left(-\frac{x}{n}\right) \right\} dx$$

ここで平均値の定理を用いる．

$$F\left(\frac{x}{n}\right) - F\left(\frac{-x}{n}\right) = \left(\frac{x}{n} - \frac{-x}{n}\right) F'(c)$$
$$= \frac{2x}{n} F'(c)$$

となる c が存在する．c は $-\dfrac{x}{n}$ と $\dfrac{x}{n}$ の間の数である．ただし $x = 0$ のときは $c = 0$ とする．よって

$$-\frac{1}{n} \leq c \leq \frac{1}{n}$$

である．ここで $|x| \leq \dfrac{1}{n}$ における $F'(x) = \dfrac{e^{x+1}}{1+e^{x+1}}$ の最小値を m，最大値を M とする．

$$m \leq F'(c) \leq M$$

$n \to \infty$ のとき，区間が点 0 に潰れて m, M はともに $F'(0) = \dfrac{e}{1+e}$ に収束することに注意せよ．

$$nh(x)\left\{ F\left(\frac{x}{n}\right) - F\left(-\frac{x}{n}\right) \right\}$$
$$= nh(x) \cdot \frac{2x}{n} F'(c) = 2xh(x) F'(c)$$

$0 \leq x \leq 1$ で $h(x) \leq 0$ に注意して $m \leq F'(c) \leq M$ に $2xh(x)$ を掛けると

$$2xh(x)M \leq 2xh(x)F'(c) \leq 2xh(x)m$$

となり，

$$2xh(x)M \leq nh(x)\left\{ F\left(\frac{x}{n}\right) - F\left(-\frac{x}{n}\right) \right\}$$
$$\leq 2xh(x)m$$

となる．この各辺を $0 \leq x \leq 1$ で積分するが，

$$\int_0^1 2xh(x)\, dx = \int_0^1 (-\pi x) \sin(\pi x)\, dx$$
$$= \frac{1}{\pi} \int_0^\pi (-u \sin u)\, du$$
$$= \frac{1}{\pi} \Big[u \cos u - \sin u \Big]_0^\pi = -1$$

（$\pi x = u$ と置換した）だから

$$-M \leq \int_0^1 nh(x)\left\{ F\left(\frac{x}{n}\right) - F\left(-\frac{x}{n}\right) \right\} dx \leq -m$$

となる．$n \to \infty$ のとき m, M はともに $F'(0) = \dfrac{e}{1+e}$ に収束するから，ハサミウチの原理より

$$\lim_{n \to \infty} I = -F'(0) = -\frac{e}{1+e}$$

注意 大学の一部の理論では，∞ を数値のように扱うが，これは「ある取り決めの範囲内で使うことができる者に対しての内容」である．これを高校生に許すととんでもないことをする人が出てくるから，高校では ∞ は数値のようには扱わない．本問（2015 年の東大第六問のこと）は難し過ぎる．

ディラックのデルタ関数というものがある．

$$\int_{-\infty}^{\infty} \delta(x)\, dx = 1$$

$x \neq 0$ のとき $\delta(x) = 0$, $\delta(0) = \infty$

$$\int_{-\infty}^{\infty} f(x)\delta(x)\, dx = f(0)$$

となるものである．その一番簡単な例が，グラフが次図のようになる $\delta_n(x)$ に対して $n \to \infty$ にしたものを $\delta(x)$ とする．

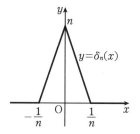

この $\delta_n(x)$ に対して

$$\lim_{n \to \infty} \int_{-\frac{1}{n}}^{\frac{1}{n}} f(x)\delta_n(x)\, dx = f(0)$$

になることを示そう．入試としては，その程度が適当であり，過去の類題もすべてそのレベルである．

$-\dfrac{1}{n} \leq x \leq \dfrac{1}{n}$ における $f(x)$ の最小値を m，最大値を M とする．

$$m \leq f(x) \leq M$$

$\delta_n(x) \geq 0$ を掛けて

$$m\delta_n(x) \leq f(x)\delta_n(x) \leq M\delta_n(x)$$

積分し

$$\int_{-\frac{1}{n}}^{\frac{1}{n}} m\delta_n(x)\, dx \leq \int_{-\frac{1}{n}}^{\frac{1}{n}} f(x)\delta_n(x)\, dx$$
$$\leq \int_{-\frac{1}{n}}^{\frac{1}{n}} M\delta_n(x)\, dx$$

$\displaystyle \int_{-\frac{1}{n}}^{\frac{1}{n}} \delta_n(x)\, dx = 1$ だから

$$m \leq \int_{-\frac{1}{n}}^{\frac{1}{n}} f(x)\delta_n(x)\, dx \leq M$$

$n \to \infty$ にすると区間が 0 に潰れるから m, M は $f(0)$ に収束する．ハサミウチの原理から，証明された．

《素数の逆数和》

15. すべての素数を小さい順に並べた無限数列を $p_1, p_2, \cdots, p_n, \cdots$ とする.

（1） n を自然数とするとき

$$\sum_{k=1}^{n}\frac{1}{k} < \frac{1-\left(\frac{1}{p_1}\right)^{n+1}}{1-\frac{1}{p_1}} \times \frac{1-\left(\frac{1}{p_2}\right)^{n+1}}{1-\frac{1}{p_2}}$$

$$\times\cdots\times \frac{1-\left(\frac{1}{p_n}\right)^{n+1}}{1-\frac{1}{p_n}}$$

を証明せよ.

（2） 無限級数 $\sum_{k=1}^{\infty}\left\{-\log\left(1-\frac{1}{p_k}\right)\right\}$ は発散することを証明せよ.

（3） 無限級数 $\sum_{k=1}^{\infty}\frac{1}{p_k}$ は発散することを証明せよ.

(14 大阪大・挑戦)

考え方 素数が無限にあること（オイラーによる証明 ☞ 注）は認めた上で，素数の逆数の和 $\sum_{k=1}^{\infty}\frac{1}{p_k}$ が発散するかどうかを調べる有名問題である.

▶解答◀ （1） n 以下の素数は 2 以上 n 以下だから，$n-1$ 種類以下しかない．n 以下の自然数を素因数分解するとき，小さい方から n 個目の素数 p_n は使わず，素因数 p_n を使うものは n を越える．また

$$p_k{}^n \geqq 2^n = (1+1)^n = 1 + {}_nC_1 + \cdots = 1 + n > n$$

だから素数を n 個掛けたら n を越える.

n 以下の自然数 m を素因数分解すると，使う素数は n 種類以下（本当は $n-1$ 種類以下で），各素因数の指数は n 以下（本当は n より小さい）だから，m の素因数分解は

$$m = p_1{}^{a_1}\cdot p_2{}^{a_2}\cdot\cdots\cdot\cdot p_n{}^{a_n}\ (0 \leqq a_k \leqq n)$$

という形で表すことができる．ただし，$m=1$ のときはすべての指数は 0 とする.

$$\frac{1}{m} = \frac{1}{p_1{}^{a_1}}\cdot\frac{1}{p_2{}^{a_2}}\cdot\cdots\cdot\frac{1}{p_n{}^{a_n}} \quad\cdots\cdots\cdots④$$

となる．ここで $\prod_{k=1}^{n}b_k = b_1b_2\cdots b_n$ と表す.

$$S_n = \prod_{k=1}^{n}\left(1+\frac{1}{p_k}+\frac{1}{p_k{}^2}+\cdots+\frac{1}{p_k{}^n}\right)$$

とする．右辺の積を展開すると，①の形のものがすべて現れ，n より大きな数（p_n を使うもの）の逆数も現

れる.

$$\sum_{k=1}^{n}\frac{1}{k} < S_n = \prod_{k=1}^{n}\frac{1-\left(\frac{1}{p_k}\right)^{n+1}}{1-\frac{1}{p_k}} \quad\cdots\cdots\cdots⑤$$

が成り立つ．以上で示された.

（2） $T_n = \prod_{k=1}^{n}\frac{1}{1-\frac{1}{p_k}}$ とおくと

$$S_n = \prod_{k=1}^{n}\frac{1-\left(\frac{1}{p_k}\right)^{n+1}}{1-\frac{1}{p_k}} < \prod_{k=1}^{n}\frac{1}{1-\frac{1}{p_k}} = T_n$$

である．よって②より

$$T_n > S_n > \sum_{k=1}^{n}\frac{1}{k} \quad\cdots\cdots\cdots⑥$$

である．ここで $k < x < k+1$ において $\frac{1}{k} > \frac{1}{x}$ であるから，両辺を $k < x < k+1$ で積分し

$$\frac{1}{k} > \int_k^{k+1}\frac{1}{x}\,dx$$

となる．$k = 1, 2, \cdots, n$ とした式を辺ごとに加え

$$\sum_{k=1}^{n}\frac{1}{k} > \int_1^{n+1}\frac{1}{x}\,dx = \log(n+1) \quad\cdots\cdots⑦$$

③，④より

$$T_n > \log(n+1)$$

$$\prod_{k=1}^{n}\frac{1}{1-\frac{1}{p_k}} > \log(n+1)$$

である．両辺の log をとって

$$\sum_{k=1}^{n}\left\{-\log\left(1-\frac{1}{p_k}\right)\right\} > \log\{\log(n+1)\}$$

$n \to \infty$ のとき右辺は ∞ に発散するから

$$\sum_{k=1}^{\infty}\left\{-\log\left(1-\frac{1}{p_k}\right)\right\} = \infty$$

（3） 式変形を切りたくないので，先に述べておく．以下で $f(x) = \log x$ について平均値の定理を用いる．$f'(x) = \frac{1}{x}$ である．また c_k は $p_k - 1 < c_k < p_k$ を満たす実数である．$p_k \geqq 2$ であることも用いる.

$$-\log\left(1-\frac{1}{p_k}\right) = -\log\frac{p_k-1}{p_k} = \log\frac{p_k}{p_k-1}$$

$$= \log p_k - \log(p_k-1) = \{p_k - (p_k-1)\}\frac{1}{c_k}$$

$$= \frac{1}{c_k} < \frac{1}{p_k-1} \leqq \frac{2}{p_k}$$

よって

$$\frac{1}{2}\sum_{k=1}^{n}\left\{-\log\left(1-\frac{1}{p_k}\right)\right\} \leqq \sum_{k=1}^{n}\frac{1}{p_k}$$

となる．$n \to \infty$ のとき左辺は ∞ に発散するから右辺も ∞ に発散する.

◆別解◆ （2） 不等式を作るところで面積の利用をしてもよい.

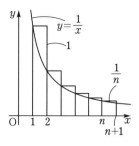

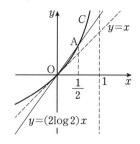

となる.

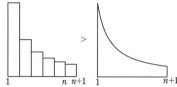

$$\sum_{k=1}^{n}\frac{1}{k} > \int_{1}^{n+1}\frac{1}{x}\,dx = \log(n+1)$$

（3） $g(x) = -\log(1-x)$ とおく. $x<1$ である.

$$f'(x) = \frac{1}{1-x},\ f''(x) = \frac{1}{(1-x)^2} > 0$$

曲線 $C : y = g(x)$ は下に凸である. $A\left(\frac{1}{2}, g\left(\frac{1}{2}\right)\right)$ とする. 曲線の C の弧 OA は線分 OA より下方にあり, $0 < x \leqq \frac{1}{2}$ では

$$-\log(1-x) \leqq (2\log 2)x$$

を満たす. 素数 p_k に対して $0 < \frac{1}{p_k} \leqq \frac{1}{2}$ だから

$x = \frac{1}{p_k}$ とおくと

$$-\log\left(1-\frac{1}{p_k}\right) \leqq \frac{2\log 2}{p_k}$$

よって

$$\frac{1}{2\log 2}\sum_{k=1}^{n}\left\{-\log\left(1-\frac{1}{p_k}\right)\right\} \leqq \sum_{k=1}^{n}\frac{1}{p_k}$$

ただし, 式でもできるし, 図でもできるという状態にした方がよい. 慣れてくると式の方が早くなるからである.

注意 【素数が無限にあることの証明】

背理法で示す. 素数が $p_1, p_2, \cdots, p_n$ の有限個しかないと仮定する. このとき,

$$\prod_{i=1}^{n}\sum_{k=0}^{\infty}\frac{1}{p_i{}^k} = \sum_{k=1}^{\infty}\frac{1}{k} \quad\cdots\cdots\cdots\cdots\cdots(*)$$

である. この左辺について

$$\sum_{k=0}^{\infty}\frac{1}{p_i{}^k} = \frac{1}{1-\frac{1}{p_i}}$$

は有限値であり, 左辺はそれらの有限個の積であるから有限である. しかし, 右辺は調和級数であるから無限大に発散し, 矛盾する. よって, 素数は無限個あることが示された.

$(*)$ は素因数分解の一意性を利用して本問の（1）と同様に考えることで示される.

§15 積分法（面積・体積など）

問題編

《2 曲線と x 軸で囲まれた部分の面積》

1. c を実数とし，曲線 $y = x^2 + c \cdots$① と曲線 $y = \log x \cdots$② の共通接線を考える．

（1） 共通接線の本数を，実数 c の値によって答えよ．

（2） 共通接線が1本であるとき，その接線と①，②それぞれとの接点を求めよ．

（3） 共通接線が1本であるとき，①，② と x 軸で囲まれる図形の面積を求めよ．

(15 千葉大・前期)

《2 曲線と y 軸で囲まれた部分の面積》

2. b を実数とし，$x \geqq 0$ における関数 $g(x)$ を $g(x) = b\sqrt{\sqrt{8x+1}-1}$ と定める．2つの曲線 $y = e^x$ と $y = g(x)$ はただ1点の共有点を持つとする．

（ⅰ） b を求めよ．

（ⅱ） 2つの曲線 $y = e^x$，$y = g(x)$ と y 軸で囲まれた部分の面積を求めよ．

(16 滋賀医大)

《はみ出し削り論法も使える》

3. 以下の問いに答えよ．

（1） 連立不等式 $x \geqq 2$, $2^x \leqq x^y \leqq x^2$ の表す領域を xy 平面上に図示せよ．ただし，自然対数の底 e が $2 < e < 3$ をみたすことを用いてよい．

（2） $a > 0$ に対して，連立不等式

$2 \leqq x \leqq 6$, $(x^y - 2^x)(x^a - x^y) \geqq 0$

の表す xy 平面上の領域の面積を $S(a)$ とする．$S(a)$ を最小にする a の値を求めよ． （22 北海道大・理系）

《パラメータ表示された曲線と面積》

4. 点 P は x 座標が正または0の範囲で放物線 $y = 1 - \dfrac{x^2}{2}$ 上を動くとする．点 P における放物線 $y = 1 - \dfrac{x^2}{2}$ の法線を m として，法線 m と x 軸とのなす角を $\theta\left(0 < \theta \leqq \dfrac{\pi}{2}\right)$ とする．法線 m 上の点 Q は $PQ = 1$ を満たし，不等式 $y > 1 - \dfrac{x^2}{2}$ の表す領域にあるとする．点 Q の軌跡を C とし，次の問いに答えよ．

（1） 点 P, Q の座標を θ を用いて表せ．

（2） 曲線 C と x 軸との交点の座標を求めよ．

（3） 不定積分 $\displaystyle\int \dfrac{1}{\sin\theta}\,d\theta$ を $t = \cos\theta$ と置換することにより求めよ．

（4） 不定積分 $\displaystyle\int \dfrac{1}{\sin^2\theta}\,d\theta$，$\displaystyle\int \dfrac{1}{\sin^4\theta}\,d\theta$ を $t = \dfrac{\cos\theta}{\sin\theta}$ と置換することにより求めよ．

（5） 曲線 C と x 軸および y 軸により囲まれた図形の面積を求めよ．

(16 宮城教育大)

《ルーローの三角形を転がす》

5. 平面上で1辺の長さが1の正三角形 ABC の頂点 A, B, C を中心とする半径1の円で囲まれた部分をそれぞれ D_1, D_2, D_3 とする. D_1, D_2, D_3 の共通部分を K とする. すなわち K は, 共通部分に含まれる弧 AB, 弧 BC, 弧 CA で囲まれた図形である.

xy 平面上に K を考え, 点 A は原点に, 点 C は y 軸上に, 点 B は第1象限に属するように K をおく. この K が x 軸の上で正の方向にすべることなく転がり, 1回転するときにできる点 A の描く曲線を L とする.

（1） K の弧 AB と x 軸が共有点をもつとき, その共有点を P とし, $\angle\mathrm{ACP} = \theta$ とおく. ただし $0 < \theta < \dfrac{\pi}{3}$ とする. このとき点 A の座標を θ を用いて表せ.

（2） K が1回転したあとの点 A の座標を求めよ.

（3） 曲線 L と x 軸で囲まれた部分の面積を求めよ.

(21 京都府立医大)

《内サイクロイドと弧長》

6. O を原点とする座標平面上の点 A は x 軸上にあり, x 座標が0以上2以下の範囲を動く. また, 点 B は AB ＝OB＝1 を満たしながら動く点で, その y 座標は0以上とする. さらに, x 軸の正の部分と線分 OB のなす角を θ とし, 線分 AB 上にあり OA＝2BP を満たす点を P とする. ただし, 点 A が原点 O と一致するとき, 点 B, 点 P の座標はともに $(0, 1)$ であるとする.

（1） 点 A および点 P の x 座標と y 座標を, それぞれ θ を用いて表せ.

（2） 点 P が描く曲線の長さを求めよ.

（3） 点 P が描く曲線, x 軸および y 軸で囲まれた部分の面積を求めよ.

(19 北里大・医)

《サイクロイドと自己交差》

7. d, r, k を正の定数とする. 座標平面上において, 点 $(t, 0)$ $(0 \leqq t \leqq d)$ を中心とする半径 r の円を C_t とし, C_t 上の点 A を, 図のように点 (t, r) から時計回りに角 kt だけ回転した点と定める.

t を $0 \leqq t \leqq d$ の範囲で動かしたとき, 点 A は点 $(0, r)$ から出発し, C_t 上を1周して点 (d, r) まで移動する. 以下の設問に答えよ.

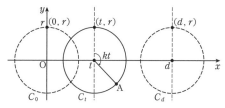

（1） k を d を用いて表せ. また, 点 A の座標を t, d, r を用いて表せ.

（2） t を $0 \leqq t \leqq d$ の範囲で動かしたとき, 点 A の軌跡を L とする. L はある点 P で L 自身と交わっているとする.

（i） 点 P が存在するための d, r が満たすべき不等式を与えよ.

（ii） 点 P の y 座標が0であるとき, d を r を用いて表せ.

（iii） （ii）の条件の下で, L で囲まれる図形の面積を求めよ.

(21 気象大・全)

《極座標の面積》

8. 平面上に2つの円

$$C_1 : x^2 + y^2 = 1, \quad C_2 : \left(x + \frac{3}{2}\right)^2 + y^2 = \frac{1}{4}$$

があり，点 $(-1, 0)$ で接している．点 P_1 は C_1 上を反時計周りに一定の速さで動き，点 P_2 は C_2 上を反時計周りに一定の速さで動く．二点 P_1，P_2 はそれぞれ点 $(1, 0)$ および点 $(-1, 0)$ を時刻 0 に同時に出発する．P_1 は C_1 を一周して時刻 2π に点 $(1, 0)$ に戻り，P_2 は C_2 を二周して時刻 2π に点 $(-1, 0)$ に戻るものとする．P_1 と P_2 の中点を M とおく．P_1 が C_1 を一周するときの点 M の軌跡の概形を図示して，その軌跡によって囲まれる図形の面積を求めよ．

(15　千葉大・前期)

《x 軸周りの回転体の体積》

9. 曲線 $y = \sqrt{x}\sin x$ と曲線 $y = \sqrt{x}\cos x$ を考える．$\dfrac{\pi}{4} \leqq x \leqq \dfrac{5}{4}\pi$ の区間でこれらの2つの曲線に囲まれる領域が x 軸のまわりに1回転してできる回転体の体積を求めよ．

(17　お茶の水女子大・化, 生, 情)

《斜軸回転と傘型分割》

10. xy 平面内の図形

$$S : \begin{cases} x + y^2 \leqq 2 \\ x + y \geqq 0 \\ x - y \leqq 2 \end{cases}$$

を考える．図形 S を直線 $y = -x$ のまわりに1回転して得られる立体の体積を V とする．

（1）　S を xy 平面に図示せよ．

（2）　V を求めよ．

(18　東北大・理系)

《極方程式と体積》

11. 原点を中心とする半径2の円 C_1 と極方程式 $r^2\cos 2\theta = 1$ $\left(-\dfrac{\pi}{4} < \theta < \dfrac{\pi}{4}\right)$ の表す曲線 C_2 について，次の問に答えよ．

（1）　C_2 を直交座標に関する方程式で表せ．

（2）　C_1 と C_2 で囲まれた原点を含まない図形を直線 $y = -x$ のまわりに1回転してできる立体の体積を求めよ．

(19　群馬大・前期)

《ガウス積分の評価とバウムクーヘン分割》

12. $a > 0$ とする．曲線 $y = e^{-x^2}$ と x 軸，y 軸，および直線 $x = a$ で囲まれた図形を，y 軸のまわりに1回転してできる回転体を A とする．

（1）　A の体積 V を求めよ．

（2）　点 $(t, 0)$ $(-a \leqq t \leqq a)$ を通り x 軸と垂直な平面による A の切り口の面積を $S(t)$ とするとき，不等式

$$S(t) \leqq \int_{-a}^{a} e^{-(s^2 + t^2)}\, ds$$

を示せ．

（3）　不等式

$$\sqrt{\pi\left(1 - e^{-a^2}\right)} \leqq \int_{-a}^{a} e^{-x^2}\, dx$$

を示せ．

(15　東工大・前期)

《線分が通過してできるの立体の体積》

13. 座標空間において，xy 平面上の原点を中心とする半径 1 の円を考える．この円を底面とし，点 $(0, 0, 2)$ を頂点とする円錐（内部を含む）を S とする．また，点 $A(1, 0, 2)$ を考える．

（1）　点 P が S の底面を動くとき，線分 AP が通過する部分を T とする．平面 $z = 1$ による S の切り口および，平面 $z = 1$ による T の切り口を同一平面上に図示せよ．

（2）　点 P が S を動くとき，線分 AP が通過する部分の体積を求めよ．　　　　　　　　（20　東大・理科）

《四角錐と円柱の間の体積》

14. 点 O を原点とする座標平面内の円 $x^2 + y^2 = 1$ を C とする．$\dfrac{1}{\sqrt{2}} \leqq t \leqq 1$ を満たす t に対し，

直線 $y = -x + \sqrt{2}t$ を l とし，l と x 軸の交点を A とする．次の連立不等式で表される平面図形を D とする．

$$\begin{cases} x^2 + y^2 \geqq 1 \\ y \leqq -x + \sqrt{2}t \\ 0 \leqq y \leqq x \end{cases}$$

C と l の共有点で D に属する点を B とし，$\angle AOB = \theta$ とする．D の面積を $S(t)$ とする．

（1）　t を θ で表せ．

（2）　$S(t)$ を θ で表せ．

（3）　$\displaystyle \int_{\frac{1}{\sqrt{2}}}^{1} S(t)\, dt$ の値を求めよ．

（4）　座標空間内の 4 点 $(\sqrt{2}, 0, 0)$, $(0, \sqrt{2}, 0)$, $(-\sqrt{2}, 0, 0)$, $(0, -\sqrt{2}, 0)$ を頂点とする正方形を R とする．R を底面とし，点 $(0, 0, 1)$ を頂点とする四角錐を V とする．すなわち，V は次の連立不等式で表される．

$$\begin{cases} 0 \leqq z \leqq 1 \\ |y| \leqq -|x| + \sqrt{2}(1 - z) \end{cases}$$

また，$x^2 + y^2 < 1$, $0 \leqq z \leqq 1$ で表される円柱を W とする．V から W を除いた立体を K とする．z 軸に直交する平面による K の断面を考えることで，K の体積を求めよ．　　　　　　（20　名古屋工大・前期）

《立方体内の体積》

15. 座標空間において，$0 \leqq x \leqq 1$, $0 \leqq y \leqq 1$, $0 \leqq z \leqq 1$ の表す部分は立方体である．また，$x^2 + y^2 \leqq 1$, $0 \leqq z \leqq 1$ の表す部分は高さ 1 の円柱である．

（1）　座標空間において，$0 \leqq x \leqq 1$, $0 \leqq y \leqq 1$, $0 \leqq z \leqq 1$, $y^2 + z^2 \geqq 1$, $x^2 + z^2 \geqq 1$ の表す部分を A とする．

A を平面 $z = \dfrac{1}{2}$ で切ったときの断面積は $\dfrac{\Box}{\Box} + \Box\sqrt{\Box}$ であり，A の体積は $\dfrac{\Box}{\Box} + \dfrac{\Box}{\Box}\pi$ である．

（2）　座標空間において，$0 \leqq x \leqq 1$, $0 \leqq y \leqq 1$, $0 \leqq z \leqq 1$, $y^2 + z^2 \geqq 1$, $x^2 + z^2 \geqq 1$, $x^2 + y^2 \geqq 1$ の表す部分を B とする．B のうち，z 座標が $0 \leqq z \leqq \dfrac{\sqrt{2}}{2}$ の範囲にある部分の体積は

$$\dfrac{\Box}{\Box} + \dfrac{\Box}{\Box}\sqrt{\Box} + \dfrac{\Box}{\Box}\pi$$

であり，B の体積は $\Box + \sqrt{\Box} + \dfrac{\Box}{\Box}\pi$ である．　　　　　　（18　上智大・理工-TEAP）

《正四角錐の辺と接する球》

16. 正四角錐 O-ABCD を考える．底面 ABCD は一辺の長さが 2 の正方形で，OA = OB = OC = OD である．O から底面に下ろした垂線を OH とし，線分 OH の長さを h とする．さらに，正四角錐 O-ABCD の 8 本の辺すべてと接する球 S を考える．球 S と辺 AB の接点を P，S と辺 OA の接点を Q，S の中心を K とする．このとき，以下の問いに答えよ．

（1） 線分 OA の長さを h の式で表せ．さらに，球 S を平面 OAB で切ったとき，断面として現れる円の半径を $r(h)$ とする．$r(h)$ を h の式で表せ．

（2） 線分 AP および線分 AQ の長さを求めよ．

（3） 球 S の半径 $R(h)$ を h の式で表せ．さらに，$R(h)$ が最小となる h の値 h_0 を求めよ．

（4） 以下では $R(h) = \sqrt{2}$ となるときを考える．

　（ i ） h の値を求めよ．さらに K から面 OAB に下ろした垂線を KM とする．線分 KM の長さを求めよ．

　（ ii ） 球 S を平面 ABCD で 2 つに分けたとき，K を含まない方を S' とする．S' のうち正四角錐 O-ABCD に含まれない部分の体積 V を求めよ．

（22　電気通信大・前期）

《正四角錐の面に接する球》

17. 一辺の長さが $\sqrt{3}+1$ である正八面体の頂点を下図のように $P_1, P_2, P_3, P_4, P_5, P_6$ とする．

各 $i = 1, 2, \cdots, 6$ に対して，P_i 以外の 5 点を頂点とする四角錐（すい）のすべての面に内接する球（内部を含む）を B_i とする．B_1 の体積を X とし，B_1 と B_2 の共通部分の体積を Y とし，B_1, B_2, B_3 の共通部分の体積を Z とする．さらに $B_1, B_2, \cdots, B_n$ を合わせて得られる立体の体積を $V_n (n = 2, 3, \cdots, 6)$ とする．以下の問に答えよ．ただし（1）は答のみを解答用紙の該当欄に書け．

（1） $V_n = aX + bY + cZ$ となる整数 a, b, c を $n = 2, 3, 6$ の場合について求めよ．

（2） X の値を求めよ．

（3） V_2 の値を求めよ．

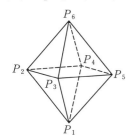

（22　早稲田大・理工）

《回転放物面と水量》

18. 以下の文章の空欄に適切な数または式を入れて文章を完成させなさい.

xyz 空間の zx 平面にある曲線 $z = x^2$, $0 \leqq z \leqq h$ に対する部分を C とする. ただし $h > 0$ である. 回転軸 l を z 軸にとり, C を l のまわりに 1 回転させて得られる曲面からなる容器を S とする. S に水を満たした後, S の回転軸 l を z 軸に対して角 θ だけ傾ける. 以下 $a = \tan\theta$ とおく.

（1） 水がすべてこぼれず, 容器の中に残るための条件は $0 \leqq a < $ 　(あ)　 である. このとき空気に触れている水面の面積を $T(a)$ とすると $T(a) = $ 　(い)　 である. $\displaystyle\lim_{a \to +0} T'(a) = $ 　(う)　 であり, a の関数 $T(a)$ が $0 < a < $ 　(あ)　 の範囲に極大値をもつための条件は $h > $ 　(え)　 である.

（2） $a = \sqrt{h}$ のとき容器に残った水の体積 V を求めると $V = $ 　(お)　 である. ただしその計算にあたって必要ならば次の定積分の値を用いてよい.

$$\int_0^1 (1 - t^2)^{\frac{3}{2}}\, dt = \frac{3\pi}{16}, \quad \int_0^1 t^{\frac{3}{2}} (1 - t)^{\frac{3}{2}}\, dt = \frac{3\pi}{128}, \quad \int_0^1 t^{\frac{3}{2}} (1 - t)^{\frac{1}{2}}\, dt = \frac{\pi}{16}$$

(17 慶應大・医)

《放物線の弧長》

19. 以下の文章の空欄に適切な数または式を入れて文章を完成させなさい. また設問（4）に答えなさい.

$b > 0$, $c > 0$ として関数 $f(x) = b\left(1 - \dfrac{x^2}{c}\right)$ $(0 \leqq x \leqq \sqrt{c})$ を考える. また曲線 $y = f(x)$ および x 軸, y 軸で囲まれた図形の面積を A とする.

（1） A を一定に保つとき, b を A と c の式で表すと $b = $ □ となる. 以下この式により文字 b を消去する.

（2） 曲線 $y = f(x)$ $(0 \leqq x \leqq \sqrt{c})$ 上の点 $(x, f(x))$ と原点 O の距離を $r(x)$ で表す. $c \geqq$ ア のとき関数 $r(x)$ は区間 $0 \leqq x \leqq \sqrt{c}$ において増加し, $0 < c < $ ア のとき関数 $r(x)$ は 1 点 x_0 （ただし $0 < x_0 < \sqrt{c}$） において最小値 r_0 をとる. x_0 と r_0 を A と c の式で表すと $x_0 = $ □, $r_0 = $ □ である.

（3） c が $0 < c < $ ア を満たしつつ変化するとき, r_0 は $c = $ イ において最大値をとる. $c = $ イ のとき, 原点 O と点 $(x_0, f(x_0))$ を結ぶ線分が x 軸の正の向きとなす角を θ とすると $\cos\theta = $ □ である.

（4） 曲線 $y = f(x)$ $(0 \leqq x \leqq \sqrt{c})$ の長さを $L(c)$ とする. 一般に $s \geqq 0$, $t \geqq 0$ のとき $\sqrt{s} \leqq \sqrt{s + t} \leqq \sqrt{s} + \sqrt{t}$ であることを用いて

$$\lim_{c \to \infty} \frac{L(c)}{\sqrt{c}} = 1, \quad \lim_{c \to +0} \sqrt{c}\, L(c) = \frac{3A}{2}$$

となることを示しなさい.

(20 慶應大・医)

解答編

《2 曲線と x 軸で囲まれた部分の面積》

1. c を実数とし，曲線 $y = x^2 + c \cdots$① と曲線 $y = \log x \cdots$② の共通接線を考える．

（1） 共通接線の本数を，実数 c の値によって答えよ．

（2） 共通接線が 1 本であるとき，その接線と①，② それぞれとの接点を求めよ．

（3） 共通接線が 1 本であるとき，①，② と x 軸で囲まれる図形の面積を求めよ．

(15 千葉大・前期)

▶解答◀ （1） ② 上の点 $(t, \log t)$ における接線の方程式は

$$y = \frac{1}{t}(x - t) + \log t$$

$$y = \frac{1}{t}x + \log t - 1$$

である．これと曲線 $y = x^2 + c$ を連立させて

$$x^2 + c = \frac{1}{t}x + \log t - 1$$

$$x^2 - \frac{1}{t}x + c - \log t + 1 = 0 \quad\cdots\cdots\cdots\cdots\cdots③$$

この判別式を D とおくと，$D = 0$ であり

$$\left(-\frac{1}{t}\right)^2 - 4(c - \log t + 1) = 0$$

$$c = \frac{1}{4t^2} + \log t - 1$$

$f(t) = \frac{1}{4t^2} + \log t - 1$ とおく．

$$f'(t) = -\frac{1}{2t^3} + \frac{1}{t} = \frac{2t^2 - 1}{2t^3}$$

t	0	$\cdots$	$\frac{1}{\sqrt{2}}$	$\cdots$
$f'(t)$		$-$	0	$+$
$f(t)$		$\searrow$		$\nearrow$

$\lim\limits_{x \to +0} x \log x = 0$ を既知とする．

$$\lim_{t \to +0} f(t) = \lim_{t \to +0}\left\{\frac{1}{4t^2}(1 + 4t^2 \log t) - 1\right\} = +\infty$$

$$\lim_{t \to \infty} f(t) = +\infty$$

$$f\left(\frac{1}{\sqrt{2}}\right) = \frac{1}{2} + \log\frac{1}{\sqrt{2}} - 1 = -\frac{\log 2 + 1}{2}$$

曲線 $y = f(t)$ と直線 $y = c$ の共有点の個数より，共通接線の本数は

$c < -\dfrac{\log 2 + 1}{2}$ のとき 0，

$c = -\dfrac{\log 2 + 1}{2}$ のとき 1，

$c > -\dfrac{\log 2 + 1}{2}$ のとき 2

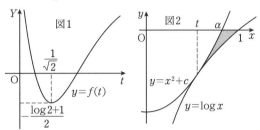

図1　$y = f(t)$

図2　$y = x^2 + c$，$y = \log x$

（2） $c = -\dfrac{\log 2 + 1}{2}$ のとき $f(t) = c$ をみたす t は $t = \dfrac{1}{\sqrt{2}}$ であり，④ の重解 $x = \dfrac{1}{2t} = \dfrac{1}{\sqrt{2}} = t$ となるから求める接点は両方とも $\left(\dfrac{1}{\sqrt{2}}, -\dfrac{\log 2}{2}\right)$ である．

（3） $c = -\dfrac{\log 2 + 1}{2}$ のときである．

$\alpha = \sqrt{\dfrac{\log 2 + 1}{2}}$，$t = \dfrac{1}{\sqrt{2}}$ とおく．① は $y = x^2 - \alpha^2$ である．求める面積を S とする．

$$S = -\int_t^1 \log x\, dx + \int_t^\alpha (x^2 - \alpha^2)\, dx$$

$$= -\Big[\, x \log x - x \,\Big]_t^1 + \Big[\, \frac{x^3}{3} - \alpha^2 x \,\Big]_t^\alpha$$

$$= 1 + t \log t - t - \frac{2\alpha^3}{3} - \frac{t^3}{3} + \alpha^2 t$$

$\log t = -\dfrac{1}{2}\log 2$，$\alpha^2 = \dfrac{1}{2}\log 2 + \dfrac{1}{2}$ だから

$$S = 1 - \frac{t}{2}\log 2 - t - \frac{2\alpha^3}{3} - \frac{t}{6} + \frac{t}{2}\log 2 + \frac{t}{2}$$

$$= 1 - \frac{2}{3}t - \frac{2}{3}\alpha^3$$

$$= 1 - \frac{\sqrt{2}}{3} - \frac{2}{3}\left(\frac{\log 2 + 1}{2}\right)^{\frac{3}{2}}$$

注意　$\lim\limits_{x \to +0} x \log x = 0$ の証明は次の手順による．微分法を用いて $-\dfrac{2}{\sqrt{x}} < \log x < 0\ (0 < x < 1)$ を示す．$-2\sqrt{x} < x \log x < 0$ とハサミウチの原理から $\lim\limits_{x \to +0} x \log x = 0$ を示す．

《2 曲線と y 軸で囲まれた部分の面積》

2. b を実数とし，$x \geqq 0$ における関数 $g(x)$ を

$g(x) = b\sqrt{\sqrt{8x+1}-1}$ と定める．2つの曲線 $y = e^x$ と $y = g(x)$ はただ1点の共有点を持つとする．

（ⅰ） b を求めよ．

（ⅱ） 2つの曲線 $y = e^x$，$y = g(x)$ と y 軸で囲まれた部分の面積を求めよ．

(16 滋賀医大)

▶解答◀ （ⅰ） $e^x = b\sqrt{\sqrt{8x+1}-1}$ ……①

は $x = 0$ では成立しない．

$x > 0$ のとき，①が解をただ1つもつ条件を求める．両辺の符号から $b > 0$ である．

$\sqrt{8x+1} = t$ とおく．$x \geq 0$ より $t \geq 1$ である．

$$x = \frac{1}{8}(t^2 - 1) \quad \cdots\cdots②$$

$t > 1$ のとき，①の両辺の $\log$ をとり

$$\frac{1}{8}(t^2 - 1) = \log b + \frac{1}{2}\log(t-1)$$

$f(t) = \dfrac{1}{8}(t^2 - 1) - \log b - \dfrac{1}{2}\log(t-1)$ とおく．

$$f'(t) = \frac{t}{4} - \frac{1}{2}\cdot\frac{1}{t-1} = \frac{t^2 - t - 2}{4(t-1)}$$

$$= \frac{(t+1)(t-2)}{4(t-1)}$$

t	1	$\cdots$	2	$\cdots$
$f'(t)$		$-$	0	$+$
$f(t)$		$\searrow$		$\nearrow$

$$\lim_{t \to 1+0} f(t) = \infty$$

$\displaystyle\lim_{x \to \infty}\frac{\log x}{x} = 0$ を既知とする．

$$f(t) = \frac{t-1}{2}\left\{\frac{1}{4}(t+1) - \frac{\log(t-1)}{t-1}\right\} - \log b$$

より $\displaystyle\lim_{t \to \infty} f(t) = \infty$ である．

よって $f(t) = 0$ がただ1つの解をもつ条件は $f(2) = 0$ である．②で $t = 2$ とすると $x = \dfrac{3}{8}$ となるから①が $x = \dfrac{3}{8}$ で成り立つときで，$\boldsymbol{b = e^{\frac{3}{8}}}$

（ⅱ） 図で $C : y = e^{\frac{3}{8}}\sqrt{\sqrt{8x+1}-1}$ とする．求める面積を S とすると

$$S = \int_0^{\frac{3}{8}} e^x \, dx - \int_0^{\frac{3}{8}} e^{\frac{3}{8}}\sqrt{\sqrt{8x+1}-1}\, dx$$

$$\int_0^{\frac{3}{8}} e^x \, dx = \Big[e^x\Big]_0^{\frac{3}{8}} = e^{\frac{3}{8}} - 1$$

$\sqrt{8x+1} - 1 = u$ とおくと，$8x + 1 = (u+1)^2$

$x = 0$ のとき $u = 0$，$x = \dfrac{3}{8}$ のとき $u = 1$

$8dx = 2(u+1)du \qquad \therefore \quad dx = \frac{1}{4}(u+1)du$

$$\int_0^{\frac{3}{8}}\sqrt{\sqrt{8x+1}-1}\, dx = \int_0^1 \sqrt{u}\cdot\frac{1}{4}(u+1)\, du$$

$$= \frac{1}{4}\int_0^1 (u^{\frac{3}{2}} + u^{\frac{1}{2}})\, du$$

$$= \frac{1}{4}\left[\frac{2}{5}u^{\frac{5}{2}} + \frac{2}{3}u^{\frac{3}{2}}\right]_0^1 = \frac{1}{4}\left(\frac{2}{5} + \frac{2}{3}\right) = \frac{4}{15}$$

$$S = e^{\frac{3}{8}} - 1 - e^{\frac{3}{8}}\cdot\frac{4}{15} = \boldsymbol{\frac{11}{15}e^{\frac{3}{8}} - 1}$$

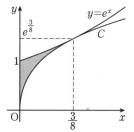

注意 （2）は逆関数を考え，x 軸，$y = \log x$，$y = \dfrac{1}{8}\left\{\left(\dfrac{x^2}{b^2}+1\right)^2 - 1\right\}$ の囲む面積を求めてもよいが，計算が楽になるわけではない．

《はみ出し削り論法も使える》

3. 以下の問いに答えよ．

（1） 連立不等式 $x \geq 2$，$2^x \leq x^y \leq x^2$ の表す領域を xy 平面上に図示せよ．ただし，自然対数の底 e が $2 < e < 3$ をみたすことを用いてよい．

（2） $a > 0$ に対して，連立不等式
$$2 \leq x \leq 6, \quad (x^y - 2^x)(x^a - x^y) \geq 0$$
の表す xy 平面上の領域の面積を $S(a)$ とする．$S(a)$ を最小にする a の値を求めよ．

(22 北海道大・理系)

考え方 （2）で面積を求めるときには積分をする．しかし，その最大・最小を考えるときにはその面積の式を微分する．そのため，積分したときの原始関数自体を求める必要はない．積分区間の上端・下端が a に依存しているから，積分して微分しても単純にそのまま元の式に戻るわけではないことに注意が必要である．と，ノーマルな解法をした後に，図形的にみると…(☞別解)

▶解答◀ （1） $2^x \leq x^y$ について，底を2とする対数をとると $x \leq y\log_2 x$ である．$x \geq 2$ においては $\log_2 x > 0$ であるから，$y \geq \dfrac{x}{\log_2 x}$ である．また，$x^y \leq x^2$ より，$y \leq 2$ である．

ここで，$f(x) = \dfrac{x}{\log_2 x} = (\log 2)\dfrac{x}{\log x}$ とおくと

$$f'(x) = (\log 2)\frac{1\cdot\log x - x\cdot\frac{1}{x}}{(\log x)^2}$$

$$= (\log 2)\frac{\log x - 1}{(\log x)^2}$$

であるから，$x = e$ の前後で $f'(x)$ は負から正に符号を変える．また，$y = f(x)$ と $y = 2$ の交点の x 座標は $x = 2, 4$ であるから，求める領域は図1の境界を含む網目部分である．

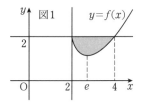

図1

（2） $(x^y - 2^x)(x^a - x^y) \geqq 0$

$$2^x \leqq x^y \leqq x^a \text{ または } x^a \leqq x^y \leqq 2^x$$

$$f(x) \leqq y \leqq a \text{ または } a \leqq y \leqq f(x)$$

（ア） $(0 <) \, a \leqq f(e)$ のとき：図2のようになる．この範囲においては，$S(a)$ は明らかに単調減少である．

（イ） $f(e) \leqq a \leqq 2$ のとき：図3のようになる．このときの $y = f(x)$ と $y = a$ の交点の x 座標を $\alpha, \beta \, (\alpha \leqq \beta)$ とすると

$$S(a) = \int_2^\alpha (f(x) - a) \, dx + \int_\alpha^\beta (a - f(x)) \, dx + \int_\beta^6 (f(x) - a) \, dx$$

ここで，$f(x)$ の原始関数の1つを $F(x)$ とおくと

$$S(a) = \Big[F(x) - ax \Big]_2^\alpha + \Big[ax - F(x) \Big]_\alpha^\beta + \Big[F(x) - ax \Big]_\beta^6$$

$$= (F(\alpha) - F(2)) - a(\alpha - 2) + a(\beta - \alpha)$$
$$-(F(\beta) - F(\alpha)) + (F(6) - F(\beta)) - a(6 - \beta)$$
$$= 2(F(\alpha) - F(\beta)) - 2(\alpha - \beta)a$$
$$-4a - F(2) + F(6)$$

α, β は a の関数であることに注意して，α の a による微分を α' などと書くことにする．さらに，$f(\alpha) = f(\beta) = a$ であるから

$$S'(a) = 2(\alpha' f(\alpha) - \beta' f(\beta))$$
$$-2\{(\alpha' - \beta')a + (\alpha - \beta)\} - 4$$
$$= 2a(\alpha' - \beta') - 2\{(\alpha' - \beta')a + (\alpha - \beta)\} - 4$$
$$= -2(\alpha - \beta) - 4 = 2(\beta - \alpha) - 4$$
$$\leqq 2 \cdot (4 - 2) - 4 = 0$$

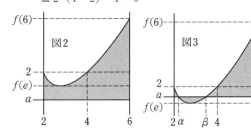

図2

図3

（ウ） $2 \leqq a \leqq f(6)$ のとき：図4のようになる．このとき $y = f(x)$ と $y = a$ の交点の x 座標を γ とする．

$$S(a) = \int_2^\gamma (a - f(x)) \, dx + \int_\gamma^6 (f(x) - a) \, dx$$

ここで，$f(x)$ の原始関数の1つを $F(x)$ とおくと

$$S(a) = \Big[ax - F(x) \Big]_2^\gamma + \Big[F(x) - ax \Big]_\gamma^6$$

$$= a(\gamma - 2) - (F(\gamma) - F(2))$$
$$+ (F(6) - F(\gamma)) - a(6 - \gamma)$$
$$= -2F(\gamma) + 2\gamma a - 8a + F(2) + F(6)$$

γ は a の関数であり，$f(\gamma) = a$ であるから

$$S'(a) = -2\gamma' f(\gamma) + 2(\gamma' a + \gamma) - 8$$
$$= -2\gamma' a + 2(\gamma' a + \gamma) - 8$$
$$= 2\gamma - 8 \geqq 2 \cdot 4 - 8 = 0$$

（エ） $a \geqq f(6)$ のとき：図5のようになる．この範囲においては，$S(a)$ は明らかに単調増加である．

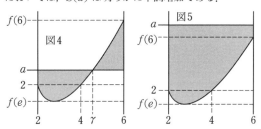

図4　図5

以上（ア）～（エ）より，

$(0 <) \, a \leqq 2$ のとき $S'(a) \leqq 0$

$a \geqq 2$ のとき $S'(a) \geqq 0$

であるから，$S(a)$ は $a = 2$ で最小となる．

◆別解◆（2）【はみ出し削り論法】　図6を見よ．

$y = 2$ から $y = a$ へと上に動いたとき，$S(a)$ の

増加部分 $=$ 網目部分 …………………①

減少部分 $=$ 斜線部分 …………………②

である．このとき，$P_0 Q_0 = Q_0 R_0$ より

四角形 $P_0 Q_0 QP = $ 四角形 $Q_0 R_0 RQ$

①$>$ 四角形 $P_0 Q_0 QP = $ 四角形 $Q_0 R_0 RQ >$ ②

であるから，$a > 2$ のとき $S(a) > S(2)$ である．

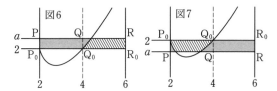

図6　図7

図7を見よ．$y = 2$ から $y = a$ へと下に動いたときも，同様に考えると $S(a) < S(2)$ となる．

よって，$a=2$ で最小値をとることが示された．
このような論法を「はみ出し削り論法」という．

《パラメータ表示された曲線と面積》

4. 点 P は x 座標が正または 0 の範囲で放物線 $y=1-\dfrac{x^2}{2}$ 上を動くとする．点 P における放物線 $y=1-\dfrac{x^2}{2}$ の法線を m として，法線 m と x 軸とのなす角を $\theta\left(0<\theta\leqq\dfrac{\pi}{2}\right)$ とする．法線 m 上の点 Q は $PQ=1$ を満たし，不等式 $y>1-\dfrac{x^2}{2}$ の表す領域にあるとする．点 Q の軌跡を C とし，次の問いに答えよ．

（1） 点 P，Q の座標を θ を用いて表せ．

（2） 曲線 C と x 軸との交点の座標を求めよ．

（3） 不定積分 $\displaystyle\int\dfrac{1}{\sin\theta}\,d\theta$ を $t=\cos\theta$ と置換することにより求めよ．

（4） 不定積分 $\displaystyle\int\dfrac{1}{\sin^2\theta}\,d\theta$，$\displaystyle\int\dfrac{1}{\sin^4\theta}\,d\theta$ を $t=\dfrac{\cos\theta}{\sin\theta}$ と置換することにより求めよ．

（5） 曲線 C と x 軸および y 軸により囲まれた図形の面積を求めよ．

(16 宮城教育大)

考え方 （3），（4）は（5）のための準備である．適宜出てくる cos, sin は c, s などとおくと，式が見やすくなり，計算ミスも減る．

▶解答◀ （1） $y=1-\dfrac{x^2}{2}$ のとき $y'=-x$

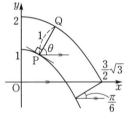

P を $P\left(p,\ 1-\dfrac{p^2}{2}\right)$ とおく．

$p\neq0$ のとき，P における接線の傾きは $-p$ で，PQ は P における接線と直交するから PQ の傾きは $\dfrac{1}{p}$ である．これが $\tan\theta$ に等しいから

$$\dfrac{1}{p}=\tan\theta\qquad\therefore\quad p=\dfrac{1}{\tan\theta}$$

よって $P\left(\dfrac{1}{\tan\theta},\ 1-\dfrac{1}{2\tan^2\theta}\right)$ である．
また $\overrightarrow{PQ}=(\cos\theta,\ \sin\theta)$ である．

$$\overrightarrow{OQ}=\overrightarrow{OP}+\overrightarrow{PQ}=\left(p,\ 1-\dfrac{p^2}{2}\right)+(\cos\theta,\ \sin\theta)$$

$Q\left(\dfrac{1}{\tan\theta}+\cos\theta,\ 1-\dfrac{1}{2\tan^2\theta}+\sin\theta\right)$ である．

$p=0\ \left(\theta=\dfrac{\pi}{2}\right)$ のときも成り立つように，tan を用いた表現を避けると

$$P\left(\dfrac{\cos\theta}{\sin\theta},\ 1-\dfrac{\cos^2\theta}{2\sin^2\theta}\right),$$
$$Q\left(\dfrac{\cos\theta}{\sin\theta}+\cos\theta,\ 1-\dfrac{\cos^2\theta}{2\sin^2\theta}+\sin\theta\right)$$ である．

（2） $c=\cos\theta$，$s=\sin\theta$ とおく．$x=\dfrac{c}{s}+c$，$y=1-\dfrac{1}{2}\cdot\dfrac{c^2}{s^2}+s$ とおく．$0<\theta\leqq\dfrac{\pi}{2}$ より $0<s\leqq1$ である．

$$y=1-\dfrac{c^2}{2s^2}+s=1-\dfrac{1-s^2}{2s^2}+s$$
$$=\dfrac{2s^3+3s^2-1}{2s^2}=\dfrac{(s+1)^2(2s-1)}{2s^2}$$

$y=0$ のとき，$s=\dfrac{1}{2}$　　$\therefore$　$\theta=\dfrac{\pi}{6}$

このときの Q を求めて C と x 軸の交点は $\left(\dfrac{3\sqrt{3}}{2},\ 0\right)$

（3） $dt=-\sin\theta\,d\theta$

$$\int\dfrac{1}{\sin\theta}\,d\theta=\int\dfrac{\sin\theta}{\sin^2\theta}\,d\theta=-\int\dfrac{1}{1-t^2}\,dt$$
$$=-\dfrac{1}{2}\int\left(\dfrac{1}{1+t}+\dfrac{1}{1-t}\right)dt$$
$$=-\dfrac{1}{2}(\log|1+t|-\log|1-t|)+C_1$$
$$=-\dfrac{1}{2}\log\left|\dfrac{1+t}{1-t}\right|+C_1$$
$$=-\dfrac{1}{2}\log\dfrac{1+\cos\theta}{1-\cos\theta}+C_1$$

C_1 は積分定数である．次の設問でも同様とする．

（4） $\dfrac{dp}{d\theta}=\left(\dfrac{\cos\theta}{\sin\theta}\right)'=-\dfrac{1}{\sin^2\theta}$

$$\int\dfrac{1}{\sin^2\theta}\,d\theta=-\dfrac{\cos\theta}{\sin\theta}+C_2$$
$$1+p^2=1+\dfrac{\cos^2\theta}{\sin^2\theta}=\dfrac{1}{\sin^2\theta}$$
$$\dfrac{1}{\sin^4\theta}\,d\theta=\dfrac{1}{\sin^2\theta}\cdot\dfrac{1}{\sin^2\theta}\,d\theta=(1+p^2)(-dp)$$
$$\int\dfrac{1}{\sin^4\theta}\,d\theta=-\int(1+p^2)\,dp$$
$$=-p-\dfrac{1}{3}p^3+C_3=-\dfrac{\cos\theta}{\sin\theta}-\dfrac{\cos^3\theta}{3\sin^3\theta}+C_3$$

（5） $y\dfrac{dx}{d\theta}=\left(1-\dfrac{1}{2}\cdot\dfrac{c^2}{s^2}+s\right)\left(-\dfrac{1}{s^2}-s\right)$

$$=-\dfrac{1}{s^2}-s-\dfrac{1}{2}\left(-\dfrac{c^2}{s^2}\cdot\dfrac{1}{s^2}-\dfrac{c^2}{s}\right)-\dfrac{1}{s}-s^2$$
$$=-\dfrac{1}{s^2}-s-\dfrac{1}{2}\left(-\dfrac{c^2}{s^2}\cdot\dfrac{1}{s^2}-\dfrac{1-s^2}{s}\right)-\dfrac{1}{s}-s^2$$
$$=\left(\dfrac{c}{s}\right)'-\dfrac{3s}{2}-\dfrac{1}{2}\left(\dfrac{c}{s}\right)^2\left(\dfrac{c}{s}\right)'$$
$$\qquad-\dfrac{1}{2s}-\dfrac{1}{2}(1-\cos2\theta)$$

求める面積は

$$\int_0^{\frac{3}{2}\sqrt{3}} y\, dx = \int_{\frac{\pi}{2}}^{\frac{\pi}{6}} y\frac{dx}{d\theta}\, d\theta$$

$$= \left[\frac{\cos\theta}{\sin\theta} + \frac{3}{2}\cos\theta - \frac{1}{6}\cdot\frac{\cos^3\theta}{\sin^3\theta}\right.$$

$$\left. -\frac{1}{4}\log\frac{1-\cos\theta}{1+\cos\theta} - \frac{\theta}{2} + \frac{1}{4}\sin 2\theta\right]_{\frac{\pi}{2}}^{\frac{\pi}{6}}$$

$$= \sqrt{3} + \frac{3}{2}\cdot\frac{\sqrt{3}}{2} - \frac{1}{6}(\sqrt{3})^3 - \frac{1}{4}\log\frac{2-\sqrt{3}}{2+\sqrt{3}}$$

$$-\frac{\pi}{12} + \frac{\pi}{4} + \frac{1}{4}\cdot\frac{\sqrt{3}}{2}$$

$$= \frac{\pi}{6} + \frac{11}{8}\sqrt{3} + \frac{1}{2}\log(2+\sqrt{3})$$

《ルーローの三角形を転がす》

5. 平面上で1辺の長さが1の正三角形 ABC の頂点 A，B，C を中心とする半径1の円で囲まれた部分をそれぞれ D_1，D_2，D_3 とする．D_1，D_2，D_3 の共通部分を K とする．すなわち K は，共通部分に含まれる弧 AB，弧 BC，弧 CA で囲まれた図形である．

xy 平面上に K を考え，点 A は原点に，点 C は y 軸上に，点 B は第1象限に属するように K をおく．この K が x 軸の上で正の方向にすべることなく転がり，1回転するときにできる点 A の描く曲線を L とする．

（1） K の弧 AB と x 軸が共有点をもつとき，その共有点を P とし，$\angle ACP = \theta$ とおく．ただし $0 < \theta < \frac{\pi}{3}$ とする．このとき点 A の座標を θ を用いて表せ．

（2） K が1回転したあとの点 A の座標を求めよ．

（3） 曲線 L と x 軸で囲まれた部分の面積を求めよ．

(21 京都府立医大)

▶解答◀ （1） **解説を交えて書く．** K は図1の網目部分の図形である．ルーローの三角形という有名な等幅図形で，どこで測っても図形の幅が一定である．本問は試験場では解きにくい．理由は簡単である．図を何度も描いているうちに目がまわって集中力が切れるからである．出題者が転がりの様子の図を幾つも描いてくれていたら，苦労せず解ける．作業が多くなって集中が切れるなら，図を多く描かなければよい．K の図は1個だけにして，x 軸を K のまわりで動かす．相対的に逆の動きにするのである．

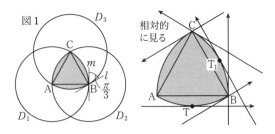

図1

直線 l，m は B を通り，l は BC に垂直，m は BA に垂直な直線である．l，m のなす鋭角は $\frac{\pi}{3}$ である．これが B を固定した $\frac{\pi}{3}$ 回転につながる．

図1を見ながら，K を固定し，相対的に x 軸が K に接して回転するところを想像しよう．T は x 軸と K の接点である．最初は T は A にある．T は A から B まで移動していく．この場合は図2で考えるが，実質サイクロイドだから教科書で学んでいる．T が B にきたとき，x 軸が l の状態から x 軸が m の状態になるまでは，B を中心とした $\frac{\pi}{3}$ の回転となり，A は円弧の一部を描く．次に T が B から C まで移動（接点の移動距離は弧 BC の長さ $\frac{\pi}{3}$）する間は，AT＝1で一定であるから，A の実際の動きは，x 軸との距離が一定の，線分になる．図1の T_1 は弧 BC の中点である．ここまでの動きと，これからの動きは，ビデオを巻き戻す世界である．実際の曲線は，直線 $x = \frac{\pi}{2}$ に関して左右対称になる．T が C にくると，初めは $\frac{\pi}{3}$ 回転で A は円弧の一部を描く．次に T が C から A まで移動し（最初の逆の動き），T が A に戻る．これで図6を描くのは容易である．

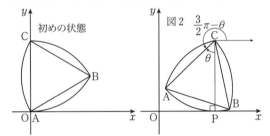

図2

さて，普通に解いていく．図2を見よ．C から x 軸に平行な線分を右方向に出す．そこから $\overrightarrow{CA}$ にまわる角（偏角）は $\frac{3\pi}{2} - \theta$ である．$\overrightarrow{CP}$ の偏角が $\frac{3\pi}{2}$ で，そこから θ 戻った角と考えている．日本の多くの書籍は，角に矢印をつけず，鋭角の図を描いて，式を立て，しかし，面積や体積は一般角で使うが，誤魔化しである．K の回転は右回りであるから，θ は右回りを正にとっている．

$$\overrightarrow{CA} = \left(\cos\left(\frac{3}{2}\pi - \theta\right), \sin\left(\frac{3}{2}\pi - \theta\right)\right)$$

$$= (-\sin\theta, -\cos\theta)$$

線分 OP の長さと弧 AB の長さが等しいから，

$\mathrm{OP} = 1 \cdot \theta = \theta$ である．CP は x 軸に垂直あるから，C の座標は $(\theta, 1)$ である．

$$\overrightarrow{\mathrm{OA}} = \overrightarrow{\mathrm{OC}} + \overrightarrow{\mathrm{CA}} = (\theta - \sin\theta, 1 - \cos\theta)$$

A の座標は $(\boldsymbol{\theta - \sin\theta, 1 - \cos\theta})$ である．

（2）　図1で，$\overset{\frown}{\mathrm{AB}} = \overset{\frown}{\mathrm{BC}} = \overset{\frown}{\mathrm{CA}} = \dfrac{\pi}{3}$ である．K と x 軸の接点は K の周上を一周するから，接点が A から A まで動くとき，A の座標は $(\boldsymbol{\pi, 0})$ である．

（3）　$0 \leqq \theta \leqq \dfrac{\pi}{3}$ のとき

$$x = \theta - \sin\theta, \quad y = 1 - \cos\theta$$

とおくと

$$\frac{dx}{d\theta} = 1 - \cos\theta \geqq 0, \quad \frac{dy}{d\theta} = \sin\theta \geqq 0$$

であり，$\theta = \dfrac{\pi}{3}$ のとき A の座標は $\left(\dfrac{\pi}{3} - \dfrac{\sqrt{3}}{2}, \dfrac{1}{2} \right)$ であるから，A は図3の太線を描く．

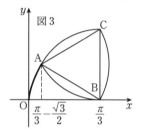

次に B が x 軸上の点であるとき，A は，B を中心とする半径 1，中心角 $\dfrac{\pi}{3}$ の扇形の弧を描く．

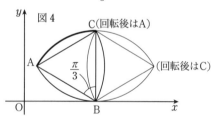

そして，$\overset{\frown}{\mathrm{BC}}$ と x 軸が接するとき，接点を Q とすると，$\overset{\frown}{\mathrm{BC}}$ は A を中心とする円の弧の一部であるから AQ と x 軸は垂直である．$\dfrac{\pi}{3} \leqq x \leqq \dfrac{2}{3}\pi$ において，A は線分 $y = 1$ を描く．図5の実線の K は Q が $\left(\dfrac{\pi}{2}, 0 \right)$ のときである．これから左回りに転がる場合は，いままで来た道を戻る．右回りに転がる場合には，今までの動きと，直線 $x = \dfrac{\pi}{2}$ に関して対称になる．

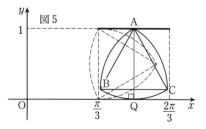

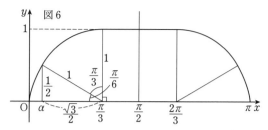

求める面積を S とする．図6で $\alpha = \dfrac{\pi}{3} - \dfrac{\sqrt{3}}{2}$ である．まず，$0 \leqq x \leqq \alpha$ の部分の曲線と x 軸の間の面積 S_1 を求める．

$$S_1 = \int_0^\alpha y\,dx = \int_0^{\frac{\pi}{3}} y\frac{dx}{d\theta}\,d\theta$$

$$= \int_0^{\frac{\pi}{3}} (1 - \cos\theta)^2\,d\theta$$

$$= \int_0^{\frac{\pi}{3}} (\cos^2\theta - 2\cos\theta + 1)\,d\theta$$

$$= \int_0^{\frac{\pi}{3}} \left(\frac{\cos 2\theta}{2} - 2\cos\theta + \frac{3}{2} \right) d\theta$$

$$= \left[\frac{\sin 2\theta}{4} - 2\sin\theta + \frac{3}{2}\theta \right]_0^{\frac{\pi}{3}}$$

$$= \frac{1}{4} \cdot \frac{\sqrt{3}}{2} - 2 \cdot \frac{\sqrt{3}}{2} + \frac{3}{2} \cdot \frac{\pi}{3} = \frac{\pi}{2} - \frac{7\sqrt{3}}{8}$$

S_1 に直角三角形と扇形と長方形（ただし $x = \dfrac{\pi}{2}$ の左側の部分）を加え

$$\frac{S}{2} = \left(\frac{\pi}{2} - \frac{7\sqrt{3}}{8} \right) + \frac{1}{2} \cdot \frac{\sqrt{3}}{2} \cdot \frac{1}{2}$$

$$+ \frac{1}{2} \cdot 1^2 \cdot \frac{\pi}{3} + \left(\frac{\pi}{2} - \frac{\pi}{3} \right) \cdot 1$$

$$= \frac{5}{6}\pi - \frac{3\sqrt{3}}{4}$$

$$S = \frac{5}{3}\pi - \frac{3\sqrt{3}}{2}$$

注意　【転がりの様子】転がりの様子の連続の図を示す．左段から右段へと見よ．

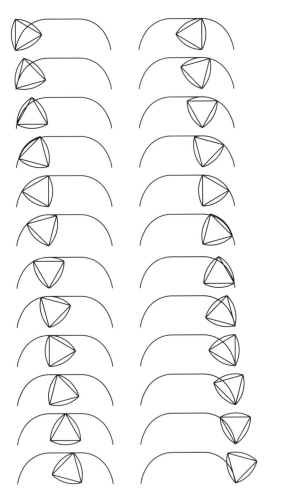

点 P から x 軸に下ろした垂線の足を H とする.

$$\angle OAB = \angle AOB = \theta,\ BP = \frac{1}{2}OA = \cos\theta$$

$AP = AB - BP = 1 - \cos\theta$ であるから,点 P について

$$x = OA - AH = OA - AP\cos\theta$$
$$= 2\cos\theta - (1-\cos\theta)\cos\theta = \cos\theta(1+\cos\theta)$$
$$y = PH = AP\sin\theta = \sin\theta(1-\cos\theta)$$

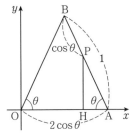

（2） $x = \cos\theta(1+\cos\theta) = \cos\theta + \frac{1}{2}(1+\cos 2\theta)$

$$y = \sin\theta(1-\cos\theta) = \sin\theta - \frac{1}{2}\sin 2\theta$$

$$\frac{dx}{d\theta} = -\sin\theta - \sin 2\theta$$

$$\frac{dy}{d\theta} = \cos\theta - \cos 2\theta$$

$$\left(\frac{dx}{d\theta}\right)^2 + \left(\frac{dy}{d\theta}\right)^2$$
$$= 2 - 2(\cos 2\theta\cos\theta - \sin 2\theta\sin\theta)$$
$$= 2 - 2\cos(2\theta+\theta) = 4\sin^2\frac{3\theta}{2}$$

$0 \leqq \theta \leqq \frac{\pi}{2}$ のとき $0 \leqq \frac{3\theta}{2} \leqq \frac{3\pi}{4}$

$$\sin\frac{3\theta}{2} \geqq 0$$

弧長は

$$\int_0^{\frac{\pi}{2}} \sqrt{\left(\frac{dx}{d\theta}\right)^2 + \left(\frac{dy}{d\theta}\right)^2}\, d\theta$$
$$= \int_0^{\frac{\pi}{2}} 2\sin\frac{3\theta}{2}\, d\theta = \left[-\frac{4}{3}\cos\frac{3\theta}{2}\right]_0^{\frac{\pi}{2}}$$
$$= -\frac{4}{3}\cos\frac{3\pi}{4} + \frac{4}{3} = \frac{4}{3} + \frac{2\sqrt{2}}{3}$$

（3） $0 < \theta < \frac{\pi}{2}$ において

$$\frac{dx}{d\theta} = -\sin\theta(2\cos\theta + 1) < 0$$
$$\frac{dy}{d\theta} = (2\cos\theta+1)(1-\cos\theta) > 0$$

であるから,点 P が描く曲線は次のようになる.

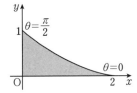

よって,求める面積を S とすると

$$S = \int_0^2 y\, dx$$

6. O を原点とする座標平面上の点 A は x 軸上にあり,x 座標が 0 以上 2 以下の範囲を動く.また,点 B は $AB = OB = 1$ を満たしながら動く点で,その y 座標は 0 以上とする.さらに,x 軸の正の部分と線分 OB のなす角を θ とし,線分 AB 上にあり $OA = 2BP$ を満たす点を P とする.ただし,点 A が原点 O と一致するとき,点 B,点 P の座標はともに $(0, 1)$ であるとする.

（1） 点 A および点 P の x 座標と y 座標を,それぞれ θ を用いて表せ.

（2） 点 P が描く曲線の長さを求めよ.

（3） 点 P が描く曲線,x 軸および y 軸で囲まれた部分の面積を求めよ. （19 北里大・医）

▶解答◀ （1） △OAB は $AB = OB = 1$ の二等辺三角形であり,$\angle AOB = \theta$ であるから,$OA = 2\cos\theta$ で点 A は $x = 2\cos\theta,\ y = 0$

$$= \int_{\frac{\pi}{2}}^{0} \sin\theta(1-\cos\theta)\cdot(-\sin\theta)(2\cos\theta+1)\,d\theta$$

$$= \int_{0}^{\frac{\pi}{2}} \sin^2\theta(-2\cos^2\theta+\cos\theta+1)\,d\theta$$

$$= \int_{0}^{\frac{\pi}{2}} (-2\sin^2\theta\cos^2\theta+\sin^2\theta\cos\theta+\sin^2\theta)\,d\theta$$

ここで

$$\int_{0}^{\frac{\pi}{2}} \sin^2\theta\cos^2\theta\,d\theta$$

$$= \int_{0}^{\frac{\pi}{2}} \frac{1}{4}\sin^2 2\theta\,d\theta = \int_{0}^{\frac{\pi}{2}} \frac{1}{8}(1-\cos 4\theta)\,d\theta$$

$$= \frac{1}{8}\left[\theta-\frac{1}{4}\sin 4\theta\right]_{0}^{\frac{\pi}{2}} = \frac{\pi}{16}$$

$$\int_{0}^{\frac{\pi}{2}} \sin^2\theta\cos\theta\,d\theta = \left[\frac{1}{3}\sin^3\theta\right]_{0}^{\frac{\pi}{2}} = \frac{1}{3}$$

$$\int_{0}^{\frac{\pi}{2}} \sin^2\theta\,d\theta = \int_{0}^{\frac{\pi}{2}} \frac{1}{2}(1-\cos 2\theta)\,d\theta$$

$$= \frac{1}{2}\left[\theta-\frac{1}{2}\sin 2\theta\right]_{0}^{\frac{\pi}{2}} = \frac{\pi}{4}$$

であるから

$$S = -2\cdot\frac{\pi}{16}+\frac{1}{3}+\frac{\pi}{4} = \frac{\pi}{8}+\frac{1}{3}$$

注意

半径 $\dfrac{3}{2}$ の円に内接してころがる半径 $\dfrac{1}{2}$ の円周上の1点は

$$x = \cos\theta+\frac{1}{2}\cos 2\theta,\quad y = \sin\theta-\frac{1}{2}\sin 2\theta$$

とパラメータ表示される．これは3尖点内サイクロイドとよばれる曲線を描く．

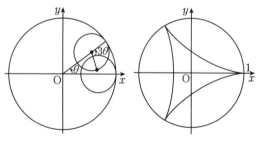

《サイクロイドと自己交差》

7. d, r, k を正の定数とする．座標平面上において，点 $(t, 0)$ $(0 \le t \le d)$ を中心とする半径 r の円を C_t とし，C_t 上の点 A を，図のように点 (t, r) から時計回りに角 kt だけ回転した点と定める．t を $0 \le t \le d$ の範囲で動かしたとき，点 A は点 $(0, r)$ から出発し，C_t 上を1周して点 (d, r) まで移動する．以下の設問に答えよ．

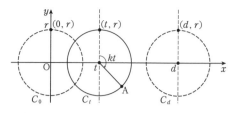

（1） k を d を用いて表せ．また，点 A の座標を t, d, r を用いて表せ．

（2） t を $0 \le t \le d$ の範囲で動かしたとき，点 A の軌跡を L とする．L はある点 P で L 自身と交わっているとする．

（ⅰ） 点 P が存在するための d, r が満たすべき不等式を与えよ．

（ⅱ） 点 P の y 座標が 0 であるとき，d を r を用いて表せ．

（ⅲ） （ⅱ）の条件の下で，L で囲まれる図形の面積を求めよ． （21 気象大・全）

考え方 （2） 自己交差があるための必要十分条件をどのように捉えるかが肝になる．$x = \dfrac{d}{2}$ について対称であることも合わせると，点が「右側に進み続ける」限り自己交差は持たないし，逆に点が「右に行ったり左に行ったりする」と自己交差をもつ．すなわち，$x'(t)$ が常に 0 以上なら自己交差を持たないし，$x'(t)$ が負になることがあれば自己交差をもつということである．

▶解答◀ （1） d だけ進んで一周するから，$kd = 2\pi$，すなわち，$k = \dfrac{2\pi}{d}$ である．また，$\mathrm{T}(t, 0)$ とすると，

$$\overrightarrow{\mathrm{OA}} = \overrightarrow{\mathrm{OT}} + \overrightarrow{\mathrm{TA}}$$

$$= \binom{t}{0} + \binom{r\sin\frac{2\pi}{d}t}{r\cos\frac{2\pi}{d}t} = \binom{t+r\sin\frac{2\pi}{d}t}{r\cos\frac{2\pi}{d}t}$$

であるから，A の座標は $\left(t+r\sin\dfrac{2\pi}{d}t,\ r\cos\dfrac{2\pi}{d}t\right)$

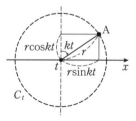

（2）（ⅰ） $x(t) = t+r\sin\dfrac{2\pi}{d}t$, $y(t) = r\cos\dfrac{2\pi}{d}t$ とおくと，

$$x'(t) = 1+\frac{2\pi r}{d}\cos\frac{2\pi}{d}t,$$

$$y'(t) = -\frac{2\pi r}{d}\sin\frac{2\pi}{d}t$$

であるから，$0 \leqq t \leqq \dfrac{d}{2}$ を満たすすべての t に対して $y'(t) \leqq 0$ である．また，$x(t) + x(d-t) = d$ かつ $y(t) = y(d-t)$ であるから，L は $x = \dfrac{d}{2}$ に関して対称である．

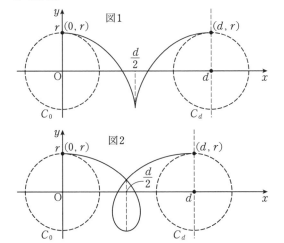

図1

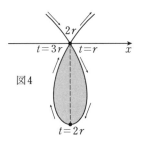

図4

（iii）　図3の網目部分を拡大したものが図4である．
$\dfrac{d}{4} \leqq t \leqq \dfrac{3}{4}d$，すなわち $r \leqq t \leqq 3r$ の部分で囲む面積 S は，$t = 3r$ から $t = r$ まで符号付きの微小面積

$$dS = x\,dy = x\frac{dy}{dt}\,dt$$

を足し集めたものである．［なお，$t = r$ から $t = 3r$ まで符号付きの微小面積を足すと（つまり図4の動きのままでは）右回りなので，囲む面積がマイナスになるから，左回りになるようにするために $t = 3r$ から $t = r$ まで符号付きの微小面積を足す．］

$$S = \int_{3r}^{r} x\frac{dy}{dt}\,dt$$
$$= \int_{3r}^{r} \left(t + r\sin\frac{\pi}{2r}t \right)\left(-\frac{\pi}{2}\sin\frac{\pi}{2r}t \right) dt$$
$$= \frac{\pi}{2}\int_{3r}^{r} \left(-t\sin\frac{\pi}{2r}t - r\sin^2\frac{\pi}{2r}t \right) dt$$

ここで，

$$\int t\sin\frac{\pi}{2r}t\,dt$$
$$= -\frac{2rt}{\pi}\cos\frac{\pi}{2r}t + \frac{4r^2}{\pi^2}\sin\frac{\pi}{2r}t$$
$$\int \sin^2\frac{\pi}{2r}t\,dt = \int \frac{1}{2}\left(1 - \cos\frac{\pi}{r}t \right) dt$$
$$= \frac{t}{2} - \frac{r}{2\pi}\sin\frac{\pi}{r}t$$

（積分定数は省略した）であるから，

$$S = \frac{\pi}{2}\left[\frac{2rt}{\pi}\cos\frac{\pi}{2r}t - \frac{4r^2}{\pi^2}\sin\frac{\pi}{2r}t \right.$$
$$\left. -r\left(\frac{t}{2} - \frac{r}{2\pi}\sin\frac{\pi}{r}t \right) \right]_{3r}^{r}$$
$$= \frac{\pi}{2}\left\{ -\frac{4r^2}{\pi^2}(1+1) - \frac{r}{2}(r - 3r) \right\}$$
$$= \frac{\pi}{2}r^2\left(-\frac{8}{\pi^2} + 1 \right)$$

図2

このとき，$0 \leqq t \leqq \dfrac{d}{2}$ を満たすすべての t に対して $x'(t) \geqq 0$ であれば，L は自己交叉を持たず（図1），ある t に対して $x'(t) < 0$ であれば，L は自己交叉を持つ（図2）．これより，L が自己交叉を持つための必要十分条件は，$0 \leqq t \leqq \dfrac{d}{2}$ における $x'(t)$ の最小値が負となることである．$x'(t)$ が最小となる $\cos\dfrac{2\pi}{d}t = -1$，すなわち $t = \dfrac{d}{2}$ のときを考えて，

$$1 - \frac{2\pi r}{d} < 0 \qquad \therefore \quad \boldsymbol{d < 2\pi r}$$

（ii）　点 P の y 座標が 0 となるとき，

$$r\cos\frac{2\pi}{d}t = 0 \qquad \therefore \quad t = \frac{d}{4}, \frac{3}{4}d$$

この2つの t の値において x 座標も等しいから，

$$\frac{d}{4} + r\sin\frac{\pi}{2} = \frac{3}{4}d + r\sin\frac{3}{2}\pi$$
$$\frac{d}{4} + r = \frac{3}{4}d - r \qquad \therefore \quad \boldsymbol{d = 4r}$$

♦別解♦　（1）　本問では，角度が鉛直方向からの角で決まっているから，少し混乱する．いつもと同じ水平方向からの角度として捉えるなら，

$$\overrightarrow{\mathrm{TA}} = \begin{pmatrix} r\cos\left(\dfrac{\pi}{2} - kt \right) \\ r\sin\left(\dfrac{\pi}{2} - kt \right) \end{pmatrix} = \begin{pmatrix} r\sin kt \\ r\cos kt \end{pmatrix}$$

とすることもできる．

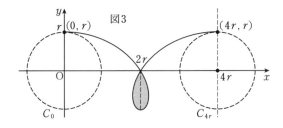

図3

（2）（i）L が $x = \dfrac{d}{2}$ に対して対称であることを考えると，自己交叉を持つための必要十分条件は

$$x\left(\frac{d}{2} - s\right) = x\left(\frac{d}{2} + s\right)$$

$$\frac{d}{2} - s + r\sin\frac{2\pi}{d}\left(\frac{d}{2} - s\right)$$

$$= \frac{d}{2} + s + r\sin\frac{2\pi}{d}\left(\frac{d}{2} + s\right)$$

$$-s + r\sin\frac{2\pi}{d}s = 0$$

を満たす s が $0 < s < \dfrac{d}{2}$ に存在することである．次に

$$f(s) = -s + r\sin\frac{2\pi}{d}s$$

などと置いて，$0 < s < \dfrac{d}{2}$ における $f(s)$ の値域を考えるが，場合分けも発生するので，なかなか煩雑である．

（iii）もちろん，今回の場合は $x = 2r$ において対称であるから，$x \geqq 2r$ の部分の面積を2倍しても求められる．その場合は，

$$\frac{S}{2} = \int_{-r}^{0} (x - 2r)\,dy$$

$$= \int_{2r}^{r} (x - 2r)\frac{dy}{dt}\,dt$$

$$= \int_{2r}^{r} \left(r\sin\frac{\pi}{2r}t + t - 2r\right)\left(-\frac{\pi}{2}\sin\frac{\pi}{2r}t\right)dt$$

などとして計算を進めていく．

注意 1°【線積分】

これからしばらくは「線積分」という大学の範囲の説明をする．図5を見よ．

$x = x(t), y = y(t)$ として，パラメータ t が a から b まで動く間に $P(x, y)$ が曲線 C 上を右回りに一周してくるとする．この間に ydx を足し集めた積分を $\displaystyle\int_C ydx$ と表し，

$$S = \int_C ydx = \int_a^b y\frac{dx}{dt}dt$$

とする．このとき，C がどれだけグニャグニャしていても，S は C で囲まれた面積を表す．

$y > 0$ の部分を右に動けば $dS = ydx > 0$

$y > 0$ の部分を左に動けば $dS = ydx < 0$

（$y < 0$ でも同様の考え方をする）という符号付きの微小面積を考え

$$dS = ydx = y\frac{dx}{dt}dt$$

を足し集めるとすればよいからである．

たとえば，図6で，点 A が $(0.2, 1.2)$，点 B が $(0.21, 1.195)$ だったとする．A を (x, y)，B を $(x + dx, y + dy)$ としたとき，x の微小な増加分は $dx = 0.01$，y の微小な増加分（実際には減少だが，増えても減っても増加分と言う）は $dy = -0.005$ になる．図の網目部分で，2直線 $x = 0.2$，$x = 0.21$ の間にある部分を長方形で近似し，その微小面積 dS は $dS = ydx = 1.2 \times 0.01$ と考える．さらに，たとえば E が $(0.6, 0.3)$ で F が $(0.55, 0.29)$ だとして（いい加減に言っているので，物差しを当てて計らないでほしい (x_x)☆\(^^;)ポカ）E を (x, y)，F を $(x + dx, y + dy)$ としたとき，$dx = -0.05$，$dy = -0.01$，$dS = ydx = 0.3 \times (-0.05)$ である．このような微小面積を作り，G から H まで足す（正の微小面積を加える）と網目部分と斜線部分を合わせた値になり，次に H から I まで足す（負の微小面積を加える）と斜線部分が引かれて，網目部分の面積が残るという勘定である．

したがって「一周する，自己交叉する点がない」が保証されれば，回る向きがわからなくても

$$S = \left|\int_a^b y\frac{dx}{dt}dt\right|$$

で閉曲線の囲む面積がわかる．これは x 軸に垂直に細分化しているが，y 軸に垂直に細分化して

$$S = \left|\int_a^b x\frac{dy}{dt}dt\right|$$

としても同じことである．

2°【ガウス-グリーンの定理について】

ガウス-グリーンの定理というスーパーな公式がある．x, y の形が似ている場合には大変有効である．証明のための準備をする．

【補題・符号付き面積】

3点 O，A，B がこの順で左周りにあるとき正，右周りにあるとき負になるような，三角形 OAB の符号付き面積を △OAB で表す．この意味では △OAB = −△OBA である．$A(a, b)$，$B(c, d)$ とおくと，$\triangle OAB = \dfrac{1}{2}(ad - bc)$ である．

【証明】 $A(a, b)$，$B(c, d)$，OA=r_1，OB=r_2，OA，OB の偏角を θ_1, θ_2 とする．ただし，$-180° < \theta_2 - \theta_1 < 180°$ になるように角を測る．

$$a = r_1\cos\theta_1, \quad b = r_1\sin\theta_1$$

$$c = r_2\cos\theta_2, \quad d = r_2\sin\theta_2$$

である．符号付き面積は

$$\triangle OAB = \frac{1}{2}r_1 \cdot r_2\sin(\theta_2 - \theta_1)$$

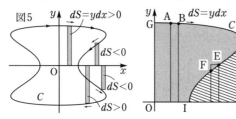

図5　　　　　図6

$$= \frac{1}{2} r_1 \cdot r_2 (\sin\theta_2 \cos\theta_1 - \cos\theta_2 \sin\theta_1)$$

$$= \frac{1}{2}(r_1 \cos\theta_1 \cdot r_2 \sin\theta_2 - r_1 \sin\theta_1 \cdot r_2 \cos\theta_2)$$

$$= \frac{1}{2}(ad - bc)$$

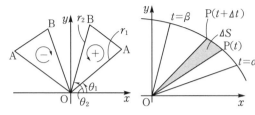

【ガウス-グリーンの定理】

$x = x(t)$, $y = y(t)$ と媒介変数表示された曲線があり，点 $P(t) = (x(t), y(t))$ は t の増加とともに原点 O のまわりを左回りにまわるとする．

$t = \alpha$ から $t = \beta$ まで OP の掃過する面積 S は

$$S = \int_\alpha^\beta \frac{1}{2}\{x(t)y'(t) - x'(t)y(t)\}dt$$

である．ただし $x(t)$, $y(t)$ は微分可能で，$x'(t)$, $y'(t)$ は連続とする．

【証明】絶対値が0に近い $\varDelta t$ に対し，$t{\sim}t + \varDelta t$ の間に掃過する面積を三角形 $OP(t)P(t + \varDelta t)$ の面積で近似する．この符号付き面積 $\varDelta S$ は

$$\varDelta S = \frac{1}{2}\{x(t)y(t + \varDelta t) - y(t)x(t + \varDelta t)\}$$

である．

$$\varDelta S = \frac{1}{2}\{x(t)(y(t + \varDelta t) - y(t))$$
$$-y(t)(x(t + \varDelta t) - x(t))\}$$
$$\frac{\varDelta S}{\varDelta t} = \frac{1}{2}\left\{x(t) \cdot \frac{y(t + \varDelta t) - y(t)}{\varDelta t}\right.$$
$$\left.-y(t) \cdot \frac{x(t + \varDelta t) - x(t)}{\varDelta t}\right\}$$

$\varDelta t \to 0$ として

$$\frac{dS}{dt} = \frac{1}{2}\{x(t)y'(t) - y(t)x'(t)\}$$

よって証明された．

♦別解♦ $A(t) = (x(t), y(t))$ は t の増加とともに原点 O のまわりを右回りにまわる．$t = r$ から $t = 2r$ まで OA の掃過する面積 T は，

$$T = \int_{2r}^r \frac{1}{2}\{x(t)y'(t) - x'(t)y(t)\}dt$$

である．ここで，$k = \dfrac{\pi}{2r}$ とおくと，

$$x(t) = t + r\sin kt$$
$$y(t) = r\cos kt$$

であるから，

$$x(t)y'(t) - x'(t)y(t)$$

$$= (t + r\sin kt)(-rk\sin kt)$$
$$-(1 + rk\cos kt)r\cos kt$$
$$= -rkt\sin kt - r\cos kt - r^2 k$$

となる．ゆえに，

$$T = \frac{1}{2}\int_r^{2r}(rkt\sin kt + r\cos kt + r^2 k)\,dt$$

$$= \frac{1}{2}\left[-rt\cos kt + \frac{2r}{k}\sin kt + r^2 kt\right]_r^{2r}$$

$$= \frac{1}{2}\left[-rt\cos\frac{\pi}{2r}t + \frac{4r^2}{\pi}\sin\frac{\pi}{2r}t + \frac{\pi r}{2}t\right]_r^{2r}$$

$$= \frac{1}{2}\left\{-r(-2r) + \frac{4r^2}{\pi}(0 - 1) + \frac{\pi r}{2}(2r - r)\right\}$$

$$= r^2 - \frac{2r^2}{\pi} + \frac{1}{4}\pi r^2$$

これより，求める領域の $x \geqq 2r$ の部分の面積は

$$\frac{S}{2} = T - \triangle OA(r)A(2r)$$

$$= \left(r^2 - \frac{2r^2}{\pi} + \frac{1}{4}\pi r^2\right) - \frac{1}{2} \cdot 2r \cdot r$$

$$= \frac{\pi}{4}r^2\left(1 - \frac{8}{\pi^2}\right)$$

であるから，$S = \dfrac{\pi}{2}r^2\left(1 - \dfrac{8}{\pi^2}\right)$ である．

もちろん，この方法でもできるが，$x(t)$, $y(t)$ の間の対称性が崩れているから，計算としてはあまり楽にならない．

《極座標の面積》

8. 平面上に2つの円

$$C_1 : x^2 + y^2 = 1, \quad C_2 : \left(x + \frac{3}{2}\right)^2 + y^2 = \frac{1}{4}$$

があり，点 $(-1, 0)$ で接している．点 P_1 は C_1 上を反時計周りに一定の速さで動く，点 P_2 は C_2 上を反時計周りに一定の速さで動く．二点 P_1, P_2 はそれぞれ点 $(1, 0)$ および点 $(-1, 0)$ を時刻0に同時に出発する．P_1 は C_1 を一周して時刻 2π に点 $(1, 0)$ に戻り，P_2 は C_2 を二周して時刻 2π に点 $(-1, 0)$ に戻るものとする．P_1 と P_2 の中点を M とおく．P_1 が C_1 を一周するときの点 M の軌跡の概形を図示して，その軌跡によって囲まれる図形の面積を求めよ．
(15 千葉大・前期)

▶解答◀ 時刻 t ($0 \leqq t \leqq 2\pi$) における P_1, P_2 の座標は

$$P_1(\cos t, \sin t)$$

$$P_2\left(-\frac{3}{2} + \frac{1}{2}\cos 2t, \frac{1}{2}\sin 2t\right)$$

$$= \left(-\frac{3}{2} + \frac{1}{2}(2\cos^2 t - 1), \sin t\cos t\right)$$

$$= (\cos^2 t - 2, \sin t\cos t)$$

$$M\left(\tfrac{1}{2}(1+\cos t)\cos t - 1,\ \tfrac{1}{2}(1+\cos t)\sin t\right)$$

ここで A$(-1, 0)$, $r = \tfrac{1}{2}(1+\cos t)$,

$$x(t) = \tfrac{1}{2}(1+\cos t)\cos t - \tfrac{1}{2}$$

$$y(t) = \tfrac{1}{2}(1+\cos t)\sin t$$

とおく．$x(t)$, $y(t)$ は周期が 2π の関数であるから $0 \leqq t \leqq 2\pi$ で考えても $-\pi \leqq t \leqq \pi$ で考えてもできる曲線（C とする）は同じである．$-\pi \leqq t \leqq \pi$ で考える．

$x(t)$ は偶関数，$y(t)$ は奇関数だから C は x 軸に関して上下対称である．$0 \leqq t \leqq \pi$ のとき AM $= r$ であることを示している．r は 1 から 0 まで減少する減少関数であるから C は図 2 のようになる．C が囲む図形の面積を S とする．極座標の面積公式を用いる．

$$S = 2\int_0^\pi \tfrac{1}{2}r^2\,dt$$

$$= \int_0^\pi \tfrac{1}{4}(1+2\cos t+\cos^2 t)\,dt$$

$$= \int_0^\pi \left\{1+2\cos t+\tfrac{1}{2}(1+\cos 2t)\right\}dt$$

$$= \tfrac{1}{4}\left[\tfrac{3}{2}t+2\sin t+\tfrac{1}{4}\sin 2t\right]_0^\pi = \tfrac{3}{8}\pi$$

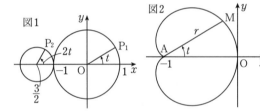

図1　図2

注意 世間には xy 座標信仰があり，極座標で描いた曲線を劣ったものと考える大人が多い．それが正しいなら，教科書に「極座標は入試で使ってはいけません」と明言すべきだろう．平等に扱っておきながらそれはないだろうと，思わないか？

入試は相対評価である．答えが出ていなければ高得点は望めない．他が 0 点なら，答えが出ていればどんな解法であれ満点である．まず面積を出すことが先決である．時間が余ったら補足すればよい．

別解 M(x, y) とする．ただし，上と同じ理由で $0 \leqq t \leqq \pi$ で考える．

$$x = \tfrac{1}{2}\cos t + \tfrac{1}{4}\cos 2t - \tfrac{3}{4}$$

$$y = \tfrac{1}{2}\sin t + \tfrac{1}{4}\sin 2t$$

ダッシュは t による微分を表す．

$$x' = -\tfrac{1}{2}\sin t - \tfrac{1}{2}\sin 2t$$

$$= -\tfrac{1}{2}\sin t - \sin t\cos t = -\tfrac{1}{2}\sin t(2\cos t+1)$$

$2\cos t+1=0$ のとき $t = \dfrac{2\pi}{3}$

$$y' = \tfrac{1}{2}\cos t + \tfrac{1}{2}\cos 2t$$

$$= \tfrac{1}{2}(2\cos^2 t+\cos t-1)$$

$$= \tfrac{1}{2}(\cos t+1)(2\cos t-1)$$

$2\cos t-1=0$ のとき $t = \dfrac{\pi}{3}$

t	0	$\cdots$	$\dfrac{\pi}{3}$	$\cdots$	$\dfrac{2\pi}{3}$	$\cdots$	π
x'		$-$	$-$	$-$	0	$+$	
y'		$+$	0	$-$	$-$	$-$	
$\binom{x}{y}$		$\nwarrow$		$\swarrow$		$\searrow$	

$P(t) = (x, y)$ とおく．

$$P(0) = (0, 0),\quad P\left(\tfrac{\pi}{3}\right) = \left(-\tfrac{5}{8},\ \tfrac{3\sqrt{3}}{8}\right),$$

$$P\left(\tfrac{2\pi}{3}\right) = \left(-\tfrac{9}{8},\ \tfrac{\sqrt{3}}{8}\right),\quad P(\pi) = (-1, 0)$$

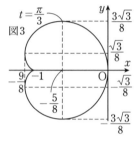

図3

$$\frac{S}{2} = \int_{-\frac{9}{8}}^{0} y\,dx - \int_{-\frac{9}{8}}^{-1} y\,dx$$

右辺の第 1 項は $0 \leqq t \leqq \dfrac{2\pi}{3}$ の部分で，第 2 項は $\dfrac{2\pi}{3} \leqq t \leqq \pi$ の部分である．

$$\frac{S}{2} = \int_{\frac{2\pi}{3}}^{0} y\frac{dx}{dt}\,dt - \int_{\frac{2\pi}{3}}^{\pi} y\frac{dx}{dt}\,dt$$

$$= \int_{\frac{2\pi}{3}}^{0} y\frac{dx}{dt}\,dt - \int_{\pi}^{\frac{2\pi}{3}} y\frac{dx}{dt}\,dt$$

$$= \int_{\pi}^{0} y\frac{dx}{dt}\,dt$$

$$y\frac{dx}{dt} = \left(\tfrac{1}{2}\sin t + \tfrac{1}{4}\sin 2t\right)$$

$$\times\left(-\tfrac{1}{2}\sin t - \tfrac{1}{2}\sin 2t\right)$$

$$= -\tfrac{1}{8}(2\sin^2 t+3\sin 2t\sin t+\sin^2 2t)$$

$$= -\tfrac{1}{8}\left\{(1-\cos 2t)+6\sin^2 t\cos t\right.$$

$$\left.+\tfrac{1}{2}(1-\cos 4t)\right\}$$

$$S = 2\int_{\pi}^{0} y\frac{dx}{dt}\,dt$$

$$= -\frac{1}{4}\left[\frac{3}{2}t - \frac{1}{2}\sin 2t + 2\sin^3 t - \frac{1}{8}\sin 4t\right]_\pi^0$$

$$= \frac{3}{8}\pi$$

《x 軸周りの回転体の体積》

9. 曲線 $y = \sqrt{x}\sin x$ と曲線 $y = \sqrt{x}\cos x$ を考える．$\frac{\pi}{4} \leqq x \leqq \frac{5}{4}\pi$ の区間でこれらの 2 つの曲線に囲まれる領域が x 軸のまわりに 1 回転してできる回転体の体積を求めよ．

(17　お茶の水女子大・化, 生, 情)

考え方　「まともに積分すると項が多くて大変だ」と思った．代入する x の値が 5 種類もあり，整理ミスをする．$\frac{3\pi}{4}$ に関して折り返して，すべて $\frac{\pi}{4} \leqq x \leqq \frac{3\pi}{4}$ に閉じ込めて種類を減らし $x\sin^2 x$, $x\cos^2 x$ の部分積分をするつもりだったが，部分積分が消える予感もする．区間を減らすだけなら平行移動 $u = x - \frac{\pi}{2}$ してもよいが，これでは部分積分は消えない．

▶解答◀　$y = \sqrt{x}\sin x$ と $y = \sqrt{x}\cos x$ ではグラフが描きにくい．さしあたり，関数値の正負と曲線の上下が知りたいだけだから，まず，$\sqrt{x}$ はなくても支障はない．2 曲線 $y = \sin x$, $y = \cos x$, $\frac{\pi}{4} \leqq x \leqq \frac{5}{4}\pi$ を描く．手書きをするときは $0 \leqq x \leqq 2\pi$ で描くと安定する．

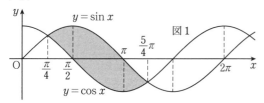

これらで囲まれた部分で $y \leqq 0$ の部分を x 軸に関して折り返す．

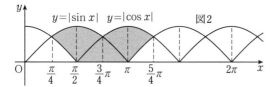

これを参考に $y = \sqrt{x}|\sin x|$ と $y = \sqrt{x}|\cos x|$ のグラフを描く．あるいは，図 2 を，$y = \sqrt{x}|\sin x|$ と $y = \sqrt{x}|\cos x|$ のグラフだと思って立式すればよい．

求める体積を V とし

$$I_1 = \int_{\frac{\pi}{4}}^{\frac{3\pi}{4}} x\sin^2 x\,dx, \quad I_2 = \int_{\frac{3\pi}{4}}^{\frac{5\pi}{4}} x\cos^2 x\,dx$$

$$I_3 = \int_{\frac{\pi}{4}}^{\frac{\pi}{2}} x\cos^2 x\,dx, \quad I_4 = \int_{\pi}^{\frac{5\pi}{4}} x\sin^2 x\,dx$$

とおくと

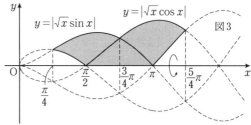

$$V = \pi(I_1 + I_2 - I_3 - I_4)$$

である．I_2, I_4 で $x = \frac{3\pi}{2} - u$ とおく．

$$I_2 = \int_{\frac{3\pi}{4}}^{\frac{\pi}{4}} \left(\frac{3\pi}{2} - u\right)\cos^2\left(\frac{3\pi}{2} - u\right)(-du)$$

$$= \int_{\frac{\pi}{4}}^{\frac{3\pi}{4}} \left(\frac{3\pi}{2} - x\right)\sin^2 x\,dx$$

$$I_4 = \int_{\frac{\pi}{2}}^{\frac{\pi}{4}} \left(\frac{3\pi}{2} - u\right)\sin^2\left(\frac{3\pi}{2} - u\right)(-du)$$

$$= \int_{\frac{\pi}{4}}^{\frac{\pi}{2}} \left(\frac{3\pi}{2} - x\right)\cos^2 x\,dx$$

$$I_1 + I_2 = \int_{\frac{\pi}{4}}^{\frac{3\pi}{4}} \frac{3\pi}{2}\sin^2 x\,dx$$

$$= \frac{3\pi}{4}\int_{\frac{\pi}{4}}^{\frac{3\pi}{4}} (1 - \cos 2x)\,dx$$

$$= \frac{3\pi}{4}\left[x - \frac{1}{2}\sin 2x\right]_{\frac{\pi}{4}}^{\frac{3\pi}{4}}$$

$$= \frac{3\pi}{4}\left(\frac{\pi}{2} - \frac{1}{2}\sin\frac{3\pi}{2} + \frac{1}{2}\sin\frac{\pi}{2}\right)$$

$$= \frac{3\pi}{4}\left(\frac{\pi}{2} + 1\right)$$

$$I_3 + I_4 = \int_{\frac{\pi}{4}}^{\frac{\pi}{2}} \frac{3\pi}{2}\cos^2 x\,dx$$

$$= \frac{3}{4}\pi\int_{\frac{\pi}{4}}^{\frac{\pi}{2}} (1 + \cos 2x)\,dx$$

$$= \frac{3\pi}{4}\left[x + \frac{1}{2}\sin 2x\right]_{\frac{\pi}{4}}^{\frac{\pi}{2}}$$

$$= \frac{3\pi}{4}\left(\frac{\pi}{4} - \frac{1}{2}\right)$$

$$V = \pi\{(I_1 + I_2) - (I_3 + I_4)\}$$

$$= \pi \cdot \frac{3\pi}{4}\left(\frac{\pi}{4} + \frac{3}{2}\right)$$

$$= \frac{3\pi^3}{16} + \frac{9\pi^2}{8}$$

注意　【既出】1986 年東京医科歯科大の第一問に同じ問題がある．これは代ゼミの超人気講師岡本寛氏にご指摘いただいた．よく覚えているものだ．

《斜軸回転と傘型分割》

10. xy 平面内の図形

$$S : \begin{cases} x + y^2 \leqq 2 \\ x + y \geqq 0 \\ x - y \leqq 2 \end{cases}$$

を考える. 図形 S を直線 $y = -x$ のまわりに 1 回転して得られる立体の体積を V とする.

（1） S を xy 平面に図示せよ.

（2） V を求めよ. （18 東北大・理系）

考え方 斜回転の精神は「座標軸に垂直に細分化して求積しよう」ということである.

図 a は x 軸に垂直に細分化するイメージである. 切る位置によって, 状態が異なる. ありがたくない.

図 b は y 軸に垂直に細分化するイメージである. これも, 切る位置によって, 状態が異なるが, $y \leqq 0$ の部分は三角形だから, 回転したときに円錐になるから, 難しくない. だから, y 軸に垂直に細分化しよう. この状態だと見づらいから, 縦横を逆にしよう.

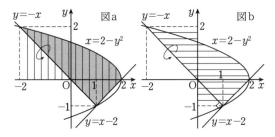

▶解答◀ （1） $x = 2 - y^2$ と $x = -y$ を連立させる.

$$2 - y^2 = -y \qquad \therefore \quad y^2 - y - 2 = 0$$

$$(y + 1)(y - 2) = 0 \qquad \therefore \quad y = -1, 2$$

$x = 2 - y^2$ と $x = y + 2$ を連立させる.

$$y + 2 = 2 - y^2 \qquad \therefore \quad y = 0, -1$$

放物線 $x = 2 - y^2$ の左方, $y = -x$ の上方, $y = x - 2$ の上方を図示して, 図 1 の境界を含む網目部分となる.

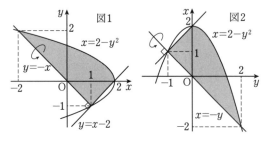

（2） 縦横を逆にして表示する. 図 2 を見よ. x 軸の左側の回転体は, 底面の半径 $\sqrt{2}$, 高さ $\sqrt{2}$ の円錐である.

y 軸の右側の回転体の体積は斜回転の公式による.

$$V = \frac{\pi(\sqrt{2})^2}{3}\sqrt{2}$$

$$+ \pi\left(\cos\frac{-\pi}{4}\right)\int_0^2 \{(2 - y^2) - (-y)\}^2 \, dy$$

である. この積分部分を I とする.

$$(2 + y - y^2)^2 = 4 + y^2 + y^4 + 4y - 4y^2 - 2y^3$$

であるから

$$I = \int_0^2 (2 + y - y^2)^2 \, dy$$

$$= \left[4y + 2y^2 - y^3 - \frac{y^4}{2} + \frac{y^5}{5} \right]_0^2$$

$$= 8 + 8 - 8 - 8 + \frac{32}{5} = \frac{32}{5}$$

$$V = \frac{2}{3}\sqrt{2} + \pi \cdot \frac{\sqrt{2}}{2} \cdot \frac{32}{5}$$

$$= \frac{10 + 48}{15}\sqrt{2} = \frac{58\sqrt{2}}{15}\pi$$

次の解法と比べると分かるが, こちらの解法の方が, 圧倒的に計算が単純である. これは積分する関数の次数が, 4 次と 5 次ということも影響している.

♦別解♦ （2） A$(1, -1)$ とする. 曲線 $x = 2 - y^2$ $(0 \leqq y \leqq 2)$ 上の点を P$(2 - t^2, t)$ $(0 \leqq t \leqq 2)$ とする. 点 P から直線 $x + y = 0$ に下ろした垂線の足を Q, 直線 $x - y - 2 = 0$ におろした垂線の足を R とする. AQ $= s$ とおく.

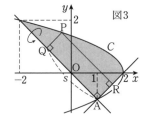

PQ は P と直線 $x + y = 0$ の距離で, 点と直線の距離の公式により

$$PQ = \frac{|2 - t^2 + t|}{\sqrt{2}}$$

PR は P と直線 $x - y - 2 = 0$ の距離で

$$PR = \frac{|2 - t^2 - t - 2|}{\sqrt{2}} = \frac{t^2 + t}{\sqrt{2}}$$

$$s = PR = \frac{t^2 + t}{\sqrt{2}} \qquad \therefore \quad ds = \frac{1}{\sqrt{2}}(2t + 1)dt$$

t	$0 \rightarrow 2$
s	$0 \rightarrow 3\sqrt{2}$

$$V = \int_0^{3\sqrt{2}} \pi PQ^2 \, ds$$

$$= \int_0^2 \pi \cdot \frac{1}{2}(-t^2 + t + 2)^2 \cdot \frac{1}{\sqrt{2}}(2t + 1) \, dt$$

ここで

$$(-t^2 + t + 2)^2(2t+1)$$

$$= (t^4 + t^2 + 4 - 2t^3 - 4t^2 + 4t)(2t+1)$$

$$= (t^4 - 2t^3 - 3t^2 + 4t + 4)(2t+1)$$

$$= 2t^5 - 3t^4 - 8t^3 + 5t^2 + 12t + 4$$

$$V = \frac{\pi}{2\sqrt{2}}\left[\ \frac{1}{3}t^6 - \frac{3}{5}t^5 - 2t^4 + \frac{5}{3}t^3 + 6t^2 + 4t\ \right]_0^2$$

$$= \frac{\pi}{2\sqrt{2}}\left(\frac{64}{3} - \frac{3\cdot 32}{5} - 32 + \frac{5\cdot 8}{3} + 6\cdot 4 + 8 \right)$$

$$= \frac{\pi}{2\sqrt{2}}\left(\frac{104}{3} - \frac{96}{5} \right) = \frac{58\sqrt{2}}{15}\pi$$

注意 **1° 【斜回転の体積の公式】**

図では θ は鋭角としているが，$\cos\theta > 0$ なら同じことである．

$m = \tan\theta$ として，$f(x) = mx + n$ の解が α と β だけのとき $(\alpha < \beta)$，$y = mx + n$ と $y = f(x)$ で囲まれた図形を，直線 $y = mx + n$ のまわりに回転してできる立体の体積 V は

$$V = \pi\cos\theta\int_\alpha^\beta \{ f(x) - (mx+n)\}^2\, dx$$

である．この公式の解釈にはいくつかの方法がある．

以下では，全体を平行移動させて，$f(x) = mx$ の解が 0 と $b(>0)$ だけのときで説明する．このとき

$$V = \pi\cos\theta\int_0^b \{ f(x) - mx\}^2\, dx$$

である．

【傘型分割】

図4の網目部分（$y = mx$ と $y = f(x)$ の間で x と $x + \varDelta x$ の間の部分）を回転した厚さ $\varDelta x$ の傘型の部分を，PQ に沿って切り，半径が $|f(x) - mx|$，円弧の長さが

$2\pi\mathrm{PH} = 2\pi\mathrm{PQ}\cos\theta = 2\pi|f(x)-mx|\cos\theta$ の扇形（図6参照），厚さが $\varDelta x$ の立体で近似し，その微小体積が

$$\varDelta V = \frac{1}{2}\{ 2\pi|f(x)-mx|\cos\theta\}|f(x)-mx|\varDelta x$$

$$= \pi\cos\theta\{ f(x)-mx\}^2\varDelta x$$

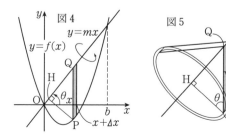

図4

図5

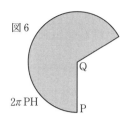

図6

【等積変形】

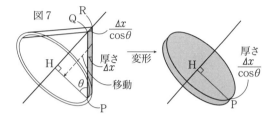

図7

図7の網目部分（$y = mx$ と $y = f(x)$ の間で x と $x + \varDelta x$ の間の部分）を回転した厚さ $\varDelta x$ の傘型の部分が，回転軸に平行な線分で出来ているとして，その端を，PH を回転してできる円が乗っている平面の上に落とすと，

半径 $\mathrm{PH} = \mathrm{PQ}\cos\theta = |f(x) - mx|\cos\theta$，厚さが $\dfrac{\varDelta x}{\cos\theta}$ の円板で近似できて

$$\varDelta V = \pi\big(|f(x)-mx|\cos\theta\big)^2\frac{\varDelta x}{\cos\theta}$$

$$= \pi\cos\theta\{ f(x)-mx\}^2\varDelta x$$

2° 【途中からでも使える】

上の証明からも分かるように，$y = f(x)$ と $y = mx$（交点を $0, b\,(>0)$ とする）で囲まれた図形のうち，$x = a\,(0 < a < b)$ の右側の部分（図8の網目部分）を，$y = mx$ のまわりに回転してできる立体の体積は

$$V = \pi\cos\theta\int_a^b \{ f(x)-mx\}^2\, dx$$

である．

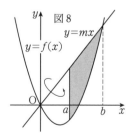

図8

《極方程式と体積》

11. 原点を中心とする半径 2 の円 C_1 と極方程式 $r^2\cos 2\theta = 1\ \left(-\dfrac{\pi}{4} < \theta < \dfrac{\pi}{4}\right)$ の表す曲線 C_2 について，次の問に答えよ．

（1）C_2 を直交座標に関する方程式で表せ．

（2） C_1 と C_2 で囲まれた原点を含まない図形を直線 $y = -x$ のまわりに1回転してできる立体の体積を求めよ． （19 群馬大・前期）

考え方 （2） $y = -x$ の周りの回転体と言われて，また斜軸回転かと思いきや，回転すると直角双曲線と円の共通部分を x 軸の周りに回転するだけの問題になる．

▶解答◀ （1） $r^2 \cos 2\theta = 1$ より

$$r^2(\cos^2\theta - \sin^2\theta) = 1$$

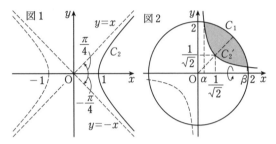

$r\cos\theta = x, r\sin\theta = y$ であるから $x^2 - y^2 = 1$ であり，偏角 $-\dfrac{\pi}{4} < \theta < \dfrac{\pi}{4}$ であるから，C_2 は点 $(1, 0)$ を頂点とする双曲線（の右の分枝）である．

$$x^2 - y^2 = 1 \ (x > 0)$$

（2） 原点を中心として $\dfrac{\pi}{4}$ だけ回転させると，円 $C_1 : x^2 + y^2 = 4$ は C_1 に，直線 $y = -x$ は x 軸に移る．C_2 が移る曲線を $C_2{}'$ とする．$C_2{}'$ は点 $\left(\dfrac{1}{\sqrt{2}}, \dfrac{1}{\sqrt{2}}\right)$ を頂点とする直角双曲線（反比例のグラフ）$xy = \dfrac{1}{2}$ である．

$x^2 + y^2 = 4, 2xy = 1 \ (x > 0, y > 0)$ を連立させる．

$$x^2 + y^2 + 2xy = 5, x^2 + y^2 - 2xy = 3$$
$$(x + y)^2 = 5, (x - y)^2 = 3$$
$$x + y = \sqrt{5}, x - y = \pm\sqrt{3}$$
$$x = \frac{1}{2}(\sqrt{5} \pm \sqrt{3})$$

$\alpha = \dfrac{1}{2}(\sqrt{5} - \sqrt{3}), \beta = \dfrac{1}{2}(\sqrt{5} + \sqrt{3})$ とおく．求める体積を V とする．このとき

$$\frac{V}{\pi} = \int_\alpha^\beta \left\{(4 - x^2) - \left(\frac{1}{2x}\right)^2\right\} dx$$
$$= \left[4x - \frac{x^3}{3} + \frac{1}{4}\cdot\frac{1}{x}\right]_\alpha^\beta$$
$$= 4(\beta - \alpha) - \frac{\beta^3 - \alpha^3}{3} + \frac{1}{4}\left(\frac{1}{\beta} - \frac{1}{\alpha}\right)$$
$$= 4(\beta - \alpha) - \frac{1}{3}(\beta - \alpha)(\alpha^2 + \beta^2 + \alpha\beta)$$
$$\quad - \frac{\beta - \alpha}{4\alpha\beta}$$

$$= 4(\beta - \alpha) - \frac{1}{3}(\beta - \alpha)\left(4 + \frac{1}{2}\right)$$
$$\quad - \frac{1}{2}(\beta - \alpha)$$
$$= \left(4 - \frac{1}{3}\cdot\frac{9}{2} - \frac{1}{2}\right)(\beta - \alpha) = 2\sqrt{3}$$

$$V = 2\sqrt{3}\pi$$

注意 $r^2 \cos 2\theta = 1$ 上の点を $\dfrac{\pi}{4}$ 回転した点の偏角を t とすると $t = \theta + \dfrac{\pi}{4}$ である．θ を消去して

$$r^2 \cos 2\left(t - \frac{\pi}{4}\right) = 1$$
$$r^2 \cos\left(2t - \frac{\pi}{2}\right) = 1$$
$$r^2 \sin 2t = 1 \qquad \therefore \quad 2(r\cos t)(r\sin t) = 1$$

$x = r\cos t, y = r\sin t$ として $C_2{}' : 2xy = 1$

《線分が通過してできるの立体の体積》

12. 座標空間において，xy 平面上の原点を中心とする半径1の円を考える．この円を底面とし，点 $(0, 0, 2)$ を頂点とする円錐（内部を含む）を S とする．また，点 $A(1, 0, 2)$ を考える．

（1） 点 P が S の底面を動くとき，線分 AP が通過する部分を T とする．平面 $z = 1$ による S の切り口および，平面 $z = 1$ による T の切り口を同一平面上に図示せよ．

（2） 点 P が S を動くとき，線分 AP が通過する部分の体積を求めよ． （20 東大・理科）

▶解答◀ （1） 平面 $z = 1$ による S の切り口は点 $(0, 0, 1)$ を中心とする，半径 $\dfrac{1}{2}$ の円板である．

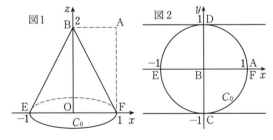

S の底面の円板を C_0 とする．点 P が C_0 を動くとき，線分 AP が通過する部分は，C_0 を底面として，A を頂点とする斜円錐である．これを平面 $z = 1$ で切ると，断面は，A を相似の中心として C_0 を $\dfrac{1}{2}$ 倍に縮小した円板である．その円板は中心が点 $\left(\dfrac{1}{2}, 0, 1\right)$，半径が $\dfrac{1}{2}$ である．

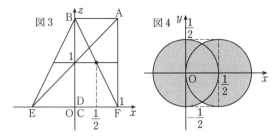

図3　　　図4

答えの図形は図4の境界を含む網目部分である．これは平面 $z = 1$ 上である．

（2）　立体がどうなるかは簡単にわかる．

B$(0, 0, 2)$, C$(0, -1, 0)$, D$(0, 1, 0)$, E$(-1, 0, 0)$, F$(1, 0, 0)$ とする．体積を求める立体を W とする．上の斜円錐を平面 ACD で切った平面 ACD より下方の部分を C_1 とする．元の円錐の $x \leqq 0$ の部分を C_2 とする．

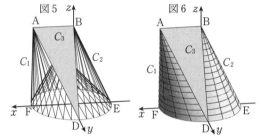

図5　　　図6

P が三角形 BCD の周と内部を動くと，線分 AP は四面体 ABCD の表面と内部（C_3 とする）を描く．P が C_2 の表面と内部を動くと，線分 AP は四面体 ABCD と C_2 の表面と内部を動く．P が元の円錐の $x \geqq 0$ の部分を動くと，線分 AP は四面体 ABCD と C_1 の表面と内部を動く．この外に逃れることはできない．

よって W は C_1, C_2, C_3 を合わせたものである．C_1, C_2 の体積の和は，最初の円錐の体積 $\frac{1}{3} \cdot \pi \cdot 1^2 \cdot 2$ に等しく，四面体 ABCD の体積は

$$\frac{1}{3} \triangle \text{BCD} \cdot \text{AB} = \frac{1}{3} \left(\frac{1}{2} \cdot 2 \cdot 2 \right) \cdot 1 = \frac{2}{3}$$

求める体積は $\dfrac{2}{3} + \dfrac{2}{3}\pi$

◆別解◆ 図の番号は1から振り直す．

$0 \leqq l < 1$, $l \leqq k \leqq 1$ とする．円錐を平面 $z = 2l$ で切ると，断面の半径は $1 - l$ である．断面の円の周上にある P の座標は $((1-l)\cos\theta, (1-l)\sin\theta, 2l)$ とおける．

線分 AP と平面 $z = 2k$ の交点を X とすると，

$$\overrightarrow{\text{OX}} = (1-t)\overrightarrow{\text{OP}} + t\overrightarrow{\text{OA}}$$
$$= (1-t)\begin{pmatrix}(1-l)\cos\theta\\(1-l)\sin\theta\\2l\end{pmatrix} + t\begin{pmatrix}1\\0\\2\end{pmatrix}$$

と表される．$0 \leqq t \leqq 1$ である．この z 座標が $2k$ になるとき

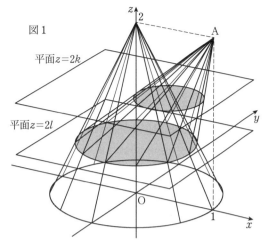

図1

平面$z=2k$

平面$z=2l$

$$2l(1-t) + 2t = 2k \qquad \therefore \quad t = \frac{k-l}{1-l}$$

であるから，

$$\overrightarrow{\text{OX}} = \frac{1-k}{1-l}\begin{pmatrix}(1-l)\cos\theta\\(1-l)\sin\theta\\2l\end{pmatrix} + \frac{k-l}{1-l}\begin{pmatrix}1\\0\\2\end{pmatrix}$$
$$= \begin{pmatrix}\frac{k-l}{1-l} + (1-k)\cos\theta\\(1-k)\sin\theta\\2k\end{pmatrix}$$

X(x, y, z) とすると

$$x = \frac{k-l}{1-l} + (1-k)\cos\theta$$
$$y = (1-k)\sin\theta$$
$$z = 2k$$

となる．k, l を固定して，θ を動かすと，X は中心 $\left(\dfrac{k-l}{1-l}, 0, 2k\right)$，半径 $1-k$ の円を描く．

（1）　$l = 0$, $k = \dfrac{1}{2}$ とすると，中心 $\left(\dfrac{1}{2}, 0, 1\right)$，半径 $\dfrac{1}{2}$ の円になる．S の断面は中心 $(0, 0, 1)$，半径 $\dfrac{1}{2}$ の円であるから，これらを図示すると図2のようになる．

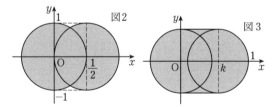

図2　　　図3

（2）　$\dfrac{k-l}{1-l} = 1 + \dfrac{k-1}{1-l}$ は l の単調関数であるから，k を固定して l を0から k まで動かすと，中心の x 座標は k から0まで動く．よって，点 P が円錐 S の $0 \leqq z \leqq 2l$ の部分の周および内部を動くとき線分 AP が通過する部分の，平面 $z = 2k$ における切り口は図3のようになる．

この面積を $S(k)$ とすると

$$S(k) = (1-k)^2\pi + 2(1-k)k$$

$dV = S(k) \, 2dk$ である.

$$V = \int_0^1 \{(1-k)^2\pi + 2(1-k)k\} \, 2dk$$

$$= 2\pi\left[-\frac{1}{3}(1-k)^3\right]_0^1 + 4\left[-\frac{k^3}{3} + \frac{k^2}{2}\right]_0^1$$

$$= \frac{2}{3}\pi + \frac{2}{3} = \frac{2}{3}(\pi + 1)$$

---

xy 平面上の原点を中心とする単位円を底面とし，点 P$(t, 0, 1)$ を頂点とする円錐を K とする．t が $-1 \leqq t \leqq 1$ の範囲を動くとき，円錐 K の表面および内部が通過する部分の体積は $\dfrac{\pi + \boxed{}}{\boxed{}}$ である．

(16 早稲田大・人間科学 B)

▶解答◀ xy 平面の原点を中心とする単位円上の点を Q$(\cos\theta, \sin\theta, 0)$ とする．PQ を $(1-u):u$ に内分する点を X とすると

$$\overrightarrow{\mathrm{OX}} = (1-u)\overrightarrow{\mathrm{OQ}} + u\overrightarrow{\mathrm{OP}}$$

$$= (1-u)(\cos\theta, \sin\theta, 0) + u(t, 0, 1)$$

$$= ((1-u)\cos\theta + ut, \, (1-u)\sin\theta, \, u)$$

となる．u を固定して θ を動かすと X は T$(ut, 0, u)$ を中心とする，半径 $1-u$ の円を描く．「表面および内部」を考えるから，この円板の通過領域を考える．さらに t を $-1 \leqq t \leqq 1$ で動かすと T は $(-u, 0, u)$ から $(u, 0, u)$ を動く．図 2 を参照せよ．

円板の通過領域（図 2 を参照）の面積を $S(u)$ とすると，

$$S(u) = \pi(1-u)^2 + 2(1-u)\cdot 2u$$

$$= \pi(1-u)^2 + 4(u - u^2)$$

求める体積は

$$\int_0^1 S(u) \, dz = \int_0^1 \{\pi(1-u)^2 + 4(u - u^2)\} \, du$$

$$= \left[\frac{\pi}{3}(u-1)^3 + 2u^2 - \frac{4}{3}u^3\right]_0^1$$

$$= \left(2 - \frac{4}{3}\right) + \frac{\pi}{3} = \frac{\pi + 2}{3}$$

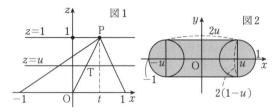

注意 できる立体は 4 点 A$(1, 0, 1)$, B$(-1, 0, 1)$, C$(0, 1, 0)$, D$(0, -1, 0)$ で作る四面体と，半円板

$(x^2+y^2 \leqq 1, \, x \geqq 0, \, z = 0)$ を底面，A を頂点とする半斜円錐，半円板 $(x^2+y^2 \leqq 1, \, x \leqq 0, \, z = 0)$ を底面，B を頂点とする半斜円錐を合わせたものである．図 a, b を参照せよ．四面体 ABCD が z 軸に平行な線分でできているとして，その線分の端を xy 平面上に移動することによって対角線が 2 の正方形を底面とする，高さ 1 の四角錐（図 c を参照）に等積変形できる．また 2 つの半斜円錐の体積の和は 1 つの斜円錐の体積に等しく，求める体積は

$$\frac{1}{3}\left(\frac{1}{2}\cdot 2\cdot 2\right)\cdot 1 + \frac{1}{3}\cdot\pi\cdot 1^2\cdot 1 = \frac{\pi + 2}{3}$$

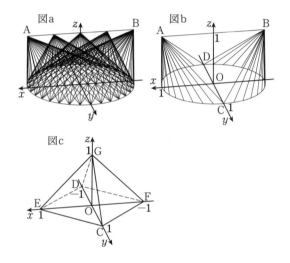

《四角錐と円柱の間の体積》

13. 点 O を原点とする座標平面内の円 $x^2 + y^2 = 1$ を C とする．$\dfrac{1}{\sqrt{2}} \leqq t \leqq 1$ を満たす t に対し，直線 $y = -x + \sqrt{2}t$ を l とし，l と x 軸の交点を A とする．次の連立不等式で表される平面図形を D とする．

$$\begin{cases} x^2 + y^2 \geqq 1 \\ y \leqq -x + \sqrt{2}t \\ 0 \leqq y \leqq x \end{cases}$$

C と l の共有点で D に属する点を B とし，$\angle \mathrm{AOB} = \theta$ とする．D の面積を $S(t)$ とする．

（1）t を θ で表せ．

（2）$S(t)$ を θ で表せ．

（3）$\displaystyle\int_{\frac{1}{\sqrt{2}}}^1 S(t) \, dt$ の値を求めよ．

（4）座標空間内の 4 点 $(\sqrt{2}, 0, 0)$, $(0, \sqrt{2}, 0)$, $(-\sqrt{2}, 0, 0)$, $(0, -\sqrt{2}, 0)$ を頂点とする正方形を R とする．R を底面とし，点 $(0, 0, 1)$ を頂点とする四角錐を V とする．すなわち，V は次の

連立不等式で表される.

$$\begin{cases} 0 \leq z \leq 1 \\ |y| \leq -|x| + \sqrt{2}(1-z) \end{cases}$$

また，$x^2 + y^2 < 1$，$0 \leq z \leq 1$ で表される円柱を W とする．V から W を除いた立体を K とする．z 軸に直交する平面による K の断面を考えることで，K の体積を求めよ．

(20 名古屋工大・前期)

考え方 誘導に乗っていけばそれほど難しくないが，積分が大変である．ノーヒントで（4）だけが出されたらもっと楽な方法がある（☞ 別解）．遠回りさせるのは罠ではないか．

▶解答◀ （1） 点 $\mathrm{B}(\cos\theta, \sin\theta)$ は直線

$l : y = -x + \sqrt{2}t$ 上にあるから

$$\sin\theta = -\cos\theta + \sqrt{2}t \qquad \therefore \quad t = \frac{\sin\theta + \cos\theta}{\sqrt{2}}$$

（2） A の座標は $(\sqrt{2}t, 0)$ である．また，$\mathrm{E}(1,0)$ とおく．D は $\triangle \mathrm{OAB}$ から扇形 OEB を除いた部分であるから

$$S(t) = \frac{1}{2}\sqrt{2}t \cdot \sin\theta - \frac{1}{2}\theta$$
$$= \frac{1}{2}\{(\sin\theta + \cos\theta)\sin\theta - \theta\}$$

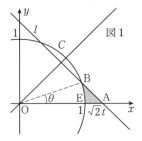

図1

（3） $\displaystyle\int_{\frac{1}{\sqrt{2}}}^{1} S(t)\,dt = I$ とおく．また，$\sin\theta = s$，

$\cos\theta = c$ とおく．$t = \dfrac{s+c}{\sqrt{2}}$ より，$dt = \dfrac{c-s}{\sqrt{2}}\,d\theta$ であり，

$$0 \leq \theta \leq \frac{\pi}{4},\, t = \frac{s+c}{\sqrt{2}} = \sin\left(\theta + \frac{\pi}{4}\right)$$

より，$t : \dfrac{1}{\sqrt{2}} \to 1$ のとき $\theta : 0 \to \dfrac{\pi}{4}$ である．

よって

$$I = \frac{1}{2}\int_0^{\frac{\pi}{4}} \{(s+c)s - \theta\} \cdot \frac{c-s}{\sqrt{2}}\,d\theta$$
$$= \frac{1}{2\sqrt{2}}\int_0^{\frac{\pi}{4}} \{(s+c)(c-s)s - (c-s)\theta\}\,d\theta$$

ここで

$$\int_0^{\frac{\pi}{4}}(s+c)(c-s)s\,d\theta = \int_0^{\frac{\pi}{4}}(c^2 - s^2)s\,d\theta$$

$$= \int_0^{\frac{\pi}{4}}(2c^2 - 1)s\,d\theta = -\int_0^{\frac{\pi}{4}}(2c^2 - 1)c'\,d\theta$$

$$= -\left[\frac{2}{3}c^3 - c\right]_0^{\frac{\pi}{4}} = -\left(\frac{\sqrt{2}}{6} - \frac{\sqrt{2}}{2}\right) + \left(\frac{2}{3} - 1\right)$$

$$= \frac{\sqrt{2} - 1}{3}$$

$$\int_0^{\frac{\pi}{4}}(c-s)\theta\,d\theta = \int_0^{\frac{\pi}{4}}(s+c)'\theta\,d\theta$$

$$= \left[(s+c)\theta\right]_0^{\frac{\pi}{4}} - \int_0^{\frac{\pi}{4}}(s+c)\theta'\,d\theta$$

$$= \left[(s+c)\theta - (-c+s)\right]_0^{\frac{\pi}{4}}$$

$$= \left(\sqrt{2} \cdot \frac{\pi}{4} - 0\right) - \{0 - (-1)\}$$

$$= \frac{\sqrt{2}\pi}{4} - 1$$

であるから

$$I = \frac{1}{2\sqrt{2}}\left\{\frac{\sqrt{2} - 1}{3} - \left(\frac{\sqrt{2}\pi}{4} - 1\right)\right\}$$

$$= \frac{1 + \sqrt{2}}{6} - \frac{\pi}{8}$$

（4） K の概形については，図2を参照せよ．z 軸に直交する平面 $z = 1 - t\,(0 \leq t \leq 1)$ における四角錐 V および円柱 W の断面は

$$|y| \leq -|x| + \sqrt{2}t,\, x^2 + y^2 < 1$$

であるから，K の断面は図3の網目部分となり，対称性より断面積は（2）の $S(t)$ を用いて，$8S(t)$ と表される．ただし，$\sqrt{2}t < 1$ すなわち $t < \dfrac{1}{\sqrt{2}}$ のときは

$S(t) = 0$ とする．

以上の考察から，K の体積を J とおくと

$$J = 8\int_0^1 S(t)\,dz$$

である．$dz = -dt$，$z : 0 \to 1$ のとき $t : 1 \to 0$ より

$$J = -8\int_1^0 S(t)\,dt = 8\int_0^1 S(t)\,dt$$

$$= 8\left\{\int_0^{\frac{1}{\sqrt{2}}} S(t)\,dt + \int_{\frac{1}{\sqrt{2}}}^1 S(t)\,dt\right\}$$

$$= 8\left(0 + \frac{1 + \sqrt{2}}{6} - \frac{\pi}{8}\right) = \frac{4(1 + \sqrt{2})}{3} - \pi$$

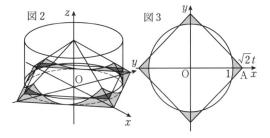

図2

図3

♦別解♦ 軸のとり方を工夫すれば，（4）の体積はもっと早く求められる．（4）の体積は xyz 空間に5点 A$(1,1,0)$，B$(-1,1,0)$，C$(-1,-1,0)$，D$(1,-1,0)$，P$(0,0,1)$ をとる．四角錐 PABCD の $x^2+y^2 \geqq 1$ をみたす部分の体積に等しい．図の番号は1から振り直す．98年の東大にほとんど同じ問題がある．

立体全体は図1のようになる．ただし，体積を求める部分は図形 EAGF のような部分（全部で4個ある）である．解説風に書く．求める体積を V とする．四角錐を真上から見ると図2のように見える．

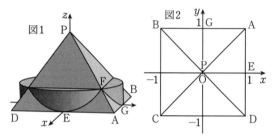

正方形 ABCD があり，ツクッと四角錐が立ち上がっているところを想像せよ．4本の指の先を図2の A，B，C，D のところに置いて，上に上げながら，P のところで1点で会うようにする．

ここに，xy 平面の円 $x^2+y^2=1$ を考え，それをそのまま延長した円柱面 $x^2+y^2=1$ を考えよ．

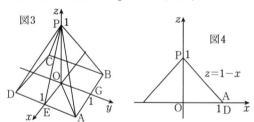

次に，図3で，四角錐 P-ABCD を8分割した1つ，四面体 POEA を考えよ．これを座標設定する．真上から見ると図2の三角形 OEA である．図2の xy 平面上で，直線 OA の方程式は $y=x$ であるから，図3の平面 POA も $y=x$ である．図3の立体を y 軸の負方向から見ると図4のように見える．図4を xz 平面だと思えば，直線 AP の方程式は $z=1-x$ である．よって，図3で，平面 PEA の方程式は $z=1-x$ である．図3で，四面体 POEA を座標設定すると

$$0 \leqq y \leqq x,\ 0 \leqq x \leqq 1,\ 0 \leqq z \leqq 1-x$$

となる．ここに $x^2+y^2 \geqq 1$ を加え，平面 $x=t$ で切る．つまり，これらの式で $x=t$ とおく．

$$0 \leqq y \leqq t,\ 0 \leqq t \leqq 1,\ 0 \leqq z \leqq 1-t,\ t^2+y^2 \geqq 1$$

となる．$0 \leqq y \leqq t,\ t^2+y^2 \geqq 1$ から $\sqrt{1-t^2} \leqq y \leqq t$

となる．これと

$0 \leqq z \leqq 1-t$ を yz 平面上に図示すると図5のようになる．これは長方形である．この長方形の面積を S とする．

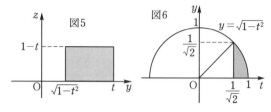

$$\begin{aligned}
S &= (t-\sqrt{1-t^2})(1-t) \\
&= t-t^2-\sqrt{1-t^2}+t\sqrt{1-t^2} \\
&= t-t^2-\frac{1}{2}(1-t^2)'(1-t^2)^{\frac{1}{2}}-\sqrt{1-t^2}
\end{aligned}$$

このようなことが起こるのは $\sqrt{1-t^2} \leqq t$ のときであり，2乗して $1-t^2 \leqq t^2$ となり，$1 \leqq 2t^2$ したがって $\dfrac{1}{\sqrt{2}} \leqq t \leqq 1$ のときである．$\sqrt{1-t^2}$ の積分は図6を見よ．

$$\begin{aligned}
\frac{V}{8} &= \int_{\frac{1}{\sqrt{2}}}^{1} S\,dt \\
&= \left[\frac{t^2}{2}-\frac{t^3}{3}-\frac{1}{3}(1-t^2)^{\frac{3}{2}} \right]_{\frac{1}{\sqrt{2}}}^{1} \\
&\quad -\left(\frac{\pi}{8}-\frac{1}{2}\cdot\frac{1}{\sqrt{2}}\cdot\frac{1}{\sqrt{2}} \right) \\
&= \frac{1}{6}-\frac{1}{4}+\frac{1}{3\sqrt{2}}-\frac{\pi}{8}+\frac{1}{4}
\end{aligned}$$

$$V = \frac{4(1+\sqrt{2})}{3}-\pi$$

《立方体内の体積》

14. 座標空間において，$0 \leqq x \leqq 1$，$0 \leqq y \leqq 1$，$0 \leqq z \leqq 1$ の表す部分は立方体である．また，$x^2+y^2 \leqq 1$，$0 \leqq z \leqq 1$ の表す部分は高さ1の円柱である．

（1）座標空間において，$0 \leqq x \leqq 1$，$0 \leqq y \leqq 1$，$0 \leqq z \leqq 1$，$y^2+z^2 \geqq 1$，$x^2+z^2 \geqq 1$ の表す部分を A とする．A を平面 $z=\dfrac{1}{2}$ で切ったときの断面積は $\dfrac{\square}{\square}+\square\sqrt{\square}$ であり，A の体積は $\dfrac{\square}{\square}+\dfrac{\square}{\square}\pi$ である．

（2）座標空間において，$0 \leqq x \leqq 1$，$0 \leqq y \leqq 1$，$0 \leqq z \leqq 1$，$y^2+z^2 \geqq 1$，$x^2+z^2 \geqq 1$，$x^2+y^2 \geqq 1$ の表す部分を B とする．B のうち，z 座標が

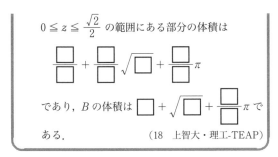

$0 \leqq z \leqq \dfrac{\sqrt{2}}{2}$ の範囲にある部分の体積は

$$\frac{\Box}{\Box} + \frac{\Box}{\Box}\sqrt{\Box} + \frac{\Box}{\Box}\pi$$

であり，B の体積は $\Box + \sqrt{\Box} + \dfrac{\Box}{\Box}\pi$ である．

(18 上智大・理工-TEAP)

▶**解答**◀ （1）以下すべて

$$0 \leqq x \leqq 1,\ 0 \leqq y \leqq 1,\ 0 \leqq z \leqq 1 \quad\cdots\cdots\cdots①$$

内で考える．これについてはとくに書かない．

①内の $y^2 + z^2 \geqq 1$ の部分は立方体から円柱の 4 分の 1 を除いた部分を表す．図 1 の網目部分を見よ．

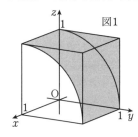
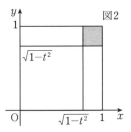

$$y^2 + z^2 \geqq 1,\ x^2 + z^2 \geqq 1$$

で $z = t\ (0 < t < 1)$ とおく．

$$y \geqq \sqrt{1 - t^2},\ x \geqq \sqrt{1 - t^2}$$

A を平面 $z = t$ で切った断面積を $S(t)$ とすると

$$S(t) = \left(1 - \sqrt{1 - t^2}\right)^2$$
$$= 2 - t^2 - 2\sqrt{1 - t^2}$$
$$S\left(\frac{1}{2}\right) = \frac{7}{4} - \sqrt{3}$$
$$V(A) = \int_0^1 S(t)\,dt$$
$$= \left[2t - \frac{t^3}{3}\right]_0^1 - 2 \cdot \frac{\pi}{4} = \frac{5}{3} - \frac{1}{2}\pi$$

$\displaystyle\int_0^1 \sqrt{1 - t^2}\,dt$ は半径 1 の四分円の面積を利用した．

（2）$y^2 + z^2 \geqq 1,\ x^2 + z^2 \geqq 1$

で $z = t\ \left(0 \leqq t \leqq \dfrac{\sqrt{2}}{2}\right)$ のとき

$$y^2 \geqq 1 - t^2 \geqq 1 - \frac{1}{2} = \frac{1}{2},\ x^2 \geqq \frac{1}{2}$$

$x^2 + y^2 \geqq 1$ となるから $x^2 + y^2 \geqq 1$ は考えなくてもよい．

B のうち $0 \leqq z \leqq \dfrac{\sqrt{2}}{2}$ の部分の体積は

$$\int_0^{\frac{1}{\sqrt{2}}} S(t)\,dt$$

$$= \left[2t - \frac{t^3}{3}\right]_0^{\frac{1}{\sqrt{2}}} - 2\left\{\frac{\pi}{8} \cdot 1^2 + \frac{1}{2}\left(\frac{1}{\sqrt{2}}\right)^2\right\}$$
$$= \left(2 - \frac{1}{6}\right) \cdot \frac{\sqrt{2}}{2} - \frac{\pi}{4} - \frac{1}{2}$$
$$= -\frac{1}{2} + \frac{11}{12}\sqrt{2} - \frac{\pi}{4} \quad\cdots\cdots\cdots②$$

ただし $\sqrt{1 - t^2}$ の積分は図 3 の網目部分の面積を利用した．

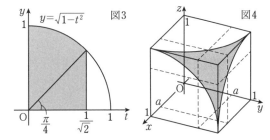

図3　図4

$$y^2 + z^2 \geqq 1,\ x^2 + z^2 \geqq 1,\ x^2 + y^2 \geqq 1$$

において，$x,\ y,\ z$ のうち，0 以上，$\dfrac{\sqrt{2}}{2}$ より小さい部分にあるものは 1 つだけである．上で示したように $0 \leqq z < \dfrac{\sqrt{2}}{2}$ のとき

$$\frac{\sqrt{2}}{2} \leqq x \leqq 1,\ \frac{\sqrt{2}}{2} \leqq y \leqq 1$$

となるからである．その部分の体積は②×3 である．

$x,\ y,\ z$ のすべてが $\dfrac{\sqrt{2}}{2}$ 以上の部分は 1 辺が $1 - \dfrac{\sqrt{2}}{2}$ の立方体となり，その体積は

$$\left(1 - \frac{\sqrt{2}}{2}\right)^3 = 1 - 3 \cdot \frac{\sqrt{2}}{2} + 3 \cdot \frac{1}{2} - \frac{\sqrt{2}}{4}$$
$$= \frac{5}{2} - \frac{7}{4}\sqrt{2} \quad\cdots\cdots\cdots③$$

である．B の体積は

$$②×3 + ③ = 1 + \sqrt{2} - \frac{3}{4}\pi$$

題意の立体は，図 4 のように，立方体に 3 本の足をつけた形になっている．なお，図 4 で $a = \dfrac{\sqrt{2}}{2}$ である．

注意 【しつこく補足】

以下でも $0 \leqq x \leqq 1, 0 \leqq y \leqq 1, 0 \leqq z \leqq 1$ については述べない．

分かりにくいらしい．

$$y^2 + z^2 \geqq 1,\ x^2 + z^2 \geqq 1,\ x^2 + y^2 \geqq 1 \quad\cdots\cdots④$$

で，$0 \leqq z < \dfrac{1}{\sqrt{2}}$ のとき，$0 \leqq z^2 < \dfrac{1}{2}$ であるから，$y^2 + z^2 \geqq 1$ より

$$y^2 \geqq 1 - z^2 \geqq 1 - \frac{1}{2} = \frac{1}{2}$$

よって $y > \dfrac{1}{\sqrt{2}}$ となる．同様に，$x^2 + z^2 \geqq 1$ より $x > \dfrac{1}{\sqrt{2}}$ となる．

④のときは，x, y, z のうち，0 以上，$\frac{\sqrt{2}}{2}$ より小さい部分にあるものは 1 つだけである．

これでもよく分からないなら，次のように考えよ．

$0 \leqq x < \frac{1}{\sqrt{2}}$ かつ $0 \leqq y < \frac{1}{\sqrt{2}}$ ならば

$$x^2 + y^2 < \frac{1}{2} + \frac{1}{2} = 1$$

となり，$x^2 + y^2 \geqq 1$ に反する．他の組合せでも同様で，④のとき，x, y, z のうち，0 以上，$\frac{\sqrt{2}}{2}$ より小さいものは 2 つ以上はない．

立体 B（全体を U とする）のうち，$0 \leqq x < \frac{1}{\sqrt{2}}$ の部分を X，$0 \leqq y < \frac{1}{\sqrt{2}}$ の部分を Y，$0 \leqq z < \frac{1}{\sqrt{2}}$ の部分を Z とする．X, Y, Z のどの 2 つも共有点をもたない．

X の体積を $V(X)$ とする．他も同様に表す．立体 B のうち，X, Y, Z のいずれにも含まれない部分は

$$\frac{1}{\sqrt{2}} \leqq x \leqq 1, \ \frac{1}{\sqrt{2}} \leqq y \leqq 1, \ \frac{1}{\sqrt{2}} \leqq z \leqq 1$$

で表され，その体積を $V(\overline{X} \cap \overline{Y} \cap \overline{Z})$ で表す．

$$V(\overline{X} \cap \overline{Y} \cap \overline{Z}) = \left(1 - \frac{1}{\sqrt{2}}\right)^3$$

であり

$$V(X) = V(Y) = V(Z) = -\frac{1}{2} + \frac{11}{12}\sqrt{2} - \frac{\pi}{4}$$

である．$V(U)$ はこれら 4 つをすべて加えたものである．

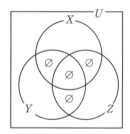

∅ は空集合を表す

《《正四角錐の辺と接する球》》

15. 正四角錐 O-ABCD を考える．底面 ABCD は一辺の長さが 2 の正方形で，OA = OB = OC = OD である．O から底面に下ろした垂線を OH とし，線分 OH の長さを h とする．さらに，正四角錐 O-ABCD の 8 本の辺すべてと接する球 S を考える．球 S と辺 AB の接点を P，S と辺 OA の接点を Q，S の中心を K とする．このとき，以下の問いに答えよ．

（1）線分 OA の長さを h の式で表せ．さらに，球 S を平面 OAB で切ったとき，断面として現れる円の半径を $r(h)$ とする．$r(h)$ を h の式で表せ．

（2）線分 AP および線分 AQ の長さを求めよ．

（3）球 S の半径 $R(h)$ を h の式で表せ．さらに，$R(h)$ が最小となる h の値 h_0 を求めよ．

（4）以下では $R(h) = \sqrt{2}$ となるときを考える．

（i）h の値を求めよ．さらに K から面 OAB に下ろした垂線を KM とする．線分 KM の長さを求めよ．

（ii）球 S を平面 ABCD で 2 つに分けたとき，K を含まない方を S' とする．S' のうち正四角錐 O-ABCD に含まれない部分の体積 V を求めよ．

（22　電気通信大・前期）

考え方　球のうち正四角錐からはみ出た部分を考えるのだが，その立体が回転体になっている（簡単に言えば，適切な断面で切ったとき，円状である）ことを見抜ければ，ゴールに近づく．後は適切な座標を入れて（これが難しいんだってば，という生徒もいるだろう）計算を進める．

▶解答◀　（1）図 1 は $h = 2$ のときの図形を描いたもの（黒丸は辺と球の接点）で，それから球を消したものが図 2 である．点の名前等は図を見よ．

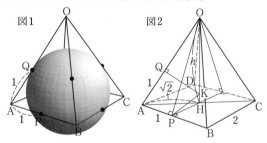

AC は 1 辺 2 の正方形の対角線であるから AC $= 2\sqrt{2}$，AH $= \sqrt{2}$ である．△OAH に三平方の定理を用いて

$$OA = \sqrt{OH^2 + AH^2} = \sqrt{h^2 + 2} \quad \cdots\cdots\cdots① $$

△OPH に三平方の定理を用いて

$$OP = \sqrt{OH^2 + HP^2} = \sqrt{h^2 + 1}$$

図 3 を見よ．図中と計算過程では $r = r(h)$，$R = R(h)$ と略記する．△OAB の面積に着目して

$$\frac{1}{2}(OA + OB + AB)r = \frac{1}{2}AB \cdot OP$$

$$\frac{1}{2}\left(2\sqrt{h^2 + 2} + 2\right)r = \frac{1}{2} \cdot 2 \cdot \sqrt{h^2 + 1}$$

$$r(h) = \frac{\sqrt{h^2 + 1}}{1 + \sqrt{h^2 + 2}}$$

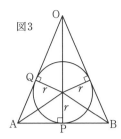

図3

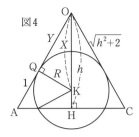

図4

（2）図1を見よ．AP と AQ は球の外部から引いた接線であり，P は AB の中点であるから

$$AQ = AP = 1$$

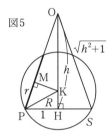

図5

（3）$OK = X, OQ = Y$ とおく．

図4で $\triangle OAP \backsim \triangle OKQ$ である．

$$\frac{OA}{OK} = \frac{OP}{OQ} = \frac{AP}{KQ}$$

$$\frac{Y+1}{X} = \frac{h}{Y} = \frac{\sqrt{2}}{R} \quad\cdots\cdots\cdots\cdots\cdots\cdots②$$

中辺 = 右辺より $hR = \sqrt{2}Y$, ① より $Y = \sqrt{h^2+2}-1$ であるから

$$R(h) = \frac{\sqrt{2}(\sqrt{h^2+2}-1)}{h}$$

$$R'(h) = \frac{\sqrt{2}}{h^2}\left(\frac{2h}{2\sqrt{h^2+2}}\cdot h - \left(\sqrt{h^2+2}-1\right)\right)$$

$$= \frac{\sqrt{2}}{h^2}\cdot\frac{\sqrt{h^2+2}-2}{\sqrt{h^2+2}}$$

$R'(h) = 0$ のとき $h^2+2 = 4$ で $h = \sqrt{2}$

h	0	$\cdots$	$\sqrt{2}$	$\cdots$
$R'(h)$		$-$	0	$+$
$R(h)$		$\searrow$		$\nearrow$

$h_0 = \sqrt{2}$ である．

（4）（ⅰ）$R(h) = \sqrt{2}$ のとき

$$\frac{\sqrt{2}(\sqrt{h^2+2}-1)}{h} = \sqrt{2}$$

$$\sqrt{h^2+2} = h+1$$

$$h^2+2 = (h+1)^2$$

$$2h = 1 \qquad \therefore \quad h = \frac{1}{2}$$

M は（1）の $\triangle OAB$ の内接円の中心である．

$$r\left(\frac{1}{2}\right) = \frac{\sqrt{\frac{1}{4}+1}}{1+\sqrt{\frac{1}{4}+2}} = \frac{\sqrt{5}}{5}$$

$\triangle MKP$ に三平方の定理を用いて

$$KM^2 = PK^2 - PM^2 = 2 - \frac{1}{5} = \frac{9}{5}$$

よって，$KM = \dfrac{3}{\sqrt{5}}$ である．

（ⅱ）② より $X = \dfrac{R(Y+1)}{\sqrt{2}}$ であり，

$R = \sqrt{2}, h = \dfrac{1}{2}$ のとき

$$X = \frac{R(Y+1)}{\sqrt{2}} = \sqrt{h^2+2} = \sqrt{\frac{1}{4}+2} = \frac{3}{2} > h$$

であり，K は四角錐の下側にある．

　題意の立体は，半径 $\sqrt{2}$ の球を中心からの距離 $\dfrac{3}{\sqrt{5}}$ の 4 つの平面で切り落とした部分である．図 6 の網目部分を回転させると考えて

$$V = 4\pi\int_{\frac{3}{\sqrt{5}}}^{\sqrt{2}} y^2\,dx = 4\pi\int_{\frac{3}{\sqrt{5}}}^{\sqrt{2}}(2-x^2)\,dx$$

$$= 4\pi\left[2x - \frac{x^3}{3}\right]_{\frac{3}{\sqrt{5}}}^{\sqrt{2}}$$

$$= 4\pi\left\{\left(2\sqrt{2} - \frac{2\sqrt{2}}{3}\right) - \left(\frac{6}{\sqrt{5}} - \frac{9}{5\sqrt{5}}\right)\right\}$$

$$= 4\pi\left(\frac{4\sqrt{2}}{3} - \frac{21}{5\sqrt{5}}\right)$$

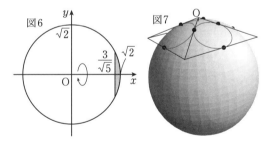

図6

図7

《正四角錐の面に接する球》

16. 一辺の長さが $\sqrt{3}+1$ である正八面体の頂点を下図のように $P_1, P_2, P_3, P_4, P_5, P_6$ とする．

各 $i = 1, 2, \cdots, 6$ に対して，P_i 以外の 5 点を頂点とする四角錐（すい）のすべての面に内接する球（内部を含む）を B_i とする．B_1 の体積を X とし，B_1 と B_2 の共通部分の体積を Y とし，B_1, B_2, B_3 の共通部分の体積を Z とする．さらに $B_1, B_2, \cdots, B_n$ を合わせて得られる立体の体積を V_n $(n = 2, 3, \cdots, 6)$ とする．以下の問に答えよ．

ただし（1）は答のみを解答用紙の該当欄に書け．
（1）　$V_n = aX + bY + cZ$ となる整数 a, b, c を $n = 2, 3, 6$ の場合について求めよ．
（2）　X の値を求めよ．
（3）　V_2 の値を求めよ．

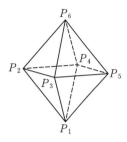

（22　早稲田大・理工）

考え方　（1）2, 3, 6 個のときの包除原理をそれぞれ適用する（詳しくは注を見よ）．$n = 6$ のときは複雑だが，4 個以上の共通部分はないことに気付くことが鍵となる．また，2 個の共通部分は，体積が 0 のときと Y のときの 2 通りあり，3 個の共通部分は，体積が 0 のときと Z のときの 2 通りあることにも注意せよ．

（3）2 つの球の共通部分を回転体と捉える必要がある．適切な座標を設定せよ．

なお，本問の問題文では原文に従って P_1 などを斜体（イタリックともいう）で表記しているが，解答では通常の慣例にしたがって，点は P_1 などとローマンで表記することにする．

▶解答◀　（1）立体 K の体積を $[K]$ などと書くことにする．

$$V_2 = [B_1 \cup B_2]$$
$$= [B_1] + [B_2] - [B_1 \cap B_2] = 2X - Y$$
$$V_3 = [B_1 \cup B_2 \cup B_3]$$
$$= [B_1] + [B_2] + [B_3]$$
$$\quad - [B_1 \cap B_2] - [B_2 \cap B_3] - [B_3 \cap B_1]$$
$$\quad + [B_1 \cap B_2 \cap B_3]$$
$$= 3X - 3Y + Z$$

$n = 6$ のときについて，まず球 2 個の共通部分について考える．2 個の共通部分は $_6C_2 = 15$ 個考えられるが，すべてその体積が Y であるわけではない．$B_1 \cap B_6$ は 1 点になるため $[B_1 \cap B_6] = 0$ となる．同様に

$$[B_1 \cap B_6] = [B_2 \cap B_5] = [B_3 \cap B_4] = 0$$

である．これ以外の $15 - 3 = 12$ 個についてはその体積は Y となる．

次に球 3 個の共通部分について考える．3 個の共通部分は $_6C_3 = 20$ 個考えられるが，すべてその体積が Z であるわけではない．$\{B_1, B_6\}, \{B_2, B_5\}, \{B_3, B_4\}$ の中から 1 つずつ球を選んだその共通部分は $2^3 = 8$ 個あるが，それらの共通部分は Z になる．これら以外の $20 - 8 = 12$ 個についてはその体積は 0 となる．

最後に，球 4 個以上の共通部分について考える．球 4 個以上のときは，$\{B_1, B_6\}, \{B_2, B_5\}, \{B_3, B_4\}$ の少なくとも 1 つの集合から 2 つ以上球を選ぶことになるから，その共通部分の体積は 0 となる．

よって，$V_6 = \mathbf{6X - 12Y + 8Z}$ となる．

（2）B_1 の中心を O_1，半径を r とする．また，P_2 と P_3 の中点を Q，P_4 と P_5 の中点を R とし，B_1 と正方形 $P_2 P_3 P_5 P_4$ の接点を H，B_1 と $\triangle P_6 P_5 P_4$ の接点を I とおく．このとき，平面 $P_6 QR$ による断面は図 2 のようになる．

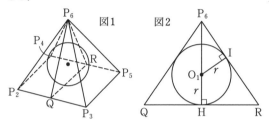

$a = \sqrt{3} + 1$ と書くことにすると，

$$P_6 R = \frac{\sqrt{3}}{2} a, \quad QR = a$$
$$P_6 H = \sqrt{\left(\frac{\sqrt{3}}{2} a\right)^2 - \left(\frac{a}{2}\right)^2} = \frac{a}{\sqrt{2}}$$

であり，さらに $\triangle P_6 O_1 I \backsim \triangle P_6 RH$ であるから

$$\frac{P_6 O_1}{P_6 R} = \frac{O_1 I}{RH}$$
$$\frac{\frac{a}{\sqrt{2}} - r}{\frac{\sqrt{3}}{2} a} = \frac{r}{\frac{a}{2}}$$
$$\frac{a}{2}\left(\frac{a}{\sqrt{2}} - r\right) = \frac{\sqrt{3}}{2} ar$$
$$\frac{1 + \sqrt{3}}{2} ar = \frac{a^2}{2\sqrt{2}}$$
$$r = \frac{a}{\sqrt{2}} \cdot \frac{1}{1 + \sqrt{3}} = \frac{1}{\sqrt{2}}$$

よって，$X = \frac{4}{3}\pi\left(\frac{1}{\sqrt{2}}\right)^3 = \dfrac{\sqrt{2}}{3}\pi$ である．

（3）Y の値を求める．平面 $P_6 P_2 P_1 P_5$ による断面は図 3 のようになる．B_1, B_2 の断面をそれぞれ C_1, C_2 とし，その中心を O_1, O_2 とおく．このとき，$O_1 O_2 = \sqrt{2} r = 1$ である．

図4のように $O_1(0, 0)$, $O_2(1, 0)$ となるように xy 座標をとると,

$$C_1 : x^2 + y^2 = \frac{1}{2}$$
$$C_2 : (x-1)^2 + y^2 = \frac{1}{2}$$

となり, B_1 と B_2 の共通部分は, C_1 と C_2 の共通部分を x 軸の周りに1回転させた体積となる. ゆえに, $x = \frac{1}{2}$ に関する対称性も考えると

$$\frac{Y}{\pi} = 2\int_{\frac{1}{2}}^{\frac{1}{\sqrt{2}}} y^2\, dx = 2\int_{\frac{1}{2}}^{\frac{1}{\sqrt{2}}} \left(\frac{1}{2} - x^2\right) dx$$

$$= 2\left[\frac{x}{2} - \frac{x^3}{3}\right]_{\frac{1}{2}}^{\frac{1}{\sqrt{2}}} = 2\left(\frac{\sqrt{2}}{6} - \frac{5}{24}\right)$$

$$Y = \left(\frac{\sqrt{2}}{3} - \frac{5}{12}\right)\pi$$

よって,（1）より $V_2 = 2X - Y$ であったから

$$V_2 = 2\cdot\frac{\sqrt{2}}{3}\pi - \left(\frac{\sqrt{2}}{3} - \frac{5}{12}\right)\pi$$

$$= \left(\frac{\sqrt{2}}{3} + \frac{5}{12}\right)\pi$$

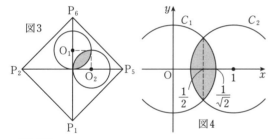

図3　図4

注意 【包除原理】集合の要素の個数を数える公式は, 高校では名前を習わないが「包含と排除の原理」(Principle of Inclusion and Exclusion, 長いので包除原理, P.I.E. と略す）という.

（1）では, P.I.E. の 2, 3, 6 個の場合が必要である. なお, 集合の要素の個数を表す記号 $n(A)$ は, 現在では, 世界ではあまり使われない. 他の n と被る危険性が高いからである. 国際数学オリンピックでは $|A|$ を使うから, そのように書く.

$$|A_1 \cup A_2 \cup A_3 \cup A_4|$$

$= |A_1| + \cdots$　…………1つずつ${}_4C_1$個ある, ①

$- |A_1 \cap A_2| - \cdots$　……2つずつ${}_4C_2$個ある, ②

$+ |A_1 \cap A_2 \cap A_3| + \cdots$　3つずつ${}_4C_3$個ある, ③

$- |A_1 \cap A_2 \cap A_3 \cap A_4|$　…………${}_4C_4$個ある, ④

となる. 1つずつを足して, 2つずつを引いて, 3つずつを足して, 4つずつを引いて, … となる. 個数

が増えても同様とわかるだろう. ただし, この時点では, なんとなくそうかな？と思っているだけだから, 確認しないといけない. たとえば, A_1, A_2, A_3, A_4 のうち A_1, A_2, A_3 に属し, A_4 に属していない要素は, ①で, $|A_1|$ と $|A_2|$ と $|A_3|$ で ${}_3C_1$ 回数え, ②で, $|A_1 \cap A_2|$ と $|A_2 \cap A_3|$ と $|A_3 \cap A_1|$ で ${}_3C_2$ 回数え, ③で, $|A_1 \cap A_2 \cap A_3|$ で ${}_3C_3$ 回数えるから, 全部で

$${}_3C_1 - {}_3C_2 + {}_3C_3 = 1$$

回数える. A_1, A_2, A_3, A_4 のうちの集合3つに属する他の要素の場合も同様である.

A_1, A_2, A_3, A_4 のうちの集合1つだけに属する場合, 2つだけに属する場合, 4つに属する場合も, 同様に調べ, このように, どの要素についても, ちょうど1回だけ数えられていることが確認できる.

一般の P.I.E. だと, 計算が少し面倒だが, 原理的には同様である. 過去には, 4個の場合が数回, 6個の場合が京大で, そして, 一般の場合を使うと圧倒的に早い問題が, 2019年に, 日本医大・後期で出題された. 直近だと 2021 年の防衛医大で3個の場合と4個の場合が出題されている.

《ガウス積分の評価とバウムクーヘン分割》

17. $a > 0$ とする. 曲線 $y = e^{-x^2}$ と x 軸, y 軸, および直線 $x = a$ で囲まれた図形を, y 軸のまわりに1回転してできる回転体を A とする.

（1）　A の体積 V を求めよ.

（2）　点 $(t, 0)$ $(-a \le t \le a)$ を通り x 軸と垂直な平面による A の切り口の面積を $S(t)$ とするとき, 不等式

$$S(t) \le \int_{-a}^{a} e^{-(s^2 + t^2)}\, ds$$

を示せ.

（3）　不等式

$$\sqrt{\pi\left(1 - e^{-a^2}\right)} \le \int_{-a}^{a} e^{-x^2}\, dx$$

を示せ.　　　　　　　　（15　東工大・前期）

▶解答◀　（1）　バウムクーヘン型の積分の公式より

$$V = \int_0^a 2\pi x e^{-x^2}\, dx$$

$$= -\int_0^a \pi(-x^2)' e^{-x^2}\, dx$$

$$= \pi\left[-e^{-x^2}\right]_0^a = \pi\left(1 - e^{-a^2}\right)$$

414

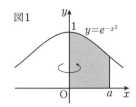

図1

$y = e^{-x^2}$

（2） $y = e^{-x^2}$ は

$$-x^2 = \log y \qquad \therefore \quad |x| = \sqrt{-\log y}$$

と表せる．

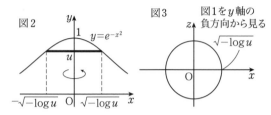

図2

$y = e^{-x^2}$

図3　図1を y 軸の負方向から見る

$\sqrt{-\log u}$

$y = u$ のとき，

$$|x| = \sqrt{-\log u}$$

となる．空間で，2点 $\left(\pm\sqrt{-\log u}, u, 0\right)$ を結ぶ線分を y 軸のまわりに回転してできる円板の方程式（図1, 2を参照）は

$$x^2 + z^2 \leqq -\log u, \quad y = u$$

であるから領域 $0 \leqq y \leqq e^{-x^2}$ を y 軸のまわりに回転してできる立体の方程式は

$$x^2 + z^2 \leqq -\log y \quad \cdots\cdots\cdots\cdots\cdots\cdots① $$

である．

直線 $x = a$ を y 軸のまわりに回転してできる円柱面で囲まれた立体の方程式は

$$x^2 + z^2 \leqq a^2 \quad \cdots\cdots\cdots\cdots\cdots\cdots② $$

である．A の方程式は①かつ②である．①かつ②を平面 $x = t$ で切る．

$$t^2 + z^2 \leqq -\log y, \quad t^2 + z^2 \leqq a^2$$

$$y \leqq e^{-(t^2+z^2)}, \quad |z| \leqq \sqrt{a^2-t^2}$$

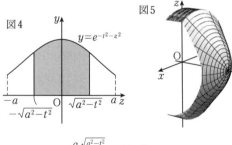

図4

$y = e^{-t^2-z^2}$

図5

$$S(t) = \int_{-\sqrt{a^2-t^2}}^{\sqrt{a^2-t^2}} e^{-(t^2+z^2)}\, dz$$

$$\leqq \int_{-a}^{a} e^{-(t^2+z^2)}\, dz$$

$$= \int_{-a}^{a} e^{-(t^2+s^2)}\, ds$$

（3）　$$S(t) \leqq \int_{-a}^{a} e^{-t^2} e^{-s^2}\, ds$$

$$= \left(\int_{-a}^{a} e^{-s^2}\, ds\right) e^{-t^2}$$

$$V = \int_{-a}^{a} S(t)\, dt$$

$$\leqq \left(\int_{-a}^{a} e^{-s^2}\, ds\right) \int_{-a}^{a} e^{-t^2}\, dt$$

$$= \left(\int_{-a}^{a} e^{-x^2}\, dx\right)^2$$

（1）の結果の V を用いて

$$\pi\left(1-e^{-a^2}\right) \leqq \left(\int_{-a}^{a} e^{-x^2}\, dx\right)^2$$

$$\sqrt{\pi\left(1-e^{-a^2}\right)} \leqq \int_{-a}^{a} e^{-x^2}\, dx$$

注意 1°【バウムクーヘン型の積分公式】$0 \leqq a < b$ のとき，$a \leqq x \leqq b$ において，曲線 $y = f(x)$ と曲線 $y = g(x)$ の間にある部分を y 軸の周りに回転してできる立体の体積 V は

$$V = \int_{a}^{b} 2\pi x\, |f(x) - g(x)|\, dx$$

で与えられる．

$x \sim x + dx$ の部分を回転してできる微小体積 dV を，縦に切って広げる．和食の料理人が行う大根の桂剥きを想像せよ．これを直方体で近似する．直方体の3辺の長さは

$$dx,\ 2\pi x,\ |f(x) - g(x)|$$

であり，微小体積 dV が

$$dV = 2\pi x\, |f(x) - g(x)|\, dx$$

となるからである．

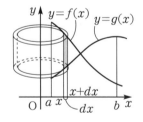
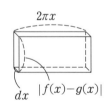

欧米では Cylindrical Shell Volume Formula として知られている．40年前，受験雑誌「大学への数学」編集部で，当時の編集長に，アメリカの大学の教科書に載っていることを教わり，流行らせようと，学力コンテストで繰り返し出題した．やっと広く認知されるようになったのは，私達の行動の結果である．欧米で広く知られているものを，文部科学省認定の教科書に載っていないという理由で使わないのは，つまらないことだと，私は思う．

自分が正しいと認識できて，それが説明できるなら，それで十分だと，私は思う．数学は答えが出てなんぼである．

2°【ガウス積分】

$\displaystyle\int_{-\infty}^{\infty} e^{-x^2}\,dx = \sqrt{\pi}$ となる．これをガウス積分といい，統計や物理などで広く現れる．

=== 《回転放物面と水量》 ===

18. 以下の文章の空欄に適切な数または式を入れて文章を完成させなさい．

xyz 空間の zx 平面にある曲線 $z = x^2$ の，$0 \leq z \leq h$ に対する部分を C とする．ただし $h > 0$ である．回転軸 l を z 軸にとり，C を l のまわりに1回転させて得られる曲面からなる容器を S とする．S に水を満たした後，S の回転軸 l を z 軸に対して角 θ だけ傾ける．以下 $a = \tan\theta$ とおく．

（1）水がすべてこぼれず，容器の中に残るための条件は $0 \leq a < \boxed{\text{（あ）}}$ である．このとき空気に触れている水面の面積を $T(a)$ とすると $T(a) = \boxed{\text{（い）}}$ である．

$\displaystyle\lim_{a\to+0} T'(a) = \boxed{\text{（う）}}$ であり，a の関数 $T(a)$ が $0 < a < \boxed{\text{（あ）}}$ の範囲に極大値をもつための条件は $h > \boxed{\text{（え）}}$ である．

（2）$a = \sqrt{h}$ のとき容器に残った水の体積 V を求めると $V = \boxed{\text{（お）}}$ である．ただしその計算にあたって必要ならば次の定積分の値を用いてよい．

$$\int_0^1 (1-t^2)^{\frac{3}{2}}\,dt = \frac{3\pi}{16},$$
$$\int_0^1 t^{\frac{3}{2}}(1-t)^{\frac{3}{2}}\,dt = \frac{3\pi}{128},$$
$$\int_0^1 t^{\frac{3}{2}}(1-t)^{\frac{1}{2}}\,dt = \frac{\pi}{16}$$

(17 慶應大・医)

考え方 かつて，高校数学が，1次変換や空間座標で豪華絢爛，まばゆいばかりに輝いていた時代があった．その頃，大流行した回転放物面の問題である．ほとんど同じ問題が2016年岐阜薬科大にある．解法は実に多様！

▶解答◀ （1）まず図1，2，3を見よ．

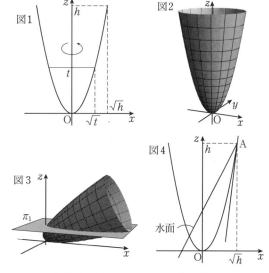

図1 図2 図3 図4

図1の放物線を回転してできる回転放物面を（図2），傾けた（図3）ところである．π_1 は水面がのっている平面である．立体を傾けるのは難しいから，水面を図4の $A(\sqrt{h}, h)$ を通る直線（正しくはそれを含む平面）と考える．$z = x^2$ のとき $z' = 2x$

A における接線の傾きは $2\sqrt{h}$ でそれよりも水面の傾きが小さいと水が残る．水が残る条件は

$$0 \leq a < 2\sqrt{h}$$

図1を見よ．回転放物面を平面 $z = t$（$0 < t \leq h$）で切ると，断面の円の半径は $\sqrt{t}$ で，断面の方程式は

$$x^2 + y^2 = t,\ z = t$$

である．t を消去して $x^2 + y^2 = z$ となる．これが回転放物面の方程式である．これと水面

$$z = a(x - \sqrt{h}) + h \qquad\cdots\cdots\cdots\cdots①$$

を連立させる．z を消去し

$$x^2 + y^2 = ax - a\sqrt{h} + h$$
$$\left(x - \frac{a}{2}\right)^2 + y^2 = \frac{a^2}{4} - a\sqrt{h} + h$$
$$\left(x - \frac{a}{2}\right)^2 + y^2 = \left(\frac{a}{2} - \sqrt{h}\right)^2$$

水面を xy 平面に正射影してできる図形は円でその面を S とすると

$$S = \pi\left(\frac{a}{2} - \sqrt{h}\right)^2$$

である．平面 α 上の面積 $T(a)$ の図形を平面 β の上に正射影してできる図形の面積を S とする．α, β の交角を θ とすると，$T(a)\cos\theta = S$ である．これは α 上の1辺が1の正方形（1辺は α, β の交線に平行とする）が，2辺が1，$\cos\theta$ の長方形に射影されることから容易にわかる．今は①の傾きが a だから $\tan\theta = a$ であり，$\cos\theta = \dfrac{1}{\sqrt{a^2+1}}$ である．

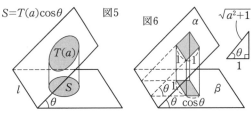

$S = T(a)\cos\theta$　図5　図6

$$T(a)\cos\theta = S, \quad \cos\theta = \frac{1}{\sqrt{a^2+1}}$$

$$T(a) = S\sqrt{a^2+1} = \pi\left(\frac{a}{2}-\sqrt{h}\right)^2\sqrt{a^2+1}$$

$$\frac{T'(a)}{\pi} = \left(\frac{a}{2}-\sqrt{h}\right)\sqrt{a^2+1}$$
$$+ \left(\frac{a}{2}-\sqrt{h}\right)^2 \cdot \frac{2a}{2\sqrt{a^2+1}}$$

$$= \frac{\frac{a}{2}-\sqrt{h}}{\sqrt{a^2+1}}\left(a^2+1+\frac{a^2}{2}-a\sqrt{h}\right)$$

$$= \frac{a-2\sqrt{h}}{4\sqrt{a^2+1}}(3a^2-2a\sqrt{h}+2)$$

$$\lim_{a\to+0}T'(a) = -\pi\sqrt{h}$$

$f(a) = 3a^2-2a\sqrt{h}+2$ とおく. $0 < a < 2\sqrt{h}$ で $f(a)$ が正から負に符号変化することがあるための条件を求める. 判別式を D とする.

$$f(0) = 2 > 0$$
$$f(2\sqrt{h}) = 12h-4\sqrt{h}+2 = 2+8h > 0$$

軸：$0 < \dfrac{\sqrt{h}}{3} < 2\sqrt{h}$

に注意する. みたすべき条件は

$$\frac{D}{4} = h-6 > 0$$

すなわち $h > 6$ である.

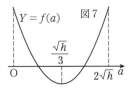

$Y = f(a)$　図7

（2）$a = \sqrt{h}$ のとき. ① は $z = \sqrt{h}x$ となり, 水がある領域は

$$x^2+y^2 \le z \le \sqrt{h}x$$

となる. これを z 軸に平行な線分でできているとして, その線分の端（z 座標が小さい方）を xy 平面に落とすように等積変形すると水の立体は領域

$$0 \le z \le \sqrt{h}x-x^2-y^2$$

となる. これを平面 $z = u$ で切ると, 断面は

$$u \le \sqrt{h}x-x^2-y^2$$

$$\left(x-\frac{\sqrt{h}}{2}\right)^2+y^2 \le \frac{h}{4}-u$$

となる. 断面積を U とすると $U = \pi\left(\dfrac{h}{4}-u\right)$ となる. ただし $0 \le u \le \dfrac{h}{4}$ である.

$$V = \int_0^{\frac{h}{4}} U\,du = \pi\left[\frac{h}{4}u-\frac{u^2}{2}\right]_0^{\frac{h}{4}}$$
$$= \pi\left(\frac{h^2}{16}-\frac{h^2}{32}\right) = \frac{\pi h^2}{32}$$

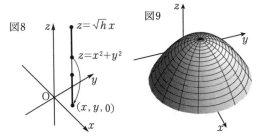

図8　図9

◆別解◆ （2） 図 a を見よ. 次の t は実際には $t \le 0$ だがそれだと視認性が悪いから図 a は $t > 0$ で描いた. また t は解答に現れる他の t とは無関係とする.

平面 $z = ax+t$, $z = ax+t+dt$ の間にある部分の微小体積を dV とする. この 2 平面の距離は $dt(\cos\theta)$ である. $z = ax+t$ と $z = x^2+y^2$ を連立させて

$$x^2+y^2 = ax+t$$
$$\left(x-\frac{a}{2}\right)^2+y^2 = \frac{a^2}{4}+t$$

$z = ax+t$ で切った断面積を U とすると

$$U\cos\theta = \pi\left(\frac{a^2}{4}+t\right)$$
$$dV = U(\cos\theta)dt = \pi\left(\frac{a^2}{4}+t\right)dt$$

今は $a = \sqrt{h}$ だから $dV = \pi\left(\dfrac{h}{4}+t\right)dt$

なお t の範囲は $-\dfrac{h}{4} \le t \le 0$

$$V = \int_{-\frac{h}{4}}^0 \pi\left(\frac{h}{4}+t\right)dt$$
$$= \left[\frac{\pi}{2}\left(\frac{h}{4}+t\right)^2\right]_{-\frac{h}{4}}^0 = \frac{\pi h^2}{32}$$

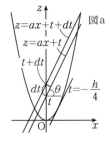

図a

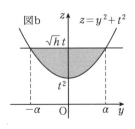

図b

注意 領域 $x^2+y^2 \le z \le \sqrt{h}x$ を平面 $x=t$ で切ると

$$t^2+y^2 \le z \le \sqrt{h}t$$

となる．この断面積を S とする．図 b を見よ．S も t も上ででてきたいずれとも無関係とする．

$t^2+y^2 = \sqrt{h}t$ の解について

$$y = \pm\sqrt{\sqrt{h}t-t^2}$$

となる．$\alpha = \sqrt{\sqrt{h}t-t^2}$ とする．なお，$\sqrt{h}t-t^2 \ge 0$ より $0 \le t \le \sqrt{h}$ とする．

$$S = \frac{1}{6}(2\alpha)^3 = \frac{4}{3}t^{\frac{3}{2}}(\sqrt{h}-t)^{\frac{3}{2}}$$

$$V = \int_0^{\sqrt{h}} S\, dt$$

$t = \sqrt{h}u$ とおくと $dt = \sqrt{h}du$

$$S = \frac{4}{3}(\sqrt{h})^3 u^{\frac{3}{2}}(1-u)^{\frac{3}{2}}$$

$$V = \frac{4}{3}\int_0^1 (\sqrt{h})^4 u^{\frac{3}{2}}(1-u)^{\frac{3}{2}}\, du$$

$$= \frac{4}{3}h^2 \cdot \frac{3\pi}{128} = \frac{\pi h^2}{32}$$

《放物線の弧長》

19. 以下の文章の空欄に適切な数または式を入れて文章を完成させなさい．また設問（4）に答えなさい．

$b > 0, c > 0$ として関数 $f(x) = b\left(1-\dfrac{x^2}{c}\right)$ $(0 \le x \le \sqrt{c})$ を考える．また曲線 $y = f(x)$ および x 軸，y 軸で囲まれた図形の面積を A とする．

（1）A を一定に保つとき，b を A と c の式で表すと $b = \boxed{}$ となる．以下この式により文字 b を消去する．

（2）曲線 $y = f(x)$ $(0 \le x \le \sqrt{c})$ 上の点 $(x, f(x))$ と原点 O の距離を $r(x)$ で表す．$c \ge \boxed{ア}$ のとき関数 $r(x)$ は区間 $0 \le x \le \sqrt{c}$ において増加し，$0 < c < \boxed{ア}$ のとき関数 $r(x)$ は 1 点 x_0（ただし $0 < x_0 < \sqrt{c}$）において最小値 r_0 をとる．x_0 と r_0 を A と c の式で表すと $x_0 = \boxed{}$，$r_0 = \boxed{}$ である．

（3）c が $0 < c < \boxed{ア}$ を満たしつつ変化するとき，r_0 は $c = \boxed{イ}$ において最大値をとる．$c = \boxed{イ}$ のとき，原点 O と点 $(x_0, f(x_0))$ を結ぶ線分が x 軸の正の向きとなす角を θ とすると $\cos\theta = \boxed{}$ である．

（4）曲線 $y = f(x)$ $(0 \le x \le \sqrt{c})$ の長さを $L(c)$ とする．一般に $s \ge 0, t \ge 0$ のとき $\sqrt{s} \le \sqrt{s+t} \le \sqrt{s} + \sqrt{t}$ であることを用いて

$$\lim_{c\to\infty}\frac{L(c)}{\sqrt{c}} = 1, \quad \lim_{c\to+0}\sqrt{c}L(c) = \frac{3A}{2}$$

となることを示しなさい． （20 慶應大・医）

▶**解答**◀　（1）$A = \displaystyle\int_0^{\sqrt{c}} b\left(1-\frac{x^2}{c}\right) dx$

$$= b\left[x - \frac{x^3}{3c}\right]_0^{\sqrt{c}} = b\left(\sqrt{c} - \frac{\sqrt{c}}{3}\right) = \frac{2b\sqrt{c}}{3}$$

であるから，$b = \dfrac{3A}{2\sqrt{c}}$

（2）$\{r(x)\}^2 = x^2 + b^2\left(1-\dfrac{x^2}{c}\right)^2$

$$= \frac{b^2}{c^2}x^4 - \left(\frac{2b^2}{c}-1\right)x^2 + b^2$$

$$= \frac{b^2}{c^2}\left\{x^2 - \left(c-\frac{c^2}{2b^2}\right)\right\}^2$$

$$\quad - \frac{b^2}{c^2}\left(c-\frac{c^2}{2b^2}\right)^2 + b^2$$

$$= \frac{b^2}{c^2}\left\{x^2 - \left(c-\frac{c^2}{2b^2}\right)\right\}^2 + c - \frac{c^2}{4b^2}$$

$$= \frac{9A^2}{4c^3}\left\{x^2 - c\left(1-\frac{2c^2}{9A^2}\right)\right\}^2 + c - \frac{c^3}{9A^2}$$

$1 - \dfrac{2c^2}{9A^2} \le 0$ のとき $c \ge \dfrac{3}{\sqrt{2}}A$ であり，$0 \le x \le \sqrt{c}$ で $r(x)$ は増加する．$0 < c < \dfrac{3}{\sqrt{2}}A$ のとき $x_0 = \sqrt{c - \dfrac{2c^3}{9A^2}}$ で，最小値 $r_0 = \sqrt{c - \dfrac{c^3}{9A^2}}$ をとる．

（3）$g(c) = c - \dfrac{c^3}{9A^2}$ とすると $g'(c) = 1 - \dfrac{c^2}{3A^2}$

c	0	$\cdots$	$\sqrt{3}A$	$\cdots$	$\dfrac{3}{\sqrt{2}}A$
$g'(c)$		$+$	0	$-$	
$g(c)$		$\nearrow$		$\searrow$	

$$g(\sqrt{3}A) = \sqrt{3}A - \frac{3\sqrt{3}A^3}{9A^2} = \frac{2}{\sqrt{3}}A$$

r_0 は $c = \sqrt{3}A$ で最大値 $\sqrt{\dfrac{2}{\sqrt{3}}A}$ をとる．このとき $x_0 = \sqrt{\dfrac{1}{\sqrt{3}}A}$ である．$\cos\theta = \dfrac{x_0}{r_0} = \dfrac{1}{\sqrt{2}}$

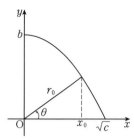

（4） $L(c) = \int_0^{\sqrt{c}} \sqrt{1 + \{f'(x)\}^2}\, dx$

$$1 \leqq \sqrt{1 + \{f'(x)\}^2} \leqq 1 + |f'(x)|$$

$0 \leqq x \leqq \sqrt{c}$ において $f'(x) \leqq 0$ であるから，

$$1 \leqq \sqrt{1 + \{f'(x)\}^2} \leqq 1 - f'(x)$$

これを $0 \leqq x \leqq \sqrt{c}$ で積分すると

$$\sqrt{c} < L(c) < \int_0^{\sqrt{c}} \{1 - f'(x)\}\, dx$$

が成立し，$f(\sqrt{c}) = 0$, $f(0) = b = \dfrac{3A}{2\sqrt{c}}$ であるから

$$-\int_0^{\sqrt{c}} f'(x)\, dx = -\Big[f(x) \Big]_0^{\sqrt{c}} = \frac{3A}{2\sqrt{c}}$$

よって $\sqrt{c} < L(c) < \sqrt{c} + \dfrac{3A}{2\sqrt{c}}$

$$1 < \frac{L(c)}{\sqrt{c}} < 1 + \frac{3A}{2c} \to 1 \quad (c \to \infty)$$

よって，ハサミウチの原理より $\displaystyle\lim_{c\to\infty} \frac{L(c)}{\sqrt{c}} = 1$ である．

また，$|f'(x)| \leqq \sqrt{1 + \{f'(x)\}^2} \leqq 1 + |f'(x)|$

$$-f'(x) \leqq \sqrt{1 + \{f'(x)\}^2} \leqq 1 - f'(x)$$

を積分すると

$$-\int_0^{\sqrt{c}} f'(x)\, dx < L(c) < \int_0^{\sqrt{c}} \{1 - f'(x)\}\, dx$$

$$\frac{3A}{2\sqrt{c}} < L(c) < \sqrt{c} + \frac{3A}{2\sqrt{c}}$$

$$\frac{3A}{2} < \sqrt{c}\,L(c) < c + \frac{3A}{2} \to \frac{3A}{2} \quad (c \to +0)$$

よって，ハサミウチの原理より $\displaystyle\lim_{c\to+0} \sqrt{c}\,L(c) = \frac{3A}{2}$

注 意 1°【大雑把に見ると】

① と ② で評価の仕方を変える理由を考える．$x = 0$ 付近においては $|f'(x)|$ は 1 に比べて十分小さいから，無視できる．そのため，1 で下から評価するのが精度がよい．逆に，x が十分大きい範囲では 1 は $|f'(x)|$ に比べて十分小さいから，無視できる．そのため，$|f'(x)|$ で下から評価するのが精度がよい．

2°【弧長を計算する】

$$\sqrt{1 + \{f'(x)\}^2} = \sqrt{1 + \left(-\frac{2b}{c}x\right)^2}$$

$$= \frac{2b}{c}\sqrt{x^2 + \frac{c^2}{4b^2}} = \frac{3A}{c\sqrt{c}}\sqrt{x^2 + \frac{c^3}{9A^2}}$$

であり，積分公式

$$\int \sqrt{x^2 + a^2}\, dx$$

$$= \frac{1}{2}\left\{ x\sqrt{x^2 + a^2} + a^2 \log\left(x + \sqrt{x^2 + a^2}\right) \right\}$$

（積分定数は省略した）を用いると

$$L(c) = \int_0^{\sqrt{c}} \frac{2b}{c}\sqrt{x^2 + \frac{c^2}{4b^2}}\, dx$$

$$= \frac{3A}{c\sqrt{c}}\left[\frac{1}{2}\left\{ x\sqrt{x^2 + \frac{c^3}{9A^2}} \right.\right.$$

$$\left.\left. + \frac{c^3}{9A^2} \log\left(x + \sqrt{x^2 + \frac{c^3}{9A^2}}\right) \right\} \right]_0^{\sqrt{c}}$$

を計算することになる．